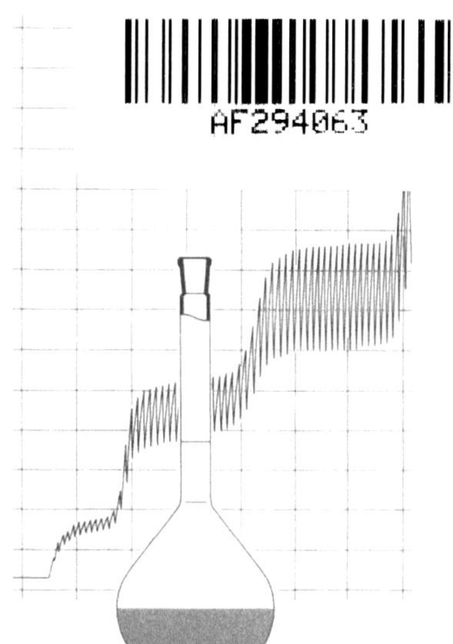

James S. Fritz
George H. Schenk

Quantitative Analytische Chemie

Grundlagen – Methoden – Experimente

Mit 184 Bildern und 51 Tabellen

Aus dem Amerikanischen übersetzt
von Ingo Lüderwald und Leonhard Gros

Dieses Buch ist die deutsche Übersetzung von
James S. Fritz und George H. Schenk,
Quantitative Analytical Chemistry,
Fourth Edition

Original English language edition published by Allyn and Bacon, Inc., Boston, Massachusetts 02210.
Copyright © 1979 in the United States of America by Allyn and Bacon, Inc.

Übersetzung: Prof. Dr. *Ingo Lüderwald*, Biberach/Riß
                    und Dr. *Leonhard Gros*, Geisenheim-Marienthal
Verlagsredaktion: *Björn Gondesen*

Die Wiedergabe von Gebrauchsnamen, Handelsnamen, Warenbezeichnungen usw. in diesem Buch
berechtigt auch ohne besondere Kennzeichnung nicht zu der Annahme, daß solche Namen im Sinne
der Warenzeichen- und Warenschutzgesetzgebung als frei zu betrachten wären und daher von
jedermann benutzt werden dürfen.

Alle Rechte vorbehalten
© Friedr. Vieweg & Sohn Verlagsgesellschaft mbH, Braunschweig/Wiesbaden, 1989

Der Verlag Vieweg ist ein Unternehmen der Verlagsgruppe Bertelsmann International.

Das Werk einschließlich aller seiner Teile ist urheberrechtlich geschützt.
Jede Verwertung außerhalb der engen Grenzen des Urheberrechtsgesetzes
ist ohne Zustimmung des Verlags unzulässig und strafbar. Das gilt insbesondere für Vervielfältigungen, Übersetzungen, Mikroverfilmungen und die
Einspeicherung und Verarbeitung in elektronischen Systemen.

Satz: Satzstudio Frohberg, Freigericht
Druck und buchbinderische Verarbeitung: Lengericher Handelsdruckerei, Lengerich
Gedruckt auf säurefreiem Papier
Printed in Germany

ISBN-13: 978-3-540-67003-2   e-ISBN-13: 978-3-642-61546-7
DOI: 10.1007/978-3-642-61546-7

James S. Fritz
George H. Schenk

Quantitative Analytische Chemie

Aus dem Programm
Chemie

Analytische und präparative Labormethoden
von K. E. Geckeler und H. Eckstein

Einführung in die Röntgenfeinstrukturanalyse
von H. Krischner

Einführung in die Schnelle Flüssigchromatographie
von G. Eppert

Pestizide und Umweltschutz
von G. Schmidt

Einführung in die Allgemeine Chemie
von P. Paetzold

Bioanalytik
von T. Scheper

Analytische Methoden in der Biotechnologie
von K. Schügerl (Hrsg.)

Organische Chemie
von S. H. Pine, J. B. Hendrickson, D. J. Cram
und G. S. Hammond

Organisch-chemischer Denksport
Ein Seminar für Fortgeschrittene
mit Aufgaben zur Naturstoffsynthese, Mechanistik
und Physikalischen Organischen Chemie
von R. Brückner

Vieweg

Vorwort zur deutschen Ausgabe

Die Übersetzung, besser: die Übertragung des vorliegenden Lehrbuchtextes aus dem Amerikanischen beruht auf der 1979 erschienen 4. Auflage. Verlag und Übersetzer standen vor der Grundsatzfrage, ob und inwieweit der Text aktualisiert werden sollte.

Die Stärke dieses Lehr- und Arbeitsbuches liegt vor allem in der präzisen, einfachen Darstellung grundlegender analytischer Techniken, und zwar sowohl klassischer als auch instrumenteller Verfahren. Zahlreiche Verständnis- und Übungsfragen sowie Rechenaufgaben sind jeweils den Kapiteln nachgestellt. Sie decken den gesamten Stoff der betreffenden Kapitel ab. Der zweite Teil des Buches enthält 33 Experimente, die detailliert in Form von begründeten Arbeitsvorschriften mit Fehlerhinweisen dargeboten werden. Die Darstellung der Grundlagen und die beschriebenen Experimente sind exemplarisch und keineswegs überholt.

Für die erste Auflage einer deutschen Fassung wurde daher auf größere Änderungen und Überarbeitungen verzichtet. Gelegentlich schien sogar die Abbildung eines älteren Gerätetyps instruktiver und wurde daher nicht der Optik willen ersetzt. Andererseits waren kleinere Eingriffe dringend geboten. So wurde z.B. auf die SI-Einheiten und die DIN-Norm 32625 umgestellt und die Rechenbeispiele entsprechend eingerichtet. An einigen Stellen wurde gestrafft, an anderen etwas ausführlicher erläutert. Das Kapitel über Waagen (Kapitel 27) wurde gänzlich neu verfaßt. Für Text und Bildmaterial danken wir der Firma Mettler Instruments, Greifensee (Schweiz). Das Kapitel über Volumenmeßgeräte (Kapitel 30) wurde aktualisiert und den Verhältnissen auf dem deutschen Markt angepaßt. Diesem Kapitel liegen Text- und Bildvorlagen einer Schrift der Firma Brand, Wertheim zugrunde, für deren Überlassung wir uns an dieser Stelle herzlich bedanken möchten.

Statt der Schreibweise H^+ wurde für das Proton (in wäßriger Lösung) − von wenigen Ausnahmen abgesehen − durchgängig H_3O^+ geschrieben, um den Brönsted-Säure-Charakter deutlich zu machen. Wo immer möglich, wurden Gleichungen in Form der Netto-Ionengleichung geschrieben.

Sollten die Fachkollegen und Studenten die Grundtendenz des Buches ebenso richtig und nützlich finden wie Verlag und Übersetzer, so ist für die zweite Auflage an eine gründliche Aktualisierung gedacht. Für entsprechende Hinweise und Kritik von Kollegen und Studenten wären wir sehr dankbar.

Die Übersetzer danken allen, die bei der Erstellung des Manuskriptes mitgewirkt haben, insbesondere Frau *Margret Ritter* (Wertheim) und Herrn *St. Schmid* (Greifensee/Schweiz). Für Ratschläge und Fachauskünfte zu elektrochemischen Fragen danken wir Herrn Dr. *Sietz* (Institut Fresenius, Taunusstein). Zur Klärung zahlreicher begrifflicher Probleme war uns das vierbändige Standardwerk *R. Bock*, Methoden der Analytischen Chemie (VCH, Weinheim 1980−1987) eine große Hilfe.

Die geduldige und gründliche Mitarbeit des Verlagslektorats (Herr *Björn Gondesen*) hat das Buch in der vorliegenden Form erst ermöglicht. Insbesondere hat *Björn Gondesen* das Sachregister völlig neu erarbeitet. So sind z.B. alle Methoden nochmals unter dem Stichwort des Elementes aufgeführt, auf das sie angewendet werden. Nicht zuletzt danken wir Frau *Ingrid Schermann*, die alle Manuskripte geschrieben hat, und unseren Familien für ihr Verständnis und ihre Geduld.

Ingo Lüderwald
Leonhard Gros

Biberach/Riß und Wiesbaden, im Juli 1988

Vorwort zur vierten amerikanischen Auflage

Die Neuauflage eines Lehrbuchs gibt den Autoren Gelegenheit, den Stoff zu ergänzen, um das Buch auf dem neusten Stand zu halten. Auf der anderen Seite kann Stoff, der an Bedeutung verloren hat, verkürzt dargestellt oder ganz weggelassen werden. Wir sind aber darüber hinaus der Meinung, daß eine Neuauflage gegenüber der vorhergehenden Auflage eine eindeutige Verbesserung darstellen sollte. Erklärungen sollten klarer und logischer, schwierige Konzepte sollten leichter verständlich dargestellt werden. Diese Prinzipien waren unsere Richtschnur bei der Vorbereitung dieser vierten Auflage. Vor allem aber haben wir versucht, ein Buch herzustellen, das schon durch die Gestaltung zur leichteren Aufnahme des Stoffes beiträgt.

Besonders Teil I dieses Buches wurde sorgfältig überarbeitet. Es wurden viele Änderungen vorgenommen, obwohl der allgemeine Umfang unverändert blieb, sieht man von der Einfügung eines neuen Kapitels (Kapital 10) über Säure-Base-Titrationen in nichtwäßrigen Lösungsmitteln ab. Das Kapitel 5 über Spektralphotometrie wurde vollständig neu geschrieben und enthält nun mehr Beispiele, eine moderne Darstellung aller instrumentellen Bausteine und eine Diskussion der Methodik bei photometrischen Bestimmungen. Kapitel 7 wurde gestrafft: einige mehr am Rande liegende Punkte wurden weggelassen, die Gesamtdarstellung des chemischen Gleichgewichts wurde klarer; auch hier haben wir mehr ausgearbeitete Beispiele aufgenommen. Die Kapitel 8 und 9 wurden umgearbeitet und enthalten eine neue Darstellung von Säure-Base-Titrationskurven, die logischer und leichter verständlich ist als die bisher übliche. Das Kapitel 11 über Fällungstitrationen wurde etwas gekürzt. Kapitel 12 über Komplexe und Komplexbildungstitrationen wurde neu geschrieben; die Diskussion der Gleichgewichtskonstanten ist nun leichter nachzuvollziehen und enthält zahlreiche ausgearbeitete Beispiele.

In den ersten vierzehn Kapiteln werden die Grundlagen für einen kurzen Kurs in quantitativer analytischer Chemie behandelt. Ein weitergehender und gründlicherer moderner Kurs sollte jedoch zumindest einige der Themen berücksichtigen, die in den letzten Kapiteln von Teil I behandelt werden. Auch Kapitel 16 haben wir für die vorliegende Auflage neu bearbeitet; es bietet nun eine modernere und klarere Darstellung der Polarographie. Ein neuer Abschnitt über Gas-sensitive Elektroden wurde in Kapitel 17 hinzugefügt. Infolge der immer noch steigenden Bedeutung der chromatographischen Verfahren in der praktischen Analyse nimmt die Behandlung der Chromatographie in den Kapiteln 19 bis 22 einen ungewöhnlich breiten Raum ein. Alle diese Kapitel wurden revidiert und auf den neuesten Stand gebracht. Das Kapitel 20 über Gaschromatographie wurde vollständig neu geschrieben.

Auch die Spektralphotometrie gewinnt als quantitative Analysenmethode weiter an Bedeutung. In Kapitel 23 wurden die Theorie der Fluoreszenzmethoden neu bearbeitet und ein Abschnitt über die Geräteausstattung bei Infrarotmessungen hinzugefügt. Neue Abschnitte über Emissionsspektroskopie mit induktiv gekoppeltem Plasma und über flammenlose Atomabsorption wurden in Kapitel 24 eingebaut. Zum Abschluß der Überarbeitung des Teils I wurde das Kapitel 25 um neue Beispiele aktueller analytischer Probleme ergänzt.

Im Teil II wurden einige Änderungen vorgenommen. Mit Experiment 15 beschrieben wir die Bestimmung von Vitamin C im Trockenpulver für Instant Fruchtsaftgetränke. Darüber hinaus wurden theoretische Überlegungen über die Auswahl der Probenmenge von Kapitel 28 ins Kapitel 2 verlegt; stattdessen wurden im Kapitel 28 Angaben über die Behandlung von üblicherweise den Studenten zur Verfügung gestellten Analysenproben eingefügt. Ein repräsentatives Schema für die Protokollierung der gravimetrischen Chlorid-Bestimmung wurde in Kapitel 26 aufgenommen, um den Studenten, die als ersten Versuch eine gravimetrische Bestimmung durchführen, eine Anleitung zu geben.

Am Ende eines jeden Kapitels des Teiles I findet man eine Reihe von neuen Fragen und Aufgaben. In fast allen Fällen sind sie unter bestimmten Stichworten zusammengefaßt, um eine bequemere Auswahl für die Aufgabenstellung oder das Selbststudium zu gewährleisten. Für ungefähr die Hälfte der numerischen Aufgaben ist die Lösung am Ende des Buches angegeben.

Die Autoren danken *Robert L. Grob, Larry G. Hargis, Bruno Jaselkis* und *John E. Roberts* für das Lesen des Manuskriptes und für kritische Anmerkungen sowie *Dennis Johnson* für seine wertvollen Hinweise bei den elektrochemischen Kapiteln. Wir danken weiterhin unseren fortgeschrittenen Studenten und Mitarbeitern, die uns Material für eine Reihe von Abbildungen zur Verfügung stellten und uns bei vielen anderen Dingen behilflich waren. Schließlich möchten wir uns noch für die ausgezeichnete redaktionelle Betreuung durch *David Dahlbacka* bedanken.

James S. Fritz,
Iowa State University

George H. Schenk,
Wayne State University

Inhaltsverzeichnis

Jedem Kapitel ist ein ausführliches Inhaltsverzeichnis vorangestellt.

Teil I
Grundlagen und Theorie

Anhang

Teil I
Grundlagen und Theorie

Kapitel 1

Einführung

1.1 Das Wesen der Analytischen Chemie

Was ist Analytische Chemie?

Analytische Chemie ist der Zweig der Chemie, der sich mit der Trennung und der Analyse chemischer Substanzen befaßt. Traditionell hat sich die Analytik weitgehend mit Trennungen und mit der Bestimmung der chemischen *Zusammensetzung* befaßt. Die Entwicklung führt jedoch mehr und mehr dahin, auch die Bestimmung der chemischen *Struktur* und die Messung *physikalischer Eigenschaften* einzubeziehen. Die Analytische Chemie umfaßt sowohl die qualitative als auch die quantitative Analyse. In der qualitativen Analyse wird untersucht, *was* vorhanden ist, in der quantitativen Analyse, *wieviel* davon vorhanden ist. Das vorliegende Buch befaßt sich nahezu ausschließlich mit der quantitativen Analyse. Es scheint jedoch angebracht, kurz auf die qualitativen Methoden einzugehen, die zur Identifizierung der in einem Gemisch vorhandenen Substanzen benutzt werden.

Der systematische qualitative Schwefelwasserstoff-Trennungsgang ist nützlich zum Kennenlernen und Durchführen einer Reihe von chemischen Reaktionen, wird in der Praxis jedoch kaum noch als analytische Methode angewandt. Die Emissionsspektroskopie (Kapitel 24) ist eine schnelle und brauchbare Methode, um die in einer anorganischen Probe vorhandenen Elemente festzustellen. Für den Nachweis vieler Ionen und Moleküle sind empfindliche und selektive Tüpfelreaktionen ausgearbeitet worden. Auch die Chromatographie ist eine sehr nützliche Methode zur Trennung und zum Nachweis sowohl organischer wie auch anorganischer Substanzen (Kapitel 19–22). Zum Beispiel wurden Papier- und Dünnschichtchromatographie angewandt, um schnell Blutuntergruppen zu bestimmen[1] und um in Polizeilaboratorien die vielen in Kugelschreibern verwendeten Tinten zu identifizieren. Infrarotspektren liefern ausgezeichnete „fingerprints" (Fingerabdrücke) zur Identifizierung organischer und anorganischer Verbindungen (Kapitel 23). Diese und andere ausgeklügelte Methoden sind das Handwerkszeug der modernen qualitativen Analyse.

Der Unterricht in quantitativer Analyse hat sich in der Vergangenheit fast ausschließlich mit der Analyse von anorganischen Materialien befaßt. Zur Analytischen Chemie gehört aber auch die Analyse organischer Materialien. Zu den unterschiedlichen Aufgaben der Analytik zählen z.B. die Analyse von organischen Verbindungen, Arzneistoffen, Naturstoffen, Körperflüssigkeiten, Haaren, Nahrungsmitteln, verschmutzten Gewässern, Bodenproben, der Atmosphäre – und vieles mehr.

Was ist ein analytischer Chemiker?

Ein echter analytischer Chemiker zeichnet sich durch verschiedene charakteristische Eigenschaften aus. Er oder sie kennt die zur Analyse benutzten Methoden und Instrumente. Er versteht die der Analyse zugrunde liegenden Prinzipien, so daß er sie sinnvoll anwenden und gegebenenfalls durch Abwandlung einem gegebenen

Problem anpassen kann. Er ist häufig ein Forschungschemiker, der sich mit den analytischen Verfahren zugrundeliegenden Theorien befaßt oder auch vollständig neue Analysemethoden entwickelt. Er kann die Ergebnisse einer quantitativen Analyse auswerten und deuten.

Vor allem aber hat der Analytiker immer wieder neue Probleme zu lösen. Es wurde einmal gesagt, daß jedes Problem zu lösen sei, wenn es nur exakt beschrieben werden könne. Genau dies wird von einem analytischen Chemiker verlangt. Durch Stellen von Fragen und Sammeln von Informationen grenzt er das vorliegende Problem ein und arbeitet dann mit Erfahrung und Geschick einen Lösungsweg aus.

Demzufolge ist ein analytischer Chemiker ein gut ausgebildeter, geschickter und erfahrener Chemiker — im krassen Gegensatz zu den weitaus zahlreicheren „Gerätebedienern" und „Werteablesern", die lediglich an Knöpfen von Meßgeräten drehen oder Analysenvorschriften „nachkochen".

Welche Informationen liefert die chemische Analyse?

Die *qualitative Analyse* kann dazu dienen, die Anwesenheit oder Abwesenheit bestimmter Elemente, Ionen oder Moleküle festzustellen. So besteht z.B. der erste Schritt bei der Untersuchung einer verdächtigen Probe auf Lysergsäurediethylamid (LSD) darin, die Substanz unter ultraviolettem Licht zu betrachten[1]. Die meisten Halluzinogene wie das LSD erscheinen nach Entwicklung im Dünnschichtchromatogramm als fluoreszierende oder entfärbte Flecke, die man herauslösen und weiter untersuchen kann. Eine Strukturbestimmung kann durchgeführt werden, um den Aufbau beispielsweise eines neuen Medikaments festzustellen oder auch um die Struktur oder die Stereochemie eines bestimmten Teils eines neu synthetisierten Moleküls aufzuklären.

Der Hauptgesichtspunkt jedoch, unter dem die meisten Analysen durchgeführt werden, ist immer noch die *quantitative Analyse*, und mit ihr beschäftigt sich auch das vorliegende Buch in der Hauptsache. Die quantitative Analyse liefert Daten bezüglich der chemischen Zusammensetzung eines Stoffes. Diese Daten können sehr detailliert oder auch unvollständig und von allgemeinerer Art sein. Je nach Umfang und Art des erhaltenen Ergebnisses kann man eine quantitative Analyse wie folgt klassifizieren:

Vollständige Analyse. Die Menge eines jeden Bestandteiles einer Probe wird quantitativ bestimmt. So gibt z.B. die vollständige Analyse einer Benzinprobe den Prozentgehalt einer jeden darin enthaltenen Verbindung (Kohlenwasserstoffe, Bleitetraethyl, Trikresylphosphat usw.) an. Bei vielen Proben würde allerdings eine derartige vollständige Analyse unnötigen Zeitaufwand bedeuten. Man macht deshalb eine „vollständige" Analyse nur unter Berücksichtigung einer ausgewählten Anzahl von interessierenden Bestandteilen. So wird beispielsweise in klinischen Laboratorien eine „vollständige" Blutanalyse nur die Bestimmung von acht oder zwölf Be-

---

1 „Scientific Methods of Crime Investigation", *Chemistry 43*, 12 (1969)

standteilen wie Glucose, Natrium, Kalium, Bilirubin, alkalische Phosphatase usw. umfassen.[2]

Elementaranalyse. Die Menge eines jeden in einer Probe vorhandenen Elementes wird bestimmt, ohne Rücksicht darauf, *wie* das Element in der Probe vorliegt (im Gegensatz zur *Spezies-Analytik*, vgl. Abschnitt 2.1). Die Elementaranalyse einer Benzinprobe würde daher den Prozentgehalt an Kohlenstoff, Wasserstoff, Sauerstoff, Blei, Phosphor usw. angeben.

Teilanalyse. Die Menge eines bestimmten ausgewählten Bestandteiles einer Probe wird bestimmt. Die Teilanalyse einer Benzinprobe gibt daher z.B. nur den Prozentgehalt an Bleitetraethyl oder den Prozentgehalt an aromatischen Kohlenwasserstoffen an. Bei der Routineanalyse von handelsüblichen Aspirin®-Tabletten wird gewöhnlich die Menge der darin enthaltenen Synthesevorstufe Salicylsäure als Gradmesser für die Reinheit bestimmt. So liefert in vielen Fällen eine Teilanalyse bereits alle erforderlichen Informationen.

Anwendungsgebiete der Analytischen Chemie

Die Anwendungsgebiete der quantitativen Analyse sind weit gefächert — nicht nur in der Chemie, sondern auch in der Wirtschaft und auf anderen Gebieten der Wissenschaft und der Technik. Einige der wichtigsten Anwendungsgebiete sind:

Aufklärung der Beziehungen zwischen chemischer Zusammensetzung und physikalischen Eigenschaften. Die Wirksamkeit eines Katalysators, die mechanischen Eigenschaften eines Metalls, die Leistungsfähigkeit eines Kraftstoffes usw. können weitgehend von der chemischen Zusammensetzung abhängen.

Qualitätskontrolle. Die chemische Analyse ist von lebenswichtiger Bedeutung bei der Aufrechterhaltung einer guten Qualität der Luft, die wir atmen, und des Wassers, das wir trinken. Grenzwerte müssen festgelegt und regelmäßige Analysen durchgeführt werden, um die Einhaltung der Grenzwerte zu kontrollieren. In der Industrie wird die Analytik benötigt, um festzustellen, ob die Rohstoffe den Qualitätsanforderungen genügen, und um die Reinheit des Endproduktes zu überprüfen.

Bestimmung des Gehalts an Wertstoffen. Die Bestimmung des Fettgehaltes in Sahne, des Urangehaltes in einem Erz und des Proteingehaltes eines Nahrungsmittels sind nur drei aus einer Vielzahl von Beispielen.

Medizinische Diagnostik. Die chemische Analyse findet in steigendem Maße Anwendung in der medizinischen Diagnostik. So liefert beispielsweise die Anwesenheit meßbarer Mengen von Bilirubin und erhöhter Mengen an alkalischer Phosphatase (einem Enzym) im Blutserum eines Patienten einen Hinweis auf eine gestörte Leberfunktion.[2]

Forschung. Im Rahmen vieler Projekte der Grundlagenforschung und der Anwendungstechnik hat die Analytik einen hohen Stellenwert. Als Beispiele seien erwähnt: die Bestimmung von Metallspuren, die in Lösung gehen (Korrosionsunter-

2 L.T. Skeggs, *Anal. Chem. 38*, 31 A (1966)

suchungen); die Identifizierung eines Konkurrenzproduktes; Reaktionsbedingungen (hohe Ausbeute); oder die Messung des Verteilungskoeffizienten bei einer Extraktion, um die besten Extraktionsbedingungen für einen großtechnischen Prozeß zu ermitteln.

Methoden der quantitativen Analyse

Die Variationsbreite der analytisch genutzten Methoden ist enorm. Eine Vielzahl verschiedener und leistungsstarker Methoden ist bisher entwickelt worden, doch immer noch schreitet die Suche nach neuen Methoden schnell voran. Einige der wichtigsten Methoden zur Mengenbestimmung einer gegebenen Substanz in einer Probe sind im nächsten Kapitel aufgeführt. Die Aufzählung ist weder erschöpfend, noch beinhaltet sie Methoden zur Auftrennung komplexer Mischungen.

Die Methoden der quantitativen Analyse basieren auf chemischen Reaktionen, auf der Messung bestimmter chemischer oder physikalischer Eigenschaften (wie z.B. von Spektren) oder auf einer Kombination von chemischen und physikalischen Eigenschaften (z.B. photometrische Titration). Auf einigen Gebieten der Analytik haben instrumentelle Methoden, die auf der Messung einiger physikalischer Eigenschaften beruhen, andere analytische Verfahren verdrängt. Instrumentelle Methoden sind oft schnell und lassen sich leicht automatisieren. So analysiert z.B. ein spezieller Emissionsspektrograph eine Metallprobe innerhalb weniger Minuten auf mehrere Bestandteile, und die Ergebnisse werden sofort per Datenleitung in den Produktionsbetrieb übermittelt.

Die Analyse kann entweder an *diskreten Proben* oder auch *auf kontinuierlicher Basis* durchgeführt werden, wobei im letzteren Falle die Konzentration eines speziellen Ions oder Moleküls kontinuierlich angezeigt wird. Eine kontinuierliche Analyse nimmt man vor, wenn eine bestimmte Konzentrationsänderung die Umwelt, die Sicherheit einer Substanz oder die Qualität eines Produktes beeinflussen kann. Diese Art der Analyse ist besonders wichtig im Umwelt- und Gesundheitsschutz. So muß – beispielsweise – der Fluorid-Gehalt von fluoridiertem Trinkwasser kontinuierlich überwacht werden, damit die Fluoridkonzentration nicht zu hoch und damit toxisch, aber auch nicht zu niedrig und damit unwirksam für den Schutz der Bevölkerung gegen Karies wird. Dies geschieht in der Praxis durch kontinuierliche kolorimetrische Messungen (Kapitel 5) oder mit Hilfe einer Fluorid-spezifischen ionensensitiven Elektrode (Kapitel 17).

Obwohl eine Reihe von rein instrumentellen Analysenmethoden entwickelt worden sind, sind chemische Methoden noch weit verbreitet und unverzichtbar, und dies aus verschiedenen Gründen. Viele Meßgeräte erfordern für jeden Probentyp eigene gründliche Eichmessungen, wohingegen die chemischen Methoden schnell an Proben wechselnder Art angepaßt werden können. Instrumentelle Methoden erreichen nicht immer die Genauigkeit und Präzision der chemischen Verfahren. So ist z.B. ein Emissionsspektrograph hervorragend geeignet für die Analyse von Spurenbestandteilen in Metalllegierungen, aber seine Genauigkeit in bezug auf die Hauptbestandteile ist chemischen Methoden weit unterlegen. Richtig angewandt, ergänzen sich die instrumentellen und die chemischen Methoden, und die besten analytischen

Laboratorien verwenden beide in weitem Umfang. Schließlich stellt die Kenntnis chemischer Methoden immer noch die beste Grundlage für das wirkliche Verständnis der Analytik und eines analytischen Problems dar.

1.2   Einige grundlegende Begriffe

Im verbleibenden Teil dieses Kapitels werden einige Grundlagen der quantitativen analytischen Chemie kurz dargestellt und einige der in diesem Buch gebrauchten Ausdrücke und Definitionen erklärt. Andere wichtigen Grundlagen, mit denen der Student – wie wir hoffen – bereits vertraut ist, werden in späteren Kapiteln noch einmal kurz erläutert. So wird z.B. das chemische Gleichgewicht in Kapitel 7 behandelt.

An dieser Stelle soll insbesondere auf die wichtigsten Größen und Einheiten in der Chemie (Stoffmenge, molare Masse, Stoffmengenkonzentration)[3], auf den Begriff der Aktivität und auf das Schreiben chemischer Gleichungen kurz eingegangen werden.

Die Stoffmenge und ihre Einheit

Die Chemie beschäftigt sich mit den Reaktionen von Elementen und deren Verbindungen. Sie bestehen aus kleinsten Einheiten, den Atomen, Molekülen oder den Ionen. Die Zahl der reagierenden kleinsten Einheiten kann der Chemiker nicht direkt zählen. Deshalb verwendet er zur Angabe der Stoffmenge n die Basiseinheit (SI-Einheit) Mol (Einheitenabkürzung: mol).

Das Mol ist die Stoffmenge eines Systems, das aus ebensoviel Einzelteilchen besteht wie Atome in 0,012 kg des Kohlenstoffnuklids ^{12}C enthalten sind; sein Einheitenzeichen ist „mol". Bei Benutzung des Mol müssen die Einzelteilchen spezifiziert sein; sie können Atome, Moleküle, Ionen, Elektronen sowie andere Teilchen oder Gruppen solcher Teilchen mit genau angegebener Zusammensetzung sein.

Beispiele:

$n_1(Ca^{2+})$ = 2 mmol; d.h., die Stoffmenge der Ca^{2+}-Portion beträgt 2 mmol
                         (Millimol, tausendstel Mol)

$n_2(H_2SO_4)$ = 0,5 mol

$n_3(MnO_4^-)$ = 40 mmol

Ein Mol Teilchen einer beliebigen Sorte sind stets $6,023 \cdot 10^{23}$ Teilchen; diese Anzahl heißt auch Avogadro-Konstante oder Loschmidtsche Zahl.

____

3 Vgl. dazu DIN 32625

Die molare Masse

Wenn der Chemiker eine bestimmte Stoffmenge benötigt, wird er sie z.B. einwiegen. Zwischen Masse $m(X)$ und Stoffmenge $n(X)$ des Stoffes X besteht die einfache Beziehung

$$M(X) = \frac{m(X)}{n(X)}\,. \qquad (1-1)$$

$M(X)$ heißt die *molare Masse* der Teilchenart X und hat die Einheit g/mol. Die molare Masse ist also die auf die Stoffmenge bezogene Masse. Ältere Bezeichnungen für die molare Masse sind Molmasse und Molekulargewicht.

Die molaren Massen berücksichtigen die relativen Häufigkeiten der verschiedenen in der Natur vorkommenden Isotope eines jeden Elementes. Isotope sind Atome desselben Elementes — haben also die gleiche Ordnungszahl —, aber mit unterschiedlichen molaren Massen. So besteht beispielsweise der natürlich vorkommende Stickstoff in der Hauptsache aus ^{14}N und nur zu einem geringen Teil aus ^{15}N; Lithium enthält hauptsächlich ^{7}Li und nur wenig ^{6}Li. Dementsprechend ist die molare Masse des natürlich vorkommenden Stickstoffs größer als 14 g/mol, sie beträgt 14,007 g/mol, und diejenige des Lithiums ist mit 6,939 g/mol etwas kleiner als 7 g/mol. Die Tatsache, daß Isotope einiger Elemente teilweise aufgetrennt werden können, kann die Arbeit des analytischen Chemikers erschweren. So wird z.B. bei einer gravimetrischen Lithium-Bestimmung der Li-Gehalt aus der Masse des ausgewogenen Lithiumsulfats und dem Verhältnis zwischen der Atommasse des Lithiums und der molaren Masse des Lithiumsulfats berechnet. Eine Analysenprobe, bei der das normale Verhältnis von ^{6}Li zu ^{7}Li durch Isotopenanreicherung verändert worden ist, liefert daher falsche Ergebnisse, wenn die „normale" — die natürliche mittlere — molare Masse für Lithium benutzt wird.

Beispiele:

1 mol H_2O = 18,01 g
1 mol Na_2SO_4 = 142,01 g
1 mol Na = 22,99 g
1 mol Cl_2 = 70,90 g
1 mol Cl^- = 35,45 g

Die Anzahl $n(X)$ der Mole — die *Stoffmenge* — in einer bestimmten Masse einer Substanz X ergibt sich nach Gl. (1−1) aus der Masse $m(X)$ der Substanz X, dividiert durch ihre molare Masse $M(X)$:

$$n(X) = \frac{m(X)}{M(X)}$$

Beispiele:

5 g Silber sind $\dfrac{5\,\text{g}}{107{,}87\ \text{g/mol}} = 0{,}0464$ mol Silber.

48,03 g Sulfat (SO_4^{2-}) sind $\dfrac{48{,}03\ \text{g}}{96{,}06\ \text{g/mol}} = 0{,}5$ mol Sulfat.

10 g Harnstoff (H_2NCONH_2) sind $\dfrac{10\ \text{g}}{60{,}06\ \text{g/mol}} = 0{,}1665$ mol Harnstoff.

Die Äquivalentstoffmenge

Für eine Stoffmengenangabe kann auch das sogenannte *Äquivalentteilchen* (vgl. DIN 32 625) zugrunde gelegt werden, insbesondere für Stoffmengenangaben von Ionen sowie für Reaktionspartner von Neutralisations- und Redoxreaktionen.

Das Äquivalentteilchen, auch kurz Äquivalent genannt, ist der gedachte Bruchteil $\frac{1}{z^*}$ eines Teilchens X, wobei X ein Atom, Molekül, Ion oder eine Atomgruppe sein kann und z^* eine ganze Zahl ist, die sich aus der Ionenladung oder aufgrund einer definierten Reaktion (Äquivalenzbeziehung) ergibt.

Für die symbolische Darstellung von Äquivalentteilchen wird der Bruch $\frac{1}{z^*}$ vor das Symbol des Teilchens X gesetzt.

Beispiele:

$\frac{1}{2}Ca^{2+}$, $\frac{1}{2}H_2SO_4$, $\frac{1}{5}KMnO_4$, $\frac{1}{3}KMnO_4$

z^* ist die Anzahl der Äquivalente je Teilchen X; sie wird auch Äquivalentzahl genannt. Ist $z^* = 1$, so ist das Äquivalent mit dem Teilchen X identisch, z.B. $\frac{1}{1}HCl = HCl$.

Das Äquivalentteilchen $\frac{1}{z^*}X$ als gedachter Bruchteil des Teilchens X hat nur die formale Bedeutung, eine stöchiometrische Beziehung auszudrücken, in ähnlicher Weise, wie in Reaktionsgleichungen z.B. $\frac{1}{2}O_2$ gebraucht wird. Die qualitativen Eigenschaften bleiben unverändert, d.h. mit der „Teilung" ist keine materielle Zerlegung gemeint.

Es können u.a. folgende Arten von Äquivalenten unterschieden werden:

— *Ionenäquivalent*
Beim Ionenäquivalent ist die Äquivalentzahl z^* gleich dem Betrag $|z|$ der Ladungszahl z des Ions (siehe DIN 4896 und DIN 32 640).

— *Neutralisationsäquivalent*
Beim Neutralisationsäquivalent ist die Äquivalentzahl z^* des Teilchens gleich der Anzahl der H_3O^+-Ionen oder OH^--Ionen, die das Teilchen bei einer bestimmten Neutralisationsreaktion bindet oder abgibt.

— *Redoxäquivalent*
Für das Teilchen X in einer bestimmten Redox-Reaktion ist die Äquivalentzahl z^* der Betrag der Differenz der Oxidationszahlen des Teilchens X — gegebenenfalls desjenigen Atoms darin, das seine Oxidationszahl ändert — vor und nach der Reaktion.

Die Stoffmenge von Äquivalenten $n\,(\mathrm{eq})$, kurz auch Äquivalentstoffmenge genannt, wird für Berechnungen durch eine Größengleichung angegeben. Dabei wird das Symbol des Äquivalents, auf das sich die Angabe bezieht, in Klammern hinter das Formelzeichen n gesetzt.

Beispiele:

$n_1(\tfrac{1}{2}\mathrm{Ca}^{2+}) = 4\ \mathrm{mmol}$

$n_2(\tfrac{1}{2}\mathrm{H_2SO_4}) = 1\ \mathrm{mol}$

$n_3(\tfrac{1}{5}\mathrm{MnO_4^-}) = 200\ \mathrm{mmol}$

$n_4(\tfrac{1}{3}\mathrm{MnO_4^-}) = 120\ \mathrm{mmol}$

$n_5(\tfrac{1}{6}\mathrm{K_2Cr_2O_7}) = 30\ \mathrm{mmol}$

$n_6(\mathrm{eq}^+) = 2{,}5\ \mathrm{mmol}$

Zwischen der Stoffmenge $n\,(\mathrm{X})$ der Teilchen X in einer Stoffportion und der Stoffmenge $n(\tfrac{1}{z^*}\mathrm{X})$ ihrer Äquivalentteilchen $\tfrac{1}{z^*}\mathrm{X}$ besteht die Beziehung:

$$n\left(\tfrac{1}{z^*}\mathrm{X}\right) = z^* \cdot n(\mathrm{X})$$

Für die Bezeichnung $\tfrac{1}{z^*}\mathrm{X}$ kann als allgemeine Kurzform auch eq gesetzt werden.

Konzentration von Lösungen

Es gibt verschiedene Möglichkeiten, die Konzentration von Lösungen anzugeben. Die gebräuchlichsten Maßsysteme für Konzentrationen sind in Tabelle 1–1 zusammengefaßt. In der Analytischen Chemie wird die *Stoffmengenkonzentration* (früher *Molarität* genannt) am häufigsten zur Konzentrationsangabe benutzt, daneben auch die Äquivalentkonzentration (früher *Normalität* genannt). Analytische Berechnungen mit Hilfe dieser Größen werden später ausführlich behandelt (Kapitel 6).

Es ist wichtig, zwischen der analytischen Konzentration und der Gleichgewichtskonzentration einer Lösung zu unterscheiden. Die *analytische Konzentration* ist die Gesamtmenge in Gramm, Molen etc. eines gelösten Stoffes in einem definierten Lösungsvolumen. Dabei ist nichts darüber ausgesagt, ob der gelöste Stoff in der Lösung dissoziiert vorliegt oder nicht. So bedeutet beispielsweise

$c(\mathrm{KCl}) = 0{,}1\ \mathrm{mol/L}$, oder kurz: KCl, 0,1 mol/L,

daß die Lösung 0,1 mol = 7,45 g an Kaliumchlorid pro Liter Lösung enthält. Die Tatsache, daß Kaliumchlorid in wäßriger Lösung ausschließlich als K^+ und Cl^- (als hydratisierte Ionen) vorliegt, wird bei der Angabe der analytischen Konzentration nicht berücksichtigt. – Ein weiteres Beispiel: $c(\mathrm{CH_3COOH}) = 1\ \mathrm{mol/L}$ oder kurz $\mathrm{CH_3COOH}$, 1 mol/L, bedeutet, daß die Lösung 1,0 mol (60 g) Essigsäure pro Liter Lösung enthält. Die alten Abkürzungen der Art $0{,}1M$ KCl oder $1M$ $\mathrm{CH_3COOH}$ sind ebenfalls (noch) weit verbreitet. Hierbei steht M für mol/L.

Tabelle 1—1   Einige Maßsysteme für die Konzentration von Lösungen

gültige Bezeichnung	alter Name	Formelzeichen	altes Formelzeichen	Definition	Einheiten
Stoffmengenkonzentration	Molarität	$c(X)$	M	$\dfrac{\text{Stoffmenge des gelösten Stoffes}}{\text{Volumen der Lösung}}$	$\dfrac{\text{mol}}{\text{dm}^3}$; $\dfrac{\text{mol}}{\text{L}}$
Massenkonzentration*	–	$\beta(X)$	–	$\dfrac{\text{Masse des gelösten Stoffes}}{\text{Volumen der Lösung}}$	$\dfrac{\text{g}}{\text{L}}$; $\dfrac{\text{mg}}{\text{mL}}$
Volumenkonzentration*	–	$\sigma(X)$	–	$\dfrac{\text{Volumen des gelösten Stoffes}}{\text{Volumen der Lösung}}$	$\dfrac{\text{mL}}{100\ \text{mL}}$
Äquivalentkonzentration	Normalität	$c_{eq}(X)$	N	$\dfrac{\text{Äquivalentstoffmenge des gelösten Stoffes}}{\text{Volumen der Lösung}}$	$\dfrac{\text{mol}}{\text{L}}$
Molalität	–	$b(X)$	m	$\dfrac{\text{Stoffmenge des gelösten Stoffes}}{\text{Masse des Lösungsmittels}}$	$\dfrac{\text{mol}}{\text{kg}}$
Molenbruch	–	–	x	$\dfrac{\text{Stoffmenge des gelösten Stoffes}}{\left(\substack{\text{Stoffmenge des}\\ \text{Lösungsmittels}}\right) + \left(\substack{\text{Stoffmenge des}\\ \text{gelösten Stoffes}}\right)}$	–

* Diese Größen können auch in Massenprozent (früher: „Gewichtsprozent") oder Volumenprozent ausgedrückt werden, indem der Wert mit 100 multipliziert wird.

Die *Gleichgewichtskonzentration* ist diejenige Konzentration von Ionen oder Molekülen, wie sie tatsächlich in der Lösung vorliegen, und berücksichtigt die mögliche Dissoziation eines gelösten Stoffes in seine Ionen. Die Angabe der Gleichgewichtskonzentration wird häufig durch Schreiben der betreffenden Spezies (z.B. des Ions oder Moleküls) in eckigen Klammern ausgedrückt. Die kurze Schreibweise in eckigen Klammern bedeutet außerdem, daß die Konzentration der Spezies in mol pro Liter angegeben ist: $[K^+] = 0,1$ bedeutet, daß die Lösung $0,1$ mol Kaliumionen pro Liter enthält; oder $[CH_3COOH] = 1,0$ bedeutet, daß die Gleichgewichtskonzentration an molekularer (nicht dissoziierter) Essigsäure $1,0$ mol pro Liter ist. Da Essigsäure in Wasser teilweise dissoziiert ist, muß die analytische Konzentration der Essigsäure etwas größer als $1,0$ mol/L sein, um eine Gleichgewichtskonzentration von $1,0$ mol/L zu ergeben.

Die Konzentrationsangabe in *„parts per million"* (ppm) ist in der Spurenanalyse weit verbreitet. Bei 1 ppm enthält eine Lösung 1 Teil an gelöster Substanz pro einer Million Teile Lösung. Da 1 Liter Wasser etwa einer Million Milligram entspricht, enthält eine Lösung mit einem Gehalt von 1 ppm etwa 1 mg an gelöster Substanz pro Liter Lösung. Oft wird daher auch die Einheit ppm als mg/L angegeben, obwohl ein Liter der Lösung etwas mehr oder weniger als ein Kilogramm wiegen kann. Die Empfindlichkeit der analytischen Methoden ist mittlerweile so verbessert worden, daß neuerdings auch Konzentrationsangaben in *„parts per billion"* (ppb, Teile pro Milliarde) oder sogar in *„parts per trillion"* (ppt) allgemein üblich sind. Bei Feststoffen bedeutet sinngemäß die Konzentrationsangabe in ppm den Gehalt in mg pro kg an fester Substanz.

Aktivität und Aktivitätskoeffizienten

Bezogen auf ihre Fähigkeit, in Lösung zu dissoziieren, können gelöste Stoffe eingeteilt werden in: Nichtelektrolyte (wie Zucker und Harnstoff), schwache Elektrolyte (wie schwach dissoziierte Säuren und Basen) und starke Elektrolyte (wie HCl oder KCl), letztere sind in wäßriger Lösung zum größten Teil oder vollständig dissoziiert (bekanntlich liegt Kaliumchlorid auch im festen Zustand vollständig in Ionenform vor).

Von sehr verdünnten Lösungen abgesehen, ist die effektive Konzentration von Ionen in einer Lösung (wie sie durch Gefrierpunktserniedrigung oder elektrische Leitfähigkeit oder durch andere Methoden bestimmt werden kann) im allgemeinen niedriger als die tatsächlich vorhandene und bekannte Konzentration der Ionen. Deshalb wird der Ausdruck *„Aktivität"* gebraucht, um die aktive oder effektive Konzentration eines Ions oder Moleküls in Lösung anzugeben. Die Beziehung zwischen Stoffmengenkonzentration und der Aktivität kann durch die Einführung des sogenannten *Aktivitätskoeffizienten* hergestellt werden. In der Gleichung

$$a(X) = f(X) \cdot c(X)$$

(1–2)

bedeuten $a(X)$ die Aktivität eines Ions, $f(X)$ den Aktivitätskoeffizienten dieses Ions und $c(X)$ die Stoffmengenkonzentration des Ions. In sehr verdünnten Lösungen nähert sich $f(X)$ dem Wert 1; $a(X) \approx c(X)$. Mit zunehmender Konzentration wird der Aktivitätskoeffizient immer kleiner, und die Werte von $a(X)$ und $c(X)$ divergieren immer mehr. Der Aktivitätskoeffizient eines Ions mit einer Ladung größer als 1 ist bei jeder Konzentration immer kleiner als derjenige eines Ions der Ladung 1. Die Aktivitätskoeffizienten von nichtdissoziierten Substanzen sind annähernd 1, ausgenommen in sehr konzentrierten Lösungen.

Die Unterschiede zwischen Konzentration und Aktivität beruhen auf elektrostatischer Wechselwirkung zwischen positiv und negativ geladenen Ionen in der Lösung. Ionen gleicher Ladung stoßen sich ab und Ionen entgegengesetzter Ladung ziehen sich an. Anziehung und Abstoßung sind in wäßriger Lösung nicht so stark wie in Lösungsmitteln mit niedriger Dielektrizitätskonstante. In den meisten Fällen wird die Umgebung eines positiven Ions eine negative Überschußladung und die Umgebung eines negativen Ions eine positive Überschußladung aufweisen. Dadurch wird die Beweglichkeit der Ionen in Lösung in gewissem Maße behindert. Sie können nicht so aktiv sein wie gänzlich freie Ionen. Wird die Lösung verdünnt, so sind die Ionen weiter voneinander entfernt, und der gegenseitige Einfluß wird geringer. Aus den Gesetzmäßigkeiten der elektrostatischen Anziehung und Abstoßung sowie dem Boltzmannschen Verteilungssatz — dieser beschreibt die elektrostatischen Effekten entgegenwirkende thermische Bewegung — haben Debye und Hückel eine Gleichung abgeleitet, die es erlaubt, Aktivitätskoeffizienten theoretisch zu berechnen. Nach Debye und Hückel hängt der Aktivitätskoeffizient eines jeden Ions von der *Ionenstärke* in der Lösung ab. Die Ionenstärke μ einer Lösung ist durch die Gleichung

$$\mu = \tfrac{1}{2} \cdot \Sigma \, [X] \cdot Z^2(X) \qquad\qquad (1-3)$$

gegeben, wobei $[X]$ die Gleichgewichtskonzentration des Ions X und $Z(X)$ die Ladungszahl (+ oder −) des Ions X bedeuten. [*Hinweis:* Die Stoffmengenkonzentration wird hier dimensionslos eingesetzt (Division durch 1 mol/L), so daß auch die Ionenstärke eine dimensionslose Größe ist.]

Beispiele:

a) Berechnen Sie die Ionenstärke einer Kaliumchloridlösung der Stoffmengenkonzentration $c = 0{,}1$ mol/L.

Wegen $[K^+] = 0{,}1$ und $[Cl^-] = 0{,}1$ (KCl ist vollständig dissoziiert) ist die Ionenstärke
$\mu = \tfrac{1}{2} [0{,}1 \cdot 1^2 + 0{,}1 \cdot (-1)^2] = 0{,}1$.

b) Berechnen Sie die Ionenstärke einer Natriumsulfatlösung, $c(Na_2SO_4) = 0{,}1$ mol/L.

$[Na^+] = 0{,}2$; $[SO_4^{2-}] = 0{,}1$; dann wird
$\mu = \tfrac{1}{2} [0{,}2 \cdot 1^2 + 0{,}1 \cdot (-2)^2] = \tfrac{1}{2}(0{,}2 + 0{,}4) = 0{,}3$.

Bei der Berechnung der Ionenstärke einer Lösung kann der Beitrag durch schwach dissoziierte Verbindungen wie z.B. eine schwache Säure vernachlässigt werden.

Die Debye-Hückel-Gleichung, welche den Aktivitätskoeffizienten eines Ions zu der Ionenstärke der Lösung in Beziehung setzt, lautet

$$-\log f(X) = \tfrac{1}{2} \cdot Z^2(X) \cdot \sqrt{\mu} \, , \qquad (1-4)$$

wobei $f(X)$ der Aktivitätskoeffizient eines Ions, $Z(X)$ die Ladung ($+$ oder $-$) des Ions und μ die Ionenstärke der Lösung ist. Diese Gleichung ist bei der Abschätzung von Aktivitätskoeffizienten in einer Lösung mit relativ geringer Ionenstärke nützlich. Die in Tabelle 1−2 angegebenen Aktivitätskoeffizienten sind mit einer abgeänderten Form der Debye-Hückel-Gleichung berechnet worden, welche den Ionenradius mit berücksichtigt. Experimentell können nur mittlere Aktivitätskoeffizienten ($f_\pm$) gemessen werden (der Mittelwert von f_+ und f_-); es gibt keine experimentelle Methode zur Messung der Aktivitätskoeffizienten von einzelnen Ionen. Die für verschiedene Elektrolyte aus den theoretisch ermittelten Aktivitätskoeffizienten einzelner Ionen berechneten mittleren Aktivitätskoeffizienten stimmen jedoch bis zu einer Ionenstärke von etwa 0,1 hinreichend mit den experimentell ermittelten mittleren Aktivitätskoeffizienten überein.

Die Aktivität von Lösungsmitteln, Feststoffen und Gasen wird anders definiert als die von gelösten Substanzen in einer Lösung. Einer reinen Flüssigkeit (z.B. Wasser) wird die Aktivität 1 ($a = 1$) zugeordnet. In analoger Weise hat auch eine reine Festsubstanz die Aktivität 1. Ein Gas hat bei einem Druck von 1 bar ebenfalls die Aktivität 1.

Einige Aspekte der Analytischen Chemie kann man nur verstehen, wenn man mit dem Konzept der Aktivitäten vertraut ist. So müssen z.B. die Aktivitätskoeffizienten immer dann verwendet werden, wenn mit Hilfe von Gleichgewichtskonstanten genaue Berechnungen angestellt werden sollen. Obwohl bei solchen Berechnungen die Aktivitätskoeffizienten häufig außer acht gelassen werden, sollte der Student daran denken, daß hier mit Näherungen gearbeitet wird und unter welchen Bedingungen solche Näherungen zulässig sind. Die Potentiale einiger analytisch wichtiger Elektroden hängen von den Aktivitäten bestimmter Ionen in Lösung ab. So mißt z.B. ein pH-Meßgerät die Aktivität der Wasserstoffionen in der Lösung, und nicht ihre Konzentration.

Reaktionsgleichungen

Löst sich ein fester Stoff in Wasser oder in einem anderen Lösungsmittel, so wird seine Kristallstruktur zerstört, wobei man im allgemeinen eine Temperaturänderung beobachten kann. Der Stoff kann in Form von Molekülen, von Ionenpaaren oder von einfachen oder komplexen Ionen in Lösung gehen. Die gelösten Moleküle treten dabei mit dem Lösungsmittel in Wechselwirkung, sie werden solvatisiert. Beim Aufstellen von Formeln oder Reaktionsgleichungen wird jedoch selten die sol-

Tabelle 1–2   Aktivitätskoeffizienten verschiedener Ionen als Funktion der Ionenstärke

Ion	Ionengröße-parameter	Aktivitätskoeffizient (bei der jeweils angegebenen Ionenstärke μ)				
		$\mu = 0,002$	$\mu = 0,01$	$\mu = 0,02$	$\mu = 0,1$	$\mu = 0,2$
H^+	9	0,967	0,933	0,914	0,086	0,83
Li^+	6	0,965	0,929	0,907	0,835	0,80
Na^+, IO_3^-, HSO_4^-	4	0,964	0,927	0,901	0,815	0,77
OH^-, F^-, ClO_4^-	3,5	0,964	0,926	0,900	0,81	0,76
K^+, Cl^-, Br^-, I^-	3	0,964	0,925	0,899	0,805	0,755
NH_4^+, Ag^+	2,5	0,964	0,924	0,898	0,80	0,75
Mg^{2+}, Be^{2+}	8	0,872	0,755	0,69	0,52	0,45
$Ca^{2+}, Cu^{2+}, Zn^{2+}, Mn^{2+}, Ni^{2+}, Co^{2+}$	6	0,870	0,749	0,675	0,485	0,405
Ba^{2+}, Cd^{2+}	5	0,868	0,744	0,67	0,465	0,38
Pb^{2+}	4,5	0,867	0,742	0,665	0,455	0,37
SO_4^{2-}, HPO_4^{2-}	4	0,867	0,740	0,660	0,445	0,355
$Al^{3+}, Fe^{3+}, Cr^{3+}$	9	0,738	0,54	0,445	0,245	0,18
PO_4^{3-}	4	0,725	0,505	0,395	0,16	0,095
$Th^{4+}, Zr^{4+}, Ce^{4+}$	11	0,588	0,35	0,255	0,10	0,065

vatisierte Form der Ionen oder Moleküle niedergeschrieben, ausgenommen im Fall des Wasserstoffions, welches eine ungewöhnlich hohe Solvatationsenergie aufweist und in Lösung im unsolvatisierten Zustand nicht existieren kann. In wäßriger Lösung liegt es z.B. als Hydroniumion H_3O^+ vor, wird jedoch oft nur als Wasserstoffion H^+ bezeichnet.[4]

Beim Schreiben einer Reaktionsgleichung für stark dissoziierte Substanzen ist es genauer (und gewöhnlich auch bequemer), die Reaktion der beteiligten Ionen zu formulieren, anstatt die vollständigen stöchiometrischen Formeln der reagierenden Stoffe hinzuschreiben. Betrachten wir einmal was geschieht, wenn wir eine wäßrige Lösung von Silbernitrat zu einer wäßrigen Lösung von Natriumchlorid geben. Die eine Lösung enthält Ag^+ und NO_3^-; die andere Na^+ und Cl^-. Wenn man die beiden Lösungen vermischt, dann vereinigen sich die Ag^+- und Cl^--Ionen unter Bildung eines Niederschlags von Silberchlorid:

$$Ag^+ + Cl^- \rightarrow AgCl(s)$$

Damit ist die abgelaufene Reaktion einfach und eindeutig formuliert (Netto-Ionengleichung). Was aber ist mit dem Na^+ und dem NO_3^- in der Lösung? Sollte man nicht $NaNO_3$ oder $Na^+NO_3^-$ als weiteres Reaktionsprodukt mit aufführen? Für eine wäßrige Lösung heißt die Antwort „nein", da ja Na^+ und NO_3^- als freie Ionen in der Lösung verbleiben und nicht miteinander reagieren. Eine Gleichung, die alle in Lösung befindlichen Ionen berücksichtigt (Bruttogleichung), sieht wie folgt aus:

$$Ag^+ + NO_3^- + Na^+ + Cl^- \rightarrow AgCl(s) + Na^+ + NO_3^-$$

Tatsächlich haben aber nur das Silberion und das Chloridion unter Niederschlagsbildung reagiert.

Des besseren Verständnisses wegen werden wir gelegentlich in Klammern die eingesetzten Verbindungen angeben, um zu zeigen, woher die reagierenden Ionen stammen; z.B.

$$Ag^+ \quad + \quad Cl^- \quad \rightarrow \quad AgCl(s)$$
$$(AgNO_3) \qquad (NaCl)$$

$$2\,H_3O^+ \quad + \quad CO_3^{2-} \quad \rightarrow \quad 3\,H_2O + CO_2$$
$$(HCl) \qquad (Na_2CO_3)$$

Viele Substanzen liegen in Lösung als ein Gemisch mehrerer Spezies vor. In solchen Fällen ist es schwierig, eine chemische Reaktionsgleichung mit genauer Angabe der reagierenden Spezies aufzustellen. Wir werden schwache Elektrolyte in der molekularen Form schreiben, obwohl sie zu einigen Prozent auch dissoziiert sein können; z.B.

$$OH^- + CH_3COOH \rightarrow H_2O + CH_3COO^-$$
$$(NaOH)$$

---

4 Anm. d.Ü.: Vermutlich liegen Aggregate des Typs $[H_9O_4]^+$ vor. Die Schreibweise H_3O^+ ist in Gleichungen vorzuziehen, da so der Brönsted-Säure-Charakter deutlich wird.

Essigsäure (CH_3COOH) liegt überwiegend in der molekularen Form vor, obwohl sie teilweise auch in H_3O^+ und CH_3COO^- dissoziiert ist.

Manchmal ist es schwierig, eine einzelne vorherrschende Form einer chemischen Verbindung anzugeben. In solchen Fällen schreibt man einfach das Elementsymbol mit einer römischen Zahl in Klammern, die den Oxidationszustand des Elementes angibt. Vierwertiges Cer liegt in einer Cersulfat-Lösung als ein Gemisch von verschiedenen Formen vor, wie Ce^{4+}, $[Ce(OH)]^{3+}$, $[Ce(SO_4)]^{2+}$, $Ce(SO_4)_2$ und $[Ce(SO_4)_3]^{2-}$. Die Schreibweise Ce(IV) oder Cer(IV) gibt einfach an, daß das Cer in der Oxidationsstufe $+4$ in Lösung vorliegt, ohne genaue Angabe des ionischen oder molekularen Zustandes.

Aufgaben

Rechnen mit Konzentrationen

1.1   Es ist für jede der folgenden Reaktionen das Verhältnis anzugeben, in dem die beiden Reaktionspartner miteinander reagieren, sowohl in Mol als auch in Gramm.

   a) $2\,CH_3OH + 2\,Na \rightarrow 2\,CH_3ONa + H_2(g)$

   b) $2\,Fe^{3+} + Zn \rightarrow 2\,Fe^{2+} + Zn^{2+}$

   c) $H_3PO_4 + 2\,NH_3 \rightarrow 2\,NH_4^+ + HPO_4^{2-}$

   d) $Fe^{2+} + 3\,C_{10}H_8N_2 \rightarrow [Fe(C_{10}H_8N_2)_3]^{2+}$

   e) $IO_4^- + 7\,I^- + 8\,H_3O^+ \rightarrow 4\,I_2 + 12\,H_2O$

1.2   Wie groß ist die Stoffmengenkonzentration einer Harnstofflösung, die in 750 mL 10 g Harnstoff (NH_2—CO—NH_2) enthält?

1.3   Wie groß ist die Stoffmengenkonzentration einer Kaliumsulfatlösung, die pro Liter 1,74 g des wasserfreien Salzes enthält? Es ist die molare Gleichgewichtskonzentration der Kaliumionen und der Sulfationen zu berechnen, wobei vollständige Dissoziation angenommen wird.

1.4   Berechnen Sie die Stoffmengen von Ammoniumchlorid in den angegebenen Volumina der folgenden Lösungen:

   a)   9 mL einer Lösung mit $c(NH_4Cl) = 2{,}0$ mol/L

   b) 500 mL einer Lösung mit $c(NH_4Cl) = 0{,}2$ mol/L

   c)   45 mL einer Lösung mit $c(NH_4Cl) = 0{,}6$ mol/L

   d) 100 mL einer Lösung, die 10,7 g/L enthält.

1.5   Auf welches Volumen muß man 10 mL einer Salzsäurelösung, $c(HCl) = 13$ mol/L, auffüllen, um eine Lösung mit $c(HCl) = 0{,}5$ mol/L zu erhalten?

1.6   Im folgenden ist die analytische Konzentration mehrerer wäßriger Lösungen angegeben. Geben Sie für jede der Lösungen die darin vorliegenden Ionen oder Moleküle sowie ihre Gleichgewichtskonzentrationen an (dabei wird für starke Elektrolyte die vollständige Dissoziation vorausgesetzt).

     a)   KCl, $c(\text{KCl}) = 0{,}1$ mol/L

     b) H_2SO_4, $c(H_2SO_4) = 0{,}1$ mol/L

     c)   Glukose ($C_6H_{12}O_6$), $c(\text{Glukose}) = 0{,}5$ mol/L

     d) $CuSO_4$, $c(CuSO_4) = 0{,}5$ mol/L

     e) $MgCl_2$, $c(MgCl_2) = 0{,}15$ mol/L

     f)   Methanol, $c(CH_3OH) = 0{,}15$ mol/L

1.7   Essigsäure in Lösung, $c(CH_3COOH) = 1{,}0$ mol/L, ist zu etwa 0,4 % dissoziiert. Berechnen Sie die Gleichgewichtskonzentrationen des Wasserstoffions, des Acetations und der undissoziierten Essigsäure in einer solchen Lösung.

1.8   Schreiben Sie die Reaktionsgleichung für die Reaktion von Bromwasserstoff mit Wasser.
Welche Ionen sind dabei in der solvatisierten Form zu schreiben?

Ionenstärke und Aktivität

1.9   Berechnen Sie die Ionenstärke μ für jede der folgenden Lösungen mit der angegebenen Stoffmengenkonzentration:

     a) $c(NaClO_4) = 0{,}5$ mol/L

     b) $c(Mg(ClO_4)_2) = 0{,}5$ mol/L

     c) $c(Al(ClO_4)_3) = 0{,}5$ mol/L

     d) $c(Th(ClO_4)_4) = 0{,}5$ mol/L

1.10   Berechnen Sie mit der einfachen Debye-Hückel-Gleichung die folgenden Aktivitätskoeffizienten:

     a) H^+ bei $\mu = 0{,}05$

     b) Ca^{2+} bei $\mu = 0{,}01$

     c) Ca^{2+} bei $\mu = 0{,}0005$

     d) PO_4^{3-} bei $\mu = 0{,}02$

1.11   Es ist anzugeben, wie sich die Gesamtionenstärke ändert, wenn zu einer Lösung einer schwachen Säure HA, $c(\text{HA}) = 0{,}01$ mol/L, Natronlauge, $c(NaOH) = 0{,}01$ mol/L, gegeben wird.

1.12   Ein pH-Meter mißt die Aktivität $a(H^+)$ des solvatisierten Wasserstoffions in einer Lösung. Der gemessene pH-Wert einer Salzsäurelösung ist 2,00, was der Aktivität $a(H^+) = 0,01$ entspricht. Wenn der Aktivitätskoeffizient $f(H^+) = 0,91$ ist, wie groß ist dann die Wasserstoffionenkonzentration $[H^+]$ in der Lösung?

1.13   Wie wird die Aktivität des Lithiumions beeinflußt, wenn zu einer $LiNO_3$-Lösung, $c(LiNO_3) = 0,1$ mol/L, festes KCl hinzugegeben wird? Erklären Sie den Effekt. ($LiNO_3$- und KCl-Lösungen sind starke Elektrolyte.)

1.14   Ergänzen Sie in der folgenden Tabelle das Symbol des jeweils angegebenen Elements mit seiner jeweiligen Oxidationsstufe (römische Ziffer in Klammern).

Verbindung	Element	Element mit Oxidationsstufe
$Cr_2O_7^{2-}$, CrO_4^{2-}	Cr	[*Beispiel*: Cr (VI)]
$SnCl_2$, $SnCl_4^{2-}$	Sn	
TiO^{2+}, $Ti(OH)_3^+$	Ti	
SbO^+, $H_2SbO_3^-$	Sb	
HIO_4, H_5IO_6	I	

Kapitel 2

Durchführung einer chemischen Analyse

Obwohl die Methoden in der chemischen Analytik sich beträchtlich voneinander unterscheiden, gibt es doch Arbeitsschritte, die den meisten quantitativen Analysen gemeinsam sind. Sie werden im folgenden besprochen, um dem Leser einen allgemeinen Überblick über das Vorgehen bei einer chemischen Analyse zu geben.

2.1   Planung einer Analyse

Es kommt sehr häufig vor, daß eine Probe mit der Bitte, „sie zu analysieren", ins Labor gebracht wird. Auf näheres Befragen stellt sich jedoch oft heraus, daß der Einsender der Probe von der analytischen Information, die er wirklich benötigt, nur eine vage Vorstellung hat. Es ist Aufgabe des Analytikers, sich über das wirkliche Problem eine genaue Vorstellung zu machen und die Analyse so zu planen, daß sie eine sachgerechte Antwort liefert. Vor Beginn einer quantitativen Analyse sollten die folgenden Punkte geklärt werden:

(1) Welche analytische Information wird benötigt?
(2) Welche Einzelanalysen sind notwendig, um diese Information zu liefern? In diesem Zusammenhang ist auch zu klären, welche Genauigkeit gefordert wird. Außerdem ist genau zu überlegen, welchen Beitrag jede Einzelbestimmung zur Gesamtinformation liefert.
(3) Welche analytischen Methoden sollten angewandt werden? Vorteile der verschiedenen analytischen Methoden sollten verglichen werden, unter sorgfältiger Beachtung der Substanzen, die bei der jeweiligen Methode störend sind. Die Anzahl der zu analysierenden Proben, die erforderliche Genauigkeit und die Art der zur Verfügung stehenden analytischen Geräte haben dabei einen entscheidenden Einfluß auf die Wahl der Methode. Der Analytiker braucht also Erfahrung und die Kenntnis der Literatur der Analytischen Chemie, um eine vernünftige Wahl zu treffen.

2.2   Probennahme

Das Hauptproblem bei der Probennahme besteht darin, eine für den Laborbedarf ausreichende Probe zu nehmen, die für die Gesamtheit des zu untersuchenden Materials *repräsentativ* ist. Sehr oft ist es schwierig, eine solche Probe zu erhalten, da viele Materialien nicht homogen bezüglich der Zusammensetzung und der Teilchengröße sind, besonders wenn es sich um größere Mengen handelt.

Ein berühmtes Beispiel ist die Analyse des Mondgesteins, welches bei dem Flug der Apollo 11 zum Mond mit zurück zur Erde gebracht wurde. Es bestand die Hoffnung, daß die Mondproben organische Verbindungen enthielten, die Hinweise auf mögliches Leben auf dem Mond oder auf die Entstehung des Lebens auf der Erde geben könnten[1]. Es wurde gefunden, daß

---

1 *Chem. and Eng. News*, S. 42–47, 12. Januar 1970

der Gesamtgehalt an anorganischem und organischem Kohlenstoff weniger als 200 ppm betrug, wobei der Gehalt an organischem Kohlenstoff von einem Laboratorium mit 40 ppm, von einem anderen mit 1 ppm angegeben wurde. Nachdem über die Ergebnisse berichtet worden war, wurden viele Zweifel an der Bedeutung dieser Befunde laut. So waren beispielsweise die Proben von der Mondoberfläche und nicht aus Bereichen unterhalb der Mondoberfläche entnommen worden. Da aber die Mondoberfläche während des verlängerten Mondtages Temperaturen deutlich oberhalb des Siedepunktes oder des Sublimationspunktes von vielen organischen Verbindungen ausgesetzt ist, ist es sehr fraglich, ob eine Oberflächenprobe für die chemische Zusammensetzung der Mondkruste repräsentativ ist. Außerdem wurden die Proben aus einem Kilogramm eines Materials entnommen, das in einem sehr begrenzten Gebiet in der Nähe des Landeplatzes gesammelt worden war. Es ist sehr unwahrscheinlich, daß diese geringe Probemenge repräsentativ für die gesamte Mondoberfläche sein kann.

Die Bedeutung der richtigen Probennahme muß immer wieder betont werden. Nehmen wir einmal an, daß die chemische Analyse einer Laborprobe auf $\pm 1‰$ (Promille) genau sei, die Zusammensetzung der Laborprobe und die mittlere Zusammensetzung der Substanz sich aber um 10‰ unterscheiden. Dann ist offensichtlich das Endergebnis nur auf $\pm 10‰$ genau, anstatt der möglichen Genauigkeit von $\pm 1‰$. Da eine Analyse nur so zuverlässig sein kann wie die genommene Probe, ist die genaue Analyse einer schlecht genommenen Probe praktisch nutzlos.

Ein gutes Beispiel aus dem pharmazeutischen Bereich ist die Analyse von Tabletten oder Kapseln. Die Analyse einer einzelnen Kapsel oder Tablette, wie z.B. von Aspirin, gibt kaum einen repräsentativen Wert für die Reinheit einer Flasche von 100 Tabletten oder einer ganzen Kiste solcher Flaschen. Es ist leicht möglich, daß eine einzelne Tablette von sehr viel höherer oder von sehr viel geringerer Reinheit als der Durchschnitt aller Tabletten sein kann. Es ist bekannt, daß Aspirin sich in Gegenwart von Feuchtigkeit zu Salicylsäure und flüchtiger Essigsäure zersetzt. Das korrekte Vorgehen ist daher, 20 Aspirintabletten auf den Prozentgehalt an Salicylsäure zu untersuchen. 20 Tabletten werden zusammen verrieben, um ein homogenes Pulver zu erhalten. Von diesem Pulver wird die einer Tablette äquivalente Menge für die Bestimmung entnommen. Damit ist die Wahrscheinlichkeit, daß die Zusammensetzung der Laborprobe dem allgemeinen Durchschnitt entspricht, sehr viel größer. Wenn der Salicylsäure-Gehalt 0,15 % für ungepuffertes Aspirin oder 0,75 % für gepuffertes Aspirin übersteigt, dann wird der zulässige Grenzwert als überschritten angesehen. (Es ist wichtig, den Salicylsäure-Gehalt niedrig zu halten, da diese die Magenschleimhaut weit stärker reizt, als dies beim reinen Aspirin der Fall ist.)

Bei homogenen Lösungen und Flüssigkeiten ist die Probennahme leicht, da jede Teilmenge eine repräsentative Probe liefert. Die korrekte Probennahme aus einer inhomogenen festen Substanz ist ein viel größeres Problem, besonders dann, wenn das Material eine Reihe von großen Partikeln enthält. Letzteres ist z.B. bei Kohle der Fall. Kohle ist hauptsächlich organischer Natur, wobei die Zusammensetzung der organischen Anteile bei den einzelnen Proben im allgemeinen sehr unterschiedlich ist. Es können Schichten anorganischer Salze oder anderer Fremdstoffe wie z.B. Pyrit (FeS_2) enthalten sein. So wird die Analyse von 2 Kohlestückchen unterschiedliche Ergebnisse liefern, wobei aber keines der beiden Ergebnisse repräsentativ für eine größere Ladung von Kohle sein muß. Die Probennahme kann durch Entmischungsvorgänge innerhalb des Materials noch erschwert werden; so kann Kohlestaub eine andere Zusammensetzung haben als größere Klumpen.

Für eine exakte Probennahme bei groben und inhomogenen Materialien wie beispielsweise bei Erzen oder Kohle muß zuerst eine große Querschnittsprobe entnommen werden. Dies läßt sich erreichen, indem man beim Entladen beliebige Stücke des Materials vom Förderband entnimmt. Dann wird diese grobe Querschnittsprobe zerkleinert. Den zerkleinerten Proben werden aus verschiedenen Bereichen wieder nach Belieben einzelne Teilproben entnommen, der Rest wird verworfen. Eine Probennahmetechnik besteht darin, das Material der groben Probe mehrere Male nacheinander aufzuhäufen und dabei jedesmal zwei gegenüberliegende Quadranten davon zu entnehmen, wobei die übrig bleibenden Quadranten verworfen werden. Durch Mahlen in einer Kugelmühle oder durch Zerreiben in einer Reibschale wird die Probe weiter zerkleinert. Um zu sehen, ob die endgültige Probe die benötigte Teilchengröße hat, kann man dabei Siebe benutzen.

Von verschiedenen Institutionen sind genau genormte Verfahren zur Probennahme verschiedener Materialien aufgestellt worden. Diese Methoden beruhen auf sorgfältigen Untersuchungen und langen Erfahrungen. In anderen Fällen benutzt der Analytiker allgemein übliche Verfahren, muß sich jedoch bei der Probennahme oft auf seinen eigenen Einfallsreichtum verlassen. Häufig sind besondere Kenntnisse notwendig um zu wissen, wo und wann am besten eine Probe für einen bestimmten Zweck entnommen wird. So muß z.B. eine Blutprobe dann entnommen werden, wenn der Körper normal funktioniert und die Aufnahme von Nahrungsmitteln die normalen Blutwerte nicht verändert. Deshalb werden Blutproben häufig morgens entnommen, bevor der Patient gefrühstückt hat.

Die Entnahme von Proben aus größeren Materialmengen erfolgt am besten dann, wenn das Material bewegt wird. So entnimmt man Proben von grobstückigen Feststoffen am besten durch Herausnehmen einzelner Stücke während des Entladens. Einer Flüssigkeit, die sich in einem Rohr bewegt, kann eine Probe am besten durch ein seitlich angesetztes kleineres Rohr entnommen werden, wie in Bild 2−1 gezeigt ist.

Proben von Metallen oder Festkörpern werden durch Bohren, Sägen oder Abschleifen gewonnen. Ein Probennahmegerät mit entfernbarem Verschluß kann zur Entnahme von Proben aus Flüssigkeiten benutzt werden, die Feststoffe suspendiert enthalten. Das Gefäß wird bis zur gewünschten Tiefe in die Flüssigkeit eingetaucht und dann vorübergehend geöffnet, um die Probe aufzunehmen. Bei der Probennahme von nichthomogenen Flüssigkeiten oder weichen Feststoffen sticht man ein Rohr bis zur vollen Tiefe in die Substanz ein und hebert dann den Materialkern im Inneren des Rohres heraus. Gasproben werden gewöhnlich entnommen, indem

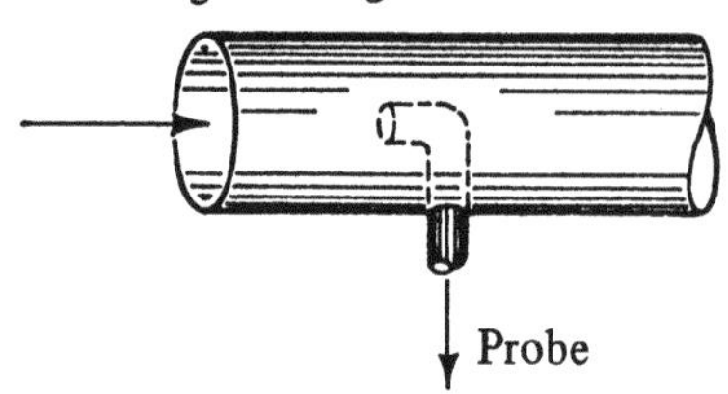

Bild 2-1
Probennahme einer strömenden Flüssigkeit

man das Gas durch Verdrängung einer entsprechenden Sperrflüssigkeit in eine Flasche einströmen läßt, die mit geeigneten Verschlüssen versehen ist.

Bei besonderen Fragestellungen kann es jedoch angebracht sein, nicht einen mittleren Gehalt der zu bestimmenden Substanz in einer Querschnittsprobe zu bestimmen, sondern eine *differenzierte Analyse* der Verteilung dieser Substanz vorzunehmen.[2] Hierbei kann es – je nach Fragestellung – auch wichtig sein, genau zwischen unterschiedlichen molekularen Spezies zu unterschieden, also nicht nur den Gesamtgehalt (z.B. eines Metalls) anzugeben. Diese Analytik wird *Spezies-Analytik* oder *Speziations-Analytik* genannt.[3] Von Bedeutung ist die Speziations-Analytik insbesondere bei der Untersuchung der toxischen Wirkungen eines Elements (wie z.B. Quecksilber), der Mobilität eines Elements in Böden oder der Anreicherung in Organismen.

2.3 Trocknen der Probe

Proben enthalten oft Wasser, entweder chemisch gebunden als Hydratwasser oder als eingeschlossene oder adsorptiv an der Oberfläche gebundene Feuchtigkeit. Der Wassergehalt verschiedener Materialien variiert innerhalb weiter Grenzen. Wasser ist ein natürlicher Bestandteil vieler biologischer Substanzen und macht mehr als 90 % des Frischgewichtes vieler pflanzlicher Materialien aus. Im Gegensatz dazu beträgt die durch Adsorption an einer Metalloberfläche gebundene Wassermenge meist nur einige ppm. Der Flüssigkeitsgehalt vieler Proben ist nicht konstant und ändert sich mit der Luftfeuchtigkeit. Außerdem ändert sich die Menge des adsorbierten Wassers mit der Partikelgröße, da die Proben mit kleineren Partikeln über eine größere Oberfläche zur Adsorption verfügen. Um reproduzierbare analytische Ergebnisse zu erhalten, werden die Proben gewöhnlich vor der Analyse getrocknet. Die prozentuale Zusammensetzung der Probe bezieht sich dann auf das Trockengewicht. Durch den Trocknungsvorgang kann man die Probe entweder vollkommen wasserfrei machen oder aber nur die adsorbierte Feuchtigkeit entfernen und das chemisch gebundene Wasser in der Probe erhalten. Gewöhnlich werden die Proben eine oder zwei Stunden lang bei 100° bis 110 °C in einem Ofen getrocknet. Unter diesen Bedingungen werden einige Proben bereits teilweise zersetzt und sollten daher bei niedrigeren Temperaturen oder überhaupt nicht getrocknet werden. Eine mit Hilfe einer Thermowaage aufgezeichnete Gewichts-Temperatur-Kurve gibt oft gute Hinweise auf die geeigneten Trocknungsbedingungen. Oberflächenfeuchtigkeit wird gewöhnlich schon bei niedrigeren Temperaturen abgegeben, und der Temperaturbereich, innerhalb dessen eine bestimmte Hydratstufe stabil ist, wird durch ein Plateau in der Kurve angezeigt. In ungünstigen Fällen zeigen die Gewichts-Temperatur-Kurven gewisser Substanzen keinen Plateaubereich, sondern einen mehr oder weni-

---

2 Siehe z.B. G. Schwedt und G. Jahns, *Fresenius Z. Anal. Chem. 328*, 85 (1987): „Analysenschema zur Untersuchung der Bleiverteilung in und auf kontaminierten Pflanzen".

3 Siehe z.B. G. Schwedt, *Fresenius Z. Anal. Chem. 327*, 9 (1987).

ger kontinuierlichen Gewichtsverlust mit ansteigender Temperatur. In solchen Fällen muß man sich darauf beschränken, während einer bestimmten Zeit bei einer willkürlich gewählten Temperatur zu trocknen, so daß verschiedene Laboratorien unter Einhaltung dieser Trockenbedingungen wenigstens reproduzierbare Ergebnisse erhalten. Das Trocknen thermolabiler Proben kann auch in einem Exsiccator mit Trockenmittel oder in einem Vakuumexsiccator erfolgen.

Manchmal kann es vorteilhaft sein, Proben auf der Basis „wie erhalten" zu analysieren. Während ein Teil der Probe gewogen und analysiert wird, bestimmt man den Feuchtigkeitsgehalt eines anderen Teiles der Probe durch Trocknen oder durch eine andere Methode der Wasserbestimmung (siehe folgendes Beispiel) genau. Das Analysenergebnis der Probe bezogen auf Trockensubstanz kann aus den erhaltenen Werten errechnet werden.

Beispiel:

Eine Nahrungsmittelprobe, analysiert auf der Basis „wie erhalten", ergibt einen Gehalt von 14,57 % Protein und 10,4 % Wasser. Man berechne den prozentualen Proteingehalt bezogen auf Trockensubstanz.
Vor dem Trocknen sind 14,57 mg Protein in 100 mg der Probe. Da aber 10,4 mg der Probe Feuchtigkeit sind, ergibt sich für den Prozentgehalt des Proteins in der trockenen Probe:

$$\frac{14{,}57 \text{ mg}}{89{,}6 \text{ mg}} \cdot 100 = 16{,}26 \% \text{ Protein.}$$

Obwohl eine zusätzliche Bestimmung erforderlich ist, wird die eben beschriebene Methode empfohlen, wenn ein Ergebnis so schnell wie möglich erhalten werden soll oder wenn die Proben im trockenen Zustand schwierig zu handhaben sind. So sind zum Beispiel Ionenaustauscherharze leicht zu wiegen, wenn sie sich im Gleichgewichtszustand mit der normalen Atmosphäre befinden. Nach dem Trocknen im Ofen sind sie jedoch stark hygroskopisch. Für Versuche zur Bestimmung des Verteilungskoeffizienten (Kapitel 21) werden viele Proben benötigt, die man gewöhnlich im lufttrockenen Zustand einsetzt; der Wassergehalt wird über den Gewichtsverlust nach dem Trocknen von zwei oder drei Proben bestimmt.

Der Gewichtsverlust nach dem Trocknen im Ofen ist nicht die einzige Möglichkeit, den Wassergehalt einer Probe zu bestimmen. Eine andere Methode besteht im Erhitzen der Probe und dem anschließenden Transport des abgegebenen Wasserdampfes mit einem trockenen Gasstrom in ein gewogenes Absorptionsrohr. Wasserfreies Magnesiumperchlorat wird gewöhnlich als Absorptionsmittel für Wasser benutzt. Der Wassergehalt wird durch Auswiegen des Absorptionsrohres und Bestimmung der Gewichtszunahme berechnet. – Die Karl-Fischer-Methode (Kapitel 14) ist noch ein weiteres Verfahren zur Bestimmung des Wassergehalts. Sie wird hauptsächlich zur Bestimmung des Wassergehaltes in organischen Verbindungen benutzt.

2.4   Bestimmung der Probenmenge

Das Ergebnis einer quantitativen Analyse wird nach DIN als Massenkonzentration (beispielsweise in mg/L oder in Massenprozent), Stoffmengenkonzentration (z.B. in mmol/L) oder Äquivalentkonzentration (z.B. in mmol/L) angegeben. Oft findet man auch Angaben in Volumenprozenten (Milliliter der zu bestimmenden Spezies pro 100 mL Probe), Molprozenten (Mole der zu bestimmenden Spezies pro 100 Mole Probe) oder in anderen relativen Größen.

Bei einer quantitativen Analyse dienen alle Maßnahmen nach Einwaage der Probe der Bestimmung der Menge von einem oder mehreren Bestandteilen, bezogen auf die bekannte Masse der Probe. Das Abwiegen von Proben auf einer Analysenwaage ist gewöhnlich sehr genau (Kapitel 27). Das Abmessen einer flüssigen Probe durch Volumenbestimmung mittels einer Pipette oder einer Bürette ist weniger genau als das Abwiegen, aber sehr viel schneller und bequemer. Häufig werden Proben gewogen, aufgelöst und auf ein definiertes Volumen verdünnt. Von dieser Lösung werden aliquote Teile zur Analyse abpipettiert. Dieses Verfahren kann man anwenden, wenn das Gewicht einer Probe zum genauen Auswiegen auf einer normalen Analysenwaage zu gering ist.

2.5   Lösen der Probe

Das verwendete Lösungsmittel sollte die Probe in einer möglichst kurzen Zeit vollständig auflösen. Weiterhin sollte das Lösungsmittel so gewählt werden, daß es in den nachfolgenden Analysenschritten keinen störenden Einfluß ausübt. Die zum Auflösen der meisten Proben benutzten Lösungsmittel können folgendermaßen klassifiziert werden:

Wasser. Viele anorganische Salze und einige organische Verbindungen lösen sich leicht in destilliertem Wasser. Gelegentlich wird eine geringe Menge einer Säure zugegeben, um Hydrolyse oder teilweises Ausfallen bestimmter Kationen zu verhindern.

Organische Lösungsmittel. Dies sind vor allem Alkohole, chlorierte Kohlenwasserstoffe, Ketone usw. Sie dienen gewöhnlich zum Auflösen organischer Verbindungen vor der Analyse.

Mineralsäuren. Konzentrierte oder leicht verdünnte Säuren lösen die meisten Metalle und Metallegierungen sowie viele Oxide, Carbonate, Sulfide etc. Salpetersäure, Salzsäure, Königswasser (Salpetersäure plus Salzsäure) oder Schwefelsäure sind die am meisten verwendeten Säuren, obwohl in einigen Fällen auch Perchlorsäure ($HClO_4$) oder Phosphorsäure eingesetzt werden können. Flußsäure — entweder allein oder im Gemisch mit anderen Säuren — ist ein gutes Lösungsmittel für Metalle, die in wäßrigen Lösungen stabile Fluorokomplexe bilden. Einige dieser Metalle (z.B. Niob und Tantal) sind in anderen Lösungsmitteln weitgehend unlöslich.

Aufschlüsse. Proben, die in Lösungsmitteln unlöslich sind, können in Lösung gebracht werden, indem man sie mit einer „Hochtemperatur-Säure" wie Kaliumpyrosulfat ($K_2S_2O_7$), einer Base wie Natriumcarbonat oder einem Oxidationsmittel wie Natriumperoxid (Na_2O_2) schmilzt. Die feingepulverte Probe wird mit dem feinkörnigen Aufschlußmittel innig vermischt und die Mischung anschließend in einem Tiegel geschmolzen. Das geschmolzene Aufschlußmittel greift die Probe an und löst sie auf. Danach wird der Tiegel abgekühlt und die verfestigte Schmelze in verdünnten wäßrigen Säuren oder Wasser aufgelöst.

Tabelle 2–1 Gebräuchliche Lösungsmittel zum Lösen von Metallen und einigen anderen anorganischen Materialien

Material	Lösungsmittel
Metalle	
As	HNO_3
Al	HCl; $NaOH$
As	HNO_3; Königswasser; H_2SO_4
Bi	HNO_3; Königswasser; H_2SO_4
Cd	HNO_3
Co	Säuren
Cr	$HClO_4$; HCl; verd. H_2SO_4
Cu	HNO_3; $HCl + H_2O_2$
Fe	Säuren
Hg	HNO_3; H_2SO_4
Mg	Säuren
Mo	HNO_3
Nb	$HF + HNO_3$
Ni	Säuren
Pb	HNO_3
Seltene Erden	HNO_3; HCl; $HClO_4$
Sb	H_2SO_4; $HNO_3 + $ Tartrat
Sn	HCl; Königswasser
Ta	$HF + HNO_3$
Th	HNO_3; HCl
Ti	HF; H_2SO_4
U	HNO_3
V	HNO_3; H_2SO_4
W	$HF + HNO_3$; $H_3PO_4 + HClO_4$
Zn	Säuren; $NaOH$
Zr	HF
Carbonate, Oxide, Sulfate	gewöhnlich in Säuren löslich; einige erfordern Schmelzaufschluß
Phosphate	einige sind in Säuren löslich, viele nur durch alkalischen Aufschluß
Silicate	die meisten Proben sind in Flußsäure löslich, wobei das Silicat als SiF_4 verflüchtigt wird; sehr häufig wird der alkalische Aufschluß angewandt

In Tabelle 2−1 sind einige allgemein übliche Lösungsmittel für Metalle und einige andere anorganische Materialien angegeben. Pickering[4] gibt eine ausgezeichnete Zusammenfassung und Besprechung der Methoden zur Auflösung der verschiedensten anorganischen Proben.

2.6 Abtrennung störender Substanzen

Die ideale quantitative Bestimmungsmethode ist eine für die zu bestimmende Substanz *spezifische* Methode, d.h. eine Methode, mit der man die interessierende Substanz in Gegenwart jeder möglichen Kombination von Fremdsubstanzen genau bestimmen kann. Es gibt zwar viele *selektive* Methoden, leider aber nur wenige analytische Methoden, die dem Anspruch der Spezifität auch nur annähernd genügen. Eine selektive Methode erlaubt es, jedes einzelne einer kleinen Anzahl von Ionen oder Verbindungen in Anwesenheit bestimmter Fremdionen oder Verbindungen zu bestimmen. Im allgemeinen wird die direkte Bestimmung eines Elementes oder einer Substanz durch anwesende Fremdsubstanzen *gestört*.

Die Abtrennung störender Substanzen ist ein wichtiger Schritt bei vielen analytischen Verfahren. Die quantitative Fällung entweder der störenden Substanz oder der zu bestimmenden Substanz ist eine hierzu gebräuchliche Trennmethode (Kapitel 4). Die Abtrennung kann ebenfalls durch elektrolytische Abscheidung (Kapitel 16) oder durch Ionenaustausch (Kapitel 22) erreicht werden. Die Lösungsmittelextraktion ist ein anderes nützliches Verfahren. Selbst sehr komplexe Mischungen können oft chromatographisch getrennt werden (Kapitel 19−21).

2.7 Bestimmung der gewünschten Substanz

Dies ist der Schritt, mit dem die Menge der zu bestimmenden Substanz tatsächlich gemessen wird. Ein großer Teil dieses Buches und der Literatur über Analytische Chemie befaßt sich mit Theorien und ihrer Anwendung in Verbindung mit quantitativen analytischen Messungen. Es ist eine Vielzahl von Methoden für quantitative Messungen entwickelt worden; einen Überblick gibt Tabelle 2−2.

Der Bestimmungsschritt erfordert gewöhnlich die Einhaltung mehrerer Bedingungen. So muß z.B. bei vielen Bestimmungsverfahren der pH der Lösungen innerhalb eines gewissen Bereiches liegen. Oft muß ein Element in einem bestimmten Oxidationszustand vorliegen, bevor es bestimmt werden kann. Weiterhin muß die Verdünnung der Probenlösung so sein, daß die zu bestimmenden Elemente im geeigneten Konzentrationsbereich vorliegen.

4 W.F. Pickering, *Crit. Reviews in Anal. Chem. 3*, 271 (1973)

Tabelle 2–2 Übersicht über gebräuchliche Bestimmungsmethoden

Methode	Erläuterung
Gravimetrie a) anorganisches Fällungsreagenz b) organisches Fällungsreagenz c) elektrolytische Abscheidung	Abtrennen und Wiegen eines Niederschlages
Volumetrie a) Niederschlagsbildung b) Säure-Base-Reaktion c) Komplexbildung d) Redoxreaktion	Messung des Volumens einer Maßlösung, die zur Reaktion mit der zu bestimmenden Substanz benötigt wird
Absorption von Strahlungsenergie a) Spektralphotometrie im Infrarotbereich b) Spektralphotometrie im sichtbaren Bereich (Kolorimetrie) c) Spektralphotometrie im ultravioletten Bereich d) Röntgenstrahlen e) Kernmagnetische Resonanz (Kernspin-Resonanz, NMR) f) Atomabsorptionsspektroskopie (AAS)	Messung der absorbierten Energie bei einer bestimmten Wellenlänge (Messung eines Energieverlustes) Wechselwirkung von Radiowellen mit Atomkernen in einem starken Magnetfeld Messung der Absorption von Licht durch Atome in der Gasphase
Emission von Strahlungsenergie a) Emissionsspektroskopie b) Flammenphotometrie c) Röntgenfluoreszenz	Die Probe wird dem Einfluß einer großen Energiemenge (Elektrizität, Hitze etc.) ausgesetzt, welche die Substanzen in angeregte Zustände überführt und sie zur Emission von Energie in irgendeiner Form veranlaßt. Man mißt die emittierte Energie bei einer bestimmten Wellenlänge. Anregung durch Lichtbogen oder Funken; Licht wird abgestrahlt Die Probe wird in die Flamme gesprüht; Licht wird abgestrahlt Nach Bestrahlung mit Röntgenstrahlung emittiert die Probe Röntgenstrahlung anderer Wellenlänge; die emittierte Röntgenstrahlung ist charakteristisch für die Probe.

Fortsetzung der Tabelle 2–2

Methode	Erläuterung
Gasanalyse	
a) Volumetrie	Messung der Volumenänderung nach Absorption oder Entwicklung eines Gases
b) Manometrie	Messung des Gasdruckes oder von Druckänderungen
Elektrochemische Methoden	
a) Polarographie	An der Mikroelektrode wird eine Substanz in einer elektrochemischen Reaktion reduziert oder oxidiert; die dabei auftretenden Stromänderungen sind proportional der Konzentration der reduzierten bzw. oxidierten Substanz.
b) Coulometrie	Messung der elektrischen Ladungsmenge, die zur quantitativen elektrochemischen Reaktion benötigt wird
c) Potentiometrie	Messung des Potentials einer Elektrode im Gleichgewicht mit der zu bestimmenden Substanz
d) Konduktometrie	Messung der Leitfähigkeit einer Lösung
Sonstige Methoden	
a) Polarimetrie	Messung der Drehung der Polarisationsebene von Licht durch die Lösung einer Substanz
b) Refraktometrie	Messung des Brechungsindex. Dieser läßt bei einfachen Mischungen Rückschlüsse auf die Zusammensetzung zu.
c) Massenspektrometrie	Messung der Menge der Ionen verschiedener Masse-Ladungs-Verhältnisse (m/z-Werte)
d) Aktivierungsanalyse	Die Substanz wird durch Neutronenbeschuß aktiviert. Das Spektrum der radioaktiven Strahlung ist typisch für zu bestimmende Elemente.
e) thermische Leitfähigkeit	Die Wärmeleitfähigkeit wird gemessen.
f) Thermogravimetrie	Der Massenverlust einer Probe wird in Abhängigkeit von der Temperatur gemessen. („Thermowaage")
g) kinetische Methoden	Messung der Reaktionsgeschwindigkeit (s. Kapitel 15)

2.8   Berechnung und Auswertung der Ergebnisse

Der Bestimmungsschritt liefert die Werte, aus denen man den Gehalt (z.B. in Masseneinheiten g, mg usw.) jeder zu bestimmenden Substanz der Probe berechnen kann. Der prozentuale Gehalt einer jeden zu bestimmenden Substanz kann dann z.B. nach der Gleichung

$$\text{prozentualer Gehalt} = \frac{\text{bestimmte Substanzmenge}}{\text{Masse der Probe}} \cdot 100 \qquad (2-1)$$

berechnet werden. Die Analysen werden oft in zwei bis drei Parallelbestimmungen durchgeführt. Stimmen die Ergebnisse von drei Parallelbestimmungen überein, spricht man von einer guten Präzision der Analyse. Im allgemeinen – aber nicht notwendigerweise – bedeutet eine gute Wiederholbarkeit (Präzision) auch eine gute Genauigkeit der Analyse. Die Begriffe „Wiederholbarkeit" (Präzision), „Richtigkeit" (Genauigkeit) und „signifikante Ziffern" werden im Kapitel 3 erörtert.

Nach Berechnung der Analysenergebnisse muß die Zuverlässigkeit der Werte beurteilt werden. Dazu wird die Genauigkeit der angewandten Bestimmungsmethode berücksichtigt, und die Meßergebnisse werden statistisch ausgewertet (Kapitel 3).

Kapitel 3

Statistische Verarbeitung von analytischen Meßwerten

Die Aufgabe eines Analytikers geht über die korrekte Durchführung und das genaue Ablesen von Werten hinaus. Damit seine Arbeit sinnvoll ist, muß er darüber hinaus folgendes beachten:

(1) Der Analytiker muß die Ergebnisse jeder Analyse sorgfältig niederschreiben und exakt berechnen.

(2) Da Analysen gewöhnlich mehrfach durchgeführt werden, muß der Analytiker bestimmen, welcher Wert der beste ist. Obwohl der *beste Wert* gewöhnlich das arithmetische Mittel der Einzelwerte ist, tritt oft die Frage auf, ob ein Ergebnis miteinzubeziehen ist, das außerhalb der Reihe zu liegen scheint.

(3) Schließlich muß der Analytiker die erhaltenen Ergebnisse bewerten und den wahrscheinlichen Fehler, mit dem das Ergebnis behaftet ist, angeben. Eine einfache statistische Betrachtung kann dabei sehr nützlich sein.

Eine klare Vorstellung der Begriffe Genauigkeit und Präzision ergibt sich beim Studium der in diesem Kapitel beschriebenen Methoden. Die *Richtigkeit* (Genauigkeit) gibt an, wie nahe ein Ergebnis x_i oder ein arithmetisches Mittel $\bar{x}_i$ oder eine Reihe von Ergebnissen dem wahren Wert (Sollwert) μ kommen. Die Richtigkeit wird gewöhnlich als *Fehler* $x_i - \mu$ angegeben (Abschnitt 3.1).

Die meisten Bücher über Statistik befassen sich nicht mit dem Begriff des wahren Wertes. Im analytischen Sinne gilt der wahre Wert als gesichert (bis zu einer bestimmten Anzahl signifikanter Ziffern), wenn die Probe von einem zuverlässigen Analytiker mit einer zuverlässigen Methode in einer hinreichend großen Anzahl von Messungen analysiert wurde. Unter diesen Voraussetzungen kann der wahre Wert dem Mittelwert aus den Meßergebnissen gleichgesetzt werden.

Die *Wiederholbarkeit (Präzision)* spiegelt die Übereinstimmung einer Reihe von Ergebnissen wieder. Die Präzision wird gewöhnlich durch die *Standardabweichung s*, d.h. durch eine (genau definierte) Abweichung einer Reihe von Meßwerten bzw. Ergebnissen vom arithmetischen Mittel — nicht vom Sollwert μ — dieser Meßserie angegeben (Abschnitt 3.4). Die Präzision ist ein Maß für die Fähigkeit, ein einmal erhaltenes Ergebnis immer wieder zu reproduzieren. Obwohl gute Präzision im allgemeinen auch ein Anzeichen für gute Genauigkeit ist, ist es durchaus möglich, eine gute Präzision bei schlechter Genauigkeit und umgekehrt zu erreichen. Eine besondere Bedeutung kommt diesen beiden Begriffen zu, wenn sie sich auf ein Einzelergebnis beziehen. Nicht immer ist es sinnvoll, von der Genauigkeit eines einzelnen Ergebnisses zu sprechen. Ein Einzelergebnis ist ein Wert, der weder überprüft noch reproduziert worden ist. Nach der Definition kann man keine Präzisionsangabe für ein einzelnes Ergebnis machen. Es ist aber durchaus gerechtfertigt, von der *Unsicherheit* eines einzelnen Ergebnisses zu sprechen. Darüber wird im nächsten Abschnitt zu sprechen sein. − Ein illustratives Beispiel findet man im Abschnitt 30.3 (insbesondere Bild 30−2).

3.1 Abweichungen und Fehler

Systematische und statistische Fehler

Fehler in der Analyse können in systematische und zufällige Fehler eingeteilt werden. Systematische Fehler können durch einen Fehler in der analytischen Methode, durch ein fehlerhaft funktionierendes Meßgerät oder durch fehlerhaftes Arbeiten des Analytikers verursacht werden. Wenn z.B. der bei einer Titration verwendete Indikator umschlägt, bevor der Äquivalenzpunkt erreicht ist, wird daraus ein systematischer Fehler resultieren. In gleicher Weise wird eine Titration mit einer verunreinigten Bürette einen systematischen Fehler verursachen. Der einzige Weg zur Vermeidung solcher systematischer Fehler besteht in der Ausschaltung der Ursache.

Zufällige Fehler sind unvermeidbar, denn jede physikalische Messung ist mit einer gewissen Unsicherheit behaftet. Selbst der sorgfältigste Analytiker kann eine 50-mL-Bürette nur mit einer Genauigkeit von 0,01−0,02 mL ablesen. Ein echter Zufallsfehler tritt jedoch mit der gleichen Wahrscheinlichkeit als positive wie auch als negative Abweichung auf. Diese Tatsache ist der Grund dafür, daß der Mittelwert aus mehreren aufeinander folgenden Messungen zuverlässiger ist als jede Einzelmessung. Leider setzen solche Zufallsfehler der Richtigkeit eine bestimmte Grenze, selbst wenn die Messungen mehrmals wiederholt werden.

Absoluter und relativer Fehler

Die Richtigkeit (Genauigkeit) eines Ergebnisses kann in Form des absoluten oder des relativen Fehlers angegeben werden. Der *absolute Fehler* eines (Einzel-)Ergebnisses x_i ist gleich $x_i - \mu$ und wird in der Einheit des Ergebnisses (wie z.B. Gramm, Milliliter oder Prozent) angegeben. So beträgt beispielsweise der absolute Fehler beim Wägen eines Gegenstandes der Masse 0,1000 g (= Sollwert μ), dessen Masse auf der Waage zu 0,1001 g (= x_i) abgelesen wird, 0,0001 g.

Der *relative Fehler* eines Ergebnisses x_i ist gleich dem absoluten Fehler $(x_i - \mu)$, geteilt durch den wahren Wert μ. Der relative Fehler ist daher dimensionslos. Gewöhnlich wird der relative Fehler in Prozent oder Promille angegeben. Dazu multipliziert man den relativen Fehler mit 100 bzw. mit 1 000:

$$\text{relativer Fehler in \%} = \frac{(x_i - \mu)}{\mu} \cdot 100$$

$$\text{relativer Fehler in \textperthousand} = \frac{(x_i - \mu)}{\mu} \cdot 1000$$

Für obiges Beispiel erhält man mit $x_i = 0,1001$ g und $\mu = 0,1000$ g für den relativen Fehler:

$$\text{relativer Wägefehler in \%} = \frac{(0,1001\,\text{g} - 0,1000\,\text{g})}{0,1000\,\text{g}} \cdot 100 = 0,10$$

$$\text{relativer Wägefehler in \textperthousand} = \frac{(0,1001\,\text{g} - 0,1000\,\text{g})}{0,1000\,\text{g}} \cdot 1000 = 1,0$$

Absolute und relative Abweichung

Die *Wiederholbarkeit (Präzision)* einer Reihe von Ergebnissen kann als absolute oder relative Abweichung ausgedrückt werden. Die Definition und Berechnung verschiedener Maßeinheiten für die absolute Abweichung werden im Abschitt 3.4 behandelt. Wie der absolute Fehler wird auch die absolute Abweichung in der Einheit des Ergebnisses ausgedrückt: Gramm, Milliliter usw. Die relative Abweichung ist gleich der absoluten Abweichung dividiert durch den Mittelwert $\bar{x}$. Die relative Abweichung ist dimensionslos und wird ebenfalls in Prozent oder Promille angegeben. Obwohl definitionsgemäß für ein Einzelergebnis die Präzision nicht angegeben werden kann, ist es doch angebracht, für ein einzelnes Ergebnis die Unsicherheit, mit der dieses behaftet ist, zu berechnen. Hat man keine entsprechenden Angaben, so ist im allgemeinen anzunehmen, daß die letzte angegebene Stelle auf ± 1 unsicher ist. Die Länge eines Gegenstandes sei beispielsweise mit 10,0 cm angegeben; dann beträgt die absolute Unsicherheit der Länge $\pm 0,1$ cm. Die relative Unsicherheit in Prozent ist demnach

$$\frac{0,1\,\text{cm}}{10,0\,\text{cm}} \cdot 100 = 1\,\% \; .$$

Die relative Unsicherheit eines einzelnen Ergebnisses erlaubt den Vergleich der Signifikanz verschiedener Ziffern.

3.2   Signifikante Ziffern

Bei analytischen Ergebnissen sollten nur signifikante Ziffern angegeben werden. Laut Definition sind signifikante Ziffern solche Ziffern (Stellen) einer Zahl, die mit Sicherheit bekannt sind, plus der ersten unsicheren Stelle. Die letzte Stelle einer Zahl wird im allgemeinen als um ± 1 unsicher angenommen, wenn keine anderen qualifizierenden Angaben vorliegen. (Werden solche Angaben gemacht, dann geben sie gewöhnlich eine größere Unsicherheit an; so wurde z.B. das Alter einiger Mondgesteine mit $3,86 \pm 0,04$ Milliarden Jahren angegeben.)

Um den Begriff der signifikanten Stelle zu veranschaulichen, betrachte man die folgenden Zahlen, die jeweils drei signifikante Stellen haben: $0,104$; $1,04$; 104; $1,04 \cdot 10^4$. Die 1 und die mittlere Null sind sicher, die 4 ist unsicher, aber signifikant. Man beachte, daß eine Exponentialzahl keinen Einfluß auf die Anzahl der signifikanten Stellen hat.

Bewertung der Ziffer Null

Es ist besonders darauf zu achten, ob angegebene Nullen signifikant sind oder nicht. Nullen, die zwischen anderen Ziffern, z.B. in $10,04$ auftreten, sind natürlich signifikant. Am Anfang stehende Nullen, wie z.B. in $0,104$ oder $0,0014$ sind niemals signifikant, da sie nur dazu dienen, die Dezimalstellen zu bezeichnen; sie sind demnach keine „sicheren Ziffern". So kann beispielsweise das Gewicht eines Gegenstandes mit $0,0105$ g oder $10,5$ mg angegeben werden, ohne daß sich die Unsicherheit des Gewichtes oder die Anzahl der signifikanten Stellen ändert. Das Gewicht ist immer um ± 1 in der letzten Stelle unsicher. Dies kann durch die Angabe $\pm 0,0001$ g oder $\pm 0,1$ mg ausgedrückt werden. Schließlich sei noch bemerkt, daß am Anfang, aber rechts vom Dezimalkomma stehende Nullen in einem Logarithmus als signifikante Ziffern anzusehen sind. So hat $0,079$ — der Logarithmus von $1,20$ — drei signifikante Stellen und zwar 0, 7 und 9; alle drei sind notwendig, um ihn von $0,114$ — dem Logarithmus von $1,30$ — zu unterscheiden. Die endständigen Nullen werden allgemein als signifikant angesehen. Ist eine endständige Null nicht signifikant und nur angegeben, um die Dezimalstelle zu bezeichnen, dann sollte sie weggelassen und die Zahl unter Verwendung von Zehnerpotenzen geschrieben werden. Wird z.B. die Zahl 10100 wie hier ausgeschrieben, dann bedeutet das, daß sie fünf signifikante Stellen hat. Sind dagegen nur 3 Stellen signifikant, dann sollte die Zahl als $1,01 \cdot 10^4$ geschrieben werden. Die absolute Unsicherheit der Zahl, wie sie im ersten Fall geschrieben wurde, beträgt ± 1; die absolute Unsicherheit der Zahl, wie sie im zweiten Fall geschrieben wurde, beträgt dann $\pm 1 \cdot 10^2$ (oder ± 100).

Auf- und Abrunden von Zahlen

Bei der Berechnung von Ergebnissen können Zahlen verwendet werden, die nichtsignifikante Stellen enthalten. Im Ergebnis sollten jedoch nur signifikante Stellen angegeben werden. Nichtsignifikante Stellen sind daher zu eliminieren. Im allgemeinen geschieht dies durch Auf- oder Abrunden. Ist die nächste wegzulassende Ziffer 5 oder größer, dann wird die vorhergehende signifikante Ziffer um 1 erhöht. Ist die erste wegzulassende Ziffer kleiner als 5, dann wird die letzte signifikante Ziffer nicht verändert. In einigen Fällen, in denen nur eine Ziffer signifikant ist, kann es wünschenswert sein, die Tendenz des Ergebnisses durch Angabe einer zusätzlichen nichtsignifikanten Ziffer anzuzeigen. Zu diesem Zweck fügt man diese Ziffer als Index an. Hat z.B. eine Berechnung den Wert $1,24$ ergeben und sind nur die ersten beiden Ziffern signifikant, dann schreibt man das Ergebnis als $1,2_4$. Dies bedeutet, daß die Tendenz eher auf einen Wert höher als 1,2 als auf einen Wert zwischen 1,15 und 1,2 hinweist.

Addition und Subtraktion

Zum sinnvollen Gebrauch der signifikanten Ziffern bei der Addition und Subtraktion sind bei der Berechnung nur die *absoluten* Unsicherheiten der Zahlen zu berücksichtigen. Dies bedeutet, daß man beim Ergebnis nur so viele Stellen nach dem Komma angibt, wie die Zahl mit der geringsten Stellenzahl rechts vom Komma aufweist. Dies ist naturgemäß die Zahl mit der größten absoluten Unsicherheit. In der Regel wird man die letzte aufgeführte Stelle aufrunden, wenn die darauf folgende weggelassene Stelle größer oder gleich 5 war. Man kann auch vor der Addition oder Subtraktion die Anzahl der signifikanten Stellen aller Zahlen angleichen, wie dies im folgenden Beispiel gezeigt wird.

Treten Zahlen mit positiven oder negativen Exponenten auf, sind diese Zahlen ebenfalls vor der Addition oder Subtraktion so umzuformen, daß sie gleiche Exponenten aufweisen, wie ebenfalls nachfolgend gezeigt wird.

Beispiel:

Nehmen wir einmal an, die folgenden OH^--Konzentrationen seien zu addieren:

$$c_1(OH^-) = 4{,}00 \cdot 10^{-2} \frac{mol}{L} \, ,$$

$$c_2(OH^-) = 5{,}55 \cdot 10^{-3} \frac{mol}{L}$$

$$\text{und } c_3(OH^-) = 1 \cdot 10^{-6} \frac{mol}{L} \, .$$

Man schreibt nun alle Zahlen als Vielfache von 10^{-2}. Dabei erkennt man, daß $4{,}00 \cdot 10^{-2}$ mol/L die größte Unsicherheit aufweist, nämlich $\pm 0{,}01 \cdot 10^{-2}$ mol/L. Man kann nun die Addition nach jeder der beiden Methoden durchführen:

Anpassung des Ergebnisses	*Anpassung jeder Einzelzahl*
$4{,}00 \cdot 10^{-2}$ mol/L	$4{,}00 \cdot 10^{-2}$ mol/L
$+ \; 0{,}555 \cdot 10^{-2}$ mol/L	$+ \; 0{,}56 \cdot 10^{-2}$ mol/L
$+ \; 0{,}0001 \cdot 10^{-2}$ mol/L	$+ \; 0{,}00 \cdot 10^{-2}$ mol/L (vernachlässigbar)
$4{,}5551 \cdot 10^{-2}$ mol/L	$4{,}56 \cdot 10^{-2}$ mol/L
$\downarrow$ (aufrunden)	
$4{,}56 \cdot 10^{-2}$ mol/L	

Mit anderen Worten, es ist sinnlos, das Ergebnis über die zweite Dezimale nach dem Komma hinaus anzugeben, wenn die Gesamtunsicherheit des Ergebnisses mindestens $\pm 0{,}01 \cdot 10^{-2}$ mol/L ist. Man beachte ebenfalls, daß der Betrag $1 \cdot 10^{-6}$ mol/L vernachlässigbar klein im Vergleich zu den anderen ist. Daher ist die Tatsache, daß er nur eine signifikante Ziffer aufweist, ohne Bedeutung.

Multiplikation und Division

Die sinnvolle Berücksichtigung der signifikanten Stellen bei der Multiplikation und Division besteht darin, nur die relativen Unsicherheiten der in der Berechnung benutzten Zahlen zu vergleichen. Als allgemeine Regel gilt, daß die relative Unsicherheit des Ergebnisses in derselben Größenordnung liegen sollte wie diejenige der Zahl mit der größten relativen Unsicherheit. In der Praxis bedeutet dies, daß sie im Bereich zwischen 0,2 und 2 mal der größten relativen Unsicherheit aller Zahlenwerte liegen sollte.

Nehmen wir einmal an, 2,0022 g (eine Wägung) verunreinigtes saures Kaliumphthalat (molare Masse 204,228 g/mol) verbrauchen bei einer Titration 40,00 mL einer Natriumhydroxid-Lösung, $c(NaOH) = 0,1000$ mol/L. Wie ist der Prozentgehalt der Kaliumhydrogenphthalatlösung anzugeben? Zuerst berechnet man die relativen Unsicherheiten aus den absoluten Unsicherheiten. Die absolute Unsicherheit in der molaren Masse beträgt wahrscheinlich $\pm 0,005$ g/mol wegen der Unsicherheit bei der molaren Masse des Kaliums. Die anderen absoluten Unsicherheiten erhält man entsprechend der obigen Diskussion. Die relativen Unsicherheiten werden wie folgt berechnet:

relative Unsicherheit

a) beim Wägen

$$\frac{0,0001\,\text{g}}{2,0022\,\text{g}} \cdot 100 = 0,005\,\% = 0,05\,\text{‰}$$

b) in der molaren Masse

$$\frac{0,005\,\text{g/mol}}{204,228\,\text{g/mol}} \cdot 100 = 0,002\,\% = 0,02\,\text{‰}$$

c) beim Titrieren

$$\frac{0,04\,\text{mL}}{40,00\,\text{mL}} \cdot 100 = 0,1\,\% = 1\,\text{‰}$$

d) in der Stoffmengenkonzentration der NaOH-Lösung

$$\frac{0,0001\,\text{mol/L}}{0,1000\,\text{mol/L}} \cdot 100 = 0,1\,\% = 1\,\text{‰}$$

Unter Verwendung der angegebenen Zahlen errechnet sich der Reinheitsgrad zu 40,8007 %. Die relative Unsicherheit von 0,1 % bei zwei der verwendeten Zahlen verlangt, daß das Resultat auf diese Größenordnung abgerundet werden muß. Wenn das Ergebnis mit 40,8 % angegeben wird, dann beträgt die relative Unsicherheit 0,24 %. Dieser Wert ist größer als 2 mal die begrenzende relative Unsicherheit von 0,1 %. Wird das Ergebnis mit 40,80 % angegeben, dann liegt seine relative Unsicherheit innerhalb 0,2 mal der begrenzenden Unsicherheit. Das Ergebnis wird daher korrekt mit 40,80 % angegeben.

Logarithmische Ausdrücke

Größen wie der pH sollten mit einer Anzahl signifikanter Ziffern *rechts* vom Komma angegeben werden, die der *Gesamtzahl* der signifikanten Ziffern in der zur Berechnung benutzten nichtexponentiellen Zahl entspricht. Das kommt daher, daß die Ziffern links vom Komma durch den Exponenten gegeben sind und nicht durch die nichtexponentielle Zahl. Eine pH-Wert-Berechnung wird daher wie folgt durchgeführt:

Beispiel:

Der pH einer Lösung mit der Wasserstoffionenkonzentration $c(H_3O^+) = 6{,}6 \cdot 10^{-11}$ mol/L ist 10,18 – und nicht 10 und auch nicht 10,2. Das kommt daher, daß die ersten beiden Ziffern durch den Exponenten (10^{-11}) gegeben sind, und nicht durch die beiden signifikanten Ziffern vor der Exponentialzahl.

3.3   Der Zentralwert einer Serie von Meßwerten

Hat man eine Reihe von Ergebnissen mit der adäquaten Anzahl von signifikanten Stellen berechnet, dann muß der beste Wert ausgewählt werden, um im Vergleich mit dem wahren Wert μ die Richtigkeit der Ergebnisse ermitteln zu können. Die Auswahl des besten Wertes geschieht durch Berechnung des Zentralwertes einer Serie von Meßergebnissen.

Der *Zentralwert* kann durch Berechnung des arithmetischen Mittels $\bar{x}$ bestimmt werden, oder mit Hilfe des weniger gebräuchlichen Medians M einer Reihe von Ergebnissen oder einer Teilmenge (Stichprobe) davon.

Der Begriff Stichprobe bezieht sich auf eine kleine, praktische Anzahl von Messungen, welche einen Teil einer Gesamtpopulation darstellen. Der Begriff *Population* beinhaltet eine unbegrenzt große Anzahl von analytischen Messungen, die mit ein und demselben Material erhalten werden. Das Teilmengenmittel $\bar{x}$ stellt eine Abschätzung des Mittels μ der Gesamtpopulation dar. Wenn kein systematischer Fehler vorliegt, sollte μ dem wahren Wert sehr nahe kommen. Daher werden wir das Symbol μ sowohl für den Mittelwert der Gesamtpopulation als auch für den wahren Wert verwenden.

Obwohl im allgemeinen das arithemtische Mittel zur Angabe des Zentralwertes einer Reihe von Meßwerten benutzt wird, sei darauf hingewiesen, daß dies keine zwingende Vorschrift ist: Statistiker erkennen mehrere Möglichkeiten zur Angabe des Zentralwertes als gleichwertig an. Welche Methode benutzt wird, ist allein anhand der gegebenen Umstände zu entscheiden. Zwei Methoden zur Berechnung des Zentralwertes und ihre Anwendung werden im folgenden besprochen. Beginnen wir mit dem Mittelwert.

Das *arithmetische Mittel* (der Durchschnittswert) $\bar{x}$ einer Meßreihe wird wie folgt berechnet:

$$\bar{x} = \frac{x_1 + x_2 + \ldots + x_n}{n} = \frac{\Sigma x_i}{n} \tag{3-1}$$

Das Summenzeichen Σ ist eine Abkürzung für

$$\sum_{i=1}^{n}$$

und bedeutet, daß alle Werte x_i von x_1 bis x_n addiert werden. Die Zahl n bezeichnet die Anzahl der in einer Meßwertreihe enthaltenen Ergebnisse.

Der Hauptvorteil des Mittelwertes gegenüber anderen Angaben des Zentralwertes besteht darin, daß jedes Einzelergebnis der analytischen Meßwertreihe in das Ergebnis mit eingeht und damit das gleiche Gewicht besitzt. Diese Art der Angabe des Zentralwertes einer Meßreihe ist am genauesten.

Die statistische Theorie besagt, daß der Mittelwert von n Ergebnissen $\sqrt{n}$ mal zuverlässiger ist als jedes einzelne x_i der Meßreihe. Somit ist $\bar{x}$ von vier Ergebnissen doppelt so zuverlässig wie ein Einzelergebnis; $\bar{x}$ von sechs Ergebnissen ist 2,45 mal zuverlässiger und $\bar{x}$ von acht Ergebnissen ist 2,83 mal zuverlässiger als ein Einzelergebnis. Somit ist es bei begrenzter Anzahl von Ergebnissen (sei es aus Zeitgründen oder wegen zu geringer Probenmenge) ohne größeren Nutzen, mehr als vier Meßergebnisse zu ermitteln.

Der Hauptnachteil des arithmetischen Mittelwertes ist, daß bei kleineren Meßwertreihen der Einfluß eines Ergebnisses mit großer Abweichung größer ist als beim Median. Dies trifft allgemein dann zu, wenn n kleiner als 10 ist, ganz besonders aber, wenn $n = 3$ ist. Wenn der Verdacht besteht, daß eines von drei Meßergebnissen mit einer großen Abweichung behaftet ist, dann ist die Angabe des Medians der des Mittelwertes aus den zwei nahe beieinander liegenden Ergebnissen vorzuziehen.[1,2]

Den Median kann man auch zur Bestimmung des Zentralwertes einer Gruppe von Meßwerten heranziehen. Der *Median* ist als der mittlere Wert in einer Reihe von Ergebnissen definiert, die ihrer Größe nach geordnet sind. Wenn n geradzahlig ist, dann wird der Median M dadurch gefunden, daß man die beiden mittleren Werte der Reihe mittelt. Bei einer symmetrischen Verteilung der Ergebnisse ist M gleich $\bar{x}$. Sind aber die Meßwerte nicht symmetrisch um den Mittelwert verteilt, so unterscheiden sich M und $\bar{x}$.

Im allgemeinen ist der Median weniger präzise als der Mittelwert, ausgenommen in den Fällen, in denen $n = 2$ ist oder in denen die Ergebnisse symmetrisch um den Mittelwert verteilt sind. Die Präzision[1] von M in bezug auf den Mittelwert für $n = 3$ ist 0,74; für $n = 4$ ist sie 0,84; für $n = 5$ ist sie 0,69 und für $n = 6$ ist sie 0,78. Der Wert für M wird genauer, wenn n geradzahlig ist, da dann über die beiden mittleren Werte gemittelt wird.

1 R.B. Dean und W.J. Dixon, *Anal. Chem. 23*, 636 (1951)

2 W.J. Blaedel, V.W. Meloche und J.A. Ramsay, *J. Chem. Educ. 28*, 643 (1951)

3.4   Präzision

Die Präzision (die Wiederholbarkeit) einer Serie von Analysenwerten macht eine Aussage über den verfahrensbedingten Zufallswert (nichtsystematischen Fehler). Die Nützlichkeit von Aussagen über die Präzision wird an folgenden Beispielen erläutert:

(1) Durch Bestimmung der Präzision von verschiedenen analytischen Methoden kann man die Methoden in bezug auf die maximal erreichbare Präzision untereinander vergleichen.

(2) Die Präzision dient als Kontrollkriterium für den Analytiker. Wenn die von ihm erreichte Präzision mit der bei der angewandten Methode maximal erreichbaren übereinstimmt, dann kann er davon ausgehen, daß er die Analyse korrekt durchgeführt hat.

(3) Der auf der Präzision beruhende Q-Test (Kapitel 3.6) kann zur Entscheidung darüber herangezogen werden, ob ein beträchtlich abweichendes Ergebnis verworfen oder in die Mittelwertbildung einbezogen werden soll.

(4) Die t-Verteilung (Kapitel 3.5), die zum Teil auf der Präzision beruht, beschreibt den Vertrauensbereich für den Mittelwert. Die zur Angabe der Präzision am meisten verwendeten Werte sind die *mittlere Abweichung*, die *Standardabweichung* und die *Streubreite*.

Mittlere Abweichung

Die mittlere Abweichung $\bar{d}$ ist eine einfache und recht nützliche Größe. Sie ist der Mittelwert aus den Abweichungen der Einzelergebnisse vom Mittelwert, ohne Rücksicht auf das Vorzeichen. Die mittlere Abweichung wird wie folgt berechnet:

$$\bar{d} = \frac{1}{n} \, \Sigma \, |x_i - x| \tag{3-2}$$

Beispiel:

Berechnen Sie die mittlere Abweichung der folgenden Meßwertgruppe: 9,8; 10,6; 10,8; 10.4.

Man berechnet zuerst den Mittelwert, der in diesem Fall 10,4 beträgt. Danach werden die absoluten Beträge der einzelnen Abweichungen berechnet und summiert. (Dabei ist zu beachten, daß kein Abweichungswert negativ sein kann, da die Absolutwerte verwendet werden.)

x_i	$|x_i - \bar{x}|$
9,8	0,6
10,6	0,2
10,8	0,4
10,4	0,0

$\Sigma \, |x_i - \bar{x}| = 1,2$ und $\bar{d} = \frac{1}{4} \cdot 1,2 = 0,3$

Standardabweichung

Ein genaueres und brauchbareres Maß für die Präzision ist die *Standardabweichung s*. Sie ist die Quadratwurzel aus den mittleren Fehlerquadraten. Sie wird der mittleren Abweichung vorgezogen, da sie theoretisch fundiert ist und sehr stark streuende Werte besser berücksichtigt.

Die Standardabweichung einer Wertegruppe (Stichprobe) wird mit s bezeichnet und immer unter Verwendung von $n - 1$ Ergebnissen berechnet. Die Standardabweichung einer Grundgesamtheit (Population) wird mit σ bezeichnet und unter Verwendung von n Ergebnissen berechnet. Die Standardabweichung s einer Stichprobe stellt eine Schätzung des Wertes von σ dar.

Die Standardabweichung einer Stichprobe mit n Ergebnissen wird wie folgt berechnet:

$$s = \left[\frac{1}{n-1} \cdot \Sigma \, (x_i - \bar{x})^2 \right]^{\frac{1}{2}} \qquad (3-3)$$

Viele elektronische Taschenrechner besitzen eine Taste, mit der automatisch der Wert für s berechnet werden kann, nachdem die einzelnen Meßergebnisse in den Rechner eingegeben wurden. Bei Rechnern, die diese Taste nicht besitzen, aber einen Speicher, ist die Berechnung von s ebenfalls einfach, da die Werte für $(x_i - \bar{x})^2$ gespeichert und im Speicher summiert werden können, wodurch man den Wert für $\Sigma \, (x_i - \bar{x})^2$ erhält. Wenn $\bar{x}$ nicht bekannt ist, kann die folgende Gleichung zur schnelleren Berechnung dienen:

$$\Sigma \, (x_i - \bar{x})^2 = \Sigma \, x_i^2 - \frac{1}{n} \, (\Sigma \, x_i)^2 \qquad (3-4)$$

Ist $\bar{x}$ jedoch bekannt, dann läßt sich eine noch einfachere Formel aus Gl. (3−4) ableiten:

$$\Sigma \, (x_i - \bar{x})^2 = \Sigma \, x_i^2 - n \, (\bar{x})^2 \qquad (3-5)$$

Die Standardabweichung wie auch die mittlere Abweichung werden in den gleichen Einheiten angegeben wie die Meßwerte selbst. Beide können ebenso als relative Abweichung ausgedrückt werden, wenn man sie durch $\bar{x}$ dividiert und mit 100 (Prozent) oder mit 1000 (Promille) multipliziert.

Beispiel:

Berechnen Sie die Standardabweichung der folgenden Wertegruppe: 10,1; 10,5; 9,9; 9,5; 10,6; 9,4; 11,5; 9,5; 9,5; 10,0; 9,5; $\bar{x} = 10,0$.
Hier sind zwei Lösungswege möglich: Weg a mit Hilfe von Gl. (3−3) oder Weg b mit Hilfe von Gl. (3−5):

| x_i | Weg a | | Weg b |
	$x_i - \bar{x}$	$(x_i - \bar{x})^2$	x_i^2
10,1	0,1	0,01	102,10
10,5	0,5	0,25	110,25
9,9	−0,1	0,01	98,01
9,5	−0,5	0,25	90,25
10,6	0,6	0,36	112,36
9,4	−0,6	0,36	88,36
11,5	1,5	2,25	132,05
9,5	−0,5	0,25	90,25
9,5	−0,5	0,25	90,25
10,0	0	0	100,00
9,5	−0,5	0,25	90,25
	$\Sigma(x_i - \bar{x})^2 = 4{,}24$		$\Sigma x_i^2 = 1104{,}24$

$$\text{Weg a:}\quad s = \left(\frac{1}{11-1} \cdot 4{,}24 \right)^{\frac{1}{2}} = 0{,}65$$

$$\text{Weg b:}\quad s = \left[\frac{1}{11-1} \left(1104{,}24 - 11 \cdot 10{.}0^2 \right) \right]^{\frac{1}{2}} = 0{,}65$$

Damit erhält man für die relative Standardabweichung in Prozent (bezogen auf den Mittelwert $\bar{x}$)

$$s = \frac{0{,}65}{10{,}00} \cdot 100\,\% = 6{,}5\,\% \; .$$

Die durch das arithmetische Mittel $\bar{x}$ dividierte Standardabweichung s wird sehr häufig als *Präzision V* der Meßreihe angegeben:

$$V = \frac{s}{\bar{x}}$$

Die Normalverteilungskurve

Die vorhergehenden Erörterungen befaßten sich nur mit der Berechnung der Standardabweichung einer Stichprobe, nicht aber mit einer unbegrenzt großen Anzahl von Meßergebnissen. Für diesen Fall muß die Theorie der statistischen Fehlerverteilung berücksichtigt werden.

Nehmen wir einmal an, daß bei einer analytischen Probe eine Anzahl von Messungen durchgeführt wurden. Diese unbegrenzte Anzahl von Messungen würde eine Grundgesamtheit (Kollektiv, Population) von Messungen, nicht aber eine Stichprobe darstellen. Das arithmetische Mittel könnte nicht wie $\bar{x}$ berechnet werden, es würde aber mit μ bezeichnet werden, da es den Mittelwert der Grundgesamtheit und nicht den einer Stichprobe darstellt. Hat man die Standardabweichung einer Grundgesamtheit errechnet, dann kann man unter Verwendung von Vielfachen von σ (1 σ,

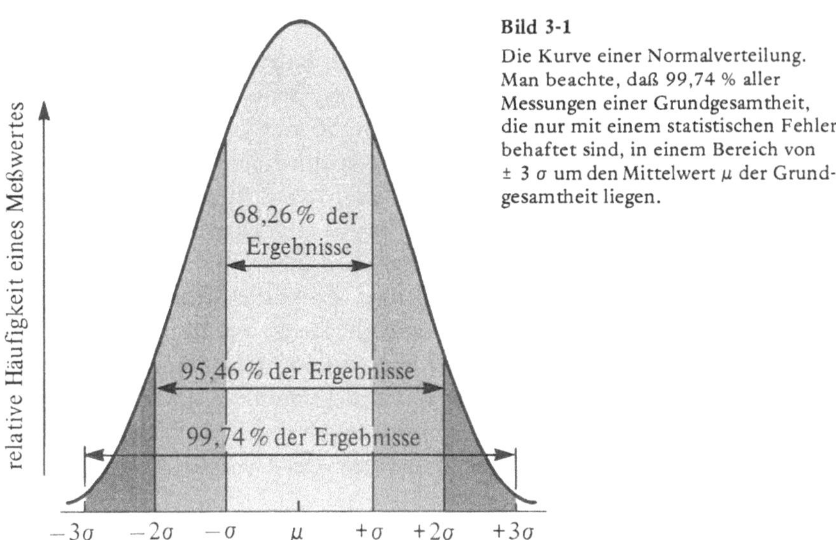

Bild 3-1
Die Kurve einer Normalverteilung. Man beachte, daß 99,74 % aller Messungen einer Grundgesamtheit, die nur mit einem statistischen Fehler behaftet sind, in einem Bereich von $\pm 3\,\sigma$ um den Mittelwert μ der Grundgesamtheit liegen.

2σ, 3σ usw.) graphisch darstellen, wie eng die Meßwerte um den Mittelwert verteilt sind. Eine graphische Darstellung der Normalverteilungskurve zeigt Bild 3−1. Die Kurve ist eine „normale" oder symmetrische Kurve, da nur statistische Fehler eingehen. Die senkrechte Achse (die Ordinatenachse) stellt die relative Häufigkeit des Vorkommens eines Meßwertes x_i oder seines Fehlers $(x_i - \mu)$ dar; die horizontale Achse (Abzisse) ist in Einheiten der Standardabweichung σ der Gesamtheit aufgeteilt.

Drei Eigenschaften der Kurve sind zu beachten:

(1) Da die Kurve normal (symmetrisch) ist, wird für jeden positiven Fehler ein negativer Fehler mit gleichem Betrag vorliegen.

(2) Die relative Häufigkeit von Meßwerten mit kleiner Abweichung ist sehr groß. Über 68 % der Meßwerte liegen zwischen $+\sigma$ und $-\sigma$.

(3) Die relative Häufigkeit von Messungen mit großer Abweichung ist sehr klein. Da 99,74 % aller Messungen innerhalb des Bereiches $\pm 3\sigma$ liegen, gibt es nur einen Prozentsatz von 0,26 % aller Messungen außerhalb dieses Bereiches. Dies sind Meßwerte mit einem großen Fehler, und sie treten offensichtlich nur in kleiner Anzahl auf.

Praktische Anwendung der Normalverteilungskurve

Hat man nur eine kleine Stichprobe, dann kann man anhand der Kurve *abschätzen*, wie gut der Mittelwert der Ergebnisse ist. Ist beispielsweise für eine Stichprobe $\bar{x} = 0,65\,\%$, so kann man abschätzen, daß ungefähr zwei Drittel (68%) der Ergebnisse im Bereich $10,0 \pm 0,65\,\%$ liegen sollten. Demnach sollten bei Annahme einer Normalverteilung im allgemeinen zwei Drittel der Meßwerte in den Bereich $\pm 1\,s$ um den Mittelwert fallen.

In anderen Fällen ist die Kenntnis der statistischen Normalverteilung von Meßwerten und ihrer Fehler nützlich bei der Beurteilung von analytischen Ergebnissen, wenn die Stichprobe groß genug ist, um als Grundgesamtheit (Kollektiv oder Population) behandelt werden zu können. So werden beispielsweise in einem Industrielabor jede Woche 100 Proben Maissirup mit einem Analysenautomaten auf ihren Glucose-Gehalt untersucht. Zur Kontrolle, ob das Analysengerät einwandfrei arbeitet, ist jede sechste Probe eine Standardprobe mit bekanntem Glucose-Gehalt. Wenn eine große Anzahl von Proben des Standards analysiert worden ist, wird die Standardabweichung des Standards berechnet. Nimmt man an, daß die Standardabweichung für die unbekannten Proben die gleiche ist wie für den Standard, dann kann man davon ausgehen, daß die Analysen von ungefähr 2/3 der Proben innerhalb des Bereiches von ± einer Standardabweichung und 95 % innerhalb des Bereiches von ± zwei Standardabweichungen reproduzierbar sind. Das Labor kann auf diese Weise gut abschätzen, wie weit es den Meßwerten der Glucose-Analyse trauen kann (wie zuverlässig die Messungen sind).

Der Streubereich

Der Streubereich (die Streubreite) ist als Differenz zwischen dem größten und dem kleinsten Wert in einer Stichprobe definiert. Werden die Meßwerte einer Stichprobe in der Reihenfolge zunehmender Größe angeordnet, wobei x_1 den kleinsten, x_n den größten Wert angebe, so kann man den Streubereich als $x_n - x_1$ angeben. Der Streubereich (die Streubreite) ist das am schnellsten berechenbare Maß für die Präzision, da hierfür der Mittelwert nicht berechnet werden muß. Für Stichproben mit $n = 3$ bis 10 ist es empfehlenswert, anstelle der mittleren Abweichung $\bar{d}$ oder der Standardabweichung s die Streubreite anzugeben, denn für so kleine Stichproben liefern sowohl die Standardweichung als auch die mittlere Abweichung nur schlechte Schätzwerte für die Präzision.[1] Für $n = 2$ bis 4 liefert der Streubereich fast so gute Werte wie die Standardabweichung. Wird n jedoch größer als 4, so liefert die Standardabweichung zunehmend bessere Werte. (Die statistische Theorie besagt, daß die Präzision des Streubereiches gegen Null geht, wenn n gegen unendlich geht.) Zusammenfassend sei gesagt, daß es bei einer Stichprobe mit kleiner Anzahl von Meßwerten wenig sinnvoll ist, die Zeit für die Berechnung der Standardabweichung aufzuwenden, da hierbei die Angabe des Streubereichs fast genau so exakt ist. Enthält die Stichprobe jedoch mehr als zehn Meßwerte, dann ist der Aufwand zur Berechnung der Standardabweichung gerechtfertigt, da diese jetzt wesentlich bessere Aussagen über die Präzision liefert.

Abschätzung der Standardabweichung aus dem Streubereich

Wie oben dargestellt wurde, ist die Berechnung der Standardabweichung etwas komplizierter als die einfache Subtraktion zur Bestimmung des Streubereichs. Oft ist es jedoch nützlich, auch für kleine Stichproben den Wert von s zu kennen, um ihn gegebenenfalls mit der Standardabweichung früherer Stichproben gleicher Art vergleichen zu können. Dean und Dixon[1] haben eine sehr einfache Methode zur

Tabelle 3−1 Abschätzung der Standardabweichung aus der Streubreite mit Hilfe des Abweichungsfaktors nach der Gleichung $s = k \cdot$ Streubreite

n	Abweichungsfaktor k
2	0,89
3	0,59
4	0,49
5	0,43
6	0,40
7	0,37
8	0,35
9	0,34
10	0,33

Abschätzung der Standardabweichung aus dem Streubereich einer kleinen Anzahl von Meßergebnissen vorgeschlagen. Zur Abschätzung der Standardabweichung aus dem Streubereich multipliziert man einfach die Streubreite mit einem Abweichungsfaktor k (Tabelle 3−1).

Beispiel:

Man schätze die Standardabweichung der folgenden Meßwertreihe: 19,13; 19,25; 19,30. Die Streubreite beträgt 0,17 und der Abweichungsfaktor ist 0,59.

$s = 0,59 \cdot 0,17 = 0,10$

Die auf die übliche Weise berechnete Standardabweichung beträgt ebenfalls 0,10.

3.5 Richtigkeit einer Analyse: Vertrauensintervall

Der vorhergehende Abschnitt befaßte sich mit der Präzision einer Serie von Wiederholungsanalysen. Der als Ergebnis einer analytischen Bestimmung angegebene Wert ist der Mittelwert. Die Frage ist nun, wie gut der Mittelwert mit dem wahren Wert μ übereinstimmt. Mit anderen Worten: wie genau ist die Analyse? Diese Frage − sie betrifft die Richtigkeit − ist nicht so leicht zu beantworten wie die nach der Präzision (also der Wiederholbarkeit). Eine analytische Methode wird oft experimentell anhand einer sorgfältig vorbereiteten Standardprobe, deren Zusammensetzung mit hoher Genauigkeit bekannt ist, getestet. Dazu wird diese Standardprobe mit der zu überprüfenden analytischen Methode untersucht, und die Analysenergebnisse werden mit dem für jeden Bestandteil vorgegebenen Wert verglichen. In günstigen Fällen erhält man so eine direkte Aussage über die Richtigkeit, die mit der angewandten analytischen Methode erzielt werden kann. Die Schwierigkeit besteht oft darin, daß die tatsächlich anfallenden analytischen Proben eine andere Zusammensetzung haben als die Standardprobe, und daß sich dies auf die Richtigkeit auswirken kann. Ein anderer Weg zur Bestimmung der Richtigkeit geht von der Präzision aus, wie nachfolgend erläutert wird.

Das Vertrauensintervall: die t-Verteilung

Wenn ein zuverlässiges, mit keinem systematischen Fehler behaftetes analytisches Verfahren zur Ermittlung des Mittelwertes aus einer Stichprobe angewandt wird, dann kann die statistische Theorie zur Beschreibung der Richtigkeit (Genauigkeit) des Verfahrens herangezogen werden. Insbesondere wird die Theorie zur Vorhersage darüber benutzt, innerhalb welcher Grenzen der Mittelwert wahrscheinlich mit dem wahren Wert μ übereinstimmt.

Die Theorie erlaubt keine Vorhersage mit 100%iger Wahrscheinlichkeit. Eine solche Vorhersage ist immer mit einer Irrtumswahrscheinlichkeit α oder einer prozentualen Wahrscheinlichkeit $(100 - 100 \cdot \alpha)$ behaftet. Die Grenzen für ein bestimmtes Risiko oder eine bestimmte Wahrscheinlichkeit schließen das *Vertrauensintervall* ein. Dieses Vertrauensintervall hängt nicht von der Normalverteilung, sondern von der *Studentschen t-Verteilung* ab. Die Verteilung liefert Werte für eine mit t bezeichnete Konstante.

Zur Feststellung des Vertrauensintervalls wird die Standardabweichung s einer Probe berechnet und ein Wert für t aus der Tabelle 3−2 entnommen. Die Konstante t hängt von der Irrtumswahrscheinlichkeit α und von der Anzahl der Messungen n innerhalb der Stichprobe ab.

(Viele Statistiker benutzen den Wert $n - 1$, welcher als Zahl der Freiheitsgrade definiert ist, sowie den Wahrscheinlichkeitsgrad $(100 - 100\,\alpha)$; beide Ansätze sind in der Tabelle 3−2 angegeben.)

Das Vertrauensintervall für $\bar{x}$ ist dann

$$\bar{x} \pm \frac{t \cdot s}{\sqrt{n}} \; .$$

Man kann sagen, daß die *Irrtumswahrscheinlichkeit* − nämlich die Wahrscheinlichkeit, daß μ außerhalb dieses Intervalls liegt − gleich α ist. Daraus ergibt sich, daß $\alpha/2$ die Wahrscheinlichkeit für das Risiko angibt, daß μ entweder größer oder kleiner als die Vertrauensgrenze ist. Mit anderen Worten, die prozentuale Wahrscheinlichkeit, daß μ innerhalb dieser Grenzen liegt, ist $100 - 100 \cdot \alpha$.

Beispiel:

Ein häufiger Wert für die Irrtumswahrscheinlichkeit ist $\alpha = 0,100$. Wir nehmen an, daß 10 Meßwerte einen Mittelwert von 56,06% haben und die Standardabweichung zu 0,21% berechnet wurde. Benutzt man $t = 1,833$ für $n = 10$ aus der Tabelle 3−2, dann errechnet sich das Vertrauensintervall zu

$$\bar{x} \pm \frac{t \cdot s}{\sqrt{n}} = 56,06\% \pm 0,12\% \; .$$

Die Größe der Unsicherheit, daß bei einer unbegrenzten Anzahl von durchgeführten Messungen μ außerhalb des Vertrauensintervalls von 55,94 bis 56,18% liegt, ist 0,100. Oder umgekehrt ausgedrückt, die Wahrscheinlichkeit ist 90%, daß μ innerhalb dieser Grenzen fällt. Dies ist in Bild 3−2 dargestellt, welches die t-Verteilungskurve für eine Stichprobe mit zehn Einzelmessungen wiedergibt.

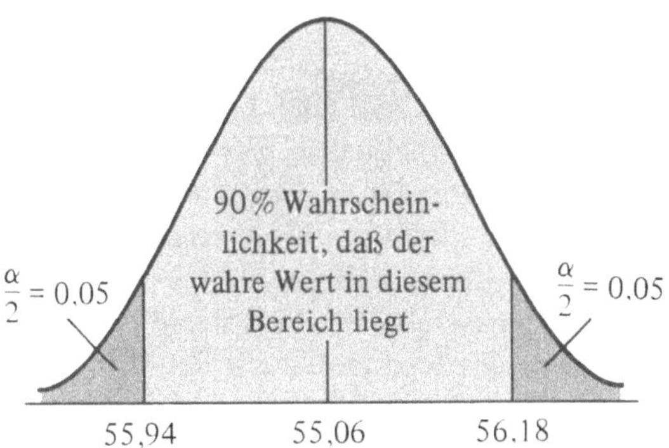

Bild 3-2
Graphische Darstellung der
t-Funktion für zehn Meßwerte,
wobei $\bar{x} = 56,06$, $s = 0,21$ und
$d = 0,10$ ist. Bemerkenswert
ist, daß die Unsicherheit dafür,
daß $\mu > 56,18$ ist, gleich $\alpha/2$
ist. Die gleiche Unsicherheit
gilt für $\mu < 56,94$. Die Wahrscheinlichkeit, daß μ im Vertrauensbereich zwischen 55,94
und 56,18 liegt, beträgt 90 %.

Tabelle 3–2 Werte von t zur Berechnung des Vertrauensintervalls

Anzahl von Messungen n	Freiheitsgrade $n-1$	Unsicherheit und Wahrscheinlichkeitsgrad		
		0,10 90%	0,05 95%	0,01 99%
2	1	6,314	12,706	63,657
3	2	2,920	4,303	9,925
4	3	2,353	3,182	5,841
5	4	2,132	2,776	4,604
6	5	2,015	2,571	4,032
7	6	1,943	2,447	3,707
8	7	1,895	2,365	3,499
9	8	1,860	2,306	3,355
10	9	1,833	2,262	3,250
11	10	1,812	2,228	3,169
12	11	1,796	2,201	3,106
13	12	1,782	2,179	3,055
14	13	1,771	2,160	3,012
15	14	1,761	2,145	2,977
16	15	1,753	2,131	2,947
21	20	1,725	2,086	2,845
26	25	1,708	2,060	2,787
31	30	1,697	2,042	2,750
41	40	1,684	2,021	2,704
61	60	1,671	2,000	2,660
∞	∞	1,645	1,960	2,576

Eine Verminderung der Risikogröße bedeutet die Vergrößerung der Wahrscheinlichkeit, daß μ innerhalb eines gegebenen Bereiches liegt, und daß dieses Intervall größer wird. So wären im obigen Beispiel für $\alpha = 0,010$ die Vertrauensgrenzen 56,06 % $\pm$ 0,21 %. Der Vertrauensbereich läge dann zwischen 55,85 % und 56,27 %.

Bei der Besprechung der Präzision (Abschnitt 3.4) wurde hauptsächlich von größeren Meßwertreihen mit $n > 10$ ausgegangen. Eine Analyse wird jedoch gewöhnlich in drei Parallelbestimmungen durchgeführt. Der Analytiker ermittelt somit drei Ergebnisse; er muß jedoch zum Schluß einen Wert als Ergebnis der Analyse angeben. Aus der Kenntnis der Präzision der angewandten Methode kann der erfahrene Analytiker auf die Präzision des erhaltenen Ergebnisses schließen. Im allgemeinen ist der beste anzugebende Wert der Mittelwert aus den Einzelergebnissen. Wenn es offensichtlich ist, daß eines oder mehrere der Ergebnisse einen sehr großen Fehler enthalten, dann wird man besser den Median anstelle des Mittelwertes angeben (Abschnitt 3.3). Dies bedarf jedoch einiger Erfahrung, und dem Ungeübten ist zu empfehlen, den Mittelwert anzugeben. Um Erfahrung im Umgang mit dem Median zu erhalten, sollte man die Aufgaben am Ende dieses Kapitels durcharbeiten. Es wird häufig vorkommen, daß zwei Ergebnisse gut übereinstimmen, ein drittes aber beträchtlich davon abweicht. In diesem Fall besteht das natürliche Bestreben, den dritten Wert zu verwerfen und nur den Mittelwert aus den verbleibenden zwei Werten anzugeben. Wenn nicht ein guter Grund dafür besteht, sollte jedoch auf jeden Fall der fragliche dritte Wert erhalten bleiben, denn es kommt oft vor, daß die nahe Übereinstimmung zweier Ergebnisse rein zufällig ist; der dritte Wert sollte daher mit in die Mittelwertbildung einbezogen werden. Zur Entscheidung der Frage, ob ein solches abweichendes Ergebnis eliminiert werden soll oder nicht, wird der nachfolgend beschriebene Q-Test herangezogen.

Der Q-Test

Für den Fall, daß n (die Anzahl der Messungen) zwischen 3 und 10 liegt, kann der Streubereich zur Entscheidung darüber, ob ein fragliches Ergebnis eliminiert werden soll, herangezogen werden; das Verfahren wird Q-Test genannt.[2] Der Test wird gewöhnlich für einen Vertrauensgrad von 90 % durchgeführt, d.h. das fragliche Ergebnis also mit einem statistischen Vertrauensgrad von 90 % dafür, daß es sich signifikant von den anderen Ergebnissen unterscheidet, eliminiert. Der Eliminierungsquotient wird mit $Q_{0,90}$ bezeichnet (bei einem Vertrauensgrad von 96 % mit $Q_{0,96}$ usw.). Werte für Eliminierungsquotienten sind von Dixon[3] zusammengestellt worden und in Tabelle 3−3 angegeben.

Zur Durchführung des Q-Testes werden alle Ergebnisse nach der Größe geordnet und mit x_1, x_2 . . . , x_n bezeichnet. Die Differenz zwischen dem fraglichen Ergebnis und seinem nächsten Nachbarn wird durch den Streubereich dividiert, um den Quotienten Q zu erhalten. Ist dieser Wert für Q gleich oder größer als der in Tabelle 3−3 für n Ergebnisse angegebene Quotient, dann ist das fragliche Ergebnis zu eliminieren.

Beispiel:

Eine dreifach durchgeführte Analyse ergibt folgende Resultate: 30,13 %, 30,20 % und 31,23 %. Die Frage ist, ob eines dieser Ergebnisse zu eliminieren ist.

3 W.J. Dixon, *Ann. Math. Stat.* 22, 68 (1951)

Tabelle 3–3 Der Q-Test: Die Meßergebnisse werden nach steigender Größe geordnet, für den kleinsten bzw. größten Wert wird nach der angegebenen Gleichung der Quotient Q berechnet. Ist Q größer bzw. gleich dem jeweils angebenen Eliminierungsquotienten, so kann der zu überprüfende Wert verworfen (eliminiert) werden.

zu überprüfendes Meßergebnis	Gleichung zur Berechnung von Q	n	Eliminierungsquotient		
			$Q_{0,90}$	$Q_{0,96}$	$Q_{0,99}$
kleinster Wert (x_1)	$Q = \dfrac{x_2 - x_1}{x_n - x_1}$	3	0,94	0,98	0,99
		4	0,76	0,85	0,93
		5	0,64	0,73	0,82
		6	0,56	0,64	0,74
größter Wert (x_n)	$Q = \dfrac{x_n - x_{n-1}}{x_n - x_1}$	7	0,51	0,59	0,68
		8	0,47	0,54	0,63
		9	0,44	0,51	0,60
		10	0,41	0,48	0,57

Bei Anwendung des Q-Tests bleibt das kleinste Ergebnis erhalten. Die Berechnung des Quotienten Q für das größte Ergebnis mit dem Wert von 31,2 % geschieht wie folgt:

$$Q = \frac{x_3 - x_2}{x_3 - x_1} = \frac{1,03}{0,94} = 0,94$$

Das errechnete Q ist gleich dem Wert für $Q_{0,90}$ in Tabelle 3–3. Das fragliche Ergebnis kann also eliminiert werden. Wenn möglich, ist es jedoch besser, eine zusätzliche Probe zu analysieren, anstatt lediglich die zwei verbleibenden Ergebnisse zu mitteln.

Man mag die Notwendigkeit zur Anwendung des Q-Tests im vorangehenden Beispiel bezweifeln, da es doch „offensichtlich" ist, daß das dritte Ergebnis zu weit aus dem Rahmen fällt. Es soll deshalb ein weiteres Beispiel betrachtet werden.

Beispiel:

Wir wollen den Q-Test zur Feststellung benutzen, ob irgendeines der folgenden Ergebnisse eliminiert werden muß: 40,12; 40,15; 40,55. Die enge Übereinstimmung der beiden ersten Ergebnisse mag dazu verleiten, das dritte Ergebnis zu eliminieren. Die Anwendung des Q-Tests zeigt jedoch, daß dies nicht zulässig ist:

$$Q = \frac{x_3 - x_2}{x_3 - x_1} = \frac{0,40}{0,43} = 0,93$$

Zur Eliminierung des fraglichen Wertes müßte der Quotient Q mindestens 0,94 betragen.
Nicht ganz überzeugt vom negativen Ergebnis des Q-Tests, entschied sich der Analytiker für zwei weitere Analysen. Die neuen Ergebnisse waren 40,20 und 40,28. Der Mittelwert der fünf Ergebnisse ist nun 40,26 und liegt damit viel näher am Mittelwert der ursprünglichen drei Ergebnisse als am Mittelwert der beiden niedrigeren davon (40,14). In diesem Falle lieferten die beiden zusätzlichen Analysenwerte die Bestätigung für die Beibehaltung aller drei ursprünglichen Werte.

Natürlich hätten die beiden zusätzlichen Analysen auch niedriger ausfallen und zeigen können, daß der Mittelwert von 40,14 genauer ist. Wenn jedoch keine zusätzlichen Analysen gemacht werden, ist es statistisch immer besser, alle drei verfügbaren Werte zur Mittelwertbildung zu benutzen, auch wenn nach dem Q-Test eines der Ergebnisse zu eliminieren wäre.

Hat man mehr als drei Ergebnisse, dann kann es notwendig werden, mehr als ein fragliches Ergebnis mit dem Q-Test zu überprüfen. Der kleinste Wert wird dann zuerst überprüft. Wenn er eliminiert werden muß, dann wird der größte der verbleibenden Werte als nächster dem Q-Test unterzogen usw.

Beispiel:

Wir verwenden den Q-Test, um die folgenden 7 Ergebnisse einer Stichprobe zu überprüfen: 5,12; 6,82; 6,12; 6,32; 6,22; 6,32; 6,02.
Man ordne die Werte der Reihe nach und kennzeichne sie, wie in Tabelle 3–4 angegeben. Der kleinste Wert ist 5,12. Er wird mit x_1 bezeichnet und zuerst überprüft. Q wird wie folgt berechnet:

$$Q = \frac{x_2 - x_1}{x_n - x_1} = \frac{6,02 - 5,12}{6,82 - 5,12} = 0,53$$

Da Q größer ist als 0,51 ($Q_{0,90}$ für $n = 7$), wird der kleinste Wert (5,12) eliminiert. Nun werden die Werte umnumeriert; der bisher zweitkleinste Wert x_2 wird nun der kleinste und für die Überprüfung des größten Wertes (hier 6,82) mit x_1 bezeichnet. Der Quotient Q für den Wert $x_n = 6,82$ wird dann

$$Q = \frac{x_n - x_{n-1}}{x_n - x_1} = \frac{6,82 - 6,32}{6,82 - 6,02} = 0,625.$$

Dieser Q-Wert wird mit $Q_{0,90}$ für $n = 6$ aus Tabelle 3–3 verglichen. Da $Q > 0,56$ ist, wird der größte Wert (6,82) eliminiert. Die verbleibenden fünf Werte werden nach dem gleichen Schema überprüft: Nach Umbenennung der beiden nunmehr größten Werte (6,32) wird der Wert 6,02 als der nächstkleinste überprüft:

$$Q = \frac{x_2 - x_1}{x_n - x_1} = \frac{6,12 - 6,02}{6,32 - 6,02} = 0,33$$

Da Q kleiner als 0,64 ist ($Q_{0,90}$ für $n = 5$), bleibt 6,02 erhalten.
Der nächstgrößere Wert ist 6,32 und sollte nun als nächster überprüft werden. Da er gleich groß wie sein nächster Nachbar ist, wird er bei der Überprüfung natürlich erhalten bleiben.

Bewertung von Ergebnissen

Wenn der Mittelwert aus einer Reihe von Einzelergebnissen errechnet worden ist, bleibt immer noch das Problem der Bewertung des Analysenergebnisses. Sehen die Ergebnisse zufriedenstellend aus oder nicht? Obwohl diese Frage nicht definitiv beantwortet werden kann, wenn es sich um eine absolut unbekannte chemische Substanz handelt, so liefert die Präzision der ermittelten Einzelergebnisse doch einen Hinweis auf die Richtigkeit des angegebenen Wertes. (Das setzt natürlich voraus, daß eine angemessene Analysenmethode ausgewählt worden ist und daß kein

Tabelle 3—4 Anwendung des Q-Tests auf eine Stichprobe mit sieben Ergebnissen

Ergebnisse	$n=7$ Test: 5,12	$n=6$ Test: 6,82	$n=5$ Test: 6,02	$n=5$ Test: 6,32
5,12	x_1	eliminiert	eliminiert	eliminiert
6,02	x_2	x_1	x_1	x_2
6,12	x_3	x_2	x_2	x_2
6,22	x_4	x_3	x_3	x_3
6,32	x_5	x_4	x_{n-1}	x_{n-1}
6,32	x_{n-1}	x_{n-1}	x_n	x_n
6,82	x_n	x_n	eliminiert	eliminiert

systematischer Fehler gemacht wurde.) Wenn die Präzision gut ist, kann man also annehmen, daß das Analysenergebnis ebenfalls den gegebenen Anforderungen entspricht. Welche Präzision kann nun aber als „gut" angesehen werden? Diese Frage läßt sich nur aus der Erfahrung heraus beantworten. Wenn wir wissen, daß eine bestimmte analytische Methode mit einer relativen Standardabweichung von weniger als 0,5 Prozent behaftet ist und daß diese Präzision bei vorangegangenen Analysen auch eingehalten wurde, dann kann man vernünftigerweise annehmen, daß eine dreifach durchgeführte Einzelanalyse auch eine Präzision in dieser Größenordnung liefert. Bei Abschätzung der Standardabweichung aus dem Streubereich unter Verwendung des Abweichungsfaktors (Tabelle 3—1) ist es einfach und bequem, die Bewertung der Analysenergebnisse einer Analyse durch Vergleich der berechneten Präzision mit der zu erwartenden durchzuführen. (Der Q-Test sollte vor der Abschätzung der Standardabweichung s durchgeführt werden.)

Beispiel:

Mit einer bestimmten analytischen Methode sollte eine relative Standardabweichung von 0,5 % oder besser erreicht werden. Eine Probe wird dreimal mit dieser Methode analysiert und ergibt folgende Ergebnisserie: 40,12 %; 40,15 %; 40,55 %. Da der Wert von 40,55 % aus der Reihe zu fallen scheint, werden zwei zusätzliche Analysen durchgeführt, welche die Werte 40,20 % und 40,39 % liefern. Wie groß sind die Standardabweichungen, die sich aus den ersten drei Ergebnissen ($n = 3$) und aus allen erhaltenen Ergebnissen ($n = 5$) ergeben?
Der Streubereich der ersten Gruppe von Ergebnissen ist

$$d = 40,55\,\% - 40,12\,\% = 0,43\,\% = 0,43 .$$

Der Q-Test für die erste Gruppe von Ergebnissen führt zu

$$Q = \frac{40,55\,\% - 40,15\,\%}{40,55\,\% - 40,12\,\%} = \frac{0,4\,\%}{0,43\,\%} = 0,93 .$$

Vergleich mit Tabelle 3—3 zeigt, daß der Q-Test den Wert 40,55 % nicht ausschließt. Der Streubereich d aller Meßergebnisse beträgt ebenfalls 0,43 %. Mit Hilfe des Abweichungsfaktors k aus Tabelle 3—1 berechnet man:
— für die erste Gruppe ($n = 3$) mit $k = 0,59$ eine Standardabweichung

$$s = k \cdot d = 0,59 \cdot 0,43\,\% = 0,25\,\%$$

bzw. eine Präzision V (= relative Standardabweichung) von 0,62 %:

$$V = \frac{s}{\bar{x}} = \frac{0,25\,\%}{40,27\,\%} = 0,0062 = 0,62\,\%$$

– für alle Meßergebnisse ($n = 5$) mit $k = 0,43$ entsprechend

$$s = 0,43 \cdot 0,43\,\% = 0,18\,\%$$

$$V = \text{relative Standardabweichung} = \frac{0,18\,\%}{40,28\,\%} = 0,0045 = 0,45\,\% \ .$$

Daraus ersieht man, daß die Standardabweichung aus der ersten Gruppe von Ergebnissen nicht dem geforderten Wert von 0,5 % oder besser entspricht. Nimmt man jedoch alle fünf Ergebnisse zur Berechnung der Standardabweichung, so erhält man einen Wert innerhalb des zu erwartenden Präzisionsbereiches.

3.6 Nachweisgrenze und Erfassungsgrenze

Wird ein gesuchter Stoff bei einer analytischen Untersuchung nicht gefunden, so heißt dies durchaus nicht, daß er nicht vorhanden ist. In Analysenberichten findet man daher nicht die Angabe „0 mg/L", sondern „n.n." (nicht nachweisbar), ergänzt durch die Angaben zur verwendeten Bestimmungsmethode und deren *Nachweisgrenze*.

Über die Definition dieses Begriffs gibt es die verschiedensten Auffassungen. Eine exakte Definition ist mit Hilfe der Standardabweichung möglich.[4,5] Jede analytische Bestimmung hat einen *Blindwert* (Meßwert bei Abwesenheit des gesuchten Stoffes). Gemessene Blindwerte schwanken um einen Mittelwert mit einer gewissen Standardabweichung. Liegt ein Analysenergebnis mindestens drei solcher Standardabweichungen über dem mittleren Blindwert, so spricht man von der Nachweisgrenze (50 % Wahrscheinlichkeit). Als *sicher* bezeichnet man ein Analysenergebnis, wenn der Meßwert um sechs Standardabweichungen über dem mittleren Blindwert liegt; man spricht dann von der *Erfassungsgrenze* oder *Bestimmungsgrenze* (99,8 % Wahrscheinlichkeit).

4 R. Bock, *Methoden der Analytischen Chemie*, Band 2, Teil 1 (Verlag Chemie, Weinheim 1980), S. 40 f.

5 U.R. Kunze, *Grundlagen der quantitativen Analyse* (Thieme, Stuttgart 1980)

Aufgaben

Definitionen und Begriffe

3.1   In welcher Bestimmungsgröße wird die Genauigkeit angegeben? Auf welche zwei Arten wird diese Bestimmungsgröße angegeben?

3.2   In welcher Größe wird die Präzision angegeben? Welches sind zwei mögliche Maße für die Präzision? Welches wäre die geeignetste Maßangabe für die Präzision bei einer Stichprobe mit fünf Ergebnissen?

3.3   Stellt die Standardabweichung immer eine bessere Abschätzung der Präzision als der Streubereich dar, auch bei $n = 3$? Wenn ja, warum werden der Streubereich und der Q-Test benutzt?

3.4   Man gebe an, ob unter den im folgenden angegebenen Bedingungen der Mittelwert kleiner, ungefähr gleich groß, oder größer als der Median ist:

a) eine Normalverteilung (Bild 3−1) von Meßwerten;

b) eine nichtsymmetrische glockenförmige Verteilung von Meßwerten mit größerer Abweichung im Bereich der höheren Meßwerte;

c) eine nichtsymmetrische glockenförmige Meßwertverteilung mit der größeren Abweichung im Bereich der niederen Meßwerte.

Signifikante Ziffern

3.5   Man addiere die folgenden Prozentzahlen und gebe das Ergebnis mit der richtigen Anzahl signifikanter Stellen an: 90,173 %, 8,21 % und 1,1 %.

3.6   Die folgenden Konzentrationen sollen addiert werden:
$5,0 \cdot 10^{-4}$ mol/L H_3O^+ aus HNO_3, $4,0 \cdot 10^{-6}$ mol/L H_3O^+ aus HCl und $1 \cdot 10^{-7}$ mol/L H_3O^+ aus der Dissoziation des Wassers.

a) Man gebe die Summe mit der richtigen Anzahl signifikanter Stellen an.

b) Man gebe die Summe mit der richtigen Anzahl signifikanter Stellen und der nächsten unsicheren Stelle (als tiefgestellte Ziffer) an.

3.7   Die H_3O^+-Konzentration von reinem Wasser bei 25 °C ist $1,00 \cdot 10^{-7}$ mol/L. Wie groß ist die H_3O^+-Konzentration in einer Lösung, die $1 \cdot 10^{-10}$ mol/L HCl und $1 \cdot 10^{-11}$ mol/L HNO_3 enthält? Es wird vorausgesetzt, daß beide Säuren vollständig in H_3O^+ und das Anion dissoziiert sind.

3.8   Man berechne unter Anwendung der richtigen Anzahl signifikanter Stellen den Prozentgehalt an Kupfer in einem Erz aus den folgenden Werten: molare Masse $M(Cu) = 63,54$ g/mol, Einwaage an Erz 1,0000 g, Gehalt der $Na_2S_2O_3$-Lösung (Maßlösung) $c(Na_2S_2O_3) = 0,1000$ mol/L, Verbrauch an Maßlösung 4,00 mL (aus einer 50-mL-Bürette). (Vgl. hierzu Kap. 14.4.)

3.9   Berechnen Sie die H_3O^+-Konzentration einer Lösung, die $2 \cdot 10^{-9}$ mol/L OH^--Ionen enthält. Hinweis: Das Ionenprodukt des Wassers ist

$K_w = c(OH^-) \cdot c(H_3O^+) = 1,00 \cdot 10^{-14}$ mol²/L². Man gebe das Resultat mit der richtigen Anzahl von signifikanten Stellen an.

3.10   Der Wert für K_w bei 25°C, auf vier signifikante Stellen angegeben, beträgt $1,008 \cdot 10^{-14}$. Man berechne die H_3O^+-Konzentration von reinem Wasser, indem man die Quadratwurzel aus K_w zieht und das Ergebnis mit der richtigen Anzahl signifikanter Stellen angibt.

3.11   Berechnen Sie den pH-Wert einer Lösung unter Benutzung der richtigen Anzahl signifikanter Stellen:

a) $c(H_3O^+) = 1 \cdot 10^{-10}$ mol/L

b) $c(H_3O^+) = 1,40$ mol/L

c) $c(OH^-) = 2,0 \cdot 10^{-11}$ mol/L.

3.12   Berechnen Sie den Wert von K in halbexponentieller Form (wissenschaftliche Darstellung) aus dem Logarithmus von K unter Benutzung der korrekten Anzahl von signifikanten Stellen:

a) $\log K = 2,04$

b) $\log K = 0,04$

c) $\log K = 10,_3$

Zentralwert

3.13   Man entscheide für jeden der angegebenen Fälle, welche Wertegruppe von Ergebnissen den präziseren Median M hat. Man entscheide einmal anhand des Bruchteils der Gesamtanzahl von Werten, zum anderen anhand der Anzahl von Ergebnissen, die zur Berechnung von M benutzt werden. Es ist eine Begründung anzugeben, die nicht auf dem numerischen Wert für die Präzision beruht.

a) Hat eine Stichprobe mit drei oder eine Stichprobe mit vier Werten den präziseren Median M?

b) hat eine Stichprobe von vier oder eine Stichprobe von sechs Werten den präziseren Median M?

c) Hat eine Stichprobe von drei oder eine Stichprobe von sechs Werten den präziseren Median M?

3.14   Zwei Messungen des pH-Wertes von Magensaft liefern die Werte 1,213 und 1,29.

a) Man berechne den Mittelwert unter Benutzung der richtigen Anzahl signifikanter Stellen.

b) Man berechne den Median unter Benutzung der richtigen Anzahl signifikanter Stellen.

c) Besteht ein Unterschied zwischen der Präzision des Mittelwertes und der Präzision des Medians für die angegebene Stichprobe? Warum oder warum nicht?

3.15 Drei Messungen des pH-Wertes von Speichel ergaben folgende Werte: 6,40; 6,49 und 6,401.

a) Man berechne den Mittelwert unter Benutzung der richtigen Anzahl signifikanter Stellen.

b) Man berechne den Median unter Benutzung der richtigen Anzahl signifikanter Stellen.

c) Besteht ein Unterschied zwischen der Präzision des Mittelwertes und der Präzision des Medians dieser Stichprobe? Begründung?

3.16 Man berechne den Mittelwert und den Median der folgenden Meßwerte für den Prozentgehalt an Stickstoff: 10,00; 8,00; 9,60; 10,40; 11,000 und 11,00. Würde in diesem Fall der Mittelwert oder der Median den besseren Schätzwert für den Zentralwert liefern? (Es wird angenommen, daß keines der Ergebnisse zu eliminieren ist.)

3.17 Man berechne den Mittelwert und den Median für die folgenden Meßwerte des Prozentgehaltes an Stickstoff: 10,20; 9,00; 9,40; 10,40 und 11,00. Warum liefert der Mittelwert einen besseren Schätzwert für den Zentralwert als der Median? (Man berücksichtige den Wert für n und die Präzision des Medians im Vergleich zur Präzision des Mittelwerts.)

3.18 Der Absolutwert für die Streubreite einer bestimmten analytischen Methode sei beispielsweise gewöhnlich 0,7 % oder weniger. Vier verschiedene unbekannte Proben (**A**, **B**, **C** und **D**) werden analysiert und ergeben die unten angegebenen Meßwertreihen. Man entscheide, welche Methode den besten Schätzwert für den Zentralwert liefert und berechne ihn. (Es ist zu beachten, daß der Q-Test bei der Eliminierung zweifelhafter Ergebnisse hier versagt.)

A: 20,00 %, 20,10 % und 21,00 %

B: 20,00 %, 20,30 % und 20,63 %

C: 20,00 %, 20,10 %, 20,60 % und 22,00 %

D: 20,00 %, 20,10 %, 20,26 % und 20,60 %

3.19 Der Absolutwert des Streubereichs für die Analyse auf Natriumcarbonat beträgt gewöhnlich etwa 1,0 % oder weniger. Ein Analytiker erhält für Natriumcarbonat Prozentgehalte von 30,00 %, 30,20 % und 32,00 %. Daraufhin entscheidet er sich, einen vierten Wert zu bestimmen.

a) Warum?

b) Man berechne den Zentralwert seiner Ergebnisse unter der Annahme, daß das vierte Resultat 30,50 % beträgt. Nehmen wir einmal an, der Analytiker entscheide sich nun, zwei oder drei zusätzliche Ergebnisse zu bestimmen, so daß $n = 5$ oder 6 ist. Man entscheide, ob sein Zentralwert präziser ist als für $n = 4$, wenn er (i) den Median, und (ii) den Mittelwert bestimmt.

Präzision und Eliminierung eines Ergebnisses

3.21 Ein Student erhält die folgenden Mangangehalte für eine Standardprobe: 0,283 %, 0,282 %, 0,280 %, 0,285 %, 0,282 % und 0,280 %. Man berechne a) den Mittelwert, b) die mittlere Abweichung, c) die Standardabweichung und d) die relative Standardabweichung.

3.22 Die folgenden Zahlen geben den Prozentgehalt von Mangan in einem Stahl an: 1,01; 0,95; 0,99; 1,05; 1,06; 0,94; 0,85; 1,05; 1,05 und 1,05.

a) Man berechne die absoluten und die relativen Werte der mittleren und der Standardabweichung sowie des Streubereichs. Welches ist in diesem Fall die beste Maßgröße für die Präzision?

b) Man berechne die Vertrauensgrenzen für den Mittelwert bei einer Irrtumswahrscheinlichkeit von 0,01.

c) Wie groß ist die prozentuale Wahrscheinlichkeit, daß der Mittelwert innerhalb dieses Vertrauensbereichs liegt?

3.23 Die folgenden 21 Werte wurden bei der kolorimetrischen Bestimmung von Eisen in Wasser gefunden: 10,0; 10,1; 9,9; 10,4; 9,8; 10,2; 9,6; 10,1; 9,9; 9,4; 9,3; 10,6; 10,7; 9,8; 10,2; 10,0; 10,4; 10,0; 9,6; 10,1 und 9,9 ppm Fe. Man berechne

a) den Mittelwert,

b) den Absolutwert der Standardabweichung und

c) die Vertrauensgrenzen für den Mittelwert mit einer Wahrscheinlichkeit von 95 %.

3.24 Die folgenden 11 Meßwerte stammen aus einer experimentellen Bestimmung der molaren Masse von Kohlenstoff: 12,0112; 12,0210; 12,0102; 12,0118; 12,0111; 12,0106; 12,0113; 12,0101; 12,0097; 12,0095 und 12,0080 (jeweils in g/mol). Berechne

a) den Mittelwert,

b) den Absolutwert der Standardabweichung und

c) gebe die molare Masse für Kohlenstoff mit der entsprechenden Bezeichnung für den Vertrauensbereich von 95 % an.

3.25 Es ist wichtig, einem Nichtchemiker sagen zu können, wie zuverlässig analytische Ergebnisse sind. Angenommen, es liegen mehr als 30 Ergebnisse aus der Analyse einer Standardprobe vor. Man zeige, wie unter Anwendung einfacher statistischer Beziehungen (falls möglich unter Angabe von Gleichungen und genauen Berechnungen) die folgenden Größen berechnet werden können:

a) die Grenzen, innerhalb derer ein Einzelergebnis 997 mal in 1000 Fällen auftritt,

b) die Grenzen, innerhalb derer der Mittelwert von drei Ergebnissen in 99 von 100 Fällen liegen wird.

3.26 Man berechne den Mittelwert der folgenden Analysenwerte für Eisen (nach Überprüfung von zweifelhaften Ergebnissen) im Vertrauensbereich von 90 %: 10,00 %; 10,10 %; 10,22 % und 11,00 %. Wie ändert sich der Mittelwert, wenn zweifelhafte Ergebnisse im Vertrauensbereich von 96 % überprüft werden?

3.27 Man berechne den Mittelwert der folgenden Analysenwerte für Stickstoff (nach Überprüfung der fragwürdigen Werte) im Vertrauensbereich von 90 %: a) 11,11 %; 11,15 %; 12,09; b) 5,71 %; 4,00 %; 4,97 %; 5,23 %; 5,20 % und 5,17 %?

3.28 Ein Student erhält für Arsen die Analysenwerte 10,00 %, 10,10 % und 11,00 %. Er möchte den Wert von 11,00 % eliminieren. a) Kann er das mit einem Vertrauensbereich von 99 % tun? Er bestimmt zusätzlich einen vierten Analysenwert, der 10,20 % beträgt. b) Wie groß ist der Zentralwert aller Ergebnisse nach der nochmaligen Überprüfung des Wertes von 11,00 %?

3.29 Wenn das vierte Ergebnis in Aufgabe 3.28 anstelle von 10,20 % 10,30 % wäre, welchen Zentralwert aller Ergebnisse würde man dann erhalten?

3.30 Bei keiner der unten angegebenen Stichproben führt der Q-Test zur Eliminierung von fragwürdigen Ergebnissen. Man gebe an, welches die beste Methode zur Bestimmung des Zentralwertes jeder Stichprobe ist, und führe die Berechnung durch.

a) 20,00 %; 20,10 % und 21,00 %

b) 20,00 %; 20,10 %; 20,60 % und 22,00 %

c) 20,00 %; 20,10 %; 20,44 %; 20,60 %; 20,90 % und 22,00 %

d) 20,0 %; 21,0 % 22,0 %; 29,0 % und 40,0 %

(Vergleichen Sie den Streubereich der Stichprobe d) mit den vorhergehenden, bevor Sie die Methode zur Bestimmung des Zentralwertes auswählen.)

Abschätzung der Standardabweichung und Bewertung der Ergebnisse

3.31 Man schätze die absoluten und die relativen Werte für die Standardabweichung der folgenden Ergebnisse aus dem Streubereich: 40,02; 40,11; 40,16; 40,18; 40,18 und 40,19. (Man mache sich klar, warum durch den Q-Test der Wert 40,02 nicht eliminiert wird.)

3.32 Die folgenden Ergebnisse wurden mit einer Methode erhalten, die eine relative Standardabweichung von 0,5 % oder besser liefert: 30,15; 30,55; 30,12.

a) Man verwende den Streubereich zur Abschätzung des Absolutwertes der Standardabweichung.

b) Man ermittle die Präzision dieser Ergebnisse durch Vergleich mit der bekannten relativen Standardabweichung.

3.33　　Eine bestimmte analytische Methode gibt normalerweise eine relative Standardabweichung von 0,6 % oder besser. Eine Probe wird mit dieser Methode dreimal analysiert und liefert die folgende Reihe von Meßwerten: 43,22 %; 43,25 % und 43,65 %. Da der Wert 43,65 % fraglich erscheint, werden zwei weitere Analysenwerte ermittelt: 43,30 % und 43,49 %.

a) Wie groß ist die Standardabweichung der ersten Meßwertreihe ($n = 3$) und diejenige des kompletten Datensatzes mit $n = 5$?

b) Man ermittle die Präzision für beide Meßwertreihen.

Verschiedene Probleme

3.34　　Die Berechnung des Eliminierungsquotienten, wie beispielsweise $Q_{0,90}$ für $n = 3$ wird mit Hilfe der Dixonschen Gleichung[3] für den allgemeinen Eliminierungsquotienten R_a durchgeführt.

$$R_a = 0,500 \cdot \frac{\sqrt{3}}{2} \tan\left[\frac{\pi}{3} \cdot (0,500 - \alpha)\right],$$

wobei α die relative Wahrscheinlichkeit dafür ist, daß ein fraglicher Wert größer als R_a ist; für $Q_{0,90}$ ist α daher 0,05.

a) Man berechne $Q_{0,90}$ für $n = 3$ auf drei signifikante Stellen

b) Man berechne $Q_{0,96}$ für $n = 3$ auf drei signifikante Stellen

c) Man berechne $Q_{0,99}$ für $n = 3$ auf drei signifikante Stellen

3.35　　Es kommt oft vor, daß zwei von drei Ergebnissen näher beieinander liegen, als aus der normalerweise zu erwartenden Präzision für die Methode zu erwarten wäre (0,1 % für Titrationen und 0,02 % für gravimetrische Bestimmungen). In solchen Fällen ist es nicht sinnvoll, den dritten Wert mit Hilfe des Q-Tests zu eliminieren; stattdessen sollten ein oder zwei zusätzliche Werte bestimmt und der Mittelwert aus allen Ergebnissen errechnet werden. Man entscheide, ob es für jede der beiden im folgenden angegebenen Meßreihen richtig ist, den Q-Test anzuwenden, und führe ihn durch, wo man es für richtig hält:

a) titrimetrische Ergebnisse von 50,00 %, 50,02 % und 51,00 %, wobei jeweils mehr als 40 mL der Maßlösung verbraucht wurden;

b) gravimetrische Ergebnisse von 50,00 %, 50,02 % und 51,00 %, wobei die maximale Abweichung vom Abwiegen von 1,0000 g des Niederschlages herrührt.

3.36　　Wenn die Reinheit von Gold durch Titration zu bestimmen wäre, würde der relative Fehler $\pm 0,1 \%$ betragen. Berechnen Sie den Fehler in Pfennig pro Gramm unter Zugrundelegung des gegenwärtigen Goldpreises. Wie könnte dieser Fehler verkleinert werden, wenn eine andere Methode angewendet werden würde?

Kapitel 4

Gravimetrische Analysenmethoden

Die quantitative Bestimmung einer Substanz durch Fällung mit nachfolgender Abtrennung und Wägung des Niederschlages wird *gravimetrische Analyse* genannt. Gravimetrische Methoden finden in der quantitativen Analyse breite Anwendung, obwohl die meisten Chemiker die schnelleren titrimetrischen, spektroskopischen oder chromatographischen Methoden vorziehen. Eine Fällung kann ein sehr selektiver Prozeß sein; aus diesem Grunde eignen sich Fällungsmethoden recht gut für quantitative analytische Trennungen.

Das allgemeine Vorgehen bei einer gravimetrischen Analyse ist ziemlich einfach: Eine gewogene Probe wird aufgelöst, danach wird ein Überschuß des Fällungsmittels zugesetzt. Der Niederschlag wird abfiltriert, gewaschen, getrocknet oder geglüht und dann gewogen. Aus dem „Gewicht" (genauer: der Masse) und der bekannten Zusammensetzung des Niederschlages kann die Menge des zu bestimmenden Ions errechnet werden. Aus dieser Masse und aus der Masse der entnommenen Probe kann der Prozentgehalt der zu bestimmenden Substanz in der Originalprobe berechnet werden. – Das Gelingen einer gravimetrischen Analyse hängt von folgenden Voraussetzungen ab:

(1) Die gewünschte Substanz muß vollständig gefällt werden. Die meisten analytisch genutzten Niederschläge (Fällungsformen) haben ein hinreichend niedriges Löslichkeitsprodukt, so daß Verluste aufgrund der Löslichkeit vernachlässigbar sind.

Das mit dem Fällungsmittel im Überschuß zugesetzte fällende Ion vermindert die Löslichkeit des Niederschlages. Silberchlorid z.B. ist geringfügig löslich, aber der zum Fällen von Chlorid zugegebene Überschuß von Silbernitrat verschiebt das Gleichgewicht nach links und vermindert die Löslichkeit des Niederschlags (gleichioniger Zusatz):

$$AgCl\,(s) \underset{\text{Überschuß Ag}^+}{\xleftarrow{\hspace{2cm}} \rightleftharpoons} Ag^+ + Cl^-$$

1 F.R. Duke und L.M. Brown, *J. Am. Chem. Soc. 71*, 1443 (1954)

(2) Die auszuwiegende Form des Niederschlages – die *Wägeform* – sollte aus einer Verbindung bekannter Zusammensetzung bestehen. Für Berechnungen mit einem gravimetrischen Faktor (Abschnitt 4.7) ist dies Voraussetzung.

(3) Der Niederschlag muß rein und leicht zu filtrieren sein. Manchmal ist es sehr schwierig, einen Niederschlag zu erhalten, der völlig frei von Verunreinigungen ist.

4.1 Fällungsmechanismus

Am Beginn einer Fällung steht die Bildung sehr kleiner Niederschlagspartikel, der sogenannten Kristallkeime. Dieser Vorgang wird als *Keimbildung* bezeichnet. Im Anschluß an die Keimbildung wachsen die Teilchen in den drei Raumrichtungen, wobei aus den winzigen Kristallkeimen verhältnismäßig große makroskopische Niederschlagspartikel entstehen.

Die Zeit, die zwischen dem Vermischen der Reagenzien in der Lösung und der Kristallkeimbildung liegt, nennt man *Induktionsphase*. Diese Induktionsphase ist bei verschiedenen Niederschlägen unterschiedlich lang; sie ist sehr kurz bei Silberchlorid, aber ungewöhnlich lang bei Bariumsulfat. (Bei sehr verdünnten Lösungen beträgt die Induktionsphase für Bariumsulfat mehrere Minuten.) In den meisten Fällen tritt sie jedoch spontan, sobald die Reagenzien gemischt sind, ein.

Nach dem Einsetzen der ersten sponaten Keimbildung ist das Wachstum dieser Keime gegenüber der Bildung neuer Keime begünstigt. Die in der Lösung befindlichen Kationen und Anionen stoßen mit den kleinen Kristallpartikeln zusammen und werden an ihrer Oberfläche durch chemische Bindung festgehalten, wodurch ein dreidimensionales Kristallgitter entsteht.

Die ersten gebildeten Kristallkeime sind viel zu klein, um sichtbar zu sein. In einem untersuchten Fall wurde festgestellt, daß jeder Kristallkeim nur ungefähr vier Moleküle enthält (man erinnere sich, daß ein Mol ca. 10^{23} Moleküle enthält und daß 10^9 bis 10^{17} Kristallkeime pro Mol Niederschlag gebildet werden.

An der Oberfläche von Niederschlägen werden immer eine gewisse Anzahl von Ionen adsorbiert. Während der Fällung wird entweder das Gitterkation oder das Gitteranion adsorbiert – je nachdem, welches von beiden im Überschuß vorhanden ist. Wenn beispielsweise durch langsame Zugabe von Silbernitratlösung zu einem Überschuß von Natriumchloridlösung Silberchlorid ausgefällt wird, dann werden Chlorid-Ionen an der Oberfläche des Niederschlages adsorbiert und erwarten die Ankunft weiterer Silber-Ionen, um so das Kristallwachstum fortzusetzen. Das adsorbierte Gitterion (in diesem Fall das Chlorid) wird als *primär adsorbiertes Ion* bezeichnet. Es besteht natürlich die Möglichkeit, daß auch andere in der Lösung vorhandene Ionen (in diesem Fall Nitrat- oder Natrium-Ionen) adsorbiert werden. Im allgemeinen überwiegt aber die Adsorption des Gitterions, welches im starken Überschuß vorhanden ist.

Tabelle 4—1   Gegenüberstellung der Eigenschaften von primär adsorbiertem Ion und Gegenion

primär adsorbiertes Ion	Gegenion
im Überschuß vorhandene Gitterionen	trägt eine dem primär adsorbierten Ion entgegengesetzte Ladung
durch chemische Bindung festgehalten	durch elektrostatische Anziehung festgehalten
auf der Oberfläche des Niederschlages fixiert	in dem den Niederschlag umgebenden Lösungsbereich „lose festgehalten"

Wegen der Primäradsorption trägt die Oberfläche eines Niederschlages eine positive oder eine negative Ladung, je nachdem ob ein Kation oder ein Anion adsorbiert wird. Um diese Ladung auszugleichen, werden Ionen entgegengesetzter Ladung durch elektrostatische Anziehung in der die Niederschlagspartikel direkt umgebenden Lösung angereichert. Diese als *Gegenionen* bezeichneten Ionen sind weniger stark gebunden als die primär adsorbierten Ionen. Die Schicht der Gegenionen ist ein Gemisch und enthält neben den Gegenionen auch noch andere Kationen und Anionen. – Die Eigenschaften von primär adsorbiertem Ion und Gegenion sind in Tabelle 4–1 gegenübergestellt.

Die Gegenionen mit der höchsten Ladung werden vom Niederschlag am stärksten adsorbiert. Unter Ionen gleicher Ladungszahl fungiert gewöhnlich das Ion als Gegenion, welches mit dem primär adsorbierten Ion die am wenigsten lösliche Verbindung eingeht. Wenn z.B. Sulfat durch Zugabe eines Überschusses an Bariumchlorid gefällt wird, dann ist Barium das primär adsorbierte Ion, symbolisch schreibt man:

$$BaSO_4 : Ba^{2+}$$

Enthält die Lösung noch Chlorid-, Nitrat- und Perchlorat-Anionen, dann wird das Nitrat-Ion vorwiegend das Gegenion bilden, symbolisch schreibt man:

$$BaSO_4 : Ba^{2+} NO_3^{3-}$$

Bariumnitrat ist bedeutend schlechter löslich als Bariumchlorid oder Bariumperchlorat.

4.2   Bedingungen für eine analytische Fällung

Im Idealfall sollte ein Niederschlag für eine gravimetrische Bestimmung aus perfekt ausgebildeten Kristallen bestehen, die so groß sind, daß sie einfach und schnell gewaschen und filtriert werden können. Solche perfekten Kristalle wären frei von Verunreinigungen im Inneren und hätten eine möglichst geringe Oberfläche, wodurch die Adsorption von Verunreinigungen gering bliebe. Der Niederschlag wäre außerdem so schwer löslich, daß der Verlust an Niederschlag infolge Löslichkeit vernachlässigbar klein wäre.

Zu Beginn dieses Jahrhunderts fand v. Weimarn[2], daß die Teilchengröße eines Niederschlages umgekehrt proportional zur relativen Übersättigung der Lösung während des Fällungsvorganges ist:

$$\text{relative Übersättigung} = \frac{Q - S}{S}.$$

Dabei ist Q die Stoffmengenkonzentration der vermischten Reagenzien in mol/L vor jeglicher Fällung und S die Löslichkeit des Niederschlages (in mol/L) im Gleichgewichtszustand des Systems. Dieser Effekt ist in Bild 4–1 dargestellt.

Die Geschwindigkeit der Fällung steigt mit zunehmender relativer Übersättigung. Um einen reinen Niederschlag mit großer Teilchengröße zu erhalten, muß deshalb die relative Übersättigung so niedrig sein, daß die Fällungsgeschwindigkeit klein ist.

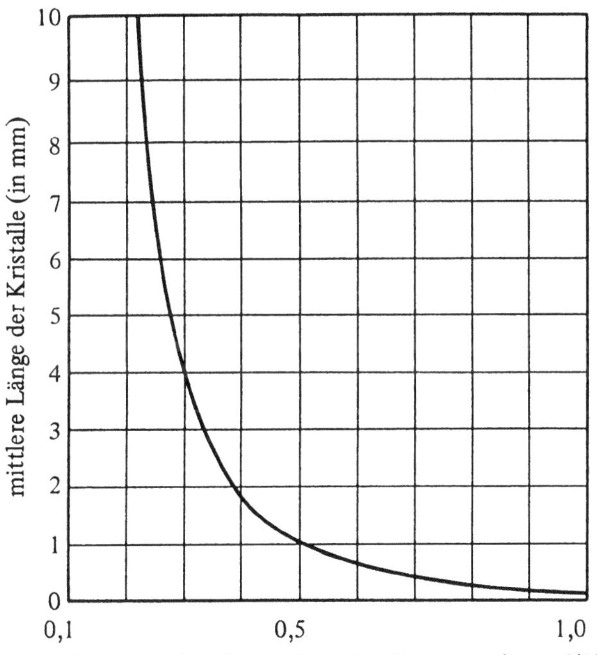

Bild 4-1
Partikelgröße als Funktion der Übersättigung

2 P.P. von Weimarn, *Chem. Rev.* 2, 217 (1927)

Tatsächlich hängt die Fällungsgeschwindigkeit von der Geschwindigkeit zweier Prozesse – nämlich Keimbildung und Teilchenwachstum – ab. Die Geschwindigkeiten beider Prozesse sind eine Funktion der Übersättigung $(Q-S)$: Die Keimbildungsgeschwindigkeit beträgt $k(Q-S)^n$, wobei n ungefähr 4 sein kann, und die Wachstumsgeschwindigkeit ist $k'A(Q-S)$, wobei A die Oberfläche des Niederschlags ist. Die Geschwindigkeitskonstanten k und k' liegen in solchen Größenverhältnissen, daß nach der ersten Keimbildung bevorzugt Teilchenwachstum anstelle von weiterer Keimbildung stattfindet. Voraussetzung ist, daß $(Q-S)$ klein ist. Wenn $(Q-S)$ zu groß wird, kann die Keimbildung gegenüber dem Wachstum bevorzugt sein; dies hat zur Folge, daß sich ein kolloidaler Niederschlag bildet.

Um einen möglichst idealen Niederschlag zu erhalten, sollten die Fällungsbedingungen so gewählt werden, daß Q so klein wie möglich und S im Verhältnis dazu groß ist.

Es ist leicht einzusehen, daß S nicht zu groß werden darf, da sonst die Fällung nicht quantitativ ist.

Für eine „quantitative Fällung" ist jedoch zulässig, daß weniger als 1 ppm des zu bestimmenden Ions ungefällt in der Lösung bleibt. Bei einer Zunahme von S von einem Teil pro 1 000 000 auf einen Teil pro 10 000 bleibt die Fällung immer noch quantitativ, da der hierbei aufgrund der Löslichkeit auftretende Verlust so gering ist, daß er in beiden Fällen vernachlässigt werden kann.

In der folgenden Übersicht sind die gebräuchlichen Fällungstechniken mit einer kurzen Erläuterung der Hintergründe zusammengestellt.

(1) Fällung aus verdünnter Lösung. Hierbei bleibt Q niedrig.
(2) Langsame Zugabe des Fällungsreagenzes unter kräftigem Rühren. Die langsame Zugabe des Fällungsreagenzes hält Q niedrig, das Rühren verhindert lokal hohe Konzentrationen des Fällungsreagenzes.
(3) Fällung bei einem pH, der am sauren Ende desjenigen pH-Bereichs liegt, innerhalb dessen die Fällung quantitativ ist. Viele Niederschläge sind bei niedrigerem pH-Wert leichter löslich, so daß die Fällungsgeschwindigkeit herabgesetzt wird.
(4) Fällung aus heißer Lösung. Die Löslichkeit S von Niederschlägen nimmt mit steigender Temperatur zu; die Zunahme der Löslichkeit vermindert ihrerseits eine Übersättigung.

Eine Methode zur Erhöhung der Filtrierbarkeit ist das *Digerieren des Niederschlags*. Man spricht von „Digerieren", wenn der Niederschlag in der Mutterlauge – das ist die Lösung, aus der er ausgefällt wurde – verbleibt und dabei in der Regel noch erhitzt wird. Beim Digerieren kommt es zur sogenannten „Alterung", wobei sich die Gesamtoberfläche des Niederschlags verringert und die durchschnittliche Größe der Niederschlagsteilchen zunimmt. Während des Digerierens wachsen die größeren Niederschlagsteilchen auf Kosten der kleineren. Infolgedessen wird der Niederschlag wesentlich besser filtrierbar. Sehr kleine Niederschlagsteilchen und die zerklüfteten Ränder von größeren Teilchen haben im Verhältnis zu ihrer Masse eine relativ große Oberfläche und sind deshalb besser löslich. So führt das Digerieren in gewisser Weise zu einer Auflösung von kleinen Partikeln und ihrer Wiederausfällung auf der Oberfläche der größeren, wobei besser ausgebildete Kristalle entstehen. Außerdem tritt während des Digerierens eine Verbesserung der Kristallstruktur des Niederschlages auf. Diesen Vorgang bezeichnet man als „Reifen" des Niederschlages. Während des Prozesses kann sich die Menge der eingeschlossenen Verunreinigungen vermindern.

Wird die Übersättigung $(Q - S)$ durch die oben angegebenen Arbeitstechniken so niedrig wie möglich gehalten, so können einige Niederschläge in reiner und kristalliner Form erhalten werden. Ungünstigerweise sind viele Niederschläge so wenig löslich (sehr kleines S), daß $(Q - S)$ nicht klein genug gehalten werden kann; es bildet sich kein kristalliner Niederschlag. In einigen Fällen fällt sogar trotz aller Bemühungen der Niederschlag zunächst *kolloidal* aus. Kolloidale Niederschläge können jedoch durch Zufügen eines Elektrolyten oder durch Erhitzen zu Teilchen koaguliert werden, die groß genug sind, um sie filtrieren und auch waschen zu können.

Festkörperteilchen mit einer Größe zwischen 1 nm und 100 nm befinden sich im sogenannten kolloidalen Zustand. Solche Teilchen sind zu klein, um mit dem Auge oder auch unter dem Lichtmikroskop sichtbar zu sein. Eine Suspension von kolloidalen Teilchen in einer Flüssigkeit erscheint wie eine echte Lösung. Kolloidal gelöste Teilchen streuen jedoch das Licht, so daß eine solche „Lösung" trüb erscheint, wenn man sie im rechten Winkel zu einem einfallenden starken Lichtstrahl betrachtet (Tyndall-Effekt).

Man kann Kolloide in hydrophobe und hydrophile Kolloide einteilen. Wie der Name andeutet, übt ein hydrophobes Kolloid nur geringe oder überhaupt keine anziehende Wirkung auf Wassermoleküle aus. Die Lösung eines hydrophoben Kolloids nennt man auch *Sol*. Die Lösung eines hydrophilen Kolloids ist wegen seiner starken Affinität zu Wasser viskos.

Kolloidale Suspensionen gehen leicht durch normale Filter hindurch. Die Teilchen sedimentieren zudem nicht im normalen Gravitationsfeld, sondern nur unter den starken Zentrifugalkräften in einer Ultrazentrifuge. Allerdings genügt gewöhnlich die Zugabe eines Elektrolyten oder einfaches Erhitzen, um die kolloidalen Teilchen zur Zusammenlagerung unter Bildung größerer Aggregate zu bringen, die sich dann schnell in der Lösung absetzen. Dieser Prozeß wird *Koagulation* oder auch *Agglomeration* genannt. Der so gebildete Festkörper wird auch als kolloidaler Niederschlag bezeichnet. Die Koagulation eines hydrophoben Kolloids wie z.B. Silberchlorid führt zur Bildung eines käsigen Niederschlages. Ein hydrophiles Kolloid ist schwieriger zu koagulieren, und der koagulierte Niederschlag ist gallertig.

Bei richtiger Handhabung können auch koagulierte Kolloide zufriedenstellende gravimetrische Analysen ergeben. So ist beispielsweise der Silberchlorid-Niederschlag ein koaguliertes Kolloid; trotzdem ist die Chlorid-Bestimmung durch Fällung als AgCl eine der genauesten gravimetrischen Bestimmungsmethoden. Wenn ein kolloidaler Niederschlag hydrophil ist, wie beispielsweise zahlreiche Hydroxid-Niederschläge, dann ist die koagulierte Fällung gallertig und schlecht filtrierbar. Solche Niederschläge adsorbieren sehr leicht Verunreinigungen. Daher ist die gravimetrische Bestimmung über einen solchen Niederschlag sehr störanfällig.

4.3 Fällung aus homogener Lösung

Das Fällen aus homogener Lösung ist *die* ideale Fällungsmethode. Bei diesem Verfahren wird nicht das Fällungsreagenz als solches der Lösung zugegeben, sondern es wird innerhalb der Lösung langsam durch eine chemische Reaktion erzeugt. Ein lokaler Überschuß des Fällungsmittels, der bei der konventionellen Methode unvermeidlich ist, wird hierbei vermieden. Beim Fällen aus homogener Lösung wird die Übersättigung $(Q - S)$ zu jedem Zeitpunkt extrem niedrig gehalten, mit dem Erfolg, daß ein sehr reiner dichter Niederschlag entsteht. Substanzen, die normalerweise nur amorph ausfallen, bilden häufig beim Fällen aus homogener Lösung gut ausgebildete Kristalle (Bild 4–2). Einen Überblick über analytische Verfah-

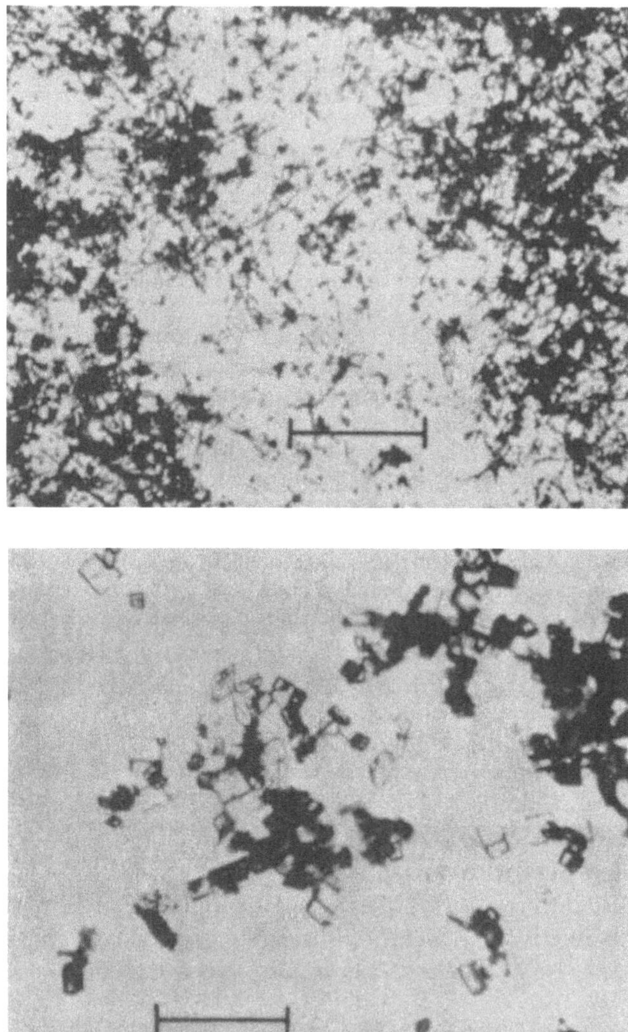

Bild 4-2 Kristalle von Kupferoxinat, Fällung durch direkte Zugabe von Oxinat (oben) und nach Fällung aus homogener Lösung (unten), hier durch Verdampfung des organischen Lösungsmittels aus einer acetonhaltigen wäßrigen Lösung. In beiden Fällen hat der eingezeichnete Maßstab eine Länge von 0,1 mm.

[Aus: L. Howick, J. Jones, *Talanta 10*, 197 (1963). Mit Erlaubnis der Microform International Marketing Corporation.]

ren, die auf einer Fällung aus homogener Lösung beruhen, geben Cartwright, Newman und Wilson[3].

Die am häufigsten angewandten Techniken zur Fällung aus homogener Lösung kann man wie folgt einteilen:

a)   *Erhöhung des pH-Wertes*

Der pH-Wert wird gewöhnlich durch Hydrolyse von Harnstoff in siedender wäßriger Lösung erhöht.

$$NH_2CONH_2 + H_2O \xrightarrow{\text{Hitze}} 2\,NH_3 + CO_2$$

Der dabei freigesetzte Ammoniak erhöht den pH-Wert der Lösung gleichmäßig, wobei die Metallionen, die schwer lösliche Hydroxide bilden, ausgefällt werden. Bei der Fällung von Aluminium aus homogener Lösung wird Harnstoff zu einer schwach schwefel- oder bernsteinsauren aluminiumhaltigen Lösung gegeben. Ein Niederschlag bildet sich erst nach längerem Kochen der Lösung (ungefähr 1 h), wobei die Menge Ammoniak gebildet wird, die für die Erhöhung des pH-Wertes erforderlich ist. Bei diesem Verfahren fällt das Aluminium als basisches Sulfat oder Succinat und nicht als Aluminiumhydroxid aus. Der erhaltene Niederschlag ist viel dichter und ärmer an Verunreinigungen als der bei einer normalen Fällung mit Ammoniak erhaltene Niederschlag. Ein anderes Beispiel für die Fällung aus homogener Lösung ist die Fällung von Bariumchromat. Auch hier macht man sich den Effekt zunutze, daß die Konzentration des Fällungsmittels (CrO_4^{2-}) im Sauren zu gering ist. Gemäß

$$Cr_2O_7^{2-} + 3\,H_2O \rightleftharpoons 2\,CrO_4^{2-} + 2\,H_3O^+$$

entsteht mit steigendem pH mehr CrO_4^{2-} (Verschiebung des Gleichgewichts nach rechts). Man gibt also zur sauren bariumhaltigen Lösung Chromat und fügt Harnstoff zu. Dann wird zum Sieden erhitzt. Der freigesetzte Ammoniak erhöht langsam den pH der Lösung. Wenn der pH einen bestimmten Wert erreicht hat, beginnt die Ausfällung des Bariumchromats. Der so erhaltene Niederschlag ist besser ausgebildet als die Bariumchromat-Niederschläge, die nach den sonst üblichen Methoden erhalten werden, und praktisch frei von Verunreinigungen.

b)   *Freisetzung von Anionen*

Ein organischer Ester oder ein anderes geeignetes Reagenz wird der Probelösung mit dem zu fällenden Metallion zugegeben. Beim Erhitzen der Lösung hydrolysiert das Reagenz langsam unter Bildung eines Anions, welches das Metallion ausfällt (Tabelle 4−2).

---

3 P.F.S. Cartwright, E.J. Newman und D.W. Wilson, *Analyst 92*, 663 (1967)

Tabelle 4—2 Einige Reagenzien für die Fällung aus homogener Lösung durch Freisetzung von Anionen

fällendes Ion	Reagenz
$C_2O_4^{2-}$	Oxalsäurediethylester
PO_4^{3-}	Phosphorsäuretrimethylester
SO_4^{2-}	Amidosulfonsäure, NH_2SO_3H
S^{2-}	Thioacetamid, CH_3CSNH_2
$Oxinat^-$	Essigsäure-8-hydroxychinolinester

c)   *Kationenfreisetzung*

Diese Methode soll am Beispiel der Fällung von Wolframoxid aus homogener Lösung erläutert werden. Wolfram(VI) wird in der Probelösung durch Zugabe von Wasserstoffperoxid als Peroxowolframat komplexiert. Dieser Komplex wird dann langsam durch Kochen mit verdünnter Salpetersäure (1:1) zersetzt, wobei WO_3 als Niederschlag ausfällt. [Die Angabe „verdünnte Salpetersäure (1:1)" bedeutet, daß 1 Volumenteil konzentrierte Salpetersäure mit 1 Volumenteil Wasser verdünnt wird.]

d)   *Fällung aus einem Lösungsmittelgemisch*

Ein Beispiel hierfür ist in Bild 4—2 dargestellt. Ein metallorganischer Komplex wie das Kupferoxinat entsteht in einer wäßrigen Lösung, welche genügend organisches Lösungsmittel (Aceton) enthält, um den Komplex in Lösung zu halten. Wenn man das Aceton langsam verdampft, wird die Lösung überwiegend wäßrig, und der kupferorganische Komplex fällt in gut ausgebildeten Kristallen aus.

e)   *Wertigkeitswechsel*

Diese Methode ist weniger gebräuchlich. Ein Beispiel ist die langsame Oxidation von löslichem Cer(III)-iodat zu Cer(IV)-iodat, welches schwer löslich ist.

4.4   Verunreinigungen in Niederschlägen

Der Begriff *Mitfällung* bezeichnet die Tatsache, daß normalerweise lösliche Verunreinigungen während der Fällung einer schwer löslichen Verbindung mit ausfallen. Mitfällung findet in geringem Ausmaß während jeder analytischen Fällung statt. Sie ist jedoch bei $BaSO_4$ und bei kolloidalen Niederschlägen (z.B. Oxidhydraten) besonders ausgeprägt. Durch vorsichtiges Fällen und gründliches Waschen können die Auswirkungen der Mitfällung vermindert, aber nicht immer verhindert werden.

Adsorption an der Oberfläche

Adsorption von Ionen an der Oberfläche kommt bei allen Niederschlägen vor. Adsorbierte Verunreinigungen führen jedoch nur bei Niederschlägen mit großer Oberfläche zu merklichen Analysenfehlern. Wie im Abschnitt 4.1 erläutert, lagert sich an einen einmal gebildeten Niederschlag zunächst das im Überschuß vorhandene Gitterion an. Nach Ausfällung des gesamten Chlorids durch einen Überschuß an Silbernitrat werden also an der Oberfläche des Silberchlorid-Niederschlags primär Silberionen adsorbiert. In diesem Fall wird ein Fremdion, z.B. Nitrat, als Gegenion angelagert. Folglich wird der AgCl-Niederschlag von einer adsorbierten Schicht $AgNO_3$ bedeckt sein.

Im Falle eines Metallhydroxides (Oxidhydrats) hängt es vom pH-Wert der Lösung ab, welches das primär adsorbierte Ion ist. So liegt z.B. der isoelektrische Punkt (Neutralpunkt) von Aluminiumhydroxid bei pH 8,0. Unterhalb dieses Wertes hat die Oberfläche des Niederschlags eine positive Ladung und zieht anionische Gegenionen an; bei höheren pH-Werten ist die Oberfläche des Niederschlages negativ geladen und zieht bevorzugt Kationen als Gegenionen an. Infolgedessen kann die Mitfällung von Fremdmetallionen vermindert werden, wenn man die Fällung eines Hydroxids bei möglichst niedrigem pH-Wert durchführt. Die Adsorptionsfähigkeit des Niederschlags ist jedoch so groß, daß es auch dann noch immer zur Verunreinigung durch Fremdkationen kommt.

Das Ausmaß der Mitfällung von Fremdkationen ist unabhängig davon, ob man Metallionen nach der Fällung des Niederschlages zugibt, oder ob sie schon während der Fällung in der Lösung vorhanden sind. Diese Beobachtung läßt darauf schließen, daß wir es tatsächlich mit Oberflächenadsorption zu tun haben.

Das Digerieren eines Niederschlages verringert die Oberfläche und macht sie gleichmäßiger und kompakter. Dadurch wird die Oberflächenadsorption von Fremdionen oft weitgehend reduziert. Gründliches Waschen eines Niederschlages entfernt Oberflächenverunreinigungen oder ersetzt sie durch andere adsorbierte Substanzen, die beim Erhitzen flüchtig sind. Gallertige Niederschläge wie z.B. Hydroxide können im allgemeinen auch durch Waschen von den adsorbierten Verunreinigungen nicht vollständig befreit werden.

Okklusion

Okklusion ist eine Art der Mitfällung, bei der Verunreinigungen *innerhalb* des wachsenden Kristalles eingeschlossen werden. Die Verunreinigungen sind ungleichmäßig innerhalb des Niederschlages verteilt, sie befinden sich meist an Stellen, an denen die Kristallstruktur des Niederschlages gestört ist. Eine Art der Okklusion besteht in rein mechanischem Einschluß. Dies geschieht meistens, wenn der Niederschlag auf eine solche Art wächst, daß sich innerhalb der Kristalle Taschen und Kavernen bilden. Diese enthalten dann Mutterlauge mit den darin enthaltenen Verunreinigungen.

Bei einer anderen Art der Okklusion spielt die Oberflächenadsorption während des Fällungsvorgangs eine wichtige Rolle. Hierfür ist die Fällung von Sulfat durch langsame Zugabe von $BaCl_2$-Lösung ein typisches Beispiel. Während der Fällung liegt das Sulfat im Überschuß vor und ist das primär adsorbierte Ion. Ein positives Ion, z.B. Na^+, wird als Gegenion adsorbiert. Bei weiterer Zugabe von Fällungsmittel verdrängt Ba^{2+} das adsorbierte Na^+, und das Wachstum des Niederschlages schreitet voran. Wenn die Niederschlagspartikel jedoch zu schnell wachsen, wird nicht alles Natrium durch Barium ersetzt, und der Niederschlag wächst um das adsorbierte Natrium herum weiter und schließt es ein. Da Sulfat während der Fällung durch langsame Zugabe von $BaCl_2$ im Überschuß vorliegt, besteht eine Tendenz zur Kationenmitfällung durch den Einschluß der als Gegenionen adsorbierten Kationen. Ein umgekehrtes Zusammengeben der Reagenzien (langsame Zugabe von Sulfat zu einem Überschuß an $BaCl_2$-Lösung) würde die Kationenmitfällung vermindern, da $BaCl_2$-Lösung im Überschuß vorhanden und somit das Gegenion ein Anion wäre.

Untersuchungen haben ergeben, daß die Zugabe in der zuletzt beschriebenen Weise die Kationenmitfällung vermindert und umgekehrt die Anionenmitfällung erhöht. Dennoch findet eine gewisse Kationenmitfällung durch Einschluß statt, da ein lokaler Überschuß von Fällungsmittel eine primäre Adsorption von Sulfat und somit auch eine Adsorption von Kationen als Gegenionen bewirkt.

Jede Fällungsoperation sollte daher von vornherein so durchgeführt werden, daß eine Okklusion weitgehend vermieden wird. Für viele gravimetrische Bestimmungen sind deshalb Verfahren zur Fällung aus homogener Lösung ausgearbeitet worden. Das Digerieren eines Niederschlages reduziert zwar oft die Menge eingeschlossener Verunreinigungen, kann sie aber im allgemeinen nicht gänzlich entfernen. Auch Auswaschen kann eingeschlossene Substanzen nicht beseitigen. Ist der Niederschlag in Säuren leicht löslich, kann man allerdings durch Auflösen und Wiederausfällen *(Umfällen, Umkristallisieren)* einen Reinigungseffekt erzielen.

Einschluß von Verunreinigungen durch Mischkristallbildung

Verbindungen, die demselben Formeltyp angehören und in der gleichen Kristallstruktur kristallisieren, nennt man *isomorph*. Wenn die Gitterdimensionen zweier isomorpher Verbindungen ungefähr gleich sind, kann die eine Verbindung die andere im Kristallgitter ersetzen. Das Ergebnis ist die Bildung eines Mischkristalls. So sind z.B. $MgNH_4PO_4$ und $MgKPO_4$ isomorph; die Ionenradien von K^+ und NH_4^+ sind sehr ähnlich. Während der Fällung von Mg^{2+} als $MgNH_4PO_4$ kann Kalium anstelle von Ammonium in die Kristalle mit eingebaut werden. Infolgedessen enthält der Niederschlag eine gewisse Menge an $MgKPO_4$, selbst wenn das Löslichkeitsprodukt für diese Verbindung nicht überschritten wird. Dies verursacht einen Fehler bei der gravimetrischen Bestimmung von Mg^{2+}, weil $MgNH_4PO_4$ und $MgKPO_4$ nach dem Glühen Verbindungen mit verschiedenen molaren Massen ergeben.

Der durch Mitfällung infolge Mischkristallbildung verursachte Fehler ist im allgemeinen beträchtlich. Man kann zudem wenig tun, um ihn zu vermeiden, wenn das zur Mischkristallbildung neigende Störion nicht vorher beseitigt werden kann. Jedoch sind derartige Fälle in der gravimetrischen Analyse nicht sehr häufig. Beispiele für die Bildung isomorpher Mischkristalle sind der teilweise Ersatz von NH_4^+ durch K^+ im $MgNH_4PO_4$, von Br^- durch Cl^- in $AgBr$, von Sulfat durch Chromat im Bariumsulfat und von Ba^{2+} durch Pb^{2+} in $BaSO_4$.

Beabsichtigtes Mitfällen

Wir haben die Schwierigkeiten, welche durch Mitfällung verursacht werden, ausführlich behandelt. Mitfällung kann aber auch gezielt nutzbar gemacht werden. Nehmen wir einmal an, wir wollen ein Ion fällen, das in einer so niedrigen Konzentration vorliegt, daß nach Zugabe des Fällungsreagenzes kein Niederschlag ausfällt, d.h. daß das Löslichkeitsprodukt des gewünschten Niederschlages nicht überschritten wird. In solchen Fällen kann das Spurenelement häufig durch Mitfällung mit einer größeren Menge eines anderen Niederschlages quantitativ aus der Lösung entfernt werden. Der zur Mitfällung eingesetzte Niederschlag wird auch Träger genannt. Eine Methode zur Abtrennung von Spuren von Blei aus Urin gibt dafür ein Beispiel.[4] Ein Ca-Salz und ein Phosphat-Salz werden dem Urin zugegeben, Calciumphosphat fällt aus. Das Blei wird durch Mitfällung aus der Lösung entfernt, obwohl das Löslichkeitsprodukt für Bleiphosphat nicht überschritten wurde. Der Niederschlag kann dann in einem kleinen Volumen verdünnter Säure gelöst und das Blei darin kolorimetrisch bestimmt werden.

Die Mitfällung durch einen Träger spielt eine große Rolle bei radiochemischen Analysen (Anreicherung von Nukliden vor der Strahlungsmessung).

Nachfällung

Manchmal kann ein Niederschlag, der in Kontakt mit der Mutterlauge steht, durch nachträgliches Ausfallen einer Fremdverbindung auf seiner Oberfläche verunreinigt werden. Diesen Vorgang nennt man Nachfällung, weil der Fremdniederschlag nach der eigentlichen Fällung gebildet wird. So tritt z.B. eine Nachfällung von Magnesiumoxalat ein, wenn ein Niederschlag von Calciumoxalat zu lange in der Mutterlauge verbleibt, bevor er abfiltriert wird. So tritt Nachfällung von Zinksulfid auf den Sulfiden von Cadmium, Kupfer oder Quecksilber ein, die aus saurer Lösung gefällt wurden.

4.5 Filtrieren und Waschen von Niederschlägen

Mitfällung, besonders infolge von Oberflächenadsorption, kann zwar nicht vermieden, der daraus sich ergebende Fehler kann aber durch Waschen des Nieder-

---

4 L.T. Fairhall und R.G. Keenan, *J. Am. Chem. Soc.* **63**, 3076 (1941)

schlages verringert werden. Ein Niederschlag, der sich schnell absetzt, kann durch mehrmaliges Dekantieren gewaschen werden (Abschnitt 28.3). Nach dem Abfiltrieren kann der Niederschlag auf dem Filter oder auch im Filtertrichter mit mehreren kleinen Portionen der Waschflüssigkeit gewaschen werden. Bei vielen Niederschlägen tritt *Peptisation* ein, wenn reines Wasser als Waschflüssigkeit benutzt wird. Peptisation bedeutet, daß ein Teil des Niederschlages wieder in die kolloidale Form überführt wird, z.B.

$$\text{AgCl (kolloidal)} \underset{\text{Peptisation}}{\overset{\text{Koagulation}}{\rightleftharpoons}} \text{AgCl}(s)$$

Kolloidale Teilchen sind so klein, daß sie durch Filterpapier und andere Filtermaterialien hindurchgehen. Daher führt Peptisation zum Verlust eines Teiles des Niederschlages. So ist z.B. AgCl eine käsige Aggregation von geladenen kolloidalen Partikelchen, die durch den Neutralisierungseffekt des Gegenions zusammengehalten werden. Wird das Gegenion ausgewaschen, zerfällt das Aggregat und der Niederschlag peptisiert.

Beim Waschen mit der verd. Lösung eines Elektrolyten werden die adsorbierten Ionen durch Ionen ersetzt, welche beim Trocknen oder beim Glühen des Niederschlages flüchtig sind. Zum Waschen eines AgCl-Niederschlages wird deshalb verdünnte HNO_3 benutzt ($NaNO_3$ ist unter den Trocknungsbedingungen nicht hinreichend flüchtig):

$$\text{AgCl:Ag}^+ \text{ Anion}^-(s) + HNO_3 \rightarrow \text{AgCl:HNO}_3(s)$$

$$\text{AgCl:HNO}_3(s) \xrightarrow{\text{Trocknen bei } 100\,°C} \text{AgCl}(s) + HNO_3(g)$$

Ein Niederschlag kann filtriert werden durch a) Papier, b) einen Tiegel mit einem porösen Porzellanboden (Porzellanfiltertiegel) oder c) eine poröse Scheibe aus Sinterglas (Fritte). Die Wahl des Filtermediums hängt von der Art des Niederschlages und der Temperatur, bei welcher der Niederschlag getrocknet werden muß, ab. Die Auswahl des Filters und die Filtrationstechnik werden in Abschnitt 28.3 näher besprochen.

4.6 Erhitzen des Niederschlages

Nach dem Filtrieren und Waschen des Niederschlages muß er erhitzt und gewogen werden. Das Erhitzen dient mehreren Zwecken. Der eine ist die Entfernung des Wassers vom Niederschlag, der andere ist die Verflüchtigung des adsorbierten Elektrolyten aus der Waschflüssigkeit und eventuell anwesender flüchtiger Verunreinigungen. In einigen Fällen wird der Niederschlag (die *Fällungsform*) beim Erhitzen in eine andere Verbindung (die *Wägeform*) überführt, die zum Auswiegen besser geeignet ist. So wird beispielsweise ein Niederschlag von Calciumoxalat (CaC_2O_4) vor dem Wiegen entweder in $CaCO_3$ oder in CaO überführt. Die hierzu erforderlichen Temperaturen sind unterschiedlich und hängen von der Art des Niederschlages ab.

AgCl beispielsweise wird in einem Trockenschrank bei ungefähr 120 °C getrocknet. Ein Niederschlag von Magnesiumammoniumphosphat ($MgNH_4PO_4$) muß in einem elektrischen Muffelofen auf etwa 900 °C erhitzt und dabei in Magnesiumpyrophosphat ($Mg_2P_2O_7$) überführt werden. Die geeigneten Trocknungstemperaturen für die verschiedenen Niederschläge sind im Laufe der Jahre durch Erfahrung ermittelt worden. Ein genauerer Weg zur Bestimmung der richtigen Temperatur ist die Verwendung einer Thermowaage. Die Thermowaage mißt die Masse eines Niederschlags bei langsam ansteigender Temperatur von Zimmertemperatur bis etwa 1000 °C. Die Masse des Niederschlages ist eine Funktion der Temperatur und wird von einem Schreiber aufgezeichnet (Bild 4−3). Die geeignete Trocknungstemperatur wird durch ein Plateau in der Kurve angezeigt.

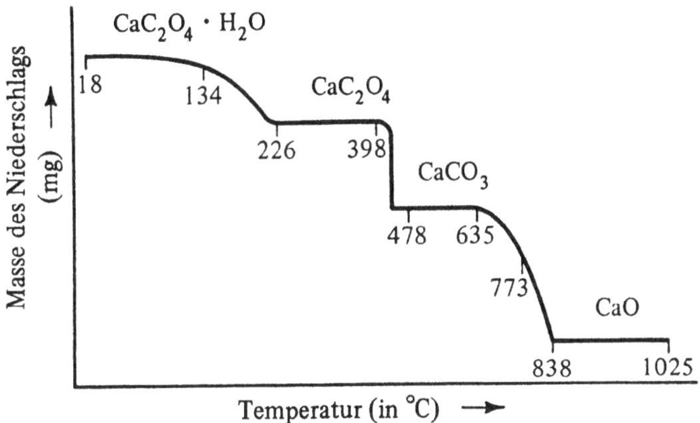

Bild 4-3 Thermogravimetrische Messung: Gewichtsverlust von $CaC_2O_4 \cdot H_2O$ beim Erhitzen. [Nach Cl. Duval, *Inorganic Thermogravimetric Analysis* (Elsevier, Amsterdam 1953) S. 36]

4.7 Berechnung der Ergebnisse

Der letzte Schritt in einer gravimetrischen Analyse ist die Berechnung des Ergebnisses. Im allgemeinen ist der Zweck einer quantitativen Analyse die Bestimmung des prozentualen Gehaltes (Prozentgehalt) eines Elementes oder Ions in einer Probe. Die erhaltenen Meßwerte sind die Masse der Probe und die Masse des Niederschlages, der die zu bestimmende Substanz enthält. Die Masse des zu bestimmenden Elementes oder Ions wird aus der Masse des Niederschlages mit Hilfe eines gravimetrischen Faktors ermittelt. Der gravimetrische Faktor f_g ist das Verhältnis der molaren Masse der gesuchten Substanz zu der der ausgewogenen Substanz (wir bezeichnen molare Massen mit dem Symbol M):

$$f_g = \frac{M\,(\text{gesuchte Substanz})}{M\,(\text{ausgewogene Substanz})}$$

Der Ausdruck für den gravimetrischen Faktor kann aus einer einfachen Dreisatzbetrachtung hergeleitet werden. So ist z.B. das Massenverhältnis von Schwefel zu Bariumsulfat

$$\frac{m(S)}{m(BaSO_4)} = \frac{M(S)}{M(BaSO_4)} \, .$$

Wenn wir die Masse des Bariumsulfats (in Gramm) − also $m(BaSO_4)$ − kennen und die Masse an Schwefel, $m(S)$, in Gramm ausrechnen wollen, so lösen wir diese Gleichung nach der Masse an Schwefel auf und erhalten

$$m(S) = m(BaSO_4) \cdot \frac{M(S)}{M(BaSO_4)} \, .$$

Hierbei ist der letzte Term der gravimetrische Faktor f_g, so daß wir schreiben können:

$$m(S) = f_g \cdot m(BaSO_4) \, .$$

Im Zähler und im Nenner des gravimetrischen Faktors muß auf die gleiche Anzahl an Schlüsselatomen (in unserem Beispiel: Schwefel S) bezogen werden. Deswegen muß man zur Angleichung gegebenenfalls entweder eine oder auch beide molaren Massen mit passenden ganzen Zahlen multiplizieren. Dies sei an folgendem Beispiel erläutert.

Beispiel:
Wie groß ist der gravimetrische Faktor zur Berechnung der Masse von Magnesium in einem Niederschlag von Magnesiumpyrophosphat?
Da eine Formeleinheit Magnesiumpyrophosphat ($Mg_2P_2O_7$) zwei Magnesium-Ionen enthält, muß man die zweifache molare Masse des Magnesiums zur molaren Masse des Magnesiumpyrophosphats ins Verhältnis setzen:

$$f_g = \frac{2 \cdot M(Mg)}{M(Mg_2P_2O_7)} = \frac{m(Mg)}{m(Mg_2P_2O_7)} \, .$$

Die Masse von Magnesium ist dann

$$m(Mg) = m(Mg_2P_2O_7) \cdot \frac{2 \cdot M(Mg)}{M(Mg_2P_2O_7)}$$

$$= f_g \cdot m(Mg_2P_2O_7)$$

$$= 0,2185 \cdot m(Mg_2P_2O_7) \, .$$

Tabelle 4–3 Beispiele für die Berechnung gravimetrischer Faktoren

zu bestimmende Substanz	Wägeform	gravimetrischer Faktor f_g
K	$KClO_4$	$\dfrac{M(K)}{M(KClO_4)}$
K_2O	$KClO_4$	$\dfrac{M(K_2O)}{M(KClO_4)}$
Fe	Fe_2O_3	$\dfrac{2 \cdot M(Fe)}{M(Fe_2O_3)}$
Fe_3O_4	Fe_2O_3	$\dfrac{2 \cdot M(Fe_3O_4)}{3 \cdot M(Fe_2O_3)}$
$KAlSi_3O_8$	SiO_2	$\dfrac{M(KAlSi_3O_8)}{3 \cdot M(SiO_2)}$

Weitere Beispiele für gravimetrische Faktoren sind in Tabelle 4–3 angegeben. In jedem Fall wird die Masse an gesuchter Substanz durch Multiplikation der Masse des Niederschlags – der sog. Auswaage – mit dem gravimetrischen Faktor erhalten:

$$m(\text{gesuchte Substanz}) = \frac{M(\text{gesuchte Substanz})}{M(\text{Wägeform})} \cdot m(\text{Niederschlag}) \; .$$
$$= f_g \cdot m(\text{Niederschlag})$$

Hat man die Masse der zu bestimmenden Substanz ermittelt, dann kann man den prozentualen Gehalt (Prozentgehalt) ausrechnen, indem man die ermittelte Masse durch die Masse der Probe dividiert und mit 100 multipliziert:

$$\text{Prozentgehalt}(\text{gesuchte Substanz}) = \frac{m(\text{gesuchte Substanz})}{m(\text{Probe})} \cdot 100$$

Die Berechnung des Ergebnisses einer gravimetrischen Analyse kann man durch folgende Gleichung zusammenfassen:

$$\text{Prozentgehalt}(\text{gesuchte Substanz}) = \frac{100 \cdot f_g \cdot m(\text{Auswaage})}{m(\text{Probe})}$$

4.8   Beispiele für gravimetrische Bestimmungen

Bestimmung von Chlorid

Chlorid wird aus schwach saurer Lösung als Silberchlorid gefällt:

$$Cl^- + Ag^+ \rightarrow AgCl(s)$$

Silberchlorid ist das typische Beispiel für einen „käsigen" Niederschlag. Zu Beginn der Fällung sind die AgCl-Teilchen kolloidal, sie koagulieren aber bald zu der typisch käsigen Konsistenz. Diese Art von Niederschlägen ist leicht zu filtrieren und zu waschen. In diesem Falle dient als Waschflüssigkeit sehr verdünnte Salpetersäure (HNO_3). Ein AgCl-Niederschlag darf auf keinen Fall mit reinem Wasser gewaschen werden, da er sehr schnell peptisiert. Starke Lichteinwirkung führt zu einer teilweisen Zersetzung des AgCl:

$$2\,AgCl(s) \xrightarrow{\text{Sonnenlicht}} 2\,Ag(s) + Cl_2(g)$$

Wenn der Niederschlag gewaschen wurde, findet man zu niedrige Cl^--Werte. Bleibt jedoch der Niederschlag bei starker Lichteinwirkung in Kontakt mit der einen Überschuß an Silberionen enthaltenden Mutterlauge stehen, dann reagiert das Chlor unter Bildung von weiterem Silberchlorid:

$$Ag^+ \xrightarrow{Cl} AgCl(s)$$

Dies bedeutet, daß zwar die der Chlorid-Menge entsprechende Silberchlorid-Menge vorhanden ist, aber zusätzlich eine gewisse Menge von freiem Silber mitgewogen wird. Daher mißt man in diesem Fall zu hohe Chlorid-Werte. In Tabelle 4−4 sind einige Werte über die photochemische Zersetzung von Silberchlorid bei verschiedenen Bedingungen angegeben.

Tabelle 4−4   Einfluß der photochemischen Zersetzung auf Silberchlorid-Niederschläge [Daten aus G.E.F. Lundell und J.I. Hoffmann, *Bur. Std. J. Res. 4*, 109 (1930)]

im Fällungsmedium mit 100% AgNO$_3$-Überschuß		im Tiegel, nachdem der Niederschlag abfiltriert und gewaschen wurde	
Fehler %	Bedingungen	Fehler %	Bedingungen
+ 10	2 Stunden direkter Sonnenlicht	− 0,2	nicht getrocknet, 2 Stunden Lichtbogen
+ 0,2	2 Stunden im hellen Labor	± 0,0	getrocknet bei 130 °C, 2 Stunden direktes Sonnenlicht

Der durch photochemische Zersetzung verursachte Fehler ist am ausgeprägtesten, *bevor* der Niederschlag filtriert und gewaschen wird. Direkte Lichteinwirkung verursacht eine ziemlich rasche Zersetzung, übermäßige Lichteinwirkung führt zu einem geringen, aber signifikanten Fehler. Die Zersetzung eines filtrierten und gewaschenen Silberchlorid-Niederschlages geht dagegen sehr viel langsamer vonstatten. Nach dem Waschen und Trocknen des Niederschlages ist die Zersetzung selbst nach zweistündiger Einwirkung von Sonnenlicht vernachlässigbar gering.

Silberchlorid wird über eine Glasfritte oder einen Porzellanfiltertiegel abfiltriert, nicht jedoch durch ein Filterpapier, da es durch Kohlenstoffverbindungen oder reduzierende Gase, die beim Veraschen des Filters entstehen, sehr leicht zu freiem Silber reduziert wird. Der Silberchlorid-Niederschlag wird bei einer Temperatur von etwa 120 °C getrocknet und als AgCl ausgewogen.

Das gleiche Verfahren kann im wesentlichen auch zur Bestimmung von Bromid oder Iodid dienen. Hypochlorid (ClO^-), Chlorit (ClO_2^-) oder auch Chlorat (ClO_3^-) können nach vorhergehender Reduktion des Anions zu Chlorid nach dieser Methode bestimmt werden.

Der umgekehrte Fällungsweg kann zur Fällung von Silber als Silberchlorid angewendet werden: eine wichtige Methode zur quantitativen Bestimmung von Silber.

Bestimmung von Sulfat

Sulfat wird gravimetrisch durch Fällung als Bariumsulfat bestimmt:

$$Ba^{2+} + SO_4^{2-} \rightarrow BaSO_4\,(s)$$

Das Bariumsulfat wird aus saurer Lösung gefällt, so daß Bariumsalze anderer Anionen kaum mitgefällt werden. Ist die Lösung jedoch zu sauer, dann löst sich ein Teil des Bariumsulfat-Niederschlages wieder auf.

Bei der Sulfatbestimmung tritt in starkem Maße Mitfällung auf. Verschiedene Anionen werden mit den Bariumionen mitgefällt und verursachen zu hohe Ergebnisse. Von den einwertigen Anionen ist die Nitrat-Mitfällung am stärksten; bei äquivalenter Stoffmengenkonzentration ist sie vier- bis fünfmal so stark wie die des Chlorids. Das mitgefällte Bariumsalz wird gewöhnlich beim Glühen des Bariumsulfat-Niederschlages in Bariumoxid überführt und mitgewogen.

Die Mitfällung von Kationen verursacht oft niedrigere Ergebnisse, da die meisten mitgefällten Metallsulfate eine niedrigere molare Masse als die des $BaSO_4$ haben. Einen Hinweis auf die dadurch verursachten Fehler erhält man aus Tabelle 4–5. Neben den angegebenen Fehlern ist der durch die Mitfällung von Eisen(II) oder Calcium(II) verursachte Fehler besonders schwerwiegend. Der Einfluß der Mitfällung bei der Sulfatbestimmung ist so ausgeprägt, daß genaue Ergebnisse nur dann erhalten werden können, wenn sich die Anionen-Mitfällung (die zu hohe Ergebnisse liefert) und die Kationen-Mitfällung (die zu niedrige Ergebnisse liefert) genau gegenseitig aufheben.

Tabelle 4–5 Mitfällung von Metallsulfaten bei der Ausfällung von Bariumsulfat [J. Johnson und L.H. Adams, *J. Amer. Chem. Soc. 33*, 829 (1911)]

Metallion	mitgefälltes Sulfat in mmol pro g $BaSO_4$	Fehler[a] bei der gravimetrischen Bestimmung von SO_4^{2-} in %
Al^{3+}	0,017	$-0,34^b$
Mg^{2+}	0,024	$-0,27$
Na^+	0,029	$-0,26$
K^+	0,033	$-0,19$
Ni^{2+}	0,031	$-0,26$
Cu^{2+}	0,041	$-0,30$
Mn^{2+}	0,064	$-0,52$

[a] unter der Annahme stöchiometrischer Zusammensetzung der mitgefällten Sulfate
[b] Zugabe von $BaCl_2$-Lösung zur Lösung eines Metallsulfats in verdünnter HCl-Lösung; 18stündiges Stehenlassen vor Abfiltrieren; mitgefälltes Sulfat als Al_2O_3 ausgewogen.

$BaSO_4$ wird bei hoher Temperatur geglüht und als $BaSO_4$ ausgewogen. Der Niederschlag fällt feinkristallin aus und wird gewöhnlich über ein engporiges Filterpapier abfiltriert. In diesem Fall besteht keine Gefahr der Peptisation, sodaß der Niederschlag mit reinem Wasser gewaschen werden kann. Der Niederschlag muß sorgfältig unter reichlicher Luftzufuhr geglüht werden, um die teilweise Reduktion des Bariumsulfats gemäß

$$BaSO_4 + 2\,C \rightarrow BaS + 2\,CO_2$$

zu vermeiden.

Diese Methode kann zur Bestimmung von Sulfiden, Thiosulfat und Schwefel anderer niedriger Oxidationsstufen benutzt werden, vorausgesetzt, daß diese Ionen vorher zu Sulfat oxidiert wurden. Persulfat ($S_2O_8^{2-}$) kann durch Fällung als Bariumsulfat bestimmt werden, wenn es vorher zum Sulfat reduziert wurde.

Bestimmung von Eisen

Das dreiwertige Eisen wird durch Zugabe von wäßriger Ammoniaklösung gefällt:

$$Fe^{3+} + 3\,NH_3 + 3\,H_2O \rightarrow Fe(OH)_3(s) + 3\,NH_4^+$$

Das ausfallende Eisenoxidhydrat ist ein Beispiel für einen gallertigen Niederschlag. Es ist sehr voluminös, hochadsorptiv und fast ohne geordnete Kristallstruktur.

Im Prinzip kann das dreiwertige Eisen hierdurch vom zweiwertigen Kupfer und von jedem anderen Metallion, welches lösliche Ammoniakkomplexe oder in Anwesenheit von wäßrigem Ammoniak keinen Niederschlag bildet, getrennt werden. Die Mitfällung solcher Ionen ist jedoch so ausgeprägt, daß die Trennung nie vollständig ist. Die Fällung aus homogener Lösung durch Zugabe von Harnstoff mit anschließendem Erhitzen entsprechend

$$NH_2CONH_2 + H_2O \xrightarrow{\text{Kochen}} 2\,NH_3 + CO_2$$

vermindert die Mitfällung deutlich, kann sie aber nicht ganz vermeiden.

Das Auflösen des abfiltrierten Niederschlages in Säure und anschließendes Wiederausfällen durch erneute Zugabe von wäßriger Ammoniaklösung, das sogenannte Umfällen, führt ebenfalls zu einer Verringerung der Verunreinigungen im Niederschlag.

Der Oxidhydrat-Niederschlag wird durch ein gehärtetes Papierfilter abfiltriert. Die Zugabe von Filterschleim (Tabletten aus aschefreiem Filtrierpapierstoff, z.B. Schleicher & Schüll) zum Niederschlag erleichtert das Abfiltrieren und das Waschen. Da der Niederschlag beim Waschen mit reinem Wasser peptisiert, ist verdünnte Ammoniumnitratlösung als Waschflüssigkeit zu empfehlen. Bei der Verwendung von Ammoniumchloridlösung als Waschflüssigkeit kann sich das Eisen bei dem nachfolgenden Glühen des Niederschlags als $FeCl_3$ verflüchtigen. Man erhält dann zu niedrige Eisenwerte.

Nach dem Filtrieren und Waschen wird der Niederschlag mit dem Filterpapier in einen Tiegel genau bekannter Masse überführt. Das Filterpapier wird langsam und vorsichtig verbrannt. Anschließend wird der Niederschlag mit den Ascheresten des Filters bei einer hohen Temperatur geglüht und als Fe_2O_3 ausgewogen. Die Verbrennung des Filters und das anschließende Glühen des Niederschlages müssen so durchgeführt werden, daß kein elementarer Kohlenstoff gebildet wird, der zu einer Reduktion des Eisenoxids führen könnte.

Diese Methode kann auch zur Bestimmung von Aluminium, Chrom, Mangan oder Titan durch deren Fällung als Oxidhydrate genutzt werden. Es sei jedoch betont, daß es bessere und schnellere Methoden zur Bestimmung dieser Elemente gibt. Die Fällung als Oxidhydrat ist vor allem zur Abtrennung (und gelegentlich für die Bestimmung) *kleiner Mengen* dieser Metalle geeignet.

Bestimmung von Silicat

Die Silicatbestimmung ist eine der am häufigsten angewandten gravimetrischen Bestimmungsmethoden. Silicat kommt in der Natur sehr häufig vor und muß daher durch Fällung bestimmt oder abgetrennt werden, damit es im weiteren Verlauf der Analyse nicht stört. Die Fällungsmethode beruht auf der Unlöslichkeit von SiO_2 in sauren wäßrigen Lösungen. Das frisch gefällte SiO_2 ist kolloidal und in hohem Maße hydratisiert. In diesem Zustand kann man den Niederschlag kaum analytisch verwerten. Man dehydratisiert deshalb den Niederschlag durch Zugabe von Säure und weitgehendes Eindampfen der Lösung.

Saure Silicate und einige andere Mineralien müssen durch einen Schmelzaufschluß in Lösung gebracht werden. Viele Mineralien und die meisten Legierungen lösen sich jedoch in einer geeigneten Säure. So wird z.B. Kalkstein gewöhnlich in

Salzsäure gelöst. Beim Lösen der Probe werden die Silicate in unlösliches hydratisiertes SiO_2 überführt:

$$(Ca^{2+}, Mg^{2+}, CO_3{}^{2-}, SiO_3{}^{2-}) + H_3O^+$$
$$\text{(HCl)}$$
$$\rightarrow Ca^{2+} + Mg^{2+} + SiO_2 \cdot x\,H_2O\,(s) + CO_2$$

Man entwässert den Niederschlag am besten durch Zugabe von Perchlorsäure und Eindampfen der Lösung bis zum Auftreten weißer Nebel. Dabei wird das SiO_2-Kolloid in einen körnigen Niederschlag (weißem Sand ähnlich) umgewandelt. In der Lösung enthaltene Metallionen werden in wasserfreie Metallperchlorate überführt, wovon die meisten sehr gut in Wasser löslich sind. Nach dem teilweisen Eindampfen wird das Gefäß mit dem Rest der Lösung abgekühlt und Wasser hinzugefügt, um die Metallperchlorate vollständig zu lösen und die Viskosität der perchlorsauren Lösung zu vermindern. Dann wird der SiO_2-Niederschlag abfiltriert, gewaschen, getrocknet und als SiO_2 ausgewogen.

Bei einem anderen Verfahren wird Salzsäure anstelle von Perchlorsäure benutzt. Da jedoch Salzsäure nicht die dehydratisierenden Eigenschaften von Perchlorsäure hat, muß bis zur Trockene eingedampft und der Rückstand einige Zeit trocken erhitzt werden. Dann wird wieder Salzsäure hinzugefügt und der gesamte Eindampfvorgang wiederholt. Gelingt die Dehydratisierung nicht vollständig, dann können SiO_2-Partikel durch das Filter laufen und gehen somit der Bestimmung verloren. Zum Schluß wird die Lösung mit dem Niederschlag verdünnt, abfiltriert, getrocknet und ausgewogen.

Bei der Fällung von SiO_2 werden Metallionen mitgefällt, die auch nach der Dehydratisierung im Niederschlag verbleiben. Deshalb ermittelt man oft einen Blindwert, der nur die Verunreinigungen durch Metalloxide erfaßt. Dazu nutzt man die Flüchtigkeit von SiF_4 aus:

$$4\,HF + SiO_2(s) \rightarrow SiF_4(g) + 2\,H_2O$$

Der Niederschlag der Fällung wird für den Blindwert mit Flußsäure versetzt (Platintiegel verwenden, Glas und Porzellan enthalten Silicat und werden angegriffen) und erhitzt. Überschüssige Flußsäure und das SiF_4 werden durch Zugabe von etwas H_2SO_4 ausgetrieben. Der Rückstand enthält nun die Oxide der mitgefällten Metalle. Nach Glühen und Wiegen wird seine Masse (Blindwert) vom bei der Silicatbestimmung erhaltenen Wert abgezogen.

Andere gravimetrische Bestimmungen

Eine große Anzahl gravimetrischer Bestimmungsmethoden wurden in den verschiedensten Veröffentlichungen beschrieben. In Tabelle 4−6 sind Fällungs- und Wägeformen für eine Reihe von wichtigen gravimetrischen Bestimmungsmethoden angegeben.

Die Reihenfolge, in der verschiedene in einer Lösung enthaltene Substanzen gefällt werden, ist häufig sehr wichtig. Dies gilt sowohl für die Abtrennung als auch für die Bestimmung dieser Substanzen. Am Beispiel einer Probe, die sowohl Calcium als auch Magnesium enthält, läßt sich dies leicht zeigen. Calcium muß zuerst als Calciumoxalat abgetrennt werden, da es bei der nachfolgenden Fällung des Magnesiums als Phosphat mitfallen würde.

Tabelle 4—6 Methoden zur gravimetrischen Bestimmung ausgewählter Elemente

Element	Fällungsform	Wägeform	wichtige Störungen
K	$KClO_4$	$KClO_4$	NH_4^+, Rb, Cs
	$KB(C_6H_5)_4$[a]	$KB(C_6H_5)_4$	NH_4^+, Rb, Cs
Mg	$MgNH_4PO_4$	$Mg_2P_2O_7$	alle Metalle außer Na und K
Ca	CaC_2O_4	$CaCO_3$ oder CaO	alle Metalle außer Mg, Na, K
Ba	$BaCrO_4$	$BaCrO_4$	Pb
Zr	Zr-Mandelat[b]	ZrO_2	Hf, F^-, PO_4^{3-}
Th	$Th(C_2O_4)_2$	ThO_2	Seltene Erden, Zr, F^-
Fe	$Fe(OH)_3$	Fe_2O_3	Al, Cr. Ti, viele andere
	Fe-Kupferrat[c]	Fe_2O_3	vierwertige Metalle
Ni	Ni-Diacetyldioxim	Ni-Diacetyldioxim	Pd
Cu	Cu (elektrolytische Abscheidung)	Cu	Ag, Bi, As, Sb, Sn
Ag	AgCl	AgCl	Hg(I)
Zn	$ZnNH_4PO_4$	$Zn_2P_2O_7$	Alkalien, alle Metalle außer Mg
Al	$Al(OH)_3$	Al_2O_3	Fe, Cr, Ti,
	Al-Oxinat[d]	Al-Oxinat	Alkalien, die meisten Metalle außer Mg
Sn	$SnO_2 \cdot xH_2O$	SnO_2	Sb, Si
Pb	$PbSO_4$	$PbSO_4$	Ca, Sr, Ba
Si	$SiO_2 \cdot xH_2O$	SiO_2	Sn
P	$MgNH_4PO_4$	$Mg_2P_2O_7$	MoO_4^{2-}
S	$BaSO_4$	$BaSO_4$	NO_3^-, ClO_3^-, PO_4^{3-}
F	$PbClF$[e]	$PbClF$	SO_4^{2-}, PO_4^{3-}
Cl	AgCl	AgCl	Br^-, I^-, CN^-, SCN^-

[a] Vgl. Übersichtsartikel von A.J. Barnard jr., *Chemist-Analyst 44*, 104 (1955) und *45*, 110 (1956)
[b] C.A. Kumins, *Anal. Chem. 19*, 376 (1947)
[c] Vgl. Kapitel 18.3
[d] Vgl. Kapitel 18.3. Übersicht bei J.I. Hoffman, *Chemist-Analyst 49*, 126 (1960)
[e] R.A. Bournique und L.H. Dahmer, *Anal. Chem. 36*, 1786 (1964)

Tabelle 4−7   Einige nützliche Fällungsformen zur *Trennung* von Elementen

Art des Niederschlages	quantitativ ausgefällte Elemente	teilweise ausgefällte Elemente
Oxidhydrat (Fällung durch NH_3)	Al_2O_3, Fe_2O_3, La_2O_3,[a] TiO_2, ThO_2, U_3O_8, ZrO_2	Cr_2O_3
Oxidhydrat (Fällung durch Säure)	Nb_2O_5, SiO_2, SnO_2, Ta_2O_5, WO_3	−
Chlorid	$AgCl$, Hg_2Cl_2, $BiOCl$	$PbCl_2$, $SbOCl$
Sulfat	$BaSO_4$, $PbSO_4$	$CaSO_4$, $SrSO_4$
Oxalat (saure Lösung)	CaC_2O_4	viele Metalle
Diacetyldioxim-Komplex (basische Lösung)	Ni(II), Pd(II)	−
Kupferron-Komplex (saure Lösung)	Fe(III), Mo(VI), Sn(IV), Ti(IV), U(IV), U(VI), Zr(IV)	Bi(III), Cu(II), Th(IV)

[a]   Alle anderen Seltenerdmetalle werden mitgefällt.

Trennungen

Viele Fällungsformen eignen sich besonders zur Trennung verschiedener, nebeneinander vorliegender Ionen. Zu diesem Zweck ist es jedoch nicht notwendig, einen Niederschlag von definierter stöchiometrischer Zusammensetzung zu erzeugen. Nach dem Filtrieren und Waschen kann der Niederschlag (gewöhnlich durch Zugabe von Säure) wieder aufgelöst werden. Die abgetrennten Elemente werden dann durch Titration oder andere Verfahren bestimmt. In Tabelle 4−7 sind einige unlösliche Verbindungen angeführt, die zur Abtrennung geeignet sind. Einige Verbindungstypen, wie die Hydroxide, sind sehr gute Adsorbentien und daher zur Abtrennung relativ kleiner Mengen geeignet. Viele Trennungen basieren auf einer Fällung bei definiertem pH-Wert. So kann man vierwertiges Thorium als Oxalat aus saurer Lösung von den meisten anderen Metall-Ionen abtrennen. In alkalischer Lösung kann man das Calcium als Oxalat fällen und damit vom Magnesium abtrennen. Hierbei stören allerdings die meisten anderen Metall-Ionen. Es sei erwähnt, daß zur Fällung anorganischer Ionen häufig auch organische Reagenzien[5] benutzt werden. So wird beispielsweise Natriumtetraphenylborat $NaB(C_6H_5)_4$ zur Fällung von Kalium benutzt. Kupferron $C_8H_5N(NO)O^-NH_4^+$ fällt Eisen(III) und vierwertige Metall-Ionen wie Zinn(IV), Titan(IV), Thorium(IV) und Zirconium(IV) aus stark sauren Lösungen.[6]

5 Vgl. Kapitel 18.3

6 K.L. Cheng, *Chemist-Analyst 50*, 126 (1961)

Fragen

1. Eine wäßrige Lösung enthält gelöstes Bleinitrat und Natriumnitrat. Das Blei(II) wird durch tropfenweise Zugabe von Natriumchromat Na_2CrO_4 ausgefällt. Was wird a) das zuerst adsorbierte Ion und b) das Gegenion sein, wenn ein Überschuß von Natriumchromat zugegeben wurde?

2. Was läßt sich leichter auswaschen oder durch ein Ion der Waschlösung ersetzen: das zuerst adsorbierte Ion oder das Gegenion? Geben Sie eine kurze Erklärung.

3. Definieren Sie a) die Übersättigung und b) die relative Übersättigung, ausgedrückt durch Q und S. Welche Fällungsbedingungen werden Q klein halten? Welche Fällungsbedingungen werden angewendet, um die Übersättigung mit zunehmendem S herabzusetzen?

4. Was verstehen Sie unter Digerieren? Auf welche Weise kann durch Digerieren die Qualität eines analytischen Niederschlags verbessert werden?

5. Erläutern Sie, warum die Ausfällung aus einer homogenen Lösung zu einem Niederschlag höherer Reinheit und besserer Partikelgröße als bei konventioneller Fällung führt.

6. Schlagen Sie zwei unterschiedliche Methoden für die Ausfällung von Calciumoxalat aus homogener Lösung zur gravimetrischen Bestimmung des Calciums vor.

7. Erläutern Sie kurz die folgenden Begriffe und geben Sie jeweils ein Beispiel: a) Okklusion, b) isomorphe Mischkristallbildung, c) Nachfällung.

8. Ein Radiochemiker hat eine Lösung, die nur 10^{-6} mol eines radioaktiven Metall-Ions pro Liter enthält. Wie kann er schnell 1 µmol dieses Metalls als feste Verbindung isolieren, um deren Radioaktivität zu messen?

9. Was ist Peptisierung und wodurch wird sie verursacht? Bei welchen Arten von Ausfällung kann Peptisierung vorkommen?

10. Obwohl viele Vorschriften festlegen, daß eine Temperatur von etwa 900 °C erforderlich ist, um Magnesiumammoniumphosphat-Niederschläge in Magnesiumpyrophosphat zu überführen, behauptet ein Forscher, daß etwa 500 °C ausreichend sind. Schlagen Sie einen experimentellen Weg vor, um herauszufinden, wer recht hat.

11. Erklären Sie, wie und unter welchen Umständen Sonnenlicht das Ergebnis einer gravimetrischen Chloridbestimmung so beeinflussen kann, daß sie a) zu hoch oder b) zu niedrig ausfällt.

12. Bariumsulfat werde so ausgefällt, daß Ba^{2+} das primär adsorbierte Ion ist. Von welchem der folgenden Anionen würden Sie dann erwarten, daß es das vorherrschende Gegenion ist: Bromid, Chlorat oder Chlorid? (Entnehmen Sie einem Handbuch die notwendigen Löslichkeitsdaten.)

13. Wie beeinflußt die Mitfällung von Kaliumsulfat das Ergebnis der gravimetrischen Sulfatbestimmung? Wie beeinflußt bei der gleichen Bestimmung die Mitfällung von Bariumnitrat die Ergebnisse?

14. Erläutern Sie, warum ein SiO_2-Niederschlag dehydratisiert werden muß und wie diese Dehydratisierung erreicht werden kann.

15. Was ist der Sinn des Blindwertes bei einer Silicatbestimmung? Entwerfen Sie ein Schema für diese Bestimmung.

16. Schlagen Sie eine gravimetrische Methode für die getrennte Bestimmung beider Bestandteile der folgenden Mischungen vor. (Beachten Sie, daß häufig die Reihenfolge, in der die Bestandteile ausgefällt werden, wichtig ist.)

   a) Ca^{2+}, Mg^{2+};

   b) Mg^{2+}, Ni^{2+};

   c) Pb^{2+}, Zn^{2+};

   d) Cl^-, SO_4^{2-}.

17. Kalkstein ist überwiegend $MgCa(CO_3)_2$, enthält aber auch einige Silicate und kleine Mengen an Eisen und Aluminium. Entwerfen Sie ein schrittweises Verfahren zur Bestimmung von Calcium, Magnesium, Aluminium, Eisen und Silicat in Kalkstein.

18. Entwerfen Sie mit Hilfe der Tabellen 4–6 und 4–7 in sinnvoller Reihenfolge ein Trennungsschema für die Isolierung der einzelnen Elemente in einem Messing, das Cu, Fe$(\approx 1\,\%)$, Pb, Sn und Zn enthält.

19. Wasserhaltiges Zinn(IV)-oxid wird durch Zugabe von Salpetersäure ausgefällt, ähnlich wie bei der Ausfällung von Silicat durch Säuren. Entnehmen Sie der Literatur ein flüchtiges Zinn(IV)-Derivat, das zur Ermittlung des entsprechenden Blindwertes (verunreinigende Oxide im Niederschlag) geeignet ist.

Aufgaben

Gravimetrischer Faktor und Gehaltsberechnungen

4.1 Geben Sie für die nachfolgenden Beispiele den gravimetrischen Faktor f_g (Formel, kein Zahlenwert).

	Wägeform	gesucht	f_g
a)	$AgBr$	Br	
b)	$AgBr$	C_6H_5Br	
c)	$BaSO_4$	S	
d)	$BaSO_4$	K_2SO_4	
e)	$BaSO_4$	FeS_2	
f)	$Mg_2P_2O_7$	MgO	
g)	$Mg_2P_2O_7$	P	
h)	CO_2	$CaMg(CO_3)_2$	
i)	CeF_3	F	

4.2 Berechnen Sie die Masse an CaO, die aus 100 mg Zahnschmelz $[Ca_5(PO_4)_3(OH)]$ erhalten werden sollte, nachdem die Zahnschmelzprobe aufgelöst, das Phosphat entfernt, das Calcium als CaC_2O_4 ausgefällt und der Niederschlag zum Auswägen in CaO überführt wurde.

4.3 Berechnen Sie den Prozentgehalt von Uran in U_3O_8.

4.4 Berechnen Sie die Masse des durch Ausfällung von Chlorid aus 1 g reinem Kaliumchlorid erhaltenen Silberchlorids.

4.5 Berechnen Sie das Volumen einer Silbernitrat-Lösung, $c = 40$ mg/mL, die zur vollständigen Ausfällung des Chlorides aus 1 g reinem Kaliumchlorid benötigt wird.

4.6 Berechnen Sie das für die vollständige Ausfällung von Sulfat aus 1 g reinem Kaliumsulfat benötigte Volumen einer Lösung, die 60 mg Bariumchlorid-dihydrat pro mL enthält.

4.7 Welches Volumen einer wäßrigen Oxalsäure-Lösung, $c = 18,0$ g/L, wird für die Ausfällung des Lanthans als Lanthanoxalat $La_2(C_2O_4)_3$ aus 1,000 g einer Probe mit 20% Lanthan-Gehalt benötigt?

4.8 Berechnen Sie die Masse an SiO_2, die bei Fällung des Silicats aus 1 g einer reinen Probe von $NaAl(SiO_3)_2$ erhalten wird.

4.9 1,05 g Stahl werden in einer Sauerstoff-Atmosphäre geschmolzen. Der Kohlenstoff im Stahl wird dabei in Kohlendioxid überführt und durch einen Sauerstoffstrom in ein gewogenes Absorptionsgefäß überführt. Das absorbierte Kohlendioxid verursacht eine Massenzunahme des Absorptionsgefäßes von 0,040 g. Berechnen Sie den Prozentgehalt des Kohlenstoffs im Stahl.

4.10   Phosphat kann gravimetrisch durch Ausfällung als Ammoniummolybdato-
        phosphat und Auswiegen als $(NH_4)_3PMo_{12}O_{40}$ bestimmt werden. 10,0 mg
        Niederschlag sei die kleinste Menge, die mit einem Fehler von $\pm 1,0\%$ ge-
        fällt und gewogen werden kann. Berechnen Sie unter dieser Voraussetzung
        den kleinsten Gehalt an Phosphat PO_4^{3-}, der mit diesem Verfahren be-
        stimmt werden kann.

4.11   Gehen Sie davon aus, daß wasserhaltiges Eisenoxid 1 % seiner Masse an Cal-
        cium mitfällen kann. Eine Kalksteinprobe enthalte z.B. 30 % Calcium. Wel-
        cher maximale Prozentgehalt an Fe_2O_3 darf dann in der Probe vorhanden
        sein, wenn nicht mehr als 1/1000 des Calciums aus der Lösung mitgefällt
        werden soll?

Aufgaben zur Umwelt- und klinischen Analytik

4.12   Der gesetzlich zugelassene Höchstgehalt an Quecksilber in Lebensmitteln
        sei 0,5 ppm (0,5 mg/kg). Eine 113,0 g wiegende Fischprobe aus dem Erie-
        See enthält nach indirekter Analyse 0,11 mg Quecksilber.

        a) Berechnen Sie den Prozentgehalt an Quecksilber im Fisch.

        b) Berechnen Sie, ob der Quecksilbergehalt die gesetzliche Höchstgrenze
            übersteigt.

4.13   Der Gehalt des toxischen Metalls Cadmium in einer typischen 1,12-g-Ziga-
        rette wurde bestimmt. Man fand Werte zwischen 1,14 und 1,90 µg. (Bis zu
        50 % des Cadmiums werden mit dem nicht-inhalierten Rauch oder Neben-
        strom abgeführt.)

        a) Berechnen Sie den Bereich des Prozentgehalts von Cadmium in einer ty-
            pischen Zigarette.

        b) Eine einzelne Zigarette wiegt 1,08 g und enthält 0,00015 % Cd. Berech-
            nen Sie die Mindestmenge an Cadmium, die in die Lunge aufgenommen
            wird, unter der Voraussetzung, daß die Zigarette nur zu 3/4 geraucht
            wird.

4.14   Durch Fisch aufgenommenes Quecksilber liegt in Seen überwiegend als lös-
        liches CH_3Hg^+ oder unlösliches $(CH_3)_2Hg$ vor. Eine Probe enthielt
        3,5 ppm Quecksilber. Berechnen Sie den Gehalt der Probe an a) CH_3Hg^+
        und b) $(CH_3)_2Hg$ in ppm. Gehen Sie vom entsprechenden gravimetrischen
        Faktor aus.

4.15   Das Phosphat in einer Dünger-Probe von 1,000 g wird als Magnesiumam-
        moniumphosphat $MgNH_4PO_4$ ausgefällt. Der Niederschlag wird bei 900 °C
        in Magnesiumpyrophosphat $Mg_2P_2O_7$ überführt, das 0,2550 g wiegt. Be-
        rechnen Sie den Prozentgehalt an Phosphor im Dünger.

4.16   Ein organisches Insektizid wird durch Verbrennung im Sauerstoffstrom ab-
        gebaut, um das im Molekül enthaltene Chlor in wasserlösliches Chlorid zu
        überführen. Anschließend wird das Chlorid als Silberchlorid ausgefällt. Aus

einer Probe von 0,500 g des Insektizids werden 0,7715 g Silberchlorid-Niederchlag erhalten. Berechnen Sie den Prozentgehalt des Chlors im Insektizid.

Mondgestein- und Erdgestein-Analysen

4.17 Das Calcium aus einer Kalkstein-Probe von 0,6000 g wird als Calciumoxalat ausgefällt und zum Wiegen in Calciumcarbonat überführt. Das Calciumcarbonat wird zu 0,2820 g ausgewogen. Berechnen Sie den Prozentgehalt an Calcium im Kalkstein.

4.18 Bei der Bestimmung von Silicat (nach Ausfällung und Dehydratisierung als SiO_2 ausgewogen) werden oft Verunreinigungen von Metallionen mitausgefällt. Bei einer korrigierten Silicatbestimmung (mit Blindwert) wird der verunreinigte Niederschlag gewogen, das SiO_2 durch Umsetzung mit HF zu flüchtigem SiF_4 oder H_2SiF_6 entfernt und die zurückbleibenden Verunreinigungen gewogen. Berechnen Sie aus den nachfolgenden Angaben den korrekten Prozentgehalt des Silicats in der Gesteinsprobe.

Masse der Probe	1,000 g
Masse an SiO_2 + Verunreinigung	0,1262 g
Masse des Niederschlages nach Behandlung mit HF (Blindwert)	0,0012 g

4.19 Proben eines Kalkfeldspat-ähnlichen Gesteins vom Mond enthalten etwa 46 % SiO_2 und 29 % Al_2O_3.

   a) Berechnen Sie den Prozentgehalt an Si und Al in dieser Art von Mondgestein.

   b) Es wurde festgestellt, daß ein bestimmtes Mineral mit der Formel $CaAl_2Si_2O_8$ in diesem Mondgestein vorkommt. Könnte die Zusammensetzung dieses Minerals den hohen Gehalt an Aluminium und Silicium in diesem Gestein erklären, wenn es der Hauptbestandteil des Gesteins ist?

4.20 Ein unbekanntes Mineral, bestehend aus Calcium, Eisen und dem Metasilicat-Ion, SiO_3^{2-}, wurde in den Mondproben von Apollo 11 entdeckt. Es enthielt 16,2 % Ca, 22,5 % Fe, 22,6 % Si und 38,7 % O. Berechnen Sie die Bruttoformel dieses Minerals.

4.21 Mondproben enthielten zwischen 6 und 11 % Titan, also viel mehr als Erdgestein. Das Mineral Ilmenit $FeTiO_3$ wurde in einigen Mondproben gefunden. Nehmen Sie an, es sei das einzige Titan enthaltende Mineral. Welcher Prozentgehalt davon muß dann in einem Gestein mit insgesamt 11 Massenprozent Titan vorhanden sein?

Berechnungen von empirischen Formeln und Summenformeln

4.22   0,3999 g einer Probe von $Al_2(SO_4)_3 \cdot x\,H_2O$ werden aufgelöst und der Aluminiumgehalt nach der Aluminiumoxinat-Methode (Experiment 4) bestimmt. Die Masse des Aluminiumoxinat-Niederschlags $Al(C_9H_6NO)_3$ sei 0,4185 g. Wie groß ist dann x (die Anzahl der Wassermoleküle in der Verbindung)?

4.23   Eine organische Verbindung hat die Zusammensetzung $C_6H_{6-x}OCl_x$. Von der reinen Verbindung werden 0,1500 g zersetzt und das Chlorid ausgefällt und als Silberchlorid gewogen. Der Niederschlag hat die Masse 0,4040 g. Berechnen Sie x und geben Sie die Bruttoformel der Verbindung an.

4.24   Eine Probe der reinen Verbindung $(CH_3)_4NBr_x$ hat die Masse 0,0962 g. Sie wird aufgelöst und mit einem reduzierenden Agens behandelt, um sicherzustellen, daß das Brom vollständig in Br^- überführt wird. Durch Ausfällung wird ein Niederschlag von Silberbromid von 0,1730 g erhalten. Berechnen Sie x in der Formel dieser Verbindung.

4.25   Eine organische Verbindung, die ausschließlich Kohlenstoff und Sauerstoff enthält, wird analytisch zu 50,0 % Kohlenstoff und 50,0 % Sauerstoff bestimmt. Die molare Masse ist (289 ± 2) g/mol. Berechnen Sie die empirische Formel.

Spezielle Aufgaben

4.26   Um Berechnungen zu vereinfachen, verwenden Analytiker manchmal eine vorher genau berechnete Menge einer Probe. Welche Menge Pottasche sollte verwendet werden, wenn bei der Analyse auf K^+ die Masse des ausgefällten Kaliumperchlorats (in Gramm) $\cdot$ 100 gerade den Prozentgehalt an Kaliumoxid, K_2O, in der Probe ergeben soll?

4.27   Zirconium und Hafnium verhalten sich chemisch beinahe identisch, und Zirconium wird selten ohne Beimengungen von Hafnium gefunden. Das Zirconium in 0,2000 g einer Legierung wird mit Mandelsäure ausgefällt, der Niederschlag geglüht und in das Oxid überführt. Der Niederschlag, bestehend aus ZrO_2 und HfO_2, hat die Masse 0,1380 g. Die Röntgenfluoreszenz-Analyse des Oxid-Niederschlages zeigt, daß das HfO_2/ZrO_2-Verhältnis 0,023 ist. Berechnen Sie den korrekten Prozentgehalt an Hafnium und Zirconium in der Legierung.

4.28   Verbindungen der Elemente Yttrium (Y) und Ytterbium (Yb) haben sehr ähnliche chemische Eigenschaften und sind schwierig zu trennen. Eine 500-mg-Probe, die ausschließlich Y_2O_3 und Yb_2O_3 enthält, wird aufgelöst. Y^{3+} und Yb^{3+} werden gemeinsam (als Summe) mit Ethylendiamintetraessigsäure (EDTA) titriert. Das Ergebnis der Titration zeigt, daß die Probe insgesamt 1,953 mmol (0,001953 mol) der beiden Metalloxide enthält. Berechnen Sie die Massenprozente an Y_2O_3 und Yb_2O_3 in der Mischung.

Kapitel 5

Spektralphotometrische Analysenmethoden

Die Konzentration einer farbigen Substanz in Lösung kann durch Sichtvergleich ihrer Farbintensität mit derjenigen verschiedener Standardlösungen bekannter Konzentration abgeschätzt werden. Solche Methoden, bei denen das Auge als „Detektor" dient, sind als *kolorimetrische Methoden* bekannt; in ihren verschiedenen Formen haben sie bei der Entwicklung der Analytischen Chemie eine entscheidende Rolle gespielt. Heute verwendet man (außer bei einfachen, auch von Laien durchführbaren Schnelltests) zur Detektion spektralphotometrische Verfahren. Der Begriff „Kolorimetrie" taucht in der Literatur jedoch noch gelegentlich auf und bezeichnet dann allgemein Verfahren, die auf der Absorption von Strahlung durch gelöste farbige Stoffe beruhen, seien sie natürlich vorhanden oder durch chemische Reaktion erzeugt.

Bei der *Spektralphotometrie* bringt man die Probenlösung in einer Glas- oder Quarzküvette in das Spektralphotometer ein. Eine Strahlungsquelle liefert elektromagnetische Strahlung aus dem ultravioletten, sichtbaren oder infraroten Bereich. Mit Hilfe eines Monochromators (z.B. eines Beugungsgitters) wird jeweils ein sehr schmaler (monochromatischer) Bereich des Spektrums ausgewählt. Der Strahl wird dann direkt durch die Probenküvette geleitet. Ein Teil der eingestrahlten Intensität wird durch Stoffe in der Lösung absorbiert, der Rest durchläuft die Probe und wird mit einem Detektor erfaßt. Man mißt den Intensitätsverlust, also den von der Probe absorbierten Anteil der Strahlungsenergie; er ist proportional zur Konzentration der absorbierenden Spezies in der Lösung. Diese Proportionalität ist die quantitative Basis der spektralphotometrischen Methoden.

Ein Spektralphotometer gibt das Meßergebnis in zwei Formen wieder, beide beziehen sich jedoch auf die Strahlungsintensität des monochromatischen Strahls. Die Intensität[1] des einfallenden Strahles wird durch I_0 symbolisiert, diejenige des transmittierten Strahles (also des aus der Lösung austretenden Strahls) wird mit I bezeichnet. Die Absolutwerte von I_0 und I kann man nicht ohne weiteres messen, leicht dagegen deren Verhältnis. Dies geschieht z.B. mit Hilfe eines photoelektrischen Detektors, wie etwa einer Photozelle (Abschnitt 5.3). Das Verhältnis $\dfrac{I}{I_0}$ wird als *Transparenz (Durchlässigkeit, Transmissionsgrad) T* bezeichnet; die prozentuale Transparenz ($100 \cdot T$) ist eine Form der Darstellung des Meßergebnisses. Der Logarithmus des reziproken Verhältnisses, $\log \dfrac{I_0}{I}$, wird als *Extinktion* (englisch: *absorbance*) definiert und stellt die zweite Form des spektralphotometrischen Meßergebnisses dar. Die Extinktion spielt hierbei eine wichtigere Rolle, weil sie zur Konzentration einer absorbierenden chemischen Spezies direkt proportional ist (Abschnitt 5.2).

In der chemischen Literatur finden sich tausende von spektralphotometrischen Verfahren zur Bestimmung von Elementen und zahlreichen organischen Verbindungen. Üblicherweise werden diese Methoden zur Bestimmung von kleinen Mengen oder sogar von Spuren der Substanzen angewendet. Sie dienen also nicht zur Bestimmung großer Substanzmengen, sondern eignen sich für Gehalte unter 2 % in Feststoffen und einigen Flüssigkeiten. Zum Beispiel wird Eisen in einem Stahl oder Eisenerz am besten durch Titration, und nicht durch kolorimetrische Messung bestimmt. Die letztere Methode wäre ungenau und unbequem, da größere Verdünnungen zur Herabsetzung der Eisenkonzentration auf den erforderlichen Bereich notwendig sind.

Im wesentlichen gibt es *zwei Verfahren* bei der spektralphotometrischen Analyse. Ein Verfahren ist die Messung der durch das Ion oder Molekül selbst absorbierten Strahlungsenergie. So können z.B. stark farbige Spezies, wie das Permanganat-Ion, das Dichromat-Ion oder organische Farbstoffe, die schon dem Augenschein nach Licht absorbieren, spektralphotometrisch oder kolorimetrisch bestimmt werden. Farblose Substanzen, wie die meisten organischen Moleküle, oder farblose Kationen können z.B. ultraviolette oder infrarote Strahlung absorbieren und deswegen nur durch spektralphotometrische Analyse bestimmt werden.

Das zweite Verfahren wird bei Substanzen angewendet, die sichtbares Licht oder andere geeignete Strahlung nicht oder nur geringfügig absorbieren. In diesem Falle wird ein geeignetes chemisches Reagenz hinzugegeben, das diese Stoffe in eine neue Spezies überführt, die ihrerseits Strahlung intensiv absorbiert. So hat z.B. das

---

1 Nach den Vorschlägen der IUPAC, Analytical Chemistry Division, versteht man unter *Intensität* (dimensionslose Größe) als allgemeine Größe irgendein Relativmaß zur Quantifizierung von Strahlungsmengen. In diesem Sinn wird Intensität *(Intensity of radiation)* hier verwendet. Dagegen ist die *Strahlungsintensität (Radiant Intensity)* wohldefiniert und hat die Einheit $W \cdot sr^{-1}$. Der „*Radiant Flux*" Φ_0 bzw. Φ wird in W angegeben.

Eisen(II)-Ion, $Fe(H_2O)_6^{2+}$, eine hellgrüne Farbe. In niedrigen Konzentrationen und insbesondere in saurer Lösung ist es praktisch farblos. Dagegen reagiert eine organische Verbindung, das 1,10-Phenanthrolin, mit Eisen(II) zu einem intensiv roten Komplex-Ion, das für eine kolorimetrische Messung geeignet ist. Andere farblose Ionen wie Titan(IV), Kupfer(I) und Calcium(II) können auf ähnliche Weise bestimmt werden.

5.1 Absorption von Strahlungsenergie

Wellen-Korpuskel-Theorie der Strahlung

Sichtbares Licht und andere elektromagnetische Strahlung lassen sich sowohl als Wellen als auch als Teilchen beschreiben (Welle-Korpuskel-Dualismus). Die Wellentheorie ist zur Deutung von Brechung, Streuung und anderen optischen Effekten geeignet, während die Partikel-Theorie zur Beschreibung der Absorption und Emission von Strahlungsenergie herangezogen werden kann.

Die *Wellentheorie* der Strahlung beschreibt Strahlungsenergie als ein periodisch schwingendes Feld mit elektrischer und magnetischer Komponente, das mit Materie in Wechselwirkung treten kann.

Bild 5−1a zeigt eine Darstellung einer Transversalwelle. Die elektrische Komponente, der Vektor des elektrischen Feldes, schwingt in der Papierebene, die magnetische (hier nicht gezeigt) senkrecht dazu. Die Kombination von Schwingung und Ausbreitung im Raum ergibt eine Wellenbewegung. Wie Bild 5−1b zeigt, besteht ein nicht polarisierter Lichtstrahl aus mehreren Wellen, deren Vektoren des elektrischen Feldes senkrecht zur Papierebene in verschiedenen Richtungen schwingen.

Eine Welle kann durch die Größen *Wellenlänge* λ (Einheit: m oder dezimale Vielfache bzw. Teile von m) und *Frequenz* ν (Einheit: s^{-1}) beschrieben werden. Die Frequenz gibt die Zahl der vollen Schwingungen an, die pro Sekunde einen bestimmten Punkt passieren. Wellenlänge und Frequenz sind mit der Lichtgeschwindigkeit

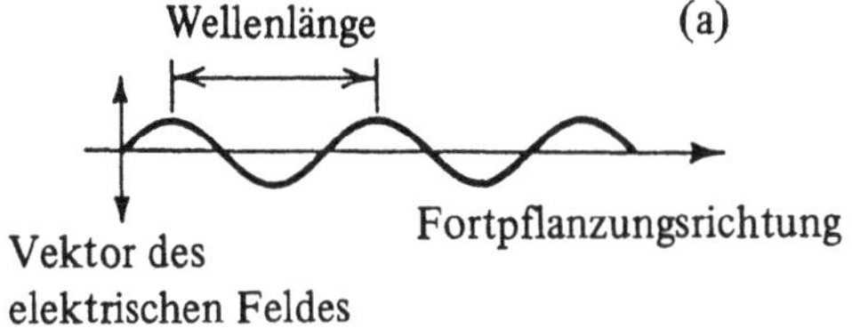

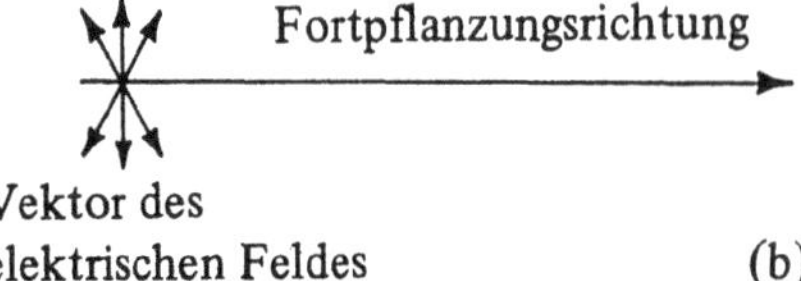

Bild 5-1
Licht als Transversalwelle

c – der Ausbreitungsgeschwindigkeit der Lichtwelle im Vakuum – nach der Gleichung

$$\lambda \cdot \nu = c \tag{5-1}$$

verknüpft. Die Lichtgeschwindigkeit beträgt

$$c = 2{,}998 \cdot 10^8 \, \frac{\mathrm{m}}{\mathrm{s}} \, .$$

Nach der *Korpuskeltheorie* besteht ein Lichtstrahl aus einem Strom diskreter Partikel, die Photonen genannt werden. Ihre Energie ist $E = h\nu$, wobei h die Plancksche Konstante ist (siehe unten). Die Photonen haben keine Ruhemasse; sie werden als diskrete „Pakete" von Strahlungsenergie betrachtet. Photonen werden durch viele chemische Spezies in Lösung absorbiert. Dabei wird die Energie der absorbierenden Spezies vorübergehend erhöht; der Energieüberschuß wird, häufig in Form von Wärme, wieder abgegeben.

Das elektromagnetische Spektrum

Strahlungsenergie wird durch ihre Wellenlänge λ charakterisiert. Gebräuchliche Einheiten der Wellenlänge sind

$$\mathrm{nm} = \text{Nanometer} = 10^{-9} \, \mathrm{m},$$
$$\mu\mathrm{m} = \text{Mikrometer} = 10^{-6} \, \mathrm{m}.$$

Ältere Einheiten wie Mikron (μ; $1 \ \mu = 10^{-6}$ m), Millimikron (mμ; 1 m$\mu = 10^{-9}$ m) und Angström (Å; 1 Å $= 10^{-10}$ m) sollten nicht mehr verwendet werden.

Die Energie der Strahlung ist direkt proportional zur Frequenz:

$$E = h\nu \, , \tag{5-2}$$

wobei E die Energie eines Photons (in Joule, J), ν die Frequenz in s^{-1} (1 s$^{-1} = 1$ Hz) und h die Plancksche Konstante ist,

$$h = 6{,}62 \cdot 10^{-34} \, \mathrm{J} \cdot \mathrm{s} \, .$$

Die Kombination der Gln. (5-1) und (5-2) gibt

$$E_{\mathrm{(J)}} = \frac{h \cdot c}{\lambda_{\mathrm{(nm)}}} = \frac{6{,}62 \cdot 10^{-34} \, \mathrm{J} \cdot \mathrm{s} \cdot 2{,}998 \cdot 10^{17} \, \mathrm{nm} \cdot \mathrm{s}^{-1}}{\lambda_{\mathrm{(nm)}}} \tag{5-3}$$

$$= \frac{1{,}885 \cdot 10^{-16} \, \mathrm{J} \cdot \mathrm{nm}}{\lambda_{\mathrm{(nm)}}} \, .$$

Manchmal wird die Energie der Strahlung in Elektronenvolt (eV) angegeben. In diesem Falle wird Gl. (5−3) zu

$$E_{(eV)} = \frac{1{,}243 \cdot 10^3 \, eV \cdot nm}{\lambda_{(nm)}} \qquad (5-4)$$

Man beachte jeweils, daß die Wellenlänge und die Strahlungsenergie umgekehrt proportional zueinander sind:

$$\frac{\text{Wellenlänge nimmt zu}}{\text{Energie nimmt ab}} \longrightarrow$$

Wir wollen nun die verschiedenen Bereiche des elektromagnetischen Spektrums entsprechend über Wellenlänge und Energie betrachten (Bild 5−2). Ganz oben im Bild finden wir die Mikrowellen und die Radiowellen, beide haben vergleichsweise große Wellenlängen und geringe Energie. Weiter unten im Bild, bei kleineren Wellenlängen bzw. höherer Energie, schließt sich der Infrarotbereich an, der aus den Teilbereichen des fernen Infrarot und des nahen Infrarot besteht. Der Bereich zwischen 2,5 und 25 µm (2500−25000 nm) wird am häufigsten für analytische Messungen verwendet.

Nach dem infraroten kommt der sichtbare Bereich (sichtbares Licht), diejenige Strahlung, die vom menschlichen Auge wahrgenommen werden kann. Wo man die Ober- und Untergrenze des sichtbaren Bereichs ansetzt, hängt davon ab, welche Mindestempfindlichkeit des Auges für Licht einer bestimmten Wellenlänge man noch als signifikant betrachtet. Die hier angegebenen Grenzwellenlängen sind 380 und 750 nm (Bild 5−2). Man beachte, daß das sichtbare Licht nur einen sehr kleinen Bereich des elektromagnetischen Spektrums ausmacht. Auf der anderen Seite des sichtbaren Bereichs (im Bild unterhalb) befindet sich die ultraviolette Strahlung; sie umfaßt ungefähr den Bereich von 10 bis 380 nm, analytische Messungen werden üblicherweise im Bereich zwischen 200 und 380 nm durchgeführt. Am unteren Ende des Spektrums finden sich die Röntgenstrahlen und Gammastrahlen, beide mit sehr kleinen Wellenlängen und hohen Energien.

Die Gründe dafür, daß Strahlung außerhalb des Bereichs von 380 bis 750 nm nicht sichtbar ist, hängen mit der Natur des Auges zusammen. Auf der kurzwelligen Seite ist die Empfindlichkeit des Auges durch die Absorption der Proteine in der Linse begrenzt. Auf der langwelligen Seite wird die Wahrnehmung durch die abnehmende Empfindlichkeit der Sehpigmente und (wahrscheinlich) durch die Zusammensetzung des Auges (Wasser in der Augenflüssigkeit) begrenzt. Das Auge spricht im sichtbaren Bereich auch auf verschiedene Wellenlängen unterschiedlich stark an (Tabelle 5−1). Die Farbe einer chemischen Spezies in Lösung hängt von der relativen Empfindlichkeit des Auges für die verschiedenen Farben ab, die von der Lösung nicht absorbiert werden und, zu einem gewissen Grad, auch von der spektralen Zusammensetzung des auf die Lösung fallenden weißen Lichtes.

Einige Autoren verwenden ein spezielles Diagramm, um die Farbe einer Lösung mit den absorbierten Farben in Beziehung zu setzen.

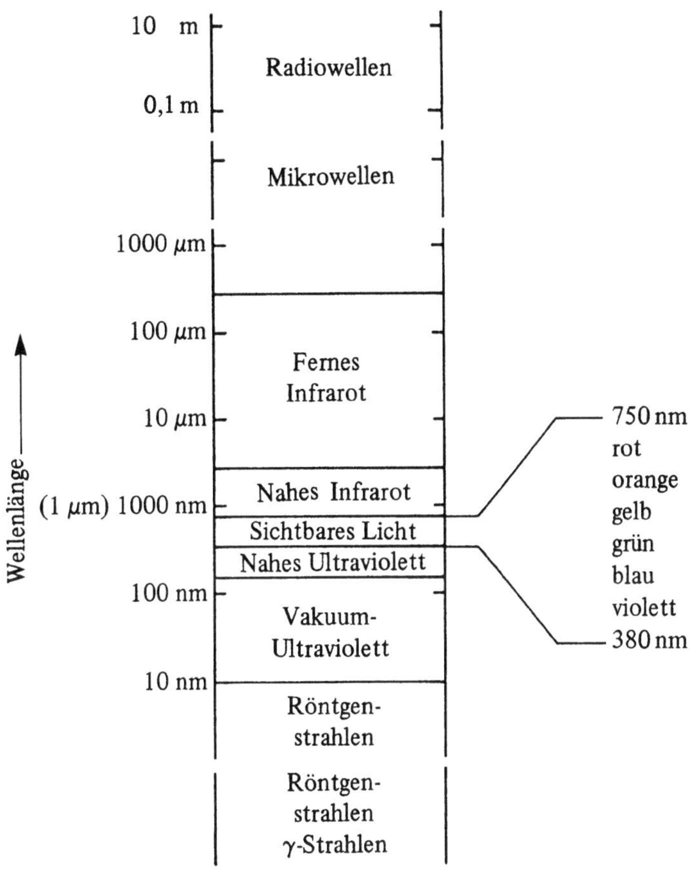

Bild 5-2 Das elektromagnetische Spektrum. (Man bedenke: zunehmende Wellenlänge heißt abnehmende Energie und Frequenz.)

Tabelle 5−1 Wellenlängenbereiche für die verschiedenen Farben

Wellenlängen	Farbe	Relative Empfindlichkeit des Auges
380−450 nm	violett	0,0022
450−495 nm	blau	0,10
495−550 nm	grün	0,83
550−570 nm	gelb-grün	1,00
570−590 nm	gelb	0,87
590−620 nm	orange	0,57
620−750 nm	rot	0,10
−	purpur[a]	−

[a] Das Auge nimmt die Farbe Purpur wahr, wenn Photonen von rotem und blauem Licht in gleicher Anzahl einfallen.

Mit Tabelle 5−1 läßt sich die unterschiedliche Farbigkeit von Cu(II)-haltigen Lösungen erklären. Eine verdünnte Lösung von $[Cu(H_2O)_6]^{2+}$ absorbiert Rot, Orange, Gelb, Gelbgrün und etwas Hellgrün; sie läßt einige Grüntöne, Blau und Violett durch. Das Zusammenwirken von Blau und Grün überdeckt den schwachen Einfluß von Violett auf das Auge, die Lösung erscheint grünblau. Ähnlich läßt eine konzentrierte Lösung von $[Cu(NH_3)_4]^{2+}$ nur Violett und etwas Hellblau durch und erscheint daher violettblau.

Der Absorptionsvorgang

In der nachfolgenden Diskussion wird Strahlungsenergie kurz als „Licht" bezeichnet, auch wenn es sich um ultraviolette Strahlung handelt. Es sei noch einmal daran erinnert, daß die Energie einer jeden Strahlung umgekehrt proportional zu ihrer Wellenlänge ist.

Licht wird von einer chemischen Spezies nur dann absorbiert, wenn seine Wellenlänge derjenigen Energie entspricht, die zu irgendeiner Änderung der Elektronenkonfiguration des Stoffes erforderlich ist. Dieses Konzept kann am einfachsten am Beispiel der Absorption von Licht durch Metall-Atome in der Gasphase erläutert werden. (Als Gas vorliegende Metall-Atome können durch Sprühen einer Metallsalz-Lösung in eine heiße Flamme erzeugt werden. Die Flamme verdampft das Lösungsmittel und zersetzt das Salz meist unter Bildung eines Gases von Metall-Atomen.) In der Flamme ist der Normalzustand eines isolierten Metall-Atoms (niedrigste Energie) der sogenannte *Grundzustand* und wird üblicherweise mit dem Index 0 gekennzeichnet. (So wird z.B. der Grundzustand des gasförmigen Natriums als Na_0 beschrieben.) Im Grundzustand derartiger isolierter Atome besetzen die Elektronen die von der Orbitaltheorie vorausgesagten Orbitale (vergleiche Kapitel 23). Die Absorption eines Photons durch ein einzelnes Atom regt ein äußeres Elektron zur Besetzung eines höherenergetischen Orbitals an. Man sagt, daß das Atom in den angeregten Zustand übergeht. Der erste angeregte Zustand wird mit dem Index 1, der zweite mit dem Index 2 bezeichnet, usw. Zwei Beispiele derartiger Übergänge sind in dem Bild 5−3 gezeigt. Ein Natrium-Atom im Grundzustand kann ein Photon der Wellenlänge 589 nm absorbieren und in den ersten angeregten Zustand übergehen:

$$Na_0 + 589\text{-nm-Photon} \rightarrow Na_1$$

Ein Natrium-Atom im Grundzustand kann ein 330-nm-Photon absorbieren und in den zweiten angeregten Zustand übergehen:

$$Na_0 + 330\text{-nm-Photon} \rightarrow Na_2$$

Die für diesen Übergang erforderliche Energie ist $E_2 - E_0$ (Bild 5−3). Die für den ersten Übergang erforderliche Energie ist $E_1 - E_0$ und damit geringer als diejenige für den Übergang, den das 330-nm-Photon anregt. Gemäß Gl. (5−3) hat ja auch das 330-nm-Photon eine höhere Energie als das 589-nm-Photon.

Es sei daran erinnert, daß die Elektronenkonfiguration eines Natrium-Atoms im Grundzustand $1s^2\, 2s^2p^6\, 3\, s^1p^0$ (oder kurz [Ne] $3s^1$) ist. Die Absorption eines Photons durch ein s-Elektron verändert grundsätzlich das Bahndrehmoment des Elektrons, es „springt" stets in ein p-Orbi-

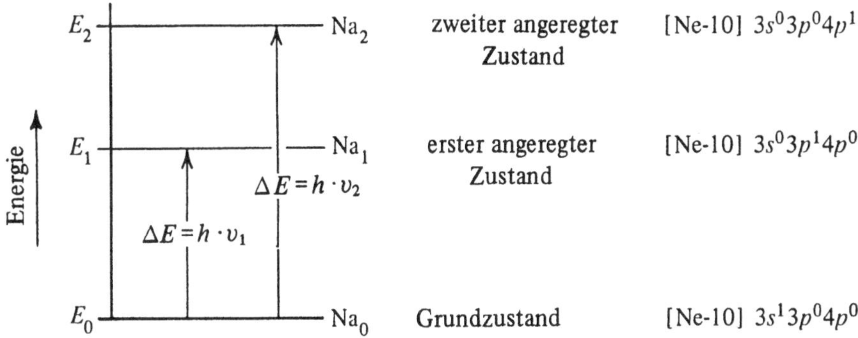

Bild 5-3 Lichtabsorption durch ein isoliertes Natrium-Atom. Die jeweilige Energiedifferenz zwischen angeregtem Zustand und Grundzustand wird durch Photonen der Energie ΔE zugeführt. Für den Übergang in den ersten angeregten Zustand gilt: $\Delta E = h \cdot v_1$ mit v_1 = 589 nm. Für den Übergang in den zweiten angeregten Zustand gilt entsprechend $\Delta E = h \cdot v_2$ mit v_2 = 330 nm.

tal. Für Natrium bedeutet dies, daß ein 589-nm-Photon das $3s$-Elektron zum Sprung in das $3p$-Orbital veranlaßt und daß das 330-nm-Photon zum Wechsel des $3s$-Elektrons in ein $4p$-Orbital führt. Übergänge wie etwa von $3s$ nach $4s$ – also solche, bei denen die Drehimpulsquantenzahl l unverändert bleibt – heißen „verboten". Nur Übergänge mit einer Änderung der Drehimpulsquantenzahl l um ± 1 sind „erlaubt" (sog. *Auswahlregel*).

Absorption durch Moleküle

Die Absorption von Licht verursacht in Molekülen drei verschiedene Arten von energetischen Übergängen: Elektronenanregung (Veränderung des Energieinhaltes der Elektronen eines Moleküls), Schwingungsanregung (Veränderung des mittleren interatomaren Abstandes zweier oder mehrerer Atome in einem Molekül) und Rotationsanregungen (Veränderung des Energieinhaltes eines Moleküls, das um cinen Schwerpunkt rotiert). Die Lichtabsorption von Molekülen in Lösung ist komplizierter als die von Atomen in der Gasphase, da im ersteren Fall Energieunterniveaus beteiligt sind. Jeder Elektronenzustand eines Moleküls ist in eine Anzahl von Schwingungs-Unterniveaus unterteilt; jedes Schwingungs-Unterniveau wiederum unterteilt sich in Rotations-Unterniveaus. Die Energieunterschiede zwischen den verschiedenen Schwingungs-Unterniveaus und Rotations-Unterniveaus sind wesentlich kleiner als die Energiedifferenz zwischen Elektronenzuständen.

Schwingungs- und Rotationsanregungen in einem Molekül werden durch die Absorption niederenergetischer Strahlung (Infrarot) verursacht. Elektronenübergänge erfordern mehr Energie und finden im sichtbaren (VIS) und ultravioletten (UV-)Spektralbereich statt. Da in Wirklichkeit jede Art elektronischer Anregung viele Übergänge aus dem Grundzustand in viele Schwingungs- und Rotations-Unterniveaus eines gegebenen angeregten Zustandes beinhaltet, absorbieren Moleküle sichtbare und/oder ultraviolette Strahlung in einem breiten Bereich von Wellenlängen. Das Absorptionsspektrum eines Moleküls ist in Bild 5–4b dargestellt, es unterscheidet sich sehr deutlich von den in Bild 5–4a dargestellten sehr schmalen Absorptions-Peaks isolierter Atome in der Gasphase.

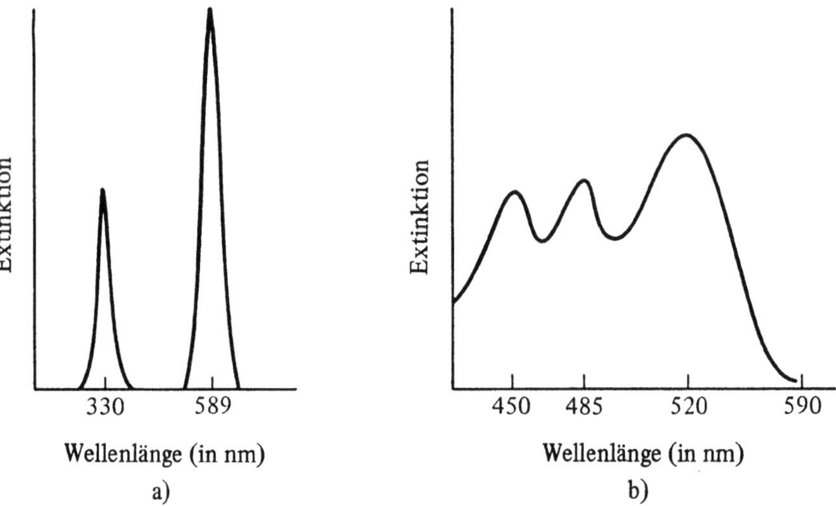

Wellenlänge (in nm)   Wellenlänge (in nm)
           a)   b)

Bild 5-4 Lichtabsorption in Abhängigkeit von der Wellenlänge des eingestrahlten Lichts.
a) Idealisiertes Absorptionsspektrum von isolierten Natrium-Atomen: Zwei verschiedene Elektronenübergänge führen zu zwei Peaks.
b) Absorptionsbanden eines Moleküls: β-Carotin, $C_{40}H_{56}$ (Farbpigment der Karotte).

Absorptionsspektrum und Farbe von Molekülen

Die Farbe eines Moleküls in Lösung hängt von der Wellenlänge des absorbierten Lichts ab. Wenn eine Probenlösung einer organischen Verbindung oder eines anorganischen Ions weißem Licht (polychromatischem Licht, Licht aller Farben) ausgesetzt wird, so werden bestimmte Wellenlängen absorbiert, die übrigen erreichen das Auge. Welche Farbe das Auge wahrnimmt, hängt nur von den transmittierten (nicht absorbierten) Wellenlängen ab. Einfacher gesagt: der Beobachter sieht die Komplementärfarbe(n) der absorbierten Farbe(n).

Wenn mehr als eine Farbe durchgelassen wird, bestimmt die jeweilige Empfindlichkeit des Auges (Tabelle 5−1), welche Farbe oder welche Farben wahrgenommen werden. Gelb, grün oder gelb-grün werden immer wahrgenommen, da das Auge für diese Farben sehr empfindlich ist. Werden gelb, grün oder gelb-grün absorbiert, so können andere Farben wahrgenommen werden. So transmittiert z.B. die Karotin-Lösung (vgl. Bild 5−4b) nur orange und rot, erscheint jedoch orange, weil das Auge viel stärker auf orange als auf rot anspricht. Die Lösung sieht nicht gelb, grün oder gelb-grün aus, da sie diese Farben absorbiert (und somit nicht durchläßt).

Absorptionsspektren

Bei der photometrischen Analyse wird die Probenlösung idealerweise mit monochromatischem Licht − das ist Licht einer einzigen Wellenlänge − (in der Praxis: mit Licht eines schmalen Wellenlängenbereiches von wenigen nm) bestrahlt, und die Absorption bei jeder der verschiedenen Wellenlängen wird gemessen. Durch

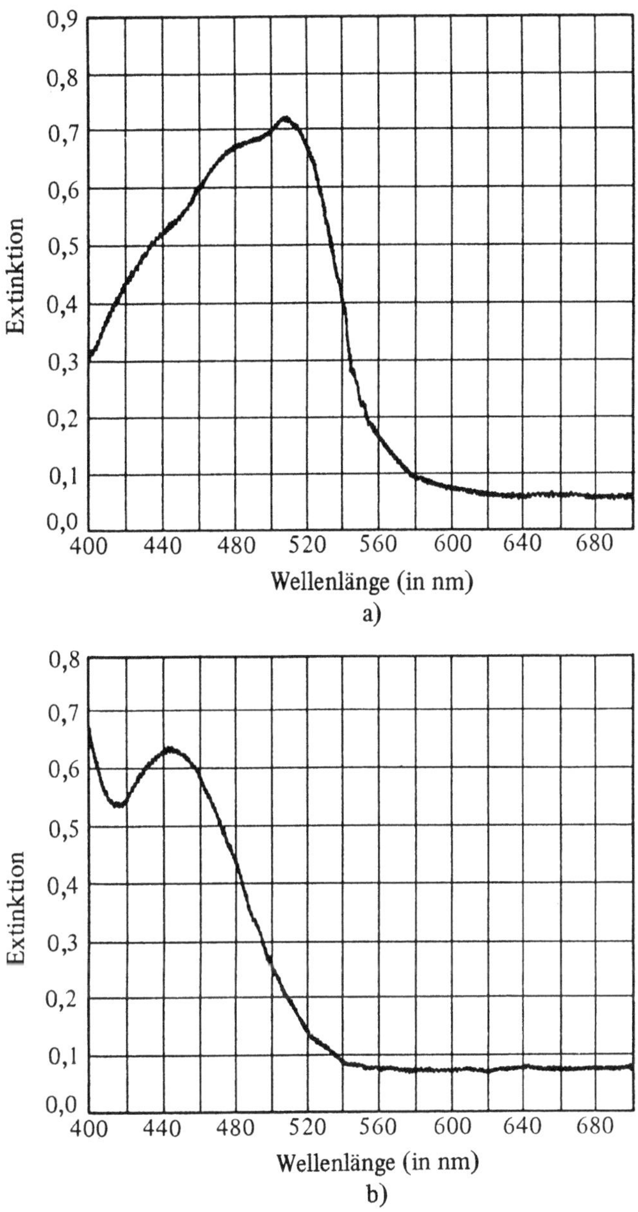

Bild 5-5 Absorptionsspektren von zwei Verbindungen
a) Tris-(1,10-phenanthrolin)-eisen(II)-sulfat,
b) Kaliumdichromat in schwefelsaurer Lösung, $c(K_2Cr_2O_7) = 0,1$ mol/L

Auftragen der Extinktion (Kapitel 5.2) oder der prozentualen Transparenz gegen die Wellenlänge erhält man ein Absorptionsspektrum. Für die Messungen wird ein sogenanntes Spektralphotometer verwendet.

Die Absorptionsspektren von zwei Verbindungen, die sichtbares Licht absorbieren, sind in Bild 5−5 dargestellt (Ultraviolett- und Infrarot-Spektren werden später behandelt). Eine wichtige Anwendung von Absorptionsspektren besteht in der Auswahl einer für die quantitative Analyse geeigneten Wellenlänge. Im allgemeinen wählt man diese Wellenlänge in einem Bereich, in dem die zu bestimmende Substanz selbst stark absorbiert und die Absorption anderer Verbindungen vernachlässigbar ist.

Bei einer jeden Wellenlänge eines Spektrums wird die Extinktion einer Lösung von zwei Faktoren bestimmt. Zum einen ist dies die Konzentration der absorbierenden Substanz in Lösung − je höher die Konzentration, desto größer die Extinktion. (Einige chemische Verbindungen absorbieren bei gleicher Stoffmengenkonzentration mehr Licht als andere; dies bedeutet eine für jede einzelne Verbindung charakteristische Proportionalität zwischen Extinktion und Konzentration.) Der andere Faktor ist die Dicke der absorbierenden Schicht − je dicker die absorbierende Schicht (je länger der Strahlengang durch die Lösung), um so größer ist die Extinktion. Diese Faktoren werden im nächsten Abschnitt eingehend diskutiert.

5.2   Das Lambert-Beersche Gesetz

Aus der Diskussion der Absorption im vorangegangenen Abschnitt kann intuitiv entnommen werden, daß die Menge des durch eine Spezies in Lösung absorbierten Lichtes von der Anzahl der Ionen oder Moleküle dieser Spezies im Strahlengang des Photonenstrahls abhängt. Hieraus folgt, daß mehr Licht absorbiert wird, wenn die Konzentration der absorbierenden Spezies steigt. Analog werden um so mehr Photonen absorbiert, je länger der Lichtweg des Photonenstrahls durch die

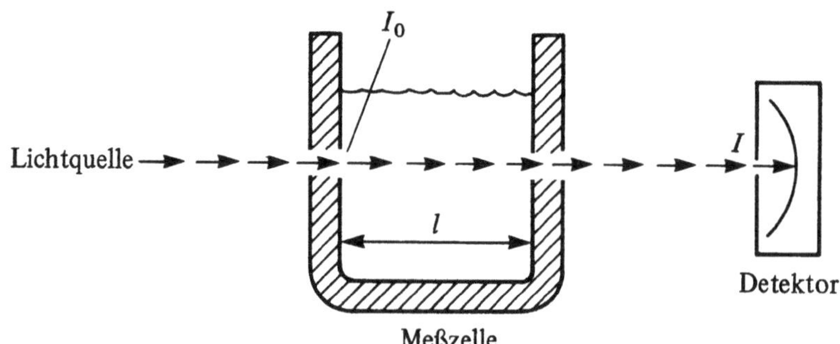

Bild 5-6 Schema einer Meßzelle mit einer Lösung, die Photonen (→) absorbiert. I_0 = Intensität der einfallenden Strahlung, I = vom Detektor gemessene Intensität, l = innerer Durchmesser der Meßzelle, Weglänge des Strahls durch die Probenlösung (meist in cm angegeben). (Reflektion von Photonen an den Wänden der Meßzelle ist hier nicht berücksichtigt.)

Lösung ist. Der dritte Faktor, der die Menge des absorbierten Lichts bestimmt, ist die Wahrscheinlichkeit, daß ein Photon absorbiert wird und einen Elektronenübergang in einer chemischen Verbindung verursacht. Verschiedene chemische Verbindungen haben unterschiedliche Wahrscheinlichkeiten für Elektronenübergänge; die Verbindung mit der höchsten Wahrscheinlichkeit absorbiert mehr Licht als andere Verbindungen bei der gleichen Konzentration (vergleiche Kapitel 23).

Um diese Aussagen in mathematischer Form auszudrücken, wollen wir einen Photonenstrahl einer einzigen Wellenlänge betrachten, der eine Lösung durchläuft (Bild 5–6). Wir wollen die Anzahl der die Zelle pro Sekunde passierenden Photonen in Bild 5–6 als I_0 bezeichnen, die Intensität des Lichtstrahls *vor* der Probe (einfallende Lichtintensität). Eine bestimmte Anzahl von Photonen wird absorbiert und eine dadurch festgelegte Anzahl passiert die Zelle und fällt auf den Detektor. Die Anzahl der pro Sekunde auf den Detektor auftreffenden Photonen wollen wir mit I bezeichnen; sie steht für die transmittierte Strahlungsintensität, für die Intensität hinter dem Absorber. Das logarithmische Verhältnis der Strahlungsintensitäten an jedem Punkt des Strahls wird als die Extinktion E definiert:

$$E = \log \frac{I_0}{I} = \log I_0 - \log I \qquad (5\text{–}5)$$

Das Lambert-Beersche Gesetz

Das Grundgesetz der Spektralphotometrie, bekannt als das Lambert-Beersche Gesetz, kann nun angegeben werden:

$$\log \frac{I_0}{I} = E = a \cdot l \cdot c \qquad (5\text{–}6)$$

In dieser Gleichung ist a der Extinktionskoeffizient, eine für jede chemische Verbindung bei einer bestimmten Wellenlänge charakteristische Konstante; l ist die Weglänge des Lichtes durch die Lösung in cm (Bild 5–6); und c ist die Konzentration an absorbierender Spezies in der Lösung. Der Extinktionskoeffizient a ist charakteristisch für eine bestimmte absorbierende Spezies bei einer bestimmten Wellenlänge; er verändert sich, wenn die Wellenlänge verändert wird. Mit anderen Worten, das Lambert-Beersche Gesetz kann nur auf *monochromatische* Strahlung angewendet werden. Der numerische Wert des Extinktionskoeffizienten hängt von den Einheiten ab, in denen die Konzentration der absorbierten Lösung angegeben ist.

Die Konzentration kann als Massenkonzentration in parts per million (ppm; Milligram pro Liter) oder in Gramm pro 100 mL, ausgedrückt werden, jedoch *nicht* als Stoffmengenkonzentration mol/L. Wird c als Stoffmengenkonzentration eingesetzt, so verwendet man an Stelle des Extinktionskoeffizienten a den molaren dekadischen Extinktionskoeffizienten ε.

Der molare dekadische Extinktionskoeffizient

Gibt man die Konzentration der Lösung als Stoffmengenkonzentration (in mol/L) an, so wird das Lambert-Beersche Gesetz in der Form

$$E = \varepsilon \cdot l \cdot c \qquad (5-7)$$

geschrieben, wobei ε der molare dekadische Extinktionskoeffizient ist. Dieser ist wie a charakteristisch für eine bestimmte chemische Spezies bei einer vorgegebenen Wellenlänge; häufig wird er für die Wellenlänge der maximalen Extinktion angegeben. Der molare dekadische Extinktionskoeffizient hat üblicherweise die Einheit $L \cdot mol^{-1} \cdot cm^{-1}$. Da die Gl. (5–7) die bevorzugte Form des Gesetzes ist, wird in wissenschaftlichen Zeitschriften stets der molare dekadische Extinktionskoeffizient als Kenngröße von Stoffen neben Schmelzpunkt, Brechnungsindex usw. angegeben. Die molaren dekadischen Extinktionskoeffizienten verschiedener chemischer Verbindungen variieren von 10^{-2} bis zu einer Obergrenze von 10^5 $L \cdot mol^{-1}$ cm^{-1} für eine einzelne absorbierende Gruppe in einem Molekül oder ein Ion. So haben z.B. $[Mn(H_2O)_6]^{2+}$ und $[Co(H_2O)_6]^{2+}$ molare dekadische Extinktionskoeffizienten von $0{,}02$ $L \cdot mol^{-1} \cdot cm^{-1}$ (bei 532 nm) bzw. 10 $L \cdot mol^{-1} \cdot cm^{-1}$ (bei 530 nm), wohingegen beim Permanganat-Ion MnO_4^- mit $2 \cdot 10^3$ $L \cdot mol^{-1}$ (bei 525 nm) ein wesentlich höherer Wert vorliegt. Die molaren dekadischen Extinktionskoeffizienten von metallorganischen Komplexen reichen in der Regel von $1 \cdot 10^3$ bis zu $5 \cdot 10^4$ $L \cdot mol^{-1} \cdot cm^{-1}$ und höher.

Transparenz (Durchlässigkeit) und prozentuale Transparenz

Die in Gl. (5–7) gegebene Form des Lambert-Beerschen Gesetzes — sie basiert auf der Extinktion — wird am häufigsten verwendet. Dennoch kann es hilfreich sein, das Lambert-Beersche Gesetz unter Verwendung der *Transparenz (Durchlässigkeit*; in der angelsächsischen Literatur häufig als *transmission* bezeichnet) zu formulieren. Wie bereits zu Beginn des Kapitels 5 erwähnt, ist die Transparenz das Verhältnis der Strahlungsintensitäten von transmittierten („durchgelassenen") und einfallendem Strahl:

$$T = \frac{I}{I_0} \qquad (5-8)$$

Aus den Gln. (5–5), (5–7) und (5–8) folgt das Lambert-Beersche Gesetz in der Form

$$-\log \frac{I}{I_0} = -\log T = \varepsilon \cdot l \cdot c\,. \qquad (5-9)$$

Man erhält also eine Gerade mit positiver Steigung, wenn man den negativen Logarithmus der Transmission gegen die Stoffmengenkonzentration aufträgt.

Ablesen der Meßwerte. Spektralphotometer sind mit mit einer analogen oder digitalen Meßwertanzeige versehen; als Meßwert kann sowohl die Extinktion E als auch die prozentuale Durchlässigkeit $\% T$ $(= 100 \cdot T)$ abgelesen werden. Beide Größen hängen wie folgt zusammen:

$$E = -\log T = -\log\left(\frac{\% T}{100}\right). \tag{5-10}$$

Welche Wertebereiche können Extinktion und Transparenz nun annehmen? Wenn eine Lösung praktisch kein Licht absorbiert, wird $I \approx I_0$ und somit [mit Gl. (5–8)] $T \approx 1$ bzw. $\% T \approx 100$. Bei einer stark absorbierenden Lösung dagegen ist $I \approx 0$, folglich ist die Transparenz und auch die prozentuale Durchlässigkeit praktisch gleich 0. Damit reicht T von 0 bis 1,0 und $\% T$ von 0 bis 100. Die gleiche Betrachtung zeigt, daß die Extinktion von 0 bis unendlich reicht, obwohl in der Praxis eine Extinktion größer als 2 oder 3 nur mit Schwierigkeiten und geringer Genauigkeit und Präzision gemessen werden kann.

Auf einem Spektralphotometer mit analoger Skala ist die Transmissionsskala linear und die Extinktionsskala logarithmisch angeordnet:

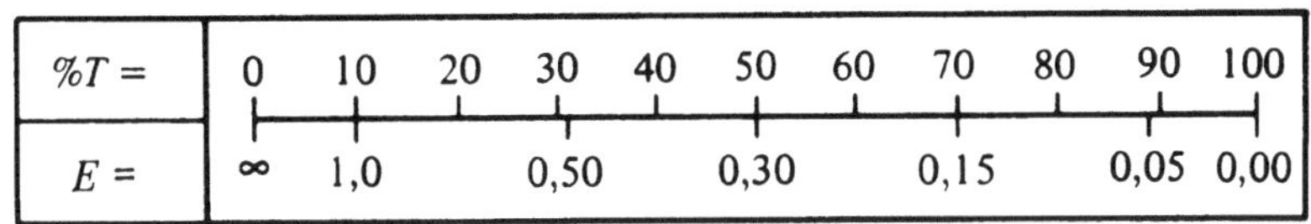

$\%T =$	0	10	20	30	40	50	60	70	80	90	100
$E =$	∞	1,0		0,50		0,30		0,15		0,05	0,00

Wenn eine Messung durchgeführt werden soll, wird das Spektralphotometer zunächst so justiert, daß die Skala „prozentuale Transparenz" ($\% T$) in Abwesenheit von Strahlung aus der Strahlungsquelle 0 anzeigt, sowie 100 für eine reine Lösungsmittelprobe bei der für die spätere Probenmessung verwendeten Wellenlänge. Für diese Referenzmessung (Blindwert) ist also $I_0 = 100$. Anschließend wird die Probenlösung in den Strahlengang gebracht und gemessen. Die Skala für die prozentuale Transparenz gibt dann I an.

In einigen Fällen absorbieren auch zugesetzte Reagenzien in gewissem Maße. Dann wird zur Bestimmung des Blindwertes die reine Reagenzlösung verwendet und so die durch die Reagenzien verursachte Absorption kompensiert.

Gelegentlich kann es sinnvoll sein, die Extinktion von optischen Materialien mit einer bestimmten prozentualen Transparenz zu berechnen. So ist es beispielsweise möglich, die Extinktion einer Sonnenbrille aus dem $\% T$-Wert zu berechnen, wie das folgende Beispiel verdeutlicht.

Beispiel:

Sonnenbrillen sollen nur etwa 20 bis 25 % des einfallenden Lichtes durchlassen. In welchem Bereich sollte die Extinktion des Sonnenbrillenglases liegen?

$\% T = 20$ bis 25,

$T = 0,20$ bis 0,25,

Mit $E = -\log T$ folgt für den wünschenswerten Bereich der Extinktion

$E = -\log 0{,}20$ bis $-\log 0{,}25$,
$E = 0{,}70$ bis $0{,}60$.

Die Extinktion sollte also zwischen 0,60 und 0,70 liegen.

Die folgenden Beispiele sollen den Umgang mit dem Lambert-Beerschen Gesetz verdeutlichen.

Beispiel:

Eine Lösung mit 4,5 ppm (4,5 mg/L) einer farbigen Verbindung hat bei 530 nm eine Extinktion von 0,30. Gemessen wurde in einer 2,00-cm-Küvette. Berechnen Sie den Extinktionskoeffizienten.
Aus Gl. (5–6) erhalten wir für den Extinktionskoeffizienten a

$$a = \frac{E}{l \cdot c}$$

$$= \frac{0{,}30}{2{,}00\,\text{cm} \cdot 0{,}0045\,\frac{\text{g}}{\text{L}}} = 33{,}33\,\frac{\text{L}}{\text{g} \cdot \text{cm}}$$

Wenn der Zahlenwert des molaren dekadischen Extinktionskoeffizienten einer gegebenen chemischen Spezies bekannt ist, kann die Stoffmengenkonzentration dieser Spezies aus dem gemessenen Wert der Extinktion und dem Innendurchmesser der Küvette berechnet werden. Die Extinktion muß dann unter Verwendung monochromatischer Strahlung bei derjenigen Wellenlänge gemessen werden, für die der molare dekadische Extinktionskoeffizient bekannt ist.

Beispiel:

Eine Lösung von $[\text{Co}(\text{H}_2\text{O})_6]^{2+}$ hat bei 530 nm in einer 1,00-cm-Küvette eine Extinktion von 0,20. Der molare dekadische Extinktionskoeffizient beträgt bei 530 nm 10 $\text{L} \cdot \text{mol}^{-1} \cdot \text{cm}^{-1}$. Wie groß ist die Konzentration?
Aus Gl. (5–7) folgt für die Stoffmengenkonzentration

$$c = \frac{E}{\varepsilon \cdot l}$$

$$= \frac{0{,}20}{(10\,\text{L} \cdot \text{mol}^{-1} \cdot \text{cm}^{-1}) \cdot (1{,}00\,\text{cm})} = 2{,}00 \cdot 10^{-2}\,\frac{\text{mol}}{\text{L}}\;.$$

Oft kann die Konzentration einer unbekannten Lösung ermittelt werden, indem man die Absorption der unbekannten Lösung (u) mit der einer Standardlösung (s) derselben absorbierenden Spezies vergleicht.
Eine allgemeine Gleichung für eine derartige Berechnung erhält man, indem man den Quotienten der Lambert-Beerschen Gesetze für beide Lösungen aufschreibt:

$$\frac{E_\text{u}}{E_\text{s}} = \frac{\varepsilon \cdot l_\text{u} \cdot c_\text{u}}{\varepsilon \cdot l_\text{s} \cdot c_\text{s}}$$

Sofern für Standard- und Probelösung Küvetten mit dem gleichen Durchmesser verwendet werden, läßt sich die oben angegebene Gleichung vereinfachen und umformen, so daß die Konzentration der unbekannten Lösung, c_u, aus der Konzentration des Standards, c_s, und den gemessenen Extinktionen berechnet werden kann:

$$c_u = \frac{E_u}{E_s} \cdot c_s \qquad (5-11)$$

Beispiel:

Die Extinktion einer Permanganatlösung unbekannter Konzentration beträgt bei 525 nm 0,500, der Küvettendurchmesser ist ebenfalls unbekannt. In der gleichen Küvette wird die Extinktion einer Standardlösung, $c = 1,0 \cdot 10^{-4}$ mol/L, bei 525 nm zu 0,200 bestimmt. Man berechne die Stoffmengenkonzentration an Permanganat in der unbekannten Lösung.
Einsetzen der Meßwerte in Gl. (5−11) liefert:

$$c_u = \left(\frac{0,500}{0,200}\right) \cdot 1,0 \cdot 10^{-4} \text{ mol/L} = 2,5 \cdot 10^{-4} \text{ mol/L}$$

Manchmal absorbiert mehr als eine chemische Spezies bei einer gegebenen Wellenlänge. Wenn z.B. beide von zwei Spezies das Lambert-Beersche Gesetz erfüllen, ist die Extinktion *additiv*; d.h., man mißt die Summe der Extinktionen beider Spezies. Deshalb kann eine Gleichung für die Summe der Extinktionen geschrieben werden, indem die Ausdrücke des Lambert-Beerschen Gesetzes für jede der beiden absorbierenden Verbindungen addiert werden:

$$E = \varepsilon_1 l c_1 + \varepsilon_2 l c_2 \qquad (5-12)$$

Beispiel:

Angenommen, ein Komplex aus Metall und Reagenz (MR), der bei 522 nm absorbiert und einen molaren dekadischen Extinktionskoeffizienten von $\varepsilon = 1{,}18 \cdot 10^4$ L·mol^{-1}·cm^{-1} hat, soll gemessen werden. Die Lösung enthält außerdem $1{,}00 \cdot 10^{-4}$ mol/L freies Reagenz (R), das ebenfalls bei 522 nm absorbiert ($\varepsilon = 5{,}16 \cdot 10^2$ L·mol^{-1}·cm^{-1}). Berechnen Sie die vorhandene Konzentration an MR, wenn die Gesamtextinktion in einer 1,00-cm-Küvette 0,727 (bei 522 nm) beträgt.

$$E_{522} = \varepsilon_{MR} \cdot l \cdot c_{MR} + \varepsilon_R \cdot l \cdot c_R$$

$$c_{MR} = \frac{E_{522} - \varepsilon_R \cdot l \cdot cR}{l \cdot \varepsilon_{MR}}$$

$$= \frac{0{,}727 - 5{,}16 \cdot 10^2 \text{L} \cdot \text{mol}^{-1} \cdot \text{cm}^{-1} \cdot 1 \text{ cm} \cdot 1{,}00 \cdot 10^{-4} \text{mol} \cdot \text{L}^{-1}}{1 \text{ cm} \cdot 1{,}18 \cdot 10^4 \text{ L} \cdot \text{mol}^{-1} \cdot \text{cm}^{-1}}$$

$$= 5{,}72 \cdot 10^{-5} \text{ mol/L}$$

Es ist auch möglich, eine Mischung zweier absorbierender Spezies (1 und 2) durch Messung der Absorption der Mischung bei verschiedenen Wellenlängen zu bestimmen, vorausgesetzt, daß beide Substanzen bei beiden Wellenlängen das Lambert-Beersche Gesetz erfüllen. Eine der beiden Wellenlängen (x) wird so ausgewählt, daß Verbindung 1 sehr viel stärker als Verbindung 2 absorbiert. Die andere Wellenlänge (y) wird so gewählt, daß gerade der umgekehrte Fall zutrifft. Nun werden die molaren dekadischen Extinktionskoeffizienten (ε_{1x}, ε_{2x}, ε_{1y}, ε_{2y}) beider Verbindungen gemessen. Dann wird die Gesamtextinktion E_x der Mischung bei der Wellenlänge x und die Gesamtextinktion E_y bei der Wellenlänge y gemessen und die Konzentration jeder Verbindung durch Lösen der beiden Gleichungen für das Lambert-Beersche Gesetz berechnet. Diese beiden Gleichungen lauten:

$$E_x = \varepsilon_{1x} \cdot l \cdot c_1 + \varepsilon_{2x} \cdot l \cdot c_2,$$
$$E_y = \varepsilon_{1y} \cdot l \cdot c_1 + \varepsilon_{2y} \cdot l \cdot c_2. \tag{5-13}$$

Genaue Ergebnisse erhält man nur, wenn der molare dekadische Extinktionskoeffizient der Verbindung 1 bei der Wellenlänge x viel größer als der der Verbindung 2 ist (bzw. umgekehrt für die Wellenlänge y). Je größer der Unterschied ist, desto genauer sind die Lösungen der oben angegebenen Gleichungen.

Nomenklatur in der Spektralphotometrie

Die in der angelsächsischen Literatur gebräuchlichen Bezeichnungen weichen teilweise deutlich von den deutschen Namen ab. Einen Überblick gibt Tabelle 5-2.

5.3   Messung der Absorption von Strahlung

Aufbau eines Meßgeräts

Das heute beinahe allgemein gebräuchliche Instrument für die Messung der Absorption von Strahlung in Lösungen wird *Spektralphotometer* genannt. Die wesentlichen Bauteile eines Spektralphotometers sind nachfolgend in einem Blockdiagramm gezeigt:

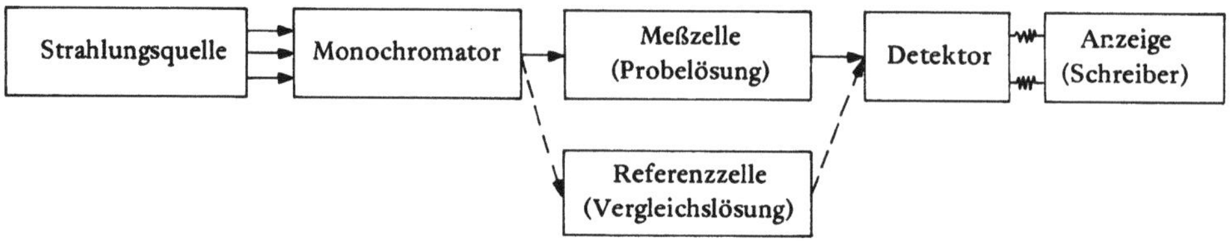

Tabelle 5–2 Bezeichnungen in der Spektralphotometrie

Symbol	deutscher Name	englischer/amerikanischer Name
I_0	einfallende Lichtintensität	incident intensity
I	Intensität des austretenden Lichts	transmitted intensity
$T = \dfrac{I}{I_0}$	Transparenz, Transmissionsgrad, Durchlässigkeit	transmission (engl.) transmittance (amerik.) transmittancy [bezeichnet den um die Absorption im Lösungsmittel korrigierten Wert]
$\% \, T = 100 \cdot \dfrac{I}{I_0}$	prozentuale Durchlässigkeit, % Durchlässigkeit	% transmission
$1 - \dfrac{I}{I_0}$	Absorption	absorption $\Big\}$ (engl.) optical density absorbancy [bezeichnet den um die Absorption im Lösungsmittel korrigierten Wert]
$100 \cdot \left(1 - \dfrac{I}{I_0}\right)$	prozentuale Absorption	% absorption
$\log \dfrac{I}{I_0}$	Extinktion	extinction, absorbance
l	Zelldurchmesser, Länge des Lichtweges in der Probenlösung	internal cell length
$\varepsilon = \dfrac{1}{c \cdot l} \log \dfrac{I}{I_0}$	molarer dekadischer Extinktionskoeffizient	molar extinction coefficient specific absorbance $\Big\}$ (amerik.) absorbance

Die Qualität und die technischen Details dieser Bauelemente sind bei den verschiedenen im Handel erhältlichen Instrumenten außerordentlich vielfältig. In diesem Abschnitt soll jedes der Bauteile kurz diskutiert und anschließend eine kurze Beschreibung einiger Meßgeräte und ihrer Handhabung gegeben werden.

Strahlungsquellen im UV- und sichtbaren Bereich. Strahlungsquellen können unterteilt werden in sogenannte *Linienquellen*, die atomare Spektrallinien abgeben, und in *kontinuierliche Quellen*, welche Strahlung mit leicht unterschiedlicher Intensität über einen ausgedehnten Wellenlängenbereich emittieren.

Bei der Molekül-Spektroskopie (Spektralphotometrie in Lösungen) verwendet man den letzteren Typ. Für die Auswahl eines Wellenlängenbereiches aus der Strahlung der kontinuierlichen Quelle sorgt ein Monochromator. Der üblicherweise in Nanometern gemessene Wellenlängenbereich wird als *spektrale Bandbreite* bezeichnet. Zur Vereinfachung wird die ausgewählte Strahlung durch die jeweilige mittlere Wellenlänge ausgedrückt. Wenn z.B. der Monochromator auf 520 nm eingestellt und die Bandbreite 10 nm ist, enthält der Strahl im wesentlichen Strahlung zwischen 515 bis 525 nm. Die zwei wesentlichen Anforderungen an eine Quelle sind, daß sie kontinuierlich Strahlung über den gewünschten Wellenlängenbereich emittiert, und daß diese für eine exakte Messung intensiv genug ist. Für den Bereich von 200 bis 750 nm – es ist der Bereich ultravioletten und sichtbaren Lichtes (ultraviolett-visible, UV-VIS) – wird mehr als eine Strahlungsquelle benötigt, da es keine einzelne Quelle gibt, die diese Anforderungen über den gesamten Bereich erfüllt.

Einige der gebräuchlichen Strahlungsquellen sind in der Tabelle 5−3 zusammengefaßt. Die Wolframbandlampe ist die einzige gebräuchliche Quelle für den sichtbaren Bereich. Sie überdeckt auch den ultravioletten Bereich, wird aber im allgemeinen nicht unterhalb 330 oder 340 nm eingesetzt. Bei kürzeren Wellenlängen im ultravioletten Bereich wird eine Deuteriumlampe verwendet. Diese Lampe wird im allgemeinen der Wasserstofflampe vorgezogen, welche früher im ultravioletten Bereich eingesetzt wurde. Die Wolfram-Halogen-Lampe mit einem äußeren Quarzmantel emittiert intensivere ultraviolette Strahlung als die Wolframbandlampe und kann bis etwa (minimal) 200 nm verwendet werden.

Tabelle 5−3   Strahlungsquellen im ultravioletten und sichtbaren Bereich

Quelle	Wellenlängenbereich	Intensität
Wolframbandlampe	320−2500 nm	schwach unterhalb 400 nm, stark oberhalb 750 nm
Wolfram-Halogen-Lampe (Quarzmantel)	250−2500 nm	hohe Intensität zwischen 220 und 2500 nm
Wasserstofflampe	180−375 nm	schwach im gesamten Bereich, am besten verwendbar zwischen 200 und 325 nm
Deuteriumlampe	180−400 nm	unterschiedlich

Der Monochromator. Der Monochromator hat die Aufgabe, aus dem gegebenen Spektrum einer Strahlungsquelle ein eng begrenztes Wellenlängenintervall (monochromatische Strahlung) auszublenden. Die wesentlichen Bauteile eines Monochromators sind die folgenden: (1) Eintrittsspalt, (2) Kollimator (eine Linse oder ein Spiegel zur parallelen Ausrichtung der Lichtstrahlen), (3) dispergierendes Element (zur Auswahl von Licht verschiedener Wellenlängen), (4) Linse oder Spiegel zur Fokussierung und (5) ein Austrittsspalt.

Als dispergierende Elemente dienen Beugungsgitter, Prismen und verschiedene optische Filter. Ein Beugungsgitter ist eine Oberfläche, die mit einer großen Zahl von parallelen Rillen versehen ist, die etwa die Breite einer Lichtwellenlänge haben. Auf das Gitter auftreffendes Licht wird so gebeugt, daß verschiedene Wellenlängen unter verschiedenen Winkeln austreten. Hierfür werden sowohl Transmissions- als auch Reflektionsgitter verwendet. In beiden Fällen ermöglicht eine Drehung des Gitters die Auswahl von Licht gewünschter Wellenlängen; dies wird durch Einstellen mit Hilfe einer Wellenlängenskala erreicht.

Ein *Beugungsgitter* ist das beste allgemein verwendbare dispergierende Element. Ein Monochromator mit einem Gitter liefert eine schmale spektrale Bandbreite von 2 bis 20 nm (abhängig von der Qualität des Spektralphotometers), und diese Bandbreite ist über den gesamten Wellenlängenbereich konstant.

Die Wirkung eines *Prismas* beruht auf dem Phänomen der Brechung. Licht verschiedener Wellenlängen wird beim Eintreten und Verlassen des Prismas unter verschiedenen Winkeln gebrochen. Die effektive Bandbreite eines Prismas ist von der Wellenlänge abhängig. Die Bandbreite ist sehr schmal im ultravioletten, jedoch extrem breit im roten und nahen infraroten Spektralbereich.

Optische Filter werden in den meisten Kolorimetern als Monochromatoren eingesetzt. Sie sind üblicherweise Breitbandtypen und transmittieren Licht mit einer Bandbreite von ungefähr 50 nm. Ein spezieller Filtertyp, das sogenannte *Interferenzfilter*, ist ebenfalls handelsüblich. Es hält unerwünschte Wellenlängen durch Interferenz-Löschung zurück und transmittiert je nach Filtertyp eine Bandbreite von 10 bis 20 nm.

Küvetten für den sichtbaren und UV-Bereich. Küvetten sind üblicherweise rechteckig in der Form und 1,00 cm lang und 1,00 cm breit, so daß der Innendurchmesser l immer 1,00 cm ist (Bild 5−6). Einige preiswerte Spektralphotometer sind mit runden, Reagenzglas-ähnlichen Küvetten mit Durchmessern von etwas mehr als 1,00 cm ausgestattet.

Im sichtbaren Bereich verwendbare Küvetten werden aus Borosilikat-Glas hoher optischer Qualität hergestellt. Sie können bis minimal etwa 310 oder 320 nm verwendet werden, unterhalb dieser Wellenlänge beginnt Glas die meiste Strahlung zu absorbieren. Bei kürzeren Wellenlängen müssen Quarz-Küvetten benutzt werden; Quarz-Küvetten können auch oberhalb 320 nm eingesetzt werden.

An Küvetten in automatischen Spektralphotometern *("Auto-Analyzer")* werden spezielle Anforderungen gestellt, da die einzelnen, automatisch nacheinander zu messenden Proben im Gerät solange voneinander getrennt werden müssen, bis die Extinktion einer jeweiligen Probe gemessen ist. Dies geschieht mit Hilfe von Luftblasen (und, in einigen Geräten, von Spül-Lösung). Vor dem eigentlichen Meß-

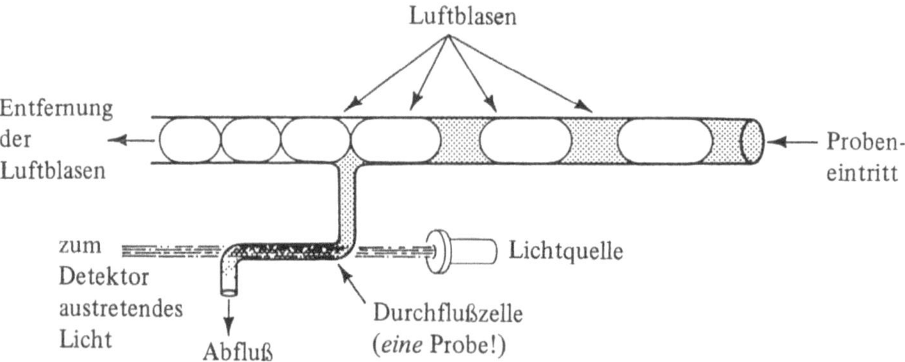

Bild 5-7 Typischer Bau einer Durchflußphotometer-Küvette, wie sie in Analysenautomaten verwendet wird. Der Durchmesser der Meßzelle ist geringer als der Durchmesser der übrigen Bauteile, so daß die optische Weglänge größer als üblich (> 1 cm) ist.

prozeß wird jede Probe in einen Blasenentferner gepumpt, anschließend in eine bogenförmige Durchflußzelle (vgl. Bild 5−7). Diese Küvette hat ein Volumen, das gerade dem einer (vorher zwischen zwei Blasen eingeschlossenen) Probe entspricht. Die für das Durchpumpen benötigte Zeit reicht für den Meßvorgang aus.

Detektoren. In Spektralphotometern für den UV- und sichtbaren (VIS) Bereich können verschiedene Arten von Detektoren Verwendung finden (Tabelle 5−3). Der einfachste Typ eines Detektors ist die *Photodiode*, bei der man zwei Arten unterscheiden muß, nämlich die Vakuumphotozelle und das Halbleiterphotoelement. Außerdem gibt es einen noch komplizierteren Detektortyp, den sogenannten *Photomultiplier* (Sekundärelektronenvervielfacher, SEV).

Die *Vakuumphotozelle* (Vakum-Photodiode) enthält eine Kathode, die als lichtempfindliches Element wirkt (Bild 5−8). Die blau-empfindliche Photozelle (Tabelle 5−4) gehört zur Standardausrüstung von Routine-Spektralphotometern, ausgenommen Messungen oberhalb 625 nm; dann muß eine rot-empfindliche Photozelle verwendet werden.

Tabelle 5−4 Detektoren für ultraviolette und sichtbare Strahlung

Detektor	Anwendungsbereich
menschliches Auge	380−750 nm
Vakuumphotodioden:	
blau-empfindliche Photozelle	330−625 nm
rot-empfindliche Photozelle	600−975 nm
Weitbereichs-Photozelle	400−800 nm
Halbleiterphotodioden:	
Photoelement	350−1170 nm
UV-empfindliches Photoelement	200−1170 nm
Sekundärelektronenvervielfacher	z.B. 300−700 nm

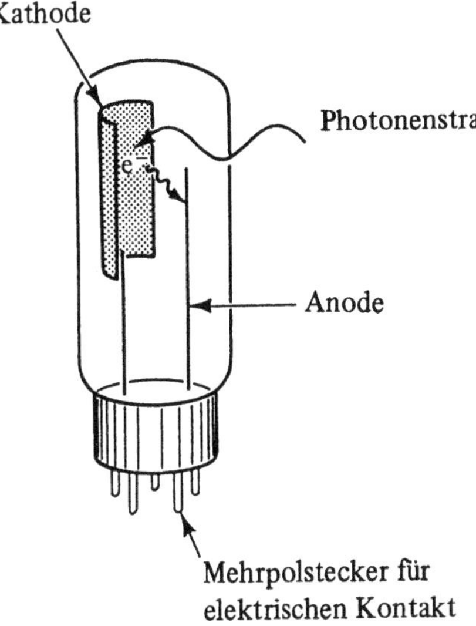

Bild 5-8
Schemazeichnung einer Photozelle (Photo-Emissionsröhre), es wird die lichtinduzierte Emission eines Elektrons aus der Kathode gezeigt.

Eine typische Photozelle enthält eine halbzylindrische Kathode und eine Drahtanode in einer evakuierten Glasröhre (vgl. Bild 5−8). Da die Kathode Elektronen emittiert, wenn Photonen auftreffen, wird die Photozelle auch als Photoemissionsröhre bezeichnet. Das Ansprechen der Photozelle auf verschiedene Wellenlängen hängt von ihrer Zusammensetzung und dem Kathodenüberzug ab.

Eine typische Kathode besteht aus mit Silber und Silberoxid überzogenem Nickel. Die Oberfläche ist mit einer Schicht aus Cäsium-Metall bedeckt, die zum Teil mit dem Silberoxid reagiert und etwas Cäsiumoxid bildet.

Die Photoröhre mißt das Licht wie folgt: Wird das Instrument eingeschaltet, wird über der Photozelle eine Hochspannung aufgebaut; gleichzeitig kann die Kathode geheizt werden. Mit Hilfe eines Widerstandes wird die Anode auf einer positiven Spannung relativ zur Kathode gehalten. Wenn ein Strahl von Photonen durch die Probe fällt und auf die innere Oberfläche der Kathode auftrifft, sind einige dieser Photonen energiereich genug, um die Cäsium-Atome zu ionisieren, also Elektronen herauszuschlagen. Diese werden von der Kathode emittiert. (Nicht alle Photonen sind energiereich genug, um Elektronen herauszuschlagen, aber unter den Meßbedingungen ist die Zahl solcher Photonen proportional zur Gesamtzahl aller Photonen, die die Kathode erreichen.) Die Elektronen gelangen durch das Vakuum zur positiv geladenen Anode und erzeugen einen Strom. Die Ansprechzeit der Photoröhre ist kleiner als eine Mikrosekunde (10^{-6} s), liegt also um Größenordnungen über der für den Absorptionsprozeß erforderlichen Zeit von 10^{-18} s.

Die Halbleiterphotodiode enthält eine Halbleiterschicht mit einem pn-Übergang als lichtempfindliches Element[2]. Üblicherweise besteht sie aus einem kleinen Silicium-Chip ($1{,}5 \times 1$ cm) auf einer Schaltkreisplatine (Bild 5−9). Trifft ein Photon auf den pn-Übergang, so entsteht ein Elektron-Loch-Paar, und damit fließt ein Strom.

2 G.W. Ewing, *Instrumental Methods of Analysis* (McGraw-Hill, New York 1975), S. 504−528

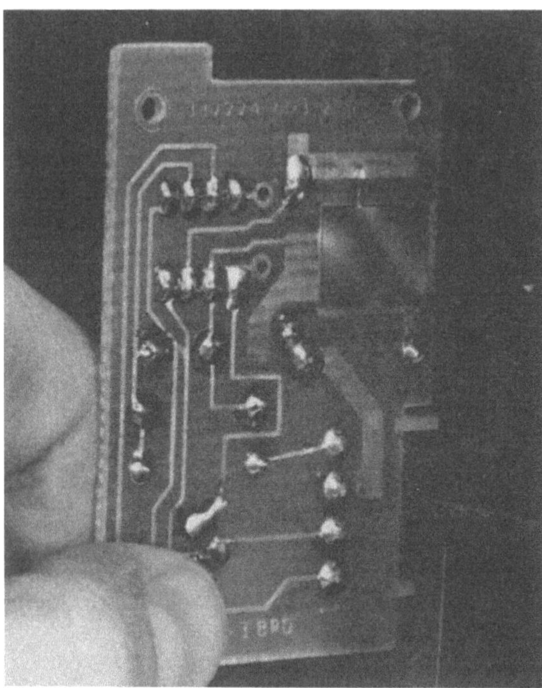

Bild 5-9
Siliciumphotodiode
(Photoelement) als Detektor (der Halbleiterbaustein ist oben rechts auf der Platine zu sehen)

Für jeden Halbleiter gibt es eine charakteristische Mindestenergie für die Erzeugung der Elektron-Loch-Paare, weshalb der Halbleiter die langwellige Empfindlichkeit des Photoelements begrenzt. Für Silicium beträgt diese Mindestenergie 1,06 eV und begrenzt seine langwellige Empfindlichkeit auf 1170 nm (vgl. Gl. 5−4). Für höhere Wellenlängen verwendbare Halbleiter sind: PbS (0,34 eV), PbTe (0,30 eV) und PbSe (0,27 eV). CdS (2,42 eV) und AgCl (3,2 eV) sind, verglichen mit Silicium, auf kürzere Wellenlängen begrenzt.

Der Sekundärelektronenvervielfacher verwendet wie die Photozelle eine Kathode als lichtempfindliches Element, enthält aber zusätzlich einige Verstärkerstufen, d.h. zehn oder mehr Dynoden. Er ist mindestens zwei Größenordnungen empfindlicher als die meisten anderen Detektoren für den ultravioletten und sichtbaren Bereich.

Anzeige der Meßwerte. Der im Detektor erzeugte und verstärkte Strom bzw. der entsprechende Meßwert wird entweder über einen Plotter ausgegeben oder über eine digitale oder analoge Anzeige am Spektralphotometer abgelesen. Die meisten modernen Geräte sind mit Digitalanzeigen ausgestattet, wahlweise kann meist entweder die Extinktion oder die prozentuale Transparenz (Durchlässigkeit) abgelesen werden. Für die Transparenz werden gewöhnlich 3 Stellen angezeigt (10,9 % *T* usw.); die Anzeige der Extinktion erfolgt in der Regel ebenfalls dreistellig.

Die eigentliche Messung erfordert im Prinzip drei Einzelschritte:

1. *0 % T (Extinktion unendlich).* Auf diesen Referenzwert wird oft justiert, indem man den Strahlengang unterbricht. Obwohl dann kein Licht aus der Strahlungsquelle auf den Detektor fällt, fließt doch ein schwacher Strom („Dunkelstrom"). Deshalb wird zunächst auf 0 % *T* eingestellt.

2. *100% T (Extinktion Null)*. Dieser Wert wird gemessen, indem man eine Referenzküvette mit dem reinen Lösungsmittel in den Strahlengang bringt. Wenn die optischen Eigenschaften von Referenz- und Probenküvette gleich sind und lediglich der gelöste, zu bestimmende Stoff beide Küvetten unterscheidet, dann eliminiert das Einstellen auf 100% T alle Beiträge des Lösungsmittels und der Küvette selbst zur Extinktion. Man ordnet I_0 somit einen willkürlichen (aber sinnvollen) 100% T-Wert zu.

3. *% T (Extinktion der Probe)*. Für diese Messung bringt man die Probenküvette in den Strahlengang des Spektralphotometers, ohne dabei Spaltbreite oder Wellenlänge zu verändern. Die Probe läßt einen bestimmten Teil des Lichts durch; dieser trifft auf den Detektor. Das Instrument zeigt dann einen Meßwert $\% T < 100$ (bzw. Extinktion > 0) an; der Meßwert wird dokumentiert.

Spektralphotometer für den sichtbaren Bereich (VIS-Spektralphotometer)

VIS-Spektralphotometer decken ausschließlich oder vorwiegend den sichtbaren Bereich des Spektrums (380–750 nm) ab. Sie sind oft einfach und robust gebaut und für den Routinebetrieb ausgelegt.

Als Lichtquelle wird in VIS-Spektralphotometern gewöhnlich eine Wolframbandlampe (Tabelle 5–2) verwendet. Die Optik und die Meßküvetten bestehen in Routinegeräten aus Glas. Preiswerte Gitter mit spektralen Bandbreiten von 20 nm decken mindestens den Wellenlängenbereich von 380–750 nm ab. Je nach Meßbereich werden verschiedene Detektoren eingesetzt. Im Bereich zwischen 320 und 625 nm werden blau-empfindlilche Photozellen (Tabelle 5–3) benutzt. Oberhalb 625 nm ersetzen eine rot-empfindliche Photozelle und ein Rotfilter die blau-empfindliche Photozelle. Moderne, aufwendiger gebaute Spektralphotometer sind mit Silicium-Photozellen ausgestattet, die den Bereich 340–1000 nm abdecken (Tabelle 5–3).

Die Arbeitsweise eines VIS-Spektralphotometers und der meisten anderen Typen von Spektralphotometern sind im wesentlichen gleich. Polychromatisches (weißes) Licht aus der Quelle fällt auf ein Beugungsgitter (Kapitel 32) und wird wie bei einem Regenbogen in die Einzelfarben zerlegt. Licht eines Wellenlängenbereiches von nur wenigen Nanometern (8–20 nm sind üblich) passiert den Spalt und durchläuft die Küvette mit der Probe. Das Licht wird teilweise absorbiert und der Rest zur Photozelle transmittiert und schließlich angezeigt. Die verschiedenen Wellenlängen können durch entsprechendes Einstellen des Wellenlängenvorschubs (also durch Justieren des Beugungsgitters) ausgewählt werden.

Ein Spektralphotometer hat zwei wichtige Anwendungen. Die eine ist die Messung der Absorptionsspektren von absorbierenden Substanzen. Ein derartiges Spektrum (Bild 5–4) kann zur Identifizierung einer unbekannten Verbindung mit herangezogen werden, weil jede Substanz ein charakteristisches Absorptionsspektrum hat. Das Spektrum kann außerdem zur Auswahl einer zur quantitativen Analyse geeigneten Wellenlänge dienen.

Die zweite wichtige Anwendung ist die quantitative Analyse. Hierbei wird die Extinktion oder Transmission bei einer einzigen Wellenlänge gemessen, um die Konzentration der Substanz zu bestimmen. Die quantitative Analyse kann durch einmalige Messung oder im kontinuierlichen Betrieb für einen längeren Zeitraum (wie etwa einen Tag) durch Aufzeichnung der Extinktion als Funktion der Zeit durchgeführt werden.

Ein Absorptionsspektrum kann man durch Aufzeichnung auf einen Plotter oder durch das Ausdrucken der Extinktionsdaten dokumentieren. Dieser Vorgang soll für ein Einstrahl-Spektralphotometer (im Unterschied zum Zweistrahl-Instrument) beschrieben werden. Um die Daten durch Einzelmessung bei verschiedenen Wellenlängen zu erhalten, wird die Probe in das Spektralphotometer gebracht und die Extinktion zunächst bei einer beliebigen Wellenlänge, z.B. 380 nm, gemessen. Da die Leistung der Quelle und das Ansprechen der Photozelle mit der Wellenlänge variieren, ist eine Justierung bei *jeder* Wellenlänge notwendig, um die Extinktion des Lösungsmittels (oder der Referenzlösung) auf Null zu setzen. In manchen Spektralphotometern wird dies durch Veränderung der Spaltbreite erreicht; in anderen wird die Verstärkung der Photozelle verändert. Bei jeder Wellenlänge wird die Extinktion der Lösung gemessen und dann gegen die Wellenlänge aufgetragen. Durch Verbindungen der einzelnen Punkte zu einer Kurve wird ein Absorptionsspektrum erhalten.

Bei kontinuierlicher Aufzeichnung ist an das Spektralphotometer ein Schreiber angeschlossen, der die Extinktion als Funktion der Wellenlänge registriert.

UV-VIS-Spektralphotometer

UV-VIS-Spektralphotometer sind für den Einsatz im ultravioletten *und* sichtbaren Spektralbereich ausgelegt und können je nach Ausstattung für Absorptionsmessungen zwischen 200 und 1000 nm verwendet werden.

Definitionsgemäß liegt der UV-Bereich zwischen 200 (oder 180) und 380 nm. Einige VIS-Geräte gestatten Messungen bis hinab zu 320 nm. Unterhalb dieser Wellenlänge ist die Wolframbandlampe jedoch nicht mehr einsetzbar. Hier findet meist die Deuteriumlampe Anwendung (Tabelle 5–2). In einigen Spektralphotometern kann mit der Wolfram-Halogen-Lampe bis hinab zu 250 oder gar 220 nm gemessen werden.

Als Monochromatoren sind in den meisten UV-Geräten Gitter eingebaut; sie selektieren Licht mit sehr viel schmalerer spektraler Bandbreite (2–8 nm) als dies in VIS-Photometern der Fall ist. Da Glas ultraviolette Strahlung absorbiert, müssen die Probenküvetten und das optische System des Instruments aus Quarz hergestellt sein. Üblicherweise wird ein Photomultiplier als Detektor verwendet, obwohl einige Modelle auch eine Siliciumphotozelle haben. Die Arbeitsweise dieses Typs von Spektralphotometer ist im wesentlichen die gleiche, wie sie oben für ein VIS-Spektralphotometer beschrieben wurde, mit Ausnahme der UV-Strahlungsquelle. Die Anwendungen der UV-Spektralphotometrie werden im Abschnitt 5.5 besprochen.

Begriffliches

An dieser Stelle sei darauf hingewiesen, daß man unter *Photometrie* allgemein die Konzentrationsbestimmung durch Messen der Extinktion bezeichnet; wird dabei monochromatisches Licht verwendet, so spricht man von *Spektralphotometrie*. Werden gefärbte Stoffe im sichtbaren Bereich gemessen, indem man mit einer Standardlösung der gleichen Substanz vergleicht, handelt es sich um *Kolorimetrie*[3].

5.4 Spektralphotometrische Bestimmungen im sichtbaren Bereich

Arbeitsschritte für analytische Bestimmungen

1. Auswahl eines farbbildenden Reagenzes. Im allgemeinen können zur selektiven Bestimmung jeder gegebenen Substanz verschiedene spektralphotometrische Methoden angewandt werden. Wenn eine farbige Substanz bestimmt werden soll, kann das von dieser Verbindung absorbierte Licht direkt gemessen werden. Jedoch sind die meisten Substanzen farblos oder nur schwach gefärbt, so daß zur spektralphotometrischen Bestimmung im Bereich des sichtbaren Lichtes zunächst mit Hilfe eines Reagenzes eine intensiv gefärbte Verbindung erzeugt werden muß. Die nachfolgenden zwei Beispiele sollen die in der anorganischen und organisch-biochemischen Analytik angewandten Methoden illustrieren.

Wenn ein farbloses Metall-Ion M^{z+} bestimmt werden soll, muß ein Reagenz R zur Erzeugung eines farbigen Produktes, wie etwa eines Komplex-Ions, zugegeben werden.

$$M^{z+} \;+\; n\text{R} \;\rightarrow\; \text{MR}_n^{z+} \tag{5-14}$$

$$\text{(farbiges Komplex-Ion)}$$

Im Falle einer farblosen organischen Substanz wird ein Reagenz zugegeben, das mit dem zu bestimmenden Molekül ein gefärbtes Produkt bildet. So gibt man beispielsweise das aromatischen Amin *o*-Toluidin zu, wenn man Glucose bestimmen will. In diesem Falle ist das farbige Produkt eine grün gefärbte Schiffsche Base, die aus der Reaktion zwischen der aldehydischen Carbonylgruppe der Glucose und der Aminogruppe des *ortho*-Toluidins hervorgeht:

$$\underset{\text{Glucose}}{C_5H_{11}O_5{-}\underset{|}{C}{=}O} + \underset{\text{\textit{o}-Toluidin}}{C_7H_8{-}NH_2} \rightarrow \underset{\text{(grünes Produkt)}}{C_5H_{11}O_5{-}\underset{|}{C}{=}NC_7H_8} + H_2O \tag{5-15}$$

---

3 R. Bock, *Methoden der analytischen Chemie*, Band 2, Teil 1 (Verlag Chemie, Weinheim 1980), S. 140

Bei der Auswahl des Reagenzes müssen verschiedene Punkte beachtet werden:

(1) Das Reagenz sollte selektiv mit der zu bestimmenden Substanz reagieren.
(2) Die Bedingungen müssen so gewählt werden, daß eine optimale Farbstoffbildung gewährleistet ist.
(3) Der molare dekadische Extinktionskoeffizient der für die Messung ausgewählten farbigen Verbindung sollte so groß sein, daß die Substanz im zu erwartenden Konzentrationsbereich bestimmt werden kann.

Was bedeutet das im Einzelnen?

(1) Das ausgewählte Reagenz sollte keine Störungen durch die Bildung farbiger Verbindungen mit anderen, eventuell in der Probe vorkommenden Substanzen verursachen. So soll z.B. ein für die Bestimmung von Calcium(II) verwendetes Reagenz in einer (harten) Wasserprobe nur mit Calcium, und nicht mit Magnesium(II) reagieren, das sehr wahrscheinlich auch vorhanden ist. Oder: In der durch Gl. (5−15) beschriebenen Reaktion sollte das *ortho*-Toluidin nur mit Glucose, und nicht mit Fructose oder anderen in einer biologischen Probe zu erwartenden Zuckern reagieren.

(2) Zu den oft für die Genauigkeit einer Analyse entscheidenden Parametern zählen der pH, die Lösungsmittelzusammensetzung, die Reihenfolge der Zugabe der Reagenzien, die für die Entwicklung der Farbe erforderliche Zeit und die Stabilität des Farbstoffs. Bei spektralphotometrischen Verfahren im wäßrigen Medium muß der pH üblicherweise kontrolliert und, um eine optimale und reproduzierbare Farbstoffbildung zu erreichen, in gewissen Grenzen gehalten werden. Bei der Entwicklung einer neuen Methode oder bei der Überprüfung einer Standardmethode ist es meist empfehlenswert, die Extinktion von Lösungen der farbigen Substanz in gepufferten Lösungen bei verschiedenen pH-Werten zu messen. Trägt man die Extinktion gegen den pH auf, so findet man oft ein Plateau − die Extinktion bleibt innerhalb eines pH-Bereichs konstant. Dieser pH-Bereich ist als der optimale zu betrachten.

Gelegentlich ist die Reihenfolge der Zugabe von Reagenzien von Bedeutung. So kann es beispielsweise sinnvoll sein, das farbbildende Reagenz vor dem Puffer zur Lösung zu geben, weil eine vorherige Zugabe des Puffers den pH-Wert in einen Bereich anheben könnte, in dem das zu bestimmende Metall-Ion hydrolisieren und daher nur langsam und unvollständig mit dem Reagenz reagieren würde.

Die für die Farbentwicklung erforderliche Zeit und die Stabilität des Farbstoffs können es notwendig machen, die Extinktion innerhalb einer bestimmten Zeit zu messen. Die farbbildende Reaktion sollte möglichst schnell ablaufen und der entstehende Farbstoff möglichst stabil sein. Einige Reaktionen sind jedoch kinetisch recht langsam, und es dauert einige Minuten, bis die Farbe ihre volle Intensität entwickelt. Will man beispielsweise Fluorid durch Messung der Entfärbung des intensiv farbigen Zirconium(IV)-Alizarin-Komplexes − hierbei entsteht ein farbloser Zirconium(IV)-Fluorokomplex, d.h. Zr(IV) wird durch F^- maskiert − bestimmen, so muß man viele Minuten warten, bis die Gleichgewichts-Extinktion erreicht ist. Andere Zirconium-Farbstoff-Komplexe werden schneller entfärbt und sind deshalb für eine solche Bestimmung zu bevorzugen.

(3) Der Minimalwert des molaren dekadischen Extinktionskoeffizienten hängt von der niedrigsten ausreichend genau ablesbaren Extinktion und von der Konzentration der zu bestimmenden Substanz ab.

Die spektralphotometrische Messung der Extinktion (oder Transmission) ist sowohl bei sehr niedrigen als auch bei sehr hohen Meßwerten sehr ungenau. Aus diesem Grunde sollte die Konzentration der absorbierenden Substanz jeweils so eingestellt werden, daß die Extinktion im Bereich von 0,10 bis 1,00 (oder, bei einigen Präzisions-Spektralphotometern, bis 1,50) liegt. Der entsprechende Transmissionsbereich ist 0,80 bis 0,10 (oder 0,03 für $E = 1,50$). Damit sollte die minimale Extinktion für eine Messung 0,10 betragen.

Als nächstes sollte der Konzentrationsbereich der zu bestimmenden Substanz annähernd festgelegt werden. Aus dieser Information kann der Minimalwert des molaren dekadischen Extinktionskoeffizienten nach dem Lambert-Beerschen Gesetz berechnet werden. So ist z.B. für den Konzentrationsbereich von 10^{-5} mol/L in einer 1,0-cm-Küvette der minimale molare dekadische Extinktionskoeffizient wie folgt zu berechnen:

$$\varepsilon_{min} = \frac{E_{min}}{l \cdot c} = \frac{0,10}{(1,0\,\text{cm})\,(1 \cdot 10^{-5}\text{mol/L})} = 1 \cdot 10^4\,\text{L} \cdot \text{mol}^{-1}\text{cm}^{-1} \qquad (5-16)$$

Sollte der molare dekadische Extinktionskoeffizient geringfügig kleiner als $1 \cdot 10^4\,\text{L}\cdot\text{mol}^{-1}\cdot\text{cm}^{-1}$ sein, können Küvetten mit einer größeren Schichtdicke (beispielsweise 2-cm-Küvetten) verwendet werden.

2. Wahl der zur Bestimmung geeigneten Wellenlänge. Bei Abwesenheit von Störungen ist theoretisch die für eine quantitative Bestimmung optimale Wellenlänge diejenige mit der maximalen Extinktion. Leider ist diese Wellenlänge nicht immer geeignet: Es kommt oft vor, daß das farbbildende Reagenz selbst in diesem Wellenlängenbereich maximaler Extinktion des Komplexes geringfügig absorbiert (Bild 5−10). Da Extinktionen additiv sind, kann man λ_{max}, die Wellenlänge maximaler Extinktion des Komplexes (bei dem in Bild 5−10 gezeigten Beispiel 558 nm), verwenden und die vom überschüssigen Reagenz verursachte Extinktion subtrahieren. Allerdings ist es schwierig, die Konzentration des überschüssigen Reagenzes präzise zu bestimmen, und daher werden die notwendige Korrektur und der mögliche Fehler zu groß, wenn das Reagenz bei λ_{max} des Komplexes stark absorbiert. Es ist deshalb auf jeden Fall besser, eine solche Wellenlänge zu wählen, bei welcher der Komplex stark, das Reagenz aber schwach oder gar nicht absorbiert. Eine geringe Eigenabsorption des Reagenzes kann ohne Beeinträchtigung der Genauigkeit einer Bestimmung korrigiert werden.

Oft werden Spektren auch unter Verwendung einer Reagenz-Referenzprobe anstelle der üblichen Lösungsmittel-Referenzprobe aufgenommen. Wenn die Extinktion des Reagenzes gegen einen Lösungsmittel-Blindwert größer ist als diejenige des Komplexes gegen den gleichen Blindwert, so wird die Extinktion des Komplexes gegen den Reagenz-Blindwert „negativ", was man in Bild 5−10 bei den kleinen Wellenlängen beobachtet. Das Maximum erscheint bei 565 nm, wo die *Differenz* zwi-

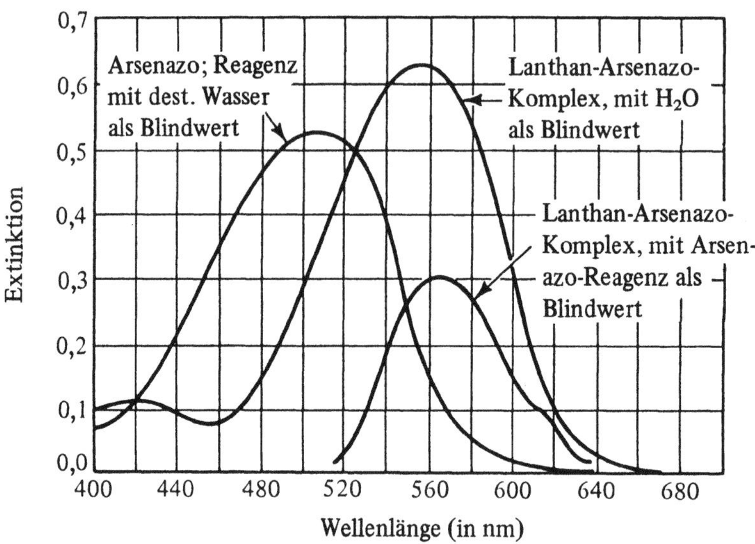

Bild 5-10 Spektren von Lanthan-Arsenazo-Komplexen und vom Arsenazo-Reagenz. (Struktur des Arsenazo-Reagenz siehe Abschnitt 12.4.)

schen den Extinktionen des Komplexes und des Reagenzes, jeweils gemessen gegen den Lösungsmittelblindwert, maximal ist.

Man tut gut daran, bei der Analyse solche Wellenlängen zu vermeiden, die auf der Flanke der Absorptionskurve liegen; dort verändert sich die Extinktion sehr stark mit der Wellenlänge. In einem solchen Falle verursacht ein kleiner Fehler im Wellenlängenvorschub einen recht beachtlichen Fehler bei der Messung der Extinktion.

3. Messung einer Eichkurve. Obwohl die Konzentration einer unbekannten Lösung durch Vergleich mit einer Standardlösung angenähert werden kann (Gl. 5–11), erzielt man die höchste Genauigkeit, wenn man eine Eichkurve verwendet. Zur Erstellung einer solchen Kurve werden die Extinktionen verschiedener Standardlösungen nach der Erzeugung des Farbstoffs gemessen.

In der Praxis wird dazu eine Standardlösung der zu messenden Substanz hergestellt. Dann werden verschiedene Volumina der Standardlösung in verschiedene Meßkölbchen pipettiert. Anschließend wird das farbbildende Reagenz zugegeben, und die Bedingungen für eine optimale Farbbildung werden eingestellt. Nun verdünnt man die Lösungen auf die Volumina der Meßkölbchen und mißt die Extinktion jeder Eichlösung bei der gewählten Wellenlänge.

Trägt man nun die Extinktion gegen die Stoffmengenkonzentration der Eichlösungen auf und ist das Lambert-Beersche Gesetz erfüllt, so erhält man als Graph eine Gerade mit der Steigung ε/l. Wurden Standard-Küvetten ($l = 1$ cm) verwendet, entspricht die Steigung dem molaren dekadischen Extinktionskoeffizienten. Statt eine Gerade mehr oder weniger „gut" durch die Meßpunkte zu legen (graphische Auftragung), ist zur genauen Auswertung die Berechnung nach der Methode der kleinsten Fehlerquadrate vorzuziehen. Entsprechende Programme zur linearen Regression sind in den meisten Taschenrechnern vorprogrammiert. Gegebenenfalls ist ein Ausreißertest durchzuführen.

Es sei nochmals darauf hingewiesen, daß Extinktionen $< 0,1$ und $> 1,0$ (bei Präzisionsinstrumenten $> 1,5$) auf Routinegeräten weniger genau meßbar und daher möglichst zu vermeiden sind.

4. Messung der Probe und Auswertung. Die Konzentration der Probe sollte ebenfalls so eingestellt werden, daß die Lösung eine Extinktion zwischen 0,1 und 1,0 (oder 1,5 für Präzisions-Instrumente) aufweist. Dazu sind oft eine oder mehrere Verdünnungen notwendig. Nach der letzten Verdünnung werden das farbbildende Reagenz und der Puffer unter den für die Eichlösungen verwendeten Bedingungen zugegeben, und die Lösung wird auf das Endvolumen verdünnt. Die Extinktion wird bei der für die Eichlösungen verwendeten Wellenlänge gemessen und die Konzentration aus der Eichkurve abgelesen. Die Konzentration oder der prozentuale Anteil der Substanz in der Ursprungsprobe wird anschließend mit Hilfe eines Verdünnungsfaktors berechnet.

Beispiel:

Der prozentuale Gehalt von Eisen in einer Aluminium-Legierung ist spektralphotometrisch zu bestimmen. Eine 1,0000-g-Probe (1000-mg-Probe) der Legierung wird in Säure aufgelöst und auf exakt 250 mL verdünnt. Ein 10 mL-Aliquot dieser Lösung wird für die Analyse verwendet. Das Eisen(III)-Ion in der Lösung wird zum Eisen(II)-Ion reduziert, das anschließend mit einem 1,10-Phenanthrolin-Reagenz unter Bildung eines roten Komplex-Ions umgesetzt wird. Wenn die Farbbildung vollständig ist, wird die Lösung auf exakt 100 mL verdünnt. Ein Teil der verdünnten Lösung wird bei der entsprechenden analytischen Wellenlänge gemessen und ein Gehalt von 1,14 mg Eisen pro Liter gefunden. Berechnen Sie den prozentualen Anteil des Eisens in der Ursprungsprobe.

Wir berechnen zunächst die Menge des Eisens in der Probenlösung von 100 mL:

$$1,14 \text{ mg/L} \cdot 0,100 \text{ L} = 0,114 \text{ mg}$$

Als nächstes verwenden wir den Verdünnungsfaktor von 250/10, um das Eisen in der in 250 mL aufgelösten Originalprobe zu berechnen:

$$0,114 \text{ mg} \cdot 250/10 = 2,85 \text{ mg}$$

Der prozentuale Anteil des Eisens in der ursprünglichen Probe ist dann

$$\frac{2,85 \text{ mg}}{1000 \text{ mg}} \cdot 100 = 0,285 \,\% \text{ Eisen}$$

Schritte einer Analyse: ein Beispiel aus der Praxis

Ein Beispiel aus der Praxis soll zur Illustration der oben diskutierten Prinzipien helfen. Bei diesem Beispiel geht es um die spektralphotometrische Bestimmung von Calcium(II) in biologischen Flüssigkeiten, in denen nur etwa 20 μg Calcium im Probenvolumen erwartet wurden. Die Flüssigkeiten enthielten auch Magnesium(II).

1. Auswahl des farbbildenden Reagenzes. Zur Bestimmung des farblosen Calcium(II) muß ein Reagenz zur Bildung eines farbigen Ca(II)-Komplexes zugegeben werden. Von den verschiedenen farbbildenden Reagenzien, die in der Literatur beschrieben wurden, erschien Arsenazo-III (siehe Tabelle 12−4) am geeignetsten.[4] Unter den Analysenbedingungen liegt dieses Reagenz vorwiegend in der Form H_3L^{5-} vor, bei der Reaktion mit dem Calcium-Ion spaltet sich ein Proton ab:

$$Ca^{2+} + H_3L^{5-} \rightarrow CaH_2L^{4-} + H^+$$

Deshalb hängen auch die Bildung des farbigen Produktes und seine molare Extinktion vom pH ab. Beim optimalen pH von 9,1 und bei 650 nm ist der molare dekadische Extinktionskoeffizient des Calcium-Arsenazo-III-Komplex-Ions $4{,}40 \cdot 10^4 \ L \cdot mol^{-1} \cdot cm^{-1}$.

In diesem Falle war zunächst zu klären, ob das Reagenz selektiv mit Calcium(II) reagiert, oder ob das Magnesium(II) stört. Es wurde festgestellt, daß Magnesium(II) bei dem optimalen pH von 9,1 stört; es konnte deshalb keine optimale Farbbildung erreicht werden. Die weitere Untersuchung zeigte jedoch, daß Magnesium(II) bei einem pH von 5,6−5,8 nicht stört. Der molare dekadische Extinktionskoeffizient des gefärbten Calcium-Arsenazo-III-Komplex-Ions bei diesem pH war $7{,}0 \cdot 10^3 \ L \cdot mol^{-1} \cdot cm^{-1}$ bei 590 nm gegen eine Arsenazo-III-Vergleichsprobe.

Als nächstes mußte beachtet werden, ob der ermittelte molare dekadische Extinktionskoeffizient groß genug zur exakten Bestimmung einer Menge von 20 µg Calcium ist. Da für Messungen im Konzentrationsbereich von 10^{-5} mol/L ein molarer dekadischer Extinktionskoeffizient von mindestens $1 \cdot 10 \ L \cdot mol^{-1} \cdot cm^{-1}$ erforderlich ist (vergleiche das in Gl. (5−16) abgeschätzte Beispiel), wissen wir, daß das Reagenz bei diesem pH nicht zur Messung von $1 \cdot 10^{-5}$ mol/L Calcium eingesetzt werden kann. Unter der Voraussetzung einer minimalen Extinktion E_{min} von 0,10 und eines Küvettendurchmessers von 1,00 cm können wir mit Hilfe des Lambert-Beerschen Gesetzes die niedrigste meßbare Stoffmengenkonzentration des Calciums ausrechnen:

$$c = \frac{E_{min}}{l \cdot \varepsilon} = \frac{0{,}10}{1{,}00 \ cm \cdot 7 \cdot 10^3 L \cdot mol^{-1} \cdot cm^{-1}} = 1{,}4 \cdot 10^{-5} \ mol/L,$$

oder mit Hilfe der Beziehung zwischen Stoffmenge, Masse und molarer Masse (Abschnitt 1.2) in g/L bzw. mg/mL umgerechnet (die molare Masse von Calcium beträgt 40 g/mol):

$$c = \frac{1{,}4 \cdot 10^{-5} \ mol \cdot 40 \ g/mol}{L} = 5{,}6 \cdot 10^{-4} \ g/L = 5{,}6 \cdot 10^{-4} \ mg/mL$$

Nehmen wir nun an, daß die Probenmenge von 20 µg Calcium(II) in 1 mL der biologischen Flüssigkeit enthalten ist. Dann beträgt die Konzentration $2{,}0 \cdot 10^{-2}$ mg Ca^{2+} pro mL Flüssigkeit − und liegt damit weit über der niedrigsten meßbaren Konzentration an Calcium. Hier müßte die Probe sogar verdünnt werden, um eine

---

4 V. Michayova und N. Kouleva, *Talanta 21*, 523 (1974)

Extinktion E zwischen 0,10 und 1,0 zu liefern. Für eine Extinktion nahe 0,100 müßte das Endvolumen V_{End} — wir erinnern uns: Volumen = Masse/Konzentration —

$$V_{End} = \frac{2,0 \cdot 10^{-2}\,\text{mg}}{5,6 \cdot 10^{-4}\,\text{mg/mL}} = 36\ \text{mL} \qquad (\text{bei } E = 0,10)$$

betragen.

2. *Wahl der analytischen Wellenlänge.* Wegen der Störung durch Magnesium muß der Calcium-Arsenazo-III-Komplex bei 590–600 nm und bei einem pH von 5,8 gemessen werden. Leider absorbiert auch das freie Arsenazo-III-Reagenz in diesem Bereich, obwohl seine maximale Extinktion bei einer niedrigeren Wellenlänge liegt. Um dies zu kompensieren, wird der Komplex bei 590 nm gegen eine Arsenazo-III-Reagenz-Vergleichsprobe (vergleiche Bild 5–10 in einem ähnlichen Fall) gemessen. Die Messung beinhaltet schlicht den Ersatz des zum Nullabgleich verwendeten Lösungsmittels (Blindwert) durch eine Lösung mit der gleichen Konzentration an Arsenazo-III und Puffer, wie sie die Probenlösung enthält. Unter diesen Bedingungen kann das Ca^{2+} in der Probe bei einem Verhältnis von $Mg^{2+}:Ca^{2+}$ von 100:1 ohne Störung durch das Mg^{2+} bestimmt werden.

3. *Messung der Eichkurve.* Nach obiger Rechnung beträgt die Konzentration des Calcium-Standards, der eine Extinktion von 0,100 hat, $c = 1,4 \cdot 10^{-5}$ mol/L. Die obere Grenze — gegeben durch $E = 1,00$ — liegt bei $c = 1,4 \cdot 10^{-4}$ mol/L. Dementsprechend decken Eichlösungen folgender Konzentrationen an Calcium(II) den Bereich recht gut ab:

$c = 2,00 \cdot 10^{-5}$ mol/L,

$c = 6,00 \cdot 10^{-5}$ mol/L,

$c = 1,00 \cdot 10^{-4}$ mol/L,

$c = 1,40 \cdot 10^{-4}$ mol/L.

Sie werden hergestellt, indem gegebene Volumina einer Calcium(II)-Standardlösung in Meßkolben einpipettiert werden, anschließend das Arsenazo-III-Reagenz und der Puffer zugegeben und auf das Endvolumen verdünnt wird. Geht man beispielsweise von einer Ca^{2+}-Lösung der Stoffmengenkonzentration $c_0 = 0,00104$ mol/L aus und will aus dieser durch Verdünnen auf 100 mL eine Lösung der Stoffmengenkonzentration $c = 2,00 \cdot 10^{-5}$ mol/L herstellen, so muß man ein Volumen V_0

$$V_0 = \frac{c}{c_0} \cdot 100\ \text{mL} = \frac{2,00 \cdot 10^{-5}\,\text{mol/L}}{0,00104\ \text{mol/L}} \cdot 100\ \text{mL} = 1,92\ \text{mL}$$

der Ausgangslösung in einem 100-mL-Meßkolben vorlegen und nach Zugabe von Reagenz und Puffer auf 100 mL auffüllen.

Die Extinktionen von verschiedenen Calcium-Eichlösungen wurden in einer 1,00-cm-Küvette bei 590 nm gemessen.

$c(Ca^{2+})\,/\,mol\cdot L^{-1}$	E
$2,00\cdot 10^{-5}$	$0,142$
$6,00\cdot 10^{-5}$	$0,416$
$10,00\cdot 10^{-5}$	$0,698$
$14,00\cdot 10^{-5}$	$0,985$

Die Eichkurve für diese Meßpunkte ist in Bild 5−11 gezeigt. Mit der Methode der kleinsten Fehlerquadrate findet man für die Steigung der Geraden und damit für den molaren dekadischen Extinktionskoeffizienten (wegen $l = 1$ cm) einen Wert von $\varepsilon = 7,03\cdot 10^3$ $L\cdot mol^{-1}\cdot cm^{-1}$.

4. Messung der Probe. Die notwendigen Reagenzien zur Bildung des farbigen Calcium-Komplexes werden zur Probe gegeben und diese in einem Meßkolben auf exakt 25 mL verdünnt. Ein Teil dieser Lösung wird einer Wellenlänge von 590 nm gegen eine Referenzprobe (Lösung des Reagenzes) gemessen und liefert eine Extinktion von 0,512. Aus der Eichkurve liest man eine Calcium-Konzentration von $7,28\cdot 10^{-5}$ mol/L ab (den gleichen Wert errechnet man natürlich aus dem molaren dekadischen Extinktionskoeffizienten, der aus der Eichkurve zu $7,03\cdot 10^3$ $L\cdot mol^{-1}\cdot cm^{-1}$ bestimmt wurde). Somit ist die Konzentration im Meßkolben

$$c(Ca^{2+}) = 7,28\cdot 10^{-5}\ mol/L$$

$$= 7,28\cdot 10^{-5}\ mol/L\cdot 40,0\ g/mol = 2,91\cdot 10^{-3}\ g/L,$$

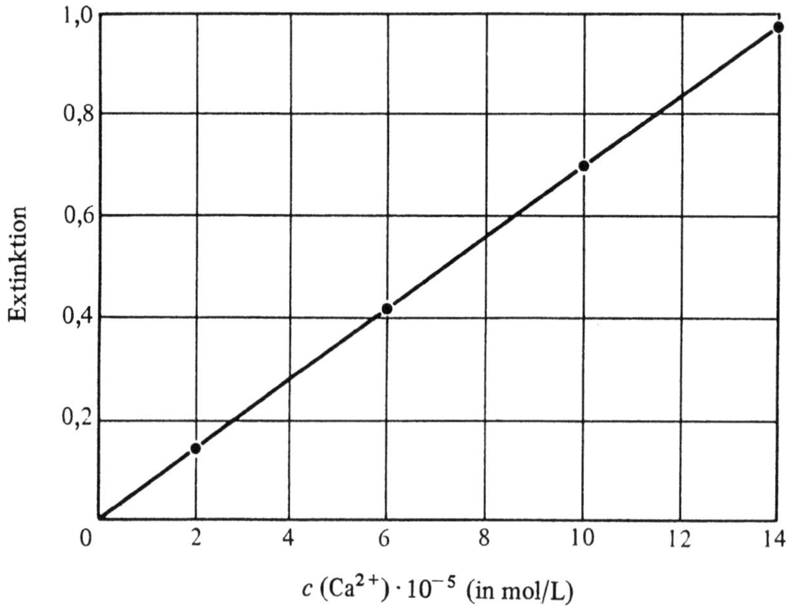

Bild 5-11 Eichkurve für den Ca^{2+}-Arsenazo-III-Komplex bei 590 nm, gegen Reagenz-Blindwert gemessen

d.h. die gesamte im Meßkolben vorliegende Masse an Calcium(II) ist

$$m(Ca^{2+}) = 25\ ml \cdot 2{,}91 \cdot 10^{-3}\ mg/mL = 7{,}28 \cdot 10^{-2}\ mg$$
$$= 72{,}8\ \mu g.$$

Die untersuchte Probe biologischen Ursprungs enthält also 72,8 μg Calcium(II).

Abweichungen vom Lambert-Beerschen Gesetz

Sofern das Lambert-Beersche Gesetz erfüllt ist, wird eine lineare Eichkurve wie in Bild 5−12 erhalten. Treten Abweichungen vom Lambert-Beerschen Gesetz auf, ist die Eichkurve bei höheren Konzentrationen nach oben (positive Abweichung) oder nach unten (negative Abweichung) gekrümmt. Ursachen für derartige Abweichungen können instrumentell oder chemisch bedingt sein. Eine häufig auftretende instrumentelle Ursache für eine Abweichung ist die Verwendung polychromatischen Lichtes. Da das Lambert-Beersche Gesetz streng genommen nur für monochromatische Strahlung gilt und spektralphotometrische Messungen zumeist nicht ganz monochromatisch sind, können in der Eichkurve Abweichungen auftreten.

Chemisch bedingte Abweichungen vom Lambert-Beerschen Gesetz sind meist problematischer als instrumentell bedingte. Chemische Abweichungen entstehen üblicherweise durch Veränderungen im chemischen Aufbau der absorbierenden Spezies. Bei jeder gegebenen Wellenlänge haben zwei selbst nur geringfügig unterschiedlich absorbierende Spezies des gleichen Metallions unterschiedliche molare dekadische Extinktionskoeffizienten. (Beispielsweise hat $[Fe(SCN)_2]^+$ einen anderen Extinktionskoeffizienten als $[Fe(SCN)]^{2+}$.)

In der Praxis treten diese Abweichungen auf, wenn die absorbierende Spezies in einer Probenlösung in zwei oder mehreren chemischen Formen existiert, und

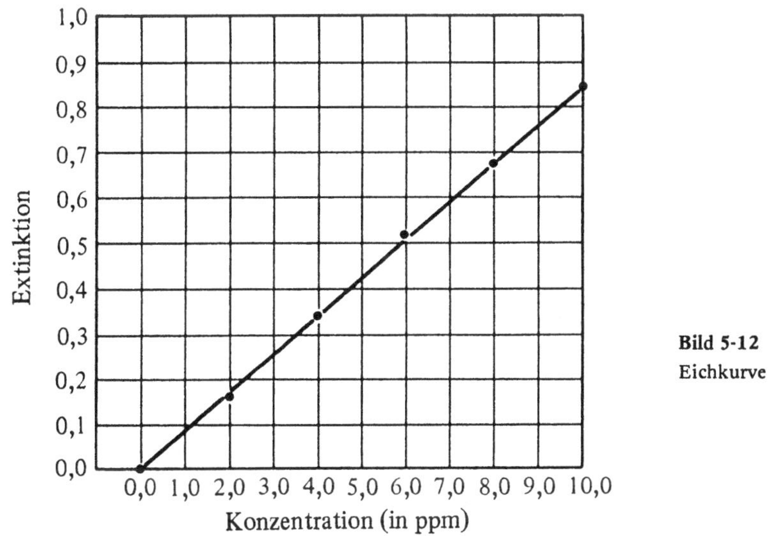

Bild 5-12
Eichkurve

wenn sich der relative Anteil der beiden Formen über den Konzentrationsbereich der Eichkurve ändert. So kann bei niedrigen Konzentrationen z.B. das $[Fe(SCN)_2]^+$ dominieren, während bei zunehmendem Anteil an Eisen(III) weniger SCN^- für die Komplexierung zur Verfügung steht und das $[Fe(SCN)]^{2+}$ vorherrschend wird. Abweichungen können allgemein durch intermolekulare Wechselwirkungen, durch die Bildung von Komplex-Ionen mit unterschiedlicher Anzahl von Liganden, durch konzentrationsabhängige Dissoziation oder Assoziation, oder durch Reaktionen mit dem Lösungsmittel oder mit H_3O^+-Ionen verursacht werden.

Die Lichtabsorption durch Dichromat- und Chromat-Ionen ist ein gutes Beispiel sowohl für den Einfluß von H_3O^+-Ionen als auch für eine durch konzentrationsabhängige Dissoziation verursachte Abweichung. Die auftretende Gleichgewichtsreaktion lautet:

$$Cr_2O_7{}^{2-} + 3H_2O \rightleftharpoons 2H_3O^+ + 2CrO_4{}^{2-}$$

Wenn der pH in der Probe und in den Standards für die Eichkurve nicht konstant gehalten wird, werden die von Eichlösung zu Eichlösung abweichenden relativen Anteile an Dichromat- und Chromat-Ionen einen Fehler verursachen. Unglücklicherweise kann der pH-Wert nicht so weit gesenkt werden, daß alles Chrom(VI) in die Dichromat-Form überführt wird. Aus diesem Grunde wird bei den niedrigsten Konzentrationen ein höherer Anteil an Dichromat-Ionen vorhanden sein als bei den höchsten Konzentrationen der Eichkurve (vgl. obige Gleichung). Hierdurch wird eine gekrümmte Eichkurve anstelle einer Geraden erhalten; z.B. wird also der gemessene molare dekadische Extinktionskoeffizient bei verschiedenen Konzentrationen unterschiedlich sein. Exakte spektralphotometrische Bestimmungen des Chrom(VI) werden durch Messung des Chromat-Ions und nicht des Dichromat-Ions erhalten. Es ist möglich, die chemischen Bedingungen so einzustellen, daß im Gleichgewicht über den gesamten Bereich der Eichkurve nur das Chromat-Ion vorliegt. Der Leser sollte selbst überlegen, wie dies erreicht werden kann.

Methoden für spektralphotometrische Bestimmungen

Um Substanzen, die selbst praktisch nicht absorbieren, bestimmen zu können, sind verschiedene Methoden entwickelt worden. Drei Verfahren zur Erzeugung stark gefärbter Spezies sind nachstehend aufgeführt und durch detaillierte Beispiele erläutert. Eine vierte Methode — das Zweikomponenten-Verfahren — wird angewandt, wenn eine Lösung zwei farbige Spezies enthält.

(1) *Komplexbildung.* Metallionen werden oft mit einem der nachfolgenden Typen von farbbildenden Reagenzien umgesetzt:

a) Ein einfacher Ligand, der ein farbiges Komplex-Ion oder eine Reihe von Komplex-Ionen wie $[Fe(SCN)]^{2+}$, $[Fe(SCN)_2]^+$, $[Fe(SCN)_6]^{3-}$ bildet.

b) Ein organischer Ligand, der ein farbiges Chelat bildet (Abschnit 12.1), wie das 2,2-Bipyridin $(C_{10}H_8N_2)$, das mit Eisen(II) ein rotes Chelat der Formel $[(C_{10}H_8N_2)_3Fe]^{2+}$ bildet. Chelatbildende Liganden werden im allgemeinen bevorzugt, weil sie üblicherweise nur eine stabile farbige Spezies bilden. Im Gegensatz dazu bilden einfache Liganden oft eine Reihe von Komplexen, wie es oben für die Eisen(III)-Thiocyanat-Komplexe gezeigt wurde.

Mit Ausnahme der Gruppe der Alkalimetall-Ionen (Na^+, K^+ usw.) bilden die meisten Metall-Ionen farbige Komplexe, die spektralphotometrisch bestimmt werden können.

(2) *Oxidation.* Eine Anzahl von Metall-Ionen oder organischen Molekülen in niedrigen Oxidationsstufen können zu höheren Oxidationsstufen oxidiert werden, die spektralphotometrisch bestimmbar sind. Die niedrigen Oxidationsstufen sind oft schwach gefärbt, während durch Oxidation stabile, intensiv gefärbte Produkte entstehen. So wird z.B. das Chrom(III) zum Chrom(VI) oxidiert, das als CrO_4^{2-}-Ion gemessen wird; Mangan(II) wird zu Mangan(VII) oxidiert, das als MnO_4^--Ion gemessen wird.

(3) *Indirekte Spektralphotometrie.* Farblose anorganische Ionen und organische Moleküle können oft durch Reaktion mit einem Überschuß an gefärbtem Reagenz bestimmt werden. Dessen Entfärbung ist ein Maß für die Konzentration der farblosen Ionen oder Moleküle.

(4) *Zweikomponenten-Analyse.* Mischungen von zwei farbigen Spezies sind oft schwierig zu bestimmen, weil ihre Absorptionsspektren beachtlich überlappen. Beide lassen sich oft bestimmen, indem man die Gesamtabsorption der Mischung bei zwei verschiedenen Wellenlängen mißt und zur Auswertung zwei Gleichungen mit zwei Unbekannten aufstellt und löst.

Ein Beispiel für die Komplexbildung: Bestimmung von Eisen. Für gewöhnlich werden Spuren von Eisen spektralphotometrisch als Eisen(II)-Komplex bestimmt. Obwohl Eisen(III) viele farbige Komplexe bildet, ist es in der Regel schwer, die Anzahl der Liganden pro Eisen-Atom zu kontrollieren, so daß Abweichungen vom Lambert-Beerschen Gesetz auftreten können. Das zur Bestimmung von Eisen (nach Reduktion zum Eisen(II)) verwendete klassische Reagenz ist die organische Verbindung 1,10-Phenanthrolin (Phen). Dieses Reagenz hat die Bruttoformel $C_{12}H_8N_2$ und die Strukturformel

Der Komplex enthält drei Moleküle 1,10-Phenanthrolin pro Eisen-Ion:

$$Fe^{2+} + 3\ Phen \rightarrow [Fe(Phen)_3]^{2+}$$

Jedes Stickstoff-Atom im Phenanthrolin bildet eine koordinative Bindung zum Eisen(II), das ergibt insgesamt sechs solcher Bindungen. Entsprechend der Nomenklatur für Komplex-Ionen wird dieser Komplex als Tris(1,10-phenanthrolin)-eisen(II)-Ion bezeichnet.

Verschiedene andere Metallionen bilden ebenfalls Komplexe mit 1,10-Phenanthrolin, jedoch ist keiner so intensiv gefärbt wie der Eisen-Komplex. Im wesentlichen stören Silber(I), Cobalt(II), Kupfer(II) und Nickel(II). Yamamura und Sikes[5]

---

5 S.S. Yamamura und J.H. Sikes, *Anal. Chem. 38,* 793 (1966)

haben jedoch gezeigt, daß eine Mischung aus Citronensäure und Ethylendiamintetraessigsäure (EDTA; vergleiche Kapitel 12) verwendet werden kann, um Silber(I), Kupfer(II), Nickel(II) und eine Vielzahl anderer Metall-Ionen zu maskieren. Die Methode ist wegen des hohen molaren dekadischen Extinktionskoeffizienten ($\varepsilon = 1{,}11 \cdot 10^4$ L·mol^{-1}cm^{-1}) des Eisen-Komplexes für die Bestimmung sehr kleiner Mengen von Eisen geeignet. Die Nachweisgrenze ($E = 0{,}01$) liegt bei etwa $1 \cdot 10^{-6}$ mol/L, und der übliche Konzentrationsbereich für die Analyse von Eisen ist 0,4 bis 8 ppm in einer 1-cm-Küvette.

Bei diesem Verfahren wird Eisen zunächst mit einem Überschuß eines Reduktionsmittels wie Hydroxylammoniumchlorid oder Ascorbinsäure zum Fe^{2+} reduziert. Anschließend wird eine 1,10-Phenanthrolin-Lösung in einem für die Reaktion mit Fe^{2+} erforderlichen Überschuß zugegeben. Der pH der Lösung wird mit Hilfe eines Acetat-Puffers eingestellt. (Der letzte Schritt ist wichtig, weil die volle Farbentwicklung nur in einem geeigneten pH-Bereich einsetzt.) Abschließend wird die Lösung auf das erforderliche Volumen verdünnt und die Extinktion bei 512 nm mit einem Spektralphotometer gemessen.

Ein weiteres Reagenz zur spektralphotometrischen Bestimmung von Eisen ist 3-(2-Pyridyl)-5,6-diphenyl-1,2,4-triazin-p,p'-disulfonsäure-Natriumsalz (Abkürzung: PDT-disulfonat, Strukturformel siehe Tabelle 5–5). Das Verfahren ähnelt dem oben für 1,10-Phenanthrolin angegebenen; der molare dekadische Extinktionskoeffizient des Eisen(II)-PDT-disulfonato-Komplexes ist jedoch höher ($\varepsilon = 2{,}79 \cdot 10^4$ L·mol^{-1}·cm^{-1})[6], so daß man geringere Konzentrationen von Eisen in Lösung messen kann.

Ein Beispiel zur Oxidation: Bestimmung von Mangan. Mangan ist in vielen Legierungen und Stahlsorten enthalten. Beim Lösen in Säuren (auch in Salpetersäure) bildet sich das nahezu farblose [Mn(H$_2$O)$_6$]$^{2+}$-Ion:

$$\mathrm{Mn(s) + 2\,H_3O^+ + 4\,H_2O \rightarrow [Mn(H_2O)_6]^{2+} + H_2(g)}$$

Dieses Aquo-Ion ist relativ stabil und bildet im Gegensatz zu Cobalt(II)- oder Kupfer(II)-Ionen keine intensiv gefärbten Komplexe mit Chlorid (oder Thiocyanat). Obwohl das Mangan(II)-Ion mit bestimmten organischen Liganden gefärbte Chelate bildet, kann es einfacher nach seiner Oxidation bestimmt werden. Die Oxidation ist hier sinnvoll, weil das Mangan eine Anzahl von intensiv gefärbten höheren Oxidationsstufen bildet, wobei das Mangan(VII) (als Permanganat-Ion) die stabilste ist. Das Mangan(II)-Ion wird durch Oxidation mit Periodat in einer heißen sauren Lösung zum Permanganat-Ion oxidiert:

$$\mathrm{2\,Mn^{2+} + 5\,IO_4^- + 9\,H_2O \rightarrow 2\,MnO_4^- + 5\,IO_3^- + 6\,H_3O^+}$$

Die Methode ist für Mangan so gut wie spezifisch und kann selbst für die Bestimmung sehr kleiner Mengen eingesetzt werden. Wenn ein Überschuß an Periodat vorhanden ist, ist die Farbe des Permanganats stabil, jedoch darf nur mit destilliertem Wasser verdünnt werden, welches vollständig frei von organischen Substan-

---

6 L.L. Stookey, *Anal. Chem.* 42, 779 (1970)

zen ist, die das Permanganat reduzieren könnten. Die Acidität der Lösung hat keinen Einfluß auf die Farbe.

Mangan in Stahl wird nach Oxidation zum Permanganat bestimmt. Der Stahl wird zunächst in Salpetersäure aufgelöst. Nach dem Lösen wird evtl. zurückbleibender Kohlenstoff mit Natriumpersulfat $K_2S_2O_8$ oxidiert. Wenn das Persulfat einen Teil des Mangans zum Mangandioxid oder Permanganat oxidiert, kann das Mangan durch Zugabe von etwas Bisulfit in die Oxidationsstufe $+2$ zurückgeführt werden. Das Mangan wird anschließend durch Kochen mit Periodat oxidiert (vergleiche die oben angegebene Gleichung). Die große Menge an vorhandenen Eisen-Ionen gibt der Lösung eine stark gelbe Farbe; dies kann durch Zugabe von Phosphorsäure verhindert werden, die einen farblosen Komplex mit Eisen(III) bildet. Dann wird die Extinktion des Permanganats gemessen und die Menge an Mangan in der Probe aus der Eichkurve abgelesen.

Indirekte Spektralphotometrie: Bestimmung von Olefinen. Ein typisches Olefin enthält eine einzelne, nicht konjugierte Doppelbindung $\diagdown C{=}C\diagup$ und ist farblos. Solche Olefine bilden nur wenige Komplexe, wovon die meisten farblos oder schwach gefärbt sind. Ein Redox-Verfahren ist hier ebenfalls unbrauchbar, da auch die Oxidationsprodukte in der Regel farblos sind. Aus diesen Gründen erscheint eine Bestimmung durch indirekte Spektralphotometrie als Methode der Wahl, d.h., daß eine farbige Spezies durch eine chemische Reaktion entfärbt und die Abnahme der Extinktion gemessen wird. Hierbei ist eine stöchiometrische Reaktion zu bevorzugen; auch eine nichtstöchiometrische Reaktion ist brauchbar, sofern sie reproduzierbar ist. Eine mit diesem Verfahren erhaltene Eichkurve ist in Bild 5–13 dargestellt.

Zur indirekten Bestimmung der olefinischen Doppelbindungen $\diagdown C{=}C\diagup$ in farblosen organischen Verbindungen wird ein Überschuß von Brom in einer Lösung Essigsäure/Wasser (9:1) zur Probe hinzugegeben. Das Brom reagiert mit der Kohlenstoff-Kohlenstoff-Doppelbindung und bildet ein farbloses organisches Additionsprodukt.

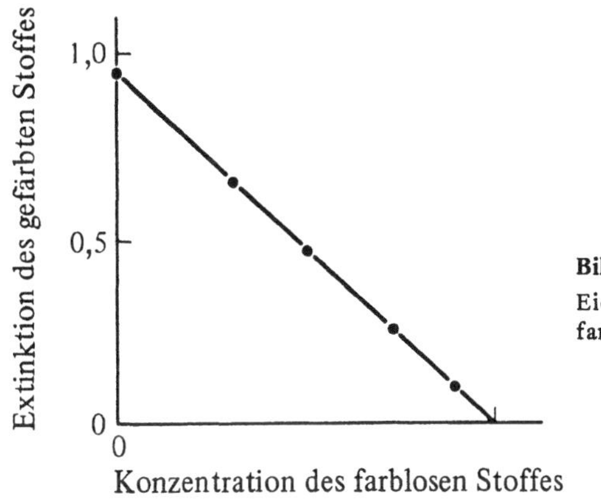

Bild 5-13
Eichkurve zur indirekten Bestimmung eines farblosen Stoffes

Die Hauptreaktion ist

$$\mathrm{>C{=}C< + Br_2 \rightarrow -\underset{\underset{Br}{|}}{\overset{|}{C}}-\underset{\underset{Br}{|}}{\overset{|}{C}}-\ ,}$$

aber ein Teil des Olefins reagiert auch wie folgt:

$$\mathrm{>C{=}C< + Br_2 + H_2O \rightarrow -\underset{\underset{Br}{|}}{\overset{|}{C}}-\underset{\underset{OH}{|}}{\overset{|}{C}}- + HBr\ .}$$

Dabei ist sicherlich ohne Belang, wieviele Doppelbindungen nach der ersten Reaktionsgleichung und wieviele nach der zweiten Raktionsgleichung umgesetzt werden, da der Verbrauch an Brom pro Doppelbindung bei beiden Reaktionen der gleiche ist.

Die Bestimmung des Olefins beruht auf der Abnahme der Extinktion des Broms bei 410 nm. Leider ist die Auftragung der Brom-Extinktion gegen die Konzentration an Olefin nicht linear, sondern zeigt beachtliche Abweichungen vom Lambert-Beerschen Gesetz. Diese Schwierigkeit ließ sich schließlich auf das HBr zurückführen, das in der zweiten der oben gezeigten beiden Reaktionen entsteht. Das Bromid-Ion reagiert mit Brom gemäß nachfolgender Gleichgewichtsreaktion:

$$Br_2 + Br^- \rightleftharpoons Br_3^-$$

Das Tribromid-Ion ist ebenfalls gefärbt, hat jedoch einen weitaus höheren Extinktionskoeffizienten als das Brom bei 410 nm. Die relativen Konzentrationen an Br_2 und Br_3^- verändern sich mit der Konzentration an Olefin, da höhere Olefin-Konzentrationen mehr Bromid liefern und damit das Gleichgewicht nach rechts verschieben.

Da die Abweichung vom Lambert-Beerschen Gesetz in diesem Falle bekannt ist, läßt sich diese Schwierigkeit recht einfach korrigieren. Nach der fertig ausgearbeiten Arbeitsvorschrift wird nämlich zur Brom-Lösung HBr in ausreichendem Überschuß zugegeben, um das Brom weitgehend in Tribromid zu überführen. Dadurch beeinflußt die kleine Menge an HBr, die durch Reaktion mit dem Olefin entsteht, das Gleichgewicht Brom-Tribromid nicht. Damit läßt sich eine lineare Eichkurve ähnlich der in der Bild 5–13 dargestellten erhalten, und die Methode ist allgemein für die Analyse organischer Verbindungen mit kleinen Anteilen an olefinischen Doppelbindungen einzusetzen.[7]

Zweikomponenten-Analyse: Messung von Indikatorformen. Eine Mischung zweier gefärbter Substanzen läßt sich leicht analysieren, sofern es eine Wellenlänge gibt, bei der nur eine Substanz absorbiert, und eine zweite Wellenlänge, bei der nur die zweite Substanz absorbiert. Was ist jedoch zu tun, wenn es in den Spektren der

---

7 J.S. Fritz und G.E. Wood, *Anal. Chem. 40*, 134 (1968)

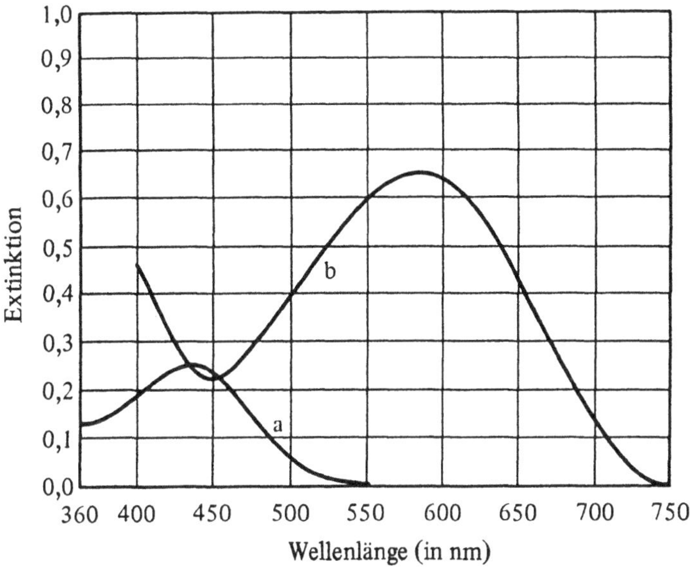

Bild 5-14 Absorptionsspektrum von Alizarin. Kurve a: saure Form; Kurve b: alkalische Form

beiden Substanzen keine Wellenlängen gibt, bei der nur die eine, nicht jedoch die andere Substanz absorbiert? Eine Zweikomponenten-Mischung kann auch dann analysiert werden, wenn es zwei Wellenlängen gibt, bei denen sich die Extinktionen der beiden Stoffe merklich unterscheiden. Ein gutes Beispiel hierfür ist die Messung der relativen Anteile der sauren und basischen Form eines Indikators, welche in einer bestimmten Lösung enthalten sind. Hierzu nimmt man zunächst ein Spektrum einer Lösung auf, die eine bekannte Konzentration ausschließlich der sauren Form enthält, sowie ein zweites Spektrum einer bekannten Konzentration der basischen Form. Die vollständige Umwandlung des Indikators in die saure Form kann durch Zugabe eines Überschusses von Säure zur Lösung erreicht werden; ebenso kann das Spektrum der reinen basischen Form mit einer zweiten Lösung des Indikators erhalten werden, zu der ein Überschuß an Base gegeben wurde. Die erhaltenen Spektren sind in Bild 5−14 wiedergegeben.

Aus diesen Spektren und aus den in beiden Fällen bekannten Konzentrationen des Farbstoffes können ε_A und ε_B (molare dekadische Extinktionskoeffizienten der sauren und basischen Form) bei 560 nm berechnet werden, wo B stark, A jedoch nur wenig absorbiert, sowie bei 430 nm, wo die saure Form A sehr viel stärker als die basische Form B absorbiert. Mit dieser Information können nun die Extinktionen einer gemischten Probe aus A und B bei 430 und 560 nm gemessen werden. Die vorhandene Menge beider Formen kann durch Lösen der folgenden Gleichungen für c_A und c_B errechnet werden:

$$E_{560} = \varepsilon_{A(560)} \cdot l \cdot c_A + \varepsilon_{B(560)} \cdot l \cdot c_B$$

$$E_{430} = \varepsilon_{A(430)} \cdot l \cdot c_A + \varepsilon_{B(430)} \cdot l \cdot c_B$$

Automatisierte Analyse

Die meisten quantitativen spektralphotometrischen Methoden erfordern verschiedene Einstellungs- und Regelungstätigkeiten, die jeweils sehr exakt ausgeführt werden müssen. In Laboratorien, in denen große Anzahlen von Analysen ausgeführt werden müssen, sind heute nahezu alle spektralphotometrischen Methoden automatisiert, um den Chemiker oder Techniker zu entlasten. Ein gutes Beispiel für eine automatisierte Analyse ist die spektralphotometrische Bestimmung von Glucose in Körperflüssigkeiten, wie sie in klinischen Labors durchgeführt wird. Eine unter den verschiedenen Methoden zur Glucosebestimmung ist die Oxidation zur Gluconsäure mit Hexacyanoferrat(III):

$$C_5H_6(OH)_5CHO + 2[Fe(CN)_6]^{3-} + 3H_2O$$
$$\rightarrow C_5H_6(OH)_5COOH + 2[Fe(CN)_6]^{4-} + 2H_3O^+$$

Die Aldehyd-Gruppe $-C\!\!\begin{smallmatrix}\nearrow O\\\searrow H\end{smallmatrix}$ der Glucose wird bei 95 °C durch eine Lösung des intensiv gelb gefärbten Hexacyanoferrats(III) ($c = 10^{-3}$ mol/L) oxidiert. Das überschüssige Hexacyanoferrat wird bei 420 nm gemessen; das Ausmaß der Abnahme der gelben Farbe ist ein Maß für die Glucosekonzentration. Das gebildete Hexacyanoferrat(II) ist zwar ebenfalls gelb; sein molarer dekadischer Extinktionskoeffizient beträgt bei 420 nm jedoch nur etwa 1,0 L·mol^{-1}·cm^{-1}, so daß es bei der Bestimmung des Hexacyanoferrats(III) praktisch nicht stört.

Eines der ersten für die automatisierte Analyse häufig eingesetzten Instrumente war der Technicon-Auto-Analyzer, der in Bild 5–15 schematisch dargestellt ist. Er war bereits in der Lage, etwa 60 Bestimmungen von Glucose in Blutproben pro Stunde auszuführen. Wie die Abbildung zeigt, werden die Proben aus einem Probenteller auf der rechten Seite zugeführt. Die Proben werden mit einem Lösungsmittel verdünnt und mit einer Dosierpumpe (zweites Gerät von rechts) durch die gleiche Schlauchleitung weitergeführt. Hierbei trennt eine große Luftblase eine Probe von der nächsten und verhindert so ein Mischen mit anderen Proben *(Luftblasensegmentierung)*. In einer temperaturkonstanten Dialyse-Einheit (drittes Teil von rechts) diffundiert die Glucose jeder Probe durch eine Membran aus dem Blut heraus und vermischt sich mit dem Hexacyanoferrat(III)-Reagenz.

Immer noch getrennt durch Luftblasen, werden die Glucose-Hexacyanoferrat(III)-Mischungen in ein auf 95 °C erhitztes Bad gepumpt, wo sie rasch reagieren. Jede Mischung durchläuft anschließend das Photometer, wo das überschüssige Hexacyanoferrat(III) gemessen und die jeweilige Extinktion mit einem Schreiber aufgezeichnet wird.

Moderne Geräte dieses Typs *("Auto-Analyzer")* werden heute in der Routineanalytik häufig eingesetzt, u.a. bei der photometrischen Bestimmung von Wasserinhaltsstoffen wie beispielsweise NH_4^+ oder NO_3^-, von Weininhaltsstoffen usw. Ihre Vorteile sind der geringe Reagenzbedarf und die Automatisierbarkeit (hoher Probendurchsatz). Neben dem vorgestellten Auto-Analyzer mit Luftsegmentierung (nach diesem Prinzip arbeiten auch z.B. Geräte der Fa. Skalar) gibt es Geräte, bei denen die Probe in einen Reagenzstrom eingeschleust wird und dort farbige Zonen ausbildet *(Flow Injection Analysis*, FIA; Geräte beispielsweise von Fa. Tecator).

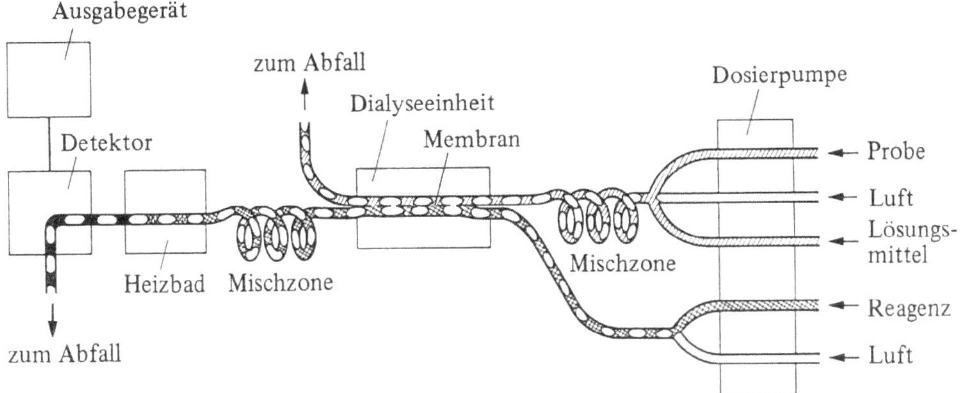

Bild 5-15 Eines der ersten Geräte zur automatisierten Bestimmung von Glucose und Harnstoff-Stickstoff im Blut (Einkanal-AutoAnalyzer® der Fa. Technicon). Mittels einer Dosierpumpe erfolgt die Probennahme und die Luftsegmentierung der einzelnen Proben. In einer Dialyseeinheit diffundieren die zu bestimmenden Bestandteile durch eine Membran aus dem Probestrom in den Reagenzstrom. Das Heizbad dient zur Beschleunigung der Farbreaktion.

Andere photometrische Bestimmungen. Einige tausend spektralphotometrische Verfahren sind in wissenschaftlichen Zeitschriften und Büchern beschrieben. Sie ermöglichen die Bestimmung von anorganischen, organischen und biochemischen Substanzen und beinhalten Methoden mit ultraviolettem, infrarotem und sichtbarem Licht. In Tabelle 5–5 sind einige häufig verwendete farbbildende Reagenzien und die damit jeweils kolorimetrisch zu bestimmenden Elemente aufgeführt.

5.5 Spektralphotometrische Bestimmungsmethoden im UV-Bereich

Zahlreiche anorganische Ionen und organische Moleküle absorbieren im nahen ultravioletten Bereich von 180 bis 380 nm, ebenso auch im fernen Ultraviolett unterhalb 180 nm.

Spezies mit einem Doppelbindungs-Chromophor (einer strahlungsabsorbierenden funktionellen Gruppe) absorbieren ultraviolette Strahlung, jedoch nicht immer im nahen UV-Bereich. Solche Chromophore bestehen entweder aus Kohlen-

Tabelle 5–5   Typische photometrische Verfahren

zu bestimmendes Element	Reagenz	gebildete Farbe (Meßwellenlänge λ in nm)
Al	8-Hydroxychinolin	gelb (395)
Bi	Thioharnstoff	gelb
Ca	Calcein[a]	gelb-grüne Fluoreszenz (520)
Cl (Cl$_2$)	o-Toluidin	gelb
Co	Ammoniumthiocyanat NH$_4$SCN	blau (620)
Cr	Diphenylcarbazid	rotviolett (540)
Cu	FerroZine® (s. auch unter „Fe, Co, Cu")	braun (470)
F (F$^-$)	Alizarinkomplex von Cer(III)[b]	weinrot
Fe	1,10-Phenanthrolin	rot (512)
Fe, Co, Cu	3-(2-Pyridyl)-5,6-diphenyl-1,2,4-triazin-p,p'-disulfonsäure-Natriumsalz[c]	– (562)
Mg	o,o'-Dihydroazobenzol	orange (485)
Mn	Periodat	purpurrot (520)
Mn	Thiothenoyltrifluoraceton	– (450)
Mo	Thiomilchsäure[d]	gelbbraun
P (PO$_4^{3-}$)	Molybdat, Hydrazin	blau (830)
Pb	Dithizon	pink
S (SO$_3^{2-}$)	Iod [Reduktion zum Iodid]	Entfärbung von I$_3^-$
Ti	H$_2$O$_2$	gelb
U	Arsenazo I oder III	blauviolett (640)
Zn	Dithizon	pink

[a] H. Diehl, *Calcein, Calmagit and o,o'-Dihydroxyazobenzene* . . . (Firmenschrift, G. Frederik Smith Chemical Co., Columbus, Ohio, 1964)
[b] S.S. Yamamura, M.A. Wade und J.H. Sikes, *Anal. Chem. 34*, 1308 (1962)
[c] Fe(II)-Bestimmung: *Anal. Chem. 42*, 779 (1970)
   Co(II)-Bestimmung: *Anal. Chem. 46*, 1605 (1974)
   Strukturformel der Reagenzes (Synonyme: FerroZine®, PDT-disulfonat):

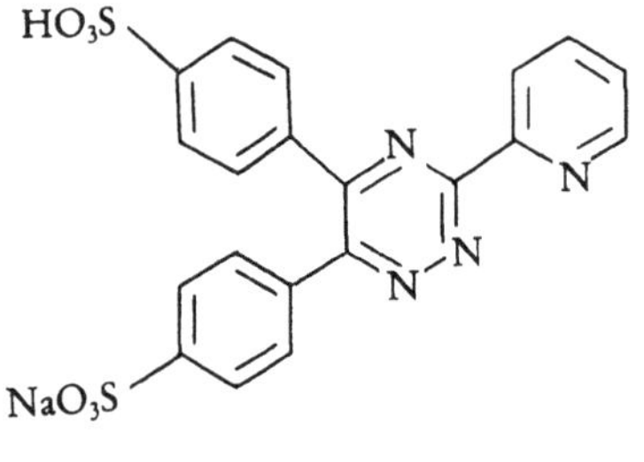

[d] J.S. Fritz, D.R. Beuermann, *Talanta 19*, 366 (1971)

stoff-Kohlenstoff-Doppelbindungen oder Doppelbindungen zwischen einem oder mehreren Heteroatomen, wie z.B. $C=O$, $N=O$, $Mn=O$ usw.

Bei einigen Doppelbindungs-Chromophoren gibt es zwei Arten von Elektronen, die ultraviolette Strahlung absorbieren können: die π-Elektronen und die nichtbindenden Elektronen in einem doppelt gebundenen Heteroatom (auf beide kommen wir in Kapitel 23 zurück). Absorptionsbanden, die von der Absorption von π-Elektronen herrühren, haben hohe Extinktionskoeffizienten, während Absorptionsbanden nichtbindender Elektronen molare dekadische Extinktionskoeffizienten kleiner als $10^2\ L\cdot mol^{-1}\cdot cm^{-1}$ haben.

Messung anorganischer Spezies im UV-Bereich

Spezies mit einem an Sauerstoff doppelt gebundenen Nichtmetall-Atom absorbieren im ultravioletten Bereich; einige Beispiele hierfür sind NO_3^-, NO_2^-, NO_2, SO_4^{2-}, SO_3^{2-}, ClO_4^-, O_3 usw. Über diese Gruppe von ähnlichen Spezies hinaus gibt es eine Anzahl Ultraviolett-absorbierender Spezies, die verschiedene andere Doppelbindungs-Chromophore enthalten: CO_3^{2-}, SCN^-, MnO_4^- und CrO_4^{2-}. Einige der oben genannten Spezies, z.B. das Nitrat-Ion, absorbieren im Bereich 180–380 nm; andere hiervon, wie z.B. das Carbonat-Ion, absorbieren im fernen Ultraviolett-Bereich unterhalb 180 nm.

Im Gegensatz zu den hier angesprochenen Spezies absorbieren anorganische Ionen und Moleküle *ohne* Doppelbindungen im Bereich 180–380 nm üblicherweise nicht. Beispiele hierfür sind: NH_3, NH_4^+, HF, F^-, H_2O, H_3BO_3 und $HOCl$. [Die Außenelektronen des Fluorid-Ions sind zwar in der Lage, Strahlung zu absorbieren, benötigen jedoch hierfür Photonen mit kürzerer Wellenlänge (höherer Energie) als 180 nm.]

Wir wollen auch die Möglichkeit betrachten, eine Spezies mit einer Doppelbindung in Gegenwart einer anderen, ebenfalls eine Doppelbindung enthaltenden Spezies zu bestimmen. Sofern beide im nahen Bereich von 180–380 nm absorbieren, wäre es notwendig, die UV-Spektren jeder Spezies allein zu messen. Dann müssen die beiden Spektren darauf hin überprüft werden, ob sie einen Bereich enthalten, in dem nur eine der beiden Spezies absorbiert. Existiert ein solcher Bereich, kann diese durch UV-Spektralphotometrie bestimmt werden. Als ein Beispiel für eine solche Situation betrachten wir die Bestimmung von Spuren an Nitrat-Ionen in einer Carbonat-Lösung[8]. Die Strukturen des Nitrat- und des Carbonat-Ions sind:

8 R. Bastian, R. Weberling und F. Palilla, *Anal. Chem. 29*, 1795 (1957)

Wir würden zunächst einmal vorhersagen, daß beide Ionen im ultravioletten Bereich absorbieren sollten, weil beide Doppelbindungen besitzen. Für das Problem der Bestimmung von Nitrat-Spuren in Carbonat-Lösungen war es notwendig, das Ultraviolett-Spektrum jedes Ions allein zu untersuchen. Das Carbonat absorbiert kaum im Bereich von 200 bis 380 nm, während das Nitrat Absorptionsbanden bei 203 nm ($\varepsilon = 1 \cdot 10^4$ L·mol^{-1}·cm^{-1}) und bei 300 nm ($\varepsilon = 7,5$ L·mol^{-1}·cm^{-1}) zeigt, mit einem dazwischenliegenden Minimum bei 260 nm. Spuren des Nitrat-Ions konnten deshalb bei 203 nm gemessen werden (obwohl ursprünglich zur Vermeidung von Störungen durch das ebenfalls vorhandene Perchlorat-Ion (ClO_4^-) 220 nm gewählt worden waren). Ionen wie NH_4^+, Na^+ und Cl^- stören bei 220 nm nicht.

Eine UV-Bestimmung anderer anorganischer Ionen ist ebenfalls möglich, obwohl bestimmte häufig auftretende Ionen − wie beispielsweise Eisen(III) − im Ultravioletten so stark absorbieren, daß ihre Gegenwart eine Messung im Vergleich zum sichtbaren Bereich weniger genau macht. So absorbiert z.B. das Permanganat-Ion im UV-Bereich, wird jedoch besser im sichtbaren Bereich gemessen (Abschnitt 5.4).

UV-Messung von organischen Molekülen

Die am häufigsten vorkommenden organischen Doppelbindungs-Chromophore sind die Kohlenstoff-Kohlenstoff-Doppelbindung, die Kohlenstoff-Sauerstoff-Doppelbindung und die Stickstoff-Sauerstoff-Doppelbindung. Der wichtige Carbonyl-Chromophor ($>C=O$) zeigt ein sehr kompliziertes UV-Spektrum und wird in Kapitel 23 besprochen. Im folgenden wollen wir einige weitere Beispiele von Kohlenstoff-Kohlenstoff-Doppelbindungs-Chromophoren diskutieren.

Olefine. Das einfachste Olefin, Ethylen, absorbiert ultraviolette Strahlung bei 160 nm und damit unterhalb des Meßbereiches der meisten UV-Spektralphotometer. Einfache substituierte Olefine mit nur einer Doppelbindung absorbieren zumeist unterhalb 200 nm. Olefine mit konjugierten Doppelbindungen absorbieren oberhalb 200 nm und können deshalb mit den meisten handelsüblichen UV-Spektralphotometern gemessen werden. Das einfachste konjugierte Olefin ist Butatdien:

$$CH_2=CH-CH=CH_2$$

Es absorbiert stark bei 217 nm ($\varepsilon = 2 \cdot 10^4$ L·mol^{-1}·cm^{-1}).

Mit zunehmender Anzahl konjugierter Doppelbindungen in einem Molekül machen sich zwei Veränderungen in den Spektren bemerkbar:

(1) Die Moleküle absorbieren über einen breiten Bereich im Ultravioletten; ihre Spektren enthalten mehrere Peaks im Gegensatz zum Spektrum von Butadien, in welchem nur ein Peak auftritt.

(2) Der langwellige Peak verschiebt sich zu größeren Wellenlängen, eventuell bis in den sichtbaren Bereich.

Das Ergebnis hiervon ist, daß Moleküle mit drei oder mehr konjugierten Doppelbindungen über den gesamten Bereich von 200−300 nm absorbieren. Deshalb sind solche Spezies relativ leicht zu detektieren, nachdem sie durch Flüssigchromatographie getrennt wurden (Kapitel 21), weil der chromatographische Detektor üblicherweise bei 254 nm arbeitet. Dies trifft insbesondere für aromatische Kohlenwasserstoffe zu, wie wir nachstehend sehen werden.

Messung von aromatischen Kohlenwasserstoffen. Aromatische Kohlenwasserstoffe sind in ihren Eigenschaften den konjugierten Olefinen sehr ähnlich und absorbieren deshalb auch intensiv ultraviolette Strahlung. Die meisten aromatischen Kohlenwasserstoffe haben verschiedene UV-Banden, obwohl häufig nur eine Bande im Bereich 220−380 nm gefunden wird.

Ein gutes Beispiel ist Benzol C_6H_6, dessen Absorptionsbande in verschiedene scharfe Peaks um 250 nm herum aufgespalten ist (Bild 5−16). Benzol ist farblos, weil seine Absorption nicht in den sichtbaren Bereich hinüberreicht, während einige höhere Aromaten farbig sind, weil „Absorptionsschultern" bis in den sichtbaren Bereich hineinreichen.

Die UV-Spektren aromatischer Kohlenwasserstoffe[9] sind manchmal für die qualitative Charakterisierung von Proben nützlich, wie z.B. bei Luft- oder Wasserproben im Umweltschutzbereich. In diesem Zusammenhang ist es oft empfehlenswert, sich auf die Auftragung des Logarithmus des molaren dekadischen Extinktionskoeffizienten, anstelle der Extinktion, gegen die Wellenlänge[9] zu beziehen (vergleiche Bild 5−17). Der molare dekadische Extinktionskoeffizient eines Aromaten bei gegebener Wellenlänge kann meist aus solchen Auftragungen auf eine signifikate Stelle genau abgelesen werden.

Beispiel:

Aus Bild 5−17 entnimmt man, daß der aromatische Kohlenwasserstoff Anthracen eine Absorptionsbande bei 250 nm hat, wobei $\log \varepsilon \approx 5{,}2$ ist. Aus $\log \varepsilon = 5{,}2$ folgt $\varepsilon = 1{,}6 \cdot 10^5$ $L \cdot mol^{-1} \, cm^{-1}$. (Beachten Sie, daß die Regel für signifikante Stellen bei Logarithmen hier den numerischen Wert auf nur eine signifikante Stelle begrenzt.)

Aus Bild 5−17 ist ersichtlich, daß mit steigender Anzahl der Ringe in aromatischen Kohlenwasserstoffen die langwelligsten Absorptionsbanden in Richtung auf den sichtbaren Bereich verschoben werden. Gleichzeitig nehmen auch die Extinktionskoeffizienten aller Absorptionsbanden zu. Benzol (mit nur einem Ring) absorbiert etwa bei 250 nm, Naphthalin (mit zwei Ringen) absorbiert bei etwa 314 nm und Anthracen (mit drei Ringen) absorbiert zwischen 357 und 380 nm.

Diese Verschiebung ist nicht so groß, wenn ein mehrkerniger aromatischer Kohlenwasserstoff gewinkelt (angular anelliert) statt linear anelliert ist. So ist z.B. das Phenathren mit drei Ringen im Gegensatz zum Anthracen gewinkelt; die langwelligste Absorptionsbande des Phenanthrens erscheint bei 338 bis 346 nm (im Gegensatz zu 357 bis 380 nm bei Anthracen).

Um zu entscheiden, ob ein unbekanntes Molekül einen Benzol-, Naphthalin- oder Anthracen-Chromophor enthält, zeichnet man das vollständige ultraviolet-

---

9 A.E. Gillam und E.S. Stern, *An Introduction to Electronic Absorption Spectroscopy* (E. Arnold, London 1957) und E. Clar, *The Aromatic Sextet* (Wiley, New York 1972), S. 17−31

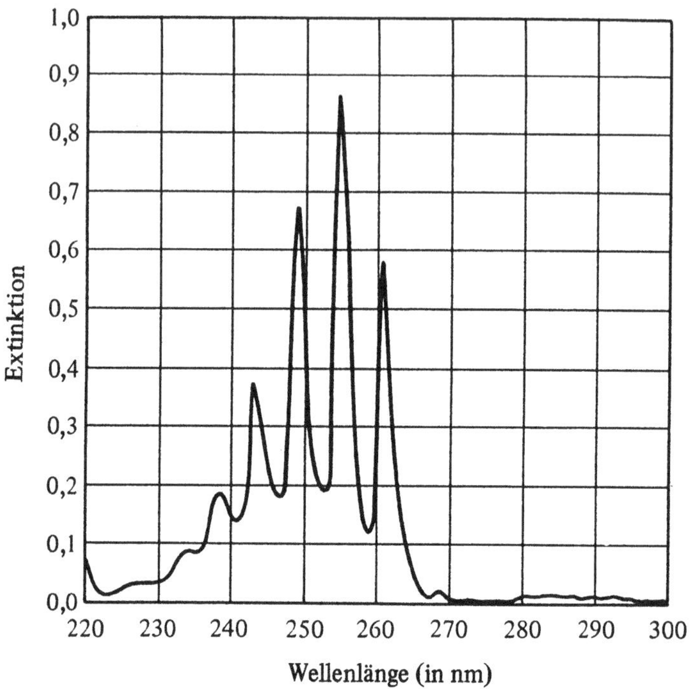

Bild 5-16 UV-Absorptionsspektrum von Benzol in Cyclohexan.

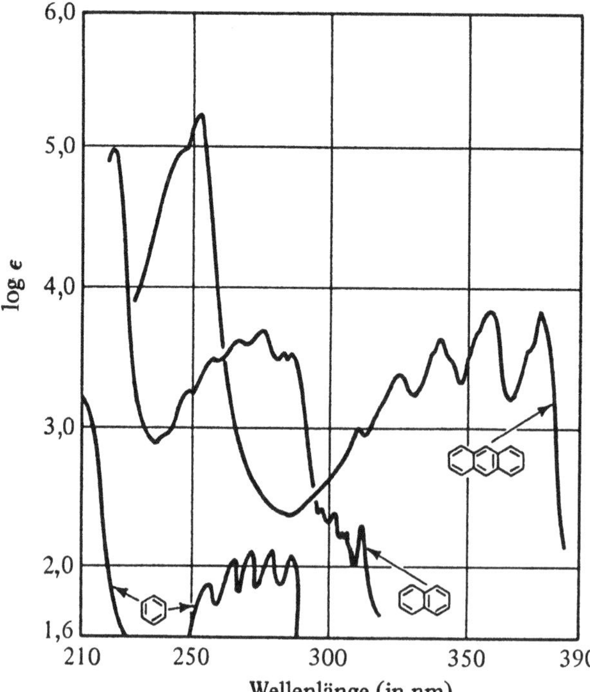

Bild 5-17
UV-Absorptionsspektren von Benzol, Naphthalin und Anthracen in Ethanol. (Nach Mayneord und Roe, *Proc. Roy. Soc. A152, 299* (1935). Mit freundlicher Genehmigung der Autoren und der Royal Society)

te Absorptionsspektrum auf und vergleicht mit den bekannten Spektren der oben genannten Moleküle. Üblicherweise vergleicht man sowohl die *Wellenlängen* der Absorptionsbanden als auch die *relativen Intensitäten* (in *Extinktionseinheiten*) der Banden. Wenn z.B. eine bestimmte unbekannte Verbindung ein Anthracen-Ringsystem enthält, würden wir zwei Banden erwarten, die eine bei 250 nm, die andere mit Peaks bei 340, 357 und 380 nm. Wir würden auch erwarten, daß das Verhältnis der entsprechenden molaren dekadischen Extinktionskoeffizienten für die Banden bei 250 und 380 nm größer als 20:1 ist.

Die Gegenwart von Substituenten wie $-CH_3$, $-C(CH_3)_3$, $-Cl$ oder $-OH$ verändert das UV-Absorptionsspektrum der Ausgangsverbindung kaum merklich. Zum Beispiel hat Toluol (Methylbenzol) unter anderem einen Peak bei 270 nm, und die langwellige Absorption hat eine ähnliche Cut-off-Wellenlänge (langwellige Absorptionsgrenze) wie das Benzol; auch von der Form her ähnelt sein Spektrum dem des Benzols. Diese Aussagen führen zu dem Schluß, daß das Toluol-Molekül einen Benzolkern enthält.

Um die quantitative Bestimmung eines aromatischen Kohlenwasserstoffs in der Gegenwart von anderen zu vereinfachen, werden die langwellige Absorptionsgrenze und die Position des Peaks mit der längsten Wellenlänge ermittelt. Es ist zwar auch möglich, geringe Konzentrationen einer aromatischen Verbindung durch Messung des Absorptionspeaks mit dem höchsten Extinktionskoeffizienten durchzuführen, doch absorbieren andere Aromaten in der Probe im allgemeinen ebenfalls bei dieser Wellenlänge. Nehmen wir an, Anthracen solle in Gegenwart einer großen Menge an Benzol und Naphthalin bestimmt werden. Die bevorzugte Wellenlänge wäre 357 oder 380 nm, da Naphthalin und Benzol nur bei kleineren Wellenlängen absorbieren. Obwohl der molare dekadische Extinktionskoeffizient des Anthracens bei 357 oder 380 nm ungefähr ein Zehntel des Wertes bei 250 beträgt, ist eine problemlose Analyse nur bei einer der beiden zuerstgenannten Wellenlängen möglich.

Aufgaben

Berechnungen von Extinktion und Durchlässigkeit (Transparenz)

5.1 Berechnen Sie die Extinktion unter Beachtung der signifikanten Stellenzahl für

   a) eine farbige Lösung mit einer Durchlässigkeit von 0,72;

   b) eine bestimmte Sorte von Sonnenbrillengläsern mit einer Durchlässigkeit von 0,17.

5.2 Berechnen Sie die Extinktion unter Beachtung der signifikanten Stellenzahl für

   a) eine farbige Lösung mit einer Durchlässigkeit von 88 %,

b) eine schwach gefärbte Lösung mit einer Durchlässigkeit von 99%. Erklären Sie nach Berechnung der Extinktion, warum alle Stellen nach dem Komma Null sind.

5.3   Berechnen Sie die Extinktion, die man bei Messung in einer 2,0-cm-Küvette erhalten würde für

a) eine Lösung von Kupfer(II)-sulfat mit einer Extinktion von 0,20 in einer 1,0-cm-Küvette.

b) eine Lösung eines organischen Farbstoffs mit einer prozentualen Durchlässigkeit von 28 % in einer 5,0-cm-Küvette.

5.4   Ein organischer Farbstoff hat eine Extinktion von 0,40 (in einer 1,0-cm-Küvette). Die Farbstofflösung wird auf die Hälfte der ursprünglichen Konzentration verdünnt und in eine 3,0 cm-Küvette gebracht. Berechnen Sie Extinktion und Durchlässigkeit bei der gleichen Wellenlänge.

5.5   Versehentlich wird bei einer Vergleichsprobe mit destilliertem Wasser die Durchlässigkeit anstatt auf 100 % auf 95 % eingestellt. Mit dieser Einstellung hat eine farbige Lösung einen Meßwert für die Durchlässigkeit von 35,2 % T. Berechnen Sie den korrekten Wert für die Durchlässigkeit der farbigen Lösung.

5.6   Bei welcher Konzentration sind Extinktion und Durchlässigkeit numerisch bis auf zwei signifikante Stellen gleich?

5.7   Aus praktischen Gründen werden bei spektralphotometrischen Analysen stets mehrere Glas- oder Quarzküvetten verwendet; diese Küvetten sollten bezüglich ihrer optischen Eigenschaften „zusammenpassen". Angenommen, eine dieser Küvetten hat einen etwas größeren Innendurchmesser als 1,00 cm. Wie würde dies die Analysenergebnisse beeinflussen, wenn der Fehler nicht erkannt wird? Erklären Sie, wie diese Küvette zur fehlerfreien Verwendung kalibriert werden kann.

5.8   Die Differenz zwischen zwei beliebigen Extinktionsablesungen, $E_1 - E_2$, ist gleich dem Logarithmus des reziproken Verhältnisses der entsprechenden Durchlässigkeiten $\log(T_2/T_1)$. Überprüfen Sie, ob dies zutrifft:

a) $E_1 = 1,00$ ($T_1 = 0,10$) und $E_2 = 0,10$ ($T_2 = 0,80$)

b) $E_1 = 1,00$ und $E_2 = 0,20$. Man berechne T_1 und T_2.

Berechnungen mit dem Lambert-Beerschen Gesetz

5.9   Gegeben ist der Wert für $\log \varepsilon$, berechnen Sie ε. (Beachten Sie die Regeln für signifikante Stellen.)

a) $\log \varepsilon = 1,004$

b) $\log \varepsilon = -0,40$

5.10 Berechnen Sie die Extinktion jeder Lösung bei einem Küvettendurchmesser $l = 1{,}00$ cm.

a) $\varepsilon = 1{,}0 \cdot 10^4 \, \text{L} \cdot \text{cm}^{-1} \cdot \text{mol}^{-1}$ und $c = 3{,}00 \cdot 10^{-6}$ mol/L

b) $\log \varepsilon = 4{,}30$ und $c = 3{,}00 \cdot 10^{-6}$ mol/L

5.11 Berechnen Sie den molaren dekadischen Extinktionskoeffizienten der nachfolgenden Spezies. Es sei eine 1,00-cm-Küvette verwendet worden:

a) eine Kaliumpermanganat-Lösung der Stoffmengenkonzentration $c = 2{,}0 \cdot 10^{-4}$ mol/L, $E = 0{,}40$.

b) eine Lösung von Acetylsalicylsäure (Aspirin), $c = 2{,}0 \cdot 10^{-4}$ mol/L, $E = 0{,}28$ (280 nm) und $E = 0{,}22$ (235 nm).

5.12 Die Konzentration an Permanganat-Ionen MnO_4^- in einer Lösung soll durch Vergleich der Extinktion der Lösung mit derjenigen eines Standards bestimmt werden. Unter der Annahme, daß für eine Permanganat-Standardlösung, $c = 1{,}0 \cdot 10^{-4}$ mol/L, bei 525 nm in einer 1,00-cm-Küvette ein Wert von $E = 0{,}20$ gemessen wurde, soll die Konzentration in den nachfolgend genannten Analysenlösungen bestimmt werden.

a) In einer 1,00-cm-Küvette beträgt die Extinktion der Analysenlösung bei 525 nm 0,70.

b) In einer 2,00-cm-Küvette beträgt die Extinktion der Analysenlösung bei 525 nm 0,25.

5.13 Ein organisches Reagenz bildet mit Blei(II) einen farbigen 1:1-Komplex. Nach Zugabe eines Überschusses an Reagenz hat eine Lösung mit 2,07 mg Blei(II) pro Liter eine Extinktion von 0,630 (gegen Wasser als Blindwert), und zwar bei 440 nm in einer 1-cm-Küvette. Berechnen Sie den molaren dekadischen Extinktionskoeffizienten des Blei(II)-Komplexes.

5.14 Fe(II) bildet ein rotes Komplex-Ion mit einem als Bathophenanthrolin bezeichneten Reagenz. Die Messung bei einer Wellenlänge von 538 nm liefert einen molaren dekadischen Extinktionskoeffizienten von $2{,}24 \cdot 10^4 \, \text{L} \cdot \text{mol}^{-1} \cdot \text{cm}^{-1}$. Die Extinktion einer Lösung des roten Komplexes in einer 2-cm-Küvette beträgt 0,896. Berechnen Sie die Stoffmengenkonzentration an Fe(II) in der Lösung.

5.15 Bei einer Wellenlänge von 487 nm ist der molare dekadische Extinktionskoeffizient eines Nickel-Komplexes NiL_2 9400 $\text{L} \cdot \text{mol}^{-1} \cdot \text{cm}^{-1}$; der Extinktionskoeffizient des Liganden L ist bei dieser Wellenlänge 3,0 $\text{L} \cdot \text{mol}^{-1} \cdot \text{cm}^{-1}$. Berechnen Sie die Extinktion in einer 1-cm-Küvette gegen Wasser als Blindwert für eine Lösung, die durch Mischen von 10 mL Ni(II)-Lösung, $c = 1{,}0 \cdot 10^{-4}$ mol/L, und 10 mL Ligand-Lösung, $c = 1{,}0 \cdot 10^{-2}$ mol/L, und anschließendes Verdünnen auf 100 mL erhalten wurde. (Wir setzen voraus, daß das Ni(II) durch den Liganden vollständig komplexiert wird.)

5.16   Cadmium(II) wird im Abwasser durch Zugabe eines zehnfachen molaren Überschusses eines farbbildenden Reagenzes und Messung der Extinktion bei 610 nm bestimmt. Bei dieser Wellenlänge enthält die Lösung eine Konzentration von $c = 1{,}0 \cdot 10^{-5}$ mol/L an komplexiertem Cadmium und $c = 1{,}0 \cdot 10^{-4}$ mol/L freies Reagenz und hat eine Extinktion von 0,568. Bei der gleichen Wellenlänge hat eine Lösung, die nur $1{,}0 \cdot 10^{-4}$ mol/L des Reagenzes enthält, eine Extinktion von 0,024. Alle Messungen werden in einer 1-cm-Küvette gegen Wasser als Blindwert ausgeführt. Berechnen Sie den molaren dekadischen Extinktionskoeffizienten des

a)   Cadmium-Komplexes und

b)   freien Reagenzes bei 610 nm.

5.17   Zeichnen Sie nach den folgenden Daten das Spektrum für einen als Cu-NAS bekannten Komplex. Was wäre in diesem Falle die beste Wellenlänge für die spektralphotometrische Bestimmung von Kupfer mit NAS als Reagenz? (Näheres über NAS siehe Abschnitt 12.4.)

Wellenlänge in nm	E
400	0,245
420	0,310
440	0,395
460	0,485
480	0,588
490	0,615
500	0,615
520	0,490
540	0,310
560	0,102
580	0,020
600	0,010

Instrumentelle Messung von Strahlungsenergie

5.18   Nennen Sie vier Lichtquellen für ultraviolette Strahlung und den Wellenlängenbereich, den jede von ihnen emittiert. Geben Sie auch jeweils einen Vorteil und einen Nachteil bei Verwendung der jeweiligen Quelle in der Spektroskopie an.

5.19   Die Niederdruck-Quecksilber-Bogenlampe ist eine UV-Linienquelle und emittiert Linien bei 254 nm (intensiv), 303 nm, 313 nm und 365 bis 366 nm im UV-Bereich sowie bei 405 nm, 436 nm und weiteren Wellenlängen im sichtbaren Bereich.

a)   Erklären Sie den Unterschied zwischen diesem Typ und einer kontinuierlichen Quelle. Glauben Sie, daß eine Quecksilber-Bogenlampe für ein Spektralphotometer verwendbar ist? Begründung!

b) Wir nehmen an, daß eine Lichtquelle mit fester Wellenlänge zur Bestimmung aromatischer Kohlenwasserstoffe wie Benzol und Naphthalin verwendet wurde (Bild 5–17). Welche Linie der Quecksilber-Bogenlampe kann verwendet werden, und welchen Vorteil hätte diese gegenüber einer kontinuierlichen UV-Quelle?

5.20 Vergleichen Sie die Vakuum-Photodiode (Photozelle) und die Silicium-Halbleiterphotodiode (Photoelement) in bezug auf:

a) den Prozeß, nach dem Photonen mit dem Detektor wechselwirken

b) den Ansprechbereich – welcher ist größer, und was beeinflußt die Empfindlichkeit?

c) die jeweiligen Vorteile des einen gegenüber dem anderen Detektor.

5.21 Photonen, deren Energie nicht ausreicht, um Elektron-Loch-Paare zu erzeugen, werden nicht absorbiert, sondern durchlaufen das Photoelement ungehindert. Machen Sie einen Vorschlag, wie dieser Effekt zur Entwicklung eines Detektors ohne Monochromator verwendet werden kann, der nur auf Strahlung zwischen 1170 und 3000 nm und nicht auf dem Bereich von 400 bis 3000 nm anspricht. Wir nehmen an, daß zusätzlich ein Bleisulfid-Detektor (Arbeitsbereich: 800 bis 3000 nm) zur Verfügung steht.

Einfache analytische Probleme

5.22 Die nachfolgenden Daten wurden bei der Messung einer farbigen Zink-Komplexlösung bei 465 nm in einer 1-cm-Küvette erhalten:

Eichlösung Nr.	Gehalt an Zink in ppm	Extinktion
1	2,0	0,105
2	4,0	0,205
3	6,0	0,310
4	8,0	0,415
5	10,0	0,515

a) Erstellen Sie eine Eichkurve (auf Millimeterpapier).

b) Berechnen Sie den Extinktionskoeffizienten a in $L \cdot mg^{-1} \cdot cm^{-1}$ und den molaren dekadischen Extinktionskoeffizienten ε in $L \cdot mol^{-1} \cdot cm^{-1}$.

c) Berechnen Sie die Konzentration einer Analysenlösung, die eine Extinktion von 0,200 hat.

5.23 Die nachfolgenden Meßergebnisse für Kaliumpermanganat wurden bei 540 nm in einer 1-cm-Küvette erhalten:

$c(KMnO_4^-)$ in mol/L	Extinktion
0,00005	0,101
0,00010	0,202
0,00020	0,405
0,00030	0,606
0,00040	0,809

a) Erstellen Sie eine Eichkurve (auf Millimeterpapier).

b) Berechnen Sie den molaren dekadischen Extinktionskoeffizienten ε für die angegebene Wellenlänge.

c) Ermitteln Sie mit Hilfe der Eichkurve aus a) die Konzentration einer Analysenlösung, die eine Transmission von 50 % hat.

5.24 Eine Probe von 0,2000 g einer Metall-Legierung wurde in Säure gelöst und in einem Meßkolben auf exakt 200 mL verdünnt. Anschließend wurde zu einem Aliquot von 25 mL Periodat zugegeben und die Lösung zur Oxidation des enthaltenen Mangans zum Permanganat gekocht. Nach Abkühlen wurde diese Lösung auf exakt 100 mL verdünnt. Ein Teil der letzten Lösung wurde photometrisch gemessen. Man fand 1,85 ppm Mangan. Berechnen Sie den Mangan-Gehalt der Metall-Legierung.

5.25 Bei 540 nm ist die Extinktion eines Anilin-Farbstoffes als Funktion des pH wie folgt: $E = 0,00$ bei pH 2,0; 0,84 bei pH 4,0; 0,88 bei pH 4,6; 0,90 bei pH 5,2; 0,90 bei pH 6,2; 0,78 bei pH 7,2 und 0,46 bei pH 8,0. Tragen Sie die Extinktion gegen den pH auf und geben Sie den besten pH-Bereich für eine spektralphotometrische Bestimmung des Anilin-Farbstoffes an.

5.26 Bei 475 nm ist der molare dekadische Extinktionskoeffizient ε der sauren Form eines Säure-Base-Indikators 120. Bei der gleichen Wellenlänge ist ε für die basische Form 1200. Eine Lösung dieses Indikators mit $c = 1,00 \cdot 10^{-3}$ mol/L hat bei 475 nm eine Extinktion von 0,864 (gemessen in einer 1-cm-Küvette), wenn der pH so eingestellt ist, daß sowohl die saure als auch die basische Form des Indikators vorliegen. Berechnen Sie die Konzentration jeder Form und das Mengenverhältnis der basischen zur sauren Form des Indikators.

5.27 Oft wird ein Metall-Ion mit einem Reagenz titriert, mit dem es ein farbiges Produkt liefert. Folgende Tabelle enhält die Extinktionen, die nach Zugabe bestimmter Volumina V der Reagenzlösung zu der Lösung eines Metallions

Me^{n+} gemessen wurden. Die Konzentrationen der Lösungen waren:
$c(Me^{n+}) = 1{,}00 \cdot 10^{-3}$ mol/L; $c(\text{Reagenz}) = 4{,}44 \cdot 10^{-4}$ mol/L.

V (in mL)	Extinktion
0,00	0,000
1,00	0,195
2,00	0,395
3,00	0,580
4,00	0,780
5,00	0,880
6,00	0,875
7,00	0,885

Tragen Sie die Extinktion gegen das zugesetzte Volumen V der Reagenzlösung auf (Millimeterpapier!) und berechnen Sie, in welchem Verhältnis sich Metall und Reagenz verbinden.

5.28 Berechnen Sie aus den folgenden Angaben den genauen molaren dekadischen Extinktionskoeffizienten für einen 1:1-Metall-Farbstoffkomplex bei 530 nm.
Extinktion des Farbstoffs, $c = 1{,}0 \cdot 10^{-2}$ mol/L, bei 530 nm: $E = 0{,}05$; Extinktion einer Lösung mit $c(Me^{n+}) = 1{,}0 \cdot 10^{-4}$ mol/L und c (Farbstoff) = $1{,}0 \cdot 10^{-3}$ mol/L bei 530 nm: $E = 0{,}725$. (Beide Messungen in 1-cm-Küvetten.)

5.29 Automatisierte Glucosebestimmung: Schlagen Sie eine brauchbare Alternative zu $[Fe(CN)_6]^{3-}$ als Oxidationsmittel vor. Bedenken Sie, daß das Standardpotential (Anhang 3) mindestens so groß oder höher sein muß als das von Hexacyanoferrat(III) und daß zweckmäßigerweise die reduzierte Form Ihres Alternativ-Reagenzes nicht oder nur schwach gefärbt sein sollte (warum?).

Analyse von Gemischen

5.30 Sie haben als Reagenzien nur Thiocyanat-Ionen und 1,10-Phenanthrolin zur Verfügung. Erläutern Sie, wie Sie Spuren von Eisen(II)- und Eisen(III)-Ionen in einer wäßrigen Lösung nebeneinander bestimmen könnten.

5.31 Schlagen Sie ein Verfahren zur genauen Bestimmung der molaren dekadischen Extinktionskoeffizienten von Br_2 und Br_3^- bei 400 nm vor; das Lösungsmittel sei Essigsäure/Wasser 9:1. Wie könnten Sie mit Hilfe dieser Information die relativen Konzentrationen von Br_2 und Br_3^- in einem Gemisch abschätzen?

5.32   Mit Hilfe von Extinktionsmessungen im UV-Bereich bei zwei verschiedenen Wellenlängen soll ein Gemisch aus o- und p-Nitroanilin analysiert werden. Berechnen Sie die Konzentrationen der beiden Isomeren in mol/L aus
       den nachfolgenden Meßdaten. Bei 285 nm fand man: E (Gemisch) = 1,040,
       ε (o-Nitroanilin) = 5,260 $L \cdot mol^{-1} \cdot cm^{-1}$, ε (p-Nitroanilin) = 1400
       $L \cdot mol^{-1} \cdot cm^{-1}$. Bei 347 nm fand man: E (Gemisch) = 0,916, ε (o-Nitroanilin) = 1280 $L \cdot mol^{-1} \cdot cm^{-1}$, ε (p-Nitroanilin) = 9200 $L \cdot mol^{-1} \cdot cm^{-1}$.

5.33   Vorschlag: Chrom in einem manganfreien Stahl soll durch Lösen der Probe
       in Salpetersäure und Oxidation des gebildeten Chrom(III) zu $Cr_2O_7^{2-}$ bestimmt werden.

       a) Bei welcher Wellenlänge könnte man das Dichromat bestimmen (Bild
          5–5)?

       b) Welche Störungen sind zu erwarten?

       c) Wie könnte man die Störungen umgehen?

5.34   Ein Gemisch aus Eisen(III)- und Thiocyanat-Ionen reagiert sehr langsam unter Bildung von Fe(II)-Ionen. Forscher, die diese Reaktion untersuchten,
       konnten die Reaktionsgeschwindigkeit messen, indem sie Eisen(III) mit
       Fluorid komplexierten (maskierten) und Eisen(II) mit einem geeigneten
       farbbildenden Reagenz umsetzten. Schlagen Sie ein solches Reagenz vor.

5.35   Deutsche Chemiker fanden 1966, daß anorganische Nitrate in Tabak durch
       Extraktion und Messung durch UV-Spektralphotometrie bestimmt werden
       können. Verunreinigungen in der Lösung absorbierten jedoch sowohl bei
       303 bis 210 nm als auch bei 232 nm. Schlagen Sie zwei Wege vor, wie man
       die Störung durch Verunreinigungen ausschalten kann.

UV-Spektralphotometrie

5.36   Die UV-spektralphotometrische Methode zur Nitratbestimmung (vgl. Abschnitt 5.5) arbeitet mit einer perchlorsäurehaltigen Lösung. Perchlorsäure
       ist eine starke Säure. Würden Sie erwarten, daß das Perchlorat-Ion im UV-
       Bereich absorbiert? Zeichnen Sie zur Beantwortung der Frage die Strukturformel des Perchlorats.

5.37   Berechnen Sie die Bestimmungsgrenze für Nitrat unter der Annahme, daß
       die geringste noch meßbare Extinktion 0,10 ist,

       a) bei 203 nm

       b) bei 300 nm.

5.38   Machen Sie eine Voraussage darüber, welche der nachstehend aufgeführten
       anorganischen Ionen im UV absorbieren ($\lambda > 180$ nm). Belegen Sie Ihre positiven Aussagen durch Strukturformeln.

       a) NH_4^+, $[Mn(H_2O)_6]^{2+}$, HF, H_3BO_3, OCl^-

       b) MnO_4^-, CrO_4^{2-}, $Cr_2O_7^{2-}$, SCN^-, CN^-.

5.39 Schätzen Sie die Lage der Absorptionsbande mit der höchsten Wellenlänge für die folgenden Moleküle auf zwei signifikante Stellen ab.

a) $CH_2=CH-CH=CH-CH_3$ (Hinweis: ähnelt Butadien).

b) $CH_2=CH-CH=CH-CH=CH-CH_3$

c) $CH_2=CH-(CH=CH)_3-CH=CH_2$

5.40 Für jede der folgenden Verbindungen sollen Sie anhand von Bild 5−17 den Logarithmus des molaren dekadischen Extinktionskoeffizienten abschätzen und daraus mit der korrekten Anzahl signifikanter Stellen den Extinktionskoeffizienten berechnen.

a) Benzol, 260 nm

b) Naphthalin, 314 nm und 275 nm

c) Anthracen, 380 nm.

5.41 Schauen Sie sich nochmals die Bilder 5−16 und 5−17 an. Entwickeln Sie eine spektralphotometrische Methode zur Bestimmung von Naphthalin in Gegenwart unbekannter Mengen an Benzol und substituierten Benzolen. Ermitteln Sie die Wellenlänge, bei der Naphthalin ohne Störung durch die anderen Verbindungen gemessen werden kann, und berechnen Sie die Naphthalinkonzentration, die ein meßbares Signal ($E = 0,01$) bei dieser Wellenlänge liefert, auf zwei signifikante Stellen.

Spezielle Fragen

5.42 Im vorstehenden Kapitel wurden Halbleiter wie z.B. CdS und PbSe vorgestellt. Suchen Sie denjenigen heraus, welcher bei den höchsten Wellenlängen noch anspricht. Berechnen Sie diese Wellenlänge aus der entsprechenden Energie, die zur Bildung eines Elektron-Loch-Paares erforderlich ist.

5.43 Schließen Sie aus den Angaben über langwellige Empfindlichkeit der in diesem Kapitel diskutierten Halbleiter, welcher nur im UV-Bereich anspricht, nicht jedoch im sichtbaren und infraroten Bereich.

5.44 Eine der folgenden Mischungen organischer Stoffe könnte Ihnen in der Praxis begegnen. Sie sollten jeweils ein Verfahren vorschlagen, mit dem die erste Verbindung in Gegenwart der zweiten bei einer einzigen Wellenlänge bestimmt werden kann. Begründen Sie dabei jeweils, mit chemischen und spektroskopischen Argumenten, warum Sie so verfahren würden. Geben Sie auch den Typ des Meßgeräts, die Arbeitsvorschrift (Meßwellenlänge etc.) und evtl. Literatur an.

a) Anthracen in Gegenwart von Pyridin

b) Benzaldehyd in Gegenwart von Benzol

c) Acetophenon in Gegenwart von Aceton

d) Acetonitril in Gegenwart von Aceton

e) Azulen in Gegenwart von Naphthalin.

5.45 Entwickeln Sie für eine der folgenden Legierungen Methoden zur Bestimmung eines jeden Spurenbestandteils mit Hilfe der Spektralphotometrie. Geben Sie jeweils die spektralphotometrische Methode, das Gerät und die Wellenlänge an, nennen Sie Literaturstellen.

a) Ein Stahl, der Spuren von Mn, Cl und Si enthält.

b) Ein Schnellschnittstahl, der Spuren von Mn, V und Ni enthält.

c) Letternmetall, das Spuren von Cu und Sn neben sehr viel Pb enthält.

d) Eine Druckguß-Legierung, die neben sehr viel Zn Spuren von Cu und Fe enthält.

5.46 Das Permanganat-Ion hat Absorptionsbanden bei
225 nm ($\varepsilon > 3 \cdot 10^3$ L·cm^{-1}·mol^{-1}), 310 nm ($\varepsilon = 1{,}5 \cdot 10^3$ L·cm^{-1}·mol^{-1}) sowie bei 525 nm ($\varepsilon = 2 \cdot 10^3$ L·cm^{-1}·mol^{-1}).

a) Mit welchem Typ von Spektralphotometer würden Sie die Absorption des Permanganats jeweils messen?

b) Bei jeder der beiden erstgenannten Wellenlängen soll Mangan in einem Stahl bestimmt werden, indem man in Salpetersäure löst und das gebildete Mn(II) zu MnO$_4^-$ oxidiert. Kommentieren Sie diesen Vorschlag. Bedenken Sie dabei, daß Fe(III) in jeder sauren Lösung im UV-Bereich absorbiert.

c) Berechnen Sie für alle drei angegebenen Wellenlängen die Konzentration an Permanganat, die noch ablesbare Werte ($E = 0{,}01$) liefert.

d) Wir nehmen an, daß unsere Analysenlösung kein Fe(III) enthält. Bei welcher der drei angegebenen Wellenlängen wäre die Bestimmungsgrenze am niedrigsten?

5.47 Man kann zeigen, daß die Differenz zweier beliebiger Extinktionen, $E_1 - E_2$, gleich dem Logarithmus des reziproken Verhältnisses der entsprechenden Durchlässigkeiten, $\log(T_2/T_1)$, ist. Unter Verwendung der geeigneten Gleichungen zeige man, daß dies tatsächlich der Fall ist. Man überprüfe dies durch Berechnung der Differenz der Extinktionen für den Fall, daß $T_2 = 0{,}80$ und $T_1 = 0{,}10$.

Kapitel 6

Volumetrische Analysenmethoden

Volumetrische Verfahren (Titrationen) gehören zu den wichtigsten in der quantitativen Analyse. In diesem Kapitel sollen die Grundprinzipien und Anwendungsgebiete vorgestellt und der Leser insbesondere mit den nötigen Rechenverfahren vertraut gemacht werden. Die eingehende theoretische Behandlung und die Darstellung einzelner Titrationsverfahren folgen in den Kapiteln 9 bis 14.

6.1   Allgemeine Grundlagen

Das Prinzip der Titration

Die Titration ist ein rasche, genaue und weithin angewandte Methode, um die Menge einer Substanz in Lösung zu bestimmen. Dabei geht man so vor, daß man der zu untersuchenden Lösung genau dasjenige Volumen einer *Standardlösung* (einer Lösung mit bekanntem „Titer", d.h. einer Lösung, deren Konzentration exakt bekannt ist) zufügt, das zu einem vollständigen Umsatz der unbekannten Substanzmenge benötigt wird. Die Standardlösung wird *Maßlösung* (Lösung eines Titranten) genannt; das Volumen der Maßlösung, das man für die Titration benötigt, wird sorgfältig mit Hilfe einer *Bürette* gemessen. Wenn das Volumen und die Konzentration der Maßlösung (ihr *Titer*) bekannt sind, kann man die unbekannte Menge an zu titrierender Substanz berechnen.

Eine Titration beruht auf einer chemischen Reaktion der Art

$$a\mathrm{A} + b\mathrm{B} \rightarrow \text{Produkte} ,$$

wobei A für den gelösten Stoff in der Maßlösung − den *Titranten* −, B für die zu titrierende Substanz steht; a und b sind die jeweiligen stöchiometrischen Koeffizienten. Eine Titration muß folgenden Anforderungen genügen:

(1) Die Reaktion sollte *stöchiometrisch* verlaufen; d.h. a und b sollten in einem genauen ganzzahligen Verhältnis stehen.

(2) Die chemische Reaktion sollte *schnell* verlaufen, so daß die Titration rasch ausgeführt werden kann.

(3) Die Reaktion sollte *quantitativ* verlaufen. Für die gewöhnlich verlangte analytische Genauigkeit muß sie mindestens zu 99,9 % abgelaufen sein, wenn eine stöchiometrische Menge an Maßlösung zugegeben worden ist (der *Umsatz* muß größer oder gleich 99,9 % sein).

(4) Es müssen Methoden zur Verfügung stehen, um denjenigen Punkt der Titration zu bestimmen, bei dem die stöchiometrische Menge an Maßlösung zugegeben worden und die Reaktion vollständig abgelaufen ist. Wenn man diesen Punkt experimentell mit Hilfe der Farbänderung eines Indikators oder durch irgendeine Änderung der elektrochemischen oder physikalischen Eigenschaften der Lösung bestimmt, so nennt man das den *Endpunkt* der Titration. Der Punkt, bei dem die theoretische Menge Maßlösung zugegeben worden ist, nennt man dagegen *Äquivalenzpunkt* der Titration. Im Idealfall fallen Endpunkt und Äqui-

valenzpunkt zusammen, in der Praxis unterscheiden sich häufig beide Werte aus verschiedenen Gründen (z.B. weil die Farbe des Indikators zu früh oder zu spät umschlägt).

Standardlösungen

Eine Möglichkeit, eine Standardlösung (Maßlösung) herzustellen, besteht darin, daß man eine definierte Menge einer hochreinen Substanz (einer *Urtitersubstanz*, s.u.) genau einwiegt und dann die Lösung sorgfältig in einem Meßkolben auf ein bekanntes Volumen verdünnt.

Eine andere Möglichkeit ist, eine Vorratslösung von ungefähr bekannter Konzentration herzustellen, die dann durch Titration einer bekannten Menge einer Urtitersubstanz mit dieser Lösung *eingestellt* wird. Zum Beispiel bereitet man eine Stammlösung von gereinigtem Natriumhydroxid und stellt sie ein, indem man genau eingewogene Mengen einer als *Urtitersubstanz* (kurz: Urtiter) geeigneten Säure (wie z.B. Kaliumhydrogenphthalat) damit titriert.

Um als Urtitersubstanz (englisch: *primary standard*) geeignet zu sein, muß eine Substanz einigen Anforderungen genügen:

(1) Die Substanz sollte von bekannter Zusammensetzung und möglichst 100 % rein sein; eine etwas geringere Reinheit kann in Kauf genommen werden, wenn der Grad der Verunreinigung genau bekannt ist.
(2) Sie sollte eine rasch und stöchiometrisch verlaufende chemische Reaktion mit der zu standardisierenden Lösung eingehen. Die Gleichgewichtskonstante für die zur Standardisierung dienende Reaktion sollte günstig liegen. So sollte z.B. bei einer Säure-Base-Titration die Urtitersubstanz eine möglichst starke Säure oder Base sein.
(3) Die Substanz sollte bei Raumtemperatur unbegrenzt haltbar und gegen Trocknen im Ofen stabil sein. Sie sollte weder Wasser noch Kohlendioxid aus der Atmosphäre adsorbieren.
(4) Sie sollte — wenn möglich — eine hohe Äquivalentmasse haben, weil dann der relative Fehler beim Abwiegen geringer ist.

Anwendungsbereich von Titrationsverfahren

Jeder der folgenden chemischen Reaktionstypen kann zur Grundlage einer Titration gemacht werden.

Fällung. Ein Beispiel ist die Bestimmung von Chlorid durch Titration mit der Standardlösung eines Silbersalzes:

$$Ag^+ \ + \ Cl^- \ \rightarrow \ AgCl(s)$$
(Maßlösung)

Der Endpunkt dieser Titration kann mit irgendeinem sichtbaren Indikator oder durch potentiometrische Messung mit einer auf Silberionen sensitiven Elektrode ermittelt werden. Solche Fällungstitrationen werden im Kapitel 10 ausführlich behandelt.

Säure-Base-Titration. Hunderte von Verbindungen, sowohl organische als auch anorganische, können durch Titration, die ihre sauren oder basischen Eigenschaften ausnutzt, bestimmt werden. Säuren werden bestimmt, indem man sie mit einer Standardlösung einer starken Base titriert, wie z.B. Natriumhydroxid:

$$\underset{\text{(NaOH-Maßlösung)}}{OH^-} \quad + \quad \underset{\substack{\text{(zu bestimmende} \\ \text{Säure)}}}{HA} \quad \rightarrow A^- + H_2O$$

Basen werden mit einer Standardlösung einer starken Säure titriert, wie z.B. Chlorwasserstoff oder Perchlorsäure:

$$\underset{\text{(HCl-Maßlösung)}}{H_3O^+} \quad + \quad \underset{\substack{\text{(zu bestimmende} \\ \text{Base)}}}{B} \quad \rightarrow BH^+ + H_2O$$

Organische Säuren und Basen titriert man häufig in nichtwäßrigen anstelle von wäßrigen Lösungen.

Der Endpunkt einer Säure-Base-Titration wird gewöhnlich durch Zugabe einer kleinen Menge einer Indikatorsubstanz festgestellt, die ihre Farbe plötzlich ändert, wenn der letzte Rest der zu titrierenden Säure oder Base neutralisiert wird. Eine andere Möglichkeit ist es, die H_3O^+-Ionenkonzentration während der Titration mit Hilfe eines pH-Meters zu verfolgen. Säure-Base-Titrationen werden in Kapitel 9 behandelt.

Komplexbildung. Die meisten Metallionen können genau bestimmt werden, indem man sie mit der Standardlösung eines organischen Komplexbildners, wie z.B. EDTA (Ethylendiamintetraessigsäure) titriert. Dieses Reagenz reagiert mit den meisten Metallkationen zu einem sehr stabilen wasserlöslichen Komplex. In den meisten dieser Komplexe ist das Verhältnis von EDTA zu Metallionen 1 : 1. Man fügt einen oder zwei Tropfen einer Indikatorlösung zu, die einen stark gefärbten Komplex mit dem Metallion bildet. Die Farbe bleibt so lange bestehen, bis alle Metallionen umgesetzt sind. Nachdem eine stöchiometrische Menge an EDTA zugegeben worden ist, wird der Komplex aus Metallionen und Indikator zerstört, es tritt eine Farbänderung auf. Sie zeigt den Endpunkt an. Theorie und Praxis der Komplextitration werden im Kapitel 12 behandelt.

Redox-Reaktionen. Einige Elemente, die in mehr als einer Oxidationsstufe vorkommen, kann man durch Titration mit einem oxidierenden oder reduzierenden Stoff als Standard bestimmen. Das vielleicht bekannteste Beispiel ist die Titration von Fe(II) mit Permanganat:

$$MnO_4^- + 5\,Fe^{2+} + 8\,H_3O^+ \rightarrow 5\,Fe^{3+} + Mn^{2+} + 12\,H_2O$$

Der Endpunkt dieser Titration ist erkennbar am Auftreten einer bleibenden violetten Färbung, die durch den ersten Überschuß des stark gefärbten Permanganat-Ions verursacht wird. Der Endpunkt anderer Redox-Titrationen kann mit Hilfe von Indikatoren oder potentiometrischer Messung bestimmt werden. Redox-Titrationen werden im Kapitel 14 besprochen.

Die Bedingungen für einige typische Titrationen sind in der Tabelle 6−1 zusammengefaßt.

Tabelle 6–1 Einige typische Titrationen

Reaktionstyp	Maßlösung enthält	zugehörige Urtitersubstanz	titrierter Stoff	Indikator
Fällungsreaktion	$AgNO_3$	KCl	Cl^- oder Br^-	Dichlorfluorescein
Säure-Base-Reaktion	NaOH	Kaliumhydrogen-phthalat	Säuren	Phenolphthalein
Säure-Base-Reaktion	HCl	4-Aminopyridin	Basen	Methylorange
Komplexbildung	EDTA	Zn^{2+}	Ca^{2+}, Mg^{2+} etc.	Eriochrom-Schwarz T
Redox-Reaktion	$KMnO_4$	$Na_2C_2O_4$	Fe^{2+} etc.	MnO_4^- (farbig)
Redox-Reaktion	$KMnO_4$	As_2O_3	Fe^{2+} etc.	Ferroin

Automatisierte und kontinuierliche Titrationen

Wenn auch der Analytiker eine große Anzahl von chemischen Verbindungen mit sehr einfacher Ausstattung titrieren kann, so verlangt doch jede Titration sorgfältige „Handarbeit" und ein sehr genaues Ablesen der Bürette. In Laboratorien, die eine große Anzahl von Proben zu analysieren haben, muß Automatisierung die Arbeit des Analytikers erleichtern und teure „manpower" einsparen helfen. Es gibt inzwischen Analysengeräte, die zahlreiche Proben nacheinander völlig automatisch titrieren. Ein solches Gerät ist in Bild 6–1 gezeigt. Die Probelösungen werden zur Titration in Bechergläsern innerhalb der Gefäße auf dem Probenkarussell aufgestellt. Zu jeder Lösung wird ein Indikator zugegeben, der im sichtbaren Bereich absorbiert, alles weitere macht der Automat. Aus einer Bürette wird mit Hilfe eines motorgetriebenen Kolbens, der die Maßlösung verdrängt, Titrationslösung zugegeben. Der Kolben wird von einer Schraube so angetrieben, daß man das aus der Bürette verdrängte Flüssigkeitsvolumen berechnen kann, indem man mechanisch die Anzahl von Umdrehungen der Schraube zählt. Der Endpunkt der Titration wird durch die Farbänderung des Indikators deutlich. Dies wird elektrisch durch die Änderung des in einem einfachen Spektralphotometer gemessenen Stroms deutlich. Die temporären Änderungen der Indikatorfarbe kurz vor Erreichen des Endpunktes können ein zeitweises Unterbrechen der Zugabe von Maßlösung aus der Bürette verursachen; dadurch wird erreicht, daß die Maßlösung in der Nähe des Endpunktes in kleineren Mengen zugegeben wird, so wie man es bei einer Titration von Hand auch tun würde. Nachdem eine bleibende Farbänderung auftritt, wird das verbrauchte Volumen an Maßlösung ausgedruckt. Dann werden die Lichtleiter und der Rührer aus der Probelösung herausgezogen und automatisch gespült, das Probenkarussell bewegt sich zur nächsten Probe, und der gesamte Prozeß wiederholt sich.

Für jede bestimmte Anwendung wünscht die Industrie die jeweils rascheste und am ehesten automatisierbare Methode. Die *kontinuierliche Analyse* beispiels-

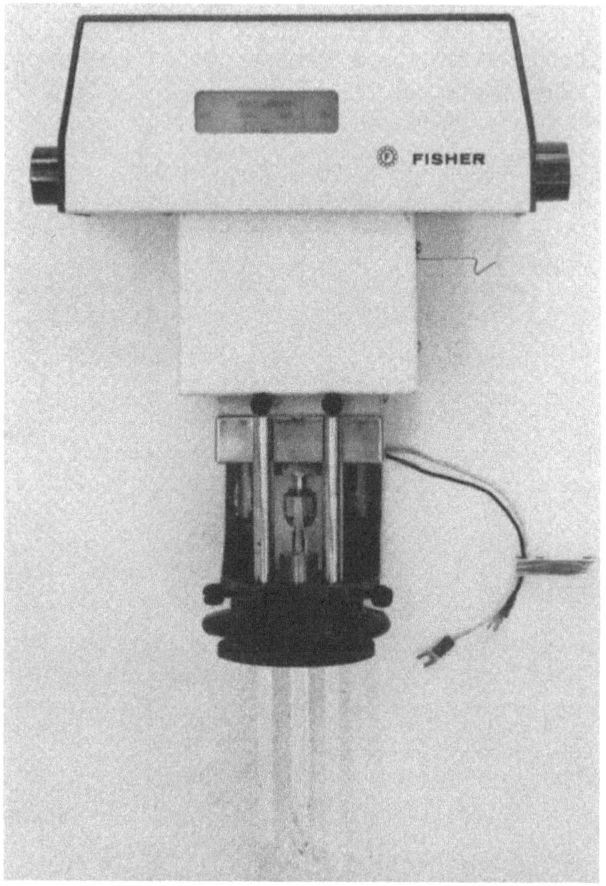

Bild 6-1 Automatische photometrische Titriereinrichtung. Die Änderung der Indikatorfarbe wird photometrisch mit Hilfe von Lichtleitern beobachtet. Ein Lichtstrahl von 35 nm Linienbreite im Frequenzbereich zwischen 400 und 700 nm wird mit Hilfe eines Interferenzfilters erzeugt. Dieser Strahl durchläuft einen Lichtleiter, dann die Lösung und wird schließlich durch einen zweiten Lichtleiter zum Detektor geführt. (Mit freundlicher Genehmigung von Fisher Scientific Co.)

weise ist ein ideales Verfahren zur Überwachung der chemischen Zusammensetzung von Gemischen in Produktionsanlagen. Eine Technik zur kontinuierlichen Analyse macht sich eine speziell angepaßte Form der Titration zunutze. Eine kleine Menge des Reaktionsgemisches wird mit konstanter Flußrate (= Volumenstrom = Volumen/Zeit) kontinuierlich aus dem Strom entnommen.

Diese Analysenlösung wird mit Maßlösung vermischt, so daß eine quantitative chemische Reaktion zwischen Maßlösung und der im Gemisch zu untersuchenden Substanz stattfindet (Bild 6−2). Die Flußrate des Stroms an Maßlösung wird kontinuierlich so kontrolliert, daß genau die richtige Menge an Maßlösung in die Mischkammer gelangt, um mit der zu bestimmenden Substanz zu reagieren. Die

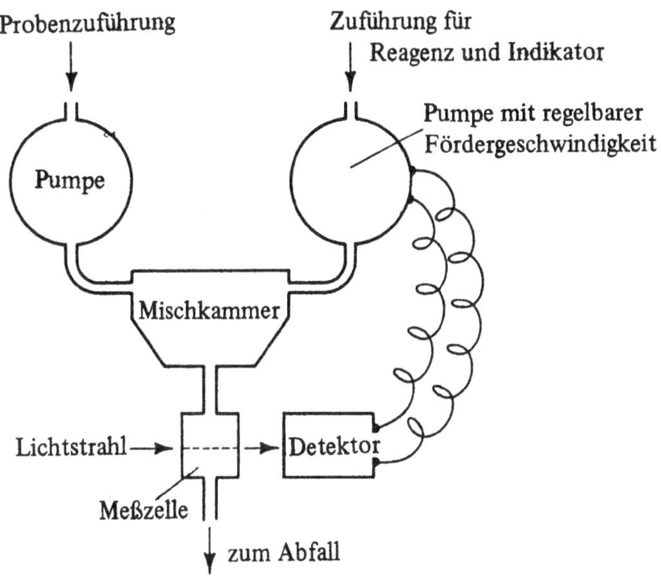

Bild 6-2 Schematische Darstellung eines kontinuierlichen Analysators. Die Geschwindigkeit, mit der die Maßlösung zugefügt wird, wird vom Detektor kontrolliert, der als Nullpunktsgerät dient. Die Konzentration der zu titrierenden Substanz in der Probe ist proportional zur Geschwindigkeit der Förderpumpe für das Reagenz.

Flußrate an Maßlösung wird mit Hilfe einer hochpräzisen Pumpe mit verschiedenen Geschwindigkeiten oder durch Änderung des auf dem Titrantenstrom lastenden Drucks eingestellt.

Eine Meßeinheit – dies können beispielsweise ein Photometer oder zwei Elektroden sein – zeigt an, ob die Flußraten so eingestellt sind, daß das Mischen der beiden Ströme zu einer stöchiometrischen Reaktion führt. Wenn hier eine Abweichung auftritt, wird der Zufluß an Maßlösung entweder gesteigert oder vermindert, bis die Flußraten wieder stöchiometrisch „zusammenpassen". Wenn man den Fluß an Maßlösung gegen die Zeit aufzeichnet, kann man daraus die Konzentration der zu bestimmenden Substanz im Reaktionsgemisch bestimmen. Eine ausführliche Zusammenstellung von automatisierten und kontinuierlichen Analysenmethoden geben Blaedel und Laessig[1].

---

1 W.J. Blaedel, R.H. Laessig, „Automation of the analytical process through continous analysis", in *Advances in Analytical Chemistry and Instrumentation*, Vol. 5 (Interscience, New York 1966)

6.2   Das Rechnen mit Stoffmengenkonzentrationen

Definitionen und Zusammenhänge

Die Berechnung titrimetricher Analysen setzt die Kenntnis der grundlegenden Einheiten und deren Umrechnung voraus, wie sie in Kapitel 1.2 besprochen wurden.

Zur Erinnerung: Stoffmengen $n(X)$ werden in der Einheit mol angegeben. Stoffmengenkonzentrationen $c(X)$ haben die Einheit mol/L.

Es gelten folgende Beziehungen (wobei V das Volumen der Lösung in L bedeutet, $M(X)$ die molare Masse des Stoffes X in g/mol, $m(X)$ die Masse an gelöstem Stoff in g und $n(X)$ seine Stoffmenge in mol ist):

$$n(X) = c(X) \cdot V_{\text{Lösung}} \tag{6-1}$$

$$m(X) = n(X) \cdot M(X) \tag{6-2}$$

$$m(X) = c(X) \cdot V_{\text{Lösung}} \cdot M(X) \tag{6-3}$$

Da man es in der Analytik meist mit kleinen Mengen zu tun hat, sind als Einheiten oft mg, mL und mmol anstelle von g, L und mol vorzuziehen, also z.B. 36 mL statt 0,036 L oder 2,1 mmol statt 0,0021 mol.

Die Berechnung eines Titrationsergebnisses — Rechnen mit Stoffmengen

Um das Ergebnis einer Titration zu berechnen, muß man das Volumen und die Stoffmengenkonzentration der verwendeten Maßlösung und zugleich das Verhältnis, in dem sich titrierte Substanz und Titrant umsetzen, kennen. Es läßt sich aus der Reaktionsgleichung ablesen (die stöchiometrischen Koeffizienten von A und B seien hier mit a und b bezeichnet):

$$\underset{\text{Titrant}}{a\text{A}} + \underset{\text{titrierter Stoff}}{b\text{B}} \quad \rightarrow \text{Produkte} \tag{6-4}$$

Nach Gl. (6−1) kann die verbrauchte Stoffmenge an A, $n(A)$, leicht aus der Stoffmengenkonzentration $c(A)$ und dem verbrauchten Volumen der Maßlösung, $V_{\text{Lösung A}}$, berechnet werden.

Die Stoffmenge an titrierter Substanz B, $n(B)$, erhält man, indem man $n(A)$ mit dem Molverhältnis $\frac{b}{a}$ multipliziert:

$$n(A) \cdot \left(\frac{b}{a} \right) = n(B) \tag{6-5}$$

Gl. (6−5) wird an einigen Beispielen verdeutlicht:

Beispiel:

a) Man berechne die Stoffmenge $n_2(Na_2CO_3)$, die sich mit $n_1(HCl) = 1$ mol nach folgender Bruttogleichung umsetzt.

$$2HCl + Na_2CO_3 \rightarrow CO_2 + H_2O + 2NaCl$$

$a = 2$, $b = 1$, also gilt am Äquivalenzpunkt:

$$n_1(HCl) \cdot \tfrac{1}{2} = n_2(Na_2CO_3)$$

b) Dichromat wird nach

$$Cr_2O_7^{2-} + 6Fe^{2+} + 14H_3O^+ \rightarrow 2Cr^{3+} + 6Fe^{3+} + 21H_2O$$

mit Fe(II) umgesetzt. Der Verbrauch an Dichromat betrug $n_1(Cr_2O_7^{2-}) = 0{,}743$ mmol. Welcher Stoffmenge $n_2(Fe^{2+})$ entspricht das?

$$n_1(Cr_2O_7^{2-}) \cdot \tfrac{6}{1} = n_2(Fe^{2+})$$

Also $n_2(Fe^{2+}) = 6 \cdot 0{,}743$ mmol $= 4{,}458$ mmol

Kombination der Gln. (6−1) und (6−5) liefert

$$V_{\text{Lösung A}} \cdot c(A) \cdot \left(\frac{b}{a}\right) = n(B) \ . \tag{6−6}$$

Gewöhnlich ist die Masse an titriertem Stoff gesucht. Mit Gl. (6−2) und Gl. (6−6) gilt:

$$V_{\text{Lösung A}} \cdot c(A) \cdot \left(\frac{b}{a}\right) \cdot M(B) = n(B) \cdot M(B) = m(B) \tag{6−7}$$

Mit Gl. (6−7) kann man jedes beliebige Titrationsergebnis berechnen. Wenn der Gehalt der titrierten Lösung an B gesucht ist, also die Masse an B bezogen auf die Probenmasse, so gilt:

$$\% \, B = \frac{m(B)}{m(\text{Probe})} \cdot 100 \tag{6−8}$$

$m(B)$ und $m(\text{Probe})$ müssen natürlich in der gleichen Einheit angegeben werden. Kombination von Gl. (6−7) und (6−8) liefert

$$\% \, B = \frac{V_{\text{Lösung A}} \cdot c(A) \cdot \left(\frac{b}{a}\right) \cdot M(B) \cdot 100}{m(\text{Probe})} \tag{6−9}$$

Es folgen einige Beispiele für die Anwendung der Gln. (6−7) und (6−9).

Beispiel:

a) 5 mL einer Probe Haushaltsessig werden mit Natronlauge, $c(NaOH) = 0{,}1000$ mol/L titriert, Verbrauch $V(\text{Titrant}) = 35{,}00$ mL.
Es gilt: $OH^- + CH_3COOH \rightarrow CH_3COO^- + H_2O$
Also ist $\left(\dfrac{b}{a}\right) = \dfrac{1}{1}$.

Folglich:

$$m(\mathrm{CH_3COOH}) = 0,035\ \mathrm{L} \cdot 0,1000\ \frac{\mathrm{mol}}{\mathrm{L}} \cdot 60,03\ \frac{\mathrm{g}}{\mathrm{mol}} = 0,210\ \mathrm{g}$$

b) Eine Probenlösung, die $\mathrm{Na_2CO_3}$ enthält, wird mit Salzsäure, $c(\mathrm{HCl}) = 0,1000\ \mathrm{mol/L}$, titriert (Methylorange-Endpunkt), Verbrauch $V = 23,5\ \mathrm{mL}$, $m(\mathrm{Probe}) = 22,0\ \mathrm{g}$ $M(\mathrm{Na_2CO_3}) = 105,99\ \mathrm{g/mol}$. Man berechne den Gehalt der Probe an $\mathrm{Na_2CO_3}$.

$$\%\ \mathrm{Na_2CO_3} = \frac{0,0235\ \mathrm{L} \cdot 0,1000\ \mathrm{mol/L} \cdot \frac{1}{2} \cdot 105,99\ \frac{\mathrm{g}}{\mathrm{mol}} \cdot 100}{0,85\ \mathrm{g}} = 14,6\ \%\ \mathrm{Na_2CO_3}$$

c) 92,5 mg einer Probe werden auf Fluorid untersucht. Man titriert mit Calciumperchlorat, $c(\mathrm{Ca(ClO_4)_2}) = 0,0500\ \mathrm{mol/L}$, und verbraucht 19,80 mL.

$$\mathrm{Ca^{2+}} + 2\mathrm{F^-} \rightarrow \mathrm{CaF_2(s)}$$

Daher ist $\frac{b}{a} = 2$; $M(\mathrm{F^-}) = 19,00\ \mathrm{g/mol}$. Also gilt:

$$\%\ \mathrm{F^-} = \frac{0,01980\ \mathrm{L} \cdot 0,0500\ \mathrm{mol/L} \cdot 2 \cdot 19,00\ \frac{\mathrm{g}}{\mathrm{mol}} \cdot 100}{0,0925\ \mathrm{g}} = 40,67\ \%\ \mathrm{F^-}$$

Ermittlung der Stoffmengenkonzentration einer Maßlösung (Titerstellung)

Löst man eine genau eingewogene Menge einer Urtitersubstanz B in Wasser und titriert mit einer Lösung von A, so läßt sich die Stoffmengenkonzentration der Lösung von A, der *Titer*, berechnen (*Titerstellung, Einstellen der Maßlösung*). Dazu lösen wir Gl. (6−7) nach $c(\mathrm{A})$ auf:

$$c(\mathrm{A}) = \frac{m(\mathrm{B})}{V_{\mathrm{Lösung\,A}} \cdot \left(\frac{b}{a}\right) \cdot M(\mathrm{B})} \qquad\qquad (6-10)$$

Wenn $\frac{b}{a} = 1$, wie im folgenden Beispiel, so ist diese Beziehung noch einfacher.

Beispiel:

Man wiegt 410,4 mg des Urtiters Kaliumhydrogenphthalat (KHP), molare Masse M (KHP) = 204,2 g/mol, genau ein und löst in Wasser.
Titration mit Natronlauge, Verbrauch $V = 36,70\ \mathrm{mL}$. Berechnen Sie die Stoffmengenkonzentration der Natronlauge, $c(\mathrm{NaOH})$, in mol/L.

$$\underset{(\mathrm{NaOH})}{\mathrm{OH^-}} + \underset{(\mathrm{KHP})}{\mathrm{HP^-}} \rightarrow \mathrm{P^{2-}} + \mathrm{H_2O}$$

$$c(\mathrm{NaOH}) = \frac{0,4104\ \mathrm{g}}{0,0367\ \mathrm{L} \cdot 204,2\ \frac{\mathrm{g}}{\mathrm{mol}}} = 0,0548\ \frac{\mathrm{mol}}{\mathrm{L}}$$

Rücktitrationen

Manche Titrationsreaktionen verlaufen mit einer zu geringen Reaktionsgeschwindigkeit. Dann ist eine direkte Titration von B in einer Lösung durch Zugabe der äquivalenten Menge an Titrant A aus einer Bürette nicht möglich. Man versetzt daher die Probenlösung von B mit einem *Überschuß* (auf die Stoffmenge an B bezogen) an A. Gegebenenfalls wird erhitzt, um die Reaktion zu vervollständigen. Der nicht verbrauchte Überschuß an A wird dann *zurücktitriert*, und zwar mit einem Reagenz C, das mit A rasch reagiert.
Schematisch sieht das so aus:

$$a\text{A} \quad + \quad b\text{B} \quad \longrightarrow \text{Produkte} + \text{Überschuß A} \qquad (6-11)$$
$$\text{(Titrant)} \quad \text{(titrierter Stoff)}$$

$$c\,\text{C} \quad + \quad d\text{A} \quad \longrightarrow \text{Produkte} \qquad (6-12)$$
$$\text{(Rücktitrant)} \quad \text{(Überschuß)}$$

Das Berechnungsverfahren für diese Methode geht von der *Nettomenge* A aus, die mit B reagiert hat, dann wird gerechnet wie bei einer „normalen" Titration.

$$n(\text{A})_{\text{Gesamt}} - n(\text{A})_{\text{Überschuß}} = n(\text{A})_{\text{netto}} \qquad (6-13)$$

$$[V_{\text{Lösung A}} \cdot c(\text{A})] - \left[V_{\text{Lösung C}} \cdot c(\text{C}) \cdot \left(\frac{d}{c}\right)\right] = n(\text{A})_{\text{netto}} \qquad (6-14)$$

$$n(\text{A})_{\text{netto}} \left(\frac{b}{a}\right) \cdot M(\text{B}) = m(\text{B}) \qquad (6-15)$$

Beispiel:

a) Zirconium(IV) reagiert sehr langsam mit EDTA und wird zweckmäßigerweise durch Rücktitration bestimmt. Man gibt zu einer Zirconium(IV)-haltigen Lösung genau 10,00 mL einer EDTA-Lösung, $c(\text{EDTA}) = 0{,}0502$ mol/L. Rücktitration des überschüssigen EDTA mit Bismutnitrat, Verbrauch 2,08 mL, $c(\text{Bi}(\text{NO}_3)_3) = 0{,}0540$ mol/L. Man berechne die Masse an Zirconium in der Lösung.

$$\text{EDTA} + \text{Zr(IV)} \longrightarrow \text{Zr}-\text{EDTA} + \text{EDTA}_{\text{Überschuß}}$$
$$\text{Bi}^{3+} + \text{EDTA}_{\text{Überschuß}} \longrightarrow \text{Bi}-\text{EDTA}$$

Metallion und Komplexbildner setzen sich jeweils im Molverhältnis 1:1 um. Einsetzen in die Gln. (6−14) und (6−15) liefert:

$$n(\text{Zr}) = \left[(0{,}010\,\text{L})\left(0{,}0502\,\frac{\text{mol}}{\text{L}}\right)\right] - \left[(0{,}00208\,\text{L})\left(0{,}0504\,\frac{\text{mol}}{\text{L}}\right)\right]$$
$$= 3{,}97 \cdot 10^{-4}\,\text{mol}$$

Folglich:

$$m(\text{Zr}) = 3{,}97 \cdot 10^{-4}\,\text{mol} \cdot 91{,}22\,\frac{\text{g}}{\text{mol}} = 0{,}036\,\text{g}$$

b) Mangandioxid kann durch Reduktion mit Eisen(II)-sulfat im Überschuß bestimmt werden, wobei überschüssiges Eisen(II) mit Kaliumdichromat zurücktitriert wird.

$$2\text{Fe}^{2+} + \text{MnO}_2(\text{s}) + 4\text{H}_3\text{O}^+ \longrightarrow 2\text{Fe}^{3+} + \text{Mn}^{2+} + 6\text{H}_2\text{O} + \text{Fe}^{2+}{}_{\text{Überschuß}}$$
$$\text{Cr}_2\text{O}_7^{2-} + 6\text{Fe}^{2+} + 14\text{H}_3\text{O}^+ \longrightarrow 2\text{Cr}^{3+} + 6\text{Fe}^{3+} + 21\,\text{H}_2\text{O}$$

Probe: m(Probe) $= 0{,}200$ g; Eisen(II)-Zugabe: $V_{\text{Eisenlösung}} = 50$ mL, $c(\text{Fe}^{2+}) = 0{,}1000$ mol/L. Verbrauch Dichromat:

$V_{\text{Dichromat}} = 16{,}07$ mL, $c(\text{Cr}_2\text{O}_7^{2-}) = 0{,}0230$ mol/L.

Berechnen Sie den Prozentgehalt der Probe an MnO_2, $M(\text{MnO}_2) = 86{,}94$ g/mol.

Einsetzen in Gl. (6–14) und (6–1) liefert (mit $\dfrac{d}{c} = 6$ und $\dfrac{b}{a} = \dfrac{1}{2}$):

$$m(\text{MnO}_2) = \left[\left(0{,}050 \text{ L} \cdot 0{,}0100 \, \frac{\text{mol}}{\text{L}}\right) - \left(0{,}01607 \text{ L} \cdot 0{,}023 \, \frac{\text{mol}}{\text{L}} \cdot 6\right)\right]$$

$$\cdot \frac{1}{2} \cdot 86{,}94 \, \frac{\text{g}}{\text{mol}} = 0{,}1209 \text{ g}$$

Also ist nach Gl. (6–8) der Gehalt an MnO_2 in %, bezogen auf die Probenmasse:

$$\frac{0{,}1209 \text{ g}}{0{,}200 \text{ g}} \cdot 100 = 60{,}47\% \ \text{MnO}_2$$

6.3   Berechnungen mit Äquivalentkonzentrationen

Definitionen und Gleichungen

Wenn die Edukte A und B nicht im Verhältnis 1:1 reagieren, so kann man sich Berechnungen oft erleichtern, indem man die Konzentration des Stoffes in der Lösung nicht auf die Stoffmenge, sondern auf die Äquivalentstoffmenge bezieht (vgl. Abschnitt 1.2). Zur Erinnerung: Es ist

$$n\left(\tfrac{1}{z^*} \text{X}\right) \equiv n_{\text{eq}}(\text{X}) = \text{Äquivalentstoffmenge,}$$

wobei

$$n_{\text{eq}}(\text{X}) = z^* \cdot n(\text{X}), \tag{6–16}$$

$z^* = $ Äquivalentzahl.

Für die molare Masse des Äquivalentteilchens – die Äquivalentmasse (früher: Äquivalentgewicht) $M\left(\tfrac{1}{z^*}\text{X}\right)$ oder kurz $M_{\text{eq}}(\text{X})$ – gilt:

$$M_{\text{eq}}(\text{X}) = \frac{M(\text{X})}{z^*} \tag{6–17}$$

Die Äquivalentstoffmenge ist

$$n_{\text{eq}}(\text{X}) = \frac{m(\text{X})}{M_{\text{eq}}(\text{X})}. \tag{6–18}$$

Für die Stoffmengenkonzentration an Äquivalentteilchen — die Äquivalentkonzentration $c_{eq}(X)$ — gilt

$$c_{eq}(X) = \frac{n_{eq}(X)}{V_{\text{Lösung}}} . \tag{6-19}$$

Die Äquivalentstoffmenge n_{eq} bezieht sich damit auf ein „gedachtes" Teilchen, welches *ein* Proton, *ein* Elektron oder *eine* Ladungseinheit zur Verfügung stellen bzw. umsetzen kann. Damit entfallen die stöchiometrischen Koeffizienten a, b, c und d aus den Gleichungen des Abschnitts 6.2, wenn man mit Äquivalentstoffmengen rechnnet: *ein* Äquivalentteilchen setzt sich stets mit *einem* anderen Äquivalentteilchen um. Wie in Kapitel 1 beschrieben, heißt das konkret:

(1) In Säure-Base-Reaktionen liefert die Äquivalentstoffmenge einer Säure oder Base stets ein Mol H_3O^+- bzw. OH^--Ionen.

(2) In Redox-Reaktionen kann die Äquivalentstoffmenge eines Reduktions- bzw. Oxidationsmittels stets ein Mol Elektronen abgeben bzw. aufnehmen.

(3) In Fällungs- und Komplexbildungsreaktionen reagiert die Äquivalentstoffmenge stets mit *einer* Ladungseinheit.

Beispiele:

Nach Gl. (6–17) ist

$$M_{eq}(H_2SO_4) = \frac{M(H_2SO_4)}{2} = \frac{98\,g}{2}\,\frac{g}{mol} = 49\,\frac{g}{mol}$$

$$M_{eq}(K_2Cr_2O_7) = \frac{M(K_2Cr_2O_7)}{6} = \frac{294}{6}\,\frac{g}{mol} = 49\,\frac{g}{mol} ,$$

wenn $Cr_2O_7^{2-}$ zu Cr^{3+} reduziert wird

$$M(Ba^{2+}) = \frac{M(Ba^{2+})}{2} = \frac{173,3}{2}\,\frac{g}{mol} = 68,65\,\frac{g}{mol}$$

Für die kleinen Konzentrationen, mit denen in der Analytik oft gerechnet wird, werden anstelle der Angaben in g und mol oft solche in mg und mmol verwendet.

Berechnung von Titrationsergebnissen

Berechnungen mit Äquivalentstoffmengen und Äquivalentkonzentrationen ähneln denen mit Stoffmengen und Stoffmengenkonzentrationen. Im Unterschied zu den letztgenannten Verfahren gilt für Äquivalentstoffmengen jedoch, daß bei stöchiometrischem Umsatz bei einer Titration stets genauso viele mmol Titrant verbraucht wurden wie an zu bestimmender Substanz vorhanden waren. Beim Ansetzen von Lösungen mit äquivalenten Stoffmengen wird also das stöchiometrische Verhältnis, in dem sich die Stoffe umsetzen, bereits berücksichtigt. Daher reagiert ein gegebenes Volumen einer Maßlösung (früher: Normallösung), die in dieser Weise angesetzt wurde, stets mit dem gleichen Volumen einer anderen Lösung gleicher Äquivalentkonzentration (früher: Normalität).

Beispiel:

a) Eine HCl-Lösung wird durch Titration mit einer NaOH-Lösung eingestellt. 25,00 mL der Salzsäure benötigten zur Titration 32,20 mL Natronlauge, $c(NaOH)$ = 0,0950 mol/L.
Wie groß ist die Äquivalentkonzentration der HCl-Lösung?
Am Äquivalenzpunkt wurde die gleiche Äquivalentstoffmenge an NaOH verbraucht, wie an HCl vorgelegt wurde; also gilt:

$$n_{eq}(HCl) = n_{eq}(NaOH)$$

Mit Gl. (6–19) folgt daraus

$$c_{eq}(HCl) \cdot V(HCl) = c_{eq}(NaOH) \cdot V(NaOH)$$

$$c_{eq}(HCl) = \frac{c_{eq}(NaOH) \cdot V(NaOH)}{V(HCl)}$$

$$= \frac{0,0950\,\frac{mol}{L} \cdot 32,20\,mL}{25,00\,mL} = 0,1224\,\frac{mol}{L}$$

Die Äquivalentkonzentration der Salzsäure beträgt also $c_{eq}(HCl)$ = 0,1224 mol·L^{-1} (oder, in der alten Schreibweise: die Salzsäure ist 0,1224 normal; es handelt sich um eine 0,1224 *N* HCl-Lösung).

b) Es soll 1 L einer Perchlorsäure-Lösung, $c(HClO_4)$ = 0,1 mol/L, hergestellt werden (Lösung 1). Zur Verfügung steht als Ausgangslösung Perchlorsäure, $c(HClO_4)$ = 12,1 mol/L (Lösung 2). Welches Volumen der Ausgangslösung muß dazu auf 1 L verdünnt werden?

$$V_1 \cdot c_1(HClO_4) = V_2 \cdot c_2(HClO_4)$$

$$V_1 = \frac{V_2 \cdot c_2(HClO_4)}{c_1(HClO_4)} = \frac{1000\,mL \cdot 0,1\,mol/L}{12,1\,mol/L} = 8,26\,mL$$

Das Ergebnis der Titration einer Substanz B mit einem Titranten A – also die Masse an B in der Probe, $m(B)$, oder den prozentualen Gehalt (Prozentgehalt) an B in der Probe – berechnet man nach folgenden Gleichungen:

$$m(B) = V(A) \cdot c_{eq}(A) \cdot M_{eq}(B), \tag{16–20}$$

$$\%\text{-Gehalt}\,(B) = \frac{V(A) \cdot c_{eq}(A) \cdot M_{eq}(B)}{m(Probe)} \cdot 100\,. \tag{16–21}$$

Beispiel:

a) Eine 0,2000-g-Probe einer Metall-Legierung wird gelöst und das darin enthaltene Zinn zu Zinn(II) reduziert. Zur Titration des Zinn(II) werden 22,20 mL einer $K_2Cr_2O_7$-Lösung, c_{eq} = 0,1000 mol/L, benötigt. Man berechne den prozentualen Gehalt an Zinn in der Legierung.

Um dieses Problem zu lösen, müssen wir wissen, daß Zinn im Verlauf der Titration vom Zinn(II) zum Zinn(IV) oxidiert wird. Dies entspricht einem Zweielektronenübergang, und die Äquivalentmasse $M_{eq}(Sn)$ von Zinn entspricht demnach der molaren Masse $M(Sn)$ dividiert durch zwei, also 59,35 g/mol. Daraus folgt mit Gl. (16−21):

$$\%\text{-Gehalt}(Sn) = \frac{0,02220\,L \cdot 0,1000\,mol/L \cdot 59,35\,\frac{g}{mol} \cdot 100}{0,2000\,g} = 65,9\%$$

b) Eine Probe von 1,000 g einer Phosphorsäure-Lösung unbekannten Gehalts wird mit Natronlauge, $c_{eq}(NaOH) = 0,1000$ mol/L, gegen Phenolphthalein als Indikator titriert. Verbraucht werden 28,16 mL der Natronlauge. Man berechne den Prozentgehalt an Phosphorsäure in der Probe.

Diese Aufgabe zeigt, wie wichtig es zur Berechnung von Titrationsergebnissen ist, stets die stöchiometrisch korrekte Reaktion heranzuziehen. In diesem Fall könnte nämlich die Formel H_3PO_4 bedeuten, daß die Äquivalentmasse $M_{eq}(H_3PO_4)$ von Phosphorsäure 1/3 der molaren Masse $M(H_3PO_4)$ entspricht. Nun ist aber das dritte Proton zu schwach sauer, um bei einer Titration gegen Phenolphthalein als Indikator noch titriert zu werden − hier werden nur zwei Protonen pro Molekül Phosphorsäure umgesetzt, so daß

$$M_{eq}(H_3PO_4) = \frac{M(H_3PO_4)}{2} = 49,00\,\frac{g}{mol}$$

(Würde man Methylorange als Indikator verwenden, so würde man sogar nur *ein* Proton titrieren, und die Äquivalentmasse der Phosphorsäure wäre gleich ihrer molaren Masse.) In unserem Beispiel erhält man mit Gl. (16−21) für den Prozentgehalt an Phosphorsäure

$$\%\text{-Gehalt}(H_3PO_4) = \frac{0,02816\,L \cdot 0,1000\,\frac{mol}{L} \cdot 98,00\,\frac{g}{mol}}{1,000\,g} \cdot 100 = 13,80\%.$$

Wird eine genau eingewogene Urtitersubstanz B gelöst und mit einer Lösung von A titriert, so kann man die Äquivalentkonzentration von A nach der Gleichung

$$c_{eq}(A) = \frac{m(B)}{V(A) \cdot M_{eq}(B)} \tag{6−22}$$

berechnen.

Beispiel:

Eine 150,0-mg-Probe von reinem Natriumcarbonat (Na_2CO_3) verbraucht 30,06 mL HCl-Lösung zur Titration. Wie groß die Äquivalentkonzentration der Salzsäure, $c_{eq}(HCl)$?

Die Reaktionsgleichung lautet:

$$2\,H_3O^+ + CO_3^{2-} \rightarrow CO_2(g) + 3\,H_2O$$
$$(2\,HCl) \qquad (Na_2CO_3)$$

Die molare Masse des Äquivalentteilchens von Natriumcarbonat ist dementsprechend

$$M_{eq}(Na_2CO_3) = \tfrac{1}{2}\,M(Na_2CO_3) = 52,99\,\frac{g}{mol}\,.$$

Mit Gl. (6−22) erhält man für die Äquivalentkonzentration der Salzsäure

$$c_{eq}(HCl) = \frac{0,150\,g}{0,03006\,L \cdot 52,99\,\frac{g}{mol}} = 0,09416\,\frac{mol}{L}\,.$$

Aufgaben

Fragen zu den Grundlagen

6.1   Definieren Sie kurz die folgenden Begriffe:

     a) Maßlösung

     b) Titrant

     c) Endpunkt

     d) Äquivalenzpunkt

6.2   Was ist eine Urtitersubstanz (Urtiter)? Nennen Sie die Anforderungen, die an einen geeigneten Urtiter zu stellen sind.

6.3   Welcher Anforderung muß eine chemische Reaktion genügen, um für eine Titration geeignet zu sein? Nennen Sie die vier Reaktionstypen, die man für Titrationen verwenden kann.

6.4   Die Wasserhärte ($Ca^{2+} + Mg^{2+}$) kann durch eine Komplextitration mit EDTA bestimmt werden. Beschreiben Sie eine Technik, mit der die Wasserhärte in einem Industriebetrieb kontinuierlich gemessen werden kann.

6.5   Wie kann man eine Probe im Durchfluß kontinuierlich titrieren?

6.6   Geben Sie für die folgenden Reaktionen die molare Masse $M_{eq}(X)$ für beide Ausgangsstoffe in Bruchteilen von $M(X)$ an wie beispielsweise

$$M_{eg}(Ba(OH)_2) = \frac{M(Ba(OH)_2)}{2}:$$

     a) $2\,NaOH + H_2C_2O_4 \rightarrow Na_2C_2O_4 + 2\,H_2O$

     b) $2\,HCl + Ba(OH)_2 \rightarrow BaCl_2 + 2\,H_2O$

Aufgaben zur Stoffmengenkonzentration

6.7   Berechnen Sie die aus der jeweiligen Massenkonzentration die Stoffmengenkonzentration der folgenden Lösungen.

     a) $AgNO_3$, 117,4 g pro Liter

     b) KSCN, 0,972 g pro 100 Milliliter

     c) $BaCl_2 \cdot 2H_2O$, 200 mg pro Liter

     d) Na_2SO_4, 72,0 mg auf 72 Milliliter

6.8   Berechnen Sie die Gesamtmasse der Verbindung in mg in jeder der folgenden Lösungen.

     a) 100 mL NaOH, $c(NaOH) = 0{,}500$ mol/L

     b) 10,0 mL Br_2, $c(Br_2) = 0{,}100$ mol/L

     c) 24,7 mL KSCN, $c(KSCN) = 0{,}100$ mol/L

     d) 5,00 mL $KMnO_4$, $c(KMnO_4) = 0{,}010$ mol/L

6.9 Berechnen Sie das Volumen einer HCl-Lösung, $c = 12{,}0$ mol/L, das man zur Herstellung von 1,0 L einer HCl-Lösung, $c(HCl) \approx 0{,}25$ mol/L, benötigt.

6.10 Berechnen Sie das Volumen einer 50%igen ($c(NaOH) \approx 16$ mol/L) Natriumhydroxidlösung, das man zur Herstellung von 2,0 L einer Natriumhydroxidlösung, $c(NaOH) \approx 0{,}1$ mol/L, benötigt.

6.11 Berechnen Sie die Stoffmengenkonzentration von konzentrierter Phosphorsäure (85 Gew. %), Dichte 1,69 kg/L.

6.12 Berechnen Sie die Stoffmengenkonzentration von konzentrierter Bromwasserstoffsäure (48 Gew. %), Dichte 1,486 kg/L

Titerstellung

6.13 Beim Einstellen einer HCl-Lösung fand man $c(HCl) = 1{,}183$ mol/L. Berechnen Sie dasjenige Volumen dieser Lösung, das beim Verdünnen auf 1,000 L (in einem 1-L-Meßkolben) eine HCl-Lösung der Stoffmengenkonzentration $c = 0{,}1000$ mol/L liefert.

6.14 Eine Iod-Standardlösung wird durch Einwiegen des Urtiters Iod hergestellt, der dann in wäßriger Kaliumiodidlösung aufgelöst und mit Wasser auf ein bekanntes Volumen verdünnt wird. Wenn 265,7 mg reines Iod eingewogen werden, wie groß ist dann das benötigte Endvolumen, um eine Iodlösung, $c(I_2) = 0{,}1000$ mol/L, herzustellen? Erklären Sie, wie man ein solches Volumen genau messen könnte.

6.15 Eine 0,6000-g-Probe des Urtiters Kaliumhydrogenphthalat (molare Masse 204,2 g/mol) wird in Wasser gelöst und mit einer Natriumhydroxidlösung unbekannter Konzentration titriert. Verbraucht wurden dabei 27,09 mL. Berechnen Sie die Stoffmengenkonzentration der Natriumhydroxidlösung.

6.16 4-Aminopyridin (molare Masse 94,12 g/mol) ist eine Urtiter-Base, die mit HCl im Verhältnis 1:1 reagiert. Eine Probe von 0,2087 g 4-Aminopyridin wurde eingewogen, in Wasser gelöst und mit 18,79 mL HCl titriert. Berechnen Sie die Stoffmengenkonzentration der HCl-Lösung.

6.17 Kaliumdichromat ($K_2Cr_2O_7$) kann als Urtiter verwendet werden. Zur Titration einer Lösung von 0,1000 g reinen Kaliumdichromats benötigt man 24,00 mL Eisen(II)-Lösung. Berechnen Sie die Stoffmengenkonzentration der Eisen(II)-Lösung.

5.18 Eine Cer(IV)-Lösung wird mit Eisenammoniumsulfat-hexahydrat $Fe(NH_4)_2 SO_4 \cdot 6\,H_2O$ (molare Masse 392,15 g/mol) eingestellt. Wie groß ist die Stoffmengenkonzentration der Cer(IV)-Lösung, wenn 0,1968 g des Salzes 24,50 mL der Cer(IV)-Lösung zur Titration benötigen?

6.19   Eine Cer(IV)-Lösung wird mit Arsenoxid (As_2O_3) als Urtiter eingestellt:

$$2\,Ce(IV) + As(III) \rightarrow 2\,Ce(III) + As(V)$$

Zur Titration einer 93,0-mg-Probe von Arsenoxid benötigt man 18,40 mL Cer(IV)-Lösung. Berechnen Sie die Stoffmengenkonzentration der Cer(IV)-Lösung.

Wahl der geeigneten Probenmasse

6.20   Welche Masse einer Natriumchlorid enthaltenden Probe sollte eingewogen werden, damit das Volumen (in mL) Silbernitrat-Lösung, $c(AgNO_3) = 0,2000$ mol/L, das zur Titration verwendet wird, multipliziert mit 10, dem Prozentgehalt der Lösung an Natriumchlorid entspricht?

6.21   Amidosulfonsäure (HSO_3NH_2, molare Masse 97,09 g/mol), ist eine starke Säure mit *einem* sauren Proton. Berechnen Sie die Probenmasse, die man einwiegen muß, damit das Volumen (in mL) einer Natriumhydroxidlösung, $c(NaOH) = 0,1000$ mol/L, dem Prozentanteil an Amidosulfonsäure in der Probe entspricht?

Gehalts- und Konzentrationsberechnungen

6.22   Eine 0,500-g-Probe, die Natriumdihydrogenphosphat enthält, wird mit Natronlauge titriert.

$$OH^- + H_2PO_4^- \rightarrow HPO_4^{2-} + H_2O$$

Wenn 23,06 mL einer Natriumhydroxid-Lösung, $c(NaOH) = 0,0985$ mol/L, zur Titration benötigt werden, wie hoch ist dann der Prozentgehalt der Probe an Natriumdihydrogenphosphat?

6.23   Zinn(II) wird mit Dichromat nach der folgenden Reaktionsgleichung titriert:

$$Cr_2O_7^{2-} + 3\,Sn^{2+} + 14\,H_3O^+ \rightarrow 3\,Sn^{4+} + 2\,Cr^{3+} + 21\,H_2O$$

Berechnen Sie die Masse an Zinn(II) in einer Probe, zu deren Titration 20,00 mL einer Dichromat-Lösung, $c = 0,1000$ mol/L, verbraucht werden (molare Masse von Zinn: 118,7 g/mol).

6.24   Zur Bestimmung von Fluorid in einem Uransalz wurde eine Probe von 1,037 g des Uransalzes bei 1000 °C mit Wasserdampf aufgeschlossen, das Fluorid als HF abdestilliert und im Destillat mit 3,14 mL einer Thoriumnitratlösung, $c(Th(NO_3)_4) = 0,1000$ mol/L, titriert:

$$Th^{4+} + 4\,F^- \rightarrow ThF_4(s)$$

Berechnen Sie den Prozentgehalt der Probe an Fluorid.

6.25   Zur Bestimmung von H_2S in verunreinigter Luft wird die Luft durch ein kleines Absorptionsgefäß gesaugt, dann wird H_2S mit Säure desorbiert (freigesetzt) und mit Iod titriert:

$$I_2 + H_2S \rightarrow S + 2\,HI$$

Berechnen Sie aus den folgenden Daten die H_2S-Konzentration in der Luft in Mikrogramm ($1\ \mu g = 10^{-6}$ g) pro Kubikmeter. Luftvolumen: 10 m³, für die Titration benötigte Iodmenge: 2,17 mL einer Iod-Lösung, $c(I_2) = 0{,}0108$ mol/L.

6.26   Kohle enthält Schwefel in Form von Pyrit (FeS_2), das man durch Zerkleinern und Waschen der Kohle entfernen kann. Um die Wirksamkeit eines Waschprozesses zu prüfen, wird das Pyrit in einer Probe von 2,000 g Kohle durch Auswaschen mit HNO_3 aufgelöst und mit Brom zu Sulfat oxidiert. Zur Titration des Sulfats werden dann 14,03 mL einer Bariumperchlorat-Lösung, $c(Ba(ClO_4)_2) = 0{,}1000$ mol/L, benötigt. Berechnen Sie

a) den Prozentgehalt des Pyritschwefels in der Kohle,

b) den Prozentgehalt an FeS_2 in der Kohle.

6.27   Eine Probe von 1,000 g rauchender Schwefelsäure wird nach vorsichtigem Verdünnen mit Wasser mit 43,69 mL einer Natriumhydroxidlösung, $c(NaOH) = 0{,}4982$ mol/L, titriert. Berechnen Sie den prozentualen Gehalt an Schwefeltrioxid (SO_3) in der Probe unter der Annahme, daß rauchende Schwefelsäure aus SO_3 in wasserfreier H_2SO_4 besteht.

6.28   Die Thiole (Mercaptane, RSH; R = organischer Rest) aus einer „sauren" Erdölprobe werden in eine basische wäßrige Lösung extrahiert und anschließend mit Quecksilbernitrat nach der folgenden Gleichung titriert:

$$2\,H_2O + Hg^{2+} + 2\,RSH \rightarrow Hg(SR)_2 + 2\,H_3O^+$$

Wie groß ist die Konzentration an Schwefel, der in den Thiolen vorliegt, in Milligramm Schwefel pro 100 mL Erdöl, wenn zur Titration der Thiole aus einer 500-mL-Probe 8,05 mL einer Quecksilbernitratlösung, $c(Hg(NO_3)_2) = 0{,}0100$ mol/L, benötigt werden?

6.29   Quecksilber(II) wird gelegentlich durch Titration mit einer Standardlösung eines Thiols (Mercaptans) titriert (Reaktionsgleichung siehe Aufgabe 6.28). Zur Titration von 10,00 mL einer Quecksilber(II)-Lösung werden 21,00 mL einer Mercaptan-Lösung, $c(RSH) = 0{,}1028$ mol/L, benötigt.

a) Berechnen Sie die Stoffmengenkonzentration der Quecksilber(II)-Lösung.

b) Wie groß ist der Gehalt der Lösung an Quecksilber(II) in mg/mL?

6.30 0,3770 g einer As_2O_3-haltigen Probe werden aufgelöst und das Arsen(III) mit 31,48 mL einer Iodlösung, $c(I_2) = 0{,}0502$ mol/L, entsprechend folgender Gleichung titriert:

$$I_2 + AsO_3^{3-} + 3H_2O \rightarrow 2I^- + AsO_4^{3-} + 2H_3O^+$$

Berechnen Sie den prozentualen Gehalt an As_2O_3 in der Probe.

6.31 0,8000 g einer bleihaltigen Probe werden untersucht. Blei wird als Bleichromat ($PbCrO_4$) gefällt. Der Niederschlag wird filtriert, gewaschen und in Säure aufgelöst und das Chrom(VI) mit 26,06 mL einer Eisen (II)-Sulfatlösung, $c(FeSO_4) = 0{,}1000$ mol/L, titriert. (Hierbei wird Chrom(VI) zu Chrom(III) reduziert.) Berechnen Sie den Prozentgehalt an Blei in der Probe.

Rücktitrationen

6.32 Eisen(III) wird am besten durch Zugabe von überschüssigem EDTA und nachfolgende Rücktitration mit einem Metallion, das mit EDTA rasch reagiert, bestimmt. Eine Probe von 700,0 mg wird aufgelöst und mit 20,00 mL einer EDTA-Lösung, $c(\text{EDTA}) = 0{,}0500$ mol/L versetzt. Der Überschuß an EDTA wird mit 5,08 mL einer Kupfer(II)-Lösung, $c = 0{,}0420$ mol/L, zurücktitriert. Berechnen Sie den Prozentgehalt an Fe_2O_3 in der Probe.

6.33 Die Diffusionsgeschwindigkeit einer flüchtigen organischen Säure von einem Behälter *a* in einen Behälter *b*, welcher 2,00 mL einer Kaliumhydroxidlösung, $c(\text{KOH}) = 0{,}8040$ mol/L, enthält, wird gemessen. Nach 2 Stunden benötigt man zur Titration der Säure im Behälter *a* 1,53 mL einer Natriumhydroxid-Lösung, $c(\text{NaOH}) = 0{,}0100$ mol/L, das überschüssige Kaliumhydroxid in Behälter *b* wird mit 1,90 mL einer HCl-Lösung, $c(\text{HCl}) = 0{,}2000$ mol/L, zurücktitriert. Man berechne:

a) die Masse an organischer Säure in jedem Behälter und

b) den Anteil an organischer Säure, der in den Behälter *b* diffundiert ist.

6.34 Aluminium(III) und Zink(II) reagieren beide mit EDTA unter Bildung eines löslichen 1:1-Komplexes. Eine Probe von 550,0 mg wird auf Aluminium (III) untersucht, indem man 50,00 mL einer EDTA-Lösung, $c(\text{EDTA}) = 0{,}0510$ mol/L, zufügt und das überschüssige EDTA mit 14,40 mL einer Zink(II)-Lösung, $c(Zn^{2+}) = 0{,}0480$ mol/L, zurücktitriert. Berechnen Sie den Prozentgehalt der Probe an Aluminium.

6.35 50,00 mL einer Calciumnitrat-Lösung, $c(Ca(NO_3)_2) = 0{,}1000$ mol/L, werden zu einer Natriumfluorid-haltigen Probe der Masse 1,000 g gegeben. Nach Abfiltrieren des Calciumfluorid-Niederschlags wird das überschüssige Calcium(II) mit EDTA zurücktitriert. Dazu werden 24,20 mL einer EDTA-Lösung, $c(\text{EDTA}) = 0{,}0500$ mol/L, benötigt. Berechnen Sie den prozentualen Gehalt der Probe an Natriumfluorid.

6.36 Phosphat kann durch Ausfällen von Bismutphosphat mit einer Bismut(III)-Standardlösung und nachfolgende Rücktitration des überschüssigen Bismuts mit EDTA bestimmt werden:

$$Bi^{3+} + PO_4^{3-} \rightarrow BiPO_4(s)$$
$$EDTA + Bi^{3+} \rightarrow (Bi\text{-}EDTA)^{3+}$$

Es wurden 25,00 mL einer Bismutnitrat-Lösung, $c(Bi(NO_3)_3) = 0{,}2000$ mol/L, zu 650 mg einer phosphathaltigen Probe gegeben; bei der nachfolgenden Rücktitration des überschüssigen Bismut(III) wurden 19,73 mL einer EDTA-Lösung, $c(EDTA) = 0{,}1000$ mol/L, benötigt. Wie groß ist der Gehalt der Probe an Phosphat in Prozent?

6.37 Eine klassische Analysenmethode zur Bestimmung von Calcium ist die Ausfällung von Calcium als Oxalat mit nachfolgendem Auflösen in Säure und Titration der freigesetzten Oxalsäure mit Kaliumpermanganat-Standardlösung:

$$CaC_2O_4(s) + 2H_3O^+ \rightarrow Ca^{2+} + H_2C_2O_4 + 2H_2O$$
$$2MnO_4^- + 5H_2C_2O_4 + 6H_3O^+ \rightarrow 2Mn^{2+} + 10CO_2 + 14H_2O$$

Man berechne die Masse von Calcium in mg in einer Probe, zu deren Titration 12,63 mL einer Permanganatlösung, $c(KMnO_4) = 0{,}0200$ mol/L, benötigt werden.

6.38 Butylhydroperoxid (C_4H_9OOH) wird durch Reaktion mit überschüssigem Kaliumiodid und nachfolgende Titration des gebildeten Iods mit Natriumthiosulfat bestimmt:

$$C_4H_9OOH + 2I^- + 2H_3O^+ \rightarrow C_4H_9OH + I_2 + 3H_2O$$
$$2S_2O_3^{2-} + I_2 \rightarrow S_4O_6^{2-} + 2I^-$$

315,0 mg einer Butylhydroperoxid-haltigen Probe werden eingewogen. Zur Titration benötigt man 18,20 mL einer Thiosulfat-Lösung, $c(S_2O_3^{2-}) = 0{,}1000$ mol/L. Man berechne den Prozentgehalt der Probe an Butylhydroperoxid.

6.39 Harze und andere Polymere werden aus organischen Verbindungen hergestellt, die die Epoxygruppe enthalten. Diese Gruppe kann analytisch durch Reaktion mit HBr unter Ausbildung des nicht-sauren Bromhydrins bestimmt werden:

$$-\underset{\diagdown}{C}H\!-\!-\!-\!\underset{\diagup}{C}H- + HBr \rightarrow -\underset{\underset{OH}{|}}{C}H\!-\!\underset{\underset{Br}{|}}{C}H-$$

Man versetzt eine Probe von 0,4000 g einer reinen Epoxyverbindung mit 20,00 mL einer HBr-Lösung, $c(HBr) = 0{,}1000$ mol/L. Der Überschuß an

HBr wird dann mit 6,15 mL Natriumhydroxid-Lösung, $c(\text{NaOH}) =$ 0,1080 mol/L titriert. Berechnen Sie die molare Masse der organischen Verbindung unter der Annahme, daß sie eine Epoxygruppe enthält.

Verschiedene Berechnungen

6.40 Ein neues organisches Reagenz bildet einen Komplex mit Calcium(II). Um mehr über den Komplex zu erfahren, wird eine 50,0 mg-Probe des Reagenzes (molare Masse 181,2 g/mol) mit Calcium(II) titriert; der Endpunkt wird mit einer calciumionensensitiven Elektrode gemessen. Für diese Titration benötigt man 11,46 mL einer Calciumchlorid-Lösung, $c(\text{CaCl}_2) = 0{,}0120$ mol/L. Geben Sie die Zusammensetzung des Calcium-Komplexes an.

6.41 Ein Bismut und Iodid enthaltender Komplex wird zersetzt, das Iodid-Ion mit Silber(I) titriert und das Bismut(III) mit EDTA. Eine 550-mg-Probe benötigt 14,50 mL EDTA-Lösung, $c(\text{EDTA}) = 0{,}0500$ mol/L, zur Titration des Bismuts; zur Titration des Iodids aus einer 440-mg-Probe benötigt man 23,25 mL einer Silber(I)-Lösung, $c(\text{Ag}^+) = 0{,}1000$ mol/L. Berechnen Sie das Verhältnis von Iodid zu Bismut im ursprünglichen Komplex.

6.42 Eine Probe von 84,2 mg einer reinen organischen Verbindung, molare Masse 108 g/mol, wird mit Cer(IV) oxidiert, wobei Cer(III) und organische Oxidationsprodukte entstehen. Der Überschuß an Cer(IV) wird dann mit Eisen(II) zurücktitriert:

$$\text{Ce}^{4+} + \text{Fe}^{2+} \rightarrow \text{Ce}^{3+} + \text{Fe}^{3+}$$

Wenn 50,00 mL einer Cer(IV)-Lösung, $c(\text{Ce}^{4+}) = 0{,}0500$ mol/L, zugefügt werden und die Rücktitration 9,40 mL einer Eisen(II)-Lösung, $c(\text{Fe}^{2+}) = 0{,}1000$ mol/L, erfordern, in welchem Verhältnis reagiert dann Cer(IV) mit der organischen Verbindung?

Kapitel 7

Das chemische Gleichgewicht

7.1　Gleichgewicht und Gleichgewichtskonstante

Gegeben sei eine chemische Reaktion der Art

$$A + B + \ldots \rightleftharpoons C + \ldots ,$$

wobei ... bedeutet, daß die Gleichung – wenn nötig – erweitert werden kann, um weitere Reaktanten und Produkte aufzunehmen. Die Reaktion sei reversibel; d.h. sie kann sowohl vorwärts als auch rückwärts ablaufen. Mischt man A und B, so schreitet die Reaktion unter Bildung von C fort, wobei die Konzentrationen von A und B abnehmen und die Konzentration des Produktes C zunimmt. Das *Gleichgewicht* ist erreicht, wenn die Konzentrationen von A, B und C feste Werte erreicht haben, die sich mit der Zeit nicht mehr ändern.

Die Zeit, die ein System zur Erreichung des Gleichgewichts benötigt, ist von Reaktion zu Reaktion verschieden. Sie kann vom Bruchteil einer Sekunde bis zu vielen Tagen betragen. Die meisten Reaktionen, die wir hier betrachten, erreichen das Gleichgewicht innerhalb einiger Minuten.

„Gleichgewicht" bedeutet nun nicht, daß sich in dem System nichts mehr tut, daß es in einem statischen Zustand ist. Vielmehr ist Gleichgewicht ein dynamisches Geschehen: sowohl die Hin- als auch die Rückreaktion laufen im Gleichgewicht weiterhin ab. Die Stoffmengenkonzentrationen von A, B und C in der Lösung bleiben aber konstant, weil im Gleichgewicht die Hin- und die Rückreaktion mit gleicher Geschwindigkeit ablaufen.

Man kann die Gleichgewichtslage einer chemischen Reaktion durch Verändern der Konzentrationen von Reaktanten oder Produkten verschieben. Erhöht man die Konzentration von A oder B, oder senkt man die Konzentration von C (z.B. durch Ausfällen oder Verdampfen), dann wird das Gleichgewicht weiter nach rechts – also zugunsten des Produkts (der Produkte) – verschoben. Umgekehrt führt eine Erhöhung der Konzentration von C zu einer Verschiebung des Gleichgewichts nach links. Dies ist nichts anderes als die qualitative Beschreibung des *Massenwirkungsgesetzes*. Das Massenwirkungsgesetz ist ein Spezialfall des Prinzips von Le Châtelier: Setzt man ein chemisches System einem Zwang aus, so versucht es, dem Zwang entgegenzuwirken.

Eine quantitative Beschreibung des Gleichgewichts ist mit Hilfe der *Gleichgewichtskonstanten* möglich. Die Gleichgewichtskonstante drückt die Konzentration der verschiedenen Spezies in Lösung im Gleichgewichtszustand aus; man definiert sie als das Produkt der Aktivitäten (vergleiche Abschnitt 1.2) der Spezies auf der rechten Seite der Reaktionsgleichung, dividiert durch das Produkt der Aktivitäten der Spezies auf der linken Seite der Gleichung. Dabei geht jede Spezies in der Gleichgewichtskonstanten mit der Potenz ihres stöchiometrischen Koeffizienten in der chemischen Reaktion ein. Für die Reaktionsgleichung

$$\nu_A A + \nu_B B \rightleftharpoons \nu_C C$$

wobei ν_A, ν_B, ν_C die stöchiometrischen Faktoren von A, B und C sind, lautet das Massenwirkungsgesetz und somit die Gleichgewichtskonstante

$$K = \frac{a(C)^{\nu_C}}{a(A)^{\nu_A} \cdot a(B)^{\nu_B}} \, .$$

Die Gleichgewichtskonstante K für eine gegebene Reaktion hat bei jeder Temperatur einen anderen festen Wert. Wenn nichts anderes angegeben ist, werden in der Literatur die Gleichgewichtskonstanten für Raumtemperatur (25 °C) angegeben.[1]

Da die Verwendung von Aktivitäten die Rechnung erschwert, vernachlässigt man häufig den Unterschied zwischen Aktivität und Konzentration und schreibt die Gleichgewichtskonstanten unter Verwendung der Konzentration. So kann beispielsweise die Gleichgewichtskonstante für die Reaktion

$$\nu_A A + \nu_B B \rightleftharpoons \nu_C C$$

geschrieben werden als

$$K = \frac{[C]^{\nu_C}}{[A]^{\nu_A} \cdot [B]^{\nu_B}} \, ,$$

wobei die eckigen Klammern bedeuten, daß die *Gleichgewichtskonzentration* der Spezies in mol/L gemeint ist. Es sei darauf hingewiesen, daß die Verwendung der Konzentrationen anstelle von Aktivitäten eine Näherung ist. Für die meisten Fragestellungen in der Analytischen Chemie, die es ja häufig mit kleinen Konzentrationen zu tun hat, liefert diese Näherung hinreichend gute Ergebnisse (man kann K als Funktion der Stoffmengenkonzentration praktisch als Grenzwert von K als Funktion der Aktivitäten betrachten, wenn die Stoffmengenkonzentrationen gegen Null gehen). Deshalb werden wir für die meisten Gleichgewichtsberechnungen in diesem Buch Konzentrationen verwenden. Im Abschnitt 7.6 werden wir näher darauf eingehen, inwieweit dieses Vorgehen berechtigt ist.

---

1 Damit K dimensionslos wird, muß man die rechte Seite der Gleichung mit einem Faktor

$$\left(\frac{1}{\text{mol/L}}\right)^{\Sigma \nu_i}$$

multiplizieren, wobei $\Sigma \nu_i$ für die Summe der stöchiometrischen Faktoren steht. Hierbei gehen die stöchiometrischen Faktoren der Produkte mit negativem Vorzeichen ein. Im folgenden betrachten wir K stets als auf diese Weise dimensionslos gemachte Größe.

Die meisten Reaktionen in der Analytischen Chemie gehören zu einem der folgenden Reaktionstypen:

(1) Dissoziation eines Stoffes

$$\underset{\text{Säure}}{HA} + H_2O \rightleftharpoons H_3O^+ + A^- \qquad K = \frac{[H_3O^+]\,[A^-]}{[HA]}$$

$$\underset{\text{Salz}}{MA_2(s)} \rightleftharpoons M^{2+} + 2\,A^- \qquad K = [M^{2+}]\,[A^-]^2$$

(2) Bildung eines Stoffes

$$M^{2+} + A^{2-} \rightleftharpoons MA \qquad K = \frac{[MA]}{[M^{2+}]\,[A^{2-}]}$$

(3) Redoxreaktion

$$M_1(ox) + M_2(red) \rightleftharpoons M_1(red) + M_2(ox)$$

$$K = \frac{[M_1(red)] \cdot [M_2(ox)]}{[M_1(ox)] \cdot [M_2(red)]}$$

wobei (ox) eine oxidierte, (red) eine reduzierte Form bedeutet.

Zu den Beispielen unter (1) sei folgendes angemerkt:

Die Stoffmengenkonzentration des Wassers ist in verdünnten Lösungen praktisch konstant (55,5 mol/L) und wird deshalb in die Konstante K einbezogen. Die Stoffmengenkonzentration der Ionen eines schwerlöslichen Salzes in gesättigter Lösung (über einem Bodenkörper) ist unabhängig von der Menge an Feststoff (hier: $[MA_2]$).

Es ist häufig der Fall, daß die Reaktionen komplizierter sind als in den genannten Beispielen, aber in solchen Fällen verlaufen Bildungs- und Dissoziationsreaktionen (außer im Fall der Niederschlagsbildung) im allgemeinen *schrittweise*. Zu jedem dieser Schritte gehört dann eine eigene Gleichgewichtskonstante. Die Dissoziation einer Säure mit zwei sauren Protonen ist ein Beispiel hierfür.

$$H_2A + H_2O \rightleftharpoons H_3O^+ + HA^- \qquad K = \frac{[H_3O^+]\,[HA^-]}{[H_2A]}$$

$$HA^- + H_2O \rightleftharpoons H_3O^+ + A^{2-} \qquad K = \frac{[H_3O^+]\,[A^{2-}]}{[HA^-]}$$

Wie wir in Kapitel 8 sehen werden, können zahlreiche analytische Probleme mit Hilfe von stufenweisen Gleichgewichtskonstanten ziemlich leicht gelöst werden.

Viele Gleichgewichtskonstanten sind der chemischen Literatur zu entnehmen. Die Kenntnis der Gleichgewichtskonstante gestattet es, die Gleichgewichtskonzentration jeder Substanz, die bei einer chemischen Reaktion vorliegt, zu berechnen, oder die Konzentration einer bestimmten Substanz während verschiedener Stufen der Titration anzugeben. Solche Berechnungen sind zusammen mit einem gründlichen Verständnis des chemischen Gleichgewichts im Allgemeinen nützlich, wenn man verstehen will, wie verschiedene Bedingungen ein analytisches Verfahren beeinflussen können. So kann man z.B. die Wirkung gleichioniger Zusätze, von Änderungen der Säurestärke oder den Einfluß der Bildung eines Komplexes auf die Löslichkeit eines Niederschlags berechnen. Der pH-Bereich, in dem ein Puffer wirkt, oder die Durchführbarkeit einer bestimmten Säure-Base-Titration können mit Hilfe einfacher Berechnungen mit Gleichgewichtskonstanten abgeschätzt werden. Man kann berechnen, ob eine farbstoffbildende Reaktion, wie sie für spektralphotometrische Messungen verwendet wird, vollständig abläuft. Auch die Verteilung eines gelösten Stoffes zwischen zwei Phasen, z.B. im Fall von Extraktionen oder chromatographischen Verfahren, unterliegt den Gesetzen des chemischen Gleichgewichts, und die entsprechenden Berechnungen können mit Hilfe der Gleichgewichtskonstanten durchgeführt werden.

In den folgenden Abschnitten werden wir die Anwendung von Berechnungen mit Gleichgewichtskonstanten an Beispielen verdeutlichen. Dabei sollte man bedenken, daß der Zweck solcher Berechnungen eine *Abschätzung* der Gleichgewichtskonzentrationen verschiedener Stoffe ist, mehr als vernünftige Näherungswerte für die Gleichgewichtskonzentrationen benötigt der analytische Chemiker meist ohnehin nicht.

7.2 Dissoziation von schwachen Säuren

In diesem Abschnitt werden Beispiele für die Anwendung der Gleichgewichtskonstanten auf einfache Fälle von Säure-Base-Gleichgewichten erläutert. Im Kapitel 8 werden solche Gleichgewichte eingehender behandelt.

Schwache Säuren

Da starke Säuren wie HCl und HNO_3 in wäßriger Lösung vollständig in Ionen dissoziiert sind, kann man die Konzentration an Wasserstoff-Ionen leicht aus der Konzentration der gelösten Säure berechnen. Schwache Säuren sind dagegen nur in geringem Maß in Ionen dissoziiert. Wenn die Gleichgewichtskonstante und die Gesamtkonzentration der Säure bekannt sind, kann man die Wasserstoffionen-Konzentration berechnen. Die Dissoziation einer schwachen Säure in Ionen kann man schreiben als

$$HA + H_2O \rightleftharpoons H_3O^+ + A^-$$

wobei HA die Säure, H_3O^+ das bei der Dissoziation der Säure entstehende Hydroxonium-Ion und A^- das entsprechende Anion bezeichnen. Die Gleichgewichtskonstante K_a für die Dissoziation der Säure kann dann geschrieben werden als

$$K_a = \frac{[H_3O^+]\,[A^-]}{[HA]}.$$

Die Gleichgewichtskonstante für die Dissoziation von schwachen Säuren oder Basen wird häufig als *Dissoziationskonstante* bezeichnet. Man schreibt dafür K_a (im Fall der Dissoziation einer Säure) und K_b (im Fall der Dissoziation einer Base). In Handbüchern und Lehrbüchern der Analytischen Chemie sind zahlreiche Werte für die Dissoziationskonstanten schwacher Säuren und Basen zu finden. Aus der Dissoziationskonstante und der Konzentration der Säure kann man die Wasserstoffionen-Konzentration $[H_3O^+]$ berechnen.

Beispiel

Man berechne die Wasserstoffionen-Konzentration einer wäßrigen Essigsäure-Lösung, $c(CH_3COOH) = 0,10$ mol/L; für Essigsäure ist $K_a = 1,74 \cdot 10^{-5}$.
Wir formulieren das Dissoziationsgleichgewicht und das Massenwirkungsgesetz:

$$HA + H_2O \rightleftharpoons H_3O^+ + A^-$$

$$K_a = \frac{[H_3O^+]\,[A^-]}{[HA]}$$

Die Konzentrationen $[H_3O^+]$ und $[A^-]$ sind unbekannt, aber gleich.[2] Deshalb ist der Zähler des Bruches zu schreiben als $[H_3O^+]^2$. Die Konzentration von HA im Gleichgewicht ist der ursprünglichen Konzentration — wir schreiben sie als c_0 — minus der Konzentration an dissoziierter Säure gleichzusetzen:

$$[HA] = c_0 - [H_3O^+]$$

Setzt man diese Beziehungen in den Ausdruck für K_a ein, so erhält man

$$K_a = \frac{[H_3O^+]^2}{c_0 - [H_3O^+]} \,,$$

oder, wenn man die gegebenen Daten einsetzt,

$$1,74 \cdot 10^{-5} \text{ mol} \cdot L^{-1} = \frac{[H_3O^+]^2}{0,10 \text{ mol} \cdot L^{-1} - [H_3O^+]} \,.$$

Es handelt sich, wie man sieht, um eine quadratische Gleichung. Wir formen um:

$$[H_3O^+]^2 + 1,74 \cdot 10^{-5} \text{ mol} \cdot L^{-1} \cdot [H_3O^+] - 1,74 \cdot 10^{-6} \text{ mol} \cdot L^{-1} = 0$$

Löst man nach $[H_3O^+]$ auf, so erhält man

$$[H_3O^+] = 1,3_1 \cdot 10^{-3} \text{ mol/L}$$

In diesem Beispiel ergibt sich der Nenner im Ausdruck für K_a, nämlich $(0,10 \text{ mol} \cdot L^{-1} - [H_3O^+])$, zu 0,099 mol/L, was tatsächlich fast der ursprünglichen Konzentration von HA, nämlich 0,10 mol/L, entspricht. Wenn wir den Term $[H_3O^+]$ im Nenner vernachlässigen, vereinfacht sich die Rechnung:

$$1,74 \cdot 10^{-5} \text{ mol} \cdot L^{-1} = \frac{[H_3O^+]^2}{0,10 \text{ mol} \cdot L^{-1}}$$

$$[H_3O^+] = \sqrt{1,74 \cdot 10^{-6} \text{ mol}^2 \cdot L^{-2}} = 1,3_2 \cdot 10^{-3} \text{ mol/L} \,,$$

---

2 Dabei setzen wir voraus, daß $c(H_3O^+)$ aus der Eigendissoziation des Wassers vernachlässigbar ist.

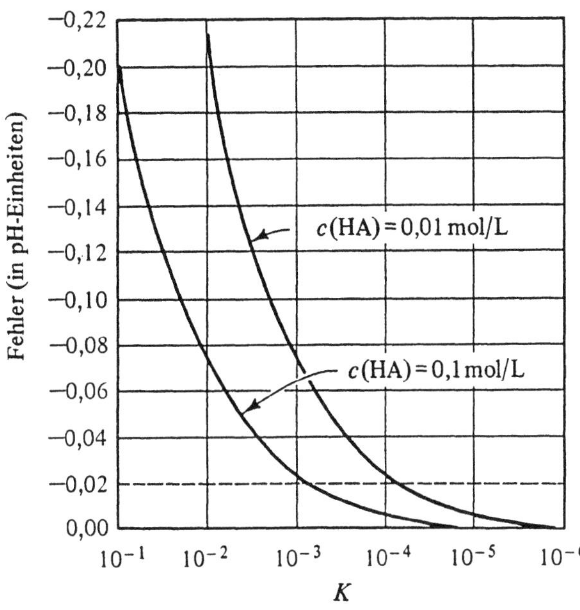

Bild 7-1
Fehler bei der Berechnung der Wasserstoffionen-Konzentration unter der Annahme, daß [HA] gleich der eingewogenen Säurekonzentration ist (anstelle des exakten Ausdrucks $[HA] = c_0(HA) - [H_3O^+]$; dabei bedeuten [HA] die Gleichgewichtskonzentration und $c_0(HA)$ die ursprünglich eingewogene Konzentration von HA).

oder allgemein:

$$[H_3O^+] = \sqrt{K_a \cdot c_0}$$

Die oben verwendete Näherung für die Konzentration von HA im Gleichgewicht wird fast immer verwendet, wenn $K = 10^{-4}$ oder geringer ist. Wenn K groß wird, nimmt der Fehler aufgrund dieser Näherung zu (Bild 7–1). Ein Fehler von $\pm 0,02$ pH-Einheiten wird im allgemeinen als vernachlässigbar betrachtet, weil die experimentelle Messung des pH-Werts selten genauer möglich ist. Wenn die vereinfachte Berechnungsmethode nicht verwendet werden kann, wird ein solches Problem durch Lösen einer quadratischen Gleichung angegangen, wie im vorstehenden Beispiel gezeigt wurde.

Der Effekt gleichioniger Zusätze

Als nächstes wollen wir betrachten, wie sich die H_3O^+-Konzentration in der Lösung einer schwachen Säure ändert, wenn daneben ein stark dissoziiertes Salz dieser Säure ebenfalls in der Lösung vorliegt. Qualitativ kann man aussagen, daß das Salz das Gleichgewicht nach links verschiebt und dadurch die H_3O^+-Konzentration verringert:

$$HA + H_2O \rightleftharpoons H_3O^+ + A^-$$

$$\xleftarrow[\text{des Gleichgewichts}]{\text{Verschiebung}} \quad \boxed{\text{Zugabe von } A^-}$$

Das folgende Beispiel zeigt eine quantitative Berechnung dieses Effekts.

Beispiel:

Man berechne die Wasserstoffionen-Konzentration in einer wäßrigen Essigsäure-Lösung, $c(CH_3COOH) = 0,10$ mol/L, in der außerdem 0,05 mol/L Natriumacetat gelöst sind; K_a von Essigsäure $= 1,74 \cdot 10^{-5}$.

Aus der Dissoziationsgleichung entnehmen wir, daß jedes Molekül HA nach Dissoziation ein $[H_3O^+]$-Ion und ein A^--Ion liefert. Das Salz Na^+A^- liefert zusätzliches A^-. Die Gleichgewichtskonzentrationen sind:

$[HA] = 0,10$ mol/L $- [H_3O^+]$; $[A^-] = 0,05$ mol/L $+ [H_3O^+]$; gesucht: $[H_3O^+]$

Aus dem vorigen Beispiel wissen wir, daß $[H_3O^+]$ im Vergleich zu 0,10 mol/L oder 0,05 mol/L sehr klein ist; deshalb können wir setzen:

$[HA] \approx 0,10$ mol/L und $[A^-] \approx 0,05$ mol/L

Einsetzen in den Ausdruck für K_a liefert:

$$1,74 \cdot 10^{-5} \text{ mol/L} = \frac{[H_3O^+] \cdot 0,05 \text{ mol/L}}{0,10 \text{ mol/L}}$$

Also ist $[H_3O^+] = 3,48 \cdot 10^{-5}$ mol/L .

7.3 Komplexbildung

Eine Substanz, die mit einem Metall-Ion einen Komplex bildet, nennt man *Ligand*. Die Bildung von Komplexen erfolgt oft schrittweise, bei jedem Schritt wird ein Ligand zusätzlich gebunden (vgl. Kapitel 12):

$$M + L \rightleftharpoons ML$$

$$ML + L \rightleftharpoons ML_2 \text{ usw.}$$

In diesen Gleichungen sind der Einfachheit halber die Ladungen der einzelnen Spezies weggelassen worden.

Im allgemeinen schreibt man für Metallkomplexe die Gleichgewichtskonstante der Komplex*bildung*, und nicht die der Dissoziation. Die Gleichgewichtskonstanten für die Einzelschritte der oben stehenden Komplexbildung sind dann:

$$K_1 = \frac{[ML]}{[M]\,[L]}$$

$$K_2 = \frac{[ML_2]}{[ML]\,[L]}$$

Man nennt sie *Bildungskonstanten* des Komplexes. Wir werden sehen, daß die Bildungskonstante um so größer ist, je stabiler der Komplex ist. Wir werden in diesem Kapitel den einfachsten Fall betrachten, in dem der Metall-Ligandkomplex die Zusammensetzung 1:1 hat.

Häufig möchte man die Konzentration an freiem Metallion M in der Lösung eines Komplexes ML kennen. Die Berechnung ist einfach, wenn die Konzentration des Komplexes und seine Bildungskonstante bekannt sind.

Beispiel

Zink (II) bildet einen 1:1-Komplex mit dem Liganden Triethylentetramin $(NH_2—CH_2—CH_2—NH—CH_2)_2$. Die Bildungskonstante für diesen Komplex ist $10^{12,0} mol^{-1} L$. Man berechne die Zinkionen-Konzentration in einer Lösung des Komplexes, $c(ML) = 0,01$ mol/L.

$$Zn^{2+} + L \rightleftharpoons ZnL^{2+}$$

$$K = \frac{[ZnL^{2+}]}{[Zn^{2+}]\,[L]}$$

Der hohe Wert für K zeigt schon, daß das Gleichgewicht weit auf der rechten Seite liegt, aber ein kleiner Anteil des Komplexes dissoziiert. Die Konzentrationen an Zn^{2+} und L aus dieser Dissoziation sind unbekannt, aber gleich. Setzt man dies in den Ausdruck für K ein, so folgt:

$$10^{-12}\,mol^{-1}\,L = \frac{0,01\ mol/L}{[Zn^{2+}]\,[L]} = \frac{10^{-2}\ mol/L}{[Zn^{2+}]^2}$$

Also ist $[Zn^{2+}] = \sqrt{10^{-14,0}\ mol^2\ L^2} = 10^{-7}$ mol/L

Gleichionige Zusätze wirken sich nicht nur auf Komplexbildungsreaktionen, sondern auch auf die Dissoziation schwacher Säuren und Basen aus.

Beispiel

Man berechne die Zinkionen-Konzentration in einer Lösung, die durch Zusammengeben von 20,0 mL Zinknitratlösung, $c(Zn(NO_3)_2) = 0,01$ mol/L, und von 30,0 mL Triethylentetramin-Lösung, $c = 0,01$ mol/L, hergestellt wurde.

Das Gesamtvolumen beträgt 20 mL + 30 mL = 50 mL, so daß die ursprünglichen Konzentrationen (vor der Komplexbildung) wie folgt sind:

$$c(Zn^{2+}) = \frac{0,020\ L \cdot 0,01\ mol/L}{0,05\ L} = 0,004\ mol/L$$

$$c(L) = \frac{0,030\ L \cdot 0,01\ mol/L}{0,05\ L} = 0,006\ mol/L$$

Praktisch die gesamte Zn^{2+}-Menge reagiert mit einer äquivalenten Menge L, so daß im Gleichgewicht $[Zn^{2+}]$ unbekannt ist, $[L] = 0,002$ mol/L (dies ist der Überschuß nach der praktisch vollständigen Reaktion mit Zn^{2+}) und $[ZnL^{2+}] = 0,004$ mol/L. Einsetzen in den Ausdruck für K (siehe vorheriges Beispiel) liefert

$$10^{12}\,mol^{-1}\,L = \frac{0,004\ mol/L}{[Zn^{2+}] \cdot 0,002\ mol/L}$$

Demnach ist die Zinkionen-Konzentration

$$[Zn^{2+}] = \frac{2}{10^{12}\,mol^{-1}\,L} = 2 \cdot 10^{-12}\ mol/L\ .$$

[Wie schon zu Beginn dieses Kapitels erwähnt (Anmerkung 1), findet man in Tabellen häufig dimensionslose Gleichgewichtskonstanten. Man rechnet dann stets mit Konzentrationen in mol/L.]

7.4 Löslichkeit von Niederschlägen – Berechnungen mit dem Löslichkeitsprodukt

Wasserlöslichkeit

Wenn eine lösliche Verbindung MA in M und A dissoziiert, so beeinflußt die Konzentration von MA die Konzentrationen von M und A. M soll hier ein Metallkation und A ein Anion bedeuten; der Einfachheit halber lassen wir die Ladungen von M und A weg. Je größer die Konzentration von MA ist, um so größer sind die Konzentrationen von M und A. Wenn aber MA ein Niederschlag ist, so hängen die Konzentrationen von M und A in der Lösung *nicht* von der ausgefällten Menge MA ab. Vorausgesetzt also, daß ein Niederschlag MA (als Bodenkörper) vorliegt, und daß sich der Niederschlag im Gleichgewicht mit der Lösung befindet – daß die Lösung also gesättigt ist –, kann man die Gleichgewichtskonstante K für die Reaktion

$$MA\,(s) \rightleftharpoons M + A$$

schreiben als

$$K = \frac{[M]\,[A]}{1} = [M]\,[A]\ .$$

(In Kapitel 1 haben wir gesehen, daß die Aktivität a für einen Festkörper $= 1$ ist). Diese Gleichgewichtskonstante hat den Namen *Löslichkeitsprodukt*; als Formelsymbol verwendet man die Bezeichnungen K_L oder K_{sp} (vom englischen Ausdruck *„solubility product"*). Wir schreiben

$$K_L = [M]\,[A]\ .$$

Die Löslichkeitsprodukte zahlreicher Niederschläge finden sich in Handbüchern und Lehrbüchern (s. Anhang 2). Mit Hilfe dieser Konstanten kann man die Löslichkeit eines Niederschlags unter verschiedenen Bedingungen berechnen.

Beispiel

a) Man berechne die Löslichkeit von Silberchlorid in Wasser bei 20 °C (in mol/L und auch in g/100 mL). Das Löslichkeitsprodukt bei 20 °C ist $1,0 \cdot 10^{-10}$ mol^2/L^2.

$$AgCl(s) \rightleftharpoons Ag^+ + Cl^-$$

$$K_L(AgCl) = [Ag^+]\,[Cl^-]$$

Jedes Mol an gelöstem AgCl liefert 1 mol Ag^+ und 1 mol Cl^-. Die Löslichkeit von AgCl ist also gleich $[Ag^+] = [Cl^-]$. Setzt man dies in den Ausdruck für das Löslichkeitsprodukt ein, so folgt

$$10^{-10}\ mol^2/L^2 = [Ag^+]^2$$

$$[Ag^+] = 10^{-5}\ mol/L\ ,$$

beziehungsweise für die Löslichkeit L in g/100 mL:

$$L = [Ag^+] \cdot M(AgCl)$$

$$= 10^{-5}\ mol/L \cdot 143\ g/mol = 1,43 \cdot 10^{-3}\ g/L$$

$$= 1,43 \cdot 10^{-4}\ g/100\ mL\ .$$

b) Man berechne die Löslichkeit von Silberchromat in Wasser bei 25 °C. Das Löslichkeitsprodukt von Silberchromat beträgt bei dieser Temperatur $1,1 \cdot 10^{-12}$ mol^3/L^3.

$$Ag_2CrO_4(s) \rightleftharpoons 2\,Ag^+ + CrO_4^{2-}$$

$$K_L = [Ag^+]^2[CrO_4^{2-}]$$

Jedes Mol Silberchromat, das sich löst, liefert 2 mol Silberionen und 1 mol Chromationen. Man bedenke, daß die Löslichkeit von Silberchromat also der Konzentration an Chromat entspricht und daß weiterhin die Konzentration an Silberionen zweimal so groß wie die an Chromationen ist. Sei x die Anzahl der Mole Silberchromat pro Liter, die sich lösen, so gilt

$$[CrO_4^{2-}] = x\ ,$$

$$[Ag^+] = 2\,[CrO_4^{2-}] = 2x\ .$$

Einsetzen in die Gleichung für das Löslichkeitsprodukt liefert:

$$K_L = (2x)^2 \cdot x = 4\,x^3$$

$$x^3 = \tfrac{1}{4}\,K_L$$

$$x = \sqrt[3]{\tfrac{1}{4}K_L} = \sqrt[3]{\tfrac{1}{4} \cdot 1,1 \cdot 10^{-12}\ mol^3/L^3} = \sqrt[3]{2,75 \cdot 10^{-13}}\ mol/L =$$

$$= \sqrt[3]{2,75} \cdot \sqrt[3]{10^{-15}}\ mol/L$$

$$= 6,5 \cdot 10^{-5}\ mol/L$$

Die Löslichkeit von Silberchromat in Wasser beträgt bei 25 °C also $6,5 \cdot 10^{-5}$ mol/L.

Gleichioniger Zusatz

Zur Lösung eines Salzes MA, die mit dem Niederschlag MA im Gleichgewicht steht, werde eine stark dissoziierende lösliche Verbindung hinzugefügt, bei deren Dissoziation das Ion A^- gebildet wird. Diese zusätzliche Menge an A^- wird dazu führen, daß die Menge von M^+ in der Lösung abnimmt:

$$MA(s) \rightleftharpoons M^+ + A^-$$

Verschiebung $\longleftarrow$ des Gleichgewichts   Zugabe von A^-

Ist die Konzentration des zugefügten Salzes bekannt, kann man die Konzentration des Ions M^+ in der Lösung berechnen.

Beispiel

Man berechne die Konzentration an Silberionen in einer gesättigten (einer im Gleichgewicht mit einem Niederschlag von Silberchromat stehenden) wäßrigen Lösung, wenn die Lösung Natriumchromat enthält, so daß die Menge an Chromationen 0,01 mol/L beträgt.

$$Ag_2CrO_4(s) \rightleftharpoons 2\,Ag^+ + CrO_4^{2-}$$

$$K_L = [Ag^+]^2\,[CrO_4^{2-}]$$

$$[Ag^+]^2 = \frac{K_L}{[CrO_4^{2-}]}$$

$$[Ag^+] = \sqrt{\frac{K_L}{[CrO_4^{2-}]}} = \sqrt{\frac{1{,}1 \cdot 10^{-12}\,mol^3/L^3}{0{,}01\,mol/L}}$$

$$= 1{,}05 \cdot 10^{-5}\,mol/L$$

7.5   Simultane (gekoppelte) Gleichgewichte

Einfluß des pH auf die Löslichkeit

In vielen Fällen muß bei Berechnungen mit dem Löslichkeitsprodukt der pH (Kapitel 8) in Betracht gezogen werden. Gegeben sei ein Niederschlag MA(s), der unter Bildung von M^+ und A^- schwach dissoziiert. Nun sei A^- in der Lage, mit den in der Lösung vorhandenen H_3O^+-Ionen zu reagieren. Der qualitative Effekt läßt sich sofort vorhersagen: Ein Zusatz von H_3O^+ – also ein Ansäuern der Lösung – verschiebt das Gleichgewicht in der Weise, daß der Niederschlag löslicher wird:

$$MA(s) \rightleftharpoons M^+ + A^- \qquad\qquad (7-1)$$

$$\updownarrow\;H_3O^+$$

$$HA$$

Quantitativ kann die Auswirkung der Acidität einer Lösung auf die Löslichkeit eines Niederschlags berechnet werden, wenn man die Wasserstoffionen-Konzentration der Lösung und den Wert für K_a der Säure HA kennt. Hierzu definiert man am besten zunächst einen Term α_A, der denjenigen Anteil von A in der Lösung angibt, welcher in Form von A^- vorliegt.

$$\alpha_A = \frac{[A^-]}{[HA] + [A^-]} \qquad (7-2)$$

$$\frac{1}{\alpha_A} = \frac{[HA]}{[A^-]} + \frac{[A^-]}{[A^-]} = \frac{[HA]}{[A^-]} + 1 \qquad (7-3)$$

Der Wert für α_A als Funktion von $[H_3O^+]$ kann leicht aus dem Ausdruck für K_a berechnet werden:

$$K_a = \frac{[H_3O^+]\,[A^-]}{[HA]} \,,$$

oder umgeordnet:

$$\frac{[HA]}{[A^-]} = \frac{[H_3O^+]}{K_a} \,.$$

Einsetzen in Gl. (7−3) liefert

$$\frac{1}{\alpha_A} = \frac{[H_3O^+]}{K_a} + 1 \,. \qquad (7-4)$$

Beispiel

Eine Säure HA mit der Dissoziationskonstante $K_a = 6{,}30 \cdot 10^{-5}$ wird auf pH 4,0 gepuffert ($c(H_3O^+) = 10^{-4,0}$ mol/L). Man berechne α_A, den Anteil von HA, der unter diesen Bedingungen als A^- vorliegt

$$\frac{1}{\alpha_A} = \frac{[H_3O^+]}{K_a} + 1$$

$$\frac{1}{\alpha_A} = \frac{10^{-4,0}}{6{,}30 \cdot 10^{-5}} + 1 = 2{,}59$$

$$\alpha_A = 0{,}386$$

Kehren wir zurück zum Löslichkeitsgleichgewicht, wie es Gl. (7−1) beschreibt. Wir sehen, daß für x Mole MA (s), die sich auflösen, x Mole M^+ bilden und daß alle beim Auflösen entstandenen Anionen entweder als A^- oder aber − nach der Säure-Base-Reaktion mit Wasser − als HA vorliegen, so daß also

$$[M^+] = x$$

und

$$[HA] + [A^-] = x \,.$$

In den Ausdruck für das Löslichkeitsprodukt von MA(s) geht nun aber nicht die Summe $[HA] + [A^-]$, sondern $[A^-]$ ein:

$$K_L = [M^+]\,[A^-]$$

Aus der Definition für α_A, Gl. (7–2), kann man einen Ausdruck für $[A^-]$ erhalten:

$$[A^-] = \alpha_A\,([HA] + [H^-]) \tag{7–5}$$

Einsetzen in die Gleichung für das Löslichkeitsprodukt K_L liefert

$$K_L(MA) = [M^+]\,([HA] + [A^-])\,\alpha_A = x^2\alpha_A\;. \tag{7–6}$$

Mit dieser Gleichung kann man die Löslichkeit des Niederschlags in saurer Lösung berechnen.

Beispiel:

Man berechne die Konzentration von M^+ in einer Lösung vom pH 4,0. M^+ befinde sich im Gleichgewicht mit MA(s), $K_L = 2{,}06 \cdot 10^{-9}$ mol^2/L^2 und K_a für HA ist $6{,}30 \cdot 10^{-5}$.

Unter den gleichen Bedingungen erhielten wir im vorigen Beispiel α_A zu 0,386. Einsetzen in Gl. (7–6) liefert

$$2{,}06 \cdot 10^{-9}\ \text{mol}^2/\text{L}^2 = x^2 \cdot 0{,}386$$

$$x = [M^+] = \sqrt{\frac{2{,}06 \cdot 10^{-9}\ \text{mol}^2/\text{L}^2}{0{,}386}} = 7{,}30 \cdot 10^{-5}\ \text{mol/L}$$

Im Vergleich dazu beträgt $[M^+]$ in neutraler oder schwach alkalischer Lösung $4{,}54 \cdot 10^{-5}$ mol/L.

Auswirkungen der Komplexbildung auf die Löslichkeit

Bei Berechnungen des Löslichkeitsprodukts muß man häufig die Auswirkungen der Komplexbildung berücksichtigen. Oft wird auch ein Komplexbildner eingesetzt, der die Ausfällung eines Metallions durch ein Fällungsmittel ermöglicht, die eines anderen Metallions aber verhindert. Ein praktisches Beispiel ist das Zufügen von Tartrationen bei der Ausfällung von Nickel mit Diacetyldioxim unter schwach alkalischen Bedingungen: Die Ausfällung von Eisenoxid-Hydrat wird dadurch verhindert. In diesem Fall nennt man Tartrat ein Mittel zur *Maskierung*: Es verhindert die Bildung eines Eisen(III)-haltigen Niederschlags, es „maskiert" das Eisen(III)-Ion. Wenn die entsprechenden Konstanten bekannt sind, kann man voraussagen, ob eine Trennung mit Hilfe eines Maskierungsmittels möglich ist.

Die Auswirkung eines maskierenden Komplex-Liganden auf die Löslichkeit eines Niederschlags kann mit Hilfe eines ähnlichen α-Koeffizienten berechnet werden, wie wir ihn oben für den Fall saurer Lösungen verwendet haben. Nehmen wir an, daß ein Komplex-Ligand L mit einem Metallion aus einem Niederschlag unter Bildung eines Metall-Ligand-Komplexes oder einer Anzahl von Komplexen mit verschiedenen L:M-Verhältnissen reagieren kann. Wenn − dies ist der einfachste Fall − ein 1:1-Komplex nach der Gleichung

$$M + L \rightleftharpoons ML$$

$$K_{ML} = \frac{[ML]}{[M]\,[L]} \tag{7-7}$$

entsteht, definieren wir α_M wie folgt:

$$\alpha_M = \frac{[M]}{[M] + [ML]} \tag{7-8}$$

$$\frac{1}{\alpha_M} = 1 + \frac{[ML]}{[M]} \tag{7-9}$$

Kombiniert man die Gln. (7−7) und (7−9), so erhält man

$$\frac{1}{\alpha_M} = 1 + K_{ML}[L] \; . \tag{7-10}$$

Beispiel:

Die Bildungskonstante eines Komplexes ML sei $5{,}37 \cdot 10^3$. Wie groß ist der Anteil an freien Metallionen M in Lösung, wenn die Konzentration an freiem Liganden L 0,10 mol/L ist?

Der Anteil an freien Metallionen ist die Größe α_M aus Gl. (7−10). Einsetzen führt zu

$$\frac{1}{\alpha_M} = 1 + 5{,}37 \cdot 10^3 \cdot 0{,}10 = 538$$

$$\alpha_M = 1{,}86 \cdot 10^{-3}$$

Ist α_M bekannt, kann man die Auswirkung des Komplex-Liganden auf die Löslichkeit eines Niederschlages in ähnlicher Weise berechnen, wie wir es im Fall der pH-Abhängigkeit der Löslichkeit getan haben.

Beispiel:

Man berechne die Löslichkeit eines Niederschlags MA $(K_L = 2{,}06 \cdot 10^{-9}$ mol^2/L$^2)$ in einer Lösung, die 0,10 mol/L an freiem Liganden L enthält $(\alpha_M = 1{,}86 \cdot 10^{-3})$.

Wenn x Mol des Niederschlags aufgelöst werden, dann ist $[A] = x$ und $[M] + [ML]$ ebenfalls gleich x. Aus der Definition für α_M (Gl. (7−8)) folgt

$$[M] = \alpha_M\,([M] + [ML])$$
$$ = \alpha_M x \; .$$

Mit dem Löslichkeitsprodukt K_L erhält man:

$$K_L = [M] [A]$$

$$= \alpha_M x \cdot x = \alpha_M x^2$$

$$x^2 = \frac{K_L}{\alpha_M}$$

$$x^2 = \sqrt{\frac{K_L}{\alpha_M}} = \sqrt{\frac{2{,}06 \cdot 10^{-9}\,\mathrm{mol^2/L^2}}{1{,}86 \cdot 10^{-3}}}$$

$$x = 1{,}05 \cdot 10^{-3}\,\mathrm{mol/L}$$

Zum Vergleich: Die Löslichkeit des Niederschlags in *Abwesenheit* eines Komplex-Liganden ist $4{,}54 \cdot 10^{-5}$ mol/L.

Komplexbildung kann auch mit einem Überschuß an *Fällungsmittel* eintreten. Einige Metallionen M^{2+} bilden z.B. einen unlöslichen Niederschlag mit Oxalat $C_2O_4^{2-}$, sie können aber unter Anlagerung eines weiteren Oxalations in einen Oxalato-Komplex übergehen:

$$M^{2+} + C_2O_4^{2-} \rightleftharpoons M\,C_2O_4(s)$$

$$MC_2O_4(s) + C_2O_4^{2-} \rightleftharpoons [M(C_2O_4)_2]^{2-}$$

Da dieser Komplex löslich ist, wird Zugabe von mehr Oxalationen die Löslichkeit des Niederschlags erhöhen, da mehr Komplex-Ionen gebildet wird. Der gleichionige Zusatz (Oxalat) vermindert also in diesem Fall die Löslichkeit gerade *nicht*.

Die Bildung von Komplexen ist übrigens ein sehr häufiger Vorgang. *Vernachlässigt* man die Bildung löslicher Komplexe, so führen Berechnungen mit Hilfe des Löslichkeitsprodukts oft zu unsinnigen Ergebnissen. Ringbom[3] zitiert beispielsweise die Berechnung der Löslichkeit von Quecksilbersulfid in einer Lösung von Natriumsulfid, $c(\mathrm{NaS}) = 0{,}1$ mol/L: Das Löslichkeitsprodukt für Quecksilbersulfid ist 10^{-52} mol²/L². Setzt man eine Sulfidionen-Konzentration von 0,1 mol/L — stammend vom Natriumsulfid — ein, so berechnet man aus dem Löslichkeitsprodukt eine Quecksilberionen-Konzentration von 10^{-51} mol/L:

$$K_L = [Hg^{2+}] [S^{2-}]$$

$$[Hg^{2+}] = \frac{K_L}{[S^{2-}]} = \frac{10^{-52}\,\mathrm{mol^2/L^2}}{10^{-1}\,\mathrm{mol/L}} = 10^{-51}\,\mathrm{mol/L}$$

Dieser Wert ist so gering, daß man mehr als die gesamte auf der Erde vorkommende Wassermenge benötigen würde, um auch nur ein gelöstes Quecksilberion zu finden. Die tatsächliche Löslichkeit von Quecksilbersulfid unter diesen Bedingungen beträgt etwa 10^{-3} mol/L, weicht also stark von 10^{-51} mol/L ab. Das liegt daran, daß lösliche Quecksilbersulfid-Komplexe in der Lösung vorliegen und die Löslichkeit stark erhöhen.

3 A. Ringbom, *J. Chem. Ed. 35*, 282 (1958)

7.6 Aktivitätskoeffizienten und chemisches Gleichgewicht

Für genauere Berechnungen mit Gleichgewichtskonstanten sollte man anstelle der Konzentrationen die *Aktivitäten* von Ionen und Molekülen verwenden. Die Gleichgewichtskonstante des einfachen Gleichgewichts

$$A + B \rightleftharpoons C$$

ist dann

$$K = \frac{a(C)}{a(A) \cdot a(B)} \,.$$

Da man die Aktivität einer Substanz X als Stoffmengenkonzentration, multipliziert mit einem Aktivitätskoeffizienten $f(X)$ (vergleiche Abschnitt 1.2) ausdrükken kann, gilt

$$a(X) = f(X) \cdot c(X) \,.$$

Für die Gleichgewichtskonstante folgt dann mit der Schreibweise [X] für die Gleichgewichtskonzentration des Stoffes X

$$K = \frac{f(C)}{f(A) \cdot f(B)} \cdot \frac{[C]}{[A] \cdot [B]} \,.$$

Die Verwendung von Aktivitätskoeffizienten macht das Rechnen mit Gleichgewichtskonstanten natürlich komplizierter. Der Analytiker versucht, wenn immer möglich, sie zu vernachlässigen und mit den Stoffmengenkonzentrationen zu rechnen. Tatsächlich kann die Ionenstärke einer Lösung (Abschnitt 1.2) während einer Serie von Experimenten halbwegs konstant gehalten werden. In diesem Fall wird auch der Term mit den Aktivitätskoeffizienten eine Konstante:

$$\frac{f(C)}{f(A) \cdot f(B)} = k$$

$$\frac{K}{k} = K' = \frac{[C]}{[A] \cdot [B]}$$

Indem man diese modifizierte Konstante K' einführt, kann man mit Konzentrationen anstelle von Aktivitäten rechnen.

Diese Gleichgewichtskonstanten K' werden für verschiedene Ionenstärken bestimmt. Aus einer Auftragung der Gleichgewichtskonstanten gegen die Ionenstärke kann man den Wert von K für die Ionenstärke Null berechnen, indem man die Kurve extrapoliert. Dieser so erhaltene Wert wird in der chemischen Literatur häufig als K angegeben.

Aufgaben

Allgemeine Aufgaben zur Gleichgewichtskonstanten

7.1 Schreiben Sie den Ausdruck für die Gleichgewichtskonstanten der folgenden Reaktionen auf:

a) $BaCrO_4(s) \rightleftharpoons Ba^{2+} + CrO_4^{2-}$

b) $Ag_2CrO_4(s) \rightleftharpoons 2Ag^+ + CrO_4^{2-}$

c) $CeF_3(s) \rightleftharpoons Ce^{3+} + 3F^-$

d) $Th^{4+} + 4F^- \rightleftharpoons ThF_4(s)$

e) $HCN + H_2O \rightleftharpoons H_3O^+ + CN^-$

f) $H_2C_2O_4 + H_2O \rightleftharpoons H_3O^+ + HC_2O_4^-$

g) $HC_2O_4^- + H_2O \rightleftharpoons H_3O^+ + C_2O_4^{2-}$

h) $H_2C_2O_4 + 2H_2O \rightleftharpoons 2H_3O^+ + C_2O_4^{2-}$

i) $Ni^{2+} + 4CN^- \rightleftharpoons [Ni(CN)_4]^{2-}$

j) $Ag^+ + 2NH_3 \rightleftharpoons [Ag(NH_3)_2]^+$

7.2 Das Gleichgewicht ist ein dynamischer und kein statischer Zustand. Schlagen Sie ein Experiment vor, welches dies für das Gleichgewicht zwischen einem Niederschlag und seinen Ionen in Lösung beweist. (Diskutieren Sie diese Frage wenn nötig mit Ihrem Ausbilder.)

7.3 Die Gleichgewichtskonstante einer Reaktion gibt Aufschluß darüber, in welchem Ausmaß die Reaktion abläuft. Für jede der folgenden Reaktionen schreibe man den Ausdruck für die Gleichgewichtskonstante auf und berechne ihren Zahlenwert. Dabei benutze man die folgenden Werte:

K_L für AgCl ist $1{,}8 \cdot 10^{-20}$ mol^2/L^2;

K_L für AgBr ist $4{,}9 \cdot 10^{-13}$ mol^{2}L^2;

K_a für HCN ist $4{,}9 \cdot 10^{-10}$; K_a für NH_4^+ ist $5{,}62 \cdot 10^{-10}$.

a) $Ag^+ + Cl^- \rightleftharpoons AgCl(s)$

b) $Ag^+ + Br^- \rightleftharpoons AgBr(s)$

c) $H_3O^+ + CN^- \rightleftharpoons HCN + H_2O$

d) $H_3O^+ + NH_3 \rightleftharpoons NH_4^+ + H_2O$

Dissoziationskonstanten

7.4 Die Dissoziationskonstante von Chlorethansäure (Chloressigsäure) ist $1{,}50 \cdot 10^{-3}$. Berechnen Sie die Wasserstoffionen-Konzentration einer Lösung von Chloressigsäure, $c = 0{,}010$ mol/L, auf zwei Wegen:

a) unter der Annahme, daß die Gleichgewichtskonzentration von Chloressigsäure 0,010 mol/L ist

b) indem Sie bei der Berechnung der Gleichgewichtskonzentration die Dissoziation der Chloressigsäure berücksichtigen.

7.5 Berechnen Sie die Wasserstoffionen-Konzentration einer Lösung, die 0,10 mol/L Chloressigsäure und 0,10 mol/L Chlorethanoationen enthält, auf zwei Wegen:

a) unter der Annahme, daß die Gleichgewichtskonzentrationen von Chlorethansäure und Chlorethanoat beide 0,10 mol/L sind

b) indem Sie die Auswirkung der Dissoziation von Chlorethansäure auf die Gleichgewichtskonzentrationen der beiden Spezies berücksichtigen ($K_a = 1{,}50 \cdot 10^{-3}$).

7.6 Berechnen Sie die Wasserstoffionen-Konzentration einer wäßrigen Lösung von Pyridincarbonsäure, C_5H_4NCOOH ($K_a = 5{,}0 \cdot 10^{-6}$), $c(C_5H_4NCOOH) = 0{,}05$ mol/L.

7.7 Berechnen Sie die Wasserstoffionen-Konzentration einer Lösung, die 2,44 g/L Benzoesäure, C_6H_5COOH ($K_a = 6{,}30 \cdot 10^{-5}$), enthält.

7.8 Berechnen Sie die Wasserstoffionen-Konzentration einer Lösung, die 1,22 g/L Benzoesäure und 2,88 g/L Natriumbenzoat, C_6H_5COONa, enthält. K_a für Benzoesäure ist $6{,}30 \cdot 10^{-5}$.

7.9 In welchen molaren Verhältnissen sollte man Essigsäure CH_3COOH und Natriumacetat CH_3COONa mischen, um eine Lösung von pH 5,0 (Wasserstoffionen-Konzentration 10^{-5} mol/L) zu erhalten? K_a für Essigsäure ist $1{,}8 \cdot 10^{-5}$.

Komplexbildung

7.10 Kupfer(II) bildet einen löslichen Komplex mit Ethylendiamin (abgekürzt: en) nach folgender Gleichung:

$$Cu^{2+} + 2\,en \rightarrow [Cu(en)_2]^{2+} \, , \quad K = 10^{19{,}60}$$

Man berechne die Kupferionen-Konzentration einer Lösung, die 0,010 mol/L $[Kupfer(en)_2]^{2+}$ und einen 0,010 mol/L-Überschuß an en enthält.

7.11 Ein Metallion, M^{z+}, reagiert mit einem vierzähnigen Liganden L^{4-} nach folgendem Schema:

$$M^{z+} + L^{4-} \rightleftharpoons ML^{(z+)+(4-)}$$

Die Gleichgewichtskonstante dieser Reaktion ist 10^{16}. Man berechne den pM-Wert $(pM = -\log M^{z+})$ der Lösung, die durch Mischen von 2,0 mL einer Lösung, $c(L^{4-}) = 1,0$ mol/L, mit einem Liter einer M^{z+}-Lösung, $c(M^{z+}) = 0,001$ mol/L, erhalten wird.

7.12   Calcium(II) bildet einen schwachen 1:1-Komplex (CaL) mit dem Lactation $(K = 10,0)$. Wenn 10,0 mL einer Ca^{2+}-Lösung, $c(Ca^{2+}) = 0,10$ mol/L, mit 15 mL einer Lactatlösung, $c(Lactat) = 0,10$ mol/L, gemischt werden, wie groß ist dann die Calciumionen-Konzentration der entstehenden Lösung?

Löslichkeitsprodukt

7.13   Berechnen Sie die Löslichkeit der folgenden Verbindungen in mol/L:

a) $PbMoO_4$, $K_L = 10^{-13,0}$ mol²/L²

b) PbF_2, $K_L = 10^{-7,57}$ mol³/L³

7.14   Man berechne

a) die Löslichkeit in mol/L und

b) die Silberionen-Konzentration
in einer gesättigten wäßrigen Lösung von Silberoxalat,

$$Ag_2C_2O_4 \ (K_L = 1,3 \cdot 10^{-11} \text{ mol}^3/\text{L}^3).$$

7.15   Ein Niederschlag von Blei(II)-iodid steht mit gelöstem Natriumiodid so im Gleichgewicht, daß die gesamte Iodidionen-Konzentration in der Lösung 0,0020 mol/L ist. Man berechne die molare Löslichkeit von Bleiiodid unter diesen Bedingungen. K_L von Bleiiodid ist $1,0 \cdot 10^{-8}$ mol³/L³.

7.16   Man berechne die Hydroxidionen-Konzentration und den pH einer gesättigten wäßrigen Lösung von Calciumhydroxid $Ca(OH)_2$ $(K_L = 10^{-5,26}$ mol³/L³).

7.17   Zu einer Magnesium(II)-haltigen Lösung gibt man Natriumhydroxid zu, so daß sich ein Niederschlag von $Mg(OH)_2$ bildet und der pH der wäßrigen Lösung 11,0 ist $([OH^-] = 10^{-3,0}$ mol/L). Aus dem Löslichkeitsprodukt von Magnesiumhydroxid $(K_L = 10^{-10,74}$ mol³/L³) berechne man die Stoffmengenkonzentration an Magnesiumionen in der Lösung.

7.18   Man berechne die Bariumionen-Konzentration einer Lösung von Natriumiodat, wobei die Lösung sich mit einem Niederschlag von Bariumiodat im Gleichgewicht befindet. (K_L für Bariumiodat ist $1,5 \cdot 10^{-9}$ mol²/L².)

7.19   Silbernitrat wird zu einer sehr verdünnten $(c = 0,0001$ mol/L) Lösung von Natriumchlorid gegeben, so daß die Silberionen-Konzentration 0,01 mol/L ist. Ist die Ausfällung von Chlorid unter diesen Bedingungen quantitativ (fallen wenigstens 99,9 % des Chlorids aus)? K_L von Silberchlorid ist $1,8 \cdot 10^{-10}$ mol²/L².

Löslichkeitsprodukt und Aktivitätskoeffizienten

7.20   Berechnen Sie die ungefähre Ionenstärke der folgenden Lösungen. In welchen Fällen würde bei der Berechnung der Löslichkeit des Niederschlags ein beträchtlicher Fehler auftreten, wenn man die Aktivitätskoeffizienten außer Betracht ließe?

   a) Eine gesättigte Lösung von Bariumsulfat ($K_L = 1{,}08 \cdot 10^{-10}$ mol^2/L^2)

   b) Eine gesättigte Lösung von Bleichlorid ($K_L = 1{,}6 \cdot 10^{-5}$ mol^3/L^3)

   c) Eine gesättigte Lösung von Bariumsulfat in Na_2SO_4-Lösung, $c(Na_2SO_4)$ = 0,033 mol/L.

7.21   Man berechne die Bleiionenkonzentration in einer Lösung, die mit Bleifluorid PbF_2 gesättigt ist und genügend Natriumperchlorat enthält, so daß die Ionenstärke μ = 0,01 ist. Das Löslichkeitsprodukt von Bleifluorid bei μ = 0 ist $2{,}7 \cdot 10^{-8}$ mol^2/L^2; bei μ = 0,01 ist der Aktivitätskoeffizient für F^- 0,90, derjenige für Pb^{2+} ist 0,66.

7.22   Das Löslichkeitsprodukt von Thoriumoxalat, $ThOx_2$, bei μ = 0 ist $10^{-22{,}0}$ mol^3/L^3.

   a) Schätzen Sie das Löslichkeitsprodukt bei μ = 0,1 ab, wenn $f(Th^{4+})$ = 0,10 und $f(Ox^{2-})$ = 0,44 ist.

   b) Berechnen und vergleichen Sie die Thorium(IV)-Konzentration in einer gesättigten Lösung von Thoriumoxalat bei μ = 0 und μ = 0,1.

Simultane Gleichgewichte

7.23   Eine Lösung von Fluorwasserstoffsäure, $c(HF)$ = 0,01 mol/L, wird mit Perchlorsäure auf pH 2,0 eingestellt. Man berechne das Verhältnis von F^- zur Gesamtfluoridkonzentration in dieser Lösung ($HF + F^-$). K für HF bei der verwendeten Ionenstärke ist $8{,}0 \cdot 10^{-4}$.

7.24   Niederschläge treten dann auf, wenn die Konzentrationen der zusammengemischten Ionen in der Lösung so groß sind, daß das Löslichkeitsprodukt des Niederschlages überschritten wird. Berechnen Sie, ob es möglich ist, Calcium mit Oxalatlösung, c(Oxalat) = 0,001 mol/L, im Überschuß von Iminodiessigsäure als Maskierungsreagenz quantitativ auszufällen, ohne daß Zinkoxalat mit ausfällt. Dabei soll $\alpha_{Zn} = 10^{-11{,}2}$ und $\alpha_{Ca} = 10^{-0{,}6}$ sein. K_L für Zinkoxalat ist $10^{-8{,}0}$ mol^2/L^2 und K_L für Calciumoxalat ist $10^{-8{,}64}$ mol^2/L^2.

7.25   Berechnen Sie die Löslichkeit von Bariumsulfat

   a) in wäßriger Lösung der Ionenstärke μ = 0,1 ($K_L = 10^{-9{,}2}$ mol^2/L^2),

   b) in einer Lösung der Ionenstärke μ = 0,1, die 0,01 mol/L EDTA (auf pH 8,0 gepuffert) enthält. Bei diesem pH ist $\alpha_{Ba} = 10^{-3{,}5}$.

c) Ist die Ausfällung von Barium in Gegenwart von EDTA quantitativ ($>99{,}9\%$), wenn die Konzentration an Barium(II) vor der Niederschlagsbildung 0,001 mol/L ist?

7.26   Die Löslichkeit von Silbersulfid in alkalischer Lösung wird durch zwei Effekte beeinflußt: Die Wasserstoffionen reagieren mit Sulfidionen, und Silber(I) bildet lösliche Komplexe mit HS^- und S^{2-}. Man berechne die Löslichkeit von Silbersulfid in einer Lösung vom pH 9, die HS^- und S^{2-} in einer Gesamtkonzentration von 0,01 mol/L enthält. $\alpha_{S^{2-}} = 10^{3,6}$ und $\alpha_{Ag^+} = 10^{-13,7}$. K_L für Ag_2S ist $10^{-48,2}\ mol^3/L^3$.

7.27   Ausgehend von den folgenden Gleichgewichten berechne man die Löslichkeit des Niederschlags MA(s) in einer Lösung, die insgesamt 0,10 mol/L Ligand (als L^- und HL) enthält.

$$HL \rightleftharpoons H^+ + L^-, \qquad K = 10^{-6,0}$$

$$M^+ + L^- \rightleftharpoons ML, \qquad K = 10^{4,0}$$

$$M^+ + A^- \rightleftharpoons MA(s), \quad K_L = 10^{-7,0}\ mol^2/L^2$$

Vermischte Aufgaben

7.28   Eine farbige Säure HA hat eine Dissoziationskonstante von $2{,}0 \cdot 10^{-5}$. Die Säure hat ein Absorptionsmaximum bei 487 nm, die konjugierte Base NaA absorbiert bei dieser Wellenlänge nicht. Die konjugierte Base hat ein Absorptionsmaximum bei 610 nm, wo die Säure nur schwach absorbiert. Eine verdünnte Lösung der Säure wird mit Natriumhydroxid-Maßlösung titriert. Skizzieren Sie die Titrationskurve, wenn

a) die Titration durch Messen der Extinktion bei 610 nm spektralphotometrisch verfolgt wird,

b) die Titration durch Messung der Extinktion bei 487 nm verfolgt wird.

7.29   Ein Niederschlag eines Silber enthaltenden Farbstoffes von stöchiometrischer Zusammensetzung, aber unbekannter Konzentration, wird mit verschiedenen bekannten Konzentrationen an überschüssigem Silber(I) gemischt. Der in der Lösung verbleibende Farbstoff wird dann spektralphotometrisch gemessen. Wie würde eine Auftragung von $\log[Ag^+]_{\text{zugegeben}}$ gegen $\log[\text{Farbstoff}]$ aussehen? Mit Hilfe dieser Auftragung sollen Sie erklären, wie Sie a) die Zusammensetzung des Niederschlags finden und b) den Wert für K_L abschätzen können.

Kapitel 8

Säure-Base-Gleichgewichte

8.1 Säure-Base-Theorie

Definition von Säuren und Basen

Nach Brönsted ist eine Säure ein Stoff, der Protonen abgeben kann (Protonendonator); ein Stoff, der Protonen aufnehmen kann, heißt Base (Protonenakzeptor).

Neben dieser Definition der Begriffe Säure und Base gibt es andere, von denen insbesondere die Lewissche erwähnt werden soll.

Nach Lewis sind Säuren Elektronenpaar-Akzeptoren, Basen Elektronenpaar-Donatoren. Entsprechend diesem übergreifenden Konzept können zahlreiche Reaktionen, z.B. Komplexbildung, Fällung und Bildung von Additionsverbindungen als Säure-Base-Reaktionen klassifiziert werden, so beispielsweise

Lewis-Säure + Lewis-Base → Produkt

$$
\begin{array}{ccccc}
\mathrm{F} & & \mathrm{H} & & \mathrm{F}\ \ \mathrm{H} \\
| & & | & & |\ \ \ | \\
\mathrm{F-B} & + & |\mathrm{N-H} & \rightarrow & \mathrm{F-B\cdots|N-H} \qquad \text{Addukt} \\
| & & | & & |\ \ \ | \\
\mathrm{F} & & \mathrm{H} & & \mathrm{F}\ \ \mathrm{H}
\end{array}
$$

$$
Ag^+ \ + \ |\overline{Cl}|^- \ \rightarrow \ AgCl(s) \qquad \text{Niederschlag}
$$

$$
\begin{array}{ccccc}
\mathrm{Cl} & & & & \left[\ \ \mathrm{Cl}\ \ \right]^- \\
| & & & & \ \ \ | \\
\mathrm{Cl-Al} & + & |\overline{Cl}|^- & \rightarrow & \left[\mathrm{Cl-Al-Cl}\right] \qquad \text{Komplex} \\
| & & & & \ \ \ | \\
\mathrm{Cl} & & & & \left[\ \ \mathrm{Cl}\ \ \right]
\end{array}
$$

Die Brönsted-Definition kann als Spezialfall der Lewisschen aufgefaßt werden, welcher nur einen Elektronenpaar-Akzeptor kennt: das Proton.

Obwohl die Lewis-Definition viel allgemeiner ist und damit mehr experimentelle Befunde beschreiben kann, hat sie vor allem den Nachteil, daß sie kaum quantifizierbar ist. Während nämlich die relative Stärke von Brönsted-Säuren und -Basen, bezogen auf Wasser als Protonenakzeptor- bzw. -donator, als K_a- bzw. K_b-Wert angegeben werden kann, fehlt im umfassenderen Lewis-System hierfür der „Standard-Partner". Daher hat die Lewis-Definition für den Alltag des analytischen Chemikers mehr deskriptiv-ordnenden und qualitativen Charakter. Es sei hier lediglich auf entsprechende Spezialliteratur verwiesen.[1]

Die Brönstedsche Definition von Säuren und Basen führt zu der einfachen Beziehung

$$\text{Säure}_1 \rightarrow H^+ + \text{Base}_1$$
$$\text{Base}_2 + H^+ \rightarrow \text{Säure}_2$$

Kombiniert man diese beiden Gleichungen, so erhält man die Gleichung für die Reaktion von Säure$_1$ mit Base$_2$:

$$\text{Säure}_1 + \text{Base}_2 \rightarrow \text{Säure}_2 + \text{Base}_1$$

---

1 W.B. Jensen, *The Lewis Acid-Base Concept. An Overview* (Wiley, New York 1980); R.B. Pearson, *J. Chem. Educ.* 45, 581−587 und 643−648 (1968)

Offensichtlich müssen die Produkte schwächer sauer und stärker basisch sein als die Reaktanten. Säuren und Basen, die sich nur in der Anzahl der Protonen (H^+) unterscheiden, nennt man *konjugierte Paare*. Solche konjugiert Säure-Base-Paare sind zum Beispiel:

Säure	Konjugierte Base
HCN	CN^-
HCl	Cl^-
CH_3COOH	CH_3COO^-
NH_4^+	NH_3
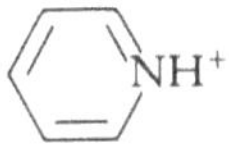 Pyridinium-Ion ($C_5H_5NH^+$)	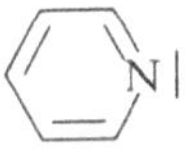 Pyridin (C_5H_5N)
H_2CO_3	HCO_3^-
HCO_3^-	CO_3^{2-}

Viele Säuren und Basen sind organische Verbindungen. Der am häufigsten vorkommende Typ organischer Säuren ist die Carbonsäure. Sie hat die allgemeine Formel R—COOH, wobei R— für irgendeine organische Gruppe, wie z.B. Methyl (CH_3—), Ethyl (CH_3CH_2—) oder Phenyl (C_6H_5—), steht. —COOH ist die Carboxylgruppe, in der der Wasserstoff azid ist. Carbonsäuren werden durch Anhängen der Endung *-säure* an den Namen des zugehörigen Kohlenstoff-Grundkörpers benannt, ihre Salze durch Anfügen der Endung *-oat* an den Kohlenstoff-Grundkörper (das Alkan mit gleicher Kohlenstoffanzahl). Zum Beispiel heißt CH_3COOH Ethansäure (Trivialname: Essigsäure), und CH_3COONa ist Natriumethanoat (Trivialname: Natriumacetat), das Acetat-Ion ist die konjugierte Base der Ethansäure; $CH_3CH_2CH_2COOH$ ist Butansäure (Trivialname: Buttersäure), und das Butanoat-Ion $CH_3CH_2CH_2COO^-$ ist die konjugierte Base der Butansäure.

Die am häufigsten vorkommenden Typen von organischen Basen sind Amine. Amine kann man sich als organische Derivate des Ammoniaks vorstellen, wobei eines, zwei oder drei der Wasserstoffatome im Ammoniak durch organische Reste R ersetzt werden. So ist zum Beispiel $C_4H_9NH_2$ Butylamin, $(CH_3)_2NH$ ist Dimethylamin und $(CH_3CH_2)_3N$ ist Triethylamin. Die konjugierte Säure eines Amins entsteht, wenn man an das Amin ein Proton addiert. Der Name des entsprechenden Salzes hat die Endung *-ium*. Zum Beispiel ist $C_4H_9NH_3^+$ ein Butylammonium-Ion, $C_4H_9NH_3Cl$ ist Butylammoniumchlorid und $C_5H_5NH^+$ (die konjugierte Säure zu Pyridin) ist das Pyridinium-Ion.

Dissoziation von Säuren und Basen

Ein Stoff, der entweder als Säure oder als Base reagieren kann, wird als *amphoter* bezeichnet. Viele Lösungsmittel sind amphoter (sie werden auch *amphiprotische Lösungsmittel* genannt). Zum Beispiel reagiert Wasser in Gegenwart von Säuren als Base und gegenüber Basen als Säure.

Wenn man eine *Säure* HA in einem amphiprotischen Lösungsmittel SH löst, *so wirkt das Lösungsmittel als Base*, es entstehen Ionen als Folge einer Säure-Base-Reaktion.

$Säure_1$	+	$Base_2$	$\rightleftharpoons$	$Säure_2$	+	$Base_1$	
HA	+	SH	$\rightleftharpoons$	SH_2^+	+	A^-	allgemeiner Fall, Lösungsmittel SH
HA	+	H_2O	$\rightleftharpoons$	H_3O^+	+	A^-	in Wasser
HA	+	CH_3OH	$\rightleftharpoons$	$CH_3OH_2^+$	+	A^-	in Methanol
HA	+	CH_3COOH	$\rightleftharpoons$	$CH_3COOH_2^+$	+	A^-	in Eisessig

Dabei ist zu beachten, daß in allen Fällen das Proton H^+ in Lösung solvatisiert vorliegt (vgl. Anmerkung 4 in Kapitel 1).

Das Ausmaß der Dissoziation hängt von verschiedenen Faktoren ab. Dazu gehört die Acidität oder Säurestärke von HA. Eine starke Säure, wie z.B. Chlorwasserstoffsäure (Salzsäure), liegt in Wasser völlig ionisiert vor, wogegen eine schwache Säure, z.B. Essigsäure, nur schwach ionisiert ist. Ein weiterer Faktor ist die Basenstärke des Lösungsmittels. Ein basisches Lösungsmittel wird die Ionisierung einer Säure durch Säure-Base-Reaktion mit der gelösten Säure fördern.

Alle oben erwähnten Lösungsmittel können als Base reagieren, wenn auch beispielsweise Eisessig eine sehr viel schwächere Base ist als Wasser. Schließlich spielt die Dielektrizitätskonstante des Lösungsmittels − ein Maß für die abschirmende Wirkung des Lösungsmittels − eine Rolle bei der Dissoziation. Da Wasser eine ungewöhnlich hohe Dielektrizitätskonstante hat, sind Ionen in wäßriger Lösung relativ frei von Anziehungs- und Abstoßungskräften. (Trotzdem gibt es solche Effekte, wir erinnern uns an den Unterschied zwischen Ionenkonzentration und Aktivität in Wasser.) In den meisten organischen Lösungsmitteln haben Ionen allerdings die Tendenz, als Ionenpaare vorzuliegen (Kation-Anion-Paare). So liegen in konzentrierter Ethansäure-Lösung sogar starke Säuren weitgehend als Ionenpaare vor, die Zahl der *freien* $CH_3COOH_2^+$ und A^--Ionen ist gering.

Löst man eine *Base* in einem amphiprotischen Lösungsmittel SH, so *wirkt das Lösungsmittel als Säure* und mit zunehmender Dissoziation steigt die Konzentration an aus dem Solvens stammenden Anionen S^-:

$Base_1$	+	$Säure_2$	$\rightleftharpoons$	$Säure_2$	+	$Base_1$	
B	+	SH	$\rightleftharpoons$	BH^+	+	S^-	allgemeiner Fall, Lösungsmittel SH
B	+	H_2O	$\rightleftharpoons$	BH^+	+	OH^-	in Wasser
B	+	CH_3OH	$\rightleftharpoons$	BH^+	+	CH_3O^-	in Methanol
B	+	CH_3COOH	$\rightleftharpoons$	BH^+	+	CH_3COO^-	in Eisessig

Eine Säure und eine Base in Lösung können durchaus so miteinander reagieren, daß das solvatisierte Proton (entstanden durch Dissoziation der Säure) und das Lösungsmittel-Anion (entstanden durch Dissoziation der Base) miteinander reagieren:

$$HA + SH \rightleftharpoons SH_2^+ + A^-$$

$$B + SH \rightleftharpoons BH^+ + S^-$$

$$SH_2^+ + S^- \rightleftharpoons 2\,SH$$

Die Summe dieser drei Gleichungen ist aber die einfache Reaktion:

$$\underset{\text{Säure}_1}{HA} + \underset{\text{Base}_2}{B} \rightleftharpoons \underset{\text{Säure}_2}{BH^+} + \underset{\text{Base}_1}{A^-}$$

8.2 Ein Maß für die Acidität: der pH-Wert

Amphiprotische Lösungsmittel dissoziieren in geringem Maß unter Bildung eines Kations und Anions (Autoprotolyse):

$$2\,SH \rightleftharpoons SH_2^+ + S^- \qquad\qquad \text{allgemeiner Fall}$$

$$2\,H_2O \rightleftharpoons H_3O^+ + OH^- \qquad\qquad \text{Wasser}$$

$$2\,CH_3OH \rightleftharpoons CH_3OH_2^+ + CH_3O^- \qquad\qquad \text{Methanol}$$

$$2\,CH_3COOH \rightleftharpoons CH_3COOH_2^+ + CH_3COO^- \qquad\qquad \text{Eisessig}$$

Das Ausmaß, in dem ein Lösungsmittel SH dissoziiert, wird durch die Autoprotolyse-Konstante K_s beschrieben. Für den allgemeinen Fall gilt:

$$K_s = a(SH_2^+) \cdot a(S^{2-})$$

Aus Gründen der Elektroneutralität muß außerdem gelten:

$$a(SH_2^+) = a(S^-) = \sqrt{K_s}$$

(Die Aktivität des Lösungsmittels SH ist konstant; sie wird daher in die Gleichgewichtskonstante mit einbezogen und erscheint in dem Ausdruck für K_s nicht.) K_s-Werte für einige Lösungsmittel sind in Tabelle 8–1 zusammengefaßt.

Die Autoprotolyse-Konstante von Wasser wird im allgemeinen mit K_w bezeichnet:

$$K_w = a(H_3O^+) \cdot a(OH^-)$$

Zur Vereinfachung schreibt man oft anstelle von H_3O^+ einfach H^+ und spricht von Wasserstoffionen (Protonen) statt von Hydroxoniumionen, also

$$K_w = a(H^+) \cdot a(OH^-) . \tag{8-1}$$

Tabelle 8—1   Die Autoprotolyse-Konstanten einiger Lösungsmittel

Lösungsmittel	$-\log K_s = pK_s$
Schwefelsäure (100%)	3,6
Methansäure (Ameisensäure)	6,2
Wasser	14,0
Ethansäure (Essigsäure)	14,5
Deuteriumoxid (schweres Wasser)	14,7
Ethylendiamin	15,3
Methanol	16,7
Ethanol	19,1

Bei Raumtemperatur ist $K_w = 10^{-14}$, und die Aktivität von Wasserstoffionen und Hydroxylionen in reinem Wasser beträgt jeweils 10^{-7} mol/L. Wenn man eine Säure in Wasser auflöst, so nimmt die Wasserstoffionen-Aktivität in einem Maß zu, welches von der Konzentration und dem Dissoziationsgrad der Säure abhängt. Jede Zunahme der Wasserstoffionen-Aktivität führt zu einer entsprechenden Abnahme in der Aktivität der Hydroxylionen, da das Produkt der Wasserstoffionen- und der Hydroxylionen-Aktivitäten immer eine Konstante — nämlich $K_w = 10^{-14}$ — sein muß.

Die Acidität einer wäßrigen Lösung wird häufig in pH-Einheiten ausgedrückt. Die genaue Definition des pH ist wie folgt:[2]

$$ pH = -\log a(H_3O^+) = \log \frac{1}{a(H_3O^+)} \tag{8—2} $$

Analog werden pOH und pK_w definiert:

$$ pOH = -\log a(OH^-) $$

$$ pK_w = -\log K_w $$

Wenn ein oder mehrere Stoffe in Wasser aufgelöst werden, so ist die *Aktivität* der H_3O^+-Ionen nicht genau gleich der *Konzentration* der H_3O^+-Ionen. An dieser Stelle sei erwähnt, daß das pH-Meter (Abschnitt 17.3) die Aktivität (und nicht die Gleich-

---

2 Da das Argument eines Logarithmus keine dimensionsbehaftete Größe sein darf, müßte streng genommen eine Größe $a^{\ominus} = 1$ mol/L zur Normierung eingeführt werden:

$$ pH = -\log \left(\frac{a(H_3O^+)}{a^{\ominus}} \right), $$

so daß das Argument dimensionslos ist. Entsprechendes gilt natürlich für die pH-Definition über die Gleichgewichtskonzentration $[H_3O^+]$ (Gl. 8—3) sowie für alle analog definierten Größen wie pOH, pM, pAg, pK, pK_w.

gewichtskonzentration) der Wasserstoffionen mißt. Da die Chemiker Berechnungen soweit wie möglich vereinfachen möchten, werden die Aktivitätskoeffizienten oft außer Betracht gelassen und die folgende näherungsweise Definition des pH und pOH vorgezogen:

$$
\begin{aligned}
pH &= -\log[H_3O^+] \\
pOH &= -\log[OH^-]
\end{aligned}
\qquad (8-3)
$$

Da in verdünnten Lösungen der resultierende Fehler nicht sehr groß ist, werden wir diese Näherungen bei allen pH-Berechnungen verwenden. Ausgehend von der exakten bzw. der näherungsweisen Definition des pH und pOH, kann man für die Autoprotolyse-Konstante von Wasser schreiben:

$$
\begin{aligned}
K_w &= a(H_3O^+) \cdot a(OH^-) \qquad | -\log \\
pK_w &= pH + pOH \\
pH &= 14 - pOH \\
pOH &= 14 - pH
\end{aligned}
$$

In Wasser ist $pK_w = 14$, und eine Lösung mit einem pH von 7 ist neutral. Höhere pH-Werte bedeuten stärker basische und niedrige pH-Werte stärker saure Lösungen.

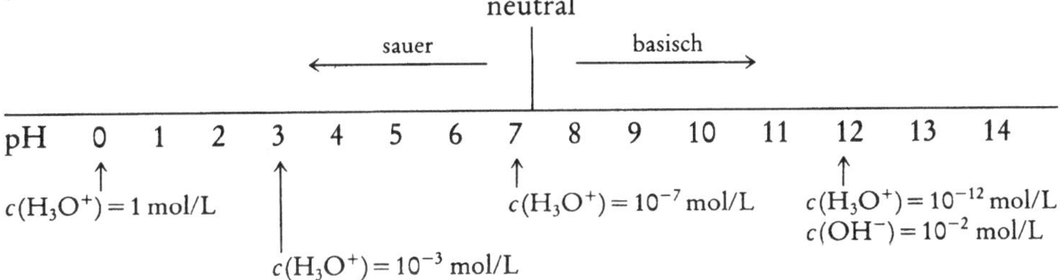

Man mache sich klar, daß ein Unterschied von einer pH-Einheit einen zehnfachen Unterschied der Acidität bedeutet. Geht man zum Beispiel vom pH 8 zum pH 5 (ein Unterschied von drei pH-Einheiten), so wird die H_3O^+-Konzentration der Lösung auf das 1000fache steigen.

Die pH-Skala in Wasser umfaßt einen riesigen Bereich der H_3O^+-Konzentration. Geht man von HCl-Lösung, $c(HCl) = 1$ mol/L (pH = 0), zu Natronlauge, $c(NaOH) = 1$ mol/L (pOH = 0, pH = 14), so ist die H_3O^+-Konzentration der Lösung um einen Faktor 10^{14} geringer geworden. Diese Zahl ist so groß, daß unsere Staatsschulden dagegen nichtig erscheinen! Nichtsdestotrotz kann ein pH-Meter die H_3O^+-Konzentration (den pH) über praktisch diesen ganzen Bereich messen.

Verwendet man den ungefähren Wert für die Autoprotolyse-Konstante K_s, so sollte es möglich sein, pH-Skalen für andere Lösungsmittel als Wasser aufzustellen. Zum Beispiel würde sich die pH-Skala von Ethanol ($pK_s = 19{,}1$) von 0 bis 19,1 erstrecken, wobei der Neutralwert bei $pH = 9{,}55$ liegen würde.

8.3 Berechnung des pH-Werts von Lösungen starker Säuren und Basen

Säuren und Basen werden im allgemeinen als stark oder schwach eingestuft, um ein ungefähres Maß für die Dissoziation in Lösung zu geben. Starke Säuren sind z.B. Chlorwasserstoffsäure (Salzsäure), Bromwasserstoffsäure, Iodwasserstoffsäure, Salpetersäure, Perchlorsäure, Schwefelsäure und organische Sulfonsäuren. Bei Säuren dieses Typs geht man von 100 %iger Dissoziation in verdünnter wäßriger Lösung aus. Wenn man dann die Konzentration der starken Säure kennt, kann der pH leicht berechnet werden.

Beispiel:

a) Man berechne den pH einer wäßrigen Lösung von Chlorwasserstoff, $c(HCl) = 0{,}01$ mol/L.

Da Chlorwasserstoff in wäßriger Lösung vollständig dissoziiert vorliegt, gilt für die Wasserstoffionen-Konzentration $c(H_3O^+) = c(HCl) = 0{,}01$ mol/L. Mit der Definition des pH-Wertes erhält man

$$pH = -\log 10^{-2} = 2 \ .$$

b) Man berechne den pH einer HCl-Lösung, $c(HCl) = 0{,}0125$ mol/L.

$$c(H_3O^+) = c(HCl) = 1{,}25 \cdot 10^{-2} \text{ mol/L}$$

Auch in Zeiten des Taschenrechners kann es nicht schaden, den Rechenweg „per Hand" zu kennen:

$$pH = -\log 1{,}25 \cdot 10^{-2} = 2 - \log 1{,}25 = 2 - 0{,}097 = 1{,}903 .$$

Bei starken Basen geht man ebenfalls von 100 %iger Dissoziation in verdünnter wäßriger Lösung aus. Eine allgemeine Formel für starke Basen ist MOH, zu ihnen zählen Alkalimetallhydroxide, einige Erdalkalihydroxide und die Hydroxide von quartären Ammoniumsalzen:

$$MOH \rightarrow M^+ + OH^-$$

Der pH wäßriger Lösungen dieser Stoffe kann berechnet werden, indem man zunächst den pOH-Wert ausrechnet.

Beispiel:

Man berechne den pH einer Natriumhydroxid-Lösung, $c(NaOH) = 0{,}025$ mol/L.

$$c(OH^-) = 2{,}5 \cdot 10^{-2} \text{ mol/L}$$

$$pOH = 2 - \log 2{,}5 = 2 - 0{,}40 = 1{,}60$$

$$pH = 14 - pOH = 12{,}40$$

8.4 Berechnung des pH-Wertes von Lösungen schwacher Säuren und Basen

Dissoziationskonstanten

Hunderte von Säuren und Basen werden als „schwach" eingestuft, weil sie in Lösung nur schwach dissoziiert sind. Der Einfachheit halber werden wir häufig vorkommende Typen von schwachen Säuren und Basen in folgende Gruppen einteilen:

Säuren

(1) HA = eine ungeladene Säure, die unter Bildung von H_3O^+ und einem basischen Anion A^- dissoziiert. Zu dieser Klasse gehören eine große Anzahl organischer Säuren mit Carboxylgruppen $-COOH$, in denen das Wasserstoffatom sauer ist. Zum Beispiel liefert Propansäure das Propanoation $CH_3CH_2COO^-$ und H_3O^+.

(2) BH^+ = eine geladene Säure, die als die konjugierte Säure einer ungeladenen Base B betrachtet werden kann. Säuren dieses Typs dissoziieren unter Bildung von H_3O^+ und B.

Basen

(1) A^- = eine Anionbase, die als konjugierte Base der Säure HA betrachtet werden kann. Beispiele für diese Klasse von Basen sind Alkalimetallsalze von Carbonsäuren (beispielsweise CH_3COONa, das Natriumethanoat) oder das Salz einer schwachen anorganischen Säure, wie zum Beispiel Natriumcyanid NaCN.

(2) B = eine ungeladene Base, die im allgemeinen Stickstoff enthält. Beispiele sind Ammoniak NH_3 und Amine, wie z.B. Butylamin $C_4H_9NH_2$ und Pyridin C_5H_5N.

Die Gleichungen für die Dissoziation und die Ausdrücke für die Dissoziationskonstanten dieser jeweiligen Typen von schwachen Säuren und Basen, sind im folgenden wiedergegeben. (Vereinbarungsgemäß schreiben wir wieder die Gleichgewichtskonzentrationen in eckigen Klammern und H^+ statt H_3O^+.)

	Säuren	*Basen*
(1)	$HA \rightleftharpoons H^+ + A^-$	$A^- + H_2O \rightleftharpoons HA + OH^-$
	$K_a = \dfrac{[H^+]\,[A^-]}{[HA]}$	$K_b = \dfrac{[HA]\,[OH^-]}{[A^-]}$
(2)	$BH^+ \rightleftharpoons H^+ + B$	$B + H_2O \rightleftharpoons BH^+ + OH^-$
	$K_a = \dfrac{[H^+]\,[B]}{[BH^+]}$	$K_b = \dfrac{[BH^+]\,[OH^-]}{[B]}$

Man beachte, daß sowohl die Säure und Base im Fall (1) wie auch die Säure und Base im Fall (2) jeweils konjugierte Säure-Base-Paare darstellen. Für jedes konjugierte Säure-Base-Paar gilt: $K_a \cdot K_b = K_w$.

Säure-Base-Paar (1):

$$K_a K_b = \frac{[H^+][A^-]}{[HA]} \cdot \frac{[HA][OH^-]}{[A^-]} = [H^+][OH^-] = K_w$$

Säure-Base-Paar (2):

$$K_a K_b = \frac{[H^+][B]}{[BH^+]} \cdot \frac{[BH^+][OH^-]}{[B]} = [H^+][OH^-] = K_w$$

Daraus folgt, daß $pK_a + pK_b = 14,00$ sein muß.

Werte von K_a für Säuren des Typs HA sind in Handbüchern, Tabellenwerken und in Lehrbüchern zu finden (in diesem Buch: Anhang 2); man gibt sie im allgemeinen in der halbexponentiellen Form oder als pK_a an, worunter der negative dekadische Logarithmus von K_a zu verstehen ist. Zum Beispiel sei ein Wert $K_a = 2,00 \cdot 10^{-5}$ gegeben: Dann ist $K_a = 10^{-4,70}$ oder $pK_a = 4,70$. Im allgemeinen werden für Basen die K_b- oder pK_b-Werte angegeben, in einigen Tabellenwerken findet man aber nur den entsprechenden K_a- oder pK_a-Wert der konjugierten Säure.

Beispiel:

In einer Tabelle ist die Dissoziationskonstante des Triethanolammonium-Ions (BH^+) in der Form $pK_a = 7,8$ angegeben. Man berechne den pK_b-Wert von Triethanolamin (B).

Es gilt

$$pK_b = 14 - pK_a = 6,2$$

In ähnlicher Weise können die pK_b-Werte einer Anionbase aus dem pK_a-Wert der korrespondierenden Säure berechnet werden.

Beispiel:

Der pK_a für Cyanwasserstoff ist 9,31. Berechnen Sie den pK_b-Wert für Natriumcyanid.

$$pK_b = 14 - 9,31 = 4,69$$

pH-Berechnungen

Der pH einer schwachen Säure kann aus der Dissoziationskonstante K_a berechnet werden. Ähnlich kann der pH einer schwachen Base aus dem K_b-Wert bestimmt werden.

Wenn die Dissoziationskonstante nicht ungewöhnlich hoch ist (also nicht 10^{-3}, 10^{-2} oder 10^{-1}), so können wir den dissoziierten Anteil vernachlässigen und der Nenner des Ausdrucks für die Dissoziationskonstante ist schlicht gleich der ursprünglichen Konzentration an schwacher Säure oder schwacher Base vor der Dissoziation (vergleiche die Diskussion in Abschnitt 7.2).

Beispiel:

Man berechne den pH einer wäßrigen Pyridin-Lösung, $c(\text{Pyridin}) = 0,20$ mol/L; $K_b = 1,5 \cdot 10^{-9} = 10^{-8,88}$.

Die Dissoziation einer wäßrigen Pyridin-Lösung und der entsprechende K_b-Wert können geschrieben werden als

$$B + H_2O \rightleftharpoons BH^+ + OH^-$$

$$K_b = \frac{[BH^+]\,[OH^-]}{[B]}$$

Das Wasser muß im Nenner des K_b-Wertes nicht aufgenommen werden, da die Aktivität eines Lösungsmittels eins ist (Kapitel 1). In der vorliegenden Aufgabe ist $[B] = c_0 = 0,20$ mol/L, während $[OH^-]$ und $[BH^+]$ unbekannt, aber untereinander gleich sind. (Dabei wird die aus der Eigendissoziation des Wassers stammende OH^--Konzentration vernachlässigt.) Einsetzen in den Ausdruck für K_b liefert:

$$K_b = \frac{[OH^-]^2}{[B]} \approx \frac{[OH^-]^2}{c_0}$$

$$[OH^-]^2 = c_0 \cdot K_b$$
$$[OH^-] = \sqrt{c_0 \cdot K_b} = \sqrt{0,20 \cdot 10^{-8,88}} \text{ mol/L}$$
$$= 1,41 \cdot 10^{-4,94} \text{ mol/L}$$
$$pOH = 4,94 - \log 1,41 = 4,79$$
$$pH = 14 - pOH = 14 - 4,79 = 9,21$$

Beispiel:

a) Eine Lösung enthält 6,1 Gramm Benzoesäure C_6H_5COOH pro Liter Lösung; der K_a-Wert für Benzoesäure ist $6,3 \cdot 10^{-5} = 10^{-4,2}$. Man berechne den pH.

$$H_2O + HA \rightleftharpoons H_3O^+ + A^-$$

$$K_a = \frac{[H_3O^+]\,[A^-]}{[HA]}$$

Da $[H_3O^+] = [A^-]$ (was wird hierbei vernachlässigt?), wird der Zähler des Ausdrucks für $K_a = [H_3O^+]^2$. Die Konzentration an freier Benzoesäure HA muß molar ausgedrückt werden. Dazu muß man die Massenkonzentration (in g/L) durch die molare Masse dividieren:

$$c_0(HA) = \frac{6,1 \text{ g/L}}{122 \text{ g/mol}} = 0,050 \text{ mol/L} = 5,0 \cdot 10^{-2} \text{ mol/L}$$

Vernachlässigen wir den dissoziierten Anteil von HA im Nenner des Ausdrucks für K_a – setzen wir also $[HA] = c_0(HA)$ –, so erhalten wir

$$K_a = \frac{[H_3O^+]^2}{c_0(HA)}$$
$$[H_3O^+] = \sqrt{c_0(HA) \cdot K_a} = \sqrt{5,0 \cdot 10^{-2} \cdot 6,3 \cdot 10^{-5}} \text{ mol/L}$$
$$= \sqrt{3,15 \cdot 10^{-6}} \text{ mol/L} = 1,775 \cdot 10^{-3} \text{ mol/L}$$
$$pH = -\log 1,775 \cdot 10^{-3} = 2,75$$

Der pH einer Lösung, die sowohl eine Säure als auch eine Base in Form eines konjugierten Säure-Base-Paars enthält, wird am einfachsten mit Hilfe der Dissoziationskonstante K_a der Säure berechnet.

b) Man berechne den pH einer Lösung, die 0,01 mol/L *ortho*-Nitrophenol und 0,02 mol/L Natrium-*ortho*-nitrophenolat enthält; der K_a für *ortho*-Nitrophenol ist $10^{-7,21}$.

$$HA + H_2O \rightleftharpoons H_3O^+ + A^-$$

$$K_a = \frac{[H_3O^+]\,[A^-]}{[HA]}$$

Da *ortho*-Nitrophenolat anwesend ist, kann $[H_3O^+]$ nicht gleich $[A^-]$ sein. In diesem Fall ist $[A^-] = 0{,}020$ mol/L, $[HA] = 0{,}010$ mol/L und $[H_3O^+]$ unbekannt. (Tatsächlich ist $[A^-] = 0{,}02$ mol/L $+ [H_3O^+]$, aber $[H_3O^+]$ ist so klein, daß es auf die Konzentration von A^- einen vernachlässigbaren geringen Effekt hat.) Es gilt somit:

$$[H_3O^+] = K_a \frac{[HA]}{[A^-]} \qquad \big| -\log$$

$$pH = pK_a + \log \frac{[A^-]}{[HA]} \tag{8-4}$$

$$= 7{,}21 + \log \frac{0{,}02 \text{ mol/L}}{0{,}01 \text{ mol/L}} = 7{,}21 + \log 2 = 7{,}51$$

c) Man berechne den pH einer Lösung von Hydroxylammoniumchlorid ($NH_3OH^+Cl^-$), $c = 0{,}50$ mol/L, das zur Hälfte mit Natriumhydroxid neutralisiert wurde. Der pK_b-Wert für Hydroxylamin NH_2OH ist 7,91.
Da die Lösung halb neutralisiert wurde (Umsatz = 50 %), gilt:

$$[NH_3OH^+] = [BH^+] = 0{,}25 \text{ mol/L}$$

$$[NH_2OH] = [B] = 0{,}25 \text{ mol/L}$$

$$pK_a = 14{,}00 - pK_b = 14{,}00 - 7{,}91 = 6{,}09$$

Einsetzen in den Ausdruck K_a liefert:

$$K_a = \frac{[H_3O^+]\,[B]}{[BH^+]}$$

$$10^{-6,09} = \frac{[H_3O^+] \cdot 0{,}25}{0{,}25}$$

$$[H_3O^+] = 10^{-6,09} \text{ mol/L} \,, \quad pH = 6{,}09$$

8.5 Dissoziation von polyprotischen (mehrprotonigen) Säuren

pH-Berechnung

Säuren mit mehr als einem sauren Wasserstoff dissoziieren stufenweise. Für jede dieser Stufen kann man den Ausdruck für die Dissoziationskonstante hinschreiben. Die stufenweise Dissoziation und die Ausdrücke für die Dissoziationskonstanten einer zweiprotonigen Säure H_2A kann man folgendermaßen formulieren:

$$H_2A + H_2O \rightleftharpoons H_3O^+ + HA^- \qquad K_1 = \frac{[H_3O^+]\,[HA^-]}{[H_2A]}$$

$$HA^- + H_2O \rightleftharpoons H_3O^+ + A^{2-} \qquad K_2 = \frac{[H_3O^+]\,[A^{2-}]}{[HA^-]}$$

Die Methoden zur Berechnung des pH von Lösungen, die die Spezies H_2A, HA^- und A^{2-} in verschiedenen Kombinationen enthalten, aus den Dissoziationskonstanten werden im folgenden zusammengefaßt.

(1) Die Lösung enthält H_2A oder $H_2A + HA^-$. Wenn K_1 etwa hundertmal so groß ist wie K_2, wird sich die zweite Dissoziationsstufe nur in geringem Maß auswirken und kann vernachlässigt werden. Der pH der Lösung wird dann aus dem Ausdruck K_1 berechnet.

Beispiel:

Man berechne den pH einer Lösung von Malonsäure $CH_2(COOH)_2$, $c = 0{,}15$ mol/L. Die Dissoziationskonstanten für Malonsäure sind $K_1 = 1{,}40 \cdot 10^{-3} = 10^{-2{,}85}$ und $K_2 = 2{,}2 \cdot 10^{-6} = 10^{-5{,}66}$.

K_1 ist ausreichend groß gegen K_2, so daß man ohne Probleme die zweite Dissoziationsstufe vernachlässigen und den pH nur aus dem Ausdruck für K_1 berechnen kann. Man beachte, daß K_1 so groß ist, daß die Gleichgewichtskonzentration von Malonsäure (H_2A) als $c - [H_3O^+] = [H_3O^+]$ angenommen werden muß.

$$K_1 = \frac{[H_3O^+]\,[HA^-]}{[H_2A]} = \frac{[H_3O^+]^2}{c - [H_3O^+]}$$

$$[H_3O^+] + K_1[H_3O^+] - K_1 c = 0$$

$$[H_3O^+] = -\tfrac{1}{2}K_1 \overset{+}{\underset{(-)}{}} \sqrt{\tfrac{1}{4}K_1^2 + K_1 c}$$

$$= -\tfrac{1}{2} \cdot 1{,}4 \cdot 10^{-3} + \sqrt{\tfrac{1}{4}(1{,}4 \cdot 10^{-3})^2 + 1{,}4 \cdot 10^{-3} \cdot 0{,}15}$$

$$= 1{,}38 \cdot 10^{-2} \text{ mol/L}$$

$$pH = -\log(1{,}38 \cdot 10^{-2}) = 1{,}86$$

(2) Eine Lösung enthält HA^-. Hier haben beide Dissoziationsschritte Einfluß auf die Zusammensetzung der Lösung und müssen demzufolge in Betracht gezogen werden. Bei der zweiten Dissoziation ist $[H_3O^+]$ *nicht* gleich $[A^{2-}]$, weil ein Teil des H_3O^+ mit HA^- unter Bildung von H_2A kombiniert (die Rückreaktion der ersten Dissoziation). Deshalb gilt

$$[A^{2-}] = [H_3O^+] + [H_2A] \, .$$

Aus dem Ausdruck für K_2 entnehmen wir

$$[A^{2-}] = \frac{K_2 \cdot [HA^-]}{[H_3O^+]} \, .$$

Durch Gleichsetzen dieser beiden Gleichungen erhält man

$$[H_3O^+] + [H_2A] = \frac{K_2[HA^-]}{[H_3O^+]} \, .$$

In dieser Gleichung können wir nun $[H_2A]$ durch die aus dem Ausdruck für K_1 erhaltene Größe ersetzen:

$$[H_3O^+] + \frac{[H_3O^+][HA^-]}{K_1} = \frac{K_2[HA^-]}{[H_3O^+]}$$

Umformung dieser Gleichung liefert:

$$[H_3O^+]^2(K_1 + [HA^-]) = K_1 K_2 [HA^-]$$

$$[H_3O^+]^2 = \frac{K_1 K_2 [HA^-]}{K_1 + [HA^-]}$$

In normalen Konzentrationsbereichen wird $[HA^-]$ im allgemeinen groß gegen K_1 sein, so daß der Zähler etwa gleich $[HA^-]$ sein wird:

$$[H_3O^+]^2 \approx \frac{K_1 K_2 [HA^-]}{[HA^-]} \approx K_1 K_2$$

Näherungsweise gilt also:

$$[H_3O^+] \approx \sqrt{K_1 K_2} \qquad \text{oder} \qquad pH \approx \frac{pK_1 + pK_2}{2} \tag{8-5}$$

Beispiel:

Man berechne den pH einer Lösung von Natriumhydrogenmalonat. Die Dissoziationskonstanten für Malonsäure sind $pK_1 = 2{,}85$ und $pK_2 = 5{,}66$.

Wenn die Lösung nicht sehr verdünnt ist, ist der pH von der Konzentration unabhängig und wird aus der oben angegebenen einfachen Gleichung berechnet:

$$pH \approx \frac{2{,}85 + 5{,}66}{2} \approx 4{,}26$$

(3) Eine Lösung, die $HA^- + A^{2-}$ enthält. Wenn K_1 mindestens hundertmal so groß wie K_2 ist, wird im Gleichgewicht sehr wenig H_2A in der Lösung vorliegen, und die erste Dissoziationskonstante kann unberücksichtigt bleiben. Der pH wird dann sehr einfach unter Verwendung des Ausdrucks für K_2 berechnet.

Beispiel:

Man berechne den pH einer Lösung, die im Gleichgewicht eine Konzentration an Hydrogenmalonat-Ionen (HA^-) von 0,15 mol/L und an Malonat-Ionen (A^{2-}) von 0,05 mol/L aufweist.

$$K_2 = \frac{[H_3O^+]\,[A^{2-}]}{[HA^-]}$$

$$2{,}2 \cdot 10^{-6} = \frac{[H_3O^+]\,(0{,}05)}{(0{,}15)}$$

$$[H_3O^+] = 6{,}6 \cdot 10^{-6} \text{ mol/L}$$

$$pH = 5{,}18$$

Berechnung der Konzentration einer zusätzlich anwesenden Spezies

Im Verlauf der Neutralisation einer zweiprotonigen Säure durch eine starke Base nimmt der pH zu, und die relativen Anteile von H_2A, HA^- und A^{2-} in der Lösung ändern sich. Es ist oft nützlich, die Zusammensetzung der Lösung als Funktion des pH zu kennen. Ein gutes Beispiel sind Komplexbildungsreaktionen, da Stoffe, die Komplexe mit Metallionen bilden können, im allgemeinen Säure-Base-Eigenschaften aufweisen. Stellen wir uns zum Beispiel die Säureform eines komplexierenden Agens H_2L vor, das nach folgendem Schema dissoziiert:

$$H_2L + H_2O \rightleftharpoons H_3O^+ + HL^-$$

$$HL^- + H_2O \rightleftharpoons H_3O^+ + L^{2-}$$

Das nichtprotonierte Anion L^{2-} kann mit einem Metall-Ion unter Bildung eines Komplexes oder einer Serie von Komplexen reagieren:

$$M^{2+} + L^{2-} \rightleftharpoons ML$$

$$ML + L^{2-} \rightleftharpoons ML_2^{2-}$$

Mit dem Ansteigen der Wasserstoffionen-Konzentration (saurer pH) wird die für die Reaktion mit M^{2+} verfügbare Konzentration an L^{2-} abnehmen durch Reaktion mit H_3O^+, wobei HL^- und H_2L gebildet werden. Für Berechnungen mit den Komplexbildungskonstanten benötigt man denjenigen Anteil von L, der in Form von L^{2-} vorliegt. Dieser Anteil wird als α_L definiert (Abschnitt 7.5).

$$\alpha_L = \frac{[L^{2-}]}{[H_2L] + [HL^-] + [L^{2-}]} \tag{8-6}$$

Ein Ausdruck zur Berechnung von α_L bei beliebiger pH kann aus Dissoziationskonstanten von H_2L abgeleitet werden. Aus Gl. (8−6) folgt für den Kehrwert $1/\alpha_L$:

$$\frac{1}{\alpha_L} = \frac{[H_2L]}{[L^{2-}]} + \frac{[HL^-]}{[L^{2-}]} + \frac{[L^{2-}]}{[L^{2-}]} \qquad (8-7)$$

Die Dissoziationskonstanten für H_2L lauten:

$$[H_2L] = \frac{[H_3O^+]^2\,[L^{2-}]}{K_1 K_2} \qquad (8-8)$$

$$[HL^-] = \frac{[H_3O^+]^2\,[L^{2-}]}{K_2} \qquad (8-9)$$

Einsetzen der Gln. (8−8) und (8−9) in Gl. (8−7) liefert:

$$\frac{1}{\alpha_L} = \frac{[H_3O^+]^2}{K_1 K_2} = \frac{[H_3O^+]}{K_2} + 1 \qquad (8-10)$$

Ein ähnlicher Ausdruck kann abgeleitet werden für solche Fälle, in denen der Ligand eine Säure bildet, die mehr als zwei Protonen abgeben kann. Die Berechnung von α_L für eine Säure H_4L liefert zum Beispiel:

$$\frac{1}{\alpha_L} = \frac{[H_3O^+]^4}{K_1 K_2 K_3 K_4} + \frac{[H_3O^+]^3}{K_2 K_3 K_4} + \frac{[H_3O^+]^2}{K_3 K_4} + \frac{[H_3O^+]}{K_4} + 1 \qquad (8-11)$$

Berechnet man α_L nach Formeln wie (8−10) oder (8−11), so kommt es häufig vor, daß einer oder mehrere Terme nicht signifikant sind und vernachlässigt werden können.

Beispiel:

Man berechne α_L für eine Tartratlösung bei pH 5,0. Die Dissoziationskonstanten für Weinsäure sind $K_1 = 9,2 \cdot 10^{-4}$ und $K_2 = 4,3 \cdot 10^{-5}$. (α_L ist derjenige Anteil von Tartrat, der in Form des nicht protonierten Anions der Weinsäure vorliegt.) Einsetzen der Werte in Gl. (8−10) liefert:

$$\frac{1}{\alpha_L} = \frac{10^{-10}}{4,0 \cdot 10^{-8}} + \frac{10^{-5}}{4,3 \cdot 10^{-5}} + 1$$

$$= 0,0025 + 0,23 + 1$$

Der erste Term ist im Vergleich zu den anderen zu klein, um signifikant zu sein, er kann vernachlässigt werden. Es folgt:

$$\frac{1}{\alpha_L} = 1,23$$

$$\alpha_L = \frac{1}{1,23} = 0,81$$

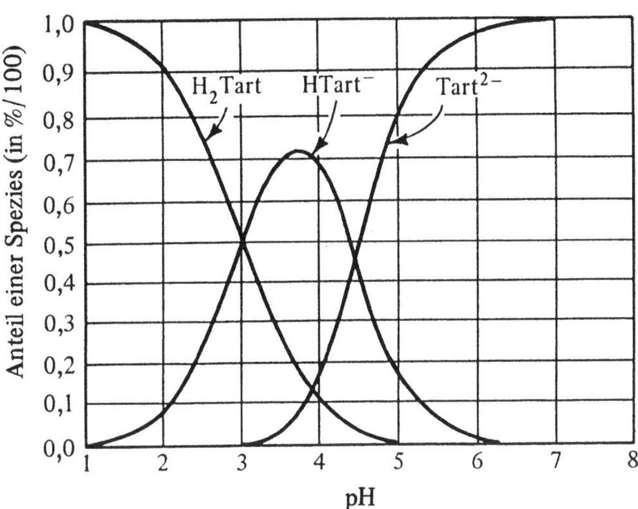

Bild 8-1 Prozentuale Anteile verschiedener Spezies der Weinsäure als Funktion des pH. Es bedeuten: H_2Tart = Weinsäure HOOC–CHOH–CHOH–COOH; H Tart⁻ und Tart²⁻ stehen für die erste und zweite Dissoziationsstufe der Weinsäure (Hydrogentartrat und Tartrat).

Analog zur eben gezeigten Berechnung des Anteils unprotonierter Anionen in einer Lösung können Gleichungen für andere Spezies abgeleitet werden. In Bild 8–1 sind die Anteile verschiedener Spezies von Tartrat als Funktion des pH der Lösung aufgetragen.

8.6 Puffer

Puffer sind Verbindungen oder Gemische, mit deren Hilfe der pH einer Lösung weitgehend konstant gehalten werden kann. Während ungepufferte Lösungen auf Verdünnung oder auf Zugabe einer starken Säure oder starken Base durch starke pH-Änderung reagieren, ist dies bei gepufferten Lösungen nicht der Fall. Puffer spielen in vielen chemischen und biochemischen Systemen eine wichtige Rolle.

Ein Puffer besteht aus einer schwachen Säure und dem Salz dieser Säure, einer schwachen Base und dem Salz dieser Base, oder einem sauren Salz wie z.B. Kaliumhydrogenphtalat. Ein Puffer bildet sich, wenn man eine schwache Säure mit einer starken Base titriert, oder wenn man eine schwache Base mit einer starken Säure titriert.

Die Bildung von Puffern und ihre Fähigkeit, große pH-Änderungen zu verhindern, kann man vermutlich am besten anhand einer Säure-Base-Titrationskurve zeigen. Eine Titrationskurve ist die graphische Auftragung des pH-Werts gegen das zugefügte Volumen an Maßlösung (oder gegen den Umsatz). Das Puffergebiet der

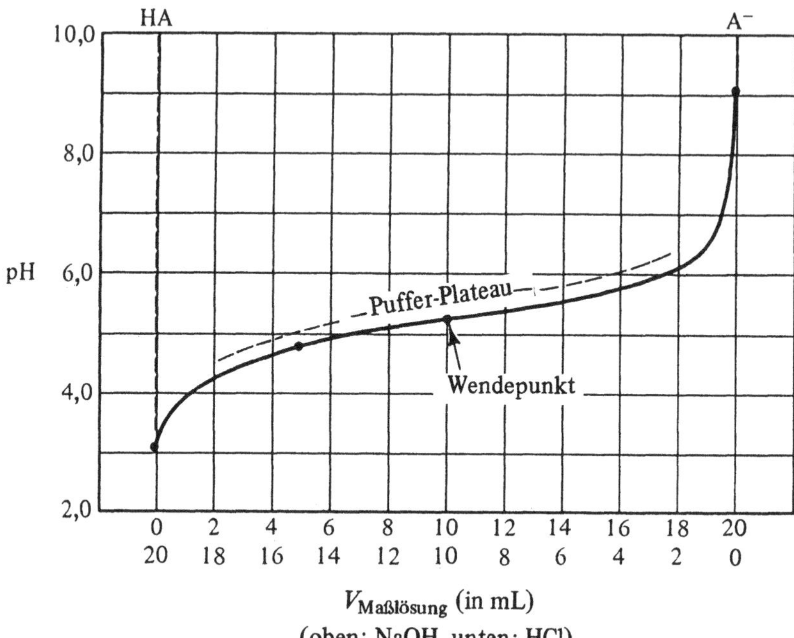

$V_{\text{Maßlösung}}$ (in mL)
(oben: NaOH, unten: HCl)

Bild 8-2 Pufferplateau (Lösung: Gemisch aus HA und A⁻) bei einer Titration von HA bzw. A⁻. $V_{\text{Maßlösung}}$ steht für das zugesetzte Volumen der Maßlösung.

Titrationskurve ist in Bild 8−2 gezeigt. Hier wurde eine schwache Säure, HA, mit einer starken Base, NaOH, titriert, wobei die konjugierte Base A⁻ entsteht.

$$\underset{\text{(NaOH)}}{HA + OH^-} \rightarrow A^- + H_2O$$

Zwischen dem Anfangs- und Endpunkt der Titration enthält die Lösung ein Gemisch von HA und A⁻. Wenn wir mit einer Lösung von A⁻ beginnen und mit einer starken Säure, wie z.B. HCl, titrieren, so erhält man dieselbe Titrationskurve, nur in umgekehrter Richtung (von rechts nach links).

Wir wollen nun zeigen, wie man Punkte auf der Titrationskurve in Bild 8−2 berechnet. Die titrierte Lösung soll 20 mL HA, $c(\text{HA}) = 0{,}10$ mol/L, sein; $K_a = 10^{-5{,}20}$. Es wird mit Natronlauge, $c(\text{NaOH}) = 0{,}10$ mol/L, titriert. Die Dissoziation von HA und der Ausdruck für K_a können wie folgt dargestellt werden:

$$HA + H_2O \rightleftharpoons H_3O^+ + A^-$$

$$K_a = \frac{[H_3O^+]\,[A^-]}{[HA]}$$

(1) *Vor Zugabe von Natronlauge.* Die Lösung enthält 20,00 mL HA, $c(HA) = 0,10$ mol/L (also 2,00 mmol HA). Der pH wird berechnet, indem man die Konzentration von HA, also $c(HA) = 0,10$ mol/L, in den Ausdruck für K_a einsetzt, berücksichtigt, daß $[A^-] = [H_3O^+]$ und daß der dissoziierte Anteil von HA sehr klein gegenüber $c(HA)$ ist, und nach $[H_3O^+]$ auflöst:

$$K_a = \frac{[H_3O^+]\,[A^-]}{c(HA) - [H_3O^+]} = \frac{[H_3O^+]^2}{c(HA)}$$

$$[H_3O^+] = \sqrt{K_a c(HA)} = \sqrt{10^{-5,20} \cdot 0,1} = 10^{-3,10}\ \text{mol/L}$$

$$pH = -\log(10^{-3,10}) = 3,10$$

(2) *Nach Zugabe von 5 mL NaOH-Lösung, $c(NaOH) = 0,10$ mol/L.* An diesem Punkt der Titration haben 5 mL der Ausgangslösung HA, $c = 0,10$ mol/L, also 0,50 mmol HA, mit Natriumhydroxid reagiert, wobei 0,50 mmol A^- entstanden sind. Das Volumen der Lösung ist 20 mL + 5 mL = 25 mL, die Gleichgewichtskonzentration der beiden Spezies sind somit:

$$[A^-] = \frac{0,50\ \text{mmol}}{25\ \text{mL}} = 2 \cdot 10^{-2}\ \text{mol/L}$$

$$[HA] = \frac{2,00\ \text{mmol} - 0,50\ \text{mmol}}{25\ \text{mL}} = 6 \cdot 10^{-2}\ \text{mol/L}$$

Setzt man in den Ausdruck für K_a ein, so folgt:

$$10^{-5,20} = \frac{[H_3O^+] \cdot 2 \cdot 10^{-2}}{6 \cdot 10^{-2}}$$

$$[H_3O^+] = 3,0 \cdot 10^{-5,20}\ \text{mol/L}$$

$$pH = 5,20 - \log 3,0 = 4,72$$

(3) *Nach Zugabe von 10 mL Natronlauge, $c(NaOH) = 0,10$ mol/L.* Dies ist der Wendepunkt der Titrationskurve, wobei die Hälfte der ursprünglich angesetzten Säure HA in A^- umgewandelt ist, die andere Hälfte verbleibt als HA; das Volumen beträgt jetzt $(20 + 10)\ \text{mL} = 30\ \text{mL}$.

$$[A^-] = \frac{\frac{1}{2} \cdot 2\ \text{mmol}}{30\ \text{mL}} = \frac{1,00\ \text{mmol}}{30\ \text{mL}}$$

$$[HA] = \frac{2\ \text{mmol}}{30\ \text{mL}} - [A^-] = \frac{1,00\ \text{mmol}}{30\ \text{mL}}$$

Einsetzen in den Ausdruck für K_a liefert:

$$10^{-5,20} = \frac{[H_3O^+]\,(1,00/30)}{(1,00/30)}$$

$$[H_3O^+] = 10^{-5,20}\ \text{mol/L}$$

$$\text{pH} \quad = 5,20 = pK_a$$

(4) *Zugabe von 20 mL Natronlauge*, $c(\text{NaOH}) = 0,10$ mol/L. An diesem Punkt ist praktisch die gesamte ursprünglich eingesetzte Menge HA in A^- umgewandelt, weil eine genau äquivalente Menge Natriumhydroxid zugegeben wurde. Man berechnet den pH, indem man den K_b-Ausdruck verwendet (A^- ist die konjugierte Base von HA).

$$A^- + H_2O \rightleftharpoons HA + OH^-$$

$$K_b = \frac{[HA]\,[OH^-]}{[A^-]} = \frac{[OH^-]^2}{[A^-]}$$

$$K_b = \frac{K_w}{K_a} = \frac{10^{-14,00}}{10^{-5,20}} = 10^{-8,80}$$

Zur Berechnung der Konzentration an A^- muß man bedenken, daß das Volumen der Lösung jetzt 40 mL beträgt. Geht man davon aus, daß praktisch die gesamte ursprünglich eingesetzte Menge an HA jetzt als A^- vorliegt, so wird

$$[A^-] = \frac{2\,\text{mmol}}{40\,\text{mL}} = 0,05\ \text{mol/L}\ .$$

Um die Überlegung so weit wie möglich zu vereinfachen, werden wir den Verdünnungseffekt vernachlässigen und die A^--Konzentration gleich 0,10 mol/L setzen. Einsetzen in den Ausdruck K_b liefert:

$$10^{-8,80} = \frac{[OH^-]^2}{0,10}$$

$$[OH^-] = \sqrt{10^{-9,80}} = 10^{-4,90}$$

$$\text{pOH} \quad = 4,90$$

$$\text{pH} \quad = 14 - \text{pOH} = 9,10$$

Eine ähnliche Titrationskurve (gültig für eine Säure des Typs BH^+ und eine Base des Typs B) wird für Lösungen der Stoffmengenkonzentration 0,10 mol/L in Bild 8−3 gezeigt, bei der wieder jeder Verdünnungseffekt vernachlässigt ist (K_a für BH^+ ist $10^{-8,00}$).

Die Titrationskurven in den Bildern 8−2 und 8−3 zeigen, wie wenig sich der pH im Puffergebiet verändert. Fügt man zu der Lösung am Wendepunkt der

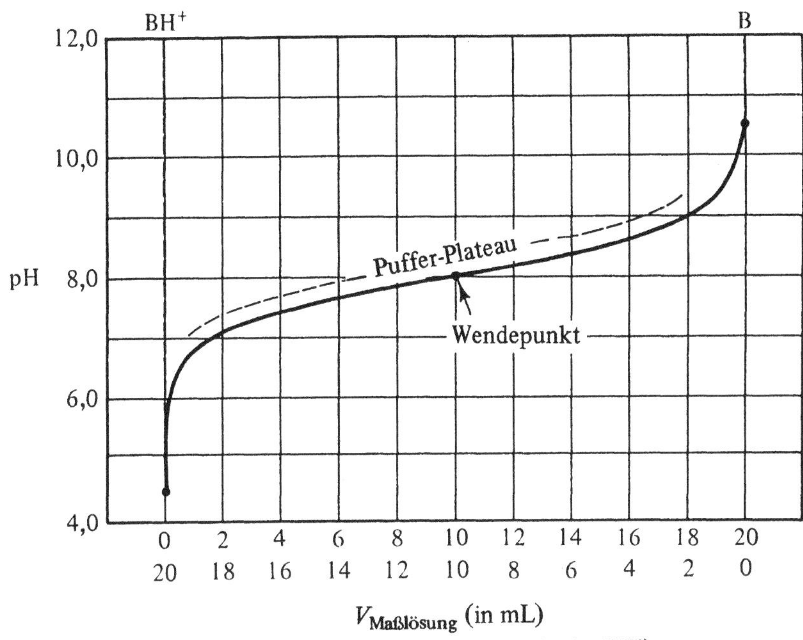

$V_\text{Maßlösung}$ (in mL)
(obere Skala: NaOH, untere Skala: HCl)

Bild 8-3 Pufferplateau (Lösung: Gemisch aus BH^+ und B) bei einer Titration von BH^+ bzw. B

Titrationskurve eine starke Base wie z.B. Natronlauge, so steigt der pH nur unwesentlich; fügt man eine starke Säure hinzu − wie z.B. HCl − so sinkt der pH nur unwesentlich. Man bedenke, daß in den Wendepunkten der Titrationskurven (Bilder 8−2 und 8−3) der pH gleich dem pK_a-Wert wird.

Gibt man zuviel Säure oder Base hinzu, so kann der pH den Pufferbereich unter- oder überschreiten, und damit stärker steigen oder abfallen. Die Menge an Säure oder Base, die eine gepufferte Lösung bei nur geringer pH-Änderung abfangen kann, nennt man die Pufferkapazität. Quantitativ ist die Pufferkapazität definiert als die Stoffmenge (in mol) einer starken Base, die man benötigt, um den pH von einem Liter Pufferlösung um eine pH-Einheit zu erhöhen. Offensichtlich ist die Pufferkapazität größer, wenn größere Mengen an Puffer in der Lösung vorliegen. Für eine gegebene Pufferkonzentration erhält man die größte Pufferkapazität, wenn die konjugierte Säure und die Base des Puffers in äquimolaren Konzentrationen vorliegen. Dies ist der Fall am Wendepunkt der Titrationskurve (vergleiche Bild 8−3).

Der pH, den man mit einem Puffer einstellen kann, hängt vom Verhältnis der Menge an konjugierter Säure und Base im Puffer und von der Dissoziationskonstante der jeweiligen Säure oder Base ab. Der pK_a einer Säure in einem Puffer (mit ihrer konjugierten Base) sollte so nah wie möglich am pH liegen, bei dem der Puffer verwendet werden soll. Das Verhältnis von Säure zu Base oder von Base zu Säure, das man benötigt, um eine Lösung auf einen bestimmten pH zu puffern, kann man aus dem pK_a-Wert der Säure berechnen.

Beispiel:

a) Man berechne das Verhältnis, in dem Natriumacetat-Lösung und Essigsäure gemischt werden müssen, um eine Lösung zu erhalten, die auf pH 5,00 gepuffert ist.

Das Verhältnis berechnet man, in dem man vom Ausdruck K_a für Essigsäure ausgeht. K_a und H_3O^+-Konzentration sind bekannt; das Verhältnis von Acetat (Ac^-) zu Essigsäure (HAc) soll berechnet werden.

$$K_a = \frac{[H_3O^+]\,[Ac^-]}{[HAc]}$$

$$\frac{[Ac^-]}{[HAc]} = \frac{K_a}{[H_3O^+]} = \frac{1,75 \cdot 10^{-5}}{10^{-5}} = 1,75$$

Natriumacetat und Essigsäure müssen also im molaren Verhältnis 1,75:1 gemischt werden. Der pH wird bei Verdünnung praktisch nicht beeinflußt.

b) In welchem molaren Verhältnis müssen Butylamin und Chlorwasserstoffsäure gemischt werden, um einen Puffer vom pH 10,0 zu erhalten? Bei einer Ionenstärke $\mu = 0,1$ ist der pK_b für Butylamin (B) 3,30, und der pK_a für die konjugierte Säure (BH^+) ist bei der gleichen Ionenstärke 10,70.

Das benötigte Verhältnis von B zu BH^+, um einen pH von 10,0 zu erreichen, berechnet man durch Einsetzen in K_a für BH^+:

$$K_a = \frac{[H_3O^+]\,[B]}{[BH^+]}$$

$$\frac{[B]}{[BH^+]} = \frac{K_a}{[H_3O^+]} = \frac{10^{-10,70}}{10^{-10,0}} = 10^{-0,70} = 0,20$$

Das berechnete Verhältnis von 0,20 entspricht $B:BH^+ = 1:5$. Dies kann z.B. erreicht werden, in dem man 0,5 mol HCl zu 0,6 mol B gibt, wobei 0,5 mol BH^+ gebildet werden und 0,1 mol B übrig bleibt.

Berechnungen dieses Typs sind zwar sehr nützlich, aber nur näherungsweise korrekt. Wenn man eine Lösung auf einen exakten pH puffern will, sollte man nach Zugabe des Puffers den pH mit einem pH-Meter prüfen. Häufig wird man ein klein wenig mehr Säure oder Base zugeben müssen. Entsprechende Anweisungen findet man in Handbüchern für die Herstellung von Pufferlösungen mit genau bekanntem pH.

Diese Lösungen dienen als pH-Standardlösungen, sie werden zur Eichung von pH-Metern und für verschiedene andere Zwecke (z.B. photometrische Bestimmung von K_a- oder K_b-Werten) verwendet.

Aufgaben

Säure-Base-Theorie

8.1 Man schreibe die Formel der konjugierten Base zu jeder der folgenden Säuren. Für zweiprotonige Säuren sind entsprechend zwei konjugierte Basen anzugeben.

a) Salpetrige Säure, HNO_2

b) Fumarsäure, $C_2H_2(COOH)_2$

c) Ammoniumchlorid, NH_4Cl

d) Glycinhydrochlorid, $\left[\begin{array}{c} H_2C{-}COOH \\ | \\ {}^+NH_3 \end{array}\right] Cl^-$

8.2 Man schreibe die Formel für die konjugierte Säure zu jeder der folgenden Basen:

a) Ammoniak, NH_3

b) Pyridin, C_5H_5N

c) Natriumcarbonat, Na_2CO_3 (CO_3^{2-})

d) Natriumsulfit, Na_2SO_3 (SO_3^{2-})

8.3 Man schreibe Reaktionsgleichungen, die zeigen, wie Ethanol (C_2H_5OH), ein amphiprotisches Lösungsmittel, mit einer Säure HA oder einer Base B reagiert.

8.4 Man schreibe die Reaktionsgleichung für die Eigendissoziation von Ethanol, C_2H_5OH. Wenn der K_a-Wert für Ethanol $10^{-19,1}$ ist, was wäre dann der „pH" von reinem Ethanol?

8.5 In wasserfreiem Methanol ($K_a = 10^{-16,7}$) hat eine Säure HA einen K_a-Wert von $10^{-6,0}$. Was wäre der K_b-Wert für die konjugierte Base A^- in Methylalkohol?

Der pH von Säuren und Basen

8.6 Man berechne den pH der folgenden wäßrigen Lösungen:

a) HCl-Lösung, $c(HCl) = 0,057$ mol/L

b) H_2SO_4-Lösung, $c(H_2SO_4) = 0,003$ mol/L (unter der Annahme vollständiger Dissoziation beider Stufen)

c) $(CH_3)_4N^+OH^-$, c(Tetramethylammoniumhydroxid) $= 0,0304$ mol/L

d) 12,5 mL NaOH-Lösung, $c(NaOH) = 0,025$ mol/L.

8.7   Für die folgenden Fälle berechne man den pH einer wäßrigen Lösung,
      $c(X) = 0,10$ mol/L.

      a) Acrylsäure, $K_a = 5,56 \cdot 10^{-5}$

      b) Phenol, $K_a = 1,4 \cdot 10^{-10}$

      c) Butylammoniumchlorid ($C_4H_9NH_3Cl$), $K_a = 4,07 \cdot 10^{-10}$

      d) Pyridiniumnitrat ($C_5H_5NHNO_3$), $K_a = 1,50 \cdot 10^{-5}$.

8.8   Für die folgenden Verbindungen berechne man den pH einer wäßrigen Lö-
      sung, $c(X) = 0,10$ mol/L (Dissoziationskonstanten: siehe Aufgabe 8.7).

      a) Natriumacrylat

      b) Natriumphenolat

      c) Butylamin ($C_4H_9NH_2$)

      d) Pyridin (C_5H_5N).

8.9   Man berechne den pH der folgenden wäßrigen Lösungen, die jeweils eine
      Säure und die konjugierte Base in den angegebenen Konzentrationen enthal-
      ten. Es ist jeweils der K_a-Wert für die Säure des konjugierten Säure-Base-
      Paares angegeben.

      a) Milchsäure und Natriumlactat, $c = 0,10$ mol/L; $K_a = 1,74 \cdot 10^{-4}$

      b) Fluorwasserstoffsäure, $c(HF) = 0,50$ mol/L, Natriumfluorid,
          $c(NaF) = 0,10$ mol/L; $K_a = 8,9 \cdot 10^{-4}$

      c) Triethanolammoniumchlorid, $c = 0,10$ mol/L und Triethanolamin,
          $c = 0,01$ mol/L; $K_a = 1,25 \cdot 10^{-8}$;

      d) Butylammoniumchlorid, $c = 0,080$ mol/L, Butylamin, $c = 0,050$ mol/L;
          $K_a = 1,96 \cdot 10^{-11}$.

8.10 Man berechne den pH-Unterschied einer Lösung ($c(CH_3COOH) = 0,10$
      mol/L) von Essigsäure bei 25 °C und bei 60 °C. K_a bei 25 °C $= 1,772 \cdot 10^{-5}$;
      K_a bei 60 °C $= 1,551 \cdot 10^{-5}$.

8.11 Man berechne den pH einer Lösung von Periodsäure,
      $c(HIO_4) = 0,020$ mol/L, ($K_a = 2,3 \cdot 10^{-2}$).

8.12 Wieviel Gramm Natriumbenzoat muß man zu einem Liter Benzoesäure,
      $c(C_6H_5COOH) = 0,01$ mol/L, hinzufügen, um den pH der Lösung auf 5,0
      einzustellen? K_a für Benzoesäure ist $6,3 \cdot 10^{-5}$.

8.13 Man berechne den pH einer Lösung, die durch Verdünnen von 5,71 mL
      konzentrierter Essigsäure auf genau 1 Liter erhalten wurde. Konzentrierte
      Essigsäure ist 100 %ige CH_3COOH (Eisessig) und hat eine Dichte von 1,05
      g/mL.

8.14   Man berechne den pH einer Lösung, die durch Mischen der folgenden Verbindungen entstanden ist (die Dissoziationskonstante für Pyridincarbonsäure C_5H_4NCOOH ist $5 \cdot 10^{-6} = 10^{-5,30}$).

   a) 29,9 mL Pyridincarbonsäure, $c = 0,020$ mol/L, und 20,0 mL KOH, $c(KOH) = 0,023$ mol/L.

   b) 29,9 mL Pyridincarbonsäure, $c = 0,020$ mol/L, und 26,0 mL KOH, $c(KOH) = 0,023$ mol/L.

8.15   Man berechne den pH einer Lösung, die aus 25,0 mL Hydroxylammoniumchlorid, $c = 0,10$ mol/L, und 25,0 mL Natriumhydroxid, $c(NaOH) = 0,078$ mol/L, besteht. K_a für Hydroxylammoniumchlorid ist $8,0 \cdot 10^{-7}$.

Mehrprotonigen Säuren

8.16   Die Dissoziationskonstanten für o-Phthalsäure sind: $K_{a1} = 1,20 \cdot 10^{-3}$, $K_{a2} = 3,9 \cdot 10^{-6}$.

   a) Man berechne den pH einer Lösung von Phthalsäure, $c = 0,010$ mol/L.

   b) Man berechne den pH einer Lösung von Kaliumhydrogenphthalat, $c = 0,010$ mol/L.

   c) Man berechne den pH einer Lösung, die 0,010 mol/L Kaliumhydrogenphthalat und 0,010 mol/L Kaliumphthalat enthält.

8.17   Man berechne den pH einer Lösung von Dinatrium-EDTA (die Dissoziationskonstanten findet man im Anhang 2), $c = 0,01$ mol/L.

8.18   Man berechne den pH einer Lösung von Natriumhydrogencarbonat (Dissoziationskonstanten für Kohlensäure bei $\mu = 0,1$, siehe Anhang 2), $c(NaHCO_3) = 0,10$ mol/L.

8.19   Man berechne den pH einer Lösung, die durch Mischen von 10,0 mL Natriumhydrogensulfitlösung und 5,0 mL Natriumhydroxidlösung hergestellt wurden. (Dissoziationskonstanten für schweflige Säure bei $\mu = 0,1$ siehe Anhang 2), $c(NaHSO_3) = 0,20$ mol/L, $c(NaOH) = 0,20$ mol/L.

8.20   Man leite einen Ausdruck zur Berechnung des Anteils von HA^- in einer Lösung bei beliebigem pH ab; die Lösung enthält H_2A, HA^- und A^{2-}.

8.21   Man berechne die Konzentration von Oxalsäure, Hydrogenoxalationen und Oxalationen in einer Lösung, die durch Auflösen von 10,0 mmol Oxalsäure in 100 mL Wasser und anschließende pH-Einstellung auf 4,0 hergestellt wurde (die Dissoziationskonstanten der Oxalsäure für $\mu = 0,1$ findet man im Anhang 2).

Puffer

8.22   Was ist ein Puffer? Was bedeutet „Pufferkapazität"? Bei welchem Verhältnis von Salz zu Säure oder Salz zu Base ist die Pufferkapazität am größten?

8.23   Beschreiben Sie, wie Sie den pK-Wert einer unbekannten wasserlöslichen organischen Base experimentell bestimmen würden.

8.24   Suchen Sie anhand der Tabelle der Dissoziationskonstanten im Anhang 2 eine geeignete Säure oder Base heraus, mit der man für jeden der folgenden pH-Werte einen Puffer herstellen kann:

a) pH 3,0   c) pH 5,2   e) pH 9,0

b) pH 4,5   d) pH 7,5

8.25   In welchem molaren Verhältnis müssen Ammoniaklösung und Ammoniumchlorid gemischt werden, um eine Lösung auf pH 9,8 zu puffern? Der K_b-Wert von Ammoniak ist $1,8 \cdot 10^{-5}$.

8.26   Man berechne das molare Verhältnis von Pyridin und HCl, das man benötigt, um einen Puffer vom pH 6,0 herzustellen. Der K_b-Wert von Pyridin ist $1,5 \cdot 10^{-9}$.

8.27   Genau 20,0 mL einer Lösung von 4-Aminopyridin, $c = 0,10$ mol/L, ($K_b = 2,34 \cdot 10^{-5}$) werden mit HCl, $c(\text{HCl}) = 0,10$ mol/L titriert. Man berechne den pH-Wert in Abhängigkeit vom zugegebenen Volumen HCl (in Millilitern) und stelle diesen Zusammenhang graphisch dar, wobei Verdünnungseffekte zu vernachlässigen sind. Man wähle dafür die Punkte bei 0, 10,0, 18,0 und 20,0 mL HCl-Zugabe.

8.28   Eine Pufferlösung enthält *ortho*-Nitrophenol (HA), $c = 0,010$ mol/L ($K_a = 6,2 \cdot 10^{-8}$), und Natrium-*ortho*-nitrophenolat, $c = 0,010$ mol/L.

a) Man berechne den pH dieser Lösung.

b) Man berechne den pH, der zu erwarten ist, wenn 1,0 mL einer Natriumhydroxidlösung, $c(\text{NaOH}) = 0,10$ mol/L, zu 20,0 mL der ursprünglichen Lösung zugegeben werden.

c) Man berechne den pH, der zu erwarten ist, wenn 1,0 mL einer HCl-Lösung, $c(\text{HCl}) = 0,10$ mol/L, zu 20,0 mL der ursprünglichen Lösung zugegeben werden.

Vermischtes

8.29   Häufig ist die Spektralphotometrie ein geeignetes Mittel zur Messung der pK-Werte einer sehr schwachen Säure oder Base. Das Verhältnis von freier Säure (HA) zum Anion (A$^-$) in einer Säure wird spektralphotometrisch in einer Serie von auf bekannte pH-Werte gepufferten Lösungen gemessen.

Für jede Lösung wird der pK_a-Wert aus der folgenden Gleichung berechnet, die man leicht aus dem Ausdruck für K_a ableiten kann.

$$pK_a = pH + \log \frac{[HA]}{[A^-]}$$

Der beste pK_a-Wert ist der Mittelwert der erhaltenen Einzelwerte. Mit Hilfe der Daten[3], die in der folgenden Tabelle angegeben sind, vervollständige man die Tabelle und berechne den besten pK_a-Wert für 8-Hydroxychinolin. Jede Lösung enthält $3,3 \cdot 10^{-5}$ mol/L 8-Hydroxychinolin, das auf verschiedene pH-Werte gepuffert ist. Die spektralphotometrischen Messungen wurden bei 335 nm durchgeführt. Die Extinktion bei 335 nm ist 0,558, wenn in der Lösung nur die anionische Form A^- vorliegt; die Extinktion bei 335 nm ist 0,045, wenn lediglich die neutrale Form HA vorliegt.

pH	Extinktion	$[HA]/[A^-]$	pK_a
0,12	0,123		
9,52	0,216		
9,89	0,310		
10,12	0,370		
10,53	0,465		
Mittelwert für pK_a =			

Hinweis: Wenn Sie nach dem Verhältnis [HA] zu $[A^-]$ auflösen, müssen Sie bedenken, daß die Lösung sowohl HA als auch A^- enthält und daß deren Extinktionen additiv sind. Setzen Sie x für den Anteil von HA und $1 - x$ für den Anteil von A^- in der Lösung.

---

3 Daten entnommen aus A. Albert, *Biochem. J.* 54, 646 (1953)

Kapitel 9

Säure-Base-Titrationen

Die Säure-Base-Titration ist eine rasche und genaue Methode zur Bestimmung saurer oder basischer Stoffe in Analysenproben. Einige anorganische Säuren und Basen und hunderte von organischen Verbindungen sind ausreichend sauer oder basisch, um durch Säure-Base-Titration bestimmt zu werden. Organische Verbindungen werden häufig statt in Wasser in einem nichtwäßrigen Lösungsmittel titriert (vergleiche Kapitel 10). Eine Anzahl weiterer nützlicher Analysenverfahren beruht indirekt auf einer Säure-Base-Titration. So kann man zum Beispiel ein Salz wie Kaliumchlorid bestimmen, indem man mit Hilfe einer Ionenaustauschersäule eine äquivalente Stoffmenge Salzsäure freisetzt und diese Säure mit einer basischen Maßlösung titriert.

Zur Titration von *Säuren* verwendet man die Standardlösung einer starken Base, wie z.B. Natriumhydroxid. *Basen* werden mit einer Standardlösung von Chlorwasserstoffsäure (Salzsäure) oder einer anderen starken Säure titriert. Der Endpunkt einer Säure-Base-Titration wird z.B. anhand der *Farbänderung eines Indikators* festgestellt. Man kann aber auch die pH-Änderung während einer Säure-Base-Titration mit einem *pH-Meter* (mit geeigneten Elektroden) verfolgen und den Endpunkt auf diese Weise ermitteln.

Moderne *Endpunktstitratoren* verfolgen den Verlauf einer Titration, indem das Gerät die erste Ableitung der Titrationskurve berechnet. Steigt diese an, so nähert sich die Titration dem Endpunkt (Maximum der 1. Ableitung: Wendepunkt der Titrationskurve). Das Gerät beendet die Titration selbsttätig und gibt den Verbrauch auf einer Anzeige an. Ein anderes Indikationsverfahren ist die *Dead-Stop-Titration* (Abschnitt 16.4).

In diesem Kapitel werden zunächst Methoden zur Herstellung und zum Einstellen (Standardisierung, Titerstellung) von Maßlösungen diskutiert. Dann wird es um Titrationskurven gehen, wobei ein besseres Verständnis der verschiedenen Arten von Säure-Base-Titrationen angestrebt wird. Außerdem soll die Theorie des Gleichgewichts aus den Kapiteln 7 und 8 zu praktischen Beispielen für Säure-Base-Titrationen in Beziehung gesetzt werden. Nachfolgend werden Theorie und Anwendung von Säure-Base-Indikatoren diskutiert, woran sich ein Abschnitt über einige nützliche analytische Methoden unter Verwendung von Säure-Base-Titrationen anschließt.

Entsprechend dem Prinzip maßanalytischer Bestimmungen („Vergleich" des Gehalts einer unbekannten Probe mit dem einer Maßlösung durch Umsetzung mit bekannter Stöchiometrie) muß der Gehalt der Maßlösung genau bekannt sein. Dazu geht man von Urtitersubstanzen (Kapitel 6) aus.

9.1 Herstellung und Einstellen von Maßlösungen

Natriumhydroxid ist *keine* Urtitersubstanz; es enthält stets etwas Wasser und etwas Natriumcarbonat. Um eine geeignete Standardlösung mit genau bekanntem Titer herzustellen, muß zunächst das Carbonat entfernt werden; dann wird eine Natriumhydroxid-Stammlösung von etwa der gewünschten Konzentration hergestellt. Danach wird die genaue Stoffmengenkonzentration dieser Lösung ermittelt, indem man gegen einen geeigneten Säure-Urtiter titriert. Dies nennt man *Einstellen der Maßlösung* (gelegentlich auch *Standardisierung* oder *Titerstellung*). Die Natriumcarbonat-Verunreinigungen müssen entfernt werden, weil sie mit der Säure unter Bildung eines Puffers reagieren, wodurch die Schärfe des Endpunkts bei der Titration einer schwachen Säure stark abnimmt. Zur Reinigung von Natriumhydroxid wird häufig eine fast gesättigte wäßrige Lösung hergestellt. Natriumcarbonat, das schlechter löslich ist als Natriumhydroxid, fällt aus der konzentrierten Lösung aus. Nachdem man die Lösung etwas stehen gelassen hat, wird die klare überstehende Lösung vorsichtig dekantiert und mit destilliertem Wasser verdünnt (häufig wird das destillierte Wasser ausgekocht, um gelöstes Kohlendioxid zu entfernen). Es sei erwähnt, daß diese Methode im Falle von Kaliumhydroxid versagt.

Eine andere Methode zur Entfernung von Carbonat ist die Ausfällung durch Zugabe von überschüssigem Bariumsalz zur Natrium- oder Kaliumhydroxidlösung:

$$Ba^{2+} + CO_3^{2-} \rightarrow BaCO_3(s)$$

Zwar werden dadurch Bariumionen als Verunreinigung eingeführt, dies ist aber normalerweise nicht von Belang. Es wurde auch vorgeschlagen, Bariumhydroxid zur Ausfällung des Carbonats einzusetzen. Das überschüssige Barium(II) wird dann durch Natrium oder Kalium ersetzt, indem man die Lösung durch einen Kationenaustauscher in der Natrium- oder Kaliumform laufen läßt (Kapitel 21).

Als starke Base wird Natriumhydroxid mit Kohlendioxid aus der Atmosphäre zu Natriumcarbonat reagieren:

$$NaOH \xrightarrow{H_2O} Na^+ + OH^-$$

$$CO_2 + H_2O \rightarrow H_2CO_3$$

$$H_2CO_3 + 2\,OH^- \rightarrow CO_3^{2-} + 2\,H_2O$$

Um die Bildung von Carbonat während der Lagerung zu verhindern, sollten Natriumhydroxidlösungen vor CO_2 aus der Atmosphäre geschützt werden. Wird eine große Vorratsflasche verwendet, so hilft z.B. ein mit Natronlauge auf Asbest (Askarit) gefülltes Rohr, CO_2 aus der Luft am Eintritt in die Flasche zu hindern.

Natrium- oder Kaliumhydroxidlösungen werden eingestellt (standardisiert), indem man eine der geeigneten Urtiter-Säuren einwiegt und sie mit der einzustellenden Base titriert. Kaliumhydrogenphthalat (KHP), das Monokaliumsalz der Phthalsäure, ist hochrein und hat eine hohe Äquivalentmasse (204,2 g/mol). Es ist eine mittelschwache Säure ($K_a = 3,9 \cdot 10^{-6}$, $pK_a = 5,4$), liefert aber bei Titration mit Natriumhydroxid einen befriedigenden Endpunkt. Furan-2-carbonsäure[1] ist ebenfalls hochrein. Sie hat eine geringere Äquivalentmasse (112,08 g/mol), ist aber eine mittelstarke Säure ($K_a = 8,63 \cdot 10^{-4}$, $pK_a = 3,06$) und liefert daher bei Titration mit Natriumhydroxid einen scharfen Endpunkt.

Kaliumhydrogenphthalat   Furan-2-carbonsäure

1 W.F. Koch, W.C. Hoyle und H. Diehl, *Talanta* 22, 717 (1975); *23*, 509 (1976)

Eine *HCl-Stammlösung* von etwa der gewünschten Konzentration wird durch Verdünnen von konz. HCl mit destilliertem Wasser hergestellt. Da konz. HCl keine Urtitersubstanz ist, muß man die verdünnte Lösung einstellen. Die beste verfügbare Urtitersubstanz ist vermutlich 4-Aminopyridin $C_5H_4N(NH_2)$.[2,3] Seine molare Masse ist zwar mit 94,12 g/mol etwas niedrig, aber seine Reinheit und Stabilität sind ausgezeichnet. Auch eine unter der Abkürzung THAM [für *Tris*(hydroxymethyl)-aminomethan] bekannte Base wurde als Urtiter verwendet, seine Reinheit ist aber häufig zweifelhaft.[4]

Wasserfreies Natriumcarbonat Na_2CO_3 wird häufig zum Einstellen von HCl-Lösungen benutzt. Die Verwendung von Natriumcarbonat kann aber nicht empfohlen werden, es sei denn, die HCl-Lösung soll zur Titration von carbonathaltigen Proben verwendet werden. Die Äquivalentmasse von Natriumcarbonat ist ziemlich gering (53 g/mol, bei der üblichen Titration gegen Methylorange oder Methylrot als Indikatoren), und das entstehende Kohlendioxid erschwert die Endpunktserkennung etwas. Sehr häufig werden HCl-Lösungen durch Vergleich mit einem *sekundären Standard* (hier einer Standardlösung von Natriumhydroxid) eingestellt. Wenn man die Natriumhydroxidlösung sorgfältig eingestellt hat, kann die Konzentration an HCl in der Lösung genau bestimmt werden.

9.2   Titrationskurven

Die experimentelle Bestimmung von Titrationskurven

Den Verlauf einer Säure-Base-Titration verfolgt man am besten, indem man den pH mit fortschreitender Titration mißt und eine Titrationskurve (pH gegen zugesetztes Volumen der Maßlösung oder pH gegen % Neutralisation) aufträgt. Während einer Säure-Base-Titration ändert sich der pH bei Zugabe von Maßlösung zunächst nur allmählich. In der Nähe des Äquivalenzpunktes springt der pH-Wert plötzlich stark. Am stärksten ist diese Änderung ($\Delta pH/\Delta V$; V = zugegebenes Volumen der Maßlösung) am Äquivalenzpunkt.

Der *Äquivalenzpunkt* ist definiert als derjenige Punkt der Titrationskurve, bei dem exakt die dem Gehalt der Probelösung entsprechende stöchiometrische Menge an Maßlösung zugegeben wurde.

Unter dem *Endpunkt* versteht man dagegen den Punkt, bei dem der Indikator oder eine Eigenschaftsänderung der Lösung das Ende der Titration anzeigt.

Nicht immer stimmen beide Punkte genau überein (vgl. Kapitel 9.3).

Die entsprechenden Daten können experimentell mit einem pH-Meter erhalten werden (Kapitel 33, Experiment 23). Das Gerät mißt den pH einer Lösung als Potentialdifferenz zwischen zwei Elektroden, die in die Lösung eintauchen. Als

2 W.F. Koch, W.C. Hoyle und H. Diehl, *Talanta* 22, 717 (1975)

3 W.F. Koch und H. Diehl, *Talanta* 23, 509 (1976)

4 W.F. Koch, L. Biggs und H. Diehl, *Talanta* 22, 637 (1975)

Indikatorelektrode wird eine *Glaselektrode* verwendet, da ihr Potential sich in Abhängigkeit vom pH der Lösung ändert. Eine *Kalomelelektrode* dient als Referenzelektrode, da ihr Potenial sich auch in Lösungen mit stark unterschiedlichem pH-Wert nicht ändert. Die Potentialdifferenz zwischen diesen Elektroden in Volt oder Millivolt ist eine lineare Funktion des pH der Lösung. Einstabmeßketten erfüllen beide Funktionen. Die Skala eines pH-Meters ist so ausgelegt, daß die Spannung direkt in pH-Einheiten abgelesen werden kann.

Eine Glaselektrode besteht im allgemeinen aus einer Silber/Silberchloridelektrode in Kontakt mit verdünnter wäßriger HCl, umgeben von einer Glaskugel, die als leitfähige Membran dient. An der Grenzfläche zwischen der Lösung und der Glasmembran bildet sich eine Potentialdifferenz aus, die vom Unterschied zwischen den Wasserstoffionen-Konzentrationen auf den beiden Seiten der Glasmembran abhängt. Die Wasserstoffionen-Konzentration der sauren Lösung im Inneren der Glaskugel ist konstant; daher hängt das Potential der Glaselektrode von der Wasserstoffionen-Konzentration außerhalb der Glaskugel, d.h. in der zu messenden Lösung ab.

Eine *Kalomelelektrode* enthält elementares Quecksilber und eine Paste aus Kalomel Hg_2Cl_2 und metallischem Quecksilber. Diese Paste steht in Kontakt mit einer wäßrigen Kaliumchloridlösung. Die Elektrode ist so aufgebaut, daß die Kaliumchloridlösung als Salzbrücke zwischen der Elektrode und der Lösung dient, in welche die Elektrode eintaucht.

Titration starker Säuren mit starken Basen und starker Basen mit starken Säuren

Bei einer Titration von starken Säuren mit starken Basen und umgekehrt ändert sich der pH am Äquivalenzpunkt plötzlich sehr stark, vgl. die in Bild 9−1 dargestellte Titrationskurve für die Titration von Chlorwasserstoffsäure mit Natriumhydroxid und die in Bild 9−2 gezeigte für Natriumhydroxid, titriert mit Chlorwas-

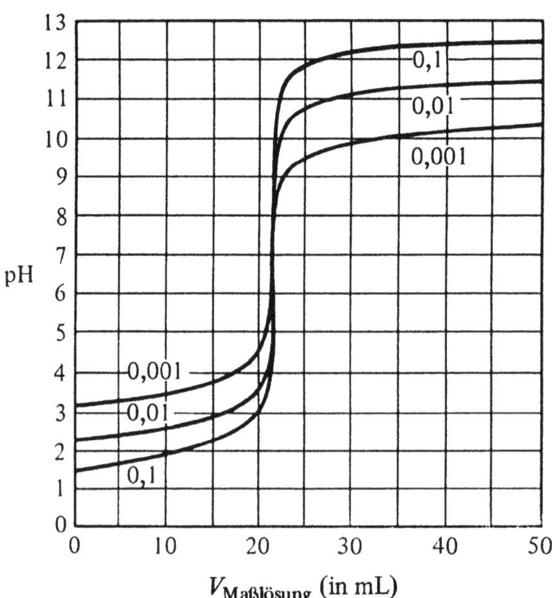

Bild 9-1
Titrationskurven für die Titration von Salzsäure mit Natronlauge bei verschiedenen Konzentrationen (in mol/L angegeben; Angabe an den jeweiligen Kurven)

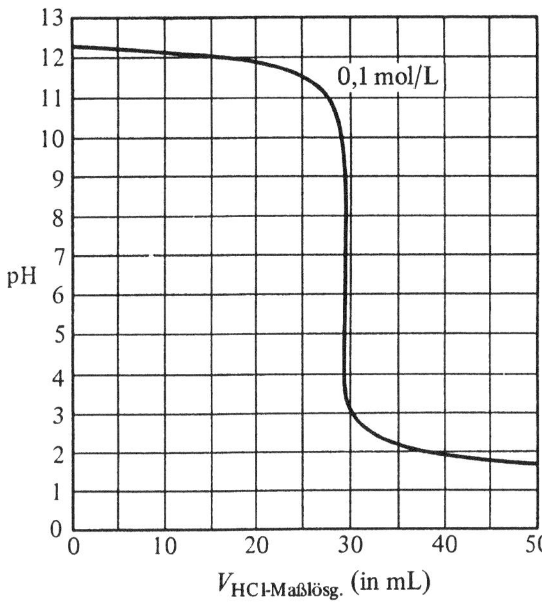

Bild 9-2
Titrationskurve für Natrium-
hydroxid, titriert mit
Salzsäure, c (HCl) = 0,1 mol/L

serstoffsäure. In der Nähe des Äquivalenzpunkts verursacht die Zugabe von geringen Mengen an Maßlösung eine pH-Änderung um einige Einheiten. Alle Indikatoren, die ihre Farbe in der Gegend des fast vertikalen Bereichs (Sprunggebiets) der
Titrationskurve ändern, sind zur Endpunktsanzeige geeignet. Methylrot, Phenolphthalein und einige andere Indikatoren sind für diese Art von Titration geeignet.

Säure-Base-Titrationen werden gewöhnlich mit Lösungen der Stoffmengenkonzentration $c = 0{,}1$ bis $0{,}5$ mol/L durchgeführt. Häufig wird die zu titrierende
Säure oder Base bis auf eine Konzentration von etwa $0{,}01$ mol/L verdünnt. Wie in
Bild $9-1$ gezeigt, bewirkt die Verdünnung eine Verringerung des pH-Sprungs am
Äquivalenzpunkt. Während eine gewisse Verringerung der Konzentration hinge-
nommen werden kann, sind Titrationen mit stark verdünnten Lösungen zu vermeiden.

Titration schwacher Säuren mit starken Basen

Im Kapitel 8 haben wir den Pufferbereich von Titrationskurven bei der
Titration einer schwachen Säure HA oder BH^+ mit einer starken Base, wie z.B. Natriumhydroxid, betrachtet (vgl. Bilder $8-2$ und $8-3$).

Die gleichen Kurven für den Pufferbereich gelten auch im umgekehrten Fall
der Titration einer schwachen Base (A^- oder B) mit einer starken Säure, wie z.B.
HCl. Die vollständige Kurve für die Titration einer schwachen Säure mit Natriumhydroxid erhält man, indem man die rechte Seite der Bilder $8-2$ oder $8-3$ ergänzt,
und zwar im Bereich von überschüssigem Natriumhydroxid. Eine solche Titrationskurve ist in Bild $9-3$ gezeigt. Man beachte, daß die Kurve bei stark alkalischem pH
einem Grenzwert zustrebt, wobei der genaue pH-Wert von der Konzentration an
überschüssigem Natriumhydroxid abhängt.

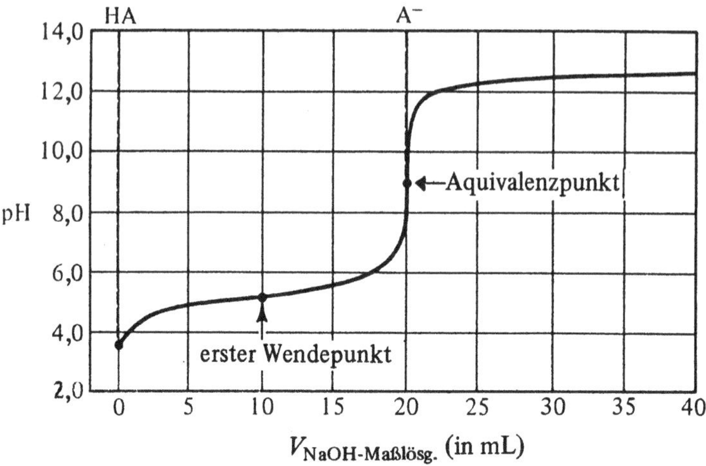

Bild 9-3 Vollständige Titrationskurve für die Titration einer schwachen Säure mit einer starken Base. *a*: erster Wendepunkt   *b*: Äquivalenzpunkt

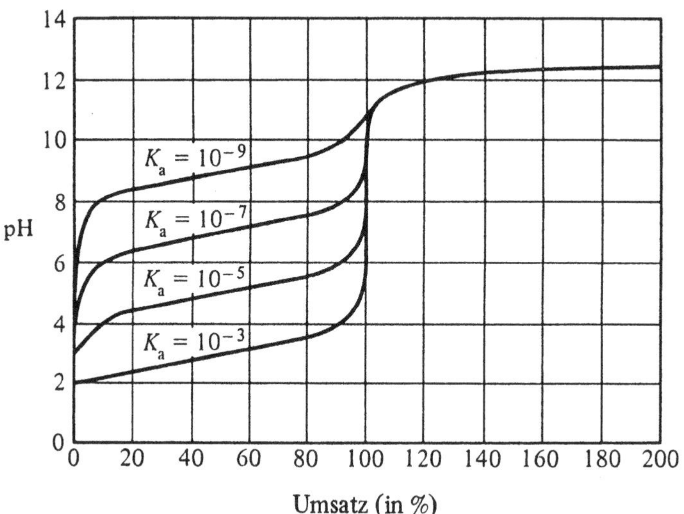

Bild 9-4 Titrationskurven für die Titration schwacher Säuren mit Natronlauge

Der Äquivalenzpunkt dieser Titration ist erreicht, wenn HA vollständig in A$^-$ umgewandelt ist; dies ist der Punkt maximaler Steigung der Titrationskurve.

In Kapitel 8 wurde gezeigt, daß der pH am Wendepunkt einer Titrationskurve dieses Typs stes dem pK_a-Wert der Säure gleich ist. Dies zeigt den Einfluß des K_a-Werts der Säure auf die Form der Titrationskurve. In Bild 9−4 sind Titrationskurven für Säuren verschiedener K_a-Werte aufgetragen. Man beachte, daß der pH-

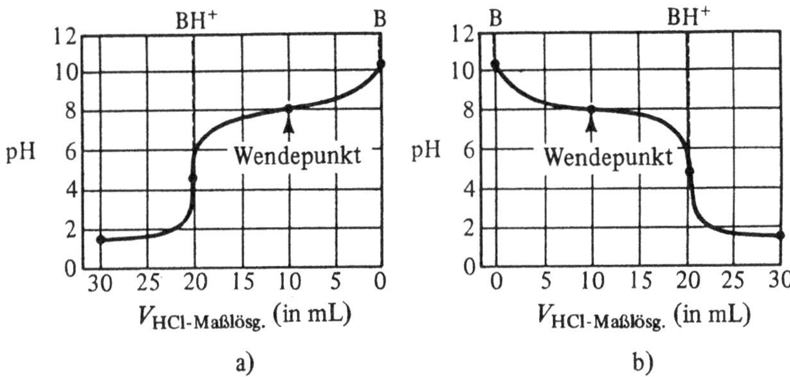

Bild 9-5 a) Titration einer schwachen Base mit einer starken Säure, von rechts nach links aufgetragen; b) Die gleiche Kurve wie a), von links nach rechts aufgetragen

Sprung am Äquivalenzpunkt um so geringer wird, je kleiner die Dissoziationskonstante der Säure ist. In gleichem Maß wie sich dieser pH-Sprung verringert, wird es schwieriger, den Endpunkt genau zu bestimmen. Eine Säure mit einem pK_a-Wert von 7 bis 8 ist so ungefähr die schwächste, die man unter Verwendung eines pH-Meters zur Endpunktsbestimmung mit ausreichender Genauigkeit titrieren kann.

Titration schwacher Basen mit starken Säuren

Die Titrationskurve für die Titration einer schwachen Base mit einer starken Säure erhält man, indem man die linke Seite der Bilder 8−2 oder 8−3 um den pH-Bereich bei Überschuß an Chlorwasserstoffsäure ergänzt. Eine typische Titrationskurve dieser Art ist in Bild 9−5a gezeigt. Man kann diese Kurve natürlich auch umdrehen, so daß das Volumen (in Millilitern) an zugegebener Chlorwasserstoffsäure von links nach rechts aufgetragen ist (Bild 9−5b). Titriert man eine Base mit einer starken Säure, so wird der Endpunkt um so schärfer erkennbar, je größer der K_b-Wert ist (oder je geringer der K_a-Wert für die konjugierte Säure ist), vgl. Bild 9−6.

Titration eines Gemisches zweier Säuren oder Basen unterschiedlicher Stärke

Bei ausreichendem Unterschied der Säurestärken wird die stärkere Säure in einer Mischung zuerst titriert und an ihrem Äquivalenzpunkt einen pH-Sprung ergeben. Dann wird die schwächere Säure titriert und zu einem zweiten pH-Sprung beim entsprechenden Äquivalenzpunkt führen.

Für ein Gemisch von HCl und Essigsäure ist dies in Bild 9−7 dargestellt, wo die Kurven der einzelnen Säuren und die Kurve für das Gemisch der Säuren gezeigt werden. Eine Titration, bei der für jeden von zwei oder mehr Bestandteilen eines Gemischs ein separater Endpunkt erhalten werden kann, nennt man eine *Simultanbestimmung*.

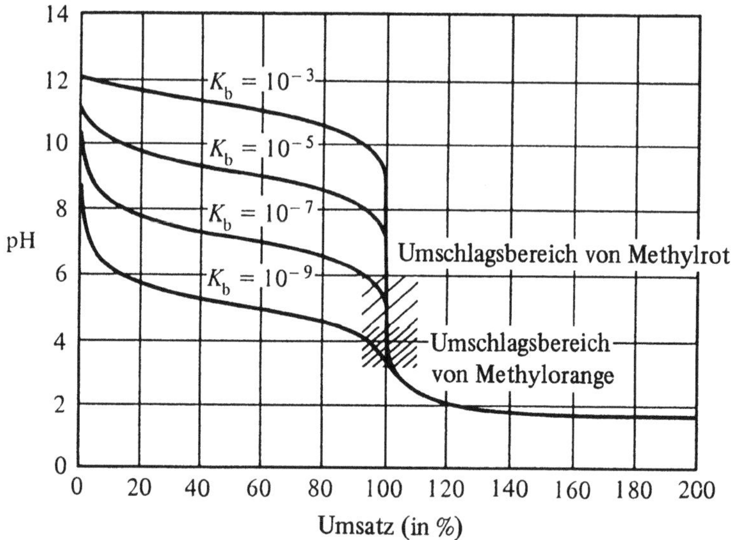

Bild 9-6 Titrationskurven für die Titration schwacher Basen mit Salzsäure

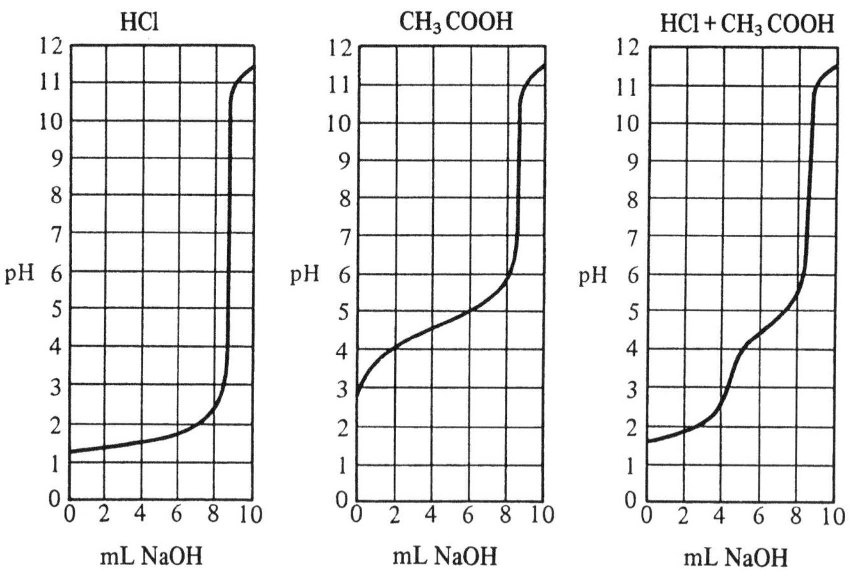

Bild 9-7 Kurven für die Simultanbestimmung von HCl und Essigsäure durch Titration des Säuregemischs (rechte Kurve) mit Natronlauge, c(NaOH) = 0,5 mol/L

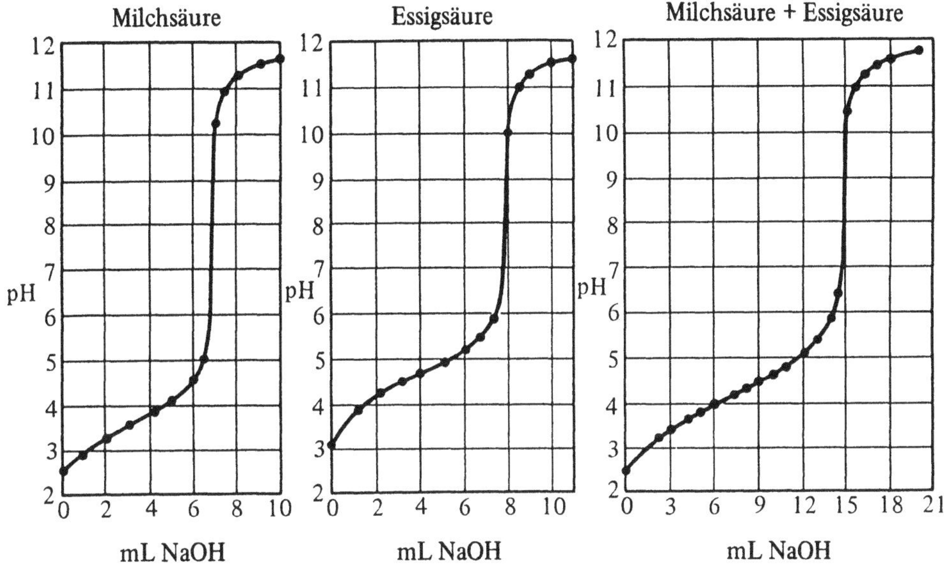

Bild 9-8 Kurven für die Titration von Milchsäure und Essigsäure mit Natronlauge, c (NaOH) = 0,1 mol/L

Eine simultane Titration von zwei Säuren ist nur dann möglich, wenn das Verhältnis der Dissoziationskonstanten etwa 10^3 oder größer ist, wenn sich also die pK_a-Werte um 3 oder mehr unterscheiden. In Bild 9−8 ist das Verhältnis der K_a-Werte von Milchsäure und Essigsäure nur $10^{-3,88}$ zu $10^{-4,86}$ oder $10^{0,98}$. Daher sind die Einzeltitrationskurven ähnlich, und die Titrationskurve des Gemischs zeigt nur *einen* pH-Sprung, und zwar für die Titration der *Summe* von beiden Säuren.

Titration polyprotischer Säuren oder mehrwertiger Basen

Viele Verbindungen haben zwei oder mehr saure oder basische Gruppen im gleichen Molekül. Säuren dieses Typs nennt man diprotische Säuren (zwei saure Gruppen), triprotische Säuren (drei saure Gruppen) oder − allgemein − polyprotische Säuren. Basen mit zwei basischen Gruppen nennt man zweiwertige Basen usw. Im allgemeinen verändert die Neutralisation einer sauren oder basischen Gruppe im Molekül die elektronische Struktur des Moleküls in der Weise, daß die Neutralisation der nächsten sauren oder basischen Gruppe erschwert wird. Aus diesem Grund dissoziiert die Verbindung stufenweise. Die Dissoziationskonstante für jeden dieser Schritte kann einzeln aufgeschrieben werden, beispielsweise

$$H_2A + H_2O \rightleftharpoons H_3O^+ + HA^-, \qquad K_1 = \frac{[H_3O^+]\,[HA^-]}{[H_2A]}$$

$$HA^- + H_2O \rightleftharpoons H_3O^+ + A^{2-}, \qquad K_2 = \frac{[H_3O^+]\,[A^{2-}]}{[HA^-]}$$

Wenn das Verhältnis K_1 zu K_2 größer als etwa 10^3 ist, so beobachtet man im Fall einer diprotischen Säure bei Titration mit einer starken Base zwei pH-Sprünge, genau wie auch die Titration eines Gemischs von zwei *verschiedenen* Säuren zwei pH-Sprünge liefert. Der erste Sprung ist um so deutlicher zu beobachten, je größer das Verhältnis K_1 zu K_2 ist.

Ein Verfahren zur Berechnung des pH-Werts im Verlauf der Titration einer diprotischen Säure wurde im Abschnitt 8.5 dargestellt. Wir fassen an dieser Stelle kurz zusammen:

a) Der pH während der Titration der ersten sauren Gruppe wird aus K_1 berechnet, wobei man das Verhältnis von $[HA^-]$ zu $[H_2A]$ einzusetzen hat.

b) Der pH am ersten Äquivalenzpunkt berechnet sich aus dem entsprechenden Ausdruck

$$pH = \frac{pK_1 + pK_2}{2}.$$

c) Der pH während der Titration des zweiten sauren Wasserstoffs berechnet sich aus K_2, wobei das Verhältnis $[A^{2-}]$ zu $[HA^-]$ einzusetzen ist.

d) Beim zweiten Äquivalenzpunkt berechnet sich der pH aus der Dissoziation von A^{2-}, der zu HA^- konjugierten Base.

Beispiel:

Berechnen Sie den pH bei Zugabe von 10, 20, 30 und 40 mL Natriumhydroxidlösung zu einer Lösung von 20 mL Malonsäure (H_2A), $c(H_2A) = 0,1$ mol/L, mit Natriumhydroxid, $c(NaOH) = 0,10$ mol/L. Geben Sie den ungefähren Verlauf der Titrationskurve graphisch an. Die pK-Werte für Malonsäure sind $pK_1 = 2,85$ und $pK_2 = 5,66$.

(a) *Nach Zugabe von 10 mL NaOH-Lösung.* Dann sind 50 % der ersten sauren Gruppe der Malonsäure neutralisiert, so daß $[HA^-] = [H_2A]$ ist. Einsetzen in den Ausdruck für K_1 liefert:

$$K_1 = \frac{[H_3O^+]\,[HA^-]}{[H_2A]} = [H_3O^+]$$

$$pH = pK_1 = 2,85$$

(b) *Nach Zugabe von 20 mL Natronlauge.* Wir sind jetzt beim ersten Äquivalenzpunkt, und der pH berechnet sich näherungsweise nach

$$pH = \frac{pK_1 + pK_2}{2} = \frac{2,85 + 5,66}{2} = 4,26 .$$

(c) *Nach Zugabe von 30 mL Natronlauge.* Die ersten 20 mL Natronlauge haben den ersten sauren Wasserstoff der Malonsäure neutralisiert, und die nächsten 10 mL Natronlauge haben 50 % der zweiten sauren Gruppe neutralisiert. Daher gilt $[HA^-] = [A^{2-}]$. Einsetzen in den Ausdruck für K_2 liefert:

$$10^{-5,66} = \frac{[H_3O^+]\,[A^{2-}]}{[HA^-]} = [H_3O^+]$$

$$pH = 5,66$$

d) *Nach Zugabe von 40 mL Natronlauge.* Die Malonsäure ist völlig in die Form A^{2-} umgewandelt, deren Konzentration wir somit zu 0,01 mol/L abschätzen. Der pH berechnet sich aus dem pK_b-Wert für A^{2-}, der gleich $14 - pK_2$ oder 8,34 ist.

$$A^{2-} + H_2O \rightleftharpoons HA^- + OH^-$$

$$10^{-8,34} = \frac{[HA]\,[OH^-]}{[A^{2-}]} = \frac{[OH^-]^2}{10^{-2,0}}$$

$$[OH^-] = 10^{-10,34}$$

$$pOH = 5,17$$

$$pH = 8,83$$

Unter Verwendung der so berechneten Punkte kann die Titrationskurve, wie in Bild 9−9 gezeigt, aufgetragen werden.

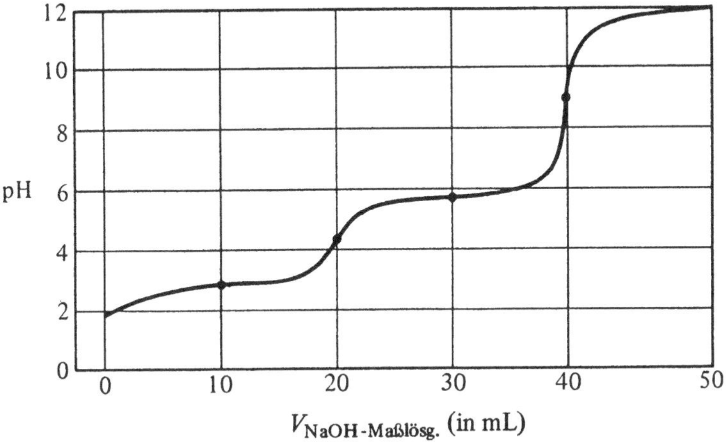

Bild 9-9 Titrationskurve für die Titration von 20 mL Malonsäure, c = 0,10 mol/L, mit Natronlauge, c (NaOH) = 0,10 mol/L.

9.3 Säure-Base-Indikatoren

Säure-Base-Indikatoren sind stark gefärbte schwache Säuren oder Basen. Die meisten sind Zweifarben-Indikatoren, bei denen die saure und die basische Form unterschiedliche Farben aufweisen. Es gibt auch einige Einfarben-Indikatoren, wie z.B. Phenolphthalein, dessen saure Form farblos und dessen basische Form violett-rosa ist.

Titriert man eine einzelne Säure oder Base in Gegenwart eines Indikators, so wirkt dieser ebenfalls als Säure oder Base. Titriert man z.B. eine Säure mit Natriumhydroxid, so verhält sich der Indikator wie eine zweite Säure, die allerdings *schwächer* als die zu titrierende Säure ist und deshalb nach ihr neutralisiert wird. Der Indikator ist allerdings in sehr geringer Konzentration anwesend. In Anwesenheit einer sehr großen Menge Indikator hätte eine Titrationskurve die Form der Kurve *a* in Bild 9−10. Zuerst wird die starke zu titrierende Säure neutralisiert und dann die

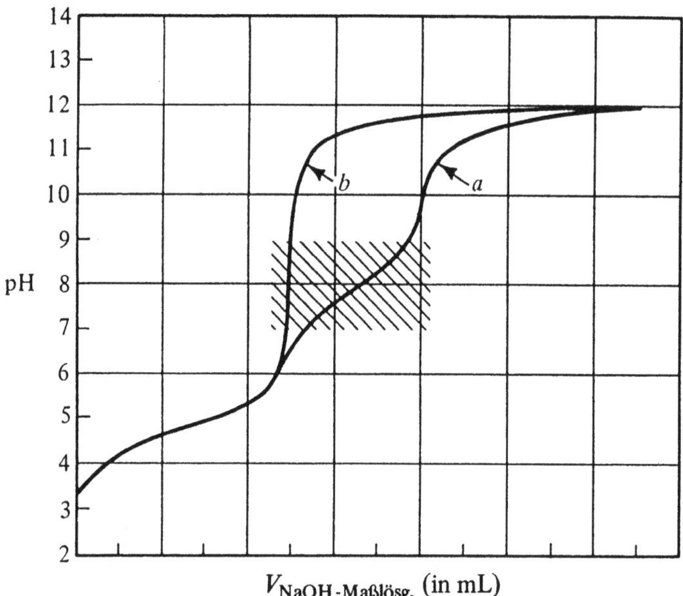

Bild 9-10 Titration einer Säure unter Verwendung eines Farbindikators: Kurve a) mit abnormal großer Menge an Indikator, Kurve b) mit normaler Menge an Indikator. Der gestrichelte Bereich zeigt den ungefähren Umschlagsbereich des Indikators.

schwächere Indikatorsäure. In der Praxis benötigt man allerdings so wenig von dem stark gefärbten Indikator, daß die Titrationskurve fast wie die Kurve *b* in der Abbildung aussieht.

Aus Bild 9−10 ist zu entnehmen, daß ein Indikator seine Farbe über einen bestimmten pH-*Bereich* und *nicht* bei einem einzigen pH-*Wert* ändert. Dieser Bereich hängt von der Fähigkeit des Beobachters ab, geringe Farbänderungen wahrzunehmen. Für einen Zweifarben-Indikator entspricht der Bereich des Farbübergangs etwa 2 pH-Einheiten.

Angenommen, wir verwenden eine Indikatorsäure, HInd. Da es sich um eine schwache Säure handelt, können wir die Dissoziationsgleichung und den Ausdruck für die Dissoziationskonstante wie folgt schreiben:

$$\text{HInd} + \text{H}_2\text{O} \rightleftharpoons \text{H}_3\text{O}^+ + \text{Ind}^- , \quad K_a = \frac{[\text{H}_3\text{O}^+]\,[\text{Ind}^-]}{[\text{HInd}]}$$

Die saure Form des Indikators ist HInd, und wir wollen annehmen, daß sie gefärbt ist. Wenn der Indikator mit einer starken Base neutralisiert wird, so liegt er anschließend als Ind^- vor, dessen Farbe sich von der der sauren Form unterscheidet. Ausgehend von der sauren Form eines Zweifarben-Indikators, können die meisten Menschen keine Farbänderung feststellen, bevor nicht wenigstens ein Zehntel des Indikators in die basische Form Ind^- umgewandelt ist.

Setzt man dieses Verhältnis von 1:10 in den Ausdruck für die Dissoziationskonstante ein, so kann man den pH am sauren Ende des Umschlagsbereichs ausrechnen:

$$K_a = \frac{[H_3O^+] \cdot 1}{10}$$

$$[H_3O^+] = 10 \cdot K_a$$

$$pH = pK_a - 1$$

Mit fortlaufender Neutralisation erscheint der Indikator dem Auge als völlig in die basische Form ungewandelt, wenn die Lösung noch einen Teil der sauren Form auf zehn Teile der basischen Form enthält. Durch Einsetzen in den Ausdruck für K_a kann analog zum sauren Ende des Umschlagsbereichs der pH-Wert für das basische Ende des Umschlagsbereichs berechnet werden:

$$K_a = \frac{[H_3O^+]10}{1}$$

$$[H_3O^+] = \frac{K_a}{10}$$

$$pH = pK_a + 1$$

Damit wird der Unterschied im pH-Wert zwischen dem sauren und dem basischen Ende des Umschlagsbereiches

$$pH_{basisch} - pH_{sauer} = (pK_a + 1) - (pK_a - 1) = 2$$

Die Umschlagsbereiche einiger gebräuchlicher Indikatoren sind in Bild 9–11 gezeigt. Die stark unterschiedlichen Eigenschaften der verschiedenen Indikatoren machen es möglich, den Umschlagsbereich so zu wählen, daß er im steilsten Anstieg der Säure-Base-Titrationskurve liegt. Aus den Titrationskurven, die in diesem Kapitel gezeigt wurden, ist zu entnehmen, daß der Äquivalenzpunkt gewöhnlich nicht beim pH 7,0 liegt.

So liegt zum Beispiel der Äquivalenzpunkt für die Titration der schwachen Säure in Bild 9–3 beim pH 9,0, was innerhalb des Umschlagsbereiches von Phenolphtalein liegt. Die Titration einer schwachen Base mit Chlorwasserstoffsäure in Bild 9–5 hat ihren Äquivalenzpunkt beim pH 4,2; in diesem Fall sind Methylorange oder Bromphenolblau geeignete Indikatoren (vergleiche Bild 9–11).

Da der Farbumschlag eines Indikators in einem bestimmten pH-*Bereich* erfolgt, ist es oft schwierig, zu wissen, welche Farbe man nun als Endpunkt betrachten soll. Um diese Frage zu klären, kann man z.B. die Titration in Anwesenheit des Indikators zunächst unter Verwendung eines pH-Meters durchführen und dann diejenige Farbe des Indikators bestimmen, die am Äquivalenzpunkt vorliegt. Weitere Proben können dann genau auf diese Farbe titriert werden. Manchmal wird auch ein Farbstandard hergestellt, und die Titration wird bis zu dem Punkt geführt, an dem die Indikatorfarbe der des Standards entspricht.

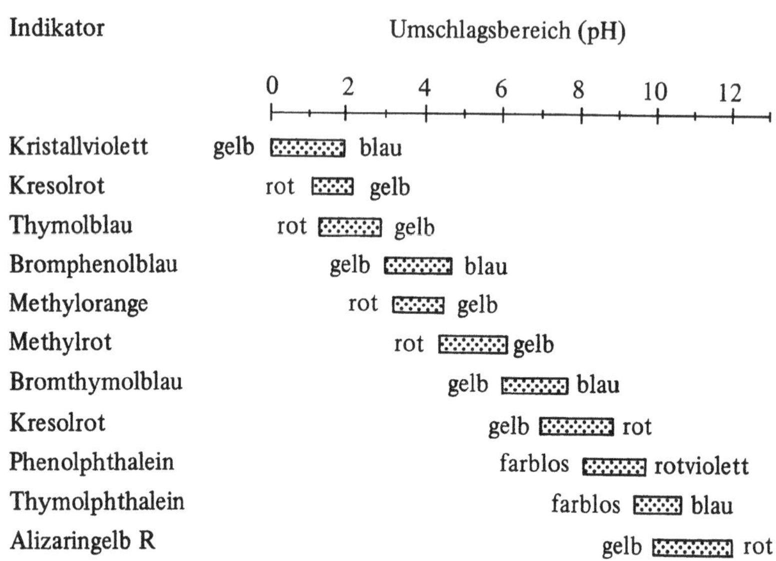

Bild 9-11 Umschlagsbereiche einiger Säure-Base-Indikatoren

9.4   Einige Anwendungen von Säure-Base-Titrationen

Bestimmung der molaren Masse einer schwachen Säure

Wenn die Dissoziationskonstante und die Konzentration einer schwachen Säure ungefähr bekannt sind, kann man einen geeigneten Indikator wählen und die Säure direkt mit Natriumhydroxid-Maßlösung titrieren. Im allgemeinen ist Phenolphthalein ein geeigneter Indikator. In der chemischen Forschung wird häufig analytische Information über eine reine unbekannte Säure benötigt. Man kann nun die Säure-Base-Titration einsetzen, um die *molare Masse* der Säure zu bestimmen oder, wenn die Anzahl saurer Gruppen im Molekül unbekannt ist, die *Äquivalentmasse*. Wenn die Titration mit einem pH-Meter potentiometrisch verfolgt wird, kann der pK_a-Wert der Säure ebenfalls gemessen werden. Er wird bestimmt aus dem pH am Wendepunkt (50 % Neutralisation) der Titration, in dem [HA], die Konzentration der nicht neutralisierten Säure, gleich [A$^-$], der Konzentration des Salzes, ist. Einsetzen in den Ausdruck für die Dissoziationskonstante der Säure liefert:

$$K_a = \frac{[H_3O^+]\,[\cancel{A^-}]}{[H\cancel{A}]}$$

$$K_a = [H_3O^+]$$

$$pK_a = pH$$

Ein entsprechendes Experiment zur Bestimmung der molaren Masse und des pK_a einer unbekannten Säure wird in Kapitel 33, Experiment 24 beschrieben.

Titration von Natriumcarbonat und carbonathaltigen Mischungen

Das Carbonat-Ion ist die konjugierte Base des Hydrogencarbonat-Ions, welches seinerseits die konjugierte Base der Kohlensäure ist. Die pK_a-Werte der Kohlensäure aus Anhang 2 sind wie folgt zu deuten: pK_1 beschreibt die Dissoziation der Kohlensäure zum Hydrogencarbonat-Ion und pK_2 beschreibt die Dissoziation des Hydrogencarbonat-Ions zum Carbonation.

Titriert man Natriumcarbonat mit einer starken Säure wie z.B. Salzsäure (Chlorwasserstoffsäure), so wird das Carbonat-Ion zunächst in das Hydrogencarbonat-Ion (Bicarbonat-Ion) und anschließend in die Kohlensäure umgewandelt:

$$CO_3^{2-} + H_3O^+ \rightarrow HCO_3^- + H_2O$$
$$(Na_2CO_3) \quad (HCl)$$

$$HCO_3^- + H_3O^+ \rightarrow H_2CO_3 + H_2O$$
$$(HCl)$$

Der allgemeine Verlauf der Titrationskurve kann aus den beiden Dissoziationskonstanten der Kohlensäure, $pK_1 = 6{,}37$, $pK_2 = 10{,}32$, abgeleitet werden. So ist z.B. bei Titration der Kohlensäure mit Natriumhydroxid der pH-Wert auf halbem Weg zum ersten Äquivalenzpunkt (d.h. wenn die Lösung 50 % Kohlensäure und 50 % Hydrogencarbonat enthält) 6,37 ($pH = pK_1$). Beim ersten Äquivalenzpunkt liegt HCO_3^- vor, und der pH ist $(pK_1 + pK_2)/2$ oder 8,35. Auf halbem Weg vom ersten zum zweiten Äquivalenzpunkt enthält die Lösung 50 % Hydrogencarbonat und 50 % Carbonat, und der pH ist 10,32 ($pH = pK_2$).

Titriert man Natriumcarbonat mit einer eingestellten Salzsäurelösung, wird die Titrationskurve natürlich umgekehrt aussehen. Die experimentelle Kurve für die Titration von Natriumcarbonat (Bild 9−11) zeigt recht gute Übereinstimmung mit den oben berechneten pH-Werten. In Bild 9−12 erscheint der zweite Endpunkt ziemlich scharf, weil der größte Teil der Kohlensäure als Kohlendioxid durch Kochen entfernt wurde:

$$H_2CO_3 \xrightarrow{\Delta} H_2O + CO_2(g)$$

Am ersten Endpunkt (nach Titration des Carbonats zu Hydrogencarbonat) ändert der Indikator Phenolphthalein seine Farbe von violett-rosa nach farblos. Dieser Farbumschlag tritt allmählich auf, und die Genauigkeit ist dementsprechend gering. Nach diesem Endpunkt beginnt die Titration von Hydrogencarbonat (Bicarbonat) zu Kohlensäure. Diese Titration ist beim zweiten Endpunkt abgeschlossen. Methylorange ändert dann beim zweiten Endpunkt seine Farbe von gelb nach rosa. Dieser Endpunkt ist schärfer als der mit Phenolphthalein beobachtete, aber auch hier handelt es sich um einen allmählichen Umschlag.

Das beste Verfahren besteht darin, Methylrot als Indikator einzusetzen und auf Farbumschlag nach rot zu titrieren; der Umschlag wird sehr allmählich auftreten. Wenn dies geschehen ist, wird die Lösung eine Minute lang gekocht, so daß das gelöste CO_2 verflüchtigt wird. Dann kühlt man die Lösung ab und setzt die Titration fort, bis eine plötzliche Änderung der Farbe von Methylrot von gelb nach violett-

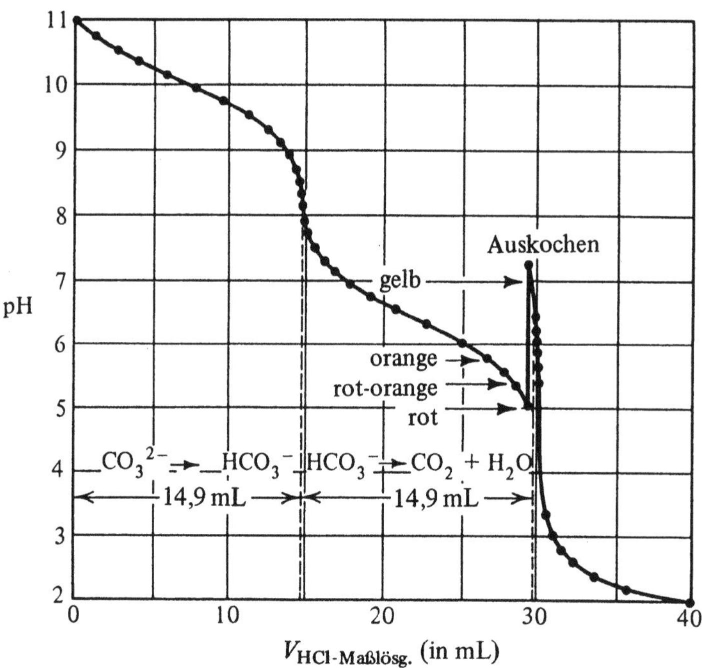

Bild 9-12 Titrationskurve für die Titration von Natriumcarbonat mit HCl-Lösung, c (HCl) = 0,1 mol/L (Methylrot als Indikator)

rosa auftritt. Der pH-Sprung in Bild 9−12 zeigt die Auswirkung des Auskochens auf die Titrationskurve. Natriumhydrogencarbonat und Natriumcarbonat kommen häufig nebeneinander vor. Die Menge von jeder einzelnen dieser Spezies in einer Mischung kann durch simultane Säure-Base-Titration bestimmt werden (siehe Bild 9−13). Natriumcarbonat ist die stärkere Base (pK_{b1} = 3,68, pK_{b2} = 7,63). Natriumhydrogencarbonat ist eine schwächere Base (pK_b = 7,63), seine Titration liefert nur einen einzigen Endpunkt. Die Mischung kann wie folgt analysiert werden:

(1) Man titriere mit eingestellter HCl-Lösung gegen Phenolphthalein. Dabei wird nur das Carbonat titriert. Man bedenke, daß am Endpunkt Carbonat in Hydrogencarbonat umgewandelt ist.

(2) Man setze die Titration nun fort bis zum Methylorange- oder Methylrot-Endpunkt. Nun wird das *gesamte* Hydrogencarbonat neutralisiert sein − d.h. sowohl das Hydrogencarbonat, welches ursprünglich vorlag, als auch das aus der Neutralisation von Carbonat stammende Hydrogencarbonat.

Auf diese Weise wird für die Titration vom ersten bis zum zweiten Endpunkt ein größeres Volumen verbraucht werden als vom Beginn der Titration bis zum ersten Endpunkt. Die Mengen an Carbonat und Hydrogencarbonat in der ursprünglichen Probe können aus den von der Bürette abgelesenen Werten beim Phenolphthalein- und beim Methylorange- oder Methylrot-Endpunkt berechnet werden. Eine praktische Anwendung findet dieses Verfahren in der Wasseranalytik, z.B. zur Bestimmung der sog. Säurekapazitäten.

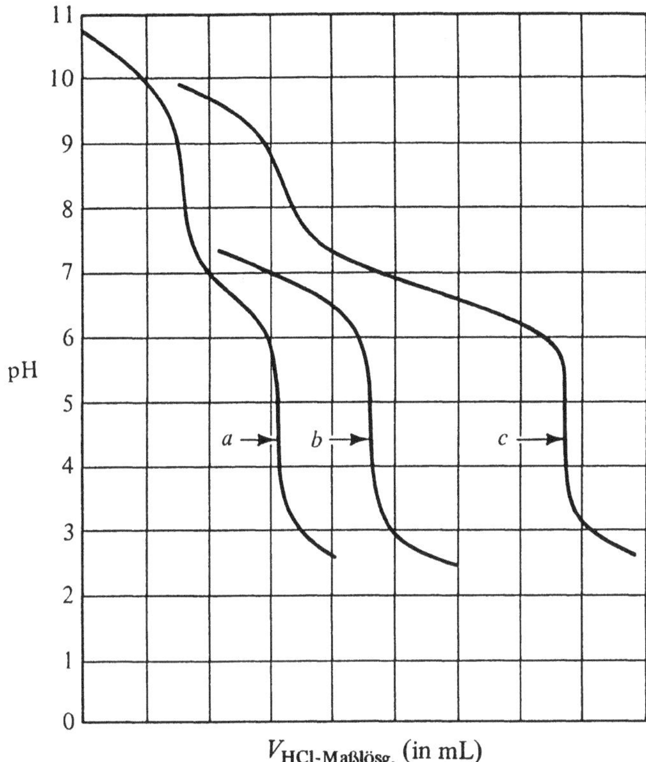

Bild 9-13 Titrationskurven für a) Natriumcarbonat, b) Natriumhydrogencarbonat und c) eine Mischung der beiden Substanzen, titriert mit HCl-Lösung, c (HCl) = 0,1 mol/L. Zur Verdeutlichung sind die Kurven horizontal gegeneinander verschoben.

Beispiel:

Eine Mischung von Natriumcarbonat und Natriumhydrogencarbonat wird in Wasser gelöst und mit HCl, c = 0,1 mol/L, titriert. Beim Phenolphthalein-Endpunkt zeigt die Bürette 12 mL, beim Methylorange-Endpunkt 34 mL an. Wieviel Millimol Carbonat und Hydrogencarbonat sind in der Probe vorhanden?

    12 mL HCl zur Titration von Carbonat auf Hydrogencarbonat
                         (Phenolphthalein-Endpunkt)
+ 12 mL HCl, um diesen Anteil Hydrogencarbonat auf den
                         Methylorange-Endpunkt zu titrieren

= 24 mL HCl zur vollständigen Neutralisation des Carbonats.

Demnach wurden (34 mL − 24 mL) = 10 mL zur Titration des ursprünglich vorhandenen Hydrogencarbonats verbraucht.

Gehalt: 12 mL · 0,1 mol/L = 12 mL · 0,1 mmol/mL
                       = 1,2 mmol Carbonat
      10 mL · 0,1 mol/L = 1,0 mmol Hydrogencarbonat

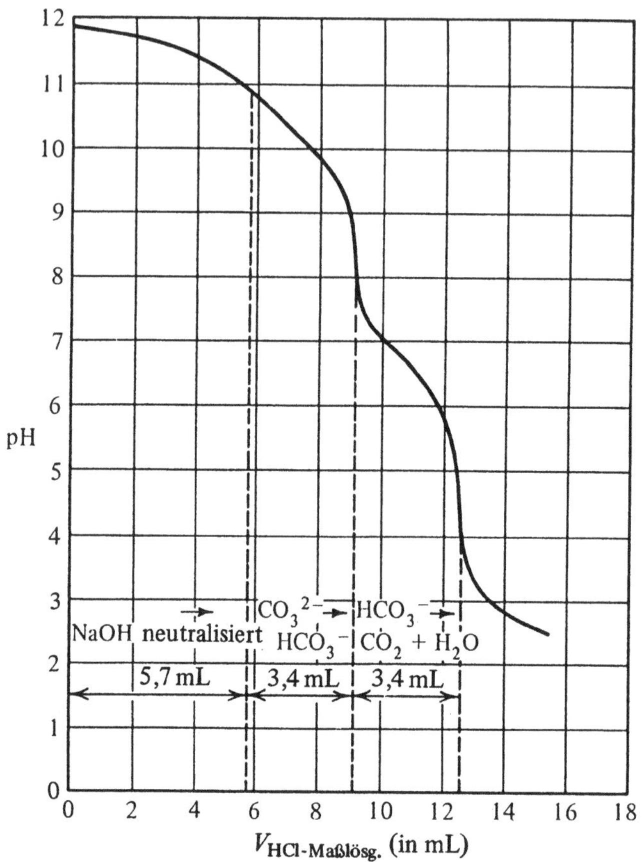

Bild 9-14 Titrationskurve eines Gemischs von Natriumhydroxid und Natriumcarbonat, titriert mit HCl-Lösung, c (HCl) = 0,1 mol/L

Auch Mischungen von Natriumhydroxid und Natriumcarbonat können durch Titration mit HCl auf zwei verschiedene Endpunkte bestimmt werden. Natriumhydroxid ist eine stärkere Base als Natriumcarbonat, aber nicht ausreichend stärker, um einen dritten Endpunkt bei der Titration zu liefern. Beim ersten (Phenolphtalein-)Endpunkt werden Natronlauge *und* Carbonat titriert; zwischen dem ersten und dem zweiten Endpunkt werden die Hydrogencarbonat- und die Carbonat-Ionen der ursprünglichen Probe titriert. Die Titrationskurve für Natriumhydroxid und Natriumcarbonat im Gemisch ist in Bild 9−14 gezeigt. Wenn beim ersten Endpunkt die Bürette 30 mL und beim zweiten Endpunkt 42 mL anzeigt, dann verbrauchte die Titration von Hydrogencarbonat 42 mL − 30 mL = 12 mL HCl. *Weitere* 12 mL wurden daher gebraucht, um die ursprüngliche Menge Carbonat in Hydrogencarbonat zu überführen, und die Titration des OH$^-$ in der ursprünglichen Probe benötigte 42 mL − 24 mL = 18 mL HCl-Lösung.

Mischungen von Natriumhydroxid und Natriumhydrogencarbonat sind in Lösung nicht existent, weil sie unter Bildung von Carbonat reagieren:

$$OH^- + HCO_3^- \rightarrow CO_3^{2-} + H_2O$$
(NaOH)

Bestimmung von Stickstoff nach Kjeldahl

Eine wichtige Methode zur Analyse stickstoffhaltiger Materialien ist die Kjeldahlsche Methode. Sie kann auf anorganische und organische Proben, wie z.B. Nahrungsmittel oder Dünger, angewandt werden. So wird beispielsweise der Proteingehalt von Nahrungsmitteln und von Tierfutter durch eine Kjeldahl-Stickstoff-Bestimmung abgeschätzt; auch der Ammonium- und Gesamtstickstoffgehalt von Böden wird nach Kjeldahl bestimmt. Die Methode besteht aus mehreren Schritten:

Schritt 1: Vorreduktion. Da die Kjeldahl-Methode nur Amin- oder Amidstickstoff erfaßt, müssen anorganische Nitrate, organische Nitro- und Azoverbindungen und bestimmte andere Verbindungstypen zunächst reduziert werden.

Schritt 2: Zersetzung. Die Probe wird durch Umsetzung mit heißer konzentrierter Schwefelsäure zersetzt. Die organischen Bestandteile werden zu Kohlendioxid und Wasser oxidiert; der Stickstoff wird in Ammoniumhydrogensulfat umgewandelt:

$$\text{Organisches } C, H, N \xrightarrow[H_2SO_4]{O} CO_2 + H_2O + NH_4^+ + HSO_4^-$$

Ein Zusatz von Kaliumhydrogensulfat zum Gemisch erhöht den Siedepunkt. Zur Beschleunigung der Zersetzung wird eine Quecksilber-, Kupfer- oder Selenverbindung als Katalysator zugesetzt.

Schritt 3: Destillation. Nachdem die Zersetzung vollständig abgelaufen ist, wird die Lösung gekühlt. Man überschichtet dann vorsichtig mit einer konzentrierten wäßrigen Lösung von Natriumhydroxid, so daß zwei getrennte Phasen entstehen. Der Kolben wird mit einer Destillationsapparatur verbunden und geschüttelt, so daß sich die beiden Phasen mischen. Das Natriumhydroxid neutralisiert die Schwefelsäure und setzt den Ammoniak aus dem Ammoniumsalz frei:

$$2\,OH^- + NH_4^+ + HSO_4^- \rightarrow NH_3(g) + 2\,H_2O + SO_4^{2-}$$

Der Kolben wird nun erhitzt, so daß der Ammoniak mit etwas Wasser überdestilliert. Das Destillat wird in einer Vorlage aufgefangen, die eine eingestellte HCl-Lösung oder gesättigte Borsäure enthält. So wird der Ammoniak neutralisiert, und Verluste durch Verflüchtigung werden vermieden.

Schritt 4: Titration. Für gewöhnlich wird vor der Destillation ein genau abgemessenes Volumen HCl-Lösung vorgelegt. Chlorwasserstoff muß dabei im Überschuß vorliegen. Das ammoniakhaltige Destillat wird nach der folgenden Gleichung neutralisiert:

$$H_3O^+ + NH_3 \rightarrow NH_4^+ + H_2O$$
(HCl)

Dann wird die überschüssige HCl mit eingestellter Natriumhydroxidlösung zurücktitriert. Die Menge an Ammoniak (und damit die Menge an Stickstoff in der Probe) wird aus der *Differenz* (in Millimol) zwischen vorgelegter HCl-Menge und zur Rücktitration des überschüssigen HCl benötigter Natronlauge-Menge berechnet. Die Variante dieser Methode mit Borsäure kommt mit einer einzigen eingestellten Lösung aus und ist direkter. Der Ammoniak wird überdestilliert und in gesättigter Borsäurelösung aufgefangen. Borsäure ist eine sehr schwache Säure ($K_a = 10^{-9}$), und es ist nicht erforderlich, die genaue Menge zu kennen. Es bildet sich Ammoniumborat $NH_4H_2BO_3$:

$$NH_3 + H_3BO_3 \rightarrow NH_4^+ + H_2BO_3^-$$

Borat ist die konjugierte Base der Borsäure und hat einen pK_b-Wert von 5. Das Borat wird mit eingestellter HCl titriert, wobei die überschüssige Borsäure nicht stört:

$$\underset{(HCl)}{H^+} + H_2BO_3^- \rightarrow H_3BO_3$$

Bestimmung von Salzen durch Ionenaustausch

Die Konzentration eines Salzes in Lösung kann gewöhnlich auch so bestimmt werden, daß man die Lösung über eine Kationenaustauschersäule gibt und eine Säure-Base-Titration anschließt. Gibt man z.B. Kaliumchloridlösung über eine Kationenaustauschersäule in der H^+-Form, dann nimmt die Säule Kaliumionen auf und setzt dabei eine äquivalente Menge an Wasserstoffionen frei (Bild 9−15). Im Endeffekt wird also Kaliumchlorid quantitativ in Chlorwasserstoff umgewandelt. Die Säure kann dann leicht mit eingestellter Natriumhydroxidlösung titriert werden. Gibt man das Salz eines zweiwertigen Kations M^{2+} über die Kationenaustauschersäule, so werden für jedes Mol Kationen 2 Mol Wasserstoffionen in die Lösung freigesetzt:

$$M^{2+} + 2\,KA\!-\!H^+ + 2H_2O \rightarrow KA_2\!-\!M^{2+} + 2H_3O^+$$
$$(KA = Kationenaustauscher)$$

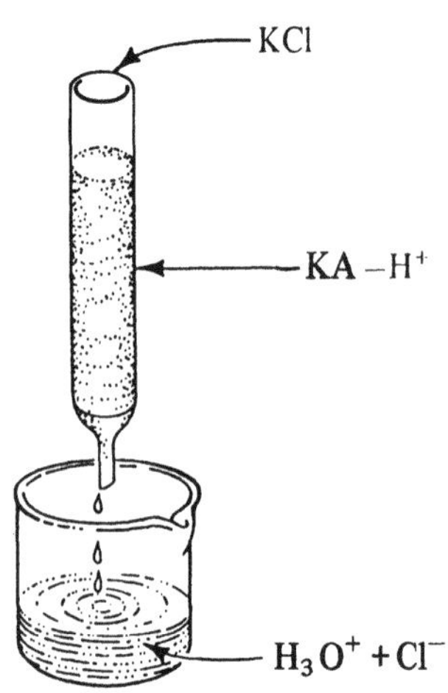

Bild 9-15
Kationenaustauschersäule
(KA = Kationenaustauscher)

Anwendungen des Ionenaustausches in der Analytischen Chemie werden in Kapitel 22 diskutiert.

Bestimmung von Alkoholen

Bei der Analyse organischer Proben taucht häufig die Fragestellung auf, quantitativ die Menge an Teilchen mit einer bestimmten charakteristischen funktionellen Gruppe (Alkohol, Amin, Ester, Keton o.ä.) zu bestimmen. Einige nützliche Methoden zur Bestimmung organischer funktioneller Gruppen beruhen auf quantitativen chemischen Reaktionen, bei denen ein saures Produkt gebildet oder ein saurer (oder basischer) Reaktionspartner verbraucht wird. Wenn die Reaktion vollständig abgelaufen ist, wird die Säure oder Base durch Säure-Base-Titration bestimmt.

Die Bestimmung von Alkoholen durch Reaktion mit Essigsäureanhydrid (Ethansäureanhydrid) ist hierfür ein gutes Beispiel.[5] Die dabei ablaufenden Reaktionen kann man wie folgt beschreiben:

$$(CH_3CO)_2O + ROH \ \rightarrow \ CH_3COOR + CH_3COOH \qquad (9-1)$$
$$\text{Anhydrid} \quad \text{Alkohol} \qquad\qquad \text{Ester} \qquad\quad \text{Säure}$$

$$(CH_3CO)_2O + H_2O \ \rightarrow \ 2\,CH_3COOH \qquad (9-2)$$

$$OH^- + CH_3COOH \rightarrow CH_3COO^- + H_2O \qquad (9-3)$$
$$\text{(NaOH)}$$

Eine genau bekannte Menge Essigsäureanhydrid (in Pyridin oder Ethylacetat gelöst) wird der alkoholhaltigen Probe zugefügt. Nach einigen Minuten ist die Reaktion (9-1) vollständig abgelaufen und man gibt Wasser zu, um das verbleibende Anhydrid in Essigsäure umzuwandeln — entsprechend (9-2). Dann wird die Summe der bei beiden Reaktionen gebildeten Essigsäure mit eingestellter Natriumhydroxidlösung titriert [Reation (9-3)]. Als Blindprobe wird eine bekannte Menge Anhydrid mit Wasser umgesetzt [Reaktion (9-2)] und die Essigsäure mit eingestellter Natriumhydroxidlösung titriert. Die Differenz zwischen den Ergebnissen der Titrationen von Blindprobe und Analysenprobe entspricht dem einen Mol Ester (das nicht als Säure titriert werden kann), der pro mol Alkohol gebildet wurde. Daher entspricht die Differenz zwischen den Titrationsergebnissen, aus Blindprobe und Analysenprobe, der Menge an Alkohol in der ursprünglichen Probe.

Aufgaben

Definitionen und Grundlagen

9.1 Warum müssen bei Säure-Base-Titrationen verwendete Natriumhydroxidlösungen carbonatfrei sein? Man beschreibe, wie eine carbonatfreie Natriumhydroxidlösung hergestellt wird.

5 J.S. Fritz und G.H. Schenk, *Anal. Chem. 31*, 1808 (1959)

9.2   Was ist eine Urtitersubstanz? Geben Sie die Eigenschaften einer idealen Urtitersubstanz für Säure-Base-Titrationen an (vergleiche Kapitel 6). Man vergleiche Kaliumhydrogenphthalat und Furan-2-carbonsäure als Urtiter zur Titration von Natriumhydroxidlösungen.

9.3   Geben Sie ein Beispiel für einen sekundären Standard bei Säure-Base-Titrationen.

9.4   Was ist eine Indikatorelektrode, was ist eine Bezugselektrode? Welche Elektroden werden für Säure-Base-Titrationen mit einem pH-Meter eingesetzt?

Titrationskurven, Indikatoren

9.5   Zeichnen Sie die ungefähren Titrationskurven für die Titration von Essigsäure, $c = 0,1$ mol/L, mit Natronlauge, $c = 0,1$ mol/L, sowie für die Titration von Essigsäure, $c = 0,01$ mol/L, mit Natronlauge, $c = 0,01$ mol/L, in ein gemeinsames Diagramm [K_a(CH$_3$COOH) $= 1,8 \cdot 10^{-5}$]. Auf welchen Teil der Kurve wirkt sich die Verdünnung am stärksten aus?

9.6   Ein Analytiker versuchte, 500 mL einer Lösung, die schätzungsweise etwa 10 mg/L an Schwefelsäure enthielt, mit Natronlauge, $c = 0,1$ mol/L, zu titrieren. Schwefelsäure ist eine starke Säure, und ihre Titration mit Methylorange als Indikator (Umschlagsbereich pH 3,0−4,8) ist gewöhnlich einfach, aber in diesem Fall wurde kein deutlich erkennbarer Endpunkt beobachtet. Erklären Sie, worin die Schwierigkeit besteht und wie man sie umgehen könnte.

9.7   4-Aminopyridin ($K_b = 2,34 \cdot 10^{-5}$) wird als Urtitersubstanz für HCl-Lösungen verwendet. Welchen pH hat die Lösung, wenn 50 % bzw. 100 % des vorgelegten 4-Aminopyridins durch HCl, $c = 0,10$ mol/L, neutralisiert wurden? (Nehmen Sie an, daß die Konzentration des Neutralisationsprodukts 0,01 mol/L beträgt.) Zeichnen Sie die gesamte Titrationskurve und wählen Sie einen geeigneten Indikator.

9.8   Zeichnen Sie eine ungefähre Titrationskurve für die Titration von 40 mL Triethanolamin, $c = 0,03$ mol/L ($K_b = 6,6 \cdot 10^{-7}$), mit HCl-Lösung, $c = 0,06$ mol/L. Berechnen Sie den pH für 50 und 100 % Neutralisation (am Äquivalenzpunkt wird die Konzentration von BH$^+$ 0,02 mol/L sein). Wählen Sie aus Bild 9−11 einen geeigneten Indikator.

9.9   Zeichnen Sie die folgenden Titrationskurven genau:

a) Titration von Benzoesäure (p$K_a = 4,2$), $c = 0,1$ mol/L, mit Natronlauge, $c = 0,1$ mol/L.

b) Titration von Weinsäure (p$K_1 = 2,9$, p$K_2 = 4,1$), $c = 0,1$ mol/L, mit Natronlauge, $c = 0,01$ mmol/L.

c) Titration von Natriumbenzoat, $c = 0,1$ mol/L, mit HCl, $c = 0,1$ mol/L.

d) Titration von Natriumphenolat, $c = 0,1$ mol/L, mit HCl-Lösung, $c = 0,1$ mol/L (pK_a von Phenol $= 9,9$).

9.10   Der Indikator Methylrot ($K_a = 7,9 \cdot 10^{-6}$) wird einer gepufferten wäßrigen Lösung von unbekanntem pH zugesetzt. Das Verhältnis von basischer zu saurer Form des Indikators in dieser Lösung wird spektralphotometrisch zu 2,15:1 bestimmt. Man berechne den pH der Lösung.

9.11   Berechnen Sie den pH beim Endpunkt der Titration von 500 mg KHP (Kaliumhydrogenphthalat, molare Masse 204,2 g/mol) nach Auflösen in 50 mL Wasser und Titration mit NaOH-Lösung, $c = 0,10$ mol/L. Wählen Sie einen geeigneten Indikator zur Endpunktserkennung. Die Dissoziationskonstanten für Phthalsäure sind $K_1 = 1,2 \cdot 10^{-3}$ und $K_2 = 3,9 \cdot 10^{-6}$.

9.12   Erklären Sie, warum ein Zweifarben-Indikator seine Farbe über einen pH-*Bereich* (gewöhnlich etwa 2 pH-Einheiten) ändert.

9.13   Bromthymolblau ändert seine Farbe von gelb (saure Form) nach blau (basische Form). Bei einer bestimmten Titration ändert sich die Farbe in der Nähe des Enpunkts von gelb nach gelbgrün und schließlich nach blau, wenn man 0,02-mL-Portionen an Maßlösung zugibt. Erklären Sie, wie man ermittelt, welche Farbe den korrekten Endpunkt anzeigt.

Titrationskurven polyprotischer Säuren

9.14   Geben Sie den allgemeinen Verlauf der Kurve an, die man bei Titration der folgenden zweiwertiger Säuren mit Natriumhydroxid, $c = 0,1$ mol/L, erhält. Welches ist jeweils der pH der Lösung nach Zugabe von 1 mol Natriumhydroxid pro mol Säure?

   a) Maleinsäure (p$K_1 = 1,92$, p$K_2 = 6,23$)

   b) Oxalsäure (p$K_1 = 1,27$, p$K_2 = 4,27$)

   c) Adipinsäure (p$K_1 = 4,41$, p$K_2 = 5,28$)

9.15   Geben Sie die ungefähre Titrationskurve für die Titration von Nitrilotricsigsäure [Tris(carboxymethyl)amin] $N(CH_2COOH)_3$, mit Natronlauge, $c = 0,1$ mol/L, an. Berechnen Sie den pH beim steilsten Endpunkt und wählen Sie einen geeigneten Indikator aus Bild 9–10. Die Dissoziationskonstanten für Nitrilotriessigsäure sind p$K_1 = 2,0$, p$K_2 = 2,6$ und p$K_3 = 9,8$.

9.16   Skizzieren Sie die Titrationskurve für Dinatriumhydrogenphosphat Na_2HPO_4 bei Titration mit HCl-Lösung, $c = 0,1$ mol/L (die Dissoziationskonstanten für Phosphorsäure finden Sie in Anhang 2). Schlagen Sie eine Methode zur Titration einer Probe vor, die Natriumdihydrogenphosphat NaH_2PO_4 neben Natriumhydrogenphosphat Na_2HPO_4 enthält.

9.17   Berechnen Sie den pH beim Endpunkt der Titration von Kaliumhydrogenmaleat (KHM) mit Natriumhydroxid, jeweils $c = 0,2$ mol/L. Wählen Sie einen geeigneten Indikator zur Endpunktserkennung aus. Die Dissoziationskonstanten für Maleinsäure (H_2M) sind $K_1 = 1,2 \cdot 10^{-2}$ und $K_2 = 9 \cdot 10^{-7}$.

9.18   Eine Mischung, die 1,0 mmol Chloressigsäure und 1,0 mmol o-Chlorphenol enthält, wird mit Natronlauge, $c = 0,1000$ mol/L, titriert. Wählen Sie einen geeigneten Indikator für diese Titration. Die Dissoziationskonstante für Chloressigsäure (Chlorethansäure) ist $K_a = 1,4 \cdot 10^{-3}$; für o-Chlorphenol ist $K_a = 3,3 \cdot 10^{-9}$.

9.19   Die Kurve für die Titration von Malonsäure mit Natronlauge ist in Bild 9−9 gezeigt. Beschreiben Sie, was passieren würde, wenn ein Gemisch von Dinatriummalonat und Natronlauge mit HCl titriert würde.

Berechnungen

9.20   Entsprechend Aufgabe 9.19 wurden zur Titration eines Gemischs von Dinatriummalonat und Natronlauge 17,12 mL einer HCl-Lösung, $c = 0,0977$ mol/L, bis zum ersten potentiometrischen Endpunkt verbraucht und *weitere* 12,30 mL bis zum zweiten potentiometrischen Endpunkt. Berechnen Sie den Gehalt der titrierten Probe an Natriumhydroxid (molare Masse 40,00 g/mol) und an Dinatriummalonat (molare Masse 148,03 g/mol) in mg.

9.21   Eine Probe der Masse 308,5 mg enthält Malonsäure (molare Masse 104,06 g/mol), Natriumhydrogenmalonat (molare Masse 126,04 g/mol) und Wasser. Die Titration bis zum ersten potentiometrischen Endpunkt verbrauchte 16,06 mL Natronlauge, $c = 0,1000$ mol/L; weitere 23,14 mL Natronlauge wurden bis zum zweiten potentiometrischen Endpunkt verbraucht. Berechnen Sie den Prozentgehalt an Malonsäure und Natriumhydrogenmalonat in der Lösung.

9.22   Eine Probe, die Dinatriummalonat und Natriumchlorid nebeneinander enthielt, wurde über eine Kationenaustauschersäule in der H^+-Form gegeben. Das saure Eluat wurde mit einer eingestellten basischen Lösung titriert. Die Titrationskurve ähnelt derjenigen in Bild 9−9, aber der Verbrauch bis zum ersten potentiometrischen Endpunkt betrug 28,30 mL Natronlauge, $c = 0,1000$ mol/L, während für das Erreichen des zweiten Endpunkts nur weitere 14,06 mL benötigt wurden. Man berechne den Gehalt der Probe an Dinatriummalonat (molare Masse 148,03 g/mol) und an Natriumchlorid (molare Masse 58,44 g/mol) in mg.

9.23   Eine reine unbekannte organische Base wird mit eingestellter Perchlorsäurelösung titriert. Aus den folgenden Daten berechne man die Äquivalentmasse dieser Base: Probenmasse = 0,5650 g, Verbrauch 22,20 mL Perchlorsäure, $c = 0,1000$ mol/L.

9.24   Genau 427 mg einer 100 % reinen unbekannten organischen Säure werden mit Natronlauge, $c = 0,1000$ mol/L, unter Verwendung eines pH-Meters titriert. Die Titrationskurve zeigt, daß die Säure monoprotisch (einwertig) ist und der Endpunkt bei einem Verbrauch von 35,00 mL liegt. Der pH nach Zugabe von 17,50 mL Titrationslösung ist 4,10 (die Ionenstärke μ ist 0,10).

a) Man berechne die Dissoziationskonstante dieser Säure.

b) Man berechne die molare Masse (Äquivalentmasse) dieser Säure.

c) Geben Sie eine vernünftige empirische Formel für den Fall an, daß die Säure nur aus den Elementen C,H,O besteht.

d) Geben Sie eine Strukturformel für diese Säure an. Nehmen Sie an, daß die saure Gruppe —COOH ist.

9.25 Eine verunreinigte Probe (1,000 g), die Natriumcarbonat und Natriumhydrogencarbonat enthält, wird in Wasser gelöst und mit HCl-Lösung, $c = 0,10000$ mol/L, titriert. Bürettenablesung beim Phenolphthalein-Endpunkt 15,5 mL, beim Methylrot-Endpunkt 40,1 mL. Berechnen Sie den Prozentgehalt der Probe an Na_2CO_3 und $NaHCO_3$.

9.26 Ein Organischer Chemiker möchte die molare Masse eines neu synthetisierten Alkohols ermitteln. Nach der Essigsäureanhydrid-Methode werden zur Titration einer 52,0-mg-Probe 8,48 mL Natronlauge, $c = 0,1000$ mol/L, benötigt. Für die entsprechende Essigsäureanhydrid-Blindprobe wurden 12,58 mL verbraucht. Berechnen Sie die molare Masse des Alkohols unter der Annahme, daß nur eine alkoholische OH-Gruppe im Molekül vorliegt.

9.27 Auf der Packung eines Antacidums (Mittel zur Neutralisation überschüssiger Magensäure, Anwendung z.B. bei Sodbrennen) wird angegeben, daß eine 3,90-g-Tablette genügend Antacidum enthalte, um die Magensäure eines gesamten Magens zu neutralisieren. Angenommen, die Magensäure ist HCl, $c = 0,1$ mol/L, und ein Magen enthalte im Durchschnitt 0,75 L Säure, wie groß ist dann die Äquivalentmasse des Antacidums?

Analysenverfahren

9.28 Eine Serie von Proben enthält möglicherweise Natronlauge, Natriumcarbonat, Natriumhydrogencarbonat oder ein Gemisch von zwei dieser Verbindungen. Aus den angegebenen Daten entnehme man, welche Verbindung oder Verbindungen in den folgenden Proben enthalten sind.

| | HCl-Bürettenablesung in mL | |
| | Phenolphthalein- | Methylrot- |
Probe Nr.	Endpunkt	Endpunkt
1	21,4	30,6
2	19,8	39,6
3	15,0	36,3
4	0,0	18,8

9.29   Ein industrielles Abgas enthält SO_3 und SO_2. Ein abgemessenes Volumen
        des Abgases wird durch einen Gaswäscher geleitet, der die Gase absorbiert
        und in H_2SO_4 und H_2SO_3 verwandelt. Beschreiben Sie kurz ein Verfahren
        zur Bestimmung der Anteile von SO_3 und SO_2 in der Abluftprobe, das auf
        einer simultanen Säure-Base-Titration beruht (Dissoziationskonstanten
        siehe Anhang 2).

9.30   Borsäure ist zu schwach sauer für eine direkte Titration (siehe Anhang 2).
        Ein Überschuß Sorbit bzw. Mannit (neutrale zuckerartige Verbindungen)
        bildet aber einen Komplex mit Borsäure, in welchem ein Wasserstoffatom
        ausreichend sauer ist, um titriert zu werden (s. Formel). Schlagen Sie eine
        Methode für die quantitative Analyse eines Gemischs von Essigsäure und
        Borsäure vor.

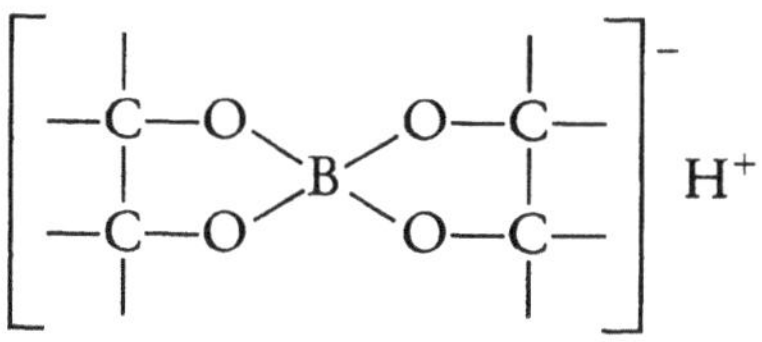

$$\left[\begin{array}{c} -\overset{|}{\underset{|}{C}}-O \\ -\overset{|}{\underset{|}{C}}-O \end{array} \!\!\!\! B \!\!\!\! \begin{array}{c} O-\overset{|}{\underset{|}{C}}- \\ O-\overset{|}{\underset{|}{C}}- \end{array} \right]^{-} H^{+}$$

9.31   Beschreiben Sie kurz ein Verfahren zur Bestimmung der Anteile an Borsäure
        H_3BO_3 und Natriumborat NaH_2BO_3 in einem Gemisch.

Stickstoff-Bestimmung nach Kjeldahl

9.32   Warum muß bei der Kjeldahl-Methode der Ammoniak in eine saure Vorlage
        destilliert werden? Erklären Sie, wie die Borsäure-Variante funktioniert.

9.33   Eine Nahrungsmittelprobe von 1,000 g wird nach Kjeldahl auf Stickstoff
        untersucht. Nach Zersetzung der Probe wird der Ammoniak überdestilliert
        und in einer Vorlage aufgefangen, die genau 50,00 mL HCl-Lösung,
        $c = 0,1000$ mol/L, enthält. Zur Rücktitration der *nicht umgesetzten* Salzsäu-
        re werden 24,60 mL Natronlauge, $c = 0,1200$ mol/L, verbraucht. Berechnen
        Sie den Prozentgehalt der Probe an Stickstoff.

9.34   Eine Probe von 0,5000 g verunreinigtem Ammoniumsulfat wird nach Kjel-
        dahl untersucht (hier ist der Zersetzungsschritt unnötig). Nach Zugabe von
        konzentrierter Natronlauge wird der Ammoniak in eine Vorlage destilliert,
        die 50,00 mL HCl-Lösung, $c = 0,2000$ mol/L, enthält. Die nicht umgesetzte
        Salzsäure wird mit 20,00 mL Natronlauge, $c = 0,2000$ mol/L, zurücktitriert.
        Man berechne die Reinheit der Probe, angegeben in Prozent $(NH_4)_2SO_4$.

9.35   Eine Probe von 0,2500 g des gleichen verunreinigten Ammoniumsulfats
        (Aufgabe 9.34) wird in Wasser gelöst und über eine Kationenaustauscher-
        Säule gegeben, wobei das Ammoniumsulfat in Schwefelsäure umgewandelt
        wird. Die Schwefelsäure wird mit 35,00 mL Natronlauge, $c = 0,1000$ mol/L,
        titriert. Man berechne die Reinheit des Ammoniumsulfats in Prozent und

vergleiche das Ergebnis mit dem aus Aufgabe 9.34. Wenn ein signifikanter Unterschied auftritt, kommentieren Sie, welche Methode vermutlich das bessere Ergebnis liefert und warum die Ergebnisse der weniger genauen Methode höher oder niedriger liegen könnten.

9.36   Erklären Sie, warum Phenolphthalein kein geeigneter Indikator für die Rücktitration von überschüssiger HCl mit Natronlauge nach Kjeldahl ist. Schlagen Sie einen geeigneten Indikator vor.

9.37   Das Enzym Urease hydrolysiert Harnstoff selektiv nach der folgenden Gleichung:

$$NH_2CONH_2 + H_2O \xrightarrow{\text{Urease}} 2\,NH_3 + CO_2$$

Wie könnten Sie a) den Gesamtstickstoffgehalt und b) den Harnstoffgehalt in einer Urinprobe bestimmen?

Kapitel 10

Säure-Base-Titrationen in nichtwäßrigen Lösungsmitteln

Es gibt keinen Grund, warum Titrationen und andere analytisch anwendbare chemische Reaktionen stets in Wasser als Lösungsmittel ausgeführt werden müßten. Zahlreiche organische Lösungsmittel können anstelle von Wasser verwendet werden. Man kann eine Verbindung in einem geeigneten nichtwäßrigen Lösungsmittel lösen und mit einer Standardlösung einer starken Säure oder Base (ebenfalls in nichtwäßrigem Lösungsmittel) titrieren. Der Endpunkt einer solchen Titration kann mit einem Farbindikator oder mit einem pH-Meter bestimmt werden. Die Genauigkeit von Säure-Base-Titrationen in nichtwäßrigen Lösungsmitteln ist ebenso gut wie die von Titrationen in wäßriger Lösung, manchmal sogar besser.

Es gibt zwei Gründe, warum Säure-Base-Titrationen häufig in nichtwäßrigen Lösungsmitteln durchgeführt werden. Ein Grund ist die Löslichkeit. Viele Säuren und Basen sind organische Verbindungen, die nur schlecht in Wasser, aber leicht in einem geeigneten organischen Lösungsmittel löslich sind. Ein weiterer Grund ist, daß viele Verbindungen, die für eine Titration in Wasser zu stark basisch oder sauer sind, in einem geeigneten nichtwäßrigen Lösungsmittel sehr genau titriert werden können. Zum Beispiel kann man eine Base, die schwächer als $K_b = 10^{-7}$ ($pK_b = 7$) ist, in Wasser nicht genau titrieren. In Eisessig kann eine Base mit pK_b (in Wasser) von 11 mit ausgezeichneter Genauigkeit titriert werden ($\pm 0,1 - 0,2\,\%$). Säuren, die schwächer sind als $pK_a = 7$, kann man nicht in Wasser titrieren, sie können aber sehr genau durch Titration mit einer starken Base in einem Lösungsmittel wie Pyridin, t-Butylalkohol oder Aceton bestimmt werden.

In diesem Kapitel werden Grundlagen und Anwendungen von Säure-Base-Titrationen in nichtwäßrigen Lösungen kurz behandelt. Detailliertere Informationen sind speziellen Monographien entnehmen.[1,2]

Ein weiterer Grund für die Notwendigkeit von Titrationen in nichtwäßrigen Lösungsmitteln ist, daß eine Säure (oder Base) mit K_a (oder K_b) kleiner als $1 \cdot 10^{-7}$ bei normalen Konzentrationen (0,1 mol/L) nicht genau (*quantitativ*) titriert werden kann. Der Anstieg am Endpunkt der Titrationskurve für eine schwache Säure (Bild 9-4) oder eine schwache Base (Bild 9-6) ist nicht scharf genug, wenn K_a oder K_b kleiner als $1 \cdot 10^{-7}$ ist (pK_a oder $pK_b \geq 7$).

Die Grenzen solcher Titrationen sind dadurch bedingt, daß das beim Endpunkt gebildete Salz mit dem wäßrigen Lösungsmittel reagiert. Titriert man eine schwache Säure (HA), so findet nach beendeter Titration die folgende Reaktion statt:

$$A^- + H_2O \rightleftharpoons HA + OH^- \tag{10-1}$$

Wenn der K_a-Wert von HA kleiner als $1 \cdot 10^{-7}$ ist, so ist A^- basisch genug, um eine ausreichende Menge A^- in HA umzuwandeln. Damit sinkt der neutralisierte Anteil unter 99,9 %, also unter den Grenzwert für quantitative Neutralisation. Der Wert von $1 \cdot 10^{-7}$ ist nur für solche Titrationen eine Untergrenze, die bei Konzentrationen im üblichen Bereich ($c = 0,1$ mol/L) durchgeführt werden. Bei Titrationen in der Größenordnung $c = 0,01$ mol/L ist der Grenzwert für K_a $1 \cdot 10^{-6}$.

1 W. Huber, *Titrations in Nonaqueous Solvents* (Academic Press, New York 1967)

2 J.S. Fritz, *Acid-Base Titrations in Nonaqueous Solvents* (Allyn and Bacon, Boston 1973)

Man kann diesen Grenzwert für K_a für jeden gegebenen Konzentrationsbereich berechnen, indem man in die Gleichgewichtskonstante für Gl. (10–1) wie folgt einsetzt:

$$\frac{K_w}{K_a} = \frac{[HA]\,[OH^-]}{[A^-]}$$

Für Konzentrationen von 0,1 mol/L und 99,9 % Umsatz ist $[HA]=[OH]=1\cdot 10^{-4}$ mol/L und $[A^-]=1\cdot 10^{-1}$ mol/L. Daraus folgt:

$$\frac{1\cdot 10^{-14}}{K_a} = \frac{(1\cdot 10^{-4})\cdot(1\cdot 10^{-4})}{1\cdot 10^{-1}}$$

Damit ist der Grenzwert für K_a $1\cdot 10^{-7}$.

10.1 Lösungsmittel

Man kann Lösungsmittel in drei Klassen unterteilen:

(1) Amphiprotische Lösungsmittel. Solche Lösungsmittel zeigen Eigendissoziation oder Autoprotolyse und haben sowohl saure als auch basische Eigenschaften. Die Autoprotolyse kann wie folgt dargestellt werden:

$$2\,SH \rightleftharpoons SH_2^+ + S^- \qquad \text{allgemeiner Fall}$$
$$2\,H_2O \rightleftharpoons H_3O^+ + OH^- \qquad \text{in Wasser}$$
$$2\,CH_3OH \rightleftharpoons CH_3OH_2^+ + OCH_3^- \qquad \text{in Methanol}$$
$$2\,CH_3CO_2H \rightleftharpoons CH_3CO_2H_2^+ + CH_3CO_2^- \qquad \text{in Essigsäure}$$

In allen Fällen sind die Produkte der Autoprotolyse das solvatisierte Proton (häufig einfach H^+ oder H_{SH}^+ geschrieben) und das Lösungsmittel-Anion. Die Autoprotolysekonstante K_a ist für den allgemeinen Fall wie folgt definiert:

$$K_a = [SH_2^+]\,[S^-]$$

(2) Nichtdissozierende Lösungsmittel mit basischen Eigenschaften. Beispiele dieses Typs sind Ether und Pyridin. Ether können mit einer Säure wegen ihres schwach basischen Sauerstoffs reagieren, Pyridin am basischen Stickstoff. Eine Base wird dagegen mit Solventien dieser Art nicht reagieren, sie wird nur schwach solvatisiert.

(3) Aprotische oder inerte Lösungsmittel. Diese Klasse umfaßt Lösungsmittel wie z.B. Toluol, Petrolether und Tetrachlormethan. Aprotische Lösungsmittel wechselwirken weder mit Säuren noch mit Basen, wenn man von schwachen Solvatationseffekten absieht.

Nach der Definition von Brönsted bezeichnet man als Säure jede Substanz, die ein Proton abgeben kann, und Base heißt jede Substanz, die Protonen aufnehmen kann. Wenn eine *Säure* HA in einem amphiprotischen Lösungsmittel SH gelöst wird, so findet Dissoziation statt. Dabei handelt es sich um eine Säure-Base-Reaktion, wobei die Konzentration an solvatisierten Protonen SH_2^+ steigt.

Säure$_1$	+	Base$_2$	$\rightleftharpoons$	Säure$_2$	+	Base$_1$	
HA	+	SH	$\rightleftharpoons$	SH_2^+	+	A^-	allgemeiner Fall
HA	+	H_2O	$\rightleftharpoons$	H_3O^+	+	A^-	in Wasser
HA	+	CH_3OH	$\rightleftharpoons$	$CH_3OH_2^+$	+	A^-	in Methanol
HA	+	CH_3CO_2H	$\rightleftharpoons$	$CH_3CO_2H_2^+$	+	A^-	in Eisessig

Das Ausmaß der Dissoziation hängt von verschiedenen Faktoren ab. Zum einen ist dies die Acidität von HA selbst. Eine starke Säure wie z.B. HCl liegt in Wasser vollständig dissoziiert vor, wogegen eine schwache Säure wie z.B. Essigsäure nur schwach dissoziiert ist. Ein zweiter Faktor ist die Basizität des Lösungsmittels. Ein basisches Lösungsmittel wird durch Säure-Base-Reaktion mit der gelösten Säure die Dissoziation der Säure fördern. Alle oben aufgeführten Lösungsmittel haben in gewissem Sinn basische Eigenschaften, wenn auch z.B. Essigsäure eine sehr viel schwächere Base ist als Wasser. Schließlich hat auch die Dielektrizitätskonstante des Lösungsmittels einen Einfluß auf die Dissoziation. Wasser hat eine ungewöhnlich hohe Dielektrizitätskonstante, und in Wasser sind Ionen relativ stark von anziehenden und abstoßenden Effekten anderer Ionen abgeschirmt (wir erinnern nur an den Unterschied zwischen der Konzentration und der Aktivität von Ionen in Wasser). In den meisten organischen Lösungsmitteln haben aber Ionen die Tendenz, als *Ionenpaare* (Kation + Anion) vorzuliegen. So liegen z.B. in Eisessiglösung sogar starke Säuren weitgehend als Ionenpaare vor, wobei die Konzentration an *freiem* $CH_3COOH_2^+$ und A^- sehr gering ist.

Jede Spezies in einem Ionenpaar ist geladen und kann die gleiche Farbe haben wie das freie Ion, ein Ionenpaar leitet aber wie ein Molekül in Lösung den elektrischen Strom praktisch nicht.

Löst man eine *Base* in einem amphiprotischen Lösungsmittel SH, so wirkt das Lösungsmittel als Säure, und die Dissoziation führt zur Erhöhung der Konzentration an Anionen S^-.

Base$_1$	+	Säure$_2$	$\rightleftharpoons$	Säure$_2$	+	Base$_1$	
B	+	SH	$\rightleftharpoons$	BH^+	+	S^-	allgemeiner Fall
B	+	H_2O	$\rightleftharpoons$	BH^+	+	OH^-	in Wasser
B	+	CH_3OH	$\rightleftharpoons$	BH^+	+	CH_3O^-	in Methanol
B	+	CH_3CO_2H	$\rightleftharpoons$	BH^+	+	$CH_3CO_2^-$	in Eisessig

Die Reaktion einer Säure und einer Base in Lösung kann nun so ablaufen, daß ein solvatisiertes Proton (aus der Dissoziation der Säure) mit einem Lösungsmittelanion (aus der Dissoziation der Base) reagiert.

$$HA + SH \rightleftharpoons SH_2^+ + A^-$$

$$B + SH \rightleftharpoons BH^+ + S^-$$

$$SH_2^+ + S^- \rightleftharpoons 2SH$$

Die Summe dieser drei Gleichungen ist aber nichts anderes als die einfache Brönsted-Reaktion

$$\text{HA} + \text{B} \rightleftharpoons \text{BH}^+ + \text{A}^-.$$
$$\text{Säure}_1 \quad \text{Base}_2 \quad \text{Säure}_2 \quad \text{Base}_1$$

Auch in nichtdissoziierenden Lösungsmitteln bilden Säuren ein solvatisiertes Proton. Wegen der niedrigen Dielektrizitätskonstante solcher Lösungsmittel liegt das Proton aber hauptsächlich als Ionenpaar mit dem Anion der Säure vor.

$$\text{HA} + \text{S} \rightleftharpoons \text{SH}^+\text{A}^-$$

Eine Base B (die schwach solvatisiert sein kann), reagiert mit diesem Ionenpaar wie folgt:

$$\text{SH}^+\text{A}^- + \text{B} \rightleftharpoons \text{BH}^+\text{A}^- + \text{S}$$

Diese Reaktion läuft deshalb ab, weil B eine stärkere Base ist als das Lösungsmittel S.

In aprotischen Lösungsmitteln liegt eine Säure entweder als intaktes Molekül HA oder als undissoziiertes Ionenpaar H^+A^- vor. Beide Spezies können durch das Lösungsmittel schwach solvatisiert sein. Die Säure kann dann ihr Proton an eine Base abgeben, die dem aprotischen Lösungsmittel zugefügt wird.

$$\text{HA (oder H}^+\text{A}^+) + \text{B} \rightleftharpoons \text{BH}^+\text{A}^-.$$

Wasser

Wasser ist ein amphiprotisches Lösungsmittel mit einer sehr hohen Dielektrizitätskonstante (78,5). Die Autoprotolysekonstante K_w von Wasser hat bei Raumtemperatur den Wert 10^{-14}.

$$K_w = [\text{H}_3\text{O}^+] [\text{OH}^-] = 10^{-14}$$

In Wasser bestimmt der K_w-Wert 10^{-14} die pH-Skala von 0 bis 14. Wasser ist sowohl eine schwache Säure als auch eine schwache Base. Eine Säure reagiert mit dem Lösungsmittel unter Erhöhung der H_3O^+-Konzentration, und eine Base reagiert unter Erhöhung der OH^--Konzentration. Starke Säuren dissoziieren in Wasser vollständig.

Säure$_1$	+	*Base*$_2$	$\rightleftharpoons$	*Säure*$_2$	+	*Base*$_1$
HClO_4	+	H_2O	$\rightleftharpoons$	H_3O^+	+	ClO_4^-
HCl	+	H_2O	$\rightleftharpoons$	H_3O^+	+	Cl^-
HNO_3	+	H_2O	$\rightleftharpoons$	H_3O^+	+	NO_3^-

Obwohl diese drei „starken" Säuren in Wirklichkeit verschiedene Säurestärke aufweisen, bilden sie in Wasser alle die gleiche Säure H_3O^+ und haben deshalb scheinbar die gleiche Säurestärke. Die Reaktion der Säuren mit Wasser vermindert ihre Säurestärke unter Bildung der schwächeren Säure H_3O^+. Dies nennt man einen *nivellierenden Effekt*. Starke Basen reagieren ebenfalls vollständig mit Wasser.

$Säure_1$	+	$Base_2$	$\rightleftharpoons$	$Säure_2$	+	$Base_1$
(H_2O)	+	$NaOH$	$\rightleftharpoons$	Na^+	+	OH^-
(H_2O)	+	R_4NOH	$\rightleftharpoons$	R_4N^+	+	OH^-

Die Ionen werden vom Wasser solvatisiert, aber gewöhnlich wird nur im Fall des solvatisierten Protons das Wasser in die Formel mit aufgenommen. Diese Beispiele zeigen, daß OH^- die stärkste Base ist, die in Wasser existieren kann; stärkere Basen werden in wäßriger Lösung auf die Basenstärke des OH^--Ions nivelliert. Schwache Säuren und Basen sind in Wasser teilweise dissoziiert. Die Stärke der Säure oder Base wird durch die Dissoziationskonstante K_a oder K_b quantitativ beschrieben.

Essigsäure

Konzentrierte Essigsäure (Eisessig) ist ein weiteres amphiprotisches Lösungsmittel; ihre Autoprotolysekonstante unterscheidet sich nur geringfügig von der des Wassers.

$$2\,HAc = H^+_{HAc} + Ac^-$$

$$K_s = [H^+_{HAc}]\,[Ac^-] = 10^{-14,45}$$

Essigsäure unterscheidet sich von Wasser dadurch, daß sie viel stärker sauer ist und eine wesentlich geringere Dielektrizitätskonstante aufweist (DK = 6,1).

In Essigsäure dissoziieren starke Säuren vollständig oder fast vollständig, aber die geringere Dielektrizitätskonstante führt dazu, daß die positiven und negativen Ionen weitgehend in Form von Ionenpaaren assoziiert bleiben. Die stärkste Säure ist in Essigsäure die Perchlorsäure, ihre Dissoziationskonstante liegt bei nur $10^{-4,87}$.

$$K_{HClO_4} = \frac{[H^+_{HAc}]\,[ClO_4^-]}{[HClO_4]} = 10^{-4,87}$$

In diesem und den folgenden Beispielen beziehen sich die Gleichgewichtskonstanten auf die *Gesamtreaktion*. So bezeichnet z.B. $[HClO_4]$ die im Gleichgewicht vorliegende Gesamtkonzentration an undissoziierter Perchlorsäure und umfaßt auch das nicht dissoziierte Ionenpaar: H^+ (solvatisiert von Essigsäure) und ClO_4^-, oder $H^+_{HAc}\,ClO_4^-$.

Essigsäure ist eine schwächere Base als Wasser und nivelliert die Stärke von starken Säuren nicht. Da man Basen am besten mit möglichst starken Säuren titriert, liegt der Vorteil der Perchlorsäure vor den anderen Säuren auf der Hand.

Essigsäure als Lösungsmittel ist ausreichend sauer, um auch mit mittelstarken Basen mehr oder weniger vollständig zu reagieren.

$$B + HAc \rightleftharpoons BH^+Ac^-$$

Wegen der niedrigen Dielektrizitätskonstante der Essigsäure liegt dieses Ionenpaar nur teilweise dissoziiert vor.

$$BH^+Ac^- \rightleftharpoons BH^+ + Ac^-$$

Die gesamte Dissoziationskonstante ist wie folgt zu schreiben:

$$K_b = \frac{[BH^+]\,[Ac^-]}{[B]}$$

Hierbei gibt [B] die Summe der Konzentrationen an freier Base und an undissoziiertem Ionenpaar an.

Basen, die stark genug sind, um mit dem Lösungsmittel vollständig zu reagieren, zeigen etwa gleiche K_b-Werte, auch wenn diese Basen in einem weniger sauren Lösungsmittel, wie z.B. in Wasser, verschiedene Basenstärken aufweisen. So wirkt Essigsäure gegenüber aliphatischen Aminen und einfachen aromatischen Aminen als nivellierendes Lösungsmittel. Aromatische Amine mit elektronenziehenden Substituenten, wie z.B. $-NO_2$ oder $-Cl$, sind schwächer sauer und werden durch Essigsäure nicht in diesem Sinne beeinflußt.

Das Produkt der Titration einer Base B mit einer starken Säure (wie z.B. $HClO_4$) in Essigsäure ist ein Salz (z.B. $BHClO_4$). Wegen der niedrigeren Dielektrizitätskonstante der Essigsäure ist dieses Salz nur in geringem Ausmaß in freie Ionen dissoziiert. Diese geringe Dissoziation verschiebt das Gleichgewicht der Titration zur rechten Seite.

$$HClO_4 + B \rightleftharpoons BH^+ + ClO_4^- \rightleftharpoons BHClO_4$$

10.2 Maßlösungen

Perchlorsäure

Perchlorsäure ist die stärkste der bekannteren Mineralsäuren und wird deshalb für Titrationen in Essigsäure und anderen nicht basischen Lösungsmitteln bevorzugt. Wegen des nivellierenden Effekts von Wasser und anderen Lösungsmitteln mit deutlich basischen Eigenschaften erfüllen andere starke Säuren aber den gleichen Zweck. Jedoch liefert Perchlorsäure − wenn man die Titration potentiometrisch mißt − einen stärkeren und steileren Anstieg in der Kurve, die das Potential in Abhängigkeit vom zugegebenen Volumen der Maßlösung beschreibt, als HCl und einen weit längeren Anstieg als HNO_3.

Je nach dem, was man titrieren möchte, wird Perchlorsäure als Maßlösung in verschiedenen Lösungsmitteln eingesetzt. So verwendet man *Perchlorsäure in Essigsäure* gewöhnlich zur Titration schwacher Basen in Essigsäure, Nitromethan, Chloroform und vielen anderen Lösungsmitteln. Die Maßlösung wird einfach durch Lösen der erforderlichen Menge an 70–72%iger Perchlorsäure (das entspricht etwa $HClO_4 \cdot 2H_2O$) in Essigsäure hergestellt. Gewöhnlich werden Konzentrationen von 0,01 bis 0,5 mol/L verwendet. Ist eine sehr schwache Base zu titrieren, so entfernt man das mit der Perchlorsäure eingeführte Wasser durch Zugabe der berechneten Menge an Essigsäureanhydrid. Die säurekatalysierte Reaktion von Essigsäureanhydrid mit Wasser verläuft ziemlich rasch. Titriert man ein primäres oder sekundäres Amin, das mit Essigsäureanhydrid reagieren könnte, so ist es sehr wichtig, jeglichen Überschuß an Essigsäureanhydrid in der Maßlösung zu vermeiden. Sachgemäß angesetzte Maßlösungen sind über lange Zeiträume stabil.

Gelegentlich ist es erwünscht, Essigsäure aus dem Titrationsgemisch fernzuhalten, da sie auf Mischungen bestimmter Basen einen nivellierenden Effekt hat. In solchen Fällen ist *Perchlorsäure in 1,4-Dioxan* eine gute Maßlösung. Die braune Farbe, die in diesen Lösungen manchmal entsteht, führt nicht zu falschen Ergebnissen, kann aber durch Verwendung von analysenreinem (*pro analysi*, p.a.) Dioxan oder durch vorherige Reinigung des Dioxans (Schütteln mit einem Kationenaustauscher) vermieden werden. Wie im Falle der Essigsäure werden die Maßlösungen einfach durch Zugabe der berechneten Menge 70 bis 72%iger Perchlorsäure zu Dioxan hergestellt. Die dabei eingeschleppten geringen Wassermengen wirken sich auf die Titration der meisten Basen praktisch nicht aus. Lösungen von Perchlorsäure in Dioxan sind stabil und können zur Titration von Basen in praktisch allen Lösungsmitteln verwendet werden.

Kaliumhydrogenphthalat (KHP; molare Masse 204,2 g/mol) ist ein gebräuchlicher Urtiter für basische Maßlösungen in wäßriger Lösung. In Eisessig dient KHP dagegen als *Urtiter-Base* zur Einstellung von Perchlorsäure-Maßlösungen.

$$HClO_4 \; + \; \underset{CO_2H}{\overset{CO_2K}{\bigodot}} \; \rightarrow \; \underset{CO_2H}{\overset{CO_2H}{\bigodot}} \; + \; KClO_4$$

KHP ist in Essigsäure schlecht löslich; zur völligen Auflösung muß erhitzt werden.

Alkalimetall-Basen

Alkoholische Kaliumhydroxidlösung ist für die meisten mäßig schwachen Säuren eine brauchbare Maßlösung. Verschiedene Natrium- und Kalium-Alkoholate können ebenfalls Verwendung finden. Eine Lösung von Natrium- oder Kaliummethoxid (-methanolat) in Benzol/Methanol ist eine gute Maßlösung für schwache Säuren wie auch für die Titration von sauren Verbindungen im allgemeinen. Die Methoxidlösung wird durch Umsetzung des Alkalimetalls mit Methanol und nachfolgende Verdünnung mit Benzol hergestellt, wobei das Benzol/Methanol-Verhältnis etwa 9:1 oder 10:1 ist. Benzol dient als inertes Verdünnungsmittel für die Maßlösung und verringert die während der Titration zugegebene Menge an Methanol.

Dies ist deshalb wichtig, weil Methanol aufgrund seiner sauren Eigenschaften die Steilheit der Titrationskurve mit schwachen Säuren in nichtwäßrigen Lösungsmitteln verringert, wenn es in zu großen Mengen anwesend ist.

$$\underset{\text{(Maßlösung)}}{OMe^-} + HA \rightarrow A^- + MeOH$$

Base 1　　　Säure 2　　　Base 2　　　Säure 1

Bei der Titration der meisten schwachen Säuren führt die Verwendung von Methoxid in Benzol/Methanol-Lösung anstelle von Methoxid in reinem Methanol zu einer deutlichen Verbesserung der Titrationsergebnisse.

Quartäre Ammoniumhydroxide

Tetrabutylammoniumhydroxid in 2-Propanol (Isopropanol) oder Benzol/Methanol ist wahrscheinlich die am meisten verwendete Maßlösung für Säuren in nichtwäßrigen Lösungen. Gegenüber anderen Maßlösungen haben dieses und andere quartäre Ammoniumhydroxide mindestens zwei wichtige Vorteile. In praktisch allen Fällen ist das Tetraalkylammoniumsalz der titrierten Säure in den gewöhnlich verwendeten Lösungsmitteln löslich. Die Natrium- oder Kaliumsalze der titrierten Säure bilden dagegen oft gelatinöse Niederschläge. Der zweite Vorteil von Tetraalkylammoniumhydroxiden ist, daß mit normalen Glas- und Kalomelelektroden ausgezeichnete potentiometrische Kurven erhalten werden. (Der „Alkali-Fehler" beschränkt die Anwendung der Glaselektrode zusammen mit alkalimetallhaltigen Maßlösungen, insbesondere in basischen Lösungsmitteln.) Harlow, Noble und Wyld[3] stellten quartäre Ammoniumhydroxid-Maßlösungen in Isopropanol her, indem sie ein quartäres Ammoniumiodid über eine große Anionenaustauschersäule in der Hydroxidform gaben (A steht für Anionenaustauscher):

$$\underset{\text{(in 2-Propanol)}}{R_4N^+I^-} + A{-}OH^- \rightarrow \underset{\text{(in 2-Propanol)}}{R_4N^+OH^-} + A{-}I^-$$

Die Maßlösung ist von guter Qualität, frei von Carbonat und aminischen Verunreinigungen. Sie ist über zwei bis vier Wochen bei Raumtemperatur stabil und kann über längere Zeit im Kühlschrank aufbewahrt werden.

Cundiff und Markunas[4] empfehlen ein anderes Verfahren zur Darstellung von Tetrabutylammoniumhydroxid in Benzol/Methanol. Tetrabutylammoniumiodid oder -bromid wird in Methanol gelöst und mit Silberoxid geschüttelt:

$$Bu_4N^+X^- + Ag_2O + MeOH \rightarrow Bu_4N^+OH^- + \\ + Bu_4N^+OMe^- + 2\,AgX\,(s)$$

Nach Filtration wird die Lösung mit Benzol so verdünnt, daß die Maßlösung schließlich zehn Teile Benzol auf einen Teil Methanol enthält.

3　G.A. Harlow, C.M. Noble und G.E.A. Wyld, *Anal. Chem. 28*, 787 (1956)

4　R.H. Cundiff und P.C. Markunas, *Anal. Chem. 28*, 792 (1956)

Basische Maßlösungen werden gewöhnlich gegen Benzoesäure eingestellt, die ein ausgezeichneter Urtiter ist. Die Titerstellung wird am besten unter ähnlichen Bedingungen durchgeführt, wie sie später für die Titration der sauren Proben verwendet werden. Saure Verunreinigungen im Lösungsmittel müssen gemessen und bei der Berechnung der Stoffmengenkonzentration der Maßlösung berücksichtigt werden.

10.3 Titration von Basen

Wenn man organische Amine als Basen in nichtwäßrigen Lösungsmitteln titriert, so entsprechen die relativen Basizitäten etwa denen in Wasser. So ist beispielsweise *ortho*-Chloranilin (pK_b in Wasser 11,2) eine schwächere Base als Anilin (pK_b in Wasser 9,4), wenn man es in Essigsäure titriert. *para*-Nitroanilin (pK_b in Wasser 12,1) ist eine noch schwächere Base und gibt bei Titration in Essigsäure einen kleineren Potentialsprung (s. Bild 10–1). Für eine große Zahl organischer Basen sind die Dissoziationskonstanten in Wasser in der Literatur zu finden; diese Konstanten lassen auf das Titrationsverhalten in nichtwäßrigen Lösungsmitteln, wie z.B. Essigsäure, schließen. Dabei muß man aber den *nivellierenden Effekt* der Essigsäure gegen stärkere Basen berücksichtigen. Basen, die in Wasser einen kleineren pK_b als etwa 9,2 haben, geben sämtlich in Essigsäure ähnliche Titrationskurven, da sie mit dem Lösungsmittel unter Bildung von Acetationen reagieren, die schwächer basisch sind als das Ausgangsamin.

$$RNH_2 + HAc \rightleftharpoons RNH_3^+ + Ac^-$$

Dieser nivellierende Effekt im Fall stärkerer Basen kann vermieden werden, indem man in nicht-aciden Lösungsmitteln, wie z.B. Acetonitril CH_3CN oder Aceton

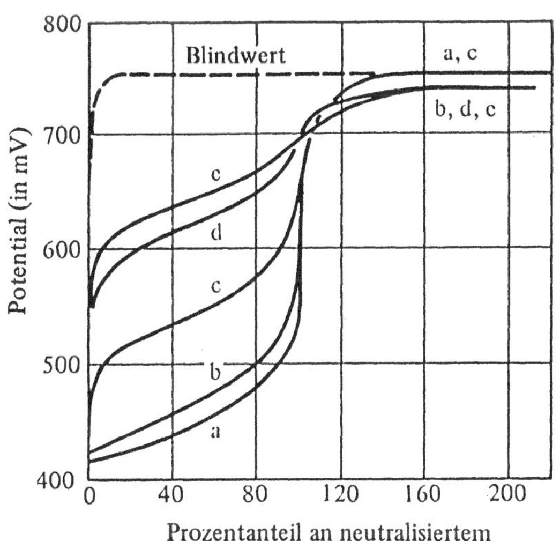

Bild 10-1
Titration von Aminen in Essigsäure mit Perchlorsäure $c = 0,1$ mol/L, gemessen mit Glas-Kalomel-Elektroden:
a) Anilin,   pK_b in Wasser = 9,4
b) *p*-Bromanilin, pK_b in Wasser = 10,1
c) *o*-Chloranilin, pK_b in Wasser = 11,2
d) *p*-Nitroanilin, pK_b in Wasser = 12,1
e) Chinoxalin,   pK_b in Wasser = 13,2

CH_3COCH_3, titriert. Hunderte von organischen aliphatischen Aminen können in nichtwäßriger Lösung titriert werden. Dazu gehören aliphatische Amine RNH_2, Aminosäuren $RCH(NH_2)COOH$, aromatische Amine $ArNH_2$ und cyclische Stickstoffbasen wie z.B. Pyridin C_5H_5N.

Auch Salze von schwachen Säuren (A^-) können mit einer starken Säure titriert werden.

$$H^+ClO_4^- + A^- \rightarrow HA + ClO_4^-$$

In wäßriger Lösung kann man nur die Salze von sehr schwachen Säuren (schwächer als $pK_a \approx 6$) in dieser Weise titrieren. In Eisessig gelingt die Titration der Alkalimetall- und der N-substituierten Ammoniumsalze von Carbonsäuren und sogar von einigen „starken" Mineralsäuren.

So wurden z.B. Alkylammoniumnitrate zu Salpetersäure als Neutralisationsprodukt titriert (Salpetersäure ist in Essigsäurelösung eine recht schwache Säure), Sulfate werden zu Hydrogensulfaten titriert.

$$H^+ClO_4^- + RNH_3^+NO_3^- \rightarrow RNH_3^+ClO_4^- + H^+NO_3^-$$

$$H^+ClO_4^- + (RNH_3^+)_2SO_4^{2-} \rightarrow RNH_3^+ClO_4^- + RNH_3^+HSO_4^-$$

Ammoniumhalogenide (Aminhydrochloride) sind zu schwach basisch, als daß man sie in Essigsäure direkt titrieren könnte. Mit Hilfe einer einfallsreichen Variante von Pifer und Wollish[5] ist dies trotzdem möglich. Die Titration gelingt deshalb, weil die Halogenidionen X^- bei Zugabe von Quecksilberacetat in undissoziiertes HgX_2 umgewandelt werden.

$$2\,RNH_3^+X^- + HgAc_2 \rightarrow 2\,RNH_3^+Ac^- + HgX_2$$

$$H^+ClO_4^- + RNH_3^+Ac^- \rightarrow RNH_3^+ClO_4^- + HAc$$

Quecksilberacetat ist in Essigsäure nicht dissoziiert und stört die Titration dann nicht, wenn ein geringer Überschuß verwendet wird. Dieses Verfahren kann auf die Ammoniumsalze von Chlorwasssserstoff-, Bromwasserstoff- und Iodwasserstoffsäure angewendet werden. Mischt man die Essigsäure mit etwas Dioxan, so erhält man einen noch schärferen potentiometrischen Endpunkt, insbesondere wenn die Maßlösung verdünnt ist (z.B. 0,01 mol/L). Aus diesem Grund gilt Perchlorsäure in Dioxan als empfehlenswerte Maßlösung.

Die direkte Titration von Ammoniumsalzen ist insbesondere in der pharmazeutischen Industrie von Bedeutung. Sie gestattet nämlich die Messung des Gesamt-Amingehalts in einem Arzneimittel, gleichgültig ob es als freies Amin oder als Salz vorliegt.

Ein geringer Überschuß an Säure (HX) stört die Amintitration nicht, da sie durch Quecksilberacetat in Essigsäure umgewandelt wird.

$$2\,H^+X^- + HgAc_2 \rightarrow HgX_2 + 2\,HAc$$

5 C.W. Pifer und E.G. Wollish, *Anal. Chem.* 24, 300 (1952)

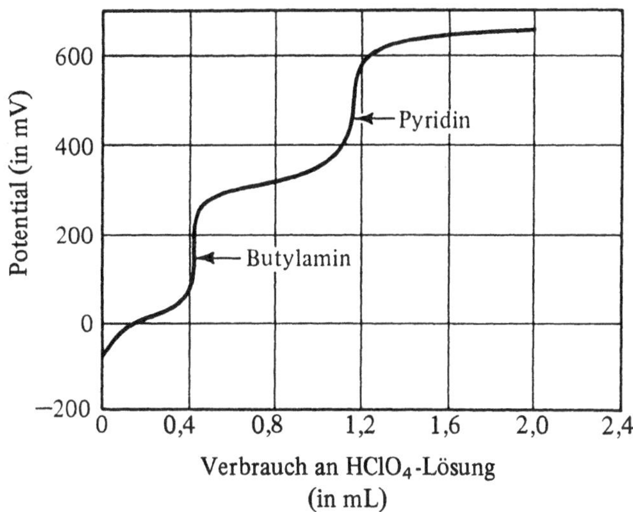

Bild 10-2 Potentiometrische Titrationskurve eines Gemischs von Butylamin und Pyridin, gelöst in Acetonitril und titriert mit Perchlorsäure in Dioxan. (Nach J. S. Fritz, *Anal. Chem.* **25**, 407 (1953))

Quartäre Ammoniumsalze können mit den soeben beschriebenen Methoden ebenfalls titriert werden.

Amine in Gemischen kann man häufig nebeneinander titrieren, wenn ihre Basizitäten sich genügend unterscheiden. So zeigt ein Gemisch von Butylamin und Pyridin, in Acetonitril gelöst, zwei potentiometrische Sprünge, wenn man sie mit Perchlorsäure in Dioxan titriert (Bild 10−2). Acetonitril wird deshalb als Lösungsmittel verwendet, weil es nicht sauer ist und keinen nivellierenden Effekt auf die zwei Amine hat. Titriert man das gleiche Gemisch in Essigsäure, beobachtet man nur einen einzigen Endpunkt, der der Summe der beiden Amine entspricht. Butylamin reagiert mit Essigsäure unter Bildung von Acetationen, die etwa die gleiche Basizität wie Pyridin haben.

$$C_4H_9NH_2 + HAc \rightarrow C_4H_9NH_3^+ + Ac^-$$

10.4   Titration von Säuren

Viele organische Verbindungen sind ausreichend sauer, so daß man sie in nichtwäßrigen Lösungsmitteln titrieren kann, vorausgesetzt, man wählt die geeigneten Bedingungen. Dazu gehören Sulfonsäuren $ArSO_3H$, Carbonsäuren $RCOOH$, Phenole $ArOH$, 1,3-Diketone (als Enole; Keto-Enol-Tautomerie!) $-COCH_2CO-$, Imide $-CONHCO-$, einige Nitroverbindungen und verschiedene schwefelhaltige Verbindungen (Ar = Aryl). Das Lösungsmittel sollte die zu titrierenden sauren Verbindungen gut lösen, aber selbst keine sauren Eigenschaften haben. Außerdem setzt eine erfolgreiche Titration von Gemischen voraus, daß das Lösungsmittel nicht so stark basisch ist, daß es die Säurestärken der Säuren im Gemisch nivelliert.

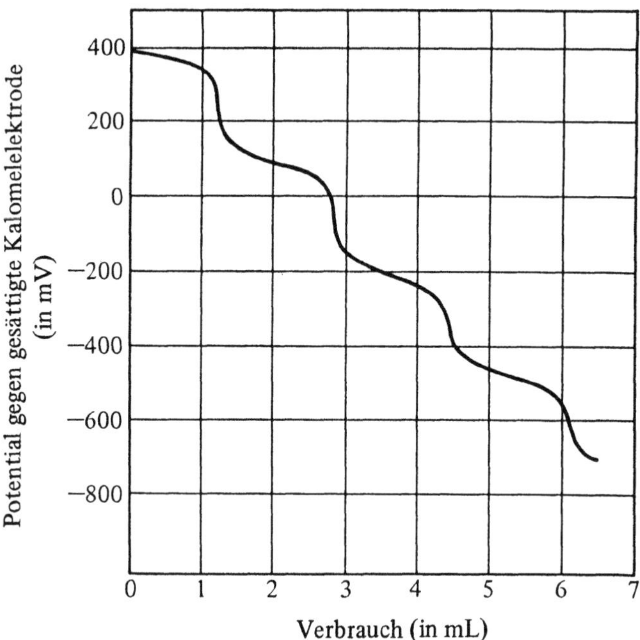

Bild 10-3 Titration von Pikrinsäure, 2,4-Dinitrophenol, *o*-Nitrophenol und Phenol nebeneinander mit Tetrabutylammoniumhydroxid in Benzol/Isopropanol.
(Nach J. S. Fritz und L. W. Marple, *Anal. Chem. 34*, 921 (1962))

Der Titrant sollte eine in nicht-aciden Lösungsmitteln gelöste starke Base und in Lösung stabil sein. Natriummethoxid (Natriummethanolat, CH_3ONa) in Benzol/Methanol[6], Tetrabutylammoniumhydroxid $(C_4H_9)_4NOH$ in Benzol/ Methanol oder Isopropanol[7] werden gewöhnlich als Maßlösung verwendet.

Alkohole sind zwar geeignete Lösungsmittel zur Titration von mittelstarken Säuren, die meisten alkoholischen Lösungsmittel sind aber zu sauer für die Titration von schwachen Säuren. Eine Ausnahme ist *tert*-Butanol $(CH_3)_3COH$, das zur Titration aller Arten von organischen Säuren hervorragend geeignet ist.[8] Pyridin[7], Aceton[9] und Dimethylformamid sind ebenfalls geeignete Lösungsmittel für eine große Anzahl von Säuren.

Am besten titriert man Säuren mit Tetrabutylammoniumhydroxid in Isopropanol oder in Benzol/Methanol. Die Titrationen können mit Hilfe einer gewöhnlichen Kombination von einer Glas- und einer Kalomelelektrode potentiometrisch verfolgt werden. Bild 10−3 zeigt die Titrationskurve eines Gemischs von vier Säuren

6 J.S. Fritz und N.M. Lisicki, *Anal. Chem. 23*, 589 (1951)

7 R.H. Cundiff und P.C. Markunas, *Anal. Chem. 28*, 792 (1956)

8 J.S. Fritz und L.W. Marple, *Anal. Chem. 34*, 921 (1962)

9 J.S. Fritz und S.S. Yamamura, *Anal. Chem. 29*, 1079 (1957)

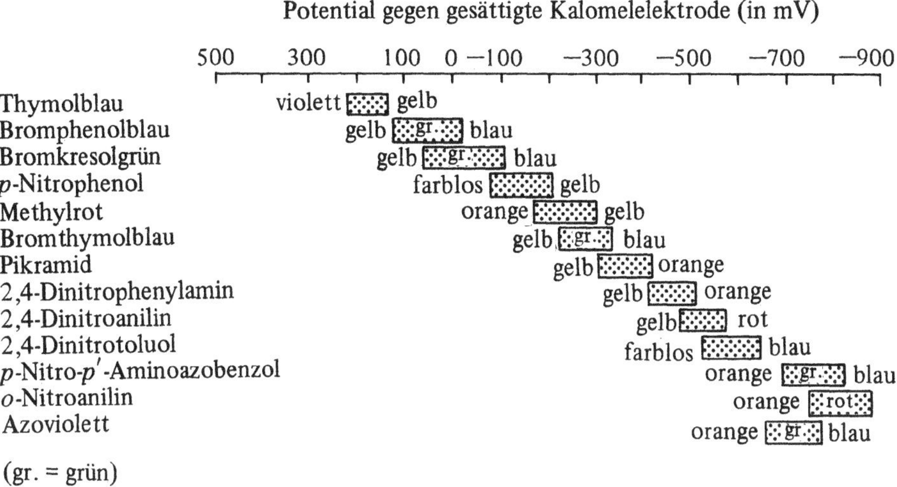

Bild 10-4 Umschlagsbereiche einiger Indikatoren in *tert*-Butylalkohol als Lösungsmittel. (Nach L. W. Marple und J. S. Fritz, *Anal. Chem. 35*, 1305 (1963))

verschiedener Säurestärken. Höhere Basizitäten entsprechen negativeren Potentialen. Die stärkste titrierte Säure ist in diesem Beispiel Pikrinsäure (entsprechend dem ersten potentiometrischen Sprung), während die schwächste Phenol ist (entsprechend dem vierten potentiometrischen Sprung). Die gesamte Titration umfaßt einen Potentialbereich von etwa 1100 Millivolt (was einem pH-Bereich von mehr als 18 pH-Einheiten entspricht).

Zur Titration von Säuren in *tert*-Butanol, Pyridin und anderen Lösungsmitteln sind eine Anzahl von Farbindikatoren erhältlich. In Bild 10−4 sind die Umschlagsbereiche (ausgedrückt in mV) verschiedener Indikatoren in *tert*-Butanol wiedergegeben. Für eine bestimmte Titration sollte ein solcher Indikator gewählt werden, dessen Umschlagsbereich den bei potentiometrischer Titration der Säure erhaltenen Äquivalenzpunkt einschließt.

Aufgaben

Lösungsmittel und Maßlösungen

10.1   Man definiere die folgenden Arten von Lösungsmitteln:

a) amphiprotisch

b) nichtdissoziierend

c) aprotisch (inert)

10.2	Beschreiben Sie, wie man die folgenden Maßlösungen für Titration in nicht-wäßrigen Lösungsmitteln herstellen kann. Man gebe für jede einen geeigneten Urtiter an.

a)	Perchlorsäure

b)	Natriummethanolat (Natriummethoxid)

c)	Tetrabutylammoniumhydroxid

10.3	Welche Art von Lösungsmittel benötigt man zur potentiometrischen Titration verschiedener Stoffe nebeneinander? Warum?

10.4	Perchlorsäure als Titrant wird in Eisessig als Lösungsmittel angesetzt. Erklären Sie, warum Perchlorsäure, die in Wasser eine starke Säure ist, in Essigsäure nicht stark dissoziiert ist.

10.5	Natriumhydroxid ist in Wasser eine starke Base und wird gewöhnlich als Maßlösung bei Säure-Base-Titrationen verwendet. Schlagen Sie eine Natriumionen-haltige Base für die Säure-Base-Titration in Essigsäure vor.

10.6	Was sagt der große Potentialbereich, in dem Säure-Base-Titrationen in *tert*-Butanol möglich sind, über die Autoprotolyse-Konstante dieses Lösungsmittels aus? Erklären Sie kurz.

Titration in wäßrigem oder nichtwäßrigem Lösungsmittel?

10.7	Schlagen Sie die Dissoziationskonstanten der folgenden schwachen Säuren nach und stellen Sie fest, ob sie in Wasser im Konzentrationsbereich von $0,1$ mol/L genau $(99,9\,\%)$ titriert werden können. Ist dies nicht der Fall, so geben Sie ein geeignetes nichtwäßriges Lösungsmittel an.

a)	Phenol

b)	2,4-Dinitrophenol

c)	2-Nitrophenol

d)	Kohlensäure (erstes Proton)

e)	Maleinsäure (erstes und zweites Proton)

10.8	Kann man die in Aufgabe 10.7 genannten Säuren im Konzentrationsbereich von $0,01$ mol/L in Wasser genau titrieren? Wenn nicht, schlagen Sie ein geeignetes nichtwäßriges Lösungsmittel vor.

10.9	Schlagen Sie die Dissoziationskonstanten für die folgenden schwachen Basen nach und stellen Sie fest, ob diese im Konzentrationsbereich von $0,1$ mol/L in Wasser genau $(99,9\,\%)$ titriert werden können. Wenn nicht, geben Sie ein geeignetes nichtwäßriges Lösungsmittel an.

a)	Anilin

b)	Pyridin

c) Ethylendiamin (erstes und zweites Stickstoffatom)

d) Triethanolamin

e) Hydrazin

10.10 Stellen Sie fest, ob die Basen aus Aufgabe 10.9 in Wasser im Konzentrationsbereich von 0,01 mol/L genau titriert werden können. Wenn nicht, geben Sie ein geeignetes nichtwäßriges Lösungsmittel an.

Titrationsverfahren

10.11 Erklären Sie, wie man ein Aminhydrochlorid (ein Ammoniumchlorid) im nichtwäßrigen Lösungsmittel als Base titrieren kann. Schlagen Sie ein Schema vor, nach dem man die Menge jeder Komponente in den folgenden Gemischen getrennt bestimmten kann:

a) Amin und Aminhydrochlorid

b) Aminhydrochlorid und Chlorwasserstoffsäure

10.12 Ein Gemisch von zwei Basen unterschiedlicher Basizität soll in Acetonitril titriert werden, so daß zwei potentiometrische Sprünge erscheinen (vgl. Bild 10−2). Erklären Sie, warum man die Perchlorsäure-Maßlösung besser in Dioxan als in Essigsäure löst.

10.13 Wählen Sie aus Bild 10−4 einen geeigneten Indikator für jede der vier Säuren in dem Gemisch, das in Bild 10−3 titriert wird.

Kapitel 11

Fällungstitrationen

Titrationen unter Bildung eines Niederschlags sind möglich, wenn der Endpunkt in geeigneter Weise bestimmt werden kann. Außerdem muß das System nach jeder Zugabe von Maßlösung rasch den Gleichgewichtszustand erreichen. (Dies ist leider nicht bei allen Fällungsreaktionen der Fall.) Unter den zahlreichen Titrationsverfahren dieser Art sind die zur Titration von Halogenidionen mit Silber(I) und von Sulfat mit Barium(II) die wichtigsten.

11.1 Potentiometrische Titrationen mit Silber(I)

Die Titration von Chlorid, Bromid, Iodid und anderen Anionen mit Silber(I) kann poteniometrisch mit einer Silberelektrode als Indikatorelektrode verfolgt werden. Das Potential E einer Silberelektrode in Volt ist eine Funktion der Aktivität von Silberionen, $a(\mathrm{Ag}^+)$, in der Lösung (Kapitel 17):

$$E = 0{,}800 \text{ V} + 0{,}059 \text{ V} \cdot \log a(\mathrm{Ag}^+) \,. \tag{11-1}$$

Bei einer potentiometrischen Titration messen wir die *Potentialdifferenz* zwischen der Silberindikatorelektrode und einer Bezugselektrode, deren konstantes Potential von der Zusammensetzung der titrierten Lösung unabhängig ist.

Kurven der Titration von Chlorid, Bromid und Iodid mit Silbernitrat sind in Bild 11−1 gezeigt. Die entsprechenden Meßwerte für diese Titrationskurven können durch Messung des Potentials einer Silberelektrode nach Zugabe verschiedener Volumina an Silbernitratlösung gemessen werden. Aus der Aktivität der Silberionen $a(\mathrm{Ag}^+)$ berechnet man dann nach Gl. (11−1) pAg und verbindet die einzelnen Meßwerte zu einer Kurve, wie in Bild 11−1 gezeigt.

Man beachte, daß $\log a(\mathrm{Ag}^+)$ (oder $\log [\mathrm{Ag}^+]$) eine Funktion des Potentials der Silberelektrode ist. Der Term pAg entspricht dem Term pH für Säure-Base-Titrationen.

exakte Definition	näherungsweise Definition
$\mathrm{pH} \;\; = -\log a(\mathrm{H}^+)$ $\mathrm{pAg} = -\log a(\mathrm{Ag}^+)$	$\mathrm{pH} \;\; = -\log [\mathrm{H}^+]$ $\mathrm{pAg} = -\log [\mathrm{Ag}^+]$

Der Einfachheit halber verwendet man die näherungsweisen Definitionen − vor allem bei verdünnten Lösungen, wo der Unterschied zwischen Aktivität und Konzentration gering ist.

Es wäre auch möglich, die in Bild 11−1 gezeigten Kurven aus dem jeweiligen Löslichkeitsprodukt des Silberhalogenids zu *berechnen*.

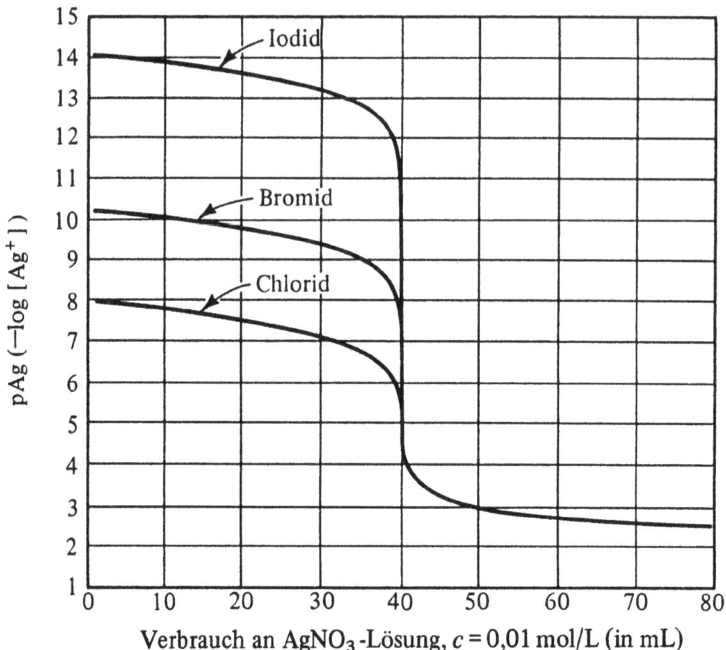

Verbrauch an $AgNO_3$-Lösung, $c = 0,01$ mol/L (in mL)

Bild 11-1 Titrationskurven für die Titration von 40 mL einer Natriumhalogenidlösung, $c = 0,01$ mol/L, mit Silbernitratlösung, $c = 0,01$ mol/L

Beispiel:

49 mL einer Natriumchloridlösung, $c(NaCl) = 0,01$ mol/L, werden mit einer Silbernitratlösung, $c(AgNO_3) = 0,01$ mol/L, titriert. Das Löslichkeitsprodukt des Silberchlorids beträgt ca. $1 \cdot 10^{-10}$ mol²/L². Berechnen Sie den pAg nach Zugabe von a) 20 mL Silbernitratlösung, b) von 40 mL Silbernitratlösung.

a) Das Volumen der Lösung beträgt nach Zugabe von 20 mL Silbernitratlösung 60 mL. Somit ist

$$[Cl^-] = \frac{20\,mL \cdot 0,01\,mol/L}{60\,mL} = 0,0033\,mol/L$$

Die Konzentration an Ag^+ kann durch Einsetzen der Konzentration an Cl^- ins Löslichkeitsprodukt K_L berechnet werden:

$$K_L = [Ag^+] \cdot [Cl^-]$$

$$[Ag^+] = \frac{K_L}{[Cl^-]} = \frac{10^{-10,0}\,mol^2/L^2}{0,0033\,mol/L} \approx 3 \cdot 10^{-8}\,mol/L$$

$$\log[Ag^+] = \log 3 + \log 10^{-8} \approx 0,5 - 8 = -7,5$$

$$pAg = 7,5$$

b) Das gesamte Chlorid ist ausgefällt, wenn man von dem geringen Rest absieht, der aufgrund der Löslichkeit von Silberchlorid in der Lösung übrigbleibt. Weder Ag^+ noch Cl^- liegen im Überschuß vor:

$$K_L = [Ag^+][Cl^-] = [Ag^+]^2 \; .$$

$$[Ag^+] = \sqrt{10^{-10,0}\ mol^2/L^2} = 10^{-5,0}\ mol/L$$

$$pAg = 5,0$$

Bei Titration von Gemischen von Halogeniden mit Silbernitrat erhält man einen getrennten Potentialsprung für jedes Halogenid. Iodid wird dabei zuerst erfaßt, da sein Silbersalz am wenigsten löslich ist; dann wird Bromid titriert und schließlich Chlorid. Leider ist diese Titration nicht besonders genau, da das löslichere Halogenid durch isomorphen Einschluß (Abschnitt 4.4) mit ausgefällt wird. So wird z.B. Chlorid bei der Titration von Bromid mit Silbernitrat mitgefällt, wodurch zu hohe Werte für Bromid und zu niedrige Werte für Chlorid erhalten werden.

11.2 Die Titration von Halogeniden nach Mohr

Die Titration von Chlorid nach Mohr[1] wurde vor mehr als hundert Jahren veröffentlicht und wird immer noch angewandt. Chlorid wird mit einer Silbernitrat-Standardlösung titriert; als Indikator fügt man ein lösliches Chromat zu. Wenn die Fällung des Chlorids vollständig ist, reagiert der erste Überschuß an Silber(I) mit Chromat unter Bildung eines roten Niederschlags von Silberchromat.

$$Ag^+ \;\; + Cl^- \;\; \rightarrow AgCl(s) \qquad \textit{Titrationsreaktion (Fällung)}$$
$$(AgNO_3)$$

$$2\,Ag^+ + CrO_4^{2-} \rightarrow Ag_2CrO_4(s) \qquad \textit{Reaktion zur Anzeige des Endpunkts}$$
$$(rot) \qquad \textit{(Fällung)}$$

In der Nähe des Äquivalenzpunktes verursacht ein lokaler Überschuß an Silber(I) rötliche Färbungen, der genaue Endpunkt wird aber durch die erste bleibende Dunkelfärbung der gelben Chromatfarbe angezeigt. Der Endpunkt ist nicht so scharf, wie man es wünschen könnte. Das Silbernitrat muß nämlich in einem gewissen Überschuß vorliegen, damit genügend Silberchromat neben dem weißen Niederschlag und der gelben Chromatlösung zu sehen ist. Man muß deshalb einen Indikator-Blindwert ermitteln und vom Verbrauch bei der Titration der Probe abziehen.

Wichtig ist die Konzentration an Chromatindikator. Verwendet man zuviel Chromat, so liegt der Endpunkt vor dem Äquivalenzpunkt; bei zu wenig Chromat kommt der Endpunkt zu spät.

1 F. Mohr, *Annalen der Chemie und Pharmacie 97*, 335 (1856)

Beispiel:

Aus $K_L(\text{AgCl})$ kann man ausrechnen, daß pAg am Endpunkt der Titration 5,0 sein muß (Bild 10−1). Aus dem $K_L(\text{AgCrO}_4)$ berechne man, welche Chromat-Konzentration notwendig ist, damit man den ersten Niederschlag von Silberchromat bei pAg = 5,0 erhält. $K_L(\text{Ag}_2\text{CrO}_4)$ ist $1,1 \cdot 10^{-12}\ \text{mol}^3/\text{L}^3$

$$\text{Ag}_2\text{CrO}_4(\text{s}) \rightleftharpoons 2\,\text{Ag}^+ + \text{CrO}_4{}^{2-}$$

$$K_L = [\text{Ag}^+]^2[\text{CrO}_4{}^{2-}]$$

$$[\text{Ag}^+] = 10^{-5,0}\ \text{mol/L}$$

Einsetzen in die Gleichung für das Löslichkeitsprodukt liefert:

$$1,1 \cdot 10^{-12}\ \text{mol}^3/\text{L}^3 = (10^{-5,0}\ \text{mol/L})^2 \cdot [\text{CrO}_4{}^{2-}]$$

$$[\text{CrO}_4{}^{2-}] = 1,1 \cdot 10^{-2}\ \text{mol/L}$$

Bei der Titration nach Mohr ist der pH entscheidend. In sauren Lösungen liegt der Indikator zum Teil als HCrO_4^- und nicht als $\text{CrO}_4{}^{2-}$ vor; daher braucht man mehr Indikator, um einen Niederschlag von Silberchromat zu erzeugen. Für die Titration ideal ist ein pH von etwa 8; man kann die Lösung ungefähr auf diesem pH puffern, indem man festes Calciumcarbonat zugibt. Die Lösung darf jedoch nicht alkalischer sein, da sonst die Gefahr besteht, daß Silbercarbonat oder Silberhydroxid ausfallen.

11.3 Die Methode nach Volhard

Die Methode nach Volhard ist ein Verfahren zur Titration von Silber(I) mit einer Kaliumthiocyanat-Standardlösung. Indirekt läßt sich auf diese Weise die Menge an Halogenid oder irgend einem anderen Anion, das mit Silbernitrat quantitativ ausfällt, bestimmen. Die wichtigste Anwendung dieses Verfahrens ist die quantitative Bestimmung von Halogenidanionen. Im folgenden geben wir die Reaktionsgleichungen für die Titration von Silber(I) nach Volhard an:

$$\text{SCN}^- + \text{Ag}^+ \rightarrow \text{AgSCN}(\text{s}) \qquad \textit{Titrationsreaktion}$$
$$\text{(KSCN)} \qquad\qquad\qquad \text{(weiß)}$$

$$\text{SCN}^- + \text{Fe}^{3+} \rightarrow [\text{Fe(SCN)}]^{2+} \qquad \textit{Reaktion zur Anzeige des Endpunkts}$$

Die Titration mit Thiocyanat wird in saurer Lösung durchgeführt. Wenn das gesamte Silber(I) als weißes Silberthiocyanat ausgefällt ist, so reagiert der erste Überschuß an Titrant mit dem Eisen(III)-Indikator unter Bildung eines löslichen roten Komplexes. (Der Farbumschlag am Endpunkt ist nicht besonders scharf, kann aber mit ein wenig Übung erkannt werden.)

Bei der Bestimmung von Chlorid und anderen Anionen nach Volhard wird eine abgemessene Menge an Silbernitrat-Standardlösung zu der Probelösung gegeben. Dabei wird Silbernitrat im Überschuß eingesetzt:

$$\text{Ag}^+ \quad + \text{X}^- \rightarrow \text{AgX}(\text{s}) + \text{Überschuß Ag}^+ \qquad \textit{Titrationsreaktion}$$
$$\text{(AgNO}_3)$$

Der Überschuß an Silber(I) wird dann mit Thiocyanat-Standardlösung zurücktitriert:

$$SCN^- + \text{Überschuß } Ag^+ \rightarrow AgSCN(s) \qquad \textit{Rücktitration}$$

$$SCN^- + Fe^{3+} \rightarrow [Fe(SCN)]^{2+} \qquad \textit{Endpunktsanzeige}$$

Wenn der Silberhalogenid-Niederschlag weniger löslich ist als Silberthiocyanat, so kann das überschüssige Silber(I) direkt mit Kaliumthiocyanat zurücktitriert werden. Das ist dann der Fall, wenn das Halogenidion X^- Br^- oder I^- ist. Silberchlorid aber ist leichter löslich als Silberthiocyanat und muß durch Filtration abgetrennt werden, damit es nicht während der Rücktitration in Silberthiocyanat umgewandelt wird:

$$SCN^- + AgCl(s) \rightarrow AgSCN(s) + Cl^-$$

Anstatt den Silberchlorid-Niederschlag abzufiltrieren, kann man einfacher und rascher Nitrobenzol zugeben und kräftig schütteln. Nitrobenzol ist eine Flüssigkeit, die sich mit Wasser nicht mischt und spezifisch schwerer ist als Wasser. Nitrobenzol führt zum Zusammenklumpen des Silberchlorid-Niederschlags und hüllt ihn sozusagen ein, so daß er mit der wäßrigen Lösung während der Titration nicht reagieren kann. Der Überschuß an Silbernitrat bleibt dagegen in der wäßrigen Phase und kann mit Thiocyanat-Standardlösung titriert werden.

11.4 Titration von Halogeniden unter Verwendung von Adsorptionsindikatoren

Bei diesem Verfahren findet die Reaktion, welche den Endpunkt anzeigt, auf der Oberfläche des Silberhalogenid-Niederschlags statt. Die stöchiometrische Titrationsreaktion ist wieder die Ausfällung eines Silberhalogenids; die Reaktion, die den Endpunkt anzeigt, findet zwischen Silber(I) und einem gefärbten Indikator-Anion, z.B. Dichlorfluorescein, statt:

$$Ag^+ + X^- \rightarrow AgX(s) \qquad \textit{Titrationsreaktion}$$

$$Ag^+ + AgX(s) + Indik^- \rightarrow AgX{:}Ag^+ \mid Indik^-(s) \qquad \textit{Endpunktsanzeige}$$
$$\quad\;\; \text{(gelb)} \qquad\qquad\qquad\quad \text{(rot)}$$

Zum besseren Verständnis des Mechanismus dieser Endpunktsanzeige sollte man sich noch einmal die Regeln für die adsorptive Mitfällung vergegenwärtigen, wie sie in Kapitel 4 diskutiert wurden. Während der Titration (vor Erreichen des Endpunkts) liegt das Halogenid im Überschuß vor und wird auf der Oberfläche des Niederschlags als primär adsorbiertes Ion festgehalten. Das Indikator-Anion wird vom negativ geladenen Niederschlag abgestoßen:

$$Ag^+ + 2X^- \rightarrow AgX{:}X^- \mid Na^+(s)$$
$$\text{(AgNO}_3\text{)} \quad\; \text{(NaX)}$$

Wenn der Äquivalenzpunkt der Titration erreicht wird und der erste Überschuß an Maßlösung zugegeben ist, ändern sich die Oberflächeneigenschaften des Niederschlags plötzlich. Nun ist Ag^+ das primär adsorbierte Ion, und die Oberfläche des Niederschlags hat eine positive Ladung. Dann wird das Indikator-Anion auf der Oberfläche des Niederschlags als Gegenion adsorbiert:

$$AgX{:}Ag^+(s) + Indik^- \rightarrow AgX{:}Ag^+ \mid Indik^-(s)$$
$$\text{(gelb)} \qquad\qquad \text{(rot)}$$

Die Adsorption des gefärbten Indikators auf der Oberfläche des Niederschlags wird von einer Farbänderung begleitet. Der Grund dafür ist nicht ganz klar; zahlreiche gefärbte organische Anionen werden ohne jegliche Farbänderung adsorbiert. Die wahrscheinliche Erklärung liegt darin, daß ein entsprechend geeigneter Indikator mit dem Silber(I) einen gefärbten Komplex bildet. Dieser Komplex ist zu unstabil, um bei geringen Konzentrationen in Lösung zu entstehen, die Anreicherung des Komplexes auf der Oberfläche des Niederschlags führt aber zu einer Verschiebung des Gleichgewichts zugunsten des Komplexes:

$$Ag^+ + Indik^- \rightleftharpoons \underset{\text{(in Lösung)}}{AgIndik} \overset{AgX(s)}{\rightleftharpoons} AgX{:}AgIndik(s)$$

Das Indikator-Anion ($Indik^-$) darf dabei das primär adsorbierte Ion X^- während der Titration nicht verdrängen, muß aber beim Endpunkt als Gegenion adsorbiert werden. Fluorescein kann als Indikator zur Titration aller Halogenide verwendet werden, da es Halogenid-Ionen aus $AgX{:}X^-$ (s) nicht verdrängt. Wenn man den pH mit Essigsäure auf 4,0 erniedrigt, kann auch Dichlorfluorescein als Indikator zur Titration von Chlorid und anderen Halogenidionen verwendet werden.

Die Lösungen dürfen nicht zu sauer sein, weil sonst die Konzentration an Indikator-Anion zu gering wird. Wie eben für Dichlorfluorescein erwähnt, ist ein leicht saurer pH oft günstig. Die Methode der Adsorptionsindikatoren ist eine der besten zur Bestimmung von Halogenidionen. Der Endpunkt ist scharf und die Ergebnisse sind im allgemeinen genau.

11.5　Titration von Sulfat unter Verwendung von Adsorptionsindikatoren

Die Bestimmung von Sulfat hat große praktische Bedeutung; das gravimetrische Verfahren (Abschnitt 4.8) ist langsam und aufwendig. Es wurde ein Titrationsverfahren unter Verwendung eines Adsorptionsindikators entwickelt[2], das rasch und ausreichend genau ist, wenn man störende Kationen mit Hilfe der Ionenaustauschchromatographie entfernt hat. Die Titration wird in einer Mischung von Wasser/

2 J.S. Fritz und M.Q. Freeland, *Anal. Chem.* 26, 1593 (1954). Siehe auch J.S. Fritz und S.S. Yamamura, *Anal. Chem.* 27, 1461 (1955)

Methanol (etwa 50:50) bei pH 3,5 durchgeführt. Aus diesem Lösungsmittelgemisch fällt Bariumsulfat als voluminöser Niederschlag mit hoher Adsorptionskraft, ganz im Gegensatz zu dem feinkristallinen Niederschlags aus wäßriger Lösung. Die Indikatorwirkung setzt nämlich eine geeignete Form des Niederschlags voraus; in Wasser beobachtet man keinen Endpunkt.

Alizarin S dient als Indikator. In Lösung ist dieser Farbstoff gelb, auf der Oberfläche des Niederschlags bildet er einen rosafarbenen Komplex, wenn der erste Überschuß an Barium(II)-Ionen zugegeben wird. Der Farbumschlag ist scharf und deutlich zu beobachten. Der Mechanismus, der dieser Endpunktserkennung zugrundeliegt, entspricht dem für Adsorptionsindikatoren bei Halogeniden beschriebenen:

$$\underset{(BaCl_2)}{Ba^{2+}} \; + \; \underset{(Na_2SO_4)}{SO_4^{2-}} \; \rightarrow \; BaSO_4{:}SO_4^{2-} \,\vert\, 2\,Na^+\,(s) \qquad \textit{Titrations-}$$
$$\textit{reaktion}$$

$$Ba^{2+} + BaSO_4(s) + 2\,Indik^- \; \rightarrow \; BaSO_4{:}Ba^{2+} \,\vert\, 2\,Indik^-\,(s) \qquad \textit{Endpunkts-}$$
$$\textit{erkennung}$$

Im Fall der gravimetrischen Sulfatbestimmung war schon von beträchtlichen Fehlern durch Mitfällung die Rede, bei der Fällungstitration von Sulfat fallen sie noch mehr ins Gewicht. Fremd-Kationen fallen als Sulfate mit aus, was zu einem Minderverbrauch von Barium(II)-Maßlösung führt:

$$BaSO_4{:}SO_4^{2-} \,\vert\, 2\,M^+\,(s)$$

Da die zu bestimmende Sulfatmenge aus dem Verbrauch an Maßlösung berechnet wird, fallen die Werte zu niedrig aus. Durch Mitfällung von Natrium-, Ammonium- und insbesondere Kaliumionen treten beträchtliche Fehler auf (vgl. Tabelle 11–1). Einige Metallionen stören auch durch Bildung farbiger Komplexe mit dem Indikator.

Fremde Anionen fallen als Bariumsalze und führen zu überhöhten Sulfatwerten. Chlorid, Bromid und Perchlorat haben nur geringen Einfluß, wohingegen Nitrat unbedingt ausgeschlossen werden muß, da es viel zu hohe Analysenergebnisse verursacht.

Tabelle 11–1 Fremdsalzeffekte auf die Titration von Sulfat

	Abweichung vom theoretischen Wert in %	
Fremdsalz	Direktbestimmung	Bestimmung nach Ionenaustausch
$Al(ClO_4)_3$	stört	$-0,4$
$Cu(ClO_4)_2$	$-0,4$	$-0,3$
$Fe(ClO_4)_3$	stört	$-0,2$
$NaClO_4$	$-2,8$	$+0,3$
NH_4ClO_4	$-2,2$	$\pm0,0$
$KClO_4$	$-6,3$	$\pm0,0$
$Zn(ClO_4)_2$	$-1,2$	$\pm0,0$

Kationen, welche die Endpunktserkennung stören oder durch Mitfällung Fehler verursachen, werden durch Ionenaustausch entfernt. Dazu verwendet man eine Kationenaustauschersäule in der H^+-Form. Die Kationen in der Sulfatlösung werden gegen den sauren Wasserstoff des Harzes ausgetauscht:

$$2\,M^+ + SO_4^{2-} + 2\,KA{-}H^+ \rightarrow 2\,KA{-}M^+ + 2\,H^+ + SO_4^{2-}\,.$$

Die Schwefelsäure wird teilweise mit Magnesiumacetat neutralisiert, gemäß der Bruttoreaktionsgleichung

$$Mg(CH_3COO)_2 + 2\,H_2SO_4 \rightarrow MgSO_4 + 2\,CH_3COOH\,,$$

und das Sulfat wird mit Barium(II)-Maßlösung titriert. Magnesiumacetat wird deshalb zur Neutralisation überschüssiger Säure eingesetzt, weil Magnesium(II) zu den Kationen gehört, die bei der Sulfat-Titration am wenigsten mitgefällt werden.

Aufgaben

11.1   Informieren Sie sich über die Löslichkeit von Silberfluorid. Würden Sie erwarten, daß Fluorid durch Titration mit einer Silbernitratlösung bestimmt werden kann?

11.2   Schreiben Sie die Reaktion zur Erkennung des Endpunkts für jede der folgenden Bestimmungen auf:

   a) Chloridbestimmung nach Mohr

   b) Silberbestimmung nach Volhard

   c) Bromidbestimmung mit Hilfe eines Adsorptionsindikators

   d) Sulfatbestimmung mit Hilfe eines Adsorptionsindikators

11.3   Silber(I) bildet schwerlösliche Niederschläge mit Thiolen (Mercaptanen, $R{-}SH$). Der Niederschlag dissoziiert:

$$RSAg\,(s) \rightleftharpoons RS^- + Ag^+$$

Schlagen Sie eine experimentelle Methode zur Bestimmung des Löslichkeitsproduktes vor. Wie könnten die basischen Eigenschaften des Thiolats (Mercaptid-Anions) RS^- die Bestimmung erschweren?

11.4   Schlagen Sie ein Verfahren zur Analyse einer Probe vor, die aus Wasser, Salzsäure, Schwefelsäure und Perchlorsäure besteht. Es sollen ausschließlich titrimetrische Verfahren verwendet werden. Der Wasseranteil kann durch Differenzbildung berechnet werden.

11.5   Schreiben Sie Reaktionsgleichungen für die Bestimmung von Oxalat nach der Volhard-Methode. Das Löslichkeitsprodukt von Silberoxalat ist $4{,}0 \cdot 10^{-11}$ mol^3/L^3. Muß in diesem Fall vor der abschließenden Titration mit Nitrobenzol ausgeschüttelt werden?

11.6 Das Löslichkeitsprodukt von Silberhydroxid $AgOH(s)$ ist $1,5 \cdot 10^{-8}$ mol²/ L². Bei welchem pH-Wert beginnt Silberhydroxid auszufallen, wenn eine Lösung von Silbernitrat, $c(AgNO_3) = 1 \cdot 10^{-4}$ mol/L, langsam alkalisch gemacht wird? Was bedeutet dies für den pH, bei dem eine Chlorid-Titration nach Mohr ausgeführt werden sollte?

11.7 Das Löslichkeitsprodukt von Silberbromid ist $4 \cdot 10^{-13}$ mol²/L². Berechnen Sie für die Titration einer Bromidlösung der Stoffmengenkonzentration $c(Br^-) = 0,01$ mol/L mit einer Silberlösung, $c(Ag^+) = 0,01$ mol/L, die folgenden Größen:

a) den pAg nach Titration von 99 % des Bromids,

b) den pAg am Äquivalenzpunkt (100 % Umsatz).

c) Berechnen Sie den Potentialsprung an einer Silberelektrode (in Volt) zwischen 99 und 100 % Umsatz.

11.8 Zur Titration einer Probe von 10 g einer Salzlösung werden 15,78 mL einer Silbernitratlösung, $c(AgNO_3) = 0,1000$ mol/L, verbraucht (Mohrsches Verfahren). Der Indikatorblindwert beträgt 0,8 mL. Berechnen Sie den Prozentgehalt an Chlorid in der Lösung.

11.9 Eine Probe wird nach Volhard auf Chlorid untersucht. Aus den folgenden Angaben ist der Prozentanteil an Chlorid zu berechnen: Probenmasse 303,3 mg; der Verbrauch an Silbernitratlösung, $c = 0,1234$ mol/L, ist 40,00 mL; Rücktitration mit Thiocyanatlösung, $c = 0,0930$ mol/L, erfordert 12,20 mL.

11.10 Ein organischer Reinstoff hat die Summenformel $C_4H_8SO_x$. Eine Probe der Substanz wurde zersetzt, der Schwefel in Sulfat überführt und nach einem modifizierten Adsorptionsindikator-Verfahren titriert. Aus den folgenden Angaben ist die korrekte Formel der Substanz zu ermitteln: Probenmasse 12,64 mg; der Verbrauch an $Ba(ClO_4)_2$-Lösung, $c = 0,0100$ mol/L, betrug 10,60 mL.

11.11 Titration von Thiocyanat mit Silbernitratlösung: Welcher Indikator wird eingesetzt? Geben Sie Gleichungen an, die die Endpunktserkennung beschreiben.

11.12 Methylviolett, ein Indikator der allgemeinen Formel $R_4C^+ClO_4^-$, kann zur Titration von $Ag(I)$ mit Natriumchlorid verwendet werden. Beschreiben Sie die Endpunktserkennung durch entsprechende Gleichungen.

Kapitel 12

Komplexe und komplexometrische Titrationen

Die Bildung von Komplex-Ionen oder Neutralkomplexen in Lösung spielt in drei Arbeitsgebieten der Analytischen Chemie eine Rolle. Erstens können viele Metallionen spektralphotometrisch bestimmt werden, indem man sie in intensiv gefärbte Komplex-Ionen überführt (Kapitel 5). Zweitens werden zahlreiche Metallionen routinemäßig durch Titration mit einer Standardlösung eines Komplexliganden, nämlich Ethylendiamintetraessigsäure (EDTA), bestimmt. Drittens ist die Bildung von Komplex-Ionen Grundlage vieler Trennverfahren. Selektive Komplexierung bewirkt Trennung an Ionenaustauschern (Kapitel 22), und Flüssig-flüssig-Extraktionen beruhen häufig auf der Extraktion von Komplexen (Kapitel 18).

Im vorliegenden Kapitel werden Struktur und Stabilität von Komplexen kurz angesprochen. Es folgt eine Diskussion der Grundlagen der Titration von Metallionen mit EDTA. Die Rolle von Komplex-Ionen bei Trennungen wird erst in späteren Kapiteln behandelt.

12.1 Komplexbildung

Grundlagen

Fast alle Metallionen können mit Molekülen oder Anionen Koordinationsverbindungen bilden. Solche Moleküle oder Anionen heißen Liganden. Dabei sind die Liganden Elektronenpaardonatoren im im Sinne von Lewis (also Lewis-Basen, vgl. Abschnitt 8.1). Die Metallionen fungieren als Säuren oder Elektronenpaarakzeptoren. So können zum Beispiel Moleküle wie Wasser und Ammoniak, nicht aber Methan und Tetrachlormethan als Liganden auftreten.

Es gibt verschiedene Theorien oder Modellvorstellungen zur Beschreibung dieses Bindungstyps. Die *Valence-Bond-Theorie* betrachtet die Metall-Ligand-Bindung als polare kovalente Bindung, bei welcher die Elektronendichte im Bereich des Liganden höher ist als im Bereich des Metallions. Diese Theorie sagt voraus, daß zur Bildung von Metall-Ligand-Bindungen Liganden mit einem freien Elektronenpaar erforderlich sind. Sie ermöglicht auch Voraussagen über die Anzahl der Liganden, die von bestimmten Metallionen gebunden werden. Die elektrostatische *Kristallfeldtheorie* sieht dagegen die Metall-Ligand-Bindung als ionisch an und sagt voraus, daß solche Bindungen zwischen Ionen hoher Ladung oder zwischen einem Metallion und einem Liganden mit hohem Dipolmoment auftreten. Die *Ligandfeldtheorie* beschreibt mit Hilfe von Molekülorbitalen (MO) gleichermaßen eher kovalente und eher ionische Bindung von Liganden an Metallionen. Im Rahmen dieser einführenden Betrachtung bleibt sie unberücksichtigt.

Liganden

Tabelle 12—1 enthält einige typische Anionen und Moleküle, die als Liganden auftreten. Unter den anionischen Liganden sind einatomige und solche, die aus mehreren Atomen bestehen. Allen Liganden ist gemeinsam, daß sie (mindestens) ein Donor-Atom mit freiem Elektronenpaar aufweisen. Liganden mit nur einem Do-

Tabelle 12–1　Häufig vorkommende Liganden

Anionische Liganden	Moleküle (Neutralliganden)
F^-, Cl^-, Br^-, I^- (Halogenide) SCN^- CN^- OH^- $RCOO^-$ S^{2-} RS^- (Thiolate) $C_2O_4^{2-}$	H_2O NH_3 RNH_2 (aliphatische Amine) C_5H_5N (Pyridin, Pyr) NH_2CH_2—CH_2NH_2 (Ethylendiamin, en) $C_{12}H_8N_2$ (1,10-Phenanthrolin, Phen) $(C_8H_{17})_3P{=}O$ (Trioctylphosphanoxid, TOPO) $(C_8H_{17})_3P{=}S$ (Trioctylphosphansulfid, TOPS)

nor-Atom bzw. solche, die nur eines ihrer freien Elektronenpaare in eine Metall-Ligand-Bindung einbringen, nennt man *einzähnig*. Unter ihnen tritt Wasser besonders häufig auf, da Metallionen in wäßriger Lösung meist als Aquokomplexe vorliegen. Solche Aquokomplexe haben die allgemeine Formel $[M(H_2O)_n]^{z+}$, wobei n die Anzahl der Wassermoleküle im Komplex-Ion bezeichnet (häufig ist $n = 4$ oder 6, wie z.B. in $[Be(H_2O)_4]^{2+}$ oder $[Cu(H_2O)_6]^{2+}$).

Reagiert ein Metall-Aquokomplex mit einem einzähnigen Liganden, so werden ebensoviele Wassermoleküle verdrängt wie einzähnige Liganden neu gebunden werden. Dies geschieht *schrittweise*, so daß beispielsweise ML_2 wie folgt gebildet wird:

$$[M(H_2O)_n]^{z+} + L \rightarrow [M(H_2O)_{n-1}L]^{z+} + H_2O$$

$$[M(H_2O)_{n-1}L]^{z+} + L \rightarrow [M(H_2O)_{n-2}L_2]^{z+} + H_2O$$

Solche Reaktionen werden oft vereinfacht geschrieben, indem man das Wasser wegläßt und nur ML, ML_2 etc. angibt.

Häufig bildet ein Metallion eine Reihe vom Komplexen mit ein und demselben Liganden. So bildet zum Beispiel Cu(II) schrittweise Komplexe, die bis zu 5 mol Ammoniak pro mol Kupfer(II) enthalten. Die Lösung enthält dann ein Gemisch dieser Komplexe, deren relative Menge von der vorhandenen Ammoniakmenge abhängt (Bild 12–1).

Für jeden Schritt dieser Reaktion kann man eine Gleichgewichtskonstante formulieren. Für viele Metallkomplexe mit anorganischen und organischen Liganden sind diese Konstanten gemessen worden. Als Beispiel seien hier die Gleichgewichtskonstanten für die schrittweise Bildung von Iodokomplexen des Cd(II) angegeben:

$$K_1 = \frac{[CdI^+]}{[Cd^{2+}]\,[I^-]} = 10^{2,4} \qquad K_3 = \frac{[CdI_3^-]}{[CdI_2]\,[I^-]} = 10^{1,6}$$

$$K_2 = \frac{[CdI_2]}{[CdI^+]\,[I^-]} = 10^{1,0} \qquad K_4 = \frac{[CdI_4^{2-}]}{[CdI_3^-]\,[I^-]} = 10^{1,2}$$

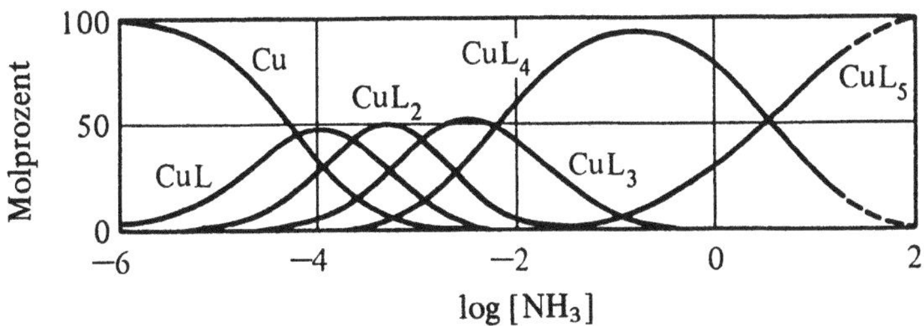

Bild 12-1 Relative Konzentrationen einiger Kupfer-Ammin-Komplexe in Abhängigkeit von der Ammoniak-Konzentration [nach A. Ringbom, *Complexation in Analytical Chemistry* (Wiley-Interscience, New York 1963) S. 29]

Häufig findet man in Tabellen das Produkt der Gleichgewichtskonstanten K_i mit dem Symbol β_i bezeichnet. Dabei gibt der Index i den Laufindex der höchsten im Produkt als Faktor auftretenden Konstanten an; es gilt also: $\beta_1 = K_1$, $\beta_2 = K_1 \cdot K_2$, $\beta_3 = K_1 \cdot K_2 \cdot K_3$ und $\beta_4 = K_1 \cdot K_2 \cdot K_3 \cdot K_4$. Im weiteren Verlauf dieses Kapitels werden wir auf einige nützliche Rechnungen eingehen, die mit Hilfe dieser Komplexbildungskonstanten durchgeführt werden können.

Eine umfassende Quelle für solche Daten ist: *Stability Constants* von J. Bjerrum, G. Schwarzenbach und L. G. Sillen (The Chemical Society, London 1957). Weniger erschöpfend, dafür aber handlicher ist die Sammlung von A. Ringbom in *Complexation in Analytical Chemistry* (Wiley Interscience, New York 1963).

Chelatkomplexe mit vielzähnigen Liganden. Liganden, die zwei oder mehr Donor-Atome aufweisen, können mehr als ein Elektronenpaar mit einem einzigen Metallkation teilen, indem sie an zwei oder mehr Positionen an das zentrale Metallion gebunden sind. Diese Liganden bezeichnet man allgemein als *vielzähnig*. Im einzelnen heißen sie *zweizähnig*, *dreizähnig*, *vierzähnig* oder *sechszähnig*, wenn sie mit zwei, drei, vier oder sechs Koordinationsstellen an ein Metallkation gebunden sind.

Vielzählige Liganden reagieren mit Ionen unter Bildung von Komplex-Ionen, die man auch als *Chelate* bezeichnet; anstelle einer linearen Struktur haben die Chelate eine Chelatring-Struktur. Zum Beispiel bilden das Zink(II)-Ion und der organische Ligand Ethylendiamin (abgekürzt en; Tabelle 12−1) $[\mathrm{Zn(en)_2}]^{2+}$ mit der folgenden Chelatring-Struktur:

$$\mathrm{Zn^{2+} + 2\,H_2NCH_2CH_2NH_2} \rightarrow$$

Man beachte, daß beide Chelatringe von $[\mathrm{Zn(en)_2}]^{2+}$ fünfgliedrig sind. Im allgemeinen müssen Liganden zur Ausbildung eines stabilen Chelats so gebaut sein, daß mit dem chelatisierten Metallion ein fünf- oder sechsgliedriger Ring entsteht.

Man beachte auch, daß die Gesamtladung des Chelats von Zink(II) immer noch zwei ist, die gleiche wie die des nicht chelatisierten Zink(II)-Ions. Allgemein gesagt: Wenn alle Donor-Atome basische Stickstoffatome oder andere Atome sind, die während der Chelatisierung kein Proton verlieren können, dann ist die Ladung des zentralen Metallions nicht neutralisiert.

Häufiger kommt es vor, daß der chelatisierende Ligand wenigstens eine saure Gruppe oder ein saures Donor-Atom hat und zugleich eines oder mehrere basische Donor-Atome, wie z.B. Stickstoff. In diesem Fall verliert die saure Gruppe bei Chelatisierung ein Proton und wird zu einem anionischen Donor, was zur Neutralisierung der Ionenladung führt.

Ein gutes Beispiel für einen solchen Chelatliganden ist 8-Hydroxychinolin. Das einfach negativ geladene Anion dieses Liganden reagiert folgendermaßen mit dem Zink(II)-Ion:

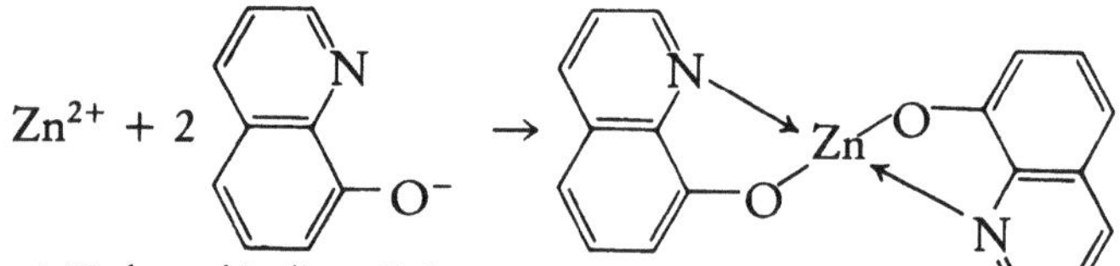

8-Hydroxychinolinat, Oxinat

Man beachte, daß das Zink(II)-oxinat keine Nettoladung trägt; die Ladung des Zink(II)-Ions ist unter Bildung eines Neutral-Chelats vollständig neutralisiert worden.

Tabelle 12–2 Einige saure Gruppen und Gruppen mit basischem Stickstoff

Saure Gruppen Säure	Anion	Basische Gruppen
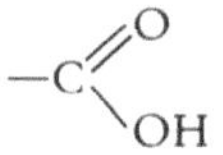 Carbonsäure	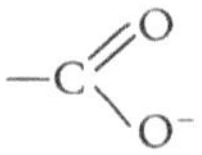 Carboxylat	$-\overline{N}H_2$
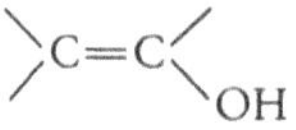 Enol	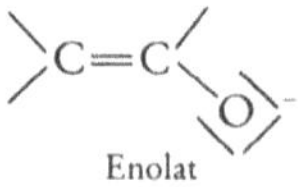 Enolat	
—SH Thiol	$-\overline{\underline{S}}\|^-$ Thiolat	
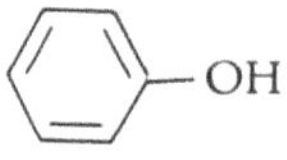 Phenol	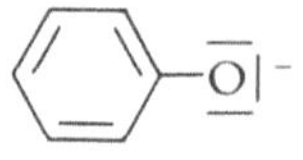 Phenolat	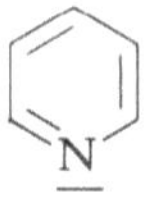 N in Aromaten (z.B. Pyridin)

Einige Beispiele häufig vorkommender saurer Gruppen und Gruppen mit basischem Stickstoff (oder einem ähnlichen Atom, das kein Proton abgibt) sind in Tabelle 12—2 aufgeführt (die anionische Form der sauren Gruppe ist ebenfalls angegeben).

Sind mehr als ein Ligandmolekül beteiligt, können Chelatisierungsreaktionen auch stufenweise ablaufen. Hat der Ligand eine saure und eine basische Gruppe, so enden stufenweise ablaufende Reaktionen gewöhnlich mit der Bildung eines Neutral-Chelats, wie beispielsweise bei der Reaktion von Zink(II) mit Oxin.

$$Zn^{2+} + (oxin)^- \rightleftharpoons [Zn(oxin)]^+$$

$$[Zn(oxin)]^+ + (oxin)^- \rightleftharpoons [Zn(oxin)_2]$$

Allgemein kann man sagen, daß Liganden mit *einer* basischen Gruppe und *einer* sauren Gruppe Chelate bilden, in denen zwei Liganden an ein Metallion (sogenannte 2:1-Chelate) gebunden sind, sofern das Metallion ein zweiwertiges Kation ist; im Falle eines dreiwertigen Metallions bildet sich ein 3:1-Chelat. Hat der Ligand mehr als eine saure Gruppe, so bilden sich im allgemeinen negativ geladene Chelate, z.B. bilden Zink(II) und Oxalat den Komplex $[Zn(C_2O_4)_2]^{2-}$. EDTA bildet ebenfalls negativ geladene Chelate mit Metallionen, wie wir im Abschnitt 12.2 sehen werden.

Koordinationszahl und Struktur

Die Koordinationszahl (KZ) eines Metallions kann als Anzahl sämtlicher Metallion-Ligand-Bindungen definiert werden, die das Ion ausbildet. Streng genommen müßte man dementsprechend sämtliche Metall-Wasser-Bindungen — im wäßrigem Medium liegen ja häufig Aquokomplexe vor — in der Koordinationszahl und in der Formel des Komplexes mitzählen bzw. berücksichtigen. Häufig werden jedoch die Wassermoleküle weggelassen, um die Formel zu vereinfachen. Zum Beispiel kann Kupfer(II) sechs Ammoniak-Moleküle koordinieren, liegt aber vorwiegend in Form des Tetrammindiaquokupfer(II)-Ions vor; das zentrale Kupfer(II)-Ion hat also die Koordinationszahl 6. Viele Autoren schreiben dieses Ion der Einfachheit halber als $[Cu(NH_3)_4]^{2+}$ statt als $[Cu(NH_3)_4(H_2O)_2]^{2+}$.

In diesem Zusammenhang erhebt sich die Frage: Wie kann ein Metallatom mehr Donor-Atome oder -Gruppen binden, als es seiner positiven Ladung (oder Wertigkeit) entspricht? Um die Jahrhundertwende führte Alfred Werner die Vorstellung ein, daß Metallatome außer ihrer Ladung oder ihrer primären Wertigkeit eine sekundäre Wertigkeit (oder Koordinationssphäre mit einer bestimmten Anzahl von Liganden) aufweisen. Aus Werners Ideen entwickelte sich schließlich die Valence-Bond-Theorie, die wir zuvor erwähnten. Nach dieser Theorie ist das Metallion ein Elektronenpaar-Akzeptor und nimmt Elektronenpaare der Liganden in seine freien Orbitale auf. Mit einem gegebenen Liganden bildet jedes Metallion das komplexe Ion mit der stabilsten möglichen Struktur. Ein Metallion kann mit einem anderen Liganden zu einem Komplex-Ion ganz anderer Struktur reagieren; es bildet sich in jedem einzelnen Fall die jeweils stabilste Struktur. Um diese Vorstellungen besser zu erklären, werden wir einige Beispiele für den Zusammenhang zwischen Koordinationszahl und Struktur diskutieren.

Koordinationszahl zwei. Metallionen mit der Koordinationszahl zwei haben eine lineare Struktur, wobei die zwei Liganden auf entgegengesetzten Seiten des Metallions angeordnet sind, z.B. $(H_3N \mid \rightarrow Ag \leftarrow \mid NH_3)^+$. Einwertige Metallionen der Gruppe IB des Periodensystems zeigen häufig diese Struktur. So bilden Silber(I), Kupfer(I) und Gold(I) Komplexe wie z.B. $[Ag(CN)_2]^-$, $[Cu(NH_3)_2]^+$ und $[AuCl_2]^-$.

Koordinationszahl vier. Metallionen mit der Koordinationszahl vier bilden Komplexe mit tetraedrischer Struktur oder gelegentlich solche mit quadratisch-planarer Struktur. Zum (selteneren) letztgenannten Typ zählen einige Nickel(II)-Komplexe. So ist beispielsweise Nickel(II) das einzige häufiger vorkommende Metallion, von dem es jeweils mehrere Komplexe mit tetraedrischer bzw. quadratisch planarer Struktur gibt. Die tetraedrischen und quadratisch-ebenen Nickel(II)-Strukturen sehen wie folgt aus:

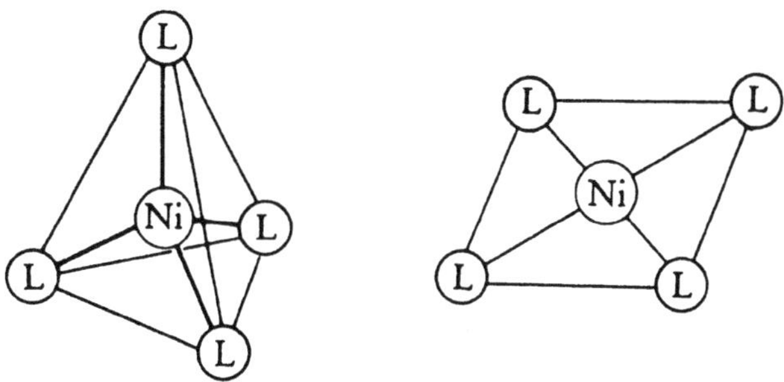

Bei den zweiwertigen Metallionen der Gruppen IB, IIB und VII tritt am häufigsten die Koordinationszahl vier auf. So koordinieren Ionen wie Nickel(II), Cobalt(II), Kupfer(II), Zink(II) und sogar Eisen(III) vier Halogenid-Liganden, vier SCN^--Liganden usw. Nickel(II), Cobalt(II), Kupfer(II) und Cadmium(II) zeigen hingegen mit Wasser und Ammoniak eine Koordinationszahl von sechs.

Koordinationszahl sechs. Metallionen mit einer Koordinationszahl von sechs haben oktaedrische Struktur.

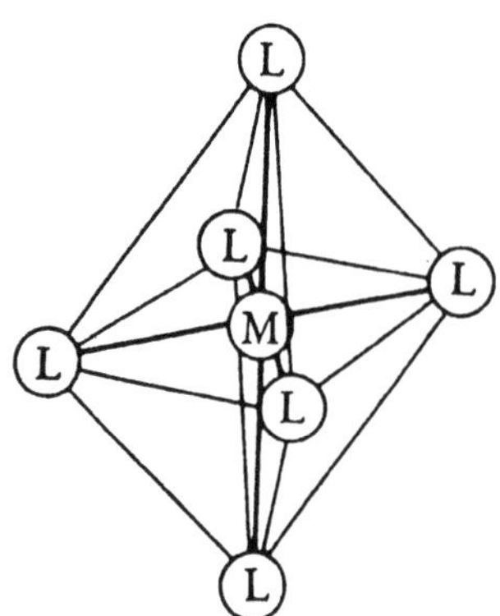

Vier der Liganden liegen in derselben Ebene wie das Metallion, dieser Teil der Struktur gleicht der quadratisch-planaren Struktur bei der Koordinationszahl vier. Die anderen zwei Liganden liegen oberhalb und unterhalb der Ebene. In $[Cu(NH_3)_4(H_2O)_2]^{2+}$ sind z.B. die vier Ammoniakmoleküle in derselben Ebene angeordnet wie das Kupfer(II)-Ion, die Wassermoleküle liegen oberhalb und unterhalb dieser Ebene. Daher schreiben einige Autoren einfach $[Cu(NH_3)_4]^{2+}$ und geben eine quadratisch-planare Struktur an.

Viele Metallionen haben eine Koordinationszahl von sechs gegenüber Liganden wie Wasser, Ammoniak und Ethylendiamin. Dazu gehören z.B. Eisen(II), Cobalt(III), Chrom(III), Kupfer(II), Nickel(II), Cobalt(II) und Calcium(II)-Ionen. EDTA ist ein Ligand, der an alle sechs oktaedrischen Positionen um das Metallion koordinieren kann, aber häufig nur an fünf Positionen koordiniert, wobei die sechste Position von Wasser besetzt wird. So finden wir z.B. die Formel $[Co\text{-}EDTA]^-$ für Cobalt(III)-EDTA und die Formel $[Ni\text{-}EDTA(H_2O)]^{2-}$ für Nickel(II)-EDTA. Reaktionen mit EDTA werden im nächsten Abschnitt (Abschnitt 12.2) genauer behandelt.

12.2 Die Theorie komplexometrischer Titrationen

Viele Metallionen können bestimmt werden, indem man sie mit einem Reagenz titriert, das sie in Lösung komplexiert. Die zu titrierende Lösung wird auf einen geeigneten pH gepuffert, man gibt einen Indikator zu, und das Metallion wird mit einer Standardlösung des Komplex-Reagenzes titriert. Für gewöhnlich erkennt man den Endpunkt der Titration an einem scharfen Farbumschlag. Titrationen dieses Typs sind bequem und genau; in vielen Fällen haben sie zeitraubende gravimetrische Verfahren ersetzt. Außer für Alkalimetalle gibt es für die meisten Metallkationen einen geeigneten Komplex-Liganden zur komplexometrischen Titration.

Die Wahl der Maßlösung

Zur Titration eines Metallions mit einem Komplex-Liganden muß die Bildungskonstante des Komplexes groß sein, so daß die Titrationsreaktion stöchiometrisch und quantitativ verläuft. Im Fall einzähniger Liganden, die mehrere Komplexe mit einem Metallion bilden, ist zwar die Gesamtbildungskonstante (Produkt der Konstanten für die einzelnen Reaktionsstufen) häufig groß, aber die Konstanten der Teilreaktionen sind zu klein. Dies führt zu einer lediglich allmählichen Änderung der Metallionen-Konzentration bei Zugabe von mehr Ligand. Für eine Titrationsreaktion ist hingegen eine scharfe Änderung in der Metallionen-Konzentration bei stöchiometrischem Umsatz erforderlich.

Einige vielzähnige Liganden bilden starke 1:1-Komplexe mit verschiedenen Metallionen. Die Komplexierung verläuft in einem Schritt, so daß sich bei der Titration eines Metallions am Äquivalenzpunkt die Metallionen-Konzentration sehr stark ändert. Zu den vielzähnigen Liganden, die für die Titration von Metallionen nützlich sind, gehören EDTA (Ethylendiamintetraessigsäure) und ähnliche Verbindungen und Polyamine wie beispielsweise Triethylentetramin (trien).

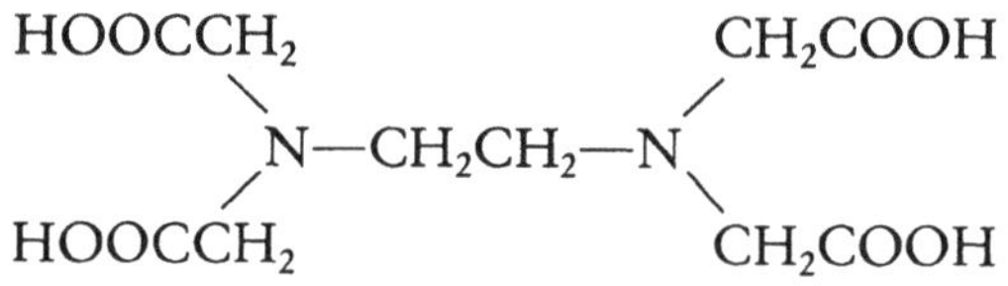

$$\begin{array}{ccc}
\text{HOOCCH}_2 & & \text{CH}_2\text{COOH} \\
& \diagdown \quad \diagup & \\
& \text{N—CH}_2\text{CH}_2\text{—N} & \\
& \diagup \quad \diagdown & \\
\text{HOOCCH}_2 & & \text{CH}_2\text{COOH}
\end{array}$$

$$\begin{array}{c}
\text{NHCH}_2\text{CH}_2\text{NH}_2 \\
| \\
\text{CH}_2 \\
| \\
\text{CH}_2 \\
| \\
\text{NHCH}_2\text{CH}_2\text{NH}_2
\end{array}$$

EDTA 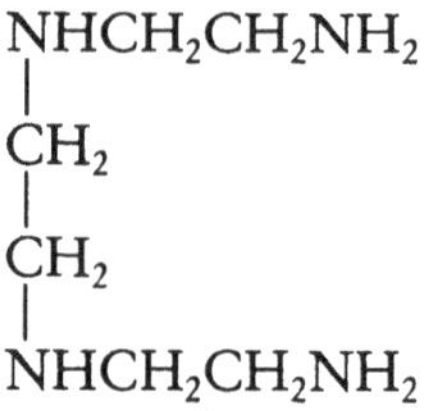   trien

Triethylentetramin ist ein vierzähniger Ligand, der mit jedem seiner vier Stickstoff-Atome eine koordinative Bindung zum Metallion ausbildet. Er eignet sich zur Titration von Metallionen wie z.B. Kupfer(II), Quecksilber(II) und Nickel(II) in alkalischer Lösung. In saurer Lösung verliert trien seine chelatbildenden Eigenschaften fast völlig, da die Stickstoffatome protoniert werden.

Der Ligand EDTA, der stabile Chelate mit einer großen Anzahl von Metallionen bildet, ist bei weitem der wichtigste Titrant. Die Strukturchemie der Metall-EDTA-Komplexe ist in einer Übersichtsarbeit beschrieben worden.[1] Die meisten EDTA-Komplexe in Lösung liegen zwischen fünf- und sechsfacher Koordination. Beim sechsfach koordinierten Komplex bilden jede der vier Carboxylgruppen und jedes der zwei Stickstoffatome im EDTA eine Bindung zum Metall aus. Magnesium(II) bildet mit EDTA ein siebenfach koordiniertes Komplex-Anion der Form $[(\text{H}_2\text{O})\text{MgY}]^{2-}$, in welchem die siebente Bindung zu einem Wassermolekül ausgebildet wird. (Hierbei steht Y^{4-} für das Ethylendiamintetraacetat-Anion.) Die räumliche Struktur des Komplexes zeigt nachstehende Abbildung.

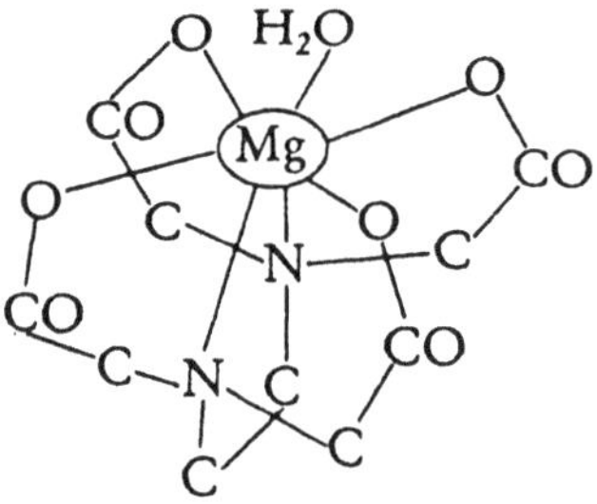

Ganz gleich wieviele Koordinationsstellen EDTA an einem Metallion besetzt, wichtig ist, daß EDTA mit den Metallionen immer im Molverhältnis 1:1 reagiert. All diese EDTA-Chelate sind wasserlöslich, die meisten farblos (mit Ausnahme der Chelate einiger weniger Übergangsmetall-Ionen).

Die saure Form von EDTA wird häufig als H_4Y geschrieben, wobei H die sauren Wasserstoffatome und Y den Rest des Moleküls symbolisieren. Fügt man eine starke Base wie Natriumhydroxid zu H_4Y, so verläuft die Neutralisation in Stufen, und H_3Y^-, H_2Y^{2-}, HY^{3-} und Y^{4-} werden gebildet. Die freie Säure H_4Y und das Mononatriumsalz NaH_3Y sind nicht ausreichend wasserlöslich, um für Maßlösun-

1 R.H. Nuttall und D.M. Stalker, *Talanta* 24, 355 (1977)

gen verwendet zu werden, aber das Dinatriumsalz von EDTA (Na_2H_2Y) ist löslich und somit geeignet. Während der Titration des Metallions mit Dinatrium-EDTA werden Wasserstoffionen frei, z.B.:

$$Mg^{2+} + H_2Y^{2-} \rightarrow MgY^{2-} + 2H^+$$

$$Al^{3+} + H_2Y^{2-} \rightarrow AlY^- + 2H^+$$

$$Th^{4+} + H_2Y^{2-} \rightarrow ThY + 2H^+$$

Wegen dieser Freisetzung von Wasserstoffionen wird die Lösung gepuffert und damit eine starke pH-Änderung während der Titration verhindert.

Der Einfluß des pH auf die Titrationskurve

Die Stabilität von Komplexen mit EDTA ist je nach Metallion unterschiedlich. Die Bildungskonstante (oft Stabilitätskonstante genannt) ist ein Maß für die Stabilität des Komplexes. Ein Metallion reagiert mit EDTA nach dem folgenden Schema:

$$M^{2+} + Y^{4-} \rightleftharpoons MY^{2-}$$

Läßt man die Ladungen weg, so vereinfacht sich die Gleichung zu

$$M + Y \rightleftharpoons MY .$$

Der Ausdruck für die Bildungskonstante ist dann

$$K = \frac{[MY]}{[M]\,[Y]} . \tag{12-1}$$

Man beachte, daß beim Schreiben der Bildungskonstante Y^{4-} (einfach als Y wiedergegeben) und nicht H_2Y^{2-} als die reaktive Spezies des EDTA betrachtet wird. Die Bildungskonstanten für einige Metall-EDTA-Komplexe sind in Tabelle 12–3 angegeben.

Titrationskurven tragen zum Verständnis der Titration mit EDTA bei. In einigen Fällen kann man sie experimentell bestimmen, indem man das Potential einer

Tabelle 12–3   Bildungskonstanten einiger EDTA-Metall-Komplexe

Metallion	$\log K_{MY}$	Metallion	$\log K_{MY}$	Metallion	$\log K_{MY}$
Fe^{3+}	25,1	Ni^{2+}	18,6	Ce^{3+}	16,0
Th^{4+}	23,2	Pb^{2+}	18,0	La^{3+}	15,4
Cr^{3+}	23	Cd^{2+}	16,5	Mn^{2+}	14,0
Bi^{3+}	22,8	Zn^{2+}	16,5	Ca^{2+}	10,7
VO^{2+}	18,8	Co^{2+}	16,3	Mg^{2+}	8,7
Cu^{2+}	18,8	Al^{3+}	16,1	Sr^{2+}	8,6
				Ba^{2+}	7,8

ionensensitiven Elektrode (Kapitel 17) im Verlauf der Titration des Metallions mit
EDTA mißt.

Aber auch die aus bekannten Gleichgewichtskonstanten *berechneten* Titrationskurven sind geeignet, um vorauszusagen, ob eine bestimmte Titration mit
EDTA unter bestimmten Bedingungen möglich ist. Im allgemeinen trägt man pM
(den negativen Logarithmus der Metallionen-Konzentration) gegen das Volumen an
zugesetzter EDTA-Lösung oder den Prozentanteil an titriertem Metallion auf. Bild
12−2 zeigt Titrationskurven für Metallionen mit verschiedenen Bildungskonstanten
der jeweiligen Metall-EDTA-Komplexe. Man beachte, daß der Sprung am Äquivalenzpunkt um so deutlicher ausfällt, je größer die Bildungskonstante ist.

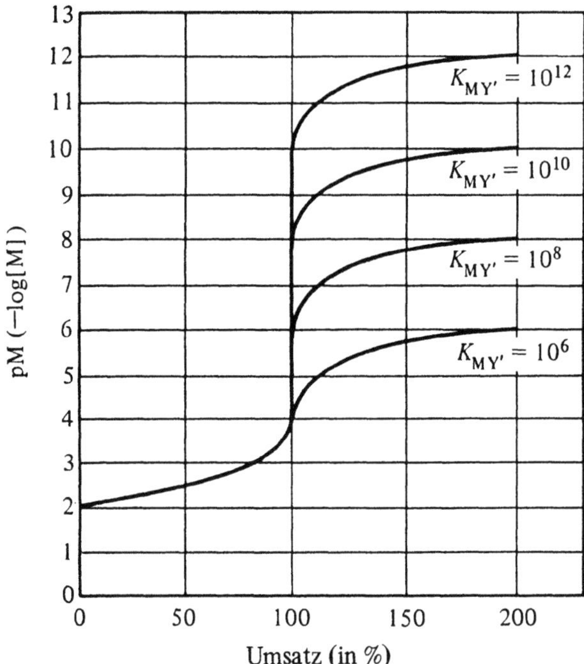

Bild 12-2
Theoretische Kurven für die
Titration von M mit EDTA
in Abhängigkeit von der
Bildungskonstanten K_{MY}
[Gl. (12-3)]. Dabei wird
angenommen, daß nur der
Ligand Y M komplexiert.

Das Gleichgewicht der Titrationsreaktion − und damit die Menge an ver-
fügbarem Y − hängen vom pH ab. Qualitativ betrachtet heißt dies, daß höhere Säu-
re-Konzentration den MY-Komplex schwächt, indem Y protoniert und damit der
Anteil an unkomplexiertem EDTA in Form von Y^{4-} verringert wird:

$$M + Y \rightleftharpoons MY$$
$$\Updownarrow\ H^+$$
$$HY,\ H_2Y\ ,\ \ldots$$

Quantitativ kann man den Einfluß der Wasserstoffionen-Konzentration auf
das Gleichgewicht angeben, indem man denjenigen Anteil aller nicht komplex ge-

bundenen EDTA-Spezies, der als Y^{4-} vorliegt, berechnet. Wir bezeichnen diesen Anteil mit α_Y:

$$\alpha_Y = \frac{[Y^{4-}]}{[H_4Y] + [H_3Y^-] + [H_2Y^{2-}] + [HY^{3-}] + [Y^{4-}]} = \frac{[Y]}{[Y']} \qquad (12-2)$$

Die Berechnung von α_Y aus den Dissoziationskonstanten von H_4Y ist in Abschnitt 8.4 erklärt.

Beispiel:

Man berechne α_Y für EDTA beim pH 5,0. Die Dissoziationskonstanten für H_4Y sind $pK_1 = 2{,}07$, $pK_2 = 2{,}75$, $pK_3 = 6{,}24$ und $pK_4 = 10{,}34$. Einsetzen dieser Dissoziationskonstanten und von $[H_3O^+] = 10^{-5{,}0}$ mol/L in Gl. (8−11) liefert:

$$\frac{1}{\alpha_Y} = \frac{10^{-22{,}0}}{10^{-21{,}4}} - \frac{10^{-15{,}0}}{10^{-19{,}3}} + \frac{10^{-10{,}0}}{10^{-16{,}6}} + \frac{10^{-5{,}0}}{10^{-10{,}3}} + 1$$

$$\frac{1}{\alpha_Y} = 10^{1{,}4} + 10^{4{,}3} + 10^{6{,}6} + 10^{5{,}3} + 1$$

Berechnet man α_Y im Exponenten auf eine Stelle hinter dem Komma genau, so ist nur der dritte Exponential-Term von Bedeutung. Es ergibt sich $\alpha_Y = 10^{-6{,}6}$.

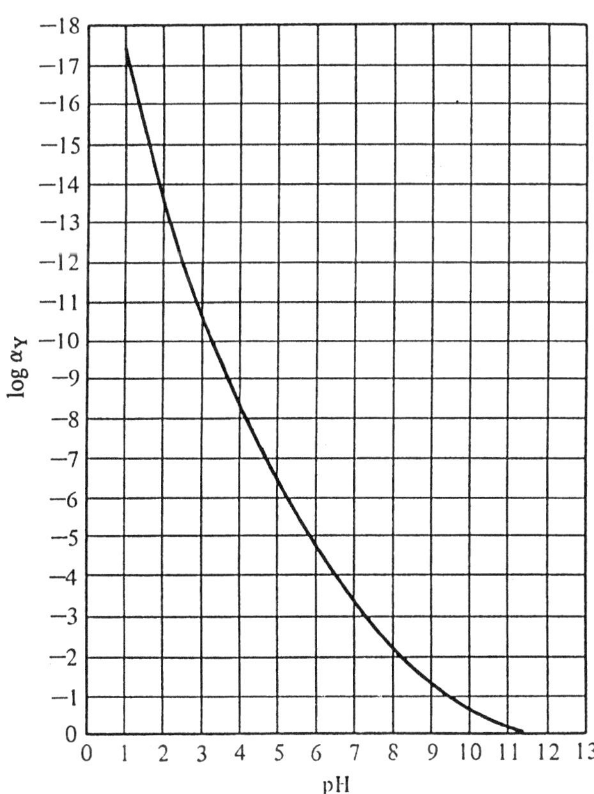

Bild 12-3

Anteil der nicht komplexierten, als Y^{4-} vorliegenden Spezies, in Abhängigkeit von pH

Für jeden Komplexbildner (wie z.B. EDTA) kann α_Y als Funktion des pH berechnet und aufgetragen werden. Dies ist in Bild 12–3 dargestellt. Mit Hilfe von α_Y kann man für einen Metall-EDTA-Komplex für jeden beliebigen pH eine entsprechende Gleichgewichtskonstante berechnen (Y' steht für alle nicht komplex gebundenen EDTA-Spezies):

$$K_{MY} = \frac{[MY]}{[M]\,[Y]}$$

$$[Y] = \alpha_Y [Y']$$

$$K_{MY} = \frac{[MY]}{[M]\,[Y]\alpha_Y}$$

$$K_{MY}\alpha_Y = K_{MY'} = \frac{[MY]}{[M]\,[Y']} \tag{12–3}$$

In Gl. (12–3) ist $K_{MY'}$ die Gleichgewichtskonstante bei einem bestimmten pH-Wert. Tatsächlich bestimmt $K_{MY'}$ den Verlauf der Titrationskurve in Bild 12–2; je größer diese Gleichgewichtskonstante, desto günstiger sollte die Titration verlaufen. Dies zeigt sich, wenn man pM für verschiedene Punkte während der Titration von M mit EDTA bei einem bestimmten pH-Wert berechnet.

Beispiel:

Eine Lösung von Nickel(II), $c(Ni^{2+}) = 0{,}010$ mol/L, wird auf pH 5,0 gepuffert und mit EDTA-Lösung, $c(EDTA) = 0{,}010$ mol/L, titriert. Man berechne den pNi bei 50 %, 100 % und 200 % Titration (also wenn die halbe, die ganze bzw. die doppelte stöchiometrisch erforderliche Menge zugesetzt wurde).

50 % titriert (Umsatz von 50 %). In diesem Fall liegen NiY und untitriertes Ni^{2+} nebeneinander vor. Der pNi wird aus der Konzentration an nicht-titriertem Ni^{2+} berechnet, da die Dissoziation von NiY zu Ni^{2+} vergleichsweise vernachlässigbar ist.
Bei 50 % Titration liegt die Hälfte des Nickels als Ni^{2+} vor; da die Stoffmengenkonzentrationen von Ni^{2+} und der Maßlösung gleich groß sind, beträgt das Volumen nun das 1,5fache des vorgelegten Volumens, die Gleichgewichtskonzentration des Nickels also

$$[Ni^{2+}] = \frac{\frac{1}{2}\cdot 0{,}010\,\text{mol/L}}{1{,}5} = 3{,}3\cdot 10^{-3}\,\text{mol/L} \,,$$

$$pNi = 3 - \log 3{,}3 = 2{,}48 \,.$$

100 % titriert (Umsatz von 100 %). Praktisch die gesamte Menge Nickel ist in NiY umgewandelt, die sehr geringe Restkonzentration an Ni^{2+} kann unter Verwendung der Komplexbildungskonstante berechnet werden.
Bei pH 5,0 ist $\alpha_{Ni} = 10^{-6,6}$. Die Gleichgewichtskonstante wird unter Verwendung von Gl. (12–3) berechnet:

$$K_{NiY'} = K_{NiY}\cdot \alpha_{Ni} = 10^{18,6}\cdot 10^{-6,6} = 10^{12,0}\,.$$

Praktisch das gesamte Nickel(II) liegt als NiY vor, so daß wegen der Volumenverdoppelung (es wurde das gleiche Volumen, das an Nickel(II)-Lösung vorgelegt wurde, an Maßlösung zugegeben)

$$[\text{NiY}] = \tfrac{1}{2} \cdot 0,010 \text{ mol/L} = 0,0050 \text{ mol/L} .$$

Der Komplex NiY dissoziiert geringfügig in Ni^{2+} und Y', wobei $[\text{Ni}] = [\text{Y}']$. Einsetzen in den Ausdruck für $K_{\text{NiY}'}$ liefert

$$K_{\text{NiY}'} = \frac{[\text{NiY}]}{[\text{Ni}]\,[\text{Y}']} = \frac{[\text{NiY}]}{[\text{Ni}]^2}$$

$$[\text{Ni}] = \sqrt{\frac{[\text{NiY}]}{K_{\text{NiY}'}}} = \sqrt{\frac{0,0050}{10^{12,0}}} \text{ mol/L} = \sqrt{50 \cdot 10^{-16}} \text{ mol/L} = 7,1 \cdot 10^{-8} \text{ mol/L}$$

$$\text{pNi} = 8 - \log 7,1 = 7,15$$

200 % titriert (Umsatz von 200 %). Die ersten 100 % EDTA reagieren unter Bildung von NiY, die zweiten 100 % verbleiben als Y'. Daher ist das Verhältnis von $[\text{NiY}]$ zu $[\text{Y}']$ 1:1. Einsetzen in den Ausdruck für $K_{\text{NiY}'}$ liefert:

$$K_{\text{NiY}'} = \frac{[\text{NiY}]}{[\text{Ni}]\,[\text{Y}']} = \frac{1}{[\text{Ni}]}$$

$$[\text{Ni}] = \frac{1}{K_{\text{NiY}'}} = 10^{-12} \text{ mol/L}$$

$$\text{pNi} = 12,0$$

Trägt man die gesamte Titrationskurve dieses Beispiels auf, so ergibt sich Bild 12−4. Man beachte, daß bei 200 % Titration $\text{pNi} = \log K_{\text{NiY}'} = 12,0$. Für eine beliebige Titration eines Metalls mit EDTA gilt allgemein bei 200 % Umsatz

$$\text{pM} = \log K_{\text{MY}'} . \tag{12−4}$$

Diese Beziehung erlaubt ein bequemes Abschätzen des Verlaufs einer beliebigen Titrationskurve.

Beispiel:

Eine Calcium(II)-Lösung, $c(\text{Ca}^{2+}) = 0,01$ mol/L, wird auf pH 5 gepuffert und mit EDTA-Lösung, $c(\text{EDTA}) = 0,01$ mol/L, titriert. Man skizziere grob die erwartete Titrationskurve, wobei man pCa bei 0 % und 200 % Umsatz berücksichtige.
Vor Beginn der Titration (0 % Umsatz) ist $[\text{Ca}^{2+}] = 0,01$ mol/L, also pCa = 2,0. Aus Tabelle 12−2 entnimmt man $K_{\text{CaY}'} = 10^{10,7}$. Bei pH 5,0 ist $\alpha_Y = 10^{-6,6}$ (Bild 12−3). Daraus folgt $K_{\text{CaY}'} = 10^{10,7} \cdot 10^{-6,6} = 10^{4,1}$ [Gl. (12−3)]. Aus der obigen Diskussion wissen wir, daß bei 200 % Umsatz pCa = 4,1 ist. Nun kann die Titrationskurve, wie in Bild 12−4 gezeigt, skizziert werden.

Der Einfluß komplexierender Puffer

Wir haben gesehen, daß die Acidität der Lösung einen starken Einfluß auf die Titrationskurve eines Metallions mit EDTA hat. Die Titrationskurve kann aber

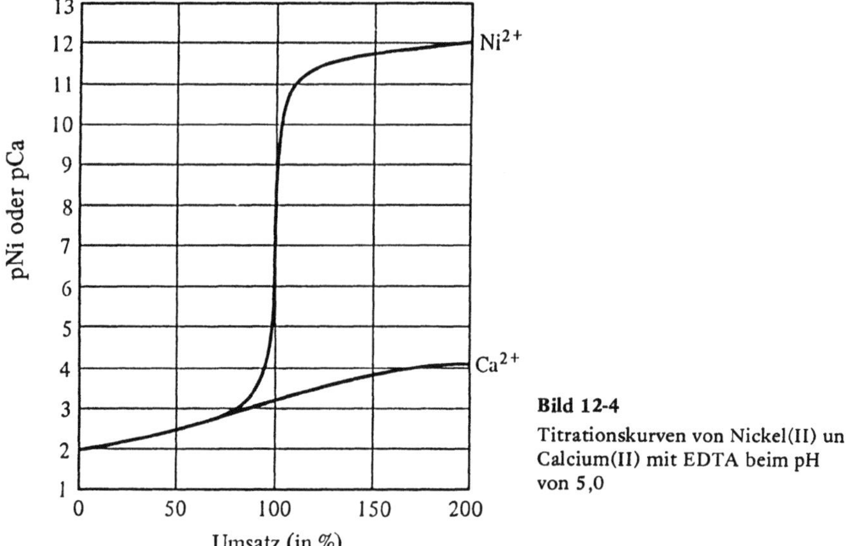

Bild 12-4
Titrationskurven von Nickel(II) und Calcium(II) mit EDTA beim pH von 5,0

auch durch Komplexierung des freien Metallions mit komplexierenden Puffersubstanzen, wie z.B. Ammoniak oder Hydroxidionen, beeinflußt werden.

$$M^{2+} + 4\,NH_3 \rightarrow [M(NH_3)_4]^{2+}$$

$$M^{2+} + OH^- \rightarrow [M(OH)]^+$$

Die Bildung solcher Komplexe reduziert die Konzentration freier Metallionen, muß aber die Titration mit EDTA nicht beeinflussen. Zum Beispiel werden Zink(II) und Cadmium(II) sowie andere Metallionen häufig in basischer, ammoniakhaltiger Lösung mit EDTA titriert. Ein Puffer aus Ammoniumionen und Ammoniak hält den pH-Wert der Lösung etwa konstant, und der Ammoniak verhindert durch seine komplexierende Wirkung die Ausfällung von Metallhydroxiden.

Qualitativ kann man den Einfluß von Ammoniak, OH^--Ionen oder anderen schwach komplexierenden Liganden L auf das Gleichgewicht Metallion-EDTA als Verschiebung des Gleichgewichts nach links verstehen, wie aus der folgenden Gleichung zu sehen ist:

$$M + Y \rightleftharpoons MY$$
$$L \uparrow\downarrow$$
$$ML$$

Quantitativ ermittelt man den Effekt von L auf das Gleichgewicht durch Berechnung von α_M; α_M ist derjenige Anteil aller Spezies M und ML in der Lösung, der als freies Metallion vorliegt.

$$\alpha_M = \frac{[M]}{[M']} \tag{12-5}$$

[M] steht hier für die Konzentration an freien Metall-Kationen M^{z+} und [M'] für die Gesamtkonzentration nicht von EDTA komplexierter Metallionen in der Lösung.

Gelegentlich schreibt man die komplexbildende Substanz in Klammern hinter den tief gestellten Index an α. So bedeutet z.B. $\alpha_{M(L)}$ das Verhältnis von [M]/[M'], das durch Komplexierung des Metalls M mit dem Liganden L entsteht, und $\alpha_{Y(H)}$ ist das Verhältnis von [Y]/[Y'], das sich unter Einwirkung von H auf Y einstellt.

Für eine gegebene Konzentration an freiem, nicht gebundenem Liganden L kann man den Wert von α_M aus den einzelenen Bildungskonstanten für ML_n nach der folgenden Formel berechnen (wir erinnern uns: $\beta_n = K_1 \cdot K_2 \cdots K_n$):

$$\frac{1}{\alpha_M} = 1 + \beta_1[L] + \beta_2[L]^2 + \ldots + \beta_n[L]^n \qquad (12-6)$$

Beispiel:

Man berechne α_{Cd} für Cadmium(II) in einer Lösung, die 0,10 mol/L NH_4^+ und 0,10 mol/L nichtgebundenes NH_3 enthält. Die Logarithmen der Bildungskonstanten für die Cadmium-Ammoniak-Komplexe sind:

$\log \beta_1 = 2{,}60$; $\log \beta_2 = 4{,}65$; $\log \beta_3 = 6{,}04$; $\log \beta_4 = 6{,}92$; $\log \beta_5 = 6{,}60$

Einsetzen dieser Bildungskonstanten und der Konzentration [L] = 0,10 mol/L in Gl. (12−6) liefert:

$$\frac{1}{\alpha_{Cd}} = 1 + 10^{2,6} \cdot 10^{-1} + 10^{4,65} \cdot 10^{-2} + 10^{6,04} \cdot 10^{-3} + 10^{6,92} \cdot 10^{-4} + 10^{6,6} \cdot 10^{-5}$$

$$\frac{1}{\alpha_{Cd}} = 1 + 40 + 450 + 1100 + 830 + 40 = 2461$$

$$\alpha_{Cd} = \frac{1}{2461} = 10^{-3,39}$$

Nachdem der Wert für α_M bekannt ist, kann man mit seiner Hilfe den pM zu Anfang der Titration mit EDTA berechnen.

Beispiel:

Man berechne pCd, wenn eine Cadmium(II)-Lösung, $c(Cd^{2+}) = 0{,}01$ mol/L, gepuffert mit 0,10 mol/L NH_4^+ und 0,10 mol/L freiem Ammoniak, zu 50 % mit EDTA titriert worden ist.
Unter Vernachlässigung der Verdünnung folgt:

$$[Cd'] = \tfrac{1}{2} \cdot 0{,}010 \text{ mol/L} = 0{,}0050 \text{ mol/L}$$

(CdY ist so stabil, daß durch Dissoziation entstandenes Cd' vernachlässigt werden kann.) Aus dem vorhergehenden Beispiel folgt

$$\alpha_{Cd} = 10^{-3,39} \; .$$

Mit

$$\alpha_{Cd} = [Cd]/[Cd']$$

gilt

$$[Cd] = \alpha_{Cd}[Cd'] = 10^{-3,39} \cdot 5,0 \cdot 10^{-3} \text{ mol/L} = 5,0 \cdot 10^{-6,39} \text{ mol/L} ,$$
$$pCd = 6,39 - \log 5 = 5,69 .$$

Wenn Cd^{2+} nicht mit Ammoniak komplexiert wäre, dann wäre der Wert [Cd] bei 50 % Titration 0,0050 mol/L und pCd = 2,30.

Auch die Acidität kann die Konzentration von L in einem komplexierenden Puffer durch Protonierung unter Bildung von HL (oder einer Reihe von protonierten Ligand-Spezies) verringern. Dies kann man dadurch berücksichtigen, daß man zur Berechnung von α_M Konstanten (β_1, β_2 usw.) heranzieht, die für den jeweiligen pH-Wert gelten.

Zusammengefaßt bleibt festzuhalten, daß der Verlauf einer Titration eines Metallions mit EDTA durch die Acidität der Lösung und einen komplexierenden Puffer beeinflußt wird: Eine hohe Wasserstoffionen-Konzentration (niedriger pH) verringert die Konzentration an freien Y^{4-}-Anionen der Ethylendiamintetraessigsäure; ein komplexierender Puffer erniedrigt die Konzentration an Metallionen M^{2+}. Diese Auswirkungen auf eine Titrationskurve sind in Bild 12−5 graphisch dargestellt. Der letztgenannte Effekt wird durch α_M beschrieben; er erhöht pM vor Erreichen des Äquivalenzpunktes. Den Einfluß der Wasserstoffionen-Konzentration beschreibt α_Y, ein niedriger pH verringert pM nach Erreichen des Äquivalenzpunktes.

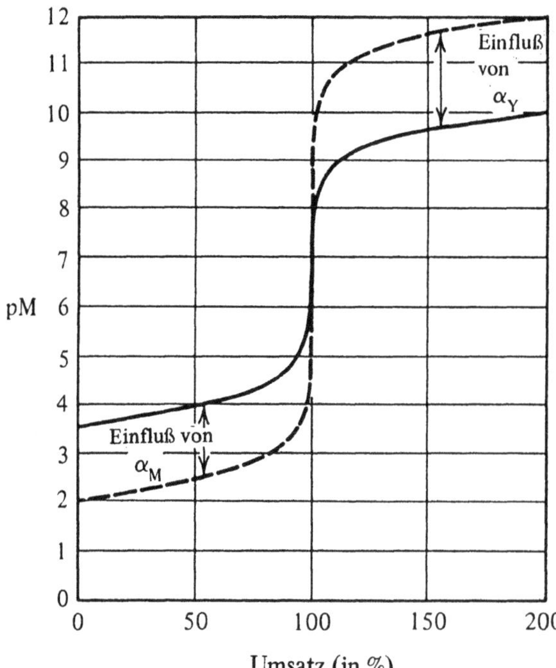

Bild 12-5

Einfluß von α_M und α_Y auf eine komplexometrische Titrationskurve (durchgezogene Linie). Die gestrichelte Linie beschreibt die Titrationskurve für den Fall, daß M nicht durch L, oder Y nicht durch H komplexiert ist. Titration mit EDTA.

Die Wahl des Indikators

Der Indikator für die Titration eines Metallions mit einem Chelatbildner wie z.B. EDTA ist gewöhnlich ein Farbstoff hoher Extinktion, der unter Bildung eines Komplexes mit dem titrierten Metallion seine Farbe ändert. (Einige wichtige Indikatoren sind in Tabelle 12−4 zusammengestellt.) Die Titration eines Metallions mit EDTA besteht damit aus zwei aufeinanderfolgenden Reaktionen: (1) Titration des freien Metallions mit EDTA und (2) Zerstörung des Metall-Indikator-Komplexes unter Bildung des stärkeren Metall-EDTA-Komplexes.

$$\text{MInd} + \text{Y}' \rightarrow \text{MY} + \text{Ind}'$$

Die zweite Reaktion kann bei sehr verschiedenen pM-Werten stattfinden, je nachdem, welchen Wert die Bildungskonstante des Metall-Indikators beim pH der Titration hat.

Wie Säure-Base-Indikatoren (die über einen bestimmten pH-Bereich ihre Farbe ändern) ändern Metall-Indikatoren ihre Farbe über einen Bereich von etwa 2

Tabelle 12−4 Einige Indikatoren für komplexometrische Bestimmungen[a]

Kurzname	systematischer Name	Bemerkungen
Arsenazo I	2-[4,5-Dihydroxy-2,7-disulfo-3-naphthylazo]-benzolarsonsäure	zur Bestimmung von Ionen der II. und III. Hauptgruppe, der Seltenen Erden, Th(IV)
Arsenazo III	2,2'-[1,8-Dihydroxy-3,6-disulfo-2,7-naphthalin-bis(azo)]-dibenzolarsonsäure	zur Bestimmung von Ca^{2+} im μmol-Bereich
Calcein	2,7-Bis[bis(carboxymethyl)-aminomethyl]-fluorescein	zur Bestimmung von Ba^{2+}, Sr^{2+}, Ca^{2+}
Calmagit	3-Hydroxy-4-[(2-hydroxy-5-methyl)-phenylazo]-1-naphthalinsulfonsäure	zur Bestimmung von Ca^{2+} und Mg^{2+}
Eriochrom-Schwarz T	3-Hydroxy-4-(2-hydroxynaphthylazo)-7-nitro-1-naphthalinsulfonsäure	wie Calmagit, jedoch in wäßriger Lösung instabil
NAS	7-(6-Sulfo-2-naphthylazo)-8-hydroxychinolin-5-sulfonsäure	zur Bestimmung von Cu(II), Co(II), Ni(II), Cd(II), Zn(II), Al(III)
Xylenol-orange	3,3'-Bis[N,N-di(carboxymethyl)-aminomethyl]-o-kresolsulfonphthalein	für Bestimmungen im sauren Bereich, z.B. von Bi(III), Pb(II), Zn(II)

[a] Zur weiteren Information sind Firmenschriften der Anbieter, z.B. von Merck und Riedel-de Haën, zu empfehlen.

pM-Einheiten. Voraussetzung für einen scharfen und genau erkennbaren Endpunkt ist, daß der Umschlagsbereich des gewählten Indikators den pM-Wert beim Äquivalenzpunkt der EDTA-Titration einschließt. Weiter ist zu verlangen, daß die Geschwindigkeit, mit welcher der Metall-Indikator mit EDTA reagiert, groß sein muß, um Übertitrieren zu vermeiden. Der Umschlagsbereich des Metall-Farbindikators kann aus der Bildungskonstante des Metall-Indikator-Komplexes berechnet werden.

Beispiel:

Man berechne den ungefähren Umschlagsbereich eines Indikators, der zur Titration von Nickel bei pH 5,0 verwendet werden soll. Die Bildungskonstante des Indikator-Metall-Komplexes bei diesem pH ist $10^{8,0}$. Wäre dieser Indikator zur Titration von Nickel(II) mit EDTA bei pH 5,0 geeignet (pNi ist am Äquivalenzpunkt 7,17)?

Die Bildungskonstante des Komplexes aus Nickel und Indikator ist

$$K = \frac{[\text{NiInd}]}{[\text{Ni}]\,[\text{Ind}']} = 10^{8,0} \ . \tag{12-7}$$

In der Nähe des Endpunkts wird der NiInd-Komplex zerstört, da Nickel mit EDTA reagiert. Man geht allgemein davon aus, daß das menschliche Auge etwa einen Teil einer Farbe in zehn Teilen einer anderen sehen kann (Abschnitt 9.3); daher wird die erste erkennbare Farbänderung bei einem Verhältnis [NiInd]/[Ind'] von etwa 10 auftreten. Einsetzen in Gl. (12−7) liefert:

$$10^{8,0} = \frac{10}{[\text{Ni}]}$$

$$\text{pNi} = 7,0$$

Die letzte unterscheidbare Farbänderung wird dann auftreten, wenn dieses Verhältnis umgekehrt ist ([NiInd]/[Ind']$=0,1$). Einsetzen in Gl. (12−7) liefert:

$$10^{8,0} = \frac{0,1}{[\text{Ni}]}$$

$$\text{pNi} = 9,0$$

Der ungefähre Umschlagsbereich beim pH 5,0 liegt zwischen pNi 7,0 und 9,0. Der pNi-Wert beim Äquivalenzpunkt der EDTA-Titration wurde zu 7,15 berechnet. Daraus folgt, daß der Indikator verwendet werden kann, vorausgesetzt, daß man die *erste* sichtbare Farbänderung als Endpunkt annimmt.

12.3 Bestimmung von Calcium und Magnesium: die Wasserhärte

Hartes Wasser enthält Calcium(II) und Magnesium(II) in gelöster Form. Wasserhähne und andere Gegenstände, die lange mit hartem Wasser in Kontakt waren, verkalken häufig durch einen Belag von ausgefällten Salzen dieser Metalle. Calcium- und Magnesiumsalze höherer Fettsäuren sind unlöslich und bilden Schmutzränder in Badewannen. Die Wasserhärte von industriell genutztem Wasser muß streng kontrolliert werden.

Als *Gesamthärte* eines Wassers bezeichnet man die Summe der Konzentrationen von Calcium(II) und Magnesium(II). Sie wird gewöhnlich durch Titration mit EDTA unter Verwendung eines Farbindikators bestimmt. Die Bildungskonstanten der Metall-EDTA-Komplexe sind in saurer bzw. in neutraler Lösung zu klein, so daß die Lösung gepuffert wird, um während der ganzen Titration den pH-Wert von etwa 10 einzuhalten. Besonders häufig wird Calmagit (oder das eng verwandte Eriochrom-Schwarz T) als Indikator eingesetzt (vgl. Tabelle 12−4).

Indikator-Lösungen von Calmagit sind stabiler als Lösungen von Eriochrom-Schwarz T, die sich beim Stehen langsam zersetzen. Calmagit und Eriochrom-Schwarz T können beide gleich gut verwendet werden.

Der freie Indikator ist blau, wogegen der gebildete Magnesiumkomplex in Lösung rot gefärbt ist. Bei Titration von Magnesium mit EDTA verläuft die Reaktion nach der folgenden stöchiometrischen Gleichung:

$$Mg^{2+} + H_2Y^{2-} \rightarrow MgY^{2-} + 2H^+$$

Die Maßlösung enthält das Dinatrium- oder Diammoniumsalz von EDTA (hier als H_2Y^{2-} bezeichnet). Wenn die gesamte Menge an freien Magnesium-Ionen titriert ist, so bewirkt ein Überschuß von einem oder zwei Tropfen EDTA den Farbumschlag:

$$MgInd^- + H_2Y^{2-} \rightarrow MgY^{2-} + HInd^{2-} + H^+$$
$$\text{(rot)} \qquad\qquad \text{(farblos)} \quad \text{(blau)}$$

Calmagit ist für die Titration von Calcium(II) mit EDTA in Abwesenheit von Magnesium(II) ungeeignet. Das liegt daran, daß der Calcium-Calmagit-Komplex nicht stabil genug ist − der Endpunkt tritt nur allmählich auf und erscheint zu früh (dies ist in Bild 12−6a gezeigt). Der Magnesium-Calmagit-Komplex ist beständiger, der Endpunkt der Titration von Magnesium(II) mit EDTA tritt erst bei höherem pM-Wert (Bild 12−6b) auf.

Die Titrationskurven in Bild 12−6 sind für die Titration von Calcium(II) bzw. Magnesium(II)-Lösungen mit Metallion-Gehalten von 0,001 mol/L berechnet. Als Maßlösung wurde EDTA, $c = 0,01$ mol/L, angenommen. Als pH-Wert wurde 10 gewählt. Es gilt:

$$\alpha_Y = 10^{-0,5} \qquad \text{(Bild 12−3, pH = 10)}$$
$$\left.\begin{array}{l} K_{CaY} = 10^{10,7} \\ K_{MgY} = 10^{8,7} \end{array}\right\} \quad \text{(Tabelle 12−1)}$$

Beim Äquivalenzpunkt ist

$$[CaY] = 0,001 \text{ mol/L} \qquad [MgY] = 0,001 \text{ mol/L}$$
$$[Ca] = [Y'] \qquad\qquad\quad [Mg] = [Y']$$

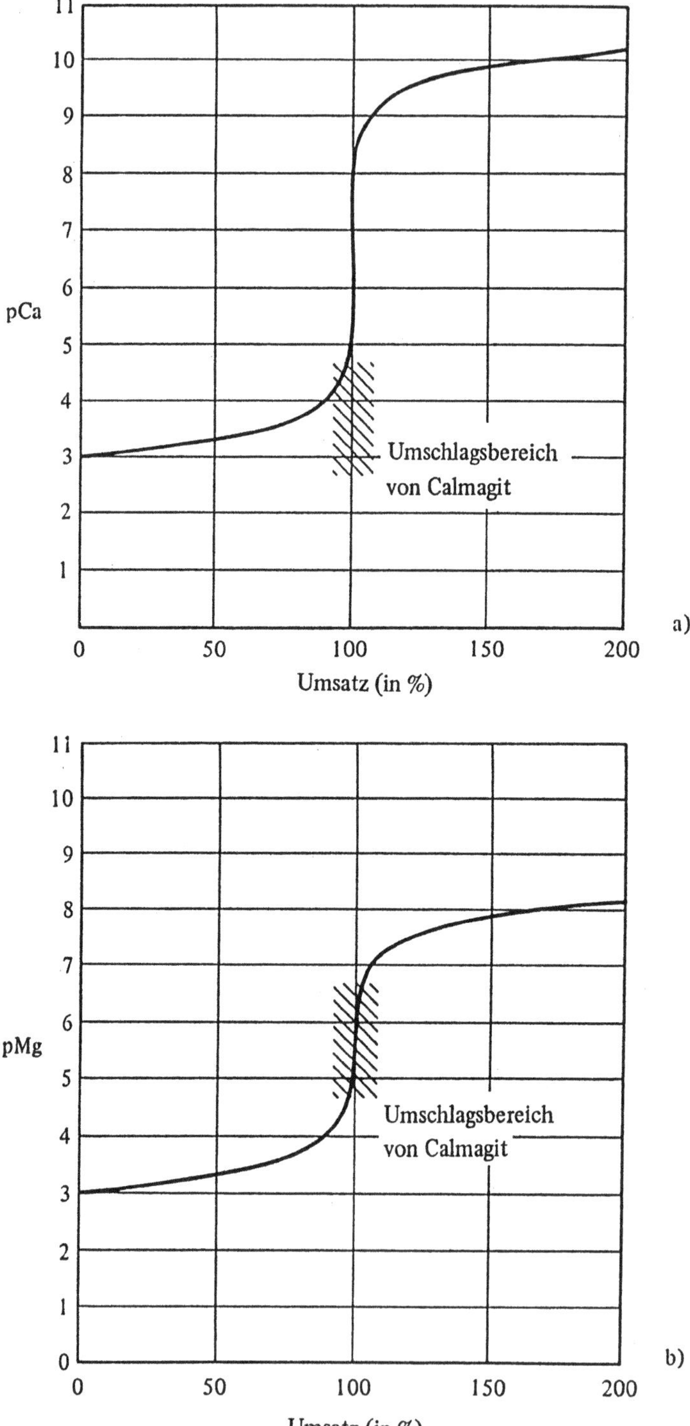

Bild 12-6 Theoretische Kurven für die Titration von a) Calcium(II) und b) Magnesium(II) mit EDTA

Einsetzen in den Ausdruck für die Gleichgewichtskonstante liefert pM am Äquivalenzpunkt:

$$K_{CaY'} = \frac{[CaY]}{[Ca]^2}$$

$$[Ca] = \sqrt{\frac{[CaY]}{K_{CaY'}}}$$

$$= \sqrt{\frac{0,001}{10^{10,7}}} \text{ mol/L}$$

$$pCa = 6,6$$

Analog ergibt sich pMg am Äquivalenzpunkt zu 5,6.

Bei der Titration von Magnesium(II) mit Calmagit als Indikator liegt der Literaturwert für pMg bei 5,7, also in der Mitte des Umschlagsbereichs, was in ausgezeichneter Übereinstimmung mit dem pMg von 5,6 beim Äquivalenzpunkt der EDTA-Titration steht. Dagegen ist pCa in der Mitte des Calcium(II)-Umschlagsbereichs bei der Titration mit Calmagit 3,7, was sehr schlecht mit dem Äquivalenzpunkt von pCa = 6,6 übereinstimmt. Diese Berechnungen bestätigen erneut, daß Magnesium bei der Titration mit Calmagit als Indikator anwesend sein muß.

Wenn Calcium(II) und Magnesium(II) *nebeneinander* vorliegen, werden die freien Calcium- und Magnesium-Ionen gemeinsam titriert. Die Reaktion am Endpunkt findet zwischen EDTA und dem Magnesium(II)-Calmagit-Komplex statt, und der Endpunkt ist scharf (Calmagit reagiert bevorzugt mit Magnesium anstelle von Calcium). Wenn Calcium *allein* mit Calmagit als Indikator bestimmt werden soll, so muß eine geringe Menge Magnesium(II) zugegeben werden; sie bildet ein Magnesium(II)-Calmagit-Indikatorsystem, was eine gute Endpunktserkennung ermöglicht. Die Menge an EDTA, die dem zugegebenen Magnesium(II) entspricht, wird vom Gesamtverbrauch an EDTA abgezogen. Alternativ kann man auch vor der Titration Magnesium(II)-EDTA zusetzen; in diesem Fall ist eine Subtraktion nicht notwendig.

Titriert man echte Wasserproben, so muß das Verfahren abgewandelt werden, um Störungen durch Verunreinigungen zu vermeiden.[2] Wasser enthält häufig geringe Mengen an Eisen und anderen gelösten Metallen, die irreversibel mit Calmagit reagieren und die Endpunktserkennung bei der Titration von Calcium und Magnesium unmöglich machen. Wenn die Eisenkonzentration gering ist, kann der Ammoniakpuffer Hydroxokomplexe mit dem Eisen bilden und die Störung verhindern. Natriumcyanid kann manchmal Störungen durch geringe Mengen von Eisen und Kupfer(II) verhindern, indem Cyanokomplexe der Metalle gebildet werden. Triethanolamin ist geeignet, Störungen durch gelöstes Aluminium zu verhindern, ist dabei aber etwas weniger wirksam als Cyanid im Fall des Eisens.

2 H. Diehl, C.A. Goetz und C. Hach, *J. Am. Waterworks Assoc.* **42**, 40 (1950)

Ein Verfahren zur Bestimmung der Wasserhärte unter Verwendung von Arsenazo I als Indikator umgeht die meisten Probleme, die mit Calmagit auftreten.[3] Geringe Mengen Eisen- oder Kupfersalze stören hier nämlich nicht, die Zugabe von Cyanid ist nicht erforderlich. Der Farbumschlag von Arsenazo I beim Endpunkt tritt sehr viel rascher auf als bei Calmagit, das relativ langsam reagiert. Mit Calcium(II) oder Magnesium(II) erreicht man einen Arsenazo-Endpunkt nahe dem theoretischen pM-Wert; daher ist es nicht notwendig, Magnesium(II) zuzufügen, wenn man eine nur Calcium(II) enthaltene Lösung titriert.

Beispiel:

Man berechne das Verhältnis der Konzentrationen des Ca-Arsenazo-Komplexes (violett) zu freiem Arsenazo (orange-gelb) beim stöchiometrischen Endpunkt der Titration von Ca^{2+}, $c(Ca^{2+}) = 0,001$ mol/L, mit EDTA-Lösung, $c = 0,01$ mol/L, bei pH 10. Die Bildungskonstante des Ca-Arsenazo-Komplexes bei pH 10,0 ist $10^{5,68}$.

Wir haben bereits zuvor den pCa-Wert beim stöchiometrischen Endpunkt der gleichen Titration zu 6,6 berechnet. Einsetzen von $[Ca] = 10^{-6,6}$ mol/L in den Ausdruck für die Bildungskonstante für den Ca-Arsenazo-Komplex liefert:

$$K_{CaArs} = \frac{[CaArs]}{[Ca]\,[Ars]}$$

$$\frac{[CaArs]}{[Ars]} = K_{CaArs} \cdot [Ca]$$

$$= 10^{5,68} \cdot 10^{-6,6} = 10^{-0,9} \approx \frac{1}{8}$$

Damit ist der korrekte Endpunkt dann erreicht, wenn der größte Teil der violetten Ca-Arsenazo-Farbe in das Orange-gelb des freien Arsenazo umgeschlagen ist.

Lösungen von EDTA werden häufig mit Calciumcarbonatlösung als Urtiter eingestellt, besonders dann, wenn sie für die Titration von Calcium und Magnesium verwendet werden sollen. Man löst eine genau eingewogene Menge von Calciumcarbonat vorsichtig in Säure:

$$CaCO_3(s) + 2\,H_3O^+ \;\rightarrow\; Ca^{2+} + CO_2(g) + 3\,H_2O$$
$$(2\,HCl)$$

Dann wird die Lösung auf pH 10,0 abgepuffert und mit EDTA-Lösung, $c = 0,010$ mol/L, unter Verwendung von Arsenazo als Indikator titriert; man kann auch Calmagit als Indikator verwenden, nachdem man etwas Magnesium(II) zugegeben hat. Die genaue Stoffmengenkonzentration der EDTA-Lösung wird aus dem verbrauchten Volumen an Maßlösung und der Einwaage an Calciumcarbonat berechnet.

Außer der Bestimmung der Gesamtwasserhärte kann man auch die reine Calciumhärte bestimmen. Bei diesem Verfahren wird die Lösung mit Natriumhydroxid stark alkalisch gemacht, so daß Magnesiumhydroxid ausfällt. Calciumhydroxid ist besser löslich, so daß Calcium(II) in Gegenwart des ausgefällten Magnesiumhydroxids titriert werden kann. Als Indikator eignet sich Calcein (Tabelle 12−4).[4]

3 J.S. Fritz, J.P. Sickafoose und M.A. Schmitt, *Anal. Chem. 41*, 1954 (1969)

4 H. Diehl und J.L Ellingboe, *Anal. Chem. 28*, 882 (1956)

12.4 Andere Titrationsverfahren

Calcium und Magnesium werden mit EDTA in alkalischer Lösung titriert
– andere Metallionen bestimmt man häufig besser in neutralen oder sauren Lösungen. Ein Grund liegt darin, daß viele Metallionen in alkalischer Lösung schwerlösliche Hydroxide bilden. Wird zur Vermeidung der Niederschlagsbildung ein Komplexbildner zugefügt, so kann das Metallion so stark komplexiert werden, daß die Gleichgewichtskonstante für die eigentliche Titrationsreaktion nicht groß genug ist.

Bei Verwendung saurer Lösungen kann man häufig Metallionen, die sehr *stabile* EDTA-Komplexe bilden, in Gegenwart solcher Ionen (wie z.B. Magnesium(II) und Calcium(II)) titrieren, die bei sauren pH-Werten *nicht* oder *nur schwach* mit EDTA reagieren. Obwohl eine Vielzahl von Indikatoren für komplexometrische Titrationen vorgeschlagen und verwendet worden sind, können die meisten EDTA-Titrationen mit einem der folgenden Indikatoren durchgeführt werden: Calmagit, Arsenazo I, NAS oder Xylenolorange (Tabelle 12–4).

Calmagit. Die Struktur dieses Indikators sieht so aus:

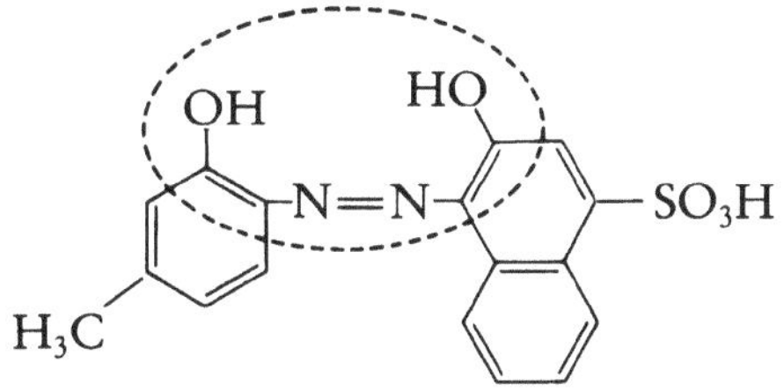

$$OH \qquad HO$$
$$\underset{H_3C}{\text{(Ringsystem)}}-N=N-\underset{}{\text{(Naphthalin)}}-SO_3H$$

Calmagit bildet farbige Komplexe mit den meisten Metallkationen. Der mit einer gestrichelten Linie eingekreiste Teil des Moleküls ist für die Komplexierung verantwortlich. Beide Sauerstoffatome verlieren ihre Protonen und binden an das Metall.

Wie die meisten Metallionen-Indikatoren hat Calmagit Säure-Base-Eigenschaften; wir können diese wie folgt beschreiben:

$$H_2Ind^- \;\underset{}{\overset{pH\,8,1}{\rightleftharpoons}}\; HInd^{2-} \;\underset{}{\overset{pH\,12,4}{\rightleftharpoons}}\; Ind^{3-}$$
$$\text{(rot)} \qquad\qquad \text{(blau)} \qquad\qquad \text{(orange)}$$

Da die Metallkomplexe rot sind, ist Calmagit nur im blauen Farbbereich ein brauchbarer Indikator (pH 8,1 – 12,4).

Die Hauptschwierigkeit bei der Verwendung von Calmagit ist wahrscheinlich, daß viele Metallionen mit dem Indikator so beständige Komplexe bilden, daß sie ihn blockieren und die Endpunktserkennung verhindern. Beispiele für Ionen, die Calmagit blockieren, sind Kupfer(II), Nickel(II), Eisen(III) und Aluminium(III). Störungen durch die ersten drei Ionen können durch Komplexieren mit Cyanid verhindert werden.

Arsenazo I. Dieser Indikator hat folgende Struktur:

Wie bereits zuvor erwähnt, ist Arsenazo I für die EDTA-Titration von Calcium(II), Magnesium(II) oder zur Bestimmung der Gesamtwasserhärte beim pH 10,00 geeignet. Da Spuren von Kupfer(II) und Eisen(III) diesen Indikator nicht blockieren, ist die Zugabe von Cyanid nicht erforderlich. Arsenazo I ist auch ein ausgezeichneter Indikator für Titrationen der Seltenen Erden und von Thorium(IV) mit EDTA.[5]

NAS (Naphthyl-Azoxin S). Die Strukturformel sieht wie folgt aus:

NAS ist rot-violett in sehr stark sauren Lösungen und orange-rot in Lösungen von pH 3,5 und höher. Es bildet fahlgelbe Komplexe mit Kupfer(II), Zink(II) und Eisen(II), und gelbe oder schwach orange Komplexe mit einigen anderen Metallionen. Bei der Komplexbildung bindet das Metall wahrscheinlich an das Sauerstoffatom der OH-Gruppe und an das Stickstoff-Atom im Ring. NAS ist als Indikator im pH-Bereich von etwa 3 bis 9 geeignet.

NAS ist für die Titration von Kupfer(II), Cobalt(II), Nickel(II), Cadmium(II), Zink(II), Aluminium(III) und einigen anderen Metall-Kationen mit EDTA zu empfehlen.[6] Einige unter Verwendung dieses Indikators titrierten Elemente und die jeweils erforderlichen Bedingungen sind in Tabelle 12−3 angegeben.

Bei den meisten Titrationen mit NAS als Indikator ist die Anwesenheit einer kleinen Menge von *Kupfer*(II), das mit Indikator reagieren kann, erforderlich oder vorteilhaft. Der Kupfer(II)-Indikator-Komplex wird erst zerstört, wenn die gesamte Menge an Metallionen titriert ist. Dies entspricht der Titration von Calcium(II) mit Calmagit als Indikator, wo zur Bildung eines geeigneten Indikatorsystems Magnesium(II) zugegeben wird. Im Falle von NAS wartet man allerdings am besten mit der Zugabe von Kupfer(II), bis die Titration fast völlig abgeschlossen ist; auch wenn Kupfer(II) völlig abwesend ist, kann der ungefähre Endpunkt durch Farbumschlag von orange nach rot erkannt werden.

Verschiedene Metallionen reagieren unterschiedlich schnell mit EDTA. So reagiert z.B. Aluminium(III) zu langsam, um direkt titriert zu werden. Alumi-

---

5 J.S. Fritz, R.T. Oliver und D.J. Pietrzyk, *Anal. Chem. 30*, 1111 (1958)

6 J.S. Fritz, J.E. Abbink und M.A. Payne, *Anal. Chem. 33*, 1381 (1961); J.S. Fritz, W.J. Lane und A.S. Bystroff, *Anal. Chem. 29*, 821 (1957)

Tabelle 12—5 Titration von Metallionen mit EDTA gegen NAS als Indikator (mit Pyridin-Pyridiniumsalz- oder Essigsäure-Acetat-Puffer)

Metall	pH	Bemerkungen zur Durchführung
Al^{3+}	6,4	Rücktitration mit Kupfer
Cd^{2+}	6—8	—
Co^{2+}	6—8	—
Cu^{2+}	4—8	—
Fe^{3+}	5,5	Rücktitration mit Zink
Ni^{2+}	6	In der Nähe des Endpunkts langsam titrieren
Pb^{2+}	5,5—6,5	—
(Seltene Erden)$^{3+}$	6	—
Ti^{4+}	4—5	Rücktitration mit Kupfer; vor EDTA-Zugabe 3 Tropfen H_2O_2(30%) zufügen
VO^{2+}	6	Rücktitration mit Zink; Zugabe von Ascorbinsäure vor EDTA-Zugabe
Zn^{2+}	6—8	—

nium(III) wird bestimmt, indem man einen Überschuß an EDTA-Standardlösung zufügt und zur Vervollständigung der Reaktion erhitzt; dann wird abgekühlt, gepuffert und die Lösung mit einer Kupfer(II)-Standardlösung und gegen NAS als Indikator zurücktitriert. Einige andere Elemente werden durch ähnliche Rücktitrationen bestimmt; bei den meisten ist jedoch Erhitzen nicht erforderlich. Tabelle 12—5 gibt eine Übersicht über wichtige Titrationen von Metallionen mit EDTA gegen NAS als Indikator.

Xylenolorange. Dieser Indikator wird durch Reaktion eines Säure-Base-Indikators (*o*-Cresolsulfonphthalein) mit Formaldehyd und Iminodiessigsäure hergestellt, so daß eine oder zwei chelatbildende Gruppen

$$\left(-CH_2N \Big\langle {}^{CH_2COOH}_{CH_2COOH} \right)$$

an das Molekül gebunden sind. Dies führt dazu, daß der Indikator mit Metallionen reagiert; die Struktur des Indikators ist dabei so geartet, daß der freie Indikator gelb gefärbt ist (unterhalb pH 6,4) und die Metallkomplexe violett.

Obwohl Xylenolorange zur Titration verschiedener Metallionen verwendet werden kann[7], eignet es sich besonders für die Titration solcher Metallionen, die bei pH-Werten zwischen 1,5 und 3,0 sehr starke EDTA-Komplexe bilden. Dazu gehören die direkte Titration von Bismut(III) und Thorium(IV) und die Bestimmung von Zirconium(IV) und Eisen(III) durch Rücktitration mit Thorium(IV) oder Bismut(III).

7 J. Körbl und R. Pribil, *Chemist-Analyst* **45**, 102 (1956)

Aufgaben

Definitionen und Grundlagen

12.1 Definieren Sie folgende Begriffe:

a) Ligand, b) zweizähniger Ligand, c) sechszähniger Ligand, d) Koordinationszahl, e) Chelat und f) Aquo-Komplex-Ion.

12.2 Geben Sie die jeweilige Koordinationszahl des Metallions in den folgenden Komplex-Ionen an (Y^{4-} steht für das Ethylendiamintetracetat-Anion).

a) $[Cu(NH_3)_4]^{2+}$

b) $[Cu(NH_3)_4(H_2O)_2]^{2+}$

c) $[CoY]^-$

d) $[NiY(H_2O)]^{2-}$

e) $[Cu(CN)_3]^{2-}$

f) $[Cu(CN)_3(H_2O)]^{2-}$.

12.3 Ist es korrekt, für einen Metallkomplex eine einzige Formel wie beispielsweise $[Zn(NH_3)_4]^{2+}$ oder $[FeF_6]^{3-}$ anzugeben? Begründen Sie!

12.4 Welche Form von EDTA wird für die Herstellung einer Maßlösung verwendet? Warum ist eine Lösung, die Metallionen enthält, vor Titration mit EDTA zu puffern?

12.5 Erklären Sie, warum höhere Acidität (niedrigerer pH) eine geringere Änderung des pM beim Endpunkt verursacht, wenn ein Metallion mit EDTA titriert wird.

12.6 Schlagen Sie einen möglichen Grund vor, warum die Koordinationszahl vieler Metalle gegenüber Halogenidionen 4, gegenüber Wasser und Ammoniak aber 6 ist.

12.7 Zur Extraktion aus wäßriger Lösung sollen Komplex-Ionen der Ladung -1 oder -2 aus den folgenden Metallionen erzeugt werden. Schlagen Sie für jedes Metall einen geeigneten Liganden vor: a) Fe^{3+} b) Co^{2+} c) Co^{3+} d) Cu^{2+}.

Der Einfluß des pH auf Reaktionen mit EDTA

12.8 Eine Lösung eines Metallions, $c = 0{,}01$ mol/L, wird mit EDTA titriert, beim Äquivalenzpunkt sei $c(MY)$ ungefähr $0{,}01$ mol/L. Man zeige, daß für eine quantitative Titration ($99{,}9\,\%$) der Mindestwert für die Komplexbildungskonstante $K_{MY'}$ $1{,}0 \cdot 10^8$ ist.

12.9 Analog zur Aufgabe 12.8 berechne man den Mindestwert der Komplexbildungskonstanten, der erforderlich ist, damit eine Titration einer Metallion-Lösung, $c = 0{,}001$ mol/L, mit EDTA beim Äquivalenzpunkt zu $99{,}9\,\%$ vollständig abgelaufen ist.

12.10   Nehmen wir einmal an, die Komplexbildungskonstante für die Reaktion von Metallionen mit EDTA sei stets größer als 10^8; $c(\mathrm{Me}^{z+})$ sei 0,01 mol/L. Schätzen Sie jeweils den sauersten pH-Wert (auf 0,5 pH-Einheiten) ab, bei dem die Titration der folgenden Metallionen quantitativ verläuft: a) Ca^{2+} b) Cu^{2+} c) Zn^{2+} d) Th^{4+}.

12.11   Man kann zeigen, daß eine Lösung eines Metallions, $c = 0{,}01$ mol/L, mit EDTA nicht merklich reagiert, wenn die Komplexbildungskonstante $1 \cdot 10^2$ oder kleiner ist. Unter Verwendung von Bild 12–3 schätze man den basischsten pH ab, bei dem die folgenden Ionen nicht reagieren werden: a) Mg^{2+} b) Al^{3+}.

12.12   Man wähle auf 0,5 pH-Einheiten genau einen geeigneten pH-Wert für die EDTA-Titration des ersten Metallions in Gegenwart des zweiten Metallions in den unten genannten Mischungen aus. Bezüglich des Minimalwerts der Komplexbildungskonstanten der jeweils ersten Metallionen sollten Sie sich noch einmal Aufgabe 12.10 ansehen; die maximal erlaubten Komplexbildungskonstanten, so daß jeweils die zweiten Ionen nicht merklich mit EDTA reagieren, entnehme man aus Aufgabe 12.11.

   a) 0,01 mol/L Zn^{2+} in Gegenwart von 0,01 mol/L Mg^{2+}

   b) 0,01 mol/L Th^{4+} in Gegenwart von 0,01 mol/L Al^{3+}

12.13   Man schätze auf 0,5 pH-Einheiten den sauersten und basischsten pH-Wert ab, bei denen eine Cadmium(II)-Lösung, $c(\mathrm{Cd}^{2+}) = 0{,}01$ mol/L, mit EDTA, $c(\mathrm{EDTA}) = 0{,}01$ mol/L, titriert werden kann. Das Löslichkeitsprodukt K_L von $\mathrm{Cd(OH)_2}$ beträgt $6 \cdot 10^{-15}$ $\mathrm{mol^3 \cdot L^{-3}}$. Der Minimalwert der Komplexbildungskonstanten für 0,01 mol/L Cd^{2+} ist $1 \cdot 10^8$.

12.14   Unter Verwendung der Angaben aus Tabelle 12–3 und Bild 12–3 berechne man den pM-Wert beim Äquivalenzpunkt der folgenden Titrationen mit EDTA. Dabei sei am Äquivalenzpunkt $c(\mathrm{MY}) = 0{,}0010$ mol/L.

   a) Fe^{3+} bei pH 2,0   c) Mg^{2+} bei pH 9,5

   b) Pb^{2+} bei pH 5,0   d) La^{3+} bei pH 6,5.

Der Einfluß von pH und Komplexbildung auf Titrationen mit EDTA

12.15   Man berechne den pCu, also $-\log c(\mathrm{Cu}^{2+})$, einer Lösung, die durch Zugabe von 0,1 mol Natriumtartrat zu Kupferperchloratlösung, $c = 0{,}001$ mol/L, hergestellt wurde. Man nehme an, daß der pH basisch genug ist, so daß nicht gebundenes Tartrat als Anion L vorliegt. Die logarithmischen Werte der Bildungskonstanten für die Kupfer-Tartrat-Komplexe $\mathrm{CuL_n}$ sind $\log \beta_1 = 3{,}2$; $\log \beta_2 = 5{,}1$; $\log \beta_3 = 4{,}8$; $\log \beta_4 = 6{,}5$.

12.16   Man berechne den pCd einer Cadmium(II)-Lösung, $c(\mathrm{Cd}^{2+}) = 0{,}01$ mol/L, mit einer Stoffmengenkonzentration an freien, nicht gebundenen Iodidionen von 0,1 mol/L. (Komplexbildungskonstanten der Cadmium-Iodid-Komplexe siehe Abschnitt 12.1.)

12.17 Mit Hilfe der Angaben aus Aufgabe 12.16 und Bild 12−3 berechne man die Komplexbildungskonstante für die Titration von Cadmium(II) mit EDTA bei pH 6,0 in Gegenwart von freien Iodid-Ionen, $c(I^-) = 0,1$ mol/L. Wäre es möglich, eine Probe von Cs_2CdI_4 auf Cadmium(II) zu analysieren, indem man das Iodid verdrängt?

12.18 Mit Hilfe der Angaben aus Tabelle 12−2 und Bild 12−3 und der unten angegebenen Werte für $\alpha_{M(OH)}$ [Definition siehe Gl. (12−5)] berechne und zeichne man $K_{Al'Y'}$ als Funktion des pH-Wertes. Anhand der erhaltenen Kurve schlage man einen optimalen pH für die Titration von Aluminium(III) mit EDTA vor.

pH	$\alpha_{Al(OH)}$
5	$10^{-0,4}$
6	$10^{-1,3}$
7	$10^{-5,3}$
8	$10^{-9,3}$
9	$10^{-13,3}$

12.19 Das Kupfer in einem Kupfer(II)-Glycin-Komplex soll mit EDTA titriert werden.

a) Man berechne pCu in einer Lösung (pH 10,0), die 0,01 mol/L Kupfer-Glycin-Komplex und 0,01 mol/L überschüssiges Glycin enthält. Bei diesem pH sind die Komplexbildungskonstanten für den Kupfer-Glycin-Komplex: $\beta_1 = 10^{8,1}$ und $\beta_2 = 10^{15,1}$.

b) Man berechne pCu für 200 % Umsatz mit EDTA in einer auf pH 10,0 gepufferten Lösung ($K_{CuY'} = 10^{18,3}$ bei pH 10,0).

c) Aus den Ergebnissen zu a) und b) zeichne man die ungefähre Kurve der Titration von Kupfer(II) in Glycin-Lösung, abgepuffert auf pH 10,0, mit EDTA. Kommentieren Sie die Durchführbarkeit dieser Titration.

12.20 Ethylenglykol-bis(β-aminoethylether)-N,N,N',N'-tetraessigsäure [abgekürzt EGTA] komplexiert Calcium(II) sehr viel stärker als Magnesium(II). Die Bildungskonstanten der EGTA-Komplexe haben die folgenden Werte: $K_{CaY} = 10^{11,0}$, $K_{MgY} = 10^{5,2}$. Bei pH 8,0 ist für EGTA $\alpha_Y = 10^{-2,5}$.

a) Man berechne den pCa bei 0 % und 200 % Umsatz, wenn eine Ca^{2+}-Lösung, $c(Ca^{2+}) = 0,01$ mol/L, bei pH 8 mit EGTA-Maßlösung titriert wird.

b) Man berechne pMg bei 0 % und 200 % Umsatz, wenn eine Mg^{2+}-Lösung, $c(Mg^{2+}) = 0,001$ mol/L, bei pH 8 mit EGTA titriert wird.

c) Zeichnen Sie die ungefähren Titrationskurven für Ca^{2+} und Mg^{2+} und entscheiden Sie, ob Calcium unter den angegebenen Bedingungen ohne Störung durch Metallionen titriert werden kann.

Indikatoren

12.21 Indikatoren bei Komplexbildungs-Titrationen ändern ihre Farbe auch aufgrund von Säure-Base-Reaktionen. Oft ist die Farbe des Indikators in basischer Lösung fast dieselbe wie die des Metall-Indikator-Komplexes. Inwiefern begrenzt dies den pH-Bereich, in dem ein solcher Indikator verwendbar ist?

12.22 Xylenolorange ist in saurer Lösung gelb und schlägt bei pH $\geq 6,4$ nach rot um. Blei(II) bildet einen rot-orangen Komplex mit Xylenolorange, Komplexbildungskonstanten: $K = 10^{4,2}$ bei pH 3,0; $10^{4,8}$ bei pH 4,0; $10^{7,0}$ bei pH 5,0 und $10^{8,2}$ bei pH 6,0. Anhand der Angaben aus Tabelle 12−2 und Bild 12−3 berechne man den pPb-Wert beim Äquivalenzpunkt ([PbY] sei $1,0 \cdot 10^{-3}$ mol/L) bei den pH-Werten 3,0; 4,0; 5,0 und 6,0. Bei welchem pH-Wert entspricht der Xylenolorange-Endpunkt dem pPb des Äquivalenzpunkts der Titration am besten?

12.23 Magnesium(II) bildet bei pH 10,0 einen 1:1-Komplex mit dem Indikator Arsenazo I. Die Bildungskonstante dieses Komplexes wurde spektralphotometrisch abgeschätzt, um die Titration von sehr verdünntem Arsenazo I mit Magnesium(II) zu verfolgen. Die Titration zeigte, daß beim Äquivalenzpunkt 50 % des Arsenazo I als Magnesiumkomplex vorlagen und 50 % als nichtkomplexiertes Arsenazo I. Wie groß ist die Bildungskonstante des Komplexes, wenn am Äquivalenzpunkt gilt: [Mg-Arsenazo]/[Arsenazo] = $1 \cdot 10^{-5}$?

12.24 Mit Hilfe der Bildungskonstanten aus Aufgabe 12.23 berechne man das Verhältnis von Mg-Arsenazo zu Arsenazo I beim Endpunkt der Titration von Magnesium mit EDTA bei pH 10. Die Konzentration von Magnesium-EDTA beim Endpunkt ist 0,001 mol/L (siehe Abschnitt 12.3). Die Bildungskonstante für Mg-EDTA bei pH 10 ist $10^{8,1}$.

Wasserhärte

12.25 Erklären Sie, warum zum Einstellen einer EDTA-Lösung mit Calciumcarbonat als Urtitersubstanz und Calmagit als Indikator Magnesium(II) zugefügt werden muß.

12.26 Erklären Sie, wie man die Störung von gelösten Eisen- und Aluminiumsalzen bei der Bestimmung der Gesamtwasserhärte mit Calmagit als Indikator vermeiden kann.

12.27 Nennen Sie einige Vorteile, die Arsenazo I gegenüber Calmagit als Indikator zur Bestimmung der Wasserhärte hat.

12.28 Erklären Sie, wie die Calcium-Wasserhärte durch Titration mit EDTA bestimmt werden kann.

12.29 Die Titration einer Probe von 50,0 mL Wasser auf Gesamthärte erfordert 4,08 mL EDTA-Lösung, $c(EDTA) = 0,01000$ mol/L. Man berechne die Wasserhärte in ppm Calciumcarbonat.

12.30 Zur Titration von 25 mL Calciumcarbonat-Standardlösung, $c = 0,0100$ mol/L, werden 20,00 mL EDTA-Lösung verbraucht. Eine 75,00-mL-Probe eines harten Wassers verbraucht bei der Bestimmung der Gesamthärte 30,00 mL dieser (eingestellten) EDTA-Maßlösung. Man berechne den Calciumgehalt der Probe (Angabe in ppm Calcium und ppm Calciumcarbonat; 1 ppm entspricht 1 mg pro Liter).

12.31 Eine 50,00-mL-Probe eines harten Wassers wird mit 15,00 mL einer EDTA-Maßlösung, $c = 0,0100$ mol/L, titriert; Arsenazo I dient als Indikator. Eine zweite 50,00-mL-Probe wird mit Natriumhydroxid stark alkalisch gemacht. Es entsteht ein Niederschlag. Man fügt Calcein als Indikator zu. Bei der anschließenden Titration erfordert die Probe 10,00 mL einer EDTA-Maßlösung, $c = 0,0120$ mol/L. Man berechne a) die Stoffenmengenkonzentration an Ca^{2+} in der Lösung, b) die Stoffmengenkonzentration an Magnesium und c) die Gesamthärte des Wassers (als Calciumcarbonat).

Analysenverfahren

12.32 Warum wird Eisen(III) mit EDTA nicht in basischer, sondern in saurer Lösung titriert? Geben Sie für diese Titration einen brauchbaren Indikator an.

12.33 Erklären Sie, warum einige Metallionen am besten bestimmt werden, wenn man EDTA im Überschuß zugibt und dann zurücktitriert. Geben Sie einige Metallionen an, die zu dieser Gruppe gehören. Erklären Sie, wie man ein geeignetes Metallion für die Rücktitration auswählt.

12.34 Schlagen Sie eine Methode zur Bestimmung der ersten Substanz in Gegenwart der jeweils zweiten Substanz mit EDTA vor. Dazu gehört die Angabe eines geeigneten Indikators, des pH-Werts und weiterer erforderlicher Reagenzien. Der Endpunkt kann auch mit anderen Methoden bestimmt werden.

a) Cu^{2+} in Gegenwart von Ca^{2+}

b) $Ca(NO_3)_2$ in Gegenwart von $Mg(NO_3)_2$

c) Fe^{3+} in Gegenwart von Ca^{2+}

d) Ca^{2+} in Gegenwart von geringen Mengen Fe^{3+} und Cu^{2+}

e) Bi^{3+} in Gegenwart von Cd^{2+}

f) Mg^{2+} in Gegenwart von Ni^{2+}

g) Al^{3+} in Gegenwart von K^+.

12.35 Metallionen wie Al^{3+}, Fe^{3+} und Ni^{2+} reagieren mit EDTA langsam, so daß die Titration langsam verläuft und der Endpunkt falsch bzw. „verwischt" erscheint. Erklären Sie, wie man solche Metallionen durch Titration mit EDTA genauer und rascher bestimmen kann.

Kapitel 13

Die Theorie der Redox-Reaktionen und -Titrationen

13.1 Redox-Reaktionen

Unter Redox-Reaktionen versteht man Reaktionen, bei denen sich die Oxidationszahlen eines oder mehrerer Elemente in den reagierenden Substanzen ändern. Oxidation und Reduktion laufen stets gleichzeitig ab; wenn eine Oxidation auftritt, ist sie immer von einer Reduktion begleitet. Man bezeichnet Oxidations-Reduktions-Reaktionen häufig kurz als Redox-Reaktionen.

Ein Oxidationsmittel ist ein Stoff, der Elektronen aufnimmt und dabei in eine niedrigere Oxidationsstufe übergeht:

$$A_{ox} + ne^- \rightarrow A_{red} \qquad \textit{allgemeiner Fall}$$

$$Fe^{3+} + e^- \rightarrow Fe^{2+} \qquad \textit{Beispiel}$$

Ein Reduktionsmittel gibt Elektronen ab und geht dabei in eine höhere Oxidationsstufe über:

$$B_{red} \rightarrow B_{ox} + ne^- \qquad \textit{allgemeiner Fall}$$

$$Zn^0(s) \rightarrow Zn^{2+} + 2e^- \qquad \textit{Beispiel}$$

Jede der beiden genannten Reaktionen heißt *Halbreaktion.* Die oxidierte und reduzierte Form, die in jeder Halbreaktion auftreten, nennt man zusammen auch *Redox-Paar.* Dabei ist zu beachten, daß Halbreaktionen keine Gleichgewichtsreaktionen sind, da freie Elektronen in Lösung nicht vorkommen (höchstens nur kurzzeitig). Eine Redox-Reaktion läuft nur dann ab, wenn ein geeignetes Oxidationsmittel mit einem entsprechenden Reduktionsmittel zusammengebracht wird; zu beschreiben ist sie als Summe der beiden Halbreaktionen:

$$A_{ox} + ne^- \rightarrow A_{red}$$
$$\underline{\qquad B_{red} \rightarrow B_{ox} + ne^-}$$
$$A_{ox} + B_{red} \rightarrow A_{red} + B_{ox}$$

Wegen der Elektroneutralitätsbedingung und da freie Elektronen in Lösung nicht vorkommen können, muß die Zahl der aufgenommenen und der abgegebenen Elektronen gleich sein. Im vorstehenden Beispiel gibt metallisches Zink zwei Elektronen ab, wobei es zu Zn^{2+} oxidiert wird. Um die Gesamtreaktion auszugleichen, muß die Halbreaktion der Eisen(III)-Ionen zu Eisen(II)-Ionen daher mit zwei multipliziert werden (die beteiligten Elektronen müssen sich in der Reaktionsgleichung der Gesamtreaktion herausheben):

$$2Fe^{3+} + 2e^- \rightarrow 2Fe^{2+}$$
$$\underline{\qquad Zn^0(s) \rightarrow Zn^{2+} + 2e^-}$$
$$2Fe^{3+} + Zn^0(s) \rightarrow 2Fe^{2+} + Zn^{2+}$$

Da im allgemeinen Elektronen *übertragen* werden, besteht ein enger Zusammenhang zwischen elektrischen Phänomenen und Redox-Reaktionen. Das folgende Beispiel mag dies deutlich machen: Wenn man eine Lösung von Cer(IV) und eine saure Lösung von Eisen(II) zusammengibt und vermischt, verschwindet die orange Farbe von

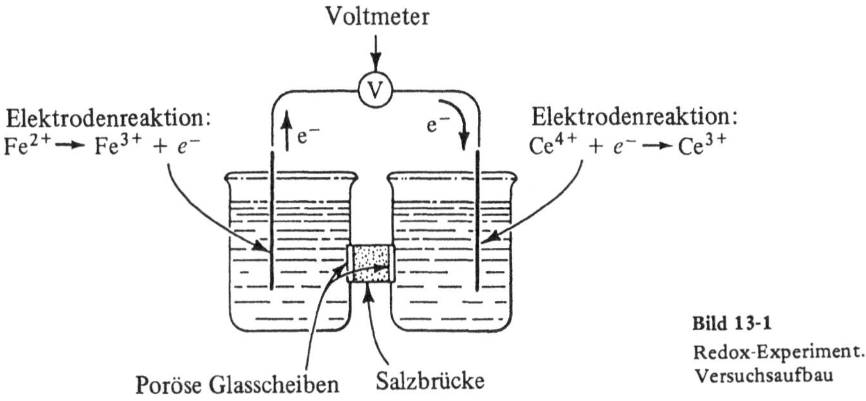

Bild 13-1
Redox-Experiment.
Versuchsaufbau

Cer(IV). Dies zeigt an, daß Cer(IV) zu Cer(III) reduziert wurde. Gibt man dieser Lösung dann Natriumthiocyanat-Lösung zu, tritt eine rote Farbe auf: Ein Teil des Eisens wurde also vom Eisen(II) zum Eisen(III) oxidiert. Die Reaktion kann durch die Gleichung

$$Ce^{4+} + Fe^{2+} \rightarrow Ce^{3+} + Fe^{3+}$$

beschrieben werden. Man nehme nun an, daß saure Lösungen von Eisen(II) und Cer(IV) in *zwei getrennte* Bechergläser gegeben werden. In jedes Becherglas wird ein polierter Platindraht getaucht, und die Drähte werden − wie in Bild 13−1 gezeigt − verbunden. (Die Bechergläser werden außerdem durch eine Salzbrücke verbunden, um den elektrischen Stromkreis zu schließen.) Ein Galvanometer zeigt, daß im Stromkreis ein elektrischer Strom fließt. Zugabe von Natriumthiocyanat zum linken Becherglas zeigt, daß dort Eisen(II) zu Eisen(III) oxidiert wird. Die orange Farbe des Cer(IV) im rechten Becherglas nimmt langsam ab, woran die Reduktion erkennbar ist.

Bei diesem Experiment geschieht folgendes: Eisen(II) wird an der Oberfläche der Platinelektrode im linken Becherglas oxidiert:

$$Fe^{2+} \rightarrow Fe^{3+} + e^-$$

Der Draht nimmt die Elektronen auf. Im rechten Becherglas wird *zugleich* Cer(IV) reduziert:

$$Ce^{4+} + e^- \rightarrow Ce^{3+}$$

Die für die Reduktion erforderlichen Elektronen werden dem Draht entnommen. Insgesamt ergibt sich ein Fluß von Elektronen durch den Draht von links nach rechts, das Galvanometer zeigt eine Spannung an. In der Lösung wird der elektrische Strom dadurch transportiert, daß positive Ionen (Kationen) durch die Salzbrücke in die Cer-Lösung fließen, oder negative Ionen (Anionen) durch die Salzbrücke in die Eisen-Lösung. Damit ist der elektrische Stromkreis geschlossen.

Tatsächlich tragen sowohl Anionen als auch Kationen zur Leitung des elektrischen Stroms in der Lösung bei. Die relativen Anteile an Anionen und Kationen, die die Glasfritten von einem Becherglas zum andern durchqueren, hängen von den relativen Beweglichkeiten der Anionen und Kationen ab. Zum Beispiel trägt das kleine, leicht bewegliche Wasserstoffion weit stärker zur Leitung des Stroms bei, als das größere, langsamere Chloridion. Der Anteil des Stromes, der durch das Anion transportiert wird, heißt Überführungszahl des Anions, t_A; analog wird der Anteil des Stroms, der durch das Kation transportiert wird, als dessen Überführungszahl t_K bezeichnet. Wenn die Ionenladung des Kations und des Anions gleich sind, so ist $t_A + t_K = 1$.

Wenn Redox-Reaktionen wie oben beschrieben ablaufen, dann folgt daraus, daß elektrischer Strom aus einer externen Stromquelle, wie z.B. einer Batterie, chemische Reaktionen herbeiführen kann. In dem beschriebenen Experiment könnten die Elektronen, die Cer(IV) reduzieren, genauso gut aus einer Batterie wie von der Oxidation des Eisen(II) zum Eisen(III) im zweiten Becherglas herrühren. Chemische Reaktionen, die durch eine äußere Stromquelle verursacht werden, sind in der Tat sehr nützlich. Einige analytische Anwendungen dieser Art von Redox-Reaktion werden in Kapitel 16 besprochen.

Bild 13–1 zeigt ein Beispiel einer elektrochemischen Zelle. Eine *galvanische Zelle* erzeugt durch eine chemische Redox-Reaktion spontan eine Spannung und wird daher einen Stromfluß verursachen, wenn die Elektroden durch einen leitenden Draht verbunden sind. Eine *elektrolytische Zelle* (Elektrolysezelle) ist ein System, in dem Elektrizität aus einer externen Quelle, wie z.B. einer Batterie, eine chemische Reaktion hervorruft.

Die Tatsache, daß eine chemische Redox-Reaktion elektrischen Strom erzeugen kann, bedeutet, daß chemische Energie in elektrische Energie umgewandelt werden kann, zumindest in einigen Fällen. Die Spannung des dabei erzeugten elektrischen Stroms ist zur Reaktionsenergie der Redox-Reaktion proportional. Da elektrische Spannungen sehr genau meßbar sind, kann die Energie einer Redox-Reaktion sehr genau bestimmt werden.

13.2   Elektrodenpotentiale

Für unsere Zwecke wollen wir für den Begriff „Elektrode" eine der beiden folgenden Definitionen angeben:

(1) *Ein leitfähiges Metall in Kontakt mit einer Lösung der entsprechenden Metallionen* (zum Beispiel metallisches Blei, das in die Lösung eines löslichen Bleisalzes eintaucht)

$$Pb^0(s) \,|\, Pb^{2+}$$

Die Halbreaktion, die an dieser Elektrode abläuft, lautet (in Form einer Reduktionsreaktion geschrieben):

$$Pb^{2+} + 2e^- \rightarrow Pb^0(s)$$

Als Oxidation geschrieben, handelt es sich um folgende Halbreaktion:

$$Pb^0(s) \rightarrow Pb^{2+} + 2e^-$$

(2) *Ein inertes Metall*, z.B. Platin, *in Kontakt mit einem Redox-Paar in Lösung.* Ein Beispiel ist polierter Platin-Draht in Kontakt mit einer Lösung aus Eisen(III)- und Eisen(II)-Ionen:

$$Pt^0(s) \mid Fe^{3+}, Fe^{2+}$$

Die Halbreaktion an dieser Elektrode (in Form einer Reduktionsreaktion geschrieben) lautet

$$Fe^{3+} + e^- \rightarrow Fe^{2+},$$

oder als Oxidationsreaktion geschrieben:

$$Fe^{2+} \rightarrow Fe^{3+} + e^-$$

Die Fähigkeit, Elektronen aufzunehmen (reduziert zu werden), oder Elektronen abzugeben (oxidiert zu werden), ist für verschieden Substanzen unterschiedlich ausgeprägt. Das *Potential* einer Elektrode (gemessen in Volt) ist ein Maß für diese Redoxkraft. Das Potential einer einzelnen Elektrode kann leider nicht bestimmt werden, man kann jedoch die *Potentialdifferenz* zwischen zwei Elektroden messen. Wenn wir die Potentialdifferenzen vieler einzelner Elektroden (einzelner Halbzellen) zu einer bestimmten Standardelektrode (Referenzelektrode) miteinander vergleichen, kann man die Potentiale verschiedener Halbzellen *relativ zueinander* angeben. Damit haben wir ein relatives Maß für die Redoxkraft verschiedener Redox-Paare.

Als universell verwendete Referenzelektrode dient die Standard-Wasserstoffelektrode (Normal-Wasserstoffelektrode). Dabei handelt es sich um einen Platinstreifen, der mit amorphem Platinmetall (Platinmohr) beschichtet ist, das auch Wasserstoffgas absorbiert. Wasserstoffgas wird unter einem Druck von einer Atmosphäre durch die Lösung um die Elektrode geblasen. Die Lösung enthält Wasserstoffionen der Aktivität 1 mol/L. Das Potential dieser Elektrode wird vereinbarungsgemäß willkürlich auf 0,000 Volt festgesetzt.

Unter Chemikern besteht weiterhin keine Einigkeit über die Schreibweise einer Elektrodenreaktion und das Vorzeichen des entsprechenden Potentials. Wir halten uns an die Regeln, die einer in Stockholm getroffenen IUPAC-Übereinkunft (IUPAC = International Union of Pure and Applied Chemistry) entsprechen.

(1) Redox-Halbreaktionen werden als *Reduktionen* geschrieben, z.B.

$$Fe^{3+} + e^- \rightarrow Fe^{2+}$$
$$H^+ + e^- \rightarrow \tfrac{1}{2} H_2$$
$$Zn^{2+} + 2e^- \rightarrow Zn^0(s)$$

Zum Vergleich von Elektrodenpotentialen werden alle Halbreaktionen in der gleichen Weise geschrieben, d.h. als Reduktion. Bei einer vollständigen Redox-Reaktion müssen natürlich Oxidation und Reduktion nebeneinander ablaufen. Eine vollständige Reaktion erhält man, indem man eine Reduktions-Halbreaktion von der anderen subtrahiert, wie in Abschnitt 13.4 besprochen wird.

(2) Das *Vorzeichen eines Potentials* wird als *plus* geschrieben, wenn die oxidierte Form ein besseres Oxidationsmittel ist als Wasserstoffionen, und als *minus*, wenn sie ein schlechteres Oxidationsmittel ist.

(3) Vom *Standard-Elektrodenpotential* (auch *Standardpotential* oder *Normalpotential* genannt) E^0 spricht man, wenn jede der an der Halbreaktion beteiligten Spezies im Standardzustand vorliegt.

Ein gelöstes Ion i befindet sich im Standardzustand, wenn seine Aktivität gleich eins ist [$a(i) = 1$ mol/L]. Elementare Metalle sind stets im Standardzustand, bei Gasen entspricht ein Druck von 1 Atmosphäre Standardbedingungen. Insofern geht die Definition der Standard-Elektrodenpotentiale von „idealisierten" Bedingungen aus. Rechnet man jedoch mit diesen Potentialen (vgl. z.B. Abschnitt 13.3), so ergeben sich oft Abweichungen vom experimentellen Wert. Warum?

Erstens setzt man meist vereinfachend anstelle der Aktivität $a(i)$ die Konzentration $c(i)$ der entsprechenden Teilchen ein. Mit steigender Konzentration unterscheiden sich aber $a(i)$ und $c(i)$ zunehmend (vgl. Abschnitt 1.2). Wenn beide Spezies des Redoxpaares löslich sind, kürzen sich die Aktivitätskoeffizienten in der Nernstschen Gleichung (13–3) oft fast heraus: Dann ist der Fehler bei Verwendung von $c(i)$ anstelle von $a(i)$ gering. Nur bei konzentrierten Lösungen oder für Präzisionsmessungen fällt er ins Gewicht.

Zweitens muß an dieser Stelle an den Unterschied zwischen analytischer Konzentration $c(i)$ und tatsächlicher (Gleichgewichts-)Konzentration [i] erinnert werden (Abschnitt 1.2). Bei ionischen Spezies, die komplexiert werden können, verringert die Komplexbildung den Anteil an freiem Ion, so liegt z.B. Zn^{2+} in chloridhaltiger Lösung z.T. als $[ZnCl_3]^-$ bzw. $[ZnCl_4]^{2-}$ vor. Ebenso beeinflußt der pH-Wert die tatsächliche Konzentration schwacher Säuren in ihrer dissoziierten bzw. undissozierten Form. Die analytische Konzentration (entsprechend der ursprünglichen Einwaage oder Summe aller aus der eingewogenen Substanz entstehenden Spezies) ist dann größer als die Gleichgewichtskonzentration, die in die Rechnungen eingeht. Wenn man alle Gleichgewichtskonstanten der konkurrierenden Gleichgewichte kennt, kann man dies entsprechend berücksichtigen. Oft ist das nicht der Fall.

Daher hat man zusätzlich zum Standard-Elektrodenpotential ein zweites Potential so definiert, daß die oxidierte und reduzierte Spezies in einer definierten Elektrolytlösung (wird jeweils angegeben) die *analytische* Konzentration (Einwaage) 1 mol/L haben. Solche experimentell bestimmten Potentiale (in der amerikanischen Literatur „*formal potentials*" (Formalpotentiale) genannt, da ein „*formula weight*" jeder Spezies vorliegt) sind in manchen Tabellen angegeben und liegen meist recht nahe bei den Normalpotentialen, gelegentlich weichen sie aber auch stark ab. (In Anhang 3 sind meist Normalpotentiale angegeben; in den Fällen, in denen in Klammern Art und Konzentration der Säure in der Lösung vermerkt sind, handelt es sich um „*formal potentials*". Sie gelten ausschließlich für die angegebenen Bedingungen. Man unterscheidet sie als $E^f_{ox,\,red}$ von den Normalpotentialen $E^0_{ox,\,red}$.)

Fassen wir kurz zusammen: Je positiver das Potential einer Halbreaktion, desto stärker die Oxidationskraft der oxidierten Form des Redoxpaars. Je negativer das Potential, desto stärker ist die Reduktionskraft der reduzierten Form des Redoxpaars.

Es ist nützlich, wenn man voraussagen kann, welche Redox-Reaktionen spontan ablaufen werden und welche nicht. Aus der vorhergehenden Diskussion sollten die folgenden Regeln deutlich geworden sein: Die oxidierte Form eines Redoxpaars wird mit der reduzierten Form eines solchen Redoxpaars reagieren, das in der Tabelle der Standard-Elektrodenpotentiale (Standardpotentiale, Normalpotentiale) tiefer steht (d.h. das ein negativeres Potential hat). Die oxidierte Form eines Redoxpaars wird nicht mit der reduzierten Form eines Redoxpaars reagieren, das in der Tabelle oberhalb steht (d.h. das ein positiveres Potential hat). Zum Beispiel wird Iod (das in wäßriger Kaliumiodidlösung als I_3^- vorliegt) H_2S (formale Oxidationsstufe des Schwefels : -2) zu elementarem Schwefel oxidieren, aber nicht Eisen(II) zu Eisen(III). Fe^{3+} wird U^{4+} zu UO_2^{2+} oxidieren, nicht aber VO^{2+} zu VO_2^+.

13.3 Die Abhängigkeit des Elektrodenpotentials von der Konzentration

Wir halten fest: Das Standardpotential einer Elektrode ist dasjenige Potential, welches gemessen wird, wenn sowohl die oxidierte als auch die reduzierte Form des Redoxpaars im Standardzustand vorliegen. Das Potential einer Elektrode unterscheidet sich vom Standardpotential, wenn die Redox-Substanzen *nicht* im Standardzustand vorliegen.

Es ist nun vorteilhaft zu wissen, wie sich das Elektrodenpotential mit der Konzentration der löslichen Spezies ändert. Die Potentialänderung in Abhängigkeit von der Konzentration kann experimentell bestimmt werden: Man mißt die elektromotorische Kraft (EMK) einer Zelle, die die fragliche Elektrode (Indikatorelektrode), mit einer Salzbrücke zu einer Referenzelektrode bekannten Potentials verbunden, enthält. Das Elektrodenpotential bei verschiedenen Konzentrationen von Redox-Spezies kann auch theoretisch mit Hilfe der *Nernstschen Gleichung* berechnet werden. Für die Halbreaktion

$$A_{ox} + ne^- \rightarrow A_{red}$$

lautet die Nernstsche Gleichung:

$$E = E^0 + 2{,}303 \frac{RT}{nF} \log \frac{a(A_{ox})}{a(A_{red})} \tag{13-1}$$

Dabei bedeuten: E das Potential in Volt, E^0 das Standard-Elektrodenpotential in Volt, R die Gaskonstante [$8{,}314$ J/(K·mol)]; T ist die absolute Temperatur in Kelvin (273 + Temperatur in Grad Celsius), n steht für die Anzahl der bei einem Formelumsatz ausgetauschten Elektronen, F ist die Faraday-Konstante ($96{,}487$ Coulomb/mol), $a(A_{ox})$ die Aktivität der oxidierten Form und $a(A_{red})$ die Aktivität der reduzierten Form.

Häufig ist es bequemer, die Nernstsche Gleichung in einer vereinfachten (Näherungs-)Form zu verwenden, in der anstelle der Aktivitäten mit Konzentrationen gerechnet wird. Bei Raumtemperatur, also bei 25 °C (298 K), hat der Ausdruck $2{,}303 \cdot R \cdot T/F$ den Wert $0{,}05915$ V. Unter Verwendung dieser Konstanten und durch Einsetzen der Konzentrationen anstelle der Aktivitäten lautet die Nernstsche Gleichung für 298 K:

$$E = E^0 + \frac{0{,}059 \, V}{n} \log \frac{[A_{ox}]}{[A_{red}]} \tag{13-2}$$

Bei einer Halbreaktion, bei der A_{ox} mit $H^+ (H_3O^+)$ oder OH^- reagiert, werden diese Ionen jeweils im Zähler berücksichtigt. Wenn $H^+ (H_3O^+)$ oder OH^- Produkte der Halbreaktion sind, erscheinen sie im Nenner.

Beispiel:

Formulieren Sie die Nernstsche Gleichung für jede der folgenden Halbreaktionen bei 25 °C:

a) (Chinon) $+ 2H_3O^+ + 2e^- \rightarrow$ (Hydrochinon) $+ 2H_2O$ $\qquad E^0 = 0{,}699$ V

b) $OCl^- + H_2O + 2e^- \rightarrow Cl^- + 2OH^-$ $\qquad E^0 = 0{,}89$ V

Einsetzen in Gl. (13–2) liefert:

a) $E = 0{,}669 \text{ V} + \dfrac{0{,}059 \text{ V}}{2} \log \dfrac{[\text{Chinon}]\,[H_3O^+]^2}{[\text{Hydrochinon}]}$

b) $E = 0{,}89 \text{ V} + \dfrac{0{,}059 \text{ V}}{2} \log \dfrac{[OCl^-]}{[Cl^-]\,[OH^-]^2}$

Das Potential einer Elektrode ändert sich mit dem Anteil an oxidierter bzw. reduzierter Form in der Lösung und kann durch Einsetzen der entsprechenden Werte in die Nernstsche Gleichung berechnet werden.

Beispiele:

a) Man berechne das Potential einer Platin-Indikatorelektrode, die in eine Lösung eintaucht, welche 0,1 mol/L Sn(IV) und 0,01 mol/L Sn(II) enthält.

$$Sn^{4+} + 2e^- \rightarrow Sn^{2+} \qquad E^0 = 0{,}15 \text{ V}$$

$$E = 0{,}15 \text{ V} + \frac{0{,}059 \text{ V}}{2} \log \frac{10^{-1}}{10^{-2}} = 0{,}18 \text{ V}$$

Die Platin-Indikatorelektrode hat also ein Potential von +0,18 V gegenüber der Normal-Wasserstoffelektrode.

b) Eine Indikatorelektrode aus Silber und eine Normal-Wasserstoffelektrode als Bezugselektrode tauchen in eine Lösung, die Ag^+ enthält. Das Potential an der Silberelektrode wurde zu +0,692 Volt bestimmt. Man berechne die Stoffmengenkonzentration von Silber(I) in der Lösung.

$$Ag^+ + e^- \rightarrow Ag^0(s) \qquad E^0 = 0{,}800 \text{ V}$$

$$E = E_0 + 0{,}059 \text{ V} \cdot \log [Ag^+]$$

(Metallisches Silber hat die Aktivität 1, liegt im Standardzustand vor.)

$$\log[Ag^+] = \frac{E - E^0}{0{,}059 \text{ V}} = \frac{0{,}692 \text{ V} - 0{,}800 \text{ V}}{0{,}059 \text{ V}} = -1{,}83$$

$$[Ag^+] = 1{,}48 \cdot 10^{-2} \text{ mol/L}$$

c) Eine Platin-Indikatorelektrode taucht in eine Lösung ein, die Fe^{2+} und Fe^{3+} enthält. Als Referenz dient eine Standard-Wasserstoffelektrode. Man berechne das Verhältnis von Fe^{3+} zu Fe^{2+} in der Lösung, wenn die gemessene Potentialdifferenz $+0{,}948$ Volt beträgt.

$$E_{\text{gemessen}} = E_{\text{ind}} - E_{\text{ref}} = 0{,}948\ \text{V} - 0{,}000\ \text{V}$$

$$E_{\text{ind}} = 0{,}948\ \text{V}$$

$$Fe^{3+} + e^- \rightarrow Fe^{2+} \qquad E^0 = 0{,}771\ \text{V}$$

Man berechnet das Verhältnis durch Einsetzen dieser Angaben in die Nernstsche Gleichung:

$$\log \frac{[Fe^{3+}]}{[Fe^{2+}]} = \frac{E - E^0}{0{,}059\ \text{V}} = \frac{0{,}948 - 0{,}771}{0{,}059} = 3{,}0$$

$$\frac{[Fe^{3+}]}{[Fe^{2+}]} = 10^3 \text{ , also } 1000{:}1$$

d) Man berechne das Potential einer Platinelektrode, die in eine Lösung von pH 4,0 eintaucht, die je 0,002 mol/L Chinon und Hydrochinon enthält.

$$\text{Chinon} + 2\,H_3O^+ + 2e^- \rightarrow \text{Hydrochinon} + 2\,H_2O$$

$$E^0 = 0{,}699\ \text{V}$$

Einsetzen in Gl. (13−2) liefert:

$$E = E^0 + \frac{0{,}059\ \text{V}}{2} \cdot \log \frac{[\text{Chinon}]\,[H_3O^+]^2}{[\text{Hydrochinon}]}$$

$$E = 0{,}699\ \text{V} + \frac{0{,}059\ \text{V}}{2} \log \frac{0{,}002 \cdot (10^{-4})^2}{0{,}002}$$

$$E = 0{,}463\ \text{V}$$

13.4 Die Beschreibung von Redox-Reaktionen durch Kombination von Halbreaktionen

Damit eine Redox-Reaktion überhaupt abläuft, müssen sowohl ein oxidierender als auch ein reduzierender Stoff zusammenkommen. Eine Halbreaktion wie z.B.

$$Fe^{3+} + e^- \rightarrow Fe^{2+}$$

bedeutet nicht, daß hier ein Gleichgewicht vorliegt, in dem ein bestimmter Anteil freier Elektronen in Lösung vorliegt. Es bedeutet lediglich, daß die Halbreaktion stattfinden wird, und zwar entweder in der beschriebenen oder in umgekehrter Richtung, vorausgesetzt, daß eine zweite Halbreaktion zugleich abläuft. Die Gleichung für eine vollständige Redoxreaktion erhält man, indem man zwei Halbreaktionen so kombiniert, daß die Anzahl der Elektronen sich herauskürzt. Dabei verfährt man folgendermaßen:

Schritt 1: Man schreibe die Halbreaktion mit dem positiveren E^0 zuerst. Darunter schreibe man die andere Halbreaktion.

$$A_{ox} + e^- \rightarrow A_{red} \qquad E^0 = 0,75 \text{ V}$$

$$B_{ox} + 2e^- \rightarrow B_{red} \qquad E^0 = 0,15 \text{ V}$$

Schritt 2: Wenn erforderlich, multipliziere man eine der Halbreaktionen so mit einer ganzen Zahl, daß die Zahl der ausgetauschten Elektronen in beiden Fällen gleich ist. Multipliziere dabei *nicht* die E^0-Werte.

$$2A_{ox} + 2e^- \rightarrow 2A_{red} \qquad E^0 = 0,75 \text{ V}$$

$$B_{ox} + 2e^- \rightarrow B_{red} \qquad E_0 = 0,15 \text{ V}$$

Schritt 3: Um die Gesamtreaktion zu erhalten, subtrahiere man die untere Halbreaktion von der oberen. Die EMK (die elektromotorische Kraft) E für die Gesamtreaktion erhält man, indem man entsprechend die Elektrodenpotentiale subtrahiert. Geht man von den Normalpotentialen der einzelnen Elektroden aus, so erhält man die Standard-EMK E^0 der Gesamtreaktion.

$$2A_{ox} + B_{red} \rightarrow 2A_{red} + B_{ox} \qquad E^0 = 0,60 \text{ V}$$

Beispiele:

$$\begin{array}{ll}
Ce^{4+} + e^- \rightarrow Ce^{3+} & E^0 = 1,44 \text{ V} \\
Fe^{3+} + e^- \rightarrow Fe^{2+} & E^0 = 0,77 \text{ V} \\
\hline
Ce^{4+} + Fe^{2+} \rightarrow Ce^{3+} + Fe^{3+} & E^0 = 0,67 \text{ V}
\end{array}$$

$$\begin{array}{ll}
2Fe^{3+} + 2e^- \rightarrow 2Fe^{2+} & E^0 = 0,77 \text{ V} \\
Zn^{2+} + 2e^- \rightarrow Zn^0(s) & E^0 = -0,76 \text{ V} \\
\hline
2Fe^{3+} + Zn^0(s) \rightarrow 2Fe^{2+} + Zn^{2+} & E^0 = +1,53 \text{ V}
\end{array}$$

Es sei noch vermerkt, daß die EMK der im *stromlosen* Zustand gemessene Grenzwert der Potentialdifferenz ist. Die Standard-EMK E^0 für eine Gesamtreaktion ist diejenige elektromotorische Kraft in Volt, die (stromlos) gemessen wird, wenn man Standardelektroden, an denen die beiden Halbreaktionen ablaufen, wie in Bild 13−1 verbindet. Je größer der E^0-Wert einer Gesamtreaktion, desto größer die Tendenz der Reaktion, abzulaufen. Ein negativer E^0-Wert einer Gesamtreaktion zeigt an, daß diese Reaktion nicht spontan ablaufen wird. Stattdessen wird sie in umgekehrter Richtung verlaufen.

Auch die Gleichgewichtskonstante sagt etwas über den möglichen Ablauf einer Redox-Reaktion in der angegebenen Richtung aus (für die Gleichgewichtskonstanten vgl. Kapitel 7). Für die Redox-Reaktion

$$A_{ox} + B_{red} \rightleftharpoons A_{red} + B_{ox}$$

lautet die Gleichgewichtskonstante

$$K = \frac{[A_{red}] \cdot [B_{ox}]}{[A_{ox}] \cdot [B_{red}]} \cdot$$

Die Gleichgewichtskonstante K kann aus der Standard-EMK der Gesamtreaktion, also $E^0 = E_A^0 - E_B^0$, berechnet werden:

$$\log K = \frac{nE^0}{0,059\,\text{V}} = \frac{n(E_A^0 + E_B^0)}{0,059\,\text{V}} \qquad (13-3)$$

Dabei ist n die Anzahl der Elektronen, die bei einem Formelumsatz übertragen werden.

Diese Gleichung kann wie folgt abgeleitet werden:
Die Gesamtreaktion ist eine Kombination der beiden folgenden Halbreaktionen (als Reduktionen geschrieben):

$$A_{ox} + ne^- \rightarrow A_{red}$$

$$B_{ox} + ne^- \rightarrow B_{red}$$

Im *Gleichgewicht* ist das Potential des Redox-Paars A_{ox}/A_{red}, E_A, gleich dem Potential des Redox-Paares B_{ox}/B_{red}, E_B. Daher gilt:

$$E_A^0 + \frac{0,059\,\text{V}}{n} \cdot \log \frac{[A_{ox}]}{[A_{red}]} = E_B + \frac{0,059\,\text{V}}{n} \cdot \log \frac{[B_{ox}]}{[B_{red}]}$$

$$E_A^0 - E_B^0 = \frac{0,059\,\text{V}}{n} \cdot \left(\log \frac{[B_{ox}]}{[B_{red}]} - \log \frac{[A_{ox}]}{[A_{red}]} \right)$$

$$\frac{n \cdot (E_A - E_B)}{0,059\,\text{V}} = \log \frac{[B_{ox}]}{[B_{red}]} + \log \frac{[A_{ox}]}{[A_{red}]} = \log K$$

Die Gleichgewichtskonstante kann auch herangezogen werden, wenn die Vollständigkeit einer Redox-Reaktion rechnerisch überprüft werden soll. Außerdem kann sie dazu dienen, diejenige Mindestdifferenz der E^0-Werte zu berechnen, welche für eine quantitative Reaktion erforderlich ist.

Beispiel:

Man berechne die Mindestdifferenz der Standardpotentiale $(E_A^0 - E_B^0)$, die für eine quantitative Reaktion erforderlich ist, bei welcher beide Reaktanten je 1 Elektron austauschen. Man nehme an, daß bei quantitativem Verlauf nach Ende der Titration höchstens 1/1000 der ursprünglichen $[A_{ox}]$ oder $[B_{red}]$ übrigbleiben.

$$A_{ox} + B_{red} \rightleftharpoons A_{red} + B_{ox}$$

$$K = \frac{[A_{red}]\,[B_{ox}]}{[A_{ox}]\,[B_{red}]}$$

$$K = \frac{1000 \cdot 1000}{1 \cdot 1} = 10^6$$

$$\log K = \frac{n(E_A^0 - E_B^0)}{0,059\,\text{V}}$$

$$E_A^0 - E_0^0 = 0,059\,\text{V} \cdot (\log K)/n$$

Einsetzen von $n = 1$ und $\log K = 6$ in diese Gleichung liefert:

$$E_A^0 - E_B^0 = 6 \cdot 0{,}059 \text{ V} = 0{,}354 \text{ V}$$

Damit ist gezeigt, daß für den obigen Fall eine Mindestpotentialdifferenz von $0{,}354$ V zum quantitativen Ablauf erforderlich ist. Eine etwas geringere Differenz von E_A^0 und E_B^0 ist erforderlich, wenn einer oder beide Reaktionspartner mehr als ein Elektron austauschen (Tabelle 13–1).

Tabelle 13–1 Mindestdifferenz von E_A^0 und E_B^0 für quantitativen Ablauf einer Reaktion (99,9% Umsatz)

n für Redox-Paar A	n für Redox-Paar B	$E_A{}^0 - E_B{}^0$
1	1	+ 0,354 V
1	2	+ 0,2655 V
2	2	+ 0,177 V
2	3	+ 0,1475 V

Man beachte: Diese Werte gelten nur, wenn äquivalente Mengen von A und B gemischt werden, wie bei einer Titration. Wenn in der Gleichung H_3O^+ oder OH^- vorkommen, müssen sie jeweils zu 1 mol/L vorliegen.

13.5 Potentiometrische Titrationen

Der Endpunkt einer Redox-Reaktion kann über die Farbänderung eines entsprechenden Redoxindikators oder durch Aufzeichnung einer potentiometrischen Titrationskurve bestimmt werden. Bei einer potentiometrischen Titration trägt man die Potentialdifferenz zwischen einer Indikatorelektrode und einer Bezugselektrode gegen den Verbrauch an Maßlösung auf. (Dies entspricht der Verwendung eines pH-Meters bei der Messung der Titrationskurve einer Säure-Base-Titration.)

Das Potentiometer ist so konstruiert, daß bei der Messung der Potentialdifferenz zwischen den zwei Elektroden praktisch kein Strom fließt. Dadurch ist gewährleistet, daß die Gleichgewichtspotentiale der Elektroden während der Messung erhalten bleiben. Mehr Informationen über Potentiometer und potentiometrische Titrationen finden sich im Kapitel 16.

Häufig dient bei potentiometrischen Redox-Titrationen eine Elektrode aus poliertem Platindraht als Indikatorelektrode.

Das Potential der Platinelektrode hängt vom Verhältnis der Stoffmengenkonzentrationen an oxidierendem und reduzierendem Stoff in der Lösung ab; daher ändert es sich im Verlauf der Titration. Als Bezugselektrode verwendet man eine Kalomelelektrode, ihr Potential bleibt während der Titration konstant. Die Kalomelelektrode wird von der titrierten Lösung isoliert gehalten; der Kontakt wird durch eine kapillarförmige Salzbrücke in der Spitze der Elektrode hergestellt.

Eine Normal-Wasserstoffelektrode NWE könnte natürlich auch als Bezugselektrode dienen. Die Kalomelelektrode ist aber handlicher und sehr viel einfacher einzusetzen. Die gesättigte Kalomelelektrode hat ein Potential von $+0,246$ V gegen die Normal-Wasserstoffelektrode. Die gemessene Spannung stellt die Potentialdifferenz zwischen Indikator- und Bezugselektrode dar:

$$E_{\text{gemessen}} = E_{\text{Ind}} - E_{\text{Bezug}}$$

Das Potential der Indikatorelektrode kann also aus der gemessenen Spannung errechnet werden, indem man das Potential der Kalomel-Bezugselektrode in die obige Gleichung einsetzt:

$$E_{\text{Ind}} = E_{\text{gemessen}} + 0,246 \text{ V}$$

Beispiel:

Eine potentiometrische Titration mit Platin und Kalomel als Elektroden zeigt an einem Punkt der Titration 1,142 Volt. Man berechne das Potential der Platinelektrode E_{Pt} gegen die NWE an diesem Punkt der Titration.

$$E_{\text{Pt}} = 1,142 \text{ V} + 0,246 \text{ V} = 1,388 \text{ V}$$

Potentiometrische Titrationskurven für typische Titrationen sind in Bild 13−2 gezeigt. Die potentiometrische Titration eignet sich hervorragend zur Verfol-

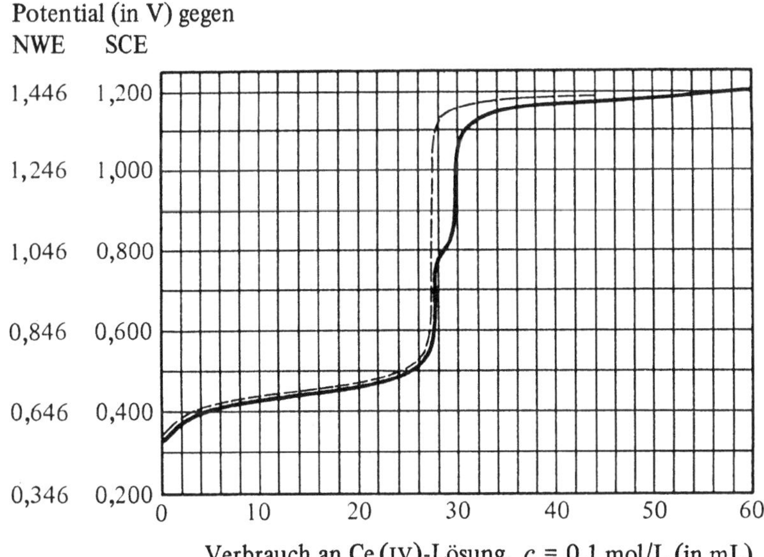

Bild 13-2 Kurven der potentiometrischen Titrationen mit Cer(IV) zur Bestimmung von Eisen(II) (gestrichelte Linie), und von Eisen(II) plus Tris(1,10-phenantholin)-eisen(II) (durchgezogene Linie) in schwefelsaurer Lösung. (NWE = Normalwasserstoffelektrode; SCE = gesättigte Kalomelelektrode)

gung einer Redox-Titration und zur Endpunktsanzeige. Titrationskurven sind auch nützlich bei der Wahl des geeigneten Indikators für eine bestimmte Redox-Titration.

Potentiometrische Titrationskurven können nach der Nernstschen Gleichung aus einer Tabelle der Standard-Elektrodenpotentiale berechnet werden. Wir betrachten z.B. die Titration von Eisen(II) mit Cer(IV), wie in Bild 13−2 dargestellt. Die E^0-Werte der beiden Halbreaktionen[1] sind:

$$Ce^{4+} + e^- \rightarrow Ce^{3+} \qquad E_A^0 = 1{,}44\,V\ (\text{in } H_2SO_4) \qquad \text{Halbreaktion A}$$

$$Fe^{3+} + e^- \rightarrow Fe^{2+} \qquad E_B^0 = 0{,}771\,V \qquad\qquad\quad \text{Halbreaktion B}$$

$$Ce^{4+} + Fe^{2+} \rightleftharpoons Ce^{3+} + Fe^{3+} \qquad E^0 = 0{,}66_9\,V \qquad \text{Gesamtreaktion}$$

An jedem beliebigen Punkt der Titration reagiert Cer(IV) mit Eisen(II) nach der Gesamtreaktionsgleichung, bis jeweils das Gleichgewicht erreicht ist. Im Gleichgewicht ist das Elektrodenpotential der Halbreaktion A gleich dem der Halbreaktion B, also $E_A = E_B = E$. Die Nernstschen Gleichungen für E_A und E_B lauten:

$$E_A = E_A^0 + 0{,}059\,V \cdot \log \frac{[Ce^{4+}]}{[Ce^{3+}]}$$

$$E_B = E_B^0 + 0{,}059\,V \cdot \log \frac{[Fe^{3+}]}{[Fe^{2+}]}$$

Da $E_A = E_B$ gilt, kann das Potential E einer Platin-Indikatorelektrode, die in die Lösung eintaucht, mit den Nernstschen Gleichungen für entweder Halbreaktion A oder Halbreaktion B berechnet werden, vorausgesetzt, daß das Verhältnis der Gleichgewichtskonzentrationen beider Ionen in der Nernstschen Gleichung ermittelt werden kann. Dazu folgende Überlegungen:

Vor dem Endpunkt ist das Verhältnis von $[Ce^{4+}]$ zu $[Ce^{3+}]$ sehr klein, da praktisch das gesamte Ce^{4+} durch den vorhandenen Überschuß an Fe^{2+} reduziert wird. Dieses Verhältnis kann grundsätzlich nicht genau bestimmt werden; daher kann man aus der Nernstschen Gleichung für E_A das Potential E der Indikatorelektrode *nicht* berechnen. Vor dem Endpunkt ist das Verhältnis von $[Fe^{3+}]$ zu $[Fe^{2+}]$ bekannt, wenn man annimmt, daß eine der zugefügten Menge an Ce^{4+} äquivalente Menge Fe^{2+} zu Fe^{3+} oxidiert wird. Man kann daher die Nernstsche Gleichung für E_B zur Berechnung des Potentials der Platin-Indikatorelektrode vor dem Endpunkt verwenden.

Beispiel:

Man berechne das Potential einer Indikator-Elektrode, wenn 50 % des Fe^{2+} mit Ce^{4+} titriert sind.

---

1 Ce(IV) liegt in wäßriger Lösung nicht als freies Ion vor; hier und im folgenden wird aber der Einfachheit halber Ce^{4+} geschrieben.

An diesem Punkt hat das Verhältnis $[Fe^{3+}]$ zu $[Fe^{2+}]$ den Wert 50:50 oder 1. Aus der Nernstschen Gleichung für E_B folgt:

$$E = 0{,}771 \text{ V} + 0{,}059 \text{ V} \cdot \log 1$$
$$= 0{,}771 \text{ V}$$

Bei *jeder* Redox-Titration ist für 50 % Umsatz $E = E_B^0$, wobei E_B^0 das Standard-Redoxpotential der titrierten Substanz bedeutet.

Beispiel:

Man berechne das Potential der Indikatorelektrode, wenn 80 % des Fe^{2+} titriert worden sind.

An diesem Punkt ist das Verhältnis von $[Fe^{3+}]$ zu $[Fe^{2+}]$ 80:20 oder 4.

$$E = 0{,}771 \text{ V} + 0{,}059 \text{ V} \cdot \log 4$$
$$= 0{,}807 \text{ V}$$

Das Potential *am Äquivalenzpunkt* kann nach der folgenden Gleichung berechnet werden:

$$E_{eq} = \frac{n_A E_A^0 + n_B E_B^0}{n_A + n_B}$$

Dabei bezieht sich E_A^0 auf das Redoxpaar des Oxidationsmittels; n_A ist die Anzahl der ausgetauschten Elektronen bei dieser Halbreaktion; E_B^0 bezieht sich auf das Redoxpaar des Reduktionsmittels; n_B ist die bei dieser Halbreaktion ausgetauschte Anzahl von Elektronen.

Beispiel:

Man berechne das Potential am Äquivalenzpunkt für die Titration von Fe^{2+} mit Ce^{4+}.

$$n_A = 1, \quad n_B = 1$$

$$E_{eq} = \frac{1{,}44 \text{ V} + 0{,}77 \text{ V}}{2} = 1{,}10_5 \text{ V}$$

Nach dem Endpunkt ist praktisch die gesamte Menge an Fe^{2+} zu Fe^{3+} oxidiert. Das Verhältnis von $[Fe^{3+}]$ zu $[Fe^{2+}]$ ist sehr hoch, kann aber praktisch nicht berechnet werden. Man kann das Verhältnis von $[Ce^{4+}]$ zu $[Ce^{3+}]$ jedoch leicht abschätzen und so das Potential aus der Nernstschen Gleichung für E_A berechnen.

Beispiel:

a) Man berechne das Potential der Indikator-Elektrode bei 140 % Umsatz.

An diesem Punkt ist ein Überschuß von 40 % Ce^{4+} zugegeben worden, und das Verhältnis $[Ce^{4+}]$ zu $[Ce^{3+}]$ ist 40:100, also 0,4. Aus der Nernstschen Gleichung für E_A folgt:

$$E = 1{,}44 \text{ V} + 0{,}059 \text{ V} \cdot \log 0{,}4$$
$$= 1{,}42 \text{ V}$$

b) Man berechne das Potential bei 200 % Umsatz.

An diesem Punkt ist ein Überschuß von 100 % Ce^{4+} zugegeben worden, und das Verhältnis von Ce^{4+} zu Ce^{3+} ist 100:100 oder 1.

$$E = 1,44 \text{ V} + 0,059 \text{ V} \cdot \log 1$$
$$= 1,44 \text{ V}$$

13.6   Redox-Indikatoren

Ein Redox-Indikator ist eine stark gefärbte Substanz, die ihre Farbe ändert, wenn sie oxidiert oder reduziert wird. Jeder Redox-Indikator ändert seine Farbe über einen bestimmten Potentialbereich, genauso wie ein Säure-Base-Indikator für seinen Farbumschlag einen pH-Umschlagsbereich benötigt. Der für eine Redox-Titration gewählte Indikator sollte ein Umschlagspotential haben, das so nah wie möglich an das am Äquivalenzpunkt gemessene Potential der Titration herankommt.

Es ist auch wichtig, daß der Indikator sehr rasch und reversibel oxidierbar bzw. reduzierbar ist. Wenn der Indikator langsam reagiert, besteht die Gefahr, daß man übertitriert. Wenn der Indikator nicht reversibel reagiert, wird ein zeitweiliger lokaler Überschuß an Titrant den Indikator langsam oxidieren, und der Farbumschlag wird unscharf werden.

Tabelle 13–2   Redox-Indikatoren

Indikator	Farbe		E^0 (in V)
	der reduzierten Form	der oxidierten Form	
Tris(5-nitro-1,10-phenanthrolin)-eisen(II)-sulfat (Nitroferroin)	rot	blaßblau	1,25
Tris(1,10-phenanthrolin)-eisen(II)-sulfat (Ferroin)	rot	blaßblau	1,06
Tris(2,2′-bipyridin)-eisen(II)-sulfat	rot	blaßblau	0,97
Tris(4,7-dimethyl-1,10-phenanthrolin)-eisen(II)-sulfat	rot	blaßblau	0,88
Diphenylaminsulfonsäure	farblos oder grün	purpurfarben	0,84
Diphenylamin	farblos	violett	0,76
Methylenblau	blau	farblos	0,53
1,10-Phenanthrolin-vanadium(II)[a]	blau	blaßgrün	0,15

[a] W.P. Schaefer, *Anal. Chem. 35*, 1746 (1963)

Es sind nur einige wenige wirklich gute Redox-Indikatoren verfügbar. Tris(1,10-phenanthrolin)-eisen(II)-sulfat, allgemein unter dem Namen „Ferroin" bekannt, ist wahrscheinlich der beste. Der blutrote Eisen(II)-Komplex Ferroin wird zu dem blaßblauen Eisen(III)-Komplex Ferriin oxidiert. Das Standardpotential des Ferriin-Ferroin-Redoxpaars liegt bei +1,06 Volt, was Ferroin zu einem idealen Indikator für Titrationen mit Cer(IV) macht. In Bild 13−2 ist eine große Menge an Ferroin-Indikator zugegeben worden, um das Potential, bei dem der Indikator oxidiert wird, zu zeigen. Bei einer echten Titration gibt man jedoch nur eine Spur Indikator dazu, und die Farbänderung beim Endpunkt (verursacht durch die Oxidation des Indikators) ist recht scharf.

Für Titrationen mit Dichromat als Standard braucht man einen Indikator, der seine Farbe bei niedrigerem Potential ändert als Ferroin. Diphenylaminsulfonat ist verbreitet, insbesondere für die Titration von Eisen(II) mit Dichromat. Sowohl Diphenylaminsulfonat als auch Diphenylamin werden irreversibel zu einem grünen Zwischenprodukt oxidiert. Beim Endpunkt wird diese grüne Form reversibel zu einer violetten Spezies oxidiert. Der E^0-Wert für Diphenylaminsulfonat ist +0,86 Volt.

Die Standardpotentiale verschiedener Redox-Indikatoren sind in Tabelle 13−2 aufgeführt.

13.7 Grenzen der Theorie der Redox-Reaktionen

Die Geschwindigkeiten, mit denen Redox-Reaktionen ablaufen, unterscheiden sich beträchtlich. Rasch verlaufende Reaktionen sind für direkte Titrationen geeignet. Leider werden manche Stoffe so langsam oxidiert bzw. reduziert, daß sie für direkte Titrationen ungeeignet sind.

Aus dem Unterschied der Standardpotentiale (E^0-Werte) zweier Halbreaktionen kann man zwar voraussagen, *ob* eine gegebene Redox-Reaktion überhaupt abläuft − der Unterschied sagt aber nichts darüber aus, *wie lange* es dauern wird, bis die Reaktion vollständig abgelaufen ist. Der Analytiker muß daher wissen, welche Redox-Reaktionen langsam und welche schnell ablaufen.

Manchmal kann man einen Katalysator einsetzen, um eine Reaktion zu beschleunigen. So ist z.B. die Geschwindigkeit der Oxidation von Arsen(III) durch Cer(IV) extrem gering, auch wenn der E^0-Wert für die Reaktion an sich sehr günstig liegt. Wenn man aber eine Spur Osmiumtetroxid (OsO_4) als Katalysator zugibt, dann verläuft die Reaktion so rasch, daß Arsen(III) direkt mit Cer(IV) und Ferroin als Indikator titriert werden kann. Schematisch:

$$2\,Ce(IV)\ +\ As(III)\ \xrightarrow{OsO_4}\ 2\,Ce(III)\ +\ As(V)$$

Eine weitere Einschränkung liegt darin, daß in manchen Fällen die an der Elektrode ablaufenden Prozesse irreversibel sind, so daß auch die Elektrode sich irreversibel verhält, sich also nicht im Gleichgewichtszustand befindet. Das bedeutet, daß das Potential der Elektrode nicht mit dem aus der Nernstschen Gleichung berechneten Potential übereinstimmt. Der Grad der Irreversibilität bewegt sich zwischen schwach irreversibel bis praktisch völlig irreversibel.

Man betrachte z.B. eine Metallelektrode, die mit einer Lösung eines Salzes des gleichen Metalls in Kontakt ist. Gemäß der Nernstschen Gleichung variiert das Potential einer solchen Elektrode mit der Konzentration des gelösten Metallions M^{z+}

$$E = E^0 + \frac{0,059\,\text{V}}{n} \log[M^{z+}]$$

Die $Ag^0\,|\,Ag^+$-Elektrode und die $Hg^0\,|\,Hg^{2+}$-Elektrode sind voll reversibel und gehorchen dieser Gleichung sehr gut. Insbesondere die Silberelektrode wird häufig zur Messung der Silberionen-Konzentration verwendet – man kann auf diese Weise den Endpunkt von Titrationen der Halogenide oder der Thiole mit Silbernitrat-Maßlösungen bestimmen. Leider gehorchen die meisten anderen Metall-Metallion-Elektroden der Nernstschen Gleichung nur schlecht oder erreichen das Gleichgewicht so langsam, daß sie zur Messung der Metallionen-Konzentration praktisch nicht verwendbar sind. Ein Grund hierfür ist, daß viele Elektroden auf der Metalloberfläche einen Oxidfilm bilden.

Irreversible Redox-Reaktionen können auch an der Oberfläche der Platin-Indikatorelektrode vorkommen. Einige Beispiele für *irreversible* Redox-Paare sind im folgenden angegeben:

$$MnO_4^- + 8H_3O^+ + 5e^- \quad \rightarrow \quad Mn^{2+} + 12H_2O \qquad E^0 = 1,52\ \text{V}$$
$$Cr_2O_7^{2-} + 14H_3O^+ + 6e^- \rightarrow 2Cr^{3+} + 21H_2O \qquad E^0 = 1,36\ \text{V}$$
$$H_2C_2O_4 + 2H_2O \quad \rightarrow \quad CO_2 + 2H_3O^+ + 2e^-$$

In diesen Fällen ist die Nernstsche Gleichung *nicht* geeignet, die Änderung des Potentials mit dem Verhältnis von oxidierter zu reduzierter Form oder in Abhängigkeit vom pH zu berechnen.

13.8 Geschwindigkeit und Mechanismus von Redox-Reaktionen

Geschwindigkeit von Redox-Reaktionen

Viele nicht-katalysierte Redox-Reaktionen laufen für analytische Zwecke zu langsam ab. Leider gibt es keine Möglichkeit, mit völliger Sicherheit vorauszusagen, ob eine bestimmte Reaktion langsam verlaufen wird. Die Annahme, daß eine große positive Differenz der E^0-Werte bedeutet, die Reaktion werde rasch verlaufen, ist weit verbreitet. Diese Annahme ist aber irreführend; es gibt keinerlei Beziehung zwischen den E^0-Werten und den Geschwindigkeiten, weil es sich dabei um zwei völlig verschiedene Aspekte der Reaktion handelt (vgl. Kapitel 15): den *thermodynamischen* (E^0) und den *kinetischen* (Reaktionsgeschwindigkeit) Aspekt. Man versteht dies am besten, wenn man die Stoßtheorie der Reaktionsgeschwindigkeiten betrachtet. Die Stoßtheorie sagt aus, daß die Reaktanten zur Bildung von Produkten zusammenstoßen müssen, wobei sie einen Übergangskomplex, auch aktivierter Komplex genannt, bilden. Dies kann nur dann geschehen, wenn die kollidierenden Reaktanten eine Mindestenergie haben, die sogenannte Aktivierungsenergie. Erst wenn dieser aktivierte Komplex gebildet ist, können die Reaktanten zu den Produkten abreagieren, wobei Energie an die Lösung abgegeben wird. Reaktionen mit hoher Aktivierungsenergie sind langsam und haben eine kleine Geschwindigkeitskonstante.

Bild 13−3 zeigt die Anwendung der Stoßtheorie auf die Reaktion zwischen Eisen(III) und Zinn(II) in Perchlorsäure. Die Differenz der E^0-Werte ist $+0,62$ V, zur Bildung des aktivierten Komplexes wird aber eine hohe Aktivierungsenergie benötigt, so daß die Reaktion langsam abläuft. Sind die Produkte, Eisen(II) und Zinn(IV), einmal gebildet, so wird eine große Menge an Energie frei. Die Energiedifferenz zwischen den Reaktanten und Produkten ist der Differenz der E^0-Werte von $+0,62$ V proportional, dies hat aber nichts mit der hohen Aktivierungsenergie zu tun, welche der Reaktionsablauf erfordert. Die Geschwindigkeitskonstante k einer solchen Reaktion ist sehr klein.

Wenn die Geschwindigkeitskonstante einer Reaktion bekannt ist, kann man die Zeit bis zum quantitativen Umsatz (99,9 %) unter Verwendung der kinetischen Geschwindigkeitsgesetze (Kapitel 15) berechnen. In Tabelle 13−3 sind einige Reaktionen und die ungefähren Reaktionszeiten für 99,9 %igen Umsatz nach Zusammen-

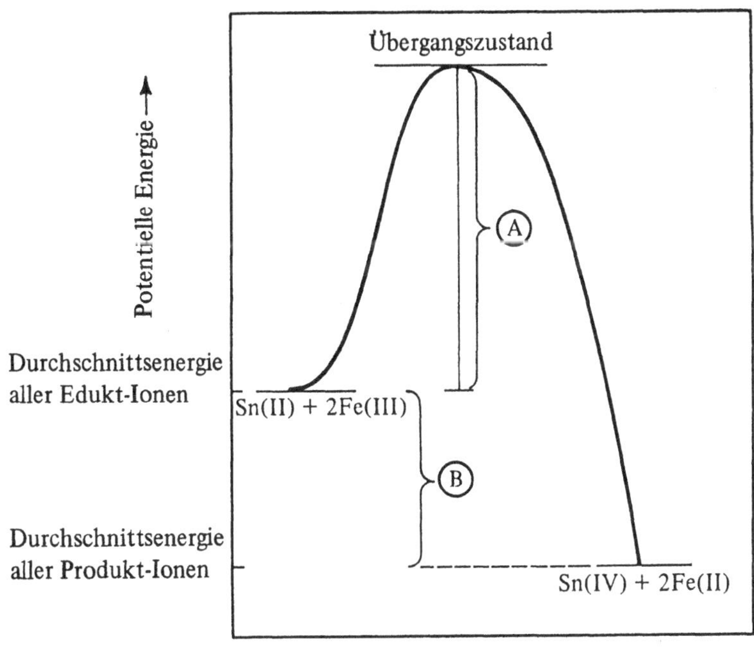

Bild 13-3 Energieänderung während der Reaktion von Eisen(III) mit Zinn(II). Energiedifferenz A ist die Aktivierungsenergie der Reaktion in Perchlorsäure (sie ist sehr viel geringer in HCl). Energiedifferenz B ist proportional zu $(E^0_{Fe} - E^0_{Sn})$.

Tabelle 13−3 Ungefähre Dauer (nach Zusammengeben der Reaktanten) einiger Reaktionen bis zum 90%igen Umsatz

Reaktanten (jeweils $c_{eq} = 0{,}1$ mol/L nach Mischen)	Reaktionszeit	Katalysator
Ce^{4+} $+ Fe^{2+}$ (0,5 mol/L H_2SO_4)	$\sim 10^{-2}$ s	–
Ce^{4+} $+ [Fe(CN)_6]^{4-}$ (H_2SO_4)	$\sim 10^{-2}$ s	–
Cu^{2+} $+ I^-$ (pH 3−4)	$\sim$ 1 s	–
IO_4^- $+ I^-$ (IO_3^- + I_2)	$\sim$ 1 s	–
Fe^{2+} $+ MnO_4^-$ (H_2SO_4)	$\sim$ 1 s	–
Ce^{4+} $+ VO^{2+}$ (1 mol/L H_2SO_4)	$\sim$ 10 s	–
Ce^{4+} $+ Sn^{2+}$ (H_2SO_4)	$\sim$100 s	
H_3AsO_3 $+ I_2$ (pH<5)	>100 s	OH^-
IO_3^- $+ I^-$ (pH>7)	sehr langsam (weniger als 0,1% Umsatz in 30 Min.)	H_3O^+
Fe^{3+} $+ Sn^{2+}$ ($HClO_4$)	sehr langsam	OH^-, Halogenid
MnO_4^- $+ C_2O_4^{2-}$	sehr langsam	Mn^{3+}
Ce^{4+} $+ As(III)$ (H_2SO_4)	sehr langsam (weniger als 0,1% Umsatz in 100 s)	OsO_4, I^-
Ce^{4+} $+ Ferroin$ (0,5 mol/L H_2SO_4)[a]	$\sim$ 10 s	–

[a] Berechnet für 10^{-5} mol/L Reaktanten (90% Umsatz) nach Mischen.

geben unter Mischen angegeben. Folgende Verallgemeinerungen sind aus dieser Tabelle (und aus der Beobachtung weiterer Reaktionen) abzuleiten, soweit es sich um nicht-katalysierte Reaktionen handelt:

(1) Reaktionen zwischen Metallionen verlaufen oft langsam, wenn die Anzahl der aufgenommenen Elektronen der Anzahl der abgegebenen Elektronen nicht entspricht. (*Beispiel*: Zwei Elektronen pro Ion Zinn(II) werden abgegeben an zwei Eisen(III)-Ionen, von denen jedes nur ein Elektron aufnimmt.)

(2) Reaktionen zwischen Metallionen oder Nichtmetallionen sind oft langsam, wenn dabei eine ausgeprägte Strukturänderung eintritt. (*Beispiel*: Die Reaktion zwischen Permanganat und Oxalat ist langsam, da Mangan-Sauerstoff-Bindungen und Kohlenstoff-Kohlenstoff-Bindungen unter Bildung von Mn^{2+} und CO_2 gespalten werden müssen.)

(3) Reaktionen zwischen Kationen und Anionen sind oft rasch. (*Beispiel*: Kupfer(II) reagiert rasch mit I^- unter Bildung von CuI(s) und I_2.) Diese Verallgemeinerung hat häufig Vorrang vor den ersten beiden. So würde z.B. (2) voraussagen, daß Eisen(II) mit Permanganat langsam reagieren sollte, die vorliegende Verallgemeinerung (3) sagt jedoch richtig voraus, daß Eisen(II) und MnO_4^- rasch miteinander reagieren.

Mechanismen von Redox-Reaktionen

Wenn es unumgänglich ist, eine bekanntermaßen langsame Reaktion zu verwenden, so gilt es, einen geeigneten Katalysator zur Beschleunigung zu wählen. Die sinnvolle Auswahl eines Katalysators erfordert, daß man den *Reaktionsmechanismus* versteht. Der Mechanismus einer Reaktion beschreibt den Weg, den die Reaktanten bis zur Bildung der Endprodukte nehmen.

Dieser Weg kann die Bildung eines oder mehrerer Zwischenprodukte und/ oder Übergangszustände einschließen, von denen man annimmt, daß sie nur kurz existieren, bevor die Produkte gebildet werden. Der Reaktionsmechanismus ist häufig komplizierter, als es die einfache stöchiometrische Reaktionsgleichung erkennen läßt. Zum Beispiel verleitet die die Gleichung

$$Cr_2O_7^{2-} + 6\,Fe^{2+} + 14\,H_3O^+ \rightarrow 2\,Cr^{3+} + 21\,H_2O$$

zu der Annahme, daß eine gleichzeitige Kollision von sieben Teilchen (sechs Fe^{2+} mit einem $Cr_2O_7^{2-}$) stattfindet, wobei sechs Elektronen von Eisen(II) auf das Chrom(VI) im Dichromat übertragen werden. Dies ist jedoch nicht der Fall; die statistische Wahrscheinlichkeit einer gleichzeitigen Kollision von sieben Teilchen ist nämlich praktisch gleich null. Was tatsächlich passiert, ist eine Serie von Ein-Elektronen- oder Zwei-Elektronen-Übertragungsschritten, wobei Chrom(V) und Chrom(IV) als Zwischenprodukte auftreten. All diese Zwischenstufen zusammengenommen ergeben die obige stöchiometrische Reaktion.

Für den analytischen Chemiker ist es oft nützlich, allgemeine Kenntnisse über den Mechanismus einer Redox-Reaktion zu haben.[2] Solche Kenntnisse helfen erklären, warum einige Redox-Reaktionen rasch und andere extrem langsam verlaufen. Sie können auch in bestimmten Fällen helfen, einen geeigneten Katalysator so zu wählen oder die Reaktionsbedingungen so zu ändern, daß die Reaktion rascher verläuft. Schließlich soll der Mechanismus Aufschluß darüber geben, ob eine Reaktion reversibel ist und ob die Nernstsche Gleichung anwendbar ist.

Es sind verschiedene Arten von Redox-Reaktionsmechanismen bekannt. Die Mechanismen der Reaktionen von Metallionen und von Nichtmetallionen sollen hier erklärt werden. Man hat herausgefunden, daß zahlreiche Reaktionen von Metallionen nach einem Mechanismus ablaufen, bei dem das Anion (ein Ligand) als *Elektronenbrücke* wirkt. Bei dieser Art von Mechanismus scheint das Anion ein Zwischenprodukt zu bilden, bei dem beide Metallionen durch dasselbe Anion − also einen Brückenliganden − komplexiert werden. Das Elektron scheint durch das elektronische System des Anions hindurchzuwandern (daher der Begriff Elektronenbrücke). Bei anderen Reaktionen von Metallionen wirkt ein zweites Metallion katalytisch; dieses wird dabei zunächst oxidiert und anschließend wieder reduziert. Ein gutes Beispiel ist die Katalyse der Oxidation mit Peroxodisulfat, wie sie in Abschnitt 14.3 besprochen wird. Reaktionen von Nichtmetallionen weisen völlig andere Me-

2 G.H. Schenk, *J. Chem. Ed. 41*, 32 (1964)

chanismen auf als die von Metallionen; dieser Reaktionstyp wird nach der Besprechung der Reaktionen von Metallionen erläutert.

Durch eine Elektronenbrücke katalysierte Reaktionen von Metallionen

Die langsame Reaktion von Eisen(III) mit Zinn(II), bei der Eisen(II) und Zinn(IV) entstehen, ist analytisch von großem Interesse. Es konnte gezeigt werden, daß diese Reaktion sehr wahrscheinlich in zwei Schritten abläuft. Zuerst wird Zinn(II) zu Zinn(III) oxidiert, und dann wird Zinn(III) zu Zinn(IV) oxidiert:

$$\mathrm{Fe^{3+} + Sn^{2+}} \xrightleftharpoons{\text{langsam}} \mathrm{Fe^{2+} + Sn^{3+}}$$

$$\mathrm{Fe^{3+} + Sn^{3+}} \xrightleftharpoons{\text{rasch}} \mathrm{Fe^{2+} + Sn^{4+}}$$

Die Netto-Reaktion ist dann

$$\mathrm{2\,Fe^{3+} + Sn^{2+} \rightleftharpoons 2\,Fe^{2+} + Sn^{4+}}$$

In perchlorsaurer Lösung verläuft die Reaktion von Eisen(III) mit Zinn(II) so langsam, daß man sie praktisch nicht wahrnimmt. Eine plausible Erklärung liegt darin, daß das Perchlorat-Ion ein sehr schlechter Ligand ist. Es kann daher zwischen den beiden Metallionen keine Elektronen übertragen. In salzsaurer Lösung verläuft die Reaktion dagegen außerordentlich rasch.

Man kann zeigen, daß die Reaktionsgeschwindigkeit v proportional zu den Konzentrationen von Eisen(III) und Zinn(II) und zur vierten Potenz der Chlorid-ionen-Konzentration ist:

$$v = k \cdot [\mathrm{Fe^{3+}}]\,[\mathrm{Sn^{2+}}]\,[\mathrm{Cl^-}]^4$$

Der Mechanismus des langsameren Schrittes verläuft so, daß Eisen(III) (als $\mathrm{Fe^{3+}}$ oder als $\mathrm{FeCl^{2+}}$) mit Sn(II) (als $\mathrm{SnCl_3^-}$ oder $\mathrm{SnCl_4^{2-}}$) zu einem Zwischenprodukt der folgenden Art reagiert:

$$\left[\mathrm{Fe\!:\!Cl\!:\!\overset{\displaystyle Cl}{\underset{\displaystyle Cl}{\ddot{S}n}}\!:\!Cl} \right]^{+}$$

Ein Chloridteilchen dient als Elektronenbrücke, durch die ein Elektron vom Zinn(II) zum Eisen(III) übergeht. Dann zerfällt das Zwischenprodukt in Eisen(II) und Zinn-(III).Das letztere stabilisiert sich (wahrscheinlich unter Bildung eines Chloro-Komplexes):

$$\mathrm{Fe^{3+} + Sn^{2+} + 4\,Cl^-} \rightleftharpoons \left[\mathrm{Fe\!:\!Cl\!:\!\overset{\displaystyle Cl}{\underset{\displaystyle Cl}{\ddot{S}n}}\!:\!Cl} \right]^{+} \rightleftharpoons \mathrm{Fe^{2+} + [SnCl_4]^-}$$

Das Zinn(III) wird dann durch ein weiteres Eisen(III)-Ion im weiteren Verlauf nach einem ähnlichen Mechanismus zu Zinn(IV) oxidiert.

Durch andere Metallionen katalysierte Reaktionen von Metallionen

Viele Metallionen wirken als Katalysatoren, indem sie in einem sich ständig wiederholenden, zyklischen Prozeß fortwährend oxidiert und wieder reduziert werden. Redox-Katalysatoren dieser Art müssen zwei Erfordernissen genügen:

(1) Der Katalysator muß sowohl mit dem Oxidationsmittel als auch mit dem Reduktionsmittel reagieren.
(2) Die Reaktion mit beiden muß spontan verlaufen. Die Reaktion muß jedoch nicht quantitativ verlaufen, da der Katalysator dauernd wieder regeneriert wird.

Ein gutes Beispiel ist die Silber(I)-Katalyse der Oxidation von Cer(III) mit Peroxodisulfat (vergleiche Abschnitt 14.3). Im ersten Schritt des Zyklus wird Silber(I) durch Peroxodisulfat zu Silber(II) oxidiert:

$$Ag^+ \xrightarrow[\text{rasch}]{S_2O_8^{\,2-}} Ag^{2+}$$

(Man beachte, daß E^0 für diese Reaktion nur $+0{,}03$ V ist; die Reaktion verläuft spontan, aber nicht quantitativ). Im zweiten Schritt wird Silber(II) durch Cer(III) zu Silber(I) reduziert:

$$Ag^{2+} \xrightarrow[\text{rasch}]{Ce^{3+}} Ag^+$$

Die Reaktion verläuft spontan und − wie die Standard-EMK dieser Reaktion, $E^0 = +0{,}54$ V, erwarten läßt − quantitativ.

Redox-Reaktionen von Nichtmetall-Anionen

Anders als die Reaktionen zwischen Metallionen sind die Reaktionen zwischen Nichtmetall-Anionen und Molekülen häufig irreversibel. Sie ähneln darin organischen nukleophilen Substitutionsreaktionen. So reagieren z.B. Iod und Thiosulfat irreversibel unter Bildung von Tetrathionat und Iodidionen. (Dies ist ebenfalls ein gutes Beispiel für eine Reaktion, die ohne Katalysator rasch abläuft.) Nach Awtrey und Connick[3] ist der Mechanismus wie folgt:

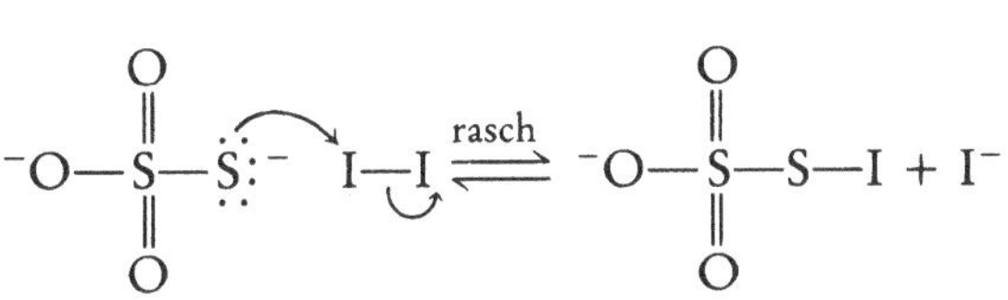

Thiosulfat

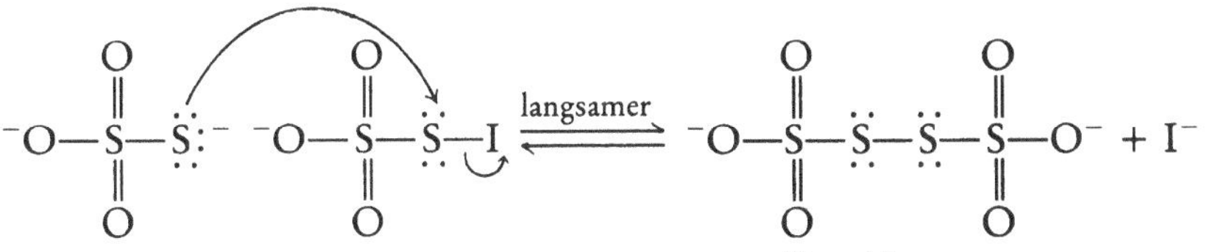

Tetrathionat

3 A.D. Awtrey und R.E. Connick, *J. Am. Chem. Soc. 73*, 1341 (1951)

Im zweiten Schritt dieser Reaktion fungiert Iod als Austrittsgruppe (Abgangsgruppe, Fluchtgruppe): Es wird aus dem Zwischenprodukt $^-OSO_2SI$ durch ein zweites Thiosulfation nucleophil als Iodid verdrängt. Wer sich in der Organischen Chemie auskennt, wird darin unschwer eine bimolekulare nukleophile Substitution (S_N2-Reaktion) erkennen.

Wenn die Reaktion vollständig abgelaufen ist, kann eine Gleichgewichtskonzentration von Thiosulfat nicht mehr festgestellt werden, da der zweite Schritt irreversibel ist. Es wäre schwierig, Tetrathionat nach dem oben beschriebenen Reaktionsweg in Thiosulfat zurückverwandeln. Wenn auch der zweite Schritt der Reaktion langsamer verläuft als der erste, so ist die Gesamtgeschwindigkeit doch sehr hoch, wenn man sie mit den langsamen Reaktionen in Tabelle 13–3 vergleicht.

Der Mechanismus der Reaktionen von Iod mit bestimmten anderen Schwefelverbindungen ähnelt dem der Reaktion zwischen Iod und Thiosulfat. Als Beispiel betrachten wir ein Thiol (ein organisches Mercaptan) RSH, das zu RS$^-$ und H$^+$ dissoziieren kann. Das Anion RS$^-$ reagiert mit Iod rasch unter Bildung von RSSR, einem organischen Disulfid. Der Mechanismus dieser Reaktion läuft ebenfalls über zwei Stufen:

$$RS^- + I{-}I \rightleftharpoons RS{-}I + I^-$$
$$RS^- + RS{-}I \rightleftharpoons RS{-}SR + I^-$$

In dieser Weise reagieren alle Thiole. Wegen der Ähnlichkeit des Reaktionsmechanismus und des Potentials stören Thiole eine Iod-Thiosulfat-Titration (und umgekehrt).

Es ist hervorzuheben, daß einige Ionen bei der Iod-Thiosulfat-Reaktion nur deshalb stören, weil sie mit dem Zwischenprodukt I$-$SSO$_3^-$ reagieren, *nicht* weil sie mit den Ausgangsstoffen oder Endprodukten reagieren. So stört z.B. Nitrit, indem es mit dem Zwischenprodukt reagiert:

$$I{-}SSO_3^- + {:}NO_2^- \rightleftharpoons I^- + O_2N{-}SSO_3^-$$
$$\downarrow 3H_2O + I_2$$
$$NO_2^- + 2SO_3^{2-}$$

Nitrit-Ionen verdrängen Iodid aus dem Zwischenprodukt und liefern O$_2$N$-$SSO$_3^-$, welches hydrolytischem Angriff und weiterer Oxidation ausgesetzt ist; dabei wird die Schwefel-Schwefel-Bindung aufgebrochen und Nitrit zurückgebildet.

Griffith und Irving[4] fanden (in Übereinstimmung mit der Tatsache, daß der oben angegebene Schritt reversibel ist), daß eine hohe Konzentration an Iodidionen die Störung durch Nitrit eindämmt.

Sulfat stört bei Titrationen mit Iod nicht, da der Schwefel hier in der höchsten Oxidationsstufe vorliegt. Schwefel in Sulfitionen hat ein freies Elektronenpaar, reagiert aber mit Iod nicht unter Bildung eines Dimeren, sondern wird zu Sulfat oxidiert. Thiocyanat reagiert in einer komplizierten Oxidation zu Sulfat und Iodcyanid und nicht zum Dimeren.

---

4 R.O. Griffith und R. Irving, *Trans. Far. Soc. 45*, 305 (1949)

Aufgaben

Grundlagen

13.1 Man definiere jeden der folgenden Begriffe kurz und gebe jeweils ein Beispiel:

a) Halbreaktion

b) Redox-Paar

c) Standard-Elektrodenpotential

d) Indikatorelektrode

e) Referenzelektrode (Bezugselektrode)

13.2 Man erkläre, wie sowohl Kationen als auch Anionen einen Stromkreis
schließen können, indem sie Ladungen durch die Lösung transportieren.
Was ist eine Überführungszahl?

13.3 Ein Redox-Paar entspricht in gewisser Hinsicht einem konjugierten Säure-
Base-Paar (vergleiche die folgenden Gleichungen). In welcher Hinsicht unterscheiden sie sich?

$$\text{Oxidierte Form} + e^- \rightarrow \text{reduzierte Form}$$

$$\text{Base} + H^+ \rightleftharpoons \text{Säure}$$

13.4 Die Nernstsche Gleichung ist zur Beschreibung der Potentialänderung während einer potentiometrischen Titration nur bedingt geeignet. Nennen und
diskutieren Sie die Grenzen!

13.5 Informieren Sie sich nochmals über den nivellierenden Effekt bei Titrationen in nichtwäßrigen Medien (Kapitel 10).

a) Geben Sie an, warum dieser Effekt bei Redox-Reaktionen gewöhnlich
nicht beobachtet wird.

b) Oxidationsmittel wie z.B. Ag^{2+} und F_2 sind in wäßriger Lösung unstabil
und führen beide zur Bildung von OH-Radikalen. Erklären Sie, warum
dies als eine Art Nivellierung betrachtet werden kann.

Aufgaben zu Elektrodenpotentialen

13.6 Sagen Sie mit Hilfe der Tabelle der Standard-Elektrodenpotentiale voraus,
welche der folgenden Reaktionen spontan ablaufen sollte.

a) $S_2O_8^{2-} + 2\,Mn^{2+} \rightarrow 2\,SO_4^{2-} + 2\,Mn^{3+}$

b) $I_2 + 2\,Fe^{2+} \rightarrow 2\,I^- + 2\,Fe^{3+}$

c) $2\,Cr^{3+} + Zn \rightarrow 2\,Cr^{2+} + Zn^{2+}$

d) $Cu^{2+} + Ag + Cl^- \rightarrow Cu^+ + AgCl(s)$

e) $Sn^{4+} + 2\,Hg + 2\,Cl^- \rightarrow Sn^{2+} + Hg_2Cl_2(s)$

13.7 Berechnen Sie das Potential der folgenden Elektroden:

a) $Pb(s) \mid Pb^{2+}$ (0,01 mol/L)

b) $Ag(s) \mid Ag^+$ ($1,0 \cdot 10^{-5}$ mol/L)

c) $Pt(s) \mid Fe^{3+}$ (2,0 mol/L), Fe^{2+} (0,0010 mol/L)

d) $Pt(s) \mid TiO^{2+}$ (0,010 mol/L), Ti^{3+} (0,10 mol/L), H_3O^+ (0,10 mol/L)

e) $Pt(s) \mid VO^{2+}$ (0,10 mol/L), V^{3+} (0,10 mol/L), H_3O^+ (3,0 mol/L)

13.8 Vanadium kann in wäßriger Lösung als Vanadium(II), (III), (IV) oder (V) vorkommen. Mit Hilfe der Standard-Elektrodenpotentiale aus Anhang 3 soll die jeweils höchste Oxidationsstufe vorhergesagt werden, zu der Vanadium(II) durch die folgenden Reagenzien oxidiert werden kann:

a) Sn^{4+}

b) Ce^{4+} (in H_2SO_4, 0,5 mol/L)

c) Fe^{3+}

13.9 Die Reaktion $Fe^{3+} + Co^{2+} \rightarrow Co^{3+} + Fe^{2+}$ ist stark ungünstig (negativer, also ungünstiger E^0-Wert, $E^0 = -1,05$ V). Dagegen verläuft die Redox-Reaktion der jeweiligen 1,10-Phenanthrolin-Komplexe quantitativ und wurde zur Titration von Cobalt(II) eingesetzt:

$$[Fe(phen)_3]^{3+} + [Co(phen)_3]^{2+} \rightarrow [Fe(phen)_3]^{2+} + [Co(phen)_3]^{3+}$$

Was schließen Sie aus dieser Information bezüglich der relativen Stabilitäten der Komplexe $[Co(phen)_3]^{2+}$ und $[Co(phen_3]^{3+}$?

13.10 Berechnen Sie den E^0-Wert für jede der folgenden Redox-Reaktionen, verwenden Sie dazu die Tabelle der Standard-Elektrodenpotentiale. Stellen Sie auch fest, ob die Reaktionen im Gleichgewicht jeweils quantitativ verlaufen (99,9 %).

a) $Br_2 + 2 Fe^{2+} \rightarrow Fe^{3+} + 2 Br^-$

b) $Fe^{3+} + Cu^+ \rightarrow Fe^{2+} + Cu^{2+}$

c) $2 Fe^{3+} + Sn^{2+} \rightarrow 2 Fe^{2+} + Sn^{4+}$

d) $[Fe(CN)_6]^{4-} + Ag^{2+} \rightarrow [Fe(CN)_6]^{3-} + Ag^+$ (saure Lösung)

e) $UO_2^+ + 2 Cu^+ + 4 H_3O^+ \rightarrow U^{4+} + 2 Cu^{2+} + 6 H_2O$ (HCl, 1 mol/L)

13.11 In Lösungen mit einer Gesamtionenstärke μ_{gesamt} von 0,2 sind die Aktivitätskoeffizienten von Eisen $f(Fe^{3+}) = 0,18$ und $f(Fe^{2+}) = 0,40$. Man berechne das Potential einer Platinelektrode, die in eine Lösung von 0,01 mol/L Fe^{3+}, 0,01 mol/L Fe^{2+} und Säure ($\mu_{gesamt} = 0,2$) eintaucht.

a) Man rechne mit den Aktivitäten der Ionen.

b) Man rechne mit den Konzentrationen.

13.12 In Wasser gelöster Sauerstoff ist ein Oxidationsmittel, wie das Standard-Elektrodenpotential der folgenden Halbreaktion zeigt:

$$O_2 + 4\,H_3O^+ + 4\,e^- \rightarrow 6\,H_2O \qquad E^0 = 1{,}229\ V$$

Zeigen Sie den Einfluß der Säurekonzentration auf die Oxidationskraft gelösten Sauerstoffs, indem Sie das Potential einer O_2-Lösung, $c(O_2) = 1{,}0 \cdot 10^{-4}$ mol/L (in Wasser) mit Hilfe der Nernstschen Gleichung berechnen,

a) wenn $[H_3O^+] = 1{,}0$ mol/L

b) bei pH $= 7{,}0$.

Berechnung des Löslichkeitsprodukts aus Potentialmessungen

13.13 Das gemessene Potential an einem Silberdraht, der in eine gesättigte Lösung eines schlecht löslichen Silberthiolats AgSR eintaucht, wird gegen eine Normal-Wasserstoffelektrode zu $+0{,}440$ V gemessen. Man berechne $[Ag^+]$ in der Lösung. Wie groß ist das Löslichkeitsprodukt des Silberthiolats?

13.14 Eine Silber-Indikatorelektrode und eine Standard-Wasserstoffelektrode als Bezugselektrode tauchen in eine gesättigte Lösung von Silberbromid ein. Das gemessene Potential ist $+0{,}434$ V. Aus dem Standardpotential der $Ag^0(s)\,|\,Ag^+$-Elektrode, das in der folgenden Gleichung angegeben ist, berechne man

a) $[Ag^+]$ auf eine vernünftige Anzahl von Stellen hinter dem Komma,

b) das Löslichkeitsprodukt von Silberbromid.

$$Ag^+ + e^- \rightarrow Ag^0(s) \qquad E^0 = +0{,}800\ V$$

13.15 Eine Silber-Indikatorelektrode und eine Standard-Wasserstoffelektrode als Bezugselektrode tauchen in eine gesättigte wäßrige Lösung von Silberoxalat $Ag_2C_2O_4$ ein. Das gemessene Potential am Potentiometer ($E_{gem.}$) ist $+0{,}589$ V. Aus dem Standardpotential der $Ag^0\,|\,Ag^+$-Elektrode aus Aufgabe 13.14 berechne man

a) $[Ag^+]$ mit einer vernünftigen Genauigkeit,

b) das Löslichkeitsprodukt für Silberoxalat.

Berechnungen von Gleichgewichtskonstanten

13.16 Informieren Sie sich in Anhang 3 und berechnen Sie die Gleichgewichtskonstante der folgenden Reaktion:

$$2\,Cu^{2+} + 4\,I^- \rightarrow 2\,CuI(s) + I_2$$

13.17 Berechnen Sie die Gleichgewichtskonstante der folgenden Reaktion, die in Säure, $c = 1$ mol/L, durchgeführt wird:

$$VO_2^+ + Fe^{2+} + 2\,H_3O^+ \rightleftharpoons VO^{2+} + Fe^{3+} + 3\,H_2O$$

Ist die Oxidation von Fe^{2+} zu Fe^{3+} quantitativ ($>99,9\%$)? Was könnte man an den Reaktionsbedingungen ändern, um die Oxidation noch vollständiger ablaufen zu lassen?

13.18 Man berechne die Gleichgewichtskonstante der folgenden Reaktion, die in Perchlorsäure, $c = 1$ mol/L, durchgeführt wird:

$$2\,Fe^{3+} + 2\,I^- \rightleftharpoons 2\,Fe^{2+} + I_2$$

13.19 Man berechne die Gleichgewichtskonstante der folgenden Reaktion:

$$H_3AsO_4 + U^{4+} + 3\,H_2O \rightleftharpoons H_3AsO_3 + UO_2^{2+} + 2\,H_3O^+$$

Wird eine bestimmte Reaktion quantitativ verlaufen?

13.20 Stellen Sie fest, ob die folgenden Reaktionen quantitativ verlaufen sind, wenn äquivalente Mengen der Reaktionspartner gemischt wurden und das Gleichgewicht erreicht ist.

a) $Ag^{2+} + Ce^{3+} \rightarrow Ag^+ + Ce^{4+}$ (in $HClO_4$, 1 mol/L)

b) wie a), aber in HNO_3, $c(HNO_3) = 1$ mol/L

c) $I_2 + 2\,V^{3+} + 6\,H_2O \rightarrow 2\,I^- + 2\,VO^{2+} + 4\,H_3O^+$ $[c(H_3O^+) = 1$ mol/L$]$

d) $2\,Fe^{3+} + Sn^{2+} \rightarrow 2\,Fe^{2+} + Sn^{4+}$

13.21 Angenommen, es ist eine neue Bürette erfunden worden, deren relative Genauigkeit 100 ppm beträgt (1 Teil auf 10 000). Der Begriff quantitative Reaktion müßte dann so definiert werden, daß nicht mehr als 100 ppm von A_{ox} und B_{red} übrigbleiben, wenn die folgende Titrationsreaktion vollständig abgelaufen ist:

$$A_{ox} + B_{red} \rightleftharpoons A_{red} + B_{ox}$$

Unter der Annahme, daß beide Reaktanten jeweils *ein* Elektron austauschen, berechne man die Mindestdifferenz der Standardpotentiale ($E_A^0 - E_B^0$) für eine „quantitative" Reaktion.

13.22 Die Mindestdifferenz der Standardpotentiale ($E_A^0 - E_B^0$) für eine quantitative Reaktion, bei der beide Reaktanten ein Elektron austauschen, ist $+0,354$ V bei 25 °C (298K). Wie groß wäre diese Mindestdifferenz bei 83 °C?

13.23 In einem Kolben befindet sich eine Probe mit der zu bestimmenden Substanz C und einer gleichen Menge einer Störsubstanz B. Die Analyse soll so durchgeführt werden, daß das Doppelte der stöchiometrisch benötigten Menge des Reagenzes A zugegeben wird. Wie groß muß die Differenz der Standardpotentiale ($E_A^0 - E_B^0$) mindestens sein, daß nicht mehr als 100 ppm B mit A reagieren? Man nehme an, daß alle Reaktanten 1 Elektron austauschen.

Potentiometrische Titrationen

13.24 Bei einer potentiometrischen Titration mit Chrom(II) wurde mit einer Platin-Elektrode und einer gesättigten Kalomel-Bezugselektrode die EMK zu $-0,590$ V bestimmt. Wie groß ist das Potential der Platin-Elektrode, wenn das Potential der Kalomelelektrode gegen die Standard-Wasserstoffelektrode $+0,246$ V ist?

13.25 An welcher Stelle einer potentiometrischen Redox-Titration sollte das Potential der Indikatorelektrode gleich dem E^0-Wert des titrierten Redox-Paars sein? An welcher Stelle sollte das Potential gleich dem E^0-Wert des Titrant-Redox-Paares sein? (Man nehme an, daß $[H_3O^+] = 1$ mol/L ist.)

13.26 Eine Lösung, die Titan(III) und Eisen(II) in Schwefelsäure, $c = 0,5$ mol/L, enthält, wird potentiometrisch mit Cer(IV) titriert. Man berechne das Potential der Platin-Indikatorelektrode gegen eine Standard-Wasserstoffelektrode, wenn a) $50\,\%$ des Titan(III) titriert ist, b) $50\,\%$ des Eisen(II) titriert ist und c) wenn ein $100\,\%$iger Überschuß an Cer(IV) zugegeben ist. Man skizziere die ungefähre Titrationskurve.

13.27 Bei Titrationen mit Cer(IV) und Ferroin als Indikator gilt das Verschwinden der roten Farbe als Endpunkt. Da die rote Farbe von Ferroin mehrfach intensiver ist als die blaue Farbe der oxidierten Spezies, verschwindet die sichtbare rote Farbe dann, wenn die oxidierte Form die zehnfache Konzentration der reduzierten Form hat. Bei welchem Potential ist die rote Farbe nicht mehr sichtbar? E^0 für Ferriin/Ferroin $= 1,06$ V.

13.28 Mit Hilfe der Tabelle der Standard-Elektrodenpotentiale (Anhang 3) berechne man das Potential am Äquivalenzpunkt der Titration von U^{4+} mit VO_2^+ in Säure, $c(H_3O^+) = 1$ mol/L. Mit Hilfe von Tabelle 13$-$2 wähle man einen geeigneten Indikator für diese Titration aus.

13.29 Die folgenden Halbreaktionen seien gegeben:

$$VO_2^+ + 2\,H_3O^+ + e^- \rightleftharpoons VO^{2+} + 3\,H_2O \qquad E^0 = 1,000 \text{ V}$$

$$UO_2^{2+} + 4\,H_3O^+ + 2\,e^- \rightleftharpoons U^{4+} + 6\,H_2O \qquad E^0 = 0,334 \text{ V}$$

a) Man berechne E^0 für die Gesamtreaktion

$$2\,VO_2^+ + U^{4+} \rightarrow 2\,VO^{2+} + UO_2^{2+}$$

b) Man berechne die Gleichgewichtskonstante dieser Reaktion bei 25 °C.

c) Wenn U^{4+} mit VO_2^+ in Säure, $c(H_3O^+) = 1,0$ mol/L, bei 25 °C titriert wird, wie groß ist dann das Potential einer Platinelektrode in der Lösung nach $50\,\%$ Umsatz des U^{4+}?

13.30 Chinone und Hydrochinone sind wichtige reversible organische Redox-Systeme.

$$\text{Chinon} + 2\,e^- + 2\,H_3O^+ \rightleftharpoons \text{Hydrochinon} + 3\,H_2O$$

Ein Organischer Chemiker möchte die Struktur einer Anzahl neu synthetisierter Chinone mit ihrem Standard-Elektrodenpotential korrelieren. Wie könnte man dabei experimentell vorgehen? Angenommen, die Anzahl der bei der Chinon-Hydrochinon-Reaktion beteiligten Wasserstoffionen wäre nicht bekannt, wie könnte man sie bestimmen?

Geschwindigkeiten von Redox-Reaktionen

13.31 Man berechne die Differenz der E^0-Werte für die beiden Halbreaktionen der Reaktion

$$2\,Ce^{4+} + As(III) \rightarrow 2\,Ce^{3+} + As(V)$$

Ist die Aktivierungsenergie dieser Reaktion (in Schwefelsäure) relativ klein oder groß? Man zeichne analog Bild 13−3 ein Energiediagramm für diese Reaktion.

13.32 Aufgrund der Verallgemeinerungen über die Reaktionsgeschwindigkeiten und aufgrund der Reaktionszeiten, die in Tabelle 13−3 aufgeführt sind, schlage man mögliche Katalysatoren für die folgenden langsamen Reaktionen vor:

    a) $As(III) + IO_4^{\,-}$ (basische Lösung)

    b) $Fe^{3+} + Sn^{2+}$ ($HClO_4$-Lösung)

    c) $Cr_2O_7^{\,2-} + I^-$ (saure Lösung)

    d) $Ce^{4+} + As(III)$ (H_2SO_4)

13.33 Man schlage ein Reagenz und Reaktionsbedingungen für die Bestimmung von IO_4^- in Gegenwart von IO_3^- durch Redox-Titration vor. Das gewählte Reagenz sollte unter den Reaktionsbedingungen sehr langsam (oder gar nicht) mit IO_3^- reagieren. Schlagen Sie in Tabelle 13−3 nach.

13.34 Unter Anwendung des Konzepts der raschen und langsamen Reaktionen und der Differenzen von E^0-Werten schlage man Titranten zur Bestimmung von Eisen(II) in Gegenwart folgender störender Stoffe vor:

    a) Cer(III)

    b) Silber(I)

    c) Arsen(III)

    d) Oxalsäure   ($E^0 = -0{,}49$ V für die Reaktion

$$2\,CO_2 + 2\,H_3O^+ + 2\,e^- \rightarrow H_2C_2O_4 + 3\,H_2O)$$

13.35 Erklären Sie, warum die Oxidation von Zinn(II) durch Eisen(III) in verdünnter $HClO_4$ rascher abläuft als in konzentrierter.

13.36 Sagen Sie voraus, ob Iod relativ rasch oder langsam mit Ethylxanthat, $C_2H_5OCSS^-$, reagiert. Schreiben Sie die Produkte aller möglichen Reaktionen auf.

13.37   Zur Messung der Geschwindigkeit einer langsamen Reaktion muß man die
        Reaktion abbrechen, indem man ein geeignetes Reagenz rasch in die Reak-
        tionsmischung einpipettiert. Das entsprechende Reagenz muß rasch mit ei-
        nem Reaktanten reagieren, um den weiteren Ablauf der langsamen Reaktion
        zu verhindern. Zur Messung der Reaktionsgeschwindigkeit der langsamen
        Reaktion von Cer(IV) mit Arsen(III) in Schwefelsäure entschieden sich Yates
        und Thomas (1956) für die Zugabe eines Reduktionsmittels, das rasch und
        quantitativ mit Cer(IV) reagiert. Schlagen Sie ein geeignetes Reduktionsmit-
        tel vor und geben Sie an, wie weit es die Anforderungen erfüllt.

13.38   Die unkatalysierte Reaktion von Cer(IV) mit Thallium(I) verläuft in Schwe-
        felsäure extrem langsam. Schlagen Sie einen Weg vor, wie man Eisen(II) in
        Gegenwart von Thallium(I) titrieren kann. Oder: Schreiben Sie einen Be-
        richt über eine spezifische Methode aus der Literatur für diese Titration
        [*Anal. Chem. 40*, 162 (1968)].

Kapitel 14

Redox-Titrationen

Eine Anzahl anorganischer Substanzen und einige organische Substanzklassen kann man durch Redox-Titration bestimmen. In diesem Kapitel sollen die praktischen Grundlagen und die Anwendungsbreite quantitativer Redox-Verfahren diskutiert werden. Zunächst gehen wir kurz auf Berechnungen mit Äquivalentstoffmengen ein. Es folgen Titrationen mit starken Oxidationsmitteln. Ein weiterer Abschnitt ist der Bestimmung von Eisen gewidmet. Schließlich werden direkte und indirekte Bestimmungsmethoden unter Verwendung von Iod diskutiert.

14.1 Berechnungen

Titrationsergebnisse werden häufig als Stoffmengenkonzentration (z.B. in mmol/L) oder als Stoffmenge (in mmol) angegeben. Dies ist grundsätzlich bei allen Titrationen, auch bei Redox-Titrationen, möglich. Es muß allerdings die Stöchiometrie der Reaktion berücksichtigt werden. Deshalb wird insbesondere bei Redoxreaktionen häufig mit Äquivalentstoffmengen gerechnet (Kapitel 1.2)

Anstelle der molaren Masse kann entsprechend die Äquivalentmasse eingesetzt werden.

Beispiel:

In saurer Lösung wird Permanganat von Fe(II) zu Mn^{2+} reduziert:

$$5\,Fe^{2+} + MnO_4^- + 8\,H_3O^+ \rightarrow 5\,Fe^{3+} + Mn^{2+} + 12\,H_2O$$

Die Halbreaktion für MnO_4^- lautet:

$$\overset{+VII}{MnO_4^-} + 5\,e^- + 8\,H_3O^+ \rightarrow \overset{+II}{Mn^{2+}} + 12\,H_2O$$

Wie in Abschnitt 1.2 definiert, gilt allgemein (DIN 32 625) für die Äquivalentstoffmenge n_{eq}:

$$n_{eq}(X) = n\left(\tfrac{1}{z^*}X\right) = z^* \cdot n(X)\,,$$
$$\text{Äquivalentstoffmenge} = \text{Äquivalentzahl} \cdot \text{Stoffmenge}\,,$$

wobei hier die Äquivalentzahl z^* die Differenz der Oxidationsstufen vor und nach der Reaktion angibt. Da MnO_4^- in saurer Lösung fünf Elektronen aufnimmt, ist hier $z^* = 5$. Demnach entspricht ein Teilchen MnO_4^- hier fünf gedachten Äquivalentteilchen, und $0,1$ mol MnO_4^- entspricht einer Äquivalentstoffmenge von $0,5$ mol. Folglich hat eine MnO_4^--Lösung der Stoffmengenkonzentration $c = 0,1$ mol/L die Äquivalentkonzentration $c_{eq} = 0,5$ mol/L (noch heute findet man dafür die alte Bezeichnung Normalität, es wird von einer $0,5$ N Permanganatlösung gesprochen). – Rechnerisch:

$$n_{eq}(MnO_4^-) = n\left(\tfrac{1}{5}MnO_4^-\right) = 5 \cdot n(MnO_4^-)\,.$$

Vorsicht ist geboten, weil die Äquivalenzzahl z^* in verschiedenen Reaktionen verschiedene Werte annehmen kann. So kann Molybdän z.B. von $+3$ nach $+6$ oder von $+5$ nach $+6$ titriert werden, je nachdem, mit welchem Verfahren es vor der Titration reduziert wurde. In neutraler Lösung wird Permanganat nicht (wie oben für saure Lösungen gezeigt) zu Mn^{2+}, sondern zu MnO_2 reduziert, in einer fluoridhaltigen Lösung zu einem Mangan(III)-Fluorokomplex und in stark basischer Lösung zum Manganat-Ion MnO_4^{2-}.

Abschließend zeigen wir am Beispiel der Titration einer schwefelsauren Oxalatlösung mit $KMnO_4$-Lösung die Berechnung eines Titrationsergebnisses.

Beispiel:

Gegeben: Maßlösung, $c_{eq}(KMnO_4) = 0,1$ mol/L bzw. $c(KMnO_4) = 0,02$ mol/L. Verbrauch an Maßlösung: 72,5 mL. Gesucht: Masse an $Na_2C_2O_4$ in der Probelösung.

Lösungsweg:

(1) Ermitteln der Stöchiometrie und der Äquivalenzzahlen z^*. Aus den Halbreaktionen für MnO_4^- (s.o.) und Oxalat

$$\overset{+3}{C_2}O_4^{2-} \rightarrow 2\,\overset{+4}{C}O_2 + 2e^-$$

folgt

$$2\,MnO_4^- + 16\,H_3O^+ + 5\,C_2O_4^{2-} \rightarrow 2\,Mn^{2+} + 10\,CO_2 + 24\,H_2O \ .$$

Damit ist

$$z^*(MnO_4^-) = 5 \ ,$$
$$z^*(C_2O_4^{2-}) = 2 \ ,$$

und für die Stoffmengen n gilt

$$2 \cdot n(Na_2C_2O_4) = 5 \cdot n(KMnO_4) \ .$$

(2) Berechnung der Stoffmenge an Oxalat. Da die Stoffmenge einer Substanz X gleich dem Produkt aus Konzentration und Volumen V der Lösung ist, also $n(X) = c(X) \cdot V$, gilt

$$2n(Na_2C_2O_4) = 5c(KMnO_4) \cdot V(KMnO_4\text{-Titerlösung}) \ ,$$

also

$$2n(Na_2C_2O_4) = 5 \cdot 0{,}02 \text{ mol/L} \cdot 0{,}072 \text{ L}$$
$$= 7{,}25 \cdot 10^{-3} \text{ mol} = 7{,}25 \text{ mmol}$$

Somit beträgt die Stoffmenge an Oxalat

$$n(Na_2C_2O_4) = 3{,}625 \text{ mmol} \ .$$

(3) Berechnung der Masse an $Na_2C_2O_4$. Es gilt

$$m(Na_2C_2O_4) = n(Na_2C_2O_4) \cdot M(Na_2C_2O_4).$$

Da $M(Na_2C_2O_4) = 134$ g/mol oder 134 mg/mmol, folgt

$$m(Na_2C_2O_4) = 3{,}625 \text{ mmol} \cdot 134 \text{ mg/mmol}$$
$$m(Na_2C_2O_4) = 486 \text{ mg}$$

14.2 Titrationen mit starken Oxidationsmitteln

Standardlösungen von Cer(IV), Permanganat, Dichromat oder gelegentlich Vanadium(V) werden zur Titration von Eisen(II), Titan(III), Arsen(III) und vielen anderen Reduktionsmitteln eingesetzt.

Ansetzen und Einstellen von Maßlösungen

Permanganat ist eine häufig verwendete Titersubstanz. In saurer Lösung wird eine reduzierende Substanz Permanganat zu Mangan(II) reduzieren:

$$MnO_4^- + 5e^- + 8\,H_3O^+ \rightarrow Mn^{2+} + 12\,H_2O \qquad E^0 = 1{,}51\ V$$

Der tatsächliche Mechanismus der Reduktion ist weit komplizierter als die einfache Reaktionsgleichung andeutet, die Nernstsche Gleichung kann daher nicht zur quantitativen Berechnung von Potentialen verwendet werden. Trotzdem ist Permanganat ein starkes Oxidationsmittel und oxidiert zahlreiche Stoffe quantitativ.

Da Kaliumpermanganat keine Urtitersubstanz ist, muß zunächst eine Stammlösung von grob bekannter Konzentration hergestellt werden. Die wäßrige Lösung läßt man über Nacht stehen und filtriert, oder man erhitzt zum Sieden und filtriert nach Abkühlen. Zur Filtration dient eine poröse Glas- oder Porzellanfritte, da Filterpapier Permanganat leicht reduziert. Der Zweck der Filtration ist, Staub oder Manganoxide niedriger Oxidationsstufen zu entfernen, da diese die Zersetzung von Permanganat katalysieren. Die Stoffmengenkonzentration einer richtig angesetzten Permanganatlösung bleibt über lange Zeit konstant; eine unsachgemäß hergestellte Lösung zersetzt sich beim Stehenlassen.

Natriumoxalat $Na_2C_2O_4$ oder reines metallisches Eisen sind die allgemein zum Einstellen der Permanganatlösung verwendeten Urtitersubstanzen. Natriumoxalat wird in Säure gelöst (Bildung von Oxalsäure $H_2C_2O_4$) und mit Permanganat nach der in Abschnitt 14.1 angegebenen Gleichung titriert. Jedes Kohlenstoff-Atom im Oxalat wird dabei von der Oxidationsstufe +3 nach +4 oxidiert; daher ist wie oben gezeigt die Äquivalentmasse von Natriumoxalat gleich der molaren Masse dividiert durch 2.

Metallisches Eisen wird genau eingewogen, in Säure aufgelöst, zu Eisen(II) reduziert und mit Permanganat titriert. (Eine genaue Beschreibung dieses Verfahrens findet sich im Abschnitt über die Bestimmung von Eisen.) Bei allen zur Titerstellung dienenden Titrationen wird das erste Erscheinen der rosa Permanganat-Farbe als Endpunkt betrachtet.

Cer(IV)-Lösungen werden im allgemeinen in Schwefelsäure oder Perchlorsäure angesetzt. Cer(IV) in Perchlorsäure ($E^0 = 1{,}70$ V) ist ein stärkeres Oxidationsmittel als Cer(IV) in Schwefelsäure ($E^0 = 1{,}44$ V). Dies liegt vermutlich daran, daß Cer(IV)-Ionen und Schwefelsäure einen Komplex bilden. Manche Fachleute bezeichnen Cer(IV)-Lösungen als *Cerat*lösungen, da anionische Komplexe, wie z.B. $Ce(SO_4)_3^{2-}$ und $Ce(NO_3)_6^{2-}$, vorliegen. Andere meinen, daß der Name *Cer*lösung geeigneter ist, da Cer(IV) weitgehend als Kation vorliegt. Unter den meisten Bedingungen enthalten Cer(IV)-Lösungen wahrscheinlich ein Gemisch verschiedener ionischer Spezies.

Zur Herstellung von Cer(IV)-Lösungen werden gewöhnlich $Ce(OH)_4$ (Cerhydroxid) oder Ammoniumhexanitrocerat(IV) $(NH_4)_2Ce(NO_3)_6$ verwendet. Um die Bildung unlöslicher Cer-Salze durch Hydrolyse zu verhindern, wird das Salz gründlich mit konzentrierter Säure gemischt und dann mit Wasser verdünnt, das zunächst in kleinen Portionen zugegeben wird.

Zur Titerstellung von Cer(IV)-Lösungen wird Arsen(III)-oxid oder eine der Urtitersubstanzen, die für Permanganat aufgeführt sind, verwendet. Natriumoxalat wird in Säure gelöst und mit Cer(IV) in schwefelsaurer Lösung bei etwa 50 °C titriert:

$$2\,H_2O + 2\,Ce^{4+} + H_2C_2O_4 \;\rightarrow\; 2\,Ce^{3+} + 2\,CO_2 + 2\,H_3O^+$$

Ferroin als Indikator zeigt am Endpunkt einen scharfen Farbumschlag von rot nach fahlblau.

Arsen(III)-oxid ist in Säuren schlecht löslich, löst sich aber gut in einigen mL Wasser, denen man 1 oder 2 Natriumhydroxid-Plätzchen zugefügt hat:

$$As_2O_3 + 2\,OH^- + H_2O \;\rightarrow\; 2\,H_2AsO_3^-$$

Die Lösung wird mit Schwefelsäure angesäuert und bildet lösliche arsenige Säure (H_3AsO_3), welche nun titriert werden kann. Die Titration mit Cer(IV) gelingt aber nur in Gegenwart eines Katalysators wie beispielsweise Osmiumsäure:

$$2\,Ce^{4+} + H_3AsO_3 + 3\,H_2O \xrightarrow{\text{Osmiumsäure}} 2\,Ce^{3+} + H_3AsO_4 + 2\,H_3O^+$$

Auch bei dieser Titration dient Ferroin als Indikator. Jedes Arsenatom wird von $+3$ nach $+5$ oxidiert; da zudem in der Urtitersubstanz As_2O_3 zwei Arsenatome enthalten sind, muß die Äquivalentmasse der Urtitersubstanz einem viertel der molaren Masse von As_2O_3 entsprechen.

Reines metallisches Eisen kann ebenfalls als Urtitersubstanz für Cer(IV) dienen. Das Eisen wird gelöst, zu Eisen(II) reduziert und dann mit Cer(IV) und Ferroin als Indikator titriert.

Dichromat wird durch Reduktionsmittel zu Chrom(III) reduziert. Dabei läuft eine Reihe von Reaktionen ab, die durch folgende Halbreaktion zusammenfassend beschrieben wird:

$$Cr_2O_7^{2-} + 14\,H_3O^+ + 6\,e^- \;\rightarrow\; 2\,Cr^{3+} + 21\,H_2O \qquad E^0 = 1{,}36\ \text{V}$$

Die Nernstsche Gleichung ist für quantitative Berechnungen mit Potentialen auch in diesem Fall nicht geeignet. Obwohl der E^0-Wert zu 1,36 V angegeben wird, beträgt das experimentell ermittelte Potential in HCl-Lösung, $c(\text{HCl}) = 1$ mol/L, nur 1,09 V.

Standardlösungen von Dichromat werden durch direktes Einwiegen der Urtitersubstanz Kaliumdichromat und Verdünnen hergestellt. Dichromat ist ein etwas schwächeres Oxidationsmittel als Permanganat oder Cer(IV). Trotzdem wird es für die Titration von Eisen(II)-Ionen und einigen anderen Reduktionsmitteln häufig eingesetzt.

Reduktion einer zu titrierenden Substanz

Mit Hilfe einer Standardlösung eines Oxidationsmittels kann die reduzierte Form vieler Elemente durch Titration in höhere Oxidationsstufen überführt werden. Solche Oxidationsmittel sind z.B. Permanganat, Kaliumdichromat, Cer(IV) oder Iod. Dieses Verfahren ist zur Bestimmung oxidierbarer Bestandteile geeignet. Soll eine Substanz auf diese Weise bestimmt werden, so muß die Reaktion stöchiometrisch und rasch verlaufen. Der Endpunkt einer Redox-Titration kann zwar potentiometrisch bestimmt werden, dennoch ist es vorteilhaft, wenn man ihn mit einem sichtbaren Farbindikator erkennen kann.

Wenn die Substanz nicht ausschließlich in einer einzigen reduzierten Form vorliegt, so muß der Titration ein Reduktionsschritt vorgeschaltet werden. Die zu bestimmende Substanz muß dabei quantitativ zu einem bestimmten Ion oder zu einer bestimmten Wertigkeitsstufe reduziert werden; außerdem muß eine Möglichkeit zur Entfernung des Überschusses an Reduktionsmittel bestehen, damit es die Titration nicht stört. Eine Möglichkeit hierzu besteht in der Verwendung eines metallisches Reduktionsmittel. So wird beispielsweise sehr häufig der sogenannte „Jones-Reduktor" – eine mit amalgamierten Zinkgranalien gefüllte Säule – eingesetzt. Die Zink-Oberfläche ist amalgamiert, damit Säure nicht unter Bildung von Wasserstoff mit dem metallischen Zink reagiert:

$$\text{Zn (s)} + 2\,\text{H}_3\text{O}^+ \;\rightarrow\; \text{Zn}^{2+} + \text{H}_2\text{(g)} + 2\,\text{H}_2\text{O}$$

Starke Säuren und Zink reagieren leicht unter Bildung von Wasserstoff. Quecksilber und Metall-Amalgame haben eine hohe Wasserstoff-Überspannung, so daß Wasserstoffionen nicht entladen werden (siehe Kapitel 16).

Die Probelösung wird über die Säule gegeben, wonach die Säule mit einigen Portionen verdünnter Säure ausgespült wird, die mit der Analysenlösung vereinigt werden. Eisen(III) wird dabei quantitativ zu Eisen(II) reduziert:

$$2\,\text{Fe}^{3+} + \text{Zn (Hg)} \;\rightarrow\; 2\,\text{Fe}^{2+} + \text{Zn}^{2+}$$

Titan(IV) in schwefelsaurer Lösung wird quantitativ zum violetten Titan(III) reduziert:

$$2\,\text{Ti(IV)} + \text{Zn (Hg)} \;\rightarrow\; 2\,\text{Ti(III)} + \text{Zn}^{2+}$$

Tabelle 14–1 Wirkung von Zink-Amalgam und Silber als Reduktionsmittel auf verschiedene Metallionen

Metallion	Produkt der Reduktion mit	
	Zn(Hg)	Ag (HCl)
Cr(III)	Cr(II)	nicht reduziert
Cu(II)	Cu^0	Cu(I)
Fe(III)	Fe(II)	Fe(II)
Mo(VI)	Mo(III)	Mo(V)
Ti(IV)	Ti(III)	nicht reduziert
U(VI)	U(III) + U(IV)	U(IV)
V(V)	V(II)	V(IV)

Die Reduktion einiger anderer Metallionen wird in Tabelle 14–1 aufgeführt. Eine Säule, die mit schwammigem gekörnten Silber gepackt ist, ist ebenfalls ein nützliches Hilfsmittel zur Reduktion einiger Metallionen vor der Titration. So wird z.B. Fe^{3+} in salzsaurer Lösung zu Fe^{2+} reduziert:

$$Fe^{3+} + Ag^0(s) + Cl^- \rightarrow Fe^{2+} + AgCl(s)$$

Bei dieser Reduktion verschiebt die Ausfällung von Silberionen in Form des Silberchlorids das Gleichgewicht weiter nach rechts. Ohne Chlorid kann metallisches Silber Eisen(III) nicht reduzieren, da für diese Reaktion der E^0-Wert negativ ist.

$$Ag^+ + e^- \rightarrow Ag^0(s) \qquad E^0 = +0{,}800 \text{ V}$$

$$Fe^{3+} + e^- \rightarrow Fe^{2+} \qquad E^0 = +0{,}77 \text{ V}$$

$$AgCl(s) + e^- \rightarrow Ag^0(s) + Cl^- \quad E^0 = +0{,}222 \text{ V}$$

Die Reaktionen weiterer Metallionen mit Silber als Reduktionsmittel sind in Tabelle 14–1 zusammengefaßt.

Es gibt noch eine Anzahl anderer Reduktionsmethoden. Blei als Reduktionsmittel reduziert Uran(VI) zu Uran(IV) und ist hierin dem „Jones-Reduktor" überlegen, der ein Gemisch von Uran(III) und Uran(IV) erzeugt.

Metallisches Aluminium (in einem Kolben, nicht in einer Säule) reduziert Titan (IV) zu Titan (III). Der Überschuß an metallischem Aluminium wird durch Auflösen in der vorhandenen Säure beseitigt. Zinn(II)-chlorid wird zur Reduktion von Eisen(III) zu Eisen(II) verwendet (Kapitel 30, Experiment 18). Einige brauchbare Verfahren zur Bestimmung verschiedener Elemente durch Reduktion und nachfolgende Titration mit einer oxidierenden Maßlösung sind in Tabelle 14–2 aufgeführt. Titan(III) und Zinn(II) müssen unter Kohlendioxid titriert werden, damit die redu-

Tabelle 14–2 Übersicht über einige Redox-Methoden

Stoff	reduzierte Form	oxidierte Form	Maßlösung
As	As(III)	As(V)	Ce(IV) (+ Osmiumsäure)
Cu	Cu(I)	Cu(II)	Ce(IV)
Fe	Fe(II)	Fe(III)	Ce(IV), MnO_4^-, $Cr_2O_7^{2-}$
H_2O_2	H_2O_2	O_2	Ce(IV), MnO_4^-
Mo	Mo(V)	Mo(VI)	Ce(IV), MnO_4^-
Ti	Ti(III)	Ti(IV)	Fe(III)
U	U(IV)	U(VI)	MnO_4^-, Ce(IV)
V	V(IV)	V(V)	Ce(IV)

zierten Substanzen nicht von Luft oxidiert werden. Titan(III) wird häufig mit Eisen(III)-Maßlösung titriert. Hierbei nutzt man den roten Komplex, der durch Reaktion des ersten Überschusses an Eisen mit Thiocyanat entsteht, zum Erkennen des Endpunkts der Titration aus.

$$Fe^{3+} + Ti(III) \rightarrow Ti(IV) + Fe^{2+}$$

Endpunktserkennung:

$$Fe^{3+} + SCN^- \rightarrow [Fe(SCN)]^{2+}$$
$$\text{(rot)}$$

Der Vorteil der Titration mit Eisen(III) liegt darin, daß in der Titanprobe enthaltenes Eisen durch das Reduktionsmittel zu Eisen(II) reduziert wird und somit nicht stört. Wenn man Permanganat, Cer(IV) oder Dichromat verwendete, so würde Eisen(II) mit dem Titan(III) titriert.

Molybdän(III) und Kupfer(I) sind ebenfalls empfindlich gegenüber Oxidation durch Luft, deswegen wird in das Auffanggefäß unter der Reduktionssäule gewöhnlich etwas Eisen(III) zugegeben. Wenn Kupfer(I) mit dem Eisen(III) in Kontakt kommt, so läuft die folgende Reaktion ab:

$$[CuCl_3]^{2-} + Fe^{3+} \rightarrow Cu^{2+} + Fe^{2+} + 3\,Cl^-$$

Das gebildete Eisen(II) — es wird eine zu dem ursprünglich vorhandenen Kupfer(I) äquivalente Menge gebildet — kann mit einem starken Oxidationsmittel titriert werden, ohne daß sofortige Oxidation durch den Luft-Sauerstoff befürchtet werden muß. Das Molybdän(III) reagiert mit Eisen(III) praktisch analog wie Kupfer(I).

Titration nach vorheriger Oxidation

Kaliumperoxodisulfat $K_2S_2O_8$ (häufig auch als Kaliumpersulfat bezeichnet), kann zur Oxidation eines beliebigen Elements in eine höhere Oxidationsstufe vor Titration mit einem Reduktionsmittel verwendet werden.

So wird z.B. Chrom(III) zu Chrom(VI) (Dichromat) oxidiert. Der Überschuß an Peroxodisulfat wird zersetzt, indem man nach Beendigung der Oxidation die Lösung für einige Minuten kocht:

$$S_2O_8^{2-} + 6\,H_2O \;\rightarrow\; 2\,SO_4^{2-} + O_2 + 4\,H_3O^+$$

Oxidationen mit Peroxodisulfat werden in heißer, saurer Lösung durchgeführt. Eine geringe Menge an Silber(I) muß bei den meisten dieser Oxidationen als Katalysator zugefügt werden. Peroxodisulfat oxidiert Silber(I) zu Silber(II) oder sogar in Spuren zu Silber(III). Das Silber(II) oxidiert Chrom(III) zu Chrom(VI), das dabei gebildete Silber(I) wird durch Peroxodisulfat wieder oxidiert, womit ein neuer Reaktionszyklus beginnt.

$$Ag(I) \xrightarrow{\;S_2O_8^{2-}\;} Ag(II)$$
$$3\,Ag(II) + Cr(III) \;\rightarrow\; Cr(VI) + 3\,Ag(I)$$

Peroxodisulfat oxidiert auch quantitativ Cer(III) zu Cer(IV) und Vanadium(IV) zu Vanadium(V). Mangan(II) wird zu Permanganat oxidiert, wobei aber stets ein Teil des Permanganats beim Kochen der Lösung zur Zersetzung des überschüssigen Peroxodisulfats reduziert wird.

Heiße konzentrierte Perchlorsäure ist ein starkes Oxidationsmittel und wurde zur Oxidation von Chrom zu Dichromat und Cer zur Cer(IV) vor Titrationen eingesetzt. Verdünnte Perchlorsäure bei Raumtemperatur hat keine oxidierenden Eigenschaften; daher braucht die Perchlorsäure nicht entfernt zu werden. Chlor, das als Zersetzungsprodukt heißer, konzentrierter Perchlorsäure entsteht, muß nach Verdünnen ausgetrieben werden.

Nach Oxidation mit Peroxodisulfat werden das Cer(IV), Chrom(VI) oder Vanadium(V) durch Titration mit einer Eisen(II)-Maßlösung bestimmt:

$$Ce^{4+} + Fe^{2+} \;\rightarrow\; Ce^{3+} + Fe^{3+}$$
$$Cr_2O_7^{2-} + 6\,Fe^{2+} + 14\,H_3O^+ \;\rightarrow\; 2\,Cr^{3+} + 6\,Fe^{3+} + 21\,H_2O$$
$$VO_2^+ + Fe^{2+} + 2\,H_3O^+ \;\rightarrow\; VO^{2+} + Fe^{3+} + 3\,H_2O$$

Ferroin ist der beste Indikator für die ersten beiden Titrationen. Es ist interessant festzustellen, daß wegen der Irreversibilität des Chrom(VI)-Chrom(III)-Systems Ferroin ein brauchbarer Indikator zur Titration von Dichromat mit Eisen(II) ist, jedoch für die umgekehrte Titration nicht verwendet werden kann.

Vanadium(V) muß in stark saurer Lösung titriert werden; Vanadium(V) ist nämlich sonst ein zu schwaches Oxidationsmittel, um Eisen(II) korrekt zu titrieren. Vanadium(V) wird potentiometrisch oder mit oxidiertem Diphenylaminsulfonat als Indikator titriert.

Man beachte, daß die Beteiligung von zwei H_3O^+-Ionen bei der Halbreaktion Vanadium(V)/Vanadium(IV) erwarten läßt, daß die oxidierenden Eigenschaften von Vanadium(V) mit steigender Säurekonzentration zunehmen:

$$VO_2^+ + 2\,H_3O^+ + e^- \rightarrow VO^{2+} + 3\,H_2O \quad E^0 = 1{,}00\ \text{V}$$

14.3 Bestimmung von Eisen

Die Bestimmung von Eisen durch Redox-Titration ist eine wichtige analytische Methode. Sie ist auch geeignet, einige Techniken, die für andere Redox-Verfahren von Bedeutung sind, zu erklären.

Eisenerz- oder Stahlproben werden gewöhnlich in Salzsäure gelöst. Im allgemeinen wird ein Teil (oder die gesamte Menge) dieses Eisens beim Auflösen zu Eisen(III) oxidiert. Das Eisen kann zu Eisen(II) reduziert werden und dann in Gegenwart von verdünnter HCl zu Eisen(III) titriert werden, wobei Dichromat oder Cer(IV) als Titrant verwendet werden.

Zwei Methoden zur Reduktion von Eisen(III) zu Eisen(II) in HCl sind gebräuchlich. Beim ersten Verfahren wird Eisen reduziert, indem man tropfenweise Zinn(II)-chlorid-Lösung zutropft. Die vollständige Reduktion kann man am Verschwinden der gelben Farbe des Eisen(III) erkennen.

$$2\,Fe^{3+} + Sn^{2+} \rightarrow 2\,Fe^{2+} + Sn^{4+}$$

Der Überschuß an Zinn(II) wird entfernt, indem man rasch einen großen Überschuß an Quecksilberchlorid zugibt. Das Quecksilber(II) wird zu Quecksilber(I) reduziert, welches einen weißen Niederschlag von Quecksilber(I)-chlorid bildet:

$$\underset{\text{(Überschuß)}}{Sn^{2+} +\ 2\,HgCl_2}\ \rightarrow Sn^{4+} + Hg_2Cl_2(s) + 2\,Cl^-$$

Wenn nicht genug Quecksilber(II)-chlorid zugefügt wird, oder wenn man es nicht rasch genug zugibt, so wird ein Teil des Quecksilber(II) zu metallischem Quecksilber reduziert (grauer Niederschlag), das die nachfolgende Titration von Eisen(II) stört:

$$Sn^{2+} + HgCl_2 \rightarrow Sn^{4+} + Hg^0(s) + 2\,Cl^-$$

Die zweite Methode zur Reduktion von Eisen(III) zu Eisen(II) in salzsaurer Lösung wird mit einem Silber-Reduktor durchgeführt. Nach Reduktion wird das Eisen(II) entweder mit Cer(IV)-Lösung oder mit Dichromatlösung titriert:

$$Ce^{4+} + Fe^{2+} \rightarrow Ce^{3+} + Fe^{3+}$$

$$Cr_2O_7^{2-} + 6\,Fe^{2+} + 14\,H_3O^+ \rightarrow 2\,Cr^{3+} + 6\,Fe^{3+} + 21\,H_2O$$

Bei der Titration mit Cer(IV) gibt Ferroin als Indikator einen scharfen Umschlagspunkt von rot nach fahlblau. Bei der Titration mit Dichromat erfolgt der Farbumschlag bei einem zu hohen Potential, so daß Ferroin als Indikator ungeeignet ist. Der einzige andere leicht zugängliche Indikator, Diphenylaminsulfonat, schlägt bei zu niedrigen Potentialwerten um (Bild 14–1). Aus diesem Dilemma kommt man her-

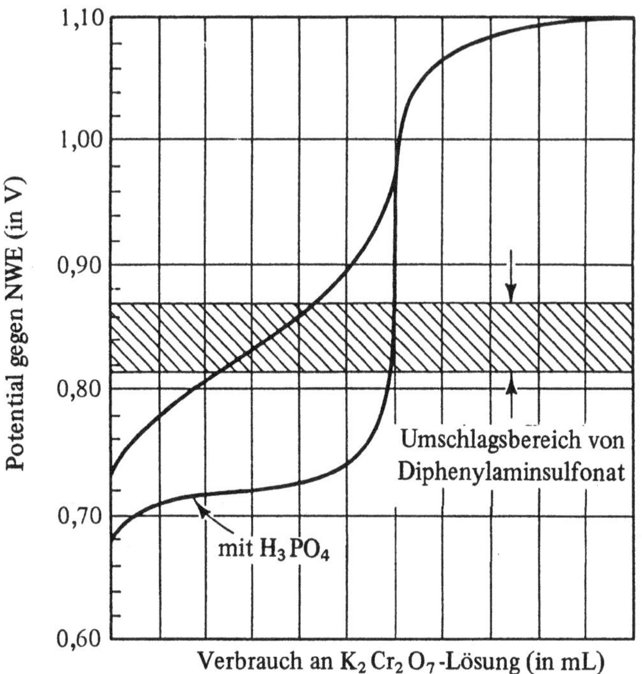

Bild 14-1 Einfluß von Phosphorsäure auf die Titration von Eisen (II) mit Dichromat in Schwefelsäure, c = 1 mol/L. Der untere Kurvenast — gekennzeichnet durch die Angabe „mit H_3PO_4" — wird in einem Gemisch von Schwefelsäure, $c(H_2SO_4)$ = 1 mol/L, und Phosphorsäure, $c(H_3PO_4)$ = 3 mol/L, erhalten.

aus, indem man Diphenylaminsulfonat als Indikator verwendet und die Titration in Gegenwart von Phosphorsäure durchführt. Phosphorsäure komplexiert Eisen(III), nicht dagegen Eisen(II); damit wird das Potential des Redox-Paars Eisen(II)/Eisen(III) herabgesetzt:

$$E = 0{,}77 \text{ V} + 0{,}059 \text{ V} \cdot \log \frac{[Fe^{3+}]}{[Fe^{2+}]} \qquad \text{[Fe^{3+}] durch Komplexierung erniedrigt}$$

Die untere Titrationskurve in Bild 14–1 zeigt, daß der Diphenylaminsulfonat-Indikator in Gegenwart von Phosphorsäure beim Endpunkt umschlägt. Die Titration von Eisen(II) mit Permanganat galt lange als Standardverfahren.

$$MnO_4^- + 5\,Fe^{2+} + 8\,H_3O^+ \rightarrow 5\,Fe^{3+} + Mn^{2+} + 12\,H_2O$$

Der Endpunkt dieser Titration wird einfach durch die rosa Farbe des ersten überschüssigen Tropfens Permanganatlösung erkannt. Diese Titration kann nicht in Gegenwart von HCl ausgeführt werden, und zwar wegen der folgenden Permanganat verbrauchenden Reaktion:

$$2\,MnO_4^- + 10\,Cl^- + 10\,H_3O^+ \rightarrow 5\,Cl_2 + 2\,Mn^{2+} + 15\,H_2O$$

Hat man eine Metall- oder Erzprobe in Salzsäure gelöst, so wird Schwefelsäure oder Perchlorsäure zugegeben und HCl durch Abrauchen mittels der höhersiedenden Säure vertrieben. Nach Abkühlen wird die Lösung verdünnt und durch einen „Jones-Reduktor" gegeben, der das Eisen(III) zu Eisen(II) reduziert. Die Redox-Reaktion auf der Säule ist:

$$2\,Fe^{3+} + Zn(Hg)_x \rightarrow 2\,Fe^{2+} + Zn^{2+} + x\,Hg$$

Die dabei in die Lösung gelangenden Zinkionen haben keinen Einfluß auf die Titration von Eisen(II) mit Permanganat. Die Titration kann auch mit Cer(IV) oder Dichromat durchgeführt werden, wie zuvor beschrieben.

14.4 Titrationen mit Iod (Iodometrie)

Direkte Titrationen mit Iod

Iod von hoher Reinheit kann durch Sublimation erhalten werden. Deshalb ist Iod als Urtitersubstanz zur Herstellung von Iod-Maßlösungen geeignet.

Obwohl Iod praktisch nicht in reinem Wasser löslich ist, ist es sehr gut in einer wäßrigen Lösung von Kaliumiodid löslich. Das Iod reagiert mit dem Iodidion unter Bildung eins anionischen Komplexes:

$$I_2 + I^- \rightarrow I_3^-$$

Um das Aufstellen von Reaktionsgleichungen zu vereinfachen, werden wir jedoch weiterhin Iod in Wasser einfach als I_2 schreiben.

Das Normalpotential E^0 der Halbreaktion

$$I_2 + 2\,e^- \rightarrow 2\,I^-$$

ist 0,535 V. Da Iod nur ein schwaches Oxidationsmittel ist, ist eine Iod-Maßlösung bei Redox-Titrationen nur begrenzt einsetzbar. Trotzdem werden einige Stoffe gewöhnlich mit einer Iod-Standardlösung bestimmt. Die Titrationsreaktionen sind im folgenden aufgelistet:

$$I_2 + As(III) \rightarrow 2\,I^- + As(V)$$

$$I_2 + Sb(III)\text{-tartrat} \rightarrow 2\,I^- + Sb(V)\text{-tartrat}$$

$$I_2 + Sn(II) \rightarrow 2\,I^- + Sn(IV)$$

$$I_2 + H_2S + 2\,H_2O \rightarrow 2\,I^- + S^0 + 2\,H_3O^+$$

$$I_2 + SO_3^{2-} + 3\,H_2O \rightarrow 2\,I^- + SO_4^{2-} + 2\,H_3O^+$$

$$I_2 + 2\,S_2O_3^{2-} \rightarrow 2\,I^- + S_4O_6^{2-}$$

$$I_2 + 2\,[Fe(CN)_6]^{4-} \rightarrow 2\,I^- + 2\,[Fe(CN)_6]^{3-}$$

Als Indikator für diese Titrationen dient eine Stärkelösung. Die erste Spur an überschüssigem Iod zeigt den Endpunkt der Titration an, da sich ein intensiv blauer Komplex mit der Stärke bildet.

Direkte Titrationen mit Iod werden gewöhnlich in neutraler oder saurer Lösung durchgeführt. Bei pH-Werten größer als 11 ist die Stöchiometrie von Titrationen mit Iod unzuverlässig und ungenau, da Iod zu Hypoiodit IO^- oxidiert wird, welches instabil ist und in Iodat IO_3^- und Iodid disproportioniert. Bei einigen direkten Titrationen mit Iod muß der pH genau eingehalten werden. Zum Beispiel sind bei der Oxidation von Arsen(III) (Arsenit) zu Arsen(V) (Arsenat) H_3O^+-Ionen beteiligt:

$$I_2 + H_3AsO_3 + 5\,H_2O \rightarrow 2\,I^- + HAsO_4^{2-} + 4\,H_3O^+$$

In schwach *alkalischer* Lösung verläuft die Titration von *Arsenit* mit Iod problemlos, wie die Gleichung beschreibt. In stark *saurer* Lösung verläuft die Reaktion jedoch in umgekehrter Richtung:

$$H_3AsO_4 + 2\,I^- + 2\,H_3O^+ \rightarrow H_3AsO_3 + I_2 + 3\,H_2O$$

Mit Hilfe *dieser* Reaktion und nachfolgender Titration des Iods mit Thiosulfat wird *Arsenat* bestimmt.

Der Einfluß der Säurekonzentration auf die Reaktion von Iod mit Arsenit kann aus der Theorie der Redox-Reaktionen vorausgesagt werden; das berechnete Redoxpotential des Redox-Paares Arsen(V)/Arsen(III) in Abhängigkeit von pH ist in Bild 14−2 aufgezeichnet. Im Fall der Reaktion von Arsen(III) mit Iod beträgt die Mindestdifferenz der Potentiale für eine quantitative Umsetzung + 0,18 V (Tabelle

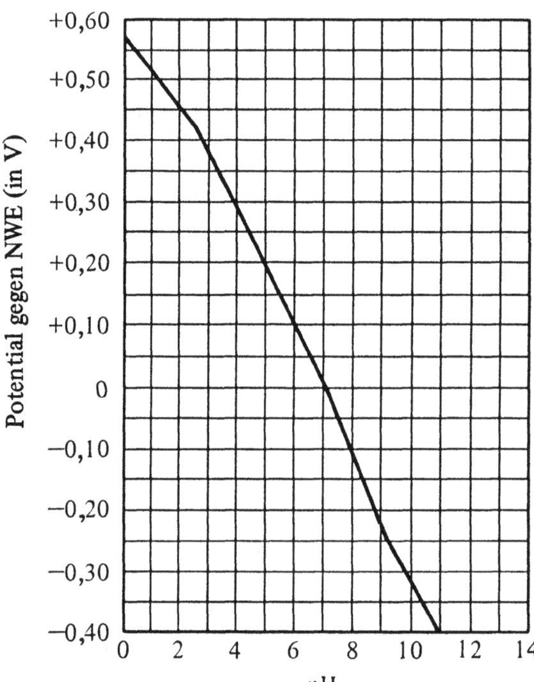

Bild 14-2
Abhängigkeit des Potentials des Redoxpaares As(V)/As(III) vom pH

13—1, dort der Fall $n_A = n_B = 2$). Das bedeutet, daß das Potential des Redox-Paars Arsen(V)/Arsen(III) $+0{,}36$ V betragen sollte, nämlich 0,18 V niedriger als das von Iod/Iodid ($E^0 = +0{,}54$ V). Der pH, bei dem das Potential des Redox-Paares Arsen(V)/Arsen(III) $+0{,}36$ V beträgt, ist etwa 3 (Bild 14—2). Damit ist ein pH von 3 theoretisch der niedrigste pH-Wert, bei dem das Arsen(III) zu 99,9 % zu Arsen(V) oxidiert werden kann. Die Geschwindigkeit, mit der das Gleichgewicht sich einstellt, ist aber bei pH 3 so gering, daß zur raschen Umsetzung ein pH von 5 oder größer erforderlich ist.

Oxidation von Vitamin C

Iod kann auch zur direkten Titration von Vitamin C (Ascorbinsäure) verwendet werden.

Man beachte, daß Iod die funktionelle Gruppe $-\overset{\displaystyle OH}{C}=\overset{\displaystyle OH}{C}-$ zu einer α-Diketogruppe im Endprodukt Dehydroascorbinsäure oxidiert. Der Vitamin-C-Gehalt von Tabletten und Feststoffen kann so durch Titration mit Iod (und Stärke zur Endpunktserkennung) bestimmt werden.[1]

Bestimmung von Wasser nach Karl Fischer

Die quantitative Bestimmung von Wasser — besonders in organischem Material — ist eine häufige analytische Aufgabenstellung. Sehr bekannt ist die Methode nach Karl Fischer, die nahezu spezifisch für Wasser ist.

In ihrer ursprünglichen Form besteht die Karl-Fischer-Methode in der Titration von Wasser mit einer wasserfreien methanolischen Lösung, die Iod, Schwefeldioxid und überschüssiges Pyridin enthält. Moderne, im Handel erhältliche Reagenzlösungen für die „KF-Titration" enthalten statt Pyridin andere, weniger unangenehme Basenkomponenten und sind dem klassischen Gemisch in jeder Hinsicht überlegen.[2] Sie werden als Ein- oder Zwei-Komponenten-Reagenzien angeboten.

1 J.W. Stevens, *Ind. Eng. Chem., Anal. Ed. 10*, 269 (1938); D.N. Bailey, *J. Chem. Educ. 51*, 488 (1974)

2 Eugen Scholz, *Karl-Fischer-Titration. Methoden zur Wasserbestimmung* (Springer, Berlin 1984). Vgl. auch die dort zitierte Literatur.

Für den Fall alkoholischer Lösungen mit geeigneten Basen R'N muß nach heutigen Erkenntnissen folgende Reaktionsgleichung formuliert werden:

$$ROH + SO_2 + R'N \rightarrow [R'NH]SO_3R$$

$$H_2O + I_2 + [R'NH]SO_3R + 2R'N \rightarrow [R'NH]SO_4R + 2[R'NH]I$$

Je mol Wasser wird also ein mol Iod verbraucht. Selbstverständlich müssen alle Reagenzien, Lösungsmittel und Geräte sorgfältigst getrocknet sein. – Die Probe wird mit dem Karl-Fischer-Reagenz titriert, bis eine bleibende Iodfarbe beobachtet wird. Wegen anderer Reaktionsprodukte tritt oft ein Farbumschlag von gelb nach bräunlich auf, der möglicherweise schlecht visuell zu erkennen ist. Einen viel schärferen Endpunkt erhält man mit der Dead-stop-Methode mit polarisierten Elektroden (Abschnitt 16.4) oder mit Hilfe der Biamperometrie.

Bestimmung von oxidierenden Stoffen durch Reduktion mit Iodid

Diese indirekten Titrationen mit Iod sind zur Bestimmung von Stoffen mit oxidierenden Eigenschaften sehr wichtig. Das allgemeine Schema sieht wie folgt aus:

$$A_{ox} + \underset{\text{Überschuß}}{2I^-} \rightarrow A_{red} + I_2$$

$$I_2 + S_2O_3^{2-} \rightarrow 2I^- + S_4O_6^{2-}$$

Das bei der ersten Reaktion gebildete Iod ist der Menge an A_{ox} in der Probe äquivalent. Bei dieser Reaktion wird das Iodid (in Form von Kaliumiodid oder Natriumiodid zugegeben) in großem Überschuß verwendet, die Lösung ist nicht eingestellt. Das gebildete Iod wird dann mit einer Natriumthiosulfat-Maßlösung titriert, wobei Iodid und Tetrathionat als Produkte entstehen. Als Indikator wird bei dieser Titration Stärke verwendet. Das Verschwinden der blauen Farbe von Iodstärke zeigt den Endpunkt an. Dabei ist es wichtig, daß der Stärke-Indikator erst zugegeben wird, wenn das meiste Iod bereits titriert ist. Gibt man die Stärke zu früh zu, so wird Iod an der Stärke adsorbiert, und der Endpunkt erscheint schleppend und ist schlecht zu erkennen.

Es folgen Reaktionen von einigen Stoffen, die man durch die vorgestellte indirekte Titration mit Iod bestimmen kann:

$$Cr_2O_7^{2-} + 6I^- + 14H_3O^+ \rightarrow 2Cr^{3+} + 3I_2 + 21H_2O$$

$$Cl_2 + 2I^- \rightarrow 2Cl^- + I_2$$

$$Br_2 + 2I^- \rightarrow 2Br^- + I_2$$

$$ClO^- + 2I^- + 2H_3O^+ \rightarrow Cl^- + I_2 + 3H_2O$$

$$IO_3^- + 5I^- + 6H_3O^+ \rightarrow 3I_2 + 9H_2O$$

$$IO_4^- + 7I^- + 8H_3O^+ \rightarrow 4I_2 + 12H_2O$$

$$2Cu^{2+} + 4I^- \rightarrow 2CuI(s) + I_2$$

In jedem Fall wird das gebildete Iod mit Thiosulfat-Maßlösung titriert, Stärke dient
als Indikator:

$$I_2 + 2S_2O_3^{2-} \rightarrow 2I^- + S_4O_6^{2-}$$

Chlor und Brom sind sehr viel stärkere Oxidationsmittel als Iod und oxidieren Thiosulfat nicht stöchiometrisch. Die indirekte Iod-Methode ist aber sehr gut zur Bestimmung von Chlor oder Brom geeignet:

$$Br_2 + 2I^- \rightarrow 2Br^- + I_2$$

$$I_2 + 2S_2O_3^{2-} \rightarrow 2I^- + S_4O_6^{2-}$$

Brom ist ein verbreitetes Reagenz zur Bestimmung ungesättigter organischer Stoffe
und Phenole. Kohlenstoff-Kohlenstoff-Doppelverbindungen addieren quantitativ
Brom:

Phenole reagieren mit Brom in der *ortho*- und *para*-Stellung:

Bei beiden Bestimmungen wird Brom-Maßlösung im Überschuß zugegeben und der
Überschuß durch indirekte Titration mit Iod bestimmt.

　　　Periodat ist ein sehr selektives Oxidationsmittel für organische Verbindungen. α-Glykole (Verbindungen mit benachbarten Hydroxygruppen) werden quantitativ ohne Störung durch Alkohole oder andere Arten von Glykolen oxidiert.

　　　Ethylenglykol, das häufig als Frostschutzmittel verwendet wird, wird zu
zwei Molekülen Formaldehyd oxidiert:

Da organische Oxidationsreaktionen erst nach einigen Minuten vollständig abgelaufen sind, wird ein Überschuß an Periodat zugegeben und der verbleibende Überschuß in saurer Lösung durch indirekte Titration mit Iod bestimmt:

$$HIO_4 + 7I^- + 7H_3O^+ \rightarrow 4I_2 + 11H_2O$$

Das Reduktionsprodukt des Periodats bei der Oxidation von Glykol ist Iodat. Dies kompliziert die Angelegenheit, da Iodat in saurer Lösung ebenfalls mit Iodid reagiert, wobei Iod entsteht:

$$HIO_3 + 5\,I^- + 6\,H_3O^+ \rightarrow 3\,I_2 + 3\,H_2O$$

Bei pH 7,5 wird jedoch durch Iodid plus Arsen(III) *nur* das Periodat reduziert (zu Iodat). In der Arbeitsvorschrift zu Experiment 17 (Kapitel 31) wird diese Tatsache ausgenutzt.

Das gesamte entstandene Iod wird mit Thiosulfat titriert. Die Menge an Glykol berechnet sich aus der Differenz zwischen der Äquivalentstoffmenge an eingesetztem Periodat und der Äquivalentstoffmenge an bei der abschließenden Titration verbrauchtem Thiosulfat.

Kupfer wird häufig durch indirekte Titration mit Iod bestimmt. Kupfer(II) reagiert mit überschüssigem Iodid unter Bildung eines Niederschlags von Kupfer(I)-Iodid und freiem Iod. Das Iod wird mit Thiosulfat titriert:

$$2\,Cu^{2+} + 4\,I^- \rightarrow 2\,CuI\,(s) + I_2$$

$$I_2 + 2\,S_2O_3^{2-} \rightarrow 2\,I^- + S_4O_6^{2-}$$

Eisen(III) oxidiert Iodid langsam und stört das Verfahren deshalb. Eisen(III) in nicht zu hohen Konzentrationen stört jedoch dann nicht, wenn es mit Fluorid komplexiert wird:

$$Fe^{3+} + F^- \rightarrow FeF^{2+} \quad \text{(und weitere Eisen(III)-Fluorokomplexe)}$$

Ein häufiges Problem bei Analysen mit Hilfe der indirekten Titration mit Iod ist der sogenannte „*Sauerstoff-Fehler*". In saurer Lösung oxidiert Luft-Sauerstoff Iodid zu Iod:

$$O_2 + 4\,I^- + 4\,H_3O^+ \rightarrow 2\,I_2 + 6\,H_2O$$

Diese Reaktion verursacht zu hohe Werte bei der indirekten Iod-Titration. Die Größe des Fehlers nimmt mit steigender Säurekonzentration zu.

Der „Sauerstoff-Fehler" läßt sich vermeiden, wenn man in einer inerten Atmosphäre arbeitet. Zugabe von festem Kohlendioxid oder Natriumhydrogencarbonat zu einer sauren Lösung führt zur Ausbildung einer vor Oxidation schützenden Kohlendioxid-Atmosphäre. Außerdem wirkt Hydrogencarbonat einer zu hohen Säurekonzentration entgegen.

Aufgaben

Oxidationsstufen und Aufstellen von Reaktionsgleichungen

14.1 Man gebe die Oxidationsstufe des angegebenen Elements in jeder der folgenden Verbindungen oder Ionen an.

a) S in $K_2S_4O_6$ b) I in H_5IO_6 c) Mn in MnO_4^{2-} d) Co in $CoCl_4^{2-}$
e) W in $WO_2F_4^{2-}$ f) C in $H_2C_2O_4$

14.2 Die folgenden Gleichungen sind in Ordnung zu bringen:

a) $S_2O_8^{2-} + H_2O \rightarrow SO_4^{2-} + O_2 + H_3O^+$

b) $Ce^{4+} + S_2O_3^{2-} + H_2O \rightarrow Ce^{3+} + SO_4^{2-} + H_3O^+$

c) $Cr_2O_3(s) + Na_2O_2(s) \xrightarrow{\text{Schmelze}} Na_2CrO_4(s) + Na_2O(s)$

14.3 Die folgenden Gleichungen sind in Ordnung zu bringen. Man gebe die Äquivalentmasse der unterstrichenen Substanz in g/mol an.

a) $\underline{KMnO_4} + Sn^{2+} + H_3O^+ \rightarrow Sn^{4+} + Mn^{2+} + H_2O + K^+$

b) $\underline{H_3AsO_3} + I_2 + H_2O \rightarrow HAsO_4^{2-} + I^- + H_3O^+$

c) $\underline{K_2Cr_2O_7} + [Fe(CN)_6]^{4-} + H_3O^+ \rightarrow Cr^{3+} + [Fe(CN)_6]^{3-} + H_2O + K^+$

d) $\underline{Mn^{2+}} + S_2O_3^{2-} + H_2O \rightarrow MnO_4^- + SO_4^{2-} + H_3O^+$

e) $\underline{KBrO_3} + \underline{NaBr} + H_3O^+ \rightarrow 3\,Br_2 + H_2O$

14.4 Man formuliere korrekte Reaktionsgleichungen für die folgenden Reaktionen:

a) Einstellen von Cer(IV)-Maßlösung gegen reines As_2O_3 als Urtitersubstanz und

b) Einstellen von Kaliumpermanganat-Lösung gegen metallisches Eisen als Urtitersubstanz.

14.5 Man vervollständige die folgenden Reaktionsgleichungen, in denen organische Verbindungen vorkommen.

a) $HIO_4 + \underset{\displaystyle \overset{|}{OH}}{CH_2}\!-\!\underset{\displaystyle \overset{|}{OH}}{CH_2} \rightarrow HIO_3 + H_2CO + H_2O$

b) $HIO_4 + \underset{\displaystyle \overset{|}{OH}}{CH_2}\!-\!\underset{\displaystyle \overset{|}{OH}}{CH}\!-\!\underset{\displaystyle \overset{|}{OH}}{CH_2} \rightarrow HIO_3 + H_2CO + HCOOH + H_2O$

c) $Ce^{4+} + CH_3CHO + H_2O \rightarrow Ce^{3+} + CH_3COOH + H_3O^+$

d) $Ce^{4+} + CH_3\!-\!\underset{\displaystyle \overset{|}{OH}}{CH}\!-\!CH_3 \rightarrow Ce^{3+} + CH_3\!-\!\underset{\displaystyle \overset{\|}{O}}{C}\!-\!CH_3$

Quantitative Berechnungen: Permanganat, Cer und Dichromat

14.6   Im Labor steht eine Flasche mit der Aufschrift „0,0102 N Kaliumpermanganat". Ist damit die Konzentration in der Lösung eindeutig festgelegt? Man begründe.

14.7   Eine Lösung von Kaliumpermanganat wird mit reinem metallischen Eisen als Urtiter eingestellt. Das Eisen wird in Säure gelöst, zu Fe^{2+} reduziert und mit Permanganat titriert. 33,00 mL Permanganatlösung werden zur Titration einer Probe von 0,5585 g Eisen benötigt. Geben Sie die Äquivalentkonzentration der Permanganatlösung an!

14.8   Das Eisen in einer 1,0000-g-Probe eines Minerals wird aufgelöst, zu Eisen(II) reduziert und mit Dichromat titriert. Bis zum Endpunkt sind 12,40 mL Dichromatlösung, $c = 0,05$ mol/L, verbraucht worden. Wie groß ist der Anteil von Fe_2O_3 in der Probe?

14.9   Wieviel wiegt eine Eisenerzprobe, die 55,85 % Eisen enthält, wenn 30,0 mL $K_2Cr_2O_7$, $c = 0,1$ mol/L, zur Titration verbraucht werden?

14.10 Eine 1,0000-g-Probe Limonit ($2\,Fe_2O_3 \cdot 3\,H_2O$) wird gelöst, Eisen zu Fe^{2+} reduziert und mit 20,00 mL einer Cer(IV)-Lösung, $c_{eq} = 0,2000$ mol/L, titriert. Man berechne den prozentualen Gehalt an $2\,Fe_2O_3 \cdot 3\,H_2O$ (molare Masse 373,38 g/mol) in der Probe.

14.11 Eine Cer(IV)-Lösung wird gegen As_2O_3 als Urtiter eingestellt. Dabei laufen die folgenden Reaktionen ab:

$$As_2O_3 + 6\,OH^- \rightarrow 2\,AsO_3^{3-} + 3\,H_2O$$

$$AsO_3^{3-} + 3\,H_3O^+ \rightarrow H_3AsO_3 + 3\,H_2O$$

$$H_3AsO_3 + 2\,Ce^{4+} + 3\,H_2O \rightarrow H_3AsO_4 + 2\,Ce^{3+} + 2\,H_3O^+$$

Eine Probe von 0,1980 g As_2O_3 wird gelöst und mit Cer(IV) titriert. Es werden 20,00 mL verbraucht. Man berechne die Äquivalentkonzentration der Cer(IV)-Lösung.

14.12 Eine Probe von 0,5000 g einer Uranlegierung wird in Säure gelöst, dabei entsteht UO_2^{2+}. Das Uran wird über einen Eisen-Reduktor gegeben und so zu Uran(IV) umgesetzt. Die reduzierte Lösung wird nach der Gleichung

$$2\,Ce^{4+} + U^{4+} + 6\,H_2O \rightarrow UO_2^{2+} + 2\,Ce^{3+} + 4\,H_3O^+$$

titriert. Wieviel Prozent Uran enthält die Legierung, wenn 19,50 mL einer Cer(IV)-Lösung, $c_{eq} = 0,1000$ mol/L, verbraucht werden?

14.13 Das Blei in einer Probe von 0,2000 g wird als Bleichromat $PbCrO_4$ ausgefällt. Der Niederschlag wird filtriert, gewaschen und in Säure gelöst. Die entstehende Lösung enthält Dichromat- und Bleiionen. Zur Titration des Dichromats werden 15,50 mL einer Eisen(II)-sulfat-Lösung ($c_{eq} = 0,1$ mol/L) benötigt. Man berechne den prozentualen Anteil an Blei in der Probe.

Quantitative Berechnungen: Bestimmungen mit Iod

14.14 Eine Probe von 1,2500 g reinem As_2O_3 wird in einem 250-mL-Meßkolben eingewogen, gelöst und auf 250 mL verdünnt. 25,00 mL dieser Lösung werden mit Iodlösung bis zum Endpunkt (gegen Stärke als Indikator) titriert, der Verbrauch ist 26,00 mL. Man berechne den prozentualen Gehalt an Arsen in einer Probe von 1,0000 g Erz, bei dessen Titration 15 mL dieser Iodlösung verbraucht werden.

14.15 1000 mg eines Kupfererzes werden gelöst und mit Kaliumiodid umgesetzt, das entstehende Iod wird mit Natriumthiosulfat, $c = 0,1000$ mol/L, titriert. Es werden 12,10 mL verbraucht. Man berechne den prozentualen Gehalt an Kupfer in der Erzprobe.

14.16 Kaliumiodat wird mit überschüssigem Iodid reduziert und das entstehende Iod mit Thiosulfat-Standardlösung titriert. Eine Probe von 25 mL der Kaliumiodatlösung verbraucht 28,60 mL einer Natriumthiosulfatlösung, $c_{eq} = 0,1000$ mol/L. Man berechne die Konzentration der Lösung an Kaliumiodat in mg pro mL Lösung.

14.17 Eine Probe von 1,0000 g enthält As_2O_3, As_2O_5 und ein inertes Salz. Sie wird gelöst und in neutraler Lösung zum Stärke-Endpunkt mit 20,00 mL einer Iodlösung, $c_{eq} = 0,2000$ mol/L, titriert. Die entstehende Lösung wird stark angesäuert. Nach Zugabe von Kaliumiodid im Überschuß wird das entstehende Iod mit 40,00 mL einer Natriumthiosulfatlösung, $c_{eq} = 0,1500$ mol/L, titriert. Man berechne den prozentualen Anteil an As_2O_3 und As_2O_5 (molare Masse 229,84 g/mol) in der Probe.

14.18 Eine Probe von 0,3100 g flüssigem Ethylenglykol (molare Masse 62 g/mol) wird mit 50,00 mL einer HIO_4-Lösung, $c = 0,1200$ mol/L, behandelt. Rücktitration des verbliebenen HIO_4 zu HIO_3 (Kapitel 31, Experiment 17) ergibt, daß eine Äquivalentstoffmenge von 2,00 mmol HIO_4 übriggeblieben sind. Man berechne die Reinheit des Ethylenglykols in Prozent.

14.19 Eine Probe von 0,4700 g verunreinigtem Phenol (molare Masse 94,1 g/mol) wird mit 40,00 mL Bromlösung, c_{eq} (Br_2) $= 0,3000$ mol/L, behandelt. Die iodometrische Titration des verbliebenen Broms ergibt, daß eine Äquivalentstoffmenge von 3,00 mmol Brom ($Br^0 \rightarrow Br^-$) übriggeblieben ist. Man berechne die Reinheit des Phenols in Prozent.

Oxidation oder Reduktion mit nachfolgender Titration

14.20 Man gebe die korrekte Reaktionsgleichung für die Reduktion von Fe^{3+} mit einem Silber-Reduktor an.

14.21 Die Katalyse von Oxidationen mit Peroxodisulfat durch Spuren von Ag^+ verläuft unter Oxidation zum Ag^{2+}. Dies passiert, obwohl der E^0-Wert für die Reduktion von $S_2O_8^{2-}$ zu SO_4^{2-} 2,01 V beträgt und somit fast den gleichen Wert wie für die Reduktion von Ag^{2+} zu Ag^+ ($E^0 = 1,98$ V) hat. Man erkläre diese Tatsache.

14.22   Bestimmung von Chrom:

a)   Man schreibe die korrekte Reaktionsgleichung für die Oxidation von Chrom(III) zu $Cr_2O_7^{2-}$ durch $S_2O_8^{2-}$.

b)   Welcher Katalysator wird für diese Oxidation benötigt?

c)   Wie wird $S_2O_8^{2-}$ nach vollständiger Oxidation des Chroms zersetzt?

d)   Man stelle die korrekte Reaktionsgleichung für die Titration des $Cr_2O_7^{2-}$ auf.

14.23   Bei der Reduktion von Eisen(III) zu Eisen(II) auf einer „Jones-Reduktor"-Säule, die Zink (mit Zink-Amalgam auf der Oberfläche der Zinkgranalien) enthält, stellt ein Student fest, daß zahlreiche Gasbläschen entstehen, die den Durchtritt der Probe durch die Säule behindern. Was könnte man tun, um diese übermäßig starke Gasbildung zu vermeiden?

14.24   Ein Student hatte die Probleme mit der Gasbildung im „Jones-Reduktor" satt und beschloß, das Eisen(III) durch Zugabe von etwas amalgamiertem Zink in jeden Probekolben zu Eisen(II) zu reduzieren. Der Student konnte zeigen, daß das Verfahren funktionierte: Er beobachtete eine grüne Lösung von Eisen(II), die entstand, wenn eine stark konzentrierte Lösung von Eisen(III) auf diese Weise reduziert wurde. Nach beendeter Reduktion versuchte der Student dann, das Eisen(II) mit Permanganat zu titrieren. Was stimmt nicht an diesem Verfahren?

Bestimmung von Eisen

14.25   Sie sollen Eisen(II) mit Kaliumdichromat titrieren, können aber kein Diphenylaminsulfonat als Indikator erhalten. Schlagen Sie eine andere Möglichkeit zur Endpunktserkennung vor.

14.26   Man erkläre, warum bei der Titration von Eisen(II) mit Diphenylaminsulfonat als Indikator Phosphorsäure zugegeben werden muß.

14.27   Welche Schwierigkeiten erwarten Sie, wenn die Reduktion von Eisen(III) mit Zinn(II)-chlorid mit einer Permanganat-Titration des Eisen(II) kombiniert würde?

14.28   Mit dem Lambert-Beerschen Gesetz kann man leicht errechnen, daß eine Lösung von $KMnO_4$ ($\varepsilon = 10^3\,L \cdot mol^{-1} \cdot cm^{-1}$), $c = 10^{-5}$ mol/L, in einer 1-cm-Küvette spektralphotometrisch vermessen, keinen vernünftig ablesbaren Meßwert liefern wird. Trotzdem zeigt ein Kolben, der eine solche Lösung enthält, bei Titration von Eisen(II) am Endpunkt eine deutlich sichtbare violette Farbe. Man erkläre diese Tatsache.

Direkte und indirekte Titrationen mit Iod

14.29   Man erkläre, warum der Stärke-Indikator bei der Titration von Iod mit Thiosulfat erst kurz vor Erreichen des Endpunkts zugegeben werden darf, hingegen bei einer direkten Titration mit Iod schon zu Beginn.

14.30 Was versteht man unter „Sauerstoff-Fehler" bei einer indirekten Titration
       mit Iod? Wie kann dieser Fehler verringert oder vermieden werden?

14.31 Man kann Luft mit bekannter Strömungsgeschwindigkeit (Volumenstrom,
       in m^3/h) durch einen kleinen chemischen Absorber pumpen und in der Luft
       vorhandenes Schwefeldioxid quantitativ in der wäßrigen Absorberlösung als
       Sulfit SO_3^{2-} absorbieren. Beschreiben Sie ein analytisches Verfahren zur Be-
       stimmung der SO_2-Konzentration in atmosphärischer Luft.

14.32 Ein Organischer Chemiker möchte Brom in essigsaurer Lösung bestimmen.
       Erklären Sie, wie der Bromgehalt durch eine indirekte Titration bestimmt
       werden könnte, nachdem die Lösung mit Wasser verdünnt wurde. Erklären
       Sie, welcher Fehler auftreten könnte, wenn die Essigsäure nicht zur Verrin-
       gerung der Säurekonzentration in der wäßrigen Lösung gepuffert würde.

Analysenverfahren

14.33 Bringen Sie die folgende Reaktionsgleichung in Ordnung:

$$MnO_4^- + Mn^{2+} \xrightarrow{P_2O_7^{2-}\text{ (Pyrophosphat)}} \text{Mangan(III)-pyrophosphat}$$

       Bei einem pH von etwa 7 ist diese Reaktion rasch und stöchiometrisch, aber
       die intensive violette Farbe des Produkts läßt die Verwendung eines Farbin-
       dikators nicht zu. Schlagen Sie eine Möglichkeit vor, um den Endpunkt
       einer Titration von Mn^{2+} mit Permanganat unter diesen Bedingungen zu er-
       kennen, und erklären Sie, wie Ihre Methode funktioniert.

14.34 In Gegenwart von Mangan(III) als Katalysator verläuft die folgende Reak-
       tion rasch und stöchiometrisch. Die Farbe des Katalysators läßt jedoch die
       Verwendung eines sichtbaren Indikators nicht zu. Schlagen Sie wenigstens
       zwei Methoden zur Endpunktserkennung vor, die geeignet sind, wenn
       Cer(IV) als Titrant dient. (Sowohl Thallium(I) als auch Thallium(III) sind
       farblos.)

$$2\,Ce^{4+} + Tl^+ \rightarrow 2\,Ce^{3+} + Tl^{3+}$$

14.35 Skizzieren Sie ein Redox-Verfahren für jede der folgenden Bestimmungen:

   a) Kupfer in einem Kupfersulfid-Erz, das etwas Fe_2O_3 und CaO enthält

   b) Titan in einer Eisen-Titan-Legierung (Fe-Ti)

   c) Chrom in rostfreiem Stahl (Fe-Cr-Ni)

   d) Natriumhypochlorit (NaOCl) in einem Bleichmittel für Wäsche

   e) Uran in einer Uran-Aluminium-Legierung (die Legierung löst sich in
      HNO_3 unter Bildung von UO_2^{2+} und Al^{3+}).

14.36 Entwickeln Sie eine Methode zur Bestimmung von gelöstem Sauerstoff in
       Wasser.

14.37 Viele moderne Bleichmittel für Wäsche sind pulverförmige Oxidationsmittel, die Halogene in der Oxidationsstufe $+1$ enthalten. Schlagen Sie eine Möglichkeit vor, die relative Oxidationskraft von Konkurrenzprodukten zu bestimmen.

14.38 Silber(II)-oxid (AgO) löst sich in wäßriger HNO_3 unter Bildung einer Lösung von Silber(II). Das Silber(II) ist ein starkes Oxidationsmittel (siehe Anhang 3), das sich in saurer Lösung zersetzt. Zur vollständigen Zersetzung kann aber bei Raumtemperatur eine halbe Stunde oder mehr erforderlich sein. Beschreiben Sie eine Redox-Methode zur Bestimmung von Cer(III) mit Silberoxid (AgO).

14.39 Chrom(III)-Ionen sind häufig schwierig zu bestimmen. Untersuchen Sie jede der folgenden vorgeschlagenen Methoden, indem sie ihre Vor- und Nachteile aufschreiben (Zeitbedarf, Schwierigkeiten der Verfahren). Wählen Sie die geeignete Methode und begründen Sie Ihre Wahl.

a) Ausfällung als $Cr(OH)_3$

b) Titration mit EDTA

c) kolorimetrische Bestimmung als $CrSCN^{2+}$ (Geschwindigkeitskonstante $= 1,1 \cdot 10^{-7}$ s^{-1} für Reaktion erster Ordnung in SCN^--Lösung, $c = 0,01$ mol/L)

d) direkte Titration mit Cer(IV) zu Chrom(VI)

e) Oxidation zu Chrom(VI) und nachfolgende Titration mit einem Reduktionsmittel.

14.40 Die Summe von *meta*-Kresol und *para*-Kresol in einer Mischung kann durch Säure-Base-Titration in nichtwäßrigem Lösungsmittel bestimmt werden. Schlagen Sie einen Weg zur quantitativen Bestimmung des Anteils jedes der beiden isomeren Kresole in der Mischung vor.

14.41 Produkte zur Erzeugung von Dauerwellen enthalten organische Thiole (Mercaptane) als aktive Bestandteile. Man schlage eine Redox-Titration zur Bestimmung des Thiols (RSH) vor.

14.42 Vitamin C (Ascorbinsäure) ist ein Reduktionsmittel, das in saurer Lösung oxidiert wird (vgl. Abschnitt 14.4).

a) Wieviele Elektronen gibt jedes Ascorbinsäure-Molekül bei dieser Reaktion ab?

b) Schlagen Sie ein Oxidationsmittel zur quantitativen Bestimmung von Ascorbinsäure in z.B. Fruchtsäften vor.

Kapitel 15

Anwendungen der Reaktionskinetik in der Analytischen Chemie

15.1 Theoretische Grundlagen

Zur Bestimmung von Probenbestandteilen in Gegenwart von Störstoffen ist der Analytiker normalerweise auf ein Trennverfahren oder auf das Maskieren des Störstoffes mit einem Reagenz angewiesen, dessen Reaktionen mit der zu bestimmenden Substanz bzw. mit dem Störstoff ausreichend unterschiedliche *Gleichgewichtskonstanten* aufweisen. Denselben Zweck kann der Analytiker auch erreichen, indem er günstige *kinetische Unterschiede* ausnützt, d.h. Unterschiede der *Reaktionsgeschwindigkeiten*.[1]

Die Reaktionsordnung

Wenn man verstehen will, wie Unterschiede in der Kinetik zur Bestimmung eines Probenbestandteils eingesetzt werden können, muß man den Einfluß der Konzentration auf Reaktionsgeschwindigkeiten kennen. In der Sprache der Kinetik ist die Reaktions*ordnung* entscheidend für die Reaktionsgeschwindigkeit. Es ist wichtig festzuhalten, daß Reaktionsordnung und *Stöchiometrie* zwei grundverschiedene Begriffe sind. Der Begriff Reaktionsordnung bezieht sich auf ein experimentell bestimmtes *Geschwindigkeitsgesetz* der Reaktion, wogegen die Stöchiometrie das zahlenmäßige Verhältnis der an der Gesamtreaktion beteiligten Moleküle angibt, unabhängig von der Geschwindigkeit. Die Reaktionsordnung *eines* Reaktionspartners wird durch den Exponenten des Konzentrationsterms dieser Spezies im Geschwindigkeitsgesetz beschrieben. Die Reaktionsordnung oder *Gesamtreaktionsordnung* entspricht der Summe aller Einzelreaktionsordnungen, die im Geschwindigkeitsgesetz auftreten.

Um das oben Gesagte zu verdeutlichen, betrachten wir das allgemeine Geschwindigkeitsgesetz für die Reaktion zweier Reaktanten A und B:

$$\text{Reaktionsgeschwindigkeit} = k\,[\text{A}]^{a}[\text{B}]^{b}$$

Wenn experimentelle Bestimmungen zeigen, daß $a = 0$ und $b = 1$, dann ist die Reaktionsordnung bezüglich A gleich 0 und bezüglich B gleich 1, insgesamt ergibt sich eine Reaktion erster Ordnung. Wenn aber die Messungen zeigen, daß $a = 1$ und $b = 1$, dann ist die Reaktionsordnung bezüglich A gleich 1 und bezüglich B gleich 1, so daß insgesamt eine Reaktion zweiter Ordnung resultiert.

Es soll an dieser Stelle erneut betont werden, daß die Stöchiometrie einer Reaktion nicht notwendigerweise der Reaktionsordnung entspricht. Zum Beispiel reagieren bei der Reduktion von Eisen(III) mit Zinn(II)

$$2\,\text{Fe}^{3+} + \text{Sn}^{2+} \rightleftharpoons 2\,\text{Fe}^{2+} + \text{Sn}^{4+}$$

stöchiometrisch gesehen drei Moleküle als Reaktanten miteinander. Trotzdem ist die Reaktion kinetisch gesehen zweiter Ordnung, da die Geschwindigkeit (in chloridhaltigem Medium) jeweils nur der ersten Potenz der Eisen(III)- und Zinn(II)-Konzentration proportional ist. Der Grund liegt darin, daß im langsamen, geschwindig-

---

1 G.A. Rechnitz, *Anal. Chem. 36*, 453 R (1964)

keitsbestimmenden Schritt dieser Reaktion nur *ein* Eisen(III) und *ein* Zinn(II)-Teilchen reagieren (s. Abschnitt 13.8).

Reaktionen erster Ordnung

Wir betrachten den Fall eines Stoffes A, der unter Bildung des Produkts P_A reagiert:

$$A \rightarrow P_A$$

Wenn die Reaktionsgeschwindigkeit dieser Reaktion durch den Ausdruck

$$\text{Reaktionsgeschwindigkeit} = k[A]$$

wiedergegeben werden kann, dann sagt man, der Ausdruck für die Reaktionsgeschwindigkeit (das Geschwindigkeitsgesetz) beschreibe eine Reaktion erster Ordnung bezüglich der Stoffmengenkonzentration von A, da dieser Term in der ersten Potenz vorkommt. Das Symbol k wird als die spezifische Geschwindigkeitskonstante bezeichnet und hat die Dimension Zeit^{-1} (s^{-1} oder min^{-1}).

Der Ausdruck für die Reaktionsgeschwindigkeit macht deutlich, daß die Geschwindigkeit der Reaktion nur beeinflußt werden kann, indem man die Konzentration von A ändert. Die Konzentration von A nimmt während der Reaktionszeit dauernd ab, so daß auch die Geschwindigkeit dauernd abnimmt (Bild 15–1). Mathematisch kann man die Reaktionsgeschwindigkeit auch als

$$-\frac{d[A]}{dt} = k[A]$$

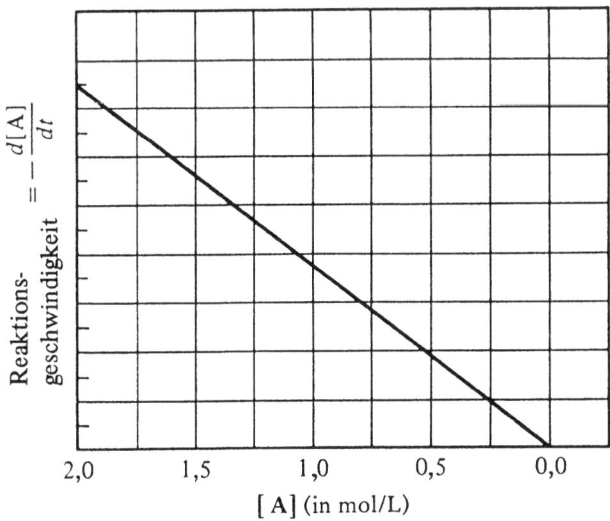

Bild 15-1 Geschwindigkeit einer Reaktion erster Ordnung in Abhängigkeit von der Eduktkonzentration

ausdrücken. Man nennt dies die *differentielle Form des Geschwindigkeitsgesetzes* für Reaktionen erster Ordnung. Das Minuszeichen tritt deshalb auf, weil A während des Reaktionsverlaufs *verbraucht* wird; die Abnahme der Konzentration von A mit der Zeit hängt nur von [A] ab.

Oft ist es wünschenswert, die Gesamtmenge an A zu kennen, die nach einer bestimmten Zeit reagiert hat. Das kann aus der integrierten Form der differentiellen Gleichung berechnet werden:

$$kt = \ln \frac{[A_0]}{[A]} = 2{,}303 \log \frac{[A_0]}{[A]}$$

Dabei ist $[A_0]$ die Konzentration von [A] zu Beginn der Reaktion, und [A] ist die momentane Konzentration von A zu einer gegebenen Zeit t.

Reaktionen zweiter Ordnung

Wir betrachten die Reaktion von zwei Stoffen A und R, die zu den Produkten P_A und P_R reagieren:

$$A + R \rightarrow P_A + P_R$$

Wenn die Geschwindigkeit dieser Reaktion durch den Ausdruck

$$\text{Reaktionsgeschwindigkeit} = k_A[A]\,[R]$$

beschrieben werden kann, dann entspricht dieses Geschwindigkeitsgesetz einer Reaktion erster Ordnung bezüglich A *und* R, da jede der beiden Konzentrationen in der ersten Potenz steht. Die *Gesamt*reaktion ist daher eine Reaktion zweiter Ordnung. Das Symbol k_A heißt auch spezifische Geschwindigkeitskonstante und hat hier die Dimension $(\text{Zeit})^{-1}\cdot(\text{Stoffmengenkonzentration})^{-1}$ (also beispielsweise $s^{-1}\cdot\text{mol}^{-1}\cdot L$).

Der Ausdruck für die Reaktionsgeschwindigkeit macht deutlich, daß die Geschwindigkeit der Reaktion durch Änderung der Konzentration von entweder A oder R oder von A und R beeinflußt werden kann. Da sowohl [A] und [R] während der Reaktion dauernd abnehmen, nimmt auch die Reaktionsgeschwindigkeit stetig mit der Reaktionszeit t ab.

Die Geschwindigkeit der Reaktion kann mathematisch als Abnahme von [A] oder [R] beschrieben werden:

$$-\frac{d[A]}{dt} = -\frac{d[R]}{dt} = k_A[A]\,[R]$$

Man nennt dies die differentielle Form des Geschwindigkeitsgesetzes zweiter Ordnung. Die integrierte Form für diese Differentialgleichung hängt vom Verhältnis der Ausgangskonzentrationen von A und R, d.h. den Konzentrationen von A und R zur Zeit 0, also von $[A_0]$ und $[R_0]$ ab. Ist $[A_0] = [R_0]$, dann nimmt die Gleichung die Form

$$k_A t = \frac{[A_0] - [A]}{[A_0]\,[A]}$$

an. Wenn $[A_0] \neq [R_0]$, dann wird die Gleichung zu

$$k_A t = \frac{1}{[R_0] - [A_0]} \, 2{,}303 \, \log \frac{[A_0] \, [R]}{[A] \, [R_0]} \; .$$

Relative Reaktionsgeschwindigkeiten

Die bislang gezeigten Ausdrücke für Reaktionsgeschwindigkeiten beschreiben absolute Reaktionsgeschwindigkeiten. Häufig ist es jedoch erforderlich, zwei Reaktionsgeschwindigkeiten zu vergleichen. Betrachten wir folgendes Beispiel: Ein Reagenz R und ein in Gegenwart eines Störstoffes B zu bestimmender Bestandteil A einer Probe reagieren in einer Reaktion zweiter Ordnung. Weiterhin sei angenommen, daß auch B eine Reaktion zweiter Ordnung mit R eingeht, die jedoch sehr viel langsamer ablaufe, d.h. für die Geschwindigkeitskonstanten gelte $k_B < k_A$.

Der Analytiker möchte R zu einer Mischung von gleichen Mengen A und B geben und erwartet, daß nur A mit R reagieren wird. Zur Ermittlung der relativen Geschwindigkeiten der Reaktionen von A und B mit R ist es deshalb erforderlich, das Verhältnis der Terme für die Geschwindigkeiten aufzuschreiben:

$$\frac{(\text{Geschwindigkeit})_A}{(\text{Geschwindigkeit})_B} = \frac{k_A \cdot [A] \, [R]}{k_B \cdot [B] \, [R]} = \frac{k_A \cdot [A]}{k_B \cdot [B]}$$

$$= \text{relative Reaktionsgeschwindigkeit von A mit R}$$
$$(\text{bezüglich der Reaktion von B mit R})$$

In diesem Ausdruck für die relativen Reaktionsgeschwindigkeiten kürzt sich die Konzentration des Reagenzes R heraus. Mit anderen Worten heißt dies, daß die Konzentration von R die *relativen* Geschwindigkeiten der Reaktionen von A und B mit R nicht beeinflußt. Dies gilt unabhängig davon, ob R als Maßlösung eingesetzt oder aber im Überschuß zugegeben wird.

Die einzigen Größen, von denen die relativen Reaktionsgeschwindigkeiten abhängen, sind das Verhältnis k_A zu k_B und die momentanen Konzentrationen an A und B. Da k_A größer als k_B ist und $[A_0]$ gleich $[B_0]$ ist, sagt der Ausdruck für die relativen Reaktionsgeschwindigkeiten voraus, daß A vorzugsweise mit R reagiert, bis $[A]$ soweit abgenommen hat, daß $k_A[A]$ kleiner ist als $k_B[B]$. Dann wird das Reagenz R vorzugsweise mit $[B]$ reagieren. Dies wird in Abschnitt 15.3 näher beschrieben.

Reaktionszeiten

Die für eine vollständige Umsetzung (99,9 %) erforderliche Reaktionszeit läßt sich aus dem Wert der Geschwindigkeitskonstanten abschätzen. Für Reaktionen erster und zweiter Ordnung sind jeweils verschiedene Abschätzungen erforderlich. Eine Reaktion erster Ordnung verläuft sofort quantitativ (soll heißen: die Reaktion ist in weniger als 1 s abgeschlossen), wenn die Geschwindigkeitskonstante erster Ordnung größer als $10^1 \, s^{-1}$ ist.

Mit Hilfe der integrierten Form der Geschwindigkeitsgleichung erster Ordnung kann die genaue Zeit berechnet werden, die bis zu einem Umsatz von 99,9 % für $k = 10^1$ s^{-1} verstreicht, d.h. bis $[A] = 0,001 \cdot [A_0]$ geworden ist. Mit

$$kt = 2,302 \cdot \log \frac{[A_0]}{[A]}$$

erhält man dann für die zu einem 99,9 %igem Umsatz führende Zeit t

$$t = \frac{2,303 \cdot \log \frac{[A_0]}{[A]}}{k}$$

$$= \frac{2,303 \cdot \log \frac{[A_0]}{0,001 \cdot [A_0]}}{10 \text{ s}^{-1}} = \frac{2,303 \cdot \log 10^3}{10 \text{ s}^{-1}} = 0,69 \text{ s} \; .$$

Wenn die Geschwindigkeitskonstante erster Ordnung kleiner als 10^{-3} s ist, sind bis zu einem Umsatz von 99,9 % mehr als 100 min erforderlich. Ein typisches Beispiel einer langsamen Reaktion dieser Art ist die Hydrolyse eines organischen tertiären Alkylhalogenids wie *tert*-Butylchlorid. Im Fall der Reaktionen zweiter Ordnung ist es schwieriger, die genaue Reaktionszeit zu berechnen, da die Konzentration die Reaktionszeit beeinflussen kann. Für analytische Zwecke betrachtet man eine Reaktion zweiter Ordnung als sofort quantitativ abgelaufen, wenn die Geschwindigkeitskonstante zweiter Ordnung gleich oder größer als 10^3 bis 10^4 s$^{-1} \cdot$ mol$^{-1} \cdot$ L ist.

Mit Hilfe der integrierten Form der Geschwindigkeitsgleichung für Reaktionen zweiter Ordnung im Fall $[A_0] = [R_0]$ kann die genaue Reaktionszeit bis zum Umsatz von 99,9 % berechnet werden. Sei $[A_0] = [R_0] = 0,1000$ mol/L und $k_A = 10^4$ s$^{-1} \cdot$ mol$^{-1} \cdot$ L. Bei einem 99,9 %igem Umsatz ist $[A] = 0,0001$ mol/L. Dann ist die notwendige Reaktionszeit t

$$t = \frac{\frac{[A_0] - [A]}{[A_0]\,[A]}}{k_A}$$

$$= \frac{\frac{0,1000 - 0,0001}{0,1000 \cdot 0,0001}}{10^4} \cdot \frac{\frac{\text{mol} \cdot \text{L}^{-1}}{\text{mol}^2 \cdot \text{L}^{-2}}}{\text{s}^{-1} \cdot \text{mol}^{-1} \cdot \text{L}} = 1 \text{ s}$$

Typische Beispiele solcher rascher Reaktionen sind die meisten Säure-Base-Reaktionen und einige Redox-Reaktionen wie die zwischen Eisen(II) und Cer(IV).

Wenn die Geschwindigkeitskonstante zweiter Ordnung kleiner als 10^{-1} s^{-1} mol^{-1}L ist, dann benötigt die Reaktion bis zum Umsatz von 99,9 % einige Stunden. Ein typisches Beispiel ist die basenkatalysierte Hydrolyse von Essigsäureethylester bei 25 °C.

15.2 Kinetik von enzymkatalysierten Reaktionen

Die bisher diskutierten kinetischen Grundlagen lassen sich ausgezeichnet auf das Gebiet der biochemischen Analyse mit Hilfe enzymkatalysierter Reaktionen anwenden. Definitionsgemäß sind Enzyme Protein-Katalysatoren für biochemische Reaktionen. Der Mechanismus von Enzymreaktionen wurde von Michaelis und Menten formuliert, vgl. Dixon und Webb[2]. Im einfachsten Fall handelt es sich um die Reaktion eines Substrats S mit einem Enzym E unter Bildung eines Anlagerungskomplexes ES, der dann in das Produkt P und das ursprüngliche Enzym zerfällt:

$$E + S \rightleftharpoons ES \rightarrow P + E$$

Auf der Grundlage der Kinetik dieser Reaktion sind zahlreiche analytische Methoden entwickelt worden[3,4]. Bevor wir auf diese Methoden eingehen, soll das kinetische Geschwindigkeitsgesetz der Reaktion behandelt werden.

Die Geschwindigkeitskonstanten für jeden der drei Schritte der Reaktion eines Enzyms mit dem Substrat werden wie folgt bezeichnet:

$$E + S \underset{k_2}{\overset{k_1}{\rightleftharpoons}} ES \overset{k_3}{\longrightarrow} E + P$$

Für das Geschwindigkeitsgesetz der Bildung von ES wurde die Beziehung — wir bezeichnen die Geschwindigkeit dieser Reaktion mit r_1 —

$$r_1 = k_1 \cdot ([E_0] - [ES]) \cdot [S] \tag{15-1}$$

gefunden, für den Zerfall von ES in E und S die Beziehung

$$r_2 = k_2 \cdot [ES] \tag{15-2}$$

und für die Bildung der Produkte aus ES die Beziehung

$$r_3 - k_3 \cdot [ES] \, . \tag{15-3}$$

Hierbei bedeuten:

$[E_0]$ = Enzymkonzentration zum Zeitpunkt $t = 0$

$[ES]$ = Konzentration des Enzym-Substrat-Komplexes zur Zeit t

$[S]$ = Konzentration des Substrats zur Zeit t

$[E_0] - [ES]$ = Konzentration des Enzyms zur Zeit t

2 M. Dixon und E.C. Webb, *Enzymes* (Academic Press, New York 1960), S. 75

3 G. Guilbault, *„Kinetic Methods of Analysis"*, in *Fluorescence: Theory, Instrumentation, and Practice* (Dekker, New York 1967), S. 297–358

4 H.B. Mark und G.A. Rechnitz, *Kinetics in Analytical Chemistry* (Wiley-Interscience, New York 1968), S. 22–60

Im allgemeinen erreichen diese Reaktionen einen Gleichgewichtszustand, in dem die Konzentrationen von ES und der anderen Reaktionspartner konstante Werte annehmen. In diesem Fall muß die Bildungsgeschwindigkeit von ES der Gesamtgeschwindigkeit, mit der ES verschwindet, gleich sein:

$$r_1 = r_2 + r_3 \tag{15-4}$$

Einsetzen der Gln. (15-1) (15-2) und (15-3) in Gl. (15-4) führt zu

$$k_1([E_0] - [ES])[S] = k_2[ES] + k_3[ES] \, ,$$

oder umgeformt:

$$[ES] = \frac{[E_0]\,[S]}{\frac{k_2+k_3}{k_1} + [S]}$$

$$= \frac{[E_0]\,[S]}{K_M + [S]} \, . \tag{15-5}$$

Hierbei haben wir die Michaelis-Konstante K_M eingeführt[5]:

$$K_M = \frac{k_2 + k_3}{k_1} \tag{15-6}$$

Für analytische Zwecke am interessantesten ist derjenige Schritt, bei dem aus ES die Produkte gebildet werden [Gl. (15-3)]. Einsetzen von Gl. (15-5) in die Geschwindigkeitsgleichung (15-3) für diesen Schritt liefert:

$$r_3 = k_3[E_0]\,\frac{[S]}{K_M + [S]} \, . \tag{15-7}$$

Da man normalerweise die Substratkonzentration mißt, wird die Geschwindigkeit vom Term $k_3[E_0]$ abhängen. Diesen Term bezeichnet man gewöhnlich als V_{max}, die höchste erreichbare Geschwindigkeit. Dann kann Gl. (15-7) wie folgt geschrieben werden[3]:

$$r_3 = V_{max}\,\frac{[S]}{K_M + [S]} \tag{15-8}$$

Der Zusammenhang zwischen der Geschwindigkeit der Produktbildung r_3 (Gesamtreaktionsgeschwindigkeit) und der Substratkonzentration [S] ist in Bild 15-2 gezeigt.

5 Vgl. z.B.: G.E. Briggs und J.B.S. Haldane, *Biochem. J. 19*, 338 (1925)

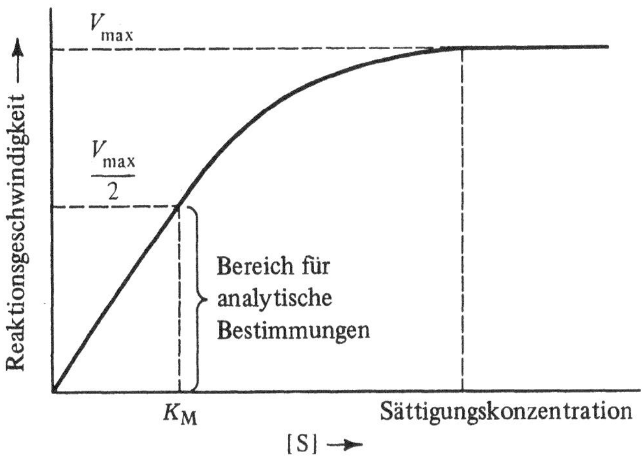

Bild 15-2 Reaktionsgeschwindigkeit (Geschwindigkeit der Produktbildung) einer Enzym-Substrat-Reaktion in Abhängigkeit von der Konzentration des Substrats. Die Konzentration an Enzym wird konstant gehalten. $V_{max} = k_3\,[E_0]$; dies ist die maximale Geschwindigkeit, die mit der eingesetzten Enzymkonzentration erreichbar ist. K_M ist die Michaelis-Konstante.

Bestimmung der Substratkonzentration. Zur Erreichung höchster Genauigkeit sollte die Substratkonzentration [S] in dem Konzentrationsbereich gemessen werden, in dem die Reaktionsgeschwindigkeit der Substratkonzentration direkt proportional ist. Wie in Bild 15−2 gezeigt, ist das derjenige Konzentrationsbereich, in dem [S] kleiner als K_M ist. Dies kommt daher, daß hier die Reaktionsgeschwindigkeit linear mit [S] zunimmt, was man aus Gl. (15−8) ablesen kann, wenn man im Nenner [S] gegenüber K_M vernachlässigt:

$$r_3 = V_{max}\,\frac{[S]}{K_M} \tag{15-9}$$

(für $K_M \gg [S]$)

Dieses Geschwindigkeitsgesetz ist praktisch dasselbe wie das für Reaktionen erster Ordnung, das weiter oben besprochen wurde − nur daß jetzt die Geschwindigkeitskonstante V_{max}/K_M ist.

Ungeeignet zur Messung von [S] ist der Konzentrationsbereich, in dem [S] gleich oder größer als K_M ist. (Man beachte, daß $r_3 = V_{max}/2$ für $[S] = K_M$.)

In diesem Bereich ist die Substratkonzentration so groß, daß die Reaktionsgeschwindigkeit nur geringfügig nichtlinear anwächst. Erreicht die Substratkonzentration ihren sogenannten Sättigungswert, so wird die Reaktionsgeschwindigkeit konstant. Bei dieser Konzentration ist praktisch die gesamte Enzymmenge als Anlagerungskomplex gebunden, so daß sie den Umsatz nicht weiter steigern kann. Daher ist die Messung von [S] in diesem Konzentrationsbereich ungünstig.

Analytische Methoden zur Messung der Substratkonzentration

Die Konzentration eines Substrats kann auf zwei Arten bestimmt werden. Eine Möglichkeit besteht darin, große Mengen des Enzyms zu einer kleinen Menge Substrat zu geben und das Substrat völlig abreagieren zu lassen. Die Menge an Substrat kann dann durch Messung der Menge an gebildetem Produkt bestimmt werden. Diese Möglichkeit ist kostspielig, weil eine große Menge des relativ teuren Enzyms benötigt wird. Die zweite Möglichkeit erfordert nur wenig Enzym und beruht ausschließlich auf der Grundlage der Kinetik. In diesem Fall mißt man die *Anfangs*geschwindigkeit der Reaktion, wobei man die Geschwindigkeit entweder der Produktbildung oder der Abnahme der Substratkonzentration beobachtet. Diese Methode ist schneller, da die Reaktion nicht bis zu Ende ablaufen muß. Allerdings müssen die Temperatur und andere Reaktionsbedingungen sorgfältig kontrolliert werden. Einige Beispiele sollen zeigen, wie man Substratkonzentrationen bestimmt.

Bestimmung von Harnstoff. Die Hydrolyse von Harnstoff wird durch das Enzym Urease nach folgender Reaktionsgleichung katalysiert:

$$NH_2-\underset{\underset{O}{\|}}{C}-NH_2 + 2\,H_2O + H_3O^+ \xrightarrow{\text{Urease}} 2\,NH_4^+ + HCO_3^-$$

Man beachte, daß bei der Reaktion H_3O^+ verbraucht und daß infolgedessen der pH zunehmen wird, wenn man nicht puffert oder eine Säure zugibt. Das heißt, die Geschwindigkeit, mit der der pH bzw. der Verbrauch von H_3O^+ zunimmt, zeigt die Reaktionsgeschwindigkeit an. Leider ändert sich die Geschwindigkeit etwas, wenn sich der pH zu stark ändert.

Es gibt ein instrumentelles Verfahren[6], mit dem die Harnstoffkonzentration mit Hilfe dieser Reaktion gemessen werden kann, ohne daß sich der pH verändert. Das verwendete Gerät heißt pH-Stat und ist ein Automat, der ein pH-Meter, eine Vorrichtung zur Zugabe einer bestimmten Menge an Säure und einen Schreiber enthält. Nachdem Urease zu der harnstoffhaltigen Probe gegeben wurde, wird kontinuierlich Säure zugeführt, um einen pH von etwa 6,2 während einer vorgewählten Zeit von 2,5 min aufrecht zu erhalten. Mit Hilfe einer Eichkurve (lineare Auftragung der zugegebenen Säuremenge gegen bekannte Harnstoffkonzentrationen) wird die Konzentration an Harnstoff in der Probe aus der der Probe zugefügten Menge an Säure bestimmt.

Eine viel einfachere Lösung des gleichen Problems bietet die Verwendung einer kationensensitiven Glaselektrode (Kapitel 17) zur Messung der gebildeten Ammoniumionen[7]. Während der Hydrolyse ändert sich die Kationenkonzentration lediglich insofern, als die NH_4^+-Konzentration zu- und die H_3O^+-Konzentration

6 H.V. Malmstade und E.H. Piepmeier, *Anal. Chem. 37*, 34 (1965)

7 S.A. Katz und G.A. Rechnitz, *Z. Anal. Chem. 196*, 248 (1963)

abnimmt. Da die Elektrode auf Veränderungen der Konzentration an H_3O^+ nicht reagiert, kann man die Zunahme an NH_4^+ genau messen.

Eine dritte Methode besteht in der Verwendung der in Kapitel 17 besprochenen Urease-Elektrode. Die Elektrode selbst enthält das Enzym Urease, es muß deshalb der Lösung nichts zugefügt werden.

Bestimmung von Glucose. Glucose wird in Blut- und Urinproben so häufig bestimmt, daß diese Analyse in klinischen Labors große Bedeutung hat. Sehr rasch und exakt kann Glucose unter Verwendung von Enzymen bestimmt werden. Zwei solcher Methoden, die beide auf kinetischen Messungen beruhen, sollen hier vorgestellt werden.

Bei der ersten Methode werden zwei enzymkatalysierte Reaktionen verknüpft („gekoppelte Reaktion")[8]. Im ersten Schritt dient das Enzym Glucose-Oxidase zur Katalyse der Oxidation von Glucose mit Sauerstoff:

$$\text{Glucose} + H_2O + O_2 \xrightarrow{\text{Glucose-Oxidase}} \text{Gluconsäure} + H_2O_2 \qquad (15-10)$$

Da man weder Gluconsäure noch Wasserstoffperoxid direkt auf raschem Weg messen kann, wird der Reaktion eine zweite Reaktion angekoppelt:

$$H_2O_2 + \begin{array}{c}\text{reduzierte Form eines}\\ \text{Farbstoffs}\\ \text{\small (farblos)}\end{array} \xrightarrow{\text{Peroxidase}} H_2O + \begin{array}{c}\text{oxidierter Farbstoff}\\ \text{\small (farbig)}\end{array}$$

Das Enzym Peroxidase wird zur Katalyse der normalerweise langsam ablaufenden Oxidation des organischen Farbstoffs durch Wasserstoffperoxid zugegeben. Oxidation des Farbstoffs führt zur Bildung einer intensiv gefärbten Spezies, die spektralphotometrisch oder kolorimetrisch gemessen werden kann. Die Geschwindigkeit, mit der die *Extinktion* der Lösung zunimmt, ist daher der Glucosekonzentration proportional. Zur Bestimmung der Glucosekonzentration genügt es, während der ersten Minuten der Reaktion zu messen.

Eine zweite kinetische Methode zur Bestimmung von Glucose besteht darin, daß die Geschwindigkeit des Sauerstoffverbrauchs bei der Oxidation von Glucose in Gegenwart des Enzyms Glucose-Oxidase gemessen wird, vgl. Gl. (15–10).

Die Geschwindigkeit, mit der die Glucose-Konzentration abnimmt, ist der Geschwindigkeit der Abnahme des gelösten Sauerstoffs gleich, vorausgesetzt, daß die Lösung nicht rasch aus der Atmosphäre Sauerstoff aufnimmt.

Den raschen Sauerstoffverbrauch bei dieser Reaktion hat man sich bei der Entwicklung eines *automatischen Glucose-Analysators* zunutze gemacht. Dieses Instrument bedient sich einer polarographischen Methode (Kapitel 16) zur Messung von Sauerstoff, der an einer polarographischen Elektrode nach der folgenden Gleichung reduziert wird:

$$\tfrac{1}{2}O_2 + 2H_3O^+ + 2e^- \rightarrow 3H_2O$$

8 G.G. Guilbault, *Anal. Chem. 38*, 527 R (1966)

Zunächst wird das Instrument in zwei Schritten geeicht, wobei zwei verschiedene Glucose-Standardlösungen und Glucose-Oxidase verwendet werden. Im ersten Schritt werden das Enzym und ein Glucose-Standard mit z.B. 150 mg/L Glucose in das Meßgefäß gegeben. Nach einer vorgewählten Zeit, gewöhnlich 10 s, wird die Anzeige so eingestellt, daß sie einer Skalenablesung von 150 mg/L Glucose entspricht. Dieses korrespondiert mit der Abnahme der Sauerstoffkonzentration in der Umgebung der Elektrode nach 10 s und ist im Grunde eine Messung der Reaktionsgeschwindigkeit. Dann wird die Lösung aus der Meßzelle abgesaugt, und eine frische Enzymlösung mit einer zweiten Standard-Glucoselösung mit z.B. 300 mg/L Glucose wird eingefüllt. Nach einer vorgewählten Zeit von 10 s wird die Anzeige erneut eingestellt, und zwar so, daß sie 300 mg Glucose entspricht. Die Gesamtzeit zur Eichung beträgt etwa eine Minute, danach kann das Instrument bis zu 60 Proben pro Stunde auf Glucose untersuchen.

Da das Gerät Sauerstoff mißt und auf die übrigen organischen Verbindungen in Körperflüssigkeiten, die kolorimetrische Methoden zur Glucose-Bestimmung stören, nicht anspricht, gibt es im Prinzip sehr genaue Meßwerte für Glucose. (Im allgemeinen liefern kolorimetrische Messungen zur Glucose-Bestimmung meist etwas zu hohe Ergebnisse, da auch andere Verbindungen in Körperflüssigkeiten oxidiert werden.) Die einzige bekannte Störung dieser instrumentellen Methode wird durch intakte rote Blutkörperchen verursacht. Man kann jedoch eine Blutprobe gerinnen lassen und das Serum anstelle des Bluts für die Analyse verwenden.

15.3 Bestimmung einer organischen Substanz in Gegenwart einer anderen: relative Reaktionsgeschwindigkeiten

Esterhydrolyse

Um zu zeigen, wie man eine organische Verbindung in Gegenwart einer anderen aufgrund kinetischer Prinzipien bestimmen kann, wollen wir die Hydrolyse (Verseifung) von Estern betrachten. Ein typisches Beispiel ist die basenkatalysierte Hydrolyse von Essigsäureethylester, wobei Essigsäure und Ethanol entstehen, beschrieben durch das *Gleichgewicht*

$$CH_3-C\underset{OC_2H_5}{\overset{O}{{<}}} + H_2O \overset{OH^-}{\rightleftharpoons} CH_3COOH + C_2H_5OH \;.$$

Kinetische Untersuchungen in wäßriger Lösung zeigen, daß die Reaktion erster Ordnung bezüglich der Hydroxydionen und erster Ordnung bezüglich des Esters ist, so daß der geschwindigkeitsbestimmende Schritt wie folgt aussieht:

$$CH_3-C\underset{OC_2H_5}{\overset{O}{{<}}} + OH^- \rightleftharpoons CH_3-C\underset{O^-}{\overset{O}{{<}}} + C_2H_5OH$$

Man beachte, daß die Essigsäure zum Acetation neutralisiert wird. Die Geschwindigkeitsgleichung für diese Reaktion zweiter Ordnung lautet:

$$- \frac{d[\text{Ester}]}{dt} = r = k[\text{OH}^-]\,[\text{Ester}]$$

Die Hydrolyse wird durch Zugabe einer abgemessenen Menge einer Natriumhydroxid-Standardlösung zum Ester durchgeführt. Die Mischung wird zur Erhöhung der Reaktionsgeschwindigkeit erhitzt. Schließlich wird das nicht verbrauchte Natriumhydroxid mit HCl-Standardlösung zurücktitriert. Die Stoffmenge des Esters (in mmol) ergibt sich aus der zugesetzten Menge Natriumhydroxid (in mmol) abzüglich der verbrauchten Menge an Säure (in mmol).

Relative Hydrolysegeschwindigkeiten

In der Literatur finden sich viele kinetische Daten in Form von relativen Reaktionsgeschwindigkeiten, die auf eine Standardverbindung mit willkürlich als 1 gewählter Geschwindigkeitskonstante bezogen sind. Auf diese Weise sind relative Reaktionsgeschwindigkeiten rasch zugänglich, indem man die relativen Ausbeuten an den jeweiligen Produkten mißt. Relative Reaktionsgeschwindigkeiten können zur Berechnung der relativen Mengen, die in einer bestimmten Zeit reagieren, verwendet werden. Zur Berechnung der bis zum quantitativen Umsatz notwendigen Zeit sind sie jedoch nicht geeignet.

Wenn die Hydrolysegeschwindigkeit von Ameisensäuremethylester gleich 1 gesetzt ist, dann sind die relativen Hydrolysegeschwindigkeiten von Chloressigsäuremethylester und Essigsäureethylester 761 bzw. 0,6[9]. Daraus ergibt sich, daß das Verhältnis der Reaktionsgeschwindigkeiten von Chloressigsäuremethylester und Essigsäureethylester größer als 1200:1 ist.

Als Beispiel betrachten wir die Bestimmung von 0,1000 mol/L Chloressigsäuremethylester in 0,1000 mol/L Essigsäureethylester mit einem abgemessenen Überschuß an Natriumhydroxid-Standardlösung. Um zu entscheiden, ob man Chloressigsäuremethylester quantitativ bestimmen kann, bevor der Essigsäureethylester in nennenswerten Mengen reagiert, muß man eine Gleichung für die relativen Reaktionsgeschwindigkeiten formulieren und diese integrieren. k_{me} sei die Geschwindigkeitskonstante für Chloressigsäuremethylester und k_{et} die Geschwindigkeitskonstante für Essigsäureethylester. Dann lautet der Ausdruck für die relative Reaktionsgeschwindigkeit (r = Reaktionsgeschwindigkeit)

$$\frac{r_{\text{me}}}{r_{\text{et}}} = \frac{k_{\text{me}}[\text{OH}^-]\,[\text{ClCH}_2\text{COOCH}_3]}{k_{\text{et}}[\text{OH}^-]\,[\text{CH}_3\text{COOC}_2\text{H}_5]} = \frac{k_{\text{me}}[\text{ClCH}_2\text{COOCH}_3]}{k_{\text{et}}[\text{CH}_3\text{COOC}_2\text{H}_5]}\,.$$

9 L.P. Hammett, *Physical Chemistry* (McGraw-Hill, New York 1940), S. 24

Integriert man diesen Ausdruck, so kann man auf das Ergebnis der Integration des Geschwindigkeitsgesetzes für Reaktionen erster Ordnung zurückgreifen ([OH$^-$] hat sich in obigem Verhältnis herausgekürzt). Man erhält folgendes Verhältnis:

$$\frac{k_{me} \cdot t}{k_{et} \cdot t} = \frac{2{,}303 \, \log([ClCH_2COOCH_3]_0/[ClCH_2COOCH_3])}{2{,}303 \, \log([CH_3COOC_2H_5]_0/[CH_3COOC_2H_5])} \, .$$

Dabei ist t die Zeit, $[CH_3CO_2C_2H_5]$ und $[ClCH_2CO_2CH_3]$ sind die momentanen Konzentrationen der Ester zu einer beliebigen Zeit t und $[CH_3CO_2C_2H_5]_0$ und $[ClCH_2CO_2CH_3]_0$ sind die Ausgangskonzentrationen. Wenn Chloressigsäuremethylester quantitativ (zu 99,9 %) hydrolysiert werden soll, dann muß die Konzentration zur Zeit t 0,0001 mol/L oder kleiner sein. Setzt man diesen Wert, die Ausgangskonzentration von 0,1000 mol/L und die relativen Geschwindigkeiten von 1200:1 in die obige Gleichung ein, so ergibt sich:

$$\frac{1200}{1} = \frac{\log \frac{0{,}1000 \, \text{mol/L}}{0{,}0001 \, \text{mol/L}}}{\log \frac{0{,}1000 \, \text{mol/L}}{[CH_3CO_2C_2H_5]}}$$

$$1200 = \frac{3}{-1 - \log[CH_3CO_2C_2H_5]}$$

$$-\log[CH_3XO_2C_2H_5] = 0{,}0025 + 1$$

$$[CH_3CO_2C_2H_5] = 10^{-1,0025} = 0{,}0994 \, \text{mol/L}$$

Wählt man also die Bedingungen so, daß der Chloressigsäuremethylester quantitativ hydrolysiert wird, dann werden innerhalb dieser Zeit 0,6 % des Essigsäureethylesters ebenfalls hydrolysiert werden. Für ein solches Gemisch ist dieser Fehler also unbedeutend. Ein größeres Problem ist die Wahl der richtigen experimentellen Bedingungen zur quantitativen Hydrolyse des Chloressigsäuremethylesters. Wenn die Reaktionszeiten nämlich zu kurz oder zu lang sind, dann kann der günstige Unterschied in der Reaktionskinetik nicht ausgenützt werden.

Der erste Schritt bei der Wahl geeigneter experimenteller Bedingungen ist die Bestimmung oder Abschätzung der absoluten Geschwindigkeitskonstante für die Hydrolyse von Chloressigsäuremethylester bei einer bestimmten Temperatur, z.B. 25 °C. Die bekannte Geschwindigkeitskonstante zweiter Ordnung für die Hydrolyse von Essigsäureethylester in Wasser bei 25 °C ist 10^{-1} s^{-1} mol^{-1} L. Hieraus kann man abschätzen, daß die absolute Geschwindigkeitskonstante für die Hydrolyse von Chloressigsäuremethylester bei 25 °C etwa $1{,}2 \cdot 10^2$ s^{-1} mol^{-1} L betragen sollte.

Der nächste Schritt besteht in der Berechnung einer Reaktionszeit für vollständigen Umsatz des Chloressigsäuremethylesters bei 25 °C, wozu die absolute Geschwindigkeitskonstante und eine der integrierten Formen des Geschwindigkeitsgesetzes zweiter Ordnung (Abschnitt 15.1) verwendet werden. Diese Zeit ist von den eingesetzten Konzentrationen abhängig. Wenn eine vernünftige Reaktionszeit herauskommt (beispielsweise eine oder zwei Stunden), dann bleibt nur noch, die entsprechenden experimentellen Bedingungen geeignet zu wählen. Ein Thermostat muß auf eine konstante Temperatur von 25°C eingestellt werden, eine Natriumhydroxid-Standardlösung ist einzustellen, und zur Titration des nichtverbrauchten Natriumhydroxids muß eine Säure-Standardlösung hergestellt werden. Zur vollständigen Analyse sind die Gesamtmenge an Chloressigsäuremethylester und Essigsäureethylester durch Hydrolyse unter Rückflußbedingungen zu bestimmen.

Wenn die berechnete Reaktionszeit für eine Labormethode zu kurz (einige Minuten) oder zu lang (mehr als 3 Stunden) ist, muß man die Temperatur erhöhen oder erniedrigen. Die Reaktionszeit kann auch durch Variation des Lösungsmittels gegen z.B. 50% Ethanol in Wasser herabgesetzt werden.

15.4 Bestimmung von katalytisch aktiven Substanzen im Spurenbereich

Die empfindliche spektralphotometrische Spurenanalyse zur Bestimmung einer katalytisch aktiven Substanz bedient sich der Messung der Reaktionsgeschwindigkeit einer durch die Substanz katalysierten Reaktion. Die Empfindlichkeit der Bestimmung wird auf diese Weise erheblich gesteigert, da das Spektralphotometer nicht nur einige wenige gefärbte Moleküle mißt, sondern den kumulativen Effekt, den einige Katalysatormoleküle dadurch bewirken, daß sie viele Male an der Reaktion beteiligt sind. Angenommen, zwei Moleküle A und B reagieren langsam, aber ihre Reaktion werde durch ein Molekül C katalysiert. Ein allgemeines Geschwindigkeitsgesetz für diese Reaktion lautet:

$$r = k_c[C]^c[A]^a[B]^b$$

Dabei ist k_c eine spezifische Geschwindigkeitskonstante, [C] ist die Konzentration des Katalysators, [A],[B] sind die Konzentrationen der Ausgangsstoffe und a, b und c sind die jeweiligen Reaktionsordnungen bezüglich jeder Substanz.

Wenn A oder B Licht einer geeigneten Wellenlänge absorbieren, kann man die Reaktionsgeschwindigkeit direkt (und damit [C] indirekt) bestimmen, indem man spektralphotometrisch das Verschwinden eines der Reaktanten verfolgt. Durch Auftragen der Reaktionsgeschwindigkeit gegen [C] kann eine Eichkurve erstellt werden, oder durch Auftragen der Extinktion von A oder B nach einer bestimmten Zeit gegen [C], oder auch durch Auftragen der Zeit, nach der die Extinktion von A oder B null wird, gegen [C].

Je effektiver der Katalysator (je größer k_c), um so größer ist die Geschwindigkeit der katalysierten Reaktion und um so kleiner die noch meßbare Konzentration des Katalysators. Enzyme sind die wirksamsten Katalysatoren, weit effektiver als anorganische Substanzen[10].

10 W.J. Blaedel und G.P. Hicks, *Advances in Analytical Chemistry and Instrumentation*, Vol. 3 (Wiley, New York 1964), S. 105–142

Katalytische Bestimmung von Iodid

An Proteine gebundenes Iod im Blut oder Iodid im Spurenbereich (10^{-6} mol/L) werden am besten durch Messen des katalytischen Einflusses von Iod auf die langsame Reaktion zwischen Cer(IV) und Arsen(III) bestimmt[11]:

$$2\,Ce(IV) + As(III) \xrightleftharpoons{\;H_2SO_4,\ c\ =\ 1\ mol/L\;} 2\,Ce(III) + As(V)$$

Die Reaktion ist erster Ordnung bezüglich Cer(IV), Arsen(III) und Iodid. Normalerweise wird die Arsen(III)-Konzentration größer als die Cer(IV)-Konzentration gewählt, da das Verschwinden der gelben Farbe von Cer(IV) bei 420 nm zur Messung der Reaktionsgeschwindigkeit dient.

Zur Bestimmung des Protein-gebundenen Iods wird die Blutprobe zunächst verascht, so daß organisch gebundenes Iod in Iodid umgewandelt wird. Dann wird die Probe in Schwefelsäure aufgenommen und ein Aliquot zu der Lösung von Cer(IV) und Arsen(III) zugegeben. Bei einem Verfahren[11] wird durch Messung der genau 15 min nach Zugabe des Iodids jeweils verbleibenden Cer(IV)-Konzentration eine Eichkurve erstellt. Ein anderes Verfahren[12] beruht auf der Messung der Zeit, die in Abhängigkeit der Iodidkonzentration zur quantitativen Reaktion von Cer(IV) nötig ist; mit einer Eichkurve bestimmt man so die Konzentration an Iodidionen. Folgende Verbesserungen dieser Methode vermeidet Fehler durch Verunreinigungen, die die Reaktion ebenfalls katalysieren: Eine bekannte Menge an Iodidionen wird zusätzlich zu den ursprünglichen Mengen an Cer(IV) und Arsen(III) derselben Lösung zugefügt (Aufstocken). Die Zeit bis zur quantitativen Reduktion von Cer(IV) wird erneut spektralphotometrisch gemessen und die Konzentration an Iodid in der ursprünglichen Probe berechnet.

Oxidations- und Reduktionsmittel, die rasch mit Cer(IV) oder Arsen(III)-Ionen reagieren, stören dabei. Im Blut kommen jedoch nur wenige dieser Substanzen vor. Hohe Konzentrationen an Natriumchlorid scheinen die Katalyse zu fördern. Quecksilber(II) stört dagegen die Bestimmung von Iodid in wäßriger Lösung, da es mit Iodidionen stabile Komplexe bildet und die Katalyse somit behindert.

Vorschläge für Experimente

Die hier zusammengestellten Arbeiten enthalten interessante Experimente zur Thematik dieses Kapitels.

W.H. Cone und R.A. Hermens, *J. Chem. Ed. 40*, 421 (1963). *A study of the effect of silver(I) on the rate constant for oxidizing benzoic acid with peroxydisulfate.*

J.F. Davies und A.F. Trotman-Dickenson, *J. Chem. Ed. 43*, 483 (1966). *The rate of dissolultion of tin in solutions of iodine.*

C.E. Hedrick, *J. Chem. Ed. 42*, 479 (1965). *Formation rate of the chromium-EDTA complex.*

P.C. Moews, Jr., und R.H. Petrucci, *J. Chem. Ed. 41*, 549 (1964). *Kinetics of the oxidation of iodide with peroxydisulfate.*

R.D. Whitaker, *J. Chem. Ed. 40*, 264 (1963). *Rate of decomposition of tris-(1,10-phenanthroline)-nickel(II) by acid.*

11 A.L. Chaney, *Ind. Eng. Chem., Anal. Ed. 12*, 179 (1940)

12 E.B. Sandell und I.M. Kolthoff, *Mikrochim. Act 1*, 9 (1937)

Aufgaben

15.1 Eine Reaktion erster Ordnung hat eine Geschwindigkeitskonstante von 10^0 s^{-1}. Man berechne die Zeit bis zu einem Umsatz von a) $99,9\%$ und b) 99%.

15.2 Substanz A und Substanz B reagieren in einer Reaktion erster Ordnung; die jeweiligen Geschwindigkeitskonstanten sind $10^1\,s^{-1}$ und $10^{-1}\,s^{-1}$. Man berechne den prozentualen Anteil an B, der übrigbleibt, wenn A zu $99,9\%$ reagiert hat.

15.3 Man berechne den prozentualen Anteil an Essigsäuremethylester, der in einer äquimolaren Mischung aus Chloressigsäuremethylester und Essigsäuremethylester hydrolysiert wird, a) in der Zeit, in der $99,9\%$ des Chlorethansäuremethylesters durch basenkatalysierte Hydrolyse gespalten werden und b) in der Zeit, in der 99% des Chloressigsäuremethylesters durch basenkatalysierte Hydrolyse gespalten werden (Geschwindigkeitskonstanten s. Abschnitt 15.3).

15.4 Entwickeln Sie eine Alternative zur Cer(IV)-Arsen(III)-Methode zur Spurenbestimmung von Iodid (s. Tabelle 12.3).

15.5 Bei der kolorimetrischen Bestimmung von Metallionen gehen bestimmte Reaktionen zweiter Ordnung in solche mit Geschwindigkeitsgesetzen von scheinbar erster Ordnung (bezüglich des Metallions) über. Bei $25\,°C$ und $c(\text{KSCN}) = 0,01$ mol/L sind die Geschwindigkeitskonstanten erster Ordnung für die Bildung von $[\text{FeSCN}]^{2+}$ und $[\text{CrSCN}]^{2+}$ $1,27\ s^{-1}$ bzw. $1,1 \cdot 10^{-7}\ s^{-1}$. Man berechne die Zeit, die für 99% Umsatz von a) Fe^{3+} mit KSCN, $c = 0,01$ mol/L und b) Cr^{3+} mit KSCN, $c = 0,01$ mol/L, erforderlich ist. Sind diese Reaktionszeiten für eine kolorimetrische Analyse geeignet? Wenn nicht, schlage man Verbesserungen vor!

15.6 Von einem Indikator muß man fordern, daß seine Farbänderung beim Endpunkt rasch genug eintritt, um Übertitrieren zu vermeiden. Das Geschwindigkeitsgesetz für die Reaktion von Cer(IV) als Titer mit dem Indikator Ferroin lautet

$$r = k\,[\text{Ce(IV)}]\,[\text{Ferroin}]\,,$$

wobei

$$k = 1,4 \cdot 10^5\ s^{-1} \cdot \text{mol}^{-1} \cdot \text{L bei } 25\,°C \quad (\text{in } H_2SO_4,\ c = 0,5\ \text{mol/L})\,.$$

Man berechne die Zeit, die für einen 99%igen Umsatz von Ce(IV), $c = 10^{-4}$ mol/L, und Ferroin, $c = 10^{-4}$ mol/L, beim Endpunkt erforderlich ist. Ist diese Zeit kurz genug, um Übertitrieren zu vermeiden? (Frage: Wie steht es mit der Geschwindigkeit einer Titration am Endpunkt, verglichen mit derjenigen am Beginn?)

15.7   Eine Mischung aus A, $c = 10^{-4}$ mol/L, und B, $c = 10^{-3}$ mol/L, zeigt eine Anfangsreaktionsgeschwindigkeit von $0{,}65 \cdot 10^{-6}$ mol $\cdot$ L^{-1} $\cdot$ min^{-1}. Für die unten stehenden Fälle ist zu entscheiden, ob die Reaktionsordnung bezüglich jedes Reaktionspartners 0 oder 1 oder 2 ist.

a) Wenn die Konzentration von A auf $2{,}0 \cdot 10^{-4}$ mol/L erhöht wird, so ist die Anfangsgeschwindigkeit $0{,}65 \cdot 10^{-6}$ mol $\cdot$ L^{-1} $\cdot$ min^{-1}.

b) Wenn die Konzentration von B auf $2{,}0 \cdot 10^{-3}$ mol/L erhöht wird, so ist die Anfangsgeschwindigkeit $1{,}30 \cdot 10^{-6}$ mol $\cdot$ L^{-1} $\cdot$ min^{-1}.

Kapitel 16

Elektrochemische Trenn- und Analysenmethoden

Die Elektrochemie befaßt sich mit der Beziehung zwischen elektrischer Energie und chemischen Reaktionen und ist für den analytisch arbeitenden Chemiker in mehrfacher Hinsicht nützlich: Elektrochemische Meßmethoden zur Verfolgung von Titrationen und zur Endpunktsbestimmung (potentiometrische Titration) sind in den vorhergehenden Kapiteln besprochen worden. Die Abscheidung eines Metalls aus einer Lösung auf einer gewogenen Elektrode (elektrolytische Abscheidung) zur Bestimmung und Trennung von Metallen wird in diesem Kapitel diskutiert; ebenfalls besprochen werden die Polarographie und die coulometrische Titration – zwei weitere wichtige elektroanalytische Verfahren.

16.1   Grundlagen elektrolytischer Verfahren

Galvanische und elektrolytische Zellen

Man muß deutlich zwischen zwei grundlegenden Typen elektrochemischer Zellen unterscheiden. Der erste Typ wird als *galvanische Zelle (Volta-Zelle)* bezeichnet, der zweite ist die *Elektrolysezelle*.

In einer *galvanischen Zelle* erzeugen Elektrodenreaktionen einen elektrischen Strom. Bei der gebräuchlichen Kurzbezeichnung zur Beschreibung einer solchen Zelle (Bild 16–1) wird die Elektrode mit dem negativeren Normalpotential links aufgeschrieben:

$$Zn\,(s)\,|\,Zn^{2+}\,||\,Cu^{2+}\,|\,Cu\,(s)$$

Der einfache senkrechte Strich steht für eine Phasengrenze, wie z.B. zwischen einem festen Metall und einer flüssigen Lösung. Der senkrechte Doppelstrich symbolisiert eine Salzbrücke oder ein Diaphragma. Der erwartete Reaktionsverlauf und die Spannung in einer galvanischen Zelle können wie folgt berechnet werden:

(1) Man schreibe die Halbreaktion in der Form einer Reduktion für das Redox-Paar mit dem positiveren Potential auf. Man schreibe dazu das Elektrodenpotential (also entweder das Normalpotential oder das aus der Nernstschen Gleichung berechnete) auf.

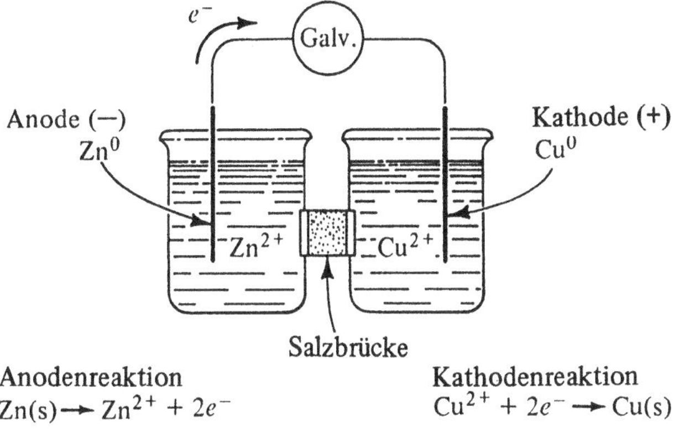

Bild 16-1 Eine galvanische Zelle

(2) Man subtrahiere davon die Reduktions-Halbreaktion des Redox-Paares mit dem negativeren Elektrodenpotential und das entsprechende Reduktionspotential.

Als Beispiel sei die vollständige Reaktion und die Spannung E_{Zelle} der folgenden Zelle berechnet:

$$Zn(s) \mid Zn^{2+} (0,1 \text{ mol/L}) \parallel Cu^{2+} (1 \text{ mol/L}) \mid Cu(s)$$

$$Cu^{2+} + 2e^- \rightarrow Cu(s) \qquad E = E^0 = 0,345 \text{ V}$$

$$-[Zn^{2+} + 2e^- \rightarrow Zn(s)] \qquad -\left[E = E^0 + \frac{0,059 \text{ V}}{2} \log[Zn^{2+}] = \right.$$

$$\left. = -0,792 \text{ V}\right]$$

$$Cu^{2+} + Zn(s) \rightarrow Cu(s) + Zn^{2+} \qquad E_{\text{Zelle}} = 0,345 \text{ V} - (-0,792 \text{ V}) = 1,137 \text{ V}$$

Bis jetzt haben wir noch nichts über das *Diffusionspotential* in elektrochemischen Zellen gesagt. Es handelt sich dabei um ein Potential, das an der Grenzfläche zweier Lösungen von verschiedener Zusammensetzung auftritt; es beträgt meist einige hundertstel Volt. Diffusionspotentiale entstehen durch ungleiche Verteilung von Anionen und Kationen über der Phasengrenze, die ihrerseits auf unterschiedlichen Diffusionsgeschwindigkeiten verschiedener Ionen beruht.

Im einfachsten Fall tritt ein solches Diffusionspotential in einem System aus zwei Lösungen unterschiedlicher Konzentrationen, die durch eine poröse Glasfritte getrennt sind, auf. Die Fritte verhindert die Vermischung der Lösungen, erlaubt aber die Diffusion von einer Lösung zur anderen. Betrachten wir als Beispiel das System aus zwei Salzsäurelösungen unterschiedlicher Konzentrationen in Bild 16–2. Sowohl Wasserstoff- als auch Chloridionen diffundieren von der Lösung höherer Konzentration zur Lösung niedrigerer Konzentration. H^+-Ionen sind aber sehr viel beweglicher als Cl^--Ionen und diffundieren mit größerer Geschwindigkeit (in verdünnter HCl sind die Überführungszahlen (Abschnitt 13.1) $t_{H^+} = 0,83$ und $t_{Cl^-} = 0,17$). Die Folge ist, daß sich in der Lösung auf der rechten Seite der Fritte eine positive Nettoladung aufbaut (wegen des Überschusses an H^+-Ionen) und die Lösung auf der linken Seite einen Überschuß an negativen Ladungen aufweist. Wegen der daraus entstehenden elektrostatischen Effekte wird die Diffusionsge-

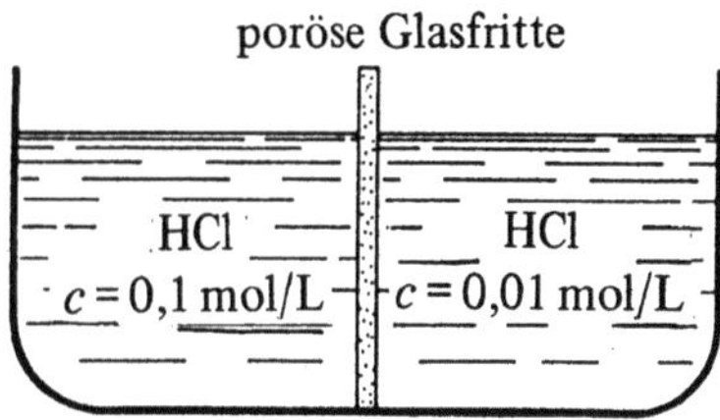

Bild 16-2
Zur Entstehung des
Diffusionspotentials

schwindigkeit von H^+ verlangsamt, und die von Cl^- steigt an. Schließlich stellt sich ein stationärer Zustand *(steady state)* ein, in welchem die Potentialdifferenz zwischen den beiden Lösungen konstant ist; die Ladungsdifferenz reicht dann gerade aus, um den Unterschied der Beweglichkeiten von Wasserstoff- und Chloridionen auszugleichen.

Diffusionspotentiale können weitgehend (jedoch nicht völlig) vermieden werden, indem man die Halbzellen mit einer Salzbrücke verbindet. Eine Salzbrücke wirkt dem Diffusionspotential am effektivsten entgegen, wenn die Salzlösung möglichst konzentriert ist und wenn die Beweglichkeiten des Kations und des Anions in dem Salz der Salzbrücke fast gleich sind. Kaliumchlorid erfüllt die letztgenannte Forderung und wird daher häufig in Salzbrücken verwendet.

Der zweite Typ einer elektrochemischen Zelle wird *Elektrolysezelle (elektrolytische Zelle)* genannt. In einer Elektrolysezelle werden die chemischen Reaktionen durch Anlegen einer äußeren Spannung erzwungen. Diese äußere Spannung — sie wird auch als *Zwangsspannung* bezeichnet — wirkt dem Stromzufluß in der galvanischen Zelle (wenn überhaupt ein Strom fließt) entgegen. Daher verlaufen die Reaktionen an den Einzelelektroden und die Gesamtreaktion in der Zelle der spontanen galvanischen Reaktion gerade entgegengesetzt. Die Mindestspannung, die zur Elektrolyse erforderlich ist (wenn man Überspannungseffekte, die später diskutiert werden sollen, vernachlässigt), ist etwas höher als die Spannung mit entgegengesetztem Vorzeichen in der galvanischen Zelle. Wir betrachten als Beispiel die folgende Zelle:

$$Cu(s) \mid Cu^{2+} \parallel H_3O^+ (1\ mol/L),\ O_2 \mid Pt(s)$$

Fall (1): Galvanische Zelle

$Cu^{2+} + 2e^- \rightarrow Cu(s)$	$\frac{1}{2}O_2 + 2H_3O^+ + 2e^- \rightarrow 3H_2O$
$E^0 = 0{,}345$ V	$E^0 = 1{,}229$ V

$\xleftarrow{\text{Reaktion}}$

$\xrightarrow{\text{Reaktion}}$

Die Elektrodenreaktion in der galvanischen Zelle verläuft nach links, weil Elektronen von der Elektrode aufgenommen werden und durch den Draht von der negativ geladenen zur positiv geladenen Elektrode fließen. (Der externe Draht setzt diesem Stromfluß praktisch keinen Widerstand entgegen.)

Die Reaktion der galvanischen Zelle verläuft in Pfeilrichtung, da Elektronen aus der negativen Elektrode in die Lösung „gepumpt" werden.

Fall (2): Elektrolysezelle. In der Elektrolysezelle ist die Kupferelektrode ebenfalls die negative Elektrode und die Platinelektrode immer noch die positive. Die von außen angelegte Spannung (die Zwangsspannung) zwingt jedoch die Elektronen, in der gegenläufigen Richtung zu fließen (von der negativen Elektrode *durch die Lösung* zur positiven Elektrode). Daher verlaufen die Elektrodenreaktionen hier in umgekehrter Richtung wie bei der galvanischen Zelle (Bild 16−3). Die Nettoreaktion in der elektrolytischen Zelle ist die Summe der Reaktionen an den Einzelelektroden:

$$Cu^{2+} + 3\,H_2O \rightarrow Cu(s) + \tfrac{1}{2}O_2 + 2H_3O^+$$

Die Spannung einer galvanischen oder elektrolytischen Zelle ist die Potentialdifferenz zwischen den Elektroden. (Es sei nochmals betont: Um das Elektrodenpotential aus einer Tabelle von Standardpotentialen zu berechnen, sollte man stets die Halbreaktionen als Reduktionen aufschreiben.) In diesem Fall ergibt sich, falls die Aktivitätskoeffizienten den Wert 1 haben:

$$E_{\text{Zelle}} = 1{,}229\ \text{V} - 0{,}345\ \text{V} = +0{,}884\ \text{V}$$

Die Mindestspannung, die zum Betrieb einer elektrolytischen Zelle benötigt wird, ist ungefähr gleich der in der galvanischen Zelle auftretenden Potentialdifferenz. Allerdings ist sie eine externe elektromotorische Kraft, die der spontanen elektromotorischen Kraft der Zelle entgegenwirkt. In der Praxis ist für den Betrieb einer elektrolytischen Zelle mehr als die minimale elektromotorische Kraft (EMK) erforderlich; dies beruht auf Überspannungseffekten und dem Widerstand der Zelle.

Die elektromotorische Kraft der Zelle vor der tatsächlichen Elektrolyse einer Cu^{2+}-Lösung ist unbestimmt, da eine unbestimmte Konzentration an gelöstem Sauerstoff enthalten ist. Im Verlauf der Elektrolyse wird jedoch die gerührte Lösung mit Sauerstoff gesättigt, und es bildet sich eine endliche Gegen-EMK (elektromotorische Kraft der galvanischen Zelle) aus. Wenn die Reaktion der Zelle reversibel ist, kann die Größe dieser Gegen-EMK aus der Nernstschen Gleichung abgeschätzt werden.

Sowohl bei galvanischen als auch bei elektrolytischen Zellen wird stets diejenige Elektrode, an der *Reduktion* stattfindet, als *Kathode* bezeichnet und die Elektrode, an der *Oxidation* stattfindet, als *Anode* (Bild 16−3). Man beachte, daß die Anode relativ zu der anderen Elektrode in einer galvanischen Zelle „negativ" ist, in einer elektrolytischen Zelle jedoch „positiv" (da mit dem positiven Pol der Spannungsquelle verbunden). Umgekehrt ist die Kathode in einer galvanischen Zelle „positiv" und in einer elektrolytischen Zelle „negativ".

Kationen (d.h. positiv geladene Ionen) heißen deshalb so, weil sie von der Kathode einer elektrolytischen Zelle, also der negativ geladenen Elektrode, angezogen werden; Anionen (d.h. negativ geladene Ionen), weil sie von der Anode angezogen werden.

Die zur Elektrolyse erforderliche Spannung

Mißt man die Spannung einer *galvanischen Zelle* potentiometrisch, so kann mit Hilfe der Nernstschen Gleichung die Konzentration chemischer Bestandteile der

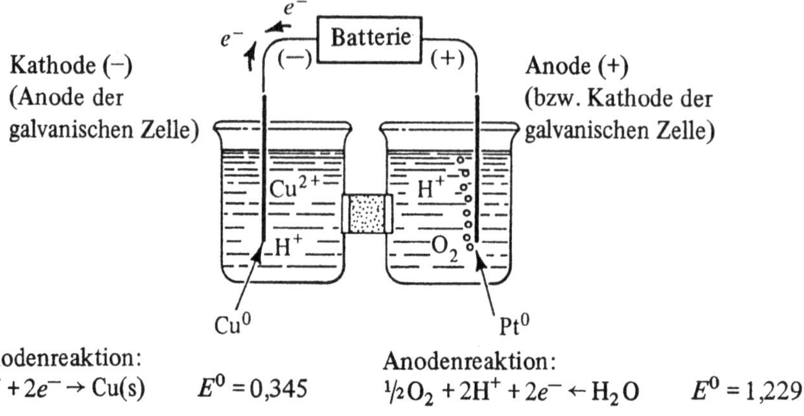

Kathodenreaktion: Anodenreaktion:
$Cu^{2+} + 2e^- \rightarrow Cu(s)$ $E^0 = 0{,}345$ $\frac{1}{2}O_2 + 2H^+ + 2e^- \leftarrow H_2O$ $E^0 = 1{,}229$

Bild 16-3 Eine Elektrolysezelle

Zelle berechnet werden. Bei einer potentiometrischen Titration bildet sich eine galvanische Zelle, und die Konzentrationsänderung bestimmter Ionen wird während verschiedener Zeiten im Verlauf der Titration gemessen. Da aus der Zelle durch die potentiometrische Messung praktisch kein Strom entnommen wird, ist die Beziehung zwischen chemischer Zusammensetzung und Spannung der Zelle recht einfach.

Komplizierter wird die Lage in einer *Elektrolysezelle*, die für elektrolytische Abscheidungen verwendet wird. In diesem Fall wird eine beträchtliche Menge an elektrochemischer Arbeit geleistet, wenn beispielsweise ein Metall aus der Lösung abgeschieden wird. Die zum Betrieb der Zelle erforderliche Spannung ändert sich im Verlauf der Elektrolyse, ebenso die Zusammensetzung der Zelle. Außerdem muß eine höhere Zwangsspannung angelegt werden, als zur Kompensation der von der galvanischen Zelle erzeugten Gegenspannung (Gegen-EMK) benötigt würde. Diese zusätzlich erforderliche Spannung heißt *Überspannung* der Zelle; sie ändert sich während der Elektrolyse; auch ist sie schwer zu reproduzieren.

Die zum Betrieb einer elektrolytischen Zelle bei gegebenem Strom anzulegende Zwangsspannung wird durch die Gleichung

$$E_Z = E_G + IR \tag{16-1}$$

beschrieben, wobei E_Z die angelegte Zwansspannung und E_G die Gegenspannung bezeichnen. I steht für den Strom in Ampere, R ist der Widerstand im gesamten Stromkreis. Den größten Beitrag zu R liefert der innere Widerstand des Elektrolyten. Das Produkt IR heißt auch *Widerstandspolarisation* (in der englischen Literatur „iR drop"). Die Gegenspannung einer Zelle wird durch die Beziehung

$$E_G = E_{rev} + \text{Überspannung}$$

beschrieben, wobei E_{rev} das Gleichgewichtspotential der entgegengesetzt reagierenden Zelle ist. Es kann aus der Nernstschen Gleichung berechnet werden.

Polarisation und Überspannung

Man nennt eine einzelne Elektrode dann *polarisiert*, wenn sie ein vom reversiblen, aus der Nernstschen Gleichung berechneten Potential — wir bezeichnen dieses hier mit E_{rev} — unterschiedliches Potential E aufweist. Ein Maß für die Polarisation ist die *Überspannung* η der Elektrode:

$$\eta = E - E_{rev}$$

Es sei an dieser Stelle angemerkt, daß man zwischen der Überspannung einer Elektrode (overpotential, in Analogie zum Potential der Einzelelektrode) und derjenigen einer Zelle (overvoltage, in Analogie zur Zellspannung) unterscheiden kann. In der Literatur und in Lehrbüchern werden diese Grundbegriffe keineswegs einheitlich verwendet. Es sei hier auf das grundlegende Werk von Kortüm[1] verwiesen.

Da im Übrigen das Potential einer Elektrode nicht ohne weiteres zugänglich ist und allgemein Gesamtreaktionen in elektrolytischen Zellen betrachtet werden, soll hier der Begriff Überspannung verwendet werden.

Es gibt zwei besonders wichtige Arten von Überspannung: a) Konzentrationsüberspannung und b) Durchtrittsüberspannung.

Konzentrationsüberspannung tritt dann auf, wenn die Geschwindigkeit der Reduktion (oder Oxidation) an einer Elektrode so groß ist, daß die Konzentration an reduzierbarer (oder oxidierbarer) Substanz an der Elektrodenoberfläche von der Konzentration in der eigentlichen Lösung abweicht.

Beispiel:

An einer Elektrode, an der Cu^0 abgeschieden wird, ist die Konzentration von Cu^{2+} an der Elektrodenoberfläche 10^{-4} mol/L, die Konzentration an Cu^{2+} in der Gesamtlösung jedoch 10^{-2} mol/L. Man berechne die Konzentrationsüberspannung.

Das Elektrodenpotential sollte

$$E_{rev} = 0{,}345 \text{ V} + \frac{0{,}059 \text{ V}}{2} \log 10^{-2}$$

$$= 0{,}286 \text{ V}$$

betragen.

Wegen der Konzentrationsüberspannung ist das tatsächliche Potential E

$$E = 0{,}345 \text{ V} + \frac{0{,}059 \text{ V}}{2} \log 10^{-4}$$

$$= 0{,}227 \text{ V}$$

Daher ist die Konzentrationüberspannung

$$\eta = E - E_{rev} = 0{,}227 \text{ V} - 0{,}286 \text{ V} = -0{,}059 \text{ V}$$

---

1 G. Kortüm, *Lehrbuch der Elektrochemie* (VCH, Weinheim 1972)

Die Konzentrationsüberspannung kann durch kräftiges Rühren oder durch Arbeiten bei geringen Stromdichten reduziert oder gänzlich ausgeschaltet werden. (Als Stromdichte bezeichnet man den auf die Elektrodenoberfläche bezogenen Strom, sie wird gewöhnlich in A/cm^2 angegeben.)

Das an einer Elektrode anliegende Potential muß um einen bestimmten Betrag über dem reversiblen Potential liegen, damit ein meßbarer Strom durch die Elektrode fließt. Diese Differenz nennt man *Durchtrittsüberspannung* (activation overpotential). Die Durchtrittsüberspannung ist äußerst gering für die Abscheidung praktisch aller Metalle auf poliertem Platin, kann aber auch mehrere Zehntel Volt betragen, beispielsweise für die Abscheidung von bestimmten Gasen an einer Elektrode.

Für jede gegebene Elektrode hängt die Durchtrittsüberspannung vom Zustand der Elektrodenoberfläche, vom Strom (η ist bei kleinen Strömen geringer) und von anderen Faktoren ab. Tabelle 16–1 gibt Werte für die Überspannung von Wasserstoff und Sauerstoff unter verschiedenen Bedingungen an.

Überspannungen können an beiden Elektroden beobachtet werden. Sie führen zu einem positiveren Potential für die Oxidation an der Anode und einem negativeren Potential für die Reduktion an der Kathode. Daraus folgt, daß die Überspannung an der Anode (η_A) ein positives und die an der Kathode (η_K) ein negatives Vorzeichen hat. Daher kann die für die Elektrolyse erforderliche Spannung wie folgt angegeben werden:

$$E = (E_A + \eta_A) - (E_K + \eta_K) + IR$$

Dabei bedeuten E_A und E_K die reversiblen Potentiale an der Anode und Kathode, wie sie aus den Normalpotentialen mit Hilfe der Nernstschen Gleichung berechnet werden. Der Beitrag durch den Term IR ist recht gering und berücksichtigt den Spannungsabfall aufgrund des Innenwiderstandes der Zelle (Widerstandspolarisation).

Tabelle 16–1　Überspannung von Wasserstoff und Sauerstoff bei verschiedenen Stromdichten an einer polierten und einer platinierten Platinelektrode

Stromdichte in A/cm^2	Überspannung in V			
	Wasserstoff		Sauerstoff	
	Pt	Pt, platiniert	Pt	Pt, platiniert
0,001	0,024	0,015	0,72	0,40
0,01	0,068	0,030	0,85	0,52
0,10	0,29	0,041	1,28	0,64
1,00	0,68	0,048	1,49	0,77

Elektrodenreaktionen

In einer elektrolytischen Zelle laufen stets diejenigen Elektrodenreaktionen ab, die die geringste Zellspannung erfordern. Wenn also an einer Elektrode mehr als eine Reaktion ablaufen kann, so wird an der Anode diejenige Oxidationsreaktion auftreten, die das am wenigsten positive Potential (einschließlich der Überspannung) erfordert. Analog wird an der Kathode diejenige Reduktionsreaktion stattfinden, die das am wenigsten negative Reduktionspotential (bezogen auf die Anode) erfordert. Bei der Beantwortung der Frage, welche Reaktionen tatsächlich ablaufen werden, spielt die Überspannung häufig eine wichtige Rolle.

Um diese Aussagen zu verdeutlichen, wollen wir die Elektrolyse einer Zink(II)-Lösung [HCl-sauer, $c(H_3O^+) = 1$ mol/L] an polierten Platinelektroden betrachten. Welche Elektrodenreaktionen laufen ab? An der Anode sind folgende Oxidationsreaktionen möglich:

$$2\,Cl^- \rightarrow Cl_2 + 2e^-$$

$$3\,H_2O \rightarrow \tfrac{1}{2}O_2 + 2\,H_3O^+ + 2e^-$$

Soll eine dieser beiden Oxidationen ablaufen, so muß das Potential der Anode positiver gemacht werden als dasjenige der Reduktions-Halbreaktion.

An einer Elektrode mit gegebenen Mengen an A_{ox} und A_{red} wird sich nach Erreichen des Gleichgewichts das entsprechende reversible Potential einstellen. Wenn ein positiveres Potential aufgezwungen wird („Elektronenfalle"), so wird sich das Gleichgewicht nach links verschieben:

Reaktionsrichtung

$\longleftarrow$

$A_{ox} + ne^- \rightleftharpoons A_{red}$
$\downarrow$
e^--Falle

Wenn ein negativeres Potential angelegt wird („Elektronenquelle"), so verschiebt sich das Gleichgewicht nach rechts:

Reaktionsrichtung

$\longrightarrow$

$A_{ox} + ne^- \rightleftharpoons A_{red}$
$\uparrow$
e^--Quelle

Die Oxidation von Wasser zu Sauerstoff erfordert ein weniger positives Anodenpotential als diejenige von Chlorid zu Chlor:

$$Cl_2 + 2e^- \rightleftharpoons 2\,Cl^- \qquad\qquad E^0 = 1{,}36\ \text{V}$$

$$\tfrac{1}{2}O_2 + 2\,H_3O^+ + 2e^- \rightleftharpoons 3\,H_2O \quad E^0 = 1{,}23\ \text{V [für } c(H_3O^+) = 1\ \text{mol/L]}$$

Damit ist die Entstehung von Sauerstoff thermodynamisch bevorzugt. Die Überspannung für die Abscheidung von Sauerstoff an einer Platinelektrode beträgt jedoch wenigstens 0,4 V oder 0,5 V, wogegen diejenige für die Oxidation von Chlorid zu Chlor gering ist. Daher läuft die folgende Anodenreaktion ab:

$$2\,Cl^- \rightarrow Cl_2 + 2e^-$$

Die möglichen Reduktionsreaktionen an der Kathode sind:

$$2\,H_3O^+ + 2e^- \rightleftharpoons H_2(g) + 2\,H_2O \quad E^0 = 0{,}00 \text{ V [für } c(H_3O^+) = 1 \text{ mol/L]}$$

$$Zn^{2+} + 2e^- \rightleftharpoons Zn(s) \qquad\qquad E^0 = -0{,}67 \text{ V}$$

Die Reduktion von Wasserstoffionen zu molekularem Wasserstoff läuft bei einem weniger negativen Kathodenpotential ab als die Abscheidung von Zink. Selbst wenn man annimmt, daß die Überspannung für die Abscheidung von Wasserstoff auf Platin 0,3 V oder 0,4 V beträgt, wird an der Kathode doch die Reaktion

$$2\,H_3O^+ + 2e^- \rightleftharpoons H_2(g) + 2\,H_2O$$

ablaufen. Hingegen kann aus alkalischer Lösung Zink an einer Platinkathode abgeschieden werden, da die Wasserstoffionenkonzentration so niedrig ist, daß die Abscheidung von Wasserstoff erst bei negativerem Potential abläuft.

$$H_3O^+ + e^- \rightleftharpoons \tfrac{1}{2}H_2(g) + H_2O \quad E^0 = 0{,}00 \text{ V [für } c(H_3O^+) = 1 \text{ mol/L]}$$

Bei pH 10, also für $c(H_3O^+) = 10^{-10}$ mol/L, ist das Potential:

$$E = 0{,}00 \text{ V} + 0{,}059 \text{ V} \cdot \log 10^{-10}$$

$$= -0{,}59 \text{ V}$$

Wegen der Überspannung kann in alkalischer Lösung auch ein Potential kleiner als $-0{,}59$ V angelegt werden, ohne daß in nennenswertem Maße Wasserstoff entsteht.

Bei elektrolytischen Trennungen ist die wesentliche Kathodenreaktion die Reduktion des entsprechenden Metallions zum Metall:

$$M^{z+} + ze^- \rightleftharpoons M^0(s)$$

Andere häufige Kathodenreaktionen sind die Reduktion eines Metallions zu einer ionischen Form niedrigerer Oxidationsstufe:

$$Fe^{3+} + e^- \rightarrow Fe^{2+}$$

$$Cu^{2+} + e^- + 3\,Cl^- \rightarrow [CuCl_3]^{2-}$$

und die Reduktion von Wasserstoffionen zu molekularem, gasförmigem Wasserstoff:

$$H_3O^+ + e^- \rightarrow \tfrac{1}{2}H_2(g) + H_2O$$

Die Bildung von Wasserstoff an der Kathode setzt der Anwendung der elektrolytischen Abscheidung für analytischen Trennungen enge Grenzen. Aus saurer Lösung können nur die wenigen Metalle auf einer Platinkathode abgeschieden werden, welche bei positiverem Potential reduziert werden als Wasserstoff. Die Abtrennung von Kupfer durch elektrolytische Abscheidung wird häufig angewendet.

Bei einer elektrolytischen Abscheidung von Metallen ist die Anodenreaktion gewöhnlich die Entstehung von gasförmigem Sauerstoff:

$$\tfrac{1}{2}O_2 + 2\,H_3O^+ + 2\,e^- \rightleftharpoons 3\,H_2O \quad E = 1{,}23 \text{ V [für } c(H_3O^+) = 1 \text{ mol/L]}$$

Die Überspannung für die Sauerstoffentwicklung an der Platinelektrode ist hoch; daher muß das Anodenpotential um einige Zehntel Volt positiver als 1,23 V sein.

In Lösungen mit höherem pH ist das für Sauerstoffentwicklung an der Anode erforderliche Potential weniger positiv. So gilt z.B. für pH 7:

$$E = 1{,}229 \text{ V} + \frac{0{,}059 \text{ V}}{2} \log\,[H_3O^+]^2$$

$$= 1{,}229 \text{ V} + 0{,}059 \text{ V} \cdot \log 10^{-7}$$

$$= 1{,}229 \text{ V} - 0{,}413 \text{ V} = 0{,}81_6 \text{ V}$$

Wegen der zu erwartenden Überspannung muß aber das Anodenpotential positiver sein, als es die Berechnung ergibt.

16.2 Elektrolytische Abscheidung

Bild 16−4 zeigt eine zur elektrolytischen Abscheidung geeignete Apparatur. Die Batterie liefert Gleichstrom. Die angelegte Spannung wird mit dem Voltmeter $\bigcirc\!\!V$ und der fließende Strom mit dem Amperemeter $\bigcirc\!\!A$ gemessen. Mit einem regelbaren Widerstand R kann die Spannung eingestellt werden. Die Lösung wird mechanisch oder mit einem Magnetrührer gerührt.

Als Elektroden werden zylindrische Platin-Netzelektroden eingesetzt; die Kathode wird vor dem Einsatz gewogen. Nachdem die Abscheidung vollständig ist, wird die Kathode getrocknet und erneut gewogen. Die Menge an abgeschiedenem Metall wird als Differenz der Wägungen berechnet. (Die elektrolytische Abscheidung ist also eine elektrogravimetrische Bestimmungsmethode.)

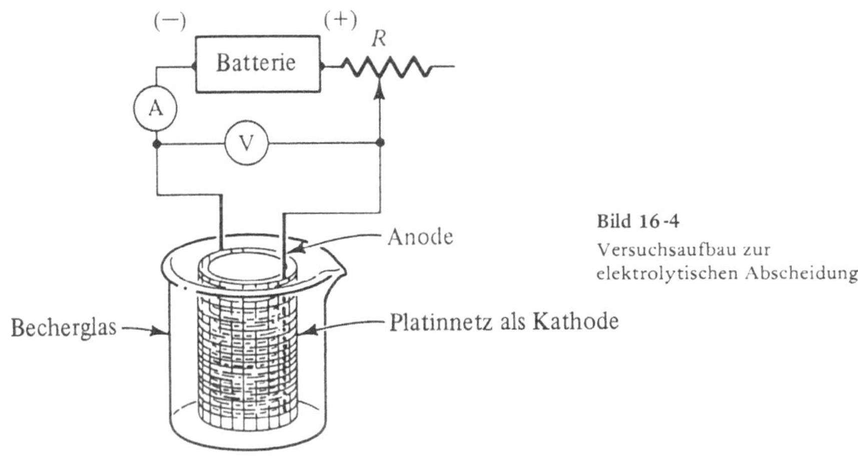

Bild 16-4

Versuchsaufbau zur elektrolytischen Abscheidung

Strom und Abscheidungsdauer

Um 1 mol eines Metalls der Ladungszahl $z = 1$ abzuscheiden, benötigt man eine Ladungsmenge $Q = 96\,487$ Coulomb ($= 1$ Faraday). Zur Abscheidung einer Stoffmenge n (also von n mol) eines Metalls der Ladungszahl z benötigt man eine Ladungsmenge

$$Q = n \cdot z \cdot 96\,487 \text{ C/mol} = n \cdot z \cdot F$$

(Hierbei steht F für die Faraday-Konstante; $F = 96\,487$ C/mol $= 96\,487$ A $\cdot$ s/mol.)

Der Strom I ist die in der Zeit t transportierte Ladungsmenge, also

$$I = \frac{Q}{t}\,.$$

Mit der Beziehung zwischen Stoffmenge n, Masse m und molarer Masse M

$$n = \frac{m}{M}$$

kann man die Zeit t berechnen, die zur Abscheidung einer bestimmten Masse m bei bekanntem Strom I erforderlich ist (die sog. Abscheidungsdauer):

$$Q = I \cdot t = \frac{m}{M} \cdot z \cdot F$$

$$t = \frac{m \cdot z \cdot F}{M \cdot I} \tag{16-2}$$

Liegt also ein Metallion M^{z+} der molaren Masse M vor, so kann man mit Gl. (16−2) die Zeit t (in s) abschätzen, in der eine Masse m (in g) abgeschieden wird.

Typische Anwendungen

Nur die wenigen Metalle, welche ein positives Normalpotential haben, lassen sich aus saurer Lösung ohne Wasserstoffentwicklung abscheiden. Aus diesem Grund wird *Silber* meist aus ammoniakalischer oder cyanidhaltiger Lösung abgeschieden. Überdies haften die Abscheidungen in einigen Fällen nur locker an der Kathode und sind daher schlecht zu wiegen. *Kupfer* ist praktisch das einzige Metall, das aus saurer Lösung kathodisch abgeschieden werden kann. Dazu geht man im allgemeinen von einer verdünnten salpetersauren oder schwefelsauren Lösung aus.

Gegen Ende der Kupferabscheidung erreicht die Kathode oft ein Potential, bei dem sich als Nebenreaktion Wasserstoff entwickelt. In Gegenwart von Nitrat werden stattdessen salpetrige Säure und andere reduzierte Stickstoffverbindungen gebildet, so daß die Wasserstoffentwicklung unterdrückt wird.

Nickel und *Cobalt* werden gelegentlich aus ammoniakalischer Lösung bestimmt. Mit diesem Verfahren kann man die beiden Metalle zwar genau bestimmen, als Trennmethode taugt es jedoch nicht. *Zink* kann man ebenfalls aus ammoniakalischer oder stark NaOH-alkalischer Lösung bestimmen.

Blei nimmt insofern eine Sonderstellung ein, als es in Form von PbO_2 *anodisch* abgeschieden werden kann. Der Niederschlag enthält geringfügig mehr Sauerstoff als stöchiometrisch erwartet, man muß daher mit einem empirischen Faktor korrigieren, um die Auswaage in den Bleigehalt umzurechnen. Die anodische Abscheidung von Bleidioxid ist ein ausgezeichnetes Verfahren zum Abtrennen von Blei.

Trennung durch elektrolytische Abscheidung

Bei elektrolytischen Abscheidungen ist das Kathodenpotential so zu wählen, daß die Abscheidung quantitativ erfolgt. Das bedeutet, daß − abgesehen von Überspannungseffekten − das erforderliche Kathodenpotential negativer sein muß als zu Beginn der Abscheidung. So liefert zum Beispiel die Nernstsche Gleichung für das bei Beginn der Abscheidung aus einer Kupfer(II)-Lösung, $c(Cu^{2+}) = 0{,}1$ mol/L, erforderliche Mindestpotential

$$E = 0{,}35 \text{ V} + \frac{0{,}059 \text{ V}}{2} \log 10^{-1} = +0{,}32 \text{ V} \; .$$

Von einer quantitativen Abscheidung kann man ausgehen, wenn nicht mehr als ein tausendstel der ursprünglichen Kupfermenge übrig ist, in unserem Fall 10^{-4} mol/L. Dann ist das Kathodenpotential (reversibel, ohne Beachtung von Überspannungseffekten)

$$E = 0{,}35 \text{ V} + \frac{0{,}059 \text{ V}}{2} \log 10^{-4} = +0{,}23 \text{ V}$$

Wegen der Überspannung und der Widerstandspolarisation $I \cdot R$ muß das Potential in der Praxis noch etwas unter $+0{,}23$ V liegen.

Kupfer kann von jedem anderen Metall elektrolytisch abgetrennt werden, vorausgesetzt, daß das andere Metall sich noch nicht abzuscheiden beginnt, wenn die Kupferabscheidung vollständig abgelaufen ist. Nach dem gleichen Grundprinzip können auch andere Metalle durch elektrolytische Abscheidung voneinander getrennt werden.

Die Kontrolle des Kathodenpotentials während der gesamten Abscheidung erweist sich jedoch als sehr schwierig. Mit der Zusammensetzung der Lösung ändern sich auch der Widerstand, der Strom und die Überspannung. Praktische Bedeutung haben elektrolytische Trennverfahren daher nur dann, wenn die Abscheidungspotentiale der Metalle sich beträchtlich unterscheiden.

Andere Trennungen sind jedoch durch Abscheidung bei kontrolliertem Potential möglich. Dazu wird eine weitere Bezugselektrode eingesetzt, die das jeweils herrschende Potential an der Kathode mißt. Dieses Verfahren ist sehr viel genauer als die Ermittlung des Kathodenpotentials aus der Potentialdifferenz der beiden zur

Elektrolyse verwendeten Elektroden. Wegen der Schwankungen der Überspannung und des Zellwiderstands ist eine entsprechende elektronische Regelung erforderlich.

Trennungen mit einer Quecksilberkathode

Die Elektrolyse an einer Quecksilberkathode verdient besondere Beachtung. Natürlich ist dieses Metall (da schlecht zu trocknen und auszuwiegen) nicht geeignet, andere Metalle durch quantitative Abscheidung zu *bestimmen*; zur *Entfernung* reduzierbarer Metalle aus Lösungen (z.B. Beseitigung von Störungen) ist es jedoch sehr nützlich.

$$M^{z+} + ze^- + Hg(s) \rightarrow M(Hg)(s)$$

Die entsprechenden Elemente werden so von den nicht reduzierbaren Metallen abgetrennt.

Viele Metalle bilden mit Quecksilber Amalgame. In einigen Fällen ist dies von Vorteil, da dann die Reduktion bei positiverem (also schwächer reduzierendem) Potential verläuft als sonst. Zudem ist die Wasserstoffüberspannung an Quecksilber außergewöhnlich hoch. Dies gestattet Elektrolysen in ziemlich saurer Lösung.

Eine einfache Quecksilberkathode ist in Bild 16−5 gezeigt. Der Analytiker möchte gelegentlich große Mengen (z.B. bis zu 1 g) an Metall möglichst rasch abscheiden. Dazu wird eine große Quecksilbermenge vorgelegt, die kräftig gerührt wird. Eine selektive Reduktion wird mit der Hg-Kathode meist nicht angestrebt. Die Spannung wählt man so, daß alle reduzierbaren Metalle möglichst rasch abgeschieden werden.

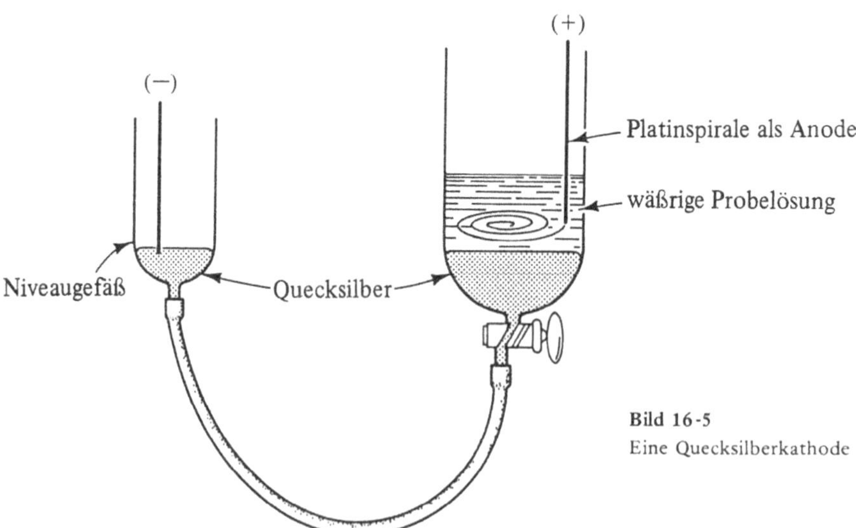

Bild 16-5
Eine Quecksilberkathode

Einige mögliche Trennungen sind der folgenden Liste von Elementen zu entnehmen, die sämtlich durch Elektrolyse in schwefelsaurer Lösung, $c(H_2SO_4) = 0,15$ mol/L, quantitativ aus der Lösung abgeschieden werden können:

Ag, As, Au, Bi, Cd, Co, Cr, Cu, Fe, Ga, Ge, In, Ir, Mo, Ni, Os, Pb, Pd, Po, Re, Rh, Se, Te, Pt, Zn.

Die folgenden Elemente werden nur teilweise abgeschieden:

Mn, Ru, Sb.

Praktisch alle anderen Elemente verbleiben quantitativ in der wäßrigen Lösung.

16.3 Coulometrische Analysenverfahren

Statt die an einer Elektrode abgeschiedene Substanz auszuwiegen, kann der Analytiker Stoffe auch aufgrund der für eine quantitative elektrochemische Reaktion erforderlichen Ladungsmenge (in Coulomb) bestimmen. Die Menge des umgesetzten Stoffes wird dann nach dem Faradayschen Gesetz der Elektrolyse berechnet. Zu diesem Zweck muß natürlich die Stromausbeute bekannt sein; d.h. es muß eine bekannte Beziehung zwischen der Ladungsmenge und der Äquivalentstoffmenge an oxidierter oder reduzierter Substanz bestehen. Da die Ladungsmenge die Meßgröße ist, werden solche Meßverfahren auch als coulometrische Analysenverfahren bezeichnet.

Coulometrische Analysenverfahren finden breitere Anwendung als die elektrolytische Abscheidung. Sie sind sowohl bei elektrochemischen Reaktionen möglich, bei denen ein Gas entsteht, als auch in Fällen, in denen sowohl das Edukt als auch das Endprodukt löslich sind. Auf diesem Wege ist die genaue Messung von Mengen möglich, die für eine Wägung oder Titration mit normalen Methoden nicht ausreichen.

Direkte Methoden

Direkte coulometrische Methoden sind solche, bei denen die zu bestimmende Substanz direkt an einer der Elektroden (der *Arbeitselektrode*) oxidiert oder reduziert wird. Die coulometrische Bestimmung von Kupfer bei konstanter Spannung ist ein Beispiel hierfür. Die Elektrodenreaktionen sind die gleichen wie bei der Bestimmung von Kupfer durch elektrolytische Abscheidung. Im Verlauf der Elektrolyse nimmt der Strom kontinuierlich ab.

Im Verlauf der Abscheidung nimmt die Konzentration an Kupfer(II) in der Lösung ab. Die Reaktionsgeschwindigkeit an der Kathode hängt unter anderem von der Geschwindigkeit ab, mit der Kupfer(II)-Ionen für die Reduktion an der Elektrodenoberfläche zur Verfügung gestellt werden. Diese Geschwindigkeit ist aber der Konzentration an Kupfer(II) in der Lösung proportional und hängt daher von der Effektivität der Durchmischung ab. Die Reaktionsgeschwindigkeit nimmt mit sinkender Konzentration ab, daher sinkt auch der Strom mit der Zeit ab.

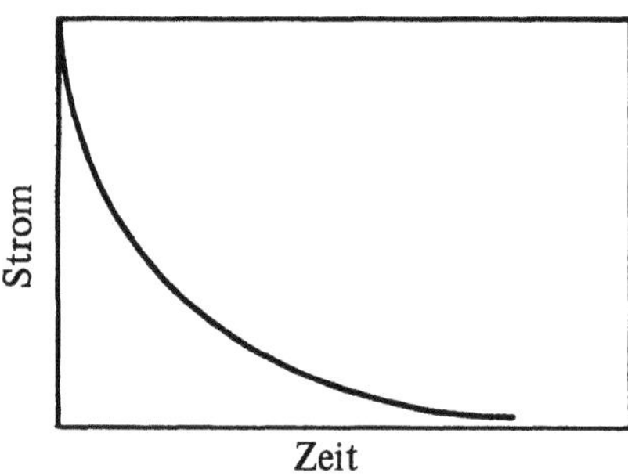

Bild 16-6
Eine coulometrische
Strom-Zeit-Kurve

Die Reduktion von Kupfer(II) ist (praktisch) vollständig verlaufen, wenn der Strom vernachlässigbar klein geworden ist. Die verbrauchte Ladungsmenge (in Coulomb) kann aus der Fläche unter der Strom-Zeit-Kurve berechnet werden (Bild 16–6).

Coulometrische Bestimmungen bei kontrolliertem Potential benötigen oft viel Zeit. Coulometrische Methoden bei *konstantem Strom* sind genau und leichter durchzuführen. Bei bekanntem konstantem Strom liefern eine elektrische Stoppuhr zur Messung der Zeit und ein Gerät zur Bestimmung des Äquivalenzpunktes die erforderlichen Daten zur Berechnung der Ladungsmenge [nach Gl. (16–2)] und damit der zu bestimmenden Substanzmenge. Die direkte coulometrische Analyse dünner Schichten oder abgeschiedener Niederschläge gelingt durch elektrolytisches Strippen (Ablösen; Umkehrung der elektrolytischen Abscheidung). Der Äquivalenzpunkt bei diesem Verfahren wird durch einen Knick in der Spannungs-Zeit-Kurve angezeigt.

Direkte coulometrische Methoden sind nur in einigen Fällen geeignet. Ihre Anwendung wird durch die Tatsache beschränkt, daß Nebenreaktionen auftreten, bevor die erwünschte elektrochemische Reaktion vollständig abgelaufen ist; daher kann keine konstante Stromausbeute garantiert werden. Man betrachte z.B. die Bestimmung von Eisen(II) durch direkte coulometrische Oxidation. In dem Maß, in dem die Konzentration von nicht oxidiertem Eisen(II) abnimmt, nimmt im allgemeinen auch der Strom ab. Dies ist bei Verfahren mit konstantem Strom nicht möglich; daher nimmt die Spannung zu, und eine Nebenreaktion (die Oxidation von Wasser zu Sauerstoff) setzt ein, bevor die gesamte Menge an Eisen(II) oxidiert worden ist.

Indirekte Methoden (coulometrische Titrationen)

Indirekte coulometrische Verfahren sind die bei weitem wichtigsten analytischen Anwendungen der Coulometrie. Dabei wird ein Redox-Titrant mit konstanter Geschwindigkeit durch anodische oder kathodische Reaktion erzeugt. Als Vorstufe dient ein Reagenz, das in hoher Konzentration in der Lösung vorliegt. In dem Maße, wie er erzeugt wird, reagiert der Titrant stöchiometrisch mit der zu bestimmenden Substanz. Diese Technik umgeht die Schwierigkeiten, die bei der direkten Coulometrie mit konstantem Strom auftreten: Die hohe Konzentration des Reagenzes, aus dem der Titrant erzeugt wird, stabilisiert das Potential der Arbeitselektrode und verhindert dadurch Nebenreaktionen und hält die Stromausbeute auf 100 %.

So kann zum Beispiel Eisen(II) leicht mit Hilfe der Coulometrie bei konstantem Strom bestimmt werden. Zunächst wird zu einer sauren Probenlösung ein großer Überschuß an Cer(III)-Lösung zugegeben. Sobald Cer(IV) durch Oxidation von Cer(III) an der Arbeitselektrode gebildet wird, reagiert es mit Eisen(II):

$$Ce^{4+} + Fe^{2+} \rightarrow Ce^{3+} + Fe^{3+}$$

Da der Titrant an der Arbeitselektrode erzeugt (generiert) wird, bezeichnet man diese auch als *Generatorelektrode*.

Da an der Anode eine große Menge Cer(III) zur Oxidation zur Verfügung steht, wird das Potential unter demjenigen Wert stabilisiert, bei dem Cer(IV) Wasser zu Sauerstoff oxidiert; auch das Potential zur elektrolytischen Abscheidung von Sauerstoff wird nicht erreicht. Der Endpunkt wird potentiometrisch oder visuell mittels Indikatoren ermittelt, wie weiter unten noch erklärt werden wird.

Zu Beginn der Elektrolyse und bevor die Oxidation von Cer(III) zur vorherrschenden Reaktion wird, können kleine Mengen Eisen(II) an der Elektrode oxidiert werden. Die Bestimmung wird dadurch nicht verfälscht. Die coulometrische Messung liefert die Äquivalentstoffmenge an Eisen(II), die in der Lösung vorliegt, gleich durch welche Reaktion das Eisen(II) oxidiert wird.

Indirekte coulometrische Methoden werden häufig auch als *coulometrische Titrationen* bezeichnet. Die gerade beschriebene Methode kann z.B. als Titration von Eisen(II) mit Cer(IV) betrachtet werden. Der Unterschied zwischen diesen Verfahren und einer konventionellen Titration besteht lediglich darin, daß keine Bürette und keine Cer(IV)-Standardlösung benötigt werden. Gemessen wird also nicht ein verbrauchtes Volumen an Maßlösung, sondern die Ladungsmenge (in Coulomb), die für die Reaktion benötigt wird.

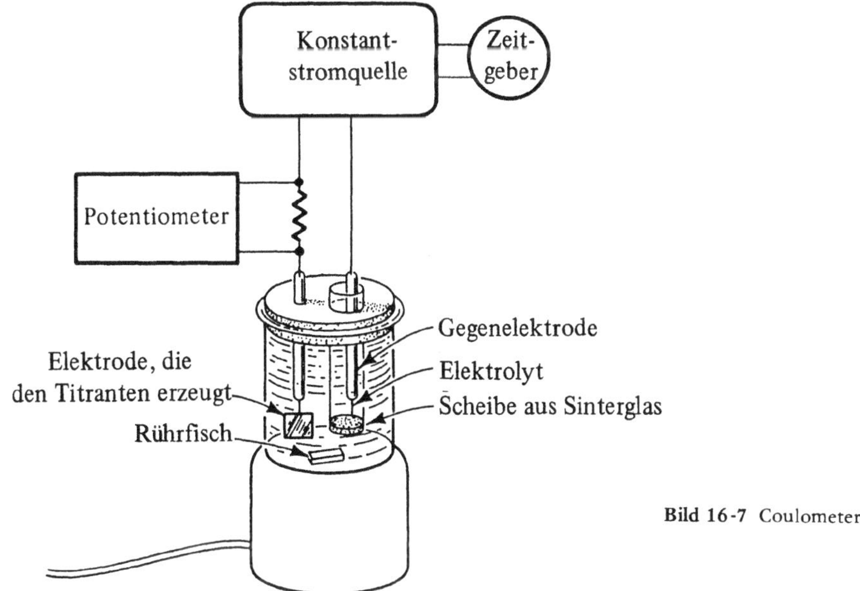

Bild 16-7 Coulometer

Natürlich muß bei einer coulometrischen Titration mit konstantem Strom der Äquivalenzpunkt ermittelt werden. Die Verfahren, die bei konventionellen Titrationen eingesetzt werden, sind hier im allgemeinen anwendbar. Daher kann man entweder einen Farbindikator oder ein Potentiometer verwenden. Zur coulometrischen Titration sehr kleiner Substanzmengen ist auch die amperometrische Endpunktsbestimmung (siehe Abschnitt 16.4) gut geeignet. Ein Blockdiagramm einer einfacheren Apparatur zur Coulometrie bei konstantem Strom ist in Bild 16−7 gezeigt. Man beachte, daß die zweite Elektrode − die *Gegenelektrode* − von der Probenlösung isoliert wird, um Re-Oxidation oder Reduktion von Produkten in einer Probelösung oder an der den Titranten erzeugenden Generatorelektrode zu vermeiden.

Als Quelle für konstanten Strom kann z.B. eine 45-V-Batterie mit hohem Widerstand in Serie dienen, oder es kann eine konventionelle Gleichspannungsquelle verwendet werden, die aus dem normalen Wechselspannungsnetz über einen Transformator mit konstanter Spannung versorgt wird. Der ungefähre Strom durch die Zelle wird durch ein Milliamperemeter angezeigt (in Bild 16−7 nicht eingezeichnet), der exakte Strom wird durch Messung des Spannungsabfalls über einem 100-Ω-Präzisionswiderstand unter Verwendung eines Potentiometers berechnet. Wenn der Spannungsabfall U_R und der Widerstand R bekannt sind, kann man den Strom I nach dem Ohmschen Gesetz

$$I = \frac{U_R}{R}$$

berechnen. Die Zeit wird mit einer Präzisions-Stoppuhr gemessen. Wichtig ist dabei, daß der Strom zur Elektrolyse und das Zeitmeßgerät völlig synchron an- und ausgeschaltet werden. Zur Vermeidung von Restströmen nach Abstellen des Stroms wird das Zeitmeßgerät mit einem magnetischen Unterbrecher ausgerüstet.

Ein typisches im Handel erhältliches Gerät hat eine relative Genauigkeit und Präzision (Wiederholbarkeit) von 0,1 %. Es liefert verschiedene Ströme von 4,82 bis 193 Milliampere, was dem elektrochemischen Umsatz einer Äquivalentstoffmenge von 0,05 bis 2 µmol/s entspricht. In einer Reaktionszeit von einer Minute (beim geringsten Strom) können daher nur Mengen bis zu 0,003 µmol der zu bestimmenden Substanz gemessen werden; nach einer Reaktionsdauer von 10 Minuten bei der höchstmöglichen einzustellenden Stromstärke sind 1,2 µmol der Substanz umgesetzt (titriert).

Anwendungen und Vorteile coulometrischer Methoden

Die Titration von Eisen(II) mit an einer Elektrode erzeugtem Cer(IV) wurde bereits erwähnt. Andere reduzierende Stoffe können auf weitgehend gleiche Weise bestimmt werden. Zahlreiche Substanzen können coulometrisch mit Brom titriert werden; das Brom wird durch Oxidation von Bromid an einer Platinelektrode erzeugt:

$$2\,Br^- \rightarrow Br_2 + 2\,e^-$$

Arsen(III), Antimon(III), Uran(IV), Hydrazin und andere Stoffe können durch quantitative Oxidation mit Brom bestimmt weren. Einige organische Verbindungen, z.B. Phenole, werden dabei durch Substitution bromiert. Die Titration von Oxin (8-Hydroxychinolin) ist ein Beispiel hierfür:

Chlor und Iod lassen sich ebenfalls auf elektrochemischem Wege generieren und zur Titration verschiedener Stoffe einsetzen.

Da die titrierende Spezies praktisch sofort nach ihrer Bildung verbraucht wird, können coulometrische Titrationen auch mit solchen Stoffen ausgeführt werden, die zu instabil sind, um bei konventionellen Titrationen Verwendung zu finden. So wurde z.B. Silber(II) durch anodische Oxidation von Silber(I) erzeugt und zur Titration von Cer(III), Vanadium(IV) und anderen Metall-Ionen eingesetzt. Oxidierende Stoffe wurden mit Kupfer(I) [Chlorocuprat(I)] und mit Titan(III) titriert, die beide nur begrenzt stabil sind.

Metallionen können coulometrisch durch kathodische Reduktion eines Quecksilber(II)-EDTA-Komplexes titriert werden:

$$Hg\text{-}EDTA + 2\,e^- \rightarrow Hg^0 + EDTA^{2-}$$

Das entstehende EDTA steht dann zur Titration von Metallionen in der Lösung zur Verfügung. Coulometrische Verfahren können auch bei Säure-Base-Titrationen Anwendung finden. Die Titration geringer Säuremengen mit elektrochemisch erzeugten Hydroxidionen ist dabei besonders nützlich. Die coulometrische Methode hat den Vorteil, daß sehr geringe Mengen an Titrant in genau festgelegter Menge hergestellt und gemessen werden können; weiterhin ist der Titrant frei von Carbonat-Verunreinigungen. Der Lösung wird ein Überschuß an Natrium- oder Kaliumbromid zugesetzt. Die an der Kathode nach der Reaktionsgleichung

$$2\,H_2O + 2\,e^- \rightarrow H_2 + 2\,OH^-$$

entstehenden Hydroxidionen reagieren mit der zu titrierenden Säure. Die Anode soll, wie in Bild 16–7 gezeigt, von der Probenlösung getrennt sein, um mögliche Säure-Base- oder andere Reaktionen der anodischen Oxidationsprodukte zu vermeiden.

Geringe Mengen (1 mg bis 10 mg) schwacher Säuren können coulometrisch in nichtwäßrigen Lösungsmitteln mit elektrochemisch erzeugtem Tetrabutylammoniumhydroxid titriert werden.[2]

2 J.S. Fritz und F.E. Gainer, *Talanta 15*, 939 (1968)

Mit Hilfe coulometrischer Titration ist eine hohe Genauigkeit und Wiederholbarkeit (vgl. Kapitel 3) erreichbar. Für einige Arten chemischer Reaktionen gilt sogar die zur Umsetzung von der Äquivalentstoffmenge 1 mol benötigte Ladungsmenge von 1 Farad = 96 486,6 C als bester bisher bekannter Urtiter.[3] So ist z.B. eine Kaliumdichromat-Standardlösung coulometrisch mit elektrochemisch erzeugtem Eisen(II) titriert worden; die Reinheit wurde zu 99,975 % bestimmt mit einer Standardabweichung von 2 Teilen auf 100000.[4] Cer(IV)-Salze wurden mit einer Standardabweichung von 5 Teilen auf 100000 titriert.[5] Bei solchen Titrationen wird der Endpunkt amperometrisch bestimmt (Abschnitt 16.4).

Im folgenden sind die Vorteile coulometrischer Methoden (besonders coulometrischer Titration) noch einmal zusammengefaßt.

(1) Die Methode eignet sich besonders zur Bestimmung sehr kleiner Substanzmengen, da auch kleine Ströme und kurze Zeiten sehr genau gemessen werden können. Obwohl auch konventionelle Titrationen im Mikromaßstab durchführbar sind, sind coulometrische Titrationen häufig bequemer und genauer.

(2) Wenn die Stromausbeute bekannt ist, werden Standardlösungen nicht benötigt; die Ladungsmenge ist sozusagen der Urtiter. Bei konstantem Strom kann die Ladungsmenge leicht aus der gemessenen Reaktionszeit berechnet werden.

(3) Bei einer coulometrischen Titration kann man auch sehr instabile Reagenzien einsetzen, da sie praktisch sofort nach dem Entstehen verbraucht werden.

(4) Die Methode läßt sich leicht automatisieren. Dies ist beispielsweise beim Arbeiten mit radioaktiven Materialien von Vorteil, da die Analyse auf diese Weise in abgeschirmten Räumen ferngesteuert durchgeführt werden kann.

16.4 Polarographie

Die in Abschnitt 16.2 besprochene Analyse durch *elektrolytische Abscheidung* ist eine elektrogravimetrische Methode. Dabei wird eine größere (wägbare) Menge an Metall an einer Elektrode abgeschieden, die man dann zur Feststellung der Massenzunahme auswiegt. Dabei ist im allgemeinen die Kathode die *Arbeitselektrode*, an der die Metalle abgeschieden werden (gelegentlich scheidet man auch ein Oxid an der Anode ab). Die Fläche der Arbeitselektrode muß bei solchen elektrogravimetrischen Verfahren genauso wie die der Anode recht groß gewählt werden; auch sind Ströme von einigen Milliampere erforderlich. Für solch eine elektrolytische Zelle erinnern wir uns an die Beziehung

$$E_\mathrm{Z} = E_\mathrm{G} + IR \tag{16-1}$$

3 W.F. Koch, W.C. Hoyle und H. Diehl, *Talanta 22*, 717 (1975);
   W.F. Koch und H. Diehl, *Talanta 23*, 509 (1976)

4 G. Marinenko und J.K. Taylor, *J. Res. Natl. Bur. Stds. 67A*, 453 (1963)

5 J. Knoeck und H. Diehl, *Talanta 16*, 181 (1969)

Dabei setzt sich die Gegenspannung E_G aus der Potentialdifferenz der Elektroden und Überspannungseffekten zusammen. Sieht man von der Überspannung ab, so ist das Potential jeder Elektrode proportional zur Konzentration des zu messenden Metallions (Reversibilität vorausgesetzt). Erhöht man die angelegte Spannung über E_G hinaus, so steigt natürlich der Strom gemäß dem Ohmschen Gesetz ($E = IR$).

Im Gegensatz zur Elektrogravimetrie ist die Oberfläche der Elektrode bei *polarographischen Analysen* sehr klein. Eine Bezugselektrode (Referenzelektrode) mit großer Oberfläche wird über eine Salzbrücke mit der Probelösung verbunden. Gewöhnlich wird die Lösung nicht gerührt, so daß die redox-aktive Substanz in der Lösung (gewöhnlich reduzierbar, gelegentlich auch oxidierbar) die Arbeitselektrode nur durch Diffusion erreichen kann. Es fließen folglich nur Ströme von einigen Mikroampere. Nur ein kleiner Anteil der Gesamtmenge an redox-aktivem Material in der Lösung wird also tatsächlich im Verlauf der Analyse umgesetzt.

Polarogramme

Anstelle der Wägung einer abgeschiedenen Stoffmenge tritt bei der Polarographie die Aufnahme einer Strom-Spannungs-Kurve („*Polarogramm*"). Der während der Elektrolyse resultierende polarographische Strom wird in Abhängigkeit von der angelegten Spannung gemessen. Eine typische Meßkurve, wie man sie mit der üblichen Quecksilbertropfelektrode als Arbeitselektrode (wird später beschrieben) erhält, ist in Bild 16−8 gezeigt. (Der Einfachheit halber sind hier die Stromschwankungen, die bei dieser Elektrode typischerweise auftreten, nicht gezeigt.) Man beachte, daß mit steigender Spannung der Strom zunächst ansteigt, dann aber einem Grenzwert zustrebt. Diesen Kurvenverlauf nennt man eine *polarographische Stufe* (polarographische Welle). Für jede an der Arbeitselektrode reduzierte (oder

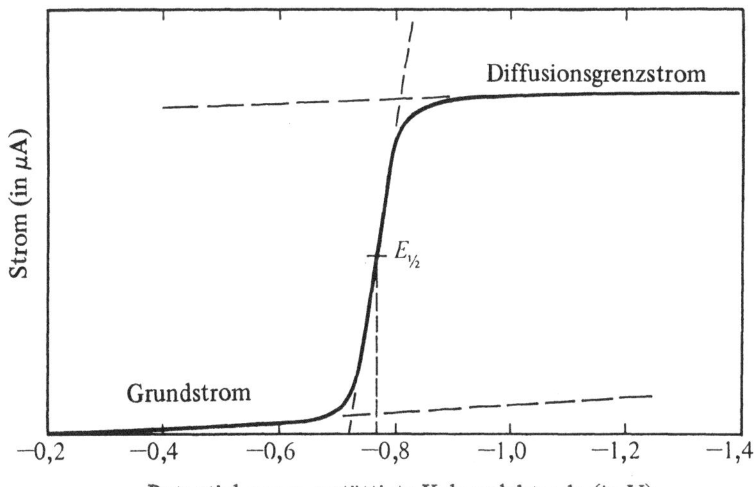

Bild 16-8 Polarogramm eines reduzierbaren Stoffes

oxidierte) Substanz erhält man jeweils eine (getrennte) Stufe. Stoffe, die in mehreren Schritten reduziert werden, können mehr als eine polarographische Stufe erzeugen.

Gewöhnlich wird die Quecksilbertropfelektrode bei negativem Potential (bezogen auf die Referenzelektrode) betrieben, so daß Reduktion und kathodische Stufen im Polarogramm beobachtet werden. Bei weniger negativen oder bei positiven Potentialen können an der Arbeitselektrode auch Oxidationen stattfinden, was im Polarogramm anodische Stufen erzeugt. Solche anodischen Stufen sind jedoch an der Quecksilbertropfelektrode nur in seltene Fällen zu beobachten, da metallisches Quecksilber bei recht hohem positivem Potential oxidiert wird.

Nach dem Anstieg des Stroms geht die Strom-Spannungs-Kurve in ein Plateau über, verursacht durch den sog. *Grenzstrom*. Dieser wird im Idealfall allein durch die Diffusion der redox-aktiven Teilchen zur Quecksilbertropfelektrode bestimmt (s. weiter unten) und ist der Konzentration der redox-aktiven Substanz proportional. Trägt man den jeweils bei verschiedenen Konzentrationen gemessenen Grenzstrom gegen die Konzentration auf, so erhält man eine Eichkurve, aus der die Konzentration des redox-aktiven Materials in einer Probelösung nach Messung des Grenzstromes abgelesen werden kann.

Die Polarographie arbeitet mit einem relativ hohen Fehlerbereich ($\pm$ 1 % oder mehr), ist aber zur Bestimmung kleiner Stoffmengenkonzentrationen, gewöhnlich im Bereich zwischen etwa 10^{-5} mol/L und 10^{-2} mol/L, gut geeignet. Die Methode kann zur quantitativen Bestimmung anorganischer, zum Metall reduzierbarer Ionen herangezogen werden. Auch anorganische Substanzen, die zu löslichen Ionen niedriger Oxidationsstufe reduziert werden können, können bestimmt werden, ebenso zahlreiche organische Verbindungen. Da zwei verschiedene Substanzen gewöhnlich bei verschiedenen Spannungen reduziert werden, können häufig auch Mischungen analysiert werden.

Polarographische Meßanordnung

Der Grundaufbau eines polarographischen Meßsystems ist in Bild 16−9 gezeigt. Die an die polarographische Zelle angelegte Spannung E_Z wird durch Regeln

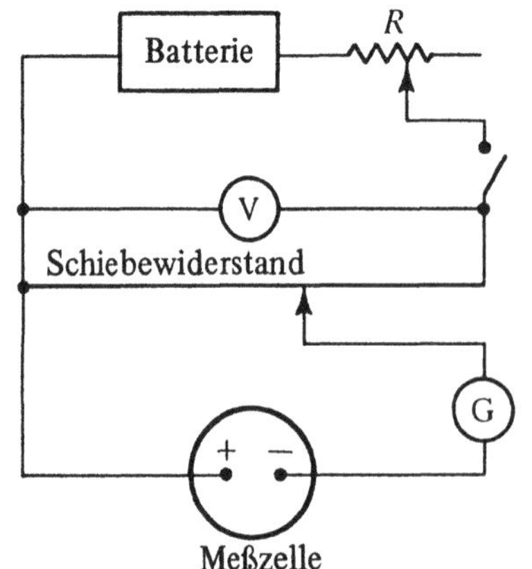

Bild 16-9
Schema einer polarographischen
Meßanordnung

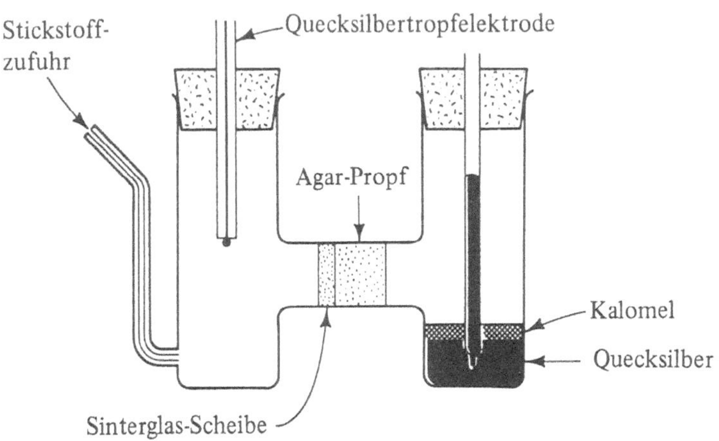

Bild 16-10 Eine polarographische Meßzelle

des Widerstandes R und Regeln des Schiebewiderstands, der als Spannungsteiler dient, eingestellt. Mit dem Galvanometer G wird der durch die Zelle fließende Strom in Mikroampere (μA) gemessen.

Eine typische polarographische Zelle ist in Bild 16–10 skizziert. Die Bezugselektrode (gewöhnlich eine gesättigte Kalomelelektrode) enthält große Mengen der oxidierten und reduzierten Formen ihres Redox-Paars, so daß das Potential dieser Elektrode während der Elektrolyse konstant bleibt. (Man könnte also sagen, daß diese Elektrode gegen Potentialschwankungen „gepuffert" ist, so wie eine Lösung gegen pH-Schwankungen gepuffert werden kann.)

Die Quecksilbertropfelektrode, die in Bild 16–10 gezeigt ist, ist die gebräuchliche analytische oder Arbeitselektrode. Sie besteht einfach aus einem dünnen mit Quecksilber gefüllten Kapillarröhrchen. Das Röhrchen ist nach unten offen, so daß dauernd kleine Quecksilbertröpfchen austreten. Die Tropfgeschwindigkeit wird durch Änderung der Höhe des (im Bild nicht gezeigten) Quecksilbervorratsgefäßes kontrolliert, das auf die Kapillare einen entsprechenden Druck ausübt. Mit dem Wachsen eines jeden Tropfens wächst gleichzeitig seine Oberfläche. Wenn der Tropfen von der Elektrode abfällt, nimmt die Oberfläche stark ab, bis der nächste Tropfen entsteht. Die Zunahme der Oberfläche erhöht die Geschwindigkeit der elektrochemischen Reaktion und den Strom; die Abnahme der Oberfläche führt zur Abnahme dieser beiden Größen. Ein Polarogramm, das mit Hilfe einer Quecksilbertropfelektrode als Arbeitselektrode aufgenommen wird, zeigt daher einen oszillierenden Verlauf, wie später noch gezeigt wird.

Die Oberfläche der Arbeitselektrode ist also stets sehr klein. Auf diese Weise kann man verhindern, daß die Elektrolyse zu weit fortschreitet und damit die Konzentration der redox-aktiven Substanz in nennenswertem Maße abnimmt. Ein Polarogramm wird folglich bei fast konstanter Konzentration des zu messenden Stoffes aufgenommen. Ein weiterer Grund für die Wahl einer Arbeitselektrode kleiner Oberfläche besteht darin, daß eine sehr kleine Elektrode leichter polarisiert wird als eine große Elektrode und damit praktisch bei jedem gewünschtem Potential innerhalb eines Bereichs von etwa 2 Volt betrieben werden kann.

Erklärung der polarographischen Stufen

Im Verlauf der Messung eines Polarogramms erhöht man die angelegte Spannung allmählich, so daß das Potential der Arbeitselektrode immer negativer wird. Ist das Potential zu positiv, um eine elektrochemische Reaktion an der Elektrode zu gestatten, so sollte kein Strom meßbar sein.

Tatsächlich mißt man aber einen kleinen *Reststrom* (*Grundstrom*) (Bild 16−8), der auf Spuren reduzierbarer Verunreinigungen und auf die Aufladung des wie ein Kondensator wirkenden wachsenden Quecksilbertropfens zurückzuführen ist. Wenn die von außen angelegte Spannung E_Z die Gegenspannung E_G zu übersteigen beginnt, so setzt eine elektrochemische Reaktion (gewöhnlich Reduktion) an der analytischen Elektrode ein, und ein Strom beginnt durch die Zelle zu fließen. Hier gehorcht das System dem Ohmschen Gesetz, und der Strom I ist eine lineare Funktion der angelegten Spannung E_Z

$$I = \frac{E_Z}{R} \quad \text{bzw.} \quad I \sim E_Z \,.$$

Bei kleinem Umsatz (geringem Strom) verarmt die Lösung in der Umgebung der Elektrode nur geringfügig an redox-aktiven Ionen, und der Strom reagiert stark auf Änderung der angelegten Zwangsspannung E_Z. Dieser Sachverhalt spiegelt sich im steilen Anstieg der Kurve in Bild 16−8. Dieser Anstieg des Stroms bei zunehmender Spannung E_Z geht jedoch nicht unbegrenzt weiter, da der Umsatz (entsprechend dem Strom I) so groß wird, daß die Versorgung der Elektrodenumgebung mit reduzierbaren Ionen nicht mehr ausreicht. Weiter steigendes E_Z führt zu keiner weiteren Erhöhung von I, und die Kurve flacht ab (Bild 16−8). In diesem oberen Plateau der Kurve (*Grenzstrom*) ist die angelegte Spannung E_Z sehr viel höher als die Spannung, die zur vollständigen Elektrolyse in der Umgebung der Elektrodenoberfläche erforderlich ist. Daher wird I nun durch die Geschwindigkeit des Massentransports begrenzt − d.h. durch die Geschwindigkeit, mit der weitere Ionen aus der Lösung in die Umgebung der Elektrodenoberfläche transportiert werden. Der Massentransport der Ionen aus der Lösung in die Elektrodenumgebung kann durch thermische Konvektion, mechanische Konvektion (Rühren), elektrochemische Wanderung und Diffusion erfolgen. Bei der Polarographie vermeidet man mechanisches Rühren, und die polarographische Zelle wird temperiert, um Temperaturschwankungen zu vermeiden. Es wird ein Leitelektrolyt zugesetzt, der eine hohe Konzentration nicht reduzierbarer Ionen (wenigstens die 100fache Menge, bezogen auf reduzierbare Ionen) enthält, so daß der durch die reduzierbare Spezies transportierte Anteil am Gesamtstrom vernachlässigbar bleibt. Daher ist die einzige Möglichkeit, reduzierbare Ionen in die Nachbarschaft der analytischen Elektrode zu befördern, die Diffusion. Der so praktisch ausschließlich durch Diffusion und nachfolgende Reaktion an der analytischen Elektrode erzeugte Grenzstrom heißt auch Diffusionsgrenzstrom.

Die Ilkovič-Gleichung

Der Diffusionsgrenzstrom fließt in dem abgeflachten Bereich eines Polarogramms und ist daher potentialunabhängig. Die Größe des Diffusionsgrenzstroms I_d hängt von mehreren Faktoren ab, die in der Ilkovič-Gleichung zusammengefaßt sind.

$$I_d = 706 \cdot n \cdot c \cdot D^{\frac{1}{2}} \cdot \dot{m}^{\frac{2}{3}} \cdot t^{\frac{1}{6}}$$

In dieser Gleichung ist I_d der Spitzenwert des Diffusionsgrenzstroms (in Mikroampere) während der Lebenszeit eines Quecksilbertropfens; der Faktor 706 faßt mehrere Konstanten zusammen; n ist die Anzahl an Elektronen, c ist die Konzentration an redox-aktiver Substanz in Millimol pro Liter; D ist der Diffusionskoeffizient des Ions in Quadratzentimeter pro Sekunde; $\dot{m}$ ist die „Tropfgeschwindigkeit" des Quecksilbers (der Massestrom des Quecksilbers in Milligramm pro Sekunde); und t ist die Zeit zwischen den Tropfen in Sekunden.

Die Ilkovič-Gleichung sagt lediglich aus, daß der Diffusionsgrenzstrom I_d proportional der Konzentration des redox-aktiven Ions in der Lösung ist, vorausgesetzt, daß die Tropfgeschwindigkeit des Quecksilbers und die Temperatur der Lösung konstant gehalten werden. (Temperaturänderungen beeinflussen den Diffusionskoeffizienten D.)

Zur Durchführung einer quantitativen polarographischen Analyse wird eine Spannung im Plateaugebiet (Diffusionsgrenzstrom) des Polarogramms des betreffenden Ions gewählt. Die Ströme, die in Standardlösungen verschiedener exakt bekannter Konzentrationen bei dieser Spannung gemessen werden, werden gegen die Konzentration aufgetragen (Eichkurve). Unter denselben Bedingungen mißt man die Diffusionsgrenzströme in Proben unbekannter Konzentration und kann aus der Eichkurve direkt die Konzentration ablesen.

Anwendungsbreite polarographischer Analysen

Einige Detailaspekte der Polarographie sollen jetzt am praktischen Beispiel erläutert werden. Bild 16–11 zeigt das Polarogramm einer wäßrigen Kaliumnitratlösung, $c = 0,1$ mol/L, die zur Entfernung des gelösten Sauerstoffs mit Stickstoff gesättigt wird. Dabei werden Quecksilbertropfelektrode und eine gesättigte Kalomelelektrode (SCE) als Bezugselektrode verwendet. Kaliumnitrat dient als Hilfselektrolyt (Leitsalz), so daß dieses Polarogramm praktisch einen „Blindwert" darstellt, aus dem der in wäßrigen Lösungen nutzbare Potentialbereich entnommen werden kann. Bei schwach positiven Potentialen (+ 0,1 Volt gegen SCE) tritt eine anodische Stufe auf, die der Oxidation von metallischem Quecksilber entspricht. Diese Reaktion begrenzt den nutzbaren Potentialbereich auf der positiven Seite.

Die ausgeprägte kathodische Stufe, die bei ungefähr − 1,8 V einsetzt, entspricht der Reduktion von Kaliumionen aus dem Leitelektrolyten. Insgesamt gestattet also eine Quecksilbertropfelektrode Messungen zwischen etwa 0,1 V und − 1,8 V (gegen SCE). Verwendet man statt Kaliumnitrat andere Leitelektrolyten, so kann dieser Bereich am negativen Ende etwas erweitert werden. Der Einsatz einer Platin-

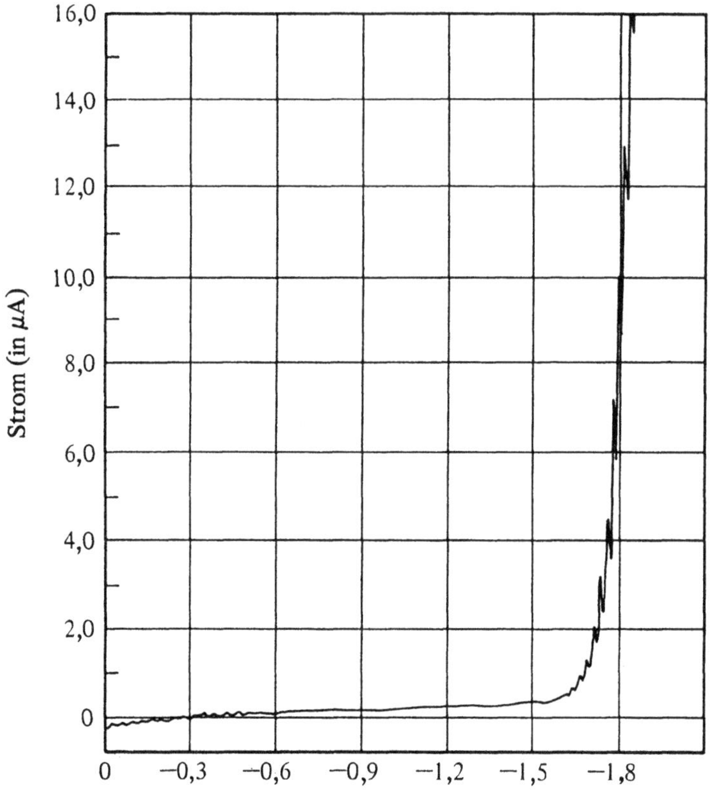

Bild 16-11 Polarogramm einer KNO_3-Lösung, c = 0,1 mol/L, N_2-gesättigt. Quecksilbertropfelektrode. (Mit freundlicher Genehmigung von Dennis Johnson, Iowa State University)

elektrode anstelle der Quecksilbertropfelektrode erlaubt hingegen Messungen bei
positiveren Potentialen, schränkt allerdings auch den negativen Bereich drastisch
ein, da Wasserstoff an einer Platinelektrode sehr leicht abgeschieden wird.

Man beachte, daß das Potential der Quecksilbertropfelektrode meist in Volt gegen eine
gesättigte Kalomelelektrode (SCE) angegeben wird. Daraus kann man das Potential gegen eine
Standard-Wasserstoffelektrode (NWE) leicht berechnen. Liegt zum Beispiel ein Potential von
$-0,500$ V gegen die Kalomelelektrode an, so entspricht dies $-0,500$ V $+0,246$ V, also $-0,254$ V
gegen NWE.

Bild 16−12 zeigt das Polarogramm einer mit Luft gesättigten, wäßrigen Kaliumnitratlösung, $c(KNO_3) = 0,1$ mol/L. In diesem Fall beobachtet man zwei kathodische Stufen. Die erste entspricht der Reduktion von Sauerstoff zu Wasserstoffperoxid in einem Zwei-Elektronen-Schritt:

$$2H_2O + O_2 + 2e^- \rightarrow H_2O_2 + 2OH^-$$

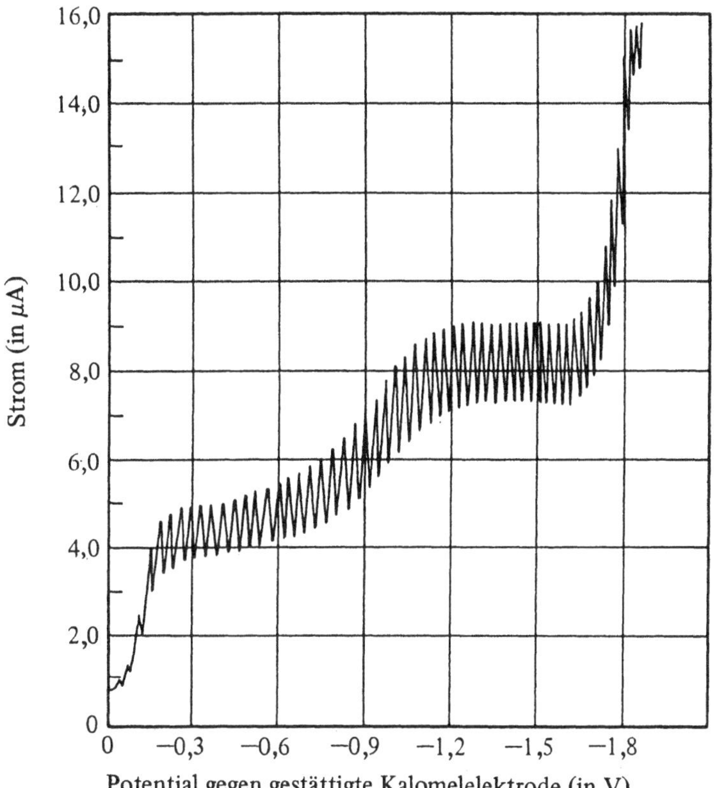

Potential gegen gestättigte Kalomelelektrode (in V)

Bild 16-2 Polarogramm einer KNO_3-Lösung, $c = 0,1$ mol/L, luftgesättigt. Quecksilbertropfelektrode. (Mit freundlicher Genehmigung von Dennis Johnson, Iowa State University)

Die zweite Stufe (bei negativerem äußerem Potential gegen die SCE) zeigt die weitere Reduktion des Wasserstoffperoxids an:

$$H_2O_2 + 2e^- \rightarrow 2OH^-$$

Insgesamt entspricht das einer zweistufigen Reduktion:

$$2H_2O + O_2 + 4e^- \rightarrow 4OH^-$$

Da die Reduktion des Sauerstoffs den verfügbaren Potentialbereich weitgehend überdeckt, muß gelöster Sauerstoff fast immer vor einer polarographischen Messung entfernt werden.

Bild 16–13 zeigt eine gut ausgeprägte polarographische Stufe für die Reduktion von Cadmium(II) in wäßriger Kaliumnitratlösung ($c = 0,1$ mol/L). Gelöster Sauerstoff wurde vor der Messung durch Spülen mit Stickstoff (einige Minuten) entfernt. Aus dem Diffusionsgrenzstrom im Plateaubereich kann die Cadmiumkonzentration bestimmt werden. Dazu nimmt man eine Eichkurve unter gleichen Bedingungen auf.

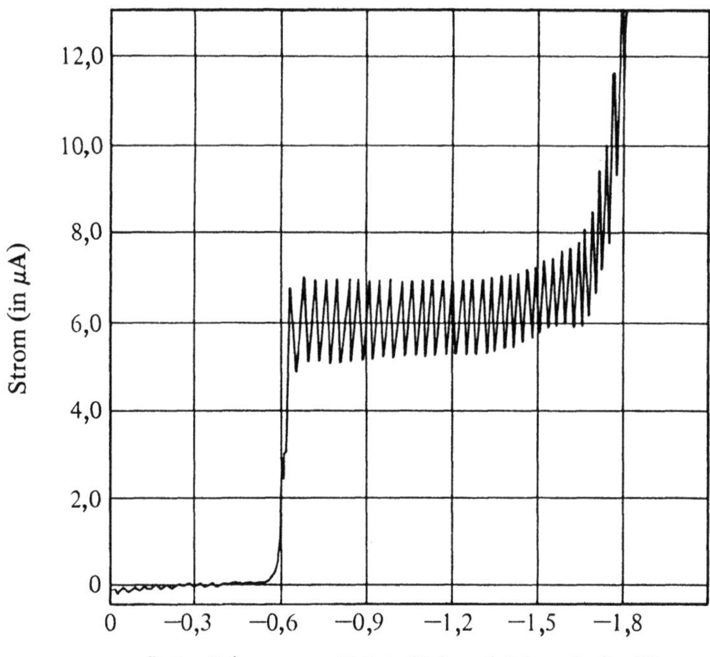

Bild 16-3 Polarogramm einer Cd^{2+}-Lösung, $c(Cd^{2+})$ = 0,001 mol/L, $c(KNO_3)$ = 0,1 mol/L, N_2-gesättigt. (Mit freundlicher Genehmigung von Dennis Johnson, Iowa State Unversity)

Halbstufenpotentiale

Eine elektrochemisch aktive Substanz ist polarographisch durch ihr Halbstufenpotential charakterisiert. Dies ist dasjenige Potential, bei dem der gemessene Strom I die Hälfte des Diffusionsgrenzstroms I_d beträgt (siehe Bild 16−8). Man beachte, daß dabei der Grundstrom gemessen (oder extrapoliert) und abgezogen, bei I und I_d also nicht mit erfaßt wird.

In einem reversiblen System hängt das polarographische Halbstufenpotenial $E_{1/2}$ mit Normalpotential E^0 zusammen; $E_{1/2}$ unterscheidet sich etwas von E^0, je nach den relativen Werten der Diffusionskoeffizienten für die oxidierte und die reduzierte Spezies. Einige Halbstufenpotentiale sind in Tabelle 16−2 angegeben. Man beachte, daß der Leitelektrolyt oft auf einen bestimmen pH gepuffert ist und gelegentlich Komplexierungsmittel enthält. Das Halbstufenpotential (und damit die Selektivität eines polarographischen Verfahrens) kann durch geeignete Wahl von pH-Bereich und Komplexierungsmittel beeinflußt werden.

In der Tabelle 16−2 ist ein „Maximumdämpfer" erwähnt. Wegen zusätzlich zur Diffusion in der Umgebung des Tropfens auftretender Konvektionsvorgänge zeigt der Stromverlauf polarographischer Stufen häufig Maxima, bevor er zum Dif-

Tabelle 16—2 Ausgewählte polarographische Halbstufenpotentiale

Reaktion	$E_{1/2}$ gegen gesättigte Kalomelelektrode	Leitelektrolyt*
$Cu^{2+} \rightarrow Cu(0)$	$+\,0,04\ V$	KCl, 0,1 mol/L
$Sn^{4+} \rightarrow Sn^{2+}$	$-\,0,25\ V$	NH_4Cl, 4 mol/L
	$-\,0,52\ V$	HCl, 1 mol/L
$Pb^{2+} \rightarrow Pb(0)$	$-\,0,40\ V$	KCl, 0,1 mol/L
$Pb^{2+} \rightarrow Pb(0)$	$-\,0,50\ V$	Natriumtartrat, 0,5 mol/L, pH 9
$Pb^{2+} \rightarrow Pb(0)$	$-\,0,76\ V$	NaOH, 1 mol/L
$Cd^{2+} \rightarrow Cd(0)$	$-\,0,60\ V$	KCl, 0,1 mol/L
$Zn^{2+} \rightarrow Zn(0)$	$-\,1,00\ V$	KCl, 0,1 mol/L
$Zn^{2+} \rightarrow Zn(0)$	$-\,1,15\ V$	Natriumtartrat, 0,5 mol/L, pH 9
$Zn^{2+} \rightarrow Zn(0)$	$-\,1,53\ V$	NaOH, 0,01 mol/L
$Ni^{2+} \rightarrow Ni(0)$	$-\,1,1\ V$	KCl, 0,01 mol/L
$Mn^{2+} \rightarrow Mn(0)$	$-\,1,51\ V$	KCl, 0,1 mol/L

* In den meisten Fällen enthält der Leitelektrolyt auch 0,01% Gelatine als Maximumdämpfer.

fusionsgrenzstrom zurückkehrt. Eine Spur eines oberflächenaktiven Maximumdämpfers (z.B. Gelatine) schafft hier Abhilfe.

Allgemein gesagt kann ein Stoff dann polarographisch bestimmt werden, wenn sein Halbstufenpotential im oben diskutierten Meßbereich liegt. (Einige Stoffe werden stufenweise reduziert und haben mehr als eine polarographische Stufe.) Mischungen von zwei oder mehreren Substanzen können häufig durch Bestimmung der Höhe aufeinanderfolgender Halbstufen analysiert werden, wenn ihre Halbstufenpotentiale sich ausreichend (um ca. 0,2 V) unterscheiden. Die Meßkurve für ein Gemisch aus Cadmium(II) und Blei(II) (Bild 16—14) bietet ein Beispiel hierfür. Auch organische Verbindungen mit geeigneten funktionellen Gruppen können polarographisch bestimmt werden — ungeachtet der Tatsache, daß die polarographische Reduktion der meisten organischen Verbindungen irreversibel verläuft.

Vielleicht sollte an dieser Stelle noch einmal daran erinnert werden, daß die Polarographie nur zur Bestimmung kleiner Substanzmengen in Lösungen verwendet wird, wobei der relative Fehler 1 % oder mehr beträgt. Größere Mengen zahlreicher Substanzen können jedoch durch amperometrische Titration bestimmt werden, die in ihrer Genauigkeit mit normalen Titrationen vergleichbar ist.

Amperometrische Titrationen

Bei der Titration einer reduzierbaren Substanz kann die Polarographie zur Endpunktserkennung herangezogen werden. Zwischen der Indikator- und der Bezugselektrode wird eine konstante Potentialdifferenz vorgegeben; der durch die Zelle fließende Strom wird gemessen und gegen das Volumen an zugegebener Maßlö-

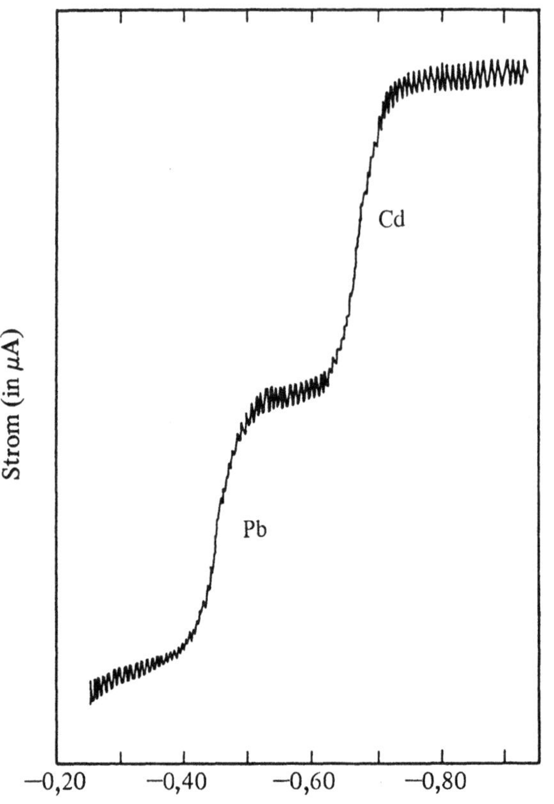

Bild 16-14
Polarogramm von
Pb^{2+} und Cd^{2+}

sung $V_{\text{Maßlösung}}$ aufgezeichnet. Dabei wird das Potential so gewählt, daß der Strom im Bereich des Diffusionsgrenzstroms des Polarogramms der titrierten Substanz oder des Titranten liegt. Unter diesen Bedingungen ist der Strom proportional zur Konzentration derjenigen Substanzen, die bei der angelegten Spannung reduziert werden. Als Beispiel betrachten wir die Titration von Bismut(III) mit einer EDTA-Standardlösung bei pH 1 bis 2. Das Potential der Indikatorelektrode (− 0,16 V bis − 0,20 V gegen gesättigte Kalomelelektrode) ist so gewählt, daß Bismut(III) reduziert wird, nicht aber der Bismut-EDTA-Komplex und EDTA selbst. Der Verlauf der Titrationskurve ist in Bild 16−15 gezeigt. Mit steigender Zugabe an EDTA und damit abnehmender Konzentration an freiem Bi(III) sinkt der Strom linear ab. Nach dem Endpunkt ist das Bi(III) praktisch vollständig komplexiert, und der Strom bleibt konstant. Man findet noch zwei andere Kurventypen. Bild 16−16 zeigt den Fall einer Titration, bei der beim angelegten Potential nur der Titrant reduziert wird. Hier steigt der Strom erst an, wenn nach Überschreiten des Endpunkts überschüssiger Titrant auftritt. Die im Bild 16−17 dargestellte Kurve findet man, wenn sowohl die titrierte Substanz als auch der Titrant unter den gewählten Bedingungen reduziert werden. Man beachte, daß amperometrische Titrationskurven in der Umgebung des

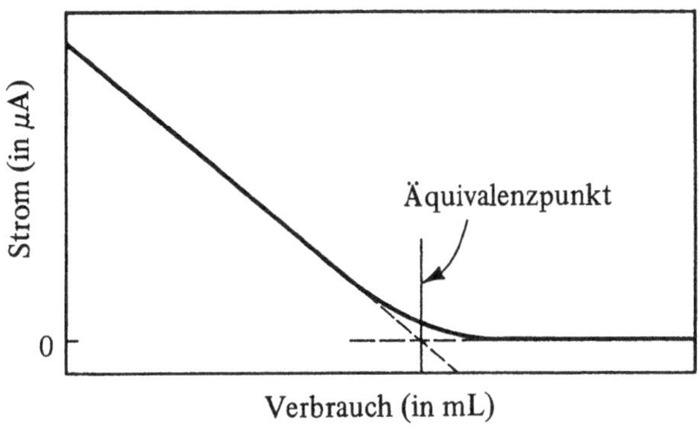

Bild 16-15
Amperometrische Titration
von Bi(III) mit EDTA

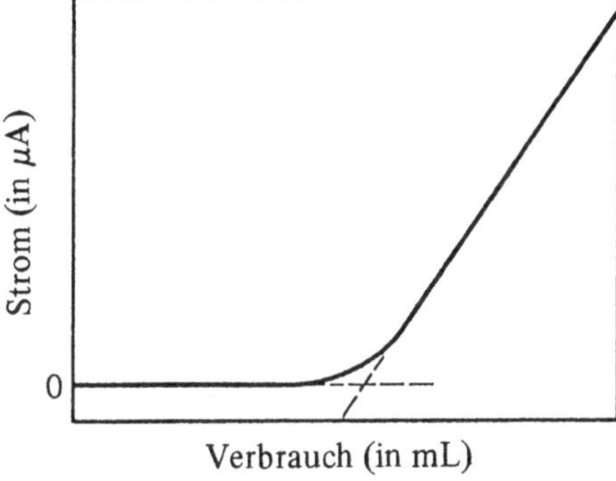

Bild 16-16
Amperometrische Titration von Mg^{2+}
mit Oxin, $E = -1,6$ V gegen gesättigte
Kalomelelektrode

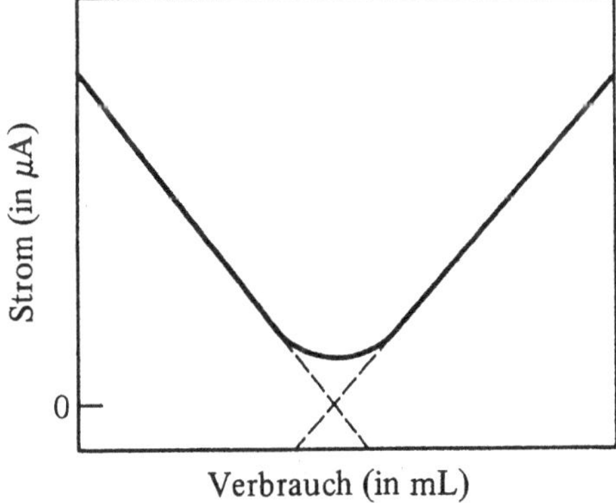

Bild 16-17
Amperometrische Titration von Pb^{2+}
mit Dichromat, $E = -0,8$ V gegen
gesättigte Kalomolelektrode

Äquivalenzpunktes meist gekrümmt sind. Der Äquivalenzpunkt wird durch Extrapolation der linearen Kurvenäste bestimmt. Mit dieser Methode sind quantitative Bestimmungen auch in solchen Fällen möglich, in denen die Gleichgewichtskonstante der Titrationsreaktion für eine genaue Endpunktserkennung mit einem sichtbaren Indikator oder durch potentiometrische Messung zu klein ist.

Meßtechnisch sind amperometrische Titrationen einfacher als polarographische Bestimmungen. Die außen angelegte Spannung muß lediglich auf $\pm 0{,}1$ V konstant gehalten werden. Da die Temperaturschwankungen während einer Titration meist gering sind, ist auch kein Thermostat erforderlich. Als Indikatorelektrode dient entweder eine konventionelle Quecksilbertropfelektrode oder eine motorgetriebene rotierende Mikroelektrode aus Platin.[6] Nachteilig ist, daß die Lösung mit Stickstoff sauerstoff-frei gespült werden muß, gegebenenfalls nach jeder Zugabe an Maßlösung zwei bis drei Minuten lang.

Amperometrische Titration mit zwei Indikatorelektroden (Biamperometrie, Dead-stop-Verfahren)

In Abwandlung der amperometrischen Meßanordnung können auch zwei kleine Platinelektroden (Mikroelektroden) in das Titrationsgefäß eintauchen. An diese Elektroden wird eine geringe konstante Spannung gelegt, und der auftretende Strom wird mit einem Galvanometer gemessen. Am Endpunkt erreicht der Strom entweder ein Minimum oder steigt von fast 0 plötzlich an. Man spricht hier von einem *biamperometrischen* oder *„Dead-stop*-Endpunkt" und bezeichnet die Methode als *„Dead-stop-Verfahren".*[7]

Ein gutes Beispiel ist die Titration von Iod in iodidhaltiger Lösung mit Arsen(III). Die Potentialdifferenz zwischen den beiden Platinelektroden ist hier 0,100 V. Das Standardpotential jeder der beiden Elektroden würde ohne dieses äußere Potential dem Nernst-Potential für das Redoxpaar Iod/Iodid entsprechen, aber das von außen angelegte Potential ändert die Verhältnisse: Eine der beiden Elektroden wird negativer als das reversible Potential, und Iod wird an ihr zu Iodid reduziert. Die andere Elektrode wird positiver als das reversible Potential, und Iodid wird an ihr zu Iod oxidiert. Das Galvanometer wird folglich einen Strom zwischen den beiden Elektroden registrieren.

Hervorzuheben ist dabei, daß das System Arsen(V)/Arsen(III) hier irreversibel ist; Arsen wird also an den Platinelektroden nicht umgesetzt und kann den Strom nur dadurch beeinflussen, daß Arsen(III) mit dem Iod reagiert.

Mit fortschreitender Titration wird der Strom fast konstant bleiben. Kurz vor dem stöchiometrischen Endpunkt sinkt jedoch die Konzentration an freiem Iod so weit ab, daß zu wenig Iod die negative Elektrode erreicht und die zu Iodid umgesetzte Menge geringer wird. Die Iodkonzentration an der Elektrodenoberfläche ist nun diffusionskontrolliert. Bei weiterer Zugabe an Maßlösung sinkt der Strom fast linear wie bei einer konventionellen amperometrischen Titration. Der Endpunkt wird beobachtet, wenn die Iodkonzentration praktisch auf Null gesunken ist. Die Titrationskurve zeigt dann ein Minimum, das sich auch bei weiterer Zugabe der Maßlösung nicht mehr ändert (Bild 16−18).

6　H.A. Laitinen und I.M. Kolthoff, *J. Phys. Chem. 45*, 1061 (1941)

7　C.W. Foulk und A.T. Bawden, *J. Am. Chem. Soc. 48*, 2045 (1926)

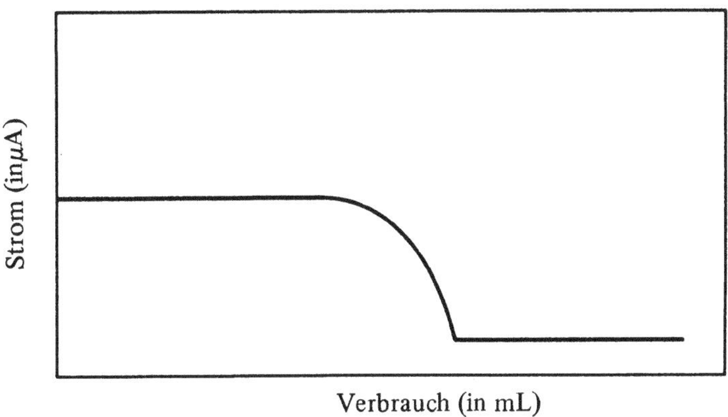

Bild 16-18 Titrationskurve für die biamperometrische Titration von I_2 mit $As_2O_3^{3-}$. Der Plateaustrom hängt von der am Elektrodenpaar anliegenden Spannung ab.

Man mag jetzt einwenden, daß doch an der Platinanode genügend Iodid zur Oxidation zum Iod übrig ist. Man darf jedoch nicht vergessen, daß die Oxidation an der einen Elektrode nur stattfinden kann, wenn zugleich an der anderen Elektrode ein Stoff reduziert wird. Im vorliegenden Fall begrenzt also die Verfügbarkeit von Iod an der Mikrokathode den Strom.

Titriert man eine Substanz, die nicht zu einem reversiblen Redoxsystem gehört, mit einem (in diesem Sinne) reversiblen Titranten, so erhält man eine Kurve, die umgekehrt verläuft wie die in Bild 16−18; am Endpunkt tritt plötzlich ein von fast Null ansteigender Strom auf. Wenn sowhl Titrant als auch titrierte Substanz reversiblen Systemen angehören, ist die Kurve V-förmig.

Die Dead-stop-Methode hat unter anderem den Vorteil, daß eine Auftragung von Hand nicht erforderlich und der Endpunkt schärfer erkennbar ist als bei einer gewöhnlichen amperometrischen Titration.

Aufgaben

Allgemeine Grundlagen

16.1   Mit Hilfe der an jedem Elektrodentyp ablaufenden Reaktionen sollen Sie die Begriffe Kathode und Anode definieren. Welche von beiden ist a) in einer galvanischen Zelle b) in einer elektrolytischen Zelle die negative bzw. positive Elektrode?

16.2   Definieren Sie: a) Gegenspannung, b) Polarisation, c) Überspannung. (Worin unterscheiden sich die englischen Begriffe „overpotential" und „overvoltage"?)

16.3   Was bedeutet „Konzentrationspolarisation"? Wie wirkt sich die Wirksamkeit des Rührvorgangs auf die Konzentrationspolarisation aus?

Elektrogravimetrie

16.4 Erklären Sie, warum Zink(II) aus saurer Lösung zwar an einer Quecksilberkathode, nicht aber an einer Platinkathode abgeschieden werden kann. Warum kann Zink(II) andererseits aus alkalischer Lösung an einer Platinkathode quantitativ abgeschieden werden?

16.5 Berechnen Sie die Zeit, die zur Abscheidung von 400 mg Kupfer(II) aus einer sauren Kupfer(II)-sulfat-Lösung bei einer Stromstärke von 4,00 A erforderlich ist. Nehmen Sie 50 % Stromausbeute an.

16.6 Die Elektrogravimetrie kann zum Anreichern von Spurenverunreinigungen vor deren analytischer Bestimmung herangezogen werden. Skizzieren Sie kurz ein Verfahren, das zur Abtrennung und Bestimmung von Spuren an Kupfer und Silber in metallischem Nickel geeignet ist.

Coulometrie

16.7 Nennen Sie Vor- und Nachteile coulometrischer Methoden gegenüber der Elektrogravimetrie.

16.8 Warum wird bei der Eisen(II)-Bestimmung mittels Coulometrie bei konstantem Strom Cer(III) zugegeben?

16.9 Schlagen Sie ein Verfahren bei konstantem Strom für die coulometrische Titration von Eisen(III) vor. Wie könnte man den Endpunkt anzeigen?

16.10 Milchsäure

$$
\begin{array}{c}
CH_3 \\
| \\
H\text{---}C\text{---}OH \\
| \\
COOH
\end{array}
$$

wird coulometrisch mit Hydroxidionen titriert, die bei einem konstanten Strom von 19,3 mA erzeugt werden. Zur Titration einer Probe benötigt man 2 min 21,4 s. Wieviel mg Milchsäure enthält die Probe? Man gehe von 100 % Stromausbeute aus.

16.11 Skizzieren Sie ein Redox-Verfahren, das zur coulometrischen Bestimmung von Eisen(III) geeignet ist. Die Methode soll ohne vorherige Reduktion des Eisens zum Eisen(II) auskommen.

Polarographie

16.12 Erklären Sie die folgenden Begriffe:

a) kathodische Halbstufe,   d) Diffusionsgrenzstrom,

b) Halbstufenpotential,   e) Leitelektrolyt.

c) Grundstrom,

16.13 Erklären Sie, warum in der Polarographie allgemein eine Quecksilbertropfelektrode verwendet wird. In welchen Fällen muß man statt ihrer eine Platinelektrode einsetzen?

16.14 Mißt man bei polarographischen Bestimmungen Probe und Eichlösungen bei verschiedenen Temperaturen, so erhält man falsche Werte. Warum?

16.15 Bei einer polarographischen Bestimmung wird ein Metallion an der Quecksilbertropfelektrode reduziert. Welche elektrochemische Reaktion läuft gleichzeitig an der Kalomel-Bezugselektrode ab? Hat diese Reaktion überhaupt Einfluß auf das Potential der Bezugselektrode; wenn ja, welchen?

16.16 Warum und wie muß Sauerstoff vor polarographischen Bestimmungen aus der Lösung entfernt werden?

16.17 Schlagen Sie ein Verfahren vor, mit dem Sauerstoff und Wasserstoffperoxid nebeneinander in wäßriger Lösung polarographisch bestimmt werden können.

16.18 Eine organische Verbindung in wäßriger Lösung zeigt eine gut ausgeprägte Halbstufe bei $E_{1/2} = -0,23$ V gegen eine gesättigte Kalomelelektrode. Nehmen Sie an, daß der Diffusionsgrenzstrom, die Konzentration des organischen Stoffes und seine ungefähren Diffusionskonstanten bekannt seien. Wie kann man dann die Zahl der an der kathodischen Reaktion beteiligten Elektronen, z, bestimmen?

16.19 (a) Mit Hilfe der Tabelle 16−2 und von Bild 16−14 sollen Sie einen Leitelektrolyten und das ungefähre anzulegende Potential (gegen SCE) für die polarographische Bestimmung von Blei(II) und Cadmium(II) im Gemisch geeignet wählen. (b) Informieren Sie sich in einem Handbuch und schlagen Sie geeignete Bedingungen zur Bestimmung von Nickel(II) in Gegenwart von Zink(II) vor.

Amperometrische Titrationen

16.20 Vergleichen und bewerten Sie Polarographie und Amperometrie als analytische Verfahren.

16.21 Vergleichen Sie amperometrische und biamperometrische (Dead-stop-) Endpunktserkennung. Nennen Sie Vor- und Nachteile der letztgenannten Methode.

16.22 Wie wird sich bei einer biamperometrischen Titration eine Erhöhung der an den Platinelektroden anliegenden Spannung auf den gemessenen Strom auswirken?

Kapitel 17

Potentiometrische Bestimmungen mit ionensensitiven Elektroden

Dem Analytiker stehen zahlreiche Elektroden zur Verfügung, die auf bestimmte Ionen ansprechen, auf andere dagegen nicht (sog. *ionensensitive* oder *ionenselektive Elektroden*). Am bekanntesten dürfte die Glaselektrode sein, deren Potential nur von der Wasserstoffionen-Konzentration einer Lösung abhängt. Andere Ionen beeinflussen ihr Potential über einen Großteil der pH-Skala nicht. Es gibt aber auch andere Elektrodentypen, die z.B. für Natrium-, Kalium- oder Silberionen selektiv sind. Flüssigmembran-Elektroden mit Ionenaustausch eignen sich zur selektiven Messung von zweiwertigen Metallkationen, beispielsweise Ca^{2+}, sowie von K^+, Cl^-, BF_4^-, NO_3^-, und ClO_4^-. Feststoffmembran-Elektroden zur Bestimmung von Fluorid und einigen anderen Anionen und Kationen sind im Handel erhältlich. Es gibt auch Elektroden, bei denen ein Enzym-Substrat-Paar die Messung biologisch wichtiger Moleküle wie z.B. Harnstoff, Glucose und Aminosäuren ermöglicht. Gas-Sensoren gestatten die Messung von Ammoniak, Kohlendioxid oder Schwefeldioxid in wäßrigen Lösungen.

Die meisten analytischen Verfahren erfassen die *Gesamtmenge* eines Elements in Lösung. Potentiometrische Methoden mit speziellen Indikatorelektroden sind insofern etwas gänzlich anderes, als sie die Messung der *Aktivität* (die ja mit der Konzentration zusammenhängt) eines *bestimmten Ions* (also *einer* Spezies) ermöglichen. Die Konzentration oder Aktivität dieses erfaßten Ions kann sich vom Gesamtgehalt des Elements in der Lösung beträchtlich unterscheiden. In einer Lösung, die Ag^+, $[Ag(NH_3)]^+$ und $[Ag(NH_3)_2]^+$ im Gleichgewicht enthält, erfaßt eine Silberelektrode zum Beispiel nur die Aktivität des Ag^+-Ions. Eine Titration mit Halogenid- oder Sulfidionen würde dagegen das Gleichgewicht verschieben und schließlich die Summe der drei Spezies ergeben.

Aus diesen Eigenschaften ergeben sich hervorragende analytische Anwendungsmöglichkeiten. Oft kann ein betimmtes Ion in wenigen Sekunden sogar aus komplexen Gemischen bestimmt werden. Automatische und kontinuierliche Überwachung, z.B. in der Produktkontrolle oder im Umweltschutz sind daher mit ionensensitiven Elektroden möglich. Aber auch für potentiometrische Titrationen eröffnen ionensensitive Indikatorelektroden zahlreiche neue Anwendungen. (Potentiometrische Säure-Base-Titrationen haben wir in Kapitel 9, solche von Halogenidionen in Kapitel 11 und Redoxtitrationen in Kapitel 14 bereits behandelt.)

Zum Thema „ionensensitive Elektroden" sind Bücher[1,2,3] und Review-Artikel[4,5] erschienen. Insbesondere zur pH-Messung mit Glaselektroden gibt es einschlägige weiterführende Literatur[2,6].

1 J. Koryta, *Ion-Selective Electrodes* (Cambridge University Press, Cambridge 1975)

2 G. Eisenman (Ed.), *Glass Electrodes for Hydrogen and Other Cations: Principles and Practice* (Marcel Dekker, New York 1967)

3 K. Cammann, *Das Arbeiten mit ionensensitiven Elektroden* (Springer, Berlin [2]1977)

4 M.A. Arnold und M.E. Meyerhoff, *Anal. Chem.* 56, 20R (1984)

5 J. Koryta, *Anal. Chim. Acta* 61, 329 (1972); 91, 1 (1977); 111, 1 (1979)

6 K. Schwabe, *pH-Meßtechnik* (Steinkopff, Dresden 1963)

17.1 Praxis der Potentialmessung

Zur ionensensitiven Elektrode gehört stets eine Bezugselektrode, deren Potential von der Probelösung unbeeinflußt ist, gewöhnlich eine Kalomelelektrode. Eine kompakte, moderne Kalomelelektrode ist in Bild 17−1 gezeigt. Genau genommen handelt es sich dabei um eine Elektrode und eine Salzbrücke, die in einem Glasstab vereint sind. Das Anschlußkabel führt zum Innenrohr, welches metallisches Quecksilber und Kalomelpaste (Hg_2Cl_2) enthält. Es steht mit einer KCl-Lösung in Kontakt, die über eine Asbestfaser oder einen porösen Keramikzylinder mit der Probelösung verbunden ist. Das Potential dieser Elektrode hängt von der Stoffmengenkonzentration der verwendeten KCl-Lösung ab. Eine gesättigte Kalomelelektrode hat ein Potential von $+0,246$ V gegen die Normalwasserstoffelektrode. Bei $c(KCl) = 1,0$ mol/L beträgt dieser Wert $+0,281$ V, bei $c(KCl) = 0,1$ mol/L dagegen $+0,333$ V. Im Falle von Messungen, bei denen Chloridionen in die Probelösung übertreten und das Potential der Indikatorelektrode beeinflussen könnten, verwendet man eine Bezugselektrode, bei der zwischen der Kaliumchloridlösung und der Probelösung ein zweiter Elektrolyt geschaltet ist.

Taucht man eine Indikatorelektrode und eine Bezugselektrode in eine Probelösung ein, so hat man eine galvanische Zelle aufgebaut. Die Zellspannung hängt dabei von der Konzentration derjenigen Ionen ab, auf die die Indikatorelektrode anspricht. Das Potential einer Platin-Indikatorelektrode hängt von der relativen Konzentration eines Redox-Paares ab, dasjenige einer Glaselektrode vom pH der Lösung und das Potential einer Elektrode aus metallischem Silber von der Aktivität der Silberionen in der Lösung.

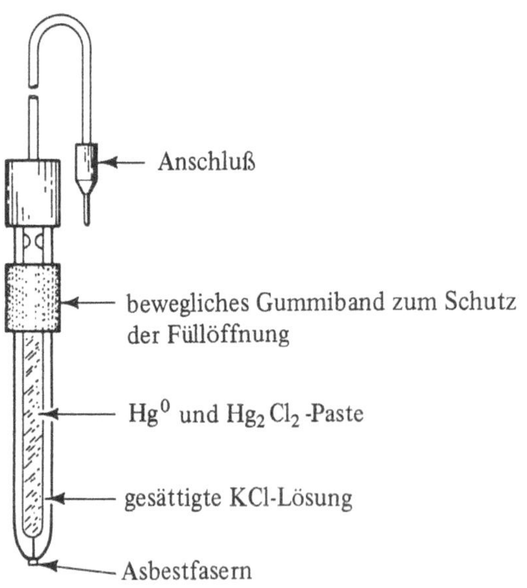

Bild 17-1
Eine Kalomelelektrode

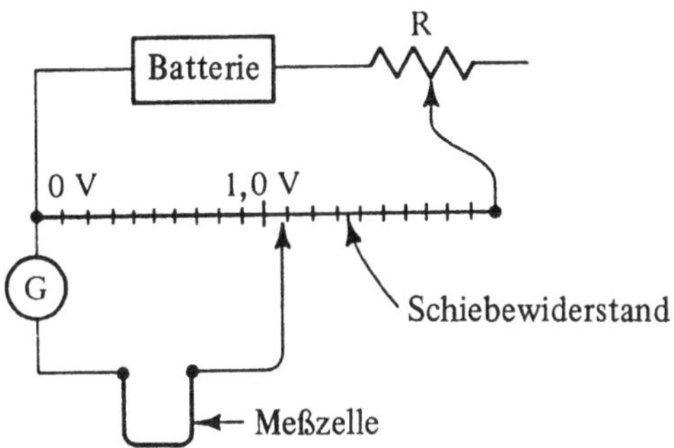

Bild 17-2
Schaltskizze eines einfachen
Potentiometers

Die EMK einer galvanischen Zelle dieses Typs kann nicht mit einem gewöhnlichen Voltmeter gemessen werden. Damit die Elektroden ihr Gleichgewichtspotential behalten, darf nämlich praktisch kein Strom fließen. Daher verwendet man zur EMK-Messung ein Potentiometer. Titrationen, deren Verlauf durch potentiometrische Messung verfolgt wird, heißen potentiometrische Titrationen.

Bild 17–2 zeigt eine einfache Potentiometerschaltung. Der Zellspannung wird eine Spannung gegengeschaltet und so eingestellt, daß beide Spannungen exakt gleich sind. Ein empfindliches Galvanometer G zeigt an, bei welcher variablen Spannung dies der Fall ist. Über einen linearen Spannungsteiler aus einem hochohmigen Draht wird die Gegenspannung variiert. Der Widerstand eines beliebigen Teilstücks dieses Drahtes ist dem Widerstand des gesamten Drahtes proportional. Die Potentialdifferenz zwischen zwei beliebigen Punkten des Drahtes ist ebenfalls proportional dem Verhältnis dieses Abstands und der Gesamtlänge des Drahtes. Der Strom, der durch einen beliebigen Abschnitt des Drahtes fließt, ist – trotz der Parallelschaltung – der gleiche wie der, der durch den gesamten Draht fließt: im Stromkreis mit der Meßzelle fließt ja kein Strom, wenn der Zellspannung eine gleichgroße Gegenspannung aus der Batterie gegengeschaltet ist. Man kann also den Spannungsteiler mit einer linearen Skala in Volt versehen. Zur Eichung der Skala schaltet man eine Standardzelle, z.B. ein sog. Weston-Element, anstelle der Meßzelle in den unteren Stromkreis und setzt den Spannungsteiler auf den Skalenwert der Weston-Zelle (1,0186 V). Dann stellt man den Widerstand R so ein, daß das Galvanometer keinen Strom mehr anzeigt („Nullabgleich"). Die Zellspannung einer unbekannten Zelle kann dann leicht bestimmt werden, indem man sie anstelle der Standardzelle in den Stromkreis schaltet und erneut den Spannungsteiler verschiebt, bis das Galvanometer keinen Stromfluß mehr zeigt, indem man also erneut „auf Null abgleicht".

Eine Glaselektrode hat gewöhnlich einen hohen Widerstand (1 MΩ bis 100 MΩ). Daher müssen elektronische Meßgeräte, die bei pH-Wert- und anderen Messungen mit Glaselektroden eingesetzt werden sollen, entsprechend angepaßt sein.

Grundsätzlich muß bei Verwendung von ionensensitiven Elektroden eine Eichkurve (gemessenes Potential aufgetragen gegen die Aktivität bekannter Eichlösungen des zu messenden Ions) erstellt werden (vgl. Bild 17–6). Bei geringer oder konstanter Fremdionenkonzentration kann statt der Aktivität auch die Konzentration aufgetragen werden.

pH-Meter sind bereits für die Messung der Wasserstoffionen-Aktivität geeicht, müssen jedoch regelmäßig nachjustiert werden. Dazu taucht man die Glaselektrode in einen Standardpuffer mit genau bekanntem pH und stellt an der Skala den entsprechenden Wert ein. Die beste Genauigkeit erzielt man, indem man mindestens zwei Eichpuffer mißt, je einen ober- und unterhalb des zu messenden pH-Wertes. Häufig verwendete Pufferlösungen sind Ammoniumacetat- (pH 7,00), Kaliumhydrogenphthalat- (pH 4,01) und Natriumtetraborat- (pH 9,18) Lösungen.

Fehler treten bei diesen potentiometrischen Messungen insbesondere dann auf, wenn die Fremdionenaktivität in der Lösung ausreicht, um das Potential der Indikatorelektrode zu beeinflussen. Bei pH-Messungen tritt oberhalb pH 10 der sogenannte *Alkalifehler* auf. In diesem Bereich ist die Wasserstoffionen-Konzentration sehr gering, und die Glaselektrode spricht auf Alkalimetallionen an. Die Größe dieses Fehlers nimmt mit steigendem pH zu und kann (bei stark alkalischen Lösungen, die Na^+-Ionen enthalten) bis zu einer pH-Einheit betragen. Alkalimetallionen mit größerem Radius verursachen geringere Fehler. Zur Bestimmung von pH-Werten im stark alkalischen Bereich sind spezielle Glaselektroden entwickelt worden, die den Alkalifehler wohl verringern, jedoch nicht völlig ausschalten können. Am unteren Ende der pH-Skala (nahe pH 0) sind die Meßwerte oft etwas zu hoch und schlecht reproduzierbar. Man spricht vom *Säurefehler*.

An der Phasengrenze zweier beliebiger Lösungen unterschiedlicher Zusammensetzung bildet sich ein Potential aus, das man als Diffusionspotential (Flüssigkeitspotential, engl. liquid junction potential) bezeichnet. Die Salzbrücke in der Kalomelelektrode verringert dieses Potential, da Kalium- und Chloridionen fast gleiche Überführungszahlen haben (vgl. Abschnitt 13.1). Trotzdem beeinflussen Diffusionspotentiale die Genauigkeit der Messung einer Zellspannung. Normale pH-Meter können daher nicht genauer als auf $\pm$ 0,01 bis 0,02 pH-Einheiten sein.

17.2 Glaselektroden

Arten und Eigenschaften von Glaselektroden

Seit über 50 Jahren sind Glaselektroden zur *pH-Bestimmung* im Gebrauch. Das verwendete Glas muß geeignete chemische Zusammensetzung und physikalische Eigenschaften haben. Später stellte sich heraus, daß man durch Variation der Zusammensetzung des Glases auch Elektroden herstellen kann, die auf *andere Ionen* ansprechen. Erhöht man z.B. den Al_2O_3-Anteil eines Glases, so sprechen daraus gefertigte Elektroden auf die Natriumionen-Aktivität einer Lösung an. Andere Elektroden dieses Typs eignen sich zur Bestimmung von Kalium- und Silberionen. Bei solchen Messungen muß in gepufferter Lösung in einem Bereich gearbeitet werden, in dem die Wasserstoffionen-Konzentration gering ist und nicht störend wirken kann. Der Einsatz von K^+- bzw. Na^+-sensitiven Elektroden ist dadurch stark eingeschränkt, daß sie auf das jeweils andere Alkaliion ansprechen.

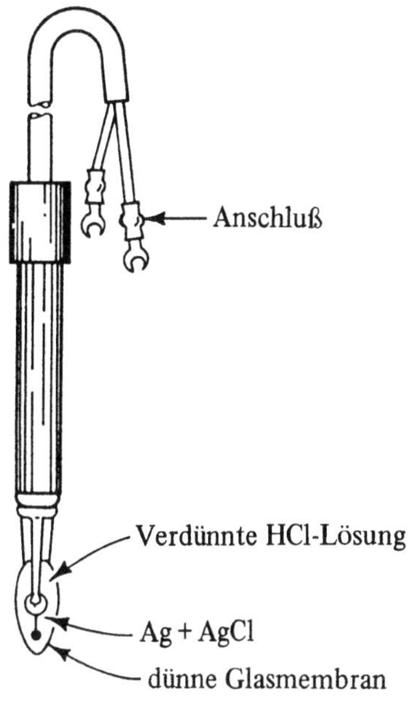

Bild 17-3
Eine Glaselektrode

Bild 17–3 zeigt eine Glaselektrode schematisch. Sie besteht aus einer Bezugselektrode (meist Silber/Silberchlorid), die in eine Elektrolytlösung eintaucht. Eine pH-Elektrode enthält verdünnte HCl-Lösung als Elektrolyt. Die ganze Anordnung ist von einer Glaskugel umgeben, welche eine spezielle Glasmembran enthält.

$$\underbrace{\text{Ag, AgCl(s), HCl}(c = 0{,}1 \text{ mol/L})}_{\text{interne Bezugselektrode}} \,\|\, \underset{\text{Glasmembran}}{\text{Probelösung}}$$

Das Potential der internen Bezugselektrode ist konstant. Über der Glasmembran bildet sich jedoch eine Potentialdifferenz aus, die von der Differenz der Wasserstoffionen-Aktivitäten in der internen HCl-Lösung und in der Probelösung abhängt.

Das Potential einer ionensensitiven Elektrode wird durch die Gleichung

$$E = K + \frac{RT}{z_i F} \ln \frac{a(\text{i})}{a'(\text{i})} \tag{17–1}$$

beschrieben. Darin ist E das Potential der Glaselektrode, K ist eine Konstante, z_i die Ladung des Ions i, F die Faraday-Konstante (96487 Coulomb/mol), $a'(\text{i})$ die Aktivität des Ions in der internen Elektrolytlösung und $a(\text{i})$ die Aktivität des Ions in der Probelösung. Wenn die interne Elektrolytlösung eine Salzlösung mit konstanter Konzentration ist, kann man Gl. (17–1) vereinfachen zu

$$E = \text{const.} + \frac{2{,}3\,RT}{z_i F} \log a(\text{i}) . \tag{17–2}$$

Bei 25 °C kann Gl. (17−2) für den Fall einwertiger Ionen wie H_3O^+, Na^+ oder K^+ wie folgt zusammengefaßt werden:

$$E = \text{const.} + 0{,}059\ \text{V} \cdot \log a\,(\text{i})\,. \qquad (17{-}3)$$

Für den Spezialfall der pH-Elektrode gilt:

$$E = \text{const.} - 0{,}059\ \text{V} \cdot \text{pH}\,. \qquad (17{-}4)$$

In den Konstanten ist unter anderem das *Asymmetriepotential* enthalten, ein geringes Potential über der Glasmembran, das auch dann auftritt, wenn die Lösungen beidseits der Membran identisch sind. Durch den Herstellungsprozeß bedingte mechanische Spannungen und daraus resultierendes unterschiedliches Quellverhalten (s.u.) beider Membranseiten sind die Ursache.

Theoretische Anmerkungen zur Glaselektrode

Seit vielen Jahren wird die Wirkungsweise von Glaselektroden untersucht. Früher glaubte man, daß die sehr kleinen Protonen durch die Spezialglasmembran wandern könnten, während die Membran größere Ionen zurückhielte. Diese Theorie erwies sich als falsch. Brachte man nämlich eine Glasmembran für längere Zeit mit Tritiumionen ($^3H^+$-Ionen) zusammen, so war überhaupt kein Durchtritt meßbar.

Bild 17−4 zeigt einen Querschnitt durch eine Glasmembran, wie man sie in einer Glaselektrode findet. Die innere und äußere Oberfläche des Glases sind benetzt; die innere Oberfläche steht in Kontakt mit einer HCl-Lösung definierter Konzentration, während die äußere Oberfläche an die zu messende Lösung grenzt. Das Glas besteht weitgehend aus chemisch gebundenem SiO_2 und Na_2O und enthält geringe Mengen Al_2O_3. Beim ersten Kontakt der äußersten Glasschicht mit wäßriger

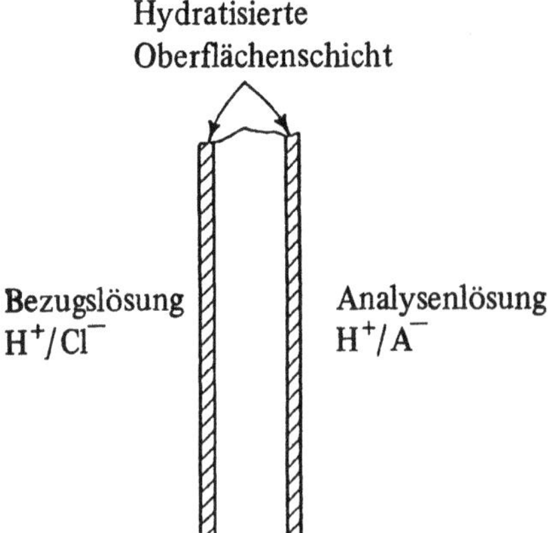

Bild 17-4
Schematische Skizze einer Glasmembran

Lösung — beim sog. Konditionieren — entstehen fest gebundene anionische Silicat-Einheiten; außerdem liegen in der Grenzschicht (Quellschicht) relativ frei bewegliche Natrium- und H^+-Ionen vor. Taucht eine bislang unbenutzte Elektrode in eine wäßrige Lösung ein, so wird beim Quellen das Na^+ in der äußersten Schicht weitgehend durch H^+ aus der Lösung ersetzt.

Die Oberfläche eines Glases der Art, wie es in pH-Elektroden eingesetzt wird, kann man sich als Ionenaustauscher vorstellen, der für Wasserstoffionen eine weit höhere Affinität aufweist als für Natrium- oder andere Kationen. Wie wir sehen werden, können Gläser anderer Zusammensetzung stärkere Affinität zu anderen Ionen haben.

Nachdem eine neue Glaselektrode erstmals in eine wäßrige Lösung eingetaucht (konditioniert) wurde, ist sie gebrauchsfertig. An der äußeren Oberfläche bildet sich rasch ein Potential aus, das von der Konzentration der Wasserstoffionen in der Probelösung abhängt. Eine plausible Erklärung hierfür ist folgende: Aus der Probelösung dringen Wasserstoffionen in die Grenzschicht (Quellschicht) ein, wo die Wasserstoffionen-Aktivität niedriger ist als in der Lösung. Die fest gebundenen negativ geladenen Silicatgruppen stoßen dagegen Anionen ab. Andererseits verhindert die positive Aufladung der Grenzschicht den weiteren Zutritt von Wasserstoffionen. Dies ist die Hauptursache für das Auftreten eines Potentials an der Glas-Wasser-Grenzfläche.

Makroskopisch gesehen muß dagegen Elektroneutralität gewahrt bleiben. Das bedeutet, daß die positive Ladung der Kationen wie die negative Ladung der Anionen sowohl in der Lösung als auch im Glas ausgeglichen sein müssen.

Das Glas der Membran grenzt an zwei Lösungen: einerseits an die Probelösung und andererseits an die innere Elektrolytlösung. Eine der beiden Glasoberflächen ist bezüglich der anderen negativ aufgeladen. Da die Probelösung im allgemeinen ärmer an Protonen ist als die recht konzentrierte innere Elektrolytlösung, ist meist die äußere Oberfläche gegenüber der inneren negativ geladen. Das Potential ändert sich ausschließlich aufgrund von Änderungen der Wasserstoffionen-Konzentration in der Probelösung, und zwar gemäß Gln. (17−3) und (17−4).

Führt man nun eine potentiometrische Messung mit einer Glaselektrode in Verbindung mit einer Bezugselektrode (Kalomelelektrode) durch, so muß wenigstens ein sehr geringer Strom fließen. Wenn, wie oben ausgeführt, Wasserstoffionen die Glasschicht nicht durchwandern — wie kommt dann ein Stromfluß zustande? Die Antwort ist offenbar, daß einwertige Kationen wie z.B. Na^+ den Strom durch die Glasschicht transportieren. Dabei durchwandern nicht etwa einzelne Kationen die gesamte Strecke von einer Grenzfläche zur anderen. Vielmehr wandert jeder ionische Ladungsträger nur wenige Ionenradien weit, ehe er seine Energie an einen weiteren Ladungsträger weitergibt. Dieser Transportmechanismus entspricht dem mechanischen Analogon einer Reihe von z.B. Billard-Kugeln, die einander berühren. Wird die Reihe an einem Ende von einer Kugel getroffen, so wird die Energie auf die Kugel am anderen Ende der Reihe übertragen, und diese letzte Kugel rollt fort.

Das Potential einer Glaselektrode wird durch Fremdionen beeinflußt. Dies gilt für Protonen-, Natriumionen-, Kaliumionen- und Silberionen-sensitive Elektroden gleichermaßen, wobei allerdings die Wasserstoffionen-sensitive Elektrode weit weniger störanfällig ist als die anderen. Die folgende Gleichung beschreibt das Potential einer Glaselektrode in einer Lösung, die das zu messende Ion A und ein gleich geladenes Fremdion B enthält. Dabei soll der innere Elektrolyt eine konstante Konzentration aufweisen:

$$E = \text{const.} + \frac{2{,}3\,RT}{z_A F} \log \left[a(A) + \left(\frac{u_B}{u_A} K_{A,B} \right) a(B) \right].\qquad (17-5)$$

Hier bedeuten u_A und u_B die Beweglichkeiten der Ionen in der Membran, $K_{A,B}$ die Gleichgewichtskonstante für den Ionenaustauschprozeß

$$B_{aq} + A_{Membran} \rightleftharpoons B_{Membran} + A_{aq}$$

und $a(A)$ bzw. $a(B)$ für die Aktivitäten der Ionen A und B. Hat der Term $(u_B/u_A) \cdot K_{A,B}$ beispielsweise den Wert 0,1, so bedeutet dies, daß B auf das Elektrodenpotential bei gleicher Stoffmengenkonzentration einen zehnmal schwächeren Einfluß als A hat.

Beweglichkeit und Neigung zum Ionenaustausch beeinflussen die Selektivität einer Elektrode gewöhnlich gegenläufig. So tauscht eine Kaliumionen-sensitive Elektrode Kaliumionen hundertmal besser aus als Natriumionen (dies ist an $K_{A,B}$ ablesbar); jedoch ist K^+ zehnmal weniger beweglich als Na^+. Die Selektivität dieser Elektrode ist insgesamt für Kaliumionen zehnmal so groß wie für Natriumionen.

Man faßt Beweglichkeit und Ionenaustausch-Gleichgewicht oft in einem Term zusammen, welcher *Selektivitätskoeffizient* heißt und mit $k_{A,B}$ abgekürzt wird. Dann wird Gl. (17-5) zu

$$E = \text{const.} + \frac{2{,}3\,RT}{z_A F} \cdot \log \left[a(A) + k_{A,B}\, a(B)^{z_A/z_B} \right].\qquad (17-6)$$

Gl. (17-6) ist eine grundlegende Beziehung, die für alle Arten von ionensensitiven Elektroden gilt. Bei 25 °C wird diese Gleichung zu

$$E = \text{const.} + \frac{0{,}059\,V}{z_A} \cdot \log \left[a(A) + k_{A,B}\, a(B)^{z_A/z_B} \right].\qquad (17-7)$$

Wenn das Fremdion B nur vernachlässigbaren Einfluß hat (entweder weil der Selektivitätskoeffizient für B sehr klein oder weil die Aktivität von B sehr gering ist), so liefert die Auftragung von E gegen $\log a(A)$ eine lineare Beziehung mit einer Steigung von $0{,}059\,V/z_A$. Wenn das von einer ionensensitiven Elektrode erfaßte Ion A ein Anion ist, so gilt Gl. (17-7), jedoch tritt dann anstelle des positiven Vorzeichens vor dem Bruch ein Minuszeichen.

17.3 Flüssigmembran-Elektroden

Bild 17–5 zeigt eine handelsübliche Flüssigmembran-Elektrode. Sie ähnelt im Aufbau einer Glaselektrode: Neben einer internen Bezugselektrode weist sie eine innere Elektrolytlösung definierter Zusammensetzung auf. Anstelle einer Glasmembran enthält sie eine dünne, poröse Kunststoffschicht, die mit einem Ionenaustauscher, gelöst in einem nicht mit Wasser mischbaren organischen Lösungsmittel, gesättigt ist.

Man kann auch Flüssigmembran-Elektroden ohne eingebaute Bezugselektrode konstruieren. Cattrall und Freiser[7] beschreiben eine brauchbare Calciumionen-sensitive Elektrode. Sie besteht aus einem Platindraht, der mit einer Membram aus in Polyvinylchlorid gelöstem Ionenaustauscher beschichtet ist.

An jeder wäßrigen Membrangrenzfläche entsteht ein Potential. Da jedoch die innere Lösung sich nicht verändert, hängt das Potential nur von der Zusammensetzung der Probelösung ab, die das Potential der äußeren Oberfläche beeinflußt. Das Potential einer solchen für das Ion A sensitiven Elektrode in einer Lösung, die auch ein Fremdion B enthält, ist durch

$$E = \text{const.} + \frac{2{,}3\,RT}{z_A F} \log \left[a(A) + \left(\frac{u_B D_B}{u_A D_A} \right) a(B) \right] \tag{17–8}$$

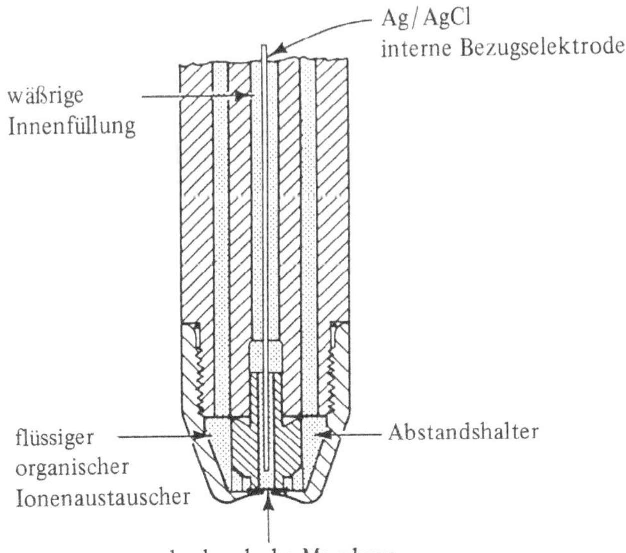

Bild 17-5 Ionensensitive Flüssigmembran-Elektrode (mit freundlicher Genehmigung von Orion Research, Inc.)

7 R.W. Cattrall und H. Freiser, *Anal. Chem. 43*, 1905 (1971)

Tabelle 17–1 Flüssigmembran-Elektroden (R steht für eine organische Gruppe). Die Daten sind aus R.A. Durst (ed.), *Ion-Selective Electrodes* (National Bureau of Standards Special Publication 314, Washington 1969), S. 70–71 entnommen. [Eine neuere und umfangreiche Zusammenstellung findet man in H. Kienitz, R. Bock, W. Fresenius, W. Huber und G. Tölg (Hrsg.), *Analytiker-Taschenbuch* (Springer, Berlin 1980), S. 245–267. Dort sind auch Kenndaten handelsüblicher Elektroden angegeben (S. 260ff.).]

gemessenes Ion A	reaktive Gruppe	Selektivitätskoeffizient Ion B	$k_{A,B}$
K^+	Valinomycin[a]	Na^+	0,0001
Ca^{2+}	$(RO)_2POO^-$	Na^+	0,0016
		Mg^{2+}, Ba^{2+}	0,01
		Sr^{2+}	0,02
		Zn^{2+}	3,2
		H^+	10^7
Ca^{2+} und Mg^{2+}	$(RO)_2POO^-$	Na^+	0,01
		Sr^{2+}	0,54
		Ba^{2+}	0,94
Cu^{2+}	$RSCH_2COO^-$	Na^+, K^+	0,0005
		Mg^{2+}	0,001
		Ca^{2+}	0,002
		Ni^{2+}	0,01
		Zn^{2+}	0,03
NO_3^-	$[Ni(phen)_3]^{2+}$ (mit R)	F^-	0,0009
		SO_4^{2-}	0,0006
		PO_4^{3-}	0,0003
		Cl^-, Ac^-	0,006
		HCO_3^-, CN^-	0,02
		NO_2^-	0,06
		Br^-	0,9
ClO_4^-	$[Fe(phen)_3]^{2+}$ (mit R)	Cl^-, SO_4^{2-}	0,0002
		Br^-	0,0006
		NO_3^-	0,0015
		I^-	0,012
		OH^-	1,0

a M.S. Frant und J.W. Ross, *Science 167*, 987 (1970)

gegeben, wobei u_A und u_B für die Beweglichkeit der beiden Ionen in der Membran, D_A und D_B für die Verteilungskoeffizienten für A und B zwischen der wäßrigen Phase und der Membran stehen (die Verteilungskoeffizienten sind in Kapitel 18 definiert). Für praktische Zwecke sind die Gln. (17–6) oder (17–7) meist „handlicher" als Gl. (17–8); dabei ist nur zu bedenken, daß im Fall von Anionen der zweite Term der rechten Seite von Gl. (17–8) ein negatives Vorzeichen erhält.

Die Selektivität einer solchen Membranelektrode wird weitgehend von dem verwendeten gelösten „Ionenaustauscher" bestimmt. Je höher die Präferenz des Austauschers für eines von mehreren gegebenen Ionen ist, desto selektiver spricht er auf dieses Ion an.

Tabelle 17–1 faßt Informationen über einige Flüssigmembran-Elektroden zusammen. Angegeben sind auch Selektivitätskoeffizienten, vgl. Gl. (17–6).

Mit Hilfe der Gl. (17–7) kann man aus den Selektivitätskoeffizienten die Störanfälligkeit einer Elektrode für ein bestimmtes Fremdion berechnen.

Beispiel:

Man berechne den Fehler, den eine Nitritionen-Aktivität von 0,010 mol/L bei der Bestimmung von Nitrat, $a(NO_3^-)=0{,}001$ mol/L, mit einer Nitrationen-sensitiven Elektrode verursacht.

Einsetzen in Gl. (17–7) liefert (mit den Informationen aus Tabelle 17–1) für $k_{A,B}=k_{NO_3,NO_2}=0{,}06$

$$E = \text{const.} - 0{,}059\text{ V} \cdot \log(0{,}001 + 0{,}06 \cdot 0{,}010)$$
$$= \text{const.} - 0{,}059\text{ V} \cdot (-2{,}80)$$
$$= \text{const.} + 0{,}165\text{ V}$$

Wäre nur Nitrat in der Lösung, so entspräche diesem Potential E eine Nitrationen-Aktivität $a(NO_3^-)$, die wir wiederum mit Gl. (17–7) berechnen:

$$E = \text{const.} - 0{,}059\text{ V} \cdot \log a(NO_3^-)$$

$$\text{const.} + 0{,}165\text{ V} = \text{const.} - 0{,}059\text{ V} \cdot \log a(NO_3^-)$$

$$-\frac{0{,}165\text{ V}}{0{,}059\text{ V}} = \log a(NO_3^-)$$

$$-2{,}80 = \log a(NO_3^-)$$

Demnach wäre die (scheinbare) Nitrationen-Aktivität

$$a(NO_3^-) = 10^{-2{,}80}\text{ mol/L} = 0{,}0016\text{ mol/L},$$

wenn das Potential E allein den Nitrationen zugeschrieben werden würde. Der relative Fehler beträgt also

$$\frac{0{,}0016\text{ mol/L} - 0{,}0010\text{ mol/L}}{0{,}0010\text{ mol/L}} \cdot 100\% = 60\%.$$

Beispiel:

Schätzen Sie ab, ob Natriumionen, $c(Na^+) = 0{,}20$ mol/L, die Bestimmung von Calcium(II), $a(Ca^{2+}) = 0{,}0010$ mol/L, nennenswert stören — abgesehen vom Einfluß der höheren Ionenstärke.

Aus Tabelle 17−1 entnehmen Sie: $k_{Ca,Na} = 0{,}0016$. Einsetzen in Gl. (17−7) liefert

$$E = \text{const.} + \frac{0{,}059\,\text{V}}{2}\ \log[0{,}0010 + 0{,}0016 \cdot (0{,}20)^2]\,.$$

$$= \text{const.} + \frac{0{,}059\,\text{V}}{2}\ \log 0{,}00106\,,$$

also eine (scheinbare) Ca^{2+}-Aktivität

$$a(Ca^{2+}) = 0{,}00106\ \text{mol/L} = 1{,}06 \cdot 10^{-3}\ \text{mol/L}\,,$$

verglichen mit dem richtigen Wert von $1{,}00 \cdot 10^{-3}$ mol/L. Der Fehler beträgt also

$$\frac{1{,}06 \cdot 10^{-3} - 1{,}00 \cdot 10^{-3}}{1{,}00 \cdot 10^{-3}} \cdot 100\,\% = 6\,\%\,.$$

Der vermutliche Mechanismus, nach dem solche Elektroden arbeiten, soll am Beispiel der Calciumionen-sensitiven Elektrode erläutert werden. Die „ionentauschenden" langkettigen Phosphorsäurederivate sind an den Membrangrenzflächen so orientiert, daß die langen organischen Reste in der organischen flüssigen Phase verankert sind, während der hydrophyle Rest

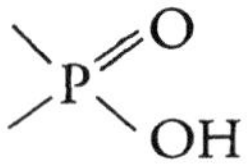

in die wäßrige Phase der Grenzschicht eintaucht. Zweifellos bildet sich beim Eintauchen einer solchen Elektrode in eine Calcium(II)-Lösung ein Calciumsalz- bzw. -Chelat.

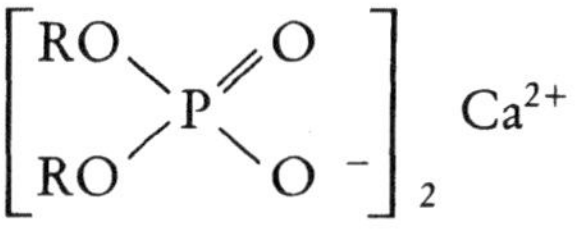

oder

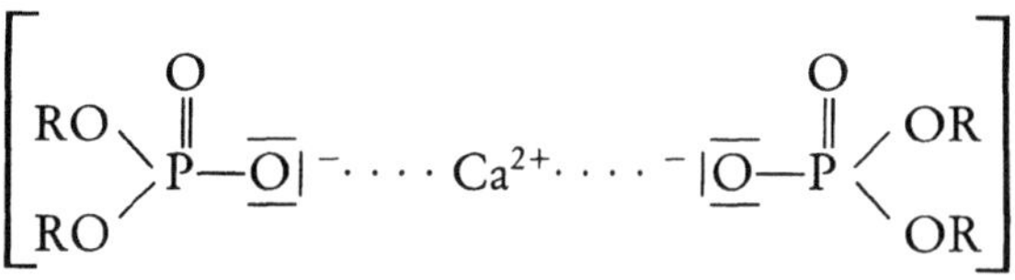

Wenn nun die Probelösung wenig Ca^{2+} enthält, so sollten Calciumionen eher von der Grenzschicht *in* die Lösung wandern. Die Wanderung der langen organischen Amphiphile ist dagegen behindert, weil sie relativ groß und in der organischen Lösung verankert sind. Dadurch wird die „wäßrige Seite" der Grenzfläche positiv geladen gegenüber der „organischen Seite". Ein ähnliches, jedoch nicht gleich großes Potential wird auch an der Grenzfläche zwischen Membran und innerer Lösung entstehen. Warum spricht nun diese Elektrode so viel stärker auf Ca^{2+} an als auf Mg^{2+} oder Na^+? Das organische Phosphorsäurederivat hat eine sehr viel höhere Tendenz zur Bindung von Calciumionen als zur Bindung der beiden anderen Ionen; daher bestimmt die Calciumionen-Aktivität weitgehend das Ionenaustausch-Gleichgewicht zwischen Kationen an der Membranoberfläche und in der wäßrigen Phase.

Membranelektroden messen die Aktivität der betreffenden Ionen. Die Konzentration eines Ions wie z.B. Calcium(II) kann man berechnen, wenn der Aktivitätskoeffizient bekannt ist:

$$c(Ca^{2+}) = \frac{a(Ca^{2+})}{f(Ca^{2+})}$$

Wesentlich ist dabei, daß der Aktivitätskoeffizient eines Ions von der Gesamtionenstärke der Lösung abhängt, und nicht nur von der Ionenstärke des Calciumsalzes. Fremdionen haben also durchaus einen Einfluß auf die Messung mit ionensensitiven Flüssigmembran-Elektroden. Ihr Einfluß kann jedoch brücksichtigt werden, indem man die Ionenstärke der Lösung abschätzt und über den entsprechenden Aktivitätskoeffizienten die Konzentration des zu messenden Ions berechnet (vgl. Bild 17–6).

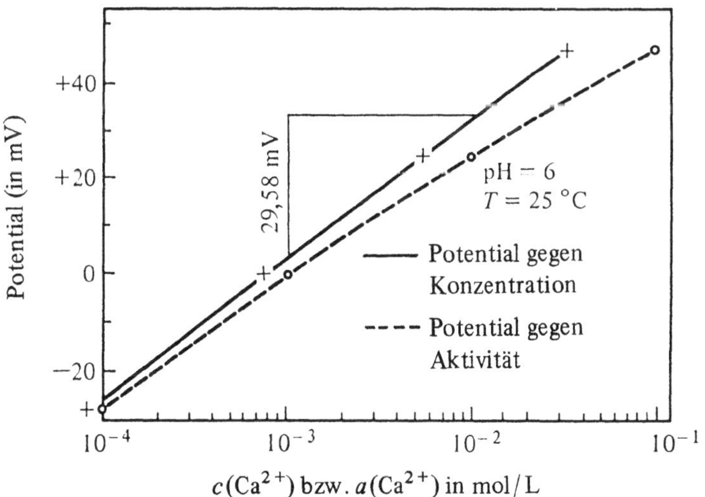

Bild 17-6 Eichgeraden für eine Calciumionen-sensitive Elektrode unter Berücksichtigung von Konzentration und Aktivität. Die Eichgeraden wurden für reine calciumhaltige Lösungen aufgenommen. (Mit freundlicher Genehmigung von Orion Research, Inc.)

17.4 Feststoffmembran-Elektroden

Eine typische Feststoffmembran-Elektrode ist in Bild 17−7 zu sehen. Der Sensor besteht aus einem leitfähigen Feststoff, entweder einem Einkristall oder einem Preßling aus kristallinem Material. Einige dieser Elektroden haben eine interne Bezugselektrode mit Standardlösung, andere dagegen lediglich einen direkten elektrischen Kontakt zur inneren Membranoberfläche.

Das Gitterion mit dem kleinsten Ionenradius und der geringsten Ladung ist gewöhnlich für den Stromtransport verantwortlich. In einem Lanthanfluoridkristall transportiert z.B. das Fluoridion den elektrischen Strom. Dabei springt ein bewegliches Ion in eine benachbarte Lücke im Kristall (Defektstruktur). Größe, Ladung und Form der Defektstelle sind so beschaffen, daß nur das bewegliche Gitterion hineinpaßt. Die Selektivität von Kristallmembran-Elektroden rührt also daher, daß die Bewegung der Ionen im Kristall „eingefroren" ist, ausgenommen die des zu bestimmenden Ions. Chemische Reaktionen an der Kristalloberfläche können jedoch Störungen verursachen.

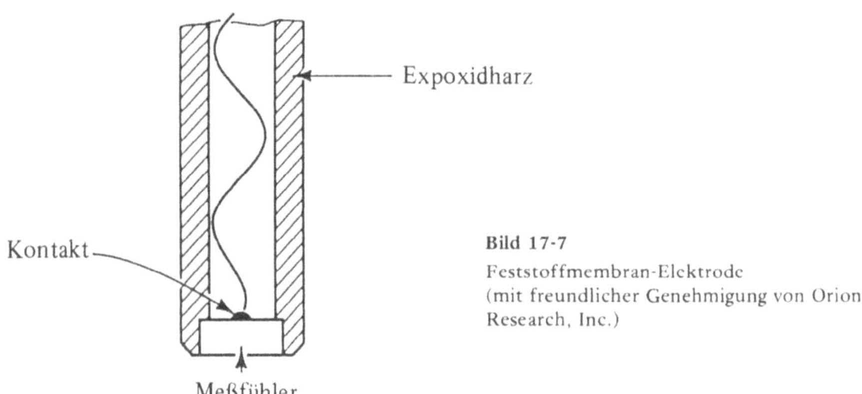

Bild 17-7
Feststoffmembran-Elektrode
(mit freundlicher Genehmigung von Orion Research, Inc.)

Tabelle 17−2 Feststoffmembran-Elektroden

gemessenes Ion	Membran	wichtigste Störungen
F^-	LaF_3	OH^-
S^{2-}, Ag^+	Ag_2S	Hg^{2+}
Cl^-	$AgCl\text{-}Ag_2S$	Br^-, I^-, S^{2-}, CN^-, NH_3
Br^-	$AgBr\text{-}Ag_2S$	I^-, S^{2-}, CN^-, NH_3
I^-	$AgI\text{-}Ag_2S$	S^{2-}, CN^-
SCN^-	$AgSCN\text{-}Ag_2S$	Br^-, I^-, S^{2-}, CN^-, NH_3
Cd^{2+}	$CdS\text{-}Ag_2S$	Ag^+, Hg^{2+}, Cu^{2+}
Cu^{2+}	$CuS\text{-}Ag_2S$	Ag^+, Hg^{2+}
Pb^{2+}	$PbS\text{-}Ag_2S$	Ag^+, Hg^{2+}, Cu^{2+}

Die Fluoridionen-selektive Elektrode ist besonders leistungsfähig. Sie ist ausgesprochen selektiv für Fluoridionen und spricht rasch und linear bis hinab zu Aktivitäten von $a(F^-) = 10^{-6}$ mol/L an. Darunter wird sie ungenau, da die Löslichkeit von Lanthanfluorid merklichen Einfluß gewinnt. Die verwendete Membran ist eine dünne Scheibe aus einem Lanthanfluorid-Einkristall. Der Kristall ist zur Senkung des Widerstands mit zweiwertigen Ionen (Eu^{2+}) dotiert.

Aus einer Silbersulfidmembran besteht eine Silberionen- bzw. Sulfidionen-sensitive Elektrode (sie ist eine sog. heterogene Niederschlagsmembran-Elektrode). Silbersulfidpulver wird zu Preßlingen verarbeitet, wie sie bei der IR-Spektroskopie Verwendung finden (vgl. Kapitel 23). In dieser Membran sind Silberionen die bewegliche Spezies. Wegen der geringen Löslichkeit des Silbersulfids eignet sich diese Elektrode ausgezeichnet zur Messung der Silberionen-Aktivität. Man kann auch Sulfidionen bestimmen, da nach dem Löslichkeitsprodukt die Sulfidionen-Aktivität der Lösung die Silberionen-Aktivität beeinflußt:

$$K_L(Ag_2S) = a(Ag^+)^2 \cdot a(S^{2-}) \, ,$$

folglich

$$a(Ag^+) = \sqrt{\frac{K_L}{a(S^{2-})}}$$

Die Silbersulfidmembran-Elektrode mißt Silberionen und Sulfidionen in einfachen Elektrolytlösungen bis hinab zu 10^{-8} mol/L. In Komplexlösungen können jedoch Aktivitäten von freien Silberionen bis hinab zu 10^{-20} mol/L gemessen werden. Sulfid in H_2S-Lösungen kann man bis zu 10^{-19} mol/L erfassen.

Eine Elektrode mit einer Membran aus Silberhalogenid (AgX), welches in einer Silbersulfidmatrix fein verteilt ist, reagiert selektiv auf Halogenidionen (X^-). Das Silberhalogenid muß dabei leichter löslich als das Silbersulfid sein. Andererseits muß aber das Silberhalogenid so schwer löslich sein, daß seine Löslichkeit im Gleichgewicht unter der zu bestimmenden Halogenidionen-Aktivität liegt. – Einige Feststoffmembran-Elektroden sind in Tabelle 17–2 aufgelistet; angegeben sind jeweils die wichtigsten störenden Ionen.

Am Beispiel der Chloridionen-selektiven Elektrode sei erläutert, wie eine Feststoffmembran-Elektrode arbeitet. Da AgCl besser löslich ist als Ag_2S, wird die Silberionen-Aktivität in der Membran durch die Chloridionen-Aktivität in der Probelösung kontrolliert, und zwar über das Löslichkeitsprodukt des Silberchlorids:

$$K_L(AgCl) = a(Ag^+) \cdot a(Cl^-) \, ,$$

folglich

$$a(Ag^+) = \frac{K_L(AgCl)}{a(Cl^-)}$$

Das Potential der Silbersulfidmatrix hängt (wie bei der einfachen Ag_2S-Elektrode) direkt von $a(Ag^+)$ ab, indirekt jedoch von $a(Cl^-)$. Wie Tabelle 17–2 ausweist, wurden weitere Silbersulfid-Metallsulfid-Elektroden entwickelt, die auf das entsprechende Metallion ansprechen. Die Elektroden enthalten genügend Silbersulfid, um Silberionen-leitende „Kanäle" durch die Membran bereitzustellen, sie wirken daher als Silberionen-Detektoren. Die Silberionen-Aktivität wird jedoch durch die Metallionen-Aktivität in der Probelösung bestimmt. So enthält beispielsweise die Bleiionen-sensitive Elektrode PbS, welches besser löslich ist als die Silbersulfidmatrix der Membran. Daher bestimmt hier die Aktivität der Bleiionen diejenige der Sulfidionen:

$$K_L(\mathrm{PbS}) = a(\mathrm{Pb}^{2+}) \cdot a(\mathrm{S}^{2-})\,,$$

folglich

$$a(\mathrm{S}^{2-}) = \frac{K_L(\mathrm{PbS})}{a(\mathrm{Pb}^{2+})}$$

Die Silberionen-Aktivität ihrerseits wird durch die Sulfidionen-Aktivität bestimmt:

$$K_L(\mathrm{Ag_2S}) = a(\mathrm{Ag}^+)^2 \cdot a(\mathrm{S}^{2-})\,,$$

folglich

$$a(\mathrm{Ag}^+) = \sqrt{\frac{K_L(\mathrm{Ag_2S})}{a(\mathrm{S}^{2-})}}$$

Kombiniert man diese Beziehungen und setzt in die Nernst-Gleichung für ein Silberionen-leitendes System ein, so folgt für das Elektrodenpotential die einfache Gleichung:

$$E = \mathrm{const.} + \frac{2{,}3\,RT}{2\,F} \cdot \log a(\mathrm{Pb}^{2+})$$

17.5 Enzymelektroden

Was Enzyme analytisch so interessant macht, ist ihre Fähigkeit, spezifisch nur ganz bestimmte chemische Reaktionen zu katalysieren. Es lag daher nahe, die Konzentration eines Substrats oder eines Enzyms mit einer „Enzymelektrode" zu bestimmen. Solche Systeme wurden tatsächlich entwickelt, so z.B. eine Elektrode zur raschen Bestimmung von Harnstoff in Lösung.[8] Die Elektrode besteht aus einer kationensensitiven Glaselektrode, die mit einem Urease enthaltenden Gel beschichtet ist (Bild 17−8). Das Gel ist durch ein Stückchen Nylon-Netz (aus einem Nylonstrumpf) geschützt. Beim Eintauchen in eine harnstoffhaltige Lösung diffundiert der Harnstoff in das Gel und wird in der folgenden, von Urease katalysierten Reaktion umgesetzt:

$$\mathrm{H_2N-\underset{\underset{O}{\|}}{C}-NH_2 + H_2O + H_3O^+} \xrightarrow[\text{pH 7, Puffer}]{\text{Urease}} 2\,\mathrm{NH_4^+} + \mathrm{HCO_3^-}$$

8 G.G. Guibault und J.G. Montalvo, Jr., *J. Am. Chem. Soc. 91*, 2164 (1969)

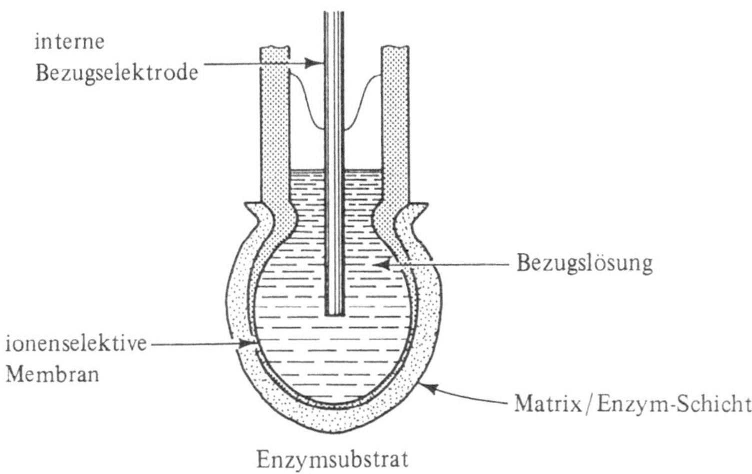

Bild 17-8 Enzymelektrode [aus R. A. Durst, *Am. Scientist 59*, 354 (1971)]

Nach 30 bis 60 s erreicht das System einen Gleichgewichtszustand, und das Elektrodenpotential wird gemessen. Die Glaselektrode spricht auf das gebildete NH_4^+ an, bei definierter Ureasekonzentration (und weiteren konstanten Bedingungen) ist das Potential linear vom Logarithmus der Harnstoffkonzentration in der Probelösung abhängig.

Eine weitere Enzymelektrode gestattet die Messung von Glucose in Blutserum oder Plasma. Hierbei katalysiert Glucose-Oxidase die Oxidation der Glucose. Penicillin in Arzneimittelzubereitungen oder Fermenterbrühen kann mit einer Penicillinase-Elektrode bestimmt werden. L-Aminosäure-Oxidase-Elektroden ermöglichen die Bestimmung von L-Aminosäuren. Sie bestehen aus Glaselektroden, die von einem das Enzym enthaltenden Gel umgeben sind. Nach folgendem Schema wird dabei Ammonium erzeugt:

$$2\,R{-}\underset{\overset{|}{{}^+NH_3}}{CH}{-}COO^- + O_2 \xrightarrow{\text{LAO}} 2\,R{-}\underset{\overset{\|}{O}}{C}{-}COO^- + 2\,NH_4^+$$

Hierbei steht LAO für L-Aminosäure-Oxidase. Man fügt noch ein weiteres Enzym, nämlich Katalase, zu, um das bei der Oxidation entstehende Wasserstoffperoxid zu zerstören.

17.6 Gas-Sensoren

In wäßrigen Medien gelöste Gase oder gelöste Ionen, die durch eine einfache chemische Reaktion in ein solches Gas überführt werden können, kann man mit Gas-Sensoren bestimmen. So gibt es z.B. eine Elektrode, die gelöstes Schwefeldioxid oder (nach Ansäuern der Lösung) Hydrogensulfit mißt:

$$HSO_3^- + H_3O^+ \rightleftharpoons H_2SO_3 + H_2O \rightleftharpoons SO_2(g) + 2\,H_2O$$

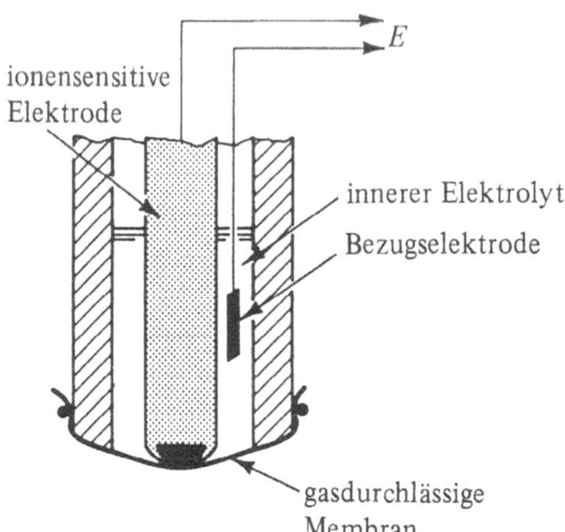

Bild 17-9
Schema einer gas-sensitiven Elektrode
(Orion Research, Inc.)

Bild 17−9 zeigt den Aufbau einer typischen gas-sensitiven Elektrode. Die permeable Membran besteht aus einer hydrophoben Kunststoffschicht, die den Ein- oder Durchtritt von Wasser verhindert. Das Gas in der Probelösung diffundiert durch die Membran und reagiert im Gleichgewicht an der Innenseite der Membran in einem Flüssigkeitsfilm zu Ionen. Diese werden durch eine eingebaute ionensensitive Elektrode detektiert. Die Potentialdifferenz zwischen ionensensitiver Elektrode und interner Bezugselektrode in Millivolt wird ähnlich wie beim pH-Meter erfaßt.

Am Beispiel der Schwefeldioxidelektrode läßt sich das Prinzip gut erklären. Wenn man die Elektrode in eine Probelösung eintaucht (1 mL genügt schon), so diffundiert Schwefeldioxid aus der Probe durch den Kunststoff-Film so lange, bis an der Innenseite der Kunststoffmembran die gleiche SO_2-Konzentration vorliegt wie in der Probelösung. Mit dem Wasser des inneren Flüssigkeitsfilms bildet SO_2 schweflige Säure, somit auch Protonen:

$$SO_2(g) + H_2O \rightleftharpoons H_2SO_3 \underset{H_2O}{\overset{H_2O}{\rightleftharpoons}} H_3O^+ + HSO_3^-$$

Die Hydrogensulfit-Konzentration wird durch im inneren Elektrolyten gelöstes Natriumhydrogensulfit $NaHSO_3$ konstant gehalten. Die Elektrode spricht auf Protonen an, und deren Aktivität ist proportional zur der durch Protolyse der schwefligen Säure erzeugten Schwefeldioxid-Konzentration.

Die Proportionalität der gemessenen Spannung (Potentialdifferenz zwischen der Meßelektrode und der internen Bezugselektrode) zur Schwefeldioxid-Konzentration läßt sich aus folgenden Beziehungen ablesen:

$$K_a = \frac{[H_3O^+]\,[HSO_3^-]}{[SO_2]} \tag{17-10}$$

Da HSO_3^- konstant gehalten wird, gilt

$$[H_3O^+] = \frac{K_a[SO_2]}{[HSO_3^-]} = K'[SO_2] \ . \tag{17-11}$$

Das Potential E der ionenselektiven Elektrode ist damit

$$E = \text{const.} + 0{,}059 \text{ V} \cdot \log[H_3O^+] \ . \tag{17-12}$$

Einsetzen von Gl. (17–11) in Gl. (17–12) liefert

$$E = \text{const.} + 0{,}059 \text{ V} \cdot \log[SO_2] + 0{,}059 \text{ V} \cdot \log K' \ . \tag{17-13}$$

Aus Gl. 17–13 folgt, daß eine Auftragung von E gegen $\log[SO_2]$ eine Gerade ergibt, deren Steigung 59 mV beträgt. In der Praxis erhält man für Konzentrationen zwischen 10^{-2} und 10^{-6} mol SO_2 pro Liter eine lineare Beziehung.

Weitere im Handel erhältliche Gas-Sensoren erfassen Kohlendioxid (oder Carbonat/Hydrogencarbonat), Ammoniak (oder Ammoniumsalze), Schwefelwasserstoff (oder Sulfide) und Stickstoffoxid (oder Nitrite).

17.7   Anwendungsbereiche

Wenn ionensensitive Elektroden auch einige Nachteile haben und nicht in allen Fällen anwendbar sind, so haben sie doch zahlreiche praktische Anwendungen gefunden, wie z.B. bei Wasser-, Boden- und Luftuntersuchungen, in der Biochemie und Medizin, Ozeanographie, Geologie und in der Prozeßkontrolle in der chemischen Industrie.

Die Fluorid-Elektrode wird zur Bestimmung von Fluorid in fluoridiertem Trinkwasser, Luft, Knochen und Geweben, Serum, Zahnpasta, Phosphatgestein, galvanischen Bädern, Lösungen zur Wiederaufbereitung atomarer Brennstoffe und vielem mehr benutzt.

Zahlreiche Anwendungen liegen im Bereich biologischer Flüssigkeiten. Die weiter oben beschriebene Urease-Elektrode gestattet die Messung von Harnstoff in Blut und Urin. Dabei muß allerdings ein großer Teil der störenden Bestandteile mit einem Ionenaustauscher entfernt werden.

Ionensensitive Elektroden sind besonders geeignet zur kontinuierlichen Messung verschiedener Komponenten im Durchfluß, wie z.B. Fluorid in Wasser. Dabei können durch mehrere Elektroden in einer Rohrleitung mehrere Komponenten simultan gemessen werden. Durchflußmeßzellen zur Calciumbestimmung für Probevolumina bis hinab zu 0,2 mL – von Bedeutung beispielsweise zur Analyse von Flüssigkeiten biologischen Ursprungs – sind erhältlich.

Es bleibt hervorzuheben, daß ionensensitive Elektroden zwar oft selektiv für ein bestimmtes Ion sind, aber nicht spezifisch. Daher sind Störungen durch Fremdionen möglich. Relative Fehler von einigen Prozent sind auch bei Abwesenheit von Fremdionen durchaus die Regel. Bei einwertigen Ionen ist die Genauigkeit meist besser. Die theoretische Steigung einer Eichkurve (Potential gegen Aktivität oder Konzentration in halblogarithmischer Auftragung) beträgt bei einwertigen Ionen 59 mV, bei zweiwertigen Ionen dagegen nur 29,5 mV und bei dreiwertigen 19,7 mV (vgl. Gl. (17−3) und Bild 17−6).

Am ehesten erreicht man hohe Genauigkeiten, wenn man ionensensitive Elektroden als Indikatorelektroden bei potentiometrischen Titrationen einsetzt. Dann dient die Potentialänderung nur zur Endpunktsbestimmung, und dies gelingt mit hoher Genauigkeit.

Bild 17−10 zeigt eine Titrationskurve zur Bestimmung von Calciumionen mit EDTA. Als Indikatorelektrode diente eine ionensensitive Elektrode.

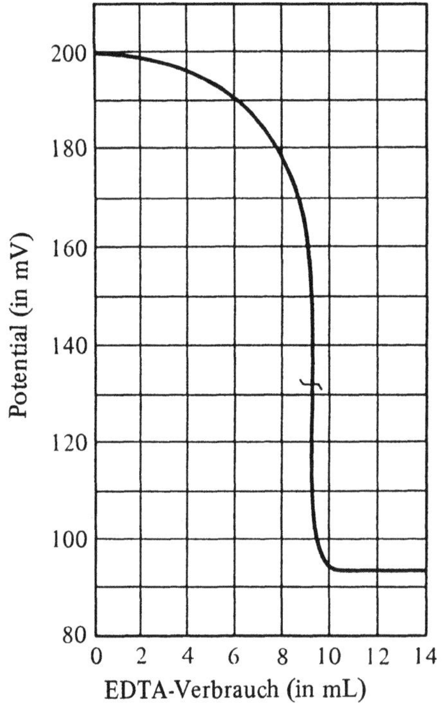

Bild 17-10
Titrationskurve der potentiometrischen Titration von Ca^{2+} mit EDTA unter Verwendung einer Calciumionen-selektiven Elektrode. (Daten von R. W. Cattrall und H. Freiser, private Mitteilung)

Aufgaben

Grundlagen

17.1   Definieren Sie die folgenden Begriffe:

a) Alkalifehler, b) Diffusionspotential, c) Asymmetriepotential, d) Selektivitätskoeffizient.

17.2 Erklären Sie die Funktionsweise eines Potentiometers. Warum kann man für pH-Messungen mit einer Glaselektrode kein normales Potentiometer verwenden?

17.3 Schreiben Sie diejenigen Reaktionen auf, die in sehr geringem Ausmaß ablaufen, wenn man eine Lösung vom pH 6 mit einer Glas- und einer Kalomel-Elektrode potentiometrisch mißt. Deuten Sie durch ein Diagramm an, in welcher Richtung der Strom durch den externen Draht fließt und wie er durch die Lösung transportiert wird.

17.4 Erklären Sie, wie Pufferlösungen zur Eichung eines pH-Meters mit einer Glaselektrode und einer Kalomel-Bezugselektrode eingesetzt werden. Warum ist diese Eichung erforderlich?

17.5 Erklären Sie, warum eine Glaselektrode unzuverlässig wird, wenn sie austrocknet.

17.6 Erklären Sie, warum eine Feststoffmembran-Elektrode aus Silbersulfid auf die Silber- bzw. Sulfidionenaktivität ansprechen kann. Zeigen Sie, daß das Vorzeichen in der Gleichung für das Potential dieser Elektrode positiv ist, wenn Silberionen gemessen werden, und negativ bei Messung von Sulfidionen.

17.7 Erklären Sie, welche Eigenschaften das Membranmaterial in einer Flüssigmembran- bzw. Feststoffmebran-Elektrode haben muß.

17.8 Wodurch wird die Bestimmungsgrenze einer ionenselektiven Elektrode letztlich bedingt?

17.9 Das Nettopotential einer Wasserstoffionen-selektiven Glaselektrode ist eigentlich die Summe mehrerer Einzelpotentiale. Erklären Sie, welches Potential eine Funktion des pH der Probe ist und wie es entsteht.

Berechnungen

17.10 Die folgende Gleichung beschreibt das Potential einer Calciumionen-selektiven Membranelektrode, die eine Calciumlösung enthält:

$$E = \text{const.} + \frac{0{,}059\,\text{V}}{2} \log a(\text{Ca}^{2+})$$

Welches ist die Steigung eines Graphen, in dem man E gegen pCa aufträgt? Vergleichen Sie diese Steigung mit derjenigen einer Auftragung von E gegen den pH für eine Glaselektrode.

17.11 Schlagen Sie das Beispiel in Kapitel 17.3 auf. Berechnen Sie den Meßfehler, der bei der Messung von Nitrat, $a = 0{,}0010$ mol/L, mit einer Nitrationen-selektiven Elektrode in Gegenwart von Nitrit, $c = 0{,}0010$ mol/L, auftritt.

17.12 Der Meßwert beim Arbeiten mit ionenselektiven Elektroden kann durch Änderung der Gesamtionenstärke beeinflußt werden. Berechnen Sie die Potentialänderung einer Fluoridionen-selektiven Elektrode in einer Lösung, die $2 \cdot 10^{-5}$ mol/L NaF enthält, für den Fall einer Erhöhung der $NaNO_3$-Konzentration von 0,020 mol/L auf 0,20 mol/L. Nehmen Sie dazu an, daß der Beitrag von NaF zur Gesamtionenstärke vernachlässigbar klein ist und daß der Selektivitätskoeffizient k_{F^-/NO_3^-} nahe 0 ist. (Zum Nachschlagen der entsprechenden Aktivitätskoeffizienten siehe Tabelle 1−2.)

17.13 Berechnen Sie den prozentualen Fehler, den Mg(II), $a = 0,01$ mol/L, verursacht, wenn man Ca(II), $a = 0,001$ mol/L, mit einer Flüssigmembran-Elektrode (vgl. Tabelle 17−1) mißt.

17.14 Mit Hilfe der Tabelle 1−2 sollen Sie die Ca(II)-Aktivität folgender Lösungen berechnen:

a) $CaCl_2$-Lösung, $c = 3,3 \cdot 10^{-4}$ mol/L, b) die gleiche Lösung, die mit NaCl auf eine Konzentration $c(NaCl) = 0,05$ mol/L angereichert wurde $[f(Ca^{2+}) = 0,485]$.

Methoden

17.15 Suchen Sie aus der aktuellen Fachliteratur ein Beispiel einer Enzymelektrode heraus. Geben Sie vollständige Literaturangaben und erklären Sie, wie die Elektrode funktioniert.

17.16 Erklären Sie für den Fall einer NH_3-selektiven Elektrode a) die Funktion der äußeren Membran, b) welches ein geeigneter interner Elektrolyt sein könnte und c) wie man die Konzentration einer wäßrigen Ammoniaklösung messen könnte.

17.17 Wahrscheinlich liegt F^- in fluoridiertem Trinkwasser teilweise als CaF^+ oder CaF_2 komplexiert vor. Nun wird behauptet, die Wasserhärte (durch Ca^{2+}) würde die Menge an freiem Fluorid und damit die Fluoreinwirkung auf die Zähne beeinflussen. Schlagen Sie ein experimentelles Schema zur Prüfung dieses Arguments vor.

Kapitel 18

Flüssig-flüssig-Extraktion

Trennverfahren spielen eine große Rolle in der Analytik. Vor der quantitativen Bestimmung der Zusammensetzung einer Analysenprobe müssen in vielen Fällen einige oder alle Bestandteile aufgetrennt werden. Struktur und physikalische Eigenschaften eines Stoffes kann man nur untersuchen, wenn er frei von Verunreinigungen ist.

Einige Trennverfahren wurden bereits in früheren Kapiteln besprochen, so z.B. Fällungsmethoden in Kapitel 4 und die elektrolytische Abscheidung in Kapitel 16. Im vorliegenden Kapitel geht es um die Extraktion eines gelösten Stoffes mit einem zweiten Lösungsmittel. Dieses Verfahren ist zum einen eine nützliche Trennmethode, zum anderen beruhen viele chromatographische Trennungen ebenfalls auf der Verteilung gelöster Stoffe zwischen zwei Phasen, so daß die Kenntnis von Flüssig-flüssig-Extraktionen für das Verständnis chromatographischer Prozesse von grundlegender Bedeutung ist. Die auf dieses Kapitel unmittelbar folgenden Kapitel behandeln deshalb verschiedene chromatographische Verfahren.

18.1 Allgemeine Grundlagen

Zahlreiche organische Lösungsmittel sind nicht mit Wasser mischbar. Gibt man ein solches Lösungsmittel zu einer wäßrigen Phase, so bilden sich zwei Schichten, wobei die organische Phase je nach ihrer Dichte die obere oder die untere Schicht bildet.

Wir stellen uns vor, eine wäßrige Lösung, die zwei gelöste Stoffe A und B enthält, werde kräftig mit einem nicht mit Wasser mischbaren organischen Lösungsmittel geschüttelt. Nach kurzem Stehenlassen trennen sich die Phasen. Wenn einer der gelösten Stoffe sich weit besser im organischen Lösungsmittel löst als in Wasser, wird er weitgehend (im Idealfall: gänzlich) in die organische Phase übergegangen (ausgeschüttelt) sein. Wir nennen diesen Vorgang *Extraktion* des gelösten Stoffes. Ist der zweite im Wasser gelöste Stoff schlecht im organischen Lösungsmittel löslich, so wird er (praktisch) nicht extrahiert werden. Führt man dieses „Ausschütteln" in einem Schneidetrichter aus, so kann man durch Ablassen der unteren Schicht beide Phasen trennen.

Welche Anforderungen muß man an ein organisches Lösungsmittel stellen, das für Extraktionen geeignet ist? Es muß zunächst einmal ein gutes Lösungsmittel für den (die) zu extrahierende(n) gelösten Stoff(e) sein. Nach dem Ausschütteln sollten die Tröpfchen des Lösungsmittels sich rasch vereinigen und in einer abgegrenzten Schicht absetzen. Voraussetzung hierfür ist auch, daß die Dichte des Lösungsmittels deutlich von der Dichte des Wassers ($1\,g \cdot cm^{-3}$) verschieden sein muß.

Chloroform (Trichlormethan, $CHCl_3$) ist ein Lösungsmittel hoher Dichte ($1,49\,g \cdot cm^{-3}$), welches häufig zur Extraktion von organischen Stoffen und Metall-Komplexverbindungen aus wäßriger Lösung verwendet wird. Es ist im allgemeinen dem Tetrachlorkohlenstoff (Tetrachlormethan, CCl_4) überlegen. Benzol (C_6H_6, Dichte $0,88\,g \cdot cm^{-3}$) und Diethylether ($C_2H_5{-}O{-}C_2H_5$, Dichte $0,71\,g \cdot cm^{-3}$) sind typische Extraktionsmittel geringerer Dichte als Wasser. Auch Methylisobutylketon [$CH_3{-}CO{-}CH_2{-}CH(CH_3)_2$, Dichte $0,80\,g \cdot cm^{-3}$] ist ein ausgezeichnetes Lösungsmittel für viele Arten von Extraktionen. Obwohl seine Dichte sehr nahe bei der von Wasser liegt, wird Tributylphosphat [$(C_4H_9O)_3P{=}O$, Dichte $0{,}98\,g \cdot cm^{-3}$) vielfach verwendet, weil es zahlreiche Metallkomplexe besser extrahiert als jedes andere Lösungsmittel. Gelegentlich wird Tributylphosphat mit Benzol oder Petrolether gemischt, um die Phasentrennung zu beschleunigen und die Selektivität der Extraktion zu erhöhen.

Schüttelt man einen gelösten Stoff, der in einem Lösungsmittel (z.B. Wasser) gelöst ist, mit einem zweiten Lösungsmittel aus, das sich nicht mit dem ersten mischt, so konkurrieren beide Lösungsmittel um den gelösten Stoff. Wovon hängt es nun ab, ob der gelöste Stoff schließlich vorwiegend in dem einen oder in dem anderen Lösungsmittel vorliegt? Warum bevorzugen einige Stoffe die organische, andere die wäßrige Phase?

Es gibt keine abschließende Antwort auf diese Fragen. Allgemein kann man sagen, daß ein gelöster Stoff diejenige Phase bevorzugt, in der er die stabilere chemische Spezies bilden kann. Eine qualitative empirische Regel sagt: „Gleiches löst sich in Gleichem". So findet man organische Verbindungen bei Verteilung zwischen Wasser und einem organischen Lösungsmittel wie Benzol vorwiegend in der Benzolphase wieder. Dissoziierte organische Stoffe (Salze) und anorganische Salze verbleiben dagegen meist in der wäßrigen Phase. Manchmal kann man die Extraktion gezielt beeinflussen, wenn man den pH der wäßrigen Lösung verändert. So hängt zum Beispiel die Extraktion von Phenol von zwei aufeinanderfolgenden Gleichgewichten ab:

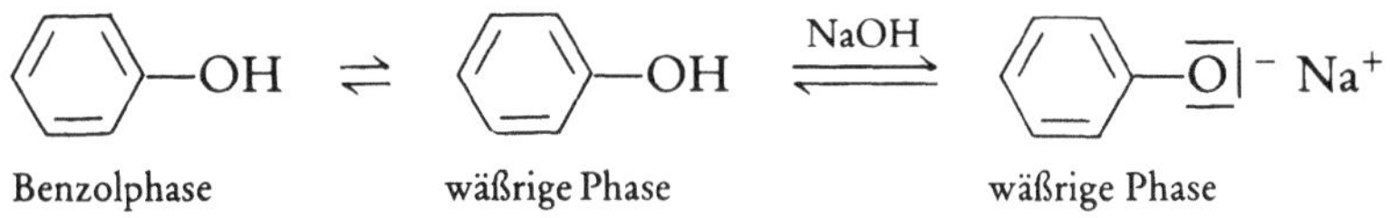

$$
\text{C}_6\text{H}_5\text{—OH} \;\rightleftharpoons\; \text{C}_6\text{H}_5\text{—OH} \;\overset{\text{NaOH}}{\underset{}{\rightleftharpoons}}\; \text{C}_6\text{H}_5\text{—}\overline{\text{O}}|^{-}\,\text{Na}^{+}
$$

Benzolphase   wäßrige Phase   wäßrige Phase

In neutraler oder saurer wäßriger Lösung liegt Phenol weitgehend undissoziiert vor und bevorzugt daher die Benzolphase. Eine stark basische wäßrige Lösung verwandelt das Phenol ins Phenolat-Anion: Rückextraktion in die wäßrige Phase ist die Folge.

18.2 Vollständigkeit einer Extraktion – Verteilungskoeffizienten

Wir nehmen an, daß eine wäßrige Lösung eines Stoffes A vorliegt, die wir mit einem nicht mit Wasser mischbaren organischen Lösungsmittel schütteln. Nach Erreichen des Verteilungsgleichgewichts kann man die relativen Konzentrationen des gelösten Stoffes in der wäßrigen und der organischen Phase mit Hilfe des *Verteilungskoeffizienten* (engl. concentration distribution ratio) D_c beschreiben:

$$
D_c = \frac{[\text{A}]_o}{[\text{A}]_w},
$$

(18–1)

wobei $[A]_o$ die Gleichgewichtskonzentration von A in der organischen Phase, $[A]_w$ die Gleichgewichtskonzentration von A in der wäßrigen Phase ist.

Der Verteilungskoeffizient D_c ist den in vielen (insbesondere englischsprachigen) Veröffentlichungen häufig anzutreffenden Größen K_d (distribution coefficient) und K_D (distribution constant) nahe verwandt. Letztere Größen beschreiben aber nur die Verteilung *einer* Spezies von A, beispielsweise von A^- oder von HA^+ oder des Dimers von A oder von A selbst. Dagegen gehen in D_c nicht die Gleichgewichtskonzentrationen *einer* Spezies, sondern die *Summe* der Gleichgewichtskonzentrationen *aller Spezies* von A ein.

Da die Konzentration von A der Quotient aus Stoffmenge $n(A)$ und Volumen V ist, kann man Gl. (18–1) umschreiben zu

$$D_c = \frac{\frac{n(A)_o}{V_o}}{\frac{n(A)_w}{V_w}} = \frac{n(A)_o}{n(A)_w} \cdot \frac{V_w}{V_o} \tag{18–2}$$

Die Indices o und w stehen wieder für organische und wäßrige Phase. – Das Verhältnis der Stoffmengen von A in beiden Phasen wird *Stoffmengenverteilungskoeffizient* D_m genannt (man vergewissere sich beim Nachschlagen numerischer Werte von D_m, ob wirklich ein Verhältnis von in mol angegebenen Stoffmengen oder aber ein *Massen*verhältnis angegeben ist):

$$D_m = \frac{n(A)_o}{n(A)_w} \tag{18–3}$$

(Man beachte, daß hier $n(A)$ für die *Summe* der Stoffmengen *aller* Spezies von A steht.) – Kombiniert man die Gl. (18–2) und (18–3), so folgt

$$D_c = D_m \cdot \frac{V_w}{V_o}, \tag{18–4}$$

$$D_m = D_c \frac{V_o}{V_w}. \tag{18–5}$$

Bei der Flüssig-flüssig-Extraktion wählt man die Bedingungen häufig so, daß $V_o = V_w$; dann sind D_m und D_c äquivalent. In diesem Fall kann man in den folgenden Gleichungen D_m durch D_c ersetzen. (Andernfalls muß D_m jeweils aus D_c, V_w und V_o berechnet werden.)

Unter Verwendung von Gl. (18–3) kann der restliche, nicht extrahierte Anteil x_R an gelöstem Stoff wie folgt geschrieben werden:

$$x_R = \frac{n(A)_w}{n(A)_w + n(A)_o} = \frac{1}{D_m + 1} \tag{18–6}$$

Häufig reicht ein einziger Extraktionsschritt nicht zur vollständigen Extraktion aus. In diesen Fällen trennt man die Phasen nach der ersten Extraktion und wiederholt die Extraktion mit einer weiteren Portion an organischem Lösungsmittel. Dieser Schritt kann mehrmals wiederholt werden. Nach n Extraktionen mit „frischem" Lösungsmittel ist der noch in der wäßrigen Phase verbleibende Anteil an gelöstem Stoff

$$(x_R)_n = \frac{1}{(D_m + 1)^n} \tag{18-7}$$

Der extrahierte Anteil in Prozent nach n Extraktionsschritten, der *Extraktionsgrad* E, entspricht der Differenz aus 1,0 (Ausgangskonzentration in der wäßrigen Lösung) und dem nicht extrahierten Rest, multipliziert mit 100:

$$E = 100 \cdot \left[1 - \frac{1}{(D_m + 1)^n} \right] \tag{18-8}$$

Für die meisten Zwecke betrachtet man eine Extraktion als quantitativ, wenn mindestens 99,9 % extrahiert sind. Wenn bei jedem Extraktionsschritt wenigstens 90 % extrahiert werden ($D_m = 9$), so genügen dazu zwei bis drei Schritte. Ist der Wert von D_c oder D_m weniger günstig, kann durch eine ausreichende Zahl von Schritten immer noch eine quantitative Extraktion erreicht werden. Dazu ist eine kontinuierliche Extraktion (z.B. mit einem Soxhlet-Extraktor) am besten geeignet.

18.3 Extraktion metallorganischer Komplexe

Komplexbildung und Extraktion

Eine große Zahl organischer Verbindungen kann Komplexe mit Metallkationen bilden. Viele dieser Komplexe sind eher „organischer Natur" und daher in organischen Lösungsmitteln besser löslich als in Wasser, sind also extrahierbar. So werden beispielsweise das Eisen(III)-kupferrat (der Kupferron-Eisen(III)-Chelatkomplex) oder der Komplex von Al(III) und Oxin durch Cloroform extrahiert.

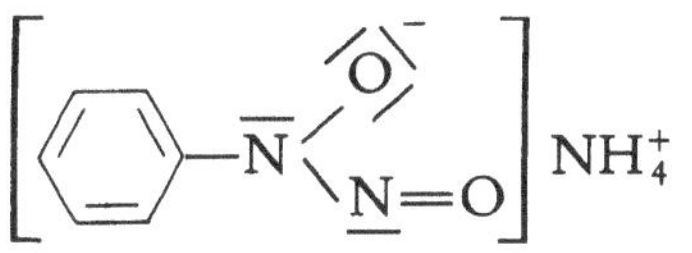

Kupferron

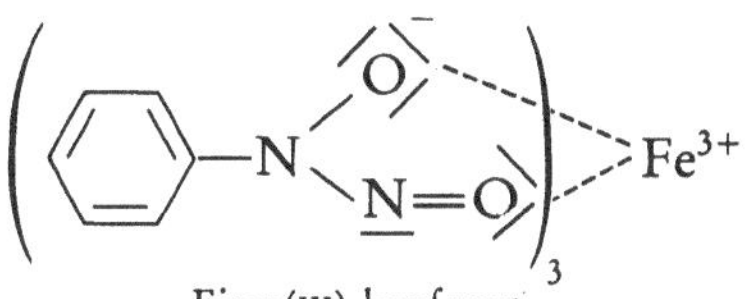

Eisen(III)-kupferrat

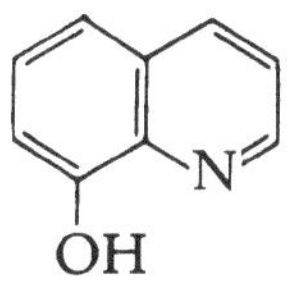

8-Hydroxychinolin
(Oxin)

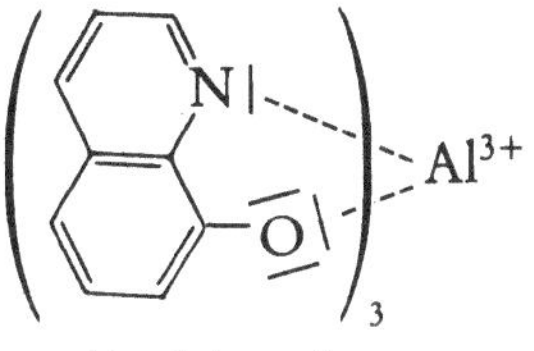

Aluminiumoxinat

Das Verteilungsgleichgewicht für diesen Typ von Komplexen liegt im allgemeinen weit auf einer Seite, so daß schon ein oder zwei Extraktionsschritte ausreichen. Die Chelatbildner sind Feststoffe, und die Metallkomplexe sind wasserunlöslich. Das Metall wird durch Vermischen der Metallsalzlösung mit einer wäßrigen Lösung des Chelatbildners und anschließender Extraktion des ausgefällten Metallkomplexes mit einem organischen Lösungsmittel aus der wäßrigen Phase abgetrennt. Man kann auch umgekehrt den Chelatbildner im organischen Lösungsmittel lösen und dann die wäßrige Lösung extrahieren. Durch Schütteln wird zunächst eine Emulsion beider Lösungen erzeugt. Dabei reagieren Metallionen aus den wäßrigen Lösungen an den Phasengrenzflächen mit dem Chelatbildner und werden dann in die organische Phase extrahiert.

Fein verteilte Tröpfchen des Lösungsmittels sind Voraussetzung für eine wirksame Extraktion, aber die Phasen müssen sich nach dem Ausschütteln trotzdem wieder rasch trennen. Lösungsmittelsysteme, die dauerhaft Emulsionen bilden, sind ungeeignet.

Einige wenige organische Chelatbildner sind Flüssigkeiten. Als Beispiel sei Isooctylthioglykolat (IOTG) genannt, ein selektiver Chelatbildner (s. Tabelle 18−1), eine nicht mit Wasser mischbare Flüssigkeit, die in reiner Form oder verdünnt mit anderen Lösungsmitteln eingesetzt wird.[1]

Bei den oben gezeigten Beispielen ist die Ladung des Metallkations neutralisiert, wir nennen sie daher Neutralkomplexe. Geladene Komplexe sind besser wasserlöslich und daher schlechter extrahierbar. So wird der Eisen(II)-Phen-Komplex (Ferroin, $[Fe(Phen)_3]^{2+}$; Phen = 1,10-Phenanthrolin) von den meisten organischen Lösungsmitteln nicht extrahiert. Metalloxinate sind neutral und extrahierbar, Oxinsulfonat-Chelate dagegen anionisch und nicht extrahierbar.

Trennungen

Metallionen können voneinander durch Flüssig-flüssig-Extraktion aufgrund von zwei Prinzipien getrennt werden:

(1) *Selektivität des Reagenzes.* Einige Metallionen reagieren mit dem Reagenz, andere tun es nicht und werden nicht extrahiert.

(2) *pH-Kontrolle.* Mit steigender Acidität können nur noch solche Metallionen mit dem Chelatbildner reagieren, die besonders stabile Komplexe bilden. Bild 18−1 faßt die pH-Abhängigkeit der Extraktion von Metall-Kupferraten durch Chloroform zusammen.

Eine typische Trennung unter pH-Kontrolle ist die Extraktion von Ti(IV) in Gegenwart von Al(III) bei pH 0−1,4. Bei pH-Werten über 1,4 wird auch Al(III) teilweise, zwischen pH 2,8 und 9,5 völlig extrahiert.

---

1 J.S. Fritz, R.K. Gillette und H.E. Mishmash, *Anal. Chem. 38*, 1869 (1966)

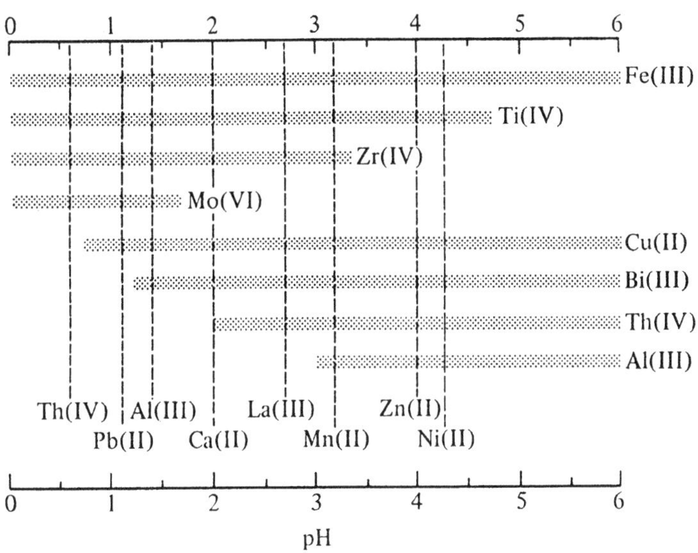

Bild 18-1 Extraktion von Metallionen mit Kupferron in Chloroform. Horizontale Linien: pH-Bereich, in dem vollständige Extraktion möglich ist. Vertikale Linien: pH, unterhalb dem keine Extraktion möglich ist. [J. Starý und J. Smizanská, *Anal. Chem.* **29**, 545 91963)]

Ermittlung der Formel eines Komplexes

Der Verteilungskoeffizient D_c für die Extraktion eines Metallions steigt mit zunehmender Konzentration des Chelatbildners im organischen Lösungsmittel an und nimmt im allgemeinen mit zunehmender Acidität der wäßrigen Lösung ab. Diese beiden experimentellen Parameter können so variiert werden, daß optimale Trennbedingungen herrschen.

In der Forschung ermöglicht die Abhängigkeit von D_c von der Reagenzkonzentration und vom pH oft die Ermittlung der Formel des extrahierten Metallkomplexes. Betrachten wir z.B. die Reaktion

$$M^{2+}(w) + x\,H_2L(o) \rightleftharpoons ML_x(o) + y\,H^+(w)\,, \tag{18-9}$$

wobei L für den Chelatbildner steht und w und o anzeigen, ob eine Spezies in der wäßrigen (w) oder organischen Phase (o) vorliegt. Wir machen die (zugegebenermaßen sehr vereinfachende) Annahme, daß diese Reaktion an der Grenzfläche Wasser/organisches Lösungsmittel abläuft, sobald das Gemisch geschüttelt wird. Wir nehmen weiter an, daß die nicht komplexierten Metallionen und die H_3O^+-Ionen nur in der wäßrigen Lösung vorliegen und daß die Verteilungskoeffizienten D_c für H_2L und ML_x jeweils so hoch sind, daß die Spezies praktisch nur in der organischen Phase vorkommen. Dann ist die Gleichgewichtskonstante der Reaktion

$$K = \frac{[ML_x]_o\,[H^+]_w^y}{[M^{2+}]_w\,[H_2L]_o^x} \tag{18-10}$$

Wenn wir annehmen, daß ML_x die einzige Form von M in der organischen Phase ist, so gilt für D_c

$$D_c = \frac{[ML_x]_o}{[M^{2+}]_w} \; . \tag{18–11}$$

Einsetzen in Gl. (18–10) liefert

$$K = \frac{D_c[H^+]_w^y}{[H_2L]_o^x} \, ,$$

und durch Auflösen nach D_c folgt

$$D_c = \frac{[H_2L]^x K}{[H^+]^y} \; .$$

Logarithmiert man diese Gleichung, so wird sie zu

$$\log D_c = x \cdot \log[H_2L]_o - y \log[H^+]_w + \log K$$

Wenn nun $[H^+]_w$ konstant gehalten wird, während man die Konzentration von H_2L in der organischen Phase variiert, so liefert Auftragen von $\log D_c$ gegen $\log[H_2L]_o$ eine Gerade mit der Steigung x. Hält man bei einer weiteren Serie von Extraktionen $[H_2L]_o$ kontant und variiert $[H^+]_w$, so ergibt die Auftragung von $\log D_c$ gegen $\log[H^+]_w$ eine Gerade mit der Steigung $-y$.

Beispiel:

Ein neues Oxim-Reagenz, H_2L, extrahierte Kupfer(II) selektiv unter Bildung eines grünen Oxim-Komplexes (bei niedrigen Oximkonzentrationen) bzw. eines braunen Oxim-Komplexes (bei höheren Konzentrationen).[2] Man fand den in Bild 18–2 gezeigten Verlauf des Verteilungskoeffizienten in Abhängigkeit von der Konzentration von H_2L in der organischen Phase.
Für den grünen Komplex entnimmt man der (doppelt-logarithmischen) Auftragung die Steigung $x = 1$, für den braunen die Steigung $x = 2$. Entsprechend fand man aus einer Auftragung von $\log D_c$ gegen $\log[H^+]_w$ für beide Komplexe eine Steigung von $y = -2$.
Vergleich mit den Gln. (18–14) und (18–9) führt zu folgenden Reaktionsgleichungen:

für den grünen Komplex:

$$Cu^{2+} + H_2L \rightarrow CuL + 2H^+$$

für den braunen Komplex:

$$Cu^{2+} + 2H_2L \rightarrow Cu(HL)_2 + 2H^+$$

Viele andere Beispiele für organische Reagenzien zur Extraktion von Metallionen finden sich in der Literatur; Tabelle 18–1 gibt einige typische Beispiele. Die Flüssig-flüssig-Extraktion wird zusammen mit Farbreagenzien auch angewandt, um

2 J.S. Fritz, D.R. Beuerman und J.J. Richard, *Talanta 18*, 1095 (1971)

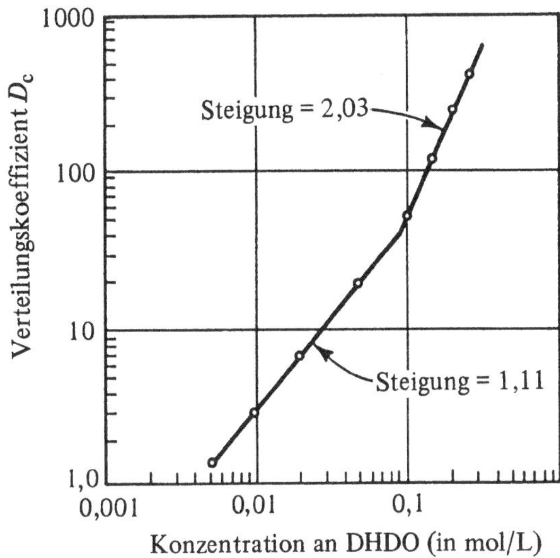

Bild 18-2
Verteilung von Cu^{2+} bei Extraktion aus einer Pufferlösung (Acetatpuffer pH 4) als Funktion der Konzentration an DHDO (s. Tabelle 18-1) in der organischen Phase

Störungen zu vermeiden und (gelegentlich), um die farbige Spezies anzureichern, indem man ein großes Volumen wäßriger Lösung mit einem relativ kleinen Volumen eines organischen Lösungsmittels ausschüttelt. Manchmal wird das Metallion zur spektralphotometrischen Analyse in die wäßrige Lösung zurückextrahiert, in anderen Fällen erfolgt die Farbstoffbildung und Messung direkt im organischen Extraktionsmittel.

18.4 Extraktion von Ionenpaar-Komplexen

Unter geeigneten Bedingungen bilden einige Metallionen extrahierbare Ionenpaare. Dabei ist das Metallion Bestandteil eines komplexen Kat- oder Anions. So kann zum Beispiel Eisen(III) mit Ether oder Methylisobutylketon (MIBK) aus salzsaurer Lösung, $c(HCL) = 6$ mol/L, extrahiert werden. Eisen(III) liegt dabei als Gemisch von Chlorokomplexen vor, wobei $[FeCl_4]^-$ die vorherrschende Form ist. Der anionische Komplex wird zusammen mit dem Hydroniumion als Ionenpaar extrahiert:

$$H_3O^+[FeCl_4]^-$$

Bei dieser Art von Extraktion sind zwei Hauptforderungen zu stellen: (1) Die gewählten Bedingungen müssen die Bildung eines größeren Komplex-Ions fördern (im vorliegenden Fall erfordert die Bildung des Ionenpaars eine hohe HCl-Konzentration). (2) Das organische Lösungsmittel muß das Ionenpaar stark solvatisieren.

Was den letzteren Punkt angeht, so ist der Vergleich der Wirksamkeit verschiedener Lösungsmittel bei der Extraktion von Eisen(III) aus salzsaurer Lösung interessant. Inerte Lösungsmittel wie Benzol, Chloroform und Tetrachlormethan extrahieren das Eisen hier gar nicht. Die Eignung sauerstoffhaltiger Lösungsmittel

Tabelle 18–1 Einige Chelatbildner zur Flüssig-flüssig-Extraktion[a]

Name oder Abkürzung	Formel	typische Extraktionen	typische Extraktionsbedingungen
Oxin	8-Hydroxychinolin (N-heterocyclisches Ringsystem mit OH)	Al(III), Bi(III), Cu(II), Sn(IV), Zn(II), usw.	verdünnte Säuren
TTA	Thienyl-Ring–$C(=O)$–CH_2–$C(=O)$–CF_3	die meisten Metallionen	$pH \geq 3$
PBHA	C_6H_5–$N(OH)$–$C(=O)$–C_6H_5	Mo(VI), Sn(IV), Ti(IV), V(V), W(VI), Zr(IV)	saure Lösungen
IOTG	$CH_2(SH)$–$C(=O)$–OC_8H_{17}	Ag(I), Au(III), Hg(II), Bi(III), Cu(II)	HNO_3, $c = 0{,}1$ bis $2\ mol/L$[b]
DHDO	C_4H_9–$CH(C_2H_5)$–$CH(OH)$–$C(=NOH)$–$CH(C_2H_5)$–C_4H_9	Cu(II), Mo(VI)	Cu: pH 4 bis 7 Mo: pH 0 bis 2[c]
TOPS	$(C_8H_{17})_3P{=}S$	Ag(I), Hg(II), Au(III)	saure Lösungen[d]
Natriumdiethylthiocarbamat	$(C_2H_5)_2N$–$C(=S)$–$S^-\ Na^+$	Metallionen, die unlösliche Sulfide bilden	verdünnte Säuren

a Eine ausführliche Übersicht gibt H. Specker mit seinem Beitrag „Ausschütteln von Metallhalogeniden aus wäßrigen Phasen" in *Analytiker-Taschenbuch*, Band 2, hrsg. von R. Bock, W. Fresenius, H. Günzler, W. Huber und G. Tölg (Springer, Berlin 1981)

b J.S. Fritz, R.K. Gillette und H.E. Mishmash, *Anal. Chem. 38*, 1869 (1966)

c J.S. Fritz, D.R. Beuerman und J.J. Richard, *Talanta 18*, 1095 (1971), *Anal. Chem. 44*, 692 (1972)

d D.E. Elliott und V.C. Banks, *Anal. Chim. Acta 33*, 237 (1965)

nimmt in der folgenden Reihe zu: Alkohole < Ether < Ester < Ketone < Phosphor-
säureester. Verdünnt man ein ketonisches Lösungsmittel (wie z.B. Methylisobutylketon) mit Toluol (Methylbenzol), welches das Ionenpaar nicht solvatisiert, so
sinkt die Extrahierbarkeit des Metallions. Der Verteilungskoeffizient D_c nimmt mit
steigendem Gehalt an Methylisobutylketon im Toluol zu. Dieses Verhalten ähnelt
den im Zusammenhang mit Chelatbildnern beobachteten Effekten.

Die molare Masse eines organischen Solvens beeinflußt die Extrahierbarkeit
gelöster Stoffe deutlich. In einer Serie von Experimenten wurde z.B. Eisen(III) aus
wäßrigen Lösungen gleicher HCl-Konzentration extrahiert. Als Lösungsmittel
dienten reine Ketone des Typs CH_3—CO—R. War R ein kurzkettiger Rest (z.B.
Ethyl), so machte sich die relativ große Löslichkeit des Ketons in der wäßrigen Phase
negativ bemerkbar. Mit einer von C_3 nach C_8 ansteigender Kettenlänge des Restes
R fand man eine Abnahme des Verteilungskoeffizienten D_c von Eisen(III). Die Auftragung von D_c gegen die Stoffmengenkonzentration an Solventien mit Carbonylgruppen ($>C=O$) ist linear (Bild 18−3). Dies zeigt, daß die Konzentration an
carbonylgruppentragenden Solventien im Extraktionsmittel der entscheidende Faktor für die Solvatation des zu extrahierenden Metallkomplexes ist.

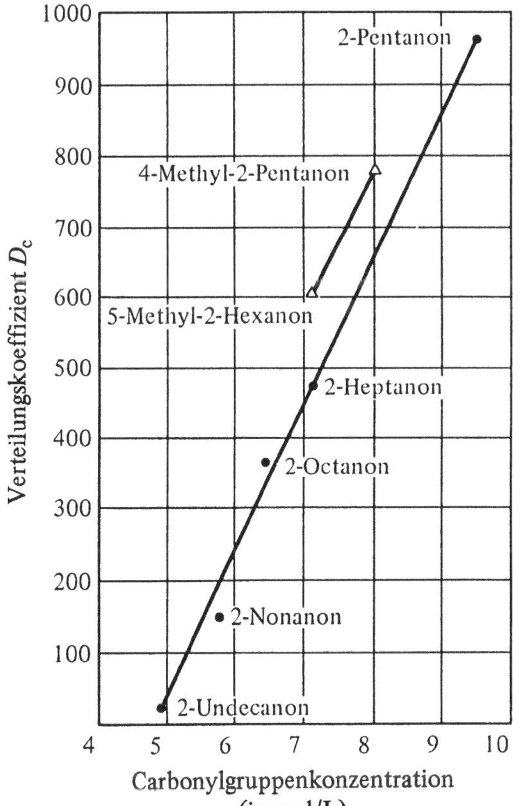

Bild 18-3

Auftragung des Verteilungskoeffizienten der Extraktion von
Fe^{2+} aus salzsaurer Lösung,
c (HCl) = 4 mol/L, mit Methyl-
ketonen gegen die Stoffmengenkonzentration an reinem Lösungsmittel, c (Fe^{2+}) ≈ 10^{-5} mol/L

Einige Extraktionen werden dadurch ermöglicht, daß man zu dem organischen Lösungsmittel ein stark solvatisierendes Agens gibt. So können zum Beispiel Uran(VI)-Salze wie Uranylchlorid mit Hilfe von Trioctylphosphinoxid (TOPO) oder Dioctylsulfoxid (DOSO) extrahiert werden. Mit dem letzteren Reagenz bildet das Uran ein Ionenpaar des Typs

$$\begin{bmatrix} R-S-R \\ | \\ O \\ | \\ O=U=O \\ | \\ O \\ | \\ R-S-R \end{bmatrix}^{2+} \quad 2X^-,$$

wobei $R = Octyl$ und $X^- = NO_3^-$ oder Cl^-. Viele Kationen können in ein TOPO-haltiges organisches Lösungsmittel extrahiert werden.[3]

Eine weitere Technik zur Verbesserung der Extraktion eines Metallions ist die Zugabe eines großen organischen Ions, welches mit dem Metallion ein Ionenpaar bildet. So bildet zum Beispiel das Tetrabutylammoniumion $(C_4H_9)_4N^+$ (aus Tetrabutylammoniumchlorid) ein Ionenpaar mit $[SnCl_6]^{2-}$. Dadurch kann das Zinnion bei niedrigerer Wasserstoffionen-Konzentration extrahiert werden als im Fall des Gegenions H_3O^+ (Bild 18−4). Mit quartären Ammoniumsalzen oder mit Salzen tertiärer Amine mit längeren Alkylketten können auch Eisen(III), Zinn(IV) und einige andere Metalle aus wäßriger Lösung extrahiert werden, und zwar in Lösungsmittel wie Toluol und aliphatische Kohlenwasserstoffe, die normalerweise Metallassoziate

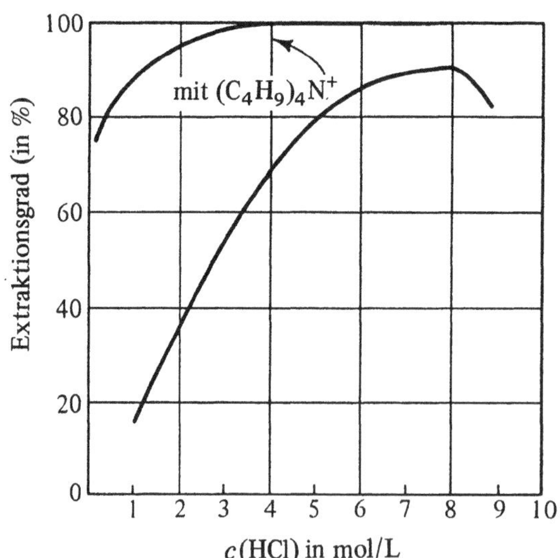

Bild 18-4
Einfluß von $(C_4H_9)_4N^+$ auf die Extraktion von Sn(IV) aus salzsaurer, wäßriger Lösung mit MIBK (Methylisobutylketon)

3 J.C. White und W. Ross, U.S. At. Energy Comm., NAS-NS 3102 (1961)

Tabelle 18—2 Einige Beispiele von Flüssig-flüssig-Extraktionen über Ionenpaare

Säure	Säurekonzentration in mol/L	Solvens	extrahierte Elemente
HCl	6—8	Diisopropylether	As(III), Fe(III), Ga(III), Ge(IV), Sb(V)
HCl	6—8	Methylisobutylketon (MIBK)	Mo(VI), Sn(IV)
HNO_3	5—6	Tributylphosphat	Au(III), Th(IV), U(VI)
H_2SO_4	0,5	Toluol + Trioctylamin	U(VI)
HF^a	5—6	MIBK	Ta(V), Nb(V)

a Eine weitere starke Säure wie HCl oder HNO_3 muß anwesend sein.

gar nicht extrahieren würden. Man hat diese organischen Amine und quartären Ammoniumsalze auch „flüssige Ionenaustauscher" genannt, da ihre Wirkungsweise der von Austauscherharzen entspricht, die eine Amingruppe enthalten. Zu diesem Thema wurden mehrere Übersichtsarbeiten veröffentlicht.[4]

Tabelle 18—2 enthält eine Liste als Ionenpaare extrahierbarer Metallionen. Meist genügen ein bis zwei Extraktionsschritte; die extrahierten Metalle werden dabei von den meisten anderen Metallionen getrennt. Methylisobutylketon (MIBK) ist ein wirksameres Extraktionsmittel als ein Ether und extrahiert ebenfalls die Metallionen, die durch Di-isopropylether aus salzsaurer Lösung extrahiert werden. Im allgemeinen können die extrahierten Metalle durch Extraktion der organischen Phase mit Wasser rückextrahiert werden. Uran(VI) bildet hier eine Ausnahme — es wird mit schwefelsaurer Lösung rückextrahiert, welche an H_2SO_4 höher konzentriert ist als die wäßrige Lösung bei der ersten Extraktion.

Aufgaben

Grundlagen

18.1 Erklären Sie, wie eine organische Base, z.B. Anilin (Aminobenzol), von einer Neutralverbindung, z.B. Chlorbenzol, getrennt werden könnte.

18.2 Das Uranylkation UO_2^{2+} bildet einen Komplex, der aus nitrathaltiger wäßriger Lösung in eine organische Lösung des Liganden L extrahiert wird. Der extrahierte Komplex hat die Zusammensetzung $UO_2L_x(NO_3)_y$. Beschreiben Sie ein experimentelles Verfahren zur Ermittlung der Werte x und y.

4 H. Green, *Talanta 11*, 1561 (1964)

18.3   Gallium(III) bildet einen extrahierbaren Assoziatkomplex mit Halogeniden. Es wird berichtet, daß Gallium(III) zu 55 % aus wäßriger HBr-Lösung, $c(HBr) = 4$ mol/L, in Diethylether extrahiert wird. Geben Sie möglichst viele Wege zur Verbesserung der Extraktionsausbeute bzw. zur quantitativen Extraktion des Ga(III) aus wäßriger HBr-Lösung in ein organisches Lösungsmittel an.

18.4   Flüssige Thiole (Mercaptane, RSH) können Silber(I) unter Bildung von Silberthiolaten (RSAg) extrahieren, welche in der organischen Flüssigkeit löslich sind. Welche der folgenden Verbindungen (von denen keine sich merklich in Wasser löst) wird Silber(I) am effektivsten aus wäßriger Lösung extrahieren: Hexylmercaptan $C_6H_{13}SH$ oder Laurylmercaptan $C_{12}H_{25}SH$?

Extraktionsgrad

18.5   Der Verteilungskoeffizient für eine Extraktion sei 20. Zeigen Sie durch Berechnungen auf, was effektiver ist:

      a) Extraktion von 10 mL wäßriger Lösung mit 20 mL organischem Lösungsmittel,

      b) zweimalige Extraktion mit je 10 mL organischem Lösungsmittel.

18.6   Unter bestimmten experimentellen Bedingungen wird Uran zu 66,2 % aus wäßriger Salpetersäure in ein gleiches Volumen eines organischen Lösungsmittels extrahiert. Berechnen Sie die Anzahl der Extraktionsschritte, die (jeweils mit einer einzigen frischen Lösungsmittelportion) erforderlich sind, um einen Extraktionsgrad von 99,5 % zu erzielen.

18.7   Trinkwasser ist häufig durch Spuren von Chloroform verunreinigt. Mehrfachexperimente zeigen, daß durch Schütteln von 100 mL Wasser mit 1,0 mL Pentan 53 % des Chloroforms in das Pentan extrahiert werden. Berechnen Sie den Extraktionsgrad beim Schütteln von 10,0 mL Wasser mit 1 mL Pentan.

18.8   Die Lösung von 1,00 mg eines Arzneimittels in 100 mL Wasser wird mit 10 mL Chloroform extrahiert. Nach Erreichen des Gleichgewichts enthielt die Chloroformphase 0,95 mg des Arzneistoffes. Berechnen Sie die Größen D_m und D_c.

Einfluß des pH und der Reagenzkonzentration

18.9 Ein Reagenz HL reagiert mit Cu(II) nach der Gleichung

$$Cu^{2+} + 2\,HL + 2\,H_2O \rightleftharpoons CuL_2 + 2\,H_3O^+$$

Bei pH 3,00 ist

$$D_c = \frac{[CuL_2]}{[Cu^{2+}]} = 2{,}17 \ .$$

Berechnen Sie D_c bei pH 3,5.

18.10 Ein Reagenz HL reagiert mit Magnesium(II) nach der Gleichung

$$Mg^{2+} + 2\,HL + 2\,H_2O \rightleftharpoons MgL_2 + 2\,H_3O^+$$

Bei pH 7,2 wird Mg(II) zu 81,2 % in ein gleiches Volumen eines organischen Lösungsmittels extrahiert, das 0,10 mol/L HL enthält. Berechnen Sie den Extraktionsgrad von Mg(II) unter den gleichen Bedingungen, jedoch mit einer organischen Lösung von HL, $c = 1{,}00$ mol/L.

18.11 Eine organische Säure HA hat die Dissoziationskonstante $K_a = 1{,}0 \cdot 10^{-5}$. Bei Extraktion mit Toluol gilt: $D_c(HA) = 3{,}60$ und $D_c(A^-) = 0{,}00$. Berechnen Sie den Prozentanteil an Säure, der aus dem Wasser in ein gleiches Volumen Toluol extrahiert wird, wenn die wäßrige Lösung a) auf pH 1,0, b) auf pH 5,0 gepuffert ist (gehen Sie von einem nicht extrahierbaren Puffer aus).

Methoden

18.12 Mit Hilfe von Kupferron sollen extraktive Trennungen quantitativ durchgeführt werden. Als organisches Lösungsmittel dient Chloroform. Geben Sie für jedes Trennproblem einen geeigneten pH-Wert an (vgl. Bild 18−1):

a) Mo(VI), Th(IV)

b) Bi^{3+}, Pb^{2+}

c) Cu^{2+}, Co^{2+}

d) Th^{4+}, Al^{3+}

e) Fe^{3+}, Al^{3+}.

18.13 Gehen Sie von Tabelle 18−1 aus und nehmen Sie an, daß die angegebenen Reagenzien nur die aufgeführten Metallionen extrahieren. Geben Sie ein Schema zur Trennung der folgenden Mischungen an:

a) Bi^{3+}, Cd^{2+}, Hg^{2+}

b) Mo(VI), Ti(IV), U(VI)

c) Ag^+, Cu^{2+}, Ni^{2+}.

Kapitel 19

Grundlagen der Chromatographie

19.1 Begriffe und Prinzipien

Der Begriff „Chromatographie" wurde durch Tswett[1] im Jahre 1906 aus den griechischen Worten mit der Bedeutung „Farbe" und „Schreiben" geprägt. Er beschrieb eine Methode für die Trennung von Chlorophyll und anderen pflanzlichen Farbstoffen: Hierbei benutzte er ein Rohr (eine sogenannte *Säule*), das mit einem trockenen, festen Absorbens, wie z.B. Calciumcarbonat, gefüllt war. Der erste Schritt bei dieser Methode bestand in der Extraktion der Farbstoffe aus dem pflanzlichen Material mit einem organischen Lösungsmittel. Wurde ein Extrakt des pflanzlichen Materials auf die Säule gegeben und diese anschließend mit einem geeigneten organischen Lösungsmittel gespült *(eluiert)*, so beobachtete Tswett, daß sich die Bestandteile sichtbar mit verschiedenen Geschwindigkeiten durch die Kolonne bewegten und sich in farbige Ringe (sogenannte *Banden*) auftrennten. Nach vollständiger Auftrennung dieser Banden nahm Tswett das gesamte Säulenmaterial als vollständigen Zylinder aus dem Rohr heraus und schnitt die Banden mit einem Messer heraus *(Fraktionierung)*.

Der Begriff *Chromatographie* bezieht sich auf jede Trennmethode, bei der die Komponenten zwischen einer stationären Phase und einer sich bewegenden (mobilen) Phase verteilt werden.

Die *stationäre Phase* ist eine poröse Festsubstanz, die alleine verwendet oder mit einer flüssigen stationären Phase überzogen wird. Die Trennungen erfolgen, weil die Komponenten eines Gemisches verschiedene Affinitäten zur stationären und mobilen Phase haben und sich deswegen mit verschiedenen Geschwindigkeiten durch die Säule bewegen (oder durch ein anderes Absorbens, wie z.B. ein Stück Filterpapier). Die *mobile Phase* wird als *Eluens* (Elutionsmittel, Fließmittel, Laufmittel) oder manchmal als *Träger* (engl. carrier) bezeichnet. Der Vorgang des Transportes einer Substanz durch die Säule wird als *Elution* bezeichnet. Die aufgetrennten Substanzen müssen nicht farbig sein, jedoch müssen geeignete Methoden für ihre Detektion oder quantitative Bestimmung genutzt werden. In der Praxis der modernen Säulenchromatographie wird das Füllmaterial üblicherweise nicht ausgestoßen, um die Banden herauszuschneiden; stattdessen wird die Elution fortgesetzt, bis die Bestandteile der Probe nach einiger Zeit aus der Säule austreten. Die Fraktionen werden gesammelt und analysiert, oder die Bestandteile werden durch einen Detektor gemessen, der am Säulenausgang angebracht ist. In jedem Falle wird ein *Chromatogramm*, wie das in Bild 19−1 gezeigte, automatisch aufgezeichnet. Jeder „*Peak*" (Spitze) dieses Chromatogrammes stellt einen getrennten Bestandteil der Probe dar. Die Fläche unter jedem Peak ist ein Maß für die relative Menge dieses Bestandteils.

Die Trennleistungen der modernen Chromatographie sind außergewöhnlich. In günstigen Fällen kann eine vollständige Auftrennung einer Substanz mit zehn oder zwanzig Bestandteilen in wenigen Minuten erreicht werden. Organische Substanzen mit sehr ähnlicher Struktur können aufgetrennt werden, ebenso wie anorganische Verbindungen mit nahezu identischen chemischen Eigenschaften. Sogar

---

1 M. Tswett, *Ber. Deut. Botan. Ges. 24*, 384 (1906)

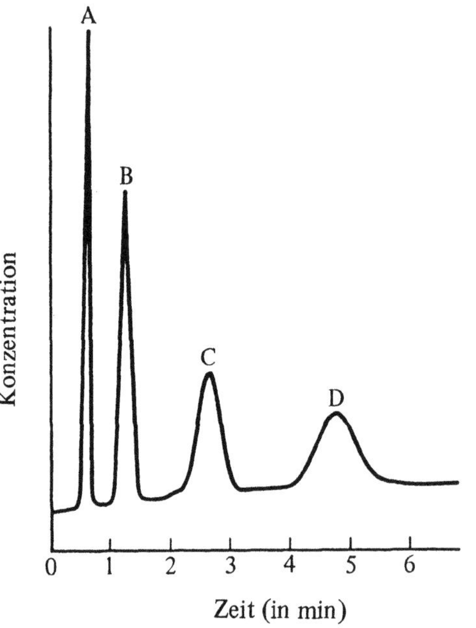

Bild 19-1
Chromatographische Elutionskurve.
Die Abszisse kann auch in mL Eluens
(Volumen des Eluats) oder durch
Numerierung der Fraktionen ge-
kennzeichnet werden.

die Isotope des Stickstoffs in Ammoniak wurden durch Ionenaustauschchromatographie getrennt.[2] Aus diesem Grunde ist die Chromatographie eine unersetzliche
Methode in der modernen chemischen Analytik, und chromatographische Methoden zählen zu den am häufigsten angewandten unter allen analytischen Verfahren.

Die verschiedenen chromatographischen Methoden

Chromatographische Trennungen werden durch unterschiedliche Wanderungsgeschwindigkeiten von Probenbestandteilen herbeigeführt, die auf einer unterschiedlichen Verteilung zwischen zwei Phasen beruhen. Verschiedene Kombinationen sind möglich und wurden in der Praxis angewendet. Wird die mobile Phase zuerst und anschließend die stationäre Phase genannt, so ergeben sich: flüssig-flüssig,
flüssig-fest, gas-flüssig und gas-fest. Die *Gaschromatographie* (GC) beinhaltet Gas-
flüssig- (GLC-) oder Gas-fest- (GSC-) Systeme; wir behandeln sie im nächsten
Kapitel.

Die *Flüssigchromatographie* (LC) erstreckt sich auf flüssig-flüssige (LLC)
und flüssig-feste Phasen (LSC) und wird in Kapitel 21 diskutiert. Trennungen, bei
denen feste Phasen in Form eines Ionenaustauschers vorliegen (im Gegensatz zu
festen Phasen, die einen gelösten Stoff durch Sorptionskräfte zurückhalten) werden
unter *Ionenaustauschchromatographie* eingeordnet; diese werden in Kapitel 22 behandelt. Anstatt eine Säule zu verwenden, können chromatographische Trennungen
auch unter Verwendung eines Blattes oder einer Platte irgendeines Materials durch-

2 F.H. Spedding, J.E. Powell und H.J. Svec, *J. Am. Chem. Soc.* **77**, 1393, 6125 (1955)

geführt werden, die die stationäre Phase tragen. So spricht man von *Papierchromatographie* (PC), wenn ein schmales Blatt aus Filterpapier eingesetzt wird, oder von *Dünnschichtchromatographie* (DC), wenn eine Platte aus Kunststoff oder Glas verwendet wird, die mit einem festen Absorbens beschichtet ist. Auch diese Techniken werden im Kapitel 21 behandelt.

Das Prinzip der Flüssig-flüssig-Chromatographie

Flüssig-flüssig-Chromatographie ist der Flüssig-flüssig-Extraktion sehr ähnlich, weil bei beiden die Bestandteile der Probe durch die Verteilung zwischen zwei flüssigen Phasen getrennt werden. Bei der einfachen Flüssig-flüssig-Extraktion findet nur eine einzige Gleichgewichtseinstellung für jede Extraktion statt; sie wird deshalb als Einschritt-Trennung bezeichnet. Bei der Flüssig-flüssig-Chromatographie stellt sich das Gleichgewicht beim Durchwandern der Säule immer wieder neu ein (für die betrachtete wandernde Substanz), so daß die Chromatographie ein *mehrstufiger Trennprozeß* ist.

Die hauptsächliche Einschränkung eines einstufigen Prozesses ist, daß er nach dem Prinzip „Alles oder Nichts" eine quantitative Trennung erreichen muß. Sollen also zwei Substanzen durch Extraktion getrennt werden, muß eine davon in zwei oder drei Extraktionen mit jeweils frischem Lösungsmittel möglichst vollständig extrahiert werden, während die andere dabei möglichst überhaupt nicht in das Lösungsmittel übergehen sollte. Häufig können die Bedingungen hierfür nicht gefunden werden; in vielen Fällen bedeutet die vollständige Extraktion eines Bestandteiles der Probe gleichzeitig auch die teilweise Extraktion eines anderen Bestandteiles. Die Gegenstromextraktion (Craig-Verteilung, siehe unten) und die Flüssig-flüssig-Chromatographie sind Beispiele eines vielstufigen Trennprozesses und erfordern keine „Alles-oder-Nichts"-Trennung. Hier reicht schon ein geringer Unterschied in den Verteilungskoeffizienten, daß die Bestandteile einer Probe sich mit unterschiedlichen Geschwindigkeiten durch eine Säule oder durch eine Reihe von Extraktionsgefäßen bewegen und hierbei letztlich voneinander getrennt werden.

Der Craig-Apparat wird für analytische Trennungen durch Gegenstromextraktion verwendet.[3] Er besteht aus einer Reihe von röhrenförmigen Glasgefäßen (Verteilungselementen), die in einem Gestell derart befestigt werden, daß in allen Gefäßen zur gleichen Zeit Extraktionen ausgeführt werden können. Wenn sich die Lösungsmittelschichten getrennt haben, kann die Halterung geschwenkt werden, daß die überstehende Schicht (die Oberphase) jedes Gefäßes in das nachfolgende überführt wird. Zu Beginn eines Durchlaufes werden alle Verteilungselemente zur Hälfte mit dem schwereren Lösungsmittel gefüllt, das als stationäre (untere) Phase dient; Element 0 enthält die im gleichen Lösungsmittel gelöste Probe. Ein leichteres, mit ersterem Solvens nicht mischbares Lösungsmittel (mobile Phase) wird zum Verteilungselement 0 zugegeben. Nach Durchmischen und Absitzenlassen wird die obere Schicht (Oberphase) in Element 1 überführt, gleichzeitig frisches Lösungsmittel

3 B.E. Gordon und L.C. Jones, *Anal. Chem.* 22, 981 (1950)

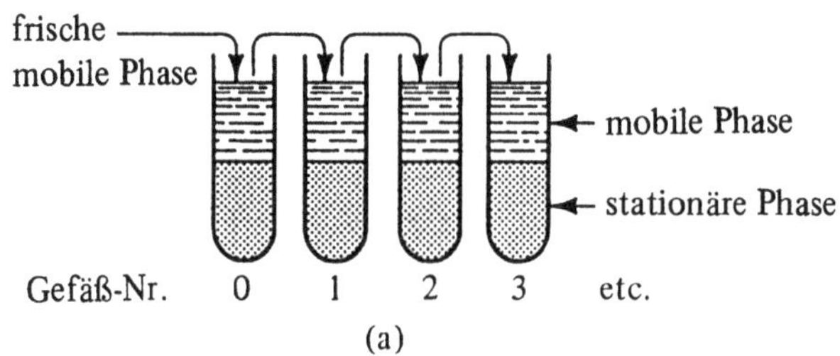

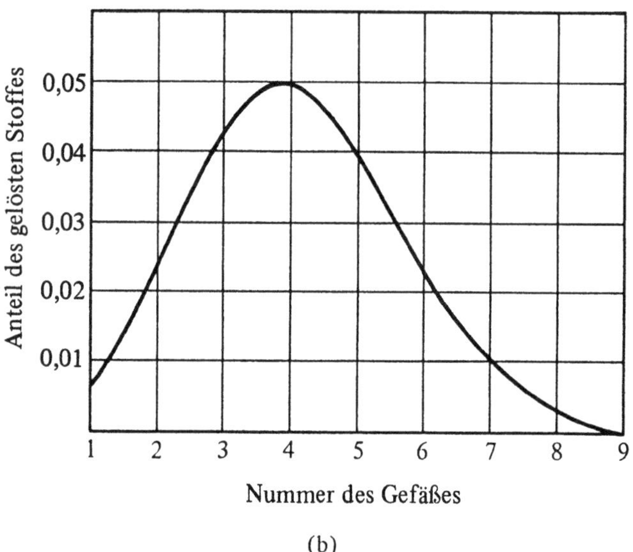

Bild 19-2 Craig-Gegenstrom-Extraktion
a) Schema des Stofftransportes
b) Anteil an gelöstem Stoff in jeder Säule nach dem sechzehnten Verteilungsschritt

dem Element 0 zugefügt – die Extraktion findet nun gleichzeitig in beiden Verteilungselementen statt. Anschließend werden die Oberphasen aus den Gefäßen 1 und 0 gleichzeitig in die Elemente 2 und 1 überführt, frische mobile Phase wird dem Element 0 zugegeben, der vollständige Prozeß wird wiederholt usw. Das System der Überführung ist in Bild 19–2 dargestellt. Weil jeweils nur die oberen Schichten nach jeweils einem Durchgang von simultanen Extraktionen weitergeleitet werden, kann sich ein gelöster Stoff nur mittels Überführung in das leichtere Lösungsmittel (Oberphase) entlang der Reihe von Verteilungselementen im Craig-Apparat bewegen.

Die unterschiedliche Geschwindigkeit des Transports verschiedener Substanzen beruht auf ihren unterschiedlichen Verteilungskoeffizienten; die Substanz, die am vollständigsten durch das leichtere Lösungsmittel extrahiert wird, bewegt sich mit der größten Geschwindigkeit.

Bei der Gegenstromextraktion kann die Verteilung eines gelösten Stoffes berechnet werden. Betrachten wir als Beispiel die Verteilung eines Stoffes in einer

Craig-Apparatur; der gelöste Stoff habe einen Stoffmengenverteilungskoeffizienten $D_m = 4$:

$$D_m = \frac{p}{q} = 4{,}0$$

Hierbei ist p der Anteil des gelösten Stoffes A in der stationären (unteren) Phase, q der Anteil des gelösten Stoffes in der mobilen (oberen) Phase:

$$p = \frac{n(A)_u}{n(A)_u + n(A)_o}$$

$$q = \frac{n(A)_o}{n(A)_u + n(A)_o}$$

$$p + q = 1$$

(Die Indices o und u stehen für die Ober- bzw. Unterphase.) Mit diesen Beziehungen können p und q nach der Gleichgewichtseinstellung in einem jeden Verteilungselement berechnet werden. Für das Element 0 ergibt sich

$$D_m = 4{,}0 = \frac{p}{1 - p}$$

$$p = 0{,}80$$

$$q = 1 - p = 0{,}2 \quad \text{(in Element 0)}$$

Diese Berechnung zeigt, daß für $D_m = 4{,}0$ das Verhältnis von p zu q in jedem Element *nach* der Gleichgewichtseinstellung sich verhält wie 0,8 zu 0,2. Der Anteil des gelösten Stoffes – bezogen auf die ursprüngliche Stoffmenge – in jedem Verteilungselement wird:

$p = 0{,}80 \cdot$ (Anteil des gelösten Stoffes im Verteilungselement *vor* der Gleichgewichtseinstellung),

$q = 0{,}20 \cdot$ (Anteil eines gelösten Stoffes im Verteilungselement *vor* der Gleichgewichtseinstellung).

Nach der Gleichgewichtseinstellung im Verteilungselement 0 wird die mobile Phase (die Oberphase) in das Element 1 überführt, so daß Element 0 80 % und Element 1 20 % der ursprünglichen Stoffmenge des gelösten Stoffes enthält. Frische mobile Phase wird in Gefäß 0 zugefügt, und die Gleichgewichtseinstellung des gelösten Stoffes in beiden Elementen wird gleichzeitig durchgeführt. Nach den Gleichgewichtseinstellungen gilt:

$$\left.\begin{array}{l} p = 0{,}80 \cdot 0{,}80 = 0{,}64 \\[2mm] q = 0{,}20 \cdot 0{,}80 = 0{,}16 \end{array}\right\} \text{Element 0}$$

Tabelle 19−1   Berechneter Anteil an gelöstem Stoff in den Elementen einer Craig-Apparatur. Der Stoff habe einen Stoffmengenverteilungskoeffizienten $D_m = 4{,}0$

Nummer des Verteilungsschrittes	Nummer des Elements					
	0	1	2	3	4	5
$n = 1$	$\frac{0{,}80}{0{,}20}$ ↗					
$n = 2$	$\frac{0{,}64}{0{,}16}$ ↗	$\frac{0{,}16}{0{,}04}$ ↗				
$n = 3$	$\frac{0{,}512}{0{,}128}$ ↗	$\frac{0{,}256}{0{,}064}$ ↗	$\frac{0{,}032}{0{,}008}$ ↗			
$n = 4$	$\frac{0{,}410}{0{,}102}$ ↗	$\frac{0{,}307}{0{,}077}$ ↗	$\frac{0{,}077}{0{,}019}$ ↗	$\frac{0{,}0064}{0{,}0016}$ ↗		
$n = 5$	$\frac{0{,}328}{0{,}082}$ ↗	$\frac{0{,}327}{0{,}082}$ ↗	$\frac{0{,}123}{0{,}031}$ ↗	$\frac{0{,}0203}{0{,}0051}$ ↗	$\frac{0{,}0013}{0{,}0003}$ ↗	
$n = 6$	$\frac{0{,}262}{0{,}066}$ ↗	$\frac{0{,}327}{0{,}082}$ ↗	$\frac{0{,}164}{0{,}041}$ ↗	$\frac{0{,}041}{0{,}010}$ ↗	$\frac{0{,}0051}{0{,}0013}$ ↗	$\frac{0{,}0002}{0{,}0001}$ ↗

Hinweis: Die Pfeile zeigen die Bewegung der mobilen Oberphase zum nächsten Element an.

$$\left. \begin{array}{l} p = 0{,}80 \cdot 0{,}20 = 0{,}16 \\[2mm] q = 0{,}20 \cdot 0{,}20 = 0{,}04 \end{array} \right\} \text{Element 1}$$

Mit dem Transport des gelösten Stoffes durch die Reihe der Verteilungselemente nimmt die Anzahl derjenigen Gefäße zu, in denen gleichzeitig Gleichgewichtseinstellungen stattfinden.

Tabelle 19−1 zeigt die Ergebnisse für den Stofftransport über nur fünf Elemente. Offensichtlich benötigt man eine deutlich höhere Anzahl an Verteilungselementen, wenn ein gelöster Stoff mit $D_m = 4{,}0$ von anderen Stoffen, deren Massenverteilungsverhältnisse sich nur geringfügig von 4 unterscheiden, getrennt werden soll. Für ersteren Stoff ($D_m = 4{,}0$) erhält man nach dem 16. Verteilungsschritt die in Bild 19−2b gezeigte Verteilungskurve. Eine Substanz mit D_m kleiner als 4,0 wandert „schneller" (d.h. schon nach weniger Extraktionsprozessen) durch die Craig-Apparatur.

Es ist ersichtlich, daß das Konzentrationsprofil über die Reihe von Verteilungselementen annähernd einer Gauß-Verteilung entspricht (die Normalverteilungskurve in Bild 3−1 ist eine Gauß-Kurve). Eine Apparatur mit sehr vielen Verteilungselementen liefert eine (symmetrische) Gauß-Kurve in dem Augenblick, in dem das mobile Lösungsmittel das letzte Element erreicht.

Die Flüssig-flüssig-Verteilungschromatographie auf einer Säule folgt dem gleichen mathematischen Modell. Obwohl eine chromatographische Säule nicht in diskrete Sektionen wie die Elemente eines Craig-Apparates unterteilt wird, findet die mehrfache Gleichgewichtseinstellung des gelösten Stoffes zwischen der stationären und der mobilen Phase in der gesamten Säule statt. Die Kurve für die Elution eines gelösten Stoffes in einer chromatographischen Säule ist eine Gauß-Kurve, vgl. Bild 19−1.

Elutions- und Verdrängungschromatographie

In der Säulenchromatographie werden Substanzen durch Unterschiede in ihrer Verteilung zwischen einer stationären Phase (einer Säulenfüllung) und einer mobilen Phase, die durch die Säule fließt, getrennt. Bei der Flüssig-flüssig-Verteilungschromatographie können sich die Bestandteile einer Probe z.B. zwischen einer wäßrigen mobilen Phase und einer stationären organischen Phase verteilen, wobei die letztere in den Poren eines Sorptionsharzes gebunden ist. Die Phasen können auch vertauscht werden, so daß die stationäre Phase eine wäßrige und die mobile Phase eine organische ist.

Ein Schema für eine chromatographische Trennung ist in Bild 19−3 gezeigt. Eine Glassäule wird mit einem granularen Feststoff wie z.B. Silicagel gepackt; dieser trägt Wasser als stationäre (nicht bewegliche) Phase. Im Sorptionsschritt wird die Probe in einem brauchbaren organischen Lösungsmittel gelöst und auf die Säule gegeben. Die Probenbestandteile A und B werden durch das Silicagel am oberen Ende der Säule adsorbiert und bilden eine Zone − eine „Bande" − der gelösten Bestandteile.

Hierbei wird angenommen, daß es sich bei den Bestandteilen A und B um organische Substanzen handelt, weil die Verteilungschromatographie normalerweise − aber nicht immer − auf die Trennung von Mischungen organischer Verbindungen angewendet wird.

Bis zu diesem Punkt hat praktisch keine Trennung der Substanzen A und B stattgefunden. Nun wird die Säule mit einem geeigneten organischen Lösungsmittel

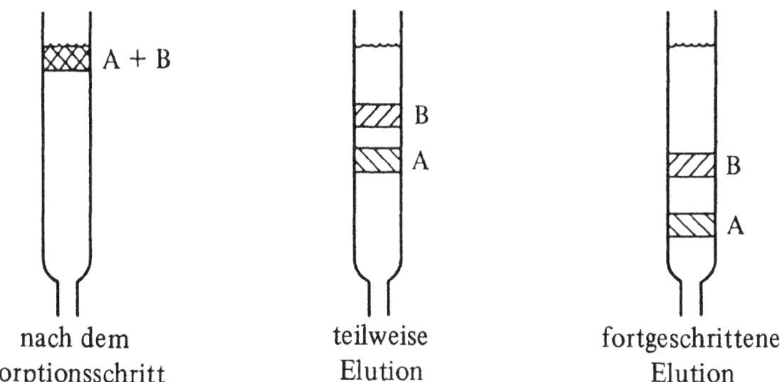

Bild 19-3 Bewegung der Banden während einer chromatographischen Trennung auf einer gepackten Säule

oder einer Mischung von Lösungsmitteln – dem Elutionsmittel – eluiert. Hierbei werden A und B durch die Säule nach unten transportiert. Ihre Wanderungsgeschwindigkeiten hängen von ihrem Verteilungskoeffizienten D_c oder D_m ab. Bei der Verteilungschromatographie ist der Verteilungskoeffizient immer so definiert, daß der in der stationären Phase gelöste Stoff im Zähler angegeben wird:

$$D_m = \frac{n(A)_s}{n(A)_m} \tag{19-1}$$

$$D_c = \frac{[A]_s}{[A]_m} \tag{19-2}$$

Hierbei steht $n(A)_s$ für die Stoffmenge des gelösten Stoffes A in der stationären Phase, $n(A)_m$ für diejenige in der mobilen Phase. Analog bezeichnen $[A]_s$ und $[A]_m$ die Gleichgewichtskonzentrationen aller Spezies von A in der stationären (s) bzw. mobilen (m) Phase; D_m und D_c sind die Stoffmengen- bzw. Konzentrationsverteilungskoeffizienten (vgl. Kapitel 18). Je kleiner der Verteilungskoeffizient für einen gelösten Stoff ist, um so schneller wird er sich durch die Säule bewegen. Auch wenn nur ein kleiner Unterschied zwischen den Verteilungskoeffizienten von A und B besteht, werden A und B graduell in separate Zonen aufgetrennt. Durch Sammlung von Fraktionen des Eluates können reines A und reines B beim Verlassen der Säule gesammelt werden.

Bei der *Verdrängungschromatographie* werden A und B in separate Zonen aufgetrennt, die dann mit der *gleichen* Geschwindigkeit durch die Säule transportiert werden, sobald das Gleichgewicht einmal eingestellt ist. Dies tritt ein, wenn das Elutionsmittel selbst mit der Säule in Wechselwirkung tritt. Das Elutionsmittel schiebt B, und B schiebt A vor sich her. Um diesen Zustand aufrechtzuerhalten, sind verhältnismäßig große Mengen jedes Bestandteiles der Probe erforderlich. Diese Technik wird zur Darstellung reiner Substanzen angewendet (präparative Chromatographie). Eine typische Konzentrationskurve, die durch Analyse aufgefangener Fraktionen erhalten wurde, ist in Bild 19–4a dargestellt.

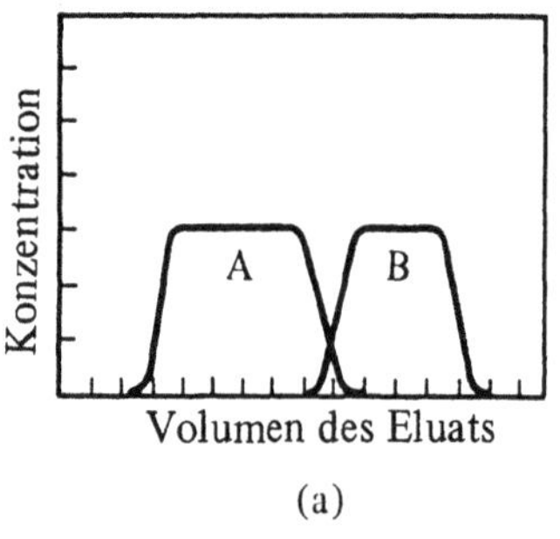

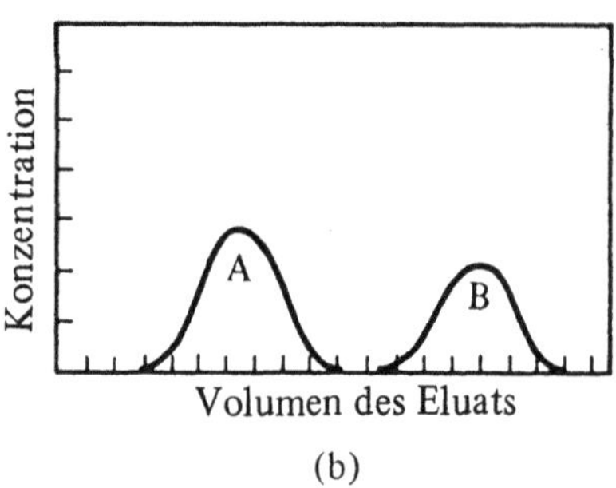

Bild 19-4 Chromatographische Elutionskurven
a) Verdrängungschromatographie, b) Elutionschromatographie

Bei der *Elutionschromatographie* werden dagegen A und B in zwei separate Fraktionen getrennt, und die entsprechenden Zonen (die Banden) bewegen sich mit *unterschiedlichen* Geschwindigkeiten durch die Säule. Dies tritt ein, wenn das Elutionsmittel mit der Säule kaum in Wechselwirkung tritt; die Elutionskurve für das Elutionsmittel ist bei der Elutionschromatographie vom in Bild 19−4b gezeigten Typ. Die Elutionschromatographie wird für quantitative, analytische Aufgaben normalerweise der Verdrängungschromatographie vorgezogen, weil bei ihr keine Vermischung der Grenzbereiche zwischen aufgetrennten Fraktionen beobachtet wird.

19.2 Theorie der theoretischen Böden in der Chromatographie

Retentionsvolumen

Das Volumen an Elutionsmittel, das erforderlich ist, um eine Substanz beim Verlassen der chromatographischen Säule in maximaler Konzentration im Elutionsmittel anzutreffen, wird als Retentionsvolumen V_R bezeichnet (Bild 19−5). Beachtenswert ist, daß exakt die Hälfte der Substanz bis zu diesem Punkt eluiert wurde, vorausgesetzt die Elutionskurve ist symmetrisch (Gauß-Verteilung). Ein signifikanter Unterschied in den Retentionsvolumina zweier Substanzen zeigt an, daß eine gute Trennung erreicht wurde.

Das Retentionsvolumen V_R beinhaltet auch das sog. Totvolumen V_0, das ist das Volumen aller Teile der Apparatur (wie Probeninjektor, die Säule selbst, Detektor), die vom Elutionsmittel gefüllt bzw. durchströmt werden. Daher verwenden viele Autoren für V_R auch die Bezeichnung „Gesamtretentionsvolumen" oder „Bruttoretentionsvolumen".

Bei automatisch registrierten Chromatogrammen ist es oft angebracht, mit der *Retentionszeit* t_R zu arbeiten; das ist diejenige Zeit, die notwendig ist, um eine

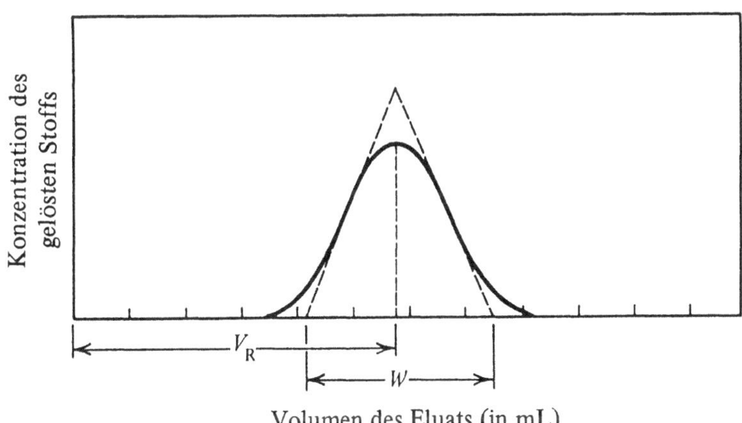

Bild 19-5 Elutionskurve mit Definition der Größen Retentionsvolumen V_R und Peakbreite W

Substanz in ihrer maximalen Konzentration zu eluieren. Die Schreiber arbeiten hierbei mit einem konstanten Papiervorschub, so daß die Retentionszeit direkt vom Chromatogramm abgelesen werden kann. Aus der Retentionszeit t_R und der Fließgeschwindigkeit F des Elutionsmittels (der Durchflußgeschwindigkeit) läßt sich das Retentionsvolumen berechnen:

$$V_R = t_R F \qquad (19-3)$$

Das Retentionsvolumen eines gelösten Stoffes A läßt sich aus dem Verteilungskoeffizienten – dieser wird in der Chromatographie auch als Kapazitätsfaktor bezeichnet – berechnen, vorausgesetzt, daß gewisse Parameter der chromatographischen Säule bekannt sind; der Verteilungskoeffizient D_m oder D_c läßt sich durch einfache Extraktion ermitteln. – Wir zeigen im folgenden den Gedankengang.

Zwischen dem Stoffmengenverteilungskoeffizienten D_m und dem Konzentrationsverteilungsverhältnis D_c besteht folgender Zusammenhang (vgl. Gln. (19-1) und (19-2) sowie (18-4) und (18-5)):

$$D_c = \frac{[A]_s}{[A]_m} = \frac{\dfrac{n(A)_s}{V_s}}{\dfrac{n(A)_m}{V_m}} = D_m \cdot \frac{V_m}{V_s} \; . \qquad (19-4)$$

Hierbei steht V_s für das Volumen der stationären Phase und V_m für das Volumen der mobilen Phase.

Mit Hilfe des Modells der theoretischen Böden wurde gezeigt[4], daß

$$\frac{V_R}{V_0} = D_m + 1 \; . \qquad (19-5)$$

Selbst wenn eine Substanz überhaupt nicht von der stationären Phase „festgehalten" wird (wenn also $D_m = 0$ ist), wird ein bestimmtes Volumen an Elutionsmittel benötigt, um die Substanz durch die Säule zu befördern – nämlich das bereits erwähnte Totvolumen V_0. Dieses ist identisch mit dem Volumen der mobilen Phase; es gilt also $V_m = V_0$. Umformung von Gl. (19-5) ergibt

$$V_R = V_0(D_m + 1) \; ,$$
$$V_R - V_0 = V_0 D_m \; . \qquad (19-6)$$

Den Term $(V_R - V_0)$ nennt man *Nettoretentionsvolumen* (korrigiertes oder angepaßtes Retentionsvolumen) V_R'

$$V_R' = V_R - V_0 \qquad (19-7)$$

4 W. Riemann und H.F. Walton, *Ion Exchange in Analytical Chemistry* (Pergamon, Oxford 1970)

Das Totvolumen V_0 einer chromatographischen Säule kann experimentell durch Bestimmung des Retentionsvolumens eines nicht sorbierten Stoffes gemessen werden. In der Flüssigchromatographie kann dies ein Farbstoff oder ein anderer leicht detektierbarer gelöster Stoff sein, der überhaupt nicht durch die Säule zurückgehalten (retardiert) wird. Wenn D_m für einen gegebenen gelösten Stoff, ein Elutionsmittel und die Säule bekannt ist, kann V_R berechnet werden. Umgekehrt kann durch Messung von V_R der Stoffmengenverteilungskoeffizient eines gelösten Stoffes durch Auflösung der Gl. (19−4) nach D_m bestimmt werden:

$$D_m = \frac{V_R - V_0}{V_0} = \frac{V_R{'}}{V_0} \tag{19−8}$$

Eine andere nützliche Gleichung für V_R wird durch Kombination der Gl. (19−4) mit Gl. (19−6) erhalten ($V_m \equiv V_0$):

$$V_R = D_c V_s + V_0 \tag{19−9}$$

Gl. (19−9) zeigt, daß das Retentionsvolumen V_R vor allem durch den Konzentrationverteilungskoeffizienten D_c und das Volumen an stationärer Phase in der Säule, V_s, beeinflußt wird. Natürlich nimmt V_s mit zunehmender Säulenlänge oder steigendem Säulendurchmesser zu, aber es hängt ebenso davon ab, wie dick die Beschichtung der stationären Phase auf dem festen Träger ist. Eine dickere Beschichtung läßt V_s größer und V_R kleiner werden.

Beispiel:

Berechnen Sie die Retentionsvolumina der gelösten Stoffe A und B, wenn $V_s = 1{,}5$ mL, $V_0 = 2{,}5$ ml, $D_c(A) = 5{,}0$ und $D_c(B) = 15{,}0$ ist.

Durch Einsetzen in Gl. (19−9) erhält man:

$V_R(A) = (5 \cdot 1{,}5 \text{ mL}) + 2{,}5 \text{ mL} = 10 \text{ mL}$

$V_R(B) = (15 \cdot 1{,}5 \text{ mL}) + 2{,}5 \text{ mL} = 25 \text{ mL}.$

Die Ergebnisse zeigen, daß der gelöste Stoff A zuerst eluiert und wegen des großen Unterschiedes in ihren Retentionsvolumina wahrscheinlich vollständig vom gelösten Stoff B getrennt wird. Dennoch sollten die (im nächsten Unterabschnitt eingeführten) Peakbreiten bekannt sein, um diese Annahme wahrscheinlicher zu machen.

In der modernen Flüssigchromatographie (und natürlich in der Gaschromatographie) wird eine automatische Detektion und Registrierung der Chromatogramme angewendet. Dies läßt es angebrachter erscheinen, mit der *Retentionszeit* t_R (die sich auf dem Registrierpapier direkt als linearer Abstand messen läßt) anstelle von V_R (das berechnet werden muß) zu arbeiten. Dadurch werden die Gln. (19−5) und (19−7) zu

$$t_R = t_0(D_m + 1) \, , \tag{19−10}$$

$$t_R' = t_0 D_m \, , \tag{19−11}$$

wobei t_R die Retentionszeit eines Probenbestandteils ist, t_0 die Totzeit − also die Retentionszeit einer nicht retardierten Substanz − und t_R' die *Nettoretentionszeit* eines Probenbestandteils:

$$t_R' = t_R - t_0$$

Manchmal wird t_R als t_A, t_B, t_C usw. geschrieben, um die Retentionszeiten der Peaks für die Substanzen A, B, C usw. anzuzeigen.

Theoretische Böden

Ein gelöster Stoff, der durch eine chromatographische Säule transportiert wird, unterliegt einer großen Anzahl gleichzeitiger Gleichgewichtseinstellungen zwischen der mobilen und der stationären Phase. Eine Trennung findet in der Elutionschromatographie statt, wenn die gelösten Stoffe in ihren Verteilungskoeffizienten differieren, so daß die mobile Phase (das Elutionsmittel) die gelösten Stoffe mit verschiedenen Geschwindigkeiten durch die Säule transportiert. In einem solchen Prozeß wird eine einzelne Gleichgewichtseinstellung, in der die gelösten Stoffe zwischen den zwei Phasen verteilt werden, als *theoretischer Boden (Trennstufe)* bezeichnet. Dieser Begriff ist von der Beschreibung der Rektifikation (Gegenstromdestillation) abgeleitet, wo die Anzahl der theoretischen Böden in einer Rektifikationskolonne ein Maß für die Fähigkeit ist, Substanzen mit verschiedenen Siedepunkten zu trennen. In gleicher Weise wird die Trennfähigkeit einer Chromatographie-Säule oft mit der Anzahl an theoretischen Böden beschrieben; je größer die Anzahl der Böden in einer Säule, um so größer ist die Fähigkeit, die Bestandteile einer Probe zu trennen. Die *theoretische Bodenzahl n* − sie wird oft auch als *Anzahl theoretischer Böden* oder *Trennstufenzahl* bezeichnet − ist durch Gl. (19−12) definiert:

$$n = 16\left(\frac{V_R}{W}\right)^2 = 16\left(\frac{t_R}{W}\right)^2 \qquad (19-12)$$

Hierbei ist V_R das Retentionsvolumen, t_R die Retentionszeit und W die Breite der Elutionskurve an der Basis. W wird graphisch erhalten, indem an die Elutionskurve an den Punkten größter Steigung Tangenten eingezeichnet werden und W an der Basislinie gemessen (vgl. Bild 19−5) wird. W wird in Volumeneinheiten, wenn mit V_R gearbeitet wird, oder in Zeiteinheiten angegeben, wenn t_R angewendet wird. Mathematisch ist W vier Standardabweichungen breit (vgl. Bild 3−1). Bei der Herleitung dieser Gleichung wird angenommen, daß die Probe zunächst in der Säule in einem sehr kleinen Volumen an Lösungsmittel sorbiert wird, daß die Säule mit wenig gelöstem Stoff geladen ist und daß der Verteilungskoeffizient des gelösten Stoffes zwischen der mobilen und der stationären Phase sich nicht mit der Konzentration verändert.

Beispiel:

Berechnen Sie die theoretische Bodenzahl einer Säule für den Gaschromatographen, wenn der Fluß des Elutionsmittels (Trägergas) 25 mL/min, $t_0 = 0,20$ min und $t_R = 3,64$ min für den Peak einer Substanz mit $W = 0,36$ min ist.

Die Fließgeschwindigkeit muß nicht verwendet werden, wenn mit Zeiteinheiten gerechnet wird, ebensowenig ist t_0 notwendig. Einsetzen in Gl. (19–2) ergibt:

$$n = 16\left(\frac{3,64 \text{ min}}{0,36 \text{ min}}\right)^2 = 1636$$

Dieser für n berechnete Wert ist für gepackte Säulen in der Gaschromatographie typisch (Kapitel 20).

Gl. (19–12) drückt genau genommen aus, daß Peaks breiter werden, wenn die Retentionszeit t_R (oder das Retentionsvolumen V_R) zunimmt.

Beispiel:

Vergleichen Sie für eine Säule mit $n = 1636$ die Peakbreite bei $t_R = 6,0$ min mit der Peakbreite bei $t_R = 3,64$ min.

Einsetzen in Gl. (19–12) ergibt:

$$1636 = 16\left(\frac{6,0 \text{ min}}{W}\right)^2$$

$$W = \sqrt{\frac{16}{1636}} \cdot 6,0 \text{ min}$$

$$W = 0,59 \text{ min}$$

Dies ist viel breiter als $W = 0,36$ min, die Peakbreite für den ersten Peak (vergleiche das vorhergehende Beispiel).

Die theoretische Bodenzahl n ist ein nützliches Maß für die Trennleistung (die Wirksamkeit) einer Säule. Der Wert für n nimmt normalerweise mit der Säulenlänge L zu, so daß eine schwierige Trennung, für die viele theoretische Böden notwendig sind, gleichzeitig auch eine lange Säule erfordert. Dennoch kann die Wirksamkeit einer Säule oft auch durch eine kleinere Partikelgröße und eine bessere Pakkung erzielt werden, so daß eine gegebene Zahl von theoretischen Böden auch mit einer kürzeren Säule erreicht werden kann. Die *Wirksamkeit* einer Säule wird oft durch die *theoretische Bodenhöhe (Trennstufenhöhe) h* – hierfür findet man in der angelsächsischen Literatur häufig die Abkürzung HETP (height equivalent to a theoretical plate) – angegeben:

$$h = \frac{L}{n} \tag{19-13}$$

Beispiel:

Berechnen Sie die theoretische Bodenhöhe für eine Säule von 2000 mm Länge mit einer theoretischen Bodenzahl 1636.

Einsetzen in Gl. (19–13) ergibt:

$$h = \frac{L}{n} = \frac{2000 \text{ mm}}{1636} = 1,22 \text{ mm}$$

Die Trennstufenhöhe h kann als diejenige Länge der Säule betrachtet werden, die von der Substanzmischung durchquert werden muß, damit sie wie in einer einzigen Gleichgewichtseinstellung zwischen der mobilen und stationären Phase aufgetrennt wird. Demnach ist h ein Maß für die Wirksamkeit (Trennleistung) einer chromatographischen Säule: Säulen, die Substanzgemische gut trennen, haben eine kleinere Trennstufenhöhe h als die weniger wirksamen Säulen. Chromatographische Säulen haben oft Trennstufenhöhen in der Größenordnung um 1 mm oder, in günstigen Fällen, solche von 0,1 mm oder weniger.

Eine gute Wirksamkeit, wie sie durch einen niedrigen Wert von h angezeigt wird, ist wichtig, wenn gute Trennungen erreicht werden sollen.

Beispiel:

Vergleichen Sie die Peakbreiten (und mögliche Überlappung) zweier Substanzen A ($t_R = 4,4$ min) und B ($t_R = 5,0$ min), wenn beide auf einer Säule der Länge $L = 900$ mm und einer Trennstufenhöhe $h = 1,0$ mm chromatographiert werden und zum anderen auf einer weniger wirksamen Säule mit $L = 900$ mm und $h = 3,0$ mm.

Unter Verwendung von Gl. (19–13) gilt für die erste Säule:

$$n = \frac{900 \text{ mm}}{1,0 \text{ mm}} = 900 \ .$$

Einsetzen in Gl. (19–12) ergibt für die Substanz A

$$900 = 16 \cdot \left(\frac{4,4 \text{ min}}{W_A}\right)^2 ,$$

$$W_A = 0,59 \text{ min} ,$$

für die Substanz B analog

$$W_B = 0,67 \text{ min} \ .$$

Aus den Retentionszeiten und den Peakbreiten berechnen wir, daß der Peak für A sich von 4,1 min bis 4,7 min und der Peak für B von ungefähr 4,7 min bis 5,3 min erstreckt. Demnach ist die Peaktrennung im wesentlichen vollständig.

Einsetzen in Gl. (19–13) ergibt für die zweite Säule

$$n = \frac{900 \text{ mm}}{3,0 \text{ mm}} = 300 \ .$$

Einsetzen in Gl. (19–12) liefert die Peakbreiten:

$$300 = 16\left(\frac{4,4\ \text{min}}{W_A}\right)^2 \qquad\qquad 300 = 16\left(\frac{5,0\ \text{min}}{W_B}\right)^2$$

$$W_A = 1,02\ \text{min} \qquad\qquad W_B = 1,15\ \text{min}$$

Demnach erstreckt sich der Peak A von ungefähr 3,9 min bis 4,9 min und der Peak B von 4,4 min bis 5,6 min; die Peaks überlappen demnach beträchtlich, die Trennung ist also unvollständig.

Auflösung

Manchmal ist es schwierig, eine Elutionskurve zu erhalten, in der zwei (oder mehr) Peaks vollständig aufgelöst sind. In diesen Fällen gibt es einen Bereich gegenseitiger Kontamination (Verunreinigung), und das die Säule verlassende Elutionsmittel enthält eine Mischung der beiden Bestandteile (Bild 19–6). Das Ausmaß, in dem Peaks bei einer chromatographischen Trennung aufgelöst werden, wird durch die sog. *Peak-Auflösung* R_s beschrieben. Diese ist definiert als die Differenz zwischen den Retentionszeiten (oder Retentionsvolumina) zweier Peaks A und B, dividiert durch die mittlere Peakbreite $(W_A + W_B)/2$:

$$R_s = \frac{2(t_B - t_A)}{W_A + W_B} \tag{19–14}$$

wobei t_B und t_A die Retentionszeiten für den Peak B und A und W_A und W_B die Peakbreiten (ausgedrückt in Zeiteinheiten) sind.

Wenn $R_s = 1,0$ ist, beträgt im Elutionsprofil die Fläche der gegenseitigen Verunreinigungen ungefähr 2 % der Gesamtfläche unter den Kurven, gleiche Kon-

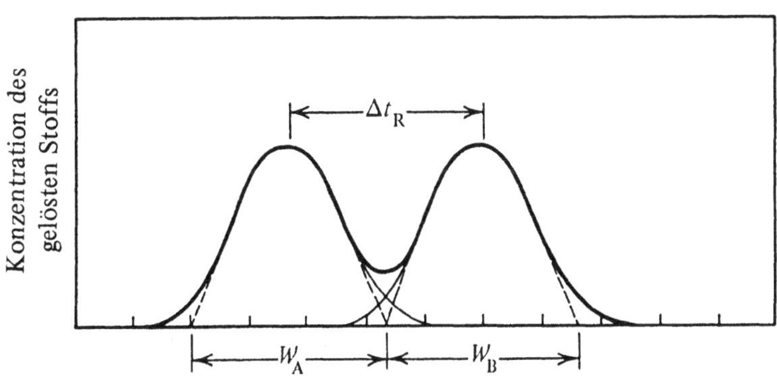

Bild 19-6 Auflösung zweier Peaks

zentrationen der beiden Bestandteile vorausgesetzt. Um die gegenseitige Verunreinigung auf 0,1 % zu reduzieren, muß die Auflösung 1,5 oder mehr betragen.

Beispiel:

Berechnen Sie die Auflösung für die Substanzen A und B aus dem vorhergehenden Beispiel für eine Säule mit einer theoretischen Bodenzahl $n = 900$. ($t_A = 4{,}4$ min, $t_B = 5{,}0$ min, $W_A = 0{,}59$ min, $W_B = 0{,}67$ min)

Einsetzen in Gl. (19−14) ergibt:

$$R_s = \frac{2 \cdot (5{,}0\ \text{min} - 4{,}4\ \text{min})}{0{,}59\ \text{min} + 0{,}67\ \text{min}} = 0{,}95$$

Die in diesem Beispiel erreichte Auflösung ist nur mäßig. Sie kann verbessert werden, indem die Zahl der theoretischen Böden (die Trennstufenzahl) der Säule heraufgesetzt wird. Dies kann durch Erhöhung der Säulenwirksamkeit (kleineres h) oder durch Zunahme der Säulenlänge L geschehen.

Beispiel:

Im Vergleich zum vorhergehenden Beispiel wird die Trennstufenzahl n durch Zunahme der Säulenlänge um 50 % auf 1350 erhöht, so daß $t_A = 6{,}6$ min und $t_B = 7{,}5$ min beträgt. Berechnen Sie die Auflösung!

Für die theoretische Bodenzahl ergibt das Einsetzen in Gl. (19−12):

$$1350 = 16\left(\frac{6{,}6\ \text{min}}{W_A}\right)^2 \qquad\qquad 1350 = 16\left(\frac{7{,}5\ \text{min}}{W_B}\right)^2$$

$$W_A = 0{,}72\ \text{min} \qquad\qquad\qquad W_B = 0{,}82\ \text{min}$$

Einsetzen in Gl. (19−12) liefert die für Auflösung

$$R_s = \frac{2 \cdot (7{,}5\ \text{min} - 6{,}6\ \text{min})}{0{,}72\ \text{min} + 0{,}82\ \text{min}} = 1{,}17\ .$$

Die Auflösung R kann auch mit Hilfe des *Trennfaktors* α (Definition siehe unten), der theoretischen Bodenzahl n und dem Stoffmengenverteilungskoeffzienten der zweiten Komponente des Paares, D_B, ausgedrückt werden.

$$R = \frac{1}{4}\left(\frac{\alpha - 1}{\alpha}\right)\sqrt{n}\left(\frac{D_B}{1 + D_B}\right) \tag{19−15}$$

(Diese Gleichung kann nur auf solche Trennungen angewendet werden, bei denen die Peaks nahe beieinander liegen und die gleiche Breite W haben.)

Der *Trennfaktor* α (oder $\alpha_{B/A}$) ist das Verhältnis der Stoffmengen- oder Konzentrationverteilungskoeffizienten der Substanzen A und B; er ist ebenso das Verhältnis der Nettoretentionszeiten oder Nettoretentionsvolumina:

$$\alpha = \frac{D_B}{D_A} = \frac{t'_B}{t'_A} \tag{19−16}$$

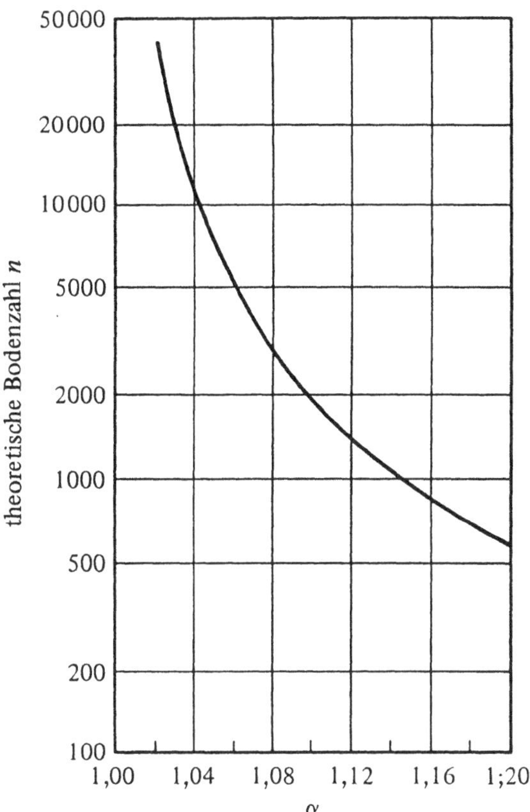

Bild 19-7
Anzahl der für $R_S = 1,0$ erforderlichen theoretischen Böden in Abhängigkeit vom Trennfaktor α

Hierbei steht der größere Verteilungskoeffizient im Zähler. Eine gute Auflösung ist leichter erreichbar, wenn α groß ist. Zum Beispiel ist mit Trennfaktoren zwischen 5 und 10 eine quantitative Trennung mit einer relativ wenig wirksamen Säule von wenigen Zentimetern Länge möglich, mit den wirksameren Säulen, die in der modernen Chromatographie verwendet werden, mit $\alpha = 1,1$ oder weniger. Unter Vernachlässigung des letzten Terms in Gl. (19−15) − dieser geht gegen 1, wenn D_B hinreichend groß ist − können wir die Zahl der theoretischen Böden errechnen, die für eine Auflösung von 1,0 für unterschiedliche Werte von α benötigt wird. Das Ergebnis zeigt Bild 19−7.

Für eine möglichst große Wirksamkeit der Säule sollte die Trennstufenhöhe möglichst klein, die Trennstufenzahl möglichst groß sein. Beide Größen hängen von der Beschaffenheit des Trägermaterials für die stationäre Phase ab: Der feste Träger sollte porös sein, die Korngröße möglichst einheitlich und recht klein, damit sich das Gleichgewicht mit der mobilen Phase schnell einstellen kann. Außerdem muß die Säule gleichmäßig und fest gepackt sein, um Kanalbildung oder andere Möglichkeiten der Bandenverbreitung zu unterdrücken. Weiterhin muß die Fließgeschwindigkeit optimiert werden: ist sie zu groß, so stellt sich das Verteilungsgleichgewicht nicht vollständig ein; ist sie zu klein, treten die Trennung verschlechternde Difussionseffekte auf. Und schließlich muß die Säule lang genug sein: Eine Verlängerung der Säule bedeutet eine Erhöhung der Anzahl an theoretischen Böden (allerdings dauert bei einer längeren Säule die chromatographische Trennung länger).

Ein annehmbarer Trennfaktor und eine Säule mit der notwendigen theoretischen Bodenzahl helfen wenig, wenn die Verteilungskoeffizienten der Probenbestandteile nicht in einem bestimmten Bereich liegen. Sind die Stoffmengenverteilungskoeffizienten zu klein, werden die Probenbestandteile durch die Säule so schnell hindurchfließen, daß keine gute Trennung erreicht werden kann. In diesem Falle wird der letzte Term in Gl. (19−15) klein und die Auflösung verringert.

Beispiel:

Eine gepackte Säule habe eine theoretische Bodenzahl von 900. Vergleichen Sie die Auflösungen, die für Probenbestandteile A und B erreicht werden, wenn a) $D_A = 1{,}0$ und $D_B = 1{,}2$ und b) wenn $D_A = 10$ und $D_B = 12$. In beiden Fällen sei $\alpha = 1{,}2$.

Einsetzen in Gl. (19−15) ergibt

$$\text{a) } R_s = \frac{1}{4} \cdot \left(\frac{1{,}2-1}{1{,}2}\right) \cdot \sqrt{900} \cdot \left(\frac{1{,}2}{1{,}2+1}\right)$$

$$= 0{,}68$$

$$\text{b) } R_s = \frac{1}{4} \cdot \left(\frac{1{,}2-1}{1{,}2}\right) \cdot \sqrt{900} \cdot \left(\frac{12}{12+1}\right)$$

$$= 1{,}15$$

Die beiden Peaks werden im ersten Falle kaum, im zweiten Falle dagegen, wo die Verteilungskoeffizienten größer sind, gut aufgelöst.

Extrem hohe Verteilungskoeffizienten sollten vermieden werden, auch wenn der Trennfaktor annehmbar ist, weil die Probenbestandteile dann zu langsam eluiert werden und die Peaks eine breite Form annehmen. Der Schlüssel für eine gute Auflösung ist die Wahl entsprechender Bedingungen, damit (a) ein annehmbarer Trennfaktor erhalten wird und (b) die Verteilungskoeffizienten so sind, daß die Probenbestandteile in einer vertretbar kurzen Zeit eluiert werden. Eine Änderung der Verteilungskoeffizienten kann man gewöhnlich dadurch erreichen, daß man die Zusammensetzung des Elutionsmittels verändert. Hierbei bleibt der Trennfaktor oft annähernd konstant. Betrachten wir dazu das in Bild 19−8 angegebene Beispiel, nämlich den Verlauf der Verteilungskoeffizienten von 3,5-Dimethylphenol und von Phenol mit steigendem Methanolanteil im Elutionsmittel. Gibt man ein Gemisch beider Substanzen auf eine Säule und eluiert man mit einem Elutionsmittel mit einem Anteil von 55 % Methanol, so wird Phenol schnell eluiert. Dagegen ist der Verteilungskoeffizient von 3,5-Dimethylphenol so groß, daß es sich langsam durch die Säule bewegt. Erhöht man nun − nach Elution des Phenols − den Methanol-Anteil auf 70 %, so wird der Verteilungskoeffizient von 3,5-Dimethylphenol so klein, daß dieses schnell von der Säule eluiert wird.

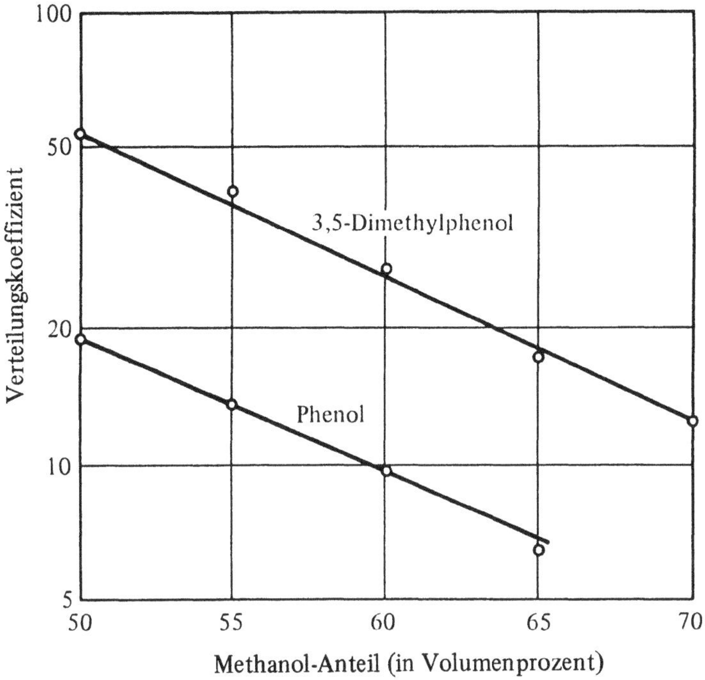

Bild 19-8 Verteilungskoeffizienten als Funktion des prozentualen Anteils an Methanol im Elutionsmittel

Aufgaben

Definitionen

19.1   Erläutern Sie die nachfolgenden Begriffe: a) stationäre Phase, b) mobile Phase, c) Elutionsmittel, d) fester Träger, e) mehrstufige Trennung, f) Konzentrationsverteilungskoeffizient, g) Stoffmengenverteilungskoeffizient, h) Nettoretentionsvolumen, i) Retentionszeit und j) Trennfaktor.

19.2   Unterscheiden Sie zwischen der Verdrängungs- und Elutionschromatographie. Welche wird für quantitative analytische Trennungen bevorzugt?

19.3   Erläutern Sie die nachfolgenden Begriffe: a) Totvolumen, b) Retentionsvolumen, c) Nettoretentionsvolumen, d) Retentionszeit und e) Nettoretentionszeit.

Gleichungen und Berechnungen

19.4　Eine Lösungsmittel-Extraktion ist eine einstufige Trennung, während die Chromatographie ein vielstufiger Trennprozeß ist.

a) Berechnen Sie den prozentualen Gehalt an A und B nach drei Extraktionsschritten aus einer wäßrigen Lösung mit einem gleichen Volumen an organischem Lösungsmittel, wenn $D_c = 5{,}0$ für B und $D_c = 0{,}05$ für A ist. Ist diese Trennung annähernd quantitativ?

b) Berechnen Sie die Auflösung von A und B auf einer LC-Säule mit nur 9 theoretischen Böden mit $D_c = 5{,}0$ für B, $D_c = 0{,}05$ für A und $V_0 = V_s$. Ist die Trennung annähernd quantitativ?

c) Berechnen Sie die Auflösung von A und B bei den im Teil b) genannten Bedingungen, jedoch mit einer geringeren Beladung des festen Trägers mit stationärer Phase ($V_s = 0{,}10\ V_0$). Ist die Trennung annähernd quantitativ?

19.5　Das Volumen der stationären Phase in einer chromatographischen Säule (V_s) ist oft schwer zu berechnen. Wir setzen in diesem Falle voraus, daß D_c für die Verteilung eines gelösten Stoffes zwischen zwei nicht mischbaren Lösungsmitteln aus einer Extraktion bekannt ist. Entwerfen Sie unter Verwendung der Gln. (19−2) und (19−9) ein experimentelles Verfahren zur Bestimmung von V_s der Säule.

19.6　Auf einer 35 cm langen Säule wird ein Peak beobachtet: $V_R = 10{,}20\ \text{mL}$ und $W = 2{,}60\ \text{mL}$. Berechnen Sie a) die Anzahl der theoretischen Böden n und b) die Trennstufenhöhe h.

19.7　Vergleichen Sie die Peakbreiten auf einer Säule mit $n = 400$ und $t_R = 3{,}17\ \text{min}$ und einer entsprechenden Säule mit $t_R = 5{,}86\ \text{min}$.

19.8　Wie verändert sich die Retentionszeit eines Probenbestandteiles, wenn die Länge der Säule verdoppelt wird? (Wir setzen keine Veränderung in den Elutionsbedingungen und ein vernachlässigbares Volumen für Injektor und Detektor voraus.) Begründen Sie, warum die Auflösung zweier Probenbestandteile auf zwei Säulen mit a) $L = 1{,}00\ \text{m}$ und $h = 1{,}10\ \text{mm}$ und b) $L = 2{,}00\ \text{m}$ und $h = 2{,}20\ \text{mm}$ gleich ist.

19.9　Gl. (19−15) stellt die Abhängigkeit der Auflösung R von n und α, sowie die des Verteilungskoeffizienten des später eluierenden Peaks unter der Voraussetzung gleicher Peakbreiten beider Peaks dar. Leiten Sie eine Gleichung zur Berechnung der Auflösung unter Verwendung von n und den Retentionszeiten (oder -volumina) der beiden Peaks ab und setzen Sie ungleiche Peakbreiten voraus [Hinweis: Versuchen Sie, die Gln. (19−12) und (19−14) zu vereinen].

19.10   Gl. (19−15) und das letzte Beispiel dieses Kapitels zeigen, daß die Auflösung von der Größenordnung des Verteilungsverhältnisses abhängt, obwohl der Trennfaktor α sich nicht verändert. Entscheiden Sie unter Verwendung der in Aufgabe 19.9 abgeleiteten Gleichung, ob sich die Auflösung mit der Retentionszeit (oder dem Retentionsvolumen) verändert. Berechnen und vergleichen Sie hierzu die Auflösung bei $n = 900$, wenn a) $t_B = 1{,}20$ min und $t_A = 1{,}00$ min und b) $t_B = 12{,}0$ min und $t_A = 10{,}0$ min ist.

Kapitel 20

Gaschromatographie

20.1 Einführung und Überblick

Die Gaschromatographie (GC) ist eine Art der Chromatographie, bei welcher die mobile Phase ein Gas, wie z.B. Stickstoff oder Helium, und die stationäre Phase entweder eine Flüssigkeit oder ein Feststoff ist. Die Probe, bei Raumtemperatur zumeist eine Flüssigkeit, wird schlagartig verdampft, wenn sie in die Säule eingespritzt wird, wobei diese wiederum auf einer ausreichend hohen Temperatur gehalten wird, um die Probe während der gesamten Trennung in der Gasphase zu halten. Die Gaschromatographie verwendet sowohl Gas-flüssig- als auch Gas-fest-Systeme.

Die Gaschromatographie hat in der analytischen Chemie außerordentliche Bedeutung erlangt, besonders bei der Analyse organischer Proben. Komplizierte organische Substanzgemische können oft innerhalb von Minuten durch die Gaschromatographie getrennt und jede individuelle Komponente quantitativ bestimmt werden. Manchmal bietet die Gaschromatographie den einzig gangbaren Weg, um komplizierte Substanzgemische zu analysieren. Während die Flüssigchromatographie (Kapitel 21) eine exzellente Technik für die Trennung von Gemischen nichtflüchtiger Komponenten ist, machte die Entwicklung der Kapillarsäulen (Abschnitt 20.3) die Gaschromatographie zur derzeit leistungsfähigsten Methode für die Trennung und Analyse von flüchtigen organischen Substanzen.

Aufbau eines Gaschromatographen

Das Blockdiagramm eines Gaschromatographen ist in Bild 20−1 gezeigt. Die Wahl des *Trägergases* hängt vom Detektor ab, der verwendet werden soll; Stickstoff wird für den gebräuchlichsten Detektor, den Flammenionisationsdetektor (FID), verwendet. Das Trägergas wird aus einer Stahlflasche, die mit einer Druckregelungseinheit ausgestattet ist, mit reduziertem Druck geliefert. Oft wird das Trägergas durch ein Gefäß mit Molekularsieben geleitet, um Verunreinigungen aus dem Gas zu entfernen.

Der *Strömungsmesser* ist ein Nadelventil oder eine andere Einheit und wird zur Überwachung der Strömungsgeschwindigkeit des Trägergases benutzt. In einigen Geräten wird ein Rotameter zur Messung der aktuellen Trägergasgeschwindigkeiten verwendet. Für Säulen mit 1/4 Zoll (6,4 mm) Außendurchmesser wird mei-

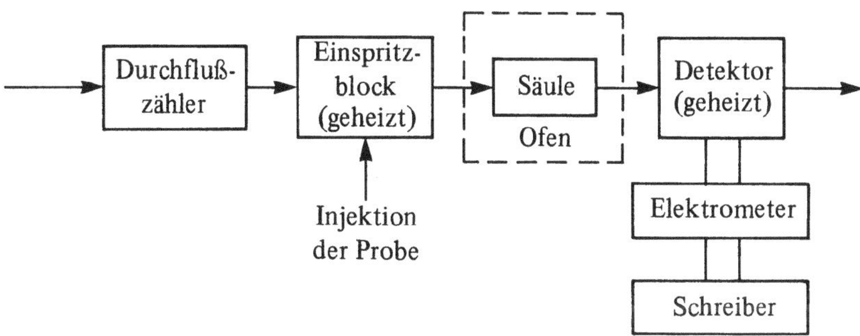

Bild 20-1 Blockdiagramm eines Gaschromatographen

stens eine Strömungsgeschwindigkeit von etwa 75 mL/min, bei 1/8 Zoll (3,2 mm) Außendurchmesser 25 mL/min eingestellt.

Die Proben werden durch den *Einspritzblock*, eine kleine geheizte Kammer, die mit einen Septum verschlossen ist, in den Gaschromatographen eingeführt. Das Septum wird mit einer Spritze durchstochen und schließt sich wieder, wenn die Nadel herausgezogen wird. Flüssige Proben, üblicherweise etwa 1 bis 5 Mikroliter (µL), werden durch eine kleine geeichte Spritze injiziert. Die Temperatur des Einspritzblockes sollte hoch genug sein, um die Probe augenblicklich zu verdampfen. Das Einspritzen der Probe muß schnell genug sein, damit die verdampfte Substanz in einer diskreten Wolke in die Säule eingespült wird. Auch gasförmige Proben können mit einer gasdichten Spritze oder einem am Gaschromatographen angebrachten Gasprobenventil aufgegeben werden.

Die *Säule*, in der die Trennung abläuft, ist in einem Ofen untergebracht, der sie auf der gewünschten Temperatur hält. Eine herkömmliche *gepackte Säule* ist mit einem granularen Feststoff gefüllt, der mit einer dünnen Schicht einer stationären Phase überzogen ist; die Auftrennung erfolgt durch Unterschiede in der Verteilung der verschiedenen Bestandteile der Probe zwischen dem Trägergas und der stationären Phase.

Säulen aus rostfreiem Stahl mit einem Außendurchmesser von 1/4 Zoll oder 1/8 Zoll werden für gepackte Säulen am häufigsten eingesetzt. Aus Glas hergestellte Säulen werden für Proben verwendet, die Pestizide oder andere Materialien enthalten, die mit einer Metalloberfläche reagieren oder irreversibel adsorbiert werden könnten. Die Länge einer gepackten Säule beträgt in der Regel 1 bis 2 Meter, obwohl manchmal auch etwas kürzere oder längere Säulen verwendet werden. Üblicherweise ist die Säule zu einer Spirale gebogen, damit sie im Ofen untergebracht werden kann. Die Säule wird meist vor der ersten Verwendung konditioniert, indem Trägergas bei einer erhöhten Temperatur für einige Stunden durchgeleitet wird, um alle flüchtigen Verunreinigungen zu entfernen.

Neuerdings werden überwiegend *Kapillarsäulen* aus Glas für gaschromatographische Trennungen verwendet. Typische Kapillarsäulen sind lange Glasröhren mit ungefähr 0,025 mm Innendurchmesser, die zu einer Spirale aufgerollt werden. Obwohl diese Spirale üblicherweise nur einen Durchmesser von 11 cm hat, kann die Länge der Kapillare selbst zwischen 25 m und 100 m betragen. Die Glaskapillare enthält keine Packung, jedoch ist die Innenseite der Wände mit einer dünnen Schicht einer stationären Phase überzogen. Die Trennung erfolgt auch hier durch Unterschiede in der Wechselwirkung der Probenbestandteile mit dieser dünnen Schicht und dem Trägergas. Kapillarsäulen sind außerordentlich wirksam und durch ihre große Länge zur Auftrennung selbst komplizierter Substanzgemische fähig.

Die Aufgabe des *Detektors* besteht darin, anzuzeigen, wann eine Komponente die Säule verläßt und ein Signal zu liefern, das der Konzentration der Substanz im Trägergasstrom proportional ist. Es stehen verschiedene Detektoren zur Verfügung (Abschnitt 20.3); die Auswahl hängt von der erforderlichen Empfindlichkeit und davon ab, ob alle Probenbestandteile oder nur eine bestimmte Gruppe (wie z.B. Halogenverbindungen) gesucht werden. Der Detektor wird auf eine ausreichend hohe Temperatur geheizt, um das Kondensieren von Probenbestandteilen zu vermeiden.

Der Flammenionisationsdetektor (abgekürzt: FID) ist der am meisten verwendete Detektor; er wird später in diesem Abschnitt beschrieben. Das Signal dieses Detektors, ein sehr kleiner elektrischer Strom, wird in einem Elektrometer verstärkt. Das Signal wird als Spannung registriert. Ein *Schreiber* zeichnet den zeitlichen Verlauf des Signals (der dem im FID erzeugten Strom proportionalen Spannung) auf und liefert so ein Chromatogramm. In diesem Chromatogramm erkennt man die getrennten Probenbestandteile als Peaks. Der Schreiber sollte eine hohe Schreibgeschwindigkeit und möglichst frei wählbare Papiervorschubgeschwindigkeiten haben.

20.2 Theorie der Gas-flüssig-Chromatographie

Theorie der theoretischen Böden

Die im Abschnitt 19.2 vorgestellte Bodentheorie kann auch zur Beschreibung der Trennung in einer GC-Säule herangezogen werden. Diese Theorie nimmt an, daß die Trennung an n Trennstufen (theoretischen Böden) erfolgt, wobei sich in jeder Trennstufe das Verteilungsgleichgewicht einstellt — auch wenn die Gleichgewichtsbedingungen nicht immer strikt eingehalten werden können. Die im Abschnitt 19.2 aus der Bodentheorie abgeleiteten Gleichungen lassen sich auf die Gaschromatographie anwenden; sie sollten vor dem Studium dieses Abschnitts wiederholt werden. In der Gas-flüssig-Chromatograhie ist die mobile Phase das Trägergas und die stationäre Phase eine Flüssigkeit, die auf einen festen Träger oder auf die Wände einer Kapillarsäule aufgezogen ist.

Folgende Begriffe werden in der Gaschromatographie verwendet:

Kapazitätsfaktor k' ($=$ Stoffmengenverteilungskoeffizient D_m)

$$k' \equiv D_m = \frac{\text{Stoffmenge des gelösten Stoffes in der stationären Phase}}{\text{Stoffmenge des gelösten Stoffes in der mobilen Phase}}$$

$$(20-1)$$

Retentionszeit t_R und Nettoretentionszeit t_R'; Totzeit t_0:

$$t_R = t_0 + t_R'$$
$$t_R = t_0(k' + 1) \qquad (20-2)$$
$$t_R' = t_0 k' \qquad (20-3)$$

Die Totzeit t_0 ist diejenige Zeit, die die mobile Phase vom Einspritzblock bis zum Detektor benötigt.

Der Kapazitätsfaktor (der Stoffmengenverteilungskoeffizient) kann nach Messung der Totzeit und der Retentionszeit mit Gl. (20−2) berechnet werden. Zur Messung von t_0 wird ein Gas (wie Methan oder Luft) injiziert, das die Säule unbeeinflußt passiert; dessen Retentionszeit wird registriert.

Um eine Trennung zu erreichen, müssen die Bedingungen so eingestellt werden, daß jeder Probenbestandteil eine zur Auflösung aller Peaks ausreichend große Retentionszeit hat. Da die Retentionszeit überwiegend durch den Kapazitätsfaktor k' $(= D_m)$ bestimmt wird, müssen wir die Faktoren betrachten, die die Kapazitätsfaktoren der verschiedenen Probenbestandteile beeinflussen.

Der Kapazitätsfaktor ist stark temperaturabhängig. Die Konzentration einer Komponente in der mobilen Phase (Trägergas) ist proportional zum Partialdruck dieser Komponente im Trägergas. Ein Temperaturanstieg erhöht die Beweglichkeit der Komponente in der stationären Phase und dadurch den Partialdruck der Komponente im Träger. Folglich erhöht ein Temperaturanstieg auch den Kapazitätsfaktor und vermindert die Retentionszeit. Auch variieren die Kapazitätsfaktoren für Stoffe des gleichen chemischen Typs (Alkane, Alkene, Ketone usw.) oft mit dem Siedepunkt, wobei die Verbindung mit dem niedrigsten Siedepunkt zuerst eluiert wird.

Der Kapazitätsfaktor eines Probenbestandteils hängt auch von der chemischen Natur und der Menge der stationären Phase in der Säule ab. Merkliche Veränderungen von k' können oft erreicht werden, indem zu einer stationären Phase mit anderer chemischer Struktur gewechselt wird. Die Kriterien für die Auswahl einer brauchbaren stationären Phase werden in einem späteren Abschnitt diskutiert.

Das Volumen der stationären Phase in einer Säule mit gegebener Länge verändert sich mit der Schichtdicke des Überzugs. Die Schichtdicke der stationären Phase verändert sich wiederum mit der Konzentration der stationären Phase im Lösungsmittel. Die Gln. (19−8) und (19−9) zeigen, daß das Retentionsvolumen zunimmt, wenn die Schichtdicke der stationären Phase wächst. Dennoch ist es schwierig, Gl. (19−9) quantitativ anzuwenden, weil das Volumen V_s der stationären Phase einer Säule außerordentlich schwer exakt zu bestimmen ist.

Die Anzahl n der theoretischen Böden wird durch die Länge der Säule und deren Wirksamkeit bestimmt; sie ist eine nützliche Größe, um die Fähigkeit der Säule abzuschätzen, verschiedene Substanzen zu trennen. Die theoretische Bodenhöhe h ist geeignet, um die Trennfähigkeit verschiedener Säulen zu vergleichen. (Die Gleichungen für n und h, die im Kapitel 19 eingeführt wurden, sollten wiederholt werden.)

Dynamische Theorien

Die Theorie der theoretischen Böden kann keine Information über die Bedingungen geben, unter denen ein kleines h zu erreichen und damit die Wirksamkeit der Säule zu optimieren ist. Die Bodentheorie sagt dem Analytiker, daß eine längere Säule eine größere Anzahl theoretischer Böden enthält und zu einer besseren Trennung führt. Unglücklicherweise vergrößert die Verwendung einer längeren Säule auch den zeitlichen Aufwand für die Analyse und den Druckabfall entlang der Säule.

Eine dynamische Theorie beschreibt die chromatographische Säule mit Hilfe der beteiligten dynamischen Prozesse (Massentransfer, Diffusion), anstatt Gleichgewichtsbedingungen anzunehmen. So beschreibt z.B. die abgekürzte van-Deemter-Gleichung[1] die Trennstufenhöhe h in Abhängigkeit von verschiedenen Säulenparametern:

$$h = A + (B/F) + CF$$

wobei F die lineare Gas-Strömungsgeschwindigkeit ist. Entsprechend dieser Gleichung gibt es drei Parameter, die zur Bandenverbreiterung und damit zu einer schlechteren Trennleistung beitragen:

(1) *Mehrschritt- oder Eddy-Diffusion (A-Term)*. In einer gepackten Säule bewegen sich das Trägergas und der Dampf des gelösten Stoffes in statistischer Weise auf vielen Wegen. Einige Wege sind größer als andere; dies bedeutet, daß einige Moleküle des gelösten Stoffes beim Passieren der Säule mehr verlangsamt werden als andere. Dies führt zu einem verbreiterten Peak. Die Mehrschritt-Diffusion wird minimiert, wenn das Trägermaterial eine kleine Korngröße aufweist, alle Körner möglichst gleich groß sind (enge Korngrößenverteilung) und wenn das Trägermaterial gleichmäßig und fest in der Säule gepackt ist.

(2) *Molekulare Diffusion (B-Term)*. Diese Größe steht für die Bandenverbreiterung, die durch die Longitudinaldiffusion (Vorwärts-Diffusion aufgrund der Brownschen Molekularbewegung) der gelösten Komponente im Trägergas verursacht wird. (Die Longitudinaldiffusion in der flüssigen Phase ist vernachlässigbar.) Bei einer unendlich kleinen Strömungsgeschwindigkeit würde eine Komponente infolge der eigenen Molekularbewegung in longitudinaler Richtung (vorwärts) diffundieren. Der B/F-Term- und somit auch die Trennstufenhöhe h — würde in diesem Fall unendlich groß werden.

(3) *Widerstand gegen den Massentransport (C-Term)*. Dieser Term bezieht sich auf die Geschwindigkeit, mit der der gelöste Stoff sich zwischen dem Trägergas und der stationären flüssigen Phase verteilt. Ein Gleichgewicht wird schneller erreicht, wenn auf den festen Träger ein dünner Überzug einer niederviskosen Flüssigkeit aufgebracht ist.

Eine Auftragung der Trennstufenhöhe h als Funktion der Fließgeschwindigkeit F des Trägergases ist in Bild 20−2 zusammen mit den Beiträgen verschiedener Größen der van-Deemter-Gleichung gezeigt. Die Aufgabe ist nun, entweder h oder die Trennzeit zu minimieren, in dem man die schnellste Fließgeschwindigkeit nutzt, die gerade noch einen vertretbar niedrigen Wert ermöglicht. Der A-Term ist in einer gut gepackten Säule niedrig und wird nicht durch die Fließgeschwindigkeit beeinflußt. Wenn die Fließgeschwindigkeit zunimmt, wird der B-Term kleiner, aber der C-Term größer. Bei einem optimalen Wert von F gleichen diese Terme einander aus und h erreicht ein Minimum.

---

1 J.J. van Deemter, E.J. Zuiderweg und A. Klinkenberg, *Chem. Eng. Sci* 5, 271 (1956)

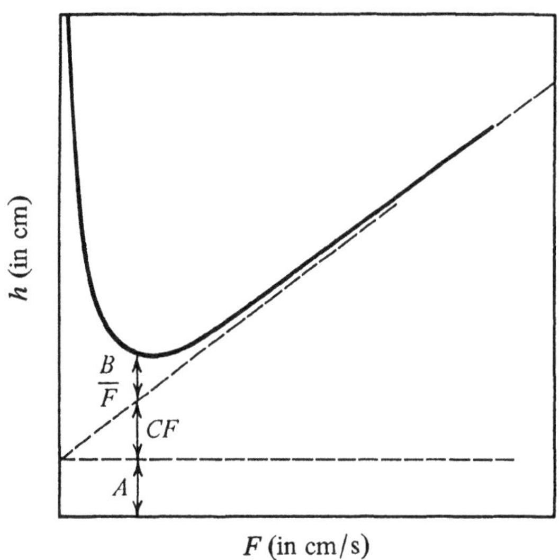

Bild 20-2
Abhängigkeit der Trennstufenhöhe h von der mittleren linearen Strömungsgeschwindigkeit F des Trägergases (van-Deemter-Gleichung). Die gestrichelten Linien zeigen den konstanten Beitrag von A und den linear zunehmenden Beitrag von CF. Die Differenz zwischen der durchgezogenen Kurve und der Summe der gestrichelten Linien ergibt den Beitrag des Terms B/F, hier für einen Punkt eingezeichnet.

20.3 Wahl der Trennbedingungen (Optimierung)

Gepackte Säulen

Zunächst ist zu entscheiden, ob eine konventionelle gepackte Säule oder eine Kapillarsäule verwendet werden soll. Proben, die nicht mehr als zehn oder zwanzig Komponenten enthalten, können üblicherweise mit einer gepackten Säule aufgelöst werden, es sei denn, daß einige dieser Komponenten in ihrer chemischen Struktur sehr ähnlich sind. Eine Kapillarsäule sollte für Proben verwendet werden, die komplexer zusammengesetzt und schwerer zu trennen sind.

In einer gepackten Säule sollte die stationäre Phase thermisch stabil sein, nicht flüchtig bei den gewählten Arbeitstemperaturen und chemisch inert gegenüber den zu trennenden Stoffen. Sie sollte ein gutes Lösungsmittel für die Komponenten der Probe sein und gleichmäßig als dünner Film auf dem festen Träger aufgebracht werden.

Eine stationäre flüssige Phase wird normalerweise gleichmäßig auf die Oberfläche eines porösen granularen Trägers aufgetragen, indem der Träger mit einer Lösung der flüssigen Phase gespült und anschließend das Lösungsmittel verdampft wird. Der feste Träger muß einen gleichmäßigen Porendurchmesser und eine große Oberfläche haben. Diese Eigenschaften werden benötigt, um einen brauchbaren Überzug der stationären flüssigen Phase und einen guten Kontakt mit der mobilen Phase zu erhalten. Die Partikel sollten von gleichmäßiger Beschaffenheit mit guten mechanischen Eigenschaften sein, um eine effiziente feste Packung der Säule zu ermöglichen.

Eine Anzahl fester Träger wird von verschiedenen Lieferfirmen angeboten, wobei der am häufigsten gebrauchte aus Kieselgur (Diatomit), ein überwiegend Siliciumdioxid enthaltendes Material aus den Skeletten mikroskopischer Algen (Diatomeen), besteht. (Chromosorb W und G sind die führenden Markennamen.) Ein fester Träger sollte inert sein, aber die Kieselgur-Träger enthalten Si—OH-Gruppen, die durch Wasserstoffbrücken mit polaren Stoffen wie Alkoholen und Aminen wechselwirken, was sich in einer Schulterbildung („*tailing*") der Peaks bemerkbar macht. Diese Schulterbildung wird durch Reaktion des Trägers mit einer organischen Siliciumverbindung vermindert oder eliminiert. Dieser Prozeß wird Silanisierung genannt; ein Beispiel ist die Reaktion mit Dimethylchlorsilan:

$$-Si-\overset{..}{\underset{..}{O}}H \; + \; \overset{H_3C}{\underset{H_3C}{\diagdown}}Si-Cl \; \rightarrow \; -Si-O-Si\overset{CH_3}{\underset{CH_3}{\diagup}} \; + \; HCl$$

Auch poröse organische Polymere unterschiedlicher (chemischer) Struktur werden zunehmend als Säulenmaterial eingesetzt; sie dienen in allen Fällen als stationäre Phase für die Verteilung von Probenkomponenten und benötigen keinen zusätzlichen festen Träger. Poröse Polymere zeigen kein „Säulenbluten", wie dies stationäre flüssige Phasen tun, obwohl manchmal Verunreinigungen langsam herauskommen und für ein Untergrundproblem sorgen. Alle gepackten Säulen werden zunächst in einem Gaschromatographen für einige Stunden bei einer vergleichsweisen hohen Temperatur konditioniert, um Verunreinigungen zu entfernen. Poröse Polymere halten oft Probenbestandteile stark zurück und erfordern eine höhere Temperatur für die Trennung als konventionell beschichtete feste Träger. (Wichtige Handelsnamen sind Tenax, Porapak, Chromosorb.)

Gepackte Säulen werden üblicherweise aus rostfreiem Stahl hergestellt; ihr Außendurchmesser beträgt 1/4 oder 1/8 Zoll, die Länge etwa 1,20 m bis 2,40 m (4 ft – 8 ft). Kupfersäulen katalysieren manchmal chemische Reaktionen und können nicht für Spurenbestimmungen empfohlen werden. Gebogene Glassäulen sind hervorragend, müssen aber wegen der Bruchgefahr mit Vorsicht gehandhabt werden. Um eine Metallsäule zu packen, wird ein Bausch Glaswolle in ein Ende gegeben und der beschichtete feste Träger (oder das poröse Polymer) durch einen Trichter eingefüllt. Nach jeder Zugabe wird die Säule leicht aufgestoßen, um ein gleichmäßiges Absetzen zu gewährleisten. Wenn die Säule voll ist, wird sie mit einem Bausch Glaswolle verschlossen, um die Füllung an ihrem Platz zu halten, dann um eine Gasflasche oder einen anderen runden Gegenstand gebogen und mit beiden Enden mit Hilfe von Metallverschraubungen in den Gaschromatographen eingesetzt. Es gibt auch käufliche Säulenfüllgeräte, die mit Druck arbeiten.

Kapillarsäulen

Hervorragende Trennungen können auch mit dünnen Säulen erreicht werden, die einen dünnen Überzug einer stationären Phase auf den Innenwänden tragen. Säulen dieses Typs werden als Kapillarsäulen bezeichnet. Über die Geschichte, das Prinzip und die Anwendungen von Kapillarsäulen in der Gaschromatographie wurde in einem Übersichtsartikel[2] berichtet.

---

2 M. Novotny, *Anal. Chem. 50*, 16 A (1978)

Kapillarsäulen sind – was die Bodenhöhe h anbetrifft – mindestens ebenso wirksam wie gepackte Säulen. Weil es hier keine Packung gibt, ist der Widerstand gegen den Gasfluß klein, und es können sehr lange Säulen (100 m sind nicht ungewöhnlich) verwendet werden. Kommerziell erhältliche Kapillarsäulen haben eine theoretische Bodenzahl n zwischen 50000 und 100000 oder mehr. Durch den sehr großen Wert von n werden die Peaks extrem schmal. Die Fähigkeit von Kapillarsäulen, komplexe Mischungen zu trennen, ist außergewöhnlich; Proben, die mehr als 100 Komponenten enthalten, können mit guter Auflösung getrennt werden (siehe auch Abschnitt 20.5).

Durch die große Länge der meisten Kapillarsäulen ist die Verweilzeit beträchtlich länger als in gepackten Säulen. Dies bedeutet, daß im Vergleich zu gepackten Säulen t_R' mehr von t_R abweicht. Aus diesem Grunde ist die effektive Bodenzahl N_{eff} eine bessere Maßzahl für die Trennfähigkeit von Kapillarsäulen als n:

$$N_{\mathrm{eff}} = 16\left(\frac{t_R'}{W}\right)^2 \tag{20-5}$$

Lange Zeit wurden rostfreie Stahl-Kapillarsäulen verwendet; sie haben den Nachteil, daß Spuren der Probenbestandteile oft irreversibel an den Metallwänden sorbiert werden. Diese geringfügige Sorption wird normalerweise bei gepackten Säulen nicht beobachtet, fällt aber bei Kapillarsäulen stärker ins Gewicht, denn letztere werden für bedeutend kleinere Probenmengen verwendet. Aus diesem Grunde werden zunehmend Glassäulen eingesetzt, die Verunreinigungen weniger stark sorbieren.

Glas-Kapillarsäulen sind raumsparender unterzubringen als Metallsäulen. Eine Glaskapillare von 30 m Länge oder mehr läßt sich in einer Rolle von etwa 11 cm Durchmesser und 2 cm bis 3 cm Dicke unterbringen. Der Außendurchmesser der Glassäule kann hierbei 0,8 mm und der Innendurchmesser 0,25 mm betragen. Kapillarsäulen mit einer der üblicherweise verwendeten stationären Phasen sind kommerziell erhältlich.

Die in gepackten Säulen verwendeten festen Trägermaterialien haben eine sehr große Oberfläche zur Aufnahme der stationären Phase. Trotz der großen Länge ist die Oberfläche in einer Kapillarsäule wesentlich kleiner als in einer gepackten Säule, so daß die Masse an stationärer Phase vergleichsweise klein ist. Dies hat eine sehr begrenzte Probenkapazität zur Folge und bedingt, daß zur Vermeidung des „Überladens" nur sehr kleine Proben injiziert werden können. In der Regel werden 0,001 µL bis 0,01 µL der Probe eingespritzt. Derartig kleine Proben erfordern üblicherweise einen *„sample splitter"*, eine Einrichtung, die den größten Teil der verdampften Probe nach der Einspritzung ausblendet und nur eine kleine, vorbestimmte Fraktion in die Säule leitet.

Grob und Grob[3] haben eine Technik zur „splitlosen" Einspritzung entwikkelt, bei der eine verdünnte Lösung der Probe von immerhin 2–3 µL direkt injiziert werden kann. Das Lösungsmittel für die Probe muß ein sorgfältig ausgewähltes, flüchtiges organisches Lösungsmittel wie Pentan, Hexan oder Methylenchlorid sein.

---

3 K. Grob und K. Grob, Jr., *J. Chromatogr. 94*, 53 (1974)

Während Lösungsmittel und Probenbestandteile aus dem heißen Einspritzblock in die relativ kalte Kapillarsäule (ca. 25 °C) strömen, kondensiert zunächst ein großer Teil des Lösungsmittels im ersten Teil der Säule. Auch die Probenbestandteile werden hier festgehalten, während das Lösungsmittel nach und nach verdampft und durch die Säule strömt. Anschließend wird die Ofentemperatur mit einer vorgewählten Rate erhöht (sog. *Temperaturprogramm*), und die Probenbestandteile werden durch die Säule transportiert und getrennt.

Die Peakhöhe eines auf der Kapillarsäule getrennten Probenbestandteils ist meist annähernd die gleiche wie die eines viel größeren auf einer gepackten Säule getrennten Volumens (die Peak*fläche* ist bei einer gepackten Säule natürlich größer). Dies liegt daran, daß die sehr große Anzahl theoretischer Böden einer Kapillarsäule schmale, aber hohe Peaks verursacht.

Um eine Bandenverbreiterung zu vermeiden, müssen alle Wege durch den Gaschromatographen den gleichen Innendurchmesser haben. Wenn zum Beispiel getrennte Fraktionen zwischen dem Ende einer Kapillarsäule und vor dem Eintritt in den Detektor durch eine Verbindung größeren Durchmessers strömen, treten Rückvermischungen auf, und die Auflösung nahe beieinander liegender Peaks kann verloren gehen.

Die stationäre Phase

Im allgemeinen sollte die stationäre Phase aus einer Flüssigkeit oder einem weichen Feststoff bestehen und den zu trennenden Verbindungen in der chemischen Polarität ähnlich sein. So kann zum Beispiel eine Mischung von Alkanen auf einer unpolaren Phase wie Squalan oder SE 30 getrennt werden. Einige übliche stationäre Phasen sind in Tabelle 20−1 zusammengefaßt.

Eine organische —OH-Gruppe ist ein Beispiel für eine polare Gruppe, da der Sauerstoff elektronegativer als der Wasserstoff ist. Eine Kohlenstoff-Kohlenstoff-Doppelbindung ist wegen ihrer größeren Elektronendichte an der Doppelbindung schwach polar.

Tabelle 20−1 Einige häufig verwendete flüssige Phasen. Sie sind grob nach steigender Polarität geordnet.

Name oder Typ	Kommerzielle Bezeichnung
Kohlenwasserstoffe	Squalan
Methylsilikongummi	OV-1, SE 30
flüssige Dimethylsilane	OV-101, SP-2100
Methylphenylsilikon	OV-17, SP-2250
Trifluorpropylsilikon	OV-210, SP-2401
Cyanoethylsilikon	OV-225, XE-60, SP-2300
Polyethylenglykol	Carbowax-20-M
Phase mit freien Fettsäuren	FFAP

Temperatur und Temperaturprogrammierung

Die Temperatur ist ein wichtiger Faktor bei der Auswahl der Bedingungen für eine zufriedenstellende Trennung. Werden Probenbestandteile schnell eluiert und unvollständig aufgelöst, kann durch Absenken der Säulentemperatur die Elution verlangsamt und die Peakauflösung häufig verbessert werden. Wenn andererseits Probenbestandteile zu langsam aus der Säule kommen, kann eine Erhöhung der Säulentemperatur angezeigt sein.

Falls eine Mischung mit hoch- und niedrigsiedenden Verbindungen getrennt werden soll, kann die zur Trennung der niedrigsiedenden Anteile erforderliche Temperatur die hochsiedenden Verbindungen zu sehr verlangsamen.

Spät eluierende Peaks sind stets breiter und ihre Auflösung meist schlechter. In solchen Fällen kann ein *Temperaturprogramm* verwendet werden. Hierbei wird die Säulentemperatur mit einer vorgewählten Geschwindigkeit linear angehoben. Die flüchtigeren Probenbestandteile werden bei niedrigen Temperaturen getrennt, während die hochsiedenden Verbindungen schneller durch die Säule wandern und eher auf dem Chromatogramm erscheinen.

Der Einfluß der Temperaturprogrammierung ist in Bild 20−3 dargestellt. Eine isotherme Trennung (eine Trennung bei konstanter Temperatur) gleicher Mengen von Kohlenwasserstoffen zeigt eine zunehmende Verbreiterung und Verlangsamung der späteren Peaks.

Wird die gleiche Probe unter Verwendung eines Temperaturprogrammes getrennt, sind die Peakhöhen ähnlich und die Trennung ist schneller abgeschlossen. In der modernen Gaschromatographie ist die Temperaturprogrammierung Routine geworden.

Detektoren

Nach der Trennung auf der chromatographischen Säule durchlaufen die Probenbestandteile einen Detektor, der ein zur Konzentration im Trägergas proportionales elektrisches Signal erzeugt. Dieses Signal wird verstärkt und im einfachsten Falle einem Schreiber zugeführt, der die verschiedenen chromatographischen Peaks aufzeichnet. Die Verstärkung muß groß genug sein, damit alle Peaks meßbar sind, jedoch nicht so groß, daß einzelne Peaks anschlagen („*off-scale*"). Eine *Eingangsabschwächung (input attenuator)* vermindert die Verstärkereingangsspannung in verschiedenen Stufen vom Faktor 10^1 bis etwa 10^5. Eine *Ausgangsabschwächung (output attenuator)* reduziert die Ausgangsspannung des Verstärkers um definierte Faktoren von 1/2, 1/4, 1/8, . . . 1/1024, wie durch die Einstellungsmöglichkeiten von 2, 4, 8 . . . bis 1024 angezeigt wird. Danach führt eine Eingangseinstellung von 10^1 verbunden mit einer Ausgangseinstellung von 32 zu einer Gesamtabschwächung von $10 \cdot 32$, also von 320. Dies bedeutet, daß das aufgezeichnete Signal 1/320 des nicht abgeschwächten Signales entspricht.

Die Abschwächung kann während einer chromatographischen Trennung verändert werden. Eine niedrige Abschwächung wird gewählt, um kleine Peaks mit guter Intensität zu erhalten; zwischendurch kann die Abschwächung zeitweise erhöht werden, um große Signale nicht anschlagen zu lassen.

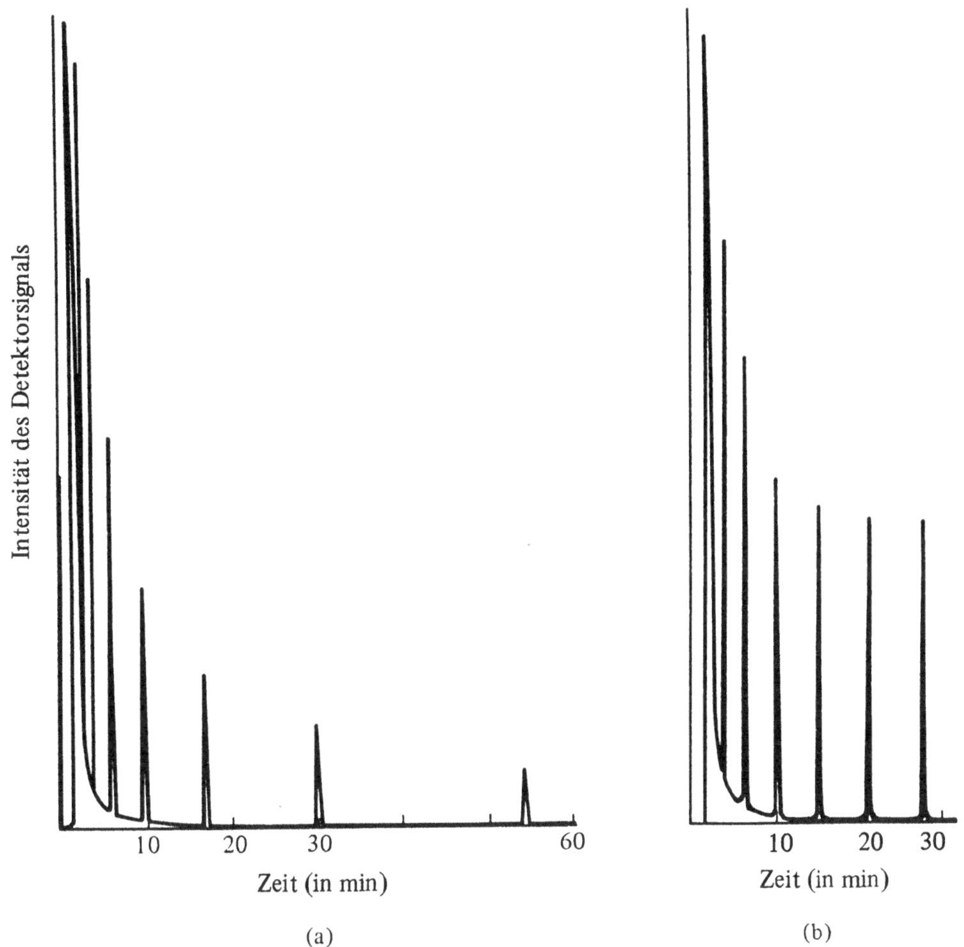

Bild 20-3 Isotherme (a) und temperaturprogrammierte (b) Trennung von je 2 µL einer Lösung von *n*-Alkanen
(C_{10}- bis C_{16}-Alkane) in Dichlormethan. Bedingungen: Glaskapillarsäule SE-30 (28 m × 0,25 mm);
Helium als Trägergas mit einer Fließgeschwindigkeit von 3,3 mL/min; FID
a) isotherme Trennung bei 100 °C,
b) temperaturprogrammierte Trennung mit 80 °C für 4 min, anschließend Temperaturanstieg mit 2 °C/min.

Eine Reihe verschiedener Detektoren ist erhältlich; hier sollen die drei am
häufigsten verwendeten diskutiert werden. Einige Charakteristika dieser Detektoren
sind in Tabelle 20−2 zusammengefaßt.

Wärmeleitfähigkeitsdetektor (WLD). Dies ist unter den üblichen Detektoren der am wenigsten empfindliche. Sein Prinzip beruht darauf, daß die Abkühlung
eines heißen Drahtes der molaren Masse des umgebenden Gases proportional ist.
Wasserstoff (molare Masse 2 g/mol) oder Helium (molare Masse 4 g/mol) wird als
Trägergas verwendet; gasförmige Probenbestandteile mit höheren molaren Massen
haben eine erheblich niedrigere thermische Leitfähigkeit. Die Heizdrähte im WLD

Tabelle 20−2   Vergleich von in der Gaschromatographie eingesetzten Detektoren

Detektor	Funktion des Detektors	Anwendungen und Einschränkungen
Wärmeleitfähig-keitsdetektor (WLD)	Das Detektorsignal ist die Differenz in der Wärmeleit-fähigkeit zwischen dem reinen Trägergas und dem Träger-gas mit Probe. Dies wird durch den elektrischen Widerstand eines geheizten Platindrahtes (oder Ther-mistors) im Gasstrom angezeigt.	Für anorganische und organische Verbindungen anwendbar. Empfind-lich gegenüber Schwankungen in der Temperatur und dem Gasfluß.
Flammenioni-sationsdetektor (FID)	Das Detektorsignal ist pro-portional zur Anzahl der entstehenden Ionen, wenn die Probenbestandteile (im Trägergas Argon oder He-lium oder Stickstoff) mit Wasserstoff und Luft ver-brannt werden. Die Ionen werden an einer Elektrode gesammelt und erzeugen einen elektrischen Strom.	Anwendbar für organische Verbin-dungen. Spricht auf die meisten anorganischen Gase nicht an: CO_2, H_2O, CO, SO_2, H_2S, NH_3. An-wendbar zur Analyse von Wasser-extrakten.
Elektronenein-fangdetektor (ECD)	Das Detektorsignal ist proportional zu einem kontinuierlichen Fluß langsamer Elektronen, die durch Ionisation von Argon als Trägergas durch β-Strahler entstehen. Redu-zierbare Bestandteile im Trägergas reagieren mit den Elektronen, setzen den Elektronenfluß zur Anode herab und vermindern da-durch das Detektorsignal.	Anwendbar für Sauerstoff, Phosphor, Schwefel, $-NO_2$ und Halogen ent-haltene Verbindungen. Geringes Ansprechen auf Ether und Kohlen-wasserstoffe. Anwendbar zur Ana-lyse von Insektiziden und Pestiziden.

bilden eine Wheatstonesche Brücke, die die Differenz in den thermischen Leitfähig-keiten des reinen Trägergasstromes und des die Probe enthaltenden Trägergasstroms mißt. Strömt eine organische Verbindung (wie zum Beispiel Hexan, das nur 1/12 der Wärmeleitfähigkeit des Heliums hat) durch den Detektor, erhöht sich die Tem-peratur des Heizdrahtes (auch Thermistor genannt). Diese Temperaturerhöhung er-höht den elektrischen Widerstand des Drahtes und bringt die auf Null abgeglichene Wheatstonesche Brücke aus dem Gleichgewicht. Der zur Wiederherstellung des Gleichgewichtes (zum Null-Abgleich) erforderliche Widerstand wird vom Schreiber registriert.

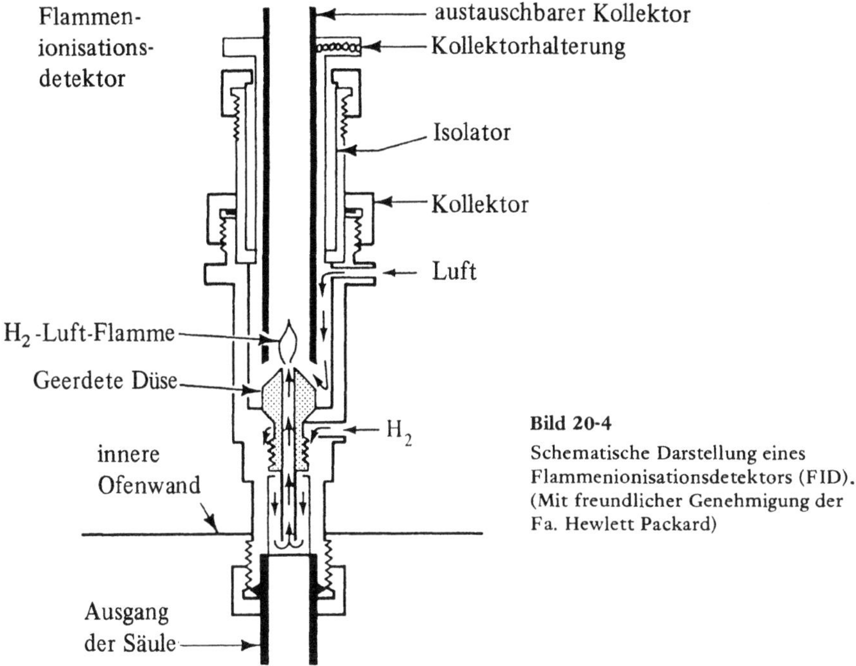

Bild 20-4
Schematische Darstellung eines
Flammenionisationsdetektors (FID).
(Mit freundlicher Genehmigung der
Fa. Hewlett Packard)

Flammenionisationsdetektor (FID). Der FID kann als Standard-Detektor für organische Verbindungen betrachtet werden. Er ist sehr empfindlich und ungewöhnlich stabil, kann 10^{-9} g (1 ng) oder mehr der meisten organischen Verbindungen detektieren und ist unempfindlich gegen kleinere Schwankungen in der Gasströmungsgeschwindigkeit.

Der Flammenionisationsdetektor (Bild 20−4) ist im wesentlichen ein Mikrobrenner, umgeben von einer Elektrode zum Auffangen der aus der brennenden Probe gebildeten Ionen. Das Trägergas aus der Säule wird vor dem Eintritt in den Detektor mit Wasserstoff gemischt. Durch eine getrennte Zuleitung tritt Luft oder Sauerstoff für die Verbrennung in den FID. Die Verbrennung organischer Probenbestandteile liefert Ionen, die zur Elektrode wandern. Der hierdurch entstehende elektrische Strom wird dann verstärkt und gemessen.

Elektroneneinfangdetektor (ECD). Der Elektroneneinfangdetektor (electron-capture detector) hat eine außerordentlich hohe Empfindlichkeit gegenüber einer eingeschränkten Gruppe von Verbindungen; in günstigen Fällen kann er schon 10^{-12} g (1 Pikogramm) anzeigen. Er wird überwiegend als Detektor für organische Halogenverbindungen wie Chloroform (Tabelle 20−2) eingesetzt, das in chloriertem Trinkwasser gefunden wird. Er kann leicht kleinste Spuren von chlorierten Pestiziden aus dem Gemisch organischer Verbindungen in biologischen Proben detektieren.

Der Elektroneneinfangdetektor enthält eine radioaktive Substanz (üblicherweise ^{63}Ni), die als β-Strahler wirkt. Argon als Trägergas (oft gemischt mit etwas Methan) reagiert mit den β-Teilchen und liefert Elektronen und andere Produkte.

Der Detektor enthält eine Anode und eine Kathode; an diese Elektroden wird eine Spannung angelegt, wodurch die Elektronen zur Anode wandern und so einen kleinen konstanten Strom liefern. Organische Bestandteile im Trägergas-Strom reagieren mit den Elektronen (Elektroneneinfang), setzen so den konstanten Strom herab und liefern dadurch ein Signal für die Anzeige.

20.4 Qualitative und quantitative Analyse

Die Identifizierung von Peaks

Die Identifizierung der verschiedenen Peaks in einem Gaschromatogramm ist oft problematisch, insbesondere, wenn die Probenbestandteile vollständig unbekannt sind. Der einfachste Weg besteht darin, die Retentionszeiten der verschiedenen Proben-Peaks mit denen von bekannten Verbindungen zu vergleichen, die unter den gleichen Bedingungen getrennt wurden. Einige Laboratorien verfügen über Bibliotheken von bekannten Retentionszeiten. Diese Art der Identifizierung ist außerordentlich unsicher, weil verschiedene organische Verbindungen die gleichen Retentionszeiten haben können. Eine zuverlässigere Identifizierung wird durch folgendes Verfahren erhalten: Man chromatographiert die Probe zusammen mit einer bekannten Verbindung (einer Vergleichssubstanz) und dieses Gemisch zusätzlich auf einer zweiten Säule mit einer unterschiedlichen stationären Phase. Beobachtet man in beiden Chromatogrammen, daß ein Probenpeak und der Peak der Vergleichssubstanz zusammenfallen, so sind diese Probensubstanz und die Vergleichssubstanz höchstwahrscheinlich identisch.

Die beste Methode für die qualitative Bestimmung von Peaks ist die Kopplung eines Gaschromatographen mit einem Massenspektrometer. Die Massenspektren der chromatographischen Peaks können mit einer Spektrenbibliothek bekannter Verbindungen verglichen werden. Manchmal kann die Identität einer Verbindung aus ihrem Massenspektrum ohne weiteren Vergleich abgeleitet werden. Nachteilig ist der hohe Preis von GC-MS-Kopplungen, die außerdem für eine effiziente Anwendung einen leistungsfähigen Computer erfordern.

Quantitative Analyse

Eine quantitative gaschromatographische Bestimmung wird dadurch ermöglicht, daß die Fläche unter jedem Peak proportional zur Konzentration des betreffenden Probenbestandteils ist — konstante Bedingungen für die Säulentemperatur, Strömungsgeschwindigkeit usw. vorausgesetzt. Für scharfe, schmale Peaks wird stattdessen manchmal die Peakhöhe verwendet. Da das Signal jedes Detektors, das er für 1 mol/L einer Substanz liefert, für verschiedene Verbindungen unterschiedlich ist, muß jede Peakfläche (oder Höhe) mit einem empirischen Faktor multipliziert werden, um diesen Unterschied zu korrigieren. Der Anteil jedes Probenbestandteiles wird berechnet, indem die korrigierte Peakfläche durch die Summe aller korrigierten Peakflächen dividiert wird.

Dieses quantitative Verfahren erfordert eine sorgfältige Kontrolle aller experimentellen Variablen, die die Empfindlichkeit und das Ansprechen des Detektors beeinflussen, da sonst die Höhe und Fläche der chromatographischen Peaks schwankt.

Die meisten dieser instrumentellen Fehler können durch Anwendung eines *internen Standards* eliminiert werden. Hierbei wird eine konstante Menge einer reinen Verbindung (interner Standard) zu einem festgelegten Volumen der unbekannten Probe und zu verschiedenen Mischungen mit unterschiedlicher Menge der zu bestimmenden Probe gegeben. Dann werden zunächst die Mischungen chromatographiert; aus diesen Chromatogrammen wird eine Eichkurve durch Auftragen des prozentualen Anteils der Substanz gegen das Verhältnis der Peakflächen dieser Verbindungen und des Standards angefertigt. Anschließend wird die unbekannte Verbindung chromatographiert, die Peakflächen dieser Verbindung und des internen Standards werden gemessen und ihr Verhältnis berechnet. Der Anteil der Substanz in einer unbekannten Probe wird aus der Eichkurve abgelesen. (Ein interner Standard wird in Experiment 30, Kapitel 34, verwendet.)

Die Peakfläche kann durch eine der drei in Tabelle 20−3 aufgeführten Techniken gemessen werden. Um einen Eindruck von der Präzision (Wiederholbarkeit; vgl. Kapitel 3) dieser Techniken zu erhalten, sind die relativen Standardabweichungen für eine typische Analyse angegeben.

Tabelle 20−3 Peak-Integrationstechniken zur quantitativen Gaschromatographie

Bestimmung der Peakfläche (Integrationstechnik)	Beschreibung	Relative Standardabweichung[a] in %
$H \times W$	Annäherung der Peakfläche durch Multiplikation der Peakhöhe mit der Peakbreite auf halber Höhe	2,6
Ausschneiden und Wiegen	Ausschneiden der Peaks aus dem Schreiberpapier und Wiegen auf einer Analysenwaage	1,7
Elektronische digitale Integration	Die Peaks werden elektronisch in dünne Segmente zerlegt und die Gesamtfläche wird durch Multiplizieren der Segmentbreiten mit den Segmenthöhen erhalten. (Dieses Gerät korrigiert auch nichtlineare Basislinien.)	0,2−0,4[b]

a Typischer Wert für die Messung einer Mischung von acht Kohlenwasserstoffen
b Der kleinere Wert ist für eine Mischung aus zwei Komponenten typisch

20.5 Anwendungen der Gaschromatographie

Gaschromatographie kann nur angewendet werden, wenn die zu trennenden Probenbestandteile bei der Arbeitstemperatur des Gaschromatographen flüchtig sind. Als Faustregel gilt: Es lassen sich solche Substanzen gaschromatographisch trennen, die einen Dampfdruck von 10 Torr oder mehr bei der Ofentemperatur haben. Am Gaschromatographen können Temperaturen bis zu etwa 300 °C (gelegentlich höher) eingestellt werden. Viele organische Verbindungen (und einige anorganische Verbindungen) erfüllen diese Voraussetzung. Die Gaschromatographie ist so weit entwickelt, daß beinahe jede Mischung flüchtiger chemischer Verbindungen getrennt werden kann. *Cis-* und *trans-*Isomere können üblicherweise getrennt werden. Verwendet man eine Kapillarsäule mit einer speziellen chiralen stationären Phase, so läßt sich die Gaschromatographie sogar zur Trennung der Enantiomeren (der optischen Isomere) von Aminosäurederivaten einsetzen.[4]

Ein beachtlicher Anteil der organischen Verbindungen ist nicht flüchtig genug, um durch Gaschromatographie getrennt zu werden. Dennoch können oft Reagenzien zur Bildung flüchtiger Derivate dieser Proben zugegeben werden. Einige dieser Reagenzien sind im folgenden zusammengestellt:

(1) Langkettige Fettsäuren RCOOH werden in die flüchtigeren Methylester $RCOOCH_3$ überführt. (Dieses findet insbesondere in der Lebensmittel- und biochemischen Analyse Anwendung.)

(2) Langkettige Alkohole ROH und Steroide werden in die flüchtigen Trimethylsilylether $ROSi(CH_3)_3$ überführt.

(3) Aminosäuren NH_2—CHR—COOH werden, sofern sie nicht flüchtig sind, in Amidester überführt, indem sowohl die Amino- als auch die Carboxylgruppe derivatisiert werden. In einer Arbeit[4] wurde ein Gemisch von siebzehn Aminosäuren in Amidester F_3C—CF_2— (CO)—NH—CHR—(CO)—O—$CH(CH_3)_2$ überführt, und in weniger als 30 Minuten wurden für jede Aminosäure zwei gut aufgelöste Peaks erhalten, einer für die D-Form und der andere für die L-Form. Besonders in der biochemischen und medizinischen Forschung ist die gaschromatographische Trennung von Aminosäure-Gemischen von großer Bedeutung.

(4) Zucker können folgendermaßen derivatisiert werden: Die Carbonylgruppe wird in ein Oxim $>C{=}N$—OH überführt und aus diesem wird dann ein Trimethylsilylether $>C{=}N$—O—$Si(CH_3)_3$ gebildet. Ein Beispiel für eine mit dieser Technik erhaltene Trennung von Zuckern gibt Bild 20–5.

Mischungen von sehr niedrig siedenden Gasen können nur schwierig getrennt werden, weil diese Verbindungen normalerweise zu schnell durch die chromatographische Säule strömen. Um solche Mischungen zu trennen, müssen Temperaturen unterhalb der Raumtemperatur oder außergewöhnliche Säulenpackungen verwendet werden. So wurde beispielsweise eine Packung aus graphitiertem Kohlenstoff (Sphe-

4 H. Frank, G.J. Nicholson und E. Bayer, *J. Chromatogr. Sci.* *15*, 174 (1977)

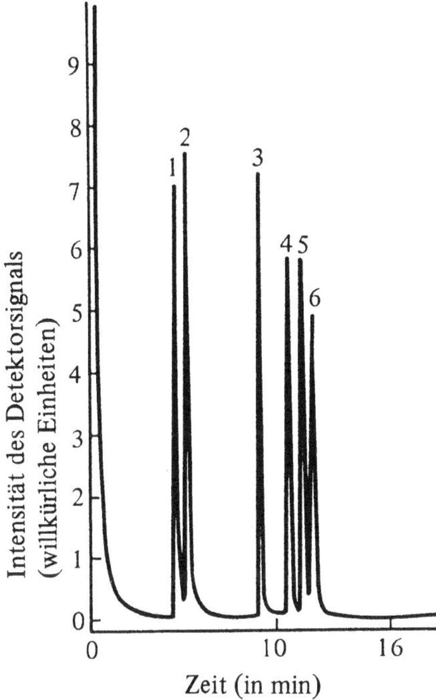

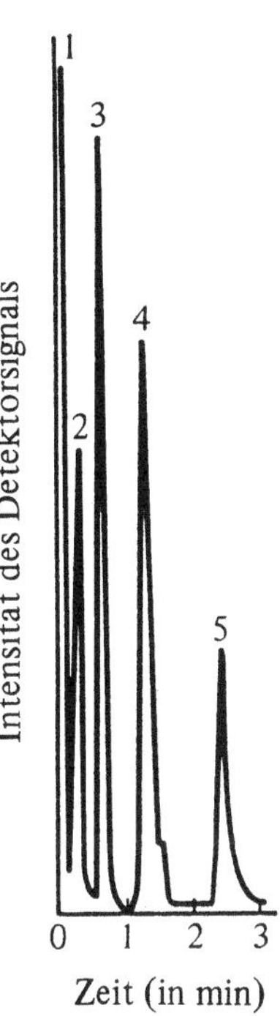

Bild 20-5 Gaschromatographische Trennung der Trimethylsilylderivate von Kohlenhydratoximen. Peak-Zuordnung: 1 Fructose, 2 Dextrose, 3 interner Standard, 4 Sucrose (Saccharose), 5 Lactose und 6 Maltose. (Mit freundlicher Genehmigung von K. M. Brobst)

Bild 20-6 Gaschromatographische Trennung einer Lösung von Haloformen in Pentan unter Verwendung eines Elektroneneinfangdetektors (ECD). Peak-Zuordnung: 1 Pentan, 2 $CHCl_3$, 3 $CHBrCl_2$, 4 $CHBr_2Cl$, 5 $CHBr_3$. Glassäule (2 m × 6 mm), gepackt mit 4 % SE-30 + 6 % OV-210 auf Chromosorb; 75 °C isotherm

rocarb) mit einer sehr großen Oberfläche (ca. 1200 m²/g) zur gaschromatographischen Trennung einer Mischung von Wasserstoff, Sauerstoff und Stickstoff angewandt. Es wurden Retentionszeiten von 1,1 min, 3,8 min und 4,1 min bei 40 °C auf einer Säule (2 m × 1/8 Zoll) mit Helium (30 mL/min) als Trägergas erzielt.[5] Als Detektor wurde ein Wärmeleitfähigkeitsdetektor eingesetzt.

Manchmal ist ein Konzentrierungsschritt vor der gaschromatographischen Trennung notwendig. 1974 wurde entdeckt, daß in chloriertem Trinkwasser in der Regel Chloroform $CHCl_3$ und andere Haloforme ($CHBrCl_2$, $CHBr_2Cl$ und $CHBr_3$) in Konzentrationen von einem ppb (part per billion) nachzuweisen sind. Es ist nicht möglich, derartige Spuren durch direkte Injektion einer Wasserprobe in einen Gaschromatographen zu bestimmen; vielmehr müssen die Haloforme zunächst durch Extraktion von 10 mL bis 100 mL Wasser mit 1 mL Pentan konzentriert werden.

5 Analabs, Inc., 1976

Ein Teil dieses Pentan-Extrakts wird injiziert, die Haloforme im Gaschromatographen getrennt.[6] Ein typisches Chromatogramm zeigt Bild 20−6. Bei dieser Analyse wird ein Elektroneneinfangdetektor verwendet, und zwar einerseits, um die erforderliche Empfindlichkeit zu erreichen, und andererseits, um Überlagerungen mit anderen organischen Substanzen zu vermeiden, die aus Wasser extrahiert wurden.

Eine Extraktion mit organischen Lösungsmitteln wird ebenfalls durchgeführt, um verschiedene Verbindungen vor der gaschromatographischen Analyse aus Harn zu isolieren. Die Gegenwart (oder veränderte Konzentration) bestimmter Verbindungen im Harn können zur Diagnose verschiedener Erkrankungen herangezogen werden. So steht z.B. die Konzentration von Ketonen, besonders des 4-Heptanons in direkter Beziehung zu durch Diabetes hervorgerufenen Unregelmäßigkeiten im Metabolismus. Das 4-Heptanon kann im Urin bestimmt werden, indem es zunächst mit Cyclohexan extrahiert und dann auf einer Kapillarsäule (100 m × 0,5 mm) getrennt wird.[7]

Organische Verbindungen können auch konzentriert werden, indem sie aus wäßriger Lösung mit Hilfe einer kleinen, mit porösen Partikeln aus organischen Harzen gefüllten Säule extrahiert werden. Wird zum Beispiel Trinkwasser, das Spuren von organischen Verunreinigungen enthält, über eine solche Säule gegeben, werden die Verunreinigungen adsorbiert und in den Poren zurückgehalten. Die adsorbierten organischen Verbindungen werden dann mit einem kleinen Volumen an Diethylether von der Säule eluiert. Das Volumen des Ethers wird durch Einengen reduziert, und ein Anteil von 2 µL wird in einen Gaschromatographen injiziert, um die verschiedenen organischen Bestandteile zu trennen.[8] Bild 20−7 zeigt ein Chromato-

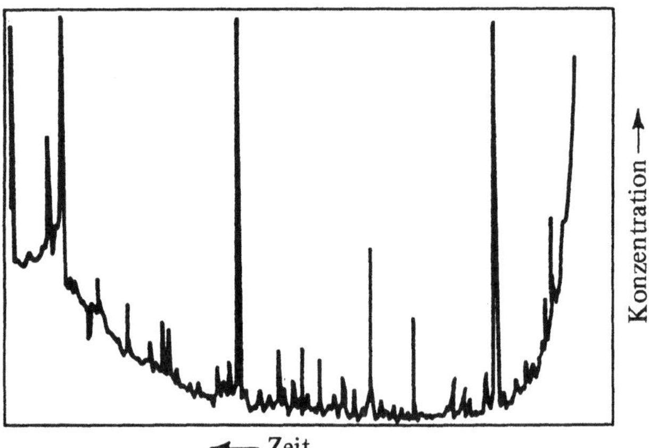

Bild 20-7 Chromatogramm von aus Trinkwasser aufkonzentrierten organischen Verbindungen. Bedingungen: Kapillarsäule (25 m × 0,25 mm Innendurchmesser), überzogen mit SP-100; Ofentemperatur 60 °C mit 3 °C/min auf 220 °C; FID-Abschwächung 10; 2 µL einer etherischen Lösung mit splitloser Injektion (mit freundlicher Genehmigung von L. D. Kissinger)

6 J.J. Richard und G.A. Junk, *J. Am. Waterworks Assoc.* 69, 62 (1977)

7 H.M. Liebich und G. Huesgen, *J. Chromatogr.* 126, 465 (1976)

8 G.A. Junk et al., *J. Chromatogr.* 99, 745 (1974)

gramm von organischen Verbindungen, die aus etwa 200 L Trinkwasser einer amerikanischen Großstadt konzentriert wurden. Wegen der großen Zahl der vorhandenen Verbindungen wurde die letzte Trennung auf einer Glaskapillarsäule durchgeführt.

Aufgaben

Grundlagen und Anwendung der Gaschromatographie

20.1 Erklären Sie, warum eine flüssige Probe schnell in einen Gaschromatographen injiziert werden sollte.

20.2 Der Trennungsfaktor α [Gl. (19−14)] zweier Verbindungen sei 1,08, und der Kapazitätsfaktor k' der langsamer eluierten Verbindung sei 11,3. Berechnen Sie die erwartete Auflösung der zwei Peaks auf einer Säule mit 2780 theoretischen Böden.

20.3 Erklären Sie, warum eine sehr kleine Strömungsgeschwindigkeit des Trägergases eine ungenügende Trennung hervorrufen kann. Weshalb wird gelegentlich eine größere als die optimale Strömungsgeschwindigkeit eingestellt (und dadurch auch nicht bei der minimalen Trennstufenhöhe gearbeitet)?

20.4 Nennen Sie die wünschenswerten Eigenschaften eines festen Trägers in der Gaschromatographie. Erklären Sie, wie eine dünne Beschichtung oder ein Überzug einer stationären Phase auf einen festen Träger aufgebracht werden kann.

20.5 Die Masse an stationärer Phase auf einem festen Träger wird verdoppelt. Welcher Einfluß ergibt sich hieraus auf die Retentionszeit der Probenbestandteile, wenn alle anderen Bedingungen konstant gehalten werden?

20.6 Weshalb werden feste Träger manchmal silanisiert (mit organischen Siliciumverbindungen behandelt)?

20.7 Nennen Sie einige wünschenswerte Eigenschaften von stationären Phasen in der Gaschromatographie. Welche einfache allgemeine Regel bestimmt die Auswahl einer stationären Phase für irgendeine Substanzklasse der Probe?

Kapillarsäulen

20.8 Beschreiben Sie kurz Kapillarsäulen im Hinblick auf die Dimensionen, stationäre Phase und die annähernde Zahl von theoretischen Böden. Welche Vorteile haben Glassäulen gegenüber Metall-Kapillarsäulen?

20.9 Für eine gepackte Säule mit 2000 theoretischen Böden soll die Breite eines chromatographischen Peaks (in Minuten) berechnet werden für eine Retentionszeit $t_R = 2{,}00$ min. Unter Verwendung dieser Breite als Mittelwert soll die maximale Anzahl chromatographischer Peaks berechnet werden, die pro Minute zwischen $t_R = 1{,}50$ min und $t_R = 2{,}50$ min ohne Überlappung der Peakbasis aufgelöst werden können.

20.10 Berechnen Sie in Fortsetzung der Aufgabe 20.9 die Breite eines chromatograhischen Peaks, der von einer Kapillarsäule mit $n = 75\,000$ bei $t_R = 4{,}00$ min eluiert wird. Berechnen Sie, ausgehend von dieser Breite als Mittelwert, die maximale Anzahl von Peaks, die pro Minute zwischen $t_R = 3{,}50$ min und $t_R = 4{,}50$ min ohne Überlappung der Peakbasis aufgelöst werden können.

20.11 Warum sollte eine kleine Probe eher in eine Kapillarsäule als in eine gepackte Säule injiziert werden? Erklären Sie, wie kleinste Probenmengen auf eine Kapillarsäule aufgebracht werden können.

Apparative Grundlagen

20.12 Erklären Sie das Prinzip der nachfolgend genannten Detektoren, die in der Gaschromatographie verwendet werden: Wärmeleitfähigkeitsdetektor, Flammenionisationsdetektor und Elektroneneinfangdetektor.

20.13 Erklären Sie, warum die Temperatur eine wichtige Variable in der Gaschromatographie ist. Was ist eine linear-programmierte Temperaturkontrolle und worin liegen ihre Vorteile?

20.14 Erklären Sie kurz, welchen Detektor Sie für jede der nachfolgend genannten GC-Trennungen verwenden würden:

a) Spuren von chlorierten Pestiziden in einem Fleischextrakt,

b) Wasserverunreinigungen in organischen Lösungsmitteln,

c) Benzoldampf, aufkonzentriert aus einer industriellen Luftprobe.

20.15 Erklären Sie die Funktion der Abschwächung. Warum ist die Abschwächung eines chromatographischen Peaks oft eine praktische Notwendigkeit?

Methoden

20.16 Bei einem Gerichtsfall, in dem es um den Besitz eines verbotenen Arzneimittels geht, zeigt die Anklage, daß die gaschromatographische Analyse des Materials exakt die gleiche Retentionszeit wie für das bekannte verbotene Arzneimittel ergibt, das unter identischen Bedingungen chromatographiert wurde. Die Verteidigung argumentiert, daß unter mehr als einer Million organischer Verbindungen einige harmlose Derivate sehr wahrscheinlich die gleiche Retentionszeit wie das Arzneimittel haben werden. Schlagen Sie einen analytischen Weg vor, wie eine sichere Identifizierung der Substanz erreicht werden kann.

20.17 Eine Probe, bestehend aus drei chemisch ähnlichen Bestandteilen, wird gaschromatographisch getrennt, und die Fläche jedes Peaks wird mit einem elektronischen Integrator gemessen. Der prozentuale Anteil jeder Komponente wird anschließend berechnet, indem die Peakfläche durch die Summe der 3 Peakflächen dividiert und anschließend mit 100 multipliziert wird. Ist dieses Vorgehen zufriedenstellend? Wenn nicht, schlagen Sie ein besseres vor.

20.18 Schlagen Sie für jedes der nachfolgenden Trennprobleme vor, welche der experimentellen Bedingungen verändert werden kann, um die gaschromatographische Trennung zu verbessern.

a) Retentionszeiten von 9,2 min, 10,3 min und 12,5 min werden für die Probenbestandteile auf einer 1-m-Säule bei 120 °C erhalten. Die Peaks sind außerordentlich breit.

b) Auf einer mit Carbowax-600 als stationärer Phase belegten Säule werden die Probenbestandteile A und B gut getrennt, jedoch ist die Auflösung der Bestandteile C und D sehr schlecht. Eine Verdopplung der Säulenlänge verbessert die Auflösung von C und D nur wenig.

c) Auf einer mit OV-1 gepackten Säule auf Chromosorb-W bei 80 °C werden die folgenden Retentionszeiten für Probenbestandteile registriert: 2,1 min, 2,3 min, 3,4 min, 7,8 min, 10,7 min und 13,5 min. Die letzten Peaks sind so breit, daß eine quantitative Bestimmung erschwert wird.

d) Der Peak eines Schwefel enthaltenden Insektizids in einem Gemüseextrakt kann unter der großen Anzahl der anderen Peaks nahezu nicht identifiziert werden, wenn für die Chromatographie ein FID verwendet wird.

20.19 In einer Industrieanlage werden verschiedene organische Lösungsmittel zur Reinigung von Metallteilen verwendet. Einige dieser Lösungsmittelrückstände gelangen über das Abwasser in einen nahegelegenen Fluß. Geben Sie ein analytisches Verfahren an, mit dem bestimmt werden kann, ob die Industrieanlage gegen eine Umweltschutzbestimmung verstößt, nach der nicht mehr als 1 ppm jedes Lösungsmitels im Abwasser sein darf.

20.20 Maissirup, der etwas Fructose enthält, hat einen süßeren Geschmack als normaler Maissirup, der überwiegend Glucose enthält. Schlagen Sie ein chromatographisches Verfahren vor, um Fructose und Glucose im Sirup zu bestimmen.

20.21 Vinylchlorid $CH_2{=}CHCl$ ist flüchtig und wurde als giftig erkannt. Bezüglich der Konzentration in der Luft in und um Fabriken wurden gesetzliche Grenzwerte für die Konzentration erlassen. Geben Sie ein analytisches Verfahren für die Bestimmung der Spuren von Vinylchlorid in Luft an. Es sei vorausgesetzt, daß eine kleine Säule mit porösem organischen Harz das Vinylchlorid aus einem durch die Säule strömenden bekannten Luftvolumen vollständig adsorbiert.

20.22 Suchen Sie eine oder mehrere Veröffentlichungen in wissenschaftlichen Zeitschriften, in denen die Gaschromatographie zur Lösung spezieller analytischer Probleme verwendet wurde. Geben Sie die vollständige Literaturstelle an, führen Sie die für die Probenvorbereitung und gaschromatographische Trennung angewendeten Bedingungen auf und fassen Sie die erhaltenen Ergebnisse kurz zusammen.

Kapitel 21

Flüssigchromatographie

Nach der Beschreibung der Grundlagen chromatographischer Trennverfahren (Kapitel 19) und ihrer Anwendung auf die Gaschromatographie (Kapitel 20) soll nun eine zweite wichtige Anwendung, die Flüssigchromatographie (LC) diskutiert werden. Einige flüssigchromatographische Systeme werden im Abschnitt 21.1 beschrieben und durch Anwendungsbeispiele der Säulenchromatographie illustriert. Die zwei Arten der Flüssigchromatographie, die Säulenchromatographie und die Schichtchromatographie, werden in den Abschnitten 21.2 und 21.3 besprochen. Die Diskussion der Säulenchromatographie schließt die Konzepte und Technologie der HPLC (**H**igh **P**erformance **L**iquid **C**hromatography) ein. Die Beschreibung der Schichtchromatographie beinhaltet Trennungen unter Verwendung von Filterpapier (Papierchromatographie) und unter Verwendung von Kunststoffplatten, die mit einem Sorbens überzogen sind (Dünnschichtchromatographie).

21.1 Methoden

Chromatographische Trennungen sind das Ergebnis von unterschiedlichen Verteilungen verschiedener gelöster Stoffe zwischen einer stationären und einer mobilen Phase. Die an dieser Verteilung beteiligten Phasensysteme und Arten gelöster Stoffe werden nachfolgend beschrieben.

Flüssig-flüssig-Chromatographie

Wäßrige stationäre Phase – organische mobile Phase. Martin und Synge wird die Entdeckung der Flüssig-flüssig-Chromatographie zugeschrieben. 1941 veröffentlichten sie eine Arbeit mit dem Titel „A new Form of Chromatography Employing Two Liquid Phases"[1]. Die Autoren verwendeten granulares Silicagel (Kieselgel), um Wasser als stationäre Phase zu binden, und trennten Mischungen von acetylierten Aminosäuren (erhalten aus hydrolysierten Proteinen), indem sie diese mit Chloroform/Butanol eluierten. Dem Silicagel wurde Methylorange zugegeben, um die Zonen der organischen Säuren auf der Säule (braunrote Zonen auf einer gelben Säule) zu lokalisieren. Sobald eine dieser Zonen (Banden) von der Säule eluiert wurde, konnten die Lösungen fraktionsweise gesammelt und der Gehalt an Säure durch Titration mit Bariumhydroxid-Lösung, $c = 0{,}005$ mol/L, bestimmt werden. Eine Vielzahl organischer Verbindungen wurde auf Silicagel mit verschiedenen Kombinationen aus wäßrigen und organischen Phasen getrennt, wie auch einige anorganische Substanzen. So kann beispielsweise Uran(VI) von nahezu allen anderen Metallionen auf einer mit wäßriger Salpetersäure, $c(\mathrm{HNO_3}) = 6$ mol/L, behandelten mit Silicagel gepackten Säule abgetrennt werden.[2] Nach der Sorption der wäßrigen Proben auf Silicagel wird Uran(VI) selektiv von der Säule mit Hilfe von Methylisobutylketon (MIBK) eluiert. Die anderen, nicht-extrahierten Metallionen verbleiben auf der Säule, können aber durch Waschen mit wäßrigen Lösungen eluiert werden.

---

1 A.J.P. Martin und R.L.M. Synge, *Biochem. J. 35*, 1358 (1941)

2 J.S. Fritz und D.H. Schmitt, *Talanta 13*, 123 (1966)

Organische stationäre Phase — wasserhaltige mobile Phase. Polymere Granulate wie Polystyrol, Polytetrafluorethylen und andere Materialien können organische Lösungsmittel sorbieren und so eine organische stationäre Phase bilden. Die Polymerpartikel sind äußerst porös und haben daher eine große Oberfläche. — Eluiert wird mit einer wasserhaltigen Phase. Im Vergleich zu den früher beschriebenen („normalen") flüssig-flüssig-chromatographischen Methoden, bei denen mit einer wäßrigen stationären Phase (auf Silicagel als Trägermaterial) gearbeitet wird, ist die Natur der Phasen hier umgekehrt; man spricht deshalb von *Reversed-phase-Chromatographie (Umkehrphasenchromatographie)*. Heute wird die Umkehrphasenchromatographie häufiger angewandt als die „normale" Anordnung.

Flüssig-fest-Chromatographie

In der Flüssig-fest-Chromatographie besteht die stationäre Phase aus kleinen festen Partikeln aus Materialien wie aktiviertem Aluminiumoxid, Kieselgel, Stärke oder Talkum. Die mobile Phase ist üblicherweise eine reine organische Flüssigkeit oder eine Mischung aus organischen Flüssigkeiten. Am häufigsten wird diese Art der Chromatographie zur Trennung organischer gelöster Stoffe verwendet. Die Trennung beruht auf der relativen Affinität der gelösten Probe einerseits zur adsorbierenden Oberfläche der stationären Phase und andererseits zum Elutionsmittel. Außerdem konkurrieren das Elutionsmittel und die gelösten Stoffe um die adsorbierenden Stellen. Der Anteil, mit dem ein gelöster Stoff auf der Säule zurückgehalten wird, hängt vom Typ des festen Adsorbens, seiner Oberfläche und der Art des Elutionsmittels ab. Snyder hat Lösungsmittel in einer sogenannten „eluotropen Reihe" angeordnet, entsprechend ihrer Fähigkeit, gelöste Stoffe zu eluieren.[3]

In neuerer Zeit wurden organische Feststoffe als stationäre Phasen in Verbindung mit wäßrigen mobilen Phasen verwendet. So wird z.B. eine Säule, gefüllt mit einem porösen Polystyrol, verwendet, um verschiedene organische Verunreinigungen aus Trinkwasser zu isolieren.[4] Neutrale organische Substanzen werden durch dieses Harz stark zurückgehalten, sogar bei Konzentrationen von weniger als 1 ppm. Anorganische Salze und einige niedermolekulare organische Bestandteile werden vom Wasser durch die Säule gewaschen. Nachdem die wäßrigen Proben die Säule verlassen haben, werden die sorbierten organischen Verbindungen von der Säule mit einem kleinen Volumen eines organischen Lösungsmittels wie beispielsweise Ether eluiert. Die organischen Verbindungen, die nun in der etherischen Lösung konzentriert vorliegen, können anschließend durch Gas- oder Flüssigchromatographie getrennt werden.

Arten gelöster Stoffe

In der Flüssigchromatographie müssen die zu trennenden Substanzen in einer Form vorliegen oder in eine Form überführt werden, die eine effektive Wechsel-

---

3 L.R. Snyder, *J. Chromatogr. 8*, 178 (1962); *J. Chromatogr. 11*, 195 (1963)

4 G.A. Junk et al., *J. Chromatogr. 99*, 745 (1974)

wirkung zwischen der mobilen und stationären Phase zuläßt. Am häufigsten sind dies Mischungen organischer Substanzen. In der Regel kann eine Phase zur effektiven Verteilung der gelösten Stoffe gefunden werden. In der Flüssig-flüssig-Chromatographie ist die stationäre Phase meist eine unpolare organische Flüssigkeit auf einem organischen polymeren Träger oder eine auf einem anorganischen festen Träger chemisch gebundene unpolare organische Phase (vgl. Abschnitt 21.3). Das Elutionsmittel muß nicht wäßrig sein, es kann ebenso aus einem polaren organischen Lösungsmittel oder einer Mischung aus Wasser und organischen Lösungsmitteln bestehen.

Anorganische Ionen und einige ionische organische Verbindungen erfordern grundsätzlich die Überführung in eine andere chemische Form, bevor sie durch Flüssigchromatographie getrennt werden können. Eine Möglichkeit hierzu ist die *Ionenpaar-Chromatographie*. In Kapitel 18 haben wir gelernt, daß Metallionen häufig in Komplexe überführt werden können, die sich aus Wasser in eine organische Phase extrahieren lassen. (Beispielsweise kann das Ionenpaar $H_3O^+\ FeCl_4^-$ mit einem Keton extrahiert werden.) Wenn das organische Lösungsmittel auf einen festen Träger fixiert wird und die wäßrige Lösung die Bildung von Ionenpaaren erlaubt, können verschiedene Metallionen getrennt werden. So können Eisen(III), Antimon(V) und Gallium(III) zurückgehalten und mit einem Elutionsmittel aus wäßriger Salzsäure, $c(HCl) = 8$ mol/L, und einer stationären Phase aus Isopropylether, adsorbiert auf XAD-2-Harz, von anderen Metallionen getrennt werden.[5] Tantal(V), Niob(V) und Molybdän(VI) werden mit einem Elutionsmittel aus wäßriger Flußsäure/Salzsäure und einer stationären Phase aus Methylisobutylketon (MIBK) voneinander und anderen Metallionen getrennt.[6]

Ionische organische Verbindungen können ebenfalls durch Ionenpaar-Chromatographie getrennt werden. Biogene Amine bilden Ionenpaare mit Perchlorat ($RNH_3^+\ ClO_4^-$), die in unterschiedlichem Ausmaß zwischen einer stationären Perchloratphase, aufgezogen auf einen Silicaträger, und einer mobilen Phase aus Tributylphosphat (TBP) und Hexan verteilt werden.[7] Carbonsäuren werden getrennt, indem sie in Tetrabutylammonium-carboxylat-Ionenpaare ($(C_4H_9)_4N^+\ RCOO^-$) überführt werden, die sich unterschiedlich zwischen zwei Phasen verteilen.

Schließlich können Metallionen auch durch die Bildung selektiver Komplexe mit einem organischen Komplexierungsreagenz (wie z.B. Trioctylphosphinoxid, abgekürzt TOPO) auf einem brauchbaren festen Träger (wie Cellulose) getrennt werden. Durch Veränderung der Acidität der wäßrigen Phase können Aluminium(III), Kupfer(II), Eisen(III) und Uran(VI) nach der folgenden Gleichung getrennt werden:[8]

$$M^{z+}(aq) \rightleftharpoons M^{z+}\text{-TOPO}$$
$$\text{(organisch)}$$

5 J.S. Fritz und G. Latwesen, *Talanta 17*, 81 (1970)

6 J.S. Fritz und L.H. Dahmer, *Anal. Chem. 40*, 20 (1968)

7 B.A. Persson und B.L. Karger, *J. Chromatog. Sci. 12*, 521 (1974)

8 E. Cerrai und C. Testa, *J. Inorg. Nucl. Chem. 25*, 1045 (1963)

21.2   Säulenchromatographie

Die Säulenchromatographie hat eine Phase rascher Entwicklung und großer Veränderungen hinter sich. Die für eine Trennung erforderliche Zeit wurde drastisch verkürzt, Geräte, Säulenpackungen und Techniken wurden perfektioniert und die Detektion getrennter Substanzen wurde automatisiert.

Doch vor der Diskussion der modernen Flüssigchromatographie wollen wir die Anwendung der traditionellen Säulenchromatographie betrachten.

Ungeachtet unterschiedlicher Trennbedingungen kann eine herkömmliche Trennsäule aus einem Glasrohr mit 1 cm oder größerem Durchmesser und einer Länge von 10 cm bis 30 cm bestehen. Eine Glasfritte oder ein Stopfen aus Glaswolle hält das Packungsmaterial an seinem Ort; der Fluß des Elutionsmittels wird mit einem Strömungsmesser kontrolliert. Die typische Säulenpackung besteht aus Granalien von 100 bis 200 mesh* (140 bis 74 µm Durchmesser), und die Fließgeschwindigkeit des Elutionsmittels für eine Säule mit 1 cm Innendurchmesser beträgt ungefähr 1 mL/min. Eine Probe, die einige Milligramm verschiedener gelöster Stoffe enthält, wird auf die Säule aufgegeben und die gelösten Stoffe durch Elution mit einem geeigneten Elutionsmittel (mobile Phase) getrennt. Üblicherweise werden Fraktionen von einigen Millilitern manuell oder durch einen automatischen Fraktionssammler gesammelt. Die Menge an gelöstem Stoff in jeder Fraktion wird durch Titration, Spektralphotometrie oder eine andere analytische Methode bestimmt. Eine Auftragung der Konzentration des gelösten Stoffes gegen das Eluatvolumen zeigt Peaks für die separierten gelösten Stoffe (Bild 21−1). Etwaige nach der chromatographischen

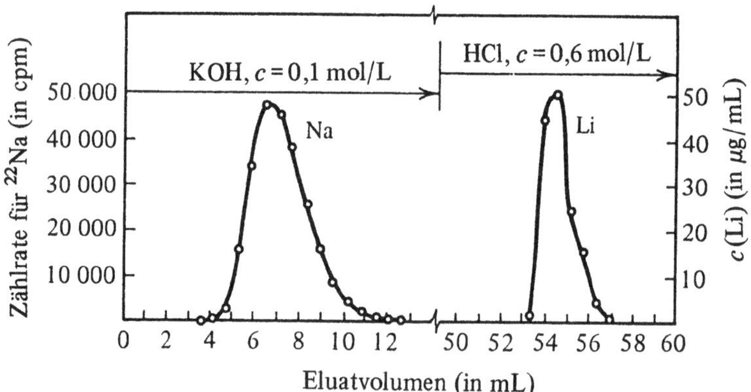

Bild 21-1 Trennung von Lithium und radioaktiven Natrium (^{22}Na) mit Dibenzoylmethan/ Tributylphosphat. Die Ordinate gibt für das ^{22}Na die Zählrate in counts per minute (cpm) an. [Mit freundlicher Genehmigung aus D. A. Lee, *J. Chromatog. 26*, 342−345]

* Der *Mesh-Wert* ist ein Maß zur Beschreibung der Partikelgröße (Korngröße) von Schüttgütern. Zunehmende Mesh-Werte entsprechen abnehmenden Partikeldurchmessern. Der Begriff stammt aus der Siebanalyse (mesh = Masche); der Mesh-Wert eines Siebes ist die Anzahl der Öffnungen pro inch (Kantenlänge eines quadratischen Siebes). Ein Sieb von 5 mesh hat 25 Öffnungen pro square inch (1 in^2 = 2,54 × 2,54 cm^2).

Trennung durchzuführende quantitative analytische Operationen können dadurch etwas beschleunigt werden, daß jeder gelöste Stoff in einer einzigen Fraktion vereinigt und seine Menge durch eine einzige Titration (oder durch eine andere analytische Bestimmung) ermittelt wird. Häufig erfordert jeder gelöste Stoff etwa 25 mL oder mehr an Elutionsmittel; dies bedeutet eine Trennzeit von einer halben Stunde oder mehr pro Probenbestandteil.

Schnelle Flüssigchromatographie (HPLC)

Die moderne Schnelle Flüssigchromatographie, oft als *High-Performance Liquid Chromatography* (HPLC) bezeichnet, wurde in Büchern[9, 10, 11] und in zahllosen Forschungsberichten beschrieben. Die HPLC ist sehr viel schneller als die herkömmliche Flüssigchromatographie; oft kann ein Multikomponentengemisch innerhalb weniger Minuten getrennt werden.

Einige beachtenswerten Entwicklungen, die die Flüssigchromatographie einen großen Schritt voranbrachten, fanden zwischen 1968 und 1970 statt. Hierunter fallen die folgenden Punkte:

(1) Sehr viel schnellere Flußraten sind dadurch möglich, daß das Elutionsmittel unter Druck durch die Säule gepreßt wird.

(2) Effizientere feste Träger mit im allgemeinen kleineren Partikelgrößen wurden entwickelt.

(3) Es werden sehr viel kleinere Probenmengen verwendet, aus denen sich schmale Peaks mit besserer Auflösung ergeben.

(4) Für die Flüssigchromatographie wurden automatische Detektoren entwickelt.

Der Aufbau eines modernen Flüssigchromatographen ist im Blockdiagramm (Bild 21–2) schematisch dargestellt. Im *Vorratsgefäß* für das Elutionsmittel kann mit Helium oder Stickstoff ein Überdruck erzeugt werden, um das Elutionsmittel durch die Säule zu pressen. Dies ermöglicht einen pulsfreien Elutionsmittel-

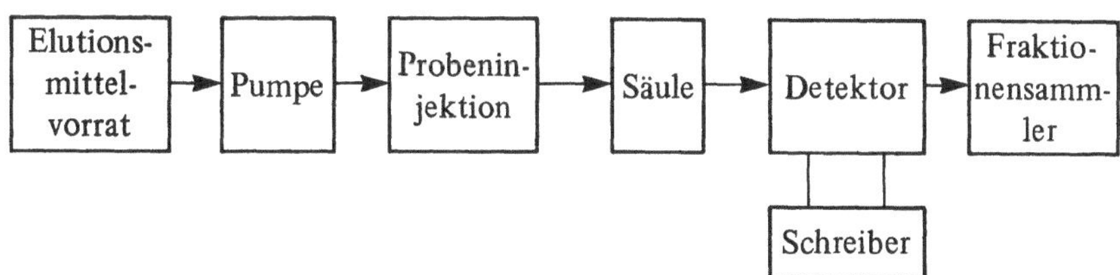

Bild 21-2 Blockdiagramm eines Flüssigchromatographen

9 F. Baumann und N. Hadden, eds., *Basic Liquid Chromatography* (Varian Aerograph, Walnut Creek, Calif., 1972)

10 J.J. Kirkland, ed., *Modern Practice of Liquid Chromatography* (Wiley-Interscience, New York 1971)

11 G. Eppert, *Einführung in die Schnelle Flüssigchromatographie* (Vieweg, 2. Auflage Braunschweig 1988)

fluß; jedoch wird ein gutes Ventilsystem benötigt, um den Druck und damit auch die Flußrate zu kontrollieren. Einige Chromatographen haben einen Gradientenzusatz, der zwei Elutionsmittel mit sich konstant ändernden Anteilen mischt (einen *Gradienten* in der Zusammensetzung des Elutionsmittels erzeugt), um die Elution der späteren Peaks zu verbessern. Die Gradientenelution in der Flüssigchromatographie erreicht etwa die gleiche Wirkung wie die Temperaturprogrammierung in der Gaschromatographie (Abschnitt 20.3).

Wenn das Vorratsgefäß für das Elutionsmittel nicht unter Druck gesetzt wird, wird eine *Pumpe* benötigt, um das Elutionsmittel voranzutreiben. Eine Pumpe ermöglicht einen konstanten Fluß, unabhängig vom Strömungswiderstand der Säule, der bis etwa 2000 bar erreichen kann. Die Fließgeschwindigkeit kann durch Veränderung des Kolbenhubes der Pumpe eingestellt werden. Obwohl eine Dämpfung angewendet wird, verursacht die Pumpe kleine Schwankungen in der Fließgeschwindigkeit, die sich in einem Rauschen der Null-Linie des Chromatographen bemerkbar machen können.

Bei kleinen Drücken kann der *Probeninjektor* eine einfache Spritze sein, mittels der die Probe in den Elutionsmittelstrom durch ein Gummiseptum injiziert wird. Bei höheren Drücken wird eine *Probenschleife* mit einem Zweiwege-Ventil verwendet. In der einen Ventilposition kann die Schleife mit der Probe unter atmosphärischem Druck gefüllt werden. Dann wird das Ventil umgelegt und die Probe mit dem einströmenden Elutionsmittel in die Säule gespült. Normalerweise werden nur wenige Mikroliter einer Probe injiziert.

Die *Säule* ist aus rostfreiem Stahl oder dickwandigem Glas gebaut, um dem hohen Druck zu widerstehen. Der Innendurchmesser einer Säule liegt üblicherweise zwischen 1 mm und 3 mm, und die Länge beträgt bis zu 1 m. Die Säule wird mit kleinen Partikeln aus porösem Kieselgel (Silicagel, Siliciumdioxid), Aluminiumoxid oder organischen Harzen gepackt, manchmal auch mit einem porösem Träger, der mit einer Flüssigkeit überzogen ist. Die Säulenfüllmaterialien werden später ausführlich diskutiert.

Direkt am Ende der Säule gelangt der Elutionsmittelstrom in einen *Detektor*. Üblicherweise ist der am meisten verwendete Detektor ein UV-Detektor, der bei einer konstanten Wellenlänge von 254 nm (manchmal auch 280 nm) arbeitet. Alle aromatischen organischen Verbindungen absorbieren intensiv bei dieser Wellenlänge, ebenso auch eine große Anzahl anderer organischen Verbindungen und viele anorganische Komplexe. Detektoren mit einstellbarer Wellenlänge, die den UV- und sichtbaren spektralen Bereich abdecken, werden ebenfalls verwendet. Im Detektor fließt die Lösung durch eine Z-förmige Zelle, die einen etwa 1 cm langen Lichtweg durch die Lösung ermöglicht, auch wenn die Leitungen selbst wesentlich schmaler im Innendurchmesser sind (Bild 21–3). Die Extinktion des gelösten Stoffes wird in ein elektrisches Signal umgesetzt; dieses wird registriert.

Wenn die getrennten Komponenten aus der Säule austreten, sollte sinnvollerweise eine Wiedervermischung der getrennten Banden vermieden werden. Beim Durchtritt der Lösung aus einer 1-mm-Kunststoffleitung in eine Leitung mit größerem Innendurchmesser oder in eine Zelle werden Turbulenzen und Vermischungen verursacht. Die in Bild 21–3 dargestellte Z-förmige Durchflußzelle ist für einen mischungsfreien Transport gut geeignet.

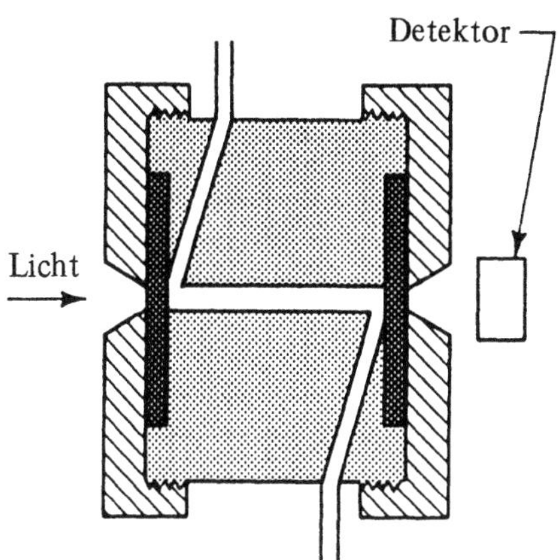

Bild 21-3
Querschnitt einer Z-Durchflußzelle [aus J. J. Kirkland, *Modern Practice of Chromatography* (Wiley-Interscience Publ., New York 1971). Mit freundlicher Genehmigung]

Gelegentlich wird ein Detektor, der die Brechungsindices mißt (ein RI-Detektor) anstelle eines UV-Detektors verwendet. Dieser vergleicht den Brechungsindex des austretenden Eluats mit dem des reinen Elutionsmittels. Befindet sich eine gelöste Probe im Strom, verändert sich der Brechungsindex, und das entstehende Signal wird aufgezeichnet. Obwohl RI-Detektoren etwas unempfindlicher als UV-Detektoren sind und zudem eine konstantere Einstellung von Temperatur und Strömungsgeschwindigkeit erfordern, können sie zur Detektion nahezu eines jeden gelösten organischen Stoffes eingesetzt werden, sofern er in einer ausreichenden Konzentration vorliegt. Ein Fluoreszenz-Detektor ist für die Anzeige natürlich-fluoreszierender Verbindungen und fluoreszierender Derivate anderer Verbindungen sinnvoll. Der Fluoreszenz-Detektor ist selektiv und findet breite Anwendung in der Trennung und Analyse von Vitaminen, Lebensmitteln und Werkstoffen.

Säulenpackungen

Bisher wurden verhältnismäßig große (mit Durchmessern von 40 µm und mehr), vollständig poröse Träger für die Flüssigchromatographie verwendet. In der modernen HPLC dagegen werden überwiegend zwei Typen von Trägern eingesetzt: a) poröse Schichtträger mit Durchmessern zwischen 30 µ, und 40 µm und b) vollständig poröse Mikropartikel mit Durchmessern von 5 µm oder 10 µm. Ein sehr guter und detaillierter Übersichtsartikel über Säulenpackungen für die HPLC wurde in der Literatur veröffentlicht.[12]

Poröse Schichtträger, manchmal auch als „filmartige" oder an der Oberfläche poröse Träger bezeichnet, sind feste Körper mit einer dünnen (ungefähr 1 µm) Außenschicht aus porösem Siliciumdioxid oder anderem Material. Werden diese Träger mit einer stationären Phase überzogen, stellt sich infolge der sehr dünnen und porösen Schicht sehr schnell ein Gleichgewicht ein. Die relativ hohe Partikelgröße dieser Träger erlaubt eine hohe Fließgeschwindigkeit des Elutionsmittels, ohne daß sich in der Apparatur ein Überdruck aufbaut.

12 R.E. Majors, *American Lab*, Oct. 1975, p. 13

Vollständig poröse (schwammartige) Mikropartikel haben eine größere Kapazität als poröse Schichtträger. Mit Mikropartikeln gepackte Säulen sind wegen ihres hohen Strömungswiderstandes auf eine Länge von 25 bis 50 cm beschränkt, aber ihre Trennleistung (Wirksamkeit) ist ausgezeichnet. Eine Säule mit Mikropartikeln kann einige 1000 theoretische Böden haben; allerdings sind spezielle Packungstechniken erforderlich, um eine derartige Wirksamkeit zu erzielen. Wegen der Schwierigkeiten des Packens werden üblicherweise fertige Säulen vom Hersteller gekauft.

Mit einigen Typen von Packungsmaterialien kann die Flüssig-fest-Chromatographie (LSC) direkt ausgeführt werden. Besonders die OH-Gruppen auf Siliciumdioxid- oder Aluminiumoxid-Oberflächen haben unterschiedliche Affinitäten gegenüber gelösten Stoffen. Eine typische Trennung auf einem Mikropartikelprodukt wird in Bild 21−4 gezeigt.

Bei der Flüssig-flüssig-Chromatographie (LLC) wird der Träger physikalisch mit einer stationären flüssigen Phase überzogen. Üblicherweise wird die stationäre Phase aufgetragen, indem der Träger mit einer gut verdünnten Lösung der stationären Phase in einem flüchtigen Lösungsmittel in Kontakt gebracht und anschließend das Lösungsmittel in einem Luftstrom verdampft wird.

Hierbei bleibt ein dünner Überzug der stationären Phase auf dem Träger zurück. Die stationäre und die mobile Phase dürfen nicht mischbar sein. Trotzdem

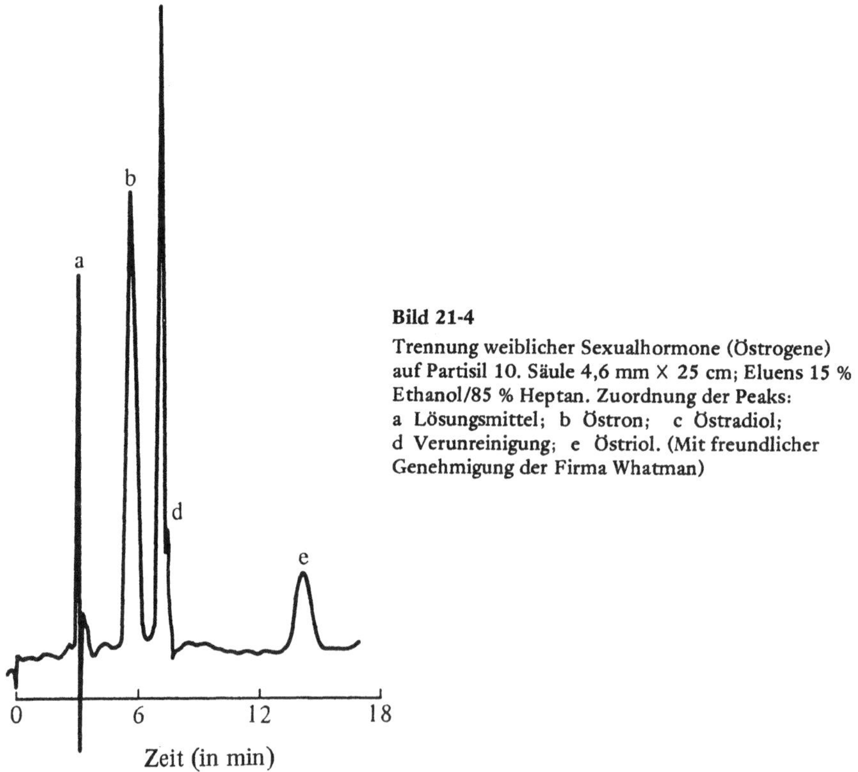

Bild 21-4
Trennung weiblicher Sexualhormone (Östrogene) auf Partisil 10. Säule 4,6 mm × 25 cm; Eluens 15 % Ethanol/85 % Heptan. Zuordnung der Peaks: a Lösungsmittel; b Östron; c Östradiol; d Verunreinigung; e Östriol. (Mit freundlicher Genehmigung der Firma Whatman)

Tabelle 21−1   Einige flüssig-flüssig-chromatographische Systeme

stationäre Phase	mobile Phase
β, β′-Oxydipropionitril	Hexan
Carbowax-600	Heptan
Triethylenglykol	Isooctan oder Hexan bzw. Heptan mit jeweils bis zu 10% Chloroform oder Tetrahydrofuran

Tabelle 21−2   Säulenpackungen für die HPLC aus Mikropartikeln mit chemisch gebundener stationärer Phase

Polarität	gebundene Gruppe R	Handelsnahme
unpolar	$-C_{18}H_{37}$	Partisil ODS Spherisorb ODS Zorbax ODS
mittel	Cyanoalkyl-	μ-BondaPak-CN Vydac TP
mittel	$-C_6H_5$ (Phenyl-)	Phenyl Sil-X-1
hoch	Aminoalkyl-	MicroPak-NH_2 Nucleosil-NH_2

ist es bei nicht-mischbaren Phasen oft notwendig, das Elutionsmittel mit der stationären Phase zu sättigen, um ein langsames Auflösen der stationären Phase zu vermeiden. Einige Phasensysteme sind in Tabelle 21−1 aufgeführt.

Sogar bei vorheriger Sättigung der mobilen Phase tendieren stationäre Phasen oft zum langsamen Ausbluten vom porösen Trägermaterial. In der Flüssigchromatographie kann ein mechanisches Schütteln zum Säulenbluten beitragen, so daß Trägermaterialien mit einer chemisch gebundenen stationären Phase zunehmend bevorzugt werden. Eine stationäre Phase kann an einen porösen Siliciumdioxidträger (Silicagel) durch Reaktion mit einem organischen Chlorsilan gebunden werden.

$$-\overset{|}{\underset{|}{Si}}-OH + RSiCl_3 \rightarrow -\overset{|}{\underset{|}{Si}}-O-SiCl_2R + HCl$$

Silicagel-Oberfläche

Die Polarität des gebundenen Trägers hängt von der organischen Gruppe R ab. Einige der vielen kommerziell erhältlichen gebundenen Träger sind in Tabelle 21−2 zusammengefaßt.

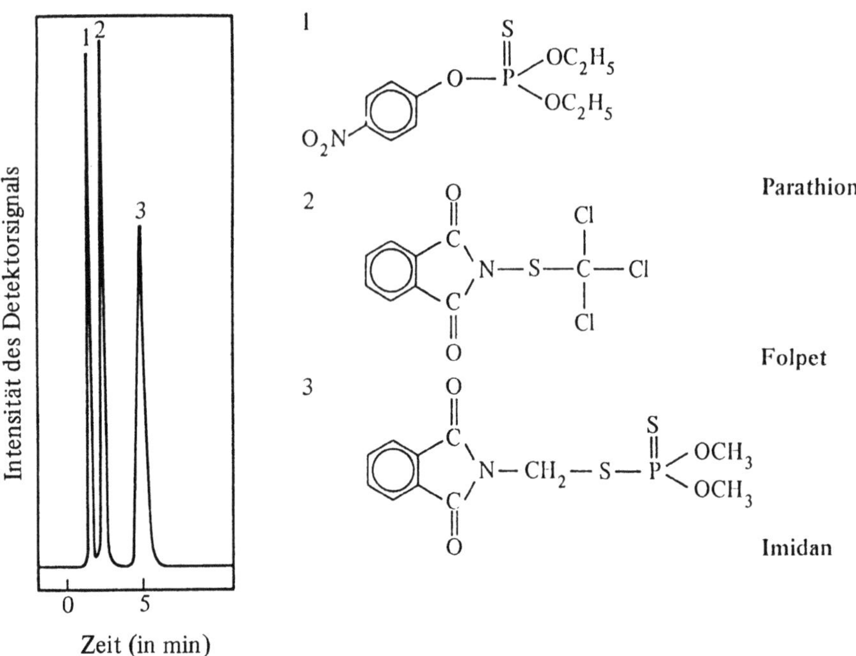

Bild 21-5 Flüssigchromatographische Trennung von Pestiziden. Säule 2 × 500 mm, gepackt mit ETH Permaphase, Isooctan als Eluens, Fließgeschwindigkeit 0,4 mL/min. (Mit freundlicher Genehmigung der Firma Chromatronix, Berkeley, Californien)

Anwendungen

Die moderne Flüssigchromatographie wird häufig zur Analyse von Mischungen organischer Verbindungen eingesetzt. Proben wie Hormone, pharmazeutische Wirkstoffe, Vitamine, Nucleinsäuren, Pestizide, synthetische organische und andere Verbindungen können getrennt und die Menge jedes Bestandteiles annähernd quantitativ bestimmt werden. Bild 21−5 zeigt ein Flüssigchromatogramm der Trennung dreier gebräuchlicher Pestizide. Analysen dieses Typs sind sinnvoll in der synthetischen Chemie, bei Untersuchungen des Metabolismus, bei Rückstandsuntersuchungen und in der Umweltanalytik.

Oft ist eine Vorbehandlung der Probe notwendig, um eine verwendbare Lösung für den chromatographischen Schritt zu erhalten. So wird z.B. für die Trennung und Bestimmung der aktiven Bestandteile (Mestranol und Norethindron) eines empfängnisverhütenden Mittel eine Tablette (Pille) mit 8 mL eines organischen Lösungsmittelgemisches (5 % Tetrahydrofuran in Pentan) extrahiert und das Extrakt auf 2 mL eingeengt. 40 µL (0,040 mL) dieser Lösung werden in den Flüssigchromatographen injiziert, und die Wirkstoffe werden in etwa 12 Minuten voneinander getrennt.[13]

13 *Liquid Chromatography Appl. No. 2* (Chromatronix, Berkeley, California)

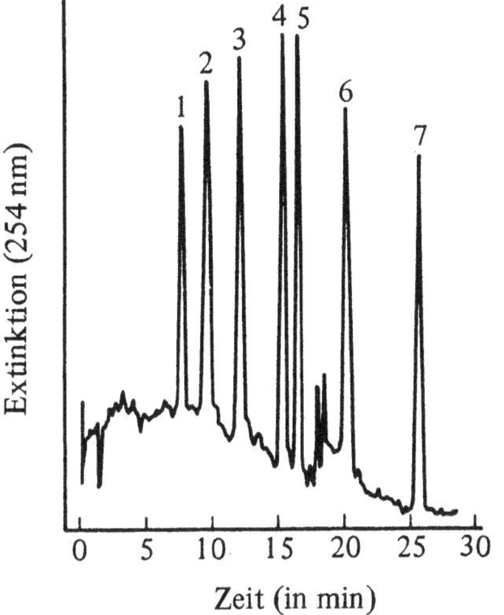

Bild 21-6
Trennung von Nucleosiden auf μ-Bondapak:
1 Cytidin, 2 Uridin, 3 Xanthosin,
4 Inosin, 5 Guanosin, 6 Thymidin und
7 Adenosin. (Aus R. A. Hartwick und
P. R. Brown, *J. Chromatogr. 126,* 679
(1976); mit freundlicher Genehmigung)

Bild 21–6 zeigt eine Trennung von sieben Nucleosiden auf einer μ-Bonda-pak-C_{18}-Säule mit einem Elutionsmittel, das mit Phosphat auf pH 5,8 gepuffert ist. Einen Eindruck von dieser Trennung vermittelt die Menge jeder der beteiligten Substanzen: nur etwa 80 pmol (Picomol). Ein UV-Detektor bei 254 nm wurde eingesetzt. Um die erforderliche Empfindlichkeit zu erreichen, wurde der Detektor auf Vollausschlag bei einer Extinktion von 0,02 gesetzt.

Änderungen in der Zusammensetzung des Elutionsmittels sind oft angebracht, wenn bei einer Probe und vorgegebener Eluentenzusammensetzung die leichter eluierbaren Probenbestandteile schnell, dagegen die verbleibenden Probenbestandteile sehr langsam von der Säule eluiert werden. Die Elution der letzteren kann beschleunigt werden, indem man zu einem anderen Lösungsmittel übergeht. Bei Anwendung eines sogenannten „Eluentenprogrammes" (also bei einer Gradientenelution) können die zwei verwendeten Elutionsmittel in einem kontinuierlich sich ändernden Verhältnis – zunächst überwiegt ein Lösungsmittel, später das andere – gemischt werden. In Bild 21–7 wird die Trennung eines komplexen Gemisches aus chlorierten Biphenylen durch a) Elution mit einem Elutionsmittel konstanter Zusammensetzung und b) bei Gradientenelution gezeigt. Das zweite Chromatogramm zeigt eine bessere Auflösung der Probenpeaks in kürzerer Zeit.

In der Praxis kann der Anwender vor die Frage gestellt werden, ob die Gaschromatographie oder aber die Flüssigchromatographie für ein vorgegebenes analytisches Problem besser geeignet sei. Beide Techniken sind sehr leistungsfähig und ergänzen einander. Die Flüssigchromatographie kann für nicht-flüchtige Proben oder solche Proben, die sich bei der für die Gaschromatographie erforderlichen Temperatur zersetzen, angewendet werden. Andererseits hat die Flüssigchromatographie den Nachteil, daß wirklich empfindliche Detektoren für Substanzen, die nicht im UV-Bereich absorbieren, fehlen.

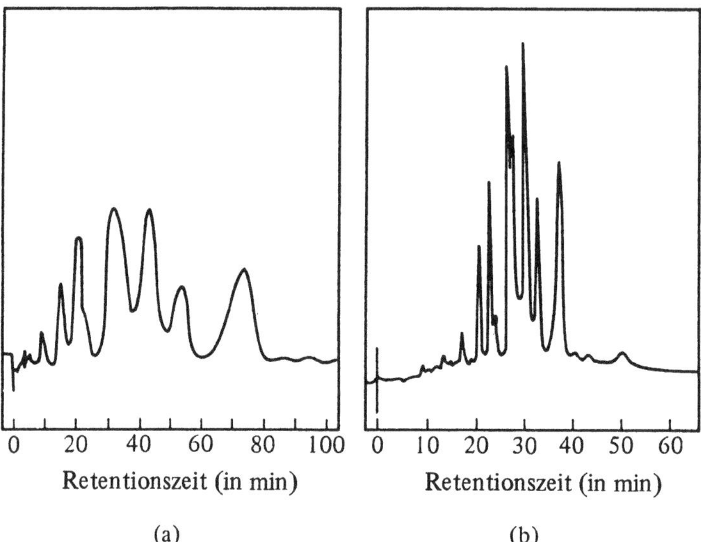

Retentionszeit (in min)   Retentionszeit (in min)

(a)   (b)

Bild 21-7 Vergleich der Trennung chlorierter Biphenyle bei Elution a) mit konstanter Zusammensetzung und b) mit Gradientenelution. Säule 1 m × 2,1 mm Innendurchmesser, gepackt mit ODS-Permaphase, die Fließmittel sind Methanol/Wasser-Mischungen verschiedener Zusammensetzungen, Fließgeschwindigkeit 2,0 mL/min. (Mit freundlicher Genehmigung der Firma DuPont, Wilmington, DE 19898).

Die verschiedenen Detektoren, die in der Gaschromatographie Verwendung finden, detektieren jede organische Substanz, in vielen Fällen in extrem kleinen Mengen. Die Gaschromatographie ist normalerweise schneller, wenn auch die Flüssigchromatographie in jüngerer Zeit in dieser Beziehung gewaltig aufgeholt hat.

21.3 Schichtchromatographie

Chromatographie kann statt auf einer gepackten zylindrischen Säule auch auf einer ebenen Schicht durchgeführt werden. In der *Papierchromatographie* wird die Trennung auf einem rechtwinkligen oder runden Stück Filterpapier durchgeführt. Die stationäre Phase ist an das Papier gebunden oder ist das Papier selbst. In der *Dünnschichtchromatographie* wird der feste Träger in einer dünnen Schicht auf einer Glas-, Kunststoff- oder Aluminiumplatte aufgezogen.

Beide Arten der Dünnschichtchromatographie sind einfache, aber wirkungsvolle Mikromethoden zur Trennung sehr kleiner Mengen von Verbindungen. Kleine Volumina verschiedener Proben werden am unteren Ende einer rechteckigen Platte aufgegeben und bilden jeder einen kleinen Punkt. Dann wird das untere Ende der Platte in ein Elutionsmittel geführt, üblicherweise in einem geschlossenen Behälter, so daß die Luft mit dem Dampf des Elutionsmittels gesättigt wird. Das Elutionsmittel wird durch Kapillarwirkung die Platte herauf-(oder herab-)gezogen. Mit dem Fortschreiten der Lösungsmittelfront werden die Probenbestandteile zwischen dem

Elutionsmittel und der stationären Phase verteilt und bewegen sich mit verschiedenen Geschwindigkeiten entlang der Platte. Die Endposition der Probenbestandteile wird durch Besprühen der Platte mit einem Farbreagenz oder durch eine andere Technik der Sichtbarmachung festgehalten. Die Komponenten erscheinen in einer Reihe von Punkten. Bei vollständiger Trennung ist jeder Punkt ein einzelner Probenbestandteil. Der Schritt des Trennens und Sichtbarmachens der Probenbestandteile wird manchmal als *Entwicklung des Chromatogramms* bezeichnet.

Zur Beschreibung des chromatographischen Verhaltens gelöster Probenbestandteile unter gegebenen Bedingungen wird der sogenannte R_f-Wert herangezogen. Dieser ist definiert als die Entfernung zwischen dem Start- und Endpunkt, dividiert durch den Abstand der Lösungsmittelfront von der Startlinie. Im allgemeinen wird die Mitte jedes Substanzfleckens für die Messung verwendet.

$$R_f = \frac{\text{Zurückgelegte Strecke des Substanzfleckens}}{\text{Zurückgelegte Strecke des Lösungsmittels}}$$

(Strecken von der Startlinie aus gemessen)

Papierchromatographie

Papierchromatographie ist beachtenswert in ihrer Einfachheit. Um dies zu veranschaulichen, stellen wir uns einen kleinen Tintenfleck auf einem Streifen Filterpapier vor, aufgebracht ca. 2 cm vom Rand des Papiers entfernt, und denken uns dieses etwa 1 cm oder weniger tief eingetaucht in Wasser. Während sich die Wasserfront entlang des Filterpapiers bewegt, werden die meisten Tinten in zwei oder mehr farbige Bestandteile getrennt.

In der Praxis werden gewöhnlich verschiedene Proben nahe des einen Endes eines langen Blattes Filterpapier aufgebracht und das Ende in eine Mischung organischer Lösungsmittel oder anderer brauchbarer Elutionsmittel eingetaucht. Manchmal wird das Papier zunächst mit einer festen oder flüssigen organischen Phase imprägniert und ein wäßriges Elutionsmittel verwendet. Wenn die getrennten Substanzflecken sichtbar gemacht werden, kann die Substanzmenge jedes Fleckens durch Reflexionsspektralphotometrie bestimmt werden, d.h. die Intensität des reflektierten Lichtes jedes Fleckens wird gemessen. Wahlweise können die Substanzflecken aus dem Papier herausgeschnitten, die Substanzen eluiert und durch mikroanalytische Methoden analysiert werden.

In der Literatur sind papierchromatographische Trennungen in großer Zahl beschrieben; wir verweisen hier auf das Buch von Hais und Macek[14]. Ein typisches Beispiel ist die Trennung eines Gemisches von Aminosäuren mit Wasser-gesättigtem Phenol als Elutionsmittel.[15] Hierbei werden die getrennten Aminosäurefraktionen

14 I.M. Hais und K. Macek, eds., *Paper Chromatography* (Academic Press, New York 1963)

15 G.M. Price, *Biochem. J. 80*, 420 (1961)

im entwickelten Chromatogramm durch Besprühen mit Ninhydrin-Reagenz als violette Flecken detektiert. Auf diese Weise wurde ein Gemisch der fünf unten genannten Aminosäuren in vier Fraktionen (vier Flecken) aufgetrennt:

Fraktions-Nr.	Aminosäure	R_f
1	Asparaginsäure	0,14
2	Glutaminsäure	0,24
3	Alanin	0,59
	Glutamin	0,59
4	Prolin	0,90

Der Mechanismus der Papierchromatographie ist nicht vollständig geklärt. Da Papier 22 % seines eigenen Gewichts an Wasser absorbiert, könnte die Elution mit einem nicht mit Wasser mischbaren Lösungsmittel zur Verteilung der Probenbestandteile zwischen dem am Papier sorbierten Wasser und dem Elutionsmittel führen. Dennoch sind ausgezeichnete Trennungen mit Lösungsmitteln oder Lösungsmittelmischungen erreicht worden, die vollständig mit Wasser mischbar sind. Dies impliziert, daß die Probenbestandteile vom Papier selbst ebenso wie vom im Papier enthaltenen Wasser zurückgehalten werden (möglicherweise sind beide Einflüsse an der Auftrennung beteiligt). In jedem Fall ist die Beweglichkeit der Probenbestandteile von deren Löslichkeit im Elutionsmittel abhängig.

Dünnschichtchromatographie (TLC)

Die Auflösung ist in der Papierchromatographie zu einem gewissen Grade durch Fasern oder andere Inhomogenitäten im Papier begrenzt. Aus diesem Grund wird oft die Dünnschichtchromatographie (DC, englisch: Thin-Layer Chromatography, TLC) bevorzugt. Diese Methode verwendet eine Glasplatte oder eine Kunststoffscheibe, die mit einer dünnen, trockenen Schicht eines Sorbens wie etwa Kieselgel (Silicagel), Aluminiumoxid, Cellulosepulver oder Polyamid überzogen ist. Es ist für das allgemeine Verständnis angebracht, etwas über die zwei meist verwendeten Sorbentien, Kieselgel und Aluminiumoxid, zu wissen. Kieselgel enthält SiOH-Gruppen auf seiner Oberfläche, die über Wasserstoffbrücken Verbindungen wie Phenole, Amine, Carbonsäuren und sogar aromatische Kohlenwasserstoffe (über das π-Elektronensystem) binden können. Eine Trennung kann hierbei auch durch Verteilung der gelösten Stoffe zwischen dem Wasser im Silicagel und dem Elutionsmittel erfolgen. Die Wirkung des Aluminiumoxids beruht auf der Bindung von Probenbestandteilen entweder über die basischen OH-Gruppen oder über die positiven Aluminiumzentren auf seiner Oberfläche. Stark saure Moleküle (wie etwa Carbonsäuren) werden so stark sorbiert, daß sie nur schwer eluiert werden können, während aromatische Kohlenwasserstoffe so schwach gebunden werden, daß sie leicht eluiert werden. Um eine Glasplatte für die Dünnschichtchromatographie vorzubereiten, wird ein Brei des Absorbens (der in der Partikelgröße sehr fein sein kann) mit Hilfe einer speziellen Apparatur so gleichmäßig wie möglich über die Platte verteilt. Oft enthält dieser Brei einen Binder, der für die Festigkeit und die Adhäsion der Absorbentienschicht sorgt. Nach dem Trocknen der bestrichenen Platte im Ofen ist sie gebrauchsfertig.

Mit einem Sorbens beschichtete Plastikplatten (sog. Fertigplatten) sind kommerziell erhältlich. Sie sind problemlos zu verwenden und haben gewöhnlich eine gleichmäßigere Schicht als diejenigen, die man durch manuelles Beschichten im Laboratorium erhält. Außerdem können die dünnen Plastikplatten nach der Trennung zerschnitten werden, sodaß die in jedem Fleck vorliegenden Substanzen herausgelöst und quantitativ bestimmt werden können.

Die Lösungen der zu untersuchenden Proben (und gegebenenfalls der Vergleichsproben) werden mit einer Mikropipette nahe einem Ende der Platte in kurzen Abständen aufgetragen (Startflecke). Die Probenmenge schwankt zwischen einigen Mikrogramm bis zu wenigen Milligramm. Häufig wird zum Auftragen auch eine Kunststoffspitze oder eine dünne Schmelzpunktkapillare verwendet. Dann wird die (vollständig trockene) Platte in eine geschlossene Entwicklungskammer gestellt, die etwa zu 1 cm mit dem Elutionsmittel gefüllt ist und deren Dampfraum mit dem Dampf des Elutionsmittels gesättigt ist. Die Startflecke dürfen nicht in das Fließmittel eintauchen. Während der Entwicklung steigt das Elutionsmittel in der Sorbensschicht auf, und die verschiedenen Probenbestandteile bewegen sich mit unterschiedlichen Geschwindigkeiten die Platte hinauf und werden auf diese Weise getrennt − sofern die Bedingungen korrekt gewählt wurden.

Wenn die Trennung komplett ist, haben die einzelnen Probenbestandteile normalerweise unsichtbare Flecken auf der Dünnschichtplatte oder auf dem Papier gebildet. Eine Vielzahl von Möglichkeiten wurde gefunden, um diese Flecken sichtbar zu machen (viele hiervon wurden von Bobbitt, Schwarting und Gritter[16] beschrieben). Eine gängige Methode für organische Proben besteht darin, die vollständige Platte mit einem Universalreagenz, wie z.B. Schwefelsäure, einer Schwefelsäure-Dichromatlösung oder einer 1%igen methanolischen Iodlösung einzusprühen. (Diese Methode ist nicht auf die Papierchromatographie anwendbar, weil die Schwefelsäure das Papier zerstört − ein eindeutiger Vorteil der Dünnschichtchromatographie.) Nach dem Besprühen wird die Platte in einem Ofen erhitzt. Die heiße Schwefelsäure verkohlt jede vorhandene organische Verbindung und bildet schwarze Kohlenstoff-Flecken. Das heiße Iod-Reagenz erzeugt einen braunen Fleck, verkohlt jedoch die Substanz nicht.

Andere und selektivere Sprühreagenzien wurden ebenfalls eingesetzt. So wird z.B. Eisenchlorid-Reagenz verwendet, um Phenole in Gegenwart von Verbindungen ohne aromatische OH-Gruppen zu lokalisieren. Das Fe^{3+}-Ion bildet eine rote oder violette Farbe mit vielen Phenolen. Die meisten organischen Verbindungen (alle, die im Ultravioletten absorbieren) können auch folgendermaßen detektiert

16 J.M. Bobbitt, A.E. Schwarting und R.J. Gritter, *Introduction to Chromatography* (Reinhold, New York 1968), S. 1−83

werden: Man verwendet zur Herstellung der Sorbens-Schicht ein Sorbens, dem eine im UV-Licht fluoreszierende anorganische Substanz (ein „Fluoreszenzindikator") beigemischt ist, und betrachtet die Platte nach der Entwicklung im UV-Licht. Flekken von UV-Licht absorbierenden Substanzen sehen dunkel aus (da sie durch ihre UV-Absorption die Fluoreszenzanregung verhindern). Die meisten Fertigplatten enthalten heute einen Fluoreszenzzusatz. — In Experiment 32 (Kapitel 34) wird diese Methode angewandt.

Viele organische Verbindungen fluoreszieren selbst; diese Fluoreszenz kann verwendet werden, um Flecken unter UV-Bestrahlung auf einer nichtfluoreszierenden Platte sichtbar zu machen.

Quantitative Dünnschichtchromatographie

Eine Vielzahl von Methoden kann zur quantitativen Bestimmung einer individuellen Substanz in einem Fleck herangezogen werden.[16] So kann — um ein gebräuchliches Verfahren zu nennen — jeder Fleck sorgfältig mit einer Rasierklinge abgekratzt oder herausgewaschen werden (nachdem die betreffende Sektion sorgfältig aus der Kunststoffplatte herausgeschnitten wurde), und der Probenbestandteil wird mit Hilfe einer spektralphotometrischen oder kolorimetrischen Methode bestimmt. Alternativ können mikroanalytische Methoden, wie z.B. eine Mikrotitration, eingesetzt werden.

Eine zweite allgemein anwendbare Methode ist, die Substanz direkt auf der Dünnschichtplatte zu bestimmen. Häufig wird hierzu ein sogenanntes Densitometer verwendet. Wenn die Substanz fluoresziert, kann ein spezieller Typ eines Fluorimeters Anwendung finden, um die Fluoreszenz des Fleckens zu messen.

Ein Beispiel einer dünnschichtchromatographischen Analyse

Eine Untersuchung des Metabolismus von Glyoxalsäure in Bakterien[17] gibt ein recht typisches Beispiel der praktischen Anwendung der Dünnschichtchromatographie. Es veranschaulicht auch einige der sowohl in der Papier- als auch in der Dünnschichtchromatographie verwendeten Techniken.

Neun Zwischenprodukte aus dem Metabolismus der Glyoxalsäure sollen unter Verwendung eines mit Silicagel-Sorbens imprägnierten Glasfiberträgers getrennt werden. Die R_f-Werte für die Zwischenprodukte sind in der Tabelle 21—3 angegeben. Es ist nicht möglich, eine vollständige Trennung aller neun Verbindungen mit einer einzigen Mischung von Elutionsmitteln zu erreichen. Die Durchführung einer *zweidimensionalen Chromatographie* erlaubt jedoch eine vollständige Trennung (Bild 21—8): Zunächst werden die Probenbestandteile unter Verwendung des Lösungsmittels I chromatographiert; anschließend wird die Platte getrocknet und noch einmal — und zwar im rechten Winkel zur ersten Trennung — unter Verwendung des Lösungsmittels II chromatographiert. Die Positionen der Flecken wird durch Besprühen mit dem Säure-Base-Indikator Bromphenolblau sichtbar gemacht.

17 A.S. Bleiweis, H.C. Reeves und S.J. Ajl, *Anal. Biochem. 20*, 335 (1967)

Tabelle 21−3 Trennung von Zwischenprodukten des Glyoxalsäure-Metabolismus (Daten aus A.S. Bleiweiss et al.[17])

	R_f-Werte	
	Lösungsmittel I[a]	Lösungsmittel II[b]
Glyoxylat	0,17	0,55
Glycolat	0,59	0,50
α-Hydroxyglutarat	0,25	0,17
α-Hydroxyglutaryllacton	0,33	0,73
Citramalat	0,41	0,21
Malat	0,17	0,11
α-Ketoglutarat	0,45	0,35
Succinat	0,80	0,65
Fumarat	0,97	0,70

a Petrolether 30−60, Diethylether und Ameisensäure im Volumenverhältnis 28:12:1
b Chloroform, Methanol und Ameisensäure im Volumenverhältnis 80:1:1

Einige Proben enthielten Verbindungen, die aus dem Metabolismus von Kohlenstoff-14-markiertem Natriumglyoxalat erhalten wurden. Nach der Sichtbarmachung der getrennten Flecken durch Besprühen wird jede Substanz quantitativ bestimmt, indem Flecken von der Glasfaserplatte abgetragen und deren Radioaktivität gemessen wird. Dies ist eine gute Möglichkeit zur Bestimmung sehr kleiner Mengen mit einer hinreichend guten Genauigkeit.

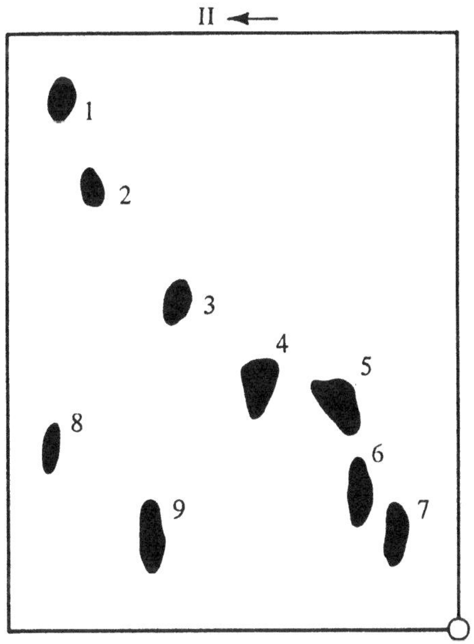

Bild 21-8
Dünnschichtchromatogramm von Zwischenprodukten des Glyoxalsäure-Metabolismus. Die entsprechenden Carbonsäuresalze sind wie folgt numeriert: 1 Fumarat, 2 Succinat, 3 Glykolat, 4 α-Ketoglutarat, 5 Citramalat, 6 α-Hydroxyglutarat, 7 Malat, 8 α-Hydroxyglutaryllacton und 9 Glyoxylat. Der Startpunkt ist durch einen Kreis an der Basislinie gekennzeichnet. (Aus *Anal. Biochem. 20,* 335 (1967), mit freundlicher Genehmigung von Academic Press)

Hochleistungsdünnschichtchromatographie (HPTLC)

Obwohl die Dünnschichtchromatographie sicherlich eine wertvolle Technik ist, ist seine Trennfähigkeit nicht so gut wie die der Schnellen Flüssigchromatographie (HPLC). Es sind heute jedoch auch einige Techniken verfügbar geworden, die diesen Nachteil ausgleichen und die aus der TLC ebenso eine HPTLC (High Performance Thin-Layer Chromatographie) machen. Die hauptsächlichen Veränderungen ähneln denen, die wenige Jahre zuvor in die Flüssigchromatographie Eingang gefunden haben. In der HPTLC hat der Dünnschichtträger eine kleinere Partikelgröße und eine engere Partikelgrößenverteilung. Die beachtlich kleinere Probenmenge erfordert die Verwendung eines Präzisions-Probenaufträgers.

Aus den genannten Änderungen ergibt sich eine deutliche Herabsetzung der Steiggeschwindigkeit des Fließmittels. Allerdings sind nur noch kleinere Unterschiede in den Wanderungsgeschwindigkeiten für die Trennung notwendig, so daß sich insgesamt eine Verminderung der Trennzeiten ergibt. Die HPTLC hat üblicherweise etwa 4000 theoretische Böden für eine Wanderungsstrecke von 3 cm bei einer Zeit von 10 Minuten.[18] Die Berechnung der Trennstufenhöhe h zeigt, daß diese Methode sehr leistungsfähig ist:

$$h = \frac{L}{n} = \frac{3\ \text{cm}}{4000} = 0{,}0075\ \text{mm}$$

Im Vergleich erreicht die normale TLC üblicherweise etwa 2000 theoretische Böden bei einer Wanderungsstrecke von 12 cm und einer Zeit von 25 Minuten, was einer Trennstufenhöhe

$$h = \frac{L}{n} = \frac{12{,}0\ \text{cm}}{2000} = 0{,}06\ \text{mm}$$

entspricht.

Nachdem die Flecken sichtbar gemacht worden sind, wird jede Probenspur auf der Platte mit einem Mikrophotometer abgetastet, das anzeigt, wie stark jeder Fleck einen Lichtpunkt, der die Platte abtastet, reflektiert oder durchläßt. Der Detektor zeichnet dann eine Auftragung der Reflektion oder Transmission gegen den Abstand und liefert so einen Gauß-Kurven-ähnlichen Peak für jeden Fleck. Das so erhaltene vollständige Chromatogramm ähnelt dem einer säulenchromatographischen Trennung.

18 T.H. Jupille und L.J. Glunz, *American Lab.*, May 1977, S. 85

Aufgaben

Systeme

21.1 Erklären Sie, was unter Reversed-phase-Chromatographie zu verstehen ist. Beschreiben Sie kurz eine aktuelle Methode aus der jüngeren Literatur.

21.2 Metall-Ionen sind normalerweise wasserlöslich und in den meisten organischen Lösungsmitteln unlöslich. Nennen und beschreiben Sie zwei generelle Methoden, die verwendet werden können, um Metall-Ionen in organischen Phasen löslicher zu machen und damit eine Trennung durch die Flüssigchromatographie zu ermöglichen.

21.3 Erklären Sie, wie organische Ionen von neutralen organischen Verbindungen durch Ionenpaar-Chromatographie getrennt werden können. Geben Sie jeweils ein Beispiel eines verwendbaren Gegenions für die Trennung von a) organischen Kationen und b) organischen Anionen an.

Säulenchromatographie

21.4 Von einer Industrieanlage wurde vermutet, daß sie Flußwasser mit bestimmmten organischen Verbindungen verunreinigt. Es wurde ein Versuch unternommen, flußaufwärts und flußabwärts genommene Wasserproben gaschromatographisch zu vergleichen, jedoch war die Konzentration organischer Verbindungen im Wasser zu klein, um durch direkte Gaschromatographie angezeigt werden zu können. Entwickeln Sie ein Verfahren, um dieses Problem zu lösen.

21.5 Es ist gesagt worden, daß die konventionelle (vor 1968) und die Schnelle Flüssigchromatographie (Hochleistungsflüssigchromatographie, HPLC) „friedlich und in einer würdevollen und gegenseitigen Ignoranz" zu existieren scheinen. Versuchen Sie, eine Brücke zu schlagen und nennen Sie die Hauptunterschiede dieser beiden LC-Techniken.

21.6 In der HPLC verwendet man üblicherweise einen porösen Schichtträger (filmartig) oder einen Träger aus vollständig porösen Mikropartikeln. Beschreiben Sie beide kurz und vergleichen Sie die jeweiligen Vorteile.

21.7 Was versteht man unter einer chemisch gebundenen stationären Phase? Erläutern Sie, wie ein derartiges Material hergestellt wird, und zählen Sie dessen Vorteile gegenüber anderen stationären Phasen in der HPLC auf.

21.8 a) Für eine Säule (Innendurchmesser 2,0 mm) hat man eine Fließgeschwindigkeit (Volumenstrom) von 2,0 mL/min gemessen. Berechnen Sie die *lineare Fließgeschwindigkeit* der Säule in mm/min und in mm/s.

b) Manchmal wird die Wirksamkeit (Leistungsfähigkeit) einer LC-Säule in theoretischen Böden pro Sekunde beschrieben. Nehmen Sie an, die unter a) beschriebene Säule habe 15 Böden/Sekunde, und berechnen Sie die Höhe eines theoretischen Bodens für diese Säule.

21.9   Eine organische Probe wird auf einer 0,5-m-Säule chromatographiert. Die
        Säule enthält eine organische stationäre Phase (Octadecylsilicon), die auf ei-
        nem Kieselgel-Träger chemisch gebunden ist. Mit einer Mischung aus 75 %
        Methanol und 25 % Wasser als Laufmittel werden alle Probenbestandteile
        innerhalb von 5 Minuten mit schlechter Auflösung eluiert. Welche Bedin-
        gungen können verändert werden, um die Auflösung zu verbessern?

21.10   Sehen Sie kürzlich erschienene Zeitschriften (wie z.B. *Chromatographia*
        oder *J. Chromatogr.*) durch und suchen Sie Arbeiten, die sich mit der säu-
        lenchromatographischen Trennung einer der folgenden Substanzklassen be-
        faßt: a) Arzneimittel, b) Pestizide und c) Vitamine oder Kohlenhydrate.
        Geben Sie die Quelle vollständig an und fassen Sie kurz die dort genannten
        Bedingungen für die Trennung zusammen.

21.11   Erklären Sie, was ein filmartiger Träger ist und was seine Vorteile gegenüber
        herkömmlichen Trägern sind.

Dünnschichtchromatographie

21.12   Zählen Sie möglichst viele Methoden für die Sichtbarmachung von durch
        Dünnschichtchromatographie getrennten organischen Verbindungen auf.

21.13   Eine dünnschichtchromatographische Trennung von Anthracen und
        Phenanthren wird auf einer nichtfluoreszierenden Aluminiumoxid-Platte
        durchgeführt. a) Welche Wellenlänge einer UV-Anregung kann verwendet
        werden, um nur den Anthracen-Fleck sichtbar zu machen? Gehen Sie davon
        aus, daß das Absorptionsspektrum von Phenanthren demjenigen von Naph-
        thalin (Bild 5−17) ähnlich ist. b) Mit welcher Farbe erscheint hierbei der
        Phenanthren-Flecken (vergleiche Bild 23−7)?

21.14   Erklären Sie kurz, was die Hochleistungsdünnschichtchromatographie
        (HPTLC) von der herkömmlichen Dünnschichtchromatographie (DC,
        TLC) in Technik und Leistung unterscheidet. Erklären Sie, wie Substanz-
        flecken in der HPTLC gemessen und quantitativ bestimmt werden.

Kapitel 22

Ionenaustausch in der Analytischen Chemie

Der Ionenaustausch hat in der Analytischen Chemie viele Anwendungen gefunden. Normalerweise wird ein Ionenaustausch auf einer Glassäule, gepackt mit Ionenaustauscherharz-Kügelchen, durchgeführt. Die Harzkügelchen sind porös und quellen, sobald sie naß werden. Die Probenlösung wird auf die Säule gegeben und mit Wasser oder einer anderen Flüssigkeit eluiert (vergl. Bild 9–15). Ein *Kationenaustauscherharz* wird die Kationen aus der Probenlösung aufnehmen und gibt dafür eine äquivalente Menge an Kationen aus dem Harz in die Lösung. Wird eine *Anionenaustauschersäule* verwendet, werden die Anionen der Probenlösung in der gleichen Weise gegen Anionen aus dem Harz ausgetauscht. Der Ionenaustausch wird also benutzt, um ein unerwünschtes Anion oder Kation gegen ein weniger oder nicht störendes Ion auszutauschen. Es ist auch möglich, Bedingungen einzustellen, bei denen verschiedene in einer Probe anwesende Kationen oder Anionen voneinander getrennt werden. Man bezeichnet diese Technik als *Ionenaustauschchromatographie*; sie ist die wohl wertvollste Anwendung des Ionenaustausches in der Analytischen Chemie. Abschnitt 22.1 beschreibt zunächst Ionenaustauscher und die allgemeinen Grundlagen eines Ionenaustauschgleichgewichtes; im Abschnitt 22.2 werden verschiedene analytische Anwendungen des Ionenaustausches vorgestellt. Abschließend werden ionenaustausch-chromatographische Trennungen besprochen.

Grundlagen und Beispiele für den Ionenaustausch in der Analytischen Chemie sind ausführlich in Büchern[1,2] beschrieben. Weiterentwicklungen werden alle 2 Jahre im Teil *Fundamental Reviews* der Zeitschrift *Analytical Chemistry* beschrieben oder finden sich fortlaufend in der *Zeitschrift für Analytische Chemie*.

22.1 Ionenaustauscherharze und Ionenaustauschgleichgewichte

Harze

Obwohl bestimmte Glasarten (Kapitel 17), Mineralien und organische Verbindungen Ionen gegen andere austauschen können, sind die meistverwendeten Ionenaustauscher vernetzte synthetische organische Polymere, genannt Harze. Wie oben angesprochen, gibt es zwei Typen von Ionenaustauscherharzen, nämlich solche, die Kationen, und solche, die Anionen austauschen.

Zur Herstellung eines Ionenaustauscherharzes wird Styrol polymerisiert, und zwar üblicherweise durch eine Suspensionspolymerisation, um kleine kugelförmige Partikel aus Polystrol zu erhalten. Etwas Divinylbenzol (DVB) wird der Mischung zugesetzt, um eine Vernetzung zwischen den linearen Polystyrolketten zu erreichen.

1 W. Riemann und H.F. Walton, *Ion Exchange in Analytical Chemistry* (Pergamon, Oxford 1970)

2 O. Samuelson, *Ion-Exchange Separations in Analytical Chemistry* (Wiley, New York 1963)

Der prozentuale Anteil von DVB in der Polymerisationsmischung wird oft als *prozentuale Vernetzung* des Harzes bezeichnet.

Die Sulfonierung eines Styrol-DVB-Copolymers liefert ein Kationenaustauscherharz (Bild 22–1). Die *Sulfonsäuregruppen*, $—SO_3^-H^+$, sind die aktiven Stellen für den Ionenaustausch. Die $—SO_3^-$-Gruppe ist chemisch an das Harz gebunden, aber das Gegenion (H^+) ist beweglich und kann gegen ein anderes Kation ausgetauscht werden. Wenn z.B. eine Lösung von Natriumchlorid mit einem in der *protonierten Form* vorliegenden Kationenaustauscherharz in Kontakt gebracht wird, läuft folgende Austauschreaktion ab:

$$R—SO_3^-H^+ + Na^+ \rightleftharpoons R—SO_3^-Na^+ + H^+$$

Wenn die Reaktion nahezu vollständig ist, liegt das Harz in der sogenannten *Natriumform* vor.

Wird ein Polystyrol-DVB-Harz chlormethyliert und anschließend mit einem Amin versetzt, entsteht ein Anionenaustauscherharz. Die am meisten gebräuchlichen Typen haben quartäre Ammoniumgruppen.

$$2\,(R—CH_2—\overset{+}{N}R_3)\,Cl^- + SO_4^{2-} \rightleftharpoons (R—CH_2\,\overset{+}{N}R_3)_2SO_4^{2-} + 2\,Cl^-$$

In diesem Beispiel werden zwei aktive Stellen für jedes Sulfat-Ion benötigt, da dies eine doppelte negative Ladung hat.

Als *Kapazität* eines Ionenaustauscherharzes bezeichnet man die Anzahl an austauschbaren Ionen pro Gramm Harz. Ein sulfoniertes Kationenaustauscherharz kann üblicherweise eine Äquivalentstoffmenge von 5 mmol pro g trockenen Harzes in der protonierten Form und von 1,8 mmol pro g nassen Harzbettes aufnehmen. Analog beträgt die Kapazität eines trockenen Anionenaustauscherharzes (in der Chloridform) zwischen 3,0 mmol/g und 3,5 mmol/g und diejenige eines nassen Harzbettes etwa 1,2 mmol/g. Ionenaustauscherharze sollten gesiebt werden, um zu breite Verteilungen der Partikelgröße zu vermeiden. Harze mit 50 bis 100 mesh oder von 100 bis 200 mesh sind für die meisten analytischen Zwecke verwendbar.

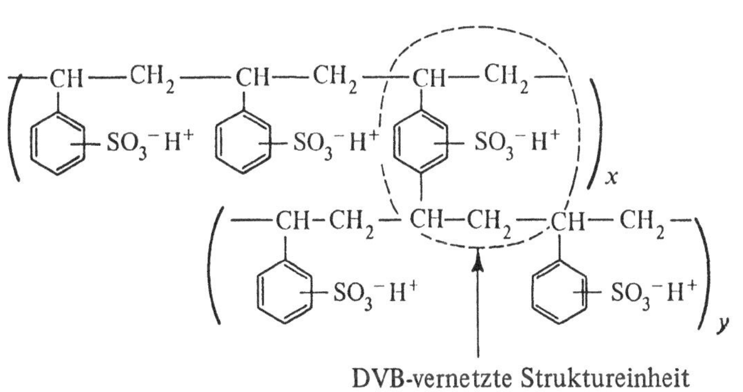

Bild 22-1 Struktur eines Kationenaustauscherharzes

Ionenaustauscherharze tauschen wegen ihrer Porosität Ionen innerhalb der gesamten Kügelchen aus. Werden trockene Harze in eine wäßrige Lösung gebracht, nehmen sie etwas Wasser auf und quellen; deshalb werden sie oft als Gel-artige Harze bezeichnet. Sofern es sich um einen Kationenaustauscher handelt, können die Kationen aus der Lösung in das Gel eindringen und mit den Kationen des Harzes austauschen. Anionen aus der Lösung können nicht in das Gel eindringen, weil die gebundenen $-SO_3^-$-Ionen sie elektrostatisch abstoßen. In der gleichen Weise dringen Anionen in das Gel eines Anionenaustauschers ein, während Kationen hierzu wegen der $-CH_2NR_3^+$-Kationen des Harzes nicht in der Lage sind.

Die Vernetzung beeinflußt sowohl die Eigenschaften eines Kationen- als auch eines Anionenaustauschers. Harze mit geringer Vernetzung (1–2%) quellen außerordentlich stark, wenn sie naß werden; sie schrumpfen, wenn sie getrocknet werden. Quellung oder Schrumpfung tritt auch auf, wenn das Harz von einer Form in die andere überführt wird – hieraus erwächst die Schwierigkeit, ständig eine gut gepackte Säule zu haben. Ein Harz mit etwa 8% Vernetzung ist relativ wenig anfällig für Volumenänderungen und wird üblicherweise in analytischen und industriellen Ionenaustauscher-Säulen verwendet.

Ein neuerer Typ eines Ionenaustauscherharzes findet zunehmend Verwendung. Dies sind hochvernetzte *„makroporöse" Polymere*, die kein Gel bilden und dadurch auch kaum quellen oder schrumpfen. Die Polymerisation wird so geführt, daß innerhalb jedes Kügelchens hunderte von kleinsten und festen Höhlen gebildet werden, die durch relativ lange Poren oder Kanäle verbunden sind. Makroporöse Polymere sind gute Sorbentien für organische Verbindungen (Kapitel 21); hieraus hergestellte Ionenaustauscherharze werden speziell für Ionenaustauschprozesse in nichtwäßrigen Lösungen verwendet.

Ionenaustauschgleichgewichte

Ionenaustausch kann auf zwei Wegen ausgeführt werden: in einem *batch*-Verfahren oder in einer Säulenmethode. Bei einem typischen *batch*-Verfahren (einer diskontinuierlichen, chargenweisen Arbeitsweise) zum Kationenaustausch wird etwas Kationenaustauscherharz in der protonierten Form in einen mit einem Glasstopfen verschließbaren Kolben gegeben. Nach Zugabe der wäßrigen, die auszutauschenden Kationen enthaltenden Lösung wird einige Minuten geschüttelt. Sind die auszutauschenden Ionen zum Beispiel Na^+ (dies wäre bei einer Kochsalzlösung der Fall), so liegen Lösung und Harz in folgendem Gleichgewicht nebeneinander vor:

$$\text{Harz}-H^+ + Na^+ \rightleftharpoons \text{Harz}-Na^+ + H^+$$

Der Austausch kann niemals vollständig sein, es sei denn, es wird ein großer Überschuß an Harz eingesetzt, um das Gleichgewicht nach rechts zu verschieben. Normalerweise werden etwa 50% bis 75% der Natriumionen vom Harz aufgenommen (abhängig vom Stoffmengenverhältnis von Harz und Natriumionen), und die äquivalente Stoffmenge an Wasserstoffionen geht in Lösung. Wenn das Experiment mit einem zweifach oder dreifach geladenen Metallkation anstelle des Natriums wiederholt wird, liegt das Gleichgewicht weit mehr auf der rechten Seite, jedoch auch nicht

vollständig. In verdünnter Lösung nimmt die Affinität eines Kationenaustauscherharzes zu Metallionen in der Reihenfolge ihrer Ladung, also
$+4 > +3 > +2 > +1$, ab.

Die Affinität eines Ionenaustauscherharzes für ein austauschbares Ion wird durch den Verteilungskoeffizienten D_g angegeben, der wie folgt definiert wird:

$$D_g = \frac{\text{Konzentration im Harz (in mol/g)}}{\text{Konzentration in der Lösung (in mol/L)}} \qquad (22-1)$$

Der Verteilungskoeffizient der meisten Ionen wird kleiner, wenn die Beladung zunimmt (die Beladung ist der Anteil der Kapazität des Harzes, der durch das Ion, mit dem das Harz ausgetauscht wird, belegt ist). Analytische Ionenaustausch-Versuche lassen sich am besten unter Bedingungen durchführen, bei denen die Lösung verdünnt, die Beladung niedrig (zwischen 5 und 10 %) und D_g damit annähernd konstant ist.

Wie bei der Flüssig-flüssig-Verteilungschromatographie (Abschnitt 19.1) finden viele Gleichgewichtseinstellungen auf einer Ionenaustausch-Säule gleichzeitig statt. Als Modellvorstellung denken wir uns die Kationenaustauschersäule in der protonierten Form von oben bis unten in imaginäre Sektionen unterteilt. Wenn eine Natriumchloridlösung auf die Säule gegeben wird, stellt sich in der ersten Sektion ein Gleichgewicht ein, d.h. ein Teil der Natriumionen wird vom Harz im Austausch gegen Wasserstoffionen aufgenommen. Die in die zweite Sektion einfließende Lösung enthält eine niedrigere Konzentration an Natriumionen als die Ausgangslösung. In dieser Sektion wird die Konzentration der Natriumionen durch weiteren Austausch an frischem, in der protonierten Form vorliegendem Harz weiter herabgesetzt. Dadurch, daß die Lösung nacheinander in die unteren Sektionen der Säule eintritt, wird die Natriumionenkonzentration der Lösung schrittweise herabgesetzt. Nachdem mehrere Sektionen durchflossen wurden, ist der Austausch vollständig. Das Endergebnis dieses Ionenaustausches an der Säule wird durch die Gleichung

$$\text{Harz—H}^+ + \text{Na}^+ \rightleftharpoons \text{Harz—Na}^+ + \text{H}^+$$

beschrieben. Bei Titration der Salzsäure in der die Säule verlassenden Lösung kann die Menge an Natriumchlorid in der Ausgangsprobe bestimmt werden.

Für analytische Arbeiten wird in der Regel das Säulenaustauschverfahren angewandt, weil das *batch*-Verfahren gewöhnlich nicht quantitativ verläuft. Am Ende des oben beschriebenen Experimentes liegt ein Teil der Säule in der Natriumform und der Rest in der protonierten Form vor. Wenn die Säule eine ausreichend hohe Kapazität hat, können weitere quantitative Trennungen des gleichen Typs auf der gleichen Säule durchgeführt werden. Wenn die Säule zu einem hohen Prozentsatz in die Natriumform überführt wurde, muß sie regeneriert werden. Die Regeneration wird erreicht, indem konzentrierte Salzsäure durch die Säule gegeben wird. Die hohe Konzentration der Wasserstoffionen ersetzt die Metallkationen auf dem Harz infolge eines Massenwirkungseffekts und überführt dadurch das Austauscherharz zurück in die protonierte Form. Für diesen Zweck eignet sich am besten Salzsäure, $c(\text{HCl}) = 3–4$ mol/L; eine höher konzentrierte Säure ist weniger effizient. Nach dem Nachwaschen mit Wasser ist die Säule wieder gebrauchsfertig.

22.2 Analytische Anwendungen des Ionenaustauschs

Bestimmung von Salzen

Unter Verwendung eines Kationenaustauscherharzes in der protonierten Form lassen sich die Kationen (M^{z+}) der meisten löslichen Salze (MA_z) bestimmen. Die Reaktion hierfür kann allgemein formuliert werden als

$$MA_z + z\,\text{Harz}{-}H^+ \rightleftharpoons z\,HA + \text{Harz}_z{-}M^{z+}\,.$$

Der Gehalt an Kationen in der ursprünglichen Probe wird bestimmt, indem die gebildete Säure HA titriert wird. Für jedes Äquivalentteilchen an Metall wird ein Wasserstoffion gebildet. So liefert also z.B. ein zweifach geladenes Metallkation zwei Moleküle HA für die Titration.

In einigen Fällen können Salzlösungen auch mit Hilfe eines Anionenaustauschers in der OH^--Form bestimmt werden. Diese Reaktion ist:

$$M_zA + z\,\text{Harz}{-}OH^- \rightleftharpoons z\,MOH + \text{Harz}_z{-}A^-$$

Die gebildete Base MOH wird mit einer eingestellten Säurelösung titriert. Diese Methode läßt sich bei Alkali-Salzen und wenigen anderen Salzen einsetzen. Ihre Anwendung wird dadurch eingeschränkt, daß viele Metalle in Gegenwart starker Basen unlösliche Niederschläge bilden. Phosphate können in Gegenwart anderer Anionen bestimmt werden, da die Phosphorsäure bei der Titration mit einer starken Base einen doppelten Endpunkt liefert. Die Austauschreaktion ist:

$$\left.\begin{array}{l} M^{z+} \\[1em] H_2PO_4^- \,,\ HPO_4^{2-}\ \text{etc.} \end{array}\right\} \xrightarrow{\ \text{Catex}{-}H^+\ } H_3PO_4$$

Andere Probenbestandteile in der Säule liefern andere Säuren, wie z.B. Salzsäure, Schwefelsäure oder Salpetersäure. Diese Säuren können gleichzeitig mit dem ersten Proton der Phosphorsäure titriert werden. Der Gehalt an Phosphat wird aus der Differenz des Verbrauchs an Maßlösung zwischen dem ersten und zweiten Endpunkt berechnet, die bei der Titration der Säuremischungen mit Natriumhydroxidlösung erhalten wird.

Deionisation

Ionenaustausch ist eine gute Methode zur Entfernung von Ionen aus Wasser. Für den Analytischen Chemiker ist die Deionisation wertvoll, da sie Wasser hoher Reinheit liefert. Das zu reinigende Wasser wird durch eine Ionenaustauschersäule mit einer Mischung aus Kationenaustauscherharz in der protonierten Form und einem Anionenaustauscherharz in der Hydroxyform gegeben. Die kationischen Verunreinigungen im Wasser werden gegen Protonen und die anionischen Verunreinigungen gegen Hydroxidionen ausgetauscht – insgesamt also ein Austausch der Verunreinigungen gegen Wasser.

Ersatz von störenden Ionen

Häufig ist es möglich, ein bei einer analytischen Bestimmung unerwünschtes Ion gegen ein anderes, nicht störendes Ion auszutauschen. So stören z.B. Eisen- und Kaliumionen bei der Sulfatbestimmung, weil sie zusammen mit dem Bariumsulfat ausfallen. Diese Störung kann vermieden werden, wenn die Probenlösung zunächst durch eine Kationenaustauschersäule in der protonierten Form läuft, wobei die kationischen Verunreinigungen gegen Protonen ausgetauscht werden. Anschließend kann das Sulfat ohne Störung ausgefällt werden.

Ein anderes Beispiel ist die Entfernung von Phosphat, das bei der Bestimmung von Calcium oder einiger anderer Metallionen stört. In diesem Falle wird die Probe zunächst über eine Anionenaustauschersäule in der Chloridform gegeben, um Phosphat gegen das nicht störende Chlorid auszutauschen.

Die Trennung von Metallionen

Dies ist eine der wichtigsten analytischen Anwendungen des Ionenaustausches; wir diskutieren sie im nächsten Abschnitt (Abschnitt 22.3) unter dem Stichwort „Ionenaustauschchromatographie".

22.3 Ionenaustauschchromatographie

Verteilungskoeffizienten und Retentionsvolumen

Die in Kapitel 19 für die Verteilungschromatographie angeführten Zusammenhänge zwischen den Verteilungskoeffizienten, den Retentionsvolumina und den Säulenparametern gelten mit geringen Änderungen auch für die Ionenaustauschchromatographie.

In der Ionenaustauschchromatographie ist die mobile Phase die Lösung — sie enthalte das auszutauschende Ion i —, die stationäre Phase ist das Austauscherharz. Diese wird im gequollenen Zustand — als Gel — eingesetzt. Dementsprechend ist das Volumen V_s der stationären Phase das Volumen des gebrauchsfertigen Harzes in der Säule; auch die Dichte ϱ des Harzes bezieht sich auf den gebrauchsfertigen Zustand. Sie wird meist definiert als Quotient der Masse m_s des getrockneten Harzes und des Volumens V_s, das diese eingewogene Masse im gequollenen, gebrauchsfertigen Zustand einnimmt:

$$\varrho = \frac{m_s}{V_s} \tag{22-2}$$

Das Volumen der mobilen Phase entspricht dem Totvolumen V_0 der Säule. Als *Gesamtbettvolumen* bezeichnet man die Summe $V_0 + V_s$.

Die *Dichte* ϱ des Harzes kann experimentell mit einem Pyknometer bestimmt werden. Eine andere Methode besteht darin, daß Flüssigkeit zu einer bekannten Masse an trockenem Harz gegeben und der entstehende Brei zum Packen der Säule verwendet wird. Die Dichte ϱ wird berechnet, indem man die Masse m_s des trockenen Harzes durch das Volumen V_s dividiert, das das feuchte Harz einnimmt. Das Letztere kann berechnet werden, indem man das Gesamtbettvolumen $V_0 + V_s$ und das Totvolumen V_0 (das Volumen an Flüssigkeit in der Säule) mißt und subtrahiert. Typische Werte für ϱ sind 0,68 kg/L für ein Kationenaustauscherharz und 0,64 kg/L für ein Anionenaustauscherharz.

Manche Autoren definieren als Dichte p den Quotienten $m_s/(V_0 + V_s)$, d.h. sie beziehen die Einwaage des trockenen Harzes auf das Gesamtbettvolumen. Diese Dichte p hängt von der Art des Austauscherharzes ab und davon, wie die Säule gepackt wurde; der Wert schwankt zwischen 0,40 kg/L und 0,50 kg/L für Gel-artige Harze.

Es können folgende Verteilungskoeffizienten definiert werden (die Indices s und m stehen für die stationäre und für die mobile Phase):

Stoffmengenverteilungskoeffizient D_m:

$$D_m = \frac{\text{Stoffmenge von i im Harz}}{\text{Stoffmenge von i in der Lösung}}$$

$$= \frac{n(i)_s}{n(i)_m} \tag{22-3}$$

Ein als D_g abgekürzter Verteilungskoeffizient:

$$D_g = \frac{\text{Stoffmenge von i im Harz pro Gramm Harz}}{\text{Gleichgewichtskonzentration von i in der Lösung}}$$

$$= \frac{n(i)_s/m_s}{n(i)_m/V_0} = D_m \frac{V_0}{m_s} \tag{22-4}$$

Volumenverteilungskoeffizient D_V:

$$D_V = p \cdot D_g = D_m \cdot \frac{V_0}{V_0 + V_s}$$

Ein als D_c abgekürzter Verteilungskoeffizient:

$$D_c \equiv \varrho \cdot D_g = \frac{m_s}{V_s} \cdot D_m \cdot \frac{V_0}{m_s}$$

$$= D_m \cdot \frac{V_0}{V_s} \tag{22-5}$$

Für ein einzelnes System kann man D_g durch Äquilibrieren (Einstellung des Gleichgewichts) eines bekannten Volumens an Lösung, das ein austauschbares Ion in bekannter Konzentration enthält, mit einer exakt gewogenen Menge an trockenem Austauscherharz ermitteln. Nach der Gleichgewichtseinstellung bestimmt man die verbliebene Stoffmenge an Ionen und errechnet D_m und D_g. – Es sei noch erwähnt, daß das Verhältnis D_c/D_V zwischen etwa 1,3 und 1,7 liegt.

Beispiel:

1,000 g eines trockenen Kationenaustauscherharzes wird mit 20,00 mL einer angesäuerten Cadmiumnitrat-Lösung, $c = 1,0000$ mol/L, äquilibriert. Ein Aliquot von 10,00 mL der so behandelten Lösung wird mit EDTA-Lösung, $c(\text{EDTA}) = 0,0100$ mol/L, titriert; Verbrauch: 2,40 mL. Berechnen Sie D_g.

$$D_m = \frac{n(\text{Cd}^{2+})_s}{n(\text{Cd}^{2+})_m} = \frac{(20\,\text{mL}\cdot 0,1\,\text{mol/L}) - 2\cdot(2,4\,\text{mL}\cdot 0,01\,\text{mol/L})}{2\cdot(2,4\,\text{mL}\cdot 0,01\,\text{mol/L})}$$

$$= 40,67$$

(Das Ergebnis der Titration mit EDTA wird mit 2 multipliziert, da das 10-mL-Aliquot nur die Hälfte der gesamten Lösung darstellt.)

$$D_g = D_m \cdot \frac{V_m}{m_s} = 40,67 \cdot \frac{20\,\text{mL}}{1,0\,\text{g}} = 813\,\frac{\text{mL}}{\text{g}}$$

Gl. (22–5) ist identisch mit Gl. (19–9) bei der Flüssig-flüssig-Verteilungschromatographie. Deshalb lassen sich die Gleichungen, die zur Berechnung der Retentionsvolumina in der Flüssig-flüssig- und Gas-flüssig-Verteilungschromatographie verwendet werden, auch auf die Ionenaustauschchromatographie anwenden. Für das Retentionsvolumen V_R gilt daher (V_0 = Totvolumen):

$$V_R = D_c V_s + V_0 \tag{22–6}$$

Beispiel:

Berechnen Sie die Retentionsvolumina $V_R(\text{A})$ und $V_R(\text{B})$ zweier Metallionen A und B aus den Verteilungskoeffizienten D_c und den Volumina der stationären und mobilen Phase: $D_c(\text{A}) = 2,0$ und $D_c(\text{B}) = 8,0$; $V_s = 13,0$ mL und $V_m = 7,0$ mL.

$V_R(\text{A}) = 2,0 \cdot 13,0\,\text{mL} + 7,0\,\text{mL} = 33\,\text{mL}$

$V_R(\text{B}) = 8,0 \cdot 13,0\,\text{mL} + 7,0\,\text{mL} = 111\,\text{mL}$

In der modernen Ionenaustauschchromatographie ist es oft angenehmer, das Stoffmengenverteilungsverhältnis D_m anstelle von D_c oder D_g zu verwenden. Die Gleichung für die Beziehung zwischen dem Retentionsvolumen und D_m ist die gleiche, wie in Kapitel 19 angegeben:

$$V_R = V_0(D_m + 1) \tag{22–7}$$

D_m kann aus dem Retentionsvolumen eines Ions berechnet werden oder experimentell auf einer Säule bestimmt werden [Umformung von Gl. (22−7)]:

$$D_m = \frac{V_R - V_0}{V_0} \qquad (22-8)$$

Das Totvolumen V_0 der Säule wird durch Messung des Retentionsvolumens eines nichtabsorbierten Ions bestimmt. Die Brauchbarkeit einer Säulentrennung kann über den *Trennfaktor* α zweier Ionen A und B vorhergesagt werden:

$$\alpha = \frac{D_c(B)}{D_c(A)} = \frac{D_m(B)}{D_m(A)} \qquad (22-9)$$

Für eine erfolgreiche Trennung der Ionen A und B sollte der Trennfaktor mindestens etwa 4,0 für eine Säule von 1×15 cm (ohne Pumpe) sein. Darüber hinaus sollte $D_c(B)$ 10 oder größer sein, so daß B die Säule nicht verläßt, bevor A vollständig eluiert wurde. Der gewählte Wert von $D_c(A)$ hängt von der Geduld des Bearbeiters ab, da mit zunehmendem $D_c(A)$ die für die Elution von A benötigte Zeit zunimmt.

In der modernen Hochleistungs-Chromatographie (vergleiche Abschnitt 21.3) können die Trennungen mit einem kleineren Trennfaktor erreicht werden, da die Säule gewöhnlich länger und die eluierten Peaks schärfer sind. Auch können auch die Werte von D_m oder D_c kleiner sein.

Beispiel:

Bei der vollständigen Trennung der vier organischen Purin-Basen Uracil ($=$A), Guanin ($=$B), Cytosin ($=$C) und Adenin ($=$D) auf einer Ionentauschersäule von 50 cm Länge und 2 cm Innendurchmesser erhielt man folgende Retentionsvolumina: $V_R(A) = 1{,}57$ mL; $V_R(B) = 3{,}68$ mL; $V_R(C) = 6{,}10$ mL und $V_R(D) = 11{,}45$ mL. Es wurde ein Totvolumen V_0 von 1,57 mL bestimmt. Berechnen Sie alle Stoffmengenverteilungskoeffizienten und die Trennfaktoren.

$$D_m = \frac{V_R - V_0}{V_0}$$

$$D_m(A) = \frac{1{,}57\,\text{mL} - 1{,}57\,\text{mL}}{1{,}57\,\text{mL}} = 0$$

$$D_m(B) = \frac{3{,}68\,\text{mL} - 1{,}57\,\text{mL}}{1{,}57\,\text{mL}} = 1{,}34$$

$$D_m(C) = \frac{6{,}10\,\text{mL} - 1{,}57\,\text{mL}}{1{,}57\,\text{mL}} = 2{,}88 \qquad \alpha_{C/B} = \frac{D_m(C)}{D_m(B)} = \frac{2{,}88}{1{,}34} = 2{,}15$$

$$D_m(D) = \frac{11{,}45\,\text{mL} - 1{,}57\,\text{mL}}{1{,}57\,\text{mL}} = 6{,}29 \qquad \alpha_{D/C} = \frac{D_m(D)}{D_m(C)} = \frac{6{,}29}{2{,}88} = 2{,}18$$

Oft ist es vorteilhaft, die Werte von D_g, D_c oder D_m durch ein Gleichgewicht oder eine Säulenmethode zu bestimmen und anschließend diese Größe (oder ihren Logarithmus) gegen die Konzentration des Elutionsmittels aufzutragen. Ein kurzer Blick auf diese Auftragung sollte dann eine Angabe über die Ausführbarkeit jeder Trennung und deren Bedingungen ermöglichen. Bei einer sequentiellen Trennung verschiedener gelöster Stoffe wird die Zusammensetzung des Elutionsmittels häufig nach jeder quantitativ eluierten Substanz geändert, so daß auch die nächste Komponente so schnell wie möglich eluiert werden kann.

Trennungen durch Kationenaustausch unter Verwendung von HBr

Die Trennung von Bismut(III), Cadmium(II) und Kupfer(II) auf einer Kationenaustauschsäule[3] verdeutlicht die in der klassischen Ionenaustauschchromatographie gebräuchliche Methode.

Absorptionsschritt. Die Probe wird in der Lösung einer verdünnten Säure auf eine in der protonierten Form vorliegende Kationenaustauschersäule aufgegeben. Die Metallionen werden gegen die Protonen des Harzes ausgetauscht und bilden eine Bande aus gemischtem Bi^{3+}, Cd^{2+} und Cu^{2+} am oberen Ende der Säule.

Elutionsschritt. Eine Lösung mit verdünnter Bromwasserstoffsäure wird zugegeben, die die Metallionen eluiert. Die Metallionen bewegen sich durch die Säule und verlassen diese aus den nachfolgend genannten zwei Gründen:

(1) Zwischen den Metallionen und den Bromidionen werden Komplexe gebildet. Die neutralen oder anionischen Bromokomplexe wie etwa $CdBr_2$, $CdBr_3^-$ und $CdBr_4^{2-}$ werden nicht länger durch das Ionenaustauscherharz gebunden. Kationische Komplexe, wie etwa $CdBr^+$, sind ebenfalls möglich. Wenn ihre positive Ladung gering ist, werden sie nicht so fest an das Harz gebunden.

(2) Der Massenwirkungseffekt der Wasserstoffionen aus der Bromwasserstoffsäure veranlaßt, daß das folgende Gleichgewicht nach rechts verschoben wird:

$$Harz_z-M^{z+} + zH^+ \rightleftharpoons z\,Harz-H^+ + M^{z+}$$

Wenn die Wasserstoffionenkonzentration aus dem Bromwasserstoff 0,5 mol/L oder weniger beträgt, wird die Elution wahrscheinlich mehr durch die Komplexbildungen als durch den Massenwirkungseffekt beeinflußt.

Bei der Trennung von Bismut(III), Cadmium(II) und Kupfer(II) wird Bi^{3+} von der Kationenaustauschersäule durch Bromwasserstoffsäure, $c(HBr) = 0{,}2$ mol/L, eluiert. Während Bi^{3+} sehr schnell eluiert wird, bewegt sich das Cadmium nur langsam durch die Säule und die Kupferbande wird kaum beeinflußt. Einige Zeit, nachdem das Bismut vollständig eluiert wurde, tritt das Cadmium aus. Eine Fortsetzung der Elution mit Bromwasserstoffsäure, $c(HBr) = 0{,}2$ mol/L, würde wahrscheinlich das Cadmium vollständig von der Säule eluieren, aber dies wäre ein langer, zeitraubender Vorgang. Deshalb wird das Cadmium durch Übergang zu einer konzentrierteren HBr-Lösung, $c(HBr) = 0{,}4$ bis 0,5 mol/L, eluiert, sobald das Bismut die Säule

---

3 J.S. Fritz und B.B. Garralda, *Anal. Chem. 34*, 102 (1962)

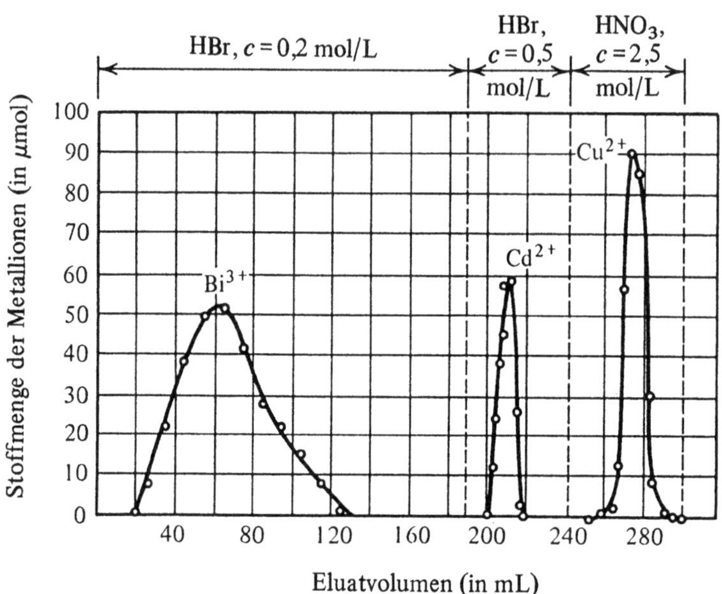

Bild 22.2 Trennung von Bismut(III), Cadmium(II) und Kupfer(II) an einer Kationenaustauschersäule (1,2 × 16 cm), Füllmaterial Dowex 50W X8

verlassen hat. Nachdem Bismut und Cadmium separat eluiert wurden, wird das Kupfer durch Elution mit Salzsäure, $c(\text{HCl}) = 2$ bis 3 mol/L, schnell aus der Säule gebracht.

Während des Elutionsschrittes werden Fraktionen des Säuleneluats gesammelt und der Gehalt an Metallionen jeder Fraktion durch Titration mit EDTA oder photometrisch bestimmt. Die Auftragung der Konzentration der Metallionen gegen die Fraktionsnummer (bzw. das Elutionsvolumen) liefert das in Bild 22−2 gezeigte Chromatogramm.

Trennungen durch Anionenaustausch aus salzsaurer Lösung

Viele Metallionen können aus salzsaurer Lösung mittels einer in der Chloridform vorliegenden Anionenaustauschersäule getrennt werden. Dies erscheint auf den ersten Blick unmöglich − man bedenke jedoch, daß viele Metallionen in hinreichend konzentrierter Salzsäure anionische Chlorokomplexe bilden, die mit dem Anionenaustauscherharz in Wechselwirkung treten können. In einigen Fällen ist die Bildung solcher Komplexe direkt sichtbar:

$$\underset{\text{(blau)}}{Cu^{2+}} \xrightarrow{\text{HCl}} \underset{\text{(beide gelb)}}{CuCl_3^- \ \text{ oder } \ CuCl_4^{2-}}$$

$$\underset{\text{(rosa)}}{Co^{2+}} \xrightarrow{\text{HCl}} \underset{\text{(beide blau)}}{CoCl_3^- \ \text{ oder } \ CoCl_4^{2-}}$$

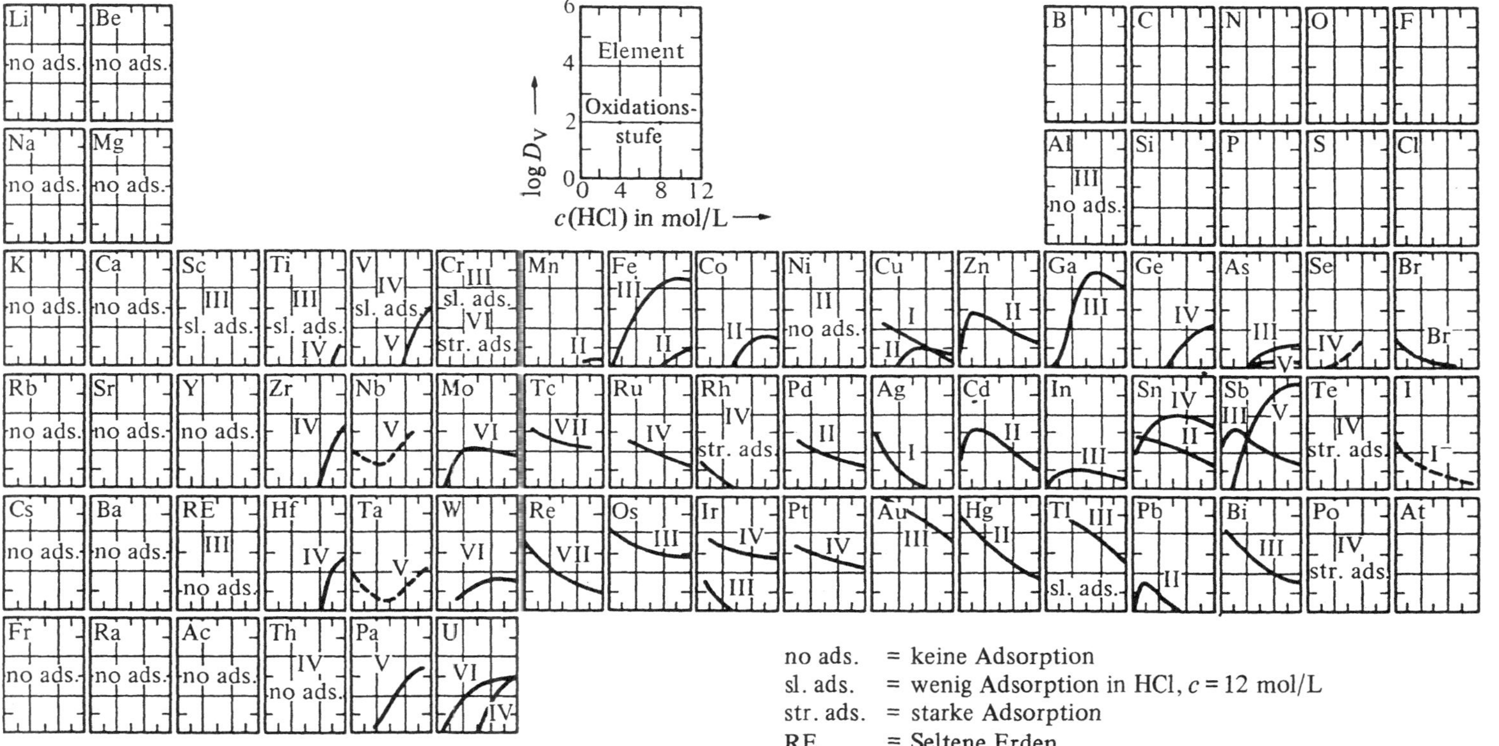

Bild 22-3 Volumenverteilungskoeffizienten D_V verschiedener Elemente für Anionenaustauscher als Funktion der Salzsäurekonzentration. [Mit freundlicher Genehmigung aus: K. A. Kraus und F. Nelson, *Proceedings of the First United Nations International Conference on the Peaceful Uses of Atomic Energy, 7,* 113 (1956)]

Die Trennungen werden ausgeführt, indem man zunächst so viel konzentrierte Salzsäure zur Probe gibt, bis die Probenlösung eine HCl-Konzentration von etwa 10 mol/L bis 11 mol/L erreicht hat. Die Lösung der Probe wird auf eine Anionenaustauschersäule in der Chloridform gegeben, die vorher mit Salzsäure, $c(HCl) = 10-11$ mol/L, gespült wurde. Metallionen, die Chlorokomplexe bilden, werden auf der Säule zurückgehalten, während andere Metallionen hindurchtreten. Die Konzentration an Salzsäure, bei der ein Metall in Lösung stark durch eine Anionenaustauschersäule adsorbiert wird, schwankt beachtlich. In Bild 22−3 sind die Volumenverteilungskoeffizienten als Funktion der Konzentration an Salzsäure aufgetragen.

Eine Trennung kann erreicht werden, indem diejenige Konzentration an Salzsäure gewählt wird, bei der der Verteilungskoeffizient des einen Metalles niedrig und die der anderen Metalle ausreichend hoch sind. Sobald ein Metall vollständig eluiert worden ist, wird die Konzentration verändert. Durch Elution mit fortschreitend verdünnten Lösungen können die verschiedenen Metallionen − eines nach dem anderen, oder manchmal auch zwei gleichzeitig − von der Säule „gespült" werden.

Beispiel:

Entwerfen Sie mit Hilfe des Bildes 22−3 ein Schema für die Trennung von Cobalt(II), Eisen(III) und Nickel(II).

Ni(II) wird durch die Anionenaustauschsäule nicht zurückgehalten und dadurch vom Fe(III) und vom Co(II) bei einer Salzsäurekonzentration von etwa 10 mol/L getrennt, wobei die letztgenannten beiden Elemente stark zurückgehalten werden. Anschließend kann Co(II) mit Salzsäure, $c(HCl)$ zwischen 4 mol/L und 5 mol/L, eluiert werden, danach Fe(III) mit Wasser oder sehr verdünnter Salzsäure.

Tabelle 22−1 Elutionsverhalten von Metallkationen beim Eluieren mit Flußsäure, $c(HF) = 0,1$ mol/L. (Der Kationenaustauscher liegt ursprünglich in der protonierten Form vor.)

Ionen, die mit HF eluiert werden	Ionen, die auf der Säule zurückgehalten werden
Al(III)	Bi(III)
Mo(VI)	Ca(II)
Sn(IV)	Co(II)
Ti(IV)	Cu(II)
U(VI)	Fe(III), Fe(II)
Zr(IV)	La(III)
	Mg(II)
	Mn(II)
	Ni(II)
	Pb(II)
	Th(IV)
	Zn(II)

Trennungen über Fluorokomplexe

Metallionen, die Fluorokomplexe bilden, können entweder auf einer Kationen- oder einer Anionenaustauschersäule von denjenigen getrennt werden, die dies nicht tun. Die Trennung von Kupfer(II) und Zinn(IV) und Zirconium(IV) verdeutlicht diese Methode. Zinn(IV) und Zirconium(IV) bilden einen anionischen Fluorokomplex (wahrscheinlich SnF_6^{2-} und ZrF_6^{2-}), während Kupfer(II) als Cu^{2+} in der Lösung verbleibt. Wird die Lösung der Probe mit Fluorwasserstoffsäure (Flußsäure) durch eine Anionenaustauschersäule gegeben, werden Zinn(IV) und Zirconium(IV) durch die Säule zurückgehalten und Cu^{2+} läuft durch. Verwendet man stattdessen eine Kationenaustauschersäule, so wird Cu^{2+} durch die Säule zurückgehalten und Zinn(IV) und Zirconium(IV) durchlaufen die Säule bei Verwendung dieses Elutionsmittels und werden vollständig im Eluat gefunden. Die Angaben in Tabelle 22–1 zeigen den Anwendungsbereich dieser Trennmethode an. Das Verhalten von Metallionen in Anionenaustauschersäulen bei Elution mit Mischungen anderer Säuren mit Flußsäure, z.B. HCl/HF[4], HNO_3/HF[5] und H_2SO_4/HF[6], wird in der Literatur ebenfalls beschrieben.

Schnelle Trennungen mit automatischer Detektion

Ionenaustausch-chromatographische Trennungen können bei Normaldruck ausgeführt werden, indem man die aus der Säule austretenden Fraktionen sammelt und das Eluat analysiert, wie in den vorhergehenden Beispielen beschrieben wurde. Darüber hinaus kann man Trennungen beachtlich beschleunigen, indem das Prinzip der HPLC (Kapitel 21.2) angewendet wird. Schnellere Trennungen werden durch kleinere Probenmengen, feinere Partikelgrößen des Harzes, höhere Fließgeschwindigkeit des Elutionsmittels und eine automatische Detektion der eluierten Peaks erreicht. Kommerzielle Flüssigchromatographen (Beschreibung in Kapitel 21) können für Ionenaustauscher-Trennungen verwendet werden. In Bild 22–4 ist das Chromatogramm einer Trennung von vier Nucleosiden mit einem kommerziellen Chromatographen dargestellt. Nucleoside sind basisch und bilden Kationen, die durch eine Kationenaustauschersäule (0,3 × 7,6 cm) zurückgehalten werden. Die Probenbestandteile werden mit einer Pufferlösung von der Säule eluiert, die Ammoniumionen enthält (0,5 mol/L Ammoniumformiat) und mit einem UV-Detektor (bei einer Wellenlänge von 254 mnm) in einer Durchflußzelle detektiert. Für die vollständige Trennung benötigt man nur etwa 15 Minuten. Chromatographen, die das Elutionsmittel mit mechanischen Pumpen durch die Säule drücken, können nicht für Trennungen anorganischer Proben verwendet werden, sofern diese hoch korrosive Elutionsmittel benötigen. Dieses Problem wird umgangen, wenn vollständig aus Glas und Kunststoff hergestellte Chromatographen verwendet werden und das Elu-

4 F. Nelson, R.M. Rush und K.A. Kraus, *J. Am. Chem. Soc. 82*, 339 (1960); J.B. Headridge und E.J. Dixon, *Analyst 87*, 32 (1962)

5 E.A. Huff, *Anal. Chem. 36*, 1921 (1964)

6 L. Danielsson, *Acta Chemica Scand. 19*, 1859 (1965)

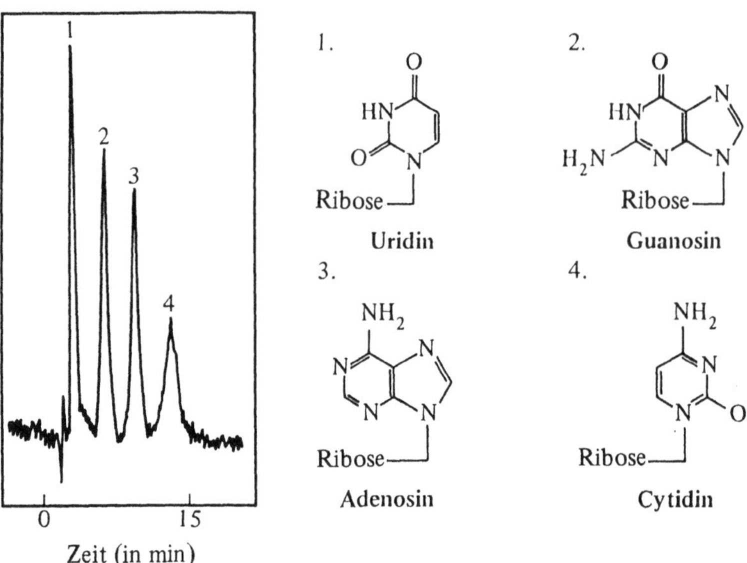

Bild 22-4 Ionenaustausch-Trennung von Nucleosiden. Glassäule (3 × 74 mm), gepackt mit Aminex A6 Kationenaustauscherharz. Elution mit Ammoniumformiat-Lösung, c = 0,5 mol/L (pH = 4,65). (Mit freundlicher Genehmigung der Fa. Chromatronix, Berkeley, California)

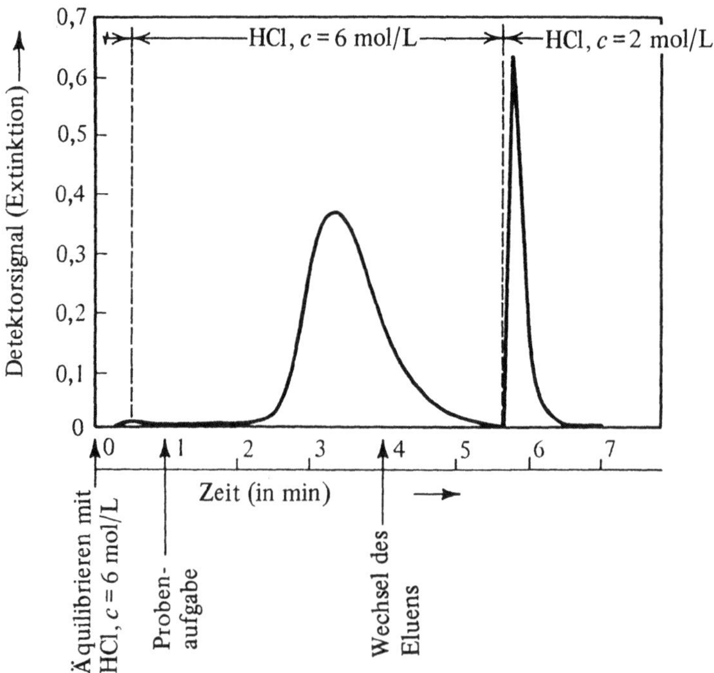

Bild 22-5 Typisches Chromatogramm einer Eisen-Bestimmung. Bedingungen: Probe, National Bureau of Standards 85A 773 mg/50 mL; Probenvolumen 2,34 mL; Fließgeschwindigkeit der Salzsäure, c = 6 mol/L, 3,0 mL/min; UV-Detektion bei 355 nm

tionsmittel mit Helium durch die Säule gepreßt wird.[7] Eine typische Trennung ist im Bild 22−5 dargestellt. Die dort untersuchte Probe besteht überwiegend aus Aluminium, enthält aber etwa 2% Kupfer und kleine Mengen Eisen. In Salzsäure, $c(HCl) = 6$ mol/L, wird das Eisen(III) durch die Anionenaustauschersäule zurückgehalten, während Kupfer(II) und Aluminium(III) eluiert werden. (Der breite Elutions-Peak wird durch den Kupfer(II)-chlorokomplex verursacht; Aluminium(III) absorbiert bei 355 nm nicht.) Stärker verdünnte Salzsäure, $c(HCl) = 2$ mol/L, eluiert Eisen(III) sofort als Chlorokomplex, der bei 355 nm stark absorbiert; es erscheint als scharfer Peak. Eine quantitative Bestimmung des Eisens wird mit Hilfe einer Eichkurve erreicht. In dieser Eichkurve sind Peakhöhen gegen den Eisengehalt (in Mikrogramm) von verschiedenen Standards aufgetragen.

Schnelle Trennungen von Anionen

Ein als „Ionen-Chromatograph" bezeichnetes kommerzielles Instrument kann Mischungen verschiedener Anionen in wenigen Minuten durch Ionenaustauschchromatographie trennen. Die getrennten Anionen werden über die Leitfähigkeit detektiert, die auf der Fähigkeit von Ionen beruht, elektrische Ladung durch eine Lösung zu transportieren. Gewöhnlich ist in der Chromatographie die Leitfähigkeitsmessung eine nicht sehr verbreitete Methode zur Detektion, weil die hohe Leitfähigkeit des Elutionsmittels die der getrennten Ionen meist überdeckt. Der Ionen-Chromatograph kann jedoch die Ionen des Elutionsmittels nach der Trennung entfernen, so daß nur die Leitfähigkeit der getrennten Anionen (und der begleitenden Kationen) gemessen wird.[8]

Anionen werden auf einer Säule von etwa 25 cm Länge getrennt. Sie enthält Füllkörper aus Kationenaustauscher mit einem dünnen Überzug aus Anionenaustauscherharz auf der Oberfläche. Dieses Säulenfüllmaterial trennt Anionen; wegen des dünnen Überzug des Anionen-Austauscherharzes wird nur eine verdünnte Lösung eines Salzes benötigt, um die Anionen der Probe zu eluieren.

Das Elutionsmittel muß basisch sein; in der Regel eluiert man mit einer Natriumhydroxid-Lösung, $c(NaOH) = 0,002-0,01$ mol/L, oder einer Natriumcarbonat-/Natriumhydrogencarbonat- oder einer Natriumphenolat-Lösung. Die Trennung der Anionen X^- und Y^- kann schematisch wie folgt dargestellt werden:

$$\textit{Sorption}: X^-, Y^- + Harz{-}OH^- \rightarrow Harz{-}X^-, Y^- + OH^-$$

$$\textit{Elution}: Na^+OH^- + Harz{-}X^-, Y^- \rightarrow Harz{-}OH^- + Na^+X^- + Na^+Y^-$$

Ein kontinuierlicher Strom des Elutionsmittels (verdünnte Natronlauge) tritt aus der Trennsäule. Ein Teil dieses Stroms enthält auch das eluierte Na^+X^-, und eine spätere Fraktion enthält das eluierte Na^+Y^-.

7 M.D. Seymour, J.P. Sickafoose und J.S. Fritz, *Anal. Chem. 43*, 1743 (1971)

8 H. Small, T.S. Stevens und W.C. Bauman, *Anal. Chem. 47*, 1801 (1975)

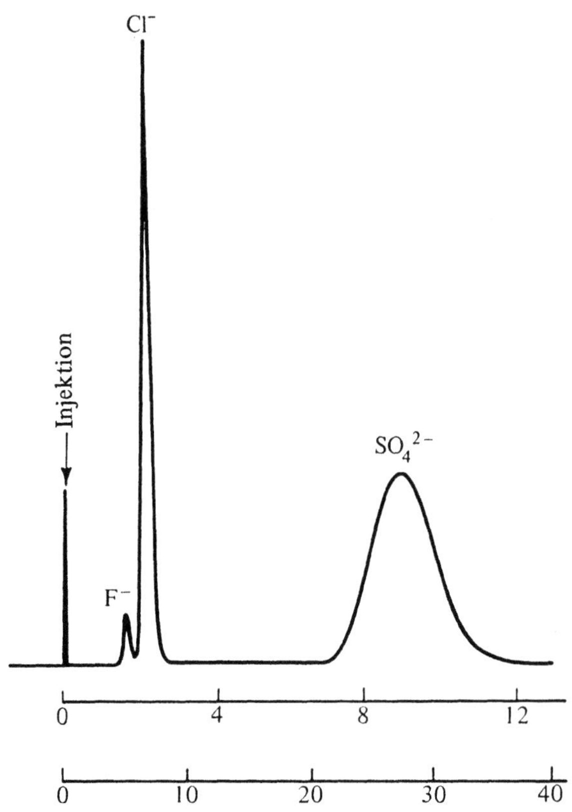

Obere Skala　=　Zeit (in min)
Untere Skala　=　Eluatvolumen (in mL)

Bild 22-6 Trennung einiger Anionen in Trinkwasser (100 μL) im „Ionen-Chromatographen". Elutionsmittel: $NaHCO_3$-Lösung, c = 0,0015 mol/L, und Na_2CO_3-Lösung, c = 0,0012 mol/L. Das Wasser enthält etwa 1–2 ppm F^-, 10–20 ppm Cl^- und 200 ppm SO_4^{2-}.

Die aus der Trennsäule eluierte Lösung wird direkt in eine weitere Säule gegeben, die einen Kationenaustauscher hoher Kapazität in der protonierten Form enthält. Das Elutionsmittel und die getrennten Ionen der Probe reagieren in dieser Säule wie folgt:

Eluens:　$Na^+OH^- + Harz{-}H^+ \rightarrow Harz{-}Na^+ + H_2O$

Anionen: $Na^+X^-, Na^+Y^- + Harz{-}H^+ \rightarrow Harz{-}Na^+ + H^+X^-, H^+Y^-$

Aus der zweiten Säule fließt das austretende Elutionsmittel durch eine Leitfähigkeitszelle. Da die Na^+- und OH^--Ionen des Elutionsmittels sehr effektiv durch die zweite Säule entfernt werden, ist die Untergrundleitfähigkeit vernachlässigbar. Dagegen sind die korrespondieren Säuren der Anionen, H^+X^- und H^+Y^-, von hoher Leitfähigkeit, so daß die registrierten Signale der Leitfähigkeit gegen die Zeit scharfe Peaks liefern, wenn die Säuren den Detektor passieren. Ein typisches Ergebnis einer Trennung ist in Bild 22–6 dargestellt.

Aufgaben

Definitionen

22.1 Definieren Sie die nachfolgenden, beim Ionenaustausch verwendeten Begriffe:

a) Vernetzung, b) Beladen, c) Kapazität, d) Regenerieren, e) Trennfaktor, f) Elution

22.2 Definieren Sie den Stoffmengenverteilungskoeffizienten D_m. Geben Sie die Beziehung zwischen den Verteilungskoeffizienten D_c und D_m in einer Gleichung an. Formulieren Sie außerdem in einer Gleichung den Zusammenhang zwischen D_c und D_g.

Verteilungskoeffizienten

22.3 Der Gamma-Strahler Cobalt-60 und ein Szintillationszähler werden für die Bestimmung der Verteilung von Cobalt(II) auf einem Kationenaustauscherharz eingesetzt. Ein 5,00-mL-Aliquot mit einer Ausgangsaktivität von 80000 cpm/mL wird mit 100 mL des trockenen Harzes geschüttelt. Nach der Gleichgewichtseinstellung beträgt die Aktivität des Aliquotes 30000 cpm/mL. Berechnen Sie den Stoffmengenverteilungskoeffizienten D_m. (cpm = counts per minute, Impulse aus dem Zerfall pro Minute)

22.4 Berechnen Sie den Verteilungskoeffizienten D_g für Calcium(II) und eine Kationenaustauschersäule aus den nachfolgenden Daten: 50,0 mL einer Lösung, die 1000 ppm gelöstes Calciumcarbonat in Salzsäure der Stoffmengenkonzentration 1,0 mol/L enthält, werden mit 1,000 g eines Sulfonsäureharzes äquilibriert. Nach der Gleichgewichtseinstellung erfordern 25,0 mL der Lösung 13,6 mL einer Lösung von EDTA, $c(\text{EDTA}) = 0,01$ mol/L, um das Calcium(II) zu titrieren.

22.5 In einer Aluminiumsalz-Lösung ist der Gehalt an freier Säure schwer zu bestimmen, da das Aluminium(III) hydrolysiert und sicherlich ausfällt, wenn eine Titration mit Natriumhydroxid versucht wird.
Schlagen Sie eine auf Ionenaustausch beruhende Methode für die Bestimmung der freien Salzsäure in einer Aluminiumchlorid-Lösung bekannten Aluminiumgehaltes vor. Beschreiben Sie, wie das Ergebnis berechnet wird.

22.6 Tragen Sie unter Verwendung der Daten von F.W.E. Strelow, *Anal. Chem.* *32*, 1185 (1960), den logarithmischen Verteilungskoeffizienten gegen den Logarithmus der Stoffmengenkonzentration für Mg^{2+} und für Ag^+ im Elutionsmittel auf. Berechnen Sie die Steigung der Kurve für jede Auftragung. Wie ist die Abhängigkeit des $\log D_g$ von der Konzentration der zur Elution eines Metallkations verwendeten Säure?

Säulenparameter

22.7 Ein gelöster Stoff hat $D_c = 8,4$. Berechnen Sie V_R für eine Ionenaustauschersäule (0,6 × 10 cm), wobei $V_0 = 1,5$ mL und $V_S = 1,3$ mL sei. Wie lange dauert es bei einer Fließgeschwindigkeit von 2,0 mL/min, bis der gelöste Stoff mit einer maximalen Konzentration eluiert ist (Retentionszeit t_R)?

22.8 Messen Sie mit einem Lineal in Bild 22−4 die Retentionszeiten für jeden der vier Peaks so genau wie möglich. Gehen Sie davon aus, daß der negative (nach unten zeigende) Peak der Totzeit V_0 entspricht. Berechnen Sie aus diesen Messungen a) den D_m für jeden Peak, b) den Trennfaktor für jedes Paar benachbarter Peaks und c) die Auflösung für die Peaks 2 und 3.

Trennmethoden

22.9 Schlagen Sie ein Schema für eine auf Ionenaustausch beruhende Trennung jeder der nachfolgend genannten Mischungen vor:

a) Aluminium(III), Eisen(III) und Uran(VI)

b) Bismut(III), Cadmium(II), Zinn(IV)

c) Kupfer(II), Mangan(II), Nickel(II) und Zink(II)

d) Eisen(III), Molybdän(VI), Nickel(II) und Titan(IV)

22.10 Entwerfen Sie unter Verwendung der Daten aus Bild 22−3 ein Schema für die Anionenaustausch-Trennung für jede der folgenden Mischungen:

a) Thorium(IV), Uran(VI), Zirconium(IV)

b) Silber(I), Eisen(III), Blei(II)

22.11 Ein organisches Lösungsmittel wie z.B. Aceton verstärkt die Fähigkeit von Metallkationen, bei niedrigen Salzsäurekonzentrationen Komplex-Anionen zu bilden. Lesen Sie bei F.W.E. Strelow, *Anal. Chem. 43*, 870 (1971) nach und schlagen Sie ein Schema für die auf Kationenaustausch beruhende Trennung von mindestens vier Metallionen unter Verwendung von Elutionsmitteln vor, die Aceton und HCl enthalten.

22.12 Titan(IV), das normalerweise als Kation vorliegt, bildet mit Fluorid den anionischen Fluorokomplex TiF_6^{2-}. Kupfer(II) ist kationisch und bildet keinen Komplex mit Fluorid.

a) Erklären Sie, wie Titan(IV) und Kupfer(II) unter Verwendung entweder einer Kationen- oder Anionenaustauschsäule voneinander getrennt werden können.

b) Erläutern Sie, ob eine Kationen- oder Anionenaustauschersäule für die Trennung zu bevorzugen ist, wenn eine Probe überwiegend Kupfer und nur eine Spur von Titan enthält.

22.13   Eine Probe von 2,000 g Natriumnitrat und verschiedener nichtionischer organischer Substanzen wird in exakt 100 mL Wasser gelöst. Ein Aliquot von 10 mL wird durch eine Kationenaustauschersäule in der protonierten Form gegeben und anschließend mit 15,00 mL einer Natriumhydroxidlösung, $c(\text{NaOH}) = 0{,}1110$ mol/L, titriert. Berechnen Sie den Gehalt an Natriumnitrat in der Probe.

22.14   Entwerfen Sie ein Schema für die auf Ionenaustausch beruhende Trennung (mit Leitfähigkeitsdetektion) einer Mischung von Kationen. (Orientieren Sie sich an der Trennung und Detektion einer Mischung von Anionen durch den „Ionen-Chromatographen".)

Kapitel 23

Absorptionsspektren; Fluoreszenz- und Infrarotspektroskopie

In diesem Kapitel wird zunächst die Theorie der elektronischen Absorptionsspektren im ultravioletten (UV) und sichtbaren (VIS) Bereich diskutiert. Dies liefert zugleich die Einführung in das zweite Thema, die Fluoreszenzspektroskopie. Abschließend werden Infrarot-Spektralphotometer und die Anwendungen der Infrarotspektroskopie behandelt.

23.1 Die Theorie der elektronischen Absorptionsspektren[1]

In Kapitel 5 wurde die Theorie der Absorptionsspektren im sichtbaren und ultravioletten Bereich kurz diskutiert. Die Energie der absorbierten elektromagnetischen Strahlung (die umgekehrt proportional zur Wellenlänge ist) entspricht derjenigen, die zur Anregung von Elektronenübergängen in der absorbierenden chemischen Spezies notwendig ist. *Atome in der Gasphase* absorbieren Energie in einem sehr schmalen Wellenlängenbereich und verursachen eine definierte Anzahl sehr schmaler Absorptionsbanden, ein sogenanntes *Linienspektrum. Substanzen in Lösung* haben dagegen eine Vielzahl von *Schwingungs- und Rotationsenergieniveaus* sowohl im Grundzustand als auch in den angeregten Elektronenzuständen. In den Absorptionsspektren von Substanzen in Lösung treten daher breitere Banden auf, weil Übergänge zu verschiedenen Schwingungs- und Rotationsniveaus eines gegebenen angeregten Zustandes stattfinden können.

Bild 23−1 zeigt schematisch ein *Energieniveau-Diagramm* für eine absorbierende chemische Substanz. Sowohl im Grundzustand als auch in den angeregten Elektronenzuständen treten zahllose Schwingungsniveaus auf. Weiterhin hat jeder Schwingungszustand verschiedene Rotationsaufspaltungen, von denen nur einige gezeigt werden. Bei Raumtemperatur ist eine Substanz in Lösung üblicherweise im Grundzustand auf dem niedrigsten Schwingungsniveau ($v = 0$), nicht jedoch notwendigerweise auf dem untersten Rotationsniveau.[2]

Der Übergang auf der linken Seite in Bild 23−1 (T_{UV}) ist ein relativ hochenergetischer Übergang, der von der Absorption ultravioletter Strahlung herrührt. Bei diesem Übergang wird ein Elektron des Moleküls auf ein höheres Energieniveau angehoben; das Molekül befindet sich im angeregten Zustand.

Wegen der verschiedenen Schwingungsenergiezustände innerhalb des molekularen angeregten Zustandes wird ultraviolette Strahlung eines *Wellenlängenbereichs* (Energiebereichs) absorbiert. Sehr schnell nach dem Übergang (10^{-13} s bis 10^{-11} s) wird das angeregte Molekül durch *Relaxation* in das unterste Schwingungsniveau des angeregten Zustandes überführt, was durch den wellenförmigen Pfeil in der Abbildung angedeutet ist.

---

1 Der Name bezieht sich auf die Tatsache, daß Übergänge zwischen verschiedenen elektronischen Energieniveaus stattfinden. (Keinesfalls soll der Name implizieren, daß − wie man vielleicht zunächst denken mag − Elektronen von einer Probe absorbiert werden.)

2 J.G. Calvert und J.N. Pitts, *Photochemistry* (Wiley, New York 1966), S. 56, 139−140

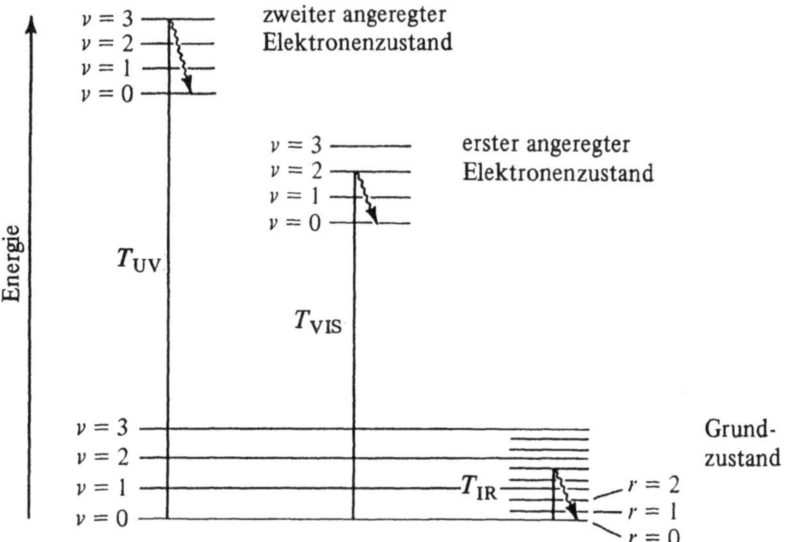

Bild 23-1 Typische durch Lichtabsorption verursachte Übergänge. Die Übergänge T_{UV} und T_{VIS} sind Elektronenübergänge und werden durch Absorption von ultraviolettem und sichtbarem Licht verursacht. T_{IR} ist ein Schwingungsübergang, verursacht durch infrarote Strahlung. Die gewellten Richtungspfeile zeigen strahlungslose Übergänge an (Schwingungsrelaxation).

Der Übergang in der Mitte des Bildes 23−1 (T_{VIS}) beinhaltet wie T_{UV} den Übergang aus dem Grundzustand in einen angeregten Zustand, jedoch verbunden mit einer kleineren Änderung der Energie, weil das absorbierte sichtbare Licht eine niedrigere Energie als das ultraviolette hat. Der Übergang auf der rechten Seite der Abbildung (T_{IR}) ist schließlich ein relativ niederenergetischer Übergang, verursacht durch die Absorption infraroter Strahlung (IR). Diese hat eine niedrigere Energie (und damit eine größere Wellenlänge) als die sichtbare oder ultraviolette Strahlung. Bei diesem Übergang wird das Molekül zu einem höheren Schwingungs- und Rotationszustand angeregt.

Orbital-Theorie und Elektronenübergänge

Wir wollen die Elektronenübergänge etwas genauer betrachten. Da einige der nachfolgenden Erklärungen die Orbital-Theorie der Atome und Moleküle voraussetzen, wollen wir kurz auf diese Theorie eingehen.[3]

Nach dem Bohr-Sommerfeld-Modell rotieren die Elektronen auf Bahnen um den Kern eines Atoms, wobei deren Radien durch eine definierte Quantenzahl n (ganzzahlig: 1, 2, 3 usw.) festgelegt sind. Zunehmende Werte für n entsprechen höheren Energieniveaus, weil für das Unterbringen der negativ geladenen Elektro-

3 M. Orchin und H.H. Jaffé, *The Importance of Antibonding Orbitals* (Houghton Mifflin, Boston 1967)

nen in vom positiv geladenen Kern weiter entfernten Bahnen mehr Energie erforderlich ist.

Die verschiedenen Atome enthalten einige Elektronen für jeden Wert von n; zwei Elektronen mit $n = 1$, acht Elektronen mit $n = 2$ usw. Diese Elektronen besetzen unterschiedliche Anteile des Raumes, die sogenannten *Orbitale*, innerhalb des Atoms. Die s-Orbitale sind kugelsymmetrisch um den Kern des Atoms angeordnet. Die drei p-Orbitale, jedes im Aussehen einer entlang seiner Längsachse aufgehängten Ziffer 8 entsprechend, sind entlang der x-, y- und z-Achsen der dreidimensionalen Darstellung eines Atoms orientiert. Die fünf d-Orbitale sind zwischen oder entlang der x-, y- oder z-Achse auf verschiedene Weise orientiert.

Es sei daran erinnert, daß die Elektronen einen *Spin* in Uhrzeiger- oder gegen den Uhrzeigersinn haben können. Das *Pauli-Prinzip* sagt aus, daß maximal zwei Elektronen ein Orbital besetzen können, und dies auch nur bei entgegengesetztem Spin der beiden Elektronen (sogenannte *Spinpaarung*).

Entsprechend dem gegenwärtigen Stand der Theorie werden chemische Bindungen durch Überlappen von Atomorbitalen gebildet, wobei *Molekülorbitale* (MO) entstehen, in denen sich die Elektronen im Durchschnitt näher an den Atomkernen befinden als in den Atomorbitalen; sie haben daher eine niedrigere Energie. Da jedes Atomorbital maximal zwei Elektronen enthalten kann, führt die Kombination zweier Atomorbitale in einer chemischen Bindung nicht nur zur Ausbildung eines *bindenden Orbitales* (besetzt mit zwei Elektronen), sondern auch zur Bildung eines weiteren Molekülorbitals zur Unterbringung der anderen zwei Elektronen, die z.B. in einem Ausgangs-Atomorbital vorhanden waren. Das letztere Molekülorbital wird als *antibindendes Orbital* bezeichnet; seine Elektronen befinden sich im Durchschnitt weiter vom Atomkern enfernt als zuvor und haben deswegen ein höheres Energieniveau. Deshalb können bei der Bildung einer chemischen Bindung die äußeren Elektronenbahnen in drei Typen unterteilt werden:

(1) *antibindende Orbitale* (mit hoher Energie),
(2) *bindende Orbitale* (mit niedrigerer Energie) und
(3) Orbitale, die nicht an der Bildung der chemischen Bindung beteiligt sind (*nichtbindende Orbitale* mit anderen Energieniveaus als die beiden anderen Typen von Molekülorbitalen).

Die zwei üblichen Arten der chemischen Bindung (Molekülorbitale) sollten hier erwähnt werden. Eine σ-Bindung (Sigma-Bindung) ist zylindrisch symmetrisch um eine Linie angeordnet, die die beiden beteiligten Atome verbindet; sie entsteht durch Überlappung zweier s-Orbitale oder eines s und eines p_z-Orbitals oder von zwei p_z-Orbitalen (Bild 23–2a). Eine π-Bindung liegt außerhalb der Verbindungslinie der zwei verbundenen Atome und entsteht durch Überlappung von p_x- oder p_y-Atomorbitalen (Bild 23–2b). Die Doppelbindung im Ethylen $CH_2{=}CH_2$ verdeutlicht diese zwei Arten der Bindung. Kohlenstoff besitzt zwei s-Elektronen, ein $2p_z$-und ein $2p_x$-Elektron. Die s-Elektronen und das p_z-Elektron sind an der Ausbildung der Kohlenstoff-Wasserstoff-Bindungen und der σ-Bindung zwischen den zwei Kohlenstoff-Atomen beteiligt; die andere Kohlenstoff-Kohlenstoff-Bindung ist eine π-Bindung und entsteht durch Überlappung der p_x-Elektronen. Obwohl

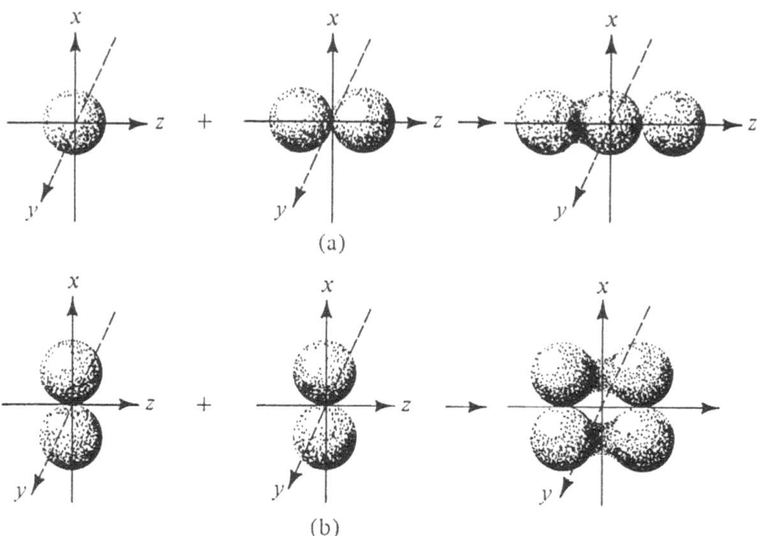

Bild 23-2 a) Bildung einer σ-Bindung durch Kombination eines s- und eines p_z-Orbitals,
b) Bildung einer π-Bindung durch Kombination zweier p_x-Orbitale

unbesetzt, gibt es ein antibindendes π-Orbital im Ethylen. (In dieser stark vereinfachten Darstellung haben wir die sogenannte Hybridisierung vernachlässigt.) Die üblicherweise verwendete Nomenklatur nennt Molekülorbitale, die sich an Sigma-Bindungen beteiligen, σ-Orbitale (Sigma-Orbitale) und die antibindenden Orbitale, die bei der Bildung der Sigma-Bindung entstehen, als σ^*-Orbitale (Sigma-Stern-Orbitale). π-Bindungsorbitale werden als π-Orbitale (Pi-Orbitale) bezeichnet und die entsprechenden antibindenden Orbitale mit π^* (Pi-Stern). Nicht beteiligte äußere Elektronen werden oft mit n oder als nichtbindende Elektronen bezeichnet.

Die vorhergehende Beschreibung hat natürlich eine Vielzahl von Details übergangen, da die Anwendung der Orbital-Theorie auf spezielle Fälle außerordentlich kompliziert werden kann. In vielen Verbindungen sind d-Orbitale verschiedener Atome in die Bindung einbezogen. In anderen Fällen muß die Verwendung von *Hybrid-Orbitalen* vorausgesetzt werden, um die chemische Struktur zu erklären. Obwohl die Orbitaltheorie der Moleküle auf dem derzeitigen Stand weitestgehend Zustimmung findet, halten sich noch einige Zweifel daran. Auf eine Beschreibung der *„Elektronen-Abstoßungs-Theorie"* in der chemischen Bindung soll hier hingewiesen werden.[4]

Art und Wahrscheinlichkeit von Elektronenübergängen

Wenn eine chemische Substanz Licht im sichtbaren oder ultravioletten Spektralbereich absorbiert, wird ein Elektron im Molekül aus seinem stabilsten Orbital (im Grundzustand) in ein energetisch höher liegendes Orbital (in den ange-

4 W.F. Luder, *J. Chem. Ed. 44*, 206 (1967)

regten Zustand) „angehoben" – das Molekül (bzw. Atom) wird *angeregt*. Die Molekülorbital-Theorie der Moleküle (MO-Theorie) kann üblicherweise die Art des Elektronenüberganges und seiner Energie im Vergleich zu anderen Übergängen angeben. Ebenso kann sie die Wahrscheinlichkeit dieses Elektronen-Überganges erklären. Da der molare dekadische Extinktionskoeffizient ε (vergleiche Kapitel 5) mit der Wahrscheinlichkeit korreliert ist, kann ε mit dieser Theorie auf ein bis zwei Größenordnungen genau abgeschätzt werden. So hat z.B. ein sehr wahrscheinlicher Elektronenübergang ein ε im Bereich von 10^3 bis 10^5 L $\cdot$ mol^{-1} $\cdot$ cm^{-1}. Ein wenig wahrscheinlicher Elektronenübergang wird ein $\varepsilon < 10^2$ L $\cdot$ mol^{-1} $\cdot$ cm^{-1} haben. Das Wissen über die Art, die Energie und die Wahrscheinlichkeit eines elektronischen Überganges ist bei der Korrelation der chemischen Struktur mit Absorptionsspektren aufschlußreich.

Die Korrelation von Struktur und Spektren kann am Beispiel der Absorption von ultravioletter Strahlungsenergie durch eine organische Carbonylgruppe in einem Aldehyd oder einem Keton verdeutlicht werden.

<table>
<tr><td>R—C⟨=O, H</td><td>R—C⟨=O, R</td></tr>
<tr><td>ein Aldehyd</td><td>ein Keton</td></tr>
</table>

Zunächst betrachten wir die Elektronenstruktur des Kohlenstoffs mit seinen vier Elektronen in der Außenschale. Für die Bindung der zwei Reste R oder H und die Einfachbindung zum Sauerstoff (entlang der z-Achse) werden drei Elektronen benötigt. Das verbleibende Elektron ist ein p_x-Elektron und überlappt mit einem p_x-Elektron des Sauerstoffs zu einer zweiten Bindung (π-Bindung) zwischen Kohlenstoff und Sauerstoff. Sauerstoff hat sechs Elektronen in seiner Außenschale. Ein p_z-Elektron bildet eine Sigma-Bindung mit dem Kohlenstoff (in z-Richtung), und ein p_x-Elektron wird für die Bildung der π-Bindung mit dem Kohlenstoff verwendet. Die vier verbleibenden Elektronen bilden einsame Elektronenpaare, die nicht an der Bindung beteiligt sind. Nach der Orbitaltheorie ist eines dieser Elektronenpaare ein sp-Hybrid-Orbital. Das andere Elektronenpaar besetzt ein p_y-Orbital, welches rechtwinklig zur C—O-Sigma-Bindung (z-Achse) angeordnet ist und mit einem der Kohlenstoff-Orbitale wechselwirken kann. Da seine Energie nicht durch eine Bindung verändert wird (Bild 23–3), wird es als nichtbindendes Orbital und mit dem Symbol n bezeichnet.

Bei der Betrachtung der durch Absorption von Strahlungsenergie möglichen Elektronenübergänge wird das einsame Elektronenpaar im sp-Hybrid-Orbital des Sauerstoffs und die an der Sigma-Bindung beteiligten Elektronen vernachlässigt, da die Anregung der Elektronen dieser zwei Orbitale eine zu große Energie erfordert. Diese könnte ebenso zu einem Brechen der Sigma-Bindung, die das Molekül zusammenhält, führen. Ein Energieniveaudiagramm der verbleibenden Elektronen der Außenschale ist in Bild 23–3 dargestellt.

Der Elektronen-Übergang, der die geringste Energie erfordert, ist die Anregung eines nichtbindenden *(n)* Elektrons in das antibindende π^*-Orbital. Dieses ist jedoch ein „*verbotener*" oder unwahrscheinlicher Übergang, da sich das nichtbin-

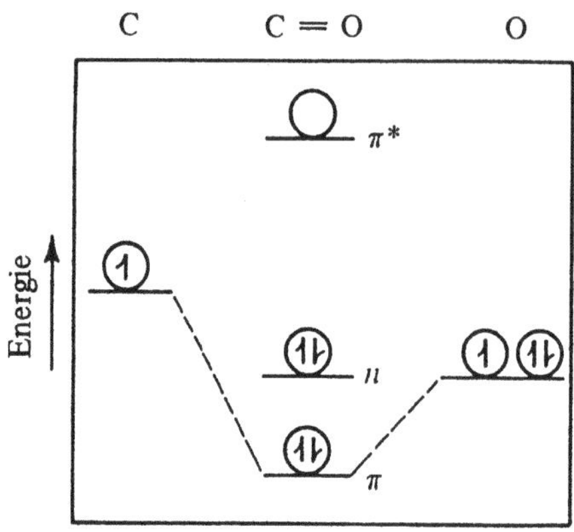

Bild 23-3
Energieniveaudiagramm der Molekülorbitale der Carbonylgruppe. Die Elektronen sind durch Pfeile gekennzeichnet.

dende Orbital in der Ebene (y-Achse) rechtwinklig zur Ebene des π*-Orbitals (z-Achse) befindet. (Das π*-Orbital liegt in der gleichen Ebene wie das π-Orbital.) Da die Überlappung dieser Orbitale so gering ist, ist die Wahrscheinlichkeit für einen Übergang klein. Ein $n \to$ π*-Übergang findet z.B. im Formaldehyd statt und verursacht eine Absorptionsbande bei etwa 270 nm mit einem molaren dekadischen Extinktionskoeffizienten von nur etwa 17 L·mol^{-1}·cm^{-1}.

Ein anderer möglicher Übergang ist der π $\to$ π*-Übergang. Da diese beiden Orbitale sich in der gleichen Ebene befinden, ist ihre Überlappung groß, und damit die Wahrscheinlichkeit, daß ein Übergang stattfindet. Dieser Übergang erfordert jedoch mehr Energie als der $n \to$ π*-Übergang und sollte daher bei einer kürzeren Wellenlänge stattfinden (Bild 23−3).

Mit Instrumenten, die die Messung im fernen UV gestatten, kann ein sehr starker Absorptions-Peak ($\varepsilon = 10^4$ bis 10^5 L · mol^{-1} · cm^{-1}) für Formaldehyd bei etwa 185 nm beobachtet werden.

Wann immer zwei Doppelbindungen in Konjugation treten, wird eines der bindenden Orbitale in der Energie angehoben und das andere im Vergleich zur Energie einer isolierten Doppelbindung abgesenkt. Das gleiche geschieht mit antibindenden Orbitalen. Aus diesem Grunde kann die Verschiebung der Absorptionsmaxima, die durch die Konjugation hervorgerufen wird, qualitativ durch die Betrachtung der Molekülorbitale vorhergesagt werden.

Beispiel:

Acrolein (2-Propenal) ist dem Formaldehyd ähnlich, mit der Ausnahme, daß die Kohlenstoff-Kohlenstoff-Doppelbindung mit der Carbonylgruppe konjugiert ist.

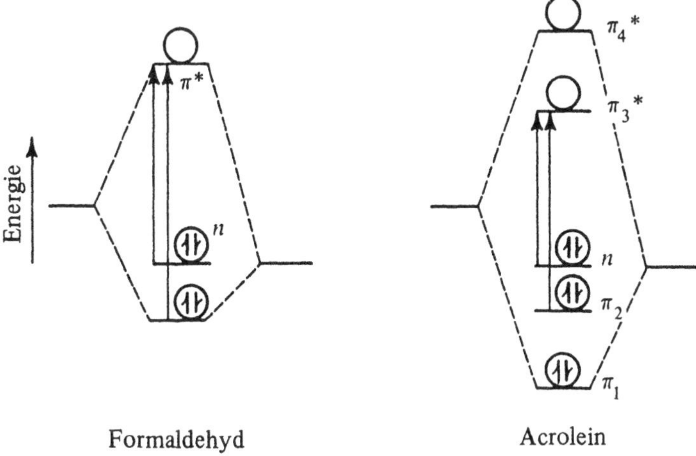

Bild 23-4 Energieniveaudiagramme für Formaldehyd und Acrolein

Zeichnen Sie ein Energieniveaudiagramm für die Molekülorbitale des Acroleins, das die π- und n-Orbitale enthält. Vergleichen Sie die n $\rightarrow$ π^*- und π $\rightarrow$ π^*-Übergänge mit denen im Formaldehyd und entscheiden Sie, ob diese Übergänge bei kürzeren oder längeren Wellenlängen als beim Formaldehyd stattfinden. Im Acrolein gibt es ein bindendes π-Orbital und ein antibindendes π^*-Orbital für jede Doppelbindung. Wie beim Formaldehyd gibt es auch nichtbindende Elektronen. Das Energieniveaudiagramm in Bild 23$-$4 zeigt, daß sowohl die n $\rightarrow$ π^*- als auch die π $\rightarrow$ π^*-Übergänge im Acrolein bei niedrigeren Energien (also bei größeren Wellenlängen) stattfinden als beim Formaldehyd.

Die Wahrscheinlichkeit von Elektronenübergängen in anorganischen Ionen ist ebenfalls mit dem molaren dekadischen Extinktionskoeffizienten verknüpft. Eine nützliche Regel besagt, daß die Wahrscheinlichkeit der Lichtabsorption gering und ε kleiner als 10^2 L$\cdot$mol$^{-1}\cdot$cm^{-1} sein wird, wenn sich der Drehimpuls des betrachteten Elektrons nicht ändert (*Auswahlregel:* erlaubter Übergang, wenn sich die Drehimpulsquantenzahl l beim Übergang um 1 ändert, $\Delta l = \pm 1$). So ist z.B. die Wahrscheinlichkeit, daß ein *s*-Elektron in ein höher energetisches *s*-Orbital übergeht, gering; *s*$-$*s*-, *p*$-$*p*-, *d*$-$*d*- und *f*$-$*f*-Übergänge sind wenig wahrscheinliche Übergänge. Im Gegensatz dazu sind *s*$-$*p*-, *p*$-$*d*- und *d*$-$*p*-Übergänge sehr wahrscheinliche Übergänge. Da die Farbigkeit der Übergangsmetallionen und ihrer Komplexe weitestgehend auf *d*$-$*d*-Übergängen beruht, ist davon auszugehen, daß im allgemeinen solche Ionen einen kleinen molaren dekadischen Extinktionskoeffizienten ε haben. Für oktaedrisch koordinierte Ionen liegt das durchschnittliche ε in der Größenordnung von 10^1 L$\cdot$mol$^{-1}\cdot$cm^{-1}; typische Werte sind 5,0 L$\cdot$mol$^{-1}\cdot$cm^{-1} (476 nm) für $[Mn(H_2O)_6]^{2+}$, 13,0 L$\cdot$mol$^{-1}\cdot$cm^{-1} (428 nm) für $[Cr(H_2O)_6]^{3+}$ und 21,5 L$\cdot$mol$^{-1}\cdot$cm^{-1} (640 nm) für $[CrCl_2(H_2O)_4]^{+}$.

Diese Verallgemeinerung zu einem durchschnittlichen ε erlaubt, die Nachweisgrenze in spektralphotometrischen Bestimmungen für jedes Übergangsmetallion mit Ausnahme der d^0-, d^5- und d^{10}-Metallionen abzuschätzen.

Beispiel:

Die Entwicklung einer Spurenbestimmungsmethode für Cobalt(II) ist gewünscht. Ist die Lichtabsorption des roten $Co(H_2O)_6^{2+}$-Ions bei 530 nm intensiv genug, um Spuren von Cobalt(II) zu bestimmen?

Unter der Annahme, daß ε bei dieser Wellenlänge etwa $10\ L \cdot mol^{-1} \cdot cm^{-1}$ beträgt und die Zelle innen 1 cm dick ist, wird die Nachweisgrenze (Extinktion $E \geq 0{,}01$) wie folgt berechnet [Gl. (5−7)]:

$$c = \frac{E}{\varepsilon \cdot l} = \frac{0{,}01}{10\ L \cdot mol^{-1} \cdot cm^{-1} \cdot 1\ cm} = 10^{-3}\ mol/L$$

Dies zeigt, daß niedrigere Konzentrationen von $Co(H_2O)_6^{2+}$ als 10^{-3} mol/L vom Spektralphotometer nicht wahrgenommen werden. Da die Spurenanalyse den Bereich von 10^{-3} bis 10^{-7} mol/L überdecken sollte, können Spuren von Cobalt(II) nicht als $Co(H_2O)_6^{2+}$ gemessen werden.

Eine andere Art von Elektronenübergang, der *Charge-Transfer-Übergang*, findet mit großer Wahrscheinlichkeit in Komplex-Ionen statt, die leichter als Wasser reduzierbare oder oxidierbare Liganden enthalten.[5] Bei diesen Übergängen verursacht die Lichtabsorption einen Elektronenübergang (Elektronentransfer) von einem besetzten Orbital des einen Ions (bzw. Atoms) zu einem unbesetzten Orbital eines anderen Ions (bzw. Atoms) des Moleküls. In einem Komplex-Ion kann das Elektron vom zentralen Metallion auf den Liganden übertragen werden, oder (häufiger) vom Liganden zum zentralen Metallion. Derartige Übergänge sind meistens $p−d$-Übergänge: Ein p-Elektron des Liganden wird in ein unbesetztes d-Orbital des zentralen Metallions übertragen. Das heißt, die meisten dieser Übergänge haben eine hohe Wahrscheinlichkeit; die zugehörigen molaren dekadischen Extinktionskoeffizienten reichen von 10^3 bis $10^5\ L \cdot mol^{-1} \cdot cm^{-1}$. Typische Werte sind $2 \cdot 10^3\ L \cdot mol^{-1} \cdot cm^{-1}$ (525 nm) für MnO_4^-, $5 \cdot 10^3\ L \cdot mol^{-1} \cdot cm^{-1}$ (453 nm) für $FeSCN^{2+}$ und $1{,}11 \cdot 10^4\ L \cdot mol^{-1} \cdot cm^{-1}$ (512 nm) für den Komplex aus Eisen(II) und 1,10-Phenanthrolin.

Viele Komplex-Ionen haben eine Charge-Transfer-Bande (CT-Bande) ebenso wie $d−d$-Absorptionsbanden. So hat $CrCl_2^+$ eine Charge-Transfer-Bande bei 210 nm ($\varepsilon = 1{,}4 \cdot 10^4\ L \cdot mol^{-1} \cdot cm^{-1}$), ebenso wie die $d−d$-Bande bei 640 nm. Offensichtlich ist die Charge-Transfer-Bande für die Spurenbestimmung besser verwendbar, wie das nachfolgende Beispiel zeigt.

Beispiel:

Für Cobalt(II) wurde eine Spurenbestimmungsmethode entwickelt, die das Komplex-Ion $Co(NCS)_4^{2-}$ verwendet. Da dieses Thiocyanat-Ion leicht oxidiert wird, verursacht es eine Charge-Transfer-Bande bei 620 nm. Ist die Licht-Absorption des $Co(NCS)_4^{2-}$ für die Spurenbestimmung intensiv genug?

5 H. Gray, *J. Chem. Ed. 41*, 2 (1964); G.H. Schenk, *Rec. Chem. Progress 28*, 135 (1967)

Unter der Voraussetzung, daß ε bei dieser Wellenlänge etwa 10^3 L·mol^{-1} cm^{-1} und die Zelle 1 cm dick ist, wird die Nachweisgrenze ($E = 0,01$) wie folgt berechnet:

$$c = \frac{E}{\varepsilon \cdot l} = \frac{0,01}{10^3 \text{ L} \cdot \text{mol}^{-1} \cdot \text{cm}^{-1} \cdot 1 \text{ cm}} = 10^{-5} \text{ mol/L}$$

Da die Spurenbestimmung den Bereich 10^{-7} bis 10^{-3} mol/L überdecken muß, können Spuren von Cobalt(II) als $Co(NCS)_4^{2-}$ gemessen werden, jedoch nicht unter 10^{-5} mol/L. (Vergleiche mit dem vorhergehenden Beispiel!)

Verbleib der absorbierten Energie

Die Zeit, die für die Absorption von Licht benötigt wird, ist unglaublich kurz. Ein Photon — es bewegt sich mit Lichtgeschwindigkeit ($3 \cdot 10^{-8}$ m · s^{-1}) — benötigt 10^{-18} s, um eine Strecke von $3 \cdot 10^{-8}$ m ($= 30$ nm $= 3$ Å) — dies entspricht ungefähr einem atomaren Durchmesser — zurückzulegen.[6] Anschließend benötigt das Elektron etwa 10^{-15} s, um in das antibindende Orbital angeregt zu werden und sogar länger, um in das Ursprungsorbital zurückzukehren. Der Absorptionsschritt ist deshalb bei weitem der schnellste unter den verschiedenen Ereignissen, die in den Anregungsprozeß einbezogen sind.

Es kann gezeigt werden, daß nur ein sehr kleiner Anteil der Moleküle in Lösung durch Strahlungsenergie und unter den in der spektralphotometrischen Analyse angewendeten Bedingungen angeregt werden.

Man kann die Konzentration der angeregten Moleküle unter der Voraussetzung, daß jedes Lichtquant in der Lösung ein Molekül anregt, grob abschätzen. Wenn eine Wolfram-Lampe mit einer Leistung von $1,1 \cdot 10^{17}$ Lichtquanten pro Sekunde bei 400 nm verwendet wird[6], beträgt die Anzahl der innerhalb von 10^{-15} s angeregten Moleküle $1,1 \cdot 10^{17}$ s^{-1} · 10^{-15} s $= 1,1 \cdot 10^2$, d.h. es wird innerhalb dieser Zeit eine Stoffmenge $n = (1,1 \cdot 10^2/6 \cdot 10^{23})$ mol angeregt. Somit beträgt die Konzentration der angeregten Moleküle in einer Meßzelle, die ein Volumen V von 2 mL hat,

$$c = \frac{n}{V} = \frac{1,1 \cdot 10^2 \text{ mol}}{6 \cdot 10^{23} \cdot 2 \text{ mL}} = \frac{1,1 \cdot 10^2 \text{ mol}}{6 \cdot 10^{23} \cdot 2 \cdot 10^{-3} \text{ L}}$$

$$\approx 10^{-19} \text{ mol/L} .$$

Quantitative spektralphotometrische Methoden basieren auf der Voraussetzung, daß die Anzahl derjenigen Moleküle, die Licht absorbieren, zur Gesamtzahl der vorhandenen Moleküle proportional ist, auch wenn es sich nur um einen außerordentlich kleinen Anteil handelt. Dies ist eine weitere qualitative Aussage des Lambert-Beerschen Gesetzes.

6 H.H. Jaffé und A.L. Miller, *J. Chem. Ed. 43*, 469 (1966)

23.2   Auf der Fluoreszenz beruhende Analysenmethoden

Die Natur der Fluoreszenz

Wir haben gesehen, wie ein Elektron in einem Molekül durch Absorption von sichtbarem oder ultraviolettem Licht in ein energiereicheres Orbital angeregt werden kann. Der resultierende angeregte Zustand ist ein Übergangszustand; in den meisten Fällen wird die Überschuß-Energie in Form von Wärme abgegeben, wenn das Molekül in den Grundzustand zurückkehrt. Es gibt aber auch Verbindungen, die unter Emission von Strahlungsenergie in den Grundzustand zurückkehren. Der allgemeine Ausdruck für dieses Verhalten ist *Lumineszenz. Fluoreszenz* ist ein Typ der Lumineszenz; hierbei erfolgt die Emission von einem photoangeregten (durch Licht angeregten) Zustand innerhalb einer Nanosekunde (10^{-9} s) bis einer Mikrosekunde (10^{-6} s) nach der Anregung. *Phosphoreszenz* ist ein anderer Typ; hierbei wird eine Verzögerung von 10^{-4} bis 10 s vor der Emission verzeichnet. Besonders die Fluoreszenz bildet die Grundlage sehr wertvoller quantitativer Analysentechniken und wird nachfolgend in diesem Kapitel diskutiert.

Auch in der Lumineszenzspektroskopie wird der Vorgang, bei dem ein Molekül einen angeregten Zustand durch Absorption eines Photons erreicht, als Photoanregung oder Anregung bezeichnet. Hierbei führt die absorbierte Strahlung zu einem n $\rightarrow$ π^*- oder zu einem $\pi \rightarrow \pi^*$-Übergang. Bei einem solchen Übergang ist auch der Spin des angeregten Elektrons von Bedeutung. Bei einem normalen organischen Molekül im Grundzustand sind alle Elektronenspins gepaart, so daß die Summe der Spins null ist. Dieser Zustand wird als Singulett-Zustand bezeichnet und durch S_0 symbolisiert. Bleiben in einem angeregten Zustand des organischen Moleküls die Spins gepaart, so wird ein solcher angeregter Zustand ebenfalls als Singulett-Zustand bezeichnet. Ein gegebenes Molekül kann mehrere angeregte Singulett-Zustände haben, die durch S_1, S_2 usw. bezeichnet werden. Bei einem anderen wichtigen Typ eines angeregten Zustands ist der Spin des angeregten Elektrons nicht mit dem Spin desjenigen Elektrons gepaart, mit dem es im Grundzustand gepaart vorliegt; in diesem Fall resultiert ein Spin, der nicht null ist. Dies wird als Triplett-Zustand bezeichnet (Bild 23–5) und durch T symbolisiert. Die Energie eines angeregten Triplett-Zustandes ist geringer als die eines angeregten Singulett-Zustandes eines gegebenen Moleküls.

Der Triplett-Zustand ist genaugenommen ein Niveau von drei Zuständen, von denen jeder eine unterschiedliche Spin-Energie hat. Diese drei Zustände lassen sich nur in einem Magnetfeld auflösen und beobachten (man sagt, die „Entartung wird aufgehoben").

Die Regeln für Übergänge während der Anregung organischer Moleküle lassen sich wie folgt zusammenfassen:

$S_0 \rightarrow S_1$ erlaubter Übergang

$S_0 \rightarrow T_1$ verbotener Übergang

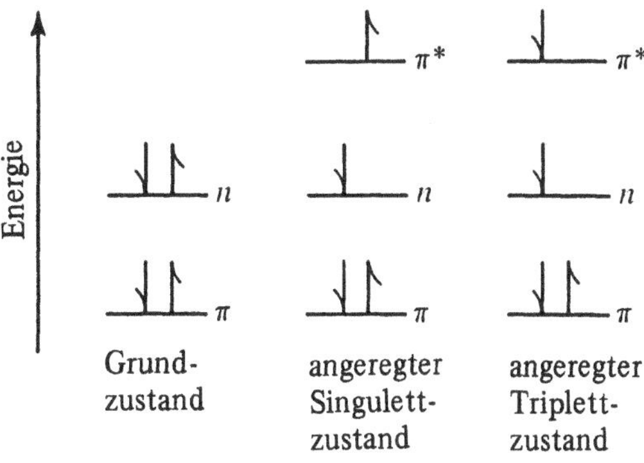

Bild 23-5
Energieniveaudiagramm für den Grundzustand und die angeregten Singulett- und Triplettzustände bei einem $n \to \pi^*$-Übergang. Jeder Pfeil repräsentiert ein Elektron, die Richtung der Pfeile symbolisiert den Spin.

Der S_0-T_1-Übergang ist wegen der geringen Wahrscheinlichkeit einer Spinumkehrung eines angeregten Elektrons verboten; typisch ist, daß dieser Übergang um den Faktor 10^{-6} unwahrscheinlicher ist als ein Singulett-Singulett-Übergang.

Die für einen Singulett-Singulett-Übergang erforderliche Zeit beträgt nur etwa 10^{-15} s. Da die Lebenszeit eines angeregten Singulett-Zustandes nur etwa 10^{-9} bis 10^{-6} s beträgt, fassen wir die Fluoreszenz-Anregung und den Emissionsschritt wie folgt zusammen:

$$S_0 + \text{Photon} \xrightarrow{10^{-15}\,\text{s}} S_1 \qquad (23-1)$$

$$S_1 \xrightarrow{10^{-9}\,\text{bis}\,10^{-6}\,\text{s}} S_0 + \text{Photon} \qquad (23-2)$$

Während der Lebenszeit des S_1-Zustandes ist dieser einer sehr schnellen Schwingungsrelaxation unterworfen (10^{-12} s), die zum untersten Schwingungsniveau des angeregten Singuletts führt. Nach der Relaxation kann der angeregte Singulett-Zustand durch Emission eines Photons zum Grundzustand zurückkehren (Gl. (23-2)), wobei das emittierte Photon wegen der Erhaltung der Energie eine niedrigere Energie als das für die Anregung verwendete Photon haben muß (Gl. (23-1)). Aus diesem Grunde sind die Wellenlängen von Fluoreszenzbanden immer größer als die Wellenlängen der anregenden Photonen.

Ein anderer möglicher Schritt für ein im niedrigsten Schwingungsniveau seines S_1-Zustandes vorliegendes Molekül besteht darin, zum instabilen T_1-Zustand überzuwechseln. (Dieser Vorgang wird auch als *intersystem crossing* bezeichnet.) Der angeregte Triplett-Zustand wird dann durch Relaxation in sein niedrigstes Schwingungsniveau überführt. Der Übergang vom instabilen angeregten Triplett-Zustand in den Grundzustand ist wenig wahrscheinlich, so daß das Triplett für eine vergleichsweise lange Zeit auf diesem Niveau bleibt (10^{-4} s bis 10 s), bevor es unter Emission eines Photons in den S_0-Zustand zurückkehrt (ein Vorgang, der als *Phosphoreszenz* bezeichnet wird). Die Triplett-Lebenszeit ist so lang, daß eine gute Gelegenheit für den Verlust von Anregungsenergie durch Kollision mit Sauerstoff oder mit Lösungsmittelmolekülen besteht *(quenching)*. Aus diesem Grund wird Phosphoreszenz kaum bei Raumtemperatur in Lösungen niedriger Viskosität beobachtet, dagegen tritt sie im festen Zustand auf.[7]

Im Gegensatz zur Phosphoreszenz kann die Fluoreszenz in Lösung gut beobachtet werden und die Grundlage für viele nützliche analytische Methoden sein. Der Anteil der Fluoreszenz wird mit der sog. *Quantenausbeute* Φ ausgedrückt. Das ist derjenige Anteil angeregter Moleküle, der durch Fluoreszenz-Emission eines Photons in den Grundzustand zurückkehrt. Der theoretische Bereich für die Quantenausbeute reicht von 0 bis 1, liegt jedoch in der Praxis meist zwischen 0,01 und 0,9.

Fluoreszierende Verbindungen

Eine große Anzahl organischer Moleküle und eine kleine Anzahl anorganischer Ionen fluoreszieren. Im allgemeinen können diejenigen Verbindungen oder Ionen fluoreszieren, die im ultravioletten Bereich (üblicherweise bei Wellenlängen $\lambda > 250$ nm) stark absorbieren. Was sie in Wirklichkeit tun, hängt von dem Anteil der Fluoreszenz verglichen mit dem Anteil nichtstrahlender Vorgänge ab. Wenn die letzteren viel schneller als die Fluoreszenz sind, wird keine Fluoreszenz beobachtet.

Absorbiert eine Spezies bei Wellenlängen unter 250 nm, so kann es − wegen der hohen Energie der absorbierten Strahlung − zur sogenannten *Photodissoziation* kommen: Die absorbierte Energie bricht eine oder mehrere Bindungen und verhindert, daß die Spezies den angeregten Zustand erreicht. Dies gilt insbesondere für organische Moleküle.

Der Energiegehalt einer Kohlenstoff-Kohlenstoff-Doppelbindung beträgt 146 kcal/mol ($= 611$ kJ/mol). Die durch diese Bindung bei 180 nm absorbierte ultraviolette Strahlung überträgt 157 kcal/mol ($= 657$ kJ/mol) auf das Olefin. Es erscheint klar, daß die Doppelbindung des Olefins eher in einer direkten Photodissoziation gebrochen wird, als daß das Molekül in den ersten angeregten Zustand angeregt wird. Ob eine Photodissoziation eintritt, hängt von der Geschwindigkeit der Photodissoziation und der Geschwindigkeit einiger anderer Prozesse ab.

Unter den wenigen anorganischen fluoreszierenden Ionen sind die wichtigsten das Uran(VI) (als Uranyl-Ion UO_2^{2+}), das Cer(III)-Ion und bestimmte Chelate. Diese werden später ausführlicher besprochen. Im allgemeinen ist es bei organischen Molekülen mit aromatischen Ringen am wahrscheinlichsten, daß sie fluoreszieren. Übliche Klassen fluoreszierender organischer Moleküle beinhalten aromatische Kohlenwasserstoffe, alkylsubstituierte aromatische Kohlenwasserstoffe, aromatische Amine, aromatische Aminosäuren, einige halogensubstituierte aromatische Kohlenwasserstoffe, Phenole und deren Ether, heterocyclische Moleküle und einige wenige aromatische Säuren. Bei Gegenwart der Substituenten

$$-C{\overset{\textstyle O}{\underset{\textstyle H}{\diagup}}}\ ,\quad {\diagup}C{=}O\ ,\quad -CO_2H,\quad -NO_2,\quad -Br\ \text{und}\ -I$$

an aromatischen Ringen wird eine Tendenz zur Verhinderung der Fluoreszenz beobachtet. Dennoch können an aromatischen Verbindungen geeignet plazierte Gruppen zur Reaktion mit Metall-Ionen und zur Bildung fluoreszierender Chelate führen.

---

7 G.H. Schenk, *Absorption of Light and Ultraviolet Radiation. Fluorescence and Phosphorescence Emission* (Allyn & Bacon, Boston 1973)

Zusammenhang zwischen der Intensität der Fluoreszenz und der Konzentration

Die Fluoreszenz wird durch die Einstrahlung von ultraviolettem oder sichtbarem Licht angeregt; die emittierte Fluoreszenzstrahlung hat stets eine größere Wellenlänge als die anregende Strahlung. Die Intensität F der Fluoreszenz ist — bei hinreichend kleinen Konzentrationen der fluoreszierenden Spezies — der Konzentration c proportional,

$$F \sim c \,,$$

vorausgesetzt, daß alle anderen experimentellen (und instrumentellen) Parameter konstant gehalten werden.[8] Der lineare Zusammenhang ist eine Idealisierung; in der Praxis findet man Abweichungen vom linearen Gesetz: Bei hohen Konzentrationen verringert sich die Steigung der Eichkurve infolge *Quenching (Fluoreszenzlöschung*, z.B. durch strahlungslose Übergänge bei Zusammenstößen angeregter Moleküle). Bei hohen Konzentrationen wird bereits im vorderen Teil der Küvette der Großteil des Lichtes absorbiert, so daß auch gerade die Moleküle in diesem Bereich zur Emission angeregt werden. Da die Fluoreszenzstrahlung aber in alle Richtungen emittiert wird und auch auf dem Weg zum Austrittsspalt durch andere Moleküle absorbiert werden kann, erreicht nicht das gesamte emittierte Licht den Detektor.

Eine Auftragung von F gegen c ist nur bei niedrigen Konzentrationen annähernd linear; mit zunehmender Konzentration flacht die Kurve ab. Es muß daher eine Eichkurve aufgenommen werden, wobei auch bei niedrigen Konzentrationen standardisierte Lösungen herangezogen werden sollten.

Da bei Fluoreszenzmessungen *(Fluorimetrie)* direkt die Intensität der emittierten Strahlung gemessen wird (und nicht, wie in der Spektralphotometrie, die Schwächung des eingestrahlten Lichtes, die bei extrem niedrigen Konzentrationen recht gering und kaum meßbar ist), zeichnet sich die Fluorimetrie durch eine sehr große Empfindlichkeit aus. Fluorimetrische Analysen können für Konzentrationen im ppb-Bereich (10^{-8} mol/L) angewandt werden; spektralphotometrisch können nur Konzentrationen bis herab zu etwa 10^{-5} mol/L (ppm-Bereich) erfaßt werden. Voraussetzung für exakte fluorimetrische Bestimmungen sind makellos reine Glasgeräte und extrem reine Lösungsmittel und Reagenzien.

Anregungs- und Fluoreszenzspektren

Ein fluoreszierendes Molekül hat ein charakteristisches Anregungs- und Fluoreszenzspektrum. Das Anregungsspektrum eines Moleküls ist dem UV-Absorptionsspektrum sehr ähnlich. Da die Fluoreszenz die Re-Emission von absorbiertem Licht (bei anderer Wellenlänge) ist, ist es nicht überraschend, daß ein Fluoreszenzspektrum gewöhnlich seinem Anregungsspektrum ähnlich ist; fast erwecken

---

8 Siehe auch A.L. Conrad, *Treatise on Analytical Chemistry*, Part I, Volume 5 (Wiley-Interscience, New York 1964), S. 3057–3078, und H.K. Hughes et al., *Anal. Chem.* 24, 1349 (1952)

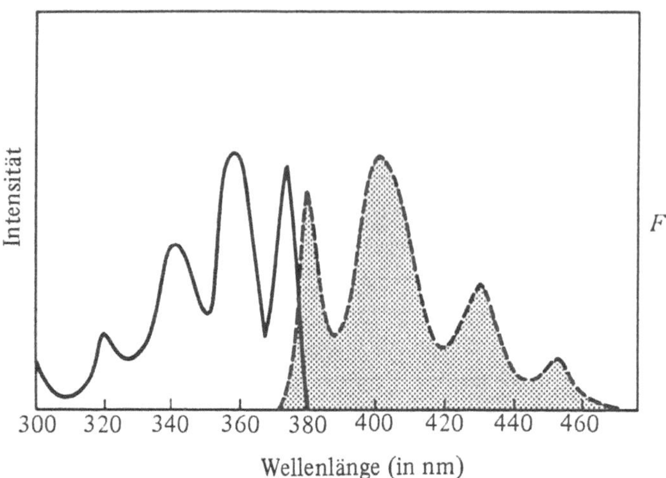

Bild 23-6 Teil des Anregungsspektrums (durchgezogene Linie) und das vollständige Fluoreszenzspektrum des Anthracens (gestrichelte Linie). Die linke Ordinate ist die Intensität der absorbierten Anregungsstrahlung, die rechte Ordinate zeigt die Intensität F der Fluoreszenz. Obwohl die Fluoreszenzbanden die Anregungsbanden leicht überlappen, haben alle vier Maxima der Fluoreszenz eine größere Wellenlänge als die der Anregungsbanden.

sie den Eindruck eines gegenseitigen Spiegelbildes, wobei das Fluoreszenzspektrum zu höheren Wellenlängen verschoben ist. Die Anregungs- und Fluoreszenzspektren von Anthracen sind gute Beispiele hierfür (Bild 23−6). Obwohl nur ein Teil des Anregungsspektrums gezeigt wird, ist dieser dem UV-Absorptionsspektrum des Anthracens (Bild 5−17) sehr ähnlich. In beiden Spektren ist eine Aufspaltung in vier Peaks (Maxima) bei 320, 340, 357 und 377 nm zu erkennen.

Zur Aufnahme von Anregungs- und Fluoreszenzspektren wird ein als *Fluorimeter* bezeichnetes Gerät verwendet. Dieses ist dem in Kapitel 5 besprochenen Spektralphotometer ähnlich; Prismen oder Gitter werden für die Auswahl geeigneter Wellenlängen der Anregungs- und Fluoreszenzstrahlung verwendet. Das Fluorimeter kann auch für die quantitative Analyse eingesetzt werden, obwohl hierfür in der Regel ein weniger aufwendiges Gerät *(Filter-Fluorimeter)* verwendet wird.

Beim Filter-Fluorimeter (vergleiche die Besprechung der optischen Filter im Kapitel 5) werden Filter anstelle von Prismen zur Auswahl der Anregungsstrahlung (Primärfilter) und der Fluoreszenzstrahlung (Sekundärfilter) verwendet.

Ein Fluorimeter ist vielseitiger verwendbar als ein Spektralphotometer, da es zwei instrumentelle Variable anstelle von einer hat. Wir nehmen an, ein Molekül A soll in Gegenwart eines Moleküls B bestimmt werden. Bei Verwendung eines Fluorimeters können zwei Techniken angewandt werden:

(1) Wenn A ultraviolette Strahlung in einem Spektralbereich absorbiert, in dem B nicht absorbiert, kann das Prisma oder Primärfilter auf eine Anregungswellenlänge eingestellt werden, bei der *nur* A angeregt wird. Dann wird nur A fluoreszieren, und nur seine Fluoreszenzstrahlung wird durch die Photozelle des Fluorimeters gemessen.

(2) Wenn A und B beide im gleichen Spektralbereich Licht absorbieren, jedoch A in einem anderen Bereich als B Fluoreszenzstrahlung emittiert, kann das Prisma oder Sekundärfilter so eingestellt werden, daß nur auf die Fluoreszenz von A angesprochen wird. Selbst wenn A und B beide Licht emitttieren, „sieht" die Photozelle nur Licht von A.

Beide Techniken werden im nachfolgenden Abschnitt für die Analyse organischer Verbindungen beschrieben.

Bestimmung von Aromaten; Luftverunreinigungen

Eine der wichtigsten Anwendungen der Fluoreszenz ist die Bestimmung aromatischer Kohlenwasserstoffe. Ein gutes Beispiel ist die Analyse einer Mischung zweier ähnlicher aromatischer Kohlenwasserstoffe, wie sie unten gezeigt werden:

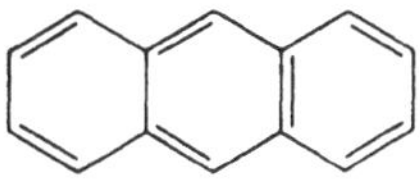

Anthracen 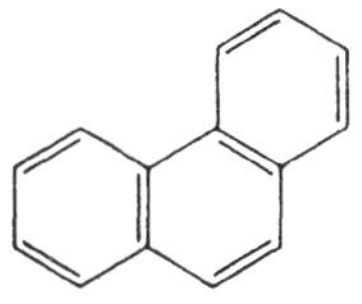   Phenanthren

Es konnte gezeigt werden[9], daß Anthracen mittels der zuerst beschriebenen Technik der selektiven Anregung der Fluoreszenz bestimmt werden kann. Die Absorption des Phenanthrens im UV endet unterhalb 360 nm. Wie aus Bild 23−6 ersichtlich, hat Anthracen eine Anregungsbande oberhalb 360 nm, so daß es möglich ist, nur Anthracen anzuregen. Die verwendete Wellenlänge ist 365 nm.[9] Die Fluoreszenz-Emission bei 400 nm wird zur Bestimmung des Anthracens im Fluorimeter gemessen. Es ist auch möglich, Phenanthren durch die zweite oben genannte Technik zu bestimmen. Phenanthren absorbiert − im Gegensatz zum Anthracen − intensiv ultraviolettes Licht im Bereich um 265 nm (vergleiche Kapitel 5). Wie in Bild 23−7 gezeigt wird, emittiert ausschließlich das Phenanthren Fluoreszenz-Licht bei 350 nm. Will man also Anthracen neben Phenanthren fluorimetrisch bestimmen, regt man durch Einstrahlung von Licht der Wellenlänge λ = 265 nm beide Spezies zur Fluoreszenz an und mißt mit einem Fluorimeter bei 350 nm nur die Fluoreszenz des Anthracens.

Da aromatische Kohlenwasserstoffe wichtige Luftverunreinigungen sind, wurde das Fluorimeter von öffentlichen Institutionen zur Bestimmung dieser Verbindungen eingesetzt.[10] Die Fluorimetrie ist bei der Bestimmung von Luftverunreinigungen nicht nur wegen der breiteren Verwendbarkeit nützlicher als die UV-Spektralphotometrie, sondern auch, weil die Konzentration von Kohlenwasserstoffen in Luftproben äußerst niedrig ist. Die Tatsache, Spuren von aromatischen Kohlenwas-

9 G.A. Thommes und E. Leiniger, *Talanta 7*, 181 (1961)

10 E. Sawicki, W. Elbert, T.W. Stanley, T.R. Hauser und F.T. Fox, *Anal. Chem. 32*, 811 (1960)

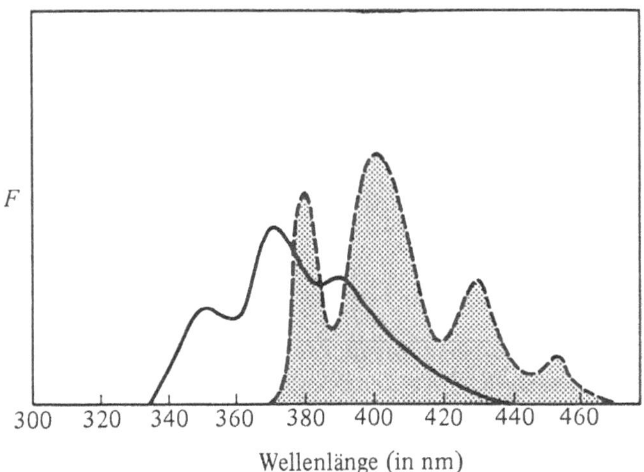

Bild 23-7 Fluoreszenzspektren von Phenanthren (durchgezogene Linie) und Anthracen (gestrichelte Linie). Beide Verbindungen sind aromatische Kohlenwasserstoffe der Summenformel $C_{14}H_{10}$. Phenanthren kann in Gegenwart von Anthracen durch Anregung beider Verbindungen bei 265 nm und Messung der vom Phenanthren emittierten Fluoreszenz bei 350 nm bestimmt werden. Anthracen allein kann durch Anregung bei 365 nm und Messung der Fluoreszenz bei einem der Maxima oberhalb 380, 400 oder 430 nm bestimmt werden, da Phenanthren unter diesen Bedingungen nicht fluoresziert.

serstoffen bestimmen zu können, ist um so wichtiger, als diese Verbindungen als karzinogen bekannt sind (sie haben im Tierversuch Karzinome verursacht). Einer der am besten bekannten karzinogenen aromatischen Kohlenwasserstoffe ist das Benzpyren (3,4-Benzpyren):

Benzpyren

Ein sehr spezifisches Verfahren zur Bestimmung von Benzpyren in der Fraktion aromatischer Kohlenwasserstoffe in Proben verunreinigter Luft wurde unter Verwendung von Schwefelsäure als Lösungsmittel entwickelt.[11] In dieser Säure bildet die Verbindung ein Kation mit einer starken Absorptionsbande bei 520 nm im sichtbaren Bereich. Einige andere aromatische Kohlenwasserstoffe haben schwache Absorptionsbanden bei 520 nm, jedoch fluoresziert keiner außer Benzpyren bei 545 nm. Zur Bestimmung des Benzpyrens wird die Probe bei 520 nm angeregt und

11 E. Sawicki, W. Elbert, T.W. Stanley, T.R. Hauser und F.T. Fox, *Int. J. Air Poll.* 2, 273 (1960)

die Fluoreszenz-Emission bei 545 nm mit einem Fluorimeter gemessen. Benzpyren kann ohne Trennung in Gegenwart von über vierzig Verbindungen bestimmt werden. Diese Bestimmung ist auch insofern ungewöhnlich, als sichtbare (und nicht ultraviolette) Strahlung für die Anregung des Moleküls verwendet wird. Für weitere Beispiele von organischen Analysen und eine stärker theoretisch ausgerichtete Behandlung der Fluoreszenz verweisen wir auf zwei Monographien.[12]

Anorganische Analyse

Das Uranyl-Ion (UO_2^{2+}) und das Cer(III)-Ion sind die wichtigsten anorganischen Ionen, die in Lösung bei Raumtemperatur und in Abwesenheit von organischen chelatisierenden Liganden fluoreszieren. Das Uran(VI), die einzig wichtige fluoreszierende Oxidationsstufe des Urans, wird routinemäßig als Uranyl-Ion durch fluorimetrische Methoden bestimmt.[13] Seine Fluoreszenz kann in 10%iger phosphorsaurer Lösung bei Raumtemperatur, in festem Natriumfluorid bei Raumtemperatur und in einer mit einer Trockeneis/Methanol-Kühlmischung gefrorenen stark sauren Lösung gemessen werden. Wegen der in der Lösung auftretenden Störungen wird Uran(VI) oft in einem Natriumfluoridpreßling bestimmt. Diese Tablette wird in einem speziellen Probenhalter in ein Fluorimeter gebracht, bei 365 nm angeregt und bei 536 nm, 555 nm (die intensivste Bande), 557 nm oder 606 nm gemessen.

Eine Anzahl von Metallionen bildet mit organischen Liganden, die einen oder mehrere aromatische Ringe enthalten, fluoreszierende Chelate; diese Metallionen können so auch in Spuren bestimmt werden. Derartige Chelate bildende Metallionen sind üblicherweise auf die d^0- und d^{10}-Metallionen beschränkt; viele Metallionen mit zum Teil gefüllten d-Niveaus neigen zur Unterdrückung der Fluoreszenz ihrer Chelate. Metallionen, die üblicherweise durch fluorimetrische Analyse bestimmt werden, sind Zink(II), Magnesium(II), Calcium(II), Aluminium(III), Thallium(III) und Gallium(III). Diese Ionen werden mit Reagenzien wie 8-Hydroxychinolin (vergleiche Abschnitt 12.1), Morin und Acetylaceton (2,4-Pentandion) komplexiert.[12] Das beste bekannte Reagenz für Aluminium ist Morin (2′,3,4′,5,7-Pentahydroxyflavon).[14]

Fluorimetrische Bestimmung von Blei im Blut bei Bleivergiftungen

Eine Bleivergiftung ist stets eine ernste Gefahr für Kinder, da noch immer Blei enthaltende Farben verwendet werden. Zwar kann Blei mit Flammenmethoden (Kapitel 24) direkt bestimmt werden, jedoch wird hierbei eine vergleichsweise große Probenmenge benötigt, da Störungen ausgeschaltet werden müssen. (Bei Blutunter-

12 A.L. Conrad, *Treatise on Analytical Chemistry*, Part I, Vol. 5 (Wiley-Interscience, New York 1964), S. 3057–3078. D.M. Hercules, *Fluorescence and Phosphorescence Analysis* (Wiley-Interscience, New York 1966)

13 G.L. Booman und J.E. Rein, *Treatise on Analytical Chemistry*, Part II, Volume 9 (Wiley-Interscience, New York 1964), S. 60–63 und 102–112

14 C.E. White und C.S. Lowe, *Ind. Eng. Chem., Anal. Ed. 12*, 229 (1940)

suchungen bei Kindern ist es wichtig, möglichst kleine Mengen zu verwenden.) Mittels einer ungewöhnlichen indirekten Methode kann Blei unter Verwendung eines einzigen Tropfens Blut bestimmt werden.[15]

Der Bluttropfen wird hierbei auf eine Glasscheibe übertragen, die in ein spezielles Fluorimeter eingesetzt wird, das einen horizontalen Probenhalter (anstelle eines vertikalen) hat und mit einer geeigneten Optik ausgerüstet ist. Die Anregungsstrahlung ist fest auf eine Wellenlänge nahe 424 nm (im sichtbaren Bereich) eingestellt. Diese Methode ist indirekt, denn in Gegenwart von Blei(II) bildet sich im Blut Zink(II)-Protoporphyrin, das bei 424 nm angeregt wird und bei 625 nm rote Fluoreszenzstrahlung emittiert. Diese Fluoreszenz ist so intensiv, daß toxische Konzentrationen von Blei (70 Mikrogramm Blei(II) pro 100 mL) leicht angezeigt werden.

Das Zink(II)-Protoporphyrin entsteht im Blut durch Blockierung des Enzyms, das normalerweise (in Abwesenheit von Blei(II)-Ionen) die Bildung des Häms (Eisen(II)-Protoporphyrin) katalysiert:

$$\text{Fe(II)} + \text{Protoporphyrin} \xrightarrow{\text{Enzym}} \text{Fe(II)-Protoporphyrin}$$

Sind im Blut Blei(II)-Ionen anwesend, so hemmen diese die Aktivität des Enzyms, so daß Eisen(II) und Protophyrin nicht mit einer ausreichenden Geschwindigkeit reagieren. Die Reaktionsgeschwindigkeit ist deutlich kleiner als die für die Reaktion des stets im Blut vorhandenen Zink(II) mit Protoporphyrin,

$$\text{Zn(II)} + \text{Protoporphyrin} \rightarrow \text{Zn(II)-Protoporphyrin} ,$$

so daß sich in Gegenwart von Blei(II) und somit ohne Enzym-Katalyse der Zn(II)-Protoporphyrin-Chelatkomplex bildet. Da Zink(II) ein d^{10}-Metallion ist, fluoresziert dieser Komplex. Im Gegensatz dazu sind beim Eisen(II) die d-Orbitale teilweise besetzt, so daß sein Chelatkomplex nicht fluoresziert.

23.3   Infrarotspektroskopie und Strukturaufklärung

Die Infrarotspektroskopie (IR-Spektroskopie) überdeckt im allgemeinen den Wellenzahlenbereich von 4000 bis 600 oder 400 cm^{-1}, da dies der für kommerzielle Standardgeräte verfügbare Spektralbereich ist. Alle organischen Moleküle und einige anorganische Ionen absorbieren in diesem Bereich. Die IR-Spektren mit ihren vielen scharfen Absorptionsbanden oder Peaks von unterschiedlicher Intensität sind oft recht kompliziert. Die Infrarot-Spektroskopie ist zur Identifizierung organischer Substanzen und zur Ableitung der Struktur neu synthetisierter Verbindungen außerordentlich nützlich. Um in den Hintergrund dieser Anwendungen einzuführen, soll zunächst eine kurze Einleitung in die Absorption infraroter Strahlung und anschließend eine Diskussion der Instrumente und Anwendungen der Infrarot-Spektroskopie gegeben werden.

15 *Chem. & Engr. New 53*, 18 (3. Februar 1975); W.E. Blumberg, J. Eisinger, A.A. Lamola und D.M. Zuckerman, *J. Lab. Clin. Med. 89*, 712 (1977)

Absorption von infraroter Strahlung

Bei Besprechung der Orbitaltheorie der Moleküle haben wir gesehen, daß die Absorption von sichtbarer und ultravioletter Strahlungsenergie von Elektronenübergängen begleitet ist. Die Absorption von infraroter Strahlung führt dagegen zu einer Änderung der Schwingungsbewegungen in einem Molekül. Als ein mechanisches Analogon betrachten wir ein Molekül als eine Gruppe von Kugeln (die Atome darstellen), verbunden durch Federn (als chemische Bindungen). Im Grundzustand schwingen die Atomkugeln etwas mit ihren Bindungsfedern. Die Absorption von infraroter Energie einer bestimmten Wellenlänge (und damit einer bestimmten Frequenz) läßt diese Bewegung zunehmen. Die Frequenz der eintretenden Strahlung muß hierbei mit der Frequenz der an ihren Bindungsfedern schwingenden Atomkugeln übereinstimmen. Dies wird als *Resonanzbedingung* bezeichnet, analog zur Resonanz in der Akustik: Ein Ton einer bestimmten Höhe (Frequenz) läßt eine ungedämpfte Klaviersaite oder ein Weinglas, dessen/deren Eigenfrequenz gerade der Frequenz des anregenden Tones entspricht, schwingen.

Obwohl die Schwingungsübergänge in einem Molekül durch Absorption von nur ganz bestimmten Frequenzen im infraroten Energiebereich verursacht werden, beobachtet man im IR-Spektrum Absorptionsbanden anstelle von Linien. Dies liegt daran, daß neben den Schwingungen auch bestimmte Rotationen angeregt werden. Eine Absorptionsbande kann z.B. aus einer Anzahl von Schwingungsübergängen ähnlich des einen in Bild 23−1 mit T_{IR} bezeichneten Überganges bestehen. Ein Molekül kann Übergänge vom untersten Schwingungsunterniveau ($v = 0$) zu einem der Rotationsunterniveaus ($J = 0$, 1, 2, . . .) im Schwingungsunterniveau $v = 1$ durchführen.

Zwei Typen von molekularen Schwingungen werden beobachtet:

(1) *Valenzschwingungen (stretching)*. Dies ist eine rhythmische Bewegung der Atome längs der Bindung.
(2) *Deformationsschwingungen (bending)*. Diese kann aus zwei Typen bestehen: einer ist die Veränderung des Bindungswinkels zwischen zwei Atomen, von denen jedes an ein drittes Atom gebunden sind. Ein zweiter Typ beinhaltet die Bewegung einer Gruppe von Atomen in Bezug auf den Rest des Moleküls. Die Bezeichnungen *„scissoring"*, *„rocking"*, *„wagging"* und *„twisting"* werden oft verwendet, um die verschiedenen Deformationsbewegungen zu beschreiben.

Die Frequenz- bzw. Wellenlängenbereiche einiger der üblichen Valenz- und Deformationsschwingungen sind in Bild 23−8 dargestellt. Die für zahlreiche Atomkombinationen beobachteten Valenzschwingungsfrequenzen stimmen gut mit den nach dem Hookeschen Gesetz für harmonische Oszillatoren berechneten überein:

$$\bar{v} = \frac{1}{2\pi c} \sqrt{\frac{k(m_1 + m_2)}{m_1 m_2}} \tag{23−1}$$

Hierbei ist $\bar{v}$ die Wellenzahl in cm^{-1}, c die Lichtgeschwindigkeit ($c = 3 \cdot 10^{10}$ cm/s), k die Kraftkonstante der Bindung (Dimension: Kraft/Länge); m_1 und m_2 sind die

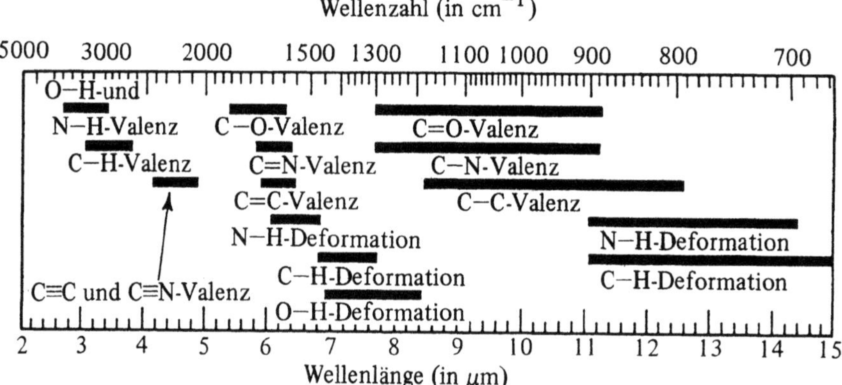

Bild 23-8 Zuordnung der Schwingungen funktioneller Gruppen zu den Bereichen der IR-Absorption.

Massen der beiden schwingenden Atome. Die Wellenzahl ist die reziproke Wellenlänge λ:

$$\bar{v} = \frac{1}{\lambda}$$

Wie durch Gl. (23−1) vorausgesagt, verschiebt sich die Frequenz der Valenzschwingung um den Faktor $\sqrt{2}$, wenn man in einem organischen Molekül ein Wasserstoffatom (molare Masse 1 g/mol) gegen ein Deuteriumatom (molare Masse 2 g/mol) austauscht.

In der IR-Spektroskopie wird in der Regel die prozentuale Durchlässigkeit gegen die Wellenzahl $\bar{v}$ oder die Wellenlänge λ aufgetragen [gelegentlich auch gegen die Frequenz v ($v = c/\lambda = c \cdot \bar{v}$)]. Wir wollen hier Infrarot-Spektren überwiegend anhand der Wellenlänge diskutieren, da bei den meisten Infrarot-Spektrometern die Wellenlängenskala linear und daher leichter zu lesen ist.

Es gibt jedoch auch Instrumente, die eine lineare Frequenzskala und eine nichtlineare Wellenlängenskala haben. Diese liefern dadurch schärfere Peaks im Bereich größerer Wellenlängen (kleinerer Frequenzen), während die Banden im wichtigen Schwingungsbereich der Carbonylgruppen und bei kleineren Wellenlängen nicht so scharf sind.

Eine „Übersetzung" von Wellenlängen in Wellenzahlen ist in Bild 23−9 gezeigt.

Komponenten eines Infrarotspektrometers

Infrarotspektrometer bestehen aus den gleichen Grundbauteilen wie UV/VIS-Spektralphotometer, dagegen unterscheiden sich die Strahlungsquellen, die für das optische System und die Probenzellen verwendeten Materialien und die Detektoren. Wir wollen diese Komponenten nachfolgend getrennt vorstellen.

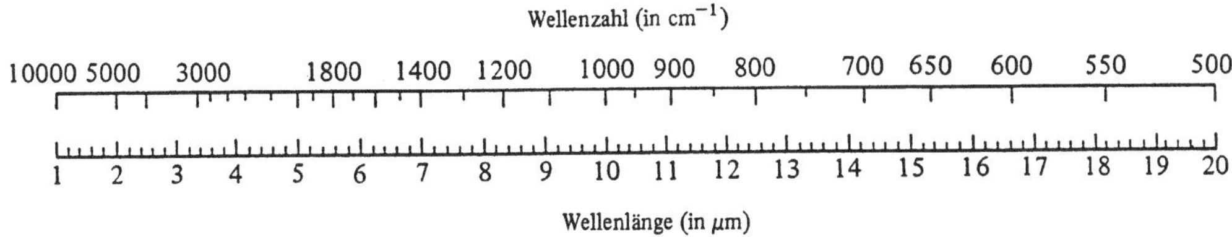

Bild 32-9 Darstellung der Umrechnung zwischen Wellenlänge und Wellenzahl

Infrarot-Strahlungsquellen. Die gebräuchlichsten Infrarotquellen emittieren über einen ausgedehnten Bereich von Wellenlängen Strahlung unterschiedlicher Intensität (ein Kontinuum, keine scharfen Emissionslinien). In derartigen „heißen Quellen" hängt die Emission infraroter Strahlung von der Temperatur der Quelle ab. Die Wolfram-Lampe ist eine Quelle infraroter und auch sichtbarer Strahlung, jedoch ist die von ihr ausgehende Strahlung nur bis etwa 2500 nm (2,5 μm) verwendbar. Diese Quelle ist daher nur für den Bereich des nahen Infrarot (750–2500 nm) einsetzbar; für die meisten Infrarot-Spektrophotometer werden andere Quellen verwendet.

Die zwei wichtigsten Infrarotquellen sind der *Nernst-Stift* und der *Globar.* Der Nernst-Stift ist ein kurzer Stab aus Zirconium-, Yttrium- und Thoriumoxid, der elektrisch auf 1500–2000 K aufgeheizt wird. Seine intensivste Emission liegt bei etwa 1,5 μm, die abgestrahlte Leistung nimmt jedoch zu höheren Wellenlängen hin rasch ab. Zwischen 1 μm und 10 μm strahlt er intensiver als der Globar. Der Globar ist ein Stab aus gesintertem Siliciumcarbid und wird ebenfalls elektrisch auf 1200–1400 K aufgeheizt. Bei der Arbeitstemperatur liegt seine maximale Leistung bei etwa 1,9 μm. Seine Leistung ist etwa so intensiv wie die des Nernst-Stiftes zwischen 10 μm und 15 μm, jedoch größer oberhalb 15 μm. Da jedoch die Intensität beider Quellen im Vergleich zu Quellen im ultravioletten und sichtbaren Bereich kleiner ist, sind kürzere Wege im Gerät erforderlich. Bei beiden Quellen nimmt die Wellenlänge der maximalen Leistung mit zunehmender Temperatur ab, obwohl die Gesamtleistung (Anzahl der emittierten Photonen) kontinuierlich zunimmt. Wenn auch dieser Effekt beim Globar weniger ausgeprägt ist als beim Nernst-Stift, führt eine Temperaturerhöhung bei beiden Quellen dazu, daß die emittierte Strahlung zu langen Wellenlängen verschoben wird.

Monochromatoren. Das Hauptelement für einen Monochromator im infraroten Bereich ist das gleiche wie in einem UV/VIS-Spektralphotometer, das sogenannte dispergierende Element. Gegenwärtig wird als dispergierendes Element zur Auswahl von Wellenlängen im Infraroten in der Regel das Beugungsgitter verwendet.

Probenträger und Probenvorbereitung. Sowohl Glas als auch Quarz absorbieren einen großen Teil der infraroten Strahlung. Aus diesem Grunde müssen die Monochromator-Optik und die Probenträger (Meßzellen oder Platten) aus einem anorganischen, kristallinen Feststoff, wie z.B. einem Salz (Natriumchlorid) beschaffen sein, der nicht im Infraroten absorbiert. Salze können über einen weiten Bereich bis etwa 17 μm verwendet werden. Probenträger aus Lithiumfluorid oder Calciumfluorid ermöglichen eine bessere Auflösung bei niederen Wellenlängen; Probenträger aus Natriumbromid oder Cäsiumiodid sind oberhalb 10 μm zweckmäßiger. Da die für die IR-Spektroskopie geeigneten Probenträger aus Salz hergestellt sind, müssen Proben und Lösungsmittel sorgfältig getrocknet werden, so daß die Oberflächen der Probenträger nicht durch Wasserverunreinigungen ausgewaschen werden. Wegen der verhältnismäßig schwachen Intensität einer Infrarot-Strahlungsquelle beträgt die Schichtdicke üblicherweise 0,1 mm oder 1 mm für die Spurenanalyse (zum Vergleich: 1 cm bei UV/VIS-Probenträgern). Für Proben mit stark schwankenden Konzentrationen werden Träger mit variabler Schichtdicke verwendet.

Flüssige Substanzen können ohne Verdünnung oder nach Auflösung in einem Lösungsmittel untersucht werden. Ebenso können feste Proben in einem geeigneten Lösungsmittel gelöst werden. Da jedoch die Eigenabsorption eines Lösungsmittels im infraroten Bereich die Analyse stören kann, muß das Lösungsmittel so gewählt werden, daß möglichst wenig Absorptionsbanden auftreten. Hierfür gibt es nur wenige Flüssigkeiten: Chloroform, Kohlenstofftetrachlorid und Kohlenstoffdisulfid werden für diesen Zweck am häufigsten verwendet. Unlösliche Proben oder solche, die aus anderen Gründen nicht in Lösung untersucht werden können, lassen sich auf zwei verschiedenen Wegen messen: a) als Emulsion, die durch Dispergieren der feingemahlenen Probe in einem Mineralöl (Nujol) hergestellt wird, b) als KBr-Preßling. Hierbei wird die Probe mit Kaliumbromid verrieben und in einer speziellen Presse bei Drücken von etwa $2 \cdot 10^8$ bis $5 \cdot 10^8$ Pa — dies entspricht etwa 2 bis 5 Tonnen pro cm^2 — gepreßt. Der entstehende Preßling ist eine durchsichtige Tablette, die direkt in den Strahlengang gebracht wird.

Infrarot-Detektoren. Infrarotstrahlung kann durch die Anzeige der Temperaturerhöhung eines Materials, das der zu messenden Strahlung ausgesetzt wird, gemessen werden; dieser Typ eines Detektors ist ein *thermischer Detektor*. Ein anderer, in der Regel aber weniger brauchbarer Detektor ist der *Photonendetektor*, für den die im Kapitel 5 diskutierte Halbleiter-Photodiode ein gutes Beispiel ist. Beispiele für thermische Detektoren sind das Thermoelement (thermocouple), das Bolometer, die Golay-Zelle und der pyroelektrische Detektor. Das *Thermoelement* enthält zwei Drähte aus unterschiedlichem Metall, die an zwei Berührungspunkten zusammengelötet sind. Die eine Berührungsstelle wird auf konstante Temperatur gehalten, während die andere durch die zu messende Infrarotstrahlung erwärmt wird, wobei eine elektrische Potentialdifferenz gegenüber der anderen Berührungsstelle entsteht. Das *Bolometer* verändert seinen elektrischen Widerstand, weil absorbierte Infrarot-Strahlung einen Temperaturanstieg verursacht. Die *Golay-Zelle* arbeitet wie ein Gasthermometer; das Gas in diesem Detektor erhöht seinen Druck, wenn es durch absorbierte Infrarotstrahlung erwärmt wird, und diese Zunahme kann in ein elektrisches Signal übertragen werden.

Da die Strahlungskraft der infraroten Strahlung so schwach ist, sprechen die meisten thermischen Detektoren hierauf nur gering an. Ein Vorverstärker ist üblicherweise notwendig, um einen guten Rauschabstand (Signal/Rausch-Verhältnis) im Verstärker zu erhalten. Ein weiteres Problem ist die von anderen Objekten im Raum abgestrahlte Wärme; um diese Fehlerquelle zu minimieren, kann der Detektor im Vakuum untergebracht und so vor direkter Einwirkung von Wärme geschützt werden.

Infrarotspektrometer

Infrarotspektrometer (Infrarot-Spektralphotometer) verwenden üblicherweise eine optische Zweistrahl-Anordnung mit einer Probenzelle und einer mit Lösungsmittel gefüllten Referenzzelle, die beide der gleichen Strahlung einer Infrarotquelle ausgesetzt sind. Um dies zu erreichen, wird ein rotierender halbrunder Spiegel verwendet, um wechselweise viele Male pro Sekunde den Strahl durch beide Zellen zu leiten. Dadurch wird jede Bedingung, die den Probenstrahl beeinflußt, in gleichem Maße den Referenzstrahl beeinflussen, wodurch Störungen im Ergebnis eliminiert werden.

Die meisten Infrarot-Spektralphotometer sind mit mit einem Schreiber ausgerüstet, der ein vollständiges Infrarotspektrum aufzeichnet. Einige spezielle Instrumente, die bei einer feststehenden Wellenlänge arbeiten, werden zur Bestimmung spezifischer Substanzen eingesetzt. Derartige Instrumente haben üblicherweise nur eine Skala oder eine digitale Anzeige und können nicht zur Messung eines vollständigen Spektrums verwendet werden.

Ein Infrarotspektralphotometer sollte in einem Raum untergebracht werden, in welchem Temperatur und Feuchtigkeit kontrolliert werden. Wasserdampf absorbiert stark im Infraroten, und übermäßige Feuchtigkeit kann die Oberflächen der kristallinen Salzfenster anlösen. Temperaturveränderungen im Raum müssen — wenn exakte Messungen erwünscht sind — vermieden werden.

Quantitative Analyse

Eine Verbindung in einer Mischung kann quantitativ bestimmt werden, wenn sie bei einer bestimmten Wellenlänge im Infrarot-Spektrum allein stark absorbiert. Wegen der komplexen Struktur eines Infrarotspektrums absorbieren allerdings andere Probenbestandteile oft ebenfalls bei der gewählten analytischen Wellenlänge. Weiterhin ist die Basislinie für die Messung der Höhe des Absorptions-Peaks nahezu niemals bei 0 % Extinktion oder 100 % Durchlässigkeit (vergleiche Bild 23−10); auch verschiebt sich die Grundlinie, wenn die Wellenlänge variiert wird. Für quantitative Bestimmungen kann eine Basislinie festgelegt werden, indem eine Linie zwischen zwei Punkten geringer Absorption an beiden Seiten der Absorptionsbande gezogen wird (Bild 23−10).

Die Bereiche, in denen die Punkte A und B festgelegt werden, sollten von Spektrum zu Spektrum reproduzierbar sein und idealerweise eher in einem flachen als in einem kurvigen Bereich liegen. Die resultierende Basislinie kann entweder horizontal oder leicht geneigt sein.

Die quantitative Infrarot-Analyse ist wegen vergleichsweise schwacher Absorptionsbanden auch im Vergleich zum ultravioletten und sichtbaren Bereich nicht unbegrenzt einsetzbar. Der molare dekadische Extinktionskoeffizient ε ist für alle Verbindungen mit Ausnahme der verschiedenen Carbonylverbindungen

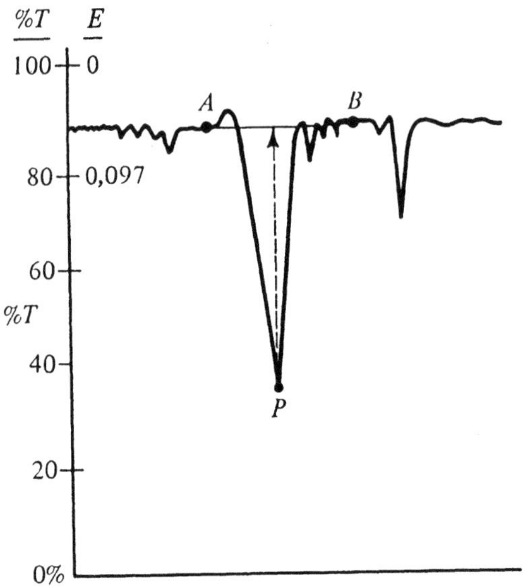

Bild 23-10
Festlegung einer korrekten Basislinie
AB für quantitative Bestimmungen mit
einer infraroten Absorptionsbande *P*.
Die Extinktion wird vom Punkt *P*
zur Basislinie abgelesen.

100 L · mol^{-1} · cm^{-1} oder kleiner. Deshalb können Verbindungen ohne eine Carbonylgruppe unterhalb 10^{-2} mol/L (in einer 1-mm-Zelle) oder 10^{-1} mol/L (in einer 0,1-mm-Zelle) nicht gemessen werden, wenn man eine minimale Extinktion von 0,1 voraussetzt. Natürlich können Aldehyde und Ketone ($\varepsilon = 500$ L · mol^{-1} · cm^{-1}), Amide und Säuren ($\varepsilon = 1300$ L · mol^{-1} · cm^{-1}) und Ester ($\varepsilon = 800$ L · mol^{-1} · cm^{-1}) bei niedrigeren Konzentrationen gemessen werden.

Die Messung von Hydroxylgruppen enthaltenden Verbindungen wird infolge der Bildung intermolekularer Wasserstoffbrückenbindungen gestört (siehe unten). Um dies zu vermeiden, wird ein als Protonenakzeptor fungierendes Lösungsmittel wie Pyridin anstelle von Kohlenstofftetrachlorid verwendet.[16] Dieses verschiebt die O—H-Valenzschwingungsfrequenz zu niedrigeren Energien (3280 cm^{-1} oder 3,05 μm). Der molare dekadische Extinktionskoeffizient ε beträgt pro OH-Gruppe in einem Molekül etwa 100 ± 10 L·mol^{-1}cm^{-1} in Pyridin. Unter der Voraussetzung einer minimalen Extinktion von 0,10 in einer 1,0-mm-Infrarot-Meßzelle beträgt die niedrigste meßbare Konzentration eines Alkohols

$$c(\text{ROH}) = \frac{E}{\varepsilon \cdot l} = \frac{0,10}{100\,\text{L} \cdot \text{mol}^{-1} \cdot \text{cm}^{-1} \cdot 0,10\,\text{cm}} = 10^{-2}\ \text{mol/L}\ .$$

Damit ist die Infrarotspektralphotometrie für eine Reihe quantitativer Bestimmungen einsetzbar, obwohl ihr größter Anwendungsbereich in der Strukturidentifizierung liegt. – Ein Beispiel ist die sogenannte *H18-Methode* zur Bestimmung von Kohlenwasserstoff-Spuren in Wasser (Deutsche Einheitsverfahren).

16 P. Kabaskalian, E.R. Townley und M.D. Yudis, *Anal. Chem. 31*, 375 (1959)

IR-Spektren und molekulare Struktur

Das Ziel dieses Abschnittes ist die Diskussion einiger analytischer Anwendungen der in Infrarotspektren enthaltenen Informationen. Obwohl auch quantitative spektralphotometrische Bestimmungen mit der Infrarotspektroskopie ausgeführt werden können, treten hierbei einige praktische Schwierigkeiten auf, die im Bereich des sichtbaren und ultravioletten Lichtes nicht auftreten. Jedoch liegt die bedeutsamere Anwendung der Infrarot-Spektroskopie in der qualitativen Identifizierung chemischer Substanzen, besonders der Ableitung von Strukturdaten organischer und einiger anorganischer Verbindungen. Unbekannte Verbindungen können durch Vergleich ihres Spektrums mit dem bekannter Verbindungen identifiziert werden. Davon unabhängig können jedoch Strukturdaten auch ohne Vergleich direkt abgeleitet werden, da bestimmte funktionelle Gruppen von Atomen bestimmte Banden bei charakteristischen Wellenlängen verursachen. Obwohl das Infrarotspektrum charakteristisch für das vollständige Molekül ist, erscheint die Absorptionsbande für eine gegebene funktionelle Gruppe bei einer bestimmten Wellenlänge (zumindest in einem bestimmten Bereich), unabhängig vom Rest des Moleküles. So ist es möglich, die Strukturdaten einfach durch Vergleich der beobachteten Banden mit tabellarischen Zusammenstellungen von Absorptionsfrequenzen (bzw. -wellenzahlen oder -wellenlängen) von Gruppen abzuleiten.

Die nachfolgende Diskussion von Infrarotspektren und chemischer Struktur soll den Leser etwas mit einem komplexen, aber Neugier weckenden Aspekt der analytischen Chemie bekanntmachen. Darüber hinaus kann auf empfehlenswerte Bücher von Günzler und Böck[17], Conley[18] und von anderen Autoren verwiesen werden, die sich intensiver mit der analytischen Anwendung der Infrarotspektroskopie befassen. Es sollte an dieser Stelle auch angemerkt werden, daß die Infrarotspektroskopie nur eine von mehreren verschiedenen Möglichkeiten zur Ableitung der chemischen Struktur ist. Die kernmagnetische Resonanz-Spektroskopie (NMR) ist hierzu außerordendlich nützlich, und die Massenspektrometrie wird routinemäßig für die Strukturaufklärung angewendet. Natürlich sind auch Informationen über Zusammensetzung oder einfache Strukturelemente aus den Absorptionsspektren im Ultravioletten und manchmal im Sichtbaren zugänglich. Daher sollte die Infrarotspektroskopie für qualitative Strukturanalysen sinnvollerweise nicht alleine herangezogen werden, sondern mit aus anderen der genannten Techniken verfügbaren Informationen verknüpft werden.

Die Absorptionsbanden für einige wichtige funktionelle Gruppen organischer Verbindungen sind in Tabelle 23–1 zusammengefaßt. In leichten Fällen lassen sich die wichtigsten Gruppen einer Verbindung aus ihrem Infrarotspektrum ablesen, indem man prüft, ob die für jede funktionelle Gruppe in der Tabelle aufgelisteten Banden vorhanden oder abwesend sind.

17 H. Günzler, H. Böck, *IR-Spektroskopie* (Verlag Chemie, Weinheim 1975)

18 R.T. Conley, *Infrared Spectroscopy* (Allyn & Bacon, Boston 1966)

Tabelle 23–1 Infrarot-Absorptionsbanden von Strukturelementen organischer Verbindungen. (Abkürzungen: (s) = starke Bande, (m) = Bande mittlerer Intensität, (w) = schwache Bande). Alle Wellenlängenangaben in μm

gesättigte Kohlenwasserstoffe			
	C—H-Valenz-schwingung	C—H-Deforma-tionsschwingung	C—H-Rocking-schwingung
Methyl- —CH$_3$	3,4 und 3,5 (s)	6,8–6,9 (m) und 7,2–7,3 (s)	
Methylen- —CH$_2$—	3,5 (s)	6,8–6,9 (m)	9,1–14,3 (breit)
			Gerüstschwingungen
Isopropyl- —CH(CH$_3$)$_2$	3,4 und 3,5 (s)	7,2–7,35 (s) (Dublett)	8,55
tert-Butyl- —C(CH$_3$)$_3$	3,4 und 3,5 (s)	7,2 und 7,3 (s) (Dublett)	8,0 und 8,3

ungesättigte Kohenwasserstoffe			
	C—H-Valenz-schwingung	C=C-Deforma-tionsschwingung	„Out-of-plane"-Deformations-schwingung
Olefine —CH=CH—	3,25 (m)	6,0–6,2 (m–w)	
Vinyl- —CH=CH$_2$	3,25 (m)	6,0–6,2 (m–w)	10,1 (s) und 11,0 (s)
Acetylene —C≡CH	3,0–3,1 (s) (scharf)		

Aromaten (einkernige)

=C—H-Valenz-schwingung	Ober- und Kombinations-schwingung	C=C-Valenz-schwingung	„In-plane"-Deformations-schwingung	„Out-of-plane"-Deformations-schwingung
3,3 (m)	5,0–6,0 (w) oft mehrere Banden, abhängig von der Substitution)	6,1–6,9 (m) (zwei Banden)	7,7–10 (eine oder zwei Banden)	11,0–15,0 (eine oder zwei Banden)
	monosubstituierte Aromaten		9,3 und 9,7	13,0–14,0 und 14,0–14,5
	1,2-disubstituierte Aromaten		8,3–9,1 und 9,5–9,9	13,0–13,6
	1,3-disubstituierte Aromaten		9,0–9,5 und 11,0–11,5	12,2–13,1 und 14,0–14,8
	1,4-disubstituierte Aromaten		9,0 und 9,8	11,5–12,4

Tabelle 23–1 Fortsetzung

Alkohole und Phenole —OH

O—H-Valenzschwingung	O—H-Deformationsschwingung	C—O-Valenzschwingung
2,7–3,15	7,0–7,5 (w)	8,3–8,9 (s)
freies —OH 2,7–2,8 (s) (scharf)		primäre Alkohole 9,2–9,5 (s) (gesättigt)
—OH, intramolekulare Wasserstoffbrücken 2,8–2,9 (m) (scharf)		sekundäre Alkohole 8,3–9,2 (s) (gesättigt)
—OH, intermolekulare Wasserstoffbrücken 2,8–3,15 (s) (breit)		tertiäre Alkohole 8,3–8,9 (s) gesättigt

Amine —N$\big\langle$

	N—H-Valenzschwingung	N—H-Deformationsschwingung	C—N-Valenzschwingung
primäre aliphatische	2,9 (m) (Dublett)	6,2 (m)	8,1–9,8 (m) 11,8–12,2 (breit)
primäre aromatische	3,0 (m) (Dublett)	6,2 (m)	7,5–8,0 (s)
sekundäre aliphatische	3,0 (w)	–	8,1–8,5 (m) und 13,1–14,0 (m)
sekundäre aromatische	3,0 (w)	–	7,5–7,9 (s)
tertiäre aliphatische	–	6,5 (w)	8,0–9,0 (m)
tertiäre aromatische	–	–	7,3–7,7 (s)

Ammoniumsalze $\big\rangle$N$^+$—

	N—H-Valenzschwingung	N—H-Deformationsschwingung	C—N-Valenzschwingung
primäre	3,2 (s)	3,3–5,0 (m)	6,0–6,7 (m) und 6,9 (m)
sekundäre	3,4–3,8 (s)	–	–
tertiäre	3,8–4,2 (s)	–	–
quartäre	3,0–3,5 (s)	4,9–5,9 (m)	6,8–7,2 (s)

Tabelle 23—1   Fortsetzung

Carbonylverbindungen

Ester $-C{\Large\langle}{}^{O}_{OR}$

		C=O-Valenzschwingung	C—O-Valenzschwingung
	(allgemein)	5,7—5,8 (s)	8,0—8,35 (s)
	Formiate	5,7—5,8 (s)	8,05—8,5 (s)
	Acetate	5,7—5,8 (s)	7,8—8,2 (s) und
	konjugierte	5,7—5,8 (s)	7,75—7,9 (s) und 8,2—8,7 (s)
	aromatische	5,7—5,8 (s)	7,6—8,0 (s) und 9,0 (m)

Ketone ${}^{R}_{R'}{\Large\rangle}C{=}O$

		C=O-Valenzschwingung	C—O-Valenzschwingung
	Dialkyl-	5,8—5,9 (s)	8,1—9,0 (m)
	ungesättigte, konjugierte	5,9—6,1 (s)	8,1—9,0 (m)
	Arylalkyl-	5,8—5,9 (s)	7,5—8,3 (m)

Aldehyde $R-C{\Large\langle}{}^{O}_{H}$

C=O-Valenzschwingung	C—H-Valenzschwingung
5,8—5,9 (s)	3,3—3,7 (m) (häufig ein Dublett) und 7,0—7,25 (m)

Carbonsäuren $\left(-C{\Large\langle}{}^{O}_{OH}\right)_2$

C=O-Valenzschwingung	O—H-Valenzschwingung	C—O—H-Valenzschwingung
5,9—6,0 (s)	3,0—3,5 (s)	7,5—8,0 (s) und 10,9 (s) (breit)

Amide $-C{\Large\langle}{}^{O}_{NH_2}$

C=O-Valenzschwingung	N—H-Valenzschwingung
5,9—6,25 (s)	2,9—3,0 (m) (siehe Amine)

Tabelle 23—1   Fortsetzung

Ether —OR			
	C—O—C-Valenzschwingung		
aliphatische	8,7—9,2 (s)		
Arylalkyl-	7,8—8,3 (s) und 9,2—9,8 (m)		

Nitrile —C≡N		
	C≡N-Valenzschwingung	
	4,4—4,5 (w—m)	

Nitroverbindungen —NO$_2$			
	asymmetrische Valenzschwingung	symmetrische Valenzschwingung	C—N-Valenz-schwingung
	6,2—6,5 (s)	7,2—7,6 (s)	10,9

Schwefelverbindungen		
	S—H-Valenzschwingung	
Thiole (Mercaptane)	3,85—3,9 (w)	
	asymmetrische Valenzschwingung	symmetrische Valenzschwingung
Sulfone (—SO$_2$—)	7,4—7,7 (s)	8,6—8,9 (s)
Sulfoxide (—SO—)	9,35—9,7 (s)	–

Halogenverbindungen (X = Halogen)		
	CH$_2$-Kippschwingung (wagging)	C—X-Valenzschwingung
Alkylhalogenide (—CH$_2$Cl)	7,6—8,1 (s)	11,8—15 (s)
Alkylbromide (—CH$_2$Br)	8,0—8,35 (s)	14,5—15
Aryl—Cl	9,0—9,2 (s)	–

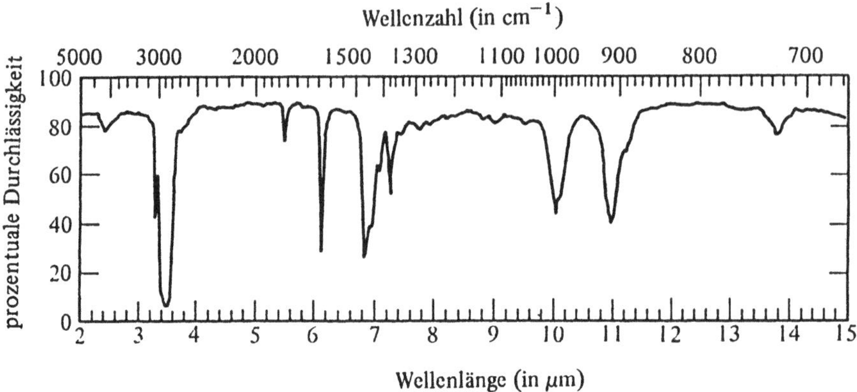

Bild 23-11 Infrarotspektrum des 1-Octens

Das Infrarotspektrum von 1-Octen, einem einfachen ungesättigten Kohlenwasserstoff, ist in Bild 23−11 gezeigt. Die Banden bei 3,4 µm, 3,5 µm und um
6,8 µm werden durch die Methyl- und Methylen-Gruppen verursacht. Außerdem
wird die Gegenwart einer Methylgruppe durch den Absorptions-Peak bei 7,25 µm
bestätigt. Die scharfen Absorptionen bei 3,25 µm und 6,1 µm werden durch ole-
finische C—H- und C=C-Valenzschwingungen verursacht. Da es sich um eine
Vinylverbindung handelt, werden auch starke Banden bei 10,1 µm und 11,0 µm
beobachtet. Der schwache Peak bei 5,5 µm ist wahrscheinlich einer Oberschwingung
der starken Bande bei 11,0 µm zuzuordnen, da sich beide Wellenlängen gerade um
den Faktor 2 unterscheiden.

Natürlich ist die Auswertung nicht immer so einfach. In einigen Verbindungen können Atomgruppen vorhanden sein, die in Tabelle 23−1 nicht aufgeführt
sind. Dadurch können hier nicht aufgelistete Banden im Spektrum auftreten; auch
kann sich für aufgeführte Gruppen die Wellenlänge verschieben. Einige Banden (wie
z.B. die Carbonyl-Banden um 5,7 bis 6,1 µm) sind beachtlich intensiv und substanz-
spezifisch, andere jedoch wenig überschaubar. Zum Teil hängt dies von unterschiedlichen Wechselwirkungen zwischen unterschiedlichen Atomgruppen ab.

Eine dieser Wechselwirkungen ist die sogenannte *gekoppelte Schwingung*.
So ist z.B. in Alkoholen die starke C—O-Valenzschwingung im Bereich 8,2 bis 9,9
µm in Wirklichkeit eher eine kombinierte C—C—O-Streckschwingung als eine isolierte C—O-Schwingung. In aromatischen Verbindungen ist auch die C—H-Ring-
deformationsschwingung eine kombinierte Schwingung; ihre Wellenlänge hängt von
der Anzahl der benachbarten Wasserstoffatome im Ring ab.

Wasserstoffbrücken können einen wichtigen Einfluß sowohl auf die Wellenlänge als auch auf die Form (Schärfe oder Breite) einer Bande haben. Dies ist besonders bemerkenswert im Falle einer Hydroxylgruppe, die Wasserstoffbrückenbindungen mit Carbonyl-, Nitro- oder wenigen anderen Gruppen eingehen kann. Die

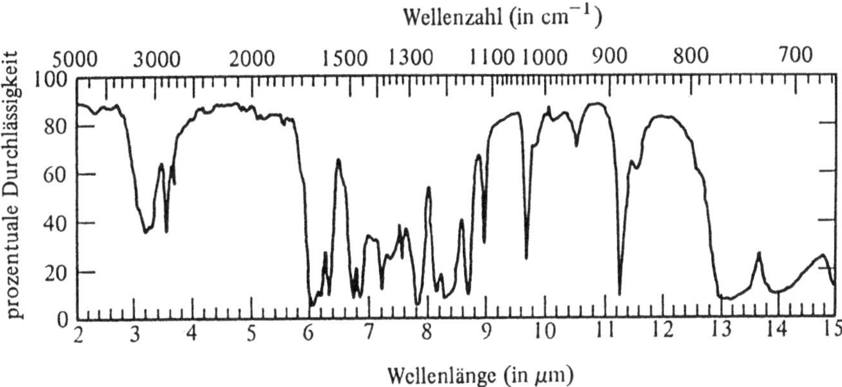

Bild 23-12 Infratspektrum des Salicylaldehyds

Wasserstoffbrückenbindung kann *intramolekular*, wie im Falle des Salicylaldehydes, oder *intermolekular*, wie bei den Dimeren von Carbonsäuren, sein.

Salicylaldehyd   Dimer einer Carbonsäure

In beiden Fällen wird die OH-Valenzschwingung bei höheren Wellenlängen gefunden als bei freien OH-Gruppen, und sie erscheint deutlich verbreitert. Auch die Wellenlänge der Valenzschwingung der zweiten an der Wasserstoffbrücke beteiligten Gruppe (C=O in obigen Beispielen) nimmt zu, jedoch vergleichsweise weniger als die der OH-Valenzschwingung.

Das Spektrum des Salicylaldehyds (Bild 23−12) verdeutlicht einige dieser Schwierigkeiten. Die OH-Bande um 3,2 μm wird durch intramolekulare Wasserstoffbrücken verbreitert. Auch die aldehydische Carbonylbande bei 6,0 μm ist verbreitert und durch die Wasserstoffbrücke geringfügig zu höheren Wellenlängen verschoben als üblich. Das Dublett bei 3,55 und 3,65 μm ist charakteristisch für Aldehyde. Der für Aromaten typische Absorptionspeak bei 3,3 μm wird durch die breite OH-Bande fast überdeckt, jedoch bestätigen Peaks bei 6,3 μm, 6,7 μm und 9,7 μm und die breiten Banden im Bereich zwischen 13 und 15 μm die Anwesenheit eines aromatischen Ringes.

Der Leser wird leicht die Beziehungen zwischen den Banden im IR-Spektrum und der Struktur in einer bekannten Verbindung erkennen, jedoch mehr Mühe haben, eine unbekannte Struktur aus einem IR-Spektrum abzuleiten. Die Reihenfolge, in der durch verschiedene Personen die Banden für die Strukturzuordnung überprüft werden, ist unterschiedlich; die in Tabelle 23−2 aufgeführte Reihenfolge erscheint logisch. Dort werden die Banden in der Reihenfolge zunehmender Wellenlänge überprüft. Einer der Gründe für dieses Vorgehen liegt darin, daß charakteristische Banden dazu neigen, mehr im unteren Wellenlängenbereich, als in hohen Wellenlängenbereichen aufzutreten. Wenn eine Bande bei einer bestimmten Wellenlänge vorhanden ist, kann sie mit Hilfe der Tabelle 23–2 einer bestimmten funktionellen Gruppe oder einer Auswahl von zwei oder drei üblichen Gruppen zugeordnet werden. Anschließend kann diese Gruppe durch andere charakteristische Banden der gleichen Gruppe bei höheren Wellenlängen bestätigt werden. Im umgekehrten Falle, bei Abwesenheit dieser „Bestätigungsbanden", kann davon ausgegangen werden, daß die Gruppenzuordnung für die erste Absorptionsbande nicht korrekt war.

Es ist empfehlenswert, bei der Auswertung eines Spektrums möglichst systematisch vorzugehen und die Spektralbanden der Reihe nach zu identifizieren. – Wir wollen dies an einigen Beispielen versuchen.

Beispiel:

Leiten Sie aus dem in Bild 23–13 gezeigten IR-Spektrum von Verbindung 1 die im Molekül vorhandenen funktionellen Gruppen ab.

Die Bande bei 3,25 μm weist auf ein Olefin oder einen aromatischen Ring hin. Der scharfe Peak bei 6,1 μm bestätigt ein Olefin; die Abwesenheit der charakteristischen Peaks im Bereich zwischen 6 und 7 μm und bei höheren Wellenlängen läßt die Abwesenheit eines

Tabelle 23–2 Systematische Zuordnung von IR-Daten zur chemischen Struktur (Abkürzungen: (s) = starke Absorptionsbande, (m) = Bande mittlerer Intensität, (w) = schwache Absorptionsbande)

Wellenlänge (in μm)	mögliche funktionelle Gruppen (bzw. Substanzklassen)
2,7–3,15 (m bis s)	**Hydroxyl (Alkohol oder Carbonsäure), Amine oder Acetylen** *Alkohol:* Wasserstoffbrückenbindung verstärkt und verbreitert die Bande. Bestätigung durch eine starke Bande bei 8,3–9,9 μm (9,2–9,5 μm für gesättigte primäre Alkohole) *Carbonsäure:* Die Bande ist gewöhnlich breit und kann den Bereich 3,0–3,5 μm überdecken. Überprüfen Sie die Carbonylbande bei 5,9–6,0 μm. *Amine:* Dublett für primäre, schwaches Singulett für sekundäre und Fehlen einer Bande für tertiäre Amine. Bestätigung durch Banden bei 6,2 μm (m) und 7,5–9,8 μm (m). *H in Acetylen:* starke und scharfe Bande bei 3,0–3,1 μm.
3,3 (m)	**Olefin oder Aromat** *Olefin:* eine scharfe Bande bei 6,1 μm. Vinylgruppen haben auch Banden bei 10,1 μm (s) und 11,0 μm (s). *Aromat:* Üblicherweise finden sich mehrere schwache Banden zwischen 5 μm und 6 μm. Zwei scharfe Banden zwischen 6,1 und 6,9 μm; eine oder zwei Banden im Bereich 7,7–10,0 μm (oft bei etwa 9,3 μm und 9,7 μm); eine oder zwei breite Banden zwischen 11 und 15 μm.

Tabelle 23–2 Fortsetzung

Wellenlänge (in µm)	mögliche funktionelle Gruppen (bzw. Substanzklassen)
3,4 (s), 3,5 (s)	**Methyl und/oder Methylen** *Methyl:* wird durch eine Bande bei 7,2–7,3 µm (s) bestätigt *Methylen:* auch Banden bei 6,8–6,9 µm (m) (überlappen mit Methyl) und eine breite Bande zwischen 9 und 14,3 µm (m) *Isopropyl:* ein starkes Dublett bei 7,2–7,45 µm, weiterhin eine starke Bande bei etwa 8,55 µm tert-*Butyl:* ein Dublett bei 7,2–7,3 µm, wobei letztere Bande intensiver ist; starke Banden bei 8,0 µm und 8,3 µm
3,5–3,7 (s)	**Aldehyd** Im allgemeinen erscheinen zwei Banden. Bestätigung durch eine starke Carbonylbande bei 5,8–5,9 µm
3,85–3,9 (w)	**Thiol (Mercaptan)**
4,4–4,5 (w bis m)	**Nitril**
5,7–6,25 (s)	**Carbonyl (Ester, Keton, Aldehyd, Carbonsäure oder Amid)** *Ester:* Die Carbonylbande erscheint bei 5,7–5,8 µm; eine starke Bande bei 7,6–8,5 µm. *Keton:* Carbonyl bei 5,8–5,9 µm; zusätzlich 8,1–9,0 µm (m) für Dialkyl oder 7,5–8,3 µm für Aryl-Alkyl *Aldehyd:* Carbonyl bei 5,8–5,9 µm; Bestätigung durch eine Bande bei 3,5–3,7 µm (üblicherweise ein Dublett) *Carbonsäure:* Carbonyl bei 5,9–6,0 µm; starke, breite OH-Bande bei 3,0–3,5 µm, die üblicherweise mit den C—H-Valenzschwingungsbanden der Methyl- und Methylengruppe überlappt. Für ein Dimer 10,7–10,9 µm (s); außerdem 7,5–8,0 µm (s) *Amid:* Carbonyl bei 5,9–6,25 µm; Aminbande bei 2,9–3,0 µm mit Ausnahme von tertiären Amiden
6,2–6,5 (s)	Eine **Nitro-Gruppe** ist angezeigt, wenn außerdem eine starke Bande bei 7,2–7,6 µm vorhanden ist. Weiterhin eine Bande bei 10,9 µm
7,4–7,7 (s)	Ein **Sulfon** kann bei einer Bande bei 8,6–8,9 µm (s) vorliegen
7,8–9,2 (s)	**Möglicherweise ein Ether**, wobei eine Identifizierung wegen der möglicherweise starken Banden anderer funktioneller Gruppen in diesem Bereich schwierig ist. *Aliphatische Ether:* 8,7–9,2 µm (s) *Aryl-Alkyl-Ether:* 7,8–8,3 µm (s)
9,35–9,7 (s)	Kann ein **Sulfoxid** anzeigen; die alleinige Zuordnung durch ein Infrarot-Spektrum ist jedoch fraglich.

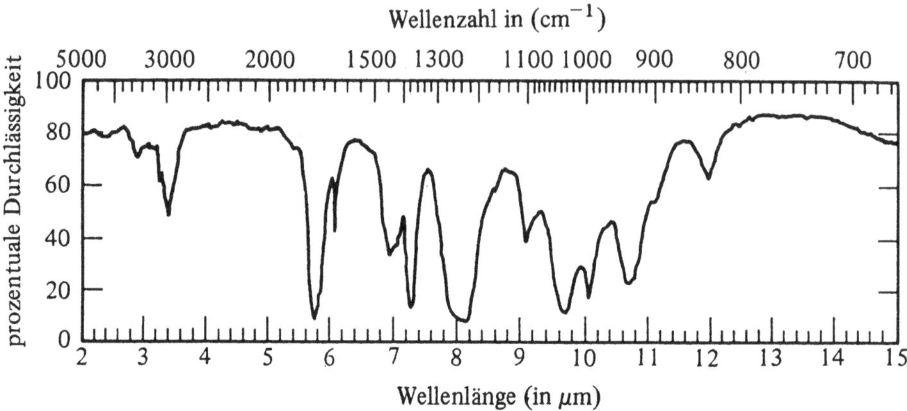

Bild 23-13 Infrarotspektrum der Verbindung 1

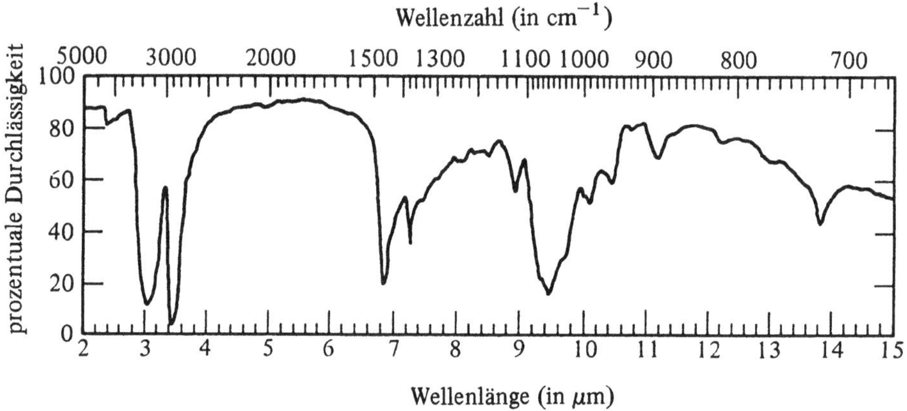

Bild 23-14 Infrarotspektrum der Verbindung 2

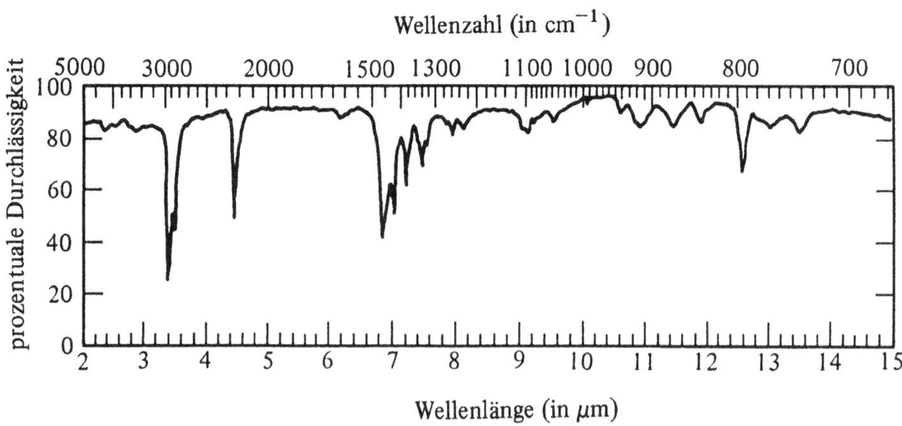

Bild 23-15 Infrarotspektrum der Verbindung 3

Aromaten erkennen. Recht starke Banden bei 10,1 µm und 10,75 µm weisen auf eine Vinylverbindung hin, obwohl die letztere Bande etwas unterhalb der üblichen Wellenlänge von 11,0 µm zu finden ist. Banden bei 3,4 µm, 6,9 µm und 7,3 µm zeigen, daß sowohl —CH$_3$- als auch (—CH$_2$—)-Gruppen vorhanden sind. Die starke Bande bei 5,75 µm liegt im typischen Bereich für einen Ester, ein Keton oder einen Aldehyd. Auf einen Ester weist auch die starke, breite Bande bei etwa 8,1 µm hin. Tabelle 23−1 zeigt, daß es sich hierbei um ein Acetat handeln könnte. Charakteristische Banden für Aldehyde bei 3,5−3,7 µm und für Dialkylketone bei 8,1−9,0 µm werden vermißt. Damit ist die Anwesenheit einer C=C-Doppelbindung (möglicherweise einer Vinylverbindung), von Methyl- und Estergruppen angezeigt. (Bei der Verbindung 1 handelt es sich um Allylacetat, CH$_3$COOCH$_2$CH=CH$_2$.)

Beispiel:

Die Verbindung 2 zeigt das in Bild 23−14 dargestellte Infrarotspektrum. Die Bruttoformel ist C$_8$H$_{18}$O. Geben Sie eine mögliche Strukturformel an.

Die starke, breite Bande bei 3,0 µm liefert den Hinweis auf einen Alkohol. Dies wird durch die intensive, breite Bande bei 9,5 µm bestätigt, die im Bereich für gesättigte, primäre Alkohole liegt. Banden, die auf ein Amin hinweisen, sind abwesend. Die Banden bei 3,4 µm, 3,5 µm, 6,8 µm und 7,25 µm zeigen, daß sowohl Methyl- als auch Methylen-Gruppen vorhanden sind. Da die Bande bei 7,25 µm nicht aufgespalten ist, kann keine Isopropyl- oder *tert*-Butyl-Gruppe vorliegen. Aus dieser Information und der vorgegebenen Summenformel schließen wir auf einen primären Octylalkohol (wahrscheinlich 1-Octanol).

Beispiel:

Verbindung 3 hat eine molare Masse von 70 ± 2 g/mol und das in Bild 23−15 gezeigte Infrarot-Spektrum. Welche Struktur hat diese Verbindung wahrscheinlich?

Die Banden bei 3,4 µm und 3,5 µm, zusammen mit denen bei 6,8 µm und 7,2 µm, weisen auf die Anwesenheit von Methyl- und Methylen-Gruppen hin. Die scharfe Absorptionsbande bei 4,45 µm zeigt, daß diese Verbindung ein Nitril ist. Der Peak bei 7,45 µm könnte als Teil eines Isopropyl-Dubletts betrachtet werden (der andere Teil bei 7,2 µm), obwohl dies eine höhere Wellenlänge als üblich ist. Da überhaupt keine Bande um 8,5 µm zu finden ist, wird der Hinweis auf eine Isopropyl-Gruppe jedoch nicht bestätigt.

Subtrahiert man nun von der Molmasse (70 g/mol) die molare Masse der Nitril-Gruppe (—CN: 36 g/mol), so verbleibt für den Rest der Verbindung eine Masse von 44 g/mol. Dies ist mit einer Abweichung von 1 die einer *n*-Propyl- oder einer Isopropyl-Gruppe. Da aus dem Spektrum eine Isopropyl-Gruppe nicht abgeleitet werden kann, muß es sich bei der Verbindung um Butannitril (*n*-Butyronitril) CH$_3$CH$_2$CH$_2$C≡N handeln.

Aufgaben

Elektronische Absorption

23.1   Welche Art von Übergängen wird durch die Absorption von ultravioletter, sichtbarer und infraroter Strahlungsenergie angeregt?

23.2   Erläutern Sie den Unterschied zwischen Atomorbitalen und Molekülorbitalen.

23.3 Was sind antibindende Orbitale, und wie unterscheiden sie sich von bindenden Orbitalen?

23.4 Zeigen Sie durch geeignete Diagramme den Unterschied zwischen σ- und
π-Bindungen.

23.5 Silbersalze bilden π-Komplexe mit organischen Olefinen. Erklären Sie, wie
ein solcher Komplex enststehen könnte.

23.6 Erläutern Sie, warum der dekadische Extinktionskoeffizient eine quantitative Näherung für die Wahrscheinlichkeit eines Elektronenüberganges ist.
Was ist ein verbotener Übergang?

23.7 Zeichnen Sie die Energiediagramme der Molekülorbitale für Ethylen
($CH_2{=}CH_2$) und Butadien ($CH_2{=}CH{-}CH{=}CH_2$) mit den π-Orbita-
len des Ethylens und den zwei bindenden und zwei antibindenden π-Orbi-
talen des Butadiens. Vergleichen Sie die Übergangsenergie des Ethylens mit
der niedrigsten Übergangsenergie des Butadiens. Ethylen absorbiert ultraviolettes Licht bei 170 nm. Sagen Sie die Lage der Absorptionsbande von
Butadien im Vergleich zu der des Ethylens vorher.

23.8 Der molare dekadische Extinktionskoeffizient des $FeSCN^{2+}$-Ions bei 453
nm ist $5000\ L \cdot mol^{-1} \cdot cm^{-1}$, derjenige des $Fe(SCN)_2{}^+$-Ions bei 485 nm beträgt $9800\ L \cdot mol^{-1} \cdot cm^{-1}$. Erklären Sie, warum der molare dekadische Extinktionskoeffizient des einen Ions annähernd doppelt so groß wie der des
anderen ist. Was sind die Überlegungen eines Analytikers, wenn er eine
spektralphotometrische Methode zur Bestimmung von Spuren von Ei-
sen(III) unter Verwendung des Thiocyanat-Ions entwickelt?

23.9 Eine spurenanalytische Methode für den Bereich von 10^{-5} mol/L Chrom,
vorliegend als von $Cr(H_2O)_6{}^{3+}$, soll entwickelt werden. Die gerade noch
nachweisbare Extinktion für diese Analyse ist 0,10.

a) Kann das Chrom als $Cr(H_2O)_6{}^{3+}$ bei 428 nm gemessen werden (vergleiche Abschnitt 23.1)?

b) Erklären Sie, warum der molare dekadischen Extinktionskoeffizient bei
428 nm so gering ist.

c) Chrom(III) kann zu Chrom(VI) oxidiert und als $CrO_4{}^{2-}$ gemessen werden, das eine Charge-Transfer-Bande bei 373 nm
($\varepsilon = 1,5 \cdot 10^4\ L \cdot mol^{-1} \cdot cm^{-1}$) hat. Können Spuren von 10^{-5} mol/L
Chrom als $CrO_4{}^{2-}$ gemessen werden?

23.10 Eine gerade noch nachweisbare Extinktion von 0,10 vorausgesetzt, berechnen Sie die niedrigste Konzentration an Eisen, die unter Verwendung der
folgenden Liganden gemessen werden kann:

a) SCN^-,

b) 1,10-Phenanthrolin und

c) FerroZine® (s. Tabelle 5−5).

(In Abschnitt 5.4 finden Sie die molaren dekadischen Extinktionskoeffizienten.) Nehmen Sie an, daß Eisen(II) und Eisen(III) die einzig stabilen Formen von Eisen im angeregten Zustand sind. Erläutern Sie für jeden Komplex, ob der Charge-Transfer-Übergang vom Liganden zum Metall oder vom Metall zum Liganden stattfindet.

Fluoreszenz-Analyse

23.11 Erklären Sie, warum die Fluoreszenz-Analyse bei der Bestimmung einer bestimmten Verbindung in einer Mischung von Verbindungen ähnlicher Struktur wesentlich selektiver als die UV/VIS-Spektralphotometrie ist.

23.12 Erläutern Sie, warum die Eichkurve für die Fluoreszenz-Analyse oft nur über einen kleinen Konzentrationsbereich linear ist.

23.13 Karzinogene Kohlenwasserstoffe in der Luft werden durch Hindurchleiten von Luft durch ein Absorptionsgefäß gesammelt und anschließend mit 100 mL eines organischen Lösungsmittels herausgewaschen. Nehmen Sie an, eine Lösung von 10^{-8} mol/L kann durch eine fluorimetrische Methode bestimmt werden. Schätzen Sie die Masse (in Mikrogramm) ab, die zur Bestimmung eines Kohlenwasserstoffs der molaren Masse 300 g/mol mindestens gesammelt werden muß.

23.14 In Pentan wird Benzpyren bei Wellenlängen von 295 bis 381 nm angeregt und emittiert Fluoreszenzstrahlung bei 403, 427 und 454 nm. Schlagen Sie eine fluorimetrische Methode für die Bestimmung von Benzpyren in Gegenwart von Anthracen vor (vergleiche Bild 23–6). Kann Anthracen in Gegenwart von Benzpyren durch Fluoreszenz-Analyse bestimmt werden?

23.15 Phenanthren hat eine ultraviolette Absorptionsbande mit einem Maximum bei 331 nm (log $\varepsilon = 2{,}5$). Naphthalin fluoresziert im Bereich von 310 bis 370 nm. Schlagen Sie zwei Methoden für die fluorimetrische Bestimmung von Phenanthren in Gegenwart von Naphthalin vor (vergleiche die UV-Absorptionsspektren von Naphthalin in Kapitel 5, Bild 5–16).

23.16 Schlagen Sie zwei fluorimetrische Methoden für die Bestimmung von Anthracen in Gegenwart von Naphthalin vor. (Vergleichen Sie das vorhergehende Problem und die Absorptionsspektren in Kapitel 5.)

23.17 Sagen Sie anhand der Elektronenstruktur vorher, ob Fluoreszenz-Methoden für die folgenden Metall-Ionen ausgewählt werden können:

a) Eisen(III)

b) Zink(II)   e) Kupfer(II)

c) Cadmium(II)   f) Kupfer(I)

d) Strontium(II)   g) Silber(II).

23.18 Erklären Sie, warum die Moleküle stets Fluoreszenzstrahlung emittieren, deren Wellenlänge größer als die der anregenden Strahlung ist.

23.19 Erklären Sie die folgenden Begriffe:

a) Schwingungsrelaxation

b) Quantenausbeute

c) Singulett

d) Triplett

23.20 Unterscheiden Sie zwischen Fluoreszenz und Phosphoreszenz bezüglich a) des Zeitrahmens für die Emission nach der Anregung und b) der an der Emission beteiligten Art von Übergängen.

Infrarotspektroskopie

23.21 Nennen Sie drei IR-Strahlungsquellen. Warum bedeutet Temperaturerhöhung bei thermischen Strahlungsquellen nicht gleichzeitig die Aussendung von mehr Photonen im wichtigen Bereich zwischen 2–15 μm?

23.22 Erläutern Sie, warum Wasser nicht als Lösungsmittel für die Infrarotspektroskopie verwendet werden kann.

23.23 Erklären Sie, warum die in der UV/VIS-Spektralphotometrie eingeführten Detektoren im allgemeinen nicht in der IR-Spektroskopie verwendet werden können.

23.24 Wie können Sie das Infrarotspektrum eines in Kohlenstofftetrachlorid, Kohlenstoffdisulfid und anderen üblichen Lösungsmitteln für die Infrarotspektroskopie unlöslichen Polymers aufnehmen?

Anwendungen der Infrarotspektroskopie

23.25 Die Frequenzen zweier Valenzschwingungsbanden können über das Verhältnis der für beide Schwingungen formulierten Gln. (23–1) bestimmt werden.

a) Berechnen Sie die Wellenzahl der C—D-Bande in cm^{-1} für CH_3—CO—CH_2—CD_3 unter Verwendung der entsprechenden Wellenzahl der C—H-Schwingung von 2980 cm^{-1}. (Wir setzen voraus, daß die Kraftkonstante k_{C-H} die gleiche wie k_{C-D} ist.)

b) Berechnen Sie die Wellenzahl der C=^{18}O-Valenzschwingung in cm^{-1} für $(C_6H_5)_2$C=^{18}O unter Verwendung der entsprechenden Wellenzahl von 1667 cm^{-1} für C=^{16}O. (Wir setzen wieder voraus, daß die Kraftkonstanten für beide Gruppen gleich sind.) Vergleichen Sie Ihre Berechnung mit dem experimentell gefundenen Wert [*Anal. Chem. 36*, 1980 (1964)].

23.26 Eine Lösung von Ethanol (EtOH) in Kohlenstofftetrachlorid, $c(\text{EtOH}) =$ 1 mol/L, zeigt eine intensive breite Bande bei etwa 3,0 μm. Wenn die Ethanol-Lösung auf 0,2 mol/L verdünnt wird, erscheint eine scharfe Bande bei 2,8 μm zusätzlich zu der Bande bei 3,0 μm. Bei 0,028 mol/L findet man für die Ethanol-Lösung nur *eine* scharfe Bande bei 2,8 μm. Erklären Sie, warum zwei Banden beobachtet werden, und warum bei Konzentrationen 1 mol/L und 0,028 mol/L nur *eine* Bande beobachtet wird. Welche Bedeutung hat dies für die Erstellung einer Eichkurve zur quantitativen Analyse?

23.27 Das Infrarotspektrum des 2,4-Pentandions zeigt eine breite Absorptionsbande bei 3,3 μm und Banden bei 5,8 μm und 6,1 μm.

a) Erklären Sie, warum die erste Bande überhaupt beobachtet wird, da doch beide Sauerstoffatome in dieser Verbindung Doppelbindungen zum Kohlenstoff haben.

b) Erläutern Sie, warum im Carbonylbereich zwei Banden anstelle von einer beobachtet werden.

23.28 Identifizieren Sie die funktionellen Gruppen in der Verbindung 4 aus ihrem Infrarotspektrum (Bild 23−16).

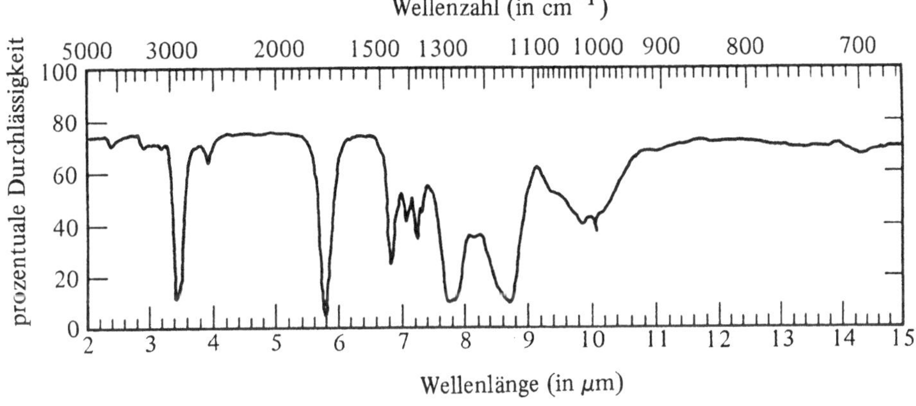

Bild 23-16 Infrarotspektrum der Verbindung 4

23.29 Das Infrarot-Spektrum der Verbindung 5 ist in Bild 23−17 gezeigt. Die Molmasse beträgt 120 ± 5 g/mol. Identifizieren Sie die Verbindung.

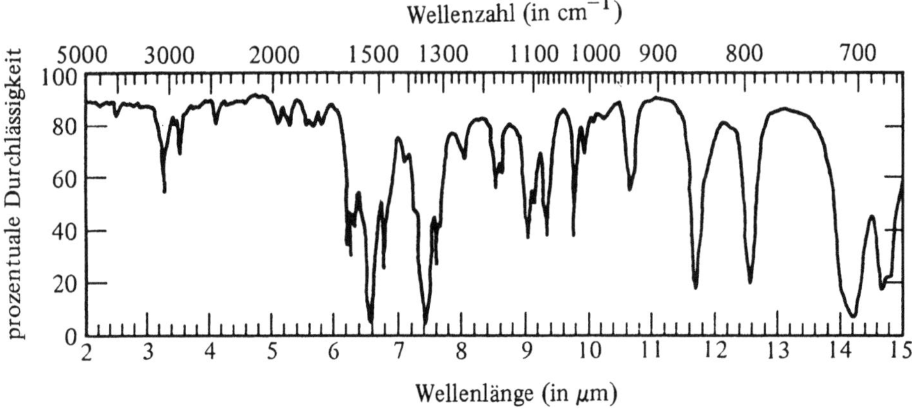

Bild 23-17 Infrarotspektrum der Verbindung 5

23.30 Die Bruttoformel der Verbindung 6 ist $C_5H_{10}O$, ihr IR-Spektrum ist in Bild 23−18 gezeigt. Stellen Sie die wahrscheinliche Strukturformel dieser Verbindung auf.

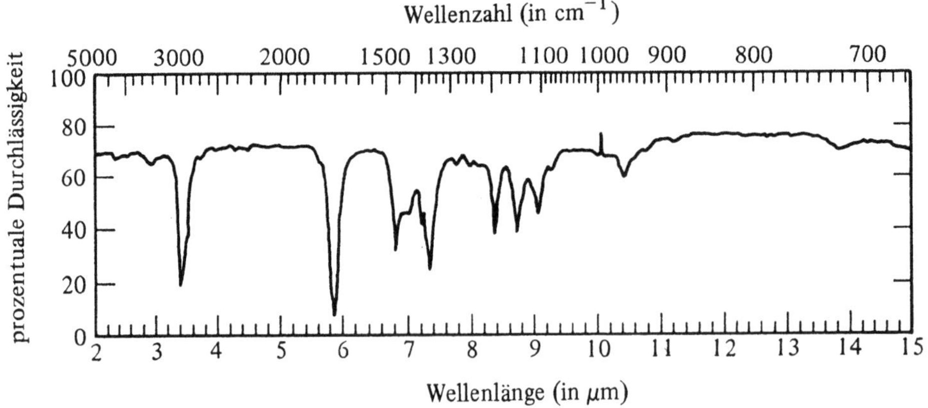

Bild 23-18 Infrarotspektrum der Verbindung 6

23.31 Identifizieren Sie die funktionellen Gruppen in Verbindung 7 aus ihrem Infrarot-Spektrum (Bild 23–19).

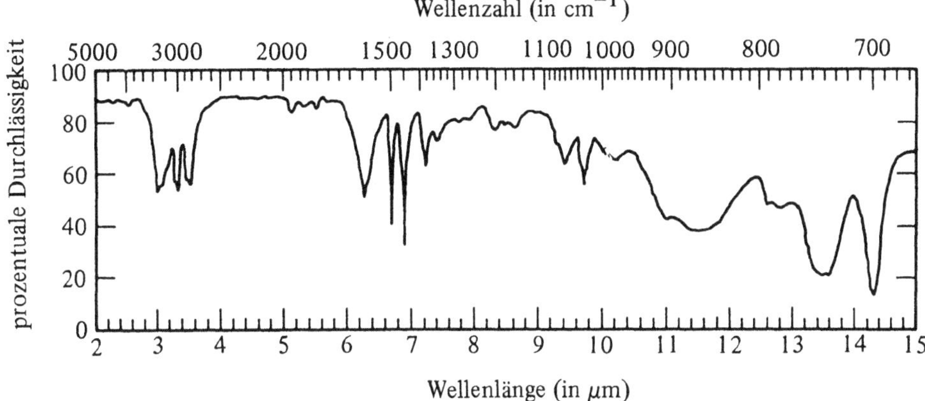

Bild 23-19 Infrarotspektrum der Verbindung 7

Kapitel 24

Analytische Anwendungen
der Atomspektrometrie

In den Kapiteln 5 und 23 wurden quantitative analytische Methoden unter Verwendung von *Molekül*spektren (Atomabsorptionsspektren) beschrieben; diese entstehen dadurch, daß Moleküle Strahlungsenergie bei charakteristischen Wellenlängen absorbieren. In diesem Kapitel wollen wir analytische Methoden unter Verwendung von *Atomspektren* diskutieren. Um ein Atomspektrum zu erzeugen, muß einer Verbindung zunächst ausreichend Energie zugeführt werden, um sie in den gasförmigen Zustand zu überführen und damit die Moleküle in freie Atome dissoziieren. *Atomabsorptionsspektren* werden erhalten, wenn freie Atome Strahlungsenergie bei charakteristischen Wellenlängen absorbieren. *Atomemissionsspektren* entstehen, wenn freie Atome durch thermische Energie einer Flamme, eines Lichtbogens, eines Funkens oder eines Plasmas angeregt werden und Strahlungsenergie emittieren.

Es werden drei Arten von Emissionsspektren beobachtet. *Kontinuierliche Spektren* können durch Glühen von Festkörpern emittiert werden; angeregte Moleküle emittieren *Bandenspektren*, angeregte Atome dagegen *Linienspektren*. Linienspektren bestehen aus scharfen, definierten (und oft über einen weiten Bereich gestreuten) Linien. Bandenspektren bestehen in der Regel aus Liniengruppen, die um so mehr zusammenrücken, je näher sie sich dem oberen Ende des Bandes nähern. Atomlinienspektren werden üblicherweise für analytische Aufgaben herangezogen, obwohl auch gelegentlich Molekül-Bandenspektren verwendet werden.

Der allgemeine Name *Emissionsspektrometrie* (oder Atom-Emissionsspektrometrie) bezieht sich auf analytische Methoden, die auf der Messung von Emissionsspektren basieren. Diese werden in den ersten zwei Abschnitten dieses Kapitels behandelt. Wenn Spektren durch Zerstäuben einer Lösung der Probe in einer Flamme erzeugt werden, wird üblicherweise der Name *Flammenemissionsspektrometrie* oder *Flammenatomemission* verwendet. Werden Spektren auf elektrischem Wege erzeugt, wird der allgemeine Name *Emissionsspektrometrie*, oder gelegentlich *Funken-* oder *Bogenspektrometrie*, verwendet. Bei beiden Methoden werden die Anregungsbedingungen kontrolliert und so konstant wie möglich über eine Reihe von Analysen gehalten. Gemessen wird die Intensität einer brauchbaren Spektrallinie (der „analytischen Linie") eines Elementes; anschließend kann die Konzentration dieses Elementes aus einer Eichkurve, in der die Intensität der analytischen Linie gegen die Konzentration aufgetragen ist, abgelesen werden. (Das Verhältnis zwischen der Intensität der analytischen Linie und der eines internen Standards kann ebenfalls verwendet werden.) Die Emissionsspektrometrie wird häufig auch für den *qualitativen Nachweis* verschiedener Elemente benutzt.

Eine andere analytische Methode, die sogenannte *Atomabsorptionsspektrometrie*, wird ebenfalls in diesem Kapitel beschrieben. Hierbei wird die Probe in einer Flamme zerstäubt und in isolierte Atome, überwiegend im Grundzustand, überführt (atomisiert). Die Flamme wird mit ultraviolettem oder sichtbarem Licht durchstrahlt; das bei einer bestimmten Wellenlänge absorbierte Licht ist eine Funktion der Konzentration eines bestimmten Elementes in der Probe.

24.1 Emissionsspektrometrie (elektrische Anregung)

In der spektrochemischen Analyse wird die von angeregten Atomen und Molekülen emittierte charakteristische Strahlungsenergie für deren qualitativen Nachweis oder die quantitative Bestimmung verwendet. Das Licht durchläuft ein Prisma oder ein Beugungsgitter-System, das die Strahlungsenergie nach Wellenlängen auflöst; auf diese Weise werden die charakteristischen Spektren aufgelöst und identifiziert. Da die Intensität des emittierten Lichtes proportional zur Menge des emittierenden Elementes in der Probe ist, können ausgewählte Linien für eine quantitative Analyse gemessen werden.

Die qualitative Analyse durch Emissionsspektrometrie erlaubt den gleichzeitigen und schnellen Nachweis von annähernd 70 Metallen und metallähnlichen Elementen. In den meisten Fällen können Anteile von 0,001 % oder weniger eines Elementes detektiert werden. Die quantitative Analyse durch emissionsspektrometrische Verfahren ist empfindlich und schnell. Darüber hinaus ist es möglich, verschiedene Elemente in einer Probe zu bestimmen. Dennoch hat die Emissionsspektrometrie verschiedene Nachteile. Die benötigte Ausrüstung ist vergleichsweise teuer und die Genauigkeit begrenzt. Der relative Fehler einer spektrometrischen Analyse ist mit üblicherweise ± 1 bis ± 5 % für die Bestimmung des Hauptbestandteiles der Probe wenig befriedigend, aber akzeptabel für Spurenbestandteile. Ein erheblicher Aufwand ist oft mit der Herstellung von Standards für Kalibrierungszwecke verbunden, da diese Standards den zu analysierenden Proben ähnlich sein müssen, und zwar sowohl in den physikalischen Eigenschaften als auch in der chemischen Zusammensetzung.

Emissionsmethoden sind besonders effektiv für die schnelle Analyse großer Anzahlen ähnlicher Proben oder für die Bestimmung von Spurenbestandteilen. Diese Anwendungen haben die Emissionsspektrometrie in vielen industriellen Laboratorien zum „Arbeitspferd" gemacht, insbesondere bei denjenigen, die mit Metallen arbeiten.

Verschiedene Methoden wurden für die Detektion von Emissionsspektren angewendet. Ein *Spektroskop* ist so gebaut, daß es dem menschlichen Auge ein Spektrum darstellen kann; ein *Spektrograph* schreibt die Spektren auf eine photografische Platte; ein *Spektrometer* zeigt die Emission durch Verwendung einer oder mehrerer Photozellen (oder Photomultiplier) an. Das Spektrometer ist das am meisten verwendete Instrument. Aus diesem Grunde werden auch die Bezeichnungen „spektrometrisch" und „Spektrometrie" häufig als allgemeine Bezeichnungen für Emissionsmethoden verwendet.

Anregungsmethoden

Üblicherweise werden in der spektrographischen Analyse ein Gleichstrombogen, ein Wechselstrombogen oder eine elektrische Funkenquelle verwendet. Beim Bogen fließt ein elektrischer Strom von 1 bis 30 A zwischen einem Paar von Metall- oder Graphitelektroden, die einen Abstand von etwa 1 bis 20 mm haben. Die Intensitäten der mit einer Funkenquelle erhaltenen Spektrallinien sind besser reproduzierbar als die der durch Bogenanregung erhaltenen.

Elektroden

Üblicherweise werden in der Spektrometrie Elektroden aus amorphem oder graphitähnlichem Kohlenstoff verwendet.

Die einfachste Elektrode besteht aus hochreinem Graphit. Kohlenstoffelektroden können viel heißer als Graphitelektroden werden und sind dadurch auch für spezielle Anwendungen, bei denen heißere Elektroden erforderlich sind, angebracht. Werden dazwischenliegende Eigenschaften gefordert, können auch Mischungen verwendet werden.

Die Temperatur im Zentrum des Bogens beträgt mindestens 4000 °C und kann annähernd 8000 °C erreichen. Der Bogen entsteht, indem die beiden Elektroden für einen Moment in Kontakt gebracht werden, und wird durch Zufuhr von Elektronen aus der Kathode aufrechterhalten.

Ein typischer Schaltkreis für eine Funkenquelle wird in Bild 24−1 gezeigt. Ein Transformator erzeugt eine Hochspannung (15 000 bis 40 000 Volt), die den Kondensator auflädt, bis schließlich ein Funken die Zwischenräume überwinden kann. (Ein Zwischenraum enthält die Probe, der andere ist ein Referenzraum.) Der Kondensator muß erneut aufgeladen werden, bevor der nächste Funken überspringen kann. Das Ergebnis ist eine schnelle Serie von Funken, die die Zwischenräume überspringen.

Lichtbogenquellen ermöglichen im allgemeinen eine höhere Empfindlichkeit als Funkenquellen, aber da die Intensität mit der Zeit schwankt, ist die Genauigkeit der Analyse geringer, etwa ±5−10 %. Die Verwendung einer Lichtbogenquelle ist üblicherweise auf die qualitative Analyse oder zur quantitativen Bestimmung von Spurenbestandteilen beschränkt, wo die Empfindlichkeit wichtiger als die Genauigkeit ist.

Eine Funkenquelle ermöglicht wegen der relativ langen Kühlperioden zwischen Entladungen ein hohes Maß an Anregung ohne überschüssige Erwärmung. Hierbei wird auch etwas Elektrodenmaterial verdampft; auch wird etwas Material durch hochbeschleunigte Ionen aus der Elektrode herausgeschlagen. Etwa 1 mg bis 5 mg Material können während einer Messung mit Funkenanregung von der Elektrode verloren gehen; mit Bogenanregung sind es schon 10 mg bis 50 mg. Kohlen-

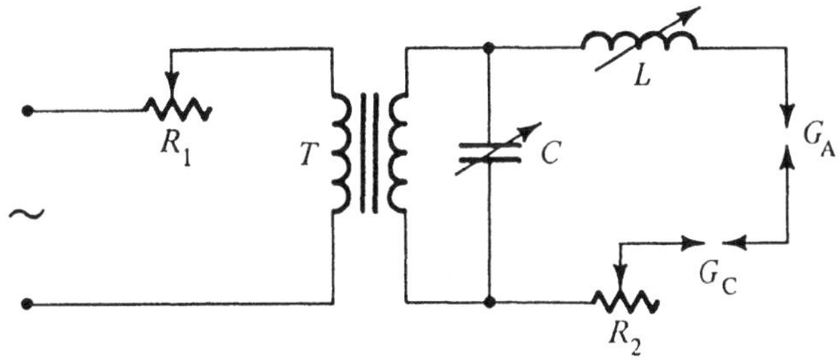

Bild 24-1 Schaltkreise für einen Hochspannungsbogen: R_1 und R_2 Widerstände; T Hochspannungstransformator; C Kondensator; L Induktionsspule; G_C und G_A Zwischenräume für die Probe (A) und die Referenzprobe (C). [Aus B. F. Scribner und M. Margoshes, *Treatise on Analytical Chemistry* (J. Wiley, New York 1965), mit freundlicher Genehmigung]

stoffelektroden sind beinahe ideal, da sie ein sehr einfaches Emissionsspektrum haben und in hoher Reinheit verfügbar sind. Darüber hinaus lassen sich Kohlenstoffelektroden leicht mechanisch formen, leiten den elektrischen Strom gut und widerstehen sehr hohen Temperaturen.

In der spektrographischen Analyse von Metallproben wird üblicherweise die Probe (in Form eines Stiftes, einer Platte oder einer Tablette) als eine der Elektroden verwendet. Sollen Metallschmelzen untersucht werden, so wird eine Probe direkt aus dem Schmelzofen über eine schmale Rinne in eine Gießform geführt. Vor der Analyse werden Metallproben leicht poliert.

Pulverförmige Proben werden in Vertiefungen eingebracht, die auf der Kohlenstoffelektrode zur Aufnahme der Probe vorgesehen sind. Oft werden derartige Proben zu einer Tablette gepreßt, um das Herausplatzen während des Anregungsprozesses zu vermeiden. Lösungen können an einer porösen Elektrode absorbiert oder mit Hilfe einer rotierenden Plattenelektrode analysiert werden, die in die Lösung eintaucht und die Probe durch Rotation der Platte in den Funkenraum transportiert.

In jedem Falle werden die Elektroden in einem Anregungsraum plaziert, der so gebaut ist, daß der Bediener des Geräts vor ultraviolettem Licht oder gefährlichen Dämpfen, die während der Anregung entstehen, geschützt ist.

Spektrographen

Die Qualität eines Spektrographen wird an der Größe seiner Dispersion und Auflösung gemessen. Die *reziproke lineare Dispersion* ist die Wellenlängendifferenz zweier Spektrallinien, deren Abstand auf der Photoplatte 1 mm beträgt, in Ångström pro Millimeter 1 Å = 0,1 mm). Die *Auflösung R* ist als $\lambda/\Delta\lambda$ definiert, wobei $\Delta\lambda$ die Wellenlängendifferenz zwischen zwei Linien ist, die so nah beieinander liegen, daß sie gerade noch aufgelöst werden können; λ ist die mittlere Wellenlänge der Linien.

Das optische System des Spektrographen löst Spektrallinien auf, so daß Elemente identifiziert und Linien-Intensitäten für die quantitative Analyse gemessen werden können. Das Licht fällt durch den Eingangsspalt und wird mit Hilfe eines Gitters in sein Spektrum zerlegt. Die Linien können mit Hilfe eines photographischen Films oder eines Photonendetektors (Photozelle, Sekundärelektronenvervielfacher) detektiert werden.

Gitterspektrographen haben die früher verwendeten Prismen-Instrumente weitgehend ersetzt. Ein Gitter besteht aus vielen (einigen Tausend pro Zentimeter) parallelen Rillen gleichen Abstandes, die in eine Glas- oder Metalloberfläche eingeritzt wurden. Licht, das diese Rillen erreicht, wird unter verschiedenen Winkeln gebrochen, die von der Wellenlänge des Lichtes und dem Abstand zwischen den Rillen abhängen. Die Grundgleichung für die Lichtbrechung durch ein Gitter ist

$$n\lambda = d(\sin i + \sin \Theta)$$

wobei n eine kleine ganze Zahl ist, die die „Ordnung" des Spektrums angibt; λ ist die Wellenlänge des Lichtes, d der Abstand zwischen den Rillen des Gitters, i der Winkel des einfallenden Lichtes und Θ der Brechungswinkel.

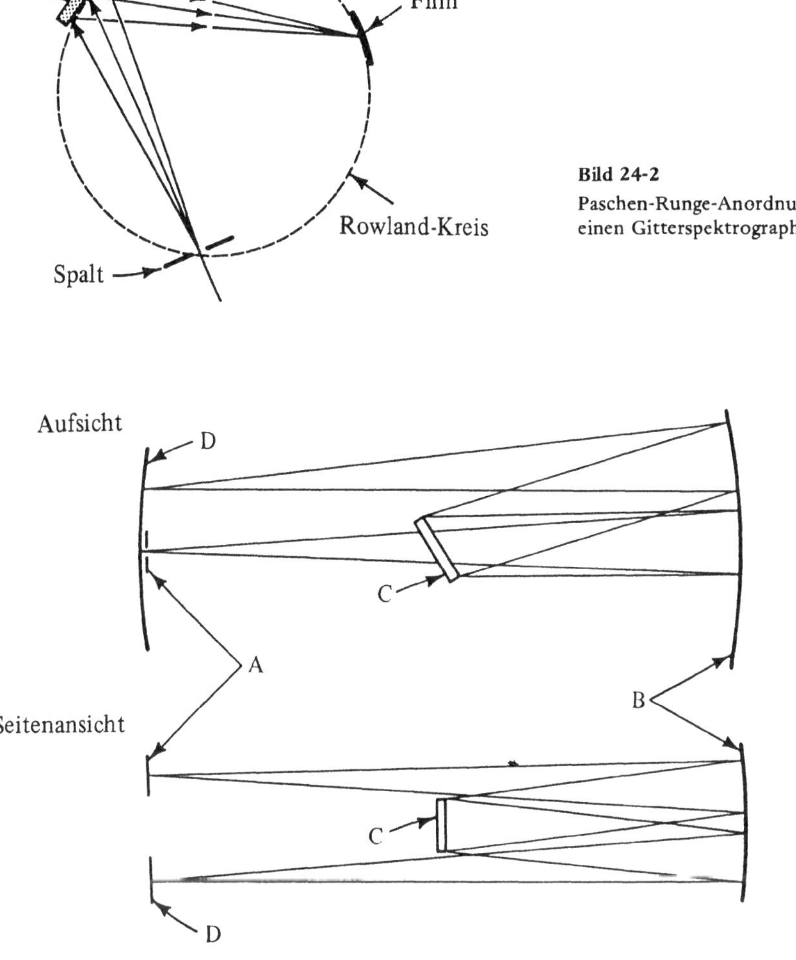

Bild 24-2
Paschen-Runge-Anordnung für
einen Gitterspektrographen

Bild 24-3 Fastie-Modifikation des Ebert-Gitterspektrographen: A Eintrittsspalt, B Konkav-
spiegel, C Beugungsgitter, D Photoplatte oder Film (Quelle wie Bild 24-1).

Viele Spektrographen haben konkave Gitter in verschiedenen Anordnun-
gen: Die *Paschen-Runge-Anordnung* ist in Bild 24−2 dargestellt. Der Spalt, das Gitter und der Film (oder Detektor) liegen alle auf einem Kreis, dem sogenannten
Rowland-Kreis, der gerade den halben Radius des konkaven Gitters hat. Die Spektrallinien sind Abbildungen des Spaltes und werden an einer Stelle des Rowland-
Kreises fokussiert.

Die *Ebert-Anordnung* (Bild 24−3) hat ein ebenes Gitter; dieses läßt sich
leichter als ein gebogenes Gitter herstellen. Bei dieser Anordnung kann das Gitter
rotieren, so daß die Spektren höherer Ordnung in den Bereich der Kamera gebracht
werden können. Dadurch werden die Dispersion und das Auflösungsvermögen verbessert.

Es sei angemerkt, daß die Bilder 24−2 und 24−3 zeigen, wie *eine* Linie gebeugt und auf den Film fokussiert wird. Die Linien anderer Wellenlängen werden natürlich unter unterschiedlichen Winkeln gebeugt und auf unterschiedliche Punkte des Films fokussiert.

Messung von Spektrallinien

Photographische Methoden. Zur Detektion der Emissionsspektren wurde früher meist ein photographischer Film oder eine Photoplatte verwendet. Die photographische Methode ermöglicht eine permanente Aufzeichnung und hat den wichtigen Vorteil, daß die Lichtintensitäten von Spektrallinien über die Gesamtzeit der Einwirkung integriert werden.

Quantitative Methoden unter Verwendung photographischer Filme oder Platten beruhen auf der Schwärzung („Dichte") bestimmter Spektrallinien. Die Dichte hängt von der Intensität des auf den Film auftreffenden Lichtes ab, jedoch auch von der Dauer der Einwirkung, der Art des verwendeten Filmes und den Bedingungen, unter denen der Film entwickelt wird. Die Dichte wird mit einem Mikrophotometer (oft als *Densitometer* bezeichnet) gemessen, der einen feinen Lichtstrahl auf ausgewählte Spektrallinien fokussiert. Die meisten derartigen Instrumente können auch einen Teil des Films auf einen Schirm projizieren, so daß die Linien leichter ausgewählt werden können. Ein Mikrophotometer mißt die relative Durchlässigkeit T der Linien. Dies ist das Verhältnis der durch die Linie transmittierten Lichtintensität zur Intensität des durch einen durchsichtigen Teil des Films oder der Platte transmittierten Lichtes. − Gewöhnlich wird für die Untergrundschwärzung korrigiert. Die Beziehung zwischen der relativen Durchlässigkeit von Spektrallinien und der Exposition (Belichtung) wird durch Auftragung von $\log 1/T$ oder $\log [(1/T) - 1]$ gegen den Logarithmus der relativen Exposition gezeigt (Exposition = Belichtungsstärke $\times$ Belichtungszeit).

Die Intensität einer Linie ist also proportional zur Belichtung und damit umgekehrt proportional zur Ablesung des Mikrophotometers. Die relativen Intensitäten von Spektrallinien können vom Film aus der Ablesung des Mikrophotometers mit einer Emulsionseichkurve erhalten werden, die wie folgt erstellt wird.

(1) Ein Eisenlichtbogen oder ein anderes brauchbares Spektrum wird simultan bei verschiedenen Intensitäten photographiert, indem eine rotierende Sektorscheibe (Stufensektor) (Bild 24−4) vor dem Spalt des Spektrographen angebracht wird. Diese Sektorscheibe transmittiert bekannte relative Intensitäten des Lichts durch die unterschiedlichen Stufen und segmentiert so jede Linie in verschiedene vertikale schwarze Stufen.

(2) Der Film wird unter bekannten Bedingungen entwickelt und die relativen Durchlässigkeiten der Segmente einer oder mehrere Linien werden mit einem Mikrophotometer gemessen.

(3) Eine Funktion der relativen Durchlässigkeit T, wie etwa $\log [(1/T) - 1]$, wird gegen den Logarithmus der relativen Intensität ausgetragen. Die erhaltene Kurve − die Emulsionseichkurve − ist annähernd eine gerade Linie (Bild 24−5). Für jede Lieferung eines Films sollte jeweils eine neue Eichkurve erstellt werden.

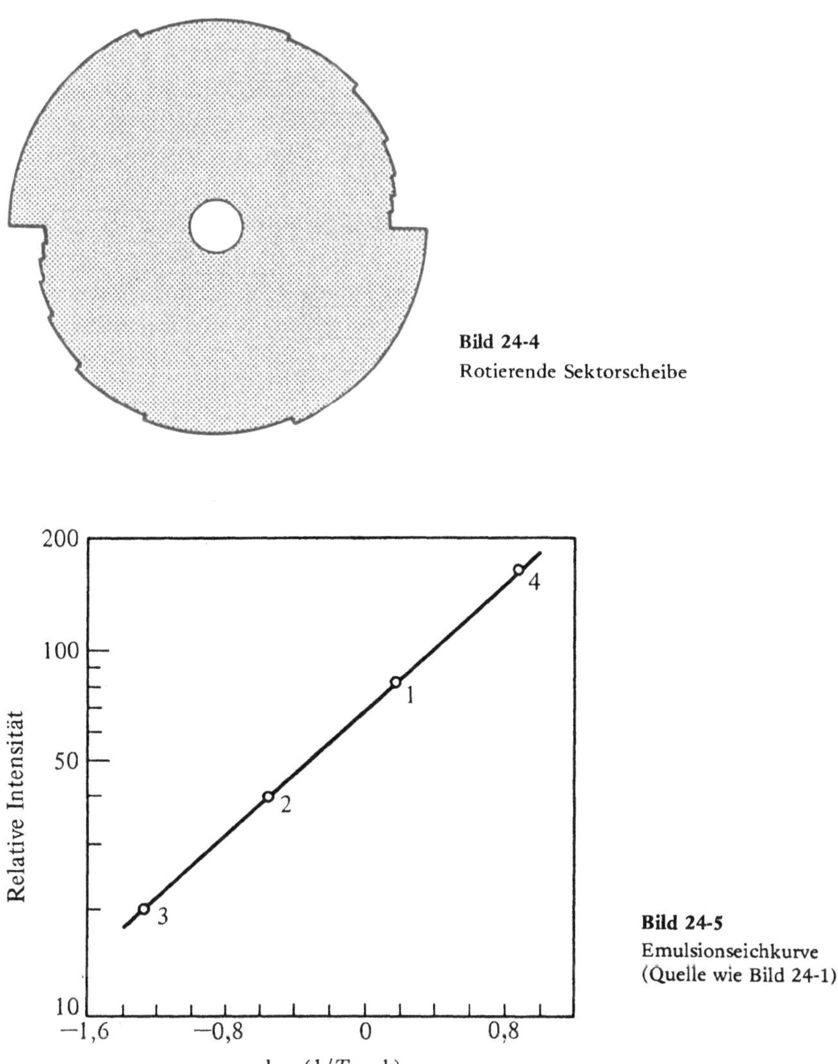

Bild 24-4
Rotierende Sektorscheibe

Bild 24-5
Emulsionseichkurve
(Quelle wie Bild 24-1)

Die Emulsionseichkurve wird zur Übersetzung der abgelesenen Mikrophotometerwerte in relative Intensitäten von aufeinander folgenden analytischen Bestimmungen verwendet. Eine zweite Eichkurve – die *analytische Eichkurve* (die „Arbeitskurve" für die quantitative Analyse) – erhält man durch Auftragung der relativen Intensität der analytischen Linie (oder des relativen Intensitätsverhältnisses von zwei Linien) gegen die Konzentration der Substanz in Standards mit unterschiedlichen, genau bekannten Stoffmengenkonzentrationen.

Photoelektrische Detektion. Photoelektrische Spektrometer sind sehr schnell und erübrigen viele Arbeitsschritte der spektrographischen Analyse. In Instrumenten dieses Typs werden die zu messenden Wellenlängen durch Austrittsspalte ausgewählt. Das durch jeden Spalt durchfallende Licht trifft auf einen photoelektrischen Detektor und verursacht ein zur Intensität der Spektrallinie proportinales Signal. Häufig werden Photomultiplier-Röhren (Sekundärelektronenvervielfacher) als Detektoren verwendet. Das Ausgangssignal ist proportional zur Lichtmenge, die während der Emissionszeit der Probe auf den Detektor fällt, und kann durch einen eingebauten oder angeschlossenen Rechner in Konzentrationen umgerechnet werden.

Photoelektrische Instrumente haben eine größere Genauigkeit als photographische Spektrographen. Jedoch sind direkt ablesbare Instrumente teurer und wegen der limitierten Anzahl von Ausgangskanälen weniger flexibel. Wegen ihrer Schnelligkeit und Genauigkeit eignen sie sich bestens für die routinemäßige quantitative Analyse einer großen Probenzahl.

Qualitative spektrographische Methoden

Anregungsmethoden und Empfindlichkeit. Für die qualitative Analyse wird im allgemeinen mit einem Lichtbogen angeregt, da eine Lichtbogenanregung eine bessere Empfindlichkeit als eine Funkenquelle liefert. Die Probe wird als Pulver, Feilspäne oder Drehspäne in die Aushöhlung einer Kohlenstoffelektrode plaziert, Lösungen können in dieser Aushöhlung oder auf dem Ende einer Kohlenstoffstange eingedampft werden. Um alle Bestandteile zu bestimmen, wird ein hinreichend großer Strom zur vollständigen Verdampfung der Probe während der Anregungsperiode gewählt.

In Tabelle 24–1 sind die Nachweisgrenzen verschiedener durch spektrographische Methoden zu bestimmende Elemente zusammengestellt.

Identifizierung der Linien. Die Wellenlängen der Spektrallinien werden aus ihren Positionen auf dem entwickelten Film oder der Platte bestimmt. Die Wellenlängen können leicht mit einem Mikrophotometer identifiziert werden, der das Probenspektrum zusammen mit einem Vergleichsspektrum mit markierten Wellenlängen auf einen Schirm projiziert. Die Wellenlängen anderer Linien können durch Interpolation der Abstände zwischen Linien bekannter Wellenlängen gemessen werden. Bandenspektren, wie etwa die CN-Bande, und charakteristische Linien wie die drei Eisenlinien nahe bei 310 nm (= 3100 Å) sind für die Messung der Wellenlängen hilfreiche Referenzpunkte.

Eine CN-Bande ist immer vorhanden, wenn Kohlenstoffelektroden der Gegenwart atmosphärischen Stickstoffs ausgesetzt werden.

In der qualitativen Arbeit werden die empfindlichsten Linien der Elemente zuerst gesucht. Dennoch ist eine einzige Linie für die Identifizierung nicht ausreichend, da sie auch von einem anderen Element herrühren kann. Es sollten daher mindestens zwei oder drei Linien für jedes Element identifiziert werden; es ist jedoch nicht notwendig, alle Linien zuzuordnen.[1]

---

1 Eine gute Datensammlung ist: W.F. Meggers, C.H. Corliss und B.F. Scribner, *Tables of Spectral-Line Intensities.* Part I, Arranged by Elements; Part II, Arranged by Wavelength. (U.S. National Bureau of Standards Monograph 32, 1962)

Tabelle 24−1 Annähernde Nachweisgrenzen und Wellenlängen für die qualitative Analyse mit einem Gleichstromlichtbogen [Daten aus: N.W.H. Addink, *Spectrochim. Acta 11*, 168 (1975)]

Element	Wellen-länge (in Å)*	untere Nachweis-grenze (in %)	Element	Wellen-länge (in Å)	untere Nachweis-grenze (in %)
Ag	3281	0,0001	K	4047	0,3
Al	3962	0,0002	La	3337	0,004
As	2288	0,002	Li	3233	0,004
Au	2676	0,0005	Mg	2852	0,00004
B	2498	0,0004	Mn	2576	0,00015
Ba	4554	0,001	Mo	3133	0,003
Be	2349	0,0001	Na	5896	0,0001
Bi	3068	0,0003	Nb	3195	0,01
Ca	4227	0,0001	Ni	3415	0,0002
Cd	2288	0,001	P	2536	0,002
Co	3454	0,0004	Pb	4058	0,0003
Cr	4254	0,0002	Pt	3065	0,0008
Cu	3248	0,00008	Sb	2600	0,002
Fe	3720	0,0001	Si	2516	0,0002
Ga	2944	0,0005	Sn	3175	0,001
Ge	3039	0,001	Sr	3464	0,02
Hf	2941	0,02	Ti	3373	0,01
Hg	2537	0,003	Tl	2768	0,007
In	3256	0,001	V	3185	0,002
Ir	3221	0,04	Zn	3345	0,003

* 1 Å = 0,1 nm

Quantitative spektrographische Analyse

Methode des internen Standards. Quantitative spektrographische Methoden basieren auf der Tatsache, daß die Intensitäten der Spektrallinien eines Elementes proportional zur Konzentration dieses Elementes in der Probe sind. Unglücklicherweise ist es nicht möglich, die Anregungsbedingungen von einer Analyse zur anderen konstant zu halten, so daß die Linienintensitäten von einer Analyse zur nächsten nur schlecht reproduzierbar sind. Aus diesem Grunde wird bei quantitativen spektrographischen Verfahren üblicherweise ein *interner Standard* verwendet. Die relative Intensität einer Spektrallinie des zu bestimmenden Elementes (die analytische Linie) wird hierbei mit der Linie eines internen Standards verglichen. Um Variationen in den Bedingungen auszuscheiden, sollten die zwei Linien als ein *homologes Paar* ausgewählt werden; damit ist gemeint, daß ihr *Intensitätsverhältnis* bei Veränderungen in der Anregung im wesentlichen konstant bleibt. In publizierten Arbeiten wurden eine Vielzahl homologer Paare beschrieben, sie können jedoch auch experimentell ausgewählt werden.

Zwei Linien, deren Intensitätsverhältnis mit Veränderungen der Anregungsbedingungen beachtlich schwanken, werden als *Fixierpaar* bezeichnet. Ein solches Paar wird manchmal verwendet, um festzustellen, ob die Anregungsbedingungen relativ konstant geblieben sind.

Bei der Methode des internen Standards werden die Intensitäten für die homologen Linien durch die Mikrophotometerablesung und die *Emulsionseichkurve* erhalten. Anschließend wird der Logarithmus des Intensitätsverhältnisses der analytischen und der Linien des internen Standards gegen den Logarithmus der Konzentration einer Serie von Standards aufgetragen; dies liefert eine *Arbeitskurve* für die nachfolgende quantitative Analyse von Proben.

Standards für die Eichung. Die Intensitäten von Spektrallinien können durch die Zusammensetzung der Probe stark beeinflußt werden, insbesondere wenn der Hauptbestandteil (die *Matrix*) verändert wird. (Nebenbestandteile der Probe beeinflussen auch manchmal die Linienintensitäten anderer Elemente.) Veränderungen in der Zusammensetzung führen zu diesen Effekten durch Veränderung der Temperatur oder Elektronenkonzentration der Entladung, durch Bildung neuer Verbindungen in der Probe oder durch Veränderung der Verdampfungscharakteristika der Probe während der Anregung. (Auch der physikalische Zustand der Probe kann deren Verdampfungscharakteristika beeinflussen.) Aus diesen Gründen sollten die Standards für die Eichung sowohl im chemischen als auch im physikalischen Zustand der Probe so weit wie möglich ähneln.

Eine große Anzahl von spektrophotographischen Standardproben ist vom U.S. National Bureau of Standards oder einem entsprechenden Büro der EG in Brüssel erhältlich. Die Herstellung von Standardlösungen ist sehr einfach. Feste Proben können durch Vermischen fein gemahlener Pulver in geeigneten Verhältnissen erhalten werden; es muß jedoch darauf geachtet werden, daß die Flüchtigkeit der festen Proben in etwa der in unbekannten Proben entspricht. Die Herstellung von Standardlegierungen ist oft schwierig. Manchmal werden kleine, bekannte Mengen eines Elementes zu einer Legierung brauchbarer Zusammensetzung der wichtigsten Elemente zugegeben.

Zusammenfassung des Verfahrens zur quantitativen Analyse

(1) Erstellen Sie eine Emulsionseichkurve für jede Lieferung des verwendeten Films. Diese wird zur Übersetzung der Mikrophotometer-Ablesungen der Spektrallinien in relative Intensitäten verwendet.

(2) Wählen Sie ein brauchbares homologes Paar von Linien für die Analyse jedes Elements aus. Eine Linie sollte die analytische Linie für das zu bestimmende Element, die andere eine Spektrallinie sein, die über den Bereich der verwendeten Probenzusammensetzung nicht in der Intensität variiert.

(3) Verwenden Sie eine Serie von Standards mit gleicher Matrix und physikalischer Beschaffenheit wie die zu analysierende Probe, jedoch mit verschiedenen Gehalten des zu bestimmenden Elementes. Messen Sie für

> jeden Standard die „Dichte" der analytischen Linie und der Linie des internen Standards mit einem Mikrophotometer; lesen Sie anschließend die relative Intensität jeder Linie aus der Emulsionseichkurve ab.
>
> (4) Tragen Sie den Logarithmus des Intensitätsverhältnisses von analytischer Linie zur Linie des internen Standards gegen den Logarithmus der Konzentration des zu analysierenden Elementes auf. Dies ist die analytische Eichkurve, die sogenannte Arbeitskurve (vergleiche Bild 24–6).
>
> (5) Messen Sie die Proben unter den gleichen Bedingungen wie die Standards und berechnen Sie das logarithmische Intensitätsverhältnis der analytischen Linie zur Linie des internen Standards. Lesen Sie die Konzentration aus der Arbeitskurve ab.

24.2 Emissionsspektrometrie (Flammenanregung)

Eine Flammenanregung verursacht ebenfalls charakteristische Emissionsspektren für die verschiedenen metallischen Elemente. Die Messung einer ausgewählten Spektrallinie (der analytischen Linie) mit Hilfe eines Spektrometers ist eine bewährte quantitative Methode, die im allgemeinen als *Atomemissionsspektrometrie* oder *Flammen-Atomemissionsspektrometrie* bezeichnet wird.

In der älteren Literatur erscheint diese Methode oft unter dem Namen *Flammenphotometrie*. Dieser Name rührt von einem einfachen, früh entwickelten Instrument her, in dem die gewünschten Spektrallinien aus vielen anderen durch ein optisches Filter isoliert und ihre Intensitäten durch ein Photometer gemessen wurden. Heute wird ein Spektrometer verwendet, in welchem ein Monochromator mit einer Einheit für die Messung der Strahlungsenergie der analytischen Linie kombiniert ist.

Die Flammen-Emissionsspektrometrie ist eine attraktive analytische Methode zur Bestimmung kleiner Mengen Salze in Lösung. Alle metallischen Elemente können durch Flammen-Emissionsspektrometrie bestimmt werden; gute Instrumente mit geringeren Störungen machen diese Methode gegen Unterschiede in der Probenzusammensetzung weniger empfindlich.

Die Analyse mit dem Flammen-Spektrometer wird häufig in geologischen oder landwirtschaftlichen Laboratorien verwendet; sie ist eine Standardmethode in klinischen Labors, wo sie zur schnellen Bestimmung von (u.a.) Natrium-Ionen in Blut verwendet wird. Sie ist für Natrium so empfindlich, daß in einer Messung eine Serumprobe von 80 Mikrolitern um das 200fache mit Lösungsmittel verdünnt wird. Die ganze Analyse erfordert nur 30 Sekunden.

Bei der Flammen-Emissionsspektrometrie wird die Probenlösung fein vernebelt und in eine Flamme gesprüht, wobei die Emissionsspektren für die ansprechbaren Elemente der Probe entstehen. Das Licht aus der Flamme durchläuft einen Monochromator und wird in die unterschiedlichen Spektrallinien aufgelöst. Die Strahlungsenergie charakteristischer Linien wird mit einer Photozelle gemessen. Die Konzentration eines Elementes wird dann aus der Strahlungsenergie einer gegebenen Spektrallinie mit Hilfe einer aus Standardlösungen erhaltenen Arbeitskurve ermittelt.

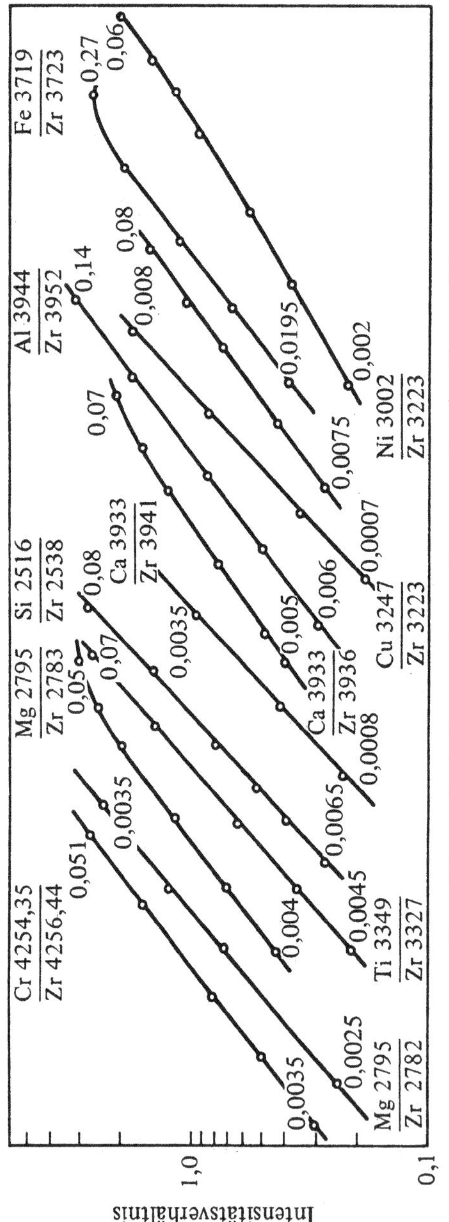

Bild 24-6　Spektrographische Arbeitskurve für die Bestimmung häufig vorkommender Verunreinigungen in metallischem Zirconium. (Aus V. A. Fassel, A. M. Howard und D. Anderson, *Anal. Chem.* 25, 760 (1953), mit freundlicher Genehmigung)

Grundlagen

Wenn eine Probe in die Flamme gesprüht wird, laufen die nachfolgenden Ereignisse in schneller Aufeinanderfolge ab.

(1) Das Lösungsmittel wird verdampft oder verbrannt und läßt die Partikel der festen Bestandteile der aufgelösten Probe zurück.

(2) Die festen Verbindungen werden verdampft; sie dissoziieren teilweise in Atome, zum Beispiel:

$$MgCl_2(s) \rightarrow MgCl_2(g) \rightarrow Mg(g) + 2\,Cl(g)$$

(3) Ein kleiner Anteil der Atome wird durch thermische Energie angeregt. Diese angeregten Atome sind nicht stabil und kehren nach kurzer Zeit unter Emission ultravioletten oder sichtbaren Lichtes in den Grundzustand zurück:

$$Mg(g) \rightarrow Mg^*(g) \rightarrow Mg(g) + h\nu$$

Die Strahlungsenergie des emittierten Lichtes hängt von der Anzahl der in der Flamme angeregten Atome ab. Da das Licht in alle Richtungen ausgestrahlt wird, kann nur ein bestimmter Anteil des emittierten Lichtes auf den Detektor fokussiert werden. Werden konstante Meßbedingungen eingehalten, ist die vom Instrument gemessene Strahlungsenergie direkt proportional zur Konzentration des gewünschten Elementes in der Probe.

(4) Einige der Metall-Atome können auch ionisiert werden.

$$Mg(g) \rightarrow Mg^+(g) + e^-$$

Eine beachtliche Ionisierung kann bei Metallen wie den Alkalimetallen erreicht werden, die ein niedriges Ionisierungspotential haben. Auch begünstigt eine Hochtemperaturflamme die Ionisation. Durch intensive Ionisation wird die Emission bei der gewünschten Wellenlänge vermindert. Gleichzeitig können einige der Ionen angeregt werden und emittieren anschließend Licht anderer Wellenlängen. Die Ionisation eines Elementes kann durch Zugabe eines großen Überschusses eines Salzes eines leicht ionisierbaren Elementes unterdrückt werden (vergl. das in Abschnitt 24.3 unter „Typische Bestimmungen" angeführte Beispiel).

(5) Unerwünschte Nebenreaktionen, die die Anzahl neutraler Metall-Atome in der Flamme und damit die Anzahl angeregter Atome herabsetzen, können vorkommen. Eine solche Reaktion ist die Bildung von Monoxiden der betreffenden Metalle. Sind solche Oxide sehr stabil − wie etwa diejenigen der Seltenen Erden, Zirconium und anderen −, wird die Emission angeregter Atome stark vermindert. Glücklicherweise wird die Bildung von Metallmonoxiden bei Verwendung einer brennstoffreichen Flamme herabgesetzt (vergl. Abschnitt „Quantitative Bestimmungen" in 24.3).

In Kapitel 5 wurde darauf hingewiesen, daß die Frequenz emittierter Strahlung in der Atomspektrometrie von der Differenz der Energien des angeregten und Grundzustandes eines Atoms abhängt:

$$E_2 - E_1 = h\nu = \frac{hc}{\lambda}$$

Hierbei ist E_2 die Energie des höher angeregten Zustandes, E_1 die Energie des niedriger angeregten Zustandes oder Grundzustandes, h das Plancksche Wirkungsquantum, ν die Frequenz des emittierten ultravioletten oder sichtbaren Lichtes, c die Lichtgeschwindigkeit und λ die Wellenlänge des emittierten Lichtes.

Werden die Energien in Elektronenvolt (eV) und die Wellenlänge in Ångström angegeben, erhalten wir folgende Gleichung:

$$E_2 - E_1 = \frac{12\,400}{\lambda}$$

Beispiel:

Das Anregungspotential für das $4p$-Niveau des Calciums ist 2,95 eV. Geben Sie näherungsweise die Wellenlänge der von einem Übergang aus dem $4p$-Niveau zurück in den $4s$-Grundzustand emittierten Strahlung an.

Da die Energiedifferenz zwischen dem Grundzustand E_1 und dem angeregten Zustand E_2 2,95 eV beträgt, erhalten wir den folgenden Ausdruck:

$$2{,}95 = \frac{12\,400}{\lambda}$$

$$\lambda = 4200 \ \text{Å}$$

Bei den meisten Atomen sind verschiedene Übergänge möglich, von denen jeder eine Spektrallinie ergibt; die wichtigste Linie jedoch wird durch Elektronen verursacht, die aus dem niedrigsten angeregten Zustand in den Grundzustand zurückkehren. Beim Natrium ist dies z.B. der Übergang vom $3p$- (angeregt) zum $3s$-Niveau (Grundzustand) bei einer Wellenlänge von 589,3 nm (5893 Å). Die nächstintensive Linie im Natrium ist der Übergang von $4p$ nach $3s$ bei 330 nm (3300 Å). Übergänge zwischen angeregten Zuständen, wie etwa der Übergang von $3d$ nach $3p$ beim Natrium bei 819,0 nm (8190 Å), verursachen weniger intensive Linien.

Instrumentelles

Die wesentliche instrumentelle Ausstattung für die Flammen-Atomemissionsspektrometrie ist wie folgt:

(1) *Gasdruckregelung.* Die meist verwendeten Flammen bei der Flammen-Emissionsspektrometrie werden durch Verbrennung einer Mischung aus Brenngas und Luft oder Sauerstoff erzeugt. Für die geeigneten Charakteristika der Flamme müssen die Gase in einem genauen Verhältnis gemischt und mit einer geeig-

neten Strömungsgeschwindigkeit zugeführt werden. Eine Kontrolle wird mit Hilfe von Ventilen, Druck- und Durchflußmessern erreicht.

(2) *Vernebelungseinrichtung und Brenner.* Gewöhnlich sind Vernebelungseinrichtung (Zerstäuber) und Brenner eine Einheit. Die Aufgabe der Vernebelungseinheit besteht darin, die Probe anzusaugen und mit einer konstanten und reproduzierbaren Geschwindigkeit in die Flamme zu versprühen. Die zwei Grundtypen der in der Flammen-Emissionsspektrometrie verwendeten Brenner sind der Brenner mit „vollständigem Umsatz" und der Brenner mit „Vormischung". Beim erstgenannten Brennertyp werden das Brenngas, das oxidierende Gas und die Probe durch jeweils separate Zuführungen in eine einzige Öffnung geführt, aus der die Flamme hervortritt. Die resultierende Flamme ist turbulent und relativ schmal in der Ausdehnung. Der Brenner mit „Vormischung" produziert eine ruhigere Flamme mit weniger Turbulenz und hat im Vergleich zum erstgenannten Brenner eine niedrige Untergrundemission. Hier werden die Probe und die zwei Gaskomponenten vor dem Eintritt in die Flamme gemischt (Bild 24—7). Dieser Brenner ist so gestaltet, daß nur die feinen Partikel der vernebelten Probe in die Flamme eintreten; größere Tröpfchen werden durch Abschirmplatten aufgefangen und zurückgehalten.

(3) *Optisches System und Detektor.* In den einfachen und billigeren Instrumenten wird mittels eines Farbfilters oder Interferenzfilters der gewünschte Wellenlängenbereich „herausgefiltert" (durchgelassen). Dieses Licht fällt auf eine Photozelle und erzeugt dort einen elektrischen Strom, der sich direkt oder nach Ver-

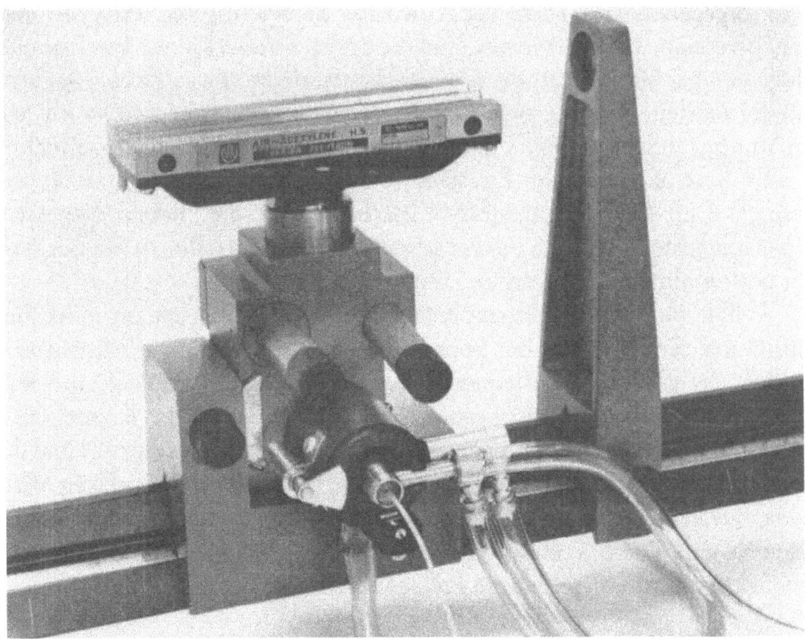

Bild 24-7 Vernebelungsbrenner (mit freundlicher Genehmigung der Fa. Varian)

stärkung messen läßt. Im allgemeinen sind Instrumente dieses Typs auf die Bestimmung von Natrium und Kalium beschränkt; manchmal kann auch Calcium bestimmt werden. Aufwendigere Geräte enthalten einen Prismen- oder Gittermonochromator und einen schmalen Eintrittsspalt zur Verbesserung der Linienauflösung sowie empfindliche Detektoren. Bei Geräten dieses Typs kommt es deutlich weniger zu Störungen durch nahe beieinander liegende Emissionslinien verschiedener Elemente als bei den billigen Filterinstrumenten.

Durchführung der Analyse

Vorbereitung von Proben und Standards. Anorganische Proben werden in einer geeigneten Säure oder einem anderen Lösungsmittel gelöst und verdünnt. Die Empfindlichkeit wird gesteigert, wenn die gemessene Lösung mindestens 80 % eines organischen Lösungsmittels wie etwa Methanol enthält. Biologische Proben werden üblicherweise vor der Analyse durch Veraschung aufgeschlossen und mit oxidierenden Säuren behandelt. Organische Proben werden gelöst und mit einem brauchbaren organischen Lösungsmittel verdünnt.

Standards werden mit einem bekannten Gehalt der das zu messende Element enthaltenden Verbindung hergestellt. Falls möglich, sollte die im Standard vorliegende Verbindung die gleiche sein wie in der zu bestimmenden Probe. Den Standards werden noch andere Salze zugegeben, um annähernd die Zusammensetzung der zu untersuchenden Probe zu erreichen.

Auswahl der experimentellen Variablen. Obwohl die Bedingungen für verschiedene Analysen in der Literatur und in den Manuals der kommerziellen Instrumente angegeben sind, sollte der Anwender die wichtigsten Variablen dieser Bedingungen kennen. Im allgemeinen sind die preiswerteren Geräte weniger vielseitig und haben weniger Variable als die teureren Instrumente. Es sollte eine Spektrallinie ausgesucht werden, die eine gute Empfindlichkeit verspricht und so frei wie möglich von Untergrundemissionen oder Interferenzen mit Spektrallinien anderer Elemente ist. Der Bereich maximaler Emission in der Flamme sollte festgestellt werden. Das Brenngas-Luft-(bzw. Sauerstoff-)Verhältnis und die Strömungsgeschwindigkeit müssen eingestellt werden, um die gewünschten Spektrallinien mit konstanter Intensität und minimalem Untergrund anzuregen.

Die chemische Zusammensetzung einer Probe hat oft einen beachtlichen Einfluß auf die Intensität der Spektrallinien jedes gegebenen Elementes. Oft ist es möglich, das gewünschte Element durch eine selektive Extraktion aus wäßriger Lösung in ein organisches Lösungsmittel zu überführen (vergl. Kapitel 18). Anschließend kann die nichtwäßrige Lösung direkt in die Flamme gesprüht und das Element bestimmt werden. (Ein beachtliches Ansteigen der Empfindlichkeit wird im allgemeinen erreicht, wenn die Probe in einem organischen Lösungsmittel statt in Wasser aufgelöst ist.) Diese Technik verhindert viele Störungen und macht oft getrennte Arbeitskurven für verschiedene Probentypen überflüssig.

Aufnahme der analytischen Eichkurve

Quantitative Flammenemissionsmethoden erfordern die Darstellung einer analytischen Eichkurve (Arbeitskurve). Für Spektralphotometer mit Flammenanregung wird eine prozentuale Durchlässigkeitsskala verwendet. Wenn die korrekte Wellenlängeneinstellung sichergestellt und die Flamme gut justiert ist, wird eine *Blindprobe* („Nullprobe", engl.: blank) in die Flamme gesprüht.

Eine Blindprobe hat die gleiche Lösungsmittelzusammensetzung wie die Probe. Auch sollten die gleichen Reagenzien zugegeben werden; eine Blindprobe wird dem gleichen Vorbereitungsverfahren wie die wirkliche Probe unterzogen.

Die Untergrundstromregelung wird so eingestellt, daß eine Durchlässigkeit von Null angezeigt wird. Anschließend wird die Standardlösung höchster Konzentration in die Flamme eingeführt und die prozentuale Durchlässigkeit auf 100 eingestellt. Die Skalenablesungen für verschiedene Standards mit schrittweise geringerer Konzentration des zu analysierenden Elementes werden festgehalten und eine Kurve der Emissionsintensitäten (Skalenablesung der Durchlässigkeit) gegen die Konzentration, also eine Eichkurve (Arbeitskurve), hergestellt. Im Idealfalle wird eine gerade Linie erhalten, aber häufig ist die Linie etwas gekrümmt.

Beachten Sie die Unterschiede der Arbeitsweisen hier und in der Absorptionsspektralphotometrie. Bei der Verwendung einer reinen Lösungsmittelvergleichsprobe wird in der Absorptionsspektralphotometrie die Durchlässigkeit auf 100 % eingestellt, während bei einer Verwendung der Emission die Skala auf 0 % gesetzt wird. Bei der Absorptionsspektralphotometrie wird die Skalenablesung in völliger Dunkelheit auf 0 eingestellt; bei der Emissionsspektrometrie wird die Skalenablesung auf einen Vergleichswert, wie etwa 100 bei Verwendung des höchstkonzentrierten Standards, eingestellt.

Die Probenlösungen werden unter exakt den gleichen Bedingungen in die Flamme eingesprüht wie bei der Erstellung der Arbeitskurve. Um sicherzustellen, daß konstante Bedingungen herrschen, werden Standardlösungen nach und oft auch während der Analyse von Probenserien gemessen.

Bei Abwesenheit von Störungen (Interferenzen) enthalten die Standards nur bekannte Konzentrationen des zu bestimmenden Elementes. Wenn interferierende Effekte zu erwarten sind, sollten die Standards die gleiche Menge aller Hauptbestandteile der zu analysierenden unbekannten Proben enthalten.

In der quantitativen spektrographischen Analyse ist die Verwendung von internen Standards wegen der Schwierigkeit, konstante Anregungsbedingungen einzuhalten, beinahe obligatorisch. Bei der Flammen-Emissionsspektrometrie ist es leichter, die Anregungsbedingungen einzuhalten und zu reproduzieren; dennoch wird auch hier oft ein interner Standard verwendet – obwohl durch die Flamme eine kleinere Anzahl von Spektrallinien als bei elektrischer Anregung erhalten wird und es daher manchmal schwer ist, ein brauchbares homologes Paar von Linien für die Flammen-Emissionsspektrometrie zu finden. Wie in der Spektrographie wird der Logarithmus des Intensitätsverhältnisses zwischen der analytischen Linie und der Linie des internen Standards gegen den Logarithmus der Konzentration zur Erstellung der analytischen Eichkurve aufgetragen.

Störungen bei der Flammen-Emissionsspektrometrie

Verschiedene Effekte erschweren eine Analyse durch Flammen-Emissionsspektrometrie. Einer hiervon ist der durch die Flamme erzeugte Untergrund. In den meisten Spektralbereichen ist er klein. Eine starke OH-Bande erscheint zwischen etwa 305 und 320 nm (3050 und 3200 Å), jedoch interferiert sie nicht mit den meisten Linien metallischer Elemente. Relativ hohe Konzentrationen der meisten Elemente zeigen eine kontinuierliche Strahlung zusätzlich zum Untergrund der Flamme. Bei der quantitativen Analyse ist es in der Regel notwendig, den Untergrund einer Blindprobe zu messen und diesen von den gemessenen Intensitäten der verschiedenen Linien abzuziehen.

Emittierte Strahlungsenergie kann auch von anderen Atomen des gleichen Elementes absorbiert werden, was zur Anregung dieser Atome führt. Dieser Effekt wird als „*Selbstabsorption*" bezeichnet; er setzt natürlich die Intensität der Spektrallinien des betreffenden Elementes herab. Selbstabsorption kann durch Verwendung verdünnter Lösungen unterdrückt werden.

Andere Elemente können auch die Intensität des Emissionsspektrums eines zu messenden Elementes beeinflussen. Üblicherweise äußert sich dies in einer verringerten Linienintensität, in manchen Fällen kann jedoch auch das emittierte Licht verstärkt werden. — Bestimmte Anionen setzen die Intensitäten metallischer Spektrallinien beträchtlich herab. Ein wichtiges Beispiel ist der Einfluß des Phosphates auf die Calciumbestimmung. Es wurde in der Literatur diskutiert, ob eine stabile, nichtflüchtige Verbindung aus Calcium und Phosphat entsteht, die die Anregung der Calcium-Spektrallinien verhindert.

Anwendungen

Mit geeigneten Anregungsbedingungen kann jedes der metallischen Elemente durch Flammen-Atomemissionsspektrometrie bestimmt werden. Die kleinste zu bestimmende Konzentration (die *Bestimmungsgrenze*) schwankt beachtlich von Element zu Element und reicht von weniger als 0,001 µg/mL bis 100 µg/mL. Die Einstellungsmöglichkeiten der Empfindlichkeit sind bei den meisten Geräten flexibel genug, um Eichkurven auf einen viel höheren Konzentrationsbereich auszudehnen. Die relative Genauigkeit der Flammenmethode liegt bei etwa ±2−5 %, was für kleine Mengen eines Elementes ausreichend ist, jedoch die chemischer Methoden für größere Mengen nicht erreicht.

Die Bestimmung der verschiedenen Alkalimetalle (Lithium, Natrium, Kalium usw.) ist wahrscheinlich die häufigste Anwendung. Diese Elemente werden durch Flammen-Emissionsspektrometrie bequem und schnell bestimmt, während ihre Analyse durch chemische Methoden meist langsamer und wenig effektiv ist. Diese und andere Metalle können in Proben biologischen Ursprungs, in Bodenextrakten, Wasser, Gläsern und vielen anderen Matrices bestimmt werden.

Wahrscheinlich war eine der größten Leistungen der Flammen-Atomemissionsspektrometrie die Analyse von komplexen Mischungen von Seltenen Erden und

Tabelle 24−2 Analyse von Seltenen Erden durch Flammen-Atomemissionsspektrometrie

Element	analytische Wellenlänge (in Å)	Bestimmungsgrenze in µg/mL
Cer	−	10
Dysprosium	4211,7	0,1
Erbium	4008,0	0,3
Europium	4594,0	0,003
Gadolinium	3684,1	2
Holmium	4163,0	0,1
Lanthan	3927,6	1
Lutetium	3312,1	0,2
Neodym	4634,2	1
Praseodym	4951,4	2
Scandium	3911,8	0,07
Samarium	4296,7	0,6
Terbium	4326,5	1
Thulium	4094,2	0,2
Yttrium	4077,4	0,3
Ytterbium	3988,0	0,05

von Scandium.[2] Die chemischen Eigenschaften der Seltenen Erden sind so ähnlich, daß individuelle Seltene Erden in komplexen Mischungen im allgemeinen nur nach einer sehr aufwendigen chromatographischen Trennung bestimmt werden können. Mit der Verwendung einer brenngasreichen Sauerstoff-Acetylen-Flamme können dagegen einzelne Seltene Erden in Mischungen ohne Trennung bestimmt werden. In der Tabelle 24−2 werden die analytischen Linien und die Bestimmungsgrenzen für die Seltenen Erden angegeben.[3]

Emissionsspektren durch Plasmaanregung − ICP

Anstelle der Verwendung einer Flamme können Atomspektren auch durch elektrisch erzeugte „Flammen" − sogenannte *Plasmen* − angeregt werden. Plasmen erreichen eine viel höhere Temperatur als eine Gasflamme. Ein Plasma ist ein Gas, in dem ein beachtlicher Anteil von Atomen oder Molekülen ionisiert ist. Da es auf diese Weise ein elektrischer Leiter ist, kann es schnell durch induktive Kopplung mit einem zeitlich veränderlichen magnetischen Feld erhitzt werden − viel schneller, als ein metallischer Zylinder durch elektrische Induktion erhitzt wird. Die Probenlösung wird vernebelt und in das Hochtemperatur-Plasma eingebracht; das Emissionsspektrum der gelösten Probe wird anschließend wie bei der Flammenspektrometrie

2 A.P. D'Silva, R.N. Kniseley, V.A. Fassel, R.H. Curry und R.B. Myers, *Anal. Chem. 36*, 532 (1964)

3 R.N. Kniseley, V.A. Fassel und C. Butler (unveröffentlichte Arbeit)

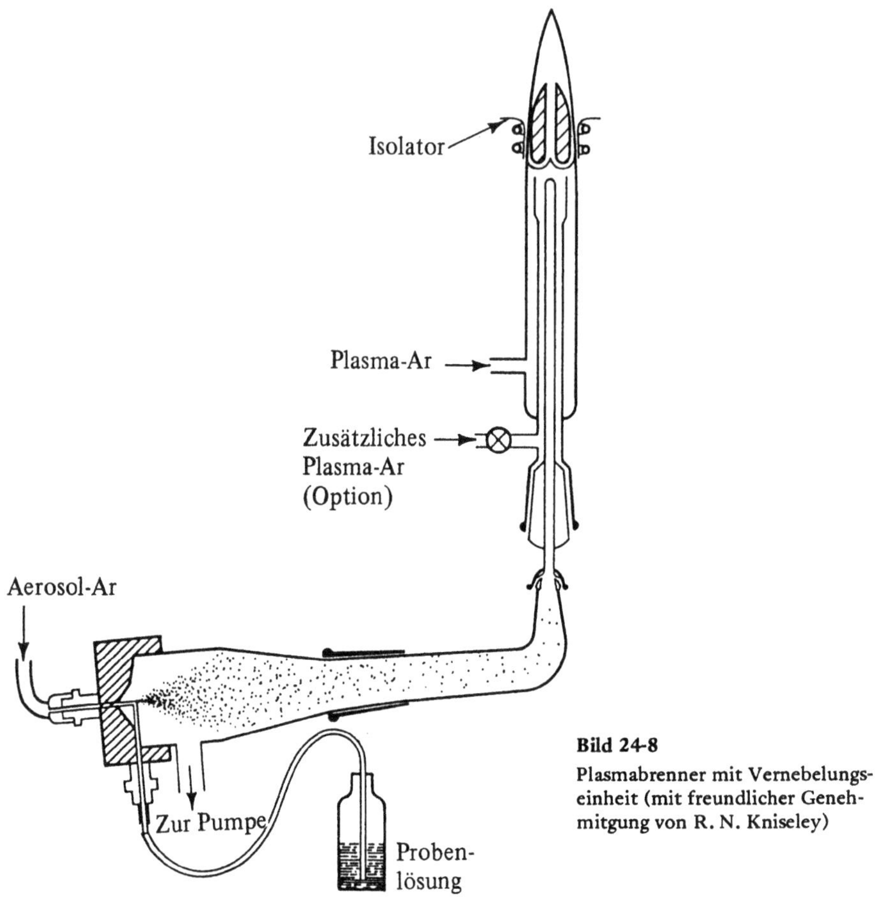

Bild 24-8
Plasmabrenner mit Vernebelungseinheit (mit freundlicher Genehmigung von R. N. Kniseley)

erzeugt. Die analytische Methode unter Verwendung eines Plasmas wird als *„induc-
tively coupled plasma optical emission spectrometry"* – oder einfach als ICP oder
Plasma-Emissionsspektrometrie bezeichnet.

Die Grundlagen und Technologie der Plasma-Emissionsspektrometrie wurde in der Literatur schon ausführlich beschrieben.[4] Bild 24–8 verdeutlicht die Anordnung einer Plasmenanregungsquelle. Die Windungen einer Induktionsspule
außerhalb eines zylindrischen Brenners werden mit einem Hochfrequenzgenerator
verbunden; die Spule erzeugt ein magnetisches Feld. Das Plasma wird im Inneren
einer mit Argon gefüllten Quarzröhre erzeugt. Wegen der sehr hohen Temperaturen
wird die Quarzröhre durch eine tangentiale Strömung des Argons etwas abgekühlt.
Das Plasma selbst (oben in der Abbildung) hat eine leuchtend weiße Spitze und einen
flammenähnlichen Ausläufer. Der Bereich, in dem das Plasma angeregt wird, kann
Temperaturen bis 7000 K erreichen – eine mehr als um den Faktor 2 höhere Temperatur, als durch eine Gasflamme erzeugt werden kann.

4 V. A. Fassel und R. N. Kniseley, *Anal. Chem. 46*, 1110 A–1120 A, 1155 A–1164 A (1974)

Die Empfindlichkeit der ICP ist ausgezeichnet, im allgemeinen hat sie eine niedrigere Bestimmungsgrenze als die Flammen-Emissionsspektrometrie. Diese variiert in Abhängigkeit vom zu bestimmenden Element; meistens liegt sie im unteren ppb-Bereich. Bei der Flammen-Emissionsspektrometrie müssen die Bedingungen an die unterschiedlichen Anregungsbedingungen verschiedener Elemente angepaßt werden. Zumindest in einem Bereich experimenteller Parameter vermittelt die ICP optimale Bedingungen für alle Metalle: Da die freien Atome in einer Edelgasatmosphäre freigesetzt werden, werden störende Reaktionen − wie die Metallmonoxidbildung − minimiert. Auch wird der unterdrückende Effekt des Phosphates auf die Calcium- oder Aluminiumbestimmung bei der ICP nicht festgestellt.[5] Die ICP ist zur Simultanbestimmung vieler Elemente geeignet und hat sich − trotz der höheren Preise der apparativen Ausstattung − als eine Routinemethode durchgesetzt.

24.3 Atomabsorptionsspektrometrie (AAS)

Die Atomabsorptionsspektrometrie (AAS) ist eine auf der Absorption von ultraviolettem oder sichtbarem Licht durch gasförmige Atome beruhende analytische Methode. Die Probe wird durch Einsprühen einer Lösung in eine Flamme (zumindest zum Teil) in einen atomaren Dampf überführt. Als Lichtquelle wird eine das zu bestimmende Element enthaltende Hohlkathodenlampe verwendet. Die Atome dieses Elementes in der Flamme absorbieren exakt bei der von der Lichtquelle ausgestrahlten Wellenlänge. Der verwendete Wellenlängenbereich ist extrem schmal, sowohl bei der Emissionslinie der Lichtquelle als auch bei der Absorptionslinie. Aus diesem Grunde ist die Störung durch Spektrallinien anderer Elemente beinahe ausgeschlossen.

Die Atomabsorption ist das direkte Gegenteil der Flammen-Emissionsspektrometrie. Obwohl die Probe bei beiden Methoden in eine Flamme gesprüht wird, beruht die Flammen-Emissionsmethode auf der *Emission* von Licht aus angeregten Atomen, die Atomabsorption dagegen auf der *Absorption* von Licht durch neutrale, nicht angeregte Atome in der Flamme.

Nachfolgend sollen nur einige Vorteile der Atomabsorptionsspektrometrie gegenüber der Flammen-Emissionsspektrometrie aufgeführt werden:

(1) Im Vergleich zur Flammen-Atomemission gibt es weniger Störungen durch Salze fremder Metalle.

(2) Die AAS ist weniger von den experimentellen Bedingungen abhängig, und die Verwendung eines internen Standards zur Korrektur kleiner Schwankungen in der Flamme oder anderer Bedingungen (wie in der Flammenemission) ist nicht erforderlich.

(3) Für einige Elemente hat die Atomabsorption eine bessere Empfindlichkeit und Präzision (die Wiederholbarkeit ist besser).

Ein Nachteil der Atomabsorptionsspektrometrie ist die Notwendigkeit, für jedes zu bestimmende Element eine teure Lichtquelle verfügbar zu halten.

---

5 R.H. Wendt und V.A. Fassel, *Anal. Chem. 37*, 920 (1965)

Zur Zeit sind etwa 70 verschiedene Elemente (15 Seltene Erden eingeschlossen) durch Atomabsorption bestimmbar. Mit Ausnahme von Bor, Silicium, Arsen, Selen und Tellur können nur metallische Elemente direkt bestimmt werden. Wie die Absorptionsspektralphotometrie und die Flammen-Emissionsspektrometrie wird die AAS vor allem zur Bestimmung von kleinen bis Spurenmengen der Elemente eingesetzt. Die Bestimmungsgrenze der meisten Elemente liegt bei 1 ppm (1 μg pro mL Lösung) oder weniger. Die Richtigkeit dieser Technik ist 2 %, was für kleine Probenmengen zufriedenstellend ist, zur Bestimmung von Hauptbestandteilen von Proben jedoch oft nicht ausreicht.

Empfehlenswerte Literatur über AAS umfaßt eine Vielzahl von Büchern, Übersichtsartikeln und Sammlungen von Laborvorschriften, von denen hier nur wenige genannt seien.[6-9]

Grundlagen

Wird eine Probenlösung in eine Flamme gesprüht, verdampft oder verbrennt das Lösungsmittel, und die Probenbestandteile werden thermisch zersetzt und in ein atomares Gas überführt. Die meisten Atome dieses Gases befinden sich im Grundzustand; einige werden angeregt und emittieren Licht. Die neutralen Atome absorbieren ausschließlich Licht aus der Hohlkathodenlampe, die die charakteristische Wellenlänge des zu bestimmenden Elementes aussendet.

Die Absorption von Licht durch Atome im Gas entspricht der Absorption von Strahlungsenergie durch Ionen und Moleküle in der Absorptionsspektralphotometrie. Der Hauptunterschied liegt darin, daß die Absorptionsspektren (wie auch die Emissionsspektren) von Atomen in der Gasphase aus scharfen Linien bestehen, im Gegensatz zu den für Ionen und Moleküle in Lösung charakteristischen breiten Absorptionsbanden. Dies beruht auf den sehr wenigen möglichen Energieübergängen in Atomen im Vergleich zu Molekülen (die eine kompliziertere elektronische Struktur haben) und auch darauf, daß es hier nicht zu Wechselwirkungen zwischen gelöstem Stoff und Lösungsmittel kommen kann.

Die Linien einer Hohlkathodenlampe sind mit einer Breite von etwa 0,1 nm extrem schmal (siehe unten). Hierin liegt einer der Vorteile einer Hohlkathodenlampe, denn es ist unmöglich, ein derart schmales Wellenlängenband aus einer kontinuierlichen Lichtquelle mit Hilfe irgendeines Monochromators zu erhalten. Die Absorptionslinien eines zu bestimmenden Elementes sind zwar auch sehr schmal, aber im Vergleich zu Emissionslinien noch breit. Eine Absorptionslinie kann jedoch in ihrem Maximum gemessen werden (vgl. Bild 24—9).

6 B. Welz, *Atomabsorptions-Spektroskopie* (Verlag Chemie, Weinheim 1975)

7 G.F. Kirkbright und Th. C. Rains, *Flame Emission and Atomic Absorption Spectrometry*, Bd. 1 (Dekker, New York 1969)

8 G.F. Kirkbright und M. Sargent, *Atomic Absorption and Fluorescence Spectroscopy*, S. 523 ff. (Academic Press, London 1974)

9 G. Knapp und W. Wegscheider, *Grenzen der Atomabsorptions-Spektroskopie*, S. 149 ff., Analytiker Taschenbuch, Band 1, herausgegeben von H. Kienitz, R. Bock, W. Fresenius und G. Tölg (Springer, Berlin 1980)

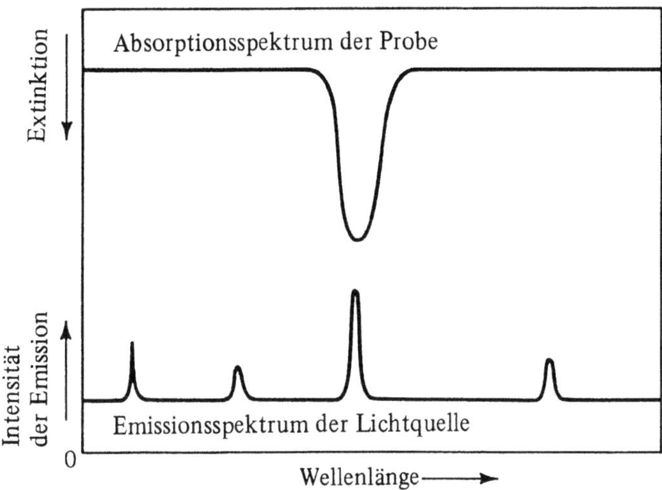

Bild 24-9 Die von der Lichtquelle emittierten Linien sind viel schmaler, als die zur Messung herangezogene Absorptionslinie. [Aus F. J. Welcher (Hrsg.), *Standard Methods of Chemical Analysis*, Vol. IIIA (Van Nostrand, Princeton 1966, ©1966 by Litton Educational Publishing, mit freundlicher Genehmigung)]

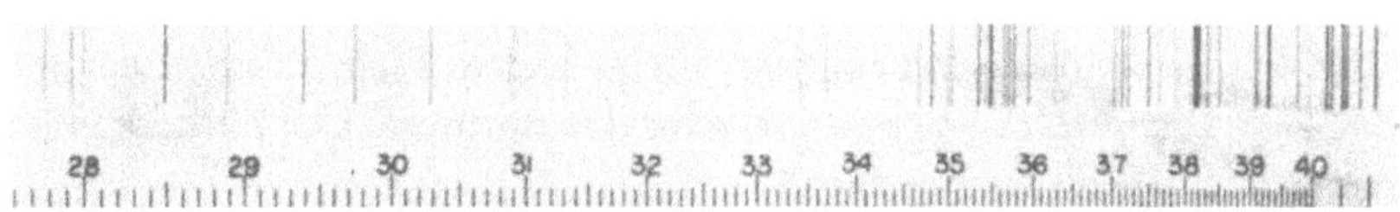

Bild 24-10 Spektrum einer Magnesium-Hohlkathodenentladungslampe mit der für die Atomabsorption verwendeten Linie bei 285,2 nm = 2852 Å (Quelle wie Bild 24-9, mit freundlicher Genehmigung)

Bild 24–10 zeigt, daß nur eine bestimmte von vielen verschiedenen Emissionslinien der Hohlkathodenlampe für die Analyse benutzt wird. In diesem Falle wird die Magnesiumlinie bei 285,2 nm sowohl als Lichtquelle wie auch als analytische Linie zur Bestimmung des Magnesiumgehaltes in der Probe verwendet. Die gefragte Linie kann durch einen vergleichsweise einfachen Monochromator isoliert werden, sofern keine andere Linie zu nahe liegt.

Das Licht der Hohlkathodenlampe wird auf die Flamme gerichtet, in die die Lösung eingesprüht wird. Ein Teil des Lichts wird von atomisierten Probenbestandteilen absorbiert, der Rest läuft ungehindert durch. Die gewünschte Spektrallinie wird aus dem anregenden Lichtstrahl durch einen Monochromator isoliert und das Verhältnis seiner Intensität zu der der Lichtquelle mit einer Photozelle oder einem Monochromator gemessen.

Zur Vermeidung von Interferenzen mit aus der Flamme emittiertem Licht muß das eingestrahlte Licht moduliert sein. Hierauf wird im instrumentellen Abschnitt eingegangen.

Das Verhältnis zwischen der Intensität des einfallenden Strahles und des die Probe durchlaufenden Strahles wird gemessen.

Der Anteil des absorbierten Lichtes hängt von der Anzahl der Atome im Strahlengang ab. Vorausgesetzt, die Flamme ist heiß genug, um eine chemische Verbindung in ihre Atome zu zerlegen, ist der Anteil des absorbierten Lichtes beinahe unabhängig von der Temperatur der Flamme und der absorbierten Wellenlänge.

In einigen Fällen kann eine zu heiße Flamme so viele Atome in den angeregten Zustand überführen, daß die Anzahl der nicht angeregten Atome und damit die Absorption abnimmt. Wenn die Bedingungen der Flamme und die Sprühgeschwindigkeit annähernd konstant gehalten werden, wird die Extinktion $[\log(I_0/I)]$ direkt proportional zur gegebenen Konzentration des Metalles in der Probe sein.

Instrumentelles

Hohlkathodenlampe. Der Aufbau einer Hohlkathodenlampe ist in Bild 24–11 gezeigt. Der Lampenkörper ist evakuiert, enthält jedoch etwas Neon oder Argon. Die Kathode besteht aus dem zu bestimmenden Element. Durch die angelegte Spannung (etwa 400 V; Strom: 2–20 mA) werden Neon- oder Argonatome ionisiert und „bombardieren" die Kathode. Dieser Beschuß befördert Metallatome in die Gasphase des Lampenkörpers, wo sie durch Zusammenstöße angeregt werden und das für das Kathodenmetall charakteristische Licht emittieren.

Modulation. Wird ein Element in der Flamme atomisiert, so wird ein kleiner Teil der Atome angeregt und emittiert Licht. Da ein Element exakt bei der gleichen Wellenlänge absorbiert und emittiert, wird das emittierte Licht dem die Flamme verlassenden Lichtstrahl hinzugefügt.

Wird dieser Effekt nicht kompensiert, mißt man Absorption minus Emission anstelle der Extinktion. Dies vermindert die Empfindlichkeit etwas — viel wichtiger jedoch: es schleppt die Fehlerquellen der Emissionsspektrometrie ein, die auf geringfügige Änderungen der Flammentemperatur und anderer experimenteller Parameter anspricht. Zur Veranschaulichung nehmen wir an, daß von jeweils 1000 Atomen in der Flamme eines angeregt sei. Erhöht sich bei einer Veränderung der Meßbedingungen die Anzahl der angeregten Atome auf 2 pro 1000, verdoppelt sich das Emissionssignal und vermindert sich die Absorption um 0,1 %.

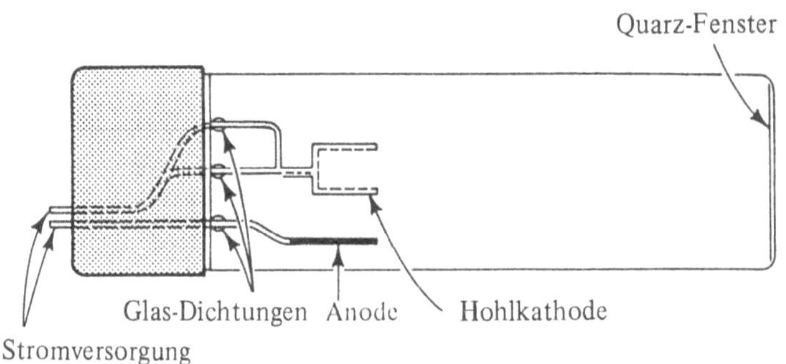

Bild 24-11 Schematische Darstellung einer Hohlkathodenlampe

Zur Vermeidung dieser Fehlerquellen wird die Energieversorgung der Hohlkathodenlampe mit einer Wechselspannung moduliert und die Strahlungsenergie des Meßstrahles mit einem auf die Frequenz der Wechselspannung eingestellten Wechselstromverstärker gemessen. Eine alternative Methode der Modulation ist die Verwendung von Gleichstrom für die Hohlkathode und die mechanische Unterbrechung des Lichtstrahls mit einem „*Chopper*" (rotierende Schlitzscheibe). Der Detektor ist synchronisiert, auf den regelmäßig unterbrochenen Lichtstrahl eingestellt und wird vom kontinuierlich aus der Flamme emittierten Licht nicht beeinflußt.

Brenner und Sprüheinrichtung. Mit kleinen Veränderungen kann der im Abschnitt 24.2 für die Flammen-Emissionsspektrometrie beschriebene Brenner auch für die Atomabsorptionsspektrometrie verwendet werden. Brenner mit einer breiten Schlitzdüse erhöhen die Empfindlichkeit der AAS, indem sie einen langen Lichtweg durch die gasförmigen Atome in der Flamme ermöglichen.

Monochromator und Detektor. Aufgabe des Monochromators ist, die ausgewählte analytische Linie von benachbarten zu trennen. Die von der Lichtquelle ausgehenden schmalen Linien und der vernachlässigbare Untergrund vereinfachen diese Aufgabe. Für ein Routineinstrument ist eine Auflösung von etwa 10 nm erwünscht.

Als Detektoren wurden weitgehend Photomultiplier eingesetzt; ihre höhere Empfindlichkeit ist erforderlich, weil die analytischen Linien der meisten Elemente im ultravioletten oder blauen Spektralbereich liegen. Wie bereits ausgeführt, werden häufiger Wechselstromverstärker als Gleichstromverstärker für den Detektor eingesetzt.

Quantitative Bestimmungen

Probenvorbereitung. Alle Proben sollten mit einem geeigneten Lösungsmittel verdünnt werden, um die Extinktion in den Bereich 0,1 bis 0,9 zu bringen. Wäßrige Lösungen werden direkt in die Flamme gesprüht. Pflanzliche oder tierische Gewebe werden mit oxidierenden Säuren zersetzt oder trocken verascht, der Rückstand anschließend in Salzsäure aufgelöst und mit Wasser verdünnt. Trennmethoden wie Extraktion oder Ionenaustausch sind nützlich, um kleine Mengen oder Spuren aus der Matrix zu isolieren. Anschließend können einfache Eichstandards meist ohne Zugabe der Hauptkomponenten verwendet werden. (Die Vernachlässigung der Hauptbestandteile in den Standards kann jedoch gelegentlich die Viskosität und damit die Atomisierung beeinflussen.)

Spurenelemente können ebenfalls durch Trenntechniken angereichert werden, um deren Analyse zu ermöglichen. Für die Aufkonzentrierung von Spuren der Metalle der „H_2S-Gruppe" wird häufig Pyrrolidindithiocarbamat eingesetzt.

Eichkurve. Die Erstellung einer Eich- bzw. Arbeitskurve für die AAS ist ähnlich der bei der Absorptionsspektralphotometrie. Im einfachsten Falle werden Standard-Salzlösungen verwendet. Das ausgewählte Salz sollte in der gleichen Form wie das Metall in der analytischen Probe vorliegen. Wenn das zu messende Metall als Spur oder Nebenbestandteil vorliegt und Trennungen nicht angebracht sind, ist es häufig am besten, geeignete Konzentrationen der Hauptbestandteile der Eichlösung zuzufügen. Da die Bedingungen von Flamme und Versprühung schwerlich von Tag zu Tag wiederholbar sind, sollten mit jeder Probenserie erneut einige Standards gemessen werden.

Experimentelle Variablen

(1) *Flammentyp.* Für die Mehrzahl der metallischen Elemente wird im allgemeinen eine Luft-Acetylen-Flamme verwendet, jedoch lassen sich einige Metalle nur schwer atomisieren. Zu den letzteren zählen Bor, die Seltenen Erden, Thorium, Titan, Uran und Zirconium. Diese Gruppe von Metallen bilden ungewöhnlich starke Metall-Sauerstoff-Bindungen, und man nimmt an, daß sich die Monoxide zum Teil thermisch schwer zersetzen lassen. Fassel, Knisely und Mitarbeiter[10] haben dieses Problem auf sehr einfache Weise gelöst, in dem sie eine acetylenreiche Flamme und einen speziellen Brenner[11] verwendeten. Die Verwendung einer Acetylen-Stickoxid-Flamme wurde zuerst von Willis[12] vorgeschlagen; diese liefert eine fast so heiße Flamme wie Acetylen/Sauerstoff, ist jedoch sicherer und einfacher zu handhaben.

(2) *Höhe der Flamme.* Der Teil der Flamme, auf den die Hohlkathodenlampe fokussiert ist, kann eine wichtige experimentelle Variable sein. Einige Metalle absorbieren in bestimmten Teilen der Flamme stärker als in anderen. Ein vorgeschlagenes Verfahren ist, die Position des Quellenstrahls in Bezug auf die Flamme so einzustellen, daß die maximale Extinktion für das zu messende Element erhalten wird.

(3) *Lösungsmittel.* Die Extinktion ist — bei einer gegebenen Metallkonzentration in einer Probe — in einem organischen Lösungsmittel immer größer als in wäßriger Lösung. (Die Extinktion kann sich auch beachtlich ändern, wenn von einem organischen Lösungsmittel zu einem anderen gewechselt wird.) Offensichtlich wird in organischen Lösungsmitteln ein größerer Anteil des Metallsalzes in absorbierende neutrale Atome überführt. Die so erhöhte Empfindlichkeit zeigt erneut, warum es günstig ist, zuerst das gewünschte Element oder die gewünschte Gruppe von Elementen durch Extraktion abzutrennen — da nach der Extraktion die organische Schicht direkt in die Flamme gesprüht werden kann.

(4) *Sprühgeschwindigkeit.* Innerhalb gewisser Grenzen wird durch Erhöhung der Sprühgeschwindigkeit auch die Anzahl der in den Strahlengang gelangenden Atome zunehmen und damit auch die Empfindlichkeit steigen. Auf der anderen Seite wird jedoch eine zu große Geschwindigkeit die Flamme beeinträchtigen und das Signal verkleinern. Es ist deshalb eine mittlere Geschwindigkeit vorzuziehen. Diese sollte so konstant wie möglich gehalten werden, um reproduzierbare Ergebnisse erhalten zu können. Deshalb ist es auch wichtig, den Brenner sauberzuhalten.

10 V.A. Fassel, R.B. Myers und R.N. Knisely, *Spectrochim. Acta 19*, 1187 (1963)

11 J.A. Fiorino, R.N. Knisely und V.A. Fassel, *Spectrochim. Acta 23 B*, 413 (1968)

12 J.B. Willis, *Nature 207*, 715 (1965); M.D. Amos und J.B. Willis, *Spectrochim. Acta 22*, 1325 (1966); J.A. Bowman und J.B. Willis, *Anal. Chem. 39*, 1210 (1967)

Anwendungsbereich und Einschränkungen

Vor der Einführung von Techniken, die ein fettes Sauerstoff-Acetylen-Gemisch für die Flamme verwenden oder mit einer Stickoxid-Acetylen-Flamme arbeiten, waren etwa 26 Elemente nicht durch Atomabsorptionsspektrometrie zu bestimmen.

Die bei der Atomabsorptionsspektrometrie erreichbare Genauigkeit (Richtigkeit) und Präzision (Wiederholbarkeit) schwankt mit dem zu bestimmenden Element, den Meßbedingungen und dem verwendeten Gerät. Jedoch sind eine mittlere Abweichung von etwa 1,5 % und eine Genauigkeit von $\pm$ 2,0 % charakteristisch.

Es ist kein Fall bekannt, in dem ein fremdes Metall durch Absorption bei der gleichen Wellenlänge wie die des zu bestimmenden Elementes stört. Dies ist auf den extrem schmalen Wellenlängenbereich der Emission und die schmalen Absorptionslinien zurückzuführen. Jedoch können andere Effekte stören, sofern sie nicht kompensiert werden. Magnesium und Aluminium beispielsweise stören sich gegenseitig beträchtlich durch die Bildung einer intermetallischen Verbindung. Es kann eine Störung vorliegen, die die Anzahl der absorbierenden Atome durch Anregung verringert. Ein Beispiel hierfür (und eine Technik zur Vermeidung dieser Störung) werden im folgenden Abschnitt am Beispiel der Bestimmung von Strontium in Gesteinen diskutiert.

Bestimmte Anionen können stören, indem sie eine Verbindung bilden, die schwer in Atome dissoziiert. So verringern zum Beispiel Iodid oder Carbonat bei der Bestimmung von Blei die Extinktion beträchtlich im Vergleich zur Extinktion, die man bei Anwesenheit anderer Anionen mißt. Phosphor kann die Bestimmung von Calcium und einiger anderer Metalle stören. Dieses Problem kann umgangen werden, wenn das Metall-Ion mit einem Reagenz wie EDTA komplexiert wird, um die Bindung zwischen Metall und Anion vor der Analyse zu brechen.

Eine hohe Konzentration fremder Salze kann einen Fehler durch Veränderung der Sprühgeschwindigkeit und der Atomisierung durch die Flamme verursachen, sofern sie nicht schon in den Standards zur Aufnahme der Eichkurve berücksichtigt ist.

Typische Bestimmungen

Calcium in Blutserum, tierischen Geweben und Blut[13]. Diese Bestimmung wird mit einem fetten Gemisch einer Luft-Acetylen-Flamme unter Verwendung einer Calcium-Hohlkathodenlampe durchgeführt, die bei 422,7 nm (4227 Å) arbeitet. Zu allen Standards und Proben wird ein Überschuß an Lanthansalz gegeben, um jegliches Phosphat zu binden und um dessen Störung bei der Bildung von Calcium-Atomen in der Flamme zu unterdrücken. Für die Bestimmung von Calcium in Blutserum wird eine Probe von 0,25 mL mit der Lösung eines Lanthansalzes und destilliertem Wasser auf 5,0 mL verdünnt. Standards mit 0,2 ppm, 5 ppm, 8 ppm und 10 ppm an Calcium werden hergestellt, die jeweils die gleiche Konzentration an

13 Modifikation der Methode von J. B. Willis, *Spechtrochim. Acta 16*, 259 (1960); *Anal. Chem. 33*, 556 (1961) und von E. Neubrun, *Nature 192*, 1182 (1961)

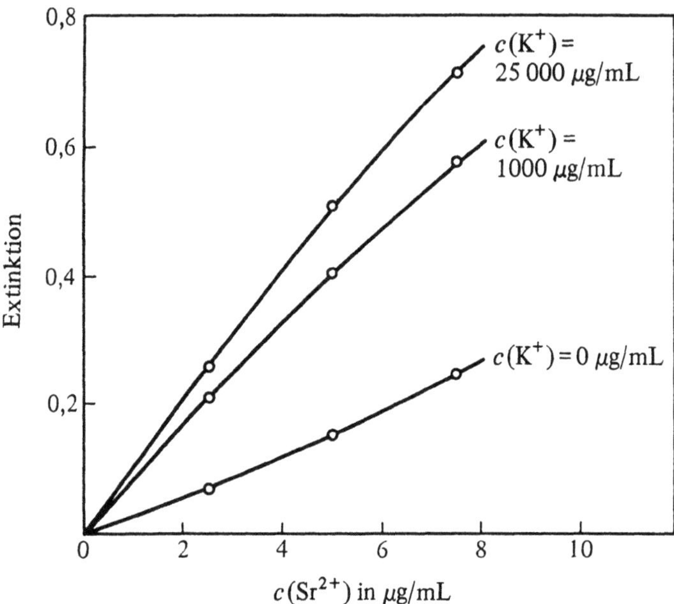

Bild 24-12 Einfluß der Kalium-Konzentration auf die Eichkurve für Strontium. [Aus *Anal. Chem. 39*, 1210 (1967), mit freundlicher Genehmigung]

Lanthan enthalten wie die Probe. Gewebe- und Knochenproben werden in einem Muffelofen über Nacht verascht; die Asche wird in Salzsäure aufgelöst und mit einer Lanthansalz-Lösung und destilliertem Wasser verdünnt, bis die Calcium-Konzentration im Bereich zwischen 1 und 10 ppm liegt.

Strontium und Barium in Gesteinen[14]. Strontium und Barium sind zu 100 – 1000 ppm in zahlreichen Gesteinen enthalten. Die Proben werden vor der Analyse in Flußsäure und Perchlorsäure gelöst oder in einer Salzschmelze aufgeschlossen. Strontium und Barium werden in einer Luft-Acetylen-Flamme unvollständig atomisiert; die Verwendung einer Stickoxid-Acetylen-Flamme – sie ist deutlich heißer (2950 °C) – steigert die Empfindlichkeit erheblich. Jedoch wird bei dieser Temperatur bereits ein erheblicher Anteil des Bariums und Strontiums ionisiert.

Um die Ionisation zu unterdrücken, wird eine konzentrierte Salzlösung eines mehr oder weniger leicht ionisierbaren Metalls (z.B. Kalium) zur Probe und zu den Standardlösungen zugegeben. Der Effekt dieser Salzzugabe wird in Bild 24–12 verdeutlicht.

Der Effekt kann mit Hilfe des Massenwirkungsgesetzes verstanden werden. Nehmen wir an, wir wollen die Reaktion

$$\text{Ba(g)} \rightleftharpoons \text{Ba}^+\text{(g)} + e^- \qquad \text{Ionisierungspotential} = 5,2 \text{ eV}$$

14 J.A. Bowman und J.B. Willis, *Anal. Chem. 39*, 1210 (1967)

unterdrücken, die zu einer Ionisation von etwa 80% der Barium-Atome in einer Stickoxid-Acetylen-Flamme führt. Dies wird durch Zugabe eines großen Überschusses an Kaliumsalz erreicht, das noch leichter als Barium ionisiert wird:

$$K(g) \rightleftharpoons K^+(g) + e^- \qquad \text{Ionisierungspotential} = 4{,}3 \text{ eV}$$

Das große Angebot der aus der Ionisation von Kalium-Atomen stammenden Elektronen kehrt das Ba/Ba^+-Gleichgewicht um, so daß nur eine vernachlässigbare Anzahl von Barium-Atomen ionisiert wird.

Vanadium in Brennstoffen[15]. Die Bestimmung von Spuren an Vanadium und Nickel in Treibstoffen und in anderen Produkten ist in der Petroindustrie eine Aufgabe größerer Bedeutung. Das analytische Problem ist schwer zu lösen, da die Metalle in niedrigen Konzentrationen, oft auch in Form von Porphyrin-Komplexen, vorliegen, die chemischen Angriffen widerstehen. Bei Anwendung der AAS kann der Vanadium-Gehalt in Petroleum recht einfach gemessen werden. Die Probe wird im Verhältnis 1:10 mit Methylisobutylketon (MIBK) verdünnt und in eine Stickoxid-Acetylen-Flamme gesprüht. Bei dieser Bestimmung sind Standards etwas problematisch. Die Zugabe organischer Vanadiumsalze ist hierbei nicht angebracht, wahrscheinlich, weil das Vanadium in den verfügbaren Salzen in chemisch anderer Form vorliegt als im Öl. Deshalb werden Probelösungen mit einem Öl bekannten Vanadiumgehaltes aus anderen Messungen verglichen.

Flammenlose Atomabsorptionsspektrometrie

Ganz allgemein kann jede Technik zur Herstellung gasförmiger Atome ohne Flammen zur AAS genutzt werden. Die wichtigste Methode für die Verdampfung von Atomen besteht darin, einen elektrischen Ofen zu verwenden. Extrem flüchtige Atome, wie z.B. Quecksilber, können auch verdampft werden, indem man mittels eines Luftstroms gasförmiges Quecksilber aus einer flüssigen Probe austreibt.

Elektroofen-Technik. Bei dieser Technik werden wenige Mikroliter einer flüssigen Probe (oder wenige Milligramm einer festen Probe) in ein Graphitrohr (oder in eine kleine Bohrung in einem Kohlenstoffstab) untergebracht. Anschließend wird das Rohr in einem Ofen elektrisch geheizt, wodurch die Probe in gasförmige Atome überführt wird, die sich kurz oberhalb der Spitze des Rohres konzentrieren. Ein Strahl monochromatischer Strahlung aus einer Hohlkathodenlampe durchläuft das Rohr und wird durch einige der gasförmigen Atome zum Teil absorbiert. Durch Messung der Extinktion kann die Menge des gewünschten Probeelementes im wesentlichen auf die gleiche Weise gemessen werden wie bei der Flammen-Atomabsorptionsspektrometrie.

Verdampft man die Probe auf elektrisch geheiztem Graphit, so werden bestimmte Nachteile, die bei der Atomisierung durch die Flamme auftreten, vermieden: Die Vernebelung einer Probe in eine Flamme ist wenig effizient, und die gasför-

15 J.A. Bowman und J.B. Willis, *Anal. Chem. 39*, 1210 (1967)

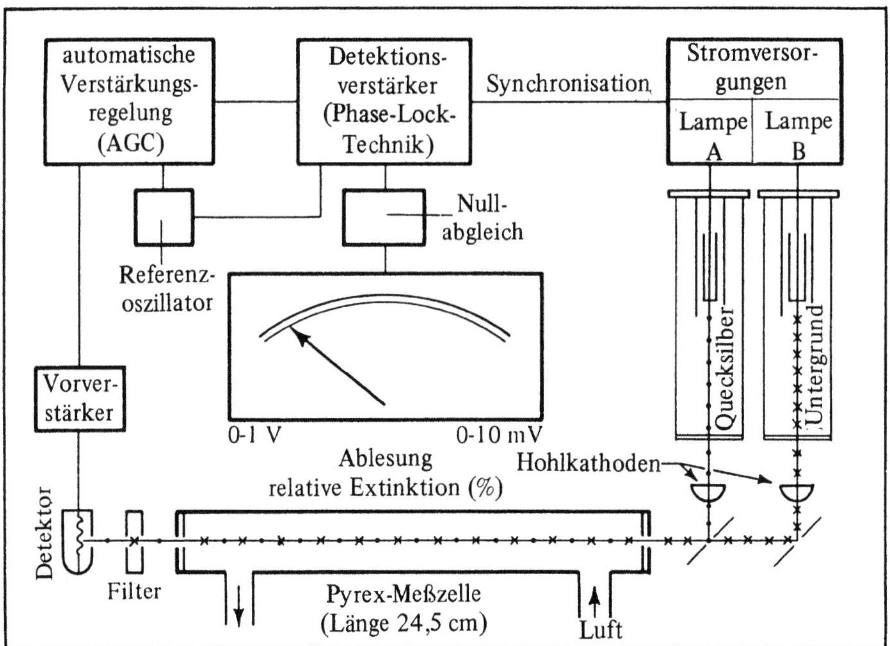

Bild 24-13 Schematische Darstellung eines kommerziellen Quecksilber-Analysators (mit freundlicher Genehmigung der Fa. Fisher Scientific)

migen Atome bleiben nur für den Bruchteil einer Sekunde im Strahlengang. Jedoch erfordern flüssige Proben bei der flammenlosen AAS drei getrennte Heizschritte: Zunächst wird das Lösungsmittel bei vergleichsweise niedrigen Temperaturen entfernt; anschließend wird die Probe bei höheren Temperaturen verascht und schließlich bei sehr hohen Temperaturen in gasförmige Atome überführt.

Die mit einem Graphitofen erreichbare Empfindlichkeit schwankt mit dem zu messenden Element, sie ist jedoch oft besser als bei der Flammen-AAS. Elemente wie Calcium, Cadmium, Magnesium, Natrium, Silber und Zink können durch flammenlose AAS in Konzentrationen unter 0,1 ng/mL bestimmt werden. Auch Quecksilber wird am besten, wie unten beschrieben, durch flammenlose AAS bestimmt.

Bestimmung von Quecksilber. Die flammenlose Atomabsorptionsspektrometrie ist die beste Möglichkeit zur Bestimmung sehr kleiner Quecksilbermengen. Spezielle „Quecksilber-Analysatoren" zur Messung von Quecksilber werden kommerziell angeboten (Bild 24−13). Die Technik basiert auf der Arbeit von Hatch und Ott[16], nach der metallisches Quecksilber durch Hindurchleiten eines Luftstroms durch die flüssige Probe verflüchtigt werden kann. Im allgemeinen werden die Proben mit einer oxidierenden Säure behandelt, um das Quecksilber in das lösliche Quecksilber(II)-Ion zu überführen. Anschließend wird eine saure Zinn(II)-Lösung zugegeben, um das Quecksilber(II)-Ion zum Metall zu reduzieren:

$$Hg^{2+} + Sn(II) \rightarrow Hg^0 + Sn(IV)$$

16 W.R. Hatch und W.L. Ott, *Anal. Chem.* 40, 2025 (1968)

Durch die Lösung wird ein Luftstrom geleitet, der freien Quecksilberdampf aus dem Reaktionsgefäß in eine 24 cm lange optische Zelle spült. Ein Lichtstrahl mit der 254-nm-Quecksilberlinie wird durch die Zelle geleitet und die Extinktion gemessen.

Aufgaben

Grundlagen und Vergleiche

24.1 Zwei der bei einem durch eine Flamme angeregten Lithium-Atom auftretenden Übergänge sind der Übergang $3p \rightarrow 2s$ (von 3,85 eV auf 0,0 eV) und der Übergang $4d \rightarrow 2p$ (von 4,60 eV auf 1,90 eV). Berechnen Sie die mit diesen Übergängen verbundenen Wellenlängen.

24.2 Das Ionisierungspotential für Kalium ist 4,32 eV. Berechnen Sie, ob Atomemissionslinien unterhalb etwa 300 nm auftreten können. Erläutern Sie Ihre Antwort.

24.3 Vergleichen Sie in tabellarischer Form die jeweiligen Vorteile der quantitativen Bestimmung durch Atomemission unter Verwendung von a) elektrischer Anregung und b) Flammenanregung.

24.4 Erklären Sie, wie die Ionisation in einer Flamme die Bestimmung eines gegebenen Elementes bei a) der Atomemission oder b) bei der Atomabsorption beeinflussen kann.

24.5 Schlagen Sie ein Schema zur Trennung der folgenden Spurenelemente vom Hauptelement (Matrix) vor, das vor der Messung durch ein Flammenspektrometer angewendet werden kann:

a) Mo und Ni in Stahl,

b) Al und Fe in $UO_2(NO_3)_2$.

24.6 Erläutern Sie die nachfolgenden Begriffe:

a) Dispersion, b) Auflösungsvermögen, c) Rowland-Kreis, d) gebundenes Linienpaar, e) homologes Linienpaar, f) interner Standard, g) Hohlkathode, h) angeregtes Atom.

Bogen/Funken-Spektrometrie

24.7 Was ist der Sinn einer Emulsionseichkurve, wie sie in der Atomemissionsspektrometrie verwendet wird? Erläutern Sie, wie eine solche Kurve erstellt wird.

24.8 Beschreiben Sie die Erstellung einer Eichkurve für die Atomemissionsspektrometrie mit elektrischer Anregung.

24.9 Das Intensitätsverhältnis der Linien $Ti_{3349\,Å}$ und $Zr_{3327\,Å}$ ist 0,126 für 0,0045 % Ti in Zr und 1,29 für 0,070 % Ti in Zr. Berechnen Sie unter der Voraussetzung eines linearen Kurvenverlaufes für log (Intensitätsverhältnis) gegen log (prozentuale Konzentration) den prozentualen Gehalt an Titan in einer unbekannten Probe mit dem Intensitätsverhältnis 0,598.

Flammen- und Plasma-Emissionsspektrometrie

24.10 Beschreiben Sie die Erstellung einer analytischen Eichkurve für die Flammen-Atomemissionsspektrometrie.

24.11 Spuren von Natrium sollen in einer CaO-Probe bestimmt werden. Die analytische Eichkurve wird unter Verwendung von Standards, die CaO zur Kompensation des CaO in der Probe enthalten, hergestellt. Die folgenden Analysendaten werden erhalten:

$c(Na)$ in mg/L (ppm)	Emissionsintensität bei 589,3 nm
74,3	100
55,7	87
37,0	69
18,5	46
7,4	22
0	3
CaO-Probe 1 g gelöst in 100 mL	28

Berechnen Sie den prozentualen Gehalt des Natriums in der Probe.

24.12 Längere Zeit wurde angenommen, daß die Flammenspektrometrie zur Bestimmung der Seltenen Erden nicht eingesetzt werden kann, da diese Metalloxide anstelle von gasförmigen Metallatomen bilden. Erläutern Sie, wie diese Schwierigkeiten durch Veränderung der Flammenbedingungen teilweise umgangen werden können. Erläutern Sie auch, ob die ICP zur Bestimmung der Seltenen Erden eingesetzt werden kann. Warum bzw. warum nicht?

24.13 Die höhere Temperatur eines Plasmas im Vergleich zur Flamme führt oft zu einer intensiveren Ionenbildung. Erläutern Sie, wie diese minimiert werden kann.

Atomabsorptionsspektrometrie (AAS)

24.14 Beschreiben Sie die Erstellung einer analytischen Eichkurve für die Flammen-Atomabsorptionsspektrometrie.

24.15 Beschreiben Sie kurz den Aufbau der flammenlosen AAS. Erstellen Sie einen kurzen Bericht aus der jüngeren Literatur über ein Anwendungsbeispiel dieser Methode.

Methoden

24.16 Suchen Sie aus neueren chemischen Fachzeitschriften jeweils ein Beispiel für die folgenden Techniken. Geben Sie für jedes Beispiel die vollständige Literaturstelle an und führen Sie die wesentlichen Bedingungen für die Bestimmung eines Elementes auf.

a) Atomemissionsspektrometrie,

b) Flammenatomemissionsspektrometrie,

c) Flammen-Atomabsorptionsspektrometrie

24.17 Die Importsteuer für Glaswaren aus Bleikristall hängt vom Gehalt an Blei (als PbO) ab. Schlagen Sie aus den in diesem Kapitel beschriebenen Methoden eine schnelle und genaue Methode zur Bestimmung von Blei in solchen Glaswaren vor.

24.18 Geringe Spuren von Kupfer beeinflussen den Geschmack von Butter. Schlagen Sie aus den in diesem Kapitel beschriebenen Methoden eine *schnelle* analytische Methode zur Bestimmung von Kupfer in Butter vor. Wie muß die Probe für die Analyse vorbehandelt werden?

24.19 Ein wünschenswertes Ziel für die Atomspektrometrie ist die Multielementanalyse – die Fähigkeit, verschiedene Elemente in einer Probe gleichzeitig zu bestimmen. Erklären Sie, wie dies bei der Emissionsspektrometrie unter Verwendung von Photomultiplier-Detektoren erreicht werden kann. Diskutieren Sie, ob diese Art der Multielementbestimmung bei der Verwendung der Atomabsorption möglich ist.

Kapitel 25

Die Lösung analytischer Probleme: Beispiele aus der Praxis

Nachdem wir bisher Methoden und Instrumente der Analytischen Chemie vorgestellt haben, wollen wir nun einen Blick auf den Analytischen Chemiker in der Rolle des „Problemlösers" werfen. Dazu wollen wir einige typische Problemfälle aus der Praxis vorstellen; auch wollen wir zur Suche nach neuen und besseren analytischen Techniken anregen.

25.1 Die Auswahl einer analytischen Methode

In Kapitel 2 haben wir die Notwendigkeit eines Analysenplanes angesprochen. Der Analytiker muß sich Klarheit darüber verschaffen, was das aktuelle analytische Problem und was die zur Lösung dieses Problems notwendige Information ist, und dann eine geeignete analytische Methode zur Beschaffung dieser Information auswählen.

In der Praxis ist die Auswahl einer geeigneten analytischen Methode nicht immer einfach, jedoch kann eine gründliche Literaturarbeit von großer Hilfe sein. Wenn z.B. eine Analyse zum Nachweis von 100 ppm Chlorid in einer Vanadium-Stange gesucht ist, kann die Literatursuche zu einer für diesen speziellen Fall ausgearbeiteten Methode führen.[1] Da jedoch ein solcher Glücksfund selten ist, muß der Analytiker gewöhnlich seinen eigenen Weg finden. Wie wird so etwas getan? Bei sehr einfachen Problemen wird sich aus dem eigenen Wissen des Analytikers sehr schnell ein brauchbarer Weg finden lassen. Für schwierigere Aufgaben müssen Informationen aus der chemischen Literatur beschafft werden. Gute Methodensammlungen und Monographien bieten eine Zusammenstellung analytischer Methoden an (vergleiche Anhang 1). Übersichtsarbeiten und Methodensammlungen wie das jährlich erscheinende Analytiker-Taschenbuch oder die zweijährig erscheinenden Übersichtsarbeiten in *Analytical Chemistry, Analytical Reviews*/Fundamentals (geradzahlige Jahre) und *Analytical Reviews*/Applications (ungeradzahlige Jahre) geben Hinweise auf kürzlich publizierte Originalarbeiten.

Wenn noch mehr Information erforderlich ist, kann eine Literatursuche über die *Chemical Abstracts, Analytical Abstracts* oder eine der heute verfügbaren Datenbanken durchgeführt werden. Ein Einblick in die Praxis der chemischen Analyse – gemeint ist, wie ein analytischer Chemiker ein Problem betrachtet und eine Antwort findet – kann am besten durch die Diskussion aktueller Aufgaben vermittelt werden. Die nachfolgenden Fälle zeigen exemplarisch die Vielfalt auftretender Fragestellungen und einige der damit verbundenen Schwierigkeiten.

1 UKAEA Production Group, PG report 339

25.2 Beispiele für aktuelle analytische Aufgaben

Fall 1: Bestimmung von Fluorid in Zahnpasta

Bei der Bestimmung von Fluorid in Zahnpasta sahen sich Chemiker kleinen Probenmengen mit einem niedrigen Fluoridgehalt gegenüber. Dies ließ eine kolorimetrische Methode sinnvoll erscheinen, die wenige Mikrogramm Fluorid messen kann. Zahnpasten enthalten jedoch beachtliche Mengen an Calcium und Phosphat, die beide nahezu alle kolorimetrischen Methoden zur Bestimmung des Fluoridgehaltes stören. Demnach war die Abtrennung des Fluorids angezeigt. Die Destillation als HF und H_2SiF_6 würde dies ermöglichen, jedoch sind die Volumina an durch Standardmethoden gesammeltem Destillat für Spuren an Fluorid viel zu groß.

Dieses Problem wurde durch eine Mikrodiffusions-Technik[2] unter Verwendung einer geschlossenen Conway-Mikrodiffusionseinheit gelöst. Hierbei wird die Probe im äußeren Behälter mit Perchlorsäure angesäuert und bildet HF:

$$F^- + H_3O^+ \xrightarrow{\ HClO_4\ } HF + H_2O$$

Die Apparatur mit Inhalt wird für einige Stunden vorsichtig erwärmt. Während dieser Zeit diffundiert die freigesetzte Flußsäure langsam aus dem äußeren in den inneren Behälter, wo sie mit Natriumhydroxid neutralisiert wird und nichtflüchtiges Natriumfluorid bildet. Anschließend wird das Fluorid im inneren Behälter mit einer spektralphotometrischen Standardmethode bestimmt. Obwohl die Diffusion einige Zeit erfordert, muß die Anlage nicht überwacht werden, und viele Proben können gleichzeitig bearbeitet werden.

Fall 2: Bestimmung von Fluorid in Aluminiumsalzen

Dieses Problem ist in einer aluminiumverarbeitenden Firma aufgetreten. Bezüglich der Probenmenge gibt es keine Begrenzung. Viele der Proben sind in Säure nicht löslich, jedoch kann diese Schwierigkeit durch Schmelzen der Probe mit Natriumhydroxid und anschließendes Auflösen der abgekühlten Schmelze in Wasser überwunden werden. Ein ernster zu nehmendes Problem ist die Bestimmung des Fluorids in Gegenwart von Aluminium(III), da Aluminium mit Fluorid stabile Komplexe bildet.

Das Fluorid wird durch Ansäuern und Destillation abgetrennt, jedoch ist eine vollständige Destillation wegen der großen Stabilität der Komplexe schwer.

Eine verblüffend einfache Methode stellte sich schließlich als brauchbar heraus.[3] Das Fluorid wird von Aluminium-Komplexen befreit, indem man Aluminium mit einem anderen Reagenz komplexiert. Sulfosalicylsäure oder in einigen Fällen Natriumhydroxid (das ein lösliches Aluminat AlO_2^- bildet) erwiesen sich als zufriedenstellend. Anschließend kann das Fluorid ohne irgendeine Trennung mit einer für

2 H.W. Wharton, *Anal. Chem. 34*, 1296 (1962)

3 T.A. Palmer, *Talanta 19*, 1141 (1972)

Fluoridionen selektiven Elektrode bestimmt werden (vergleiche Abschnitt 17.4). Die Eichkurve des Elektrodensignals gegen die Fluoridionen-Konzentration wurde mit Standards im gleichen ionischen Medium wie dem der Proben erstellt.

Fall 3: Bestimmung von Bismut in Bismut-Legierungen

Ein Metallurge benötigte den prozentualen Anteil von Bismut in einer Reihe Zinn-Bismut-Legierungen mit niedrigen Bismut-Gehalten. Aus der Literatur ging hervor, daß große Mengen an Zinn wahrscheinlich die Standardmethode der kolorimetrischen Bestimmung des Bismuts stören. Das Bismut kann mit EDTA unter Verwendung von Fluorid zur Maskierung des Zinn(IV) titriert werden, jedoch kann dies schwierig werden, wenn die Proben sehr kleine Anteile Bismut enthalten. In der Literatur läßt sich eine vielversprechende spektralphotometrische Methode finden.[4] Diese besteht in der Messung der Extinktion eines Bismut(III)-chlorokomplexes in Salzsäure, $c(HCl) = 6-8$ mol/L, bei 327 nm. Experimente mit große Mengen Bismut enthaltenden Standards und einem großen Überschuß an Zinn(IV) zeigen, daß diese Methode sehr gut funktioniert, jedoch die Analyse in der Praxis viel zu hohe Ergebnisse für Bismut ergab. Dies läßt sich auf Salpetersäure zurückführen, die zusammen mit der Salzsäure zum Auflösen der Proben verwendet wird. Die Salpetersäure entwickelt Stickoxide, die bei der gleichen Wellenlänge wie der zur Messung des Bismut(III)-chlorokomplexes verwendeten stark absorbieren. Indem man für einige Minuten Luft durch die Probenlösungen bläst, werden die Stickoxide entfernt, und die Proben lassen sich erfolgreich analysieren.

Fall 4: Eine verunreinigte Probe

Ein Analytischer Chemiker versucht üblicherweise, die Genauigkeit seiner Analyse in jeder nur möglichen Weise zu überprüfen. Für Proben mit einer begrenzten Anzahl von Komponenten läßt sich eine nützliche Überprüfung über die Gesamtzusammensetzung durchführen. Wenn die Gehalte der verschiedenen Komponenten sich zu annähernd 100 % addieren lassen, kann der Analytiker auf die Genauigkeit seiner Analyse vertrauen. Ein Beispiel hierfür ist die Ionenbilanz in der Wasseranalytik, bei der die Summen der Kationen- und Anionen-Äquivalentstoffmengen ein neutrales Gemisch anzeigen müssen.

Eine Gruppe von Festkörperphysikern ist an derjenigen Temperatur interessiert, bei der eine Niobsulfid-Probe supraleitend wird. Die wiederholte Analyse auf Niob und Schwefel durch das analytische Labor ergab stets einen Gesamtgehalt von nur etwa 92 %. Schließlich überprüfte der Analytiker (fast mit einem sechsten Sinn) die Probe auf Eisen und fand annähernd 8 % Verunreinigung durch Eisen.

4 C. Merritt, Jr., H.M. Hershenson und L.B. Rogers, *Anal. Chem. 25*, 572 (1953)

Fall 5: Bestimmung von Phosphat durch Atomabsorptionsspektrometrie

Phosphat stört die atomabsorptionsspektrometrische Bestimmung von Calcium, da es ein stabiles Calciumphosphat bildet und so die Anzahl der Calcium-Atome in der Flamme vermindert (vergleiche Kapitel 24). Dies läßt sich jedoch auch zum Vorteil des Analytikers anwenden: Phosphat kann quantitativ bestimmt werden, indem man die Erniedrigung der Extinktion einer calciumhaltigen Lösung mißt.[5] Bei dieser Methode wird ein Puffer mit 1–100 ppm Phosphat zur Probe gegeben, so daß das Phosphat überwiegend als HPO_4^{2-} vorliegt. Die Probe wird mit einer calciumhaltigen Lösung vermischt (etwa 10 ppm) und die Extinktion sowohl der Probenlösung als auch einer Lösung mit ausschließlich Calcium durch AAS gemessen. Eine analytische Eichkurve wird durch Auftragen des Verhältnisses der Extinktionen, $E(Ca + PO_4)/E(Ca)$, gegen die Phosphatkonzentration (in ppm) erstellt; diese Kurve ist im unteren Konzentrationsbereich annähernd linear. In der Praxis können Proben in ähnlicher Weise analysiert und der Phosphatgehalt aus einer Eichkurve abgelesen werden.

Fall 6: Organische Verunreinigungen in Trinkwasser

Jahrelang hatte das Trinkwasser von Ames im US-Bundesstaat Iowa von Zeit zu Zeit einen unerwünschten Beigeschmack und Geruch. Man dachte, daß dies auf Phenole zurückzuführen sei, die aus einer alten Kohlenteergrube in das Wasser gelangten. Das analytische Problem bestand in der Identifizierung der vorhandenen organischen Verunreinigungen und, falls möglich, der näherungsweisen Angabe ihrer Konzentration im Wasser.

Da die Kozentration der organischen Verbindungen im Trinkwasser extrem niedrig war, bestand der erste Schritt in deren Anreicherung. Verschiedene Techniken wurden in Betracht gezogen: Das Einfrieren würde die Verunreinigungen in der verbleibenden flüssigen Phase konzentrieren. Wiederholtes Einfrieren konzentrierte die organischen Verbindungen auf, jedoch war dies für große Volumina der beteiligten Wasserproben ein mühsamer Prozeß. Auch die Extraktion mit Lösungsmitteln erwies sich als erfolgreich für die Anreicherung chlorierter organischer Pestizide aus Wasser. Dies würde jedoch die Extraktion sehr großer Volumina Wasser mit sehr kleinen Volumina organischer Lösungsmittel erforderlich machen. Auch könnten hier unerwartete Verunreinigungen im organischen Lösungsmittel zu falschen Schlüssen über die Verunreinigungen im Wasser führen. Eine Säule mit Aktivkohle kann organische Substanzen aus Wasser adsorbieren, jedoch ist die anschließende Desorption oft langsam und unvollständig. Schließlich wurde eine mit einem speziellen Polystyrolharz gepackte Säule zur Adsorption der organischen Verbindungen verwendet.[6]

5 E.J. Yeung, private Mitteilung, 1977

6 A.K. Burnham, G.V. Calder, J.S. Fritz, G.A. Junk, H.J. Svec und R. Willis, *Anal. Chem.* *44*, 139 (1972)

Der Vergleich mit bekannten organischen Verbindungen (als Modellverbindungen) zeigte, daß sowohl die Adsorption als auch die Desorption schnell und vollständig waren. Wasserproben mit bis zu 300 Litern wurden mit einer hohen Durchflußgeschwindigkeit über diese Säule gegeben. Anschließend wurden die adsorbierten organischen Verbindungen mit einem kleinen Volumen (25–50 mL) Ethylether von der Säule eluiert. Der Ether wurde vorsichtig abgezogen, es verblieb eine hochkonzentrierte Lösung der aus dem Wasser stammenden organischen Verbindungen.

Die Identifizierung dieser Verbindungen gestaltete sich schwierig, da in der Literatur tausende von Möglichkeiten aufgeführt waren. Die Injektion des Konzentrats in einen Gaschromatographen gab ein Chromatogramm mit verschiedenen Peaks, jedoch mußten diese noch identifiziert werden. (Durch Geruchsprüfung am Ausgang des Gaschromatographen konnte leicht festgestellt werden, daß die faul riechenden und faul schmeckenden Verbindungen isoliert worden waren.) Die Infrarotspektroskopie lieferte einige Informationen, jedoch waren die verfügbaren Mengen für eine saubere infrarotspektroskopische Identifizierung zu klein. Schließlich wurde ein Massenspektrometer an den Gaschromatographen angeschlossen. Diese Kopplung (GC-MS-Kopplung) identifizierte die getrennten organischen Verbindungen als Bestandteile des Kohlenteers: Acenaphthylen, 1-Methylnaphthalin, Inden, Methylinden, Acenaphthen und andere. Interessanterweise fand man keinen Hinweis auf die Anwesenheit von Phenolen im Wasser.

Fall 7: Probennahme von Trinkwasser zur Bestimmung chlorierter Kohlenwasserstoffe

1974 wurde entdeckt, daß praktisch jedes chlorierte Trinkwasser Chloroform ($CHCl_3$) und andere chemisch ähnliche chlorierte oder bromierte Kohlenwasserstoffe in niedrigen Konzentrationen enthält. Obwohl die Konzentrationen niedrig sind (gewöhnlich 1–200 ppb), ist eine carcinogene Wirkung des Chloroforms nicht auszuschließen, seiner Gegenwart in Trinkwasser muß Beachtung geschenkt werden. Rook[7] konnte zeigen, daß Chloroform entsteht, wenn Huminsäuren (aus dem Boden ausgewaschene organische Verbindungen) enthaltendes Wasser in einem der Trinkwasseraufbereitung ähnlichen Prozeß chloriert wird.

Das analytische Problem war in diesem Falle die Probenaufbewahrung. Wenn Wasserproben genommen und zur Analyse auf Chloroform in ein Labor geschickt werden, vergehen oft ein bis mehrere Tage, bevor die Analyse durchgeführt wird. In diesem Zwischenraum kann ein Verlust an flüchtigem Chloroform nicht ausgeschlossen werden. Um diese Möglichkeit zu überprüfen, wurden ausgewählte Proben sofort, andere – bei sorgfältiger Aufbewahrung – innerhalb von 7 Tagen täglich auf ihren Chloroformgehalt untersucht. Das Ergebnis war überraschend: Die Chloroformkonzentration nahm innerhalb der ersten zwei oder drei Tage zu.[8] Hierin lag das Problem. Wie kann eine genaue Analyse durchgeführt werden, wenn

7 J.J. Rook, *Water Treatment and Examination 23*, 234 (1974)

8 L.D. Kissinger und J.S. Fritz, *J. Am. Waterworks Assoc. 68*, 435 (1976)

eine sofortige Untersuchung des Wassers unmöglich ist und die Chloroformkonzentration mit der Zeit schwankt?

Der Schlüssel zur Lösung dieses Problems lag in der Erkenntnis, daß aufbereitetes Trinkwasser sowohl organische Huminsäuren als auch Reste an Chlor enthält, die langsam unter Bildung weiteren Chloroforms reagieren. Als Lösung wurde gefunden, bei der Probennahme des Wassers wenig Ascorbinsäure hinzuzufügen, um das Chlor (zu Chlorid) zu reduzieren. Sobald dies getan wurde, blieb der Chloroformgehalt in sorgfältig verschlossenen Flaschen konstant.[8]

Fall 8: Schwefeldi- und -trioxid in Abgasen

Wenn Kohle verbrennt, werden schwefelhaltige Verunreinigungen in Schwefeldioxid überführt, das wiederum zu Schwefeltrioxid und somit — in Gegenwart von Wasser — zu Schwefelsäure oxidiert werden kann. Schwefelsäure, Schwefeltrioxid und Schwefeldioxid reizen die Atemwege, sind korrosiv und vegetationsschädigend, so daß gesetzliche Beschränkungen für den Schwefelgehalt von in Kraftwerken und anderen Anlagen verbrannter Kohle festgelegt wurden.

Eine analytische Methode zur Überwachung des Schwefeltrioxids, von Schwefelsäuredämpfen und Schwefeldioxid in Schornsteinabgasen wurde deshalb benötigt. Eine Möglichkeit besteht darin, ein abgemessenes Gasvolumen durch eine Standardlösung einer Lauge zu leiten und das absorbierte saure Gas durch Titration zu bestimmen. In diesem Falle würde Kohlendioxid sicher das Verfahren stören, und Schwefeldioxid wäre schwer von Schwefeltrioxid und Schwefelsäure zu unterscheiden. Unter Verwendung einer durch die amerikanische Umweltschutzbehörde[9] empfohlenen Methode wurde ein abgemessenes Gasvolumen durch eine 80 %ige Lösung von Isopropanol geleitet, um Schwefelsäure (und Schwefeltrioxid) zu entfernen, und anschließend durch eine Lösung mit Wasserstoffperoxid, um das Schwefeldioxid zu absorbieren und zu Schwefelsäure zu oxidieren. In jeder Lösung wurde der Sulfatgehalt durch Titration mit einer eingestellten Bariumsalz-Lösung bestimmt (eine Variante dieser Methode ist in Kapitel 11 beschrieben).[10]

Fall 9: Die bei Acetylsalicylsäure vermutete Fluoreszenz

Von Acetylsalicylsäure, dem pharmazeutisch wirksamen Bestandteil vieler Kopfschmerz-Tabletten (z.B. Aspirin®), weiß man, daß sie mit absorbierter Feuchtigkeit unter Bildung eines kleinen Anteils an Salicylsäure und Essigsäure reagiert:

$$C_6H_4(CO_2H)OCOCH_3 + H_2O \rightarrow C_6H_4(CO_2H)OH + CH_3CO_2H$$

Da Salicylsäure im Gegensatz zur Acetylsalicylsäure stark fluoresziert, kann der Anteil an als Verunreinigung enthaltener Salicylsäure in Tabletten (wie z.B. Aspirin) unter anderem fluorimetrisch bestimmt werden.

9 *Federal Register 41*, 23087, June 8, 1976

10 J.S. Fritz und S.S. Yamamura, *Anal. Chem. 27*, 1461 (1955)

Durch Fluoreszenzanregung und die erhaltenen Emissionsspektren von verunreinigter Acetylsalicylsäure wurde gefunden[11], daß die Spektren zwei Banden enthalten, eine für die Salicylsäure bei 450 nm und eine nichtidentifizierte Bande bei 335 nm. Da keine andere bei 280 nm absorbierende Verbindung vorhanden war (dies ist die Wellenlänge der verwendeten Fluoreszenzanregung), wurde eine Fluoreszenz der Acetylsalicylsäure bei 335 nm vermutet. Dies war jedoch eine wacklige Hypothese, da zu dieser Zeit von Acetylsalicylsäure nur die Phosphoreszenz bekannt war und eine intensiv fluoreszierende Verunreinigung an Salicylsäure hierfür verantwortlich sein könnte. Um diese Annahme zu überprüfen, wurde eine Anzahl von Experimenten durchgeführt. Zunächst wurde ein UV-Spektrum der Acetylsalicylsäure in dem auch für die Fluoreszenzmessungen verwendeten Lösungsmittel durchgeführt. Dieses wurde mit dem Fluoreszenzanregungsspektrum verglichen. Beide sollten ähnlich sein, sofern die gleiche Verbindung zugrunde liegt (vergleiche Abschnitt 23.2). In der Tat waren die Spektren ähnlich, jedes enthielt eine definierte Bande bei etwa 280 nm. Hierdurch wurde gezeigt, daß Acetylsalicylsäure in der Tat fluoresziert, jedoch waren weitere Experimente zur Absicherung dieses Ergebnisses notwendig.

Hierzu wurden die Fluoreszenzanregung und die Emissionsspektren der Salicylsäure und der Acetylsalicylsäure im gleichen Lösungsmittel sorgfältig verglichen. Alle Banden fanden sich bei verschiedenen Wellenlängen, und es wurde sehr wenig Überlappung zwischen den Fluoreszenzemissionen beider Verbindungen festgestellt. Dies zeigte an, daß Acetylsalicylsäure und nicht die Salicylsäure bei 335 nm emittiert. Durch Zugabe einer kleinen Menge Wasser wurde die Fluoreszenz bei 450 nm verstärkt und damit auch bestätigt, daß die Fluoreszenz bei 335 nm nicht von der durch Hydrolyse der Acetylsalicylsäure entstehenden Salicylsäure herrührt.

Das Endergebnis war eine schnelle und genaue Methode zur gleichzeitigen Bestimmung von Acetylsalicylsäure und Salicylsäure in Aspirin-Tabletten.

Fall 10: Der Effekt der Fluoridbehandlung von Zähnen

Fluoride werden vereinzelt zu Trinkwasser und Zahnpasten zugefügt, um einem Zahnverfall (Karies) vorzubeugen. Sie reagieren mit dem Zahnschmelz, der weitestgehend aus $Ca_{10}(PO_4)_6(OH)_2$ besteht, und bilden einen Überzug aus CaF_2 oder $Ca_{10}(PO_4)_6F_2$.

Einer Arbeitsgruppe wurde die Aufgabe übertragen, die Schutzwirkung einer Fluoridbehandlung zu untersuchen. Dazu mußte zunächst entschieden werden, wie „Schutz" chemisch zu beschreiben ist, sowie anschließend, welche Ionen bestimmt werden müßten, um die Schutzwirkung untersuchen zu können.[12,13]

Die Schutzwirkung wurde als Verminderung der Geschwindigkeit definiert, mit der $Ca_{10}(PO_4)_6(OH)_2$ durch Säure aufgelöst wird. Anschließend konnte unter-

11 C.I. Miles und G.H. Schenk, *Anal. Chem. 42*, 656 (1970)

12 W.E. Cooley, *J. Chem. Educ. 47*, 177 (1970)

13 W.M. Halliday et al., *U.S. Patent 3, 105,798*, Oct. 1, 1963

sucht werden, mit welcher Geschwindigkeit Ca^{2+} oder PO_4^{3-} aus einer Reihe in Wachs befestigter sauberer menschlicher Zähne durch eine saure Lösung freigesetzt wird. Da die Geschwindigkeit zu bestimmen war, mußten Zeit, Temperatur, Rührgeschwindigkeit und der pH kontrolliert werden. Zunächst wurde die Geschwindigkeit der Phosphatfreisetzung photometrisch gemessen. Anschließend wurde die gleiche Reihe der Zähne gespült und mit einer Fluoridlösung behandelt und anschließend erneut gespült, um eventuelle Reste zurückgebliebenen Phosphats aus der Bildung von CaF_2 zu entfernen. Danach wurde unter den gleichen Bedingungen eine zweite Messung durchgeführt.

Das Ergebnis war, daß Fluorid die Geschwindigkeit, mit der $Ca_{10}(PO_4)_6(OH)_2$ aufgelöst wird, beachtlich herabsetzt. So konnte der Nutzen einer Fluoridbehandlung bestätigt werden.

Fall 11: Suche nach einer Frühwarnung für Schock

In einer Gesundheitsbehörde wurde nach einer neuen Methode zur Frühwarnung vor dem physiologischen Schock gesucht (die alte Blutdruck-Methode war ziemlich unbequem, da sie eine Armbinde oder einen Katheter erfordert).

Grundlage für die neue Methode war, daß der Sauerstoffgehalt des Bluts im Kopf mit Beginn des Schocks abfällt, besonders im Bereich des Ohrläppchens. Weiterhin wurde gefunden, daß die Absorption infraroter Strahlung durch das Blut direkt proportional zum Sauerstoffgehalt ist. (Die Reaktion des Hämoglobins mit Sauerstoff zum Oxyhämoglobin ist wahrscheinlich für diese Veränderung verantwortlich.) Ein Infrarotspektralphotometer (vergleiche Kapitel 23) war für dieses Problem offensichtlich zu groß in den Dimensionen; jedoch erwies sich ein Instrument, das IR-Strahlung bei nur einer Wellenlänge verwendet, als hierfür denkbar. Ein solches Instrument, genannt Oxymeter, wurde zur Anbringung am Ohr umgebaut und erfüllt den gewünschten Zweck.

Teil II

Arbeitstechniken und analytische Verfahren

Kapitel 26

Einführende Bemerkungen zum Arbeiten im Labor

Vor Beginn der praktischen Arbeit im Labor sollte man sich über einige grundlegende Regeln des praktischen Arbeitens informieren. Eine Anzahl fester Regeln und Verfahrensgrundsätze, die bei jeder analytischen Arbeit zu beachten sind, wird unter dem Stichwort „Good Laboratory Practice" (GLP) zusammengefaßt.[1] Eine erfolgreiche Durchführung der Messungen setzt die richtige Planung der praktischen Arbeit, das Sauberhalten der Geräte, den richtigen Gebrauch der Reagenzien und das sorgfältige Führen eines Laborjournals voraus.

Darüber hinaus erfordert analytisches Arbeiten eine sinnvolle Zeiteinteilung und Geduld.

26.1   Das Laborjournal

Alle Daten sollten mit einem dokumentenechten Stift in ein fest gebundenes Heft (Kladde) notiert werden (z.B. DIN A 5). Daten dürfen niemals auf „Schmierpapier" notiert werden! Größere Laborbücher sind unpraktisch, weil man sie nicht gut zusammen mit der Ausrüstung herumtragen und an der Analysenwaage benutzen kann. Die Seiten sollten numeriert sein und die ersten beiden Seiten für ein Inhaltsverzeichnis freibleiben.

Jede Seite sollte durch eine Überschrift oder einen Titel kenntlich gemacht werden. Der Ausbilder wird Ihnen vermutlich ein Protokollschema für Meßergebnisse und Auswertung vorschlagen. Zweckmäßig ist es zum Beispiel, wenn man alle Meßdaten (Rohdaten) auf linke Seiten, Auswertung und Ergebnisse sauber auf rechte Seiten schreibt. Ein Beispiel für ein sinnvolles Protokoll eines gravimetrischen Experiments ist in Tabelle 26−1 gezeigt; Tabelle 26−2 zeigt einen analogen Vorschlag für ein titrimetrisches Experiment.

Alle Rohdaten und Beobachtungen sollten in das Notizbuch Eingang finden, ganz gleich ob sie sofort benötigt und verwendet werden oder nicht. Grundsätzlich sollte nichts ausradiert werden; alle unerwünschten Eintragungen sollten einfach durchgestrichen und gegebenenfalls mit einer erklärenden Bemerkung versehen werden.

Im allgemeinen ist es sinnvoll, das Laborjournal vor Beginn der Laborarbeit für die Aufnahme der Daten vorzubereiten. Wenn man z.B. Tiegel bis zur „Gewichtskonstanz" glüht, so ist es nützlich, wenn bereits eine Tabelle vorbereitet und Raum für die Gewichtsangaben für jeden Tiegel vor und nach der Fällung vorgesehen ist.

Das Protokoll selbst sollte mit einem Titel versehen werden. Die Reaktionsgleichung und gegebenenfalls eine Literaturangabe für die Versuchsvorschriften sollten nicht fehlen. Da im allgemeinen zur Titerstellung ein eigenes Protokoll geschrieben wird, sollte die Stoffmengenkonzentration des Titers in das Protokoll der Gehaltsbestimmung mit aufgenommen werden. Die Daten für jede Titration oder gravimetrische Analyse werden am besten in Spaltenform dargestellt, wobei der

---

1 OECD-Grundsätze der Guten Laborpraxis, *Bundesanzeiger* vom 4. 2. 1983

Tabelle 26—1   Protokoll einer gravimetrischen Analyse

Titel: Bestimmung des prozentualen Gehalts an Chlorid

Reaktion: $Cl^- + Ag^+ \rightarrow AgCl(s)$

Nr. der Bestimmung	I	II	III
Probenmasse in g	0,5000	0,5001	0,5001
Masse des Tiegels mit AgCl in g	31,8002	32,8014	33,8250
Masse des Tiegels in g	31,0001	32,0004	33,0100
Masse von AgCl in g	0,8001	0,8010	0,8150
gravimetrischer Faktor f_g	$f_g = \dfrac{M(Cl^-)}{M(AgCl)}$		
Masse von Cl^- in g	0,1980	0,1984	0,2022
% Cl^-	39,60	39,68	40,44
Anwendung der Q-Tests	–	–	$Q = 0,91$ (Wert berücksichtigen!)
Mittelwert für den Cl^--Gehalt		39,91 %	

mittlere prozentuale Gehalt unter den Einzelergebnissen steht (Tabelle 26—1). Am besten nimmt man für eines der Beispiele den Rechenweg mit auf und gibt die molare Masse und andere bei der Berechnung verwendete Größen an.

26.2   Planung der Laborarbeit

Die Arbeitszeit im Labor kann nur sinnvoll genutzt werden, wenn sie entsprechend frühzeitig geplant wurde; die Analysenwaage und weitere für das Experiment benötigte Geräte können dann auch von anderen Studenten verwendet werden. Wenn zeitraubende Vorbereitungen, wie z.B. das Trocknen einer Probe, nicht frühzeitig durchgeführt werden, so werden die nachfolgenden Schritte der Analyse verzögert.

So ist z.B. eine Hauptarbeit des ersten Praktikumstages im Semester für gewöhnlich die Übernahme des Arbeitsplatzes und das Erlernen des Umgangs mit der Analysenwaage. Beginnen Sie die Planung ihrer Arbeit, indem Sie nach der Einführung in den Gebrauch der Waage die Vorschrift für das erste Experiment lesen. Angenommen, es ist die Titration einer unbekannten Säure mit Natriumhydroxid-Lösung. Während des ersten und des zweiten Praktikumstages kann man Zeit sparen, indem man eine Probe der Urtitersubstanz Kaliumhydrogenphthalat holt, sie gleich zu Beginn des ersten Labortages im Ofen trocknet und vor Beendigung dieses ersten

Tabelle 26-2 Protokoll einer titrimetrischen Analyse

Titel: Bestimmung der Gesamtbasizität (als prozentualer Gehalt an Na_2O)

Reaktion (Bruttogleichung): $2\,HCl + Na_2O \rightarrow H_2O + 2\,NaCl$

Maßlösung: HCl, $c = 0{,}1011$ mol/L

Nr. der Bestimmung	I	II	III
Masse der Na_2O-Probe in g	0,2082	0,2120	0,2148
Bürettenablesung in mL:			
Endwert:	34,88	34,58	36,03
Anfangswert:	0,01	0,08	0,01
Verbrauch an Maßlösung in mL	34,87	34,50	36,02
% Na_2O	47,80	46,49 (Wert nach Q-Test eliminiert)	47,90

durchschnittlicher Na_2O-Gehalt: 47,85 %

Berechnung des Gehalts [nach Gl. (16−21)]:

$$\% \, Na_2O = \frac{(\text{Verbrauch an Maßlösung}) \cdot 0{,}1011 \, \frac{mol}{L} \cdot 31 \, \frac{g}{mol} \cdot 100}{(\text{Masse der Probe})}$$

Tages herausnimmt und über Nacht im Exsiccator trocknet. Während der Einführung in den Gebrauch der Waage kann destilliertes Wasser zur Herstellung einer Natriumhydroxid-Lösung, $c = 0{,}1$ mol/L, CO_2-frei gekocht werden. Während der folgenden Labortage kann dann die Natriumhydroxid-Lösung eingestellt werden, ohne daß man auf das Trocknen des Urtiters oder Abkühlen der Lösung warten muß.

Wenn das Labor jederzeit geöffnet ist, kann man Proben zum Trocknen in den Ofen stellen und zum Kühlen wieder herausnehmen, bevor die eigentliche Praktikumszeit beginnt. Gravimetrische Analysen erfordern eine besondere Planung. Am rationellsten arbeitet man, wenn man sowohl die Probe als auch die Tiegel vor Beginn der Arbeit erhitzt. Wenn die Durchführung der Fällung 2 bis 3 Stunden erfordert, so kann man Zeit sparen, indem man die Probe *vor* dem betreffenden Labortag auswiegt. (Man sollte eine Fällung stets zu Beginn eines Labortages anfangen, niemals mitten am Tag.) Wenn die Tiegel zum Erreichen der Massenkonstanz („Gewichtskonstanz") weiter geglüht und ausgewogen werden müssen, so sollte dies geschehen, während der Niederschlag „ausflockt" oder „reift". Wenn während dieser Zeit nichts weiter zu tun ist, so kann man sich z.B. die Probe für das nächste Experiment besorgen, trocknen und wenn möglich auswiegen.

26.3 Sauberkeit und Ordnung

Da die quantitative Analyse sich mit dem Messen der genauen Konzentration oder der genauen Masse einer Substanz befaßt, muß der Analytiker natürlich bei allen entscheidenden Schritten der Analyse reinlich und sauber arbeiten. Der erfahrene Analytiker weiß zwar, welche Schritte entscheidend sind, und mag deshalb bei den weniger entscheidenden Schritten geringere Sorgfalt walten lassen, der unerfahrene Student hat aber diesen Vorteil nicht und ist gut beraten, wenn er bei jedem Einzelschritt reinlich und sauber arbeitet.

Wer sich sauberes Arbeiten angewöhnen will, beginnt am besten auf dem Labortisch und in den Schränken für die Ausrüstung. Man gewöhne sich an, den Labortisch mit einer Detergentien-Lösung zu schrubben und anschließend abzuspülen, wenn immer er schmutzig ist, mindestens aber am Ende jedes Labortags. Auf dem Labortisch verschüttete Chemikalien müssen mit Wasser verdünnt und mit einem Schwamm oder Papiertuch weggewischt werden. Die Geräte sollten in den Schränken und Schubladen reinlich und ordentlich angeordnet sein und auch so bleiben. Das spart Zeit bei der Suche nach Geräten.

Volumetrische Glasgeräte gehören zu den wichtigsten Ausrüstungsgegenständen, die absolut sauber gehalten werden müssen. Büretten und Pipetten sollten zu Beginn des Semesters gereinigt werden und durch Spülen mit destilliertem Wasser sofort nach Gebrauch sauber gehalten werden. (Genaue Anweisungen werden in Kapitel 30 gegeben.) Andere Glasgeräte wie Kolben und Bechergläser sollten mit heißer Detergens-Lösung und einer Bürste gereinigt werden. Nach Ausspülen mit Leitungswasser und anschließend mit destilliertem Wasser läßt man sie auf dem Kopf stehend ablaufen, bevor sie weggestellt werden. (Destilliertes Wasser sollte nie verschwendet werden, indem man es für *alle* Spüloperationen verwendet; es genügt, wenn man *abschließend* mit destilliertem Wasser spült.)

Es ist ebenfalls sehr wichtig, daß Glasgeräte in den Laborschränken ordentlich aufbewahrt werden. Um Platz zu sparen, sollte man Bechergläser ineinanderstellen und Uhrgläser aufeinanderstapeln. Büretten und Pipetten sollten mit destilliertem Wasser gefüllt werden und an einem Platz aufbewahrt werden, an dem die Spitzen nicht abbrechen können, wenn man mit anderen Gegenständen im Schrank hantiert. Die beiden Enden der Pipetten sollen mit Gummihütchen verschlossen, die Pipetten sollten horizontal gelagert werden. Büretten sollten oben mit einem Gummistopfen verschlossen sein, wenn sie horizontal gelagert werden müssen.

Der Student ist dafür verantwortlich, daß die Fläche um die Analysenwaagen sauber gehalten wird. Chemikalien, die in diesem Bereich verschüttet werden, können Notizbücher, Kleidung oder Haut schädigen. Wenn ein solcher Bereich gereinigt werden muß, sollte man dies vor der Wägung tun und ihn anschließend sauber hinterlassen. Alle zur Wägung benutzten und anderen Papiere sind wegzuwerfen, damit eine Wiederverwendung verunreinigter Wägepapiere vermieden wird.

26.4 Reagenzien

Der Student sollte sich über die Reinheit von Reagenzien und über den sachgerechten Einsatz der verschiedenen Reinheitsgrade von Reagenzien klar werden.

Die am häufigsten verwendete reine Chemikalie ist destilliertes (bzw. über Ionenaustauscher entmineralisiertes) Wasser. Man sollte jedoch seine Reinheit nicht immer als selbstverständlich gegeben hinnehmen. Die Qualität des gelieferten Wassers kann sich plötzlich ändern (z.B. bei Versagen der Ionenaustauschanlage); abgestandenes destilliertes Wasser kann gelegentlich das frische destillierte Wasser mit Chlorid-Ionen kontaminieren. Wenn z.B. Chlorid-Ionen bestimmt werden sollen, so muß man das Wasser möglicherweise mit Silbernitrat auf Chloridfreiheit prüfen.

Destilliertes Wasser wird immer als Lösungsmittel für wäßrige saure oder basische Maßlösungen benutzt, wird aber für gewöhnlich zuerst kohlendioxidfrei gekocht. Zu messende Proben und Urtiter-Reagenzien werden ebenso in destilliertem Wasser und nicht in Leitungswasser gelöst.

Destilliertes Wasser wird auch zum abschließenden Spülen bei der Reinigung von Glasgeräten verwendet, sollte aber nicht für das vorausgehende Abspülen von Detergentien eingesetzt werden. Das Spülen von Glasgeräten durch Füllen mit destilliertem Wasser ist in hohem Grad verschwenderisch, es genügt, wenn man lediglich die Glaswände mit einer Spritzflasche abspült.

Konzentrierte Säuren und Basen

Der nächst-häufigste Typ von Reagenzien sind konzentrierte Säuren und Basen. In Tabelle 26−3 sind ihre Dichten und Konzentrationen aufgelistet. Davon ist lediglich Natronlauge (1:1) nicht im Handel erhältlich. Diese wird im Labor rechtzeitig frisch angesetzt, so daß Verunreinigungen von Natriumcarbonat fachgerecht entfernt werden können.

Aus diesen konzentrierten Reagenzien können verdünntere Lösungen im Labor leicht hergestellt werden. In den Anweisungen zur Herstellung solcher Mischungen wird im allgemeinen das konzentrierte Reagenz mit den zur Verdünnung

Tabelle 26−3 Konzentrierte Säuren und Basen

Gehalt in Massenprozent ("Gewichtsprozent")	Säure oder Base	Dichte in g/cm³	Stoffmengenkonzentration in mol/L
99,5	CH_3CO_2H	1,05	17,4
37	HCl	1,19	12
72	HNO_3	1,42	15,7
70−72	$HClO_4$	1,68	11,6
85	H_3PO_4	1,69	14,7
95	H_2SO_4	1,83	18
28	NH_3	0,90	14,8
50	(1:1)-NaOH	–	16

benötigten Wasseranteilen aufgeführt. So bedeutet z.B. die Anweisung, eine Chlorwasserstoff-Lösung (1:3) herzustellen, daß man einen Massenteil konzentrierte Chlorwasserstoffsäure-Lösung (konz. Salzsäure) zu 3 Massenteilen Wasser hinzugeben soll.

Reinheit von Reagenzien

Meist sind chemische Reagenzien in verschiedenen Reinheitsstufen, so wie z.B. technisch, DAB-rein, p.a. (zur Analyse) erhältlich. Unglücklicherweise bedeuten diese Angaben häufig verschiedene Grade von Reinheit für jeweils verschiedene Reagenzien. Technische und DAB-reine Reagenzien, ebenso solche mit dem Reinheitsgrad „zur Synthese", sind im allgemeinen für analytische Arbeiten ungeeignet. Bei Chemikalien „zur Analyse" (*pro analysi*, p.a.) sollten die angegebene Reinheit (in %) und die maximal enthaltenen Verunreinigungen − wie auf dem Etikett angegeben − sorgfältig beachtet werden.

Das „Committee on Analytical Reagents" der American Chemical Society hat Spezifikationen für analytische Reagenzien erarbeitet; wenn ein bestimmtes Reagenz diesen Spezifikationen entspricht, dann wird auf dem Etikett angegeben, daß das Reagenz in seiner Reinheit den Anforderungen dieser sog. ACS-Spezifikationen entspricht. Im allgemeinen sind Reagenzien mit solchen Etiketten die reinsten, die im Handel erhältlich sind, und können unbedenklich verwendet werden. (Ein Beispiel für ein solches Etikett ist in Tabelle 26−4 wiedergegeben.)

Natürlich müssen Urtitersubstanzen Reagenzien von höchster Reinheit sein, vorzuziehen sind Abweichungen von 100,00 %iger Reinheit, die nicht mehr als ±0,05 % betragen. Betrachten wir z.B. ein typisches Etikett für die Urtitersubstanz Arsen(III)-oxid (Tabelle 26−4). Wenn auch die Reinheit mit lediglich 100,0 % angeben ist (was einen Fehler von 0,1 % bedeutet), so ist doch die Summe der Verunreinigungen kleiner als 0,02 %. Das Etikett gibt außerdem an, daß die Reinheit den Anforderungen der ACS-Spezifikationen entspricht. Der Gehalt an Stoffen wie Sulfid und Antimon, die bei der iodometrischen Titration von Arsen stören können, liegt im Bereich von lediglich 0,001 %.

Tabelle 26−4 Etikett für eine Urtitersubstanz

Arsentrioxid		
Urtitersubstanz, entspricht den ACS-Spezifikationen		
Gehalt an As_2O_3	100,0	%
Glührückstand	0,004	%
In HCl unlöslicher Anteil	0,005	%
Chlorid (als Cl)	0,005	%
Sulfid (als S)	0,001	%
Antimon (als Sb)	0,001	%
Blei (als Pb)	0,0005	%
Eisen (als Fe)	0,0001	%

Nicht alle Urtitersubstanzen weisen einen Gehalt von genau 100% auf. Kaliumhydrogenphthalat von 99,96%iger Reinheit ist häufig zu finden; andere Urtitersubstanzen können Gehalte von etwas über 100%, z.B. 100,05% aufweisen. Gelegentlich mögen auch Substanzen von lediglich 99,0%iger Reinheit als Urtiter Verwendung finden, auch wenn sie eigentlich keine Urtitersubstanzen sind. Bei der Bestimmung der Wasserhärte ist im unteren Bereich ein Fehler von 1% nicht signifikant. Deshalb wird im allgemeinen 99,0%iges Calciumcarbonat als Urtiter für EDTA verwendet.

Der Umgang mit Reagenzien

Reagenzien werden sehr leicht verunreinigt, wenn sie von vielen Studenten in einem Labor verwendet werden. Daher ist es sehr wichtig, daß man alle Reagenzien möglichst so handhabt, daß keine Verunreinigungen eingeschleppt werden, auch wenn dabei ein gewisser Anteil des Reagenzes weggeschüttet werden muß. Chemikalien sollten den Vorratsflaschen unter vorsichtigem Drehen der Flasche – diese ist leicht abwärts geneigt – so ausgegossen werden, daß ein dünner Strahl des Stoffes auf das Wägepapier oder in ein Becherglas fließt. Wenn ein Spatel verwendet werden muß, so sollte er absolut sauber und trocken sein, um Verunreinigungen zu vermeiden. Jeder Überschuß an Reagenz sollte weggeworfen und nicht wieder in die Vorratsflasche zurückgegeben werden. Wenn Reagenz verschüttet wird, so sollte es unverzüglich aufgewischt werden; das gilt ganz besonders für den Bereich um die Waage herum. Flüssige Reagenzien werden am besten so entnommen, daß man etwas mehr als die benötigte Menge in ein kleines, mit diesem Reagenz gespültes Becherglas gießt. Ein einzelner Student sollte seine eigene Pipette niemals in die Reagenzien-Vorratsflasche stecken, der Assistent wird unter Umständen stattdessen eine Pipette für alle Studenten zum Abpipettieren eines bestimmten Reagenzes zur Verfügung stellen. Überschüssiges Reagenz wird dann mit sehr viel Wasser in den Abguß gespült bzw. ordnungsgemäß entsorgt. Der Stopfen einer Flasche mit flüssigen Reagenzien sollte weder auf dem Labortisch noch an einen anderen Platz gelegt werden, wo er verunreinigt werden könnte. Er ist vielmehr entweder zwischen zwei Fingern zu halten oder – falls erforderlich – auf ein sauberes Stück Papier zu stellen.

Kapitel 27

Analysenwaagen

Vgl. *Mettler Wägelexikon. Praktischer Leitfaden der wägetechnischen Begriffe* (Mettler Instrumente AG, CH-8606 Greifensee, Schweiz).
Siehe auch: M. Kochsiek (Hrsg.), *Handbuch des Wägens* (Vieweg, Braunschweig 1985)

Die grundlegendste und zugleich genaueste Operation im chemischen Labor ist das Wiegen auf der Analysenwaage. Die meisten Analysenergebnisse werden in Gewichtsprozent angegeben. Selbst wenn andere Darstellungsweisen gewählt werden, beruhen sie meist direkt oder indirekt auf einer Wägeoperation.

27.1 Genauigkeit und Präzision

Mit der Waage kann man Gegenstände mit hoher *Genauigkeit* (Richtigkeit, Nähe zum wahren Wert) und hoher *Präzision* (Reproduzierbarkeit) wiegen.

Der absolute Fehler einer Einzelwägung (Abweichung vom wahren Wert) beträgt ± 0,0001 g, die absolute Unsicherheit einer Einzelwägung ± 0,0001 g.

Die relative Unsicherheit einer Wägung ist im Allgemeinen sehr viel kleiner als die einer Bürette oder Pipette.

Beispiel:

Wägung eines Gegenstandes der Masse 100 mg. Die relative Unsicherheit beträgt

$$\frac{0{,}0001 \text{ g}}{0{,}1000 \text{ g}} \triangleq 0{,}1\% \ .$$

Da die relative Unsicherheit beim analytischen Arbeiten 0,1 % bis 0,2 % nicht übersteigen soll, ist eine Probenmasse von wenigstens 100 mg anzustreben. Bei Differenzwägungen verdoppelt sich der mögliche Absolutfehler; also sollte auch die Probenmasse auf 200 mg erhöht werden, um die relative Unsicherheit bei 0,1 % zu halten.

Wiegt man einen Gegenstand der Masse 100 g, so ergibt sich eine relative Unsicherheit von 1 ppm oder 0,0001 %. Nur vier oder fünf Meßverfahren im naturwissenschaftlichen Bereich sind noch genauer (s. Tabelle 27−1).

Tabelle 27−1 Meßverfahren mit geringer relativer Unsicherheit

Unsicherheit	Verfahren
1 Teil auf 10^{15} Teile	Vorschlag einer „Wasserstoffuhr" (Harvard-Universität, Physikinstitut): Abweichung 1 Sekunde in $3 \cdot 10^{7}$ Jahren
2 Teile auf 10^{13} Teile	Cäsium-Uhr (die auf Schwingungen von Cs-Atomen beruht): Abweichung 1 Sekunde in 150000 Jahren[a]
etwa 1 Teil auf 10^{9} Teile	Vergleich bestimmter Wellenlängen der Spektren von Cd und Hg[b]
1 Teil auf 10^{8} Teile	Bestimmung einer einzelnen Wellenlänge aus dem Cd-Spektrum[b]
1 Teil auf 10^{7} Teile	Messung von Radio-Frequenzen[b]
1 Teil auf 10^{6} Teile	Bestimmung der Masse eines 100 g schweren Gegenstandes mit der Analysenwaage

a G.J. Withrow, *The Nature of Time* (Holt, Rinehart and Winston, New York 1972), S. 88
b H. Diehl und G.F. Smith, *Quantitative Analysis* (Wiley, New York 1952), S. 47

27.2 Elektronische Analysenwaagen

Nach dem Zweiten Weltkrieg erlebte das sog. *Substitutionsprinzip* im Bau *mechanischer Analysenwaagen* seinen Durchbruch. Bei diesem Aufbauprinzip, das normalerweise mit einem asymmetrisch gelagerten Waagbalken gestaltet wird, hängen Wägegut und der in die Waage eingebaute Gewichtssatz am gleichen Hebelarm. Die Gewichtsbestimmung ließ sich bedeutend rascher abwickeln als mit konventionellen Zweischalenwaagen. Ab 1968 jedoch tauchten auf dem internationalen Meßgeräte- und Instrumentenmarkt die ersten *elektronischen Waagenentwicklungen* auf. Innerhalb der nächsten rund zehn Jahre verdrängte die Elektronik die Mechanik im Bau der elektronischen Analysen- und Präzisionswaagen; wichtige Hersteller hatten sich rechtzeitig auf die neuen Technologien umgestellt.

Elektromagnetische Kraftkompensation für hohe Auflösung

Die bei Analysen- und Präzisionswaagen geforderte hohe Auflösung der Gewichte erbringt die sog. *elektromagnetische Kraftkompensation* besonders gut. Bild 27−1 zeigt schematisch den Aufbau einer elektrodynamisch kompensierenden Meßzelle. Eine Kompensationsspule (8), in welcher permanent Strom fließt, taucht in ein Dauermagnetfeld (10) ein. In unbelastetem Zustand wird mittels Stromregulierung sichergestellt, daß sich das System in der Nullage befindet; ein Positionsgeber (11) überwacht dies. Er erfaßt vertikale Positionsänderungen der Schale (1) bzw. des

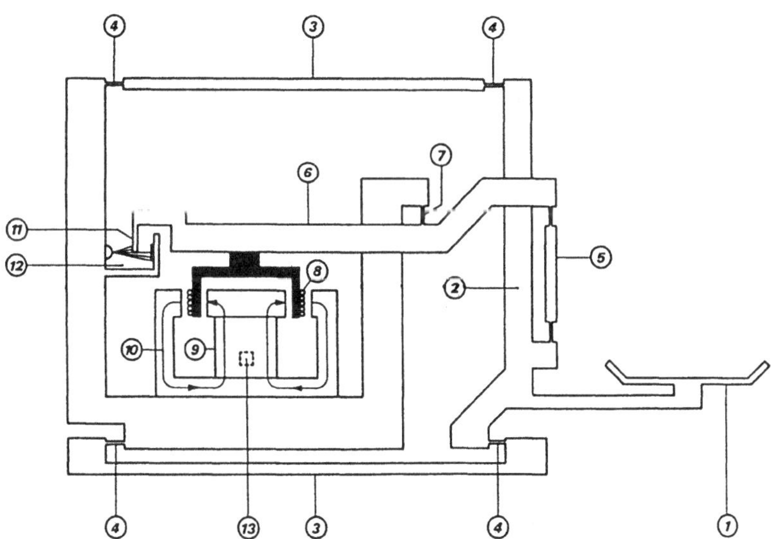

Bild 27-1 Der schematische Aufbau einer elektrodynamisch kompensierenden Meßzelle am Beispiel einer geführtschaligen Analysenwaage (Mettler Instrumente AG, Greifensee/Schweiz)

1 Waagschale mit Ausleger	8 Kompensationsspule
2 Schalenträger	9 Dauermagnet
3 Lenker (Parallelogramm)	10 Magnetischer Fluß
4 Elastische Biegelager	11 Positionsgeber, bestehend aus Lichtquelle und
5 Koppel	12 Positionsfahne
6 Hebel	13 Temperaturfühler
7 Elastische Biegelager des Hebels	

Schalenträgers, sobald die Waage belastet wird. Diese Information des Reglers wird benutzt, um einen Kompensationsstrom zu erzeugen, der über die Kompensationsspule das Wägesystem wieder in die Nullage bringt. Dieser Strom ist lastabhängig. Sein Wert wird in digitaler Form der Resultatauswertung zugeführt, und das Gewicht wird digital angezeigt.

Tarieren und Kalibrieren auf Tastendruck

Eines der ältesten Probleme beim Wägen resultiert aus der Verwendung eines Gefäßes beim Abwiegen einer Substanz auf der Waagschale: das Leergewicht des Gefäßes — die *Tara* — muß exakt ermittelt und berücksichtigt werden. Bei mechanischen Waagen bedeutet dies, daß man entweder eine Differenzwägung durchführt (Gewicht des Wägeguts = Bruttototalgewicht − Leergewicht) oder daß man die Tara bestimmt und auf den Zielwert (Tara + gewünschte Einwaage) einwiegt. Die Entwickler moderner elektronischer Waagen haben deshalb zunächst ihre Aufmerksamkeit auf die Vereinfachung des Tariervorganges gerichtet. Eine sog. 1-Tasten-Automatik schaltet eine Waage nicht nur ein oder aus, sondern läßt auch bei jedem Druck Null aufleuchten. Die Elektronik speichert den Tarawert über den gesamten Meßbereich; beim Abheben des Gefäßes mit dem Wägegut zur Kontrolle wird das *Bruttototalgewicht* ausgewiesen.

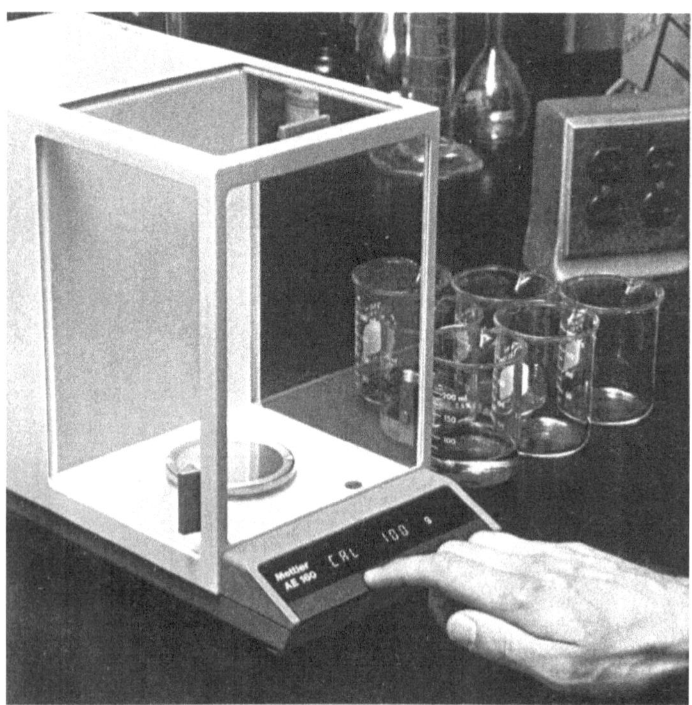

Bild 27-2 Sobald der Benutzer nach langanhaltendem Tastendruck die Aufforderung „CAL 100 g" aufleuchten sieht, kann er mittels Schieber das unter der Waagschale bereit liegende Kalibriergewicht als präzisen Referenzwert aktivieren (Mettler Instrumente AG, Greifensee/Schweiz).

Damit der Benutzer eine Substanz auch in ein relativ grobes Gefäß auf z.B. 0,1 mg genau einwiegen kann, verfügen viele Waagen über eine Feineinstellung, die über den gesamten Wägebereich verschoben werden kann.

Auch das üblicherweise etwas heikle Kalibrieren erfolgt nun mühelos durch langanhaltenden Tastendruck (Bild 27–2). Der Benutzer muß nur noch einen Schieber betätigen, um das unter der Waagschale eingebaute Prüfgewicht von exakt 100,0000 g als Referenzwert aufzulegen. Kalibrierfehler sind dank der klaren Benutzerführung durch die Anzeige praktisch eliminiert.

Die einzige Bedientaste wird schließlich auch zum Abrufen des für einen bestimmten Wägeplatz optimalen Meßzyklus (Integrationszeit) verwendet. Drei verschiedene Integrationszeiten stehen zur Wahl: 1,5 Sekunden, 3 Sekunden oder 6 Sekunden. Letztere Stufe ist vor allem bei sehr starken Umgebungsvibrationen angebracht. Beim Zudosieren reagiert die Waage jedoch in allen drei Stufen sehr rasch und hilft so, das zeitraubende Überfüllen zu vermeiden.

Automatische Datenerfassung und -auswertung

Die Elektronik hat im Waagenbau schließlich auch das weite Feld der automatischen Datenauswertung geöffnet (Bild 27–3). Die Wägeresultate stehen als Digitalsignal zur Weiterverarbeitung bereit. Ein *einfacher* angeschlossener *Drucker* hält Zwischenresultate von Mischungen fest; ein *rechnender Drucker* kann das Wägeprotokoll dank eingetippten Zusatzinformationen (wie Personal-Nr., Datum, Uhrzeit, Analysen-Nr. usw.) wesentlich aussagekräftiger gestalten. Tischcomputer oder kleine, speziell als Zusatzgeräte entwickelte Terminals erfüllen komplexe Auswertungswünsche bei seriellen Wägevorgängen.

27.3   Allgemeine Grundregeln für das Wiegen

1. Gegenstände sollten stets mit Zange (Pinzette), sauberem Papier oder Handschuhen gehandhabt werden.
2. Chemikalien wiegt man in einer Flasche oder auf dem Wägeschiffchen, niemals direkt auf dem Wägeteller. Verschüttete Chemikalien sind sofort zu entfernen, z.B. mit einer weichen Bürste.
3. Gewichte sind sofort (auf vier Dezimalen genau) zu notieren.
4. Nach Ende der Wägung prüfe man, ob die Waage frei von Verunreinigungen ist; sie sollte ausgeschaltet und ggf. geschlossen werden.

27.4   Wägefehler

Die wichtigsten Wägefehler sind
– Massenänderungen des Wägegutes selbst (Wasserhaut, Feuchtigkeitsaufnahme, Verunreinigungen)

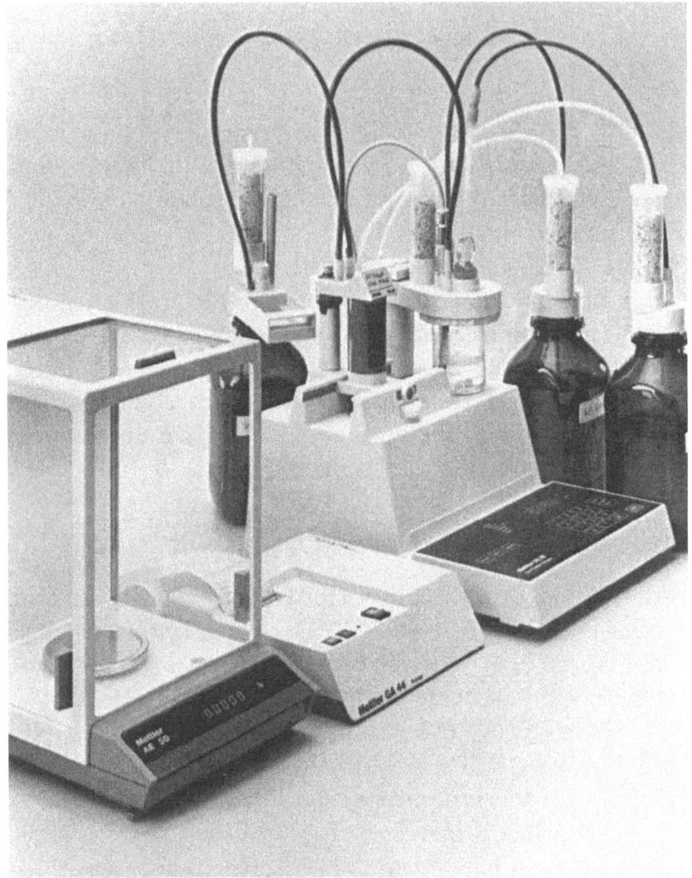

Bild 27-3 Der Digitalausgang einer elektronsichen Waage ermöglicht den direkten Datentransfer zu einem Drucker, Computer oder einem Analysengerät. Hier wird eine komplette Titrierstation gezeigt, bei welcher der Titrierautomat das Probengewicht von der Analysenwaage automatisch übernimmt und es mit dem Titriermittelverbrauch verrechnet. Der Drucker liefert ein vollständiges Protokoll mit Datum, Probennummer und Resultat. (Foto: Mettler Instrumente AG, Greifensee/Schweiz)

– scheinbare Massenänderungen durch das Auftreten von zusätzlichen Kräften (Luftauftrieb, Magnetfelder, elektrostatische Felder)
– Ablesefehler (durch den Operateur) bzw. Anzeigefehler (Störung eines Bauelementes der Anzeige).

Beispiele:

(1) Wägefehler durch Wasserhaut:
   Am Wägegut haftet stets eine Wasserhaut, die dem Wasserdampfgehalt der Umgebungsluft entspricht. Ist der zu wiegende Körper kälter als die Umgebung, so ist die Wasserhaut größer: der Körper erscheint schwerer. Ein Körper, der wärmer als die Umgebung ist, erscheint leichter.
   Zur Vermeidung dieses Fehlers wiegt man erst dann, wenn die Temperatur des Wägegutes sich der Umgebungstemperatur angeglichen hat.

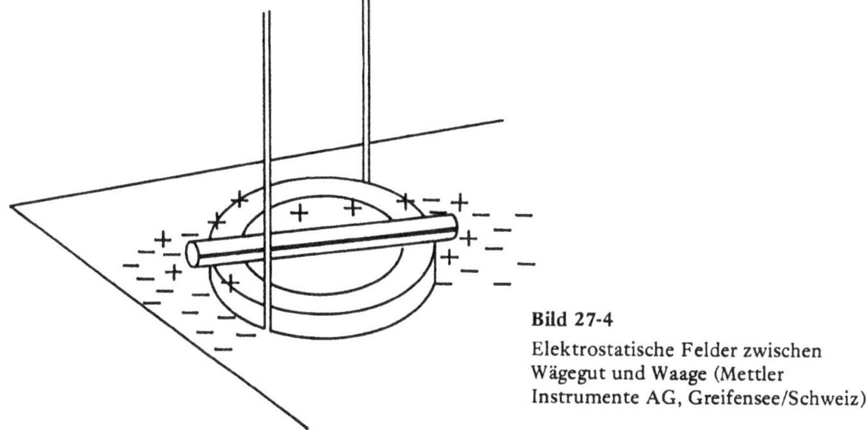

Bild 27-4
Elektrostatische Felder zwischen
Wägegut und Waage (Mettler
Instrumente AG, Greifensee/Schweiz)

(2) Wägefehler durch elektrostatische Kräfte (Bild 27–4).
Elektrisch geladene Körper erfahren noch zusätzliche Kraftwirkungen. Ist das
Wägegut und dessen Umgebung gleichnamig geladen, so erfolgt eine Abstoßung,
bei ungleichnamiger Ladung ziehen sich Wägegut und Umgebung an. Es hängt daher vom Zufall ab, ob ein geladener Körper zu leicht oder zu schwer erscheint.
Abhilfe: Elektrisch leitende Körper können durch eine Metallpinzette, die über einen Draht oder eine Kette geerdet ist, entladen werden. Nichtleitende Wägegüter
können mit Hilfe einer ionisierenden Substanz (radioaktive Präparate usw.) entladen
werden. In jedem Falle empfiehlt sich die Erdung des Waagenmechanismus durch
Anschluß an die Schutzerde, z.B. Wasserleitung.

Experiment 1
Grundfertigkeiten beim Wägen eines Objektes

Machen Sie sich mit der Gebrauchsanweisung für die von Ihnen benutzte
Waage vertraut.
Lassen Sie sich vom Ausbilder einen Gegenstand zur Wägung geben, z.B.
ein Metallstück oder einen Filtertiegel. Fassen Sie das Wägegut nicht mit den
Fingern an, sondern mit Pinzette oder Zange. Obwohl die meisten modernen Waagen über eine automatische Tarierung verfügen, sollten Sie auch die
Differenzwägung beherrschen:
Wiegen Sie den Gegenstand alleine, ein Wägeschiffchen alleine sowie den
Gegenstand mit Schiffchen. Die Differenz zwischen der dritten und der
zweiten Wägung sollte nicht mehr als ± 0,0005 g vom Ergebnis der ersten
Wägung abweichen.

Experiment 2
Statistische Auswertung von Wägedaten

Dieser Versuch zeigt die statistische Untersuchung der Herstellung von Pfennigstücken.

Nehmen Sie zehn neue Pfennigstücke und gehen Sie davon aus, daß alle zehn zur gleichen Zeit auf einer Maschine hergestellt worden sind. Folglich betrachten Sie diese zehn Münzen als repräsentative Stichprobe aus allen Münzen, die von dieser Maschine erzeugt wurden. Wiegen Sie alle zehn einzeln und berechnen Sie den Mittelwert der Massen. So schätzen Sie die wahre mittlere Masse μ aller in einem Arbeitsgang hergestellten Pfennige aus dieser Maschine ab.

Berechnen Sie auch jeweils die Abweichung vom mittleren Wert, um die Präzision der Maschine abzuschätzen. (Informieren Sie sich ggf. nochmals in Kapitel 3.)

Durchführung

1. Besorgen Sie sich zehn Pfennigstücke.
2. Wiegen Sie jede Münze auf $\pm$ 0,1 mg genau und notieren Sie jedes Ergebnis im Wägeheft.
3. Berechnen Sie aus zehn Wägungen $\bar{x}$, $\bar{d}$ (absolut), s (absolut und relativ) sowie die Vertrauensbereiche für x (s. Tabelle 3−2 in Abschnitt 3.5, nehmen Sie 90 % Wahrscheinlichkeitsgrad an).
   Ordnen Sie vor der Berechnung von x die Massen der Größe nach und prüfen Sie, ob der Q-Test Wägungen eliminiert.
   Wenn ja, rechnen Sie mit den restlichen Ergebnissen erneut. Berechnen Sie s mit und ohne Berücksichtigung des eliminierten Wertes.
4. Schreiben Sie alle Daten tabellarisch auf und kennzeichnen Sie Ausreißer.
5. Berechnen Sie den Mittelwert aus allen Ergebnissen der Laborgruppe bzw. des Semesters.
6. Sammeln Sie alte Pfennigstücke, möglichst zehn aus jedem Jahr.
   Tragen Sie die Mittelwerte gegen die Jahre auf. Gibt es einen klaren Trend?

Kapitel 28

Probennahme, Wägungen und gravimetrische Verfahren

Es folgen Hinweise zur Vorbereitung und zum Einwiegen von Proben, die durch gravimetrische, spektralphotometrische, titrimetrische und andere Verfahren analysiert werden sollen. Sodann werden detaillierte Hinweise für eine vollständige gravimetrische Analyse einschließlich der erforderlichen Wägungen gegeben.

28.1 Probennahme

Das Thema Probennahme wurde in Kapitel 2 ausführlich behandelt; an dieser Stelle sind einige Bemerkungen über Übungsanalysen für den Studenten angebracht. Feste Proben werden meist in fein gepulverter Form, die zum Trocknen, Auswiegen und Auflösen geeignet ist, ausgegeben. Die Probe sollte bei Erhalt vorsichtig behandelt werden. Jede pulverförmige Probensubstanz sollte sobald wie möglich in ein Wägegläschen überführt und zum Schutz vor der Laboratmosphäre bedeckt werden. Prüfen Sie, ob die Substanz getrocknet werden muß (Abschnitt 28.2), und trocknen Sie frühzeitig, um Verzögerungen zu vermeiden.

Sorgen Sie dafür, daß nichts von Ihrer Probe vergeudet wird und stellen Sie sicher, daß Sie mehr als genug Probensubstanz für die erforderliche Analysenanzahl zur Verfügung haben. Verschütten beim Umfüllen oder die Wiederholung einer Analyse wegen falscher Ergebnisse können zu einem höheren Verbrauch führen, als Sie es ursprünglich erwartet haben. Bezüglich der erforderlichen Probenmenge folgen Sie den Anweisungen des Assistenten, so daß im Fall einer Wiederholungsanalyse eine erneute Vortrocknung entfallen kann.

28.2 Wägungen

Trocknen der Probe

Zeit und Temperatur beim Trocknen hängen von der Art der Probe ab. Proben wie z.B. Alaune werden für gewöhnlich nicht getrocknet, weil beim Trocknen das Hydratwasser teilweise entfernt wird. Andere Proben, wie z.B. Natriumcarbonat, sollten bei hohen Temperaturen (300 °C) gründlich erhitzt werden, um Verunreinigungen an Natriumhydrogencarbonat in Natriumcarbonat zurückzuverwandeln. Wieder andere Proben hingegen, wie beispielsweise die Urtitersubstanz Arsen(III)-oxid, sind nicht hygroskopisch und müssen nicht getrocknet werden, wenn sie nicht längere Zeit an der Luft gestanden haben.

Wenn nicht anders angegeben, sollen alle Proben in einem Trockenofen etwa eine halbe Stunde bei 110 °C vorgetrocknet werden. Man überführe die Probe in ein offenes Wägegläschen und stelle es in einen Becher. Der Becher wird mit einem Uhrglas auf Metallhäkchen bedeckt (Bild 28–1). Wenn die Probe sich bei 110 °C zersetzt, oxidiert wird oder sublimiert, so muß sie in einem Exsiccator bei Raumtemperatur über einem Trockenmittel getrocknet werden, das ausreichend wirksam ist, um aus der Probe entweichendes Wasser zu absorbieren.

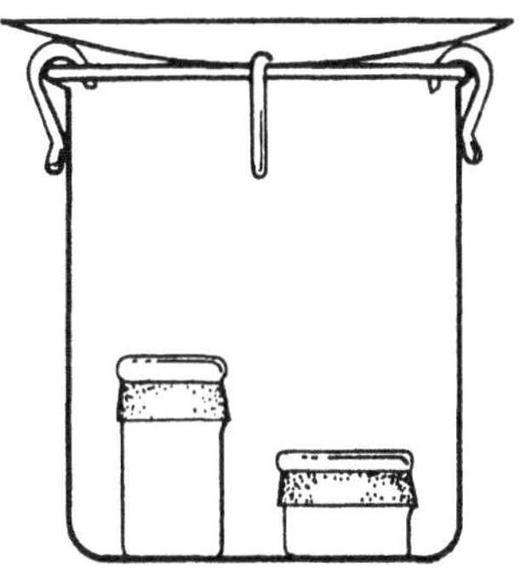

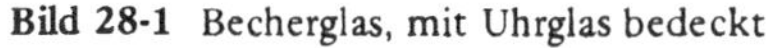

Bild 28-1 Becherglas, mit Uhrglas bedeckt

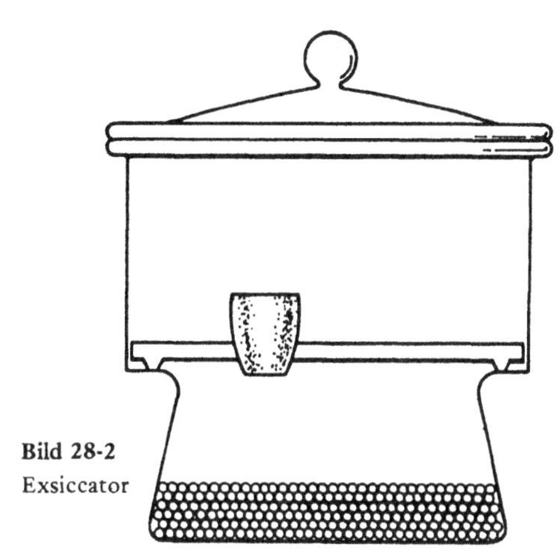

Bild 28-2
Exsiccator

Exsiccatoren

Nachdem die Probe im Ofen getrocknet wurde, läßt man sie etwas abkühlen und stellt sie dann in einen Exsiccator (Bild 28–2). Während der folgenden 10 Minuten wird der Deckel des Exsiccators so aufgesetzt, daß noch eine kleine Öffnung verbleibt, so daß sich beim Abkühlen der Luft im Exsiccator kein Unterdruck bilden kann. Man läßt die Probe dann im Exsiccator weitere 30 Minuten abkühlen, bevor man wiegt.

Damit der Exsiccator fest schließt und eine effektive Trocknung gewährleistet ist, sind die Oberflächen der Schliffe an Exsiccator und Deckel etwas mit Vaseline zu fetten. Der Exsiccator wird geöffnet oder geschlossen, indem man den Deckel

Tabelle 28–1 Gebräuchliche Trockenmittel

Trockenmittel	Anwendbar für	Nicht geeignet für
$CaCl_2$ (gekörnt)	neutrale und saure Feststoffe (Gase)	NH_3, Br_2, HBr, HF; Alkohole, Amine
BaO MgO $Al_2O_3 \cdot x\,H_2O$	anorg. und organ. Basen (NH_3, Amine), Alkohole	F_2, NO, Säuren
NaOH (geschmolzen) KOH (geschmolzen)	NH_3, Alkohole, organ. Basen	O_3, F_2, Säuren
H_2SO_4 (konz.)	neutrale und saure Verbindungen; O_2, N_2, CO, CH_4, Halogene, HCl, SO_2	HBr, Hl, HF, NH_3, H_2S, PH_3, NO, NO_2, C_2H_2
P_4O_{10}	O_2, CO, C_2H_2, CS_2, CCl_4, Stickoxide	Halogene, HHal, NH_3, H_2S, Ether
Silicagel	universell	NH_3, HF, Halogene

mit stetigem Druck *seitlich* verschiebt. Niemals darf der Deckel durch gewaltsames Ziehen nach oben geöffnet werden. Beim Transport wird eine Hand auf den Deckel des Exsiccators gelegt, um ein Abrutschen zu verhindern.

Bevor man den Exsiccator verwendet, ist er mit frischem Trockenmittel zu versehen. Häufig wird Calciumchlorid als Trockenmittel eingesetzt; Drierit (Calciumsulfat · H_2O) oder wasserfreies Magnesiumperchlorat sind ebenfalls zu empfehlen, da sie das Wasser noch wirksamer zu binden vermögen. In Tabelle 28–1 sind einige gebräuchliche Trockenmittel und ihre Anwendungsbereiche (nicht nur für den Einsatz in Exsiccatoren) angegeben.

Einwiegen der Probe

Es werden nun drei Verfahren zum Wiegen fester Proben und ein Verfahren zum Wiegen flüssiger Proben beschrieben.

Methode 1: Feste Proben in Wägegläschen. Nach dem Abkühlen der Probe wird eine entnommene Menge durch Differenzwägung bestimmt (dies ist insbesondere bei hygroskopischen Proben zu empfehlen). Während der Wägung sollte das Wägegläschen mit einem Papierstreifen festgehalten werden, wie in Bild 28–3 gezeigt. Feuchtigkeit an den Fingern könnte sonst „das Gewicht" (die Masse) des Wägegläschens verändern und zu Fehlern führen. (Man kann auch auf Daumen, Zeige- und Mittelfinger Fingerlinge tragen.)

Zur Differenzwägung wird zunächst das Wägegläschen mit der Probe gewogen und die Masse ins Laborjournal eingetragen. Dann wird die abgeschätzte Probenmenge mit einem sauberen Spatel aus dem Wägegläschen entnommen und in ein Becherglas oder einen Kolben überführt (Beschriftung nicht vergessen!).

Das Wägegläschen wird dann zusammen mit der Probe auf etwa 50 mg genau gewogen, um zu sehen, ob die entnommene Probenmenge im gewünschten Bereich liegt. Wenn erforderlich, wird erneut Probe entnommen und das Wägegläschen wieder ungefähr gewogen. Wenn genug Probe in das Becherglas oder in den Kolben überführt worden ist, wird das Wägegläschen mit der restlichen Probe auf 0,0001 g genau gewogen und „das Gewicht" ins Laborjournal eingetragen. Subtrahiert man das Endgewicht vom Anfangsgewicht, so erhält man das genaue Probengewicht. Anstelle eines Spatels kann man auch ein kleines Wägeschiffchen aus Aluminium verwenden, das während beiden Wägungen zusammen mit Wägegläschen und Probe gewogen wird. Das Wägeschiffchen sollte mit Papier oder Fingerlingen gehandhabt werden und dient zum Überführen der Probe.

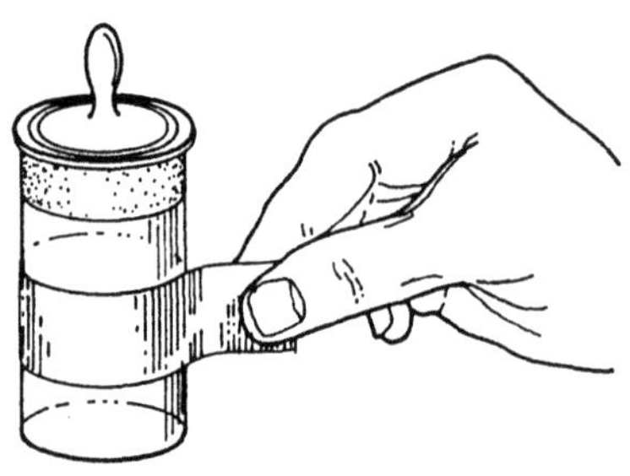

Bild 28-3
Handhabung eines Wägegläschens mit einem Papierstreifen

Methode 2: Feste Probe in einem Wägeschiffchen. Ein größeres leichtes Wägeschiffchen (Bild 28–4) wird genau gewogen. Mit einem sauberen Spatel wird dann Probe auf das Wägeschiffchen gegeben, bis man den erwünschten Bereich auf ± 50 mg erreicht hat. Dann werden Wägeschiffchen und Probe zusammen auf 0,0001 g genau gewogen und das Gewicht notiert. Die Probe wird dann vom Wägeschiffchen in ein beschriftetes Becherglas überführt, wobei das Wägeschiffchen mit einem Stück Papier anzufassen ist. Die letzten Reste der Probe werden mit einem kleinen Kamelhaarbürstchen in den Becher überführt.

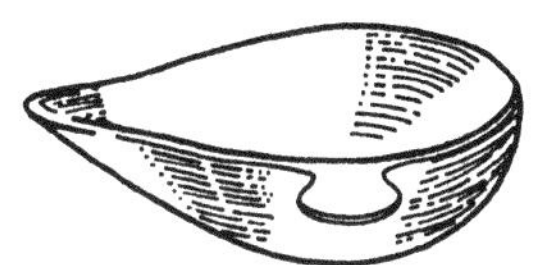

Bild 28-4
Wägeschiffchen

Methode 3: Wachspapier oder polyethylenbeschichtetes Wägepapier. Man wiege Wägepapier allein ab und gebe dann die Probe mit einem sauberen Spatel auf das Papier. Probe und Papier werden zusammen gewogen und die Massen subtrahiert, um die Masse der Probe zu erhalten. Diese Methode ist nur geeignet für solche Proben, die beim Stehen kein Wasser aus der Luft aufnehmen. Auch gefaltete Karteikarten können als Wägepapier dienen.

Auswiegen von flüssigen Proben. Die meisten flüssigen Proben können mit einer kleinen Flasche ausgewogen werden, die mit einer Tropfpipette und einem Schliffstopfen versehen ist. Man wiege die Flasche mitsamt Probe und Tropfpipette genau und notiere „das Gewicht". Die Tropfpipette dient zur Überführung eines Teils der Flüssigkeit aus der Flasche in einen Kolben oder ein Becherglas (jeweils beschriftet). Beim Aufsetzen des Stopfens ist darauf zu achten, daß keine Flüssigkeit auf die Schlifffläche gelangt. Nachdem die gewünschte Probenmenge auf ± 50 mg genau entnommen wurde, wird die Flasche mit Tropfpipette und restlicher Probe auf 0,0001 g ausgewogen und „das Gewicht" notiert. Die Masse der flüssigen Probe ist die Differenz beider Wägungen.

28.3 Gravimetrische Verfahren

Trocknen und Wiegen der Probe

Folgen Sie den allgemeinen Anweisungen, die im Abschnitt über Wägungen gegeben wurden. Einige Erze und Metalle müssen nicht getrocknet werden. Andere Proben für die gravimetrische Analyse erfordern lediglich Lufttrocknung, was im Analysenbericht anzugeben ist. Diese Art von Bericht ist häufig Voraussetzung für den sinnvollen Vergleich analytischer Ergebnisse.

Lösen der Probe

Das erforderliche Lösungsmittel ist der Versuchsvorschrift zu entnehmen (vergleiche Kapitel 2, Übersicht über verschiedene Lösungsmittel). Wenn sich die Probe nicht im angegebenen Lösungsmittel löst, befragen Sie den Assistenten. Im Fall von Gasentwicklung, oder wenn die Probe zum Auflösen erhitzt werden muß, ist das Becherglas oder der Kolben mit einem Uhrglas zu bedecken. Wenn die Probe vollständig gelöst ist, werden das Uhrglas und die Ränder des Becherglases oder Kolbens mit Wasser abgespült, so daß die Waschlösung in das Gefäß gelangt. Wenn eine Lösung durch Eindampfen aufkonzentriert werden muß, so bedeckt man das Becherglas mit einem Uhrglas auf Haken oder einem geriffelten Uhrglas, um das Abdampfen des Lösungsmittels zu ermöglichen. Am besten wird über einer trocknen Heizquelle mit niedriger, aber konstanter Temperatur gearbeitet. Gut geeignet sind eine regulierbare Heizplatte oder ein heißes Sandbad. Lösungen, die man über einem offenen Bunsenbrenner eindampft, neigen zum Stoßen oder Verspritzen.

Das Ausfällen

Vor Beginn der Laborarbeit schätzt man die Stoffmenge der zu bestimmenden Verbindung in der größten Probe und vergleicht mit der Stoffmengenkonzentration der Fällungslösung. So kann man die ungefähr erforderliche Menge an Fällungslösung bestimmen. Zu diesem Wert addiert man einen etwa 10%igen Überschuß. Bevor Sie mit der Fällung beginnen, vergewissern Sie sich, daß Sie ausreichend Zeit haben, um das Verfahren nach Vorschrift durchzuführen, und stellen Sie, wenn erforderlich, das Volumen, den pH oder die Temperatur der Probenlösung nach Vorschrift ein.

Verwenden Sie für jedes Becherglas einen eigenen Rührstab und belassen Sie ihn während der Fällung im Becherglas. Geben Sie das Fällungsmittel langsam aus einer Meßpipette, Bürette oder aus einem Becherglas zu, wobei Sie vorsichtig, aber gründlich rühren. Nachdem das gesamte Reagenz zugegeben wurde, läßt man den Niederschlag absetzen. Durch Zugeben eines weiteren Tropfens Reagenzlösung prüft man, ob die Fällung vollständig ist. Wenn sich um diesen zusätzlichen Tropfen herum ein Niederschlag bildet, so muß mehr Fällungsreagenz zugegeben werden. Wenn keine Trübung mehr auftritt, ist die Fällung vollständig.

Filterpapiere und Filter

Da Filterpapiere möglicherweise in Porzellantiegel überführt werden müssen, sind die Tiegel zur „Gewichtskonstanz" zu glühen (die Differenz zwischen zwei aufeinanderfolgenden Wägungen darf nicht größer als ± 0,4 mg sein). (Siehe Experiment 3; dort sind weitere Einzelheiten über dieses Verfahren angeführt.)

Wenn der Niederschlag über 500 °C erhitzt werden muß, um in eine geeignete Wägeform überführt zu werden, und wenn er durch beim Verbrennen des Filterpapiers entstehende Gase nicht reduziert wird, so kann man über einen Papierfilter filtrieren. Da Cellulose Wasser aufnimmt und nicht leicht auf Gewichtskonstanz getrocknet werden kann, muß das Filterpapier in einem Porzellantiegel verbrannt

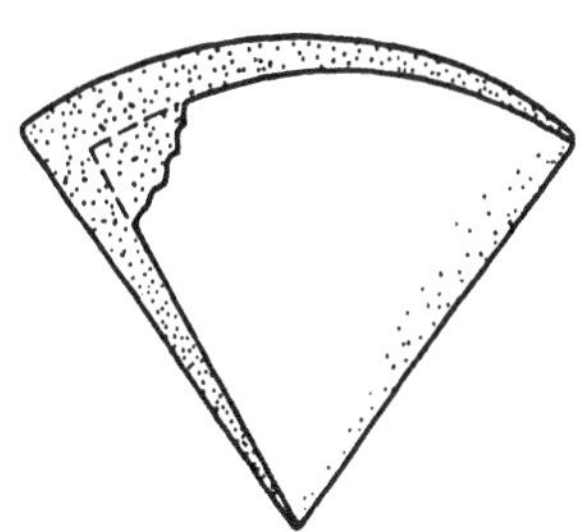

Bild 28-5
Korrektes Falten eines Filterpapiers

werden. Beim quantitativen Arbeiten verwendet man aschefrei verbrennendes Filterpapier (0,1 mg Asche pro Filterpapier nach Glühen).

Für sehr feine Niederschläge wie z.B. SiO_2 ist ein hartes Filterpapier mit großem Rückhaltevermögen (Blauband oder Rotband) zu verwenden. Kleine Kristalle, wie z.B. Bariumsulfat, werden durch ein mittleres Filterpapier (Weißband) abfiltriert. Gelatinöse oder flockige Niederschläge wie z.B. Eisenhydroxidhydrat und große Kristalle wie z.B. Magnesiumammoniumphosphat werden durch ein weiches, schnell filtrierendes Filterpapier (Schwarzband) filtriert.

Das Filterpapier wird zunächst zu einem Kegel gefaltet. Dann reißt man von der Ecke ein etwa einen halben Zentimeter großes Stück ab (Bild 28−5). Die Spitzen der beiden Viertel sollten dabei um etwa 3 mm auseinanderliegen (dieses Verfahren hat den Zweck, daß der innere Teil des Filterpapiers am Trichterrand haftet). Der Papierkegel wird jetzt in den Trichter eingesetzt, dann gibt man destilliertes Wasser zum Befeuchten des Papiers zu und füllt den Ablauf des Trichters mit Wasser. Das empfindliche feuchte Papier wird nun vorsichtig an seinem oberen Teil gegen das Glas des Trichters gedrückt, um es fest anzuheften. Wenn der Filter richtig eingepaßt ist, werden keine Luftblasen in den Trichter eingesaugt und das Gewicht des ablaufenden Wassers wird die Filtrationsgeschwindigkeit erhöhen. Mit der Filtration wird sofort begonnen, so daß noch Flüssigkeit im Ablauf ist. Der Trichter darf nicht mehr als 3/4 mit dem zu filtrierenden Material gefüllt sein. Nach Beendigung der Filtration sollten nicht mehr als 1/3 bis die Hälfte des Filterpapiers mit dem Niederschlag bedeckt sein. (Weitere Einzelheiten über dieses Verfahren können Sie dem Abschnitt „Dekantieren, Filtrieren und Waschen" entnehmen.)

Filtertiegel

Die verschiedenen Filtertiegel wie z.B. Filtertiegel mit Glasfritte oder Porzellanfiltertiegel sind alle geeignet, kristalline und grobe Niederschläge (wie z.B. Silberchlorid) rascher zu filtrieren als Trichter und Filterpapier. Gelatinöse Niederschläge sollten mit solchen Filtertiegeln nicht filtriert werden, da sie im porösen Boden des Tiegels hängenbleiben.

Wenn der Niederschlag nicht über 500°C erhitzt werden muß, so ist ein Glasfiltertiegel geeignet. Diese Tiegel sind im allgemeinen in den Typen D1 (grobporig) bis D5 (feinporig) im Handel. Der Tiegel mit geringer Porengröße ist geeignet zum Abfiltrieren fein-kristalliner Niederschläge, ein mittelporöser Tiegel z.B. für leicht reduzierbare Silberhalogenide und andere kristalline Niederschläge, und der grobporige Filtertiegel dient zum Abfiltrieren grober Kristalle.

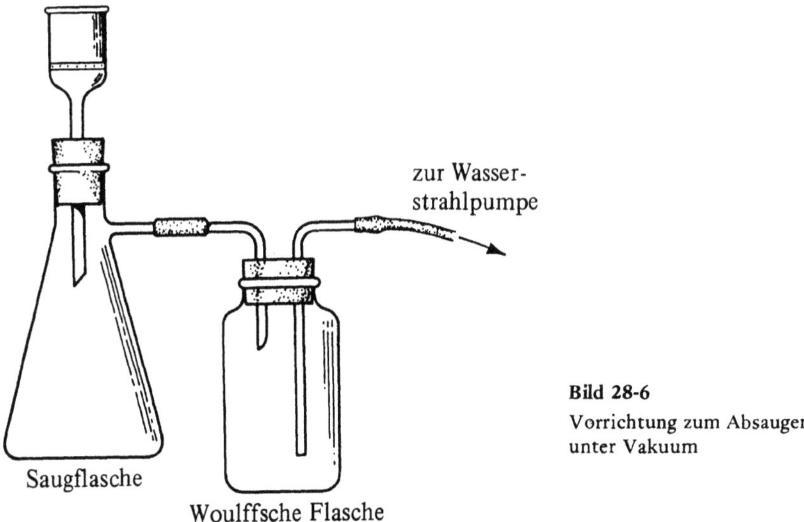

Bild 28-6
Vorrichtung zum Absaugen
unter Vakuum

Bei Niederschlägen, die über 500 °C geglüht werden müssen, sind Porzellanfiltertiegel zu verwenden (Typen A1 bis A5 entsprechen den Glasfiltertiegeln). In der Praxis werden diese Tiegel bei Temperaturen über 250 °C den Glasfiltertiegeln vorgezogen.

Filtertiegel werden für gewöhnlich gereinigt, indem man eine Detergens-Lösung oder Salpetersäure durchsaugt. Alkalische Reinigungslösungen sollten nicht verwendet werden, da starke Alkali-Lösungen die Tiegel angreifen. Nach dem Reinigen ist bis zur Gewichtskonstanz zu glühen.

Alle drei Arten von Filtertiegeln erfordern einen Filtertiegelhalter und eine Absaugvorrichtung, wie in Bild 28−6 gezeigt. Sie werden mit einer Wasserstrahlpumpe betrieben. Um zu verhindern, daß Wasser in die Saugflasche gelangt, wenn die Wasserstrahlpumpe abgestellt wird, schaltet man am besten eine Sicherheitsflasche dazwischen.

Dekantieren, Filtrieren und Auswaschen

Einige Techniken zum Dekantieren, Filtrieren und Waschen sind in Bild 28−7 gezeigt. Bei Verwendung eines Filtertiegels sollte während der gesamten Filtration ein leichtes Vakuum anliegen. Im übrigen gelten bei der Verwendung von Filterpapier und Trichter und für den Einsatz von Filtertiegeln praktisch die gleichen Arbeitsanweisungen.

Die klare Flüssigkeit über dem Niederschlag wird vorsichtig durch einen Filter abdekantiert, wobei der größte Teil des Niederschlags im Becherglas verbleibt. Ein Glasstab dient, wie im Bild gezeigt, zur Überführung in den Filter und verhindert, daß Flüssigkeit außen am Becherglas herabläuft. Da man einen Niederschlag am besten im Becherglas und nicht im Filter auswäscht, gibt man jetzt mehrere mL Lösung hinzu, um den Niederschlag vom Becherglasrand herunterzuwaschen. Man

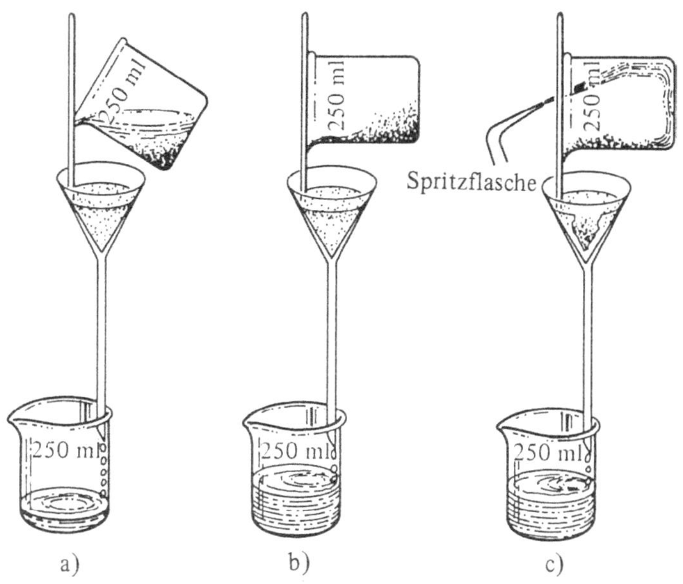

Bild 28-7 Dekantieren und Überführen eines Niederschlags in ein Filter.
a) Dekantieren, Hauptmenge des Niederschlags verbleibt im Becherglas.
b) Entlang eines Glasrührstabs wird die Hauptmenge des Niederschlags abgegossen.
c) Mit der Spritzflasche wird restlicher Niederschlag in den Trichter gespült (dazu kann auch ein Gummiwischer, oft scherzhaft „Atomwischer" genannt, erforderlich sein).

läßt den Niederschlag wieder absetzen und gießt die überstehende Lösung erneut in den Filter. Dieses Auswaschen wird zwei- oder dreimal wiederholt. Man vergewissere sich, daß der Ablauf des Trichters in das Becherglas hineinreicht, welches das Filtrat aufnimmt, und daß sein Ende den Rand des Becherglases berührt, um Verspritzen zu vermeiden.

Nun nimmt man das Becherglas und den Glasstab in eine Hand, wie auf dem Bild gezeigt. Mit der anderen Hand bedient man die Spritzflasche und wäscht den Niederschlag in das Filterpapier oder den Filtertiegel. Haftet ein Teil des Niederschlags am Rand des Becherglases fest, so nimmt man einen mit der Waschlösung angefeuchteten Gummiwischer (scherzhaft „Atomwischer" genannt) und schabt den Niederschlag von den Wänden ab. Der Rest des Niederschlags wird mit dem Wasser aus der Spritzflasche aus dem Becherglas und vom Gummiwischer in den Filter überführt.

Man kann zeigen, daß bis zu sechsmaliges Auswaschen mit kleinen Volumina an Waschlösung die letzten Spuren an Verunreinigungen aus dem Niederschlag im Filter entfernt. Der Flüssigkeitsstrahl aus der Spritzflasche ist dabei am oberen Rand um den Filter herum zu führen, um den Niederschlag zum Boden des Filters hinunterzuspülen. Man läßt die Waschlösung das Filter ganz passieren, bevor man rasch die nächste Portion Waschlösung zugibt, damit die Ansaugwirkung nicht unterbrochen wird. Ziel dieses Verfahren ist es nämlich, Verunreinigungen aus dem Filter herauszuwaschen, nicht aber die Verunreinigungen zu verdünnen. Die letzte Waschlösung sollte auf Spuren des Fällungsreagenzes untersucht werden, wenn dies in der Vorschrift angegeben ist.

Glühen oder Trocknen von Niederschlägen

Silberhalogenid-Niederschläge in Tiegeln mit Glasfritte können gewöhnlich in einem Ofen bei 120 °C getrocknet werden. Wenn ein Filtertiegel in einer Flamme ausgeglüht werden muß, so sollte er in einem gewöhnlichen Porzellantiegel erhitzt werden. (Platintiegel sind für diesen Zweck am besten geeignet, sind aber natürlich sehr teuer.) Gewichtskonstanz ist erreicht, wenn aufeinanderfolgende Wägungen auf $\pm 0,4$ mg übereinstimmen. Wenn man zum zweiten Mal erhitzt, genügt gewöhnlich die halbe Zeit.

Wenn Filterpapier in einem Prozellantiegel geglüht werden soll, so nimmt man das Papier aus dem Trichter heraus, wobei man es dort anfaßt, wo es drei Schichten dick ist. Wenn man genügend Zeit hat, faltet man das Papier kompakt zusammen und läßt es über Nacht trocknen. Wenn nicht, bringt man das Papier in ein Becherglas und erhitzt dann das Becherglas in einem Ofen oder auf einer Heizplatte.

Dann wird das Papier bei geringer Hitze verkohlt, bis die organischen Bestandteile gasförmig werden und entweder unter dem Deckel entweichen (der deshalb so aufgesetzt wird, daß eine Lücke verbleibt) oder als Teer auf der inneren Oberfläche des Deckels kondensieren (Bild 28−8). Dabei darf das Papier ruhig glimmen; beginnt es aber zu brennen, so muß der Brenner sofort weggenommen und der Deckel fest aufgesetzt werden, damit die Flamme erstickt.

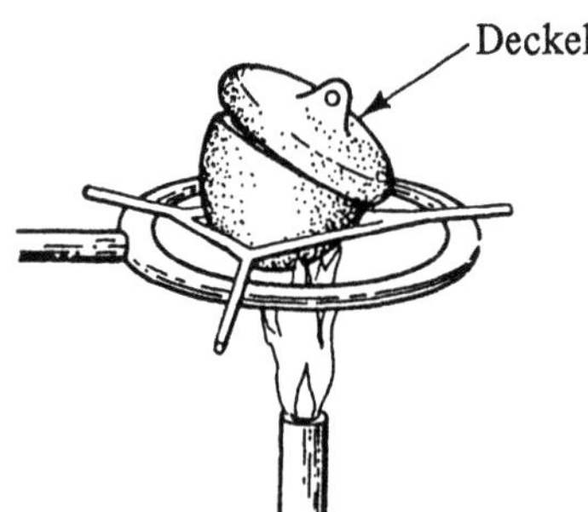

Bild 28-8
Veraschen eines Filters im Tiegel

Um den Kohlenstoffrückstand völlig zu verglühen, entfernt man den Deckel und erhöht langsam die Flammentemperatur, bis der Rückstand und die verbliebenen Teeranteile im Tiegel völlig verbrannt sind. Vermeiden Sie dabei, die reduzierende Brennerflamme (blauer Innenkegel) in den Tiegel zu halten. Wenn nämlich z.B. Bariumsulfat unter Sauerstoffausschluß geglüht wird, könnte es zu Bariumsulfid reduziert werden.

Der Kohlenstoffrückstand sollte glühen, aber nicht mit einer Flamme brennen. Der Tiegel sollte gelegentlich gedreht werden, um ein gleichmäßiges Erhitzen zu gewährleisten. Wenn die Deckel nicht auf Gewichtskonstanz geglüht wurden, müssen sie nicht ausgeglüht werden.

Wenn der gesamte Kohlenstoff verglüht ist, glühe man bei der höchsten Brennertemperatur für die angegebene Zeit weiter, wobei der Boden jedes Tiegels gerade über dem blauen Konus der Flamme liegen soll. Die Flamme ist genau auf den Tiegelboden zu richten. Dabei soll Luft an den Niederschlag gelangen. Man läßt nun die Tiegel abkühlen, bis sie nicht mehr rotglühend sind, und stellt sie dann in den Exsiccator. Im Exsiccator müssen die Deckel nicht auf den Tiegel gesetzt werden. Trotzdem kann das Aufsetzen des Deckels Verluste beim Hantieren mit dem Exsiccator verhindern. Schließlich werden die Tiegel, wie weiter vorne angegeben, bis zur Gewichtskonstanz geglüht.

Kapitel 29

Gravimetrische Verfahren

Dieses Kapitel enthält zwei klassische Versuche, die die Verwendung von anorganischen Fällungsmitteln zur Bestimmung von Chlorid- und Sulfat-Ionen zeigen, und einen weiteren Versuch, in dem ein organisches Fällungsmittel zur Bestimmung von Aluminium eingesetzt wird. Im letzteren Fall handelt es sich um eine Fällung aus homogener Lösung, die einige Nachteile organischer Fällungsmittel vermeidet.

Um die Versuche in diesem Kapitel richtig durchzuführen und auszuwerten, sollten Sie zuerst Kapitel 28 über gravimetrische Verfahren und Kapitel 3 über den Umgang mit experimentellen Daten lesen.

Jeder dieser Versuche wird durch eine Diskussion der chemischen Grundlagen eingeleitet. Die Fragen am Ende eines jedes Versuches dienen zur Wiederholung dieser Grundlagen und der Versuchsvorschrift und sollen zu weiterführendem Denken anregen.

Experiment 3
Gravimetrische Bestimmung von Chlorid

Die Grundlage dieser Methode ist die Bildung und Ausfällung von schwer löslichem Silberchlorid zur Bestimmung des Chlorid-Ions (Kapitel 4), beispielsweise in verunreinigtem Natriumchlorid. Zunächst fällt dabei das Silberchlorid in kolloidaler Form aus; die Mischung wird dann erhitzt und es entstehen große, *grobe* Partikel eines käsigen Niederschlags. Leider werden auf der großen Oberfläche des koagulierten Silberchlorids deutlich wägbare Mengen von Silber- und Nitrat-Ionen – die Fällung erfolgt aus salpetersaurer Lösung – adsobiert. Da Auswaschen mit reinem Wasser eine *Peptisation* (eine Umwandlung eines Gels in ein Sol) fördern würde, wird mit einer verdünnten Lösung von Salpetersäure gewaschen. Die Salpetersäure verdrängt das Silbernitrat auf der Oberfläche des Niederschlags. Beim Trocknen wird die Salpetersäure verflüchtigt und das Silberchlorid so von der Verunreinigung befreit.

Die meisten Analysenproben bestehen aus Natriumchlorid, das mit einer inerten Substanz gemischt ist, gelegentlich kann aber auch Natriumcarbonat anwesend sein. In diesem Fall sollte Salpetersäure (Schritt 2 des Verfahrens) zugegeben werden, bis die Gasentwicklung aufhört.

Die allgemeinen Arbeistanweisungen bei diesem Versuch gelten auch für die darauffolgenden gravimetrischen Versuche.

Vorbereitungen: Auswahl, Trocknen und Wiegen der Tiegel

1. Zum Abfiltrieren des Silberchlorids sind Tiegel mit Glasfritten mittlerer oder kleiner Porenweite zu empfehlen (grobe Fritten sind nicht geeignet). Porzellanfiltertiegel können ebenfalls verwendet werden, ihr einziger Vorteil ist aber, daß sie Temperaturen über 500 °C aushalten, die im allgemeinen nicht erforderlich sind. (Wenn Porzellantiegel verwendet werden, beachte man den Hinweis am Ende der Versuchsvorschrift.)

2. Wenn die Filtertiegel nicht neu sind, muß zunächst sichtbarer Schmutz mit einer Detergenzlösung und Bürste entfernt und ausgespült werden. Dann setzt man die Saugflasche, den durchbohrten Gummistopfen und den Filtertiegel zusammen. Man verbindet die Saugflasche mit Hilfe eines Vakuumschlauchs mit der Wasserstrahlpumpe. Nun wird der Tiegel etwa zur Hälfte mit konzentrierter Salpetersäure gefüllt und die Säure bei leichtem Vakuum langsam durch den Tiegel gesaugt. Man füllt erneut zur Hälfte und unterbricht den Saugvorgang für einige Minuten, um die Säure einwirken zu lassen. Anschließend wird der Tiegel mehrere Male mit destilliertem Wasser gewaschen. Numerieren Sie jeden einzelnen Tiegel und beginnen Sie mit Schritt 3.
   Wenn Reste von Silberchlorid durch dieses Reinigungsverfahren nicht entfernt wurden, zieht man nach dem Ausspülen der Säure Ammoniaklösung, $c = 6$ mol/L, durch den Filtertiegel. Die Ammoniaklösung wird dann ebenfalls mit destilliertem Wasser ausgespült.
3. Trocknen Sie die Filtertiegel eine Stunde lang im Ofen bei 120°C, z.B. in einem Becherglas, das mit einem Uhrglas bedeckt ist (Bild 28−1). Während die Tiegel trocknen, wenden Sie sich dem Schritt 1 der Analyse zu. Überführen Sie die Tiegel in den Exsiccator. Lassen Sie eine halbe Stunde oder länger abkühlen. Wiegen Sie. Trocknen Sie eine halbe Stunde bei 120°C und lassen Sie eine halbe Stunde abkühlen. Wiegen Sie erneut. Ist Gewichtskonstanz erreicht? Wenn nicht, trocknen Sie den Tiegel weiter. Gewichtskonstanz ist erreicht, wenn die jeweils nachfolgende Wägung mit der vorhergehenden auf $\pm 0,4$ mg übereinstimmt. Es ist ratsam, die Tiegel bis zur Verwendung im Exsiccator aufzubewahren.

Durchführung der Analyse

1. Lassen Sie sich eine wasserlösliche chloridhaltige Substanz geben, überführen Sie diese ins Wägegläschen und stellen Sie das offene Wägegläschen und den Deckel in ein Becherglas, auf das Sie Ihren Namen schreiben. Bedecken Sie das Becherglas, z.B. mit einem Uhrglas auf Glashaken, und trocknen Sie die Probe 1 bis 2 Stunden lang im Ofen bei 120°C. Lassen Sie sie im Exsiccator abkühlen. Während die Probe trocknet, reinigen Sie die Tiegel. Wiegen Sie dann Portionen von etwa 0,4 bis 0,7 g der getrockneten Probe (richten Sie sich nach den Anweisungen des Assistenten) in saubere 400-mL-Bechergläser, die entsprechend Ihren Tiegeln numeriert sind, ein. (Wiegen Sie drei Proben ein.)
2. Geben Sie 150 mL destilliertes chloridfreies Wasser und 0,5 mL (10 Tropfen) konzentrierte Salpetersäure zu. Rühren Sie um. Verwenden Sie für jedes Becherglas einen eigenen Glasstab, und lassen Sie ihn während des gesamten Verfahrens im gleichen Becherglas.
3. Berechnen Sie jetzt die Stoffmenge an Silbernitrat, die zur vollständigen Ausfällung des Chlorids erforderlich ist. Nehmen Sie dazu einfach an, daß Ihre Probe zu 100 % aus NaCl besteht.

Beispiel:

Probenmasse m(NaCl) = 410 mg,
molare Masse von NaCl M(NaCl) = 58,5 g/mol.
Dann ist die Stoffmenge von NaCl

$$n(\text{NaCl}) = \frac{0,410\,\text{g}}{58,5\,\text{g/mol}} = 0,007\,\text{mol} = 7\,\text{mmol}$$

Ist eine AgNO$_3$-Lösung der Stoffmengenkonzentration c = 0,5 mol/L vorhanden, so benötigt man demnach ein Volumen V von

$$V = \frac{0,007\,\text{mol}}{0,5\,\text{mol/L}} = 0,014\,\text{L} = 14\,\text{mL}\,.$$

4. Während Sie die Probelösung rühren, geben Sie langsam die berechnete Menge Silbernitrat-Lösung zu, und dann noch einen 10%igen Überschuß. Erhitzen Sie die Bechergläser fast bis zum Sieden und halten Sie die Becher von direkter Sonneneinstrahlung fern (am besten arbeiten Sie im Abzug).

5. Rühren Sie weiter, um die Koagulation zu fördern. Wenn der Niederschlag am Boden des Becherglases koaguliert ist, prüfen Sie auf Vollständigkeit der Fällung, indem Sie einige Tropfen Silbernitrat-Lösung hinzufügen.
   Wenn eine erneute Trübung durch Niederschlag auftritt, geben Sie 5% Silbernitrat-Lösung dazu und rühren um. Nachdem das neu gebildete Silberchlorid koaguliert ist, prüfen Sie wieder auf vollständige Ausfällung usw.

6. Erhitzen Sie weiter (wobei Sie gelegentlich rühren), bis die Lösung völlig klar ist. Daran sieht man, daß alle feinen Silberchloridteilchen auf dem koagulierten Silberchlorid am Boden des Becherglases abgesetzt sind.

7. Nehmen Sie die Lösung von der Heizquelle, bedecken Sie das Becherglas mit einem Uhrglas und lassen Sie sie wenigstens eine Stunde an einer abgedunkelten Stelle im Abzug abkühlen. Silberchlorid ist in heißem Wasser sehr viel besser löslich als in kaltem. Man kann die Bechergläser auch über Nacht abkühlen lassen, wenn sie mit einem Uhrglas bedeckt im Schrank aufbewahrt werden, so daß sie z.B. vor HCl-Dämpfen geschützt sind. Während des Abkühlens können Sie z.B. die Filtertiegel bis zur Gewichtskonstanz glühen.

Filtrieren und Auswiegen

1. Setzen Sie die gewogenen Filtertiegel in die Filtrationsapparatur ein und legen Sie ein schwaches Vakuum an. Gießen Sie den klaren Überstand aus dem entsprechenden Becherglas durch den Filtertiegel, wobei der Niederschlag im Becherglas verbleibt.

2. Geben Sie etwa 10 mL Waschlösung (0,6 mL konzentrierte Salpetersäure pro 200 mL destillierten Wassers) in das Becherglas und rühren Sie den Niederschlag um. Lassen Sie absitzen und dekantieren Sie die Waschlösung vom Niederschlag, wobei Sie die Waschlösung durch den Filter gießen. Wiederholen Sie diesen Vorgang zweimal.

3. Halten Sie den Glasstab mit einer Hand über das Becherglas, so daß er im Ausfluß des Becherglases anliegt, und führen Sie den Strahl der Waschlösung aus einer Spritzflasche auf den Niederschlag, wobei Sie ihn in den Filtertiegel spülen (siehe Bild 28−7). Wenn noch Niederschlag am Becherglas haftet, kratzen Sie ihn mit einem Gummiwischer los. Waschen Sie den Niederschlag vollständig in den Filtertiegel hinein, und waschen sie ihn im Filtertiegel mit mehreren 5-mL-Portionen der Waschlösung. Fangen Sie etwas vom letzten Waschwasser auf und prüfen Sie es auf Silber-Ionen, indem Sie einen Tropfen HCl-Lösung, $c = 12$ mol/L, zugeben. Waschen Sie erneut, falls ein Niederschlag auftritt.

4. Entfernen Sie durch kräftiges Absaugen (Vakuum) die restliche Flüssigkeit aus dem Tiegel und stellen Sie ihn in ein beschriftetes Becherglas, das mit einem Uhrglas bedeckt ist. Trocknen Sie 2 Stunden lang im Ofen bei 120°C. Kühlen Sie eine halbe Stunde oder länger im Exsiccator ab. Wiegen Sie. Trocknen Sie wiederum 45 min. lang, und kühlen Sie eine halbe Stunde oder länger. Wiegen Sie erneut. Es muß Gewichtskonstanz erreicht sein. Gewichtskonstanz ist erreicht, wenn die jeweils folgende Wägung mit der vorhergehenden auf $\pm\,0{,}4$ mg übereinstimmt. Wenn noch keine Gewichtskonstanz erreicht ist, wiederholen Sie das Trocken- und Wägeverfahren.

5. Berechnen Sie den prozentualen Gehalt an Chlorid in jeder Probe, wobei Sie die molare Masse von Chlorid zu 35,45 g/mol und die molare Masse von Silberchlorid zu 143,32 g/mol annehmen. Notieren Sie den prozentualen Gehalt jeder Bestimmung und deren Mittelwert. Wenn eins der Ergebnisse abweicht, wenden Sie den Q-Test an (Kapitel 3). Wenn das abweichende Ergebnis sich nicht als „Ausreißer" erweist, analysieren Sie eine vierte Probe und wenden Sie erneut den Q-Test an. Wenn das abweichende Ergebnis auf diese Weise nicht eliminiert wird, geben Sie den Median an (Durchschnitt der beiden in der Mitte liegenden Ergebnisse, vgl. Abschnitt 3.3).

Hinweis

Porzellantiegel werden numeriert, indem man sie mit einer speziellen Markiertinte beschriftet und sie bis zur Rotglut erhitzt, um die Tinte in die Glasur einzubrennen.

Fragen

1. Was bedeutet „Trocknen bis zur Gewichtskonstanz"? Geben Sie ein Beispiel.
2. Wenn man annimmt, daß eine Probe von 400 mg aus reinem Natriumchlorid besteht, wieviel mL Silbernitrat-Lösung, $c = 0{,}1$ mol/L, werden dann zur vollständigen Ausfällung benötigt?
3. Warum braucht man einen Überschuß an Silbernitrat? Erklären Sie dies im Zusammenhang mit dem Begriff Löslichkeitsprodukt.
4. Nach dem Ausfällen und dem Erhitzen sei die Lösung noch trüb. Was schließen Sie daraus? Kann die Lösung dann filtriert werden?
5. Warum läßt man nach dem Koagulieren des Niederschlags die Lösung eine Stunde lang abkühlen?

Experiment 4
Gravimetrische Bestimmung von Aluminium

Aluminium bildet mit 8-Hydroxychinolin im pH-Bereich zwischen 4,5 und 9,5 einen schwerlöslichen Chelatkomplex, das Aluminiumoxinat:

$$Al^{3+} + 3 \quad \text{[8-Hydroxychinolin]} \rightarrow \left[Al^{3+} \left(\text{[8-Hydroxychinolinat]} \right)_3 \right] (s) + 3H^+$$

(E4−1)

Hierbei geht das Aluminium(III) eine koordinative Bindung mit dem Stickstoff und dem Hydroxylsauerstoff — beide verfügen über freie Elektronenpaare — von drei 8-Hydroxychinolinat-Anionen ein; das Aluminium hat die Koordinationszahl 6. Bei der Komplexbildungsreaktion werden drei Protonen (pro Al^{3+}) verdrängt. Die Ausfällung ist quantitativ, wenn der pH oberhalb 4,5 liegt.

Ein Vorteil der Anwendung dieses organischen Fällungsmittels ist, daß man bei niedriger Temperatur trocknen kann. Leider ist der Niederschlag nicht immer leicht zu handhaben und zu filtrieren; überschüssiges 8-Hydroxychinolin fällt häufig zusammen mit dem Niederschlag aus, wenn man die in Versuch 3 angegebene Verfahrensweise anwendet. Diese Nachteile werden durch die folgende Abwandlung des Verfahrens vermieden.[1]

Um sofortige Ausfällung bei Zugabe des 8-Hydroxychinolins zu verhindern, gibt man zu der aluminiumhaltigen Lösung neben dem Fällungsmittel eine ausreichende Menge Aceton. Das Aceton wird dann langsam abgedampft, wobei das Aluminiumoxinat langsam aus homogener Lösung (vgl. Kapitel 4.3) in einer filtrierbaren Form ausfällt. In der Lösung bleibt genügend Aceton, um eine Mitfällung des 8-Hydroxychinolins zu verhindern.

---

1 L.C. Howick und J.L. Jones, *Talanta 9*, 1037 (1962)

Durchführung

1. Reinigen Sie die Glasfiltertiegel von mittlerer Porosität wie im Abschnitt „Vorbereitungen" im Experiment 3 angegeben, und erhitzen Sie sie bis zur Gewichtskonstanz.
2. Lassen Sie sich einen Alaun als Probe geben, $KAl(SO_4)_2 \cdot 12H_2O$, aber trocknen Sie ihn nicht, weil dabei ein Teil des Hydratwassers entfernt würde. Wiegen Sie 0,3- bis 0,4-g-Proben (folgen Sie den Anweisungen des Assistenten) in 250-mL-Bechergläser ein, die analog zu den Filtertiegeln numeriert sind (Hinweis 1).
3. Schritte 3 und 4 sollten während eines Labortags begonnen und beendet werden. Heizen Sie das Wasserbad auf, das für Schritt 4 benötigt wird. Geben Sie 50 mL Wasser, 60 mL Aceton (Hinweis 2), 4 mL 5%ige 8-Hydroxychinolin-Lösung (Hinweis 3) und 40 mL Ammoniumacetat-Lösung, $c = 2$ mol/L, zu der Alaun-Probe.
4. Unter Verwendung eines kleinen Abzugs dampfe man das Aceton aus dem unbedeckten Becherglas während 2,5 bis 3 Stunden auf dem Wasserbad bei 70 bis 75 °C ab. Nach etwa 15 Minuten wird die Fällung sichtbar. Es ist sehr wichtig, daß das Bad auf 70 bis 75 °C geregelt ist, bevor man das Becherglas daraufstellt, damit zur vollständigen Fällung genügend Aceton abgedampft wird. Wenn wegen des Abdampfens ein Teil des Niederschlags am Becherglasrand hängenbleibt, löst man ihn mit einem Gummiwischer. Nach 2,5 bis 3 Stunden wird das Heizen abgebrochen und vor dem Filtrieren auf Raumtemperatur abgekühlt. Die Lösung kann vor dem Filtrieren über Nacht stehenbleiben, wenn man sie mit einem Uhrglas abdeckt.

Filtrieren und Wiegen

1. Setzen Sie den gewogenen Filtertiegel in die Saugvorrichtung ein und legen Sie schwaches Vakuum an. Dekantieren Sie den klaren Überstand aus dem Becherglas durch den entsprechenden Filtertiegel, wobei der Niederschlag im Becherglas verbleibt. Der pH des Filtrats sollte etwa 5,5 sein.
2. Überführen Sie den Niederschlag mit destilliertem Wasser aus einer Spritzflasche und mit Hilfe eines Gummiwischers in den Filtertiegel (wie bei Schritt 3 im Abschnitt „Filtrieren und Auswiegen" in Experiment 3 beschrieben). Waschen Sie den Niederschlag im Filtertiegel, indem Sie ihn im Filtertiegel dreimal mit destilliertem Wasser füllen und trockensaugen.
3. Saugen Sie alle Flüssigkeit aus dem Filtertiegel unter stärkerem Vakuum heraus, stellen Sie den Tiegel in ein beschriftetes Becherglas, bedecken Sie es mit einem Uhrglas und trocknen Sie 2,5 Stunden bei 135 °C. Lassen Sie eine halbe Stunde abkühlen, wiegen Sie, trocknen Sie erneut eine halbe Stunde lang usw., bis Gewichtskonstanz erreicht ist.

4. Berechnen Sie den Prozentgehalt Al_2O_3 oder Aluminium(III) in jeder Probe. (Die entsprechenden gravimetrischen Faktoren sind 0,11096 für Aluminiumoxid und 0,05873 für Aluminium; zur Berechnung des Analysenergebnisses vgl. Abschnitt 4.7).

Hinweise

1. Das Verfahren ist so ausgelegt, daß 2 bis 10 mg Aluminium ausgefällt werden können. Proben, die größer als 0,40 g sind, sollten deshalb nicht verwendet werden. Calcium-, Magnesium- oder Cadmium-Ionen werden nicht mitgefällt.
2. Verwenden Sie Aceton vom Reinheitsgrad „zur Analyse". Es kann erforderlich sein, das Aceton zu destillieren, um einen wasserunlöslichen Rückstand zu entfernen.
3. Um eine 5%ige 8-Hydroxychinolin-Lösung herzustellen, erhitzen Sie 5,7 mL Eisessig in einem Becherglas auf 70 bis 75 °C. Nehmen Sie die Säure von der Heizquelle herunter. Geben Sie 2,5 g 8-Hydroxychinolin zu, rühren Sie, bis sich alles gelöst hat, und verdünnen Sie die Lösung zum Abkühlen sofort auf 50 mL mit destilliertem Wasser. Dabei sollte kein Niederschlag auftreten.

Fragen

1. Warum sollte der Niederschlag getrocknet werden, nicht jedoch die Alaun-Probe?
2. Was ist der Zweck der Aceton-Zugabe, und warum wird es *langsam* verdampft?
3. Was sind die beiden Vorteile der Verwendung eines organischen Fällungsmittels wie 8-Hydroxychinolin? (*Hinweis*: Betrachten Sie den Wert des gravimetrischen Faktors).
4. Was ist mit „Gewichtskonstanz" gemeint?
5. Formulieren Sie die Struktur von 8-Hydroxychinolin und seine Reaktion mit Aluminium(III).
6. Warum ist die Fällung unterhalb pH 4,5 nicht quantitativ?

Experiment 5
Gravimetrische Bestimmung von Sulfat

Sulfat wird routinemäßig durch Ausfällung mit Bariumchlorid bestimmt, wobei schwerlösliches Bariumsulfat entsteht (Kapitel 4). Die Bariumsulfat-Teilchen, die anfänglich ausfallen, sind zu klein, um ordentlich filtriert und gewaschen werden zu können; sie werden digeriert, wobei sich größere Kristalle bilden, die leichter zu handhaben sind. Das unten beschriebene Verfahren [Gl. (E5−1)] erzeugt extrem schwerlösliche Kristalle:

$$Ba^{2+} + SO_4^{2-} \rightleftharpoons BaSO_4(s) \xrightarrow{\text{Digerieren}} BaSO_4(s) \qquad (E5-1)$$

$$\text{(BaCl}_2\text{)} \qquad\qquad \text{(kleine Partikel)} \qquad \text{(Kristalle)}$$

Eine ernstzunehmende Fehlerquelle bei diesem Versuch ist die Mitfällung von Ionen wie Kalium(I) und Eisen(III). Da Wasserstoff-Ionen keinen Fehler durch Mitfällung hervorrufen, kann man einen Kationenaustauscher einsetzen, um solche Ionen gegen Wasserstoff-Ionen auszutauschen (s. Kapitel 22):

$$\text{Harz—SO}_3^-\text{H}^+ + \text{K}^+ \rightarrow \text{Harz—SO}_3^-\text{K}^+ + \text{H}^+ \tag{E5–2}$$

Aus der Reaktionsgleichung (E5–2) ist ersichtlich, daß das Sulfat-Ion mit dem Harz nicht reagiert und durch die Austauschersäule zusammen mit dem Wasserstoff-Ion eluiert wird.

Eine einfachere Alternative besteht darin, daß man die normale Reihenfolge beim Zusammengeben umkehrt und die heiße Probelösung zu der heißen Bariumchloridlösung gibt. Dies verringert die Mitfällung von Kationen während der Fällung auf ein Minimum, da Barium(II) das hauptsächlich adsorbierte Ion ist und das Gegenion deswegen ein Anion sein muß. Die Mitfällung von Anionen, wie z.B. Chlorid, wird dann zwar zunehmen, der Fehler ist aber nicht so groß wie der, den die Mitfällung von Kalium erzeugt.

Durchführung

1. Trocknen Sie die sulfathaltige Probe eine Stunde bei 110 °C; reinigen Sie dann die Porzellanfiltertiegel und die Deckel. Nachdem Sie die Filtertiegel numeriert haben, glühen Sie sie ohne Deckel bis zur Gewichtskonstanz (siehe Versuch 3) bei möglichst hoher Temperatur.
2. Während die Tiegel erhitzt werden, wiegen Sie drei Proben etwa gleicher Masse (0,3 bis 0,5 g) in saubere 600-mL-Bechergläser ein, die analog den Filtertiegeln numeriert sind (richten Sie sich nach den Anweisungen Ihres Assistenten).
3. Verdünnen Sie jede Probe mit 150 mL destilliertem Wasser und geben Sie 2 mL konzentrierte Salzsäure zu. Erhitzen Sie bis fast zum Sieden.
4. Nehmen Sie an, daß die Probe mit der höchsten Masse reines Natriumsulfat ist und berechnen Sie die Stoffmenge Bariumchlorid, die zur Fällung erforderlich sind. Zum Beispiel entsprechen 426 mg Probe 0,426 g/ (142 g · mol^{-1}) = 3 mmol Natriumsulfat; also werden 3 mmol Bariumchlorid benötigt. Wenn eine Bariumchlorid-Stammlösung, $c = 0,2$ mol/L, zur Verfügung steht, verwenden Sie 15 mL. Wenn eine 5%ige Stammlösung ($c \approx 0,25$ mol/L) vorhanden ist, verwenden Sie 12 mL. Geben Sie zusätzlich zur berechneten Menge einen 10%igen Überschuß der Stammlösung zu.
5. Die Schritte 5 bis 8 sollten am gleichen Labortag durchgeführt werden. Geben Sie etwa 50 mL Wasser zum berechneten Volumen Bariumchlorid-Lösung und erhitzen Sie bis fast zum Sieden. Unter kräftigem Rühren gießen Sie die heiße Probelösung langsam in die heiße Bariumchlorid-Lösung (s. Schritt 2 der „Durchführung" in Experiment 3). Lassen Sie nun den Niederschlag absitzen und prüfen Sie auf Vollständigkeit der Fällung, indem Sie einige Tropfen Bariumchlorid-Lösung zugeben.

Wiederholen Sie das Gleiche mit den beiden anderen Proben, wobei Sie die für die größte Probe berechnete Bariumchlorid-Menge plus 10%igen Überschuß einsetzen.

6. Nachdem die Fällung vollständig ist, bedecken Sie die Bechergläser mit einem Uhrglas und lassen Sie etwa 1 Stunde lang knapp unterhalb des Siedepunkts digerieren. Längere Behandlung schadet nicht, aber die Lösung sollte nicht über Nacht abkühlen.

7. Nun dekantieren Sie den Überstand vorsichtig über ein rückstandsfreies (aschefreies) Filterpapier. Waschen Sie den Niederschlag im Becherglas zwei- oder dreimal unter Rühren mit warmem Wasser und dekantieren Sie das Waschwasser nach Absitzen wie zuvor beschrieben. Verwerfen Sie das Filtrat.

8. Verwenden Sie einen Glasstab und eine Spritzflasche (s. Bild 28−8), um den Niederschlag auf das Filterpapier zu bringen. Wischen Sie die Becherglaswände mit dem Gummiwischer ab und überführen Sie so letzte Spuren des Niederschlages auf das Filter. Waschen Sie den Niederschlag im Filter mit Portionen von 3 bis 5 mL warmen destillierten Wassers, bis das Waschwasser bei Ansäuern mit 2 Tropfen konzentrierter HNO_3 nur noch eine schwache Trübung gibt, wenn man es mit einer Silbernitrat-Lösung prüft.

9. Falten Sie das Filterpapier um den Niederschlag herum kompakt zusammen und geben Sie es in einen vorher gewogenen Porzellantiegel. Wenn es die Zeit erlaubt, lassen Sie das Filterpapier über Nacht trocknen. Wenn dies nicht möglich ist, bringen Sie das Papier in ein Becherglas und erhitzen Sie das Becherglas auf einer Heizplatte oder im Ofen, bis das gesamte Wasser verdampft ist.

10. Bedecken Sie die Tiegel mit den Deckeln, setzen Sie sie in die Tondreiecke ein und erhitzen Sie langsam mit Brennern, bis die entweichenden Gase brennen. Erhitzen Sie weiter, bis sich keine Gase mehr bilden.

11. Entfernen Sie die Deckel, die braune organische Niederschläge aufweisen können, setzen Sie die Tiegel schräg ein und richten Sie die Brenner darunter so aus, daß die Flammen die Böden der Tiegel berühren. Das verkohlte Papier sollte glühen, aber nicht mit einer Flamme brennen (Hinweis 2).

12. Wenn der Kohlenstoff vollständig verbrannt ist, glühe man 15 Minuten lang bei der höchsten Temperatur des Brenners, wobei der Boden jedes Tiegels gerade die Spitze des blauen Flammenkegels berühren soll. Richten Sie die Flamme so auf den Boden jedes Tiegels, daß der Niederschlag mit Sauerstoff im Kontakt ist. Lassen Sie die Tiegel 30 Minuten lang abkühlen und wiegen Sie. Glühen Sie erneut 15 Minuten, kühlen Sie ab usw., bis Gewichtskonstanz erreicht ist.

13. Berechnen Sie das Ergebnis als Prozent SO_3. Der gravimetrische Faktor (die molare Masse von SO_3 dividiert durch die molare Masse von Bariumsulfat) ist 0,3430.

Hinweise

1. Wenn nach Meinung des Assistenten der Niederschlag noch nicht ausreichend digeriert ist, wird er vielleicht ein feineres Filterpapier empfehlen, wie z.B. Schleicher und Schüll Weißband. Sollte der Niederschlag durch das Filterpapier durchlaufen, ist erneutes Filtrieren erforderlich.
2. Wenn man befürchtet, daß das Bariumsulfat teilweise zu Bariumsulfid reduziert worden sein könnte, so wird der *abgekühlte* Niederschlag mit 2 bis 4 mL konzentrierter Schwefelsäure befeuchtet und die Temperatur langsam bis zur höchsten Brennertemperatur gesteigert (Abzug!).

Fragen

1. Welches ist die chemische Reaktion bei der Zugabe von Salzsäure zur Probe? Wird die Probe dadurch besser oder schlechter löslich?
2. Wieviel mL Bariumchlorid-Lösung, $c = 0{,}25$ mol/L, benötigt man zum Ausfällen von 450 mg Probe? Man nehme an, daß Natriumsulfat 100 % rein vorliegt (molare Masse 142 g/mol).
3. Warum gibt man Bariumchlorid in 10 %igem Überschuß zu? Beantworten Sie die Frage unter Berücksichtigung des Löslichkeitsprodukts.
4. Was ist der Zweck des Digerierens?
5. Warum wird der Niederschlag gewaschen? Warum wird bei der Prüfung auf Vollständigkeit des Auswaschens Silbernitrat verwendet?
6. Was könnte passieren, wenn der feuchte Niederschlag und das feuchte Filterpapier über dem Brenner zu rasch erhitzt würden?

Kapitel 30

Volumetrische Glasgeräte

30.1 Volumenmessung – Wichtige Begriffe

Zum besseren Verständnis der im Labor verwendeten Volumenmeßgeräte und ihrer Handhabung sind nachfolgend einige Begriffe zur Klassifizierung dieser Geräte erklärt.

Justierung

Volumenmeßgeräte aus Glas werden bei ihrer Herstellung volumetrisch ausgemessen und mit Meßmarken versehen. Bei dieser Justierung werden die Volumenmeßgeräte in zwei Gruppen eingeteilt:

Auf *„In"* (Einguß) justierte Meßgeräte nehmen Flüssigkeit entsprechend dem aufgedruckten Volumen quantitativ auf. Da immer ein Flüssigkeitsrest an der Glaswand haften bleibt (Benetzung), wird dieses Volumen erst durch Nachspülen wieder quantitativ abgegeben.

Zu diesen Meßgeräten gehören z.B. Meßzylinder, Meßkolben und Kapillarpipetten bis 200 µL.

Auf *„Ex"* (Ausguß) justierte Volumenmeßgeräte geben die Flüssigkeit dem angezeigten Volumen entsprechend quantitativ ab. Der durch Benetzung im Meßgerät zurückbleibende Flüssigkeitsrest wurde schon bei der Justierung berücksichtigt.

Zu diesen Meßgeräten gehören z.B. Meß- und Vollpipetten, Kapillarpipetten ab 200 µL und Büretten.

Klasseneinteilung

Volumenmeßgeräte werden in die Klassen A, AS und B unterteilt. Die Klasse kennzeichnet die Eichfähigkeit, Genauigkeitsklasse, Ablauf- und Wartezeiten.

Geräte der *Klassen A und AS* sind *eichfähig*. Sie haben die gleichen Fehlertoleranzen, unterscheiden sich jedoch in den Ablaufzeiten und Wartezeiten. Geräte der Klasse AS sind Schnellablaufgeräte mit größerer Spitzenöffnung. (S steht für Schnellablauf.)

Geräte der *Klasse B* sind *nicht eichfähig*. Sie haben laut DIN-Norm höhere Fehlertoleranzen als Geräte der Klasse A bzw. AS.

Beispiel:

Eine 25-mL-Vollpipette hat entsprechend ihrer Klasse folgende Ablauf- und Wartezeiten:

Klasse	Ablaufzeit	Wartezeit
A (eichfähig)	25–50 s	–
AS (eichfähig)	10–15 s	15 s
B (nicht eichfähig)	10–20 s	–
Ausblaspipetten	ca. 10 s	(kurzes Ausblasen)

Die Fehlertoleranzen und Ablaufzeiten variieren mit dem Nennvolumen. Die Wartezeiten sind fest vorgegeben.

Ausblaspipetten sind „Schnellablauf-Geräte". Sie sind gekennzeichnet durch den Aufdruck „ausblasen" oder „blow out". In der Genauigkeit sind sie vergleichbar mit der Klasse A und AS. Die Wartezeit wird durch kurzes Ausblasen ersetzt.

Ablauf- und Wartezeit

Die *Ablaufzeit* ist der Zeitraum, den der Flüssigkeitsmeniskus benötigt, um von der Justiermarke bis zum Stillstand in der Spitze bzw. an der zweiten Justiermarke zu gelangen. Der Meniskus ist die Krümmung der Flüssigkeitsoberfläche. Je nach Flüssigkeit ist er nach unten oder oben gewölbt.

Die *Wartezeit* beginnt, wenn der Flüssigkeitsmeniskus in der Spitze bzw. an der zweiten Justiermarke zum Stillstand gekommen ist. In der Wartezeit fließt „Restflüssigkeit" von der Glaswand nach unten. Dadurch steigt der Meniskus wieder an. Nach der Wartezeit wird die Pipettenspitze an der Gefäßwand abgestreift. Es bleibt ein kleiner Rest Flüssigkeit in der Spitzenverengung, der jedoch bei der Justierung berücksichtigt wurde.

Nenn- und Teilvolumen

Das *Nennvolumen* bezeichnet das größte Volumen, auf welches das Meßgerät justiert ist.

Bei Volumenmeßgeräten mit Graduierung (z.B. Meßpipetten) ist das zwischen zwei benachbarten Meßmarken enthaltene Volumen das kleinste meßbare *Teilvolumen*. Zwischenwerte sind Schätzungen.

Toleranz

Die Toleranzen sind durch die DIN 12 680 – 12 700 als zulässige Abweichungen des gerätespezifischen Wertes vom Nennvolumen festgelegt.

Farbcodierung bei Pipetten

Sie dient zur besseren Unterscheidung von leicht verwechselbaren Pipettengrößen, z.B. Pipetten mit sehr kleinen Volumina (Enzympipetten).

Die Pipetten sind am oberen Ende durch unterschiedliche Farbringe gekennzeichnet. Welche Farbe dem jeweiligen Nennvolumen zugeordnet wird, ist in der DIN 12 622 definiert.

Angaben auf Glasgeräten

Für genaue Volumenbestimmungen im Labor sollten nur hochwertige Volumenmeßgeräte eingesetzt werden, die entsprechend den DIN-Normen aus chemisch resistentem Glas hergestellt sind. Die Justierbedingungen sind unbedingt zu beachten. Beschriftung und Graduierung müssen gut leserlich sowie beständig sein.

Bei der Beschriftung schreibt DIN folgende Angaben vor:

1. Nennvolumen
2. Klassenzeichen
3. Justierbedingungen
4. Justiertemperatur

Zusätzlich befinden sich häufig folgende Angaben auf den Glasgeräten:

a) Hersteller
b) Herstellerland
c) Fehlertoleranz

Bild 30−1 zeigt die Beschriftung einer 25-mL-Vollpipette.

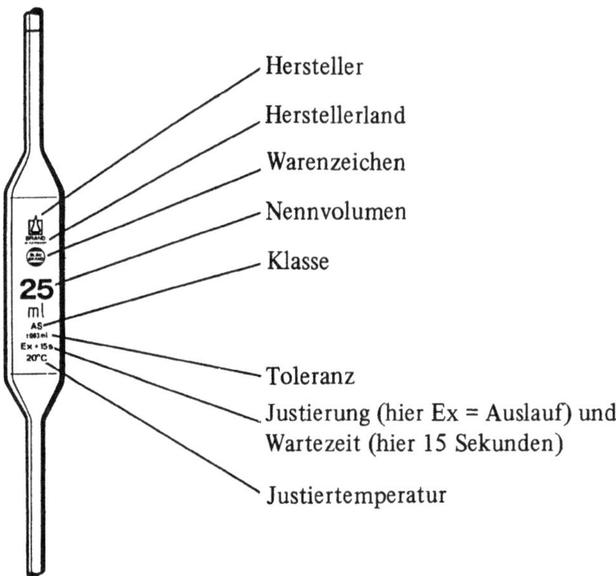

Bild 30-1 Beschriftung einer 25-mL-Vollpipette (Brand, Wertheim)

30.2 Die statistische Auswertung der volumetrischen Meßergebnisse

In diesem Abschnitt werden die wichtigsten Größen und Begriffe zur Beschreibung einer Volumenmessung an einem einfachen Beispiel dargestellt (vgl. auch Kapitel 3).

Beispiel:

Es soll bestimmt werden, wie genau eine 1-mL-Vollpipette mißt. Dazu wird die Pipette 5mal mit destilliertem Wasser (20°C) gefüllt und die Wassermenge auf einer Analysenwaage ausgewogen.

Das Nennvolumen 1 mL ist der *wahre Wert* (Sollwert) μ. Die Wägungen ergeben:

1. Wägung $m_1 = 0{,}998$ g
2. Wägung $m_2 = 0{,}999$ g
3. Wägung $m_3 = 0{,}995$ g
4. Wägung $m_4 = 0{,}997$ g
5. Wägung $m_5 = 0{,}975$ g

Daraus läßt sich das jeweils pipettierte Volumen berechnen. Aus Tabellen ist ablesbar, daß 1 mL destilliertes Wasser bei 20 °C genau 0,9983 g wiegt. Damit erhält man als Ist-werte x_i (einzelne Meßergebnisse) des Volumens [nach der Beziehung Volumen = Masse/Dichte]

$$x_i = \frac{m_i}{0{,}9983\,\text{g}\cdot\text{mL}^{-1}}$$

folgende Werte:

1. Volumen $x_1 = 1{,}000$ mL
2. Volumen $x_2 = 1{,}001$ mL
3. Volumen $x_3 = 0{,}997$ mL
4. Volumen $x_4 = 0{,}999$ mL
5. Volumen $x_5 = 0{,}977$ mL

Das 5. Volumen weicht augenscheinlich stark von den anderen Ergebnissen ab. Es ist offensichtlich falsch. Eine mögliche Ursache ist, daß der Tropfen an der Pipettenspitze nicht abgestreift wurde. Derart leicht erkennbare Fehler heißen *grobe Fehler*. Wir können das Ergebnis bei den weiteren Berechnungen weglassen.

Widmen wir uns nun den verbleibenden vier Ergebnissen. Da auch diese unterschiedlich sind, können wir nicht sagen, welches Ergebnis das richtige ist. Es ist aber wahrscheinlich, daß es irgendwo zwischen den Einzelergebnissen liegt. Wo, das bestimmt der *arithmetische Mittelwert* $\bar{x}$. Dieser ist die Summe der einzelnen Ergebnisse, dividiert durch die Anzahl n der Ergebnisse:

$$\bar{x} = \frac{\sum\limits_{i=1}^{n} x_i}{n}$$

$$= \frac{1{,}000\,\text{mL} + 1{,}001\,\text{mL} + 0{,}997\,\text{mL} + 0{,}999\,\text{mL}}{4}$$

$$= 0{,}999\,\text{mL}$$

Die *Richtigkeit* (Genauigkeit) R (bzw. prozentuale Richtigkeit) ist ein Maß für die Abweichung des Mittelwertes vom Sollwert. Sie ist definiert als Differenz zwischen Mittelwert $\bar{x}$ und Sollwert μ, bezogen auf den Sollwert:

$$R = \pm\frac{\bar{x} - \mu}{\mu}$$

$$= \pm\frac{0{,}999\,\text{mL} - 1{,}000\,\text{mL}}{1{,}000\,\text{mL}} = \pm 0{,}001 = \pm 1\,\%$$

Neben der Richtigkeit ist eine zweite Größe zur Beschreibung der Meßergebnisse nötig. Dies wird deutlich, wenn wir bei den Messungen z.B. folgende Werte erhalten hätten:

$x_1 = 1{,}011$ mL $\qquad x_3 = 0{,}987$ mL
$x_2 = 1{,}010$ mL $\qquad x_4 = 0{,}989$ mL

Wieder ergibt die Berechnung des arithmetischen Mittelwertes $\bar{x} = 0,999$ mL.
Aber die Einzelergebnisse weichen wesentlich stärker untereinander ab: zwischen größtem und kleinstem Wert (1,011 mL bzw. 0,987 mL) liegen 0,024 mL. Im vorigen Beispiel betrug die Differenz nur 0,004 mL.
Wie weit die einzelnen Ergebnisse um den arithmetischen Mittelwert streuen, wird durch die *Standardabweichung s* definiert. Für unsere Meßwerte der ersten Meßreihe erhält man:

$$s = \pm \sqrt{\frac{\sum_{i=1}^{n} (x_i - \bar{x})^2}{n - 1}}$$

$$= \pm \sqrt{\frac{(1,000 - 0,999)^2 + (1,001 - 0,999)^2 + (0,997 - 0,999)^2 + (0,999 - 0,999)^2}{4 - 1}} \, \text{mL}$$

$$= \pm \sqrt{\frac{0,000009}{3}} \, \text{mL}$$

$$= \pm 1,73 \cdot 10^{-3} \, \text{mL}$$

$$= \pm 0,0017 \, \text{mL (gerundet)}$$

Die *Präzision* (Wiederholbarkeit) V ist als Verhältnis von Standardabweichung zum arithmetischen Mittelwert:

$$V = \frac{s}{\bar{x}}$$

$$= \frac{0,0017 \, \text{mL}}{0,999 \, \text{mL}} = 0,0017 = 0,17\% \text{ (gerundet)}$$

Nachdem die beiden Kenngrößen zur Beschreibung der „Genauigkeit" einer Volumenmessung, die Richtigkeit und die Präzision, beschrieben sind, bleibt die Frage zu beantworten: Warum sind die einzelnen Meßergebnisse überhaupt unterschiedlich?

Zur Veranschaulichung soll als Beispiel eine Zielscheibe dienen. Das Zentrum der Zielscheibe ist der Sollwert. Die einzelnen Treffer-Punkte bezeichnen die Istwerte. Im Bild 10–2 sind vier mögliche Ergebnisse gezeigt, aus denen wir entnehmen:

Zur Kenngröße „Richtigkeit" tragen bei:
(1) Grobe Fehler. Ergebnisse, die offensichtlich vom Istwert abweichen und einfach nicht stimmen können. Die Richtigkeit ist schlecht.
(2) Systematische Fehler. Bei mehreren volumetrischen Bestimmungen erhalten Sie dicht beieinanderliegende Istergebnisse, die aber durch einen sich wiederholenden Fehler vom Sollwert abweichen. Die Fehlerquelle liegt bei einem systematischen Fehler zumeist im Volumenmeßgerät. Die Fehlerursache kann aber auch fehlerhafte Handhabung sein, z.B. wenn Wartezeiten beim Pipettieren nicht berücksichtigt werden.

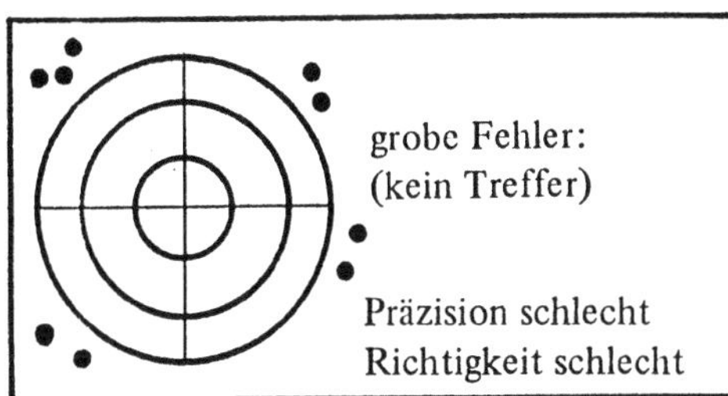

Präzision schlecht:
Die Treffer sind weit verstreut.
Richtigkeit schlecht:
Die Treffer liegen weit vom Zentrum.

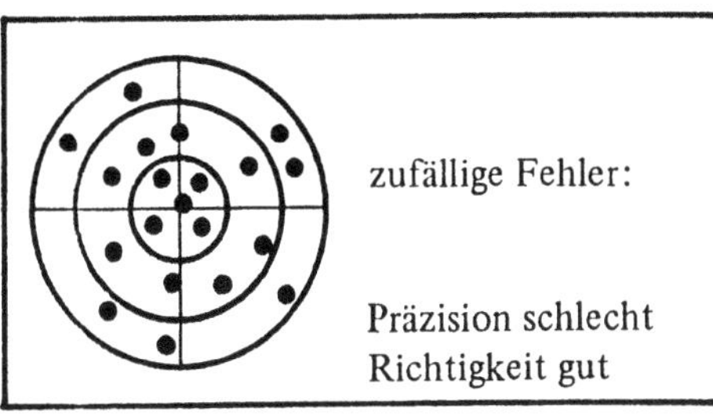

Präzision schlecht:
Keine groben Fehler, allerdings sind die Treffer weit verstreut.
Richtigkeit gut:
Im Mittel liegen die Treffer gleichmäßig um das Zentrum verteilt.

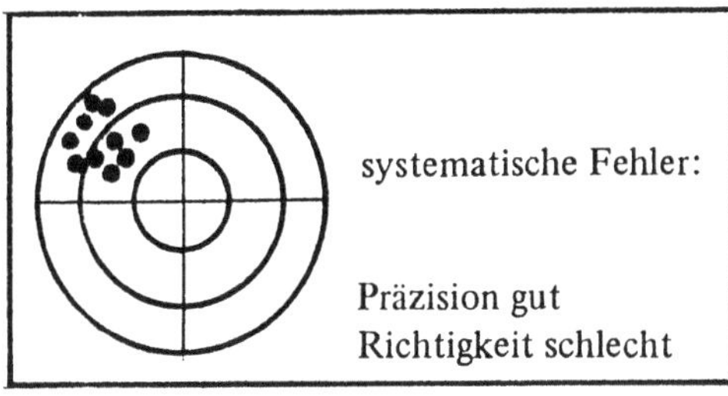

Präzision gut:
Alle Treffer liegen dicht beieinander.
Richtigkeit schlecht:
Obwohl alle Treffer dicht beieinander liegen, ist das Ziel (Sollwert) trotzdem verfehlt.

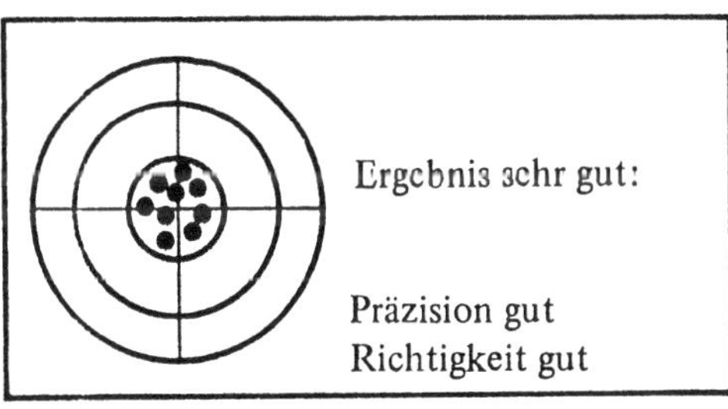

Präzision gut:
Alle Treffer liegen dicht beeinander.
Richtigkeit gut:
Alle Treffer liegen dicht um das Zentrum, also um den Sollwert.

Bild 30-2 Veranschaulichung der Begriffe „Präzision" und „Richtigkeit" anhand der Lage der Treffer auf einer Zielscheibe (Brand, Wertheim)

Zur Kenngröße „Präzision" tragen bei:

Zufällige Fehler. Diese Fehler sind nie ganz zu vermeiden. Sie lassen sich jedoch durch gute Arbeitstechnik und qualitativ hochwertige Instrumente sehr klein halten.

30.3 Ablesung von volumetrischen Geräten — Der Meniskus

Werden die Flüssigkeitsmoleküle von den Molekülen der Glaswand stärker angezogen (Adhäsion) als von ihresgleichen (Kohäsion), dann bildet sich ein nach unten gewölbter Meniskus. Der Rand des Flüssigkeitsspiegels wird etwas hochgezogen. Ist der Durchmesser einer Pipette eng genug (z.B. bei einer Kapillare), reicht die Adhäsionskraft aus, nicht nur den äußeren Rand, sondern den gesamten Flüssigkeitsspiegel hochzuziehen (Kapillarwirkung). Ist jedoch die Kohäsionskraft einer Flüssigkeit größer als die Adhäsionskraft der Glaswand, bildet sich ein nach oben gewölbter Meniskus (z.B. Quecksilber).

Nach DIN 12680—12700 ist das Volumen bei nach unten gewölbtem Meniskus an der tiefsten Stelle des Flüssigkeitsspiegels abzulesen, bei nach oben gewölbtem Meniskus an der höchsten Stelle des Flüssigkeitsspiegels (Bild 10—3).

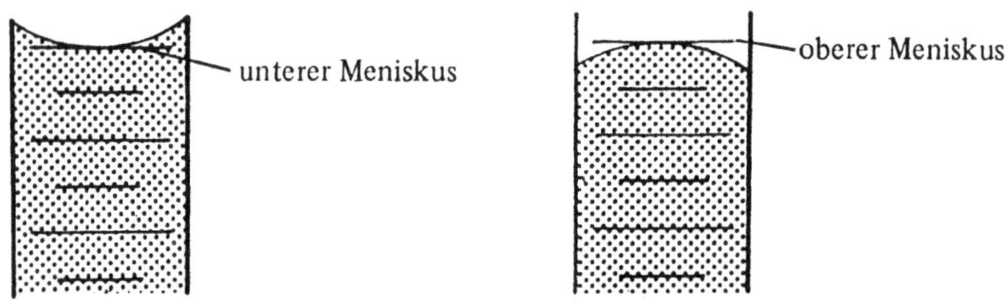

Bild 30-3 Meniskus (Brand, Wertheim)

Schellbachstreifen

Der Schellbachstreifen ist ein schmales blaues Band in der Mitte eines weißen Milchglasstreifens, der auf der Rückseite des Volumenmeßgerätes angebracht ist. Die Lichtbrechung an der Flüssigkeitsoberfläche verursacht eine Verengung (Einschnürung) des blauen Bandes zwischen dem oberen und unteren Meniskus. Am Berührungspunkt der beiden Spitzen wird abgelesen (Bild 10—4).

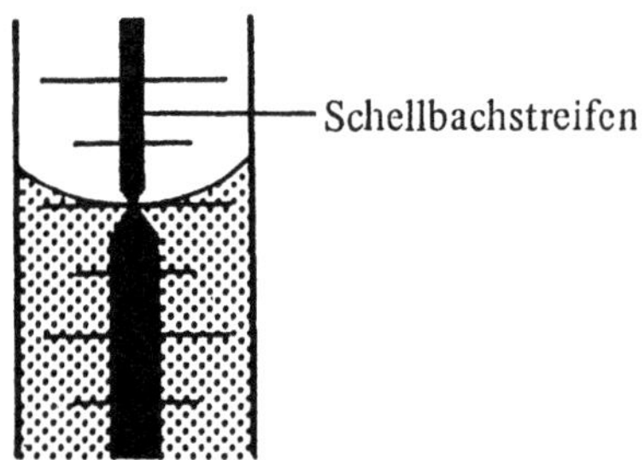

Bild 30-4 Schellbachstreifen. Am Berührungspunkt der Spitzen wird abgelesen. (Brand, Wertheim)

30.4 Meßzylinder, Mischzylinder, Meßkolben

Meß- und Mischzylinder dienen zum Abmessen von Volumina innerhalb der auf dem Zylinder angegebenen Skala. *Meßkolben* werden in der Analytik zum Herstellen von Maß- und Eichlösungen verwendet. Bei Meßzylindern, Mischzylindern und Meßkolben (Bild 30−5) gelten die gleichen Bezeichnungen wie bei Voll- und Meßpipetten. Sie sind auf „In" (Einguß) justiert.

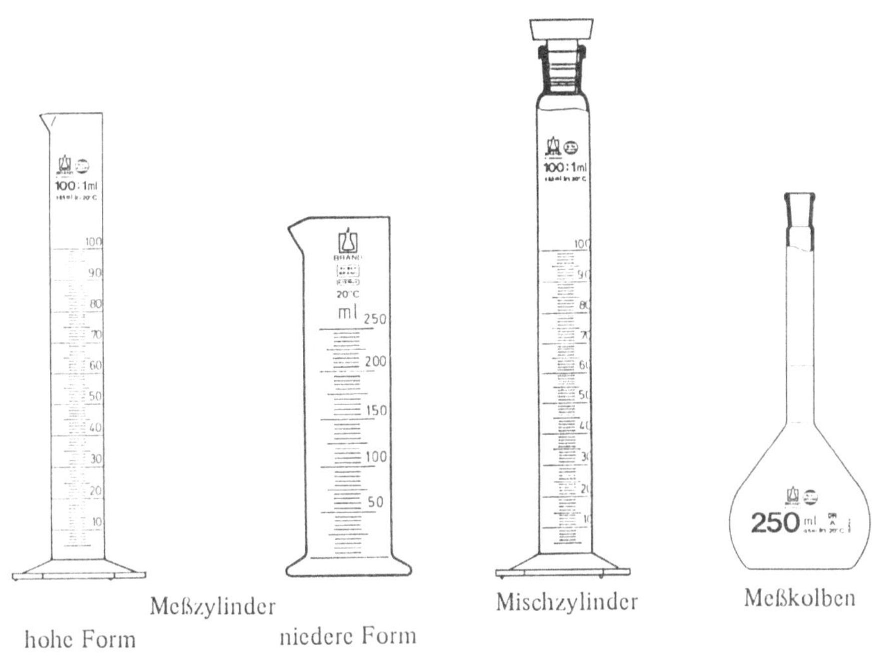

Meßzylinder
hohe Form

niedere Form

Mischzylinder

Meßkolben

Bild 30-5 Meßzylinder, Mischzylinder und Meßkolben (Brand, Wertheim)

Handhabung des Meßkolbens

1. Den Meßkolben bis knapp unter die Marke füllen.
2. Je nach Größe des Meßkolbens muß dieser eine kürzere oder längere Zeit in ein Temperierbad mit genau 20°C gestellt werden, damit die abzumessende Flüssigkeit (z.B. eine Normallösung) die gleiche Temperatur annimmt.
3. Den Meßkolbenhals auf der Innenseite bis hinunter zur Marke mit Fließpapier abtrocknen.
4. Mit Hilfe einer Pipette das Volumen ergänzen, bis der Meniskus exakt an der Ringmarke eingestellt ist, wobei die Glaswand oberhalb der Marke nicht benetzt werden darf.

30.5 Pipetten

Pipetten dienen, wie die Meßzylinder und Meßkolben, dem Messen von Volumina. Ihr Anwendungsspektrum ist sehr breit. Dementsprechend gibt es eine Vielzahl verschiedener Pipetten.

Wir unterscheiden zwei Haupttypen: die Meßpipetten und die Vollpipetten. Im Anwendungsprinzip entspricht die Meßpipette dem Meßzylinder und die Vollpipette dem Meßkolben. Eine weitere Gruppe bilden die sog. Kapillarpipetten, die im folgenden ebenfalls erläutert werden. Die gebräuchlichsten Pipettentypen sind in Bild 30−6 zusammengestellt.

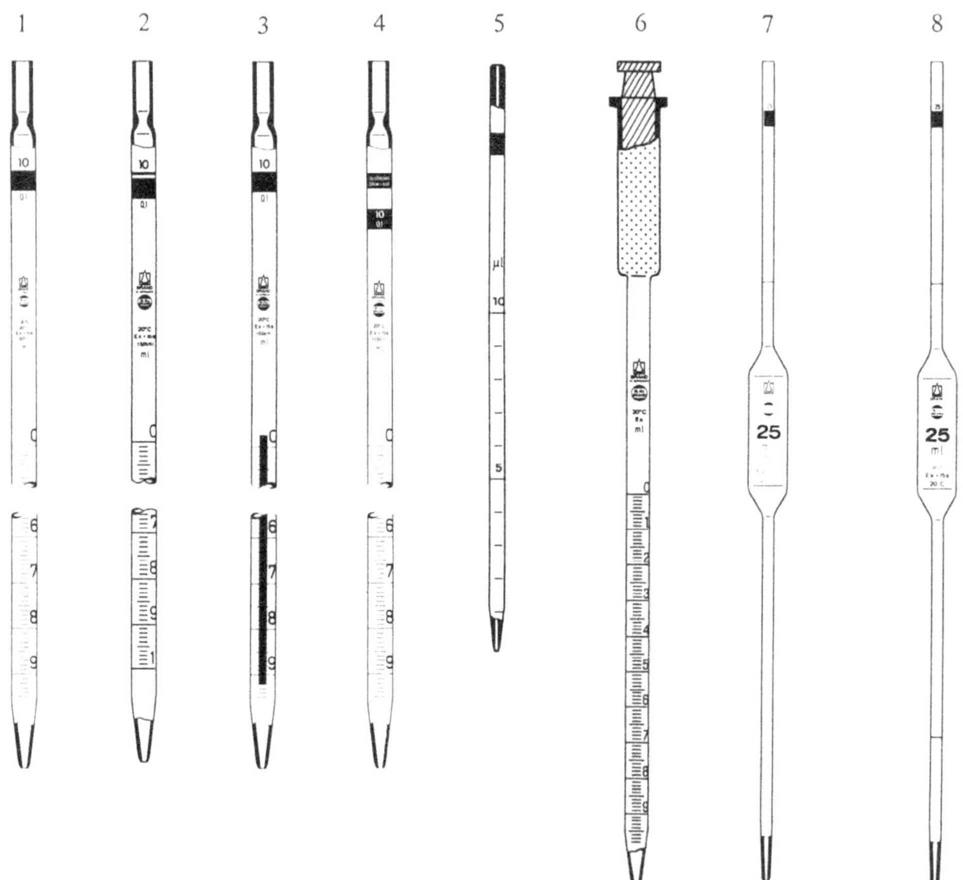

1 Meßpipette für völligen und teilweisen Ablauf
2 Meßpipette für teilweisen Ablauf
3 Meßpipette für völligen und teilweisen Ablauf mit Schellbachstreifen
4 Ausblas-Meßpipette, Beschriftung ,,ausblasen − blow out''
5 Kapillarpipette, auf ,,In'' justiert
6 Saugkolben-Meßpipette für völligen Auslauf
7 Vollpipette mit einer Marke
8 Vollpipette mit zwei Marken

Bild 30-6 Gebräuchliche Pipettentypen (Brand, Wertheim)

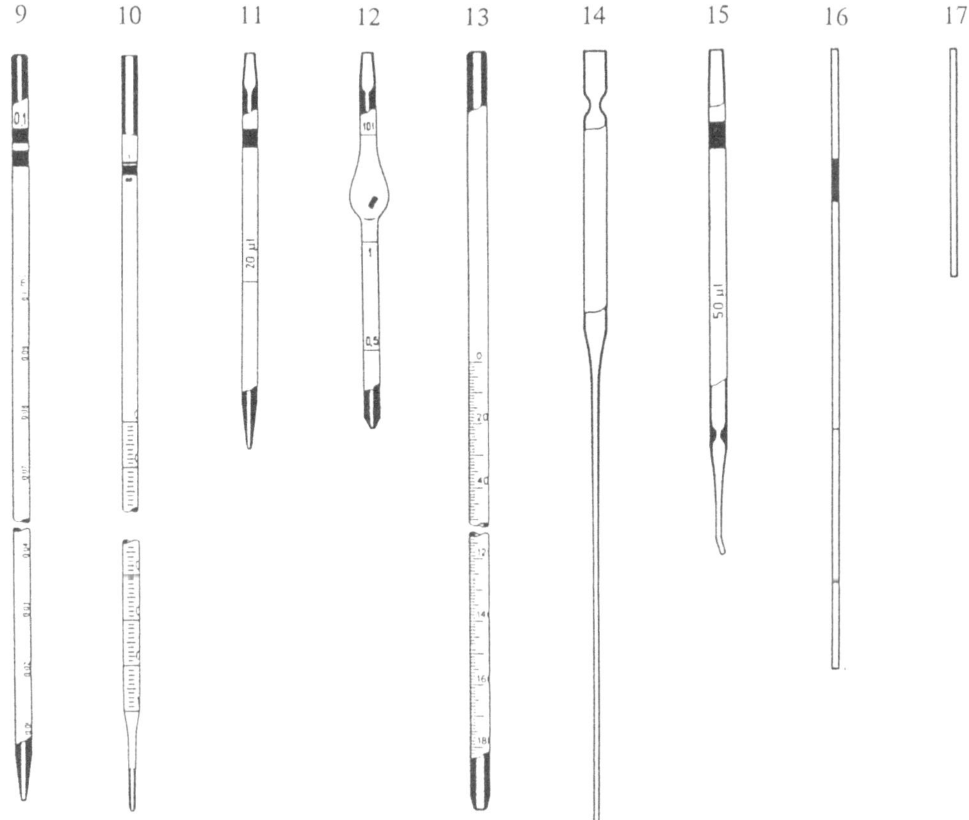

 9 Blutzuckerpipette
10 Enzymtest-Pipette
11 Hb-Pipette nach Sahli
12 Blutmischpipette, amtlich geeicht
13 Blutsenkungspipette
14 Pasteurpipette, für bakteriologische Untersuchungen, zum Einmalgebrauch
15 Konstriktionspipette, automatische Nullpunkteinstellung
16 Einmal-Mikropipette, mit Ringmarke
17 Einmal-Mikropipette, Volumenbegrenzung durch beide Enden

Pipettierhilfen

Flüssigkeiten dürfen nicht mit dem Mund pipettiert werden. Siehe Unfallverhütungsvorschrift (Berufsgesnossenschaft für Gesundheitsdienst und Wohlfahrtspflege) § 8 und § 3 der GSG. Auch das Aufziehen von Blut in Blutsenkungsröhrchen ist ein Pipettiervorgang. Pipettieren schließt auch das Ausblasen von Pipetten ein.

Zum Ansaugen und Auslassen von Flüssigkeiten wird ein Pipettierball (Peläusball) verwendet, dessen Handhabung in Bild 30−7 erläutert wird. Ein Mikropipettierhelfer (Bild 30−8) erleichtert die Handhabung von Mikropipetten.

Bild 30-7
Pipettierball (Peläusball). Handhabung:
- Pipette aufstecken,
- auf „A" drücken und Ball zusammenpressen (evakuieren),
- auf „S" drücken und Flüssigkeit etwas *über* die gewünschte Marke aufsaugen,
- durch Druck auf „E" Flüssigkeit bis zur gewünschten Marke ablaufen bzw. Pipette auslaufen lassen.

Wichtig:
Bei Ausblaspipetten (blow out) die Öffnung des seitlichen Ventils verschließen.
Den Pipettierball nicht in evakuiertem Zustand aufbewahren, keine Flüssigkeit hineinziehen!
(Brand, Wertheim)

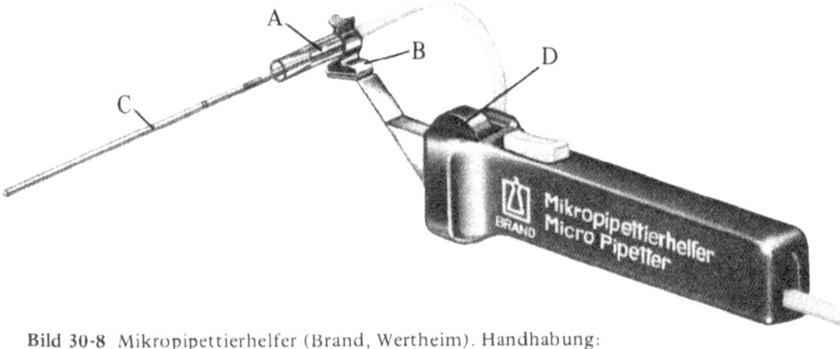

Bild 30-8 Mikropipettierhelfer (Brand, Wertheim). Handhabung:
- Adapter A in den Pipettierhalter B einklemmen,
- Pipette C in den Adapter einstecken,
- Füllen der Pipette durch Drehen der Laufrolle D nach hinten,
- Entleeren durch Drehen der Laufrolle nach vorn.

Handhabung von Pipetten (Experiment 6a)

Pipetten, die auf „Ex" (Ablauf) justiert sind

Füllen (am Beispiel einer Vollpipette):

1. Mit einer Pipettierhilfe das Volumen bis ca. 10 mm über die Ringmarke aufnehmen.
2. Pipette von außen abwischen.
3. Pipette senkrecht in Augenhöhe halten. Auslaufspitze an die Wand eines schräg gehaltenen Gefäßes anlegen und, indem man das zuviel aufgenommene Volumen langsam ablaufen läßt, den Meniskus auf die Ringmarke einstellen.

Entleeren von Pipetten mit vollständigem Ablauf:

1. Pipette senkrecht halten, Ablaufspitze an die Wand eines schräg gehaltenen Gefäßes anlegen und Inhalt ablaufen lassen.
2. Sobald der Meniskus in der Pipettenspitze zum Stillstand kommt, beginnt die Wartezeit.
3. Nach der Wartezeit Pipettenspitze an den Gefäßrand halten, bzw. dort abstreifen. Ein Teil der Restflüssigkeit läuft ab. Ein kleiner Teil verbleibt in der Kapillar-Öffnung der Pipettenspitze. Diese Restmenge wurde bereits bei der Justierung berücksichtigt und darf nicht ins Gefäß gelangen.

Entleeren von Pipetten mit teilweisem Ablauf (am Beispiel einer Vollpipette mit zwei Ringmarken):

1. Pipette senkrecht halten, Ablaufspitze an die Wand eines schräg gehaltenen Gefäßes anlegen und Inhalt bis 10 mm über der Volumenmarke ablaufen lassen.
2. Wartezeit einhalten.
3. Meniskus in Augenhöhe auf die zweite Ringmarke einstellen.
4. Pipettenspitze am Gefäßrand abstreifen, wobei die obere Pipettenöffnung zugehalten bleibt.

Entleeren einer Ausblaspipette (Meß- und Vollpipetten, gekennzeichnet mit „Ex" und „Ausblasen – blow out"):

1. Pipette senkrecht halten, Auslaufspitze an die Wand eines schräg gehaltenen Gefäßes anlegen und Inhalt ablaufen lassen.
2. Sobald der Meniskus in der Pipettenspitze zum Stillstand kommt, die Pipette mit einem Pipettierhelfer kurz ausblasen.

Bei einer Ausblaspipette wird die Wartezeit durch Ausblasen ersetzt. Die Ablaufzeit darf niemals durch Ausblasen verkürzt werden. – Die richtige Handhabung von Meß- und Vollpipetten ist in Bild 30–9 gezeigt.

Pipetten, die auf „In" (Einguß) justiert sind

Als Beispiel sind Kapillarpipetten bis 200 µL zu nennen (Bild 30–10). Kapillarpipetten sind Pipetten mit sehr kleinem Innendurchmesser; sie füllen sich durch die Kapillarwirkung selbständig.

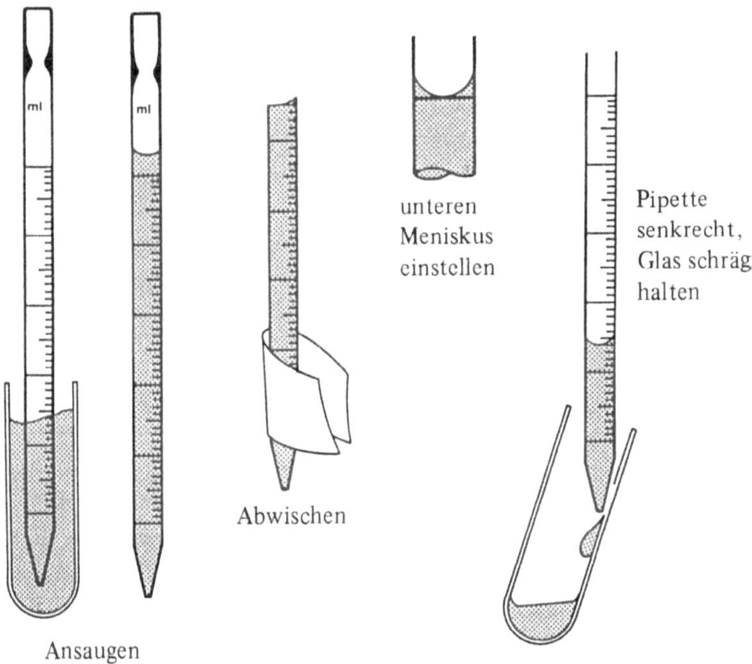

Bild 30-9 Richtiges Pipettieren mit Meß- und Vollpipetten (Brand, Wertheim)

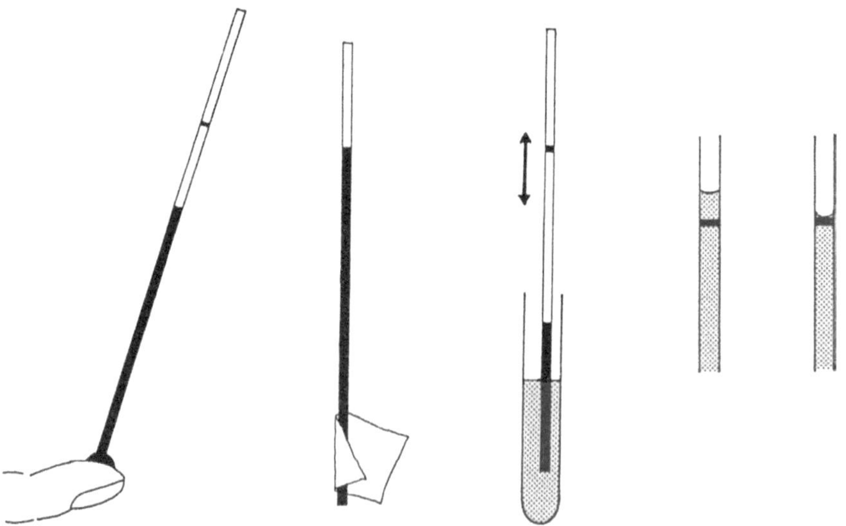

Bild 30-10 Richtiges Pipettieren mit Kapillarpipetten, dargestellt am Beispiel einer Blutent-
nahme aus der Fingerkuppe (Brand, Wertheim)

Füllen

1. Volumen aufsaugen bis ca. 10 mm über die gewünschte Marke. Kapillare von außen abwischen.
2. Kapillare senkrecht in Augenhöhe halten. Auslaufspitze an die Wand eines schräg gehaltenen Gefäßes anlegen und Meniskus auf die Ringmarke einstellen (mit Mikropipettierhelfer).
3. Kapillare an der Gefäßwand abstreifen.

Entleeren

1. Kapillare an die Gefäßwand halten.
2. Kapillare auslaufen lassen.
3. Restvolumen mit Pipettierhilfe abgeben und anschließend mit dem Verdünnungsmedium mehrmals spülen (da auf „In" justiert).

30.6 Büretten

Büretten werden zur Titration eingesetzt. Dabei wird aus der Bürette ein zunächst unbekanntes Volumen an Maßlösung abgegeben und nach der Titration abgelesen. – Erhältlich sind einfache Glasbüretten, die von oben mit der Maßlösung gefüllt werden, und Büretten mit automatischer Nullpunkteinstellung und Vorratsflasche (Bild 30–11).

Handhabung (Experiment 6b)

Die Handhabung soll am Beispiel einer Bürette ohne automatische Nullpunkteinstellung erläutert werden.

1. Bürette lotrecht am Stativ befestigen.
2. Mit Hilfe eines Trichters die Maßlösung luftfrei in die Bürette füllen, bis der Flüssigkeitsspiegel ca. 10 mm über der Nullmarke steht.
3. Bürettenhahn öffnen und Nullpunkt in Augenhöhe einstellen.
4. An der Ablaufspitze hängende Tropfen vor der Titration an einer Gefäßwand abstreifen.
5. Bürettenhahn öffnen und die Titrierlösung langsam zu der Vorlage mit Indikator *frei* abgeben. Dabei das Auffanggefäß leicht schwenken.
6. Sobald der Indikator umschlägt (Farbänderung), den Bürettenhahn schließen.
7. Das abgegebene Volumen nach der Wartezeit in Augenhöhe ablesen.
8. An der Ablaufspitze des Hahn haftende Tropfen an der Gefäßwand abstreifen. Dieser Tropfen gehört mit zum titrierten Volumen.

Hinweise

1. Vor Beginn der nächsten Titration muß die Bürette wieder auf den Nullpunkt eingestellt werden.
2. Vor jeder Titration den Vorratsbehälter schütteln, um das Kondenswasser, das sich oberhalb der Flüssigkeit an der Glaswand angesammelt hat, in die Lösung

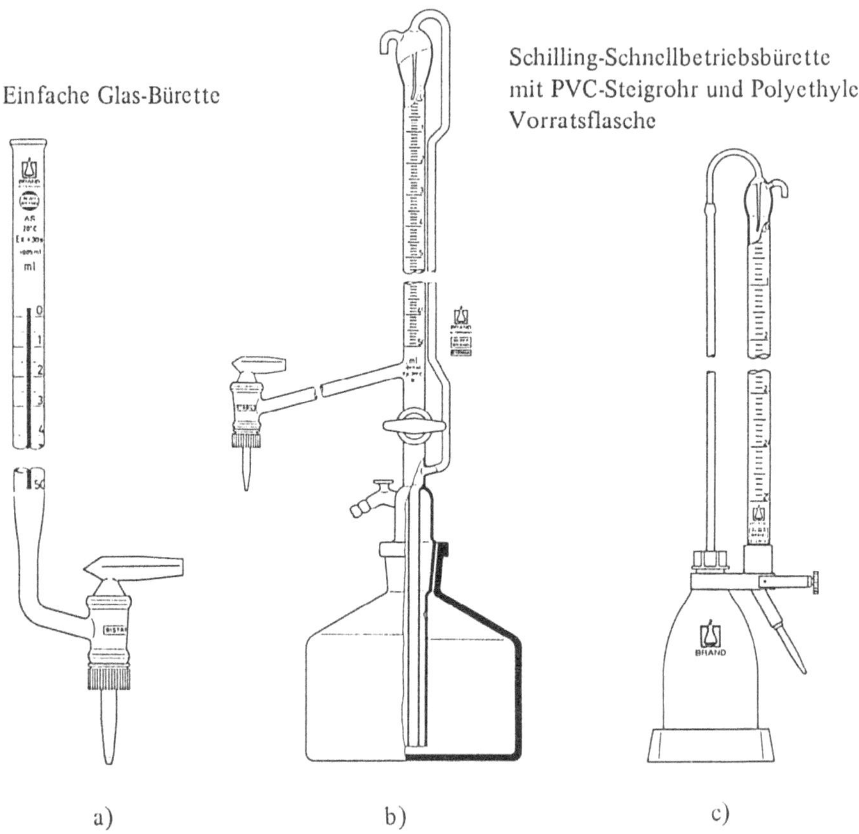

Bild 30-11 Büretten (Brand, Wertheim).
a) Einfache Glasbürette,
b) Bürette mit automatischer Nullpunkteinstellung und Vorratsflasche,
c) Schilling-Schnellbetriebsbürette mit PVC-Steigrohr und Polyethylen-Vorratsflasche

zu spülen. Wenn dieser Vorgang nicht erfolgt, ist die Genauigkeit der Titration nicht mehr gewährleistet.

3. Maßlösungen mit Flockungen, Trübungen usw. sind zu verwerfen.

4. Die Bürette *langsam* füllen, da sich sonst Luftblasen bilden, die an der Glaswand haften bleiben.

5. Vor der Titration ist die erste Bürettenfüllung zu verwerfen.

6. Je nach Qualität der Bürette wird das titrierte Volumen nach einer bestimmten Wartezeit abgelesen.

7. Bei Titration auf Farbumschlag muß das Auffanggefäß auf einer *weißen Unterlage* stehen.

Auswahl der Bürettengröße

Welche Bürettengrößen und Verbräuche sind anzustreben? Bei einer *einzelnen* Bürettenablesung kann man definitionsgemäß nicht von Präzision sprechen. Stattdessen wird der Begriff Unsicherheit verwendet (Kapitel 3). Angenommen, die Toleranz einer 50-mL-Bürette (maximal erlaubte Abweichung vom Nennwert) ist 0,02 mL. Da eine Bürette stets zweimal abgelesen wird, kann der Fehler bis zu $\pm 0,04$ mL betragen. Bei einem Verbrauch von 10 mL beträgt der relative Fehler 0,4 %, bei 40 mL nur 0,1 %. Im allgemeinen sind bei volumetrischen Verfahren Abweichungen von 0,1 – 0,2 % erlaubt. Daraus folgt, daß bei Titrationen mit einer 50-mL-Bürette Verbräuche von 35 – 40 mL angestrebt werden sollten. Zur Titration von Volumina bis zu 10 mL sollte eine 10-mL-Bürette verwendet werden.

30.7 Reinigung von Glasgeräten

Das Arbeiten mit sauberen, fettfreien Laborgeräten sollte für jeden, der im Labor arbeitet, eine Selbstverständlichkeit sein. Von der Sauberkeit der Geräte hängt letztlich auch das Analysenergebnis ab. Die an den Geräten angegebenen Ablauf- und Wartezeiten beziehen sich auf saubere Glasoberflächen. Verschmutzte Oberflächen (Fettschichten, angetrocknete Substanzen) verhindern einen zusammenhängenden Ablauf.

Fehler durch unsaubere Geräte

- ungenaue Volumenabgabe
- Beimengung unerwünschter Bestandteile
- Verschleppungsfehler

Die Reinigung der Laborgeräte ist denkbar einfach und ohne großen Zeitaufwand möglich, wenn sie regelmäßig erfolgt.

Reinigungsablauf

1. Unmittelbar nach dem Gebrauch werden die Geräte mit Wasser durchgespült.
2. Zur Reinigung werden die Geräte in eine spezielle Reinigungslösung gestellt (z.B. Mucasol). Eine rationelle Reinigung der Pipetten erfolgt am besten mit einem Pipettenspülsystem.
3. Anschließend muß gründlich mit destilliertem Wasser gespült werden.
4. Getrocknet werden die Pipetten in einem Pipettentrockner oder im Trockenschrank.

Hinweis

Chromschwefelsäure sollte zur Reinigung von Laborgeräten nicht eingesetzt werden. Sie ist in der Handhabung gefährlich (Verätzungsgefahr) und ein starkes Umweltgift. Durch die auf dem Markt befindlichen Reinigungsmittel ist Chromschwefelsäure voll ersetzbar.

Kapitel 31

Volumetrische Verfahren

Die Titration ist nach wie vor die Methode der Wahl für jede analytische Bestimmung, die zugleich rasch, sehr gut reproduzierbar (Präzision, Kapitel 3) und sehr genau (Richtigkeit, Kapitel 3) sein soll. Dieses Kapitel enthält Standardexperimente zum Üben von Säure-Base-Titrationen, Fällungs-Titrationen, komplexometrischen Titrationen und Redox-Titrationen. Spezielle Techniken werden erläutert, wie z.B. die Titration im nichtwäßrigen Lösungsmittel (Experiment 9) und der Einsatz von Ionenaustauschern zum Entfernen störender Ionen (Experiment 11). Eine neue und verbesserte Methode zur Bestimmung der Gesamthärte von Wasser (Experiment 13) wird ebenso beschrieben wie ältere komplexometrische Verfahren (Experiment 12).

Bevor Sie einen der Versuche dieses Kapitels durchführen, sollten Sie Kapitel 30 über den Gebrauch von volumetrischen Glasgeräten und Kapitel 3 über den Umgang mit analytischen Daten lesen. Wie in Kapitel 29 wird jeder Versuch mit einer Diskussion der chemischen Grundlagen eingeleitet, dann folgt die Versuchbeschreibung mit Hinweisen und Fragen.

Für Titrationen verwendet man normalerweise eine 50-mL-Bürette, und die Probenmenge wird so gewählt, daß etwa 20 bis 40 mL Maßlösung erforderlich sind. Wenn die Probenmenge zu groß war und die Bürette erneut gefüllt werden muß, um die Titration zu beenden, wird die Wahrscheinlichkeit von Ablesefehlern größer. Wird ein zu kleiner Anteil des Büretteninhalts für die Titration verwendet, ist der relative Fehler beim Ablesen der Bürette und der Bestimmung des Endpunktes größer. Wenn z.B. der Ablesefehler bei einer Titration $\pm 0{,}04$ mL ist, so beträgt der relative Fehler bei einem Volumen von 10 mL 0,4%, bei einem Titrationsvolumen von 40 mL dagegen nur 0,1%.

Bei einigen Bestimmungen ist es vorteilhaft, eine 10- oder 25-mL-Bürette zu verwenden und entsprechend weniger Probensubstanz bzw. Lösungsmittel einzusetzen. Bei Titrationen in nichtwäßrigen Lösungsmitteln (wie z.B. bei Versuch 9) spart die Verwendung einer kleineren Bürette eine erhebliche Menge Lösungsmittel, wobei die Genauigkeit der Analyse — wenn überhaupt — nur geringfügig abnimmt. Im Falle der Bestimmung der Gesamthärte des Wassers (Experimente 12 und 13) kann das Volumen der zu untersuchenden Wasserprobe kleiner gehalten werden, wenn man eine 10- oder 20-mL-Bürette verwendet — es bleibt das Pipettieren einer unnötig großen Wasserprobe erspart. Sie sollten also ein Bürettenvolumen wählen, das der jeweiligen Analyse angepaßt ist (holen Sie ggf. beim Assistenten Rat) und die Probenmenge so einrichten, daß 40% bis 90% der Bürettenkapazität ausgenutzt werden.

Experiment 7
Einstellen einer Natronlauge und Bestimmung der Gesamtacidität einer Probe

Kaliumhydrogenphthalat ($KHC_8H_4O_4$ oder abgekürzt geschrieben als KHP) ist eine der am meisten verwendeten Urtitersubstanzen für Natriumhydroxid-

Maßlösungen. Die Verbindung ist ein Salz der Phthalsäure ($H_2C_8H_4O_4$ oder abgekürzt geschrieben als H_2P), das Kaliumsalz hat *ein* saures Proton pro Molekül:

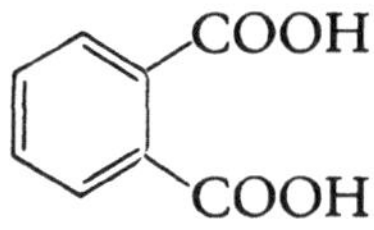

$$\text{H}_2\text{P} \qquad\qquad \text{KHP}$$

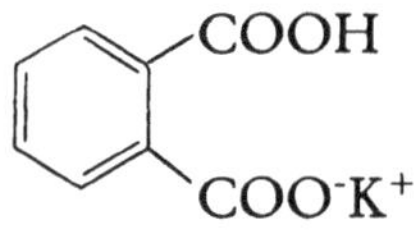

Kaliumhydrogenphthalat reagiert mit Natriumhydroxid gemäß

$$\underset{(\text{NaOH})}{\text{OH}^-} + \underset{(\text{KHP})}{\text{HP}^-} \rightarrow H_2O + P^{2-}$$

Das zweifach negativ geladene Phthalat-Ion, das dabei entsteht, ist für die Basizität der Lösung am Äquivalenzpunkt verantwortlich. Bei der Einstellung einer Natronlauge wird Phenolphthalein als Indikator verwendet.

Die gleiche Reaktion dient zur Analyse verunreinigter Kaliumhydrogenphthalat-Proben; hier spricht man auch von der Bestimmung der Gesamtacidität einer Probe.

Herstellung einer Natriumhydroxid-Lösung, c = 0,1 mol/L

1. Kochen Sie 1 Liter destilliertes Wasser 5 Minuten lang auf, um das CO_2 auszutreiben. Lassen Sie es mit einem Uhrglas bedeckt abkühlen und überführen Sie es im noch warmen Zustand (40 °C) in eine 1-Liter-Flasche. Verwenden Sie entweder eine Polyethylen-Flasche oder eine Pyrex-Glasflasche mit Gummistopfen, keinen Glasstopfen und keine Schraubkappe (auf einen entsprechenden Hinweis des Assistenten können Sie möglicherweise auf das Auskochen verzichten).
2. Überführen Sie etwa 7 mL einer klaren gesättigten (1:1) Lösung von Natriumhydroxid (s. Hinweis) in die Flasche, wobei Sie eine Pipette und einen Peläus-Ball verwenden. Mischen Sie gründlich durch und halten Sie das Gefäß verschlossen.

Einstellen einer Natriumhydroxid-Lösung, c ≈ 0,1 mol/L

1. Trocknen Sie 4 bis 5 g Kaliumhydrogenphthalat-Urtitersubstanz in einem Wägegläschen 2 Stunden lang bei 110 °C. Lassen Sie 30 Minuten im Exsiccator abkühlen, bevor Sie wiegen.
2. Wiegen Sie je 800 bis 900 mg Kaliumhydrogenphthalat in drei 250-mL-Erlenmeyer-Kolben ein. Dies entspricht 4 bis 4,5 mmol und sollte 40 bis 45 mL der Natriumhydroxid-Lösung zur Titration erfordern. Lösen Sie das Hydrogenphthalat in 50 mL destilliertem Wasser, wobei − wenn nötig − erhitzt wird.
3. Informieren Sie sich nochmals über den Gebrauch volumetrischer Meßgeräte in Kapitel 30.

4. Geben Sie drei oder mehr Tropfen Phenolphthalein-Lösung als Indikator in den ersten Kolben und titrieren Sie bis zum ersten Auftreten einer schwachen Rosafärbung, die 20 Sekunden lang anhält. Titrieren Sie tropfenweise, wenn Sie sich dem Endpunkt nähern, und verwenden Sie am Endpunkt auch halbe Tropfen. Je nach Gelingen dieses Versuchs wählen Sie das geeignete Volumen an Phenolphthalein-Lösung für die beiden anderen Kolben und titrieren Sie diese beiden Hydrogenphthalat-Lösungen ebenfalls. Versuchen Sie bei allen drei Endpunkten die gleiche Intensität der Rosafärbung zu erhalten.

5. Berechnen Sie die Stoffmengenkonzentration der Natriumhydroxid-Lösung; die molare Masse von Kaliumhydrogenphthalat ist 204,22 g/mol. Wenn eines der drei Ergebnisse von den anderen stark abweicht und kein experimenteller Grund vorliegt, es zu eliminieren, wenden Sie den Q-Test an. Wenn dieser Test eine der drei Stoffmengenkonzentrationen als „Ausreißer" entlarvt, nehmen Sie den Mittelwert der beiden anderen Werte als Ergebnis.

Bestimmung der Gesamtacidität einer Probe

1. Trocknen Sie die unbekannte Probe von verunreinigtem Kaliumhydrogenphthalat oder einer anderen Säure zwei Stunden lang bei 110°C. Lassen Sie vor dem Wiegen abkühlen.

2. Während des Trocknens wiegen Sie ungefähr 1 g der ungetrockneten Probensubstanz aus und titrieren Sie diese grob. Bei dieser „Vortitration" führen Sie die Schritte 3 und 4 der „Einstellung einer Natriumhydroxid-Lösung" durch; Sie können dadurch die Probenmenge, die mit 30 bis 40 mL Maßlösung zu titrieren ist, abschätzen. Liegt das benötigte Volumen an Maßlösung deutlich außerhalb dieser Grenzen, sollte die Probenmenge entsprechend angepaßt werden.

3. Wiegen Sie drei Proben von geeigneter Masse (Schritt 2) in 250-mL-Kolben ein. Lösen Sie sie in 50 mL destilliertem Wasser, wobei Sie – wenn nötig – erhitzen.

4. Führen Sie nun die Schritte 3 und 4 des „Einstellens einer Natriumhydroxid-Lösung" durch.

5. Berechnen Sie die Ergebnisse als Prozent Kaliumhydrogenphthalat (molare Masse von Kaliumhydrogenphthalat 204,22 g/mol). Wenn erforderlich, wenden Sie den Q-Test an und titrieren gegebenenfalls zwei weitere Proben, um die Präzision zu erhöhen.

Hinweis

Eine gesättigte (1:1)-Lösung von Natriumhydroxid ist gewöhnlich im Labor vorrätig. Eine solche Lösung bereitet man durch Mischen von 50 g Natriumhydroxid-Plätzchen mit 50 mL Wasser in einer Polyethylenflasche. Man läßt stehen, bis sich das schwerlösliche Natriumcarbonat abgesetzt hat.

Fragen

1. Warum wird das destillierte Wasser, das man zur Herstellung der Natriumhydroxid-Maßlösung verwendet, zunächst ausgekocht? Schreiben Sie die chemische Reaktion auf, die abläuft, wenn nicht ausgekochtes destilliertes Wasser verwendet wird.
2. Kürzen Sie die chemische Formel für Phenolphthalein (eine schwache Säure) als HInd ab und schreiben Sie eine Gleichung für seine Reaktion mit Natriumhydroxid. Geben Sie an, welche Gleichgewichtsform farblos und welche rosa ist.
3. Warum sollte man als Endpunkt der Titration denjenigen Punkt nehmen, bei dem eine *schwache* Rosafärbung des Phenolphthalein-Indikators auftritt?

Experiment 8
Einstellen einer Salzsäure und Bestimmung von Natriumcarbonat

Chlorwasserstoff-Lösungen können am besten durch zwei volumetrische Verfahren und eine gravimetrische Methode eingestellt werden:

$$\underset{\text{(NaOH)}}{OH^-} + \underset{\text{(HCl)}}{H_3O^+} \rightleftharpoons 2\,H_2O$$

$$\underset{\text{(HCl)}}{2\,H_3O^+} + \underset{\text{(Na}_2\text{CO}_3)}{CO_3^{2-}} \rightleftharpoons H_2CO_3 + 2\,H_2O$$

$$Cl^- + Ag^+ \rightleftharpoons AgCl(s)$$

Jedes dieser Verfahren hat Vor- und Nachteile. Das gravimetrische Einstellen durch die Ausfällung von Chlorid in Form von Silberchlorid ist das langsamste Verfahren; man wendet es nur dann an, wenn sehr große Genauigkeit und Präzision erforderlich sind. Die beiden gut geeigneten volumetrischen Verfahren werden im folgenden beschrieben.

Die bessere Endpunktsbestimmung ist bei der Titration von Salzsäure mit zuvor eingestellter Natronlauge möglich. Wenn die letztere zur Verfügung steht, ist dies auch das rascheste Verfahren. Natürlich wird jeder Fehler beim Einstellen der Natriumhydroxid-Lösung einen Fehler bei der Bestimmung der Stoffmengenkonzentration der Säure bedingen. Der Phenolphthalein-Endpunkt ist aber sehr viel schärfer als der Methylorange-Endpunkt bei der Titration mit Natriumcarbonat.

Die andere titrimetrische Methode ist das Einstellen von Salzsäure mit Natriumcarbonat als Urtitersubstanz. Wenn ein modifizierter Methylorange-Indikator verwendet wird, ist der Endpunkt nicht scharf und muß langsam erreicht werden. Die Titration ist nicht besonders genau.

Modifiziertes Methylorange ist ein Mischindikator und enthält einen blauen Farbstoff, der zum Methylorange hinzugegeben wird. Die blaue Farbe ist komplementär zu der orangen Farbe von Methylorange bei einem pH von 3,8, so daß die tatsächlich am Endpunkt beobachtete Farbe grau ist. Der pH-Bereich, in dem die graue Farbe zu beobachten ist, ist kleiner als der Umschlagsbereich des Methylorange allein, was den schärferen Endpunkt im Vergleich zur reinen Methylorange-Titration bedingt.

Wenn Methylrot als Indikator verwendet wird, muß die Lösung ausgekocht werden, um Kohlendioxid zu entfernen. Der Endpunkt ist jedoch schärfer als der Methylorange-Endpunkt.

Natriumcarbonat-Proben werden gewöhnlich durch Titration mit Chlorwasserstoff-Maßlösung (eingestellter Salzsäure) titriert und das Ergebnis als Prozent Natriumcarbonat oder Prozent Natriumoxid angegeben. Die folgende Gleichung zeigt, daß die Stöchiometrie für Natriumoxid und Natriumcarbonat die gleiche ist:

$$2\,H_3O^+ + Na_2O \rightleftharpoons 2\,Na^+ + 3\,H_2O$$

Das Verfahren beinhaltet die gleichen Schritte wie beim Einstellen von Salzsäure gegen Natriumcarbonat als Urtitersubstanz beschrieben.

Herstellung einer Chlorwasserstoffsäure-Lösung, $c \approx 0{,}1$ mol/L

Füllen Sie eine 1-L-Flasche mit Schliffstopfen mit etwa 1 L destilliertem Wasser. Geben Sie ungefähr 9 mL konzentrierte Salzsäure aus einer Meßpipette (oder einem Meßzylinder) zu und mischen Sie gründlich.

Einstellen einer Chlorwasserstoffsäure-Lösung gegen Natriumhydroxid-Lösung

1. Ermitteln Sie den Titer von Natriumhydroxid-Lösung, $c = 0{,}1$ mol/L, wie im Versuch 7 beschrieben. Wenn nach der Titerstellung zwei oder mehr Wochen vergangen sind, sollte die Stoffmengenkonzentration der Natriumhydroxid-Lösung gegen Kaliumhydrogenphthalat überprüft werden.

2. Pipettieren Sie jeweils genau 25 mL (Meßpipette!) der einzustellenden Salzsäure – die Stoffmengenkonzentration sollte ungefähr 0,1 mol/L betragen – in drei 250-mL-Erlenmeyer-Kolben. (Alternative: Lassen Sie aus einer 50-mL-Bürette z.B. 40 mL der einzustellenden Salzsäure in einen Erlenmeyer-Kolben laufen.)

3. Geben Sie 2 bis 3 Tropfen Phenolphthalein-Indikatorlösung zu und titrieren Sie mit Natriumhydroxid-Maßlösung, $c = 0{,}1$ mol/L, bis zum ersten bleibenden (15 Sekunden) Auftreten einer schwachen Rosafärbung. Drei Ergebnisse mit nicht mehr als $\pm 0{,}05$ mL Differenz sollten vorliegen. Berechnen Sie die Stoffmengenkonzentration der Chlorwasserstoffsäure.

Titerstellung von Chlorwasserstoffsäure gegen Natriumcarbonat

1. Trocknen Sie 1 bis 1,5 g Natriumcarbonat (Urtitersubstanz) bei 110 °C 2 Stunden lang in einem Wägegläschen.

2. Wiegen Sie drei 0,2-g-Proben durch Differenzwägung aus dem Wägegläschen (um Absorption von Wasser aus der Luft zu vermeiden) in drei 250-mL-Erlenmeyer-Kolben und lösen Sie die Proben in 50 bis 100 mL destilliertem Wasser.

3a. Es folgt das *Methylorange-Verfahren.* Geben Sie 2 bis 3 Tropfen des modifizierten Methylorange-Indikators in jeden Kolben und titrieren Sie mit Chlorwasserstoffsäure-Lösung, $c = 0,1$ mol/L, wobei als Endpunkt der Umschlag von grün nach grau zu nehmen ist. Wenn es schwierig ist, den Endpunkt zu ermitteln, schreiben Sie das Volumen und die Farbe auf und titrieren Sie tropfenweise von grau nach violett weiter. Jetzt sollten Sie in der Lage sein, die Änderung nach grau durch Vergleich festzustellen. Wenn der Farbumschlag nach violett schärfer erscheint, so nehmen Sie dies als Endpunkt der Titerstellung *und* zur nachfolgenden Bestimmung des Natriumoxids (Gesamtbasizität) in der unbekannten Probe. Auf diese Weise werden sich die Fehler herausmitteln.

3b. Es folgt das *Methylrot-Verfahren.* Geben Sie 2 bis 3 Tropfen Methylrot-Indikator zur Probelösung. Titrieren Sie mit Chlorwasserstoff-Lösung, $c = 0,1$ mol/L, bis der Indikator seine Farbe allmählich von gelb nach rot geändert hat. Dann kochen Sie die Lösung zwei Minuten lang schwach auf. Die Farbe des Indikators sollte wieder gelb werden. Bedecken Sie den Kolben mit einem Uhrglas, kühlen Sie auf Raumtemperatur ab und setzen Sie die Titration bis zu einem scharfen Umschlag nach rot beim Endpunkt fort.

4. Berechnen Sie die Stoffmengenkonzentration der Säure (die molare Masse von Natriumcarbonat beträgt 106 g/mol).

Untersuchung einer unbekannten carbonathaltigen Probe

1. Trocknen Sie die unbekannte verunreinigte Carbonat-Probe zwei Stunden bei 110 °C.

2. Wiegen Sie vier 0,25- bis 0,35-g-Proben (lassen Sie sich vom Assistenten genauere Anweisungen geben) durch Differenzwägung aus einem Wägegläschen in einen 250-mL-Erlenmeyer-Kolben ein. Lösen Sie jede Probe in 50 bis 100 mL destilliertem Wasser. Gehen Sie nun entweder nach dem Methylorange- oder nach dem Methylrot-Verfahren vor, wie sie in den Schritten 3a und 3b des voranstehenden Abschnitts beschrieben sind. Wenn die Chlorwasserstoff-Lösung gegen Natriumhydroxid eingestellt wurde, verwenden Sie die erste Probe, um die Endpunktserkennung zu üben (siehe Hinweis).

3. Berechnen Sie den Gehalt der Probe als Prozent Natriumoxid oder Prozent Natriumcarbonat, wobei Sie von einer molaren Masse von 62 g/mol für Natriumoxid und 106 g/mol für Natriumcarbonat ausgehen.

Hinweis

Wenn der Endpunkt bei der Methylorange-Methode schwer erkennbar ist, stellen Sie eine Kaliumhydrogenphthalat-Lösung (1 g auf 100 mL Lösung) her und geben Sie 2 Tropfen modifizierten Methylorange-Indikator dazu. Der pH der Lösung ist etwa 4 und sollte eine graue Indikatorfarbe erzeugen. Titrieren Sie Ihre Proben dann auf diesen Endpunkt.

Fragen

1. Vergleichen Sie die drei Methoden zur Titerstellung hinsichtlich ihrer Vor- und Nachteile.
2. Warum ist es besser, Chlorwasserstoff-Lösung mit Natriumhydroxid-Lösung zu titrieren als umgekehrt?
3. Erklären Sie, warum als Urtitersubstanz verwendetes Natriumcarbonat aus einem Wägegläschen durch Differenzwägung entnommen werden soll.
4. Welche Auswirkungen hat das Auskochen der Lösung auf den pH, wenn die Methylrot-Methode zur Endpunktsbestimmung verwendet wird?
5. Warum kann Methylorange nicht als Indikator verwendet werden, wenn Kohlendioxid durch Auskochen entfernt wurde?
6. Erklären Sie, warum der Farbumschlag bei der Methylorange-Methode allmählich erfolgt (*Hinweis:* Betrachten Sie die erste Dissoziationskonstante von Kohlensäure).

Experiment 9
Titration mit Perchlorsäure im nichtwäßrigen Medium

In Eisessig als Lösungsmittel ist Perchlorsäure die stärkste Säure, das heißt, sie hat in diesem Fall einen höheren Dissoziationsgrad als andere Säuren (wie z.B. Schwefelsäure). Aus diesem Grund ist sie der Titrant der Wahl für schwache Basen in Eisessig. Basen (wie z.B. Anilin und Natriumacetat), die zu schwach basisch sind, um in Wasser titriert zu werden, können so mit scharfen Endpunkten bestimmt werden.

Die am besten geeignete Urtitersubstanz für Perchlorsäure ist Kaliumhydrogenphthalat, das in dieser Reaktion als Brönsted-Base reagiert [Gl. (E9−1)]. Zwei häufige Typen schwacher Basen, die durch Perchlorsäure-Titration bestimmt werden, sind Amine wie beispielsweise Anilin [Gl. (E9−2)] und Salze von Carbonsäuren wie z.B. Natriumacetat [Gl. (E9−3)]. Die Reaktionspartner werden hier als undissoziierte Moleküle und nicht als Ionen geschrieben, weil die Säuren in Eisessig nur wenig dissoziieren (sogar Perchlorsäure hat nur einen K_a-Wert in der Größenordnung 10^{-5}):

$$HClO_4 + KHP \rightleftharpoons H_2P(s) + KClO_4 \qquad (E9-1)$$
$$(KHP = \text{Kaliumhydrogenphthalat},\ H_2P = \text{Phthalsäure})$$

$$HClO_4 + C_6H_5NH_2 \rightleftharpoons C_6H_5NH_3ClO_4 \qquad (E9-2)$$

$$HClO_4 + CH_3COONa \rightleftharpoons CH_3COOH + NaClO_4 \qquad (E9-3)$$

Durchführung

1. Stellen Sie eine Perchlorsäure-Lösung, $c = 0,1$ mol/L, her, indem Sie 4,3 mL 72 %ige Perchlorsäure ($HClO_4 \cdot 2 H_2O$) zu 100 mL Essigsäure geben, gründlich mischen und dann 10 mL Essigsäureanhydrid zufügen (Hinweis 1). Die Mischung wird sich dabei stark erwärmen. Lassen Sie eine halbe Stunde lang stehen, so daß das Wasser in der Perchlorsäure mit dem Essigsäureanhydrid unter Bildung von Essigsäure reagieren kann (Hinweis 2). Dann verdünnen Sie die Lösung mit Eisessig auf 500 mL. Lassen Sie bei Raumtemperatur abkühlen.

2. Stellen Sie eine Indikator-Lösung her, indem Sie 0,2 g Methylviolett oder Kristallviolett in 100 mL Eisessig oder Chlorbenzol lösen.

3. Stellen Sie nun die Perchlorsäure ein, indem Sie drei Proben von 0,6 bis 0,7 g der Urtitersubstanz Kaliumhydrogenphthalat in 250-mL-Erlenmeyer-Kolben genau einwiegen. Lösen Sie das Phthalat durch Zugabe von 60 mL Eisessig zu jedem Kolben und erhitzen Sie im Abzug zum Sieden. Wenn etwas vom Festkörper an den Wänden des Kolbens hochkriecht, waschen Sie es mit wenig Essigsäure wieder herunter.

4. Kühlen Sie die Lösungen und geben Sie je 2 bis 3 Tropfen Methylviolett-Indikator zu. Titrieren Sie auf Umschlag von violett nach *blau* (nicht nach blaugrün, grün oder gelb) mit Perchlorsäure, $c = 0,1$ mol/L. Berechnen Sie die Stoffmengenkonzentration der Perchlorsäure-Maßlösung (molare Masse von KHP = 204,22 g/mol).

5. Wiegen Sie drei 0,5-g-Proben (lassen Sie sich vom Assistenten genaue Anweisungen geben) einer festen unbekannten Substanz in 250 mL-Kolben oder pipettieren Sie drei 25-mL-Aliquote (nach Anweisung des Assistenten) einer Probelösung in drei 250-mL-Kolben (Hinweis 3). Verdünnen Sie jede Probe mit Eisessig auf 60 mL und geben Sie 2 bis 3 Tropfen Indikator-Lösung hinzu. Titrieren Sie mit Perchlorsäure, $c = 0,1$ mol/L, auf Farbumschlag von violett auf blau.

6. Im Falle einer festen Probe berechnen Sie die molare Masse eines Äquivalentteilchens $M_{eq}(X)$ der Substanz X. Im Fall einer flüssigen Probe berechnen Sie die Äquivalentstoffmenge an Base pro 25-mL-Aliquot der unbekannten Lösung.

Hinweise

1. Wenn die Lösung nur zur Titration von tertiären Aminen, Acetaten oder Phthalaten verwendet werden soll, fügen Sie 13 mL (anstatt 10 mL) Anhydrid zu. Das macht die Maßlösung vollständig wasserfrei und gibt einen etwas schärferen Endpunkt.

2. Die Reaktion vom Wasser mit Essigsäureanhydrid läßt sich wie folgt schreiben:

$$(CH_3CO)_2O + H_2O \rightarrow 2 CH_3CO_2H$$

Diese Reaktion wird durch Perchlorsäure katalysiert; in unverdünnter Lösung läuft sie sehr rasch ab.

3. Als unbekannte Lösungen können Kaliumhydrogenphthalat, gelöst in Eisessig, oder die Lösung eines Amins in Chlorbenzol ausgegeben werden. Typische Amine sind *n*-Butylamin, Pyridin oder Dimethylanilin. Als Feststoffe können Acetate, wie z.B. Natriumacetat, Bariumacetat oder Strontiumacetat, vorliegen (Kaliumacetat ist nicht sehr geeignet, da es ziemlich hygroskopisch ist).

Fragen

1. Schreiben Sie Gleichungen für die Reaktionen von Perchlorsäure mit Natriumcyanid, Pyridin (C_5H_5N) und Natriumpropionat ($C_2H_5CO_2Na$) auf.
2. Warum würde ein Überschuß an Essigsäureanhydrid in der Maßlösung die Bestimmung von Anilin stören?

Experiment 10
Bestimmung von Chlorid unter Verwendung eines Adsorptionsindikators (nach Fajans)

Bei der Adsorptionsindikator-Methode wird das Chlorid mit Silbernitrat-Lösung titriert. Zur Endpunktserkennung dient ein Farbstoff, der an der Oberfläche des Silberchlorid-Niederschlags adsorbiert wird und diesem eine typische Farbe verleiht. Als Indikator dient gewöhnlich ein schwach saurer organischer Farbstoff (abgekürzt als HIndik), wie z.B. Fluorescein oder Dichlorfluorescein. Die Dissoziation des Farbstoffmoleküls liefert ein gelbgrünes Anion (Indik$^-$).

Silberchlorid fällt zwar in kolloidaler Form aus, neigt jedoch zum Zusammenklumpen, wenn die Lösung während der Titration gerührt wird. Dadurch wird aber die zur Adsorption des Indikators zur Verfügung stehende Oberfläche verringert und der Endpunkt wird weniger scharf. Man gibt daher etwas Dextrin oder Polyethylenglykol hinzu, um den kolloidalen Niederschlag zu stabilisieren.

Wenn die Titration sich dem Endpunkt nähert und ihn überschreitet, liegt kein Überschuß an Chlorid-Ionen mehr vor, statt ihrer werden jetzt Silber-Ionen als primäre Schicht auf der Oberfläche des Niederschlags adsorbiert [Gl. (E10−1)]. Nitrat-Ionen verdrängen das Natrium-Ion als Gegenion [Gl. (E10−1)]. Das negativ geladene Dichlorfluorescein-Anion (Indik$^-$) verdrängt dann das Nitrat-Ion und wird selbst zum Gegenion [Gl. (E10−2)]. Bei der Adsorption verändert sich die elektronische Struktur des Indikator-Anions, das jetzt rosa statt gelbgrün erscheint; so wird der Endpunkt erkennbar.

$$3\,Ag^+ + 2\,NO_3^- + AgCl{:}Cl^- \mid Na^+(s) \rightleftharpoons 2\,AgCl{:}Ag^+ \mid NO_3^-(s) + Na^+$$

$$\text{(E10−1)}$$

$$AgCl{:}Ag^+ \mid NO_3^-(s) + HIndik \rightleftharpoons AgCl{:}Ag^+ \mid Indik^-(s) + H^+ + NO_3^-$$
$$\quad\text{gelb}\qquad\qquad\text{rosa}$$

$$\text{(E10−2)}$$

Der pH sollte nicht unter 4 liegen, weil sonst die Gleichgewichtslage [Gl. (E10−2)] ungünstig in Richtung der schwach sauren Form des Dichlorfluoresceins verschoben wird. Im pH-Bereich zwischen 6 und 10 ist die Gleichgewichtskonzentration des Dichlorfluorescein-Anions groß genug, um bereits kurz *vor* Erreichen des Äquivalenzpunktes Chlorid-Ionen als primär adsorbierte Schicht zu verdrängen. Dieser Fehler wird ausgeglichen, wenn man die Silbernitrat-Lösung gegen Kaliumchlorid als Urtiter einstellt.

Bei pH 4 fällt der Endpunkt genau mit dem Äquivalenzpunkt zusammen. Durch Puffern der Lösung auf pH 4 läßt sich die Dissoziation des Indikators ausreichend unterdrücken, um den Endpunktsfehler zu vermeiden, allerdings ändert sich dabei auch der Farbumschlag am Endpunkt. Anstelle des Umschlags von schwach rosa zu tief rosa tritt ein schwer zu beobachtender Umschlag von farblos nach schwach rosa auf.

Durchführung

1. Trocknen Sie die Probe sowie 1,5 g Kaliumchlorid (wird als Urtitersubstanz benötigt) 2 Stunden lang bei 110 °C.

2. Zur Bereitung einer Silbernitrat-Maßlösung, $c(AgNO_3) = 0,1$ mol/L, wiegen Sie etwa 8,5 g Silbernitrat in ein braunes Wägeglas mit Schliffstopfen ein und geben Sie 500 mL chloridfreies destilliertes Wasser zu. Schütteln Sie gut, um das Silbernitrat vollständig zu lösen. Auf entsprechende Anweisung des Assistenten stellen Sie stattdessen Silbernitrat-Standardlösung, $c = 0,1$ mol/L, her (Hinweis 1).

3. Einstellen der Maßlösung: Wiegen Sie drei Proben (0,25 bis 0,30 g) der Kaliumchlorid-Urtitersubstanz in 250 mL-Erlenmeyer-Kolben, verdünnen Sie mit destilliertem Wasser auf 100 mL und prüfen Sie, daß der pH zwischen 6 und 10 liegt (Hinweis 2).

4. Die Titration darf nicht im direkten Sonnenlicht durchgeführt werden. Geben Sie 0,1 g Dextrin oder 5 mL einer 2 %igen Dextrin-Lösung und 10 Tropfen einer 0,1 %igen Dichlorfluorescein-Lösung in den ersten Kolben (Hinweis 3).

5. Titrieren Sie mit Silbernitrat-Lösung, $c = 0,1$ mol/L, möglichst rasch, wobei Sie dauernd schütteln oder mit dem Magnetrührer rühren. Der suspendierte Niederschlag wird einen schwachen Anflug von rosa zeigen, da vorzeitig ein Teil der Chlorid-Ionen durch Dichlorfluorescein-Anionen verdrängt wurde. Um den Endpunkt zu erkennen, geben Sie die Maßlösung aus Bürette langsam tropfenweise zu. Schütteln Sie ständig und beobachten Sie die Farbe der Suspension fortlaufend, bis sie von rosa nach tiefrosa umschlägt (Hinweis 4).

6. Wenn bei der Titration der ersten Probelösung der Farbumschlag nach tiefrosa aufgetreten ist (Hinweis 4), wiederholen Sie Schritte 4 und 5 mit den beiden übrigen Probelösungen. Berechnen Sie die Stoffmengenkonzentration der Silbernitrat-Lösung.

7. Bestimmen Sie nun den Chlorid-Gehalt der unbekannten Substanz, indem Sie drei Proben von 0,28 bis 0,32 g in 250 mL-Kolben einwiegen (folgen Sie den Anweisungen des Assistenten). Verdünnen Sie jeweils auf 100 mL und prüfen Sie, ob der pH zwischen 6 und 10 liegt. Titrieren Sie wie für reine Kaliumchlorid-Lösung bei den Schritten 4, 5 und 6 angegeben.

8. Berechnen Sie den Prozentgehalt an Chlorid (molare Masse 34,45 g/mol) in der unbekannten Lösung.

Hinweise

1. Um eine Silbernitrat-Standardlösung, $c = 0,1$ mol/L, herzustellen, trocknen Sie die Urtitersubstanz Silbernitrat nicht länger als 1 Stunde bei 110°C und bewahren Sie sie in einem braunen oder lichtgeschützten Exsiccator auf. Wiegen Sie etwa 8,5 g durch Differenzwägung auf ±1 Milligramm genau aus. Überführen Sie das Silbernitrat in einen 500-mL-Meßkolben und füllen Sie mit destilliertem Wasser bis zur Marke auf. Titrieren Sie wie in Hinweis 2 beschrieben. So vermeiden Sie den kleinen Fehler, der bei zu frühem Endpunkt auftritt.

2. Alternativ kann man auch die Titration bei einem pH von etwa 4 durchführen, indem 1 mL Puffer aus Essigsäure und Natriumacetat (jeweils $c = 0,4$ mol/L) hinzugegeben wird. So wird ein zu frühes Auftreten des Endpunktes vermieden. Dieses Verfahren empfiehlt sich, wenn Silbernitrat als Urtitersubstanz durch Auswiegen von Urtiter-Silbernitrat und Verdünnen auf ein gegebenes Volumen hergestellt wird.

3. Wenn 0,1 %ige Dichlorfluorescsein-Lösung in einem Gemisch von 50 % Polyethylenglykol und 50 % Wasser verwendet wird, kann man das Dextrin auch weglassen. Dazu wird Polyethylenglykol 400 [vergleiche R.B. Dean et al., *Anal. Chem.* 24, 1638 (1952)] empfohlen. Als Indikator dient gewöhnlich eine 0,1 %ige Lösung der sauren Form in 70 %igem Ethanol.

4. Wenn am Endpunkt eine grau-rosa oder violette Suspension beobachtet wird, so hat der Indikator die photochemische Reduktion von Silber(I) zu metallischem Silber katalysiert. Bei den folgenden beiden Titrationen läßt sich dies vermeiden, indem Sie den Indikator (nicht jedoch das Dextrin!) erst etwa 0,5 mL vor dem berechneten Endpunkt zugeben.

Fragen

1. Erklären Sie, warum eine große Oberfläche eine scharfe Endpunktserkennung begünstigt.

2. Schreiben Sie Gleichungen auf, die die Titration von Kaliumbromid mit Silbernitrat beschreiben.

3. In den Hinweisen 1 und 2 wurde ein Endpunktsfehler erwähnt, der zwischen pH 6 und 10 auftritt. Formulieren Sie eine Gleichung zur Erklärung.

4. Erklären Sie mit Hilfe der Reaktionsgleichung (E10−2), warum der pH nicht unter 4 liegen sollte.

Experiment 11
Volumetrische Bestimmung von Sulfat unter Verwendung eines Adsorptionsindikators

Sulfat kann mit einer Bariumchlorid- oder -perchlorat-Maßlösung titriert werden (Kapitel 11.5). Dieses Verfahren ist recht genau und sehr viel schneller als die gravimetrische Methode.

Die Titration wird in einem Gemisch von Methanol und Wasser unter Verwendung von Alizarin S (Natrium-Alizarinsulfonat) als Indikator durchgeführt. Solange noch nicht ausgefälltes Sulfat in der Lösung vorliegt, ist der Indikator gelb. Beim ersten Überschuß an Barium bildet sich ein rosa Komplex aus Barium und Alizarin S auf der Oberfläche des Bariumsulfat-Niederschlags.

Viele Fremdionen, sowohl Kationen als auch Anionen, können bei der Fällung von Bariumsulfat mitgefällt werden; bei der Titration von Ammoniumsulfat stört z.B. das Ammonium-Ion. Ein Ziel dieses Experimentes ist es, Größenordnung und Tendenz (zu höheren oder niedrigeren Ergebnissen) dieses Fehlers zu ermitteln. Man vergleicht zu diesem Zweck zwei Titrationsverfahren: eines, bei dem das Ammonium-Ion in der Lösung verbleibt, und ein zweites, bei dem es zunächst durch Ionenaustausch entfernt wird.

Beim Ionenaustausch werden Wasserstoffionen durch die Kationen ersetzt, indem man die Probe über eine Kationen-Austauschersäule in der sauren Form laufen läßt:

$$2\,NH_4^+ + SO_4^{2-} + 2\,Harz{-}SO_3^-H^+ \rightleftharpoons 2\,Harz{-}SO_3^-NH_4^+ +$$
$$+\ 2\,H^+ + SO_4^{2-}$$

Vor der Titration wird die Schwefelsäure durch Magnesiumacetat teilweise neutralisiert (Magnesium ist eines derjenigen Kationen, die am wenigsten mitgefällt werden):

$$2\,H^+ \ + \ 2\,CH_3COO^- \ \rightarrow \ 2\,CH_3COOH$$
$$\text{(H}_2\text{SO}_4) \qquad \text{[(CH}_3\text{COO)}_2\text{Mg]}$$

Durchführung (ohne Ionenaustauscher)

1. Pipettieren Sie genau 10 mL einer Ammoniumsulfat-Lösung, $c = 0{,}1$ mol/L, (Hinweis 1) in einen 250-mL-Erlenmeyer-Kolben. Fügen Sie ungefähr 30 mL destilliertes Wasser und 45 mL Methanol zu. Geben Sie 2 Tropfen Alizarin-S-Indikator (Hinweis 2) zu und tropfen Sie dann verdünnte (1:10) Salzsäure zu, bis der Indikator nach gelb umschlägt.

2. Titrieren Sie rasch mit Bariumchlorid-Lösung, $c = 0{,}005$ mol/L, (Hinweis 3), bis etwa 90 % der theoretisch erwarteten Menge an Maßlösung zugegeben sind. Geben Sie dann drei weitere Tropfen Alizarin-S-Indikator zu.

3. Titrieren Sie tropfenweise weiter, wobei Sie die Lösung im Kolben heftig schütteln. Wenn ein schwacher Anflug von rosa auftritt, warten Sie nach jeder Zugabe von Maßlösung etwa drei bis fünf Sekunden. Als Endpunkt nehmen Sie das erste bleibende Auftreten eines Farbumschlags zu schwachrosa. Zum Zweck der Doppelbestimmung wiederholen Sie die Titration mit einer zweiten 10-mL-Probe.

Durchführung (mit Ionenaustaucher)

1. Lassen Sie sich vom Assistenten eine Austauschersäule geben (Hinweis 4). Wenn die Säule noch nicht mit Kationenaustauscherharz gefüllt ist, geben Sie zunächst ein kleines Stück Glaswolle auf den Boden der Säule, um das Harz am Durchrieseln zu hindern. Geben Sie etwas Kationenaustauscher [H^+-Form, 50 bis 100 mesh (zum Begriff „mesh" vgl. Fußnote in Kapitel 21.2)] in Wasser und rühren Sie um (Hinweis 5). Dann gießen Sie die Aufschlämmung in die Säule ein. Geben Sie soviel Harz zu, daß die Säule etwa 8 bis 10 cm hoch ist. (Die Säule darf nie mit trocknem Ionenaustauscher-Harz beschickt und dann mit Wasser gefüllt werden. Sie könnte durch das rasche Quellen des Harzes bersten.) Waschen Sie das Harz mit wenig destilliertem Wasser. Lassen Sie die Flüssigkeit bis fast zum oberen Rand der Säulenfüllung ablaufen und stoppen Sie den Durchfluß – entweder mit einem Hahn, oder indem Sie die Säule oben rasch mit einem Gummistopfen verschließen. Das Harz verkraftet drei bis vier Durchläufe; dann sollte es zur Regenerierung in den entsprechenden Behälter für verbrauchtes Austauscherharz gegeben werden (Hinweis 6).

2. Pipettieren Sie 10 mL Ammoniumsulfat-Lösung, $c = 0,1$ mol/L, direkt in die Ionenaustauschersäule. Stellen Sie einen 250-mL-Erlenmeyer-Kolben unter die Säule und lassen Sie die Lösung mit einer Fließgeschwindigkeit von etwa 2 mL pro Minute aus der Säule laufen.

3. Wenn das Flüssigkeitsniveau fast bis zum oberen Ende der Füllung abgesunken ist, waschen Sie die Probe mit 30 mL destilliertem Wasser durch die Säule, das Sie in drei oder vier Einzelportionen aufgeben. Geben Sie jede neue Einzelportion dann zu, wenn die Flüssigkeit noch etwa 1 cm über dem Harz steht. (Lassen Sie das Flüssigkeitsniveau nie unter den oberen Rand der Füllung ablaufen, die Säule darf nicht „trockenlaufen"!)

4. Das Eluat enthält das gesamte Sulfat, das jetzt als Schwefelsäure vorliegt. Geben Sie 45 mL Ethanol und 3,5 mL Magnesiumacetat-Lösung, $c = 0,25$ mol/L, zu. Fügen Sie dann 2 Tropfen Alizarin-S-Indikator hinzu und titrieren Sie wie unter Schritt 2 und 3 angegeben. Zur Doppelbestimmung wiederholen Sie den Ionenaustausch und die Titration.

Hinweise

1. Der Assistent kann entweder jeden Studenten anweisen, etwa 100 mL Ammoniumsulfat-Lösung, $c = 0{,}1$ mol/L, (1,321 g auf 100 mL) herzustellen, die Lösung kann aber auch als Standardlösung ausstehen.
2. Die Alizarin-S-Indikatorlösung ist eine 0,2 %ige wäßrige Lösung von Natrium-Alizarinsulfonat.
3. Die wäßrige Bariumchlorid-Maßlösung, $c = 0{,}05$ mol/L, muß mit verdünnter HCl unter Verwendung eines pH-Meters auf pH 3,0 bis 3,5 eingestellt werden.
4. Eine geeignete Säule hat etwa 1,6 cm Innendurchmesser und ist etwa 15 cm lang. Auf diese Maße kommt es aber nicht entscheidend an.
5. Dowex 50 oder 50 W oder Amberlit IR-120 sind geeignete Austauscherharze.
6. Verbrauchtes Austauscherharz wird am besten in einer großen Säule regeneriert. Man läßt 3 oder 4 Säulenvolumina HCl-Lösung, $c = 3$ mol/L, durch die Säule laufen und spült mit einigen Säulenvolumina destillierten Wassers, das in mehreren Portionen zugegeben wird, nach. (Als Säulenvolumen gilt das Volumen des Harzes in mL.)

Fragen

1. Erklären Sie, warum das gleiche Verfahren verschiedene Ergebnisse liefert, wenn es mit bzw. ohne Ionenaustauscher durchgeführt wird.
2. Formulieren Sie eine Reaktionsgleichung für die Regenerierung des Kationenaustauscherharzes mit Salzsäure.
3. Warum muß die Schwefelsäure beim Verfahren mit Ionenaustausch teilweise neutralisiert werden?
4. Tritt der Farbumschlag des Indikators in der gesamten Lösung oder an der Oberfläche des Niederschlags auf? Erklärt dies, warum die Lösung gerührt werden muß, um den Endpunkt leicht erkennbar zu machen?

Experiment 12
Bestimmung der Wasserhärte mit EDTA und Calmagit als Indikator

In vielen Fällen kommt der Kenntnis der Wasserhärte entscheidende Bedeutung zu. Calcium- und Magnesiumsalze bilden im Wasser Niederschläge mit Seifen (Kalkseifen); kocht man hartes Wasser, so fallen Magnesium und Calcium als Carbonate in Boilern, Pumpen, Ventilen und anderen Maschinenbauteilen aus. Die gewöhnliche chemische Analyse begnügt sich mit der Bestimmung der Summe von Calcium(II) und Magnesium(II) in Lösung (Gesamthärte). Man berechnet die Härte aber im allgemeinen als Milligramm Calciumcarbonat pro Liter (ppm). Die Menge an Calcium und Magnesium in Wasser wird durch Titration mit Ethylendiamintetraessigsäure (EDTA, oder in Formeln hier abgekürzt als H_4Y geschrieben) in der Form des Natriumsalzes $Na_2H_2Y \cdot 2\,H_2O$ bestimmt. Der Endpunkt wird daran erkennbar, daß EDTA mit einem Metall-Ion des farbigen Metall-Indikator-Komplexes reagiert und dabei den Komplex zerstört.

Zwei Verfahren zur Bestimmung der Gesamtwasserhärte werden hier vorgestellt. Der vorliegende Versuch 12 ist ein Standardverfahren mit Calmagit oder dem nahe verwandten Eriochrom-Schwarz T als Indikator. Versuch 13 ist eine moderne Variante, bei der Arsenazo I als Indikator verwendet wird. (Zu den Indikatoren s. Tabelle 12−4.)

EDTA wird gewöhnlich gegen eine Standardlösung von Calcium(II)-Ionen eingestellt, die man durch Lösen von analysenreinem Calciumcarbonat in Salzsäure und Erhitzen zur Entfernung der Kohlensäure als Kohlendioxid herstellt:

$$CaCO_3(s) + 2H_3O^+ \rightleftharpoons Ca^{2+} + 3H_2O + CO_2(g) \tag{E12−1}$$

Die Titration [Gl. (E12−2)] wird in auf pH 10 gepufferter Lösung durchgeführt. Auf diese Weise können sich stöchiometrische Calcium-EDTA- und Magnesium-EDTA-Chelatkomplexe bilden, und der Umschlagspunkt wird deutlich erkennbar. Die Zerstörung des weinroten Magnesium-Calmagit-Chelatkomplexes [Gl. (E12−3)] fällt mit dem Äquivalenzpunkt zusammen:

$$2H_2Y^{2-} + Ca^{2+} + Mg^{2+} \rightleftharpoons CaY^{2-} + MgY^{2-} + 4H^+ \tag{E12−2}$$
$$(Na_2H_2Y)$$

$$H_2Y^{2-} + MgIndik^- \rightleftharpoons MgY^{2-} + HIndik^{2-} + H^+ \tag{E12−3}$$
$$\text{(weinrot)} \qquad\qquad \text{(blau)}$$

Spuren von Metall-Ionen, wie z.B. Eisen(III), Kupfer(II) und Aluminium(III), bilden irreversibel Komplexe mit Calmagit und stören so einen scharfen Farbumschlag. Um dies zu verhindern, wird der Ammoniak-Puffer von pH 10 stets *vor* dem Indikator zugegeben, um Eisen(III) und Aluminium(III) in schwerlöslicher Form zu binden. Der Puffer kann die Störung durch große Mengen Eisen(III) nicht verhindern − in diesem Fall muß man Cyanid zur Maskierung des Eisen(III) zugeben. Das mit dem Indikator zusammen zugegebene Hydroxylamin-Hydrochlorid reduziert Kupfer(II) zu Kupfer(I) und verhindert so Störungen durch Kupfer(II).

Das destillierte Wasser sollte auf merkliche Konzentrationen dieser Ionen geprüft werden und wenn nötig entionisiert werden. Die Kolben für die Titration sollten sorgfältig gereinigt werden, um Spuren dieser Ionen zu entfernen.

Um rasche Zersetzung zu vermeiden, kann man den Indikator Eriochrom-Schwarz T als Festkörper einsetzen. Calmagit, ein stabilerer Indikator als Eriochrom-Schwarz T, findet ebenfalls Verwendung.

Reagenzien

1. Stellen Sie EDTA-Maßlösung, $c = 0{,}01$ mol/L her, indem Sie 1,9 g des analysenreinen Dinatriumsalzes ($Na_2H_2Y \cdot 2H_2O$, molare Masse 372 g/mol) in 500 mL destilliertem Wasser lösen. Geben Sie etwa 0,5 g (6 Plätzchen) Natriumhydroxid und etwa 0,1 g Magnesiumchlorid $MgCl_2 \cdot 6H_2O$ zu. Mischen Sie gut. Bewahren Sie die Lösung in einer *Pyrex*flasche auf. Wenn mindestens 99,0 %iges EDTA erhältlich ist, wird der Assistent Sie anweisen, es als Urtiter einzusetzen. In diesem Fall geben Sie kein Magnesiumchlorid zu und arbeiten nach Hinweis 1.

2. Bereiten Sie eine Calcium(II)-Lösung, $c = 0,0100$ mol/L, indem Sie
   0,500 g $\pm$ 0,2 mg 99 %iges Calciumcarbonat in ein 250-mL-Becherglas
   einwiegen und 20 mL destilliertes Wasser zugeben. Lassen Sie aus einer
   Pipette etwa 1 mL konzentrierte Salzsäure entlang der Wand des Becherglases einlaufen und bedecken Sie das Becherglas sofort mit einem Uhrglas. Wenn das Calciumcarbonat gelöst ist, spülen Sie das Uhrglas in das
   Becherglas ab und engen Sie die Lösung (durch Abdampfen) bis auf ein
   Volumen von etwa 2 mL ein, um das Kohlendioxid weitgehend auszutreiben. Geben Sie 50 mL destilliertes Wasser zu, überführen Sie die Lösung in einen 500-mL-Meßkolben und füllen Sie bis zur Eichmarke mit
   destilliertem Wasser auf.
3. Stellen Sie den Ammoniak-Puffer vom pH 10 her, indem Sie 32 g Ammoniumchlorid und 285 mL konzentrierte Ammoniak-Lösung mit destilliertem Wasser auf 500 mL auffüllen. Bewahren Sie den Puffer in einer
   Polyethylenflasche auf. (Der Puffer ist so konzentriert wie möglich, um
   eine Verunreinigung der Lösung durch störende Metall-Ionen soweit wie
   möglich auszuschließen. Er wird nicht in Glasflaschen aufbewahrt, da
   aus dem Glas Metall-Ionen herausgelöst werden können.)
4. Stellen Sie eine verdünnte wäßrige Lösung von Calmagit her. Wenn stattdessen Eriochrom-Schwarz T als Indikator verwendet wird, stellen Sie
   durch Verreiben eine feste Mischung von 50 mg Eriochrom-Schwarz T
   mit 5 g Natriumchlorid und 5 g Hydroxylammoniumchlorid (Hydroxylamin-Hydrochlorid) her.

Durchführung

1. Pipettieren Sie jeweils genau 20 mL Calcium(II)-Lösung, $c = 0,0100$ mol/L,
   in drei saubere 250-mL-Erlenmeyer-Kolben (Hinweis 2), und geben Sie
   jeweils etwa 1 mL des Ammoniak-Puffers (pH 10) zu. Geben Sie soviel
   Calmagit-Indikatorlösung in den ersten Kolben, daß eine weinrote Farbe
   entsteht (Hinweis 3). Stattdessen können Sie auch eine Spatelspitze des
   festen Eriochrom-Schwarz-T-Indikatorgemisches zugeben.
2. Titrieren Sie mit EDTA-Maßlösung, $c = 0,01$ mol/L, aus einer 25-mL-
   Bürette, bis die Farbe von weinrot über violett nach hellblau umschlägt.
   Der Farbumschlag verläuft etwas langsam, so daß in der Nähe des Endpunkts die Maßlösung langsam zugegeben werden muß (Hinweis 4).
   Wiederholen Sie die Titration mit den beiden übrigen Proben. Berechnen
   Sie die Stoffmengenkonzentration der EDTA-Maßlösung [die Cal-
   cium(II)-Lösung ist 0,0100 molar].

3. Bestimmen Sie die Härte des unbekannten harten Wassers, indem Sie jeweils genau 50 mL der Probe in drei saubere 250-mL-Kolben pipettieren.
   Geben Sie 1 mL Ammoniak-Pufferlösung und Calmagit-Indikator zur
   ersten Probe und titrieren Sie mit EDTA-Maßlösung, $c = 0,01$ mol/L,
   aus einer 25-mL-Bürette bis zum Endpunkt (hellblau; Hinweis 4 und 5).

4. Berechnen Sie den Gehalt an Calciumcarbonat in den unbekannten Wässern in ppm. Gehen Sie von der in den Schritten 1 und 2 ermittelten Stoffmengenkonzentration der EDTA-Lösung und einer molaren Masse von 100,1 g/mol für Calciumcarbonat aus.

Hinweise

1. Da Calcium(II) mit dem Indikator keinen ausreichend stabilen Chelatkomplex bildet, wird Magnesium(II) als Magnesiumchlorid zu der Maßlösung gegeben, um einen scharfen Endpunkt zu erzielen. Stattdessen kann man auch 0,5 mL einer 0,005 mol/L des Magnesium-EDTA-Chelatkomplexes enthaltenden Lösung in jeden Kolben geben. Diese Lösung wird hergestellt, indem man gleiche Volumina einer EDTA-Lösung, $c(\text{EDTA}) = 0{,}010$ mol/L, und einer Magnesium(II)-Lösung, $c(Mg^{2+}) = 0{,}01$ mol/L, mischt.

2. Entfernen Sie Spuren störender Metall-Ionen von den Wänden des Titrationskolbens, indem Sie jeden Kolben mit etwa 10 mL Salpetersäure (1:1) (1 Volumenteil konzentrierter Salpetersäure mit 1 Volumenteil Wasser) ausspülen. Drehen und kippen Sie den Kolben dabei so, daß die gesamte Innenfläche benetzt wird. Spülen Sie gründlich mit destilliertem Wasser und lassen Sie den Kolben auf dem Kopf stehend abtropfen.

3. Der Indikator ist empfindlich gegen Oxidation durch Luft-Sauerstoff und sollte deshalb erst kurz vor Beginn der Titration zugegeben werden. Spuren von Metall-Ionen, wie z. B. Mangan(II), können diese Oxidation katalysieren; durch Zugabe einer Spur Ascorbinsäure kann man das verhindern. Geben Sie nicht zu viel Indikator zu, weil dann der Farbumschlag am Endpunkt nur sehr allmählich eintritt.

4. Wenn Sie das langsame Titrieren in der Nähe des Endpunkts umgehen wollen, können Sie die Lösung auf etwa 60 °C erwärmen.

5. Wenn die Farbe am Endpunkt nicht nach hellblau, sondern nach violett umschlägt, so kann dies an einem zu hohen Eisengehalt des Wassers liegen. Bei den folgenden Proben können Sie dies vermeiden, indem Sie einige Kristalle Kaliumcyanid (nicht mehr als eine Spatelspitze) *nach* Zugabe des Puffers hinzufügen. *Vorsicht!* Kaliumcyanid ist ein Gift. In Kontakt mit Säure bildet sich gasförmiger Cyanwasserstoff, der besonders gefährlich ist.

Experiment 13
Bestimmung der Wasserhärte mit EDTA und Arsenazo I

Das Grundprinzip dieser Bestimmung ist praktisch das gleiche wie in Versuch 12. Die Verwendung von Arsenazo I als Indikator hat aber einige wichtige Vorteile.[1] Ein Vorteil ist, daß die Zugabe von Magnesiumsalz zur Maßlösung entfallen

1 J.S. Fritz, J.P. Sickafoose und M.A. Schmitt, *Anal. Chem. 41*, 1954 (1969)

kann, weil dieser Indikator sowohl Calcium(II) als auch Magnesium(II) gleichermaßen gut erfaßt. Der Farbumschlag mit Arsenazo I ist viel rascher als mit Calmagit oder Eriochrom-Schwarz T, so daß ein Übertitrieren weniger wahrscheinlich ist. Schließlich stören kleine Mengen an Eisen, Kupfer oder Aluminium im Wasser nicht: Sie blockieren weder den Indikator, noch verringern sie die Schärfe des Endpunkts, wie dies bei anderen Indikatoren vorkommen kann.

Ein Nachteil von Arsenazo I ist, daß der Farbunterschied zwischem dem Metallkomplex (violett) und dem freien Indikator (orange-rosa) nicht so deutlich ausfällt. Um die Schärfe des Farbumschlags zu verbessern, werden ein blauer Farbstoff und ein gelber Farbstoff mit dem Arsenazo I gemischt. Diese modifizieren die Farben des Arsenazo I so, daß ein Umschlag von blaßviolett nach grünlich-strohfarben erhalten wird. Sowohl violett als auch strohfarben erscheinen unter dem Einfluß der andere Farben abdeckenden Farbstoffe grauer und intensiver.

Reagenzien

1. Bereiten Sie eine EDTA-Maßlösung, $c = 0,01$ mol/L, indem Sie etwa 1,9 g des analysenreinen Dinatriumsalzes ($Na_2H_2Y \cdot 2\,H_2O$, molare Masse 372 g/mol) in 500 mL destilliertem Wasser lösen (Hinweis 1). Das Einstellen ist in Schritt 1 der „Durchführung" beschrieben.
2. Stellen Sie aus Calciumcarbonat eine Calcium(II)-Standardlösung, $c = 0,0100$ mol/L, her, wie in Experiment 12 beschrieben.
3. Bereiten Sie eine Pufferlösung vom pH 10, indem Sie 13,1 g THAM [Tris(hydroxymethyl)aminomethan] in 100 mL destilliertem Wasser lösen und 4,0 mL konzentrierte Salzsäure und 30 mL konzentrierte Ammoniaklösung zugeben.
4. Stellen Sie einen gemischten Arsenazo-Indikator her, indem Sie 100 mg Arsenazo I, 100 mg Naphtholgelb (2,4-Dinitro-1-naphthol, Martiusgelb), 52,5 mg Xylol-cyanol FF und 1,0 g THAM in 10 mL Isopropanol lösen. Geben Sie langsam 20 mL destilliertes Wasser zu und überführen Sie die Lösung in einen 100-mL-Meßkolben. Füllen Sie mit destilliertem Wasser bis zur Eichmarke auf.

Durchführung

1. Stellen Sie zunächst die EDTA-Lösung ein. Pipettieren Sie dazu jeweils genau 20 mL einer Calcium(II)-Lösung, $c = 0,0100$ mol/L, in drei saubere 250-mL-Kolben. Geben Sie 2 mL THAM-Puffer und 2 Tropfen des Arsenazo-Mischindikators zu, und titrieren Sie die Lösung mit der einzustellenden EDTA-Maßlösung, bis die Farbe von blaßviolett nach gold- oder grüngelb umschlägt. Titrieren Sie die beiden anderen Standardlösungen ebenfalls und berechnen Sie die Stoffmengenkonzentration der EDTA-Lösung.
2. Bestimmen Sie die Gesamthärte von Wasser unbekannter Härte, indem Sie jeweils 50-mL-Portionen der Wasserprobe in drei saubere 250-mL-

Kolben pipettieren. Geben Sie 2 mL THAM-Puffer, 2 Tropfen des Arsenazo-Mischindikators zu und titrieren Sie die Probe mit der eingestellten EDTA-Maßlösung wie vorstehend beschrieben bis zum Farbumschlag nach gelb (Hinweis 2).

3. Berechnen Sie die Gesamtwasserhärte (Calcium + Magnesium) als ppm Calciumcarbonat (molare Masse von Calciumcarbonat: 100,1 g/mol).

Hinweise

1. Die Zugabe von Magnesiumsalz zur EDTA-Lösung (siehe Experiment 12) ist nicht erforderlich, Magnesium-EDTA schadet aber nicht.
2. Der Puffer sollte nur zu einer der drei Proben gegeben und diese Probe dann sofort titriert werden. Aus manchen Wasserproben fällt beim Stehenlassen nach der Zugabe des Puffers Calciumcarbonat aus. Durch Verdünnen mit destilliertem Wasser läßt sich dies meistens umgehen.

Experiment 14
Iodometrische Bestimmung von Arsen und Untersuchung der Reaktion zwischen Arsenit und Iod

Arsen in Form von Arsen(III)-oxid kann durch Oxidation mit Iod bestimmt werden. Das Arsen(III)-oxid ist in neutraler oder saurer Lösung unlöslich und muß deshalb zuerst im Alkalischen gelöst werden [Gl. (E14−1)]. Die Lösung wird dann mit Säure neutralisiert [Gl. (E14−2)], da die Oxidation nur zwischen pH 5 und 9 quantitativ und rasch abläuft. Natriumhydrogencarbonat-Puffer dient zur Neutralisation von überschüssiger Säure [Gl. (E14−3)] und zum Puffern der Lösung auf etwa pH 8. Das Arsen(III) wird dann mit Iod-Maßlösung zu Arsen(V) oxidiert [Gl. (E14−4)]. Die gleiche Reaktion dient auch zum Einstellen der Iod-Lösung.

$$2\,OH^- + H_2O + As_2O_3 \rightleftharpoons 2\,H_2AsO_3^- \qquad\qquad (E14-1)$$
(NaOH)

$$H_2AsO_3^- + H_3O^+ \rightleftharpoons H_3AsO_3 + H_2O \qquad\qquad (E14-2)$$
(HCl)

$$H_3O^+ + HCO_3^- \rightleftharpoons 2\,H_2O + CO_2(g) \qquad\qquad (E14-3)$$
(NaHCO_3)

$$I_2 + H_3AsO_3 + 5\,H_2O \rightleftharpoons 2\,I^- + HAsO_4^{2-} + 4\,H_3O^+ \qquad\qquad (E14-4)$$

Als Zusatzaufgabe kann beim vorliegenden Versuch der Einfluß des pH auf die Reaktion untersucht werden. Geschwindigkeit und Stöchiometrie der Reaktion werden untersucht, um das pH-Optimum herauszufinden. Dabei soll die Reaktion als rasch gelten, wenn der Iodstärke-Komplex nach bis zu 10 Sekunden Schütteln entfärbt wird, und als langsam, wenn man zur Entfärbung 10 bis 180 Sekunden schütteln muß. Zur vergleichenden Betrachtung der Stöchiometrie bei verschiedenen pH-Werten soll der Verbrauch an Iod-Lösung in Millilitern bei pH 7,5 als 100 %iger Umsatz betrachtet werden.

Durch Ansäuern und Rücktitrieren des entstehenden Iods mit Natriumthiosulfat-Lösung kann man auch die Reversibilität der Reaktion von Iod mit Arsen(III) überprüfen. Der Einfluß des pH und die Untersuchung der Reversibilität sind Beispiele für die Katalyse einer thermodynamisch kontrollierten Reaktion.[2]

Herstellung der Reagenzien

1. Wiegen Sie etwa 12,7 g Iod ein und geben Sie es in ein 250-mL-Becherglas, das eine Lösung von 40 g Kaliumiodid in 25 mL Wasser enthält. Rühren Sie die Lösung, um das gesamte Iod aufzulösen, und überführen Sie sie in eine braune Glasflasche mit Schliffstopfen (achten Sie darauf, daß kein unaufgelöstes Iod in die Flasche gelangt). Geben Sie zur Auflösung von möglicherweise ungelöstem Iod mehr Kaliumiodid und Wasser zu und verdünnen Sie dann die Lösung auf etwa 1 L. Schütteln Sie vor Gebrauch gut durch, da gelöstes Iod dazu neigt, sich abzusetzen.

2. Zur Herstellung einer Stärkelösung schlämmen Sie 2 g lösliche Stärke in 25 mL Wasser auf und gießen dieses Gemisch unter Rühren in 250 mL kochendes Wasser. Kochen Sie die Lösung 2 Minuten lang, geben Sie zur Haltbarmachung 1 g Borsäure dazu und lassen Sie abkühlen. Bewahren Sie die Lösung in einer Flasche mit Glasstopfen auf.

3. Zur Herstellung eines festen Komplexes aus Stärke und Harnstoff schmelzen Sie 40 g Harnstoff in einem kleinen Becherglas und geben Sie 10 g lösliche Stärke zu. Mischen Sie, bis alles flüssig ist, lassen Sie dann abkühlen, und pulverisieren Sie im Mörser. Dieses Gemisch löst sich leicht in Wasser und ist unbegrenzt haltbar.

4. Wenn die Reaktion zwischen Arsen und Iod untersucht werden soll, wiegen Sie genau 2,500 g Arsen(III)-oxid (As_2O_3-Urtitersubstanz) in ein 250-mL-Becherglas ein. Geben Sie eine frisch hergestellte Lösung von 5 g Natriumhydroxid in 20 mL Wasser zu. Rühren Sie, gegebenenfalls unter Erwärmen, bis sich das Oxid völlig gelöst hat. Geben Sie 50 mL Wasser, 10 mL HCl-Lösung, $c = 10$ mol/L, und 1 g Natriumhydrogencarbonat zu (Hinweis 1). Prüfen Sie mit pH-Papier, ob der pH zwischen 7 und 8 liegt. Überführen Sie die Lösung quantitativ in einen 500-mL-Meßkolben und füllen Sie bis zur Eichmarke mit destilliertem Wasser auf. Dies ist eine Arsen(III)-Lösung der Äquivalentkonzentration $c(\frac{1}{4}As_2O_3) = 0{,}1011$ mol/L.*

5. Lösen Sie etwa 12,5 g Natriumthiosulfat ($Na_2S_2O_3 \cdot 5\,H_2O$) in 500 mL destilliertem Wasser, das aufgekocht und abgekühlt worden ist. Geben Sie bis zu 0,1 g Natriumcarbonat zum Stabilisieren dazu.

---

2 G.H. Schenk, *J. Chem. Educ. 41*, 32 (1964)

* Das Redox-Äquivalentteilchen von Arsentrioxid ist $\frac{1}{4}As_2O_3$, dasjenige von Iod $\frac{1}{2}I_2$.

Durchführung

1. Trocknen Sie etwa 1,5 g Arsen(III)-oxid (As_2O_3-Urtitersubstanz) 1 Stunde bei 110 °C (Hinweis 2). Bevor Sie das Oxid auswiegen, geben Sie jeweils mindestens 1 g Natriumhydroxid-Plätzchen in drei 250 mL-Erlenmeyer-Kolben und fügen jeweils bis zu 20 mL Wasser zu. Schütteln Sie kurz um, um den Lösevorgang zu beschleunigen, und wiegen Sie dann 0,2 bis 0,25 g Arsen(III)-oxid mit der Analysenwaage rasch in jeden Kolben ein.

2. Schütteln Sie um, um das Arsen(III)-oxid aufzulösen. Spülen Sie, falls erforderlich, die Wand des Kolbens mit möglichst wenig Wasser ab, und untersuchen Sie jede Lösung auf ungelöste Teilchen. Die Lösungswärme des Natriumhydroxids sollte den Lösevorgang beschleunigen. Einminütiges Erwärmen der Kolben über einem Brenner sorgt für vollständiges Auflösen.

3. Zu jedem Kolben geben Sie 50 mL Wasser und mindestens 2,5 mL konzentrierte Salzsäure aus einer Meßpipette zu (Hinweis 3). Die Lösung sollte jetzt fast neutral sein. Geben Sie etwa 3,5 g Natriumhydrogencarbonat in jeden Kolben und prüfen Sie mit pH-Papier, ob der pH zwischen 7 und 8 liegt.

4. Geben Sie nacheinander zu jedem Kolben 5 mL Stärkelösung (oder einen Hornlöffel des festen Stärke-Harnstoff-Komplexes) zu und titrieren sie mit der einzustellenden Iod-Maßlösung, $c = 0,1$ mol/L, bis zum ersten Auftreten der tiefblauen Farbe des Stärke-Triiodid-Komplexes (Hinweis 4). (Während der Titration sollte Kohlendioxid aus der Lösung entweichen.) Da die Reaktion nur bei pH-Werten über 5 quantitativ und rasch verläuft, geben Sie einen gehäuften Spatel Natriumhydrogencarbonat zu, um zu prüfen, ob der Endpunkt wirklich erreicht wurde. Wenn die blaue Farbe nicht verschwindet, ist der Endpunkt erreicht (Hinweis 5). Wenn sie verschwindet, stellen Sie den pH mit mehr Natriumhydrogencarbonat ein und fahren Sie mit der Titration fort.

5. Berechnen Sie die Stoffmengenkonzentration der Iod-Maßlösung (Äquivalentkonzentration; molare Masse eines Redox-Äquvalentteilchens As_2O_3: $M_{eq}(\frac{1}{4}As_2O_3) = \frac{197,8}{4}$ g/mol $= 49,45$ g/mol).

6. Trocknen Sie die unbekannte Probe mindestens 1 Stunde bei 110 °C [Arsen(III)-oxid kann in einigen Proben zur Sublimation neigen, wenn die Proben zu lange erhitzt werden]. Wiegen Sie drei Proben von 0,3 bis 0,35 g (folgen Sie den Anweisungen des Assistenten) in drei 250-mL-Kolben ein, die wie in Schritt 1 beschrieben vorbereitet wurden. Behandeln Sie die unbekannte Probe, beginnend mit dem Auflösen (Schritt 1), wie das als Urtiter eingesetzte Arsen(III)-oxid.

7. Berechnen Sie den Prozentgehalt Arsen in der unbekannten Substanz (molare Masse eines Äquivalentteilchens Arsen $M(\frac{1}{2}As(III)) = \frac{74,92}{2}$ g/mol).

Zusatzversuch: Untersuchung der Reaktion zwischen Arsen(III) und Iod

1. *Reaktion bei pH 7,5.* Pipettieren Sie genau 25,0 mL Arsen(III)-Lösung in einen 250 mL-Erlenmeyer-Kolben, verdünnen Sie mit 25 mL Wasser und geben Sie 5 mL Stärke-Indikator zu. Fügen Sie zur Neutralisation etwa vorhandener Säure 3 g Natriumhydrogencarbonat langsam zu und lassen Sie das Kohlendioxid nach Umschütteln entweichen. Titrieren Sie mit Iod bis zum ersten Auftreten einer tiefblauen Farbe, die nach 180 Sekunden Umschütteln noch bestehen bleibt. Stellen Sie diesen Kolben zur Seite und heben Sie ihn zur Prüfung auf Reversibilität der Reaktion auf.

2. Wiederholen Sie den vorangegangenen Schritt zweimal, um die Iodlösung einzustellen und die Titration zu überprüfen. Diese Iodlösung wird nämlich zum Einstellen der Natriumthiosulfat-Lösung verwendet. Notieren Sie, ob die Reaktionsgeschwindigkeit groß ____ oder klein ____ war. Der Durchschnittswert der drei Titrationen gilt als 100%iger Umsatz. Notieren Sie dies im Protokollvordruck am Ende dieses Versuchs.

3. *Reaktion bei pH 13.* Pipettieren Sie genau 25,0 mL Arsen(III)-Lösung in einen 250 mL-Kolben und geben Sie 25 mL Wasser und 5 mL Stärke-Indikator zu. Stellen Sie den pH mit etwa 0,6 g Natriumhydroxid-Plätzchen (Hinweis 6) auf etwa 13 ein. Titrieren Sie bis zum ersten Auftreten einer deutlichen Farbe, die 180 Sekunden anhält. (Die Farbe kann bei Iodzugabe langsam dunkler werden; nehmen Sie als Endpunkt das erste Auftreten einer deutlichen Färbung.)

4. Notieren Sie jetzt, ob die Reaktionsgeschwindigkeit groß ____ oder klein ____ war. Notieren Sie den Verbrauch an Iod-Maßlösung, und vermerken Sie hier, ob der Verbrauch niedrig ____, 100% ____ oder hoch ____ war.

5. *Reaktion bei pH 4,7.* Pipettieren Sie genau 25,0 mL Arsen(III)-Lösung in einen 250 mL-Erlenmeyer-Kolben und geben Sie 25 mL Wasser und 5 mL Stärke-Indikator zu. Fügen Sie etwa 4 mL der Pufferlösung aus Natriumacetat und Essigsäure (Hinweis 7) zu, um den pH auf etwa 4,7 einzustellen. Titrieren Sie bis zum ersten Auftreten einer deutlich blauen Färbung, die bei andauerndem Mischen 180 Sekunden lang anhält.

6. Schreiben Sie hier auf, ob die Geschwindigkeit der Reaktion groß ____ oder klein ____ war. Notieren Sie den Verbrauch an Iod-Maßlösung, und vermerken Sie, ob der Umsatz niedrig ____, 100% ____ oder hoch ____ war.

7. *Reaktion bei pH 1.* Pipettieren Sie genau 25,0 mL Arsen(III)-Lösung in einen 250 mL-Erlenmeyer-Kolben und geben Sie 25 mL Wasser und 5 mL Stärke-Indikator zu. Fügen Sie etwa 0,5 mL einer HCl-Lösung, $c = 12$ mol/L, zu. Der pH sollte dann etwa 1 sein. Titrieren Sie bis zum ersten Auftreten einer deutlich blauen Färbung, die bei andauerndem Mischen 180 Sekunden lang anhält.

8. Schreiben Sie jetzt auf, ob die Reaktionsgeschwindigkeit groß ___ oder klein ___ war. Notieren Sie den Verbrauch an Iod-Maßlösung in mL und vermerken Sie, ob der Verbrauch niedrig ___ , 100 % ___ oder hoch ___ war.

Reversibilität der Reaktion von Arsen(III) mit Iod

1. Pipettieren Sie jeweils genau 25,0 mL Iod-Lösung in zwei 250 mL-Erlenmeyer-Kolben und verdünnen Sie mit 25 mL Wasser. Stellen Sie die Natriumthiosulfat-Lösung gegen das Iod ein, indem Sie die beiden Iod-Portionen titrieren. Geben Sie kurz vor Erreichen des Endpunkts (wenn die gelbe Farbe gerade in farblos übergeht) 5 mL Stärke-Indikatorlösung zu. Der Endpunkt entspricht dem Verschwinden der tiefblauen Farbe des Stärke-Indikators. Berechnen Sie die Äquivalentkonzentration der Thiosulfat-Lösung.

2. Nehmen Sie nun den Kolben, den Sie vom Versuch bei pH 7,5 aufgehoben haben, und fügen Sie tropfenweise 3 mL HCl-Lösung, $c = 12$ mol/L, zu. Nach jeweils einigen Tropfen schütteln Sie kräftig, um das CO_2 entweichen zu lassen. Prüfen Sie mit pH-Papier, ob die Lösung jetzt sauer ist; wenn dies nicht der Fall ist, geben Sie mehr Salzsäure zu. Geben Sie dann 40 mL HCl-Lösung, $c = 12$ mol/L, zu; dann wird die Lösung etwa $4-5$ mol/L an Säure enthalten. Beachten Sie dabei, ob ein Farbumschlag auftritt. Geben Sie etwa 2,5 g Iodat-freies Kaliumiodid zu und titrieren Sie wie oben mit Natriumthiosulfat-Maßlösung. Notieren Sie den Verbrauch an Thiosulfat in mL.

3. Berechnen Sie die Äquivalentstoffmenge an Arsen(III), die in jeder 25,0-mL-Portion vorhanden ist (die Äquivalentkonzentration der Arsen(III)-Lösung ist 0,1011 mol/L). Aus der Äquivalentkonzentration und dem Volumen der Thiosulfat-Lösung, die in Schritt 2 verwendet wurde, berechnen Sie nun die gebildete Äquivalentstoffmenge Arsen(V). Wenn etwa soviel Arsen(III) vorlag, wie Arsen(V) bei der Probe auf Reversibilität gefunden wurde, dann ist die Reaktion praktisch reversibel; d.h. durch Verwendung der entsprechenden Oxidationsstufe des Iods kann man entweder Arsen(III) oder Arsen(V) erzeugen. Man kann dies auch ausdrücken, indem man für die Hin- und Rückreaktion in der folgenden Gleichung einen Doppelpfeil schreibt:

$$As(III) + I_2 \rightleftharpoons As(V) + 2\,I^-$$

Hinweise

1. Die Arsen-Lösung muß praktisch neutral sein, so daß der pH der jeweils untersuchten Lösung nicht beeinflußt wird. Um mögliche Fehler bei der Zugabe von Natriumhydroxid- oder HCl-Lösung auszuschalten, gibt man eine kleine Menge Natriumhydrogencarbonat zu. Dies beeinflußt den pH später kaum.

2. Arsentrioxid als Urtiter-Substanz ist nicht hydroskopisch; der Assistent sagt Ihnen unter Umständen, daß es ohne vorherige Trocknung eingesetzt werden kann, insbesondere wenn es aus einer frisch geöffneten Flasche entnommen wurde.

3. Die Mengen an Natriumhydroxid und HCl werden möglichst gering gehalten, um Reagenzien zu sparen und die pH-Kontrolle durch Hydrogencarbonat zu erleichtern. Als saure Spezies sollte an dieser Stelle hauptsächlich H_3AsO_3 vorliegen, daneben eine geringe Menge HCl. So ist eine wirksame Pufferung mit Natriumhydrogencarbonat möglich.
4. Die Intensität der Farbe am Endpunkt kann von einer Probe zur anderen ziemlich unterschiedlich ausfallen, ohne daß dies einen Mangel an Genauigkeit bedeutet. Die Farbe des Stärke-I_3^--Komplexes ist sehr empfindlich gegen Spuren von Iod.
5. Die Zugabe von Natriumhydrogencarbonat (oder irgend eines anderen Festkörpers) wird an dieser Stelle normalerweise die weitere Entwicklung von CO_2 katalysieren; deshalb ist das Aufschäumen nicht von Belang. Signifikant ist nur das Verschwinden der Farbe.
6. Zur Untersuchung der Reaktion bei hohem pH-Wert kann man auch bei pH 11,3 arbeiten, wenn 10 mL einer Ammoniaklösung, $c = 15$ mol/L, anstelle der Natriumhydroxid-Lösung zugegeben werden.
7. Der Puffer von pH 4,7 wird hergestellt, indem man 60 g Eisessig und 82 g wasserfreies Natriumacetat mit Wasser auf 300 mL verdünnt. Stattdessen kann man auch bei pH 4 arbeiten, indem 4 mL einer Pufferlösung aus 120 g Eisessig und 41 g wasserfreiem Natriumacetat, mit Wasser auf 300 mL aufgefüllt, zugefügt werden.

Fragen

1. Formulieren Sie eine Gleichung, die den Farbumschlag am Endpunkt beschreibt.
2. Formulieren Sie Gleichungen, die die Reaktion des Hydrogencarbonat-Puffers mit überschüssigem HCl und mit überschüssigem NaOH in Schritt 3 des Verfahrens beschreiben.
3. Erklären Sie, warum die Äquivalentmasse von Arsen(III)-oxid der molaren Masse dividiert durch 4 entspricht, während die Äquivalentmasse von Arsen der halben atomaren Masse entspricht.

Protokoll für die Untersuchung der Reaktion zwischen Arsen(III) und Iod
Äquivalentkonzentration der Iod-Maßlösung: ____________

pH	1	4,7	7,5	13
Verbrauch an Iod-Maßlösung (in mL)				
Umsatz			100%	
Reaktionsgeschwindigkeit				

zur Reversibilität der Reaktion:
n_{eq} ($Na_2S_2O_3$) = ____________
Verbrauch an Thiosulfat-Lösung: ____________
n_{eq} (Arsen (III)) = ____________ n_{eq} (Arsen (V)) = ____________

Experiment 15
Bestimmung von Vitamin C in Trockenpulvern für Instant-Fruchtsaftgetränke

Iod oxidiert Vitamin C (Ascorbinsäure) quantitativ zu Dehydroascorbinsäure:

$$\text{(Ascorbinsäure)} + I_2 + 2H_2O \rightarrow \text{(Dehydroascorbinsäure)} + 2I^- + 2H_3O^+$$

Das Iod oxidiert dabei die Endiol-Gruppe in der Ascorbinsäure zu einer α-Dicarbonyl-Gruppe der Dehydroascobinsäure. Diese Oxidation verläuft über einen Zwei-Elektronen-Schritt. Die Reaktion wird zur Analyse von Vitamin-C-Tabletten verwendet[3]; sie kann auch zur Titration von Vitamin C in Fruchtsaft-Trockenpulvern eingesetzt werden, wie es in diesem Versuch der Fall ist.

Gelöstes Vitamin C wird durch gelösten Sauerstoff leicht oxidiert, deshalb sollten die Proben sofort nach dem Lösen analysiert werden. Die Titrationskolben sollten während der Titration bedeckt bleiben, so daß kein weiterer Sauerstoff aus der Luft aufgenommen werden kann. Würde man den offenen Kolben während der Titration schütteln, so wäre die absorbierte Sauerstoffmenge ausreichend, um einen Fehler zu verursachen.[3]

Herstellung der Reagenzien

1. Als Maßlösung kann man Iod-Lösung einer Äquivalentkonzentration $c(\frac{1}{2}I_2) = 0,1$ mol/L oder 0,03 mol/L verwenden. Zur Herstellung der Iod-Lösung, $c(\frac{1}{2}I_2) = 0,1$ mol/L, verfahren Sie wie in Schritt 1 bei der „Herstellung der Reagenzien" des Experiments 14.
Um eine Iod-Lösung, $c(\frac{1}{2}I_2) = 0,03$ mol/L, herzustellen, wiegen Sie 3,8 g Iod ein und überführen Sie es in ein 100-mL-Becherglas, das 20 g Kaliumiodid in 25 mL Wasser gelöst enthält. Rühren Sie vorsichtig, um das gesamte Iod aufzulösen, und überführen Sie den gesamten Inhalt des Becherglases quantitativ in eine dunkle Glasflasche mit Stopfen. Spülen Sie das Becherglas aus und geben das Waschwasser ebenfalls in die Glasflasche. Verdünnen Sie mit destilliertem Wasser auf einen Liter und schütteln Sie mehrfach um.
2. Stellen Sie eine Stärkelösung oder einen Stärkeharnstoffkomplex her, wie in Schritt 2 bzw. 3, Herstellung der Reagenzien, Experiment 14, beschrieben.

---

3 J.W. Stevens, *Ind. Eng. Chem., Anal. Ed. 10*, 269 (1938) und C.E. Moore, *J. Chem. Educ. 25*, 671 (1948)

Einstellen der Iodlösung

1. Wenn Iod-Lösung, $c(\frac{1}{2}I_2) = 0{,}1$ mol/L, verwendet wird, so stellen Sie wie in Versuch 14 beschrieben ein.

2. Zum Einstellen der Iod-Lösung, $c(\frac{1}{2}I_2) = 0{,}03$ mol/L, setzen Sie eine As(III)-Lösung, $c(\frac{1}{4}As_2O_3) = 0{,}0300$ mol/L, an. Wiegen Sie dazu genau 0,370 g Arsen(III)-oxid (Urtitersubstanz) in ein 250 mL-Becherglas ein. Geben Sie dazu eine frisch bereitete Lösung von 1 g Natriumhydroxid in 20 mL destilliertem Wasser. Rühren Sie, gegebenenfalls unter Erwärmen, bis das Arsentrioxid vollständig gelöst ist. Geben Sie 50 mL Wasser zu, mischen Sie kräftig und fügen Sie dann 2 mL einer HCl-Lösung, $c = 12$ mol/L, zu. Überführen Sie diese Lösung quantitativ in einen 250 mL-Meßkolben und füllen Sie bis zur Marke auf.

3. Pipettieren Sie je 25 mL einer As_2O_3-Lösung, $c(\frac{1}{4}As_2O_3) = 0{,}0300$ mol/L, in drei Erlenmeyer-Kolben. Geben Sie jeweils 25 mL Wasser zu. Dann wiegen Sie in jeden der Kolben 3,5 g Natriumhydrogencarbonat ein und prüfen Sie, ob der pH zwischen 7 und 8 liegt. Wenn nicht, fügen Sie mehr Hydrogencarbonat zu.

4. Geben Sie etwa 5 mL Stärkelösung in jeden Kolben und titrieren Sie die Probe mit Iod-Lösung, $c(\frac{1}{2}I_2) = 0{,}03$ mol/L, bis zum ersten Auftreten der blauen Farbe des Stärke-Triiodid-Komplexes. Prüfen Sie während der Titration den pH, um zu sehen, ob gegebenenfalls weiteres Hydrogencarbonat zur Pufferung auf pH 7 bis 8 erforderlich ist.

5. Berechnen Sie die Äquivalentkonzentration der Iodlösung aus der Äquivalentkonzentration der Arsen(III)-Lösung, dem eingesetzten Volumen an Arsen(III)-Lösung und dem mittleren Verbrauch an Iod-Lösung.

Analyse eines Trockenpulvers für Instant-Fruchtsaft

1. Lassen Sie sich eine Probe Trockenpulver geben und informieren Sie sich beim Assistenten über die geeignete Probenmenge. Wenn Sie die Probenmenge selbst zu ermitteln haben, wiegen Sie etwa 20 g des Produkts ein und titrieren Sie, um festzustellen, ob der Verbrauch zu hoch oder zu niedrig liegt. Wiegen Sie drei oder vier Proben ein.

2. Geben Sie in jeden Kolben kurz vor Beginn der Titration etwa 100 mL Wasser und 5 mL Stärkelösung. Bedecken Sie die Kolbenfüllung mit einer Kunststoff- oder Metallfolie und schütteln Sie zur vollständigen Auflösung der Probe gründlich um. Ersetzen Sie dann den Kunststoff oder die Folie durch ein Stück Pappe, in das Sie ein Loch für den Bürettenhahn gebohrt haben.

3. Stecken Sie den Bürettenhahn durch das Loch in der Pappe und titrieren Sie möglichst rasch bis zum ersten Auftreten blauer Stärke-Triiodid-farbe. Wiederholen Sie die Titration mit den übrigen Proben und achten Sie darauf, daß Sie kein Wasser zur Probe geben, bevor sie titriert wird (warum?).

4. Erkundigen Sie sich beim Assistenten über die Form Ihres Analysenprotokolls. Wenn Sie den Prozentgehalt Ascorbinsäure in der Probe angeben sollen, gehen Sie von einer Äquivalentmasse $M_{eq} = 88{,}06$ g/mol für Ascorbinsäure aus. Ausgehend von den Informationen auf der Verpackung kann man auch die Menge an Pulver berechnen, die den täglichen Minimalbedarf an Vitamin C beim Erwachsenen deckt, und dann ausrechnen, ob nach Ihren Messungen diese Pulvermenge tatsächlich so viel Vitamin C enthält.

Experiment 16
Iodometrische Bestimmung von Kupfer

Kupfer in einem Erz kann durch die folgende Abfolge von Reaktionen bestimmt werden: (a) Das Erz wird in Salpetersäure gelöst, (b) der pH der Lösung wird mit Ammoniumhydrogenfluorid-Puffer eingestellt, (c) das Kupfer(II) in der Lösung wird iodometrisch zu Kupfer(I)-iodid reduziert, und (d) das bei der Reduktion gebildete Iod wird mit Natrumthiosulfat-Maßlösung titriert.

Das Auflösen von Kupfer oder Kupfererz erzeugt Stickoxide [Gl. (E16−1)], die normalerweise zusammen mit einem eventuellen Überschuß von Salpetersäure durch Abrauchen mit Schwefelsäure entfernt werden. Mit Ammoniumhydrogenfluorid NH_4HF_2 wird der pH auf 3,5 eingestellt. Damit sind drei Dinge erreicht:

(1) Es liegt genügend Säure vor, um die Hydrolyse von Kupfer(II)-Ionen [Gl. (E16−2)] zu unterdrücken. Dies ist deshalb sehr wichtig, weil eine im merklichen Umfang auftretende Hydrolyse die iodometrische Reduktion verlangsamen würde.

$$3\,Cu^0(s) + 2\,NO_3^- + 8\,H_3O^+ \rightarrow 3\,Cu^{2+} + 2\,NO + 12\,H_2O \qquad (E16{-}1)$$

$$Cu^{2+} + 2\,H_2O \rightleftharpoons CuOH^+ + H_3O^+ \qquad (E16{-}2)$$

(2) Der Puffer hält den pH hoch genug, um die iodometrische Reduktion eventuell vorliegender merklicher Mengen von Arsen(V) zu Arsen (III) zu verhindern, wenn Arsen(V) anwesend ist. (Fällt der pH unter 3, so begünstigen die Gleichgewichtsbedingungen eine Reduktion von Arsen(V) zu mehr als 0,1 %.)

(3) Ammoniumhydrogenfluorid verhindert die iodometrische Reduktion von Eisen(III) (Gl. (E16−3)], indem es Eisen(III) in Form eines anionischen Fluoro-Komplexes bildet. Die Komplexierung setzt das Potential des Eisen(III) für die Oxidation von Iodid zu Iod herab.

$$2\,Fe^{3+} + 2\,I^- \rightleftharpoons 2\,Fe^{2+} + I_2 \qquad\qquad (E16{-}3)$$
(keine Reduktion, wenn F^- anwesend)

Ein quantitativer Umsatz von Iodid und Kupfer(II)-Ionen [Gl. (E16−4)] wird durch die Ausfällung von Kupfer(I)-iodid begünstigt, weshalb die Methode nur für größere Mengen Kupfer geeignet ist. Das freigesetzte Iod wird am besten mit eingestellter Natriumthiosulfat-Lösung titriert [Gl. (E16−5)]. Leider adsorbiert der Niederschlag Iod, das im Bereich des Endpunkts nur langsam freigesetzt wird. Kaliumthiocyanat verdrängt das Iod von der Oberfläche, woraus ein schärferer Endpunkt resultiert [Gl. (E16−6)]. Die besten Ergebnisse erhält man, wenn man das Thiocyanat kurz vor dem Endpunkt zugibt, da es mit dem Iod einen Komplex bildet und von Iod langsam zu Sulfat oxidiert wird.[4]

$$2\,Cu^{2+} + 4\,I^- \rightleftharpoons 2\,CuI(s) + I_2 \qquad\qquad (E16-4)$$

$$\underset{(Na_2S_2O_3)}{2\,S_2O_3^{2-}} + I_2 \rightarrow S_4O_6^{2-} + 2\,I^- \qquad\qquad (E16-5)$$

$$CuI{:}I_2(s) + SCN^- \rightleftharpoons CuI{:}SCN^-(s) + I_2 \qquad\qquad (E16-6)$$

Diese indirekte Methode der Titration mit Iod kann auch zum Einstellen einer Natriumthiosulfat-Lösung dienen, wenn man reinen Kupferdraht als Urtiter einsetzt (Hinweis 1). Dabei wird Kupfer zwar zu Kupfer(II) oxidiert, bei der Messung selbst handelt es sich aber nur um einen Ein-Elektronenschritt bei der iodometrischen Reduktion; deshalb ist die Äquivalentmasse M_{eq} von Kupfer gleich der molaren Masse M.

Einstellen einer Natriumthiosulfat-Lösung, c = 0,1 mol/L

1. Stellen Sie die Natriumthiosulfat-Lösung her, indem Sie 12,5 g $Na_2S_2O_3 \cdot 5\,H_2O$ in 500 mL ausgekochtem (und dann abgekühltem!) destilliertem Wasser lösen. Fügen Sie 0,1 g Natriumcarbonat zur Haltbarmachung zu.

2. Wenn Sie nicht schon etwas Erfahrung haben, sollten Sie am besten die Natriumthiosulfat-Lösung gegen eine Iod-Lösung einstellen, die entsprechend den Anweisungen in Experiment 14 eingestellt wurde. Nach Anweisung des Assistenten kann Natriumthiosulfat-Lösung auch gegen Kupfer als Urtitersubstanz eingestellt werden, wie in den Schritten 3 bis 8 beschrieben.

3. Wiegen Sie drei 0,2- bis 0,25-g-Stücke blanken Kupferdrahts in 250-mL-Erlenmeyer-Kolben ein. Geben Sie 5 mL Salpetersäure (1:1) in jeden Kolben und erhitzen Sie über schwacher Flamme im Abzug, um das Kupfer aufzulösen. Das Gemisch darf nicht kochen.

4. Geben Sie 25 mL Wasser in jeden Kolben und kochen Sie die Lösungen auf. Nehmen Sie die Kolben von der Heizquelle weg, geben Sie 0,4 g Harnstoff zu und kochen Sie 5 Minuten, um den Harnstoff mit eventuellen Resten salpetriger Säure, die bei der Reaktion von Salpetersäure und Kupfer entstanden sein kann, umzusetzen. (Wenn die salpetrige Säure nicht entfernt würde, würde sie Iodid zu Iod oxidieren.)

5. Kühlen Sie den Kolben unter fließendem Wasser ab. Geben Sie aus einer Meßpipette tropfenweise Ammoniaklösung (1:1) zu, bis ein schwach blauer Niederschlag von Kupfer(II)-hydroxid auftritt. Geben Sie keinen

---

4 C. Lewis und D.A. Skoog, *J. Am. Chem. Soc. 84*, 1101 (1962)

Überschuß Ammoniak zu; dabei würde sich der dunkelblaue Tetramminkupfer-Komplex bilden (Hinweis 1). Geben Sie 4 mL Eisessig in jeden Kolben und kühlen Sie, falls erforderlich.

6. Ab jetzt sollte jede Lösung einzeln verarbeitet werden (Hinweis 2). Geben Sie 2,5 g Kaliumiodid in einen Kolben und titrieren Sie sofort mit der einzustellenden Natriumthiosulfat-Lösung, bis die braune Iodfarbe fast verschwunden ist. Beobachten Sie die Farbe, indem Sie die Titration unterbrechen und den Niederschlag von Kupfer(I)-iodid teilweise absetzen lassen.

7. Fügen Sie feste Stärke oder 3 mL Stärkeindikator (Experiment 12) zu, bis die blaue Farbe des Stärke-Triiodid-Komplexes bei Zugabe eines Tropfens Maßlösung gerade verschwindet. Geben Sie dann 1 bis 1,5 g Kaliumthiocyanat zu, und titrieren Sie die Lösung tropfenweise, bis die blaue Farbe bleibend verschwindet (Hinweis 3). (In diesem Fall verstehen wir unter bleibend 20 bis 30 Sekunden lang, da durch Luftoxidation des Iodids eventuell erneut Iod gebildet wird.)

8. Wenn die Farbe vor Ablauf der 20 bis 30 Sekunden wieder und wieder auftritt, so ist vielleicht zuviel Ammoniak zugegeben worden, oder es wird mehr Essigsäure (oder Ammoniumhydrogenfluorid) in der Erzlösung gebraucht. Geben Sie bei der nächsten Probe einen 20%igen Überschuß Essigsäure (oder Ammoniumhydrogenfluorid) zu.

9. Berechnen Sie die Stoffmengenkonzentration (Äquivalentkonzentration) der Natriumthiosulfat-Lösung; die molare Masse von Kupfer, 63,54 g/mol, entspricht hier seiner Äquivalentmasse M_{eq}.

Analyse eines Kupfererzes

1. Wiegen Sie drei Proben des Kupfererzes (etwa 0,5 bis 0,6 g) in 250-mL-Erlenmeyer-Kolben ein (informieren Sie sich beim Assistenten). Geben Sie in jeden Kolben 10 mL konzentrierte Salzsäure-Lösung und dampfen Sie die Lösung auf einer Heizplatte oder einem Brenner so weit ein, bis das Volumen noch etwa 5 mL beträgt. Arbeiten Sie im Abzug und schütteln Sie, um ein Stoßen der siedenden Lösung zu vermeiden.

2. Kühlen Sie jeden Kolben unter fließendem Wasser ab, bis man ihn bequem anfassen kann, und fügen Sie dann 10 mL konzentrierte Salpetersäure zu. Bedecken Sie die Kolben jeweils mit Uhrgläsern und erhitzen Sie sie (die Lösung soll nicht sieden!), bis die dunklen Erzteilchen am Kolbenboden aufgelöst sind und nur noch helle SiO_2- oder Schwefelteilchen oben auf der Lösung schwimmen.

3. Entfernen Sie die Kolben von der Heizquelle, lassen Sie sie abkühlen und pipettieren Sie vorsichtig etwa 8 mL Schwefelsäure (1:1) an der Glaswand in jeden Kolben ein. Dampfen Sie bis zum Auftreten des weißen Rauchs von Schwefeltrioxid ein, um Salpetersäure, die später das Iodid zu Iod oxidieren könnte, auszutreiben.

4. Kühlen Sie die Lösung ab und geben Sie vorsichtig 35 mL Wasser und 5 mL gesättigtes Bromwasser in jeden Kolben, um etwa vorhandenes Arsen(III) zu Arsen(V) zu oxidieren. Kochen Sie 5 Minuten sachte in einem Abzug, um überschüssiges Brom zu vertreiben, das später Iodid zu Iod oxidieren könnte.

5. Lassen Sie die Lösung abkühlen, und pipettieren Sie vorsichtig Ammoniaklösung (1:1) am Rand eines jeden Kolbens ein, bis ein schwacher Niederschlag von braunem Eisenhydroxid auftritt (wenn kein Eisen(III) enthalten ist, hören Sie mit der Ammoniakzugabe beim ersten Auftreten der blauen Farbe des Tetramminkupfer-Komplexes auf.) Vermeiden Sie einen Überschuß an Ammoniak-Lösung. Geben Sie jetzt 3 bis 4 mL Eisessig (Hinweis 2) und 2 g Ammoniumhydrogenfluorid (NH_4HF_2) zu, um den pH auf 3,5 einzustellen. Rühren Sie, um eventuell ausgefallenes Eisenhydroxid aufzulösen.

6. Arbeiten Sie jetzt entsprechend Schritt 6 im Abschnitt „Einstellen der Thiosulfat-Lösung". Nachdem der Endpunkt erreicht ist, spülen Sie den Kolben sofort aus, um ein übermäßiges Anätzen des Glases durch das Fluorid zu verhindern. Berechnen Sie den prozentualen Gehalt an Kupfer im Erz.

Hinweise

1. Wenn ein Überschuß an Ammoniak entsteht, wird er durch Kochen entfernt. Der Niederschlag an Kupfer(II) sollte dann wieder auftreten. Ein Überschuß Ammoniak kann das Einstellen des pH auf 3,5 durch Zugabe von Essigsäure stören und die Reduktion des Kupfer(II) verzögern.

2. Die Lösungen kann man nach Zugabe der Essigsäure über Nacht stehenlassen; Ammoniumhydrogenfluorid und Kaliumiodid sollten jedoch erst zu Beginn des nächsten Labortags zugegeben werden. Wenn Kaliumiodid in saurer Lösung über Nacht stehengelassen wird, tritt langsame Luftoxidation des Iodids zu Iod auf. Diese Reaktion wird durch Kupfer(II) noch katalysiert.

3. Da Kaliumthiocyanat Iod von der Oberfläche des Niederschlags verdrängt, sollte der Niederschlag dann eine hellere Farbe annehmen. Wenn vor Zugabe des Kaliumthiocyanats ein geringer Überschuß an Thiosulfat zugegeben wurde, so tritt bei Zugabe des ersteren keine Iodfarbe auf.

Fragen

1. Schreiben Sie die vollständige Reaktionsgleichung für die Umsetzung zwischen salpetriger Säure (HNO_2) und Harnstoff (NH_2CONH_2) unter Bildung von Stickstoff und Kohlendioxid.

2. Schreiben Sie die vollständige Reaktionsgleichung für die Luftoxidation von Iodid in saurer Lösung auf.

3. Schreiben Sie eine Reaktionsfolge in zwei Schritten, um die katalysierende Wirkung von Kupfer(II) auf die in Frage 2 genannte Umsetzung zu erklären.

4. Warum ist die Zugabe von Harnstoff zu den gelösten Erzproben überflüssig?

5. Warum muß etwa vorhandenes Arsen(III) zu Arsen(V) oxidiert werden? Salpetersäure ist ein gutes Oxidationsmittel − warum muß trotzdem Brom zur Oxidation des Arsen(III) zugegeben werden?

Experiment 17
Bestimmung von Ethylenglykol mit Periodat

Eine spezifische Methode zur Bestimmung der 1,2-Diol- oder α-Glykolgruppe in organischen Verbindungen ist die Spaltung der Kohlenstoff-Kohlenstoff-Bindung mit überschüssiger Periodsäure. Das Periodat wird dabei zu Iodat reduziert und die Hydroxylgruppen werden zu Carbonylgruppen oxidiert [Gl. (E17−1)]. Diese Methode ist selektiv für 1,2-Diole; Alkohole (wie Methanol und Ethanol) und 1,3-Diole reagieren nicht.

$$\begin{array}{c} \text{OH} \ \ \text{OH} \\ | \ \ \ \ \ | \\ -\text{C}-\text{C}- \end{array} + IO_4^- \xrightarrow{\ (pH\,1)\ } \quad \overset{O}{\underset{/\ \backslash}{\underset{\|}{C}}} \ + \ \overset{O}{\underset{/\ \backslash}{\underset{\|}{C}}} \ + IO_3^- + H_2O \qquad (E17-1)$$

ein 1,2-Diol
(Ethylenglykol = $HOCH_2-CH_2OH$)

Die Analyse wird abgeschlossen, indem man entweder das nichtumgesetzte Periodat (und das gebildete Iodat) mit Iodid in saurer Lösung zu Iod oxidiert (Anmerkung 1), oder mit Hilfe der im folgenden beschriebenen genaueren Methode[5]. Dabei wird der pH mit einem Puffer neutral gestellt; Iodid reduziert in diesem Milieu nur das nichtumgesetzte Periodat zu Iodat und Iod [Gl. (E17−2)]. Da diese Reaktion etwas langsam verläuft, gibt man einen genau abgemessenen Überschuß Arsen(III)-Lösung zu, das mit dem gebildeten Iod sofort reagiert [Gl. (E17−3)]. Nichtumgesetztes Arsen(III) wird dann mit Iod-Maßlösung titriert [Gl. (E17−4)].

$$IO_4^- + 2H_3O^+ + 2I^- \xrightarrow{\ pH\,7-8\ } I_2 + IO_3^- + 3H_2O \qquad (E17-2)$$

$$H_3AsO_3 + I_2 + 5H_2O \underset{\ }{\overset{pH\,7-8}{\rightleftharpoons}} HAsO_4^{2-} + 4H_3O^+ + 2I^- \qquad (E17-3)$$

$$I_2 + H_3AsO_3 + 5H_2O \underset{\ }{\overset{pH\,7-8}{\rightleftharpoons}} HAsO_4^{2-} + 4H_3O^+ + 2I^- \qquad (E17-4)$$

Eine wahrscheinliche Fehlerquelle ist hier, daß die Lösung nicht ordentlich neutralisiert wird; dann wird das Periodat irreversibel zu 4 Molekülen Iod pro Periodat-Ion (Hinweis 1) reduziert, anstatt zu einem Molekül Iod pro Periodat-Ion. Ein Überschuß an Hydrogencarbonat sollte also immer zugegeben werden, und der pH mit pH-Papier überprüft werden. Iodat kann auch irreversibel zu Iod reduziert werden (Hinweis 1), wenn in einer sauren Arsen(III)-Lösung lokale Übersäuerung auftritt [Gl. (E17−3)]. Das vorliegende Verfahren vermeidet diesen Fehler, indem

5 G.H. Schenk, *J. Chem. Educ. 39*, 32 (1962)

Arsen(III) in mit Natriumhydrogencarbonat leicht gepufferter Lösung eingesetzt wird. Das Reagenz enthält auch genug Iodid, um Periodat bei Zugabe des Arsen(III) zu reduzieren.

Da Periodsäure keine Urtitersubstanz ist, werden zur Bestimmung sowohl die Analyse als auch eine Blindprobe titriert. Subtraktion der beiden Volumina ergibt das Volumen an Iod-Lösung, das mit dem 1,2-Diol umgesetzt wurde. Diese Methode wurde zur Bestimmung von Pinacol und Ethylenglykol angewendet.[5]

Herstellung der Reagenzien

1. Wiegen Sie genau 2,500 g Arsen(III)-oxid (Urtitersubstanz) in ein 250-mL-Becherglas ein, geben Sie eine frisch bereitete Lösung von 5 g Natriumhydroxid in 20 mL Wasser zu und schütteln Sie kräftig um, bis das Arsentrioxid aufgelöst ist. Geben Sie 50 mL Wasser, 10 mL HCl-Lösung, $c = 12$ mol/L, 3 g Natriumhydrogencarbonat und 4 g Natriumiodid zu und überführen Sie die Lösung in einen 500-mL-Meßkolben. Verdünnen Sie bis zur Eichmarke und mischen Sie gründlich durch. Der pH sollte zwischen 7 und 8 liegen. Sie haben damit eine Lösung von Arsen(III) der Äquivalentkonzentration $c(\frac{1}{4}As_2O_3) = 0{,}1011$ mol/L hergestellt.
2. Lösen Sie 2,28 g des Dihydrats der Periodsäure, H_5IO_6 (molare Masse 227,96 g/mol), in 100 mL destilliertem Wasser. Diese Lösung hat eine Stoffmengenkonzentration von 0,1 mol/L.
3. Bereiten Sie eine Iodlösung, $c(\frac{1}{2}I_2) = 0{,}1$ mol/L, und stellen Sie diese wie in Experiment 14 beschrieben ein. Stellen Sie einen Stärkeindikator her (Experiment 14). Alternativ können Sie auch 25 oder 50 mL der Arsen(III)-Lösung, $c(\frac{1}{4}As_2O_3) = 0{,}1011$ mol/L, in einen Kolben pipettieren und die Iodlösung entsprechend den Anweisungen im Versuch 14 damit einstellen.

Titration der Blindprobe

1. Pipettieren Sie jeweils genau 10 mL einer Periodsäurelösung, $c = 0{,}1$ mol/L, in drei 250-mL-Erlenmeyer-Kolben. Geben Sie jeweils 25 mL Wasser und 5 g Natriumhydrogencarbonat zu. Pipettieren Sie genau 50 mL der Arsen(III)-Lösung, $c = 0{,}1011$ mol/L, in jeden Kolben und prüfen Sie, ob der pH zwischen 7 und 8 liegt. Lassen Sie die Lösung wenigstens 5 Minuten reagieren.
2. Geben Sie 5 mL flüssigen Stärkeindikator oder eine Spatelspitze festen Stärkeindikator zu und titrieren Sie den Überschuß an Arsen(III) mit Iodlösung, $c(\frac{1}{2}I_2) = 0{,}1$ mol/L, zurück; als Endpunkt gilt das erste Auftreten der blauen Farbe. Notieren Sie den Verbrauch an Iodlösung (in Milliliter) als V_B; B steht für Blindwert. Wiederholen Sie die Bestimmung dieses Blindwertes, bis zwei oder drei Werte vorliegen, die auf $\pm0{,}3$ mL übereinstimmen. Analysieren Sie die Probe mit Ethylenglykol erst dann, wenn der Blindwert reproduzierbar ist.

Bestimmung des Ethylenglykols

1. Pipettieren Sie jeweils genau 10 mL einer Periodsäure-Lösung, $c =$ 0,1 mol/L, in vier 250 mL-Kolben; geben Sie jeweils 10 mL Wasser hinzu und schreiben Sie auf einen Kolben: „pH 7 bis 8". Geben Sie 5 g Natriumhydrogencarbonat in diesen Kolben (gegebenenfalls unter Zugabe von Wasser) und stellen Sie ihn zur Seite.

2. Pipettieren Sie nach 12 Minuten jeweils genau 10 mL der unbekannten, Ethylenglykol-haltigen Lösung (Hinweis 2) in die drei verbleibenden Kolben, und pipettieren Sie dann jeweils genau 50 mL der Arsen(III)-Lösung, $c = 0{,}1011$ mol/L, hinzu. Prüfen Sie, ob der pH zwischen 7 und 8 liegt und lassen Sie die Lösungen wenigstens 5 Minuten lang reagieren.

3. Geben Sie Stärkeindikator hinzu und titrieren Sie den Überschuß an Arsen(III) mit der eingestellten Iod-Maßlösung, $c(\frac{1}{2}I_2) = 0{,}1$ mol/L. Notieren Sie den Verbrauch an Iodlösung in mL und bezeichnen ihn mit V_P. Berechnen Sie die Massenkonzentration des Ethylenglykols (in g/L) der unbekannten Lösung, $\beta\,(C_2H_6O_2)$.

$$\beta\,(C_2H_6O_2) = \frac{m\,(C_2H_6O_2 \text{ in der Probe})}{V(\text{Probe})}$$

$$= \frac{(V_P - V_B) \cdot c\!\left(\frac{1}{2}I_2\right) \cdot M(C_2H_6O_2)}{V(\text{Probe}) \cdot x}$$

Die molare Masse des Ethylenglykols $M\,(C_2H_6O_2)$ ist 62 g/mol; das Volumen der untersuchten Probelösung, $V(\text{Probe})$, beträgt 10 mL; die genaue Stoffmengenkonzentration an Redox-Äquivalentteilchen, $c(\frac{1}{2}I_2)$, haben Sie durch das Einstellen ermittelt; x ist die Zahl der Elektronen, die Ethylenglykol bei der Oxidation (pro Formelumsatz) abgibt; $V(\text{Probe})$ ist das eingesetzte Probenvolumen, hier 10 mL. Es gehört zu Ihrer Aufgabe, die korrekte molare Masse des Redox-Äquivalentteilchens von Ethylenglykol, $M\,(C_2H_6O_2)/x) = M_{eq}$, anzugeben (Hinweis 3).

4. Wiederholen Sie die Schritte 2 und 3 mit dem Kolben, auf den Sie „pH 7−8" geschrieben haben. Geben Sie hier aber kein Natriumhydrogencarbonat (Schritt 2) zu. Vergleichen Sie die Differenz $(V_P - V_B)$ verbrauchter Iodlösung bei diesem pH mit dem Verbrauch bei dem pH (≈ 1) in Periodsäure, $c = 0{,}1$ mol/L. Schreiben Sie die Antwort auf Frage 3 in ihr Laborjournal.

Hinweise

1. In saurer Lösung werden Periodat und Iodat durch Iodid nach den folgenden
   Gleichungen zu Iod reduziert:

$$IO_4^- + 7I^- + 8H_3O^+ \rightarrow 4I_2 + 12H_2O$$
$$(HIO_4)$$

$$IO_3^- + 5I^- + 6H_3O^+ \rightarrow 3I_2 + 9H_2O$$

   Iodat wird oberhalb pH 7 nicht durch Iodid reduziert.
2. Reines Ethylenglykol ist eine viskose Flüssigkeit und schlecht abzuwiegen. Eine
   verdünnte Lösung von 310 bis 460 mL Glykol pro 100 mL Wasser wird als unbekannte Lösung ausgegeben.
3. Die Anzahl der Elektronen, die Ethylenglykol bei der Oxidation abgibt (und damit die molare Masse des Redox-Äquivalentteilchens M_{eq}) läßt sich nach einer
   der beiden folgenden Methoden bestimmen: a) Ausgehend von den Oxidationsstufen schreibt man korrekte Halbreaktion für die Reduktion von Periodat zu
   Iodat auf und berechnet daraus die Anzahl der vom Glykol abgegebenen Elektronen. b) Man gleicht die Halbreaktion der Oxidation von Ethylenglykol zu 2
   Molekülen Formaldehyd und Protonen aus. Dann ist die Elektronenabgabe
   direkt ablesbar.

Fragen

1. Schreiben Sie die korrekte Reaktionsgleichung für die Oxidation von Glyzerin
   $CH_2OHCHOHCH_2OH$ mit Periodat. Glyzerin reagiert mit 2 Molekülen Periodat unter Bildung von 2 Molekülen Formaldehyd und einem Molekül Ameisensäure. Bestimmen Sie die molare Masse M_{eq} des Redox-Äquivalentteilchens von
   Glycerin (die Äquivalentmasse).
2. Ist die Spaltung von Ethylenglykol reversibel oder irreversibel? Wenn Sie reversibel ist, kann der pH-Wert die Gleichgewichtslage beeinflussen?
3. Wenn Ethylenglykol bei pH 7 bis 8 langsamer mit Periodat reagiert als bei pH 1,
   welche Spezies könnte dann die Reaktion katalysieren?

Experiment 18
Bestimmung von Eisen in Erzen mit Dichromat;
Analyse einer Rasierklinge

Ein Eisenerz wird analysiert, indem man (a) das Eisenerz in Salzsäure [Gl.
(E18−1) zu Eisen(III) auflöst, (b) das Eisen(III) zu Eisen(II) reduziert [Gln. (E18−2)
und (E18−3)] und (c) das Eisen(II) mit einer oxidierenden Maßlösung wie z.B. Ka-
liumpermanganat- oder Kaliumdichromat-Lösung titriert [Gl. (E18−5)]. Bei der
einfachsten Methode wird Eisen(III) mit Zinn(II)-chlorid reduziert und das entstehende Eisen(II) mit Kaliumdichromat titriert.

Die Reduktion von Eisen mit Zinnchlorid ist zwar bequemer als die Verwendung einer Säule mit einem metallischen Reduktionsmittel (wie z.B. amalgamiertem Zink), ein zu großer Überschuß von Zinnchlorid kann aber zu schweren Fehlern führen. Wenn nämlich Quecksilber(II)-chlorid zur Oxidation von überschüssigem Zinn(II)-chlorid zugegeben wird, können hohe Konzentrationen an Zinn(II)-chlorid das Quecksilber(II) bis zum fein verteilten metallischem Quecksilber reduzieren [Gl. (E18−4)]. Bei der Titration mit Dichromat wird dann das metallische Quecksilber mittitriert und stört deshalb die Bestimmung, Wenn Zinn(II)-chlorid nur in geringem Überschuß vorliegt, so wird das Quecksilber(II)-chlorid lediglich zum schwer löslichen Quecksilber(I)-chlorid (Hg_2Cl_2) reduziert.

$$Fe_2O_3(s) \; + \; 6\,H_3O^+ \; \rightarrow \; 2\,Fe^{3+} \; + \; 9\,H_2O \qquad \text{(E18−1)}$$
$$\underset{\text{(HCl)}}{}$$

$$\underset{\text{Überschuß}}{Sn(II)} \; + \; 2\,\underset{\text{(gelb)}}{Fe^{3+}} \; \rightleftharpoons \; Sn(IV) \; + \; 2\,\underset{\text{(hellgrün)}}{Fe^{2+}} \qquad \text{(E18−2)}$$

$$Sn(II) \; + \; 2\,\underset{\text{(HgCl}_2)}{Hg^{2+}} \; + \; 2\,Cl^- \; \rightleftharpoons \; Hg_2Cl_2(s) \; + \; Sn(IV) \qquad \text{(E18−3)}$$

$$\underset{\text{Überschuß}}{Sn(II)} \; + \; \underset{\text{(HgCl}_2)}{Hg^{2+}} \; \rightleftharpoons \; \underset{\text{(schwarz)}}{Hg^0(s)} \; + \; Sn(IV) \qquad \text{(E18−4)}$$

$$\underset{\text{(K}_2\text{Cr}_2\text{O}_7)}{Cr_2O_7^{2-}} \; + \; 6\,Fe^{2+} \; + \; 14\,H_3O^+ \; \rightarrow \; 2\,Cr^{3+} \; + \; 6\,Fe^{3+} \; + \; 21\,H_2O \qquad \text{(E18−5)}$$

Da Kaliumdichromat eine Urtitersubstanz ist, kann man eine Standardlösung leicht durch Einwiegen herstellen. Streng genommen müßte man das Kaliumdichromat gegen Eisendraht als Urtiter einstellen, da der Endpunkt der Titration nicht mit dem Äquivalenzpunkt zusammenfällt, wenn man Bariumdiphenylaminsulfonat als Indikator verwendet. Dieser Fehler ist gewöhnlich jedoch so klein, daß er bei normalen Ansprüchen an die Genauigkeit der Bestimmung außer acht bleiben kann.

Kaliumdichromat hat noch einen weiteren Vorteil: Es oxidiert das aus der Salzsäure stammende Chlorid im Gegensatz zu Permanganat nicht.

Herstellung der Kaliumdichromat-Lösung

Wiegen Sie 2,452 g getrocknetes Kaliumdichromat (Urtitersubstanz) ein und überführen Sie es in einen 500-mL-Meßkolben. Nach Auflösen in Wasser füllen Sie bis zur Eichmarke auf. Sie erhalten eine Dichromat-Lösung, $c(\frac{1}{6}Cr_2O_7^{2-}) = 0,1000$ mol/L.

Auflösen des Erzes und Reduktion von Eisen(II) zu Eisen(III)

1. Wiegen Sie drei 0,5-g-Proben des Erzes in je einen 500-mL-Erlenmeyer-Kolben ein. Geben Sie 10 bis 15 mL Salzsäure, $c = 12$ mol/L, in jeden Kolben (Hinweis 1) und bedecken Sie die Kolben mit Uhrgläsern.
2. Erhitzen Sie die Kolben auf einer Heizplatte oder über einem Brenner mit Drahtnetz im Abzug so lange, bis das gesamte Erz gelöst ist (20 bis 60 Minuten; die Lösung soll nicht sieden!). Die Lösung sieht dann gelb

aus, da Eisen(III) sich löst und einen Chlorokomplex bildet. Sie werden auch einen weißen flockigen Rückstand an Siliciumdioxid beobachten. Ein schwerer schwarzer Niederschlag weist auf schwerlösliche Sulfide oder Silicate hin (Hinweis 2).

3. Dampfen Sie die Lösung bis auf etwa 5 mL ein und verdünnen Sie mit Wasser auf 15 mL. Da das bei der Reduktion gebildete Eisen(II) leicht durch Luft oxidiert wird, müssen Sie die drei Proben von jetzt an einzeln behandeln (Hinweis 3) und jede reduzierte Probe titrieren, bevor Sie die nächste Probe reduzieren. Erhitzen Sie die Lösung nun zum Sieden, nehmen Sie sie von der Heizquelle weg und fügen Sie tropfenweise Zinn(II)-chlorid-Lösung, $c = 0{,}5$ mol/L, (Hinweis 4) zu, bis das gelbe Eisen(III) vollständig zu hellgrünem Eisen(II) reduziert ist. (Die meisten Proben sind so verdünnt an Eisen(II), daß sie praktisch farblos aussehen.) Fügen Sie nicht mehr als 2 Tropfen im Überschuß zu (Hinweis 5). Hitze und eine hohe Chlorid-Konzentration beschleunigen die Reaktion.

4. Kühlen Sie auf Raumtemperatur ab, geben Sie 50 mL Wasser zu, rühren Sie rasch um und fügen Sie *in einem Guß* 10 mL Quecksilber(II)-chlorid-lösung, $c = 0{,}25$ mol/L, zu, um eine Reduktion des Quecksilber(II)-Ions zu metallischem Quecksilber zu vermeiden. Überschüssiges Zinn(II) ist jetzt vollständig zu Zinn(IV) oxidiert.

5. Warten Sie 3 Minuten. Wenn ein weißer Niederschlag von Quecksilber(I)-chlorid beobachtet wird, beginnen Sie mit der Titration wie im folgenden beschrieben. Wenn Sie keinen Niederschlag beobachten, so liegt Zinn(II)-chlorid noch nicht im Überschuß vor. Verwerfen Sie dann die Probe. Wenn der Niederschlag grau oder schwarz ist, so ist metallisches Quecksilber entstanden. Verwerfen Sie dann ebenfalls die Probe.

Titration von Eisen(II)

1. Geben Sie sofort 200 mL Wasser, 10 mL Schwefelsäure (1:5), 5 mL 85%ige Phosphorsäure und 8 Tropfen Natrium- oder Bariumdiphenyl-aminsulfonat als Indikator in den Eisen(II) enthaltenden Kolben. Titrieren Sie langsam mit Kaliumdichromat bis zum Endpunkt. Im Verlauf der Reduktion des Dichromats entsteht die blaugrüne Farbe von Chrom(III)-Ionen; folglich ändert sich die Farbe am Endpunkt von blau über einen Grauton zu purpurrot. Die Titration sollte tropfenweise durchgeführt werden, sobald der Grauton auftritt, da der Indikator etwas langsam oxidiert wird.

2. Berechnen Sie den Prozentgehalt des Erzes an Eisen, die molare Masse von Eisen ist 55,85 g/mol.

Analyse einer Rasierklinge

1. Lassen Sie sich eine zweischneidige Rasierklinge vom Assistenten aushändigen. Da verschiedene Chargen derselben Marke bzw. Firma ausgegeben werden können, schreiben Sie sich die Chargen-Nummer der Rasierklinge, die Sie erhalten haben, auf (Hinweis 6).

2. Auf der Rasierklinge können Reste von Wachs sein, sie sollten vor dem Wägen entfernt werden. Überlegen Sie sich eine Methode zur Entfernung des Wachses und führen Sie sie aus (*Hinweis:* Wachs ist eine organische Substanz).

3. Wiegen Sie die Rasierklinge auf der Analysenwaage. Geben Sie etwa 5 mL Wasser in einen 250-mL-Erlenmeyer-Kolben, geben Sie dann vorsichtig etwa 25 mL konzentrierte Salzsäure dazu (Hinweis 7). Im Abzug erwärmen Sie nun die Lösung etwa 5 Minuten auf der Heizplatte, um Sauerstoff zu entfernen.

4. Geben Sie nun die Rasierklinge in den Kolben. Lassen Sie das Ganze 10 bis 15 Minuten bei Raumtemperatur im Abzug stehen (Hinweis 8), erhitzen Sie dann zum Sieden, um die Auflösung zu vervollständigen. Die Lösung sollte infolge der Anwesenheit von Eisen(II)-Ionen hellgrün sein. Wenn die Lösung gelb ist, so kann der Assistent Ihnen vorschlagen, 1 bis 2 Tropfen Zinn(II)-chloridlösung zur Reduktion von eventuell anwesendem Eisen(III) zu Eisen(II) zuzugeben; anschließend wird dann das Quecksilber(II) zugefügt.

5. Lassen Sie sich einen 250-mL-Meßkolben geben und geben Sie 190 mL destilliertes Wasser hinein. Überführen Sie die Eisen(II)-Lösung quantitativ in den Meßkolben, spülen Sie dann den Erlenmeyer-Kolben gut mit destilliertem Wasser nach und überführen Sie auch dieses Waschwasser in den Meßkolben. Verdünnen Sie die Lösung bis zur Eichmarke (Hinweis 9).

6. Unter Verwendung einer 50-mL-Pipette (oder zweimaliger Verwendung einer 25-mL-Pipette) überführen Sie genau 50 mL der Eisen(II)-Probelösung in einen 500-mL-Erlenmeyer-Kolben und titrieren Sie das Eisen(II) wie in Schritt 1 im Abschnitt „Titration von Eisen(II)" beschrieben. Pipettieren Sie jeweils nur eine Probe auf einmal, da Eisen(II) an der Luft langsam zu Eisen(III) oxidiert wird.

7. Berechnen Sie den Prozentgehalt der Rasierklinge an Eisen, die molare Masse von Eisen ist 55,85 g/mol.

Hinweise

1. An dieser Stelle kann man alternativ auch 3 mL Zinn(II)-chloridlösung zusammen mit der Säure zugeben, um das Auflösen des Erzes zu beschleunigen.

2. Nach Anweisung des Assistenten können an dieser Stelle 5 mL Salpetersäure zugegeben werden,um eventuell vorhandene Sulfide oder Silicate aufzulösen. Die Salpetersäure wird dann durch Abrauchen mit 5 mL konzentrierter Schwefelsäure entfernt.

3. Wenn Sie nicht genügend Zeit haben, um alle Proben durchzumessen, können Sie die Proben an dieser Stelle bis zum nächsten Labortag aufbewahren.

4. Die Zinn(II)-chloridlösung, $c = 0,5$ mol/L, stellt man durch Auflösen von 115 g $SnCl_2 \cdot 2\,H_2O$ in 300 mL HCl-Lösung, $c = 12$ mol/L, her, indem man 3 oder 4 Stücke Zinnschwamm zugibt und die entstehende Lösung mit Wasser auf 1 Liter

verdünnt. Der Zinnschwamm verhindert die langsame Luftoxidation von Zinn(II) zu Zinn(IV).

5. Wenn Zinn(II)-chlorid in großem Überschuß zugegeben wurde, oxidieren Sie den Überschuß mit einigen Tropfen Kaliumpermanganat-Lösung.

6. Die meisten zweischneidigen Rasierklingen erwiesen sich als geeignet für die Analyse, solange sie nicht aus rostfreiem Stahl gemacht sind. Einige Rasierklingen machen Schwierigkeiten, da der Aufdruck auf der Klinge sich nicht löst.

7. Es empfiehlt sich, mit diesem Schritt am Anfang eines Labortages zu beginnen.

8. Das Eisen in der Klinge wird in Form von Eisen(II) in Lösung gebracht, wobei Wasserstoff frei wird. Der Wasserstoff erhält eine reduzierte Atmosphäre aufrecht (Achtung: Wasserstoff-Luft-Gemische sind explosiv!) und verhindert, daß Eisen(II) zu Eisen(III) oxidiert wird. Deshalb ist eine Reduktion des Eisens mit Zinn(II)-chlorid nicht erforderlich.

9. Das Stehenlassen über Nacht ist nicht besonders empfehlenswert, obwohl in einigen Fällen bei fest verschlossenem Kolben ohne übermäßig großen Fehler am nächsten Tag titriert werden kann.

Fragen

1. Warum sollte man einen zu großen Überschuß von Zinn(II)-chlorid vermeiden?
2. Zeigen Sie, daß 2,452 g Kaliumdichromat, auf 500 mL aufgefüllt, eine Lösung der Stoffmengenkonzentration $c(\frac{1}{6}Cr_2O_7^{2-}) = 0{,}1000$ mol/L liefern.
3. Warum sollte Quecksilber(II)-chlorid in einem Guß in die Zinn(II)-chlorid-haltige Lösung gegeben werden?
4. Warum beschleunigt das Chlorid-Ion die Reaktion zwischen Eisen(III) und Zinn(II)?
5. Warum gibt man vor der Titration des Eisen(II) Phosphorsäure hinzu?

Experiment 19
Bestimmung von Eisen mit Permanganat

Bei dieser Analyse wird das Eisenerz in Perchlorsäure (1:1) und Phosphorsäure [Gl. (E19–1)] gelöst. Das entstandene Eisen(III) wird dann mit dem Jones-Reduktor (Zinkamalgam) reduziert, und das Eisen(II) mit Kaliumpermanganat-Standardlösung titriert. Die genannten Säuren wurden als Lösungsmittel gewählt, weil der Jones-Reduktor nicht mit HNO_3- oder HCl-Lösung verwendet werden kann. Weder Phosphorsäure noch Perchlorsäure stören die Reduktion, und die Kombination der beiden ergibt ein gutes Lösungsmittel für Eisenerze, insbesondere solche, die reich an SiO_2 sind.[6]

Phosphorsäure allein löst Erze rasch, wandelt aber SiO_2 in eine gelatinöse Form um, die den Jones-Reduktor verstopft. Perchlorsäure vermeidet dieses Pro-

6 C.A. Goetz und E.P. Wadsworth, Jr., *Anal. Chem. 28*, 375 (1956)

blem, löst Erze aber nur sehr langsam. Das 1:1-Gemisch hat die Vorteile beider Säuren bei gleichzeitiger Umgehung der Nachteile.

$$Fe_2O_3(s) + 2H_3O^+ + 2H_3PO_4 \rightleftharpoons 2Fe(HPO_4)^+ + 5H_2O \qquad (E19-1)$$
$$(HClO_4)$$

Salpetersäure kann mit dem Jones-Reduktor zusammen nicht verwendet werden, da das Nitrat-Ion zu einer Reihe von Produkten reduziert wird, darunter auch Hydroxylamin; Salzsäure reagiert langsam mit dem amalgamierten Zink im Reduktor unter Bildung von gasförmigem Wasserstoff.

Der Jones-Reduktor wird durch Umsetzung von granuliertem Zink mit Quecksilber(II)-chlorid hergestellt [Gl. (E19-2)]. Das Quecksilber amalgamiert das Zink und vermindert seine Reaktionsgeschwindigkeit mit allen Säuren außer Salzsäure. Wenn eine Eisen(III)-Lösung durch den Reduktor geschickt wird, so wird das Eisen(III) quantitativ zum Eisen(II) reduziert [Gl. (E19-3)]. Dabei kann kein überschüssiges Reduktionsmittel die Lösung verunreinigen, so wie es mit Zinn(II)-chlorid der Fall ist. Die Zink(II)-Ionen, die in die Lösung übergehen, stören die Titration mit Permanganat-Maßlösung nicht.

$$2Zn^0(s) + HgCl_2 \rightleftharpoons Zn^0(s)/Hg^0(s) + Zn^{2+} + 2Cl^- \qquad (E19-2)$$
$$2Fe(III) + Zn^0(s) \rightleftharpoons 2Fe(II) + Zn^{2+} \qquad (E19-3)$$

Die Kaliumpermanganat-Maßlösung ist gewöhnlich instabil und muß frisch hergestellt werden. Spuren von organischen Stoffen und Mangandioxid beeinflussen den Gehalt und müssen vor dem Einstellen bzw. der Titration möglichst weitgehend entfernt werden. Auch wenn man diese Vorsichtsmaßnahme streng einhält, gehört es zum sorgfältigen Arbeiten, daß man das Erz am gleichen Tag analysiert, an dem die Permanganat-Lösung eingestellt wurde.

Eisen(II) wird rasch oxidiert [Gl. (E19-4)]; der Endpunkt zeigt sich am ersten Überschuß des stark gefärbten Permanganat-Ions. Die gleiche Reaktion findet auch beim Einstellen der Lösung Verwendung, wobei elektrolytisch erzeugter Eisendraht als Urtiter dient.

$$MnO_4^- + 5Fe(II) + 8H_3O^+ \rightarrow Mn^{2+} + 5Fe(III) + 12H_2O \qquad (E19-4)$$

Es hat noch einen weiteren Vorteil, wenn man die Verwendung von HCl-Lösung umgeht. Eisen(II) leitet nämlich eine Nebenreaktion ein, bei der Chlorid-Ionen durch Mangan(III) zu Chlor oxidiert werden (das Mangan(III) tritt als Zwischenstufe bei der Reduktion des Permanganats auf).

Wenn man HCl-Lösung zum Auflösen des Erzes und Zinn(II)-Lösung als Reduktionsmittel verwendet, so wird das Reinhardt-Zimmermann-Reagenz (vgl. Hinweis 6) zugefügt. Dieses Reagenz enthält Mangan(II) zur Reduktion von Permanganat zu Mangan(III) und Phosphorsäure zur Komplexierung des Mangan(III), so daß eine rasche Oxidation des Chlorid-Ions verhindert wird. Dies verringert zwar den Fehler, eliminiert ihn aber nicht völlig.

Herstellung der Kaliumpermanganat-Lösung

1. Wiegen Sie etwa 3,2 g Kaliumpermanganat aus und lösen Sie es in 1 Liter destilliertem Wasser. Erhitzen Sie die Lösung zum Sieden und halten Sie sie etwa für 1 Stunde auf 90 °C. Lassen Sie die Lösung über Nacht stehen, um reduzierende Verunreinigungen im Wasser vollständig mit dem Permanganat reagieren zu lassen (Hinweis 1).
2. Filtrieren Sie die Lösung über eine Glasfritte, um Braunstein zu entfernen, und überführen Sie sie dann in eine dunkle Glasflasche mit Glasstopfen, die vorher mit Reinigungslösung behandelt und gut ausgespült wurde. Bedecken Sie Stopfen und Rand der Flasche mit Kunststoff-Folie oder einem kleinen Becherglas, um Staub fern zu halten. Diese Lösung hat eine Äquivalentkonzentration von etwa $c(\frac{1}{5}MnO_4^-) = 0,1$ mol/L.

Herstellung des Jones-Reduktors

1. Lassen Sie sich eine Glassäule von 45 cm Innendurchmesser mit Glashahn geben und bedecken Sie die Fritte im Rohr über dem Hahn mit einem Pfropfen aus Glaswolle. Verbinden Sie das Ablaufrohr mit einer 500-mL-Saugflasche. Verbinden Sie die seitliche Olive der Saugflasche über einen ausreichend langen Vakuumschlauch mit der Wasserstrahlpumpe.
2. Amalgamieren Sie Zink, indem Sie 300 g Zinkgranulat von 20 bis 30 mesh in einen Kolben geben und 300 mL einer 2%igen Quecksilber(II)-chloridlösung zufügen, die auch 2 mL konzentrierte HNO_3 pro 300 mL enthalten soll. Setzen Sie den Stopfen auf und schütteln Sie einige Minuten lang. Unterbrechen Sie von Zeit zu Zeit das Schütteln, um den Kolben zu öffnen und für Entweichen von eventuellem Überdruck zu sorgen. Gießen Sie die Lösung ab und waschen Sie das amalgamierte Zink einige Male durch Dekantieren mit Wasser.
3. Füllen Sie die Glassäule mit Wasser und beschicken Sie sie dann vorsichtig bis zu einer Höhe von 30 bis 35 cm mit dem amalgamierten Zink. Regulieren Sie den Durchfluß auf etwa 50 mL pro Minute, indem Sie die Saugkraft der Wasserstrahlpumpe mit dem Hahn entsprechend einstellen. Waschen Sie das Zink in der Säule mit 500 mL Wasser. Der Flüssigkeitsspiegel muß grundsätzlich *jederzeit* oberhalb der Zinkfüllung stehen; sonst wird Sauerstoff in die Säule eingesaugt und teilweise zu Wasserstoffperoxid reduziert, das später durch die Permanganat-Maßlösung oxidiert wird.
4. Spülen Sie den Auffangkolben gut aus und waschen Sie die Säule mit 250 mL 5%iger Schwefelsäure. Überprüfen Sie den Blindwert des Säulenmaterials, indem Sie Kaliumpermanganatlösung, $c(\frac{1}{5}MnO_4^-) =$ 0,1 mol/L, tropfenweise aus der Bürette zu der sauren Waschlösung geben. Wenn zum Auftreten einer Farbe nicht mehr als 2 Tropfen benötigt werden, dann ist das Zink zum weiteren Gebrauch rein genug. Wenn Sie

mehr als 2 Tropfen brauchen, waschen Sie so lange mit Säure, bis dieser einfache Test negativ ausfällt. Bedecken Sie die Säule vor Gebrauch mit einem kleinen Becherglas.

Auflösen von Eisenerz oder reinem Eisen

1. Wiegen Sie drei Proben von je 0,22 g reinem elektrolytisch abgeschiedenen Eisen in 500-mL-Kolben und drei Proben des Eisenerzes in 500-mL-Kolben ein (gegebenenfalls nach Anweisung des Assistenten).
2. Geben Sie 20 mL eines (1:1)-Gemischs von Perchlorsäure und Phosphorsäure in jeden Kolben (Hinweis 2). Wenn Sie entsprechend angewiesen werden, setzen Sie einen Rückflußkühler auf jeden Kolben (Hinweis 3). Bringen Sie die Lösungen in einem Abzug allmählich zum schwachen Sieden. Das Auflösen des Erzes wird etwa 15 Minuten erfordern, wobei ein weißer flockiger Rückstand von SiO_2 zurückbleibt (Hinweis 4).
3. Kühlen Sie die Kolben auf Raumtemperatur ab. Geben Sie vorsichtig 70 mL Wasser so langsam in jeden Kolben, daß heftiges Aufsieden vermieden wird. Verwenden Sie dazu eine Pipette, oder geben Sie das Wasser durch den Kühler zu. Falls Kühler verwendet wurden, nehmen Sie diese nun ab und stellen einen Glasstab in jeden Kolben, um ein Stoßen während des nächsten Schrittes zu vermeiden. Kochen Sie die Lösungen etwa 2 Minuten lang unter Umschütteln, um durch die Reduktion der Perchlorsäure entstandenes Chlor auszutreiben (Hinweis 5).
4. Kühlen Sie die Kolben auf Raumtemperatur und geben Sie jeweils 30 mL Schwefelsäure (1:1) zu. Vervollständigen Sie die Reduktion und die Titration einer Probe, bevor Sie die nächste Probe reduzieren.

Reduktion und Titration des Eisens

1. Stellen Sie 600 mL 5 %ige Schwefelsäure her und geben Sie 100 mL davon in einen graduierten Meßzylinder. Stellen Sie die Wasserstrahlpumpe am Jones-Reduktor an und regulieren Sie mit dem Hahn so ein, daß zwischen 40 und 60 mL pro Minute durchlaufen. Überführen Sie die Lösung quantitativ aus dem Kolben in die Säule und fangen Sie sie mit der Saugflasche auf. Spülen Sie die Flasche, die die Probelösung enthielt, mit vier 25-mL-Portionen 5 %iger Schwefelsäure, und gießen Sie diese Waschlösungen durch die Säule, wenn die Eisenprobe durchläuft. Waschen Sie die letzten Spuren Eisen(II) durch Zugabe von 100 mL destillierten Wassers und Ablaufenlassen der Lösung bis auf 1 cm über dem Niveau der Füllung aus der Säule heraus (Hinweis 6). Beginnen Sie dann sofort mit Schritt 2 (Hinweis 7).
2. Titrieren Sie das Eisen(II) sofort in der 500-mL-Saugflasche mit Kaliumpermanganat-Maßlösung. Als Endpunkt gilt dabei das erste Auftreten einer schwachen Rosafärbung in der Lösung.
3. Spülen Sie die Saugflasche gut aus, verbinden Sie sie mit dem Jones-Reduktor, spülen Sie den Reduktor mit 150 mL 5 %iger Schwefelsäure und

reduzieren Sie die nächste Probe wie in Schritt 1 beschrieben. Machen Sie alle sechs Bestimmungen an einem Tag.

4. Berechnen Sie die Äquivalentkonzentration $c(\frac{1}{5}MnO_4^-)$ der Permanganatlösung und den Prozentgehalt an Eisen im Erz (die Äquivalentmasse M_{eq} von Eisen ist 55,85 g/mol).

Hinweise

1. Ein alternatives Verfahren besteht darin, daß man die Lösung zwei Wochen stehen läßt, so daß das Permanganat vollständig mit reduzierenden Substanzen im Wasser reagiert hat.
2. Die (1:1)-Mischung einer 72 %igen Perchlorsäure und einer 85 %igen Phosphorsäure kann dem Studenten vorgemischt zur Verfügung gestellt werden.
3. Lassen Sie sich vom Assistenten den richtigen Gebrauch des Rückflußkühlers zeigen.
4. Die Lösung kann schwach rosa gefärbt sein, weil eine Spur Mangan(II) enthalten ist; dies stört aber die Analyse nicht. Gelbes Eisen(III) sollte nicht beobachtet werden, da der Komplex aus Eisen(III) und Phosphat farblos ist.
5. Wenn Sie den Versuch nicht zu Ende führen können, kühlen Sie ab und verschließen Sie an dieser Stelle die Flaschen bis zum nächsten Labortag mit einem Stopfen.
6. Der Assistent kann Sie anweisen, daß statt des Jones-Reduktors die Reduktion mit Zinn(II)-chlorid nach Versuch 18 angewendet wird. In diesem Fall geben Sie 200 mL Wasser zu, wie in Schritt 1 bei „Reduktion und Titration des Eisens" gezeigt, und geben Sie 500 mL Reinhardt-Zimmermann-Reagenz anstelle der Schwefel- und Phosphorsäure dazu. Stellen Sie dieses Reagenz her, indem Sie langsam 110 mL konzentrierte Schwefelsäure und 200 mL 85 %ige Phosphorsäure zu 70 g Mangan(II)-sulfat in 500 mL Wasser geben. Verdünnen Sie die Mischung auf 1 Liter.
7. Sofortige Titration umgeht die langsame Luftoxidation des Eisen(II) zu Eisen(III).

Fragen

1. Nachdem die Kaliumpermanganat-Lösung gekocht wurde, um organische Stoffe im Wasser zu oxidieren, wird sie filtriert, um den entstandenen Braunstein zu entfernen. Warum entsteht Braunstein? (*Hinweis:* Ist die Lösung an dieser Stelle sauer oder neutral?)
2. Erklären Sie, warum HCl und HNO_3 bei diesem Verfahren nicht verwendet werden können.
3. Schreiben Sie eine Gleichung für die Reaktion, die abläuft, wenn der Flüssigkeitsstand unter die Füllhöhe des Zinks abfällt und Sauerstoff in den Reduktor eindringen kann.
4. Erklären Sie, warum Kaliumpermanganat keine Urtitersubstanz ist.
5. Warum führt Phosphorsäure zu einem schärferen Farbumschlag am Endpunkt?

Kapitel 32

Spektralphotometrische Geräte und Verfahren

Die Experimente in diesem Kapitel können mit einem preiswerten Gitterspektralphotometer oder einem teuren Präzisionsspektralphotometer durchgeführt werden. Weiterhin haben wir ein Experiment aufgenommen, in dem die Fluoreszenz des Vitamins D mit einem einfachen Fluorimeter gemessen wird. Die nachfolgende Diskussion erstreckt sich nur auf die Verwendung eines tpyischen preiswerten Gitterspektralphotometers, des Spectronic 20. [Ein modernes, mikroprozessorgesteuertes Gerät dieser Art ist beispielsweise das LKB Novaspec.]

Das Spectronic-20-Spektralphotometer verwendet billige Reagenzglaszellen und überdeckt den in der Praxis genutzten Wellenlängenbereich von 330 bis 625 nm. Wenn ein Filter und eine infrarotempfindliche Vakuumphotodiode (Photozelle) verwendet werden, können die Messungen auch im Bereich von 625 bis 950 nm durchgeführt werden. Bild 32–1 zeigt einen Teil der Oberseite des Spectronic 20. Mit dem Drehregler auf der rechten Seite kann die Wellenlänge in Schritten von 5 nm eingestellt werden. Auf der linken Seite ist die Halterung für das Reagenzglas mit einem nach hinten zu öffnenden Deckel. Oben befindet sich die Anzeige mit zwei Skalen, und rechts eine Kontrollampe für das eingeschaltete Instrument. Auf der oberen Skala wird die prozentuale Transmission (% T) abgelesen, die untere zeigt die Extinktion an. Die Skalen verdeutlichen die Beziehung zwischen Extinktion E und Transmission T oder prozentualer Transmission % T, wie sie in Kapitel 5 definiert wurden:

$$E = -\log T = -\log\left(\frac{\% \, T}{100}\right)$$

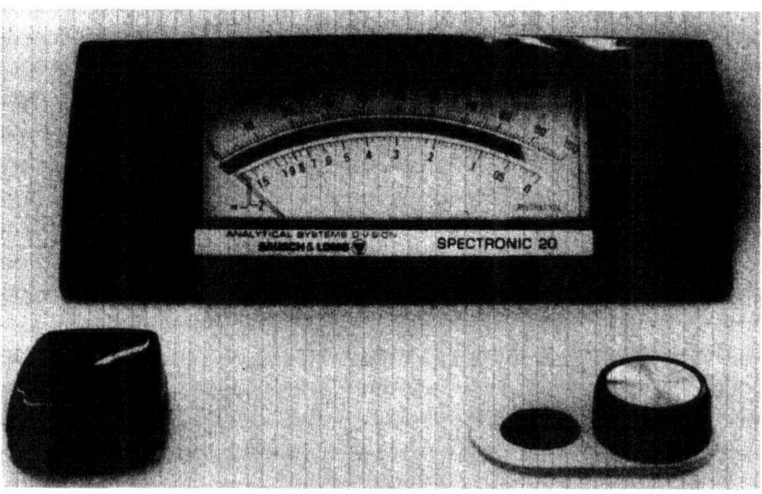

Bild 32-1 Teilansicht des Spektralphotometers Spectronic 20 (mit freundlicher Genehmigung der Firma Bausch and Lomb, Inc., Rochester, N.Y.)

Tabelle 32−1 Einige Transmissionswerte und die zugehörigen Extinktionen. Aufgelistet sind auch die entsprechenden Fehler in der Konzentration, wenn die prozentuale Transmission mit einem Fehler von 0,5 abgelesen wird.

T	$\% T$	E	Relative Fehler in der Konzentration bei einem Ablesefehler der $\% T$ von 0,5
0,89	89	0,050	5,2
0,75	75	0,125	2,3
0,35	35	0,460	1,36
0,10	10	1,000	2,17
0,01	1	2,000	10,8

Tabelle 32−1 gibt einige Werte für T und $\% T$ mit den entsprechenden Werten für E und relativen Fehlern der Konzentrationen für jeweils 0,5 % T Ablesefehler an.

32.1 Arbeitsweise

In Bild 32−2 ist eine schematische Darstellung wiedergegeben. Das von der Lichtquelle emittierte Licht wird durch die Feldlinsen auf die Objektivlinsen fokussiert. Diese Linsen fokussieren das weiße Licht auf das Beugungsgitter, das das Licht des gewünschten 20-nm-Bandes durch den Austrittsspalt reflektiert.

Das Beugungsgitter ist eine Kunststoffnachbildung eines durch Maschinen hergestellten Stahlgitters mit exakt 600 Rillen pro Millimeter. Das auf das Gitter auftreffende weiße Licht wird gebeugt, das entsprechende Spektrum reicht von 330 nm

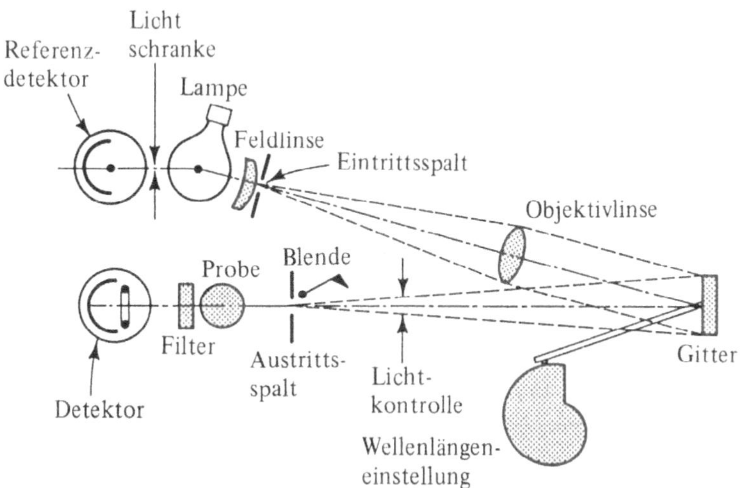

Bild 32-2 Strahlengang im Spectronic 20, Ansicht von oben (mit freundlicher Genehmigung der Firma Bausch and Lomb, Inc., Rochester, N. Y.)

(ultraviolett bis violett) bis 950 nm (rot bis infrarot). Die Strahlenbündel werden auf einen Schirm reflektiert, in dem ein Spalt eingeschnitten ist. Bei Veränderung der Wellenlängeneinstellung wird das Gitter so gedreht, daß der gewünschte 20-nm-Bereich des Lichtes durch den Spalt auf die Probenlösung fällt. Hierdurch fällt z.B. Licht von 500–520 nm durch den Austrittsspalt, wenn die Wellenlänge auf 510 nm eingestellt wird.

Alles Licht, das nicht von der Probenlösung absorbiert wird, fällt auf die Photozelle, wo die Intensität des transmittierten Lichtes in ein elektrisches Signal überführt und auf der Skala angezeigt wird. Die messende Photozelle hat für den sichtbaren Bereich eine maximale Empfindlichkeit bei 400 nm (sie hat nur 5 % dieser Empfindlichkeit bei 625 nm). Um oberhalb von 625 nm messen zu können, muß eine infrarotempfindliche Photozelle eingesetzt und ein Rotfilter zur Ausfilterung des Beugungslichts zweiter Ordnung verwendet werden.

32.2 Arbeitsbedingungen

Die Arbeitsbedingungen werden sich je nach Wahl des verwendeten Gerätes geringfügig verändern. Sie sollten mit dem Praktikumsbetreuer abgesprochen werden. Bei Verwendung unterschiedlicher Typen von Spektralphotometern oder Kolorimetern sollten die Bedienungsanleitungen sorgfältig gelesen werden.

1. *Einschalten des Instrumentes.* Bedienen Sie den Hauptschalter und beachten Sie die Kontroll-Leuchte (power). Die Geräte benötigen in der Regel einige Minuten zum Aufwärmen.
2. *Reinigung der Küvetten.* Während der Aufwärmzeit spülen Sie die Reagenzglas-Küvetten mit destilliertem Wasser und anschließend dreimal mit der zu messenden Lösung aus. Füllen Sie ein Glas nur mit destilliertem Wasser für den Lösungsmittelabgleich. Füllen Sie weitere Reagenzgläser mit den zu messenden Lösungen. Berühren Sie dabei *nicht* den unteren Teil der Küvette, durch die der Lichtstrahl bei der Messung fällt. Entfernen Sie jegliche Flüssigkeiten oder Verunreinigungen auf der Außenseite des Glases mit einem Reinigungstuch (kein Taschentuch oder Papiertaschentuch verwenden).
3. *Einstellen von 0% T.* Nach dem Aufwärmen des Gerätes stellen Sie die Anzeige so ein, daß der Zeiger der prozentualen Transmissionsskala auf 0 steht. Vergewissern Sie sich, daß die Anzeige stabil ist. Falls nicht, warten Sie die Aufwärmzeit des Gerätes ab oder fragen Sie den Praktikumsbetreuer. Diese Einstellung wird ohne Reagenzglas in der Halterung durchgeführt, so daß kein Licht die Photozelle erreicht.
4. *Einstellung auf 100% T.* Stellen Sie die gewünschte Wellenlänge am Gerät ein. Drehen Sie die Einstellung für die Lichtintensität vor dem Einführen des Reagenzglases auf beinahe 0 zurück. Führen Sie das Reagenzglas mit destilliertem Wasser in den Halter ein; prüfen Sie dabei, ob das Glas ausreichend gefüllt ist. Stellen Sie anschließend die Lichtintensität schrittweise auf eine Ablesung von 100 auf der prozentualen Transmissionsskala ein. Nehmen Sie anschließend sofort das Reagenzglas heraus, um eine Überlastung der Photozelle zu vermeiden.

5. *Überprüfung von 0 auf 100% T.* Nachdem das Reagenzglas aus der Halterung herausgenommen wurde, sollte die Anzeige nun 0 anzeigen. Falls nicht, wiederholen Sie die Schritte 3 und 4. Überprüfen Sie jedesmal die Einstellungen von 0 und 100%, und regeln Sie gegebenenfalls nach, wenn die Wellenlänge verändert wird, aber auch in größeren Abständen während einer langen Meßreihe bei der gleichen Wellenlänge.

6. *Messung von Proben.* Bringen Sie das Reagenzglas mit der Probe wie in Schritt 4 beschrieben in die Halterung. Lesen Sie die Extinktion sofort ab. Entfernen Sie anschließend das Reagenzglas und halten Sie fest, ob die 0% T-Anzeige verändert ist. Führen Sie zur weiteren Überprüfung das Reagenzglas noch einmal ein und halten Sie die Extinktion fest. Wird hierbei eine kleine Abweichung zwischen beiden Ablesungen festgestellt, verwenden Sie den Mittelwert.

7. *Überprüfung des Gerätes.* Sollen andere Wellenlängen verwendet werden, beachten Sie die Anweisungen im Schritt 5. Nach Abschluß der Messungen spülen Sie die Reagenzgläser mit destilliertem Wasser.

Experiment 20
Spektralphotometrische Bestimmung von Mangan in Stahl

Mangan in Stahl wird durch Auflösen des Stahls und Oxidation des dabei erhaltenen Mangan(II) zu Mangan(VII) bestimmt, das kolorimetrisch oder spektralphotometrisch gemessen wird. Hierbei werden drei Oxidationsmittel verwendet.

Zunächst wird Stahl in verdünnter Salpetersäure aufgelöst und liefert Eisen(III) und Mangan(II) [Gl. E20−1)]. Während des Auflösens werden NO_2 und NO produziert. Diese können das Experiment später durch Reduktion der Periodsäure stören; daher werden beide durch Aufkochen teilweise entfernt. Ammoniumpersulfat (Ammoniumperoxodisulfat) wird als Hilfsoxidationsmittel verwendet, um die verbleibenden Oxide des Stickstoffs [Gl. (E20−1)] und den gesamten Kohlenstoff oder eventuell vorhandene organischen Verbindungen zu oxidieren. Das nicht verbrauchte Peroxodisulfat wird anschließend durch Reduktion mit kochendem Wasser zerstört [Gl. (E20−3)].

$$3\,Mn^0 + 2\,NO_3^- + 8\,H_3O^+ \rightarrow 3\,Mn^{2+} + 2\,NO(g) + 12\,H_2O \qquad (E20{-}1)$$

$$2\,NO_2 + \underset{[(NH_4)_2S_2O_3]}{S_2O_8^{2-}} + 6\,H_2O \rightarrow 2\,NO_3^- + 2\,SO_4^{2-} + 4\,H_3O^+ \qquad (E20{-}2)$$

$$2\,S_2O_8^{2-} + 6\,H_2O \rightarrow 4\,SO_4^{2-} + O_2(g) + 4\,H_3O^+ \qquad (E20{-}3)$$

In der Theorie ist Peroxodisulfat ein hinreichend starkes Oxidationsmittel, um Mangan(II) zum Mangan(VII) zu oxidieren, jedoch ist diese Reaktion für eine praktische Anwendung zu langsam. Silber(II) − als Silber(I) zugegeben und *in situ* erzeugt − kann als Katalysator verwendet werden, jedoch sind die Ergebnisse gelegentlich fehlerhaft. Natriumperiodat oxidiert Mangan(II) zum Mangan(VII) wesentlich schneller und reproduzierbarer und wird für die Oxidation bevorzugt [Gl. (E20−4)]. Die Oxidation wird bei Siedetemperatur durchgeführt, um die Reaktion zu beschleunigen und die Löslichkeit des wenig löslichen Natriumperiodats zu erhöhen. Da Periodat bei dieser Temperatur ebenfalls geringfügig zersetzt wird, sollte es zur Vermeidung eines Überschusses in zwei Portionen zugegeben werden (vergleiche Schritt 4).

$$2\,Mn^{2+} + 5\,IO_4^- + 9\,H_2O \rightarrow 2\,MnO_4^- + 6\,H_3O^+ + 5\,IO_3^- \qquad (E20-4)$$
$$(KIO_4)$$

Arbeitsvorschrift zur spektralphotometrischen Bestimmung
Dieses Verfahren wird mit einem Standard-Stahl mit bekanntem Mangangehalt und der Stahlprobe mit unbekanntem Mangangehalt durchgeführt (vergleiche Hinweis 1, siehe weiter unten). Die abschließende Berechnung des prozentualen Mangangehaltes wird stark vereinfacht, wenn die Probenmengen innerhalb $\pm 0{,}01$ g übereinstimmen.

1. Bereiten Sie die Permanganatlösungen wie in den Schritten 2 bis 6 angegeben vor. Informieren Sie sich über die Bedienungsanleitung des zu verwendenden Spektralphotometers.
2. Wiegen Sie gleiche Mengen (1,00 bis 1,50 g) eines Standardstahls und eines unbekannten Stahls auf etwa 0,01 g genau ein. Trocknen Sie die Stahlproben nicht.
3. Die Stahlproben werden in getrennte 400-mL-Bechergläser gebracht, 50–60 mL verdünnte Salpetersäure (1:3) werden zugegeben und zum Auflösen in einem Bad erhitzt. Abschließend wird abgedeckt und die Lösung für weitere 2 Minuten am Sieden gehalten, um Stickoxide zu entfernen. Hierbei können schwarze Rückstände aus Kohlenstoff zurückbleiben.
4. Nehmen Sie die Bechergläser vom Bad und geben Sie vorsichtig 1 g Ammoniumpersulfat in jedes Becherglas. Kochen Sie für weitere 10 bis 15 Minuten vorsichtig auf, um den Kohlenstoff zu oxidieren und überschüssiges Ammoniumpersulfat zerstören (beachten Sie Hinweis 2).
5. Verdünnen Sie jede Lösung auf etwa 100 mL, geben Sie 15 mL einer 85%igen Phosphorsäure (oder 40 mL einer Phosphorsäure, $c = 6\,mol/L$) zu, sowie 0,5 g Natriumperiodat. Die Bechergläser werden vom Bad genommen und unter die Siedetemperatur abgekühlt; anschließend werden weitere 0,2 g Natriumperiodat zugegeben. Anschließend wird für weitere 1 bis 2 Minuten zum Sieden erhitzt.
6. Beide Lösungen werden in 500-mL-Meßkolben überführt und bis zur Marke aufgefüllt (um zu vermeiden, daß organische Substanzen in dem für die Verdünnung verwendeten deionisierten Wasser oxidiert werden, wird zunächst abgekühlt).
7. Ein Reagenzglas oder eine Küvette wird mit deionisiertem Wasser aufgefüllt, ein weiteres mit der Permanganatlösung des Standardstahls. Die Wellenlänge wird auf 480 nm eingestellt, anschließend erfolgt die Einstellung von $0\,\% \; T$ entsprechend Schritt 3 der Arbeitsbedingungen.

8. Beginnend mit 480 nm wird auf 100 % T eingestellt und die Extinktion der Standardlösung bei jeder der folgenden Wellenlängen gemessen: 480 nm, 520 nm, 560 nm und 600 nm. Beachten Sie die Schritte 4 bis 6 der Arbeitsbedingungen (Abschnitt 32.2). Hierbei wird das Extinktionsmaximum lokalisiert. Es ist darauf zu achten, daß bei jeder Wellenlänge 0 % T und 100 % T korrekt eingestellt sind.

9. Wählen Sie die Wellenlänge des Extinktionsmaximums aus und überprüfen Sie erneut die 100 % T-Einstellung bei dieser Wellenlänge. Die für den Standard verwendeten Reagenzgläser werden dreimal mit der Permanganatlösung des unbekannten Stahls gespült und anschließend mit dieser Lösung gefüllt. Die Extinktion der Lösung wird abgelesen.

10. Wenn die Mengen der zwei Proben innerhalb $\pm$ 0,01 g übereinstimmen, wird der Prozentgehalt des Mangans im unbekannten Stahl durch Multiplikation des prozentualen Mangangehaltes im Standardstahl mit dem Quotienten der Extinktion des unbekannten und des Standardstahls multipliziert. Sind die Mengen unterschiedlich, wird der molare dekadische Extinktionskoeffizient ε des Permanganats unter Verwendung der Daten des Standardstahls berechnet. Unter Anwendung des Lambert-Beerschen Gesetzes wird die Permanganatkonzentration des unbekannten Stahls berechnet und anschließend diese Konzentration zur Berechnung des prozentualen Mangangehaltes verwendet.

Eine andere Bestimmungsmöglichkeit besteht darin, eine Arbeitskurve (Eichkurve) durch Verdünnen einer Kaliumpermanganat-Standardlösung, $c =$ 0,01 mol/L, auf ein bekanntes Volumen zu erstellen, wobei die Extinktion jeder Lösung gemessen und die Extinktion gegen die Konzentration aufgetragen wird. Anschließend wird die Extinktion der Permanganatlösung eines unbekannten Stahls gemessen und die Konzentration des Permanganats aus der Auftragung von Extinktion gegen Konzentration abgelesen. Um die Eisen(III)-Konzentration der unbekannten Probe zu simulieren, sollten die Permanganat-Standardlösungen mit Eisen(III)-nitrat versetzt werden, so daß $c\,[\mathrm{Fe(NO_3)_3}] = 0{,}004$ mol/L pro in 500 mL gelöstem Gramm Stahl beträgt.

Hinweise

1. Zwischen Permanganat- und Eisen(III)-Ionen gibt es eine Wechselwirkung (wahrscheinlich durch Charge-Transfer), die sich durch Verminderung der Extinktion des Permanganat-Ions bemerkbar macht [vergl. G. Schenk, *Rec. Chem. Progress* 28, 135 (1967)]. Um dies auszugleichen, wird eine Standard-Stahlprobe mit bekanntem Gehalt an Mangan verwendet. Wird eine Standardlösung an Permanganat verwendet, sollte Eisen(III)-nitrat zugegeben werden.

2. Ein Niederschlag von Mangandioxid an dieser Stelle kann durch Zugabe weniger Tropfen verdünnter Natriumsulfitlösung entfernt werden. Zur Entfernung eines Überschusses an Schwefeldioxid sollte die Probe aufgekocht werden.

3. Phosphorsäure komplexiert Eisen(III), so daß es nicht im sichtbaren Bereich absorbiert. In Salpeter- oder Salzsäure ist Eisen(III) gelb; größere Mengen absorbieren bei 520 nm.

4. Permanganatlösungen sollten am Tag der Herstellung photometrisch bestimmt werden, obwohl ein Überschuß an Periodat das Permanganat gegen langsame Reduktion stabilisiert [vergl. H.H. Willard und H. Diehl, *Advanced Quantitative Analysis* (Van Nostrand, New York 1943). S. 177.]

Fragen

1. Erläutern Sie den Unterschied zwischen einer kolorimetrischen und spektralphotometrischen Bestimmung von Permanganat.
2. Wenn Dichromat- und Permanganat-Ionen gleichzeitig anwesend sind, welche der eben genannten zwei Methoden würde sich besser zur Bestimmung des Permanganat-Ions eignen? Warum? Welches Experiment sollte vorher ausgeführt werden?
3. Berechnen Sie den molaren dekadischen Extinktionskoeffizienten ε des Kaliumpermanganats aus den folgenden Ergebnissen: Der Durchmesser der Küvette (Lichtweg) beträgt 11,6 mm, die prozentuale Transparenz (% T) ist 40 bei 500 nm, die Stoffmengenkonzentration an $KMnO_4$ ist $1,7 \cdot 10^{-4}$ mol/L.
4. Warum wird zu aufgelösten Stahlproben Phosphorsäure zugegeben? Wenn dies unterlassen wird, würde dies eine kolorimetrische Bestimmung stärker als eine spektralphotometrische Bestimmung beeinflussen?

Experiment 21
Infrarotspektroskopische Bestimmung von Wasser in Essigsäure-Wasser-Mischungen

Wasser absorbiert infrarote Strahlung bei verschiedenen Wellenlängen im Bereich zwischen 800 und 2500 nm (also im nahen Infrarot), sowie im Bereich zwischen 2500 und 10000 nm. Ein Spektrum des Wassers im nahen Infrarot ist in Bild 32−3 gezeigt. Die Banden bei 960 bis 970 nm und bei 1140 nm entsprechen der Absorption von Infrarotstrahlung durch Schwingungsanregungen, z.B. der Sauerstoff-Wasserstoff-Bindung. Die Energie der absorbierten Infrarotstrahlung ist zur Masse der an einer chemischen Bindung „hängenden" Atome oder Gruppen umgekehrt proportional. Da die Wellenlänge umgekehrt proportional zur Energie ist, ist die Wellenlänge zu diesen Massen direkt proportional. Da im Wasser ein Wasserstoffatom mit einer OH-Gruppe verbunden ist, ist die durch Wasser absorbierte Infrarotstrahlung energiereicher als die der meisten Moleküle des Typs RO−H. Das Wassermolekül absorbiert daher Infrarotstrahlung bei einer kürzeren Wellenlänge als die meisten Moleküle der Art ROH. (Anschauliche Beispiele sind zwei leichte und zwei schwere Kugeln, die jeweils mit einer Spiralfeder miteinander verbunden sind. Die leichten Kugeln schwingen mit einer höheren Frequenz als die schwereren.) Da Essigsäure typische Absorptionsbanden bei 1010 nm und 1180 nm hat, ist sie zum Vergleich mit Wasser gut geeignet. Wasser kann in ihrer Gegenwart durch eine spektralphotometrische Bestimmung bei 960 nm bestimmt werden; das hierfür verwendete Spektralphotometer sollte daher diese Wellenlänge erreichen. − Nachfolgend die

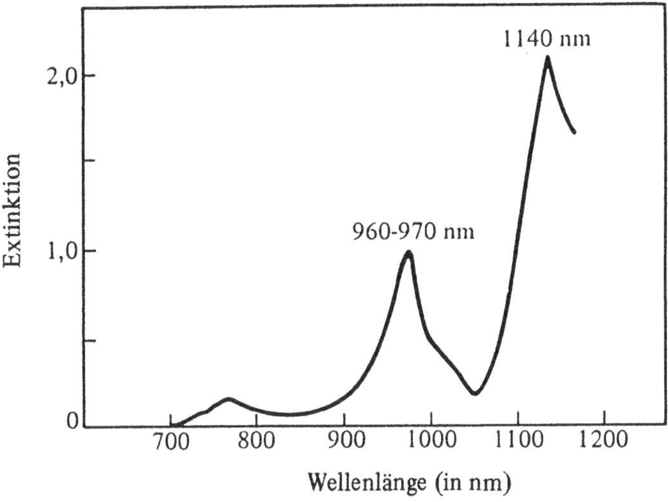

Bild 32-3 Das Infrarotspektrum von reinem Wasser (5-cm-Küvette). [Reines Wasser hat eine Stoffmengenkonzentration von etwa 55 mol/L.]

Vorschrift für eine entsprechende Bestimmung mit einem einfachen Spektralphotometer.

Arbeitsvorschrift

1. Sofern im Labor nicht vorhanden, werden vier Wasser-Essigsäure-Standards mit bekanntem Gehalt für die Eichkurve hergestellt. Sie sollten 10, 30, 50 und 70 Volumenprozent Wasser in Essigsäure enthalten.
2. Prüfen Sie, ob das Spektralphotometer aufgewärmt und für den entsprechenden Wellenlängenbereich geeignet ist.
3. Füllen Sie jeweils die bekannten Lösungen in die Küvette und vermeiden Sie Hautkontakt mit der Lösung, da Essigsäure auf der Haut brennt; sollte dennoch Säure auf die Haut geraten, waschen Sie mit Seife und Wasser.
4. Geben Sie ein entsprechendes Volumen an Tetrachlorkohlenstoff in die mit „100 % T" markierte Küvette. Geben Sie eine unbekannte Probe in eine mit einem Reinigungstuch gesäuberte und mit Aceton gespülte trockene Küvette.
5. Trocknen Sie die Küvette außen mit einem Reinigungstuch.
6. Stellen Sie die Wellenlänge des Spektralphotometers auf 960 nm ein und stellen Sie auf 0 % T. Anschließend wird mit der mit CCl_4 gefüllten Küvette auf 100 % T eingestellt. Entnehmen Sie die Küvette, überprüfen Sie die Einstellungen 0 % T und anschließend 100 % T.
7. Messen und notieren Sie die Extinktion E der bekannten und unbekannten Lösungen. Da die Differenz der Extinktionswerte relativ klein ist, messen Sie E dreimal und bilden Sie den Mittelwert der Ablesungen.

Überprüfen Sie die 100%-T-Einstellung und die erste Ablesung. Wenn Sie mehr als $\pm 0,5\%$ T abweicht, verwerfen Sie den Wert und versuchen Sie es noch einmal.

8. Tragen Sie die Extinktion gegen den prozentualen Wassergehalt auf Millimeterpapier auf. Verwenden Sie 2 cm für jeden $0,10$-Extinktionsschritt auf der kürzeren Achse der Auftragung. Tragen Sie % H_2O auf der längeren Achse der Zeichnung auf, so daß alle Prozentwerte zwischen 0 und 100% eingetragen werden können.

9. Zeichnen Sie die beste gerade Linie durch die Punkteschar auf dem Millimeterpapier. (Verwenden Sie für die Zeichnung der Linien nicht den Nullpunkt!). Nehmen Sie diese Auftragung zu Ihrem Protokoll. Übertragen Sie den Prozentgehalt an Wasser in der unbekannten Probe in das Protokoll.

10. Lesen Sie die nachfolgende Frage 1 und vergewissern Sie sich, daß Sie alle notwendigen Messungen gemacht haben.

Hinweis

Anstelle von Tetrachlorkohlenstoff kann Eisessig für die Einstellung auf 100% T verwendet werden.

Fragen

1. a) Verlängern Sie die Linie auf der Auftragung bis 0% H_2O. Beachten Sie, daß die Linie nicht durch den Ursprung führt. Was sagt dies über die Extinktion von Eisessig (100% CH_3CO_2H) bei 960 nm aus?

   b) Machen Sie eine entsprechende spektralphotometrische Messung bei 960 nm, um Ihre Aussage abzusichern, und beschreiben Sie die Messung.

   c) Die Absorptionsbande für Essigsäure liegt bei 1010 nm. Warum absorbiert sie dann bei 960 nm?

2. Verlängern Sie die Linie in der Auftragung auf 100% H_2O. Berechnen Sie die Stoffmengenkonzentration von Wasser in einem Liter reinen Wassers. Berechnen Sie anschließend den molaren Extinktionskoeffizienten des Wassers bei 960 nm.

3. Es ist bekannt, daß Ultraviolett-Methoden kleinere Konzentrationen als Infrarot-Methoden messen können. Vergleichen Sie den oben berechneten molaren Extinktionskoeffizienten mit den molaren Extinktionskoeffizienten in Bild 5–17 und geben Sie an, ob die eben gemachte Aussage zutrifft.

4. Im sichtbaren Bereich (400–800 nm) wird Wasser für die Einstellung auf 100% T verwendet, da es nicht im sichtbaren Bereich absorbiert. Warum wird Tetrachlorkohlenstoff bei 960 nm für die Einstellung auf 100% T verwendet?

Experiment 22
Photometrische Titration von Kupfer(II) mit EDTA

Hand in Hand mit dem kommerziellen Angebot moderner Spektralphotometer ging die Entwicklung der photometrischen Titration[1]. Bei der photometrischen Titration wird das Spektralphotometer zur graphischen Anzeige des Endpunktes verwendet. Die Extinktion einer zu titrierenden Spezies wird nach jeder Zugabe der Maßlösung gemessen, bis der Endpunkt deutlich überschritten wird. Die Auftragung der Extinktion gegen den Verbrauch an Maßlösung (in mL) besteht aus zwei geraden Linien, die sich im Endpunkt der Titration schneiden.

Typische Auftragungen sind in Bild 32−4 für die Titration von Kupfer(II) mit EDTA gezeigt. Die Reaktion ist:

$$H_2Y^{2-} + Cu^{2+} \rightarrow CuY^{2-} + 2H^+$$
$$(Na_2H_2Y)$$

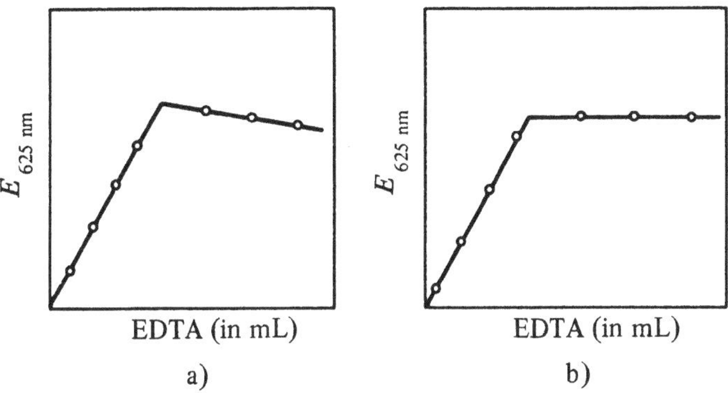

Bild 32-4 Photometrische Titration von Kupfer(II) mit EDTA bei pH 2,4:
a) Extinktion nicht auf die Verdünnung korrigiert;
b) Extinktion korrigiert auf die Verdünnung

Die Titration wird bei 625 nm durchgeführt; sowohl das Kupfer-EDTA, als auch das Kupfer(II)-Ion absorbieren bei dieser Wellenlänge, jedoch ist die molare Extinktion des Chelates wesentlich höher.

Bild 32−4a zeigt die Auftragung der Extinktion (nicht korrigiert in Bezug auf die Verdünnung) gegen das verbrauchte Volumen an Maßlösung. Die Punkte liegen unter den extrapolierten Linien für den Endpunktsbereich, da die Reaktion nahe dem Äquivalenzpunkt unvollständig ist. Ein Überschuß an EDTA-Titrationslösung zwingt die Reaktion etwas hinter dem Äquivalenzpunkt zur Vollständigkeit, wie durch das Maximum der Extinktion angezeigt wird. Da die Zugabe der Maßlösung eine Verdünnung verursacht, nimmt die Extinktion insgesamt leicht ab.

1 R.F. Goddu und D.N. Hume, *Anal. Chem. 26*, 1740 (1955); P.B. Sweetser und C.E. Brikker, *Anal. Chem. 25*, 253 (1953); A.L. Underwood, *Anal. Chem. 25*, 1911 (1953)

Dieser Verdünnungseffekt kann durch Multiplikation der Extinktion mit einem Verdünnungsfaktor korrigiert werden und liefert eine Auftragung, wie sie im Bild 32−4b gezeigt ist. In der Praxis kann eine solche Auftragung auch ohne Korrektur erhalten werden, wenn große Volumina (80 bis 100 mL) einer Lösung und ein kleines Volumen (5 mL oder weniger) einer relativ konzentrierten Maßlösung verwendet werden. Dies soll im folgenden Experiment durchgeführt werden. Der pH ist für diese Titration kritisch, da eine größere Veränderung im pH auch die Struktur des Chelats verändert und dadurch Änderungen der Extinktion verursacht. Eine Mischung aus Salzsäure und Essigsäure hält den pH zwischen 2,4 und 2,8, wodurch dieser Fehler vermieden wird. Dies ermöglicht auch, daß Kupfer in Gegenwart solcher Metall-Ionen titriert werden kann, die schwächere Chelate bilden.

So kann das Kupfer(II)-Ion in der Gegenwart einer gleich großen Konzentration an Zink(II)-Ionen titriert werden, obwohl das Kupfer-EDTA-Chelat nur wenig stabiler ist (Cu-EDTA: $\log K = 18{,}8$; Zn-EDTA, $\log K = 16{,}5$). Für die übliche Anwendung der potentiometrischen Titration ist die erforderliche Differenz in den $\log K$-Werten etwa 4. Diese Differenz sichert das erforderliche Gleichgewicht im Endpunkt bei der Titration des das stabilere Chelat bildenden Ions.

Die Differenz ist für eine photometrische Titration aus zwei Gründen kleiner: a) Die Meßpunkte am Beginn der Titration erfassen nur das Kupfer-EDTA-Chelat; b) die nach Erreichen des Endpunktes erhaltenen Meßpunkte zeigen keine Veränderungen in der Absorption, obwohl jetzt die Bildung des Zink-EDTA-Chelats beginnt; das Zink-EDTA-Chelat ist farblos.

Photometrische Titrationen sind für die Bestimmung von Substanzen in niedrigen Konzentrationen, für die Analyse von Substanzen, deren Reaktionsgleichgewicht am Endpunkt unvorteilhaft ist, oder für die Bestimmung von Spezies, für die es keine brauchbaren Indikatoren gibt, besonders nützlich. In der Analyse organischer Verbindungen können z.B. Phenole mit einer starken Base (wie etwa Tetraalkylammoniumhydroxid) photometrisch im ultravioletten Bereich titriert werden, obwohl das Gleichgewicht am Endpunkt unvorteilhaft ist.

Die für photometrische Titrationen verwendeten Spektralphotometer sind üblicherweise so modifiziert, daß sie eine Meßzelle von etwa 100 mm Länge, ausgerüstet mit Magnetrührer, aufnehmen können. Auch Filter mit eingebautem Magnetrührer sind vorteilhaft. Das nachfolgend beschriebene Experiment erfordert ein einfaches Spektralphotometer, ein besonderes Glasgefäß und einen Magnetrührer.

Reagenzien und Ausrüstung

1. Zwei etwa 5 bis 6 mm dicke Glasrohre werden an die Seite und an den Boden eines 125-mL-Erlenmeyerkolbens angesetzt (vergleiche Bild 32−5[2]; beachten Sie auch Hinweis 1).

2. Eine Lösung von Essigsäure und Salzsäure wird durch Zugabe von 4,1 g wasserfreiem Natriumacetat (oder der entsprechenden Menge des Hydra-

2 C. Rehm, J.I. Bodin, K.A. Connors und T. Higuchi, *Anal. Chem. 31*, 483 (1959)

tes) in 50 mL Wasser hergestellt. Anschließend wird Salzsäure, $c(HCl)$ = 1 mol/L, zum Puffer hinzugegeben, bis der pH der Lösung 2,2 erreicht (Anzeige mit einem pH-Meter).

3. Eine EDTA-Maßlösung, $c(EDTA)$ = 0,2 mol/L, wird durch Auflösen von etwa 3,8 g des entsprechenden Dinatriumsalzes ($Na_2H_2Y \cdot 2H_2O$) in 50 mL destilliertem Wasser hergestellt. Ist die Lösung trüb, wird vorsichtig erwärmt, jedoch auf keinen Fall Natriumhydroxid zur Entfernung der Trübung zugegeben. Es wird gut durchmischt.

Durchführung

1. Das Spektralphotometer wird zum Aufwärmen rechtzeitig eingeschaltet.
2. Titrationsgefäß und Reagenzglas werden wie in Bild 32−5 angeordnet, jedoch das Glasrohr für den Auslaß noch nicht an den Seitenanschluß des Gefäßes angeschlossen. Stattdessen wird an dieses Glasrohr eine Wasserstrahlpumpe angeschlossen, kleine Mengen an destilliertem Wasser zum Spülen der Apparatur in das Gefäß gegeben und aus der Flasche abgesaugt. Dieser Vorgang wird einige Male wiederholt. Anschließend wird das Wasser vollständig aus dem Gefäß und den Anschlußrohren abgesaugt, jedoch sind Wasserreste im Reagenzglas nicht weiter zu beachten. Das Glasrohr für den Auslaß wird an das Gefäß angeschlossen.

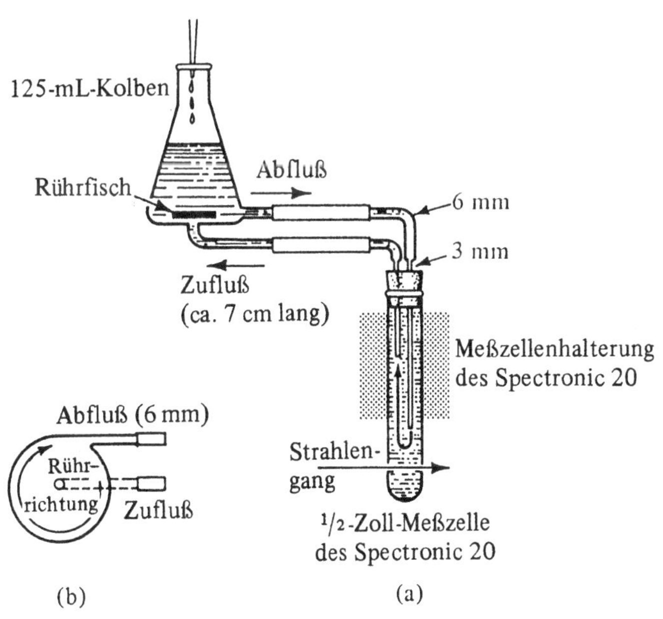

Bild 32-5 Meßanordnung für eine photometrische Titration mit einem einfachen Spektralphotometer: a) Seitenansicht, b) Ansicht von oben

3. Das Gefäß wird auf einen Magnetrührer gestellt und ein Rührfisch hineingegeben. Nacheinander werden 35 mL destilliertes Wasser, 20 mL der Essigsäure-Salzsäure-Pufferlösung und 25,00 mL der unbekannten Kupferlösung eingefüllt. (Anmerkung: Die unbekannte Kupferlösung enthält etwa 1 mmol Kupfer in 25 mL). An dieser Stelle muß der pH der Lösung zwischen 2,4 und 2,8 liegen.

4. Füllen Sie eine 10-mL-Bürette mit einer EDTA-Lösung, $c(\mathrm{EDTA}) = 0{,}2$ mol/L (Hinweis 2).

5. Eventuelle Luftblasen werden aus den Verbindungsrohren entfernt, indem die Küvette unter das Niveau des Gefäßes abgesenkt wird und der Magnetrührer schnell rührt (Hinweis 3). Der Rührer bleibt für den Rest des Experimentes eingeschaltet.

6. Die Wellenlänge wird auf 625 nm so einjustiert, daß die Anzeige 0 % T anzeigt (Hinweis 4).

7. Das Reagenzglas wird in die entsprechende Halterung eingesetzt und darauf geachtet, daß der Gummistopfen vollständig und dicht verschließt, um Streulicht fernzuhalten (Hinweis 5). Die Extinktion wird auf die Anzeige 0 eingestellt.

8. Mit der EDTA-Maßlösung wird in 1-mL-Portionen titriert und zwischendurch jeweils 2 Minuten für die Durchmischung abgewartet (oder bis die Extinktion konstant ist) und die Extinktion aufgezeichnet. Die Titration wird fortgesetzt, bis 4 oder 5 Meßpunkte über den Endpunkt hinaus erreicht sind. (In der Praxis ist es wünschenswert, daß die 10 mL EDTA-Maßlösung vollständig verbraucht werden.) Das Reagenzglas wird sobald wie möglich aus der Halterung herausgenommen (Hinweis 6).

9. Die Extinktion wird gegen das Volumen an EDTA-Maßlösung aufgetragen, der Endpunkt graphisch bestimmt und hieraus das entsprechende Volumen an EDTA festgestellt. Anschließend wird die Stoffmengenkonzentration der unbekannten Kupferlösung berechnet (Hinweis 7).

Hinweise

1. Ein preiswertes Titrationsgefäß mit angesetztem Auslaß- und Einlaßrohr ist kommerziell erhältlich.

2. Die EDTA-Lösung wird wie im Experiment 12 beschrieben oder durch photometrische Titration einer Standard-Kupfer(II)-Lösung eingestellt. Die Kupfer(II)-Lösung kann man durch Auflösen einer bekannten Menge an reinem Kupferdraht in etwa 5 mL einer (1:1)-Salpetersäure, Zugabe von 25 mL Wasser, Aufkochen und Verdünnen auf 500 mL erhalten. Die Stoffmengenkonzentration der Kupfer(II)-Lösung sollte etwa 0,04 mol/L betragen.

3. Luftblasen, die den ganzen Durchmesser der Glasröhren verschließen, verhindern selbst bei entsprechender Magnetrührung ein Durchmischen.

4. Es ist vorteilhaft, bei 745 nm zu titrieren. Um dies zu tun, werden eine infrarotempfindliche Photozelle und ein Rotfilter zur Verwendung im Bereich $330-625$ nm eingesetzt. Es werden eine EDTA-Lösung, $c(\text{EDTA}) = 0{,}1$ mol/L, und 25 mL einer Kupfer(II)-Lösung, $c(\text{Cu}^{2+}) = 0{,}01$ mol/L, verwendet.

5. Das Streulicht kann auch reduziert werden, indem der obere Teil des Reagenzglases und die Glasrohre mit einer schwarzen Folie bedeckt werden.

6. Beim Herausnehmen des Reagenzglases wird die Lichtquelle automatisch verschlossen, um eine unnötige Belastung der Photozelle zu vermeiden.

7. Die unbekannte Lösung kann Kupfer(II) in Gegenwart gleicher Mengen an Zink(II), Cadmium(II) oder Aluminium(III) enthalten. Wenn keine Interferenzen festzustellen sind, kann die Titration auch bei 580 nm und unter Verwendung eines Ammoniumpuffers bei pH 10 durchgeführt werden.

Fragen

1. Wäre es schwierig, eine visuelle EDTA-Titration großer Mengen an Kupfer(II) mit einem Indikator durchzuführen?

2. Zählen Sie einige Vorteile der photometrischen Titration gegenüber visuellen Indikator-Titrationen auf. Nennen Sie auch Nachteile.

3. Kann Kupfer(II) photometrisch titriert werden, auch wenn es ein sehr schwaches Chelat mit EDTA bildet? ($K_{\text{CuY}'(\text{H})} = 10^6$).

Experiment 23
Fluorimetrische Bestimmung von Vitamin D

Damit ein Molekül fluoresziert, muß es wenigstens einen Benzolring enthalten. In Vitamin D ist dies nicht der Fall, es wird keine Fluoreszenz beobachtet.

Vitamin D₂ (Calciferol)

Wenn man jedoch Vitamin D mit Schwefelsäure und in Ethanol erhitzt, wird es in eine fluoreszierende Spezies überführt.[3] Sowohl Vitamin D_2 als auch Vitamin D_3 liefern eine Struktur, die vor allem im blauen Bereich fluoresziert, mit einem Fluoreszenz-Emissionsmaximum bei 475 nm.

Diese Spezies wird im Wellenlängenbereich zwischen 300 und 450 nm angeregt, mit einem Maximum bei 425 nm; es kann deshalb ein Filter-Fluorimeter mit Glasoptik und Glasküvetten anstelle von Quarz verwendet werden (vergleiche Kapitel 23). Die nachfolgenden Anweisungen sind für ein einfaches Fluorimeter geschrieben.

3 A.J. Passannante und L.V. Avioli, *Anal. Biochem. 15*, 287 (1966)

Erstellung einer Eichkurve für Vitamin D$_2$

Diese Vorschrift liefert eine lineare Eichkurve im Bereich von 0,1 bis 10 ppm[3]. Hierbei hängt der exakte Bereich etwas von den verwendeten Filtern ab.

1. Es wird eine Stammlösung von Vitamin D$_2$ mit 10 mg pro Liter absolutem Ethanol hergestellt.
2. Mit einer 5- oder 10-mL-Mikrobürette werden jeweils 2,0 mL, 4,0 mL, 6,0 mL und 8,0 mL dieser Stammlösung in 25-mL-Meßkolben überführt. Die Kolben werden entsprechend mit 0,8 ppm, 1,6 ppm, 2,4 ppm und 3,2 ppm beschriftet. Die Lösungen werden jeweils mit absolutem Ethanol bis zur Eichmarke aufgefüllt, verschlossen und geschüttelt.
3. Es werden 10-mL-Portionen jeder Lösung in 25-mL-Erlenmeyer- oder -Meßkolben überführt. Anschließend werden je 10 mL einer frisch hergestellten 20prozentigen (v:v) Mischung aus Schwefelsäure und Ethanol in jedes Gefäß gegeben und verschlossen. Anschließend werden die Gefäße eine Stunde im Wasserbad auf 75 °C erhitzt (vergl. Hinweis).
4. Anschließend werden die Gefäße vom Wasserbad genommen und abgekühlt. Nach exakt 15 Minuten (vergl. Hinweis) werden die verwendeten Glasküvetten oder Reagenzgläser mit der Lösung aus den jeweiligen Meßgefäßen gespült und anschließend mit etwa 15 mL Lösung aus dem gleichen Gefäß gefüllt. Jede Küvette wird außen mit einem Reinigungstuch gereinigt. Ein zusätzliches Reagenzglas wird mit „Blindprobe" beschriftet und mit 10 mL des im Schritt 3 beschriebenen Schwefelsäure/Ethanol-Reagenz gefüllt.
5. Das Fluorimeter wird eingeschaltet und die entsprechenden primären und sekundären Filter eingeschoben.
6. Die Küvetten oder Reagenzgläser mit der Blindprobe und den Meßlösungen werden mit einer schwarzen Kappe verschlossen.
7. Für die Messung wird zunächst mit der Blindprobe auf der Anzeige auf Null abgeglichen und anschließend die Fluoreszenzintensität der ersten Meßlösung abgelesen.
8. Für die Messung der weiteren Lösungen empfiehlt es sich, zwischendurch jeweils mit der Blindprobe den Meßwert „Null" auf der Anzeige zu überprüfen.
9. Anschließend werden die Fluoreszenzintensitäten gegen die Konzentrationen aufgetragen; die so erhaltene Eichkurve wird für die Bestimmung von Proben unbekannter Konzentration verwendet.

Analyse einer flüssigen Vitamin-D$_2$-Probe oder einer Blutprobe

1. Wenn die Probe als Lösung von Vitamin D$_2$ in Ethanol vorliegt, werden 5,0 mL dieser Lösung unter Verwendung einer Pipette oder einer Mikrobürette in einen 25-mL-Meßkolben überführt. Anschließend wird bis zur Eichmarke mit absolutem Ethanol aufgefüllt. Die Probenlösung wird ebenso behandelt wie die zur Erstellung der Eichkurve verwendeten

Lösungen, beginnend mit Schritt 3. Lesen Sie die Konzentration aus der Eichkurve ab und berechnen Sie die ursprüngliche Konzentration an Vitamin D in der Ausgangslösung.

2. Wenn die Probe ein Blutserum ist, werden 1 mL frisches Serum in ein Zentrifugenglas gegeben und mit 4,0 mL absolutem Ethanol vermischt. Aus dieser Mischung wird das ausgefallene Protein für 10 Minuten bei 2000 Umdrehungen pro Minute zentrifugiert.[3]

3. Die klare Lösung wird anschließend in einen 25-mL-Erlenmeyer-Kolben dekantiert. Es werden weitere 5,0 mL absolutes Ethanol und 10 mL frisch zubereitete Reagenzlösung (20 % Schwefelsäure in Ethanol) zugegeben. Die Lösung wird auf dem Wasserbad 1 Stunde auf 75 °C erhitzt und anschließend entsprechend den Schritten 4 und 5 der Arbeitsvorschrift für die Eichkurve behandelt. Die Konzentration an Vitamin D wird nach der Messung aus der Eichkurve ermittelt und die ursprüngliche Konzentration in der Blutprobe berechnet.

Hinweis

Wenn die Eichkurve reproduzierbar sein soll, sollten die Lösungen nicht länger als 1 Stunde erhitzt werden. Aus dem gleichen Grunde sollte die Fluoreszenz sobald wie möglich nach der 15-minütigen Abkühlungszeit gemessen werden. Die Gefäße sollten nach diesen 15 Minuten im Dunklen aufbewahrt werden, da eine photochemische Zersetzung eintreten kann.

Vorschläge für zusätzliche Experimente

Die nachfolgenden Originalarbeiten werden für zusätzliche Aufgaben oder Forschungsprojekte für fortgeschrittene Studenten vorgeschlagen:

H. Veening, *J. Chem. Ed.* *43*, 319 (1966): "Infrared determination of *meta-* and *para-*xylene using *ortho-*xylene as an internal standard"

J.S. Fritz und G.E. Wood, *Anal. Chem.* *40*, 134 (1968): "Spectrophotometric titrations of olefins with bromine"

M. Ozolins und G.H. Schenk, *Anal. Chem.* *33*, 1035 (1961): "Spectrophotometric titration of Diels-Alder dienes with tetracyanoethylene"

C.D. West, R.L. Birke und D.N. Hume, *Anal. Chem.* *40*, 556 (1968): "Spectrophotometric study of the reaction of thorium chloranilate with fluoride as a basis for the spectrophotometric determination of traces of fluoride in water"

G.A. Parker und D.F. Boltz, *Anal. Chem.* *40*, 420 (1968): "Ultraviolet spectrophotometric determination of chromium as the peroxychromic acid-2,2′-bipyridine complex"

G.H. Schenk und W.E. Bazzelle, *Anal. Chem.* *40*, 163 (1968): "Photometric titration of thallium(I) in mixtures of other metal ions with cerium(IV) titrant"

Kapitel 33

Elektroanalytische Verfahren

In Kapitel 16 haben wir verschiedene elektroanalytische Methoden diskutiert, beispielsweise die Polarographie, amperometrische Titration, coulometrische Titration und die Elektrogravimetrie. In diesem Kapitel werden potentiometrische Titrationen im Experiment 24 zur Bestimmung von Äquivalentmassen (molare Massen von Äquivalentteilchen) und im Experiment 25 für die Bestimmung der Zusammensetzung und Stabilitätskonstanten eines Komplex-Ions angewendet. Das Experiment 24 beginnt mit der Diskussion der Grundlagen potentiometrischer Titrationen und Messungen. Im Experiment 26 wird eine Kupferlegierung durch elektrochemische Abscheidung auf einer Platinkathode (Elektrogravimetrie) ohne Kontrolle des Kathodenpotentials bestimmt.

Im Experiment 27 wird Arsen(III) coulometrisch durch elektrolytische Bildung von Iod als oxidierendes Agenz titriert. Im Experiment 28 werden Thiole (Mercaptane) amperometrisch mit Silber(I) titriert. Hierbei werden die Thiole als Silberthiolate ausgefällt. Am Ende dieses Kapitels werden Vorschläge für zusätzliche Experimente genannt.

Experiment 24
Potentiometrische Bestimmung der Äquivalentmasse und der Dissoziationskonstanten einer unbekannten schwachen Säure

Die Eigenschaften einer neu synthetisierten organischen Säure, wie z.B. ihre Äquivalentmasse oder ihre Dissoziationskonstante, werden oft durch Titration einer gereinigten Probe der Säure mit Natronlauge bestimmt, wobei der pH der Lösung mit einem pH-Meter bestimmt wird (potentiometrische Titration). Anschließend wird der pH gegen den Verbrauch an Maßlösung aufgetragen.

Die Äquivalentmasse (die molare Masse des Äquivalentteilchens) M_{eq} der Säure wird erhalten, indem man die eingewogene Masse m der Säure durch die Äquivalentstoffmenge n_{eq} der verbrauchten Maßlösung dividiert:

$$M_{eq} = \frac{m}{n_{eq}} \, . \tag{E 24-1}$$

Die Äquivalentstoffmenge wird aus dem bis zum Erreichen des Äquivalentpunktes verbrauchten Volumen an Maßlösung (Natronlauge) berechnet:

$$n_{eq} = c_{eq} \cdot V_{\text{Maßlösung}}$$
$$= c(\text{NaOH}) \cdot V(\text{NaOH}) \tag{E 24-2}$$

Die Dissoziationskonstante K_a der Säure wird durch Ablesung des pH bei 50 % Neutralisation aus der Titrationskurve (der Auftragung des pH gegen den Verbrauch an Maßlösung) erhalten. Der pH bei 50 % Neutralisation ist der pK_a der Säure, wie nachfolgend abgeleitet wird. Den Zusammenhang zwischen pH und pK_a haben wir in Gl. (8−4) formuliert:

$$pH = pK_a + \log \frac{[\text{A}^-]}{[\text{HA}]}$$

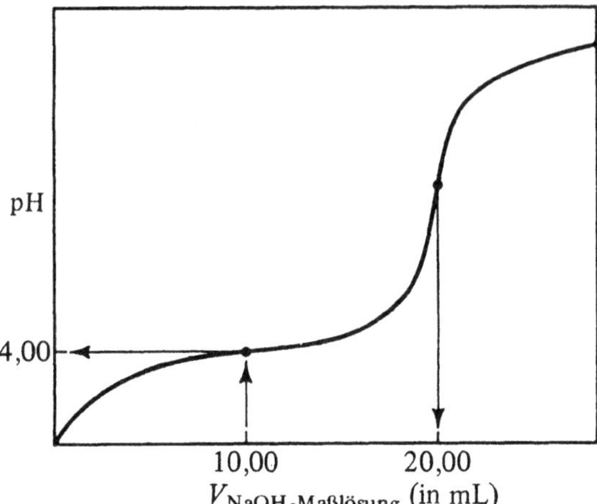

Bild 33-1

Hypothetischer Kurvenverlauf der Auftragung des pH gegen das zugegebene Volumen an Natriumhydroxidlösung, c (NaOH) = 0,1 mol/L, bei der potentiometrischen Titration von 200 mg einer schwachen Säure ($K_a = 1 \cdot 10^{-4}$) der molaren Masse 100 g/mol

Bei 50%iger Neutralisation (50%igem Umsatz) ist $[A^-] = [HA]$ und somit log $([A^-]/[HA]) = \log 1 = 0$, so daß

$$pH = pK_a \qquad \text{(bei 50\%iger Neutralisation)}.$$

In der Titrationskurve (Bild 33−1) sind der Äquivalenzpunkt (100%ige Neutralisation) und der pH bei 50%iger Neutralisation eingezeichnet.

Das Ziel dieses Experimentes ist die Durchführung der potentiometrischen Titration einer unbekannten reinen schwachen Säure mit Natronlauge, die Auftragung der Meßdaten und die Ermittlung der Äquivalentmasse und der Dissoziationskonstanten dieser schwachen Säure. Lesen Sie vor Beginn des Experimentes in Kapitel 17 über den Betrieb eines pH-Meters und seiner Elektroden nach.

Vorbereitungen

1. Bereiten Sie, wie in Experiment 7 beschrieben, eine Natriumhydroxidlösung, c(NaOH) = 0,1 mol/L, und stellen Sie die Lösung ein.
2. Beschaffen Sie sich die Probe einer unbekannten schwachen Säure und trocknen Sie diese 1 Stunde bei 110°C, sofern Ihnen der Praktikumsbetreuer keine anderen Anweisungen gibt.
3. Wir nehmen an, daß die Äquivalentmasse der Säure etwa 100 g/mol sei. Berechnen Sie die Masse einer Probe, die mit nicht mehr als 40 mL der eingestellten Natriumhydroxidlösung neutralisiert wird.
4. Wiegen Sie eine Probe in der nach Schritt 3 berechneten Menge ein und lösen Sie diese in einem Becherglas in 100 mL Wasser auf. Falls die Säure in Wasser unlöslich ist, lösen Sie die Probe in etwa 50 mL Ethanol und geben Sie anschließend 50 mL Wasser zu (siehe Hinweis).

Potentiometrische Titration

1. Die Betriebsanleitung des verwendeten pH-Meters ist zu beachten. Die folgenden Vorsichtsmaßnahmen sollten berücksichtigt werden:
   (a) Schalten Sie die Stromversorgung des pH-Meters ein und lassen Sie es aufwärmen (einige Geräte arbeiten mit Batterien und müssen nur eingeschaltet werden).
   (b) Behandeln Sie die Elektroden vorsichtig. Elektroden sind teuer und können bei unvorsichtiger Behandlung zerbrechen.
   (c) Schalten Sie vor dem Herausnehmen der Elektroden aus der Lösung das pH-Meter immer auf „Referenz" oder „Aus".
   (d) Spülen Sie nach Gebrauch des pH-Meters die Elektroden in einem Gefäß ab und bringen Sie diese in destilliertes Wasser. Schalten Sie hierbei das Gerät auf die „Referenz"- oder „Aus"-Position.
   (e) Planen Sie Ihre Arbeitsschritte vor und führen Sie die Titration so zügig wie möglich durch.
2. Falls empfohlen, stellen Sie das pH-Meter durch Eintauchen der Elektrode in eine Referenzpufferlösung — wie beispielsweise eine gesättigte Kaliumhydrogentartrat-Lösung (pH = 3,56) — auf den pH-Wert der Pufferlösung ein.
3. Spülen Sie die Elektroden anschließend ab, wischen Sie mit einem Reinigungstuch nach und stellen Sie die Elektroden in das Becherglas mit der unbekannten schwachen Säure. Messen Sie den pH; es ist der pH bei Zugabe von 0 mL der Maßlösung.
4. Titrieren Sie potentiometrisch mit der eingestellten Natronlauge, $c(NaOH) = 0,1$ mol/L. Geben Sie zunächst größere Portionen (2 bis 5 mL) der Maßlösung zu. Geben Sie bei der Annäherung an den Endpunkt kleine Portionen und in der unmittelbaren Nähe des Endpunktes die Maßlösung tropfenweise zu. Rühren Sie nach jeder Zugabe gut durch und notieren Sie jeweils das Volumen der zugegebenen Maßlösung und den jeweiligen pH. Setzen Sie die Zugabe des Titrationsmittels bis etwa 5 mL nach dem Endpunkt fort.
5. Tragen Sie die Titrationskurve auf Millimeterpapier auf, wobei der pH die Ordinate (vertikale Achse) und das zugegebene Volumen an Natriumhydroxidlösung die Abszisse (horizontale Achse) wird.
6. Berechnen Sie die Äquivalentmasse der Säure mit den Gln. (E 24−1) und (E 24−2). Ermitteln Sie den Wert für 50 % Neutralisation aus der Titrationskurve und berechnen Sie die Dissoziationskonstante der unbekannten Säure aus dem pH an dieser Stelle.

Hinweis

Wenn eine 50 %ige Ethanollösung verwendet werden muß, müssen die ermittelten pH-Werte nicht mit denjenigen übereinstimmen, die in reinem Wasser erhalten werden. Entsprechendes gilt für die hierbei erhaltene Dissoziationskonstante.

Fragen

1. Berechnen Sie die Äquivalentmasse einer reinen schwachen Säure, von der eine Probe von 100,0 mg zur Titration 50,00 mL Natriumhydroxidlösung, $c(\text{NaOH}) = 0{,}04$ mol/L, erfordert. Nehmen Sie an, die molare Masse der Säure betrage 200 g/mol. Wieviele Protonen der Säure reagieren?
2. Berechnen Sie K_a einer schwachen Säure, wenn der pH bei 50 % Neutralisation 5,33 beträgt.
3. Warum muß die schwache Säure bei diesem Experiment rein sein?
4. Warum sollten nicht mehr als 50,00 mL einer Natriumhydroxid-Maßlösung verwendet werden?

Experiment 25
Ermittlung der Zusammensetzung und der Stabilitätkonstanten eines Silberkomplexes

In diesem Experiment wird die Zusammensetzung und die Stabilitätskonstante für ein Silberkomplex-Ion des Typs AgL_n^+ bestimmt. Der Ligand L ist eine basische Stickstoffverbindung wie etwa Ammoniak, oder ein organisches Amin des Typs RNH_2, R_2NH oder R_3N. Die allgemeine Reaktion für die Bildung dieses Komplex-Ions lautet:

$$\text{Ag}^+ + n\text{L} \rightleftharpoons \text{AgL}_n^+ \qquad\qquad\qquad (\text{E } 25-1)$$

Die Gleichgewichtskonstante (Stabilitätskonstante) dieser Reaktion ist

$$K = \frac{[\text{AgL}_n^+]}{[\text{Ag}^+]\,[\text{L}]^n}\,. \qquad\qquad\qquad (\text{E } 25-2)$$

Diese Gleichung wird umgeformt

$$[\text{Ag}^+] = \frac{[\text{AgL}_n^+]}{[\text{L}]^n K} \qquad\qquad\qquad (\text{E } 25-3)$$

und lautet in logarithmischer Form:

$$\log[\text{Ag}^+] = -n\{\log[\text{L}]\} + \log[\text{AgL}_n^+] - \log K \qquad (\text{E } 25-4)$$

Bei diesem Experiment wird die Konzentration des Silber-Ions einer Lösung potentiometrisch in Abhängigkeit von der zugegebenen Menge des Liganden L gemessen. Da L jederzeit im Überschuß vorhanden ist, liegt das Silber-Ion beinahe vollständig als Komplex-Ion AgL_n^+ vor; jedoch existiert stets eine kleine Gleichgewichtskonzentration von Ag^+ und kann gemessen werden.

Eine Auftragung von $\log\,[\text{Ag}^+]$ gegen $\log\,[\text{L}]$ ergibt eine Gerade mit der Steigung $-n$. Der Achsenabschnitt dieser Kurve auf der vertikalen Achse entspricht $\log\,[\text{AgL}_n^+] - \log K$. Da $[\text{AgL}_n^+]$ über das ganze Experiment konstant bei annähernd 0,01 mol/L gehalten wird, entspricht der vertikale Achsenabschnitt $-2,0 - \log K$. Auf diese Weise kann die Anzahl der am Silber-Ion gebundenen Liganden aus der Steigung der Geraden erhalten werden, und die Stabilitätskonstante des Komplex-Ions aus ihrem Ordinatabschnitt.

Für die Messung der Konzentration des Silber-Ions wird ein silbergesättigtes Kalomelelektrodensystem verwendet. Die gesättigte Kalomelelektrode dient als Referenzelektrode ($+0,246$ V gegenüber der Normal-Wasserstoffelektrode). Die Silberelektrode spricht auf Änderungen in der Konzentration an Silberionen an; ihr Potential E_{Ag} wird aus der Nernstschen Gleichung für das System Ag(I)/Ag erhalten:

$$E_{Ag} = E_{Ag}^0 + \frac{2,30\,RT}{F} \log[Ag^+] \tag{E 25-5}$$

Hierbei steht E_{Ag}^0 für das Normalpotential des Redoxpaares Ag^+/Ag; es beträgt $+0,8000$ V; R ist die Gaskonstante, T die Temperatur (in Kelvin), F die Faraday-Konstante, $F = 96\,487$ Coulomb/Äquivalent. Bei $25\,°C$ ist der Quotient $RT/F = 0,0592$ V.

Wenn E_{Ag} bekannt ist, kann $[Ag^+]$ aus der Nernstschen Gleichung berechnet werden. Hierbei ist jedoch die gemessene Größe die Potentialdifferenz ΔE zwischen der Silber- und der gesättigten Kalomelelektrode. Für die Kalomel-Referenzelektrode (Hinweis 1) ist dies:

$$\begin{aligned} \Delta E_{gemessen} &= E_{Ag} - E_{Kalomel} = E_{Ag} - 0,246\text{ V} \\ E_{Ag} &= \Delta E_{gemessen} + 0,246\text{ V} \end{aligned} \tag{E 25-6}$$

Reagenzien und Apparatur

1. Stellen Sie eine klare Ammoniaklösung, $c(NH_3) = 10$ mol/L, durch Verdünnen einer konzentrierten wäßrigen Ammoniaklösung, $c(NH_3) \approx 14,2$ mol/L, her. Pipettieren Sie zwei Aliquote von exakt 1 mL der Ammoniaklösung, $c(NH_3) = 10$ mol/L, in zwei 250-mL-Erlenmeyer-Kolben und titrieren Sie diese mit Methylrot als Indikator mit eingestellter Salzsäure, $c(HCl) = 0,5$ mol/L, zum Endpunkt. Berechnen Sie die Stoffmengenkonzentration der Ammoniaklösung auf drei signifikante Stellen.

2. Stellen Sie 10 mL einer Silberperchlorat- oder Silbernitratlösung, $c = 0,2$ mol/L, durch Einwiegen des Salzes her, falls eine solche Lösung im Labor nicht aussteht.

3. Verwenden Sie ein Potentiometer oder pH-Meter (lesen Sie vor deren Verwendung die Bedienungsanleitung und die entsprechenden Hinweise in Kapitel 17). Verwenden Sie die Millivolt-Skala auf dem pH-Meter, nicht die pH-Skala.

4. Verwenden Sie eine Silberelektrode und eine gesättigte Kalomelektrode.

Durchführung

1. Geben Sie exakt 94 mL destilliertes Wasser in ein trocknes 250-mL-Becherglas. Lassen Sie aus einer Bürette exakt 1 mL einer eingestellten Ammoniaklösung, $c(NH_3) = 10$ mol/L, zulaufen (Hinweis 2).
2. Pipettieren Sie unter Umrühren exakt 5 mL einer Silberperchlorat- oder Silbernitratlösung, $c = 0{,}2$ mol/L, in das Becherglas.
3. Falls die Elektroden in destilliertem Wasser aufbewahrt wurden, nehmen Sie diese heraus und trocknen Sie sie mit einem Reinigungstuch. Bringen Sie die getrockneten Elektroden in die Lösung ein und führen Sie die erste Ablesung des Potentials durch. Fügen Sie zehn Portionen von jeweils 1 mL der Ammoniaklösung, $c(NH_3) = 10$ mol/L, aus der Bürette zu und lesen Sie die Spannung $\Delta E_{gemessen}$ nach jeder Zugabe sorgfältig ab. Messen und notieren Sie die Temperatur der Lösung.
4. Tabellieren Sie die Daten unter den nachfolgend genannten sieben Spalten: zugegebenes Volumen der Ammoniaklösung, $c = 10$ mol/L; Gesamtvolumen der Lösung; $[NH_3]$; $\log[NH_3]$; $\Delta E_{gemessen}$; E_{Ag} und $\log[Ag^+]$.
5. Tragen Sie für jede Messung $\log[Ag^+]$ gegen $\log[NH_3]$ auf Millimeterpapier auf. Zeichnen Sie die Ausgleichsgerade durch diese Punkte und berechnen Sie ihre Steigung. Diese ist gleich Anzahl n der Liganden im Komplex-Ion. Schreiben Sie die Zusammensetzung des Silberkomplexes auf.
6. Bestimmen Sie aus der Kurve den Wert von $\log[Ag^+]$ für $\log[L] = 0$. Berechnen Sie mit Hilfe der Gl. (E 25−4) den Wert der Stabilitätskonstanten K (unter der Annahme, daß $\log[AgL_n^+] = -2{,}00$ ist).

Hinweise

1. Im folgenden Beispiel wird die Silberionen-Konzentration in einer Lösung berechnet, für die mit einem Silber-gesättigten Kalomelelektrodensystem eine Spannung von $+0{,}110$ V bei $23\,°C$ gemessen wurde.

Beispiel

Aus Gl. (E 25−6) folgt für das Potential der Silberelektrode

$$E_{Ag} = 0{,}110\ \text{V} + 0{,}246\ \text{V} = +0{,}356\ \text{V} .$$

Mit Gl. (E 25−5) erhält man für $\log[Ag^+]$

$$\log[Ag^+] = \frac{F(E_{Ag} - E_{Ag}^0)}{2{,}30\ RT}$$

$$= \frac{96\,487\ \frac{\text{C}}{\text{mol}}\,(0{,}356\ \text{V} - 0{,}800\ \text{V})}{2{,}30 \cdot 8{,}314\ \frac{\text{J}}{\text{K}\cdot\text{mol}} \cdot (273{,}15 + 23)\ \text{K}}$$

$$= -7{,}57$$

(Setzen Sie die Einheiten ein: $1\ \text{C} = 1\ \text{A·s}$; $1\ \text{V} = 1\ \text{m}^2 \cdot \text{kg} \cdot \text{s}^{-3} \cdot \text{A}^{-1}$; $1\ \text{J} = 1\ \text{m}^2 \cdot \text{kg} \cdot \text{s}^{-2}$)

2. Anstelle des Ammoniaks kann ein reines organisches Amin, wie Pyridin, *n*-Butylamin oder Dibutylamin verwendet werden.

Fragen

1. Warum muß die Temperatur der Lösung gemessen werden?
2. Welche Änderungen des Bestimmungsverfahrens wären notwendig, wenn die Stabilitätskonstante des Tetramminkupfer(II)-Ions gemessen werden soll?
3. Warum müssen die Volumina des destillierten Wassers, der Silbernitrat- und der Ammoniaklösung genau abgemessen werden?
4. Zeigen Sie, daß die Gl. (24–4) auch in der folgenden Form ausgedrückt werden kann:

$$pAg = n\{\log[L]\} - \log[AgI_n{}^+] + pK$$

Experiment 26
Elektrogravimetrische Bestimmung von Kupfer

Bei der elektrogravimetrischen Bestimmung von Kupfer wird metallisches Kupfer auf einer vor dem Experiment gewogenen Platin-Netzkathode abgeschieden [Gl. (E 26–1); siehe auch Abschnitt 16.2]. Der Niederschlag sollte glatt (dies zeigt an, daß er rein ist) und zusammenhängend sein (um Verluste während der Handhabung und des Wiegens zu vermeiden). Aus der Auswaage der Kathode nach Durchführung der elektrolytischen Abscheidung ergibt sich die Menge des Kupfers aus der Differenz der Wägungen. Hierbei handelt es sich um eine der genauesten Methoden zur Bestimmung größerer Mengen Kupfer.

$$Cu^{2+} + 2e^- \rightarrow Cu^0(s) \qquad E^0 = +0,345 \text{ V} \qquad \text{(E 26–1)}$$

Die elektrolytische Abscheidung ist eine gute Methode zur Abtrennung des Kupfers von anderen weniger leicht reduzierbaren Metall-Ionen, wie z.B. Zink(II) ($E^0 = -0,76$ V). Viele Ionen, die unter den gleichen Bedingunen reduziert werden wie das Kupfer, stören durch gleichzeitige Abscheidung auf der Kathode. Silber ($E^0 = +0,800$ V) ist die wahrscheinlichste Störung; es kann durch Ausfällung vor der Analyse abgetrennt werden. Mehr als 0,2 % Silber beeinflußt die Oberfläche des Kupferniederschlages und macht die weitere Handhabung schwierig. Mehr als 0,4 % Silber kann die Genauigkeit der Analyse beeinflussen.

Mehr als 0,5 % Eisen kann die quantitaive Abscheidung des Kupfers stören, wenn kleine Mengen von Salpetersäure vorhanden sind. (Die Salpetersäure bildet Eisennitrat, das Kupfer von der Kathode löst.) Wenn die Nitrat-Konzentration niedriggehalten werden kann, können gute Ergebnisse erreicht werden.

Trotz der möglichen Störung muß etwas Salpetersäure zum Elektrolyten zugefügt werden, um die Lösung zu depolarisieren – d.h., um die Reduktion von H^+-Ionen zu gasförmigem Wasserstoff an der Kathode zu verhindern. Die Bildung von gasförmigem Wasserstoff beeinflußt offensichtlich die Bildung eines gleichmäßigen Kupferniederschlages.

Ein anderer Nachteil der Anwesenheit von Nitrat-Ionen ist deren mögliche Reduktion zum Nitrit-Ion [Gl. (E 26−2)]. Das Nitrit-Ion verhindert auch umgekehrt die quantitative Reduktion des Kupfers. Glücklicherweise kann es durch Zugabe von Harnstoff leicht zerstört werden [Gl. (E 26−3)].

$$NO_3^- + 2H_3O^+ + 2e^- \rightleftharpoons NO_2^- + 3H_2O \qquad\qquad (E\ 26-2)$$

$$2NO_2^- + (NH_2)_2CO + 2H_3O^+ \rightleftharpoons 2N_2(g) + CO_2(g) + 5H_2O$$

$$(E\ 26-3)$$

Darüberhinaus muß die Konzentration an Chlorid-Ionen sehr niedrig sein, da sonst die Platinanode zu Platin(II) oxidiert und ebenfalls auf der Kathode zusammen mit dem Kupfer abgeschieden wird.

Die nachfolgende Vorschrift zur Bestimmung von Kupfer wendet die Elektrolyse mit mechanischem Rühren an; sie eignet sich für Kupferlegierungen oder Erze mit einem Gehalt von 2 bis 25 % Kupfer, wobei keine störenden Elemente wie Silber anwesend sein dürfen. Kommerzielle Elektroanalysatoren haben meist kleine, zylindrische Platin-Netzanoden, die innerhalb einer größeren Platin-Netzkathode rotieren. Bechergläser von hoher Form, abgedeckt mit Uhrgläsern, werden zur Vermeidung von Spritzverlusten verwendet.

Vorbereitung der Elektroden

1. Die Platin-Netzelektroden werden durch Eintauchen in heiße Salpetersäure (1:2) etwa 5 Minuten gereinigt. Dies dient zur Entfernung von Kupferresten an der Kathode sowie von Fett und organischen Substanzen auf beiden Elektroden. Anschließend werden sie sorgfältig mit destilliertem Wasser abgespült und in ein Becherglas mit Aceton oder Ethanol eingetaucht.

2. Die Kathode wird ausschließlich an der Aufhängung angefaßt (Hinweis 1), auf ein Uhrglas gestellt und 5 bis 10 Minuten bei 110°C getrocknet. Die Kathode wird im Exsiccator abgekühlt und anschließend sorgfältig auf einer Analysenwaage gewogen (Anmerkung 1).

Lösen der Proben

1. Zwei Proben von etwa 0,9−1,1 g des Kupfererzes (oder der Legierung) werden in 250-mL-Bechergläser gegeben. In beide Bechergläser werden 10 mL Salpetersäure gegeben, danach werden die Bechergläser mit jeweils einem Uhrglas abgedeckt und so lange (im Abzug) erhitzt, bis die Proben gelöst sind.

2. Die Bechergläser werden abgekühlt, danach werden jeweils 10 mL verdünnte Schwefelsäure (1:1) zugegeben. Die Lösungen werden bis zur Entwicklung von Schwefeltrioxid-Dämpfen eingeengt.

3. Die abgekühlten Lösungen werden mit destilliertem Wasser auf 90 mL aufgefüllt und durch ein mittelporöses Filterpapier in zwei 200-mL-Bechergläser (hohe Form) filtriert. Der Rückstand auf dem Filterpapier wird mit 3 Portionen von je 5 mL heißem Wasser gewaschen.

Durchführung der elektrogravimetrischen Kupferbestimmung

1. Die Lösungen für die Elektrolyse sollten nicht mehr als 1 mL konzentrierter Salpetersäure auf jeweils 100 mL der Lösung enthalten. Zu jeder Lösung werden 1 mL konzentrierte Schwefelsäure pro 100 mL Lösung, 1 g Ammoniumnitrat und 0,4 g Harnstoff gegeben.

2. Die Elektroden werden an der Elektrolyseapparatur befestigt (Hinweis 1), wobei die kleine Anode im Inneren der größeren Kathode angebracht wird. (Jede Berührung der beiden Elektroden ist zu vermeiden.)

3. Das Becherglas wird unter den Elektroden angehoben, bis die Kathode bis auf etwa 5 mm vollständig von der Lösung benetzt wird. Das Becherglas wird mit einem eingekerbten Uhrglas abgedeckt.

4. Der Rührmotor wird eingeschaltet und die Elektrolyse begonnen. Das Instrument wird so eingestellt, daß ein Strom von 2 bis 3 A und eine Spannung von weniger als 3 Volt abgelesen werden (Hinweis 2). Unter diesen Bedingungen wird elektrolysiert, bis die blaue Farbe des Kupfer(II) verschwindet (ca. 45 Minuten).

5. Anschließend wird ausreichend destilliertes Wasser zugegeben, bis die Kathode vollständig bedeckt und der Strom auf 0,5 A abgesunken ist. Unter diesen Bedingungen wird die Elektrolyse für weitere 15 Minuten fortgesetzt und hierbei darauf geachtet, ob Kupfer auf dem oberen Ende der Kathode niedergeschlagen wird. Falls nicht, ist die Elektrolyse vollständig (Hinweis 3).

6. Der Rührmotor wird ausgeschaltet, jedoch nicht der Strom. Das Becherglas wird vorsichtig unter der Elektrode abgesenkt, wobei die Kathode ständig mit destilliertem Wasser gespült wird. Wenn die Kathode vollständig aus der Lösung auftaucht, wird der Strom ausgeschaltet (Hinweis 4).

7. Die Elektroden werden in ein Becherglas mit destilliertem Wasser eingetaucht und die Kathode von der Apparatur abgenommen. Kathode und Becherglas werden unter der Anode weggezogen; anschließend wird die Kathode dem Becherglas entnommen und mit destilliertem Wasser gespült. Die Kathode wird in ein Becherglas mit Ethanol oder Aceton eingetaucht, auf ein Uhrglas abgestellt und nicht länger als 5 Minuten bei 110 °C getrocknet. (Diese Zeit ist kurz genug, um eine Oxidation auf der Oberfläche des Kupfers zu verhindern.)

8. Die Kathode wird abgekühlt und sorgfältig auf einer Analysenwaage gewogen. Der Prozentgehalt an Kupfer in der Probe wird unter Verwendung der molaren Masse von 63,54 g/mol berechnet. Die Kathode wird anschließend, wie unter Schritt 1 (Vorbereitung der Elektroden) beschrieben, gereinigt und der Vorgang mit der zweiten Probe wiederholt.

Hinweise

1. Die Berührung der Netzelektrode mit den Fingern ist zu vermeiden; Fettspuren auf dem Netz können die Abscheidung des Kupfers auf der Kathode verhindern. Die Elektroden werden nur an den Befestigungen angefaßt.
2. Die Elektrogravimetrie kann auch über Nacht bei 0,5 A und ohne Rühren durchgeführt werden.
3. Solange die Elektrolyse unvollständig ist, wird die elektrolytische Abscheidung für weitere 15 Minuten fortgesetzt.
4. Sofern der Strom ausgeschaltet wird, bevor die Kathode vollständig aus der Lösung entnommen wurde, kann das niedergeschlagene Kupfer wieder aufgelöst werden.

Fragen

1. Vergleichen Sie die Elektrogravimetrie zur Bestimmung des Kupfers mit der iodometrischen Methode.
2. Die Reduktion des Kupfers ist ein Zweielektronen-Vorgang. Vergleichen Sie die Äquivalentmasse in der elektrogravimetrischen Methode mit der der iodometrischen Methode.
3. Warum werden die Elektroden mit Aceton oder Ethanol abgespült?
4. Fassen Sie die Vorteile und Nachteile der Verwendung von Salpetersäure bei diesem Verfahren zusammen.

Experiment 27
Coulometrische Titration von Arsen(III)

Die Grundlagen der coulometrischen Titration sind in Kapitel 16 behandelt. In diesem Experiment wird Iod aus einer Lösung von Kaliumiodid durch einen konstanten Strom an einer Platinanode gebildet.

Die Kathodenreaktion ist die Entladung von gasförmigem Wasserstoff:

$$2\,H_2O + 2\,e^- \rightarrow H_2(g) + 2\,OH^-$$

Das gebildete Iod reagiert augenblicklich mit dem Arsen(III) in der Probenlösung (zu den Reaktionen vergleiche Experiment 14). Der Endpunkt wird durch das erste Erscheinen einer blauvioletten Färbung des Iod-Stärke-Komplexes angezeigt. Ein konstanter und bekannter Elektrolysestrom wird verwendet, so daß die Menge an Arsen aus der für die Titration erforderlichen Zeit berechnet werden kann.

Apparatur und Reagenzien

1. Falls vorhanden, verwenden Sie eine kommerzielle coulometrische Energieversorgung mit elektrischem Zeitnehmer. Falls nicht erhältlich, stellen Sie eine Apparatur ähnlich derjenigen zusammen, die von Meloan und

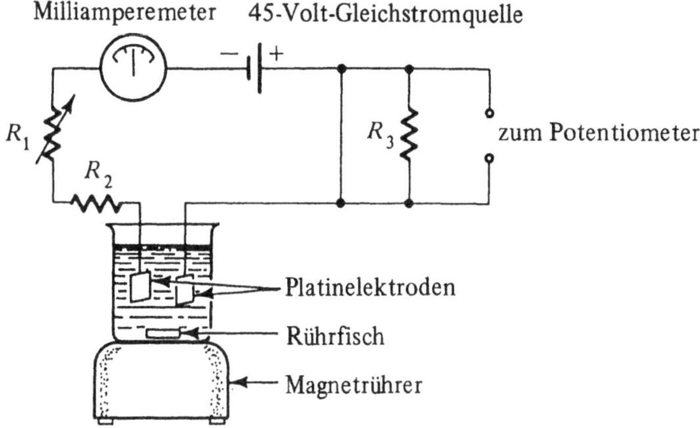

Bild 33-2 Apparatur zur coulometrischen Bestimmung. Es bedeuten: R_1 Regelwiderstand mit 10 000 Ohm; R_2 konstanter Widerstand von 4 700 Ohm; R_3 Präzisionswiderstand mit 100,0 Ohm, genau auf ± 0,05 %.

Kiser[1] beschrieben wurde (vergleiche Bild 33−2). Verwenden Sie quadratische Platinfolien für beide Elektroden und ein kleines Becherglas als Titrationsgefäß. Die Lösung wird mit einem Magnetrührer gerührt und die Zeit mit einer elektrischen Uhr festgehalten.

2. 200 bis 250 mg Arsen(III)-oxid (As_2O_3) werden in ein kleines Becherglas gegeben. Man gibt etwa 0,7 g Natriumhydroxid (etwa 8 Plätzchen), frisch aufgelöst in 10 mL Wasser, zu und rührt bis zur Auflösung der Probe. Wenn diese vollständig gelöst ist, werden weitere 50 mL Wasser und 1,9 mL konz. Salzsäure zugegeben. Die Lösung wird quantitativ in einen 500-mL-Meßkolben überführt und bis zur Marke aufgefüllt.

3. Stellen Sie eine Lösung von Kaliumiodid, $c(KI) = 1$ mol/L, her.

4. Stellen Sie eine Stärkelösung oder den festen Stärke-Harnstoffkomplex her, wie in Experiment 14 angegeben.

Durchführung

1. Das kommerziell erhältliche Coulometer wird eingeschaltet und der Strom eingestellt, daß pro Sekunde eine Äquivalentstoffmenge von 1 μmol umgesetzt wird. Wenn eine andere Apparatur verwendet wird, stellen Sie den Widerstand R_1 (Bild 33−2) so ein, daß ein Strom von 9 bis 10 mA erhalten wird. Berechnen Sie den exakten Strom mit Hilfe des Ohmschen Gesetzes, $U = I \cdot R$, durch Messung des Spannungsabfalls entlang des 100,0-Ohm-Präsizionswiderstandes R_3 mit Hilfe einer Potentiometerschaltung (Abschnitt 17.1).

1 C.E. Meloan und R.W. Kiser, *Problems and Experiments in Instrumental Analysis* (Merrill, Columbus, Ohio 1963) S. 171

2. Geben Sie etwa 50 mL Wasser, etwa 3,5 g Natriumhydrogencarbonat, etwa 5 mL einer Kaliumiodidlösung, $c(KI) = 1$ mol/L, und etwa 5 mL der Stärkelösung oder eine kleine Portion des festen Stärke-Harnstoff-Komplexes in ein 150- oder 250-mL-Becherglas.

3. Tauchen Sie die beiden Platinelektroden in die Lösung und stellen Sie den Magnetrührer an. Der Elektrolysestrom wird gleichzeitig mit dem Zeitnehmer eingeschaltet. Die Lösung wird titriert, bis die allererste Färbung (Iod-Stärke-Komplex) beobachtet wird. Die hierfür erforderliche Zeit wird mit einer Blindprobe verglichen.

4. Der Zeitnehmer wird auf Null gesetzt. Exakt 5 mL der zu untersuchenden Arsen(III)-Lösung werden in die gerade titrierte Blindprobe pipettiert. Der Elektrolysestrom wird gleichzeitig mit dem Zeitnehmer eingeschaltet. Es wird bis zur ersten Färbung der Lösung titriert.

5. Die Titrationen der Probe und Blindprobe werden wiederholt. Der Gehalt an As_2O_3 des Aliquotes der Probe wird in Milligramm berechnet; hierzu wird eine Äquivalentmasse von $(197{,}8/4)$ g/mol für As_2O_3 eingesetzt.

Experiment 28
Amperometrische Titration von Thiolen

Die Grundlagen der amperometrischen Titration wurden in Kapitel 16 diskutiert. In diesem Experiment wird eine Silbernitratlösung, $c(AgNO_3) = 0{,}01$ mol/L zur Titration einer verdünnten alkoholischen Lösung eines Thiols RSH bis zum amperometrischen Endpunkt verwendet.

Thiole (Mercaptane) können als monosubstituierte Schwefelwasserstoffe betrachtet werden. Dementsprechend wird hier das saure Wasserstoffatom durch Silber(I) ersetzt, wobei ein in Ammoniaklösung unlösliches Silberthiolat entsteht:

$$[Ag(NH_3)_2]^+ + RSH \rightleftharpoons AgSR(s) + NH_4^+ + NH_3$$
$$(AgNO_3)$$

Silberthiolate sind − genau wie Silbersulfid − noch weit weniger wasserlöslich als Silberchlorid oder Silberbromid. Das Ammoniak komplexiert das Silber(I) hinreichend, um dessen Ausfällung als Silberchlorid oder Silberbromid zu vermeiden, jedoch nicht stark genug, um die quantitative Ausfällung des Silberthiolats zu stören. Außerdem reagiert das Ammoniak mit dem bei der Bildung des Silberthiolats freigesetzten Proton in einer Säure-Base-Reaktion.

Der Endpunkt wird durch das Auftreten eines Diffusionsstroms angezeigt und kann leicht graphisch ermittelt werden. Vor dem Endpunkt ist kein Diffusionsstrom feststellbar, da die im reduzierten Zustand vorliegenden Thiole an der verwendeten Platinelektrode nicht reduziert werden können. Nach Erreichen des Endpunkts tritt ein Überschuß an Silber(I)-Ionen auf, der sofort an den Platinelektroden reduziert wird. Die für diese Reduktion notwendige Spannung wird durch die Referenzelektrode erzeugt.

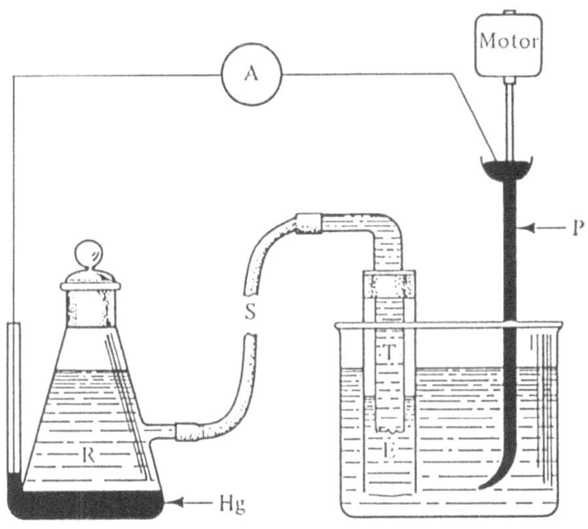

Bild 33-3
Apparatur zur amperometrischen Titration. Es bedeuten:
R Referenzelektrode, S Salzbrücke, A Mikroamperemeter, Hg Quecksilber,
T Glasrohr mit gesinterter Glasscheibe (unten), E äußeres Rohr mit dem KCl-Elektrolyten,
P rotierende Platinelektrode.

Apparatur und Reagenzien

1. Die von Kolthoff und Harris[2] beschriebene Apparatur oder die Apparatur von Grimes et al.[3] können verwendet werden. (Der von Kolthoff und Harris beschriebene Versuchsaufbau ist in Bild 33−3 dargestellt.) Es wird ein Gleichstrom-Mikroamperemeter Ⓐ mit einer Empfindlichkeit von mindestens 0,2 µA pro Skalenteil verwendet. Eine rotierende Platindraht-Elektrode P von einer Länge von 6 bis 8 mm und einem Durchmesser von 0,5 mm (Innendurchmesser) wird an einem Rührmotor befestigt, der eine konstante Rührgeschwindigkeit von etwa 1000 Umdrehungen/Minute aufrechterhält.
Vom Praktikumsleiter werden die Referenzelektrode R, die Salzbrücke S und die weiteren Teile der Apparatur zur Verfügung gestellt (Hinweis 1).

2. 100 mL einer Silbernitratlösung, $c = 0,01$ mol/L, werden durch exaktes Einwiegen in einen Meßkolben hergestellt.

3. Die Lösung des Hilfselektrolyten wird durch Auflösen von 5 g Ammoniumnitrat in 25 mL einer 1:1 verdünnten Ammoniaklösung (konz.) hergestellt.

4. Die Probenlösung wird durch Einwiegen von 0,2 bis 0,3 mmol des Thiols (6 bis 10 mg an Mercaptanschwefel) in einem 100-mL-Meßkolben und durch Verdünnen der Lösung bis zur Eichmarke mit 95%igem Ethanol hergestellt.

2 I.M. Kolthoff und W.E. Harris, *Ind. Eng. Chem., Anal. Ed. 18*, 161 (1946)
3 M.D. Grimes, J.E. Puckett, B.J. Newby und B.J. Heinrich, *Anal. Chem. 27*, 152 (1955)

Durchführung

1. 25 mL der Probenlösung werden in ein 250-mL-Becherglas einpipettiert. Etwa 75 mL 95 %iges Ethanol und 5 mL der Lösung des Hilfselektrolyten werden zugesetzt. Hierdurch ist die Lösung etwa 0,1 molar an Ammoniumnitrat und 0,35 molar an Ammoniumhydroxid.

2. Eine 10-mL-Bürette wird mit Silbernitratlösung, $c(AgNO_3) = 0,01$ mol/L, gefüllt.

3. Die Spitzen der rotierenden Platinelektrode und der Referenzelektrode werden etwa 2 cm tief in die Lösung eingetaucht. Die Rührgeschwindigkeit der Platinelektrode wird auf etwa 1000 Umdrehungen/Minute eingestellt. Der Stromkreis wird geschlossen und der Strom auf dem Mikroamperemeter beobachtet. Er kann auf etwa 20 µA ansteigen, fällt jedoch nach wenigen Minuten auf beinahe 0 ab (Hinweis 2).

4. Es werden nacheinander vier Portionen von 1 mL der Silbernitratlösung, $c = 0,01$ mol/L, in das Becherglas gegeben und nach jeder Zugabe der Diffusionsstrom aufgezeichnet. (Der Strom sollte bis zum Erreichen des Endpunktes beinahe 0 bleiben.) Wenn der Strom ansteigt, werden Portionen von 0,5 mL der Maßlösung zugegeben, bis mindestens fünf weitere Punkte aufgezeichnet wurden.

5. Die am Mikroamperemeter abgelesenen Ströme (in Mikroampere) werden gegen den Verbrauch an Silbernitratlösung aufgetragen. Der Endpunkt und das entsprechende Volumen an Silbernitratlösung werden graphisch bestimmt. Die prozentuale Reinheit des Mercaptans oder der prozentuale Schwefelgehalt [$M(S) = 32,06$ g/mol] wird berechnet.

Hinweise

1. Die in Bild 33−3 gezeigte Referenzelektrode R hat ein Potential von −0,23 V gegen die gesättigte Kalomelelektrode. Ihr Elektrolyt wird durch Zugabe von 1,3 g Quecksilberiodid und 4,2 g Kaliumiodid zu 100 mL einer gesättigten Kaliumchloridlösung hergestellt. Anschließend wird Quecksilber zugegeben, bis der Boden des Gefäßes bedeckt und der senkrechte Seitenarm etwa 2 cm hoch gefüllt sind. Zur Herstellung des elektrischen Kontaktes mit dem Mikroamperemeter A wird ein Draht in das Quecksilber des Seitenarmes eingetaucht. Ein Glasrohr T mit einer Scheibe aus gesintertem Glas am oberen Ende wird mit einem Gel aus 3 % Agar und 30 % Kaliumchlorid gefüllt. Um das Rohr zu schützen, wird es in ein äußeres Rohr E eingeführt, das mit gesättigter Kaliumchloridlösung gefüllt und einem Stopfen aus gesintertem Glas oder Agar verschlossen ist. Der Verbindungsschlauch aus Gummi (6 mm Innendurchmesser) wird mit gesättigter Kaliumchloridlösung gefüllt, um die Salzbrücke S zu bilden. Luftblasen werden entfernt und der horizontale Seitenarm des Glasgefäßes mit dem Rohr T verbunden.

2. Große Ströme (ca. 20 μA) können beobachtet werden, wenn eine neue oder frisch gereinigte Platinelektrode in die ammoniakalische Silberlösung eingetaucht wird. Dennoch sollte die Platinelektrode von Zeit zu Zeit mit konzentrierter Salpetersäure gereinigt werden. Es kann auch erforderlich sein, die Platinelektrode nach Überschreiten des Endpunktes abzuwischen, um Silberthiolat zu entfernen.

Fragen

1. Nennen Sie mindestens zwei verschiedene chemische Methoden zur Bestimmung von Mercaptanen.
2. Warum verhindert Ammoniaklösung Störungen durch Bromid- und Chlorid-Ionen, aber nicht durch Iodid-Ionen?

Vorschläge für zusätzliche Experimente

D. Jacques, *J. Chem. Ed. 42*, 429 (1965): „Potentiometric titration of mixed halide ions with silver(I)"
F.J. Feldman, *J. Chem. Ed. 43*, 378 (1966): „Simple experiments in amperometry"
D.H. Evans, *J. Chem. Ed. 45*, 88 (1968): „Coulometric titration of cyclohexene with bromine using an amperometric end point with polarized electrodes"
C.E. Meloan und R.W. Kiser, *Problems and Experiments in Instrumental Analysis* (Merrill Books, Columbus, Ohio 1963)

Kapitel 34

Trennverfahren

Wenn eine chemische Substanz nicht in Gegenwart anderer Verbindungen bestimmt werden kann, muß sie von störenden Substanzen getrennt werden. Einige der üblichen Trennverfahren sind Ausfällung, Destillation, Ionenaustausch, Extraktion, chromatographische Trennungen oder elektrolytische Abscheidung.

Ein Trennverfahren muß sorgfältig ausgesucht werden, um die Bedingungen für die quantitative Überführung oder Abtrennung der gewünschten Substanz zu finden. Im Experiment 29 ist dargestellt, wie durch systematische Variation der Bedingungen eine Methode zur quantitativen Extraktion von Zink aus wäßriger Lösung erarbeitet wird.

Die gaschromatographische Bestimmung im Experiment 30 verdeutlicht die Trennung einfacher organischer Verbindungen unter Verwendung eines internen Standards. Hierbei ist der Gaschromatograph sowohl ein Instrument zur Trennung als auch zur quantitativen Analyse.

Experiment 31 und 32 geben Beispiele für die einfache, aber leistungsfähige Technik der Papierchromatographie und Dünnschichtchromatographie.

Komplexe Mischungen von ähnlichen ionischen Spezies können auch durch Ionenaustauscherharze getrennt werden. Versuch 33 demonstriert die Trennung von Eisen, Cobalt und Nickel unter Ausnutzung der unterschiedlichen Stabilität ihrer entsprechenden Chloro-Komplexe.

Einige der Versuche in anderen Kapiteln geben ebenfalls Beispiele für Trennverfahren. Die gravimetrischen Bestimmungen in Kapitel 29 sind − genau genommen − ebenfalls Trennverfahren; Experiment 26 sei hier als Beispiel für die Abtrennung von Kupfer durch elektrolytische Abscheidung genannt.

Experiment 29
Lösungsmittel-Extraktion von Zink(II)

Bei einer typischen Lösungsmittel-Extraktion von Metallionen wird eine Ionensorte aus der wäßrigen Lösung in eine organische Phase extrahiert. Hierzu müssen die Bedingungen gefunden werden, bei denen das eine Ion quantitativ in die organische Phase überführt wird, während gleichzeitig alle anderen Ionen bis auf Spuren in der wäßrigen Phase zurückbleiben.

Ein nützlicher Weg zur Charakterisierung des Überführungsanteiles eines Metallions i besteht in der Ermittlung seines Verteilungskoeffizienten (Kapitel 18):

$$D_{\mathrm{c}} = \frac{[\mathrm{i}]_{\text{organische Phase}}}{[\mathrm{i}]_{\text{wäßrige Phase}}}$$

Im folgenden Experiment soll D_{c} für die Extraktion von Zink(II) aus wäßriger Salzsäure in eine Mischung organischer Lösungsmittel aus Benzol und Tributylphosphat (TBP, Hinweis 1) bestimmt werden. Wird Salzsäure, $c(\mathrm{HCl})$ zwischen 4 und 10 mol/L, verwendet, liegt Zink(II) hauptsächlich als Trichlorozinkat(II)- und Tetrachlorozinkat(II)-Ion vor. Da Zink(II) offensichtlich als eine dieser beiden Spezies extrahiert wird [Gl. (E 29−1), Solv steht für das organische Solvens], ist die

Konzentration an Salzsäure in der wäßrigen Phase entscheidend. D_c wird für verschiedene HCl-Stoffmengenkonzentrationen zwischen 4 und 10 mol/L bestimmt.

$$[ZnCl_4]^{2-} + 2H^+ + 2\,Solv \rightleftharpoons H_2(Solv)_2ZnCl_4 \qquad \text{(E 29–1)}$$
$$\text{(wäßrige Phase)} \hspace{4cm} \text{(organische Phase)}$$

Das Toluol-TBP-Gemisch stört die nachfolgende Titration des Zinks mit EDTA; um dies zu verhindern, wird Zink durch Rückextraktion mit reinem Wasser aus der organischen Phase entfernt. Diese Rückextraktion ist quantitativ, da Wasser die vollständige Dissoziation der anionischen Zink-Komplexe in kationische Formen des Zink(II), die in organischen Phasen unlöslich sind, bewirkt.

Reagenzien

1. Aus konzentrierter Salzsäure, $c(HCl) = 12\,mol/L$, werden jeweils 50 mL Salzsäure der Stoffmengenkonzentrationen 4, 5, 6, 7, 8 und 10 mol/L hergestellt.
2. Lösungen von 35–50 Vol. % TBP in Toluol werden im Praktikum zur Verfügung gestellt.
3. Wenn eine EDTA-Standardlösung, $c(EDTA) = 0{,}01\,mol/L$, nicht erhältlich ist, wird eine Calcium(II)-Standardlösung hergestellt und mit dieser die EDTA-Lösung entsprechend den Anweisungen von Experiment 12 eingestellt. (Hierbei soll kein Magnesiumchlorid zum EDTA zugegeben werden.)
4. Es wird eine eingestellte Zinkchloridlösung verwendet. Ist diese nicht eingestellt, wird ein Aliquot von 5 oder 10 mL mit EDTA-Lösung, $c(EDTA) = 0{,}05\,mol/L$, wie bei Experiment 13 angegeben, eingestellt.
5. Eine Pufferlösung (pH 10) wird durch Auflösen von 6,75 g Ammoniumchlorid und 57 mL einer konzentrierten wäßrigen Ammoniaklösung in 100 mL destilliertem Wasser hergestellt.
6. Eine 1%ige Lösung von Naphthyl-Azoxin S (Indikator; NAS) in Dimethylformamid wird hergestellt (Hinweis 2). Alternativ kann auch eine 1%ige Lösung in verdünntem Ammoniak hergestellt werden.

Durchführung

1. 25 mL Salzsäure, $c(HCl) = 4\,mol/L$, und 25 mL der oben beschriebenen TBP-Toluol-Lösung werden in einen 125-mL-Scheidetrichter gegeben. Der Scheidetrichter wird verschlossen, an Stopfen und Hahn gehalten und für wenige Sekunden kräftig geschüttelt. Anschließend wird gewartet, bis Schichten sich getrennt haben und klar sind, und die untere wäßrige Phase abgelassen (Hinweis 3).
2. Unter Verwendung einer Vollpipette werden 2 mL der Zinkchloridlösung, $c = 0{,}5\,mol/L$, und etwa 23 mL der Salzsäure, $c = 4\,mol/L$, in den Scheidetrichter gegeben (Hinweis 4). Der Trichter wird verschlossen und wie in Schritt 1 beschrieben 1 Minute kräftig geschüttelt. Man läßt die Schichten sich absetzen und klar werden. Die untere wäßrige Phase wird vorsichtig abgetrennt und verworfen.

3. Die TBP-Toluol-Schicht enthält nun den größten Anteil der Zink(II)-Ionen. Zu dieser Schicht werden 20 mL destilliertes Wasser zugegeben, und zur Rückextraktion des Zinks aus der TBP-Toluol-Phase geschüttelt. Ein 100-mL-Meßkolben wird unter den Scheidetrichter gestellt und die untere wäßrige Phase sorgfältig abgelassen. Anschließend wird noch zweimal mit je 20 mL frischem Wasser extrahiert und alle wäßrigen Phasen in Meßkolben gesammelt. Durch Auffüllen mit destilliertem Wasser bis zur Marke wird verdünnt.

4. Der Meßkolben wird mit Nr. 1 beschriftet. Der Zink(II)-Gehalt wird später bestimmt.

5. Wiederholen Sie die Schritte 1. bis 3. mit den höher konzentrierten Salzsäurelösungen. Beschriften Sie die 100-mL-Meßkolben mit den Extrakten mit den Nummern 2, 3, 4 usw.

6. Pipettieren Sie 25 mL aus dem Kolben Nr. 1 in einen 250-mL-Erlenmeyer-Kolben und verdünnen Sie auf etwa 100 mL mit destilliertem Wasser. Durch Zugabe von Pyridin wird der pH auf 6,5 abgepuffert. [Verfolgen Sie den pH mit einem pH-Meter (Hinweis 5)]. Anschließend wird NAS zugegeben, bis die Lösung eine gelbe Farbe erhält. Titrieren Sie mit EDTA-Lösung, $c = 0{,}01$ mol/L, bis die Farbe von gelb nach rot umschlägt. Die gleichen Schritte werden für die Kolben Nr. 2 bis 5 wiederholt.

7. Berechnen Sie den Zink(II)-Gehalt in der organischen Phase in Millimolen und beachten Sie hierbei, daß nur ein Viertel des Zinks titriert wurde. Berechnen Sie als Differenz das Zink(II) in Millimolen, das in der Schicht der wäßrigen Salzsäure zurückbleibt, und berechnen Sie anschließend den Verteilungskoeffizienten D_c für jede Extraktion. Tragen Sie D_c gegen die Stoffmengenkonzentration der Salzsäure auf Millimeterpapier auf (Hinweis 4) und verbinden Sie die Punkte zu einer Kurve.

8. Berechnen Sie die prozentuale Extraktion, die im Maximum der Extraktionskurve erhalten wurde.

Hinweise

1. Tributylphosphat, $(BuO)_3PO$, ist ein organischer Ester der Phosphorsäure.

2. Naphthyl-Azoxin S ist der Handelsname für 7-(6-Sulfo-2-naphthylazo)-8-hydroxychinolin-5-sulfonsäure. Siehe auch Hinweis 1 zu Experiment 33.

3. Der Sinn dieses Schrittes ist, das TBP-Toluol-Gemisch mit Salzsäure zu sättigen, um eine Volumenänderung während der Extraktion zu vermeiden.

4. Die wäßrige Zinkchloridlösung verdünnt die Salzsäure. Berechnen Sie die Endkonzentration und verwenden Sie diesen Wert für die Herstellung der Zeichnung.

5. Wenn andere Indikatoren verwendet werden, können andere Pufferlösungen anstelle von Pyridin verwendet werden.

Fragen

1. Natriumchlorid begünstigt ebenfalls die Bildung von $[ZnCl_4]^{2-}$-Ionen, jedoch ist die Extraktion nicht so effizient wie bei der Verwendung von Salzsäure. Erklären Sie diesen Befund.
2. Die Dichten von TBP und Wasser sind beinahe gleich. Geben Sie einen Grund für die Verwendung von Toluol in der organischen Phase an.
3. Wiederholen Sie Kapitel 18. Wäre die in diesem Experiment beschriebene Vorschrift auch für die Trennung von Zink(II) von Eisen(III) verwendbar?

Experiment 30
Quantitative gaschromatographische Analyse eines Multikomponentengemisches

In diesem Experiment wird der Gaschromatograph sowohl für die Trennung als auch für die quantitative Analyse verwendet. Die Theorie und Praxis der Gaschromatographie wurde bereits im Kapitel 20 diskutiert. Ein schematisches Diagramm eines solchen Chromatographen ist in Bild 20−1 dargestellt; beachten Sie, daß hierbei ein Wärmeleitfähigkeitsdetektor verwendet wird. Ein vom Schreiber erhaltenes typisches Bild der Trennung einer Mischung ist in Bild 20−3 dargestellt.

Die Aufzeichnung des Chromatogramms erfolgt durch Messung des Detektorsignals und liefert eine Reihe von Peaks. Die Retentionszeit des Peaks identifiziert eine durch den Detektor strömende Komponente. Wenn die von den Probenbestandteilen verursachten Peak-Signale gleich wären, wäre die Fläche unter jedem Peak direkt proportional zur Konzentration der betreffenden Komponente in mol-%, da die thermische Leitfähigkeit direkt proportional zur Anzahl von vorhandenen Molekülen ist. Das Detektorsignal ist jedoch proportional zur Differenz zwischen der thermischen Leitfähigkeit des Trägergases und der der Probenkomponente, die durch den Detektor strömt. Wenn Helium als Trägergas verwendet wird, liegt die Differenz in den thermischen Leitfähigkeiten der Probenbestandteile höchstens in der Größenordnung von 1 bis 2 %. In den meisten Fällen kann dies vernachlässigt werden.

Technik des internen Standards (inneren Standards)

Bei dieser Technik wird eine bekannte Menge einer ausgewählten Verbindung (interner Standard) zur Probenmischung zugegeben. Anschließend wird eine Eichkurve aufgenommen, indem man die Peakflächen von verschiedenen Konzentrationen der Probenbestandteile zur Fläche des internen Standards in Beziehung setzt. Die Peakfläche kann gemessen werden, indem man den Peak aus dem Papier ausschneidet und auf einer Analysenwaage wiegt, oder indem man das Produkt aus Peakhöhe und der halben Peakbreite oder einen Integrator verwendet. Die Eichkurven sollten Geraden ergeben. (Die Konzentration einer Komponente kann aus dem Verhältnis ihrer Peakfläche zu der des Standards einfach berechnet werden.)

Die Auswahl eines internen Standards hängt von der Art der zu bestimmenden Probenbestandteile und auch vom Konzentrationsbereich ab, in dem die Probe vorliegt. Der Peak des internen Standards sollte nahe denen der anderen Probenbe-standteile auftreten und seine Konzentration annähernd gleich sein. Auf diese Weise können Ergebnisse befriedigend reproduziert werden, auch wenn die Betriebsbedingungen (wie z.B. Strömungsgeschwindigkeit oder Temperatur) von Messung zu Messung etwas abweichen.

Apparatur und Reagenzien

1. Für dieses Experiment wird ein Gaschromatograph mit einem Wärme-leitfähigkeitsdetektor verwendet. Machen Sie sich mit der Bedienungsan-leitung des zur Verfügung stehenden Gerätes vertraut, ebenfalls mit den Anweisungen für die Stromversorgung und den Schreiber. Vergewissern Sie sich, daß das Gerät ordnungsgemäß an eine Stahlflasche mit Helium über einen Druckminderer angeschlossen ist und daß das erforderliche Schreiberpapier im Schreiber liegt. (Für dieses Experiment läßt sich gut eine Säule mit 15 % Carbowax als stationäre Phase auf Chromosorb P verwenden. Die Säule sollte bei etwa 175 °C betrieben werden, wobei Retentionszeiten in der Größenordnung von 12 Minuten auftreten.)
2. Überprüfen Sie die eingestellte Vorschubgeschwindigkeit des Schreiber-papiers.
3. Der als Lösungsmittel verwendete Ether sollte wasserfrei sein. Besorgen Sie sich Cyclohexan oder Toluol und Ethylbenzol.

Herstellung der Lösungen für die Eichkurve

1. Die zu untersuchenden Proben sollen unterschiedliche Mengen an Toluol, Cyclohexan und Ethylbenzol gelöst in Ether enthalten. Die Pro-be soll kein Methylcyclohexan enthalten − den internen Standard, der im Schritt 2 zugegeben werden muß. Beschaffen Sie sich die Probe in einem sauberen und trockenen 50-mL-Meßkolben (etwa 25 mL).
2. Verwenden Sie eine trockene Pipette und geben Sie exakt 5,0 mL Methyl-cyclohexan (interner Standard) zur Probe. Anschließend wird bis zur Marke mit Diethylether aufgefüllt.
3. Stellen Sie die folgenden Eichlösungen in 50-mL-Meßkolben her und mischen Sie vor Verwendung jeweils gut durch.

Lösung Nr.	Toluol	Cyclo-hexan	Ethyl-benzol	Methyl-cyclohexan	Diethyl-ether
1	5 mL	4 mL	3 mL	5 mL	33 mL
2	3 mL	3 mL	6 mL	5 mL	33 mL
3	6 mL	2 mL	4 mL	5 mL	33 mL
4	4 mL	1 mL	7 mL	5 mL	33 mL
5	0 mL	1 mL	0 mL	5 mL	44 mL

Durchführung der gaschromatographische Bestimmung

1. Stellen Sie den Chromatographen entsprechend der Bedienungsanleitung an. Beachten Sie hierbei ausreichende Aufwärmzeiten.

2. Halten Sie die eingestellte Papiervorschubgeschwindigkeit im Protokoll fest. Stellen Sie anschließend ein Gaschromatogramm von der Lösung Nr. 5 her, um die Retentionszeit für Cyclohexan als Hilfe zur Identifizierung eines Peaks zu bestimmen.

3. Nehmen Sie die Chromatogramme für alle hergestellten Eichlösungen auf und beschriften Sie diese sorgfältig.

   a) Spritzen Sie eine Probe der Lösung Nr. 1 ein (siehe Hinweis). Wenn alle Probenbestandteile den Chromatographen durchlaufen haben, werden Sie feststellen, daß eventuell einige Peaks zu groß oder zu klein geraten sind. Wählen Sie die Probenmenge entsprechend oder stellen Sie die Empfindlichkeit am Gaschromatographen so ein, daß der größte Peak etwa 75 % der Papierbreite ausfüllt (ausgenommen den des Diethylethers, der zu groß sein wird). Reinigen Sie die Spritze mit Ether.

   b) Verwenden Sie exakt die gleiche Probenmenge, Empfindlichkeit und gleiche Meßbedingungen für die Lösungen 2 bis 4 und die unbekannte Probe.

4. Beschaffen Sie sich anschließend eine Probe, in der alle Komponenten in gleichen Stoffmengenkonzentrationen (äquimolar) vorliegen (mit Ausnahme des Lösungsmittels Ether). Nehmen Sie hiervon ein Chromatogramm unter den gleichen Bedingungen wie unter 3. beschrieben auf.

5. Vergewissern Sie sich, daß Sie zehn gute Chromatogramme vorliegen haben: Bestimmungen der Retentionszeit (4), Eichlösungen (4), Ihre Analyse (1) und die Lösung mit den äquimolaren Mengen (1).

6. Stellen Sie den Gaschromatographen sorgfältig unter Beachtung der Bedienungsanleitung aus.

7. Schütten Sie die restlichen Eichlösungen und die Probe in den Behälter für die entsprechenden organischen Rückstände.

Berechnungen und Protokoll

1. Aus den erhaltenen chromatographischen Daten sind die Retentionszeiten jeder Komponente zu berechnen.

2. In jedem Chromatogramm sind die Flächen unter den Peaks durch eine von Ihnen gewählte Methode zu bestimmen.

3. Berechnen Sie das Verhältnis der Fläche jedes Probenbestandteils zu der des internen Standards. Tragen Sie dieses Verhältnis für jeden Probenbestandteil gegen die Volumenprozente des Probenbestandteils in der jeweiligen Probe (oder mmol/50 mL) auf. Bestimmen Sie aus den so erhaltenen Eichkurven die Konzentration jedes Probenbestandteils ihrer Analyse. Geben Sie Ihr Ergebnis in mmol/50 mL an.

4. Bestimmen Sie aus den Peakverhältnissen (Probenbestandteil/interner Standard) der äquimolaren Mischung, ob die thermischen Leitfähigkeiten dieser Komponenten gleich sind.

Fragen

1. Was sind die Vorteile der Verwendung innerer Standards?
2. Welche Methode haben Sie warum zur Auswertung der Peakfläche ausgewählt?
3. Könnten Sie die Reihenfolge des Austretens der verschiedenen Komponenten aus dem Gaschromatographen vorhersagen, ohne deren Retentionszeiten zu bestimmen? Welche Faktoren beeinflussen die Reihenfolge?
4. Sind die thermischen Leitfähigkeiten aller Komponenten gleich? Würde man dieses Ergebnis vom Detektor erwarten? Warum? Wären bei Verwendung eines Ionisationsdetektors die Leitfähigkeiten die gleichen? Warum?
5. Zeigen die Peaks in Ihren Chromatogrammen Schultern? Was kann der Grund hierfür sein, und durch welche Bedingungen kann dies verhindert werden?

Hinweis

Wenn die vorher erwähnte Säule mit 15 % Carbowax auf Chromosorb P verwendet wird, sind 10 Mikroliter eine vernünftige Probenmenge.

Experiment 31
Trennung von Metallionen durch Papierchromatographie

Die Papierchromatographie ist eine wichtige Methode zur Trennung kleiner Mengen von Metallionen und von organischen Substanzen. Die Theorie dieses Verfahrens wurde in Kapitel 21 diskutiert. Im nachfolgenden Experiment sollen zwei Techniken dargestellt werden: (1) Die Trennung verschiedener Metallionen unter Verwendung eines organischen Lösungsmittels zur selektiven Elution der Metallionen und (2) *„Reversed-phase“*-Papierchromatographie, bei der das Papier zunächst mit einem Reagenz zur selektiven Komplexierung der Metallionen imprägniert wird. Die komplexierten Metallionen werden durch das fixierte Reagenz festgehalten und bewegen sich daher kaum; nicht komplexierte Ionen bewegen sich dagegen frei in der Lösungsmittelfront; das Lösungsmittel ist in diesem Falle Wasser.

Reagenzien

1. Stellen Sie Lösungen mit einer Stoffmengenkonzentration von 0,1 mol/L folgender Salze her: Bismutnitrat, Cobaltchlorid oder -nitrat, Kupferchlorid oder -nitrat, Eisen(III)-chlorid und Nickelchlorid oder -nitrat. Für die Experimente A und B wird jede Lösung mit einem gleich großen Volumen konzentrierter Salzsäure vermischt.
2. Stellen Sie eine DTC-Lösung (Dithiocarbamat) durch Auflösen von einem 1 g Natriumdiethyldithiocarbamat in 100 mL Wasser her. Diese Lösung sollte alle paar Tage frisch hergestellt werden.

3. Stellen Sie an jedem Arbeitstag eine frische Lösung von 5 Vol% konzentrierter Salzsäure in Aceton und 1 Vol% konzentrierter Salzsäure in Ethylacetat her. Die letztere Lösung wird zur Durchmischung geschüttelt, eine eventuell verbleibende wäßrige Phase wird hierbei verworfen.
4. Stellen Sie eine IOTG-Lösung (Isooctylthioglycolat) von 10 Vol% in Methanol her.

Allgemeine Anweisungen

1. Verwenden Sie handelsübliches Papier für die Papierchromatographie und schneiden Sie die Ecken ab. Zeichnen Sie eine dünne Bleistiftlinie im Abstand von ca. 5 mm vom unteren Ende. Verwenden Sie eine ausgezogene Glaskapillare, um kleine „Punkte" jeder Probe (ca. 1−2 mm im Durchmesser) entlang der Bleistiftlinie aufzutragen.
2. Geben Sie 5 mL des Elutionsmittels in ein 250-mL-Becherglas und stellen Sie das Chromatographiepapier vorsichtig hinein. (Der Flüssigkeitsspiegel sollte fast an die Punkte heranreichen, sie jedoch nicht sofort berühren.) Legen Sie ein Uhrglas über das Becherglas und lassen Sie die Flüssigkeit bis etwa 5 mm unterhalb des oberen Endes aufsteigen. Anschließend wird das Papier herausgenommen und sofort die Lösungsmittelfront mit einem Bleistift markiert.
3. Das Papier wird über einer Heizplatte oder an der Luft getrocknet. Jeder sichtbare gefärbte Fleck wird mit einem Bleistift eingekreist. Die verbleibenden Flecken werden durch Besprühen des Papiers mit einer wäßrigen DTC-Lösung oder durch Auftropfen der DTC-Lösung aus einer Tropfpipette sichtbar gemacht. Die Farbe jedes Flecks wird notiert und dieser mit einem Bleistift eingekreist.

Experiment A

1. Von jeder der nachfolgenden Lösungen von Metallionen wird entsprechend 1. der „Allgemeinen Anweisung" eine Probe entlang der Bleistiftlinie auf das untere Ende des Papiers aufgetragen: Bismut(III), Cobalt(II), Kupfer(II), Eisen(III) und Nickel(II) (Hinweis 1). Das Papier wird mit einer 5%igen Salzsäure in Aceton in einem abgedeckten 250-mL-Becherglas eluiert.
2. Das Papier wird getrocknet und Farbe und Ort jedes sichtbaren Flecken festgehalten. Die verbleibenden Flecken werden unter Verwendung der DTC-Lösung sichtbar gemacht und eingekreist. Die R_f-Werte jedes Flecks werden berechnet und festgehalten (Hinweis 2).

Experiment B

Jedes der fünf oben genannten Elemente wird entsprechend Experiment A auf Papier aufgetragen, jedoch dieses mit einer 1%igen Salzsäure in Ethylacetat anstelle von Salzsäure in Aceton behandelt. Die R_f-Werte werden wie oben berechnet und festgehalten.

Experiment C

1. In diesem Beispiel werden Metallionen unter Verwendung des organischen Komplexierungsmittels Isooctylthioglycolat (IOTG) getrennt. Zunächst wird das Papier in einem 250-mL-Becherglas mit 5 mL IOTG in Methanol (10%ige Lösung) imprägniert. Anschließend wird das Becherglas mit einem Uhrglas abgedeckt und bis zur vollständigen Sättigung des Papiers mit der Flüssigkeit gewartet. Dieses Papier wird dann auf ein sauberes Papiertuch gelegt. In einem Abzug wartet man die Verdampfung des Methanols ab. (Vorsicht! Vermeiden Sie das Einatmen der Methanoldämpfe.) Das Methanol wird in wenigen Minuten verdampfen und läßt das nichtflüchtige IOTG im Papier zurück.

2. Auf das trockene IOTG-Papier wird jedes der oben genannten gelösten Metallionen aufgetragen (Hinweis 3). Anschließend wird das Papier mit 5 mL Salpetersäure, $c(HNO_3) = 0,1$ mol/L, in einem abgedeckten 250-mL-Becherglas eluiert.

3. Das Papier wird getrocknet und jeder gefärbte Fleck eingekreist. Die anderen Flecke werden durch Besprühen mit DTC-Lösung identifiziert. Die R_f-Werte jedes Flecks werden berechnet.

Experiment D

Nun müßte es Ihnen möglich sein, jede beliebige Mischung zweier Metallionen aus den genannten fünf durch eine einfache papierchromatographische Methode zu trennen. Vermerken Sie in kurzer Form in Ihrem Protokollheft, wie dies getan werden kann. Von Ihrem Praktikumsassistenten können sie nun eine Mischung zweier Metallionen zur Trennung erhalten. Vorbereitung und Trennung einer solchen Lösung kann nun nach Ihren Vorstellungen erfolgen. Geben Sie anschließend das entwickelte, trockene Papierchromatogramm mit den angegebenen Trennungsbedingungen und den getrennten, markierten und identifizierten Metallionen ab.

Hinweise

1. Es sollte nicht abgewartet werden, bis die Flecken trocknen. Führen Sie die Trennung ohne unnötige Verzögerung durch.
2. Das DTC-Reagenz ist für einige Ionen sehr empfindlich; kreisen Sie nur die intensiv sichtbaren Flächen jedes Flecks ein und ignorieren Sie nur leicht gefärbte Ringe. Benutzen Sie zur Berechnung des R_f-Wertes die Mitte eines Flecks.
3. Verwenden Sie in diesem Falle direkt die Metalllösungen; diese sollten nicht mit konzentrierter Salzsäure verdünnt werden.

Experiment 32
Dünnschichtchromatographische Trennung von Nitroanilinen auf Platten mit Fluoreszenzindikator

Vor der Besprechung der Ziele dieses Experimentes sollen zunächst die UV-Lampe und die verwendeten fluoreszierenden TLC-Platten beschrieben und die Methoden zur Lokalisierung getrennter Verbindungen auf der Platte wiederholt werden.

UV-Lampen

Um die Fluoreszenz in diesem Experiment sichtbar zu machen, wird entweder eine UV-Handlampe oder eine Betrachtungsbox mit einer UV-Lampe verwendet. Eine kommerzielle Betrachtungsbox wird empfohlen, da sie innen ausreichend dunkel ist, so daß man die Abdunkelung des ganzen Raumes vermeiden kann. Die Handlampe und die Betrachtungsbox enthalten eine Quecksilberdampflampe. Solche Lampen sind entweder als kurzwellige UV-Lampen, als langwellige UV-Lampen oder als Kombination zur gleichzeitigen Ausstrahlung von kurz- und langwelligem UV-Licht erhältlich. Die kurzwellige Lampe emittiert beinahe ausschließlich eine schmale Linie von UV-Strahlung bei 254 nm. Die mit Phosphor überzogene Röhre in der langwelligen Lampe emittiert eine intensivere Bande von 213 bis 400 nm mit einer maximalen Intensität zwischen 345 und 365 nm sowie einer intensiven Linie bei 365 nm.

Fluoreszierende TLC-Platten

Wie bereits in Kapitel 21 erwähnt, sind mit Adsorbentien beschichtete Aluminiumplatten im Handel erhältlich. Es sind auch Platten erhältlich, bei denen dem Adsorbens eine anorganische fluoreszierende Verbindung als Fluoreszenzindikator beigemischt ist. Unter UV-Strahlung emittiert dieser Fluoreszenzindikator eine intensive, sichtbare Strahlung über die gesamte Länge des Dünnschichtchromatogramms, mit Ausnahme der Stellen, an denen die Flecken der organischen Verbindungen sitzen. [Diese sichtbare Strahlung wird üblicherweise als Fluoreszenz bezeichnet, obwohl sie je nach verwendeten Phosphoren entweder Phosphoreszenz oder Fluoreszenz sein kann.] Die meisten organischen Verbindungen unterdrücken die Fluoreszenz; die Flecken erscheinen als dunkle Schatten vor dem hell fluoreszierenden Hintergrund.

Üblicherweise leuchten TLC-Platten mit Fluoreszenzindikator bei UV-Bestrahlung grün (522 nm). Typische grün fluoreszierende Verbindungen sind reines Zinksilicat oder Calciumsilicat mit einem Mangan-Blei-Aktivator. Diese emittieren nur unter kurzwelliger UV-Anregung (254 nm); deshalb kann eine TLC-Platte auch unter langwelliger Anregung auf fluoreszierende organische Verbindungen untersucht werden.

Trennung von Nitroanilinen

Ein sehr gutes Beispiel für dieses Verfahren ist die Trennung einer Mischung von *p*-Nitroanilin, *m*-Nitroanilin und *o*-Nitroanilin. Diese Isomeren werden bevorzugt auf einem Polyamid-Adsorbens getrennt. Unter den oben beschriebenen experimentellen Bedingungen emittiert die Dünnschichtplatte bei kurzwelliger UV-Anregung grünes Licht; die Nitrogruppe unterdrückt die Lumineszens sehr gut, und jedes Isomer kann nach Auftrennung als dunkler Schatten gegen den hellgrünen Hintergrund der Phosphoreszenz lokalisiert werden.

Reagenzien

1. Verwenden Sie eine etwa 5 cm × 20 cm messende kommerzielle Dünnschichtplatte. Diese Platten enthalten einen fluoreszierenden Indikator, der unter 254-nm-UV-Strahlung grün ist. (Aktivieren Sie die Platten nicht durch Aufheizen, wie es gewöhnlich mit anderen TLC-Platten getan wird.)
2. Verwenden Sie ein Becherglas, das tief genug zur Unterbringung einer 13 bis 14 cm langen TLC-Platte ist. (Ein 800- oder 1000-mL-Becherglas sollte ausreichend sein.) Beschaffen Sie sich eine Kunststoff- oder Aluminiumfolie zur Abdeckung des Becherglases.
3. Bereiten Sie ca. 70 mL einer Entwicklungslösung, bestehend aus 90 % Tetrachlorkohlenstoff mit 10 % Eisessig, vor.

Durchführung

1. Geben Sie die Entwicklungslösung in das Becherglas, bis eine etwa 1 cm hohe Schicht den Boden bedeckt (dies erfordert etwa 50 mL Lösung).
2. Decken Sie das Becherglas gut mit Aluminiumfolie ab. Lassen Sie dieses bei Raumtemperatur vor der Verwendung für etwa 30 bis 60 Minuten stehen, damit die Gasphase im Becherglas mit dem Lösungsmittel gesättigt wird.
3. Schneiden Sie die 20 cm lange TLC-Platte auf eine Länge von etwa 13 bis 14 cm. Zeichnen Sie etwa 2 cm von einem Ende entfernt eine dünne Bleistiftlinie. Markieren Sie entlang der Linie vier Stellen (in gleichmäßigem Abstand) für die spätere Aufbringung der Flecken ihrer unbekannten Lösung und der reinen Lösungen jedes der drei Nitroaniline auf der TLC-Platte.
4. Stellen Sie eine Lösung der einzelnen Nitroaniline, jeweils $c = 0{,}1$ mol/L, her und beschaffen Sie sich eine Lösung der unbekannten Mischung, die etwa 0,03 mol/L der Nitroaniline enthält. Bringen Sie unter Verwendung einer Mikropipette etwa 2 µL der unbekannten und der 3 reinen Lösungen auf. Setzen Sie die Pipette auf und nutzen Sie die Kapillarkräfte der TLC-Platte aus, die die Lösung herauszieht. Setzen Sie die Spitze der Pipette mehrmals auf, um zu vermeiden, daß Lösungen auf einmal vollständig ausfließen. Versuchen Sie, die Flecken klein und in gutem Abstand zu halten.

5. Trocknen Sie die Flecken etwa 15 bis 30 Minuten im Exsiccator. Stellen Sie die Platte in das Becherglas mit der Entwicklungslösung, bedecken Sie dieses und lassen Sie die Flüssigkeit bis auf eine Höhe von etwa 10 cm aufsteigen (etwa 45 Minuten).

6. Nehmen Sie die Platte aus dem Becherglas, lassen Sie diese an der Luft trocknen (Abzug!) und untersuchen Sie sie unter einer kurzwelligen UV-Lampe. Die Nitroaniline sollten als Schatten erscheinen, da sie die grüne Fluoreszenz unterdrücken.

7. Markieren Sie das Zentrum der Flecke jeder Verbindung (sowohl die Flecken der reinen Verbindungen als auch der unbekannten Mischung). Falls notwendig, markieren Sie auch die Lösungsmittelfront.

8. Berechnen Sie den R_f-Wert jedes Nitroanilins unter Verwendung der folgenden Gleichung:

$$R_f = \frac{\text{zurückgelegte Strecke des Flecks (in cm)}}{\text{zurückgelegte Strecke der Lösungsmittelfront (in cm)}}$$

(*Hinweis:* Der R_f-Wert des *o*-Nitroanilins sollte bei etwa 0,4 bis 0,5 liegen). Geben Sie an, welche Nitroaniline in ihrer unbekannten Mischung waren.

Experiment 33
Trennung von Eisen, Cobalt und Nickel am Anionenaustauscher

Bei diesem Versuch werden Eisen(III), Cobalt(II) und Nickel(II) in Salzsäure, $c(\text{HCl}) = 9$ mol/L, aufgelöst und auf einer Anionenaustauscher-Säule getrennt. Nacheinander werden Cobalt(II) und Nickel(II)-Ionen mit EDTA titriert. Die Trennung beruht auf der selektiven Bildung von anionischen Komplexen des Cobalt(II) und Eisen(III).

In Salzsäure, $c(\text{HCl}) = 9$ mol/L, liegen die drei Metallionen im Gleichgewicht hauptsächlich als FeCl_4^-, CoCl_4^{2-} und als Ni^{2+} (oder NiCl^+) vor. Die beiden ersteren Ionen werden am Harz ausgetauscht [Gl. (E33−1) und (E33−2)], und das gesamte Nickel(II) läuft durch das Harz.

$$\text{Harz—NR}_3^+\text{Cl}^- + \text{FeCl}_4^- \rightleftharpoons \text{Harz—NR}_3^+\text{FeCl}_4^- + \text{Cl}^- \qquad \text{(E33−1)}$$

$$2\,\text{Harz—NR}_3^+\text{Cl}^- + \text{CoCl}_4^{2-} \rightleftharpoons (\text{Harz—NR}_3^+)_2\text{CoCl}_4^{2-} + 2\,\text{Cl}^- $$

$$\text{(E33−2)}$$

In Salzsäure, $c(\text{HCl}) = 4$ mol/L, wird das Tetrachlorocobaltat(II)-Ion in kationische Formen des Cobalts(II) überführt, die das Harz ebenfalls durchlaufen. Bei dieser Konzentration ist das Tetrachloroferrat(III)-Ion stabiler und verbleibt auf dem Harz, obwohl es sich wegen der Gleichgewichtsverschiebung durch die Säure entlang der Säule bewegt. In Salzsäure, $c(\text{HCl}) = 0,5$ mol/L, wird auch dieses Ion in kationische Formen des Eisen(III) überführt, die vom Harz nicht mehr festgehalten werden.

Hierbei wird Salzsäure, $c(\text{HCl}) = 0,5$ mol/L, anstelle von Wasser verwendet, um das Ausfallen von Eisen(III)-hydroxid zu vermeiden.

Die eluierten Fraktionen mit dem Cobalt und Nickel werden anschließend zur Trockene eingeengt, um die Salzsäure weitgehend zu eliminieren. Hierdurch wird die zur Neutralisation der überschüssigen Säure erforderliche Pyridinmenge verringert [Gl. (E33−3)]. Der pH wird so eingestellt, daß im wesentlichen nur Pyridinhydrochlorid vorhanden ist. Anschließend werden die getrennten Cobalt- und Nickellösungen mit EDTA titriert.

$$C_5H_5N + H_3O \rightleftharpoons C_5H_5NH^+ + H_2O \qquad\qquad (E33-3)$$

Reagenzien

1. Durch Verdünnen konzentrierter Salzsäure, $c(\text{HCl}) = 12$ mol/L, werden drei HCl-Lösungen der Stoffmengenkonzentrationen 9, 4 und 0,5 mol/L hergestellt.

2. Durch Auflösen von 1,9 g des Dinatriumsalzes von EDTA ($Na_2H_2Y \cdot 2H_2O$, molare Masse = 372 g/mol) in 500 mL destilliertem Wasser wird eine EDTA-Lösung der Stoffmengenkonzentration 0,01 mol/L hergestellt. Zur Vermeidung jeder Trübung werden 5 oder 6 Plätzchen Natriumhydroxid zugesetzt. Das EDTA wird gegen eine Ca^{2+}-Standardlösung, $c(Ca^{2+}) = 0,01$ mol/L, eingestellt, wie im Experiment 12 beschrieben.

3. Eine Kupfer(II)-Lösung, $c(Cu^{2+}) = 0,005$ mol/L, wird durch Zugabe von 150 mg Kupfernitrat $Cu(NO_3)_2 \cdot 6\,H_2O$ zu 100 mL destilliertem Wasser hergestellt.

4. Anschließend wird eine 1%ige Lösung des NAS-Indikators in Wasser hergestellt (Hinweis 1). Zur Auflösung des Indikators muß ausreichend Ammoniak zugegeben werden.

Durchführung

1. Beschaffen Sie sich eine Säule von ungefähr 1,5 cm Durchmesser und 15 cm Länge. Bringen Sie am unteren Ende etwas Baumwolle oder Glaswolle an, um das Ionenaustauscherharz festzuhalten. Vermischen Sie Anionenaustauscherharz (z.B. Dowex 1−X8, 100 bis 200 mesh) in der Chloridform mit Salzsäure, $c(\text{HCl}) = 9$ mol/L, und geben Sie dies bis zu einer Füllhöhe von etwa 9 cm in die Säule. Der Flüssigkeitsspiegel soll anschließend etwa 4 bis 5 cm oberhalb des Harzes liegen. (Der Flüssigkeitsspiegel darf nie unter das Niveau des Harzes fallen.)

2. Etwa 10 mL Salzsäure, $c(\text{HCl}) = 9$ mol/L, werden in zwei Portionen auf die Säule gegeben, die Durchflußgeschwindigkeit soll etwa 2 bis 3 mL/min betragen (Hinweis 2). Lassen Sie abfließen, bis noch etwa 2 cm der Säure oberhalb des Harzes verblieben sind.

3. Pipettieren Sie exakt 2 mL der unbekannten Lösung (Hinweis 3) auf die Säule. Stellen Sie ein 250-mL-Becherglas unter die Säule. Bei Einhaltung einer Fließgeschwindigkeit von 2 bis 3 mL/min wird das Nickel mit

75 mL (in Portionen von je 15 mL) Salzsäure, $c(HCl) = 9$ mol/L, von der Säule eluiert. Beachten Sie, daß sich die blaue Cobalt-Zone nach unten bewegt, jedoch während dieses Schrittes die Säule nicht verläßt.

4. Unterbrechen Sie den Durchfluß, entfernen Sie das 250-mL-Becherglas und ersetzen Sie dieses durch ein neues zum Auffangen des Cobalts. Bei einer Fließgeschwindigkeit von 2mL/min wird das Cobalt mit 50 mL Salzsäure, $c(HCl) = 4$ mol/L, in fünf einzelnen Portionen eluiert. Da das Tetrachlorocobaltat(II)-Ion in eine andere Form überführt wird, läßt die Intensität der blauen Farbe etwas nach.

5. Unterbrechen Sie den Durchfluß und stellen Sie die Bechergläser mit dem Cobalt und dem Nickel auf eine Heizplatte in den Abzug, dampfen Sie die Lösungen bis fast zur Trockene ein (etwa 5 mL oder weniger). Stellen Sie einen Glasstab in jedes Becherglas, um Siedeverzüge zu vermeiden.

6. Während des Abdampfens wird das Eisen mit 100 mL Salzsäure $c(HCl) = 0,5$ mol/L, in 10 Portionen eluiert. Verwerfen Sie dieses Eluat, da der Eisengehalt nicht bestimmt werden soll. Spülen Sie anschließend das Harz mit Wasser und geben Sie es dem Assistenten zurück.

7. Verdünnen Sie die abgekühlten nickel- und cobalthaltigen Proben mit 100 mL destilliertem Wasser. Stellen Sie den pH unter Verwendung eines pH-Meters mit Pyridin auf 5,5 bis 6,0 ein (Hinweis 4).

8. Geben Sie 2 bis 3 Tropfen des NAS-Indikators in das Becherglas mit dem Cobalt und titrieren Sie mit EDTA-Lösung, $c(EDTA) = 0,01$ mol/L, bis die Farbe von gelb (oder gelborgange) nach rot umschlägt (Hinweis 5).

9. Geben Sie 2 bis 3 Tropfen des NAS-Indikators in das Becherglas mit dem Nickel und titrieren Sie mit EDTA-Maßlösung, $c(EDTA) = 0,01$ mol/L, bis zum Umschlag von gelb nach rot. Geben Sie anschließend Kupfer(II)-Lösung, $c = 0,005$ mol/L, tropfenweise zu (Tropfen abzählen), bis die gelbe Farbe zurückkehrt. Titrieren Sie erneut mit EDTA zur roten Farbe. Halten Sie das Gesamtvolumen an verbrauchter EDTA-Maßlösung fest, sowie auch das zum Farbumschlag erforderliche Volumen. Wiederholen Sie diesen Vorgang (unter Verwendung eines Tropfens Kupferlösung), bis das zur Wiederherstellung der roten Farbe erforderliche EDTA-Volumen konstant ist (Anmerkung 6). Dieses Volumen an EDTA ist einem Tropfen der Kupferlösung äquivalent. Zur Berechnung des zum Nickel äquivalenten EDTA-Volumens multiplizieren Sie das zu einem Tropfen äquivalente EDTA-Volumen mit der Anzahl der dazugegebenen Tropfen der Kupferlösung und subtrahieren Sie dieses Volumen vom insgesamt verbrauchten EDTA.

10. Berechnen Sie die Metallgehalte in der unbekannten Lösung in Milligramm/Milliliter.

Hinweise

1. Naphthyl-Azoxin S kann nach einer Vorschrift von Fritz et al.[1] hergestellt werden. Es ist kommerziell als 7-(6-Sulfo-2-naphthylazo)-8-hydroxychinolin-5-sulfonsäure erhältlich (z.B. No. 8643, Eastman Kodak Company).
2. Das Anionenaustauscherharz wird etwas schrumpfen und wird dunkler, wenn es vollständig mit Salzsäure, $c(HCl) = 9$ mol/L, gesättigt ist, jedoch tritt keine Zersetzung auf. Durch Spülen mit destilliertem Wasser wird es in die normale Form zurücküberführt.
3. Die unbekannte Probe ist eine Lösung, die etwa 0,05 bis 0,1 mol/L Cobalt(II) und Nickel(II) sowie etwa 0,05 mol/L Eisen(III) in Salzsäure, $c(HCl) = 9$ mol/L enthält.
4. Gehen Sie mit Pyridin vorsichtig um; es ist flüchtig, und jede Inhalation ist zu vermeiden (Abzug).
5. Wenn nicht ausreichend verdünnt wird, kann die Farbe des Co-EDTA den Farbumschlag von NAS stören. In diesem Falle sollte die vollständige Cobalt-Fraktion in einem Meßkolben verdünnt und jeweils zwei oder drei Aliquote für die Rücktitration mit EDTA (Schritt 9) verwendet werden.
6. Dieses Verfahren ist notwendig, da EDTA mit Nickel(II) zu langsam reagiert. Ein alternatives Verfahren besteht in der Zugabe eines abgemessenen Überschusses an EDTA und der Rücktitration mit Kupfer(II)-Lösung, $c = 0,005$ mol/L, aus einer Bürette.

Fragen

1. Erklären Sie, warum Nickel oder Cobalt in der Gegenwart von Eisen nicht mit EDTA titriert werden kann.
2. Schreiben Sie die chemischen Reaktionsgleichungen zur Beschreibung des Schrittes 9 des Verfahrens auf.
3. Vergleichen Sie die Reaktionsgeschwindigkeiten des Kupfer(II) und des Nickel(II) mit EDTA.
4. Warum wird in Schritt 9 des Verfahrens Kupfer(II) hinzugegeben?

Vorschläge für weitere Experimente

Die nachfolgenden Publikationen sind als Anregungen für zusätzliche Aufgaben oder als Forschungsprojekte für fortgeschrittene Studenten gedacht:

Eastman Kodak Co. (Rochester, N.Y.), *Analytical procedures for separations by thin-layer chromatography using the Eastman Chromagram System.* — Enthält typische Beispiele gut verwendbarer Experimente, auch zur Trennung wasserlöslicher Vitamine, einiger diprotischer Säuren, einiger gebräuchlicher Farbstoffe und einiger Inhaltsstoffe von Analgetica.

1 J.S. Fritz, W.J. Lane und A.S. Bystroff, *Anal. Chem.* 29, 821 (1957)

E.J. Goller, *J. Chem. Ed. 42*, 442 (1965): Cation analysis (qualitative) using thin-layer chromatography.

A.S. Ritchie, *J. Chem. Ed. 38*, 400 (1961): A paper-chromatographic scheme for the identification of metallic ions.

S. Dal Nogare und L.W. Safranski, *J. Chem. Ed. 35*, 14 (1958): Paper chromatographic separation of urea, biuret, guanyl urea, guanidine, etc.

H.F. Walton, *J. Chem. Ed. 42*, 477 (1965): Experiments in inorganic paper chromatography.

D.K. Sebera, *J. Chem. Ed. 40*, 476 (1963): Preparation and analysis of a complex compound.

Anhang

Anhang 1

Literatur zur Analytischen Chemie

Die Analytische Chemie ist kein abgeschlossener Fachbereich; neue Verfahren und Grundlagen der Analyse werden ständig entwickelt. Die Originalquelle der meisten neuen Informationen besteht in Originalarbeiten und Review-Artikeln in chemischen Fachzeitschriften. Einige Monate nach der Publikation werden kurze Zusammenfassungen der Originalarbeiten periodisch in den *Chemical Abstracts* publiziert (herausgegeben von der American Chemical Society), sowie in bestimmten Zeitschriften, wie z.B. der *Fresenius' Zeitschrift für Analytische Chemie*. Schließlich finden neue Informationen Eingang in verschiedene Bücher — Monographien und spezialisierte Lehrbücher — und in umfangreiche Sammlungen analytischer Verfahren [z.B. in die fortlaufende Reihe des *Analytiker-Taschenbuchs* (Springer Verlag) sowie auch in die von verschiedenen technischen Vereinigungen publizierten offiziellen Analytischen Methoden].

Analytisch-chemische Fachzeitschriften

Die üblicherweise verwendeten Abkürzungen sind kursiv gesetzt.

American *Laboratory*
Analysis
Analyst, The
Analytical Chemistry
Analytica Chimica Acta
Analytical Letters
Bunseki Kagaku (Japan Analyst)
Chromatographia
Fresenius' Zeitschrift für *Analytische Chemie*
Journal of *Chromatographic Science*
Journal of *Chromatography*
Journal of *Electroanalytical Chemistry*
Microchimica Acta
Talanta
Zhurnal Analiticheskoi Khimii (Englische Übersetzung erhältlich)

Lehrbücher, Monographien und Handbücher

R. Bock, *Methoden der Analytischen Chemie. Eine Einführung* (VCH, Weinheim).
Band 1 (1974); Band 2, Teil 1 (1980), Teil 2 (1984), Teil 3 (1986)

H. Naumer, W. Heller (Hrsg.), *Untersuchungsmethoden in der Chemie − Einführung in die moderne Analytik* (Thieme, Stuttgart 1986)

Analytikum (VEB Deutscher Verlag der Grundstoffindustrie, Leipzig, 6. Auflage 1984)

H. Biltz, W. Biltz, H. Auterhoff, *Ausführung quantitativer Analysen* (Hirzel, Leipzig, 10. Auflage 1983)

W. Biltz, W. Fischer, J. Busemann, *Ausführung quantitativer Analysen anorganischer Stoffe* (Harry Deutsch, Frankfurt/M., 17. Auflage 1984)

Analytiker-Taschenbuch, hrsg. von W. Fresenius, H. Günzler, W. Huber, M. Kelker, I. Lüderwald, G. Tölg und H. Wisser (Springer, Berlin/Heidelberg). Bände 1 (1980) bis 7 (1988)

G. Henze, R. Neeb, *Eletrochemische Analytik* (Springer, Heidelberg 1986)

Handbuch der photometrischen Analyse organischen Verbindungen, hrsg. von B. Kakáč und Z.J. Vejdělek (Verlag Chemie, Weinheim 1974). 2 Bände

Handbuch Festkörperanalyse mit Elektronen, Ionen und Röntgenstrahlen, hrsg. von O. Brümmer, J. Heydenreich, K. Krebs und H.G. Schneider (Vieweg, Braunschweig 1980)

B. Schröder, J. Rudolph (Hrsg.), *Physikalische Methoden in der Chemie* (VCH, Weinheim 1985)

H. Günzler, H. Böck, *IR-Spektroskopie. Eine Einführung* (Verlag Chemie, Weinheim, 2. Auflage 1983)

H. Günther, *NMR-Spektroskopie* (Thieme, Stuttgart, 2. Auflage 1983)

H. Budzikiewicz, *Massenspektrometrie* (Verlag Chemie, Weinheim, 2. Auflage 1980)

K. Beyermann, *Organische Spurenanalyse* (Thieme, Stuttgart 1982)

D.H. Williams, I. Fleming, *Strukturaufklärung in der Organischen Chemie* (Thieme, Stuttgart, 5. Auflage 1985)

M. Hesse, H. Meier, B. Zeeh, *Spektroskopische Methoden in der organischen Chemie* (Thieme, Stuttgart 1984)

W. Kirsten, *Organic Elemental Analysis* (Academic Press, New York 1983)

T.S. Ma, R.C. Rittner, *Modern Organic Elemental Analysis* (Marcel Dekker, New York 1979)

C.F. Poole, S.A. Schuette, *Contemporary Practice of Chromatography* (Elsevier, Amsterdam 1984)

N.A. Parris, *Instrumental Liquid Chromatography. A Practical Manual on HPLC Methods* (Elsevier, Amsterdam 1984)

B.L. Shapiro (ed.), *New Directions in Chemical Analysis* (Texas University Press, 1985)

I.M. Kolthoff, P.J. Elving, *Treatease on Analytical Chemistry* (Interscience, New York, 2. Auflage 1978)

K. Eckschlager, V. Štěpánek, *Analytical Measurements and Information*: Advances in the Information Theoretic Approach to Chemical Analyses (Wiley, New York 1985)

Comprehensive Analytical Chemistry, edited by Wilson, Wilson and Svehla (Elsevier, Amsterdam). Vol. 1 (1959) bis Vol. 20 (1980)

Manual of Analytical Chemistry, edited by D.G. Taylor (U.S. Department of Health and Human Services, Cincinnati). Vol. 1 (1977) bis Vol. 7 (1985)

Topics in Current Chemistry, edited by F.L. Boschke (Springer, Berlin/Heidelberg). Vol. 95: *Analytical Problems* (1981); Vol. 126: *Analytical Chemistry Progress* (1984)

D.I. Coomber, *Radiochemical Methods in Analysis* (Plenum Press, London 1975)

J.K. Grime (ed.). *Analytical Solution Calorimetry* (Wiley, New York 1985)

P. Schreier (ed.), *Analysis of Volatiles. Methods − Applications* (W. de Gruyter, Berlin 1984)

Eine umfangreiche Literatursammlung findet sich im Analytiker-Taschenbuch, Band 7 (1988); sie enthält neben Monographien über spezielle Methoden auch Quellenangaben über die Analyse in speziellen Matrices (z.B. Lebensmittel, Umwelt, forensische Analytik, Oberflächenanalytik, Analyse von Pestiziden in Böden, Pflanzen und tierischen Produkten).

Statistische Grundlagen, Rechentafeln, Nomenklatur

K. Doerffel, *Statistik in der Analytischen Chemie* (Verlag Chemie, Weinheim 1984)

J.C. Miller, J.N. Miller, *Statistics for Analytical Chemistry* (Wiley, New York 1984)

Küster, Thiel, *Rechentafeln für die Chemische Analytik* (W. de Gruyter, Berlin, 103. Auflage 1985)

W. Kullbach, *Mengenberechnungen in der Chemie. Grundlagen und Praxis* (Verlag Chemie, Weinheim 1980)

Compendium of Analytical Nomenclature. Definitive Rules 1977, edited by the International Union of Pure and Applied Chemistry, Analytical Division (Pergamon Press, Oxford 1978)

Anhang 2

Gleichgewichtskonstanten

Die hier angegebenen Daten sind entnommen aus: A. Ringbom, *Complexation in Analytical Chemistry* (Wiley-Interscience, New York 1963). Alle Werte sind für 25°C angegeben.

Löslichkeitsprodukte

Die Löslichkeitsprodukte K_L sind in $mol^2 \cdot L^{-2}$ bzw. $mol^3 \cdot L^{-3}$ angegeben; μ steht für die Ionenstärke (Abschnitt 1.2).

Verbindung	K_L $(\mu = 0)$	K_L $(\mu = 0,1)$
AgBr	$4,9 \cdot 10^{-13}$	$8,7 \cdot 10^{-13}$
AgCl	$1,8 \cdot 10^{-10}$	$3,2 \cdot 10^{-10}$
$Ag_2C_2O_4$	$1 \cdot 10^{-11}$	$4,0 \cdot 10^{-11}$
Ag_2CrO_4	$1,1 \cdot 10^{-12}$	$5,0 \cdot 10^{-12}$
AgI	$8,3 \cdot 10^{-17}$	$1,5 \cdot 10^{-16}$
AgOH	$1,95 \cdot 10^{-8}$	$2,5 \cdot 10^{-8}$
AgSCN	$1,1 \cdot 10^{-12}$	$2,0 \cdot 10^{-12}$
$Al(OH)_3$	$4,6 \cdot 10^{-33}$	$2,5 \cdot 10^{-32}$
$BaCO_3$	$4,9 \cdot 10^{-9}$	$3,2 \cdot 10^{-8}$
$BaCrO_4$	$1,2 \cdot 10^{-10}$	$8,0 \cdot 10^{-10}$
$Ba(IO_3)_2$	$1,5 \cdot 10^{-9}$	$6,3 \cdot 10^{-9}$
$Ba(Oxinat)_2$	$5,0 \cdot 10^{-9}$	$2,0 \cdot 10^{-8}$
$BaSO_4$	$1,1 \cdot 10^{-10}$	$6,3 \cdot 10^{-10}$
CaC_2O_4	$2,3 \cdot 10^{-9}$	$1,6 \cdot 10^{-8}$
CaF_2	$3,4 \cdot 10^{-11}$	$1,6 \cdot 10^{-10}$
$Ca(Oxinat)_2$	$1,0 \cdot 10^{-11}$	$4,0 \cdot 10^{-11}$
$Ca_3(PO_4)_2$	$1 \cdot 10^{-26}$	$1 \cdot 10^{-23}$
$CaSO_4$	$2,4 \cdot 10^{-5}$	$1,6 \cdot 10^{-4}$
CdS	$8 \cdot 10^{-27}$	$5 \cdot 10^{-26}$
$Fe(OH)_3$	$2,5 \cdot 10^{-39}$	$1,3 \cdot 10^{-38}$
$MgNH_4PO_4$	$2,5 \cdot 10^{-13}$	—
$Mg(Oxinat)_2$	$4,0 \cdot 10^{-16}$	$1,6 \cdot 10^{-15}$
$PbBr_2$	$3,9 \cdot 10^{-5}$	$2,0 \cdot 10^{-4}$
$PbCl_2$	$1,6 \cdot 10^{-5}$	$8,0 \cdot 10^{-5}$
$PbCrO_4$	$1,8 \cdot 10^{-14}$	$1,3 \cdot 10^{-13}$
PbF_2	$2,7 \cdot 10^{-8}$	$1,3 \cdot 10^{-7}$
PbI_2	$6,45 \cdot 10^{-9}$	$3,2 \cdot 10^{-8}$
PbS	$2,5 \cdot 10^{-27}$	$1,6 \cdot 10^{-26}$
$PbSO_4$	$1,66 \cdot 10^{-8}$	$1,0 \cdot 10^{-7}$
SrC_2O_4	$5,6 \cdot 10^{-8}$	$3,2 \cdot 10^{-7}$
$Sr(Oxinat)_2$	$5,0 \cdot 10^{-10}$	$2,0 \cdot 10^{-9}$
$SrSO_4$	$2,5 \cdot 10^{-7}$	$1,6 \cdot 10^{-6}$
$Zn(Oxinat)_2$	$5 \cdot 10^{-25}$	$2 \cdot 10^{-24}$
ZnS	$1,6 \cdot 10^{-24}$	—

Dissoziationskonstanten von Säuren

Säure	K_a	pK_a
Acrylsäure $CH_2{=}CHCOOH$	$5{,}56 \cdot 10^{-5}$	4,25
Adipinsäure $(CH_2)_4(COOH)_2$		
$\quad K_1$	$3{,}89 \cdot 10^{-5}$	4,41
$\quad K_2$	$5{,}25 \cdot 10^{-6}$	5,28
Ameisensäure $HCOOH$	$1{,}77 \cdot 10^{-4}$	3,75
Arsen(V)-säure H_3AsO_4		
$\quad K_1$	$6{,}5 \cdot 10^{-3}$	2,2
$\quad K_2$	$1{,}3 \cdot 10^{-7}$	6,9
$\quad K_3$	$3{,}2 \cdot 10^{-12}$	11,5
Benzoesäure C_6H_5COOH	$6{,}25 \cdot 10^{-5}$	4,20
Brenztraubensäure $CH_3COCOOH$	$3{,}24 \cdot 10^{-3}$	2,49
o-Chlorbenzoesäure $C_6H_4ClCOOH$	$1{,}14 \cdot 10^{-3}$	2,94
m-Chlorbenzoesäure $C_6H_4ClCOOH$	$1{,}50 \cdot 10^{-4}$	3,82
p-Chlorbenzoesäure $C_6H_4ClCOOH$	$1{,}03 \cdot 10^{-4}$	3,99
Chloressigsäure $CH_2ClCOOH$	$1{,}38 \cdot 10^{-3}$	2,86
o-Chlorphenol C_6H_4ClOH	$3{,}33 \cdot 10^{-9}$	8,48
m-Chlorphenol C_6H_4ClOH	$9{,}48 \cdot 10^{-10}$	9,02
p-Chlorphenol C_6H_4ClOH	$4{,}19 \cdot 10^{-10}$	9,38
Cyanwasserstoffsäure HCN	$4{,}9 \cdot 10^{-10}$	9,3
Dichloressigsäure $CHCl_2COOH$	$5{,}5 \cdot 10^{-2}$	1,3
EDTA H_4Y		
$\quad K_1$	$8{,}5 \cdot 10^{-3}$	2,1
$\quad K_2$	$1{,}8 \cdot 10^{-3}$	2,7
$\quad K_3$	$5{,}8 \cdot 10^{-7}$	6,2
$\quad K_4$	$4{,}6 \cdot 10^{-11}$	10,3
Essigsäure CH_3COOH	$1{,}75 \cdot 10^{-5}$	4,76
Flußsäure HF	$6{,}75 \cdot 10^{-4}$	3,17
Fumarsäure $C_2H_2(COOH)_2$		
$\quad K_1$	$9{,}6 \cdot 10^{-4}$	3,0
$\quad K_2$	$4{,}1 \cdot 10^{-5}$	4,4
2-Furancarbonsäure C_4H_3OCOOH	$8{,}63 \cdot 10^{-4}$	3,06
Iod(V)-säure HIO_3	$1{,}67 \cdot 10^{-1}$	0,78
Kohlensäure H_2CO_3		
$\quad K_1$	$4{,}3 \cdot 10^{-7}$	6,4
$\quad K_2$	$4{,}8 \cdot 10^{-11}$	10,3
Maleinsäure $C_2H_2(COOH)_2$		
$\quad K_1$	$1{,}00 \cdot 10^{-2}$	2,00
$\quad K_2$	$5{,}50 \cdot 10^{-7}$	6,26
Malonsäure $CH_2(COOH)_2$		
$\quad K_1$	$1{,}43 \cdot 10^{-3}$	2,84
$\quad K_2$	$2{,}2 \cdot 10^{-6}$	5,7
Milchsäure $CH_3CH(OH)COOH$	$1{,}32 \cdot 10^{-4}$	3,88
Nitrilotriessigsäure $N(CH_2COOH)_3$		
$\quad K_1$	$1{,}0 \cdot 10^{-2}$	2,0
$\quad K_2$	$2{,}5 \cdot 10^{-3}$	2,6
$\quad K_3$	$1{,}6 \cdot 10^{-10}$	9,8

Dissoziationskonstanten von Säuren (Fortsetzung)

Säure	K_a	pK_a
o-Nitrophenol $C_6H_4(NO_2)OH$	$6{,}2\cdot10^{-8}$	7,2
m-Nitrophenol $C_6H_4(NO_2)OH$	$4{,}0\cdot10^{-9}$	8,4
p-Nitrophenol $C_6H_4(NO_2)OH$	$5{,}2\cdot10^{-8}$	7,3
Oxalsäure $(COOH)_2$		
$\quad K_1$	$8{,}8\cdot10^{-2}$	1,1
$\quad K_2$	$5{,}1\cdot10^{-5}$	4,3
Periodsäure HIO_4	$2{,}3\cdot10^{-2}$	1,6
Phenol C_6H_5OH	$1{,}4\cdot10^{-10}$	9,9
Phosphorsäure H_3PO_4		
$\quad K_1$	$7{,}5\cdot10^{-3}$	2,1
$\quad K_2$	$6{,}2\cdot10^{-8}$	7,2
$\quad K_3$	$4{,}8\cdot10^{-3}$	12,3
o-Phthalsäure $C_6H_4(COOH)_2$		
$\quad K_1$	$1{,}20\cdot10^{-3}$	2,92
$\quad K_2$	$3{,}9\cdot10^{-6}$	5,4
Propionsäure CH_3CH_2COOH	$1{,}34\cdot10^{-5}$	4,87
Pyridincarbonsäure $C_5H_4N(COOH)$	$5{,}0\cdot10^{-6}$	5,3
Salicylsäure $C_6H_4(OH)COOH$		
$\quad K_1$	$1{,}05\cdot10^{-3}$	2,98
$\quad K_2$	$4{,}0\cdot10^{-14}$	13,4
Salpetrige Säure HNO_2	$5{,}1\cdot10^{-4}$	3,3
Schweflige Säure H_2SO_3		
$\quad K_1$	$1{,}3\cdot10^{-2}$	1,9
$\quad K_2$	$6{,}3\cdot10^{-8}$	7,2
Stickstoffwasserstoffsäure HN_3	$1{,}9\cdot10^{-5}$	4,8
Trichloressigsäure CCl_3COOH	$2{,}2\cdot10^{-1}$	0,66
Weinsäure $[CH(OH)COOH]_2$		
$\quad K_1$	$9{,}20\cdot10^{-4}$	3,04
$\quad K_2$	$4{,}31\cdot10^{-5}$	4,37

Dissoziationskonstanten von Basen

Base	K_a der konjugierten Säure	pK_a	pK_b
4-Aminopyridin $C_5H_4N(NH_2)$	$4{,}27 \cdot 10^{-10}$	9,37	4,63
Ammoniak NH_3	$5{,}62 \cdot 10^{-10}$	9,25	4,75
Anilin $C_6H_5NH_2$	$2{,}38 \cdot 10^{-5}$	4,62	9,38
Butylamin $C_4H_9NH_2$	$2{,}44 \cdot 10^{-11}$	10,61	3,39
Ethanolamin $HOCH_2CH_2NH_2$	$3{,}57 \cdot 10^{-10}$	9,45	4,55
Ethylamin $C_2H_5NH_2$	$2{,}13 \cdot 10^{-11}$	10,67	3,33
Ethylendiamin $H_2NCH_2CH_2NH_2$			
$\quad K_{1a}$	$5{,}0 \cdot 10^{-8}$	7,3	6,7
$\quad K_{2a}$	$7{,}8 \cdot 10^{-11}$	10,1	3,9
Glycin H_2NCH_2COOH			
$\quad K_{1a}$	$4{,}45 \cdot 10^{-3}$	2,35	11,65
$\quad K_{2a}$	$1{,}66 \cdot 10^{-10}$	9,78	4,22
Hydrazin NH_2NH_2	$1{,}0 \cdot 10^{-8}$	8,0	6,0
Methylamin CH_3NH_2	$2{,}3 \cdot 10^{-11}$	10,6	3,35
Pyridin C_5H_5N	$6{,}7 \cdot 10^{-6}$	5,2	8,8
THAM $(HOCH_2)_3CNH_2$	$7{,}94 \cdot 10^{-9}$	8,10	5,90
Triethanolamin $(HOCH_2CH_2)_3N$	$1{,}5 \cdot 10^{-8}$	7,8	6,2
Trien $(-CH_2NHCH_2CH_2NH_2)_2$			
$\quad K_{1a}$	$4{,}0 \cdot 10^{-4}$	3,4	10,6
$\quad K_{2a}$	$1{,}8 \cdot 10^{-7}$	6,7	7,25
$\quad K_{3a}$	$5{,}3 \cdot 10^{-10}$	9,3	4,7
$\quad K_{4a}$	$1{,}0 \cdot 10^{-10}$	10,0	4,0
Harnstoff NH_2CONH_2	$7{,}1 \cdot 10^{-1}$	0,2	13,9

Komplexbildungskonstanten

Metall-Ion	Ligand	$\log K_1$	$\log K_2$	$\log K_3$	$\log K_4$	$\log K_5$	$\log K_6$
Ag^+	NH_3	3,4	4,0	–	–	–	–
Cu^{2+}	NH_3	4,1	3,5	2,9	2,1	–	
Zn^{2+}	NH_3	2,3	2,3	2,4	2,05	–	
Ag^+	Ethylendiamin	4,7	3,0	–			
Cu^{2+}	Ethylendiamin	10,55	9,05	–			
Zn^{2+}	Ethylendiamin	5,7	4,7	–			
Ag^+	Trien (s. Abschnitt 11.2)	7,7	–				
Cu^{2+}	Trien	20,4	–				
Zn^{2+}	Trien	12,1	–				
Ag^+	CN^-	–	$\log(K_1K_2)$ 21,1				
Ni^{2+}	CN^-	–	–	–	$\log(K_1K_2K_3K_4)$ 31,3		
Zn^{2+}	CN^-	–	–	–	$\log(K_1K_2K_3K_4)$ 16,7		
Fe^{3+}	SCN^-	2,3	1,9	1,4	0,8	–	
Al^{3+}	F^-	6,1	5,1	3,8	2,7	1,7	0,3
Fe^{3+}	F^-	5,2	4,0	2,7	–		
TiO^{2+}	F^-	5,4	4,4	3,9	3,7	–	
Cd^{2+}	I^-	2,4	1,0	1,6	1,15	–	
Cu^{2+}	$C_2O_4^{2-}$	4,5	4,4	–			
Mg^{2+}	$C_2O_4^{2-}$	2,4	–				
Zn^{2+}	$C_2O_4^{2-}$	3,7	2,3	–			
Cu^{2+}	$Tartrat^{2-}$	3,2	1,9	–0,3	1,7	–	

Hinweis: Die Bildungskonstanten einiger EDTA-Komplexe sind in Tabelle 12–3 angegeben.

Anhang 3

Normalpotentiale

Die meisten der angegebenen Werte stammen aus W.M. Latimer, *The Oxidation States of the Elements and Their Potentials in Aqueous Solutions* (Prentice-Hall, New York, 2. Aufl. 1952).

Halbreaktion	E^0 (in V)
$F_2 + 2H^+ + 2e^- \rightleftharpoons 2HF$	3,06
$S_2O_8^{2-} + 2e^- \rightleftharpoons 2SO_4^{2-}$	2,01
$Ag^{2+} + e^- \rightleftharpoons Ag^+$	1,98
$Co^{3+} + e^- \rightleftharpoons Co^{2+}$	1,82
$Ce(IV) + e^- \rightleftharpoons Ce^{3+}$ (in $HClO_4$, $c = 1\,mol/L$)	1,70
$Ce(IV) + e^- \rightleftharpoons Ce^{3+}$ (in HNO_3, $c = 1\,mol/L$)	1,61
$H_5IO_6 + H^+ + 2e^- \rightleftharpoons IO_3^- + 3H_2O$	1,60
$MnO_4^- + 8H^+ + 5e^- \rightleftharpoons Mn^{2+} + 4H_2O$	1,51
$Mn^{3+} + e^- \rightleftharpoons Mn^{2+}$	1,51
$PbO_2 + 4H^+ + 2e^- \rightleftharpoons Pb^{2+} + 2H_2O$	1,455
$Ce(IV) + e^- \rightleftharpoons Ce^{3+}$ (in H_2SO_4, $c = 1\,mol/L$)	1,44
$Cl_2 + 2e^- \rightleftharpoons 2Cl^-$	1,360
$Cr_2O_7^{2-} + 14H^+ + 6e^- \rightleftharpoons 2Cr^{3+} + 7H_2O$	1,33
$Ce(IV) + e^- \rightleftharpoons Ce^{3+}$ (in HCl, $c = 0,5\,mol/L$)	1,28
$MnO_2 + 4H^+ + 2e^- \rightleftharpoons Mn^{2+} + 2H_2O$	1,23
$O_2 + 4H^+ + 4e^- \rightleftharpoons 2H_2O$	1,229
$IO_3^- + 6H^+ + 5e^- \rightleftharpoons \frac{1}{2}I_2 + 3H_2O$	1,195
$Br_2 + 2e^- \rightleftharpoons 2Br^-$	1,065
$Fe(phen)_3^{3+} + e^- \rightleftharpoons Fe(phen)_3^{2+}$	1,06
$VO_2^+ + 2H^+ + e^- \rightleftharpoons VO^{2+} + H_2O$	1,00
$HNO_2 + H^+ + e^- \rightleftharpoons NO + H_2$	1,00
$2Hg^{2+} + 2e^- \rightleftharpoons Hg_2^{2+}$	0,920
$Cu^{2+} + I^- + e^- \rightleftharpoons CuI$	0,86
$Ag^+ + e^- \rightleftharpoons Ag$	0,800
$Hg_2^{2+} + 2e^- \rightleftharpoons 2Hg$	0,789
$Fe^{3+} + e^- \rightleftharpoons Fe^{2+}$	0,771
$Chinon + 2H^+ + e^- \rightleftharpoons Hydrochinon$	0,699
$O_2 + 2H^+ + 2e^- \rightleftharpoons H_2O_2$	0,682
$H_3AsO_4 + 2H^+ + 2e^- \rightleftharpoons H_3AsO_3 + H_2O$	0,559
$I_2 + 2e^- \rightleftharpoons 2I^-$	0,535
$Cu^+ + e^- \rightleftharpoons Cu$	0,521
$H_2SO_3 + 4H^+ + 4e^- \rightleftharpoons S + 3H_2O$	0,45
$VO^{2+} + 2H^+ + e^- \rightleftharpoons V^{3+} + H_2O$	0,361
$Fe(CN)_6^{3-} + e^- \rightleftharpoons Fe(CN)_6^{4-}$	0,36
$Cu^{2+} + 2e^- \rightleftharpoons Cu$	0,337
$UO_2^{2+} + 4H^+ + 2e^- \rightleftharpoons U^{4+} + 2H_2O$	0,334

Normalpotentiale (Fortsetzung)

Halbreaktion	E^0 (in V)
$Hg_2Cl_2 + 2e^- \rightleftharpoons 2Hg + 2Cl^-$	0,268
$AgCl + e^- \rightleftharpoons Ag + Cl^-$	0,222
$Cu^{2+} + e^- \rightleftharpoons Cu^+$	0,153
$Sn^{4+} + 2e^- \rightleftharpoons Sn^{2+}$	0,15
$S + 2H^+ + 2e^- \rightleftharpoons H_2S$	0,141
$TiO^{2+} + 2H^+ + e^- \rightleftharpoons Ti^{3+} + H_2O$	0,10
$2H^+ + 2e^- \rightleftharpoons H_2$	0,000
$Pb^{2+} + 2e^- \rightleftharpoons Pb$	−0,126
$Sn^{2+} + 2e^- \rightleftharpoons Sn$	−0,136
$AgI + e^- \rightleftharpoons Ag + I^-$	−0,151
$Ni^{2+} + 2e^- \rightleftharpoons Ni$	−0,250
$V^{3+} + e^- \rightleftharpoons V^{2+}$	−0,255
$Co^{2+} + 2e^- \rightleftharpoons Co$	−0,277
$Ag(CN)_2^- + e^- \rightleftharpoons Ag + 2CN^-$	−0,31
$Cd^{2+} + 2e^- \rightleftharpoons Cd$	−0,403
$Cr^{3+} + e^- \rightleftharpoons Cr^{2+}$	−0,41
$Fe^{2+} + 2e^- \rightleftharpoons Fe$	−0,440
$Zn^{2+} + 2e^- \rightleftharpoons Zn$	−0,763
$Mn^{2+} + 2e^- \rightleftharpoons Mn$	−1,18
$Al^{3+} + 3e^- \rightleftharpoons Al$	−1,66
$Mg^{2+} + 2e^- \rightleftharpoons Mg$	−2,37
$Na^+ + e^- \rightleftharpoons Na$	−2,71
$Ca^{2+} + 2e^- \rightleftharpoons Ca$	−2,87
$Li^+ + e^- \rightleftharpoons Li$	−3,04

Anhang 4

Relative atomare Massen

Relative atomare Massen, bezogen auf $M(^{12}C) = 12$ g/mol

Element	Symbol	Ordnungszahl	relative atomare Masse	Element	Symbol	Ordnungszahl	relative atomare Masse
Actinium	Ac	89	[227]*	Gadolinium	Gd	64	157,25
Aluminium	Al	13	26,9815	Gallium	Ga	31	69,72
Americium	Am	95	[243]*	Germanium	Ge	32	72,59
Antimon	Sb	51	121,75	Gold	Au	79	196,967
Argon	Ar	18	39,948	Hafnium	Hf	72	178,49
Arsen	As	33	74,9216	Helium	He	2	4,0026
Astat	At	85	[210]*	Holmium	Ho	67	164,930
Barium	Ba	56	137,34	Indium	In	49	114,82
Berkelium	Bk	97	[247]*	Iod	I	53	126,9044
Beryllium	Be	4	9,0122	Iridium	Ir	77	192,2
Bismut	Bi	83	208,980	Kalium	K	19	39,102
Blei	Pb	82	207,19	Kohlenstoff	C	6	12,01115[a]
Bor	B	5	10,811[a]	Krypton	Kr	36	83,80
Brom	Br	35	79,909[b]	Kupfer	Cu	29	63,54
Cadmium	Cd	48	112,40	Lanthan	La	57	138,91
Calcium	Ca	20	40,08	Lithium	Li	3	6,939
Californium	Cf	98	[249]*	Lutetium	Lu	71	174,97
Cäsium	Cs	55	132,905	Magnesium	Mg	12	24,312
Cer	Ce	58	140,12	Mangan	Mn	25	54,9380
Chlor	Cl	17	35,453[b]	Mendelevium	Md	101	[256]*
Chrom	Cr	24	51,996[b]	Molybdän	Mo	42	95,94
Cobalt	Co	27	58,9332	Natrium	Na	11	22,9898
Curium	Cm	96	[247]*	Neodym	Nd	60	144,24
Dysprosium	Dy	66	162,50	Neon	Ne	10	20,183
Einsteinium	Es	99	[254]*	Neptunium	Np	93	[237]*
Eisen	Fe	26	55,847[b]	Nickel	Ni	28	58,71
Erbium	Er	68	167,26	Niob	Nb	41	92,906
Europium	Eu	63	151,96	Nobelium	No	102	. . .
Fermium	Fm	100	[253]*	Osmium	Os	76	190,2
Fluor	F	9	18,9984	Palladium	Pd	46	106,4
Francium	Fr	87	[223]*	Phosphor	P	15	30,9738

Relative atomare Massen (Fortsetzung)

Element	Symbol	Ordnungszahl	relative atomare Masse	Element	Symbol	Ordnungszahl	relative atomare Masse
Platin	Pt	78	195,09	Stickstoff	N	7	14,0067
Plutonium	Pu	94	[242]*	Strontium	Sr	38	87,62
Polonium	Po	84	[210]*	Tantal	Ta	73	180,948
Praseodym	Pr	59	140,907	Technetium	Tc	43	[99]*
Promethium	Pm	61	[147]*	Tellur	Te	52	127,60
Protactinium	Pa	91	[231]*	Terbium	Tb	65	158,924
Quecksilber	Hg	80	200,59	Thallium	Tl	81	204,37
Radium	Ra	88	[226]*	Thorium	Th	90	232,038
Radon	Rn	86	[222]*	Thulium	Tm	69	168,934
Rhenium	Re	75	186,2	Titan	Ti	22	47,90
Rhodium	Rh	45	102,905	Uran	U	92	238,03
Rubidium	Rb	37	85,47	Vanadium	V	23	50,942
Ruthenium	Ru	44	101,07	Wasserstoff	H	1	1,00797[a]
Samarium	Sm	62	150,35	Wolfram	W	74	183,85
Sauerstoff	O	8	15,9994[a]	Xenon	Xe	54	131,30
Scandium	Sc	21	44,956	Ytterbium	Yb	70	173,04
Schwefel	S	16	32,064[a]	Yttrium	Y	39	88,905
Selen	Se	34	78,96	Zink	Zn	30	65,37
Silicium	Si	14	28,086[a]	Zinn	Sn	50	118,69
Silber	Ag	47	107,870[b]	Zirconium	Zr	40	91,22

* Der Wert in Klammern gibt die Massenzahl des Isotops mit der längsten bekannten Halbwertszeit (oder eines besser bekannten Isotops für Po, Pm und Tc) an.

[a] Die atomare Masse variiert wegen der natürlichen Variation in der Isotopenzusammensetzung.

[b] Es wird angenommen, daß die relativen atomaren Massen mit folgender experimenteller Unsicherheit behaftet sind: Br: ±0,002; Cl: ±0,01; Cr: ±0,001; Fe: ±0,003; Ag: ±0,003. (Bei anderen Elementen wird angenommen, daß die letzte angegebene Stelle der atomaren Massen auf ±0,5 genau ist.)

Anhang 5

Lösungen zu ausgewählten Aufgaben

An dieser Stelle geben wir die Lösungen zu allen ungeradzahlig numerierten Rechenaufgaben an. Auch die meisten Fragen und Problemstellungen der ungeradzahlig numerierten Aufgaben sind beantwortet, wenn die Antworten nicht klar aus dem Text des Kapitels hervorgehen. Nicht beantwortet sind Fragen, die einer ausführlichen Diskussion bedürfen.

Kapitel 1

1.1   a) 1:1; 1,39:1

      c) 1:2; 2,88:1

1.3 $c = 0,01$ mol/L; $c(K^+) = 0,02$ mol/L; $c(SO_4^{2-}) = 0,01$ mol/L

1.5   260 mL

1.7 $[H_3O^+] = [CH_3COO^-] = 0,004$ mol/L; $[CH_3COOH] = 0,996$ mol/L

1.9   a) $\mu = 0,5$

      b) $\mu = 3,0$

1.11   Die Ionenstärke nimmt zu.

1.13   Die Li^+-Aktivität nimmt ab, da KCl-Zugabe die Ionenstärke der Lösung erhöht.

Kapitel 3

3.1   Als absoluter bzw. relativer Fehler.

3.3   Ja. Für den Bereich $n = 3$ bis $n = 10$ arbeitet man mit dem Streubereich, da er fast genau so gute Ergebnisse liefert und einfacher zu berechnen ist.

3.5   99,5 % oder 99,4$_8$ %

3.7 $c = 1 \cdot 10^{-7}$ mol/L

3.9 $c = 5 \cdot 10^{-6}$ mol/L

3.11   a) $pH = 10,0$

       b) $pH = -0,146$

3.13   a) Mit 4 Werten, da der Median mit 2/4 der Ergebnisse anstelle von 1/3 berechnet wird.

       c) Von 6 Werten. Beide werden mit 1/3 der Ergebnisse berechnet, aber M für $n = 6$ ist etwas günstiger, da man von 2 Ergebnissen ausgeht.

3.15   a) mittlerer $pH = 6,43$

       c) ja; 6,49 erscheint fraglich.

3.17   Mittelwert $= 10,00\,\%$; $M = 10,20\,\%$.

3.19   a) Der Streubereich ist ungewöhnlich hoch, was auf einen möglichen groben Fehler hindeutet.

       b) M ist besser $(30,35\,\%)$.

3.21   a) $0,282\,\%$

       c) $0,002\,\%$

3.23   a) $10,0$ ppm

       c) $10,0 \pm 0,16$ ppm

3.25   a) $\mu = \pm 3\,s$

3.27   a) $11,13\,\%$

3.29 $M = 10,20\,\%$

3.31   Mittelwert $= 40,14$; s (absolut) $= 0,06_{54}$

3.33   a) Für $n = 3$, $s = 0,25\,\%$; für $n = 5$, $s = 0,18_5\,\%$

3.35   a) Die relative Abweichung des Wertes $50,02\,\%$ von $50,00\,\%$ ist geringer als die Abweichung der Bürettenablesung.

Kapitel 4

4.1   a) Verhältnis der molaren Massen M: $\dfrac{M(\mathrm{Br}^-)}{M(\mathrm{AgBr})}$

       c) $\dfrac{M(\mathrm{S})}{M(\mathrm{BaSO_4})}$

       e) $\dfrac{M(\mathrm{FeS_2})}{2\,M(\mathrm{BaSO_4})}$

4.3   84,40 %

4.5   57,0 mL

4.7   10,78 mL

4.9   1,04 %

4.11   3,0 %

4.13   a) $1,0 \cdot 10^{-4}\,\%$ bis $1,7 \cdot 10^{-4}\,\%$

4.15   7,10 %

4.17   18,82 %

4.19   a) 22 % Si,

        15,6 % Al

4.21   34,8 %

4.23 $x = 5,00$, C_6HOCl_5

4.25   a) C_4O_3

4.26   0,339 g

4.28   72,4 % Y_2O_3 und 27,6 % Yb_2O_3

Kapitel 5

5.1   a) 0,14

        b) 0,77

5.2   a) $0,05_6$

        b) $0,00_4$

5.3   a) 0,40

        b) 0,22

5.5   0,37

5.7   Würde die Küvette für eine Eichlösung oder einen Standard verwendet, würde die Extinktion zu hoch, und die Konzentration der Analysenlösung würde zu niedrig bestimmt.

5.9   a) $1,01 \cdot 10^1\ L \cdot mol^{-1} \cdot cm^{-1}$

        b) $4,0 \cdot 10^{-1}\ L \cdot mol^{-1} \cdot cm^{-1}$

5.10   a) 0,030

        b) 0,06

5.11   a) $2,0 \cdot 10^3$ L·mol^{-1}·cm^{-1}

   b) $1,4 \cdot 10^3$ L·mol^{-1}·cm^{-1} (280 nm), $1,1 \cdot 10^3$ L·mol^{-1}·cm^{-1} (235 nm)

5.13 $6,3 \cdot 10^{-4}$ L·mol^{-1}·cm^{-1}

5.15   0,097

5.17   490−500 nm

5.19   a) Ungeeignet für Spektralphotometer

5.21   Si-Photodiode vor PbS-Detektor stellen, so daß die Strahlung zuerst die Photodiode trifft.

5.23   b) $2,0 \cdot 10^3$ L·mol^{-1}·cm^{-1}

5.25   Aus der Auftragung folgt: pH = 5,2 − 6,2 (möglicherweise auch 4,6 − 6,2)

5.27   Reagenz/Metallion $\triangleq$ 5/1

5.29 I_2, Cu^{2+} etc.

5.31   Zuerst Br_2 bei 400 nm messen, dann Br_2 mit HBr vollständig zu Br_3^- umsetzen.

5.33   a) 450 nm

   b) In HNO_3 ist Fe(III) gelb und absorbiert Licht.

5.35   z.B. Messung von NO_3^- bei 300 nm

5.37 $1 \cdot 10^{-5}$ mol/L

5.39   a) 220 nm

   b) 270−280 nm

5.41   Messung bei 315 nm

5.43   AgCl (388 nm)

Kapitel 6

6.7   a) 0,691 mol/L

   c) 0,00008 mol/L

6.9   20,8 mL

6.11   14,7 mol/L

6.13   84,5 mL

6.15   0,1085 mol/L

6.17   0,0849 mol/L

6.19   0,1022 mol/L

6.21   970,9 mg

6.23   712,2 mg

6.25   7,98 μg/m^3

6.27   30,0 % SO_3

6.29   a) 0,1079 mol/L

6.31   22,5 % Pb

6.33   a) 0,0153 mmol in A; 1,228 mmol in B

6.35   31,8 % NaF

6.37   25,3 mg

6.39   Molare Masse $M = 299$ g/mol

6.41   Verhältnis I/Bi $= 4,03 \approx 4$

Kapitel 7

7.1   a) $K = [Ba^{2+}][CrO_4^{2-}]$

       c) $K = [Ce^{3+}][F^-]^3$

7.3   a) $K = \dfrac{1}{[Ag^+][Cl^-]} = 5,56 \cdot 10^9$

       c) $K = \dfrac{[HCN]}{[H^+][CN^-]} = 2,04 \cdot 10^9$

7.5   a) $[H_3O^+] = 1,50 \cdot 10^{-3}$ mol/L

       b) $[H_3O^+] = 1,45 \cdot 10^{-3}$ mol/L

7.7 $[H_3O^+] = 1,12 \cdot 10^{-3}$ mol/L

7.9 $\dfrac{[A^-]}{[HA]} = 1,8$

7.11 $pM = 16$

7.13   a) $3,16 \cdot 10^{-7}$ mol/L

7.15 $x = 2,5 \cdot 10^{-3}$ mol/L (unter der Annahme, daß $[\text{I}^-] = 2,0 \cdot 10^{-3}$ mol/L)

7.17 $1,82 \cdot 10^{-5}$ mol/L

7.19   99,98 % ausgefällt, also ja.

7.21 $x = 2,3 \cdot 10^{-3}$ mol/L

7.23   Das Verhältnis ist 0,074.

7.25   a) $2,5 \cdot 10^{-5}$ mol/L

7.27 $x = 1,0 \cdot 10^{-3}$ mol/L

7.29   Auftragung ergibt eine Gerade; die Steigung entspricht der Anzahl der Farbstoffmoleküle/Silberteilchen.

Kapitel 8

8.1   a) Nitrit, NO_2^-

        c) Ammoniak, NH_3

8.3 $\text{HA} + \text{C}_2\text{H}_5\text{OH} \rightleftharpoons \text{C}_2\text{H}_5\text{OH}_2^+ + \text{A}^-$
        $\text{B} + \text{C}_2\text{H}_5\text{OH} \rightleftharpoons \text{BH}^+ + \text{C}_2\text{H}_5\text{O}^-$

8.5   pH = 9,55

8.7   a) pH = 2,63

        c) pH = 5,81

8.9   a) pH $-$ 3,76

        c) pH = 6,90

8.11   pH = 1,81

8.13   pH = 2,88

8.15   pH = 6,64

8.17   pH = 4,45

8.19   pH = 7,2

8.21 $[\text{HA}^-] = 0,05$ mol/L, $[\text{A}^{2-}] = 0,05$ mol/L, $[\text{H}_2\text{A}]$ ist vernachlässigbar.

8.23   Titrieren mit HCl, pH bei 50 % Umsatz $= \text{p}K_\text{a}$.

8.25 $[\text{B}]/[\text{BH}^+] = 3,50$

8.29 $\text{p}K_\text{a} = 9,87$; 9,82; 9,86; 9,88; 9,87. Durchschnittswert $\text{p}K_\text{a} = 9,86$

Kapitel 9

9.7   pH = 9,37 bei 50 % und 5,69 bei 100 % Umsatz; Methylrot

9.11   pH = 8,96; Phenolphthalein

9.13   Wählen Sie die Indikatorfarbe, die beim potentiometrischen Endpunkt (pH-Meter-Messung) beobachtet wird.

9.17   pH = 9,53; Phenolphthalein oder Thymolphthalein

9.21   54,17 % Malonsäure, 28,92 % Natriumhydrogenmalonat

9.23   Äquivalentmasse 254,5 g/mol

9.25   16,42 % Na_2CO_3; 7,64 % $NaHCO_3$

9.27   Äquivalentmasse 40 g/mol

9.33   2,87 % N

9.35   92,5 %

9.37   a) Kjeldahl

      b) mit Urease hydrolysieren, dann N nach Kjeldahl bestimmen.

Kapitel 10

10.5   Natriumacetat

10.7   a) nein; *tert*-Butylalkohol

      c) fast; *tert*-Butylalkohol

10.9   a) nein, Essigsäure (Ethansäure)

      c) ja

      e) ja

10.11 Vor der Titration in Essigsäure mit Quecksilber(II)-acetat versetzen.

      a) Amin in Essigsäure mit $HClO_4$ titrieren, dann Quecksilber(II)-acetat zugeben und das Ammoniumchlorid (Aminhydrochlorid) titrieren.

10.13 Thymolblau, *p*-Nitrophenol, Picramid, 2,4-Dinitrotoluol

Kapitel 11

11.1   Nein

11.5   Siehe Gleichungen im Text. Ja

11.7   a) $pAg = 8,1$

         c) $-0,112$ V

11.9 $44,47\%$

Kapitel 12

12.9 $K = 10^{9,0}$

12.11   a) $pH = 4,8$

12.13 $pH = 4,0$; $pH = 8,0$ $(7,9)$

12.15 $pCu = 6,25$

12.17 $K = 10^{9,3}$

12.19   a) $pCu = 13,1$

12.21   Der Indikator muß bei einem pH verwendet werden, der unter seinem Säure-Base-Umschlagspunkt liegt.

12.23 $K = 10^{5,3} = 2,0 \cdot 10^5$

12.29   81,7 mg/L

12.31   a) 0,00240 mol/L

         c) 300 ppm (als $CaCO_3$-Härte)

12.33   Reaktion einiger Metallionen mit EDTA ist langsam.

12.35   EDTA im Überschuß zugeben, dann den Überschuß mit einem rasch reagierenden Metallion zurücktitrieren.

Kapitel 13

13.5   a) Oxidationsmittel reagieren im allgemeinen nicht mit einem Lösungsmittel unter Bildung einer stabilen Substanz von geringerer Oxidationskraft.

13.7   a) $E = -0,155$ V

         c) $E = +0,966$ V

         e) $E = +0,417$ V

13.9   Der Co(III)-Komplex ist stabiler als der Co(II)-Komplex.

13.11   a) $+0,751$ V

13.13   a) $7,9 \cdot 10^{-7}$ mol/L

13.15   a) $2,6_3 \cdot 10^{-4}$ mol/L

13.17 $K = 8 \cdot 10^3$

13.19 $K = 4,2 \cdot 10^7$

13.21 $\Delta E = 0,472$ V

13.23 $\Delta E = -0,18$ V

13.25 Bei 50 % Umsatz. Bei 200 % Umsatz

13.27 $E = 1,12$ V

13.29 a) $+0,666$ V

13.31 Die Aktivierungsenergie ist gering.

13.37 In der zitierten Arbeit wurde Fe(II) eingesetzt.

Kapitel 14

14.1 a) $+2,5$

 c) $+6$

 e) $+6$

14.3 a) $M(\frac{1}{5}\,\text{KMnO}_4) = 31,608$ g/mol

 c) $M(\frac{1}{6}\,\text{K}_2\text{Cr}_2\text{O}_7) = 49,032$ g/mol

 e) $M(\frac{1}{5}\,\text{KBrO}_3) = 33,402$ g/mol

 $M(\text{NaBr}) = 102,90$ g/mol

14.7 $c_{eq} = 0,303$ mol/L

14.9 37,34 %

14.13 53,5 %

14.15 7,69 %

14.17 19,78 % As_2O_3, 11,49 % As_2O_5

14.19 70,07 %

14.23 Setzen Sie eine frische Reduktorsäule ein, die auf der Oberfläche eine ordentliche Amalgamschicht trägt.
Möglicherweise ist die Acidität der Eisensalzlösung zu groß.

14.27 Permanganat würde HCl zu Chlor oxidieren.

14.33 Die Reaktionsgleichung lautet:

$$4\,\text{MnO}_4^- + 16\,\text{Mn}^{2+} + 15\,(\text{P}_2\text{O}_7)^{4-} + 32\,\text{H}_3\text{O}^+ \rightarrow 5\,\text{Mn}_4(\text{P}_2\text{O}_7)_3 + 48\,\text{H}_2\text{O}$$

Potentiometrische Endpunktbestimmung mit Pt- und Kalomelelektrode.

14.35   a) Indirekte Titration mit Iod.

       c) Mit Peroxodisulfat zu $Cr(VI)$ oxidieren und dieses mit $Fe(II)$ titrieren.

14.37   Indirekte Titration mit Iod.

14.39   Methode e) ist vorzuziehen, die übrigen sind entweder zu langsam oder zu aufwendig.

14.41   Titration mit Iod.

Kapitel 15

15.1   a) 6,9 s

15.3   a) 0,9 %

15.5   a) 3,6 s

15.7   a) Nullter Ordnung bezüglich A

      b) Erster Ordnung bezüglich B

Kapitel 16

16.5 $t = 607$ s

16.7   Sie sind nicht auf eine Abscheidungsreaktion begrenzt. Sie erfordern jedoch eine geeignete Endpunktserkennung.

16.9   Elektrochemisch erzeugtes $Ti(III)$, oder vielleicht $Cr(II)$. Potentiometrie oder Redoxindikator.

16.11   Coulometrische Titration mit elektrochemisch erzeugtem $Ti(III)$ oder $Sn(II)$.

16.13   Kann bei sehr negativem Potential oder in saurer Lösung eingesetzt werden. Pt wird bei Reaktionen mit positivem angelegtem Potential verwendet.

16.15 $Hg_2Cl_2(s) + 2\,Cl^- \rightarrow 2\,HgCl_2 + 2\,e^-$; keine Auswirkung.

16.17   Methode auf Grundlage einer $2\text{-}e^-$-Reduktion von Sauerstoff, zuerst zu H_2O_2, dann zu OH^-.

Kapitel 17

17.3   Glaselektrode: $AgCl(s) + e^- \rightarrow Ag^0(s)$
Kalomelelektrode: $Hg^0(s) \rightarrow HgCl(s) + e^-$
Elektronen fließen von der Kalomel- zur Glaselektrode.

17.5   Die Elektrode braucht eine hydratisierte Glasschicht, in der Ionen wandern und ausgetauscht werden können.

17.7   a) Das Material muß eine langkettige organische Verbindung mit einer ionischen Kopfgruppe enthalten, die ein Metall-Gegenion trägt.

17.9   Das Potential an der Grenzfläche zwischen Glaselektrode und Analysenlösung; nähere Erklärung im Text.

17.11   Fehler $+7\%$

17.13   Fehler $-0,01\%$

17.17   Zahnschädigung zum mit der Elektrode gemessenen Wert $a(\text{F}^-)$ in Beziehung setzen.

Kapitel 18

18.1   Wäßrige Lösung ansäuern und Chlorbenzol mit nicht wassermischbarem organischem Lösungsmittel extrahieren.

18.5   a) $97,6\%$ extrahiert

        b) $99,8\%$ extrahiert

18.7 $91,9\%$ extrahiert

18.9 $D_c = 4,6$

18.11   a) $78,2\%$ extrahiert

Kapitel 19

19.5 V_0 für eine nicht-adsorbierte Substanz messen und D_m berechnen; dann V_s

nach $D_c = \dfrac{D_m \cdot V_m}{V_s}$ berechnen.

19.7 $W = 0,63$ min (erster Peak); $W = 1,7$ min (zweiter Peak)

19.9 $R_s = \dfrac{\sqrt{n}\,(t_B - t_A)}{2\,(t_A + t_B)}$

Kapitel 20

20.5   doppelte Nettoretentionszeit

20.7   Siehe Text; stationäre Phase sollte ähnliche Polarität haben wie Probe.

20.9 $W = 0,18$ min; 5 Peaks/min

20.11   Kapillarsäulen werden leicht überladen; Probensplitter (Probenteiler) verwenden.

20.17   Nicht sehr sinnvoll, besser internen Standard verwenden.

20.19   Ähnliches Verfahren wie das im Text für Trinkwasser beschriebene verwenden.

20.21   Luftprobe durch Harzsäule schicken, dann Vinylchlorid mit Hexan eluieren. Etwas von dieser Lösung in den GC injizieren (ECD) und das Vinylchlorid bestimmen.

Kapitel 21

21.9   Eluenten mit weniger Methanol oder Gradientenelution einsetzen.

21.11   Trägermaterial aus harten Kügelchen mit poröser Oberfläche. Effizienter als gewöhnliche Träger ähnlicher Partikelgröße (niedrigere Trennstufenhöhe h).

21.13   a) 365 nm (s. Kapitel 23)

Kapitel 22

22.3 $D_\mathrm{m} = 83,3$

22.5   Bestimmung von Al durch Titration mit EDTA; ein Aliquot wird über Kationenaustauscher gegeben und die Säure titriert.

22.7 $V_\mathrm{R} = 13,9$ mL

22.13   70,8 % $NaNO_3$

Kapitel 23

23.1−8 siehe Text

23.9   a) Nein

c) Ja

23.11   Ein Grund liegt darin, daß viele Verbindungen nicht fluoreszieren.

23.13   0,3 µg

23.15   Beispielsweise Anregung von Phenanthren bei 331 nm (Messung bei 350 nm).

23.17   a) Nein

c) Ja

e) Nein

g) Nein

23.19   Siehe Text

23.21   Globar, Nernst-Stift und Wolfram-Lampe.

23.23   Infrarotlicht hat zu geringe Energie, um Elektronen aus einer Photokathode herauszuschlagen.

23.25   a) $2100\ \mathrm{cm}^{-1}$

23.27   a) Die Enolform hat wegen intramolekularer Wasserstoffbrücken eine breite O—H-Bande.

23.29 $C_6H_5NO_2$

23.31 $\mathrm{CH_3-\underset{\underset{O}{\|}}{C}-CH(CH_3)_2}$

Kapitel 24

24.1 $3220\ \text{Å}$, $4590\ \text{Å}$

24.9   0,028 %

24.11   0,104 %

24.13   Zugabe eines Elements mit geringem Ionisierungspotential (z.B. K-Salz). Die freigesetzten e^- werden die Ionisierung des zu messenden Elements unterdrücken.

Sachwortverzeichnis

D

F

Analytische und präparative Labormethoden

Grundlegende Arbeitstechniken für Chemiker,
Biochemiker, Mediziner, Pharmazeuten und Biologen

von Kurt E. Geckeler und Heiner Eckstein

*1987. X, 482 Seiten mit 323 Abbildungen und 74 Tabellen. Gebunden.
ISBN 3-528-08447-2*

<u>Inhalt:</u> Allgemeine Trenn- und Reinigungsverfahren: Kristallisation – Standard- und Mikrofiltration – Destillation – Extraktion – Membranfiltration – Dialyse und Elektrodialyse – Gefriertrocknung (Lyophilisieren) / Chromatographische und elektrophoretische Trennmethoden: Trennprinzipien in der Chromatographie – Dünnschicht (DC)- und Papierchromatographie – Säulenchromatographie – Gaschromatographie (GC) – Elektrophoretische Methoden – Planung einer Trennung von Stoffen biologischer Herkunft / Analytische Methoden: Reinheitskontrolle – Strukturaufklärung – Bestimmung der Molmasse – Quantitative Bestimmungsmethoden / Anhang: Tabellen – Erste Hilfe bei Unfällen – Glossar.

„Aufgrund seines Aufbaues und der gelungenen drucktechnischen Gestaltung mit zahlreichen, herausgehobenen Abbildungen stellt das Buch nicht nur eine Einführung für Studenten dar, sondern kann auch als Nachschlagewerk, vor einer Benutzung von umfangreichen Spezialwerken, in der Laborpraxis mit Erfolg und Gewinn eingesetzt werden. Die Zielvorstellung der Autoren, ‚eine übersichtliche, systematische und leicht verständliche Darstellung der analytischen und präparativen Labormethoden‘ zu präsentieren, wird im beschriebenen Aufbau deutlich und kann als voll erreicht bezeichnet werden.“ Laborpraxis 1-2/88

Verlag Vieweg · Postfach 58 29 · 65048 Wiesbaden

Einführung in die Röntgenfeinstrukturanalyse

Lehrbuch für Physiker, Chemiker, Physikochemiker, Metallurgen, Kristallographen und Mineralogen im 2. Studienabschnitt

von Harald Krischner

4., überarbeitete Auflage 1990. X, 193 Seiten, 92 Abbildungen, 29 Tabellen und 1 Anhang. Kartoniert. ISBN 3-528-38324-0

Das Buch vermittelt die Grundlagen der Röntgenfeinstrukturanalyse in sehr kurzer und klarer Form. Das Hauptgewicht wird auf die praktische Durchführung und Auswertung von Pulveruntersuchungen gelegt, wobei einfache Beispiele das Verständnis erleichtern.

Mit geringsten mathematischen Mitteln wird ein Überblick über das gesamte Gebiet der Röntgenfeinstrukturanalyse gegeben und der Leser in die Lage versetzt, Röntgenpulveraufnahmen selbständig durchzuführen und auch auszuwerten. Die 4., überarbeitete Auflage trägt den modernen Entwicklungen Rechnung. So werden Aufbau und Funktion mikroprozessorgesteuerter Pulverdiffraktometer beschrieben; die Auswerteverfahren wurden im Hinblick auf Automatisierungsmöglichkeiten überarbeitet. Ein eigenes Kapitel ist den Direkten Methoden der Phasenbestimmung gewidmet.

Verlag Vieweg · Postfach 58 29 · 65048 Wiesbaden

MIX
Papier aus verantwortungsvollen Quellen
Paper from responsible sources
FSC® C105338
FSC
www.fsc.org

If you have any concerns about our products,
you can contact us on
ProductSafety@springernature.com

In case Publisher is established outside the EU,
the EU authorized representative is:
Springer Nature Customer Service Center GmbH
Europaplatz 3, 69115 Heidelberg, Germany

Printed by Libri Plureos GmbH
in Hamburg, Germany